개정판

우종필 교수의

구조방정식모델 개념과 이해

우종필 교수의
구조방정식모델 개념과 이해 개정판

2022년 1월 5일 개정판 1쇄 박음
2022년 1월 10일 개정판 1쇄 펴냄

지은이 | 우종필
펴낸이 | 한기철

펴낸곳 | 한나래출판사
등록 | 1991. 2. 25. 제22–80호
주소 | 서울시 마포구 토정로 222, 한국출판콘텐츠센터 309호
전화 | 02) 738–5637 · 팩스 | 02) 363–5637 · e–mail | hannarae91@naver.com
www.hannarae.net

ISBN 978–89–5566–257–3 93310

2012년에 《구조방정식모델 개념과 이해》를 처음 출간한 후 독자분들로부터 뜻하지 않은 큰 사랑을 받았습니다. 먼저 이 지면을 빌려 진심으로 감사의 말씀을 드립니다. 한편으로, 그동안 개정판에 대한 많은 요구가 있었음에도 이제야 출판하게 된 점 양해를 부탁드립니다. 구조방정식모델에 대한 연구를 하지 않은 것이 아니라, 개인적으로 4차 산업혁명 관련 '빅데이터'와 '인공지능' 분야에 관심을 가지고 연구를 하다 보니 개정판에 대한 준비가 늦어졌습니다.

이번 개정판에서는 초판에는 포함되지 않았던 매개된 조절모델, 조절된 매개모델 및 통제변수의 활용에 대한 내용을 더하였습니다. 아울러 유령변수의 개념, 다양한 형태의 잠재성장곡선 모델 등 새로운 개념들을 추가하였으며, 초판에서 이미 수록된 내용도 수정·보완하였습니다.

본서의 차별성은 다음과 같습니다.

첫째, 초보자도 쉽게 구조방정식모델에 접근할 수 있도록 개념적 부분의 설명에 집중하였습니다. 구조방정식모델이 어렵게 느껴지는 이유는 쉽지 않은 개념을 복잡한 수식이나 이해하기 힘든 용어로 풀어가기 때문입니다. 실제로 구조방정식모델은 다수의 방정식과 행렬로 구성되어 있어 그 자체를 이해하는 것은 쉽지 않습니다. 초보자들이 개념도 파악하기 전에 이러한 복잡한 식과 행렬표를 접하게 되면 미리 주눅이 들고 흥미를 잃게 되지요. 본 교재에서는 이러한 점에 착안하여 개념에 대한 내용을 강화하는 대신 수식에 대한 부분은 최소화하려고 노력하였습니다.

둘째, 하나의 모델을 이용하여 장별로 본문의 내용이 연속성을 지닐 수 있도록 하였습니다. 대부분의 초보자들에게는 데이터를 수집한 후 연구모델을 분석하기까지 일련의 과정을 연속해서 따라 할 수 있는 책이 필요합니다. 장(chapter)마다 서로 다른 모델의 예시를 들어 설명할 경우 연속성이 떨어지기 때문에 초보자들이 개념을 명확히 이해하고 분석을 수행하기 힘듭니다. 이러한 점을 보완하기 위해 본서에서는 특별한 경우를 제외하고는 처음부터 끝까지 '외제차모델'이라는 하나의 모델을 이용하였습니다.

셋째, Q&A 면을 통해 독자들의 궁금증을 해결하고 이해를 돕고자 하였습니다. 통계분석을 다루는 많은 책들이 좋은 내용을 담고 있음에도 불구하고 초보자들이 궁금해할 수 있는 질문에 시원하게 대답해주는 부분이 부족한 것이 사실입니다. 이러한 부분을 해결하기 위해서 다수의 독자들이 공통적으로 가지게 되는 질문들과 그에 대한 답변들을 따로 모아 정리하였습니다. 물론 저자의 답변이 주관적일 수 있기 때문에 Q&A 면을 제공하는 것이 부담스럽기도 합니다. 이후로 독자들이 더 좋은 답변을 제시할 경우 수정해나가겠으며, 새로운 질문과 답변들도 추가해나가겠습니다.

넷째, 다양한 에러 메시지의 해결방법을 담았습니다. Amos 사용 시 초보자들이 가장 난감해하는 부분이 아마도 수시로 나타나는 에러 메시지가 아닐까 생각됩니다. 더군다나 왜 에러가 발생했고, 어떻게 해결해야 하는지에 대한 내용이 없기 때문에 더 답답하기 마련입니다. 본 교재에서는 이러한 문제를 해결하기 위해 Amos 사용 시 발생하는 에러의 종류와 원인, 그에 따른 해결법들을 유형별로 정리하였습니다. 물론 Amos 사용 시 발생하는 모든 에러 메시지에 대한 해결방법을 제공할 수는 없겠지만, 초보자들에게는 큰 도움이 될 수 있으리라 기대합니다.

다음으로 본 교재를 집필하는 데 음으로 양으로 많은 도움을 주신 분들에게 감사의 말씀을 전합니다. 먼저 본 교재의 출판을 가능하게 해주신 SPSS KOREA의 이용구 교수님, 정성원 이사님, 한나래출판사의 한기철 사장님, 조광재 상무님 및 관계자분들에게 감사드립니다. 그리고 책의 완성도를 높이는 데 큰 도움을 준 여지영 박사과정생에게 진심 어린 감사의 마음을 전합니다. 또한 본서를 집필하면서 저자가 참고했던 도서나 논문의 저자 분들에게도 머리 숙여 감사드립니다.

끝으로 저자로서 바람이 있다면, 본 교재를 통해 독자들이 구조방정식모델을 정확히 이해하고 Amos를 불편함 없이 자유롭게 사용할 수 있게 되는 것입니다. 그리하여 학문적 연구의 질을 한층 높이는 데 이 책이 도움이 되기를 소망합니다.

세종대 광개토관에서

우종필 드림

contents

ch. 7 구조방정식모델 연구단계 I : 가설설정 및 설문지 개발

ch. 8 구조방정식모델 연구단계 II : 데이터 수집 및 검사

ch. 12 조절효과 및 상호작용효과

ch. 13 다중집단분석

ch. 14 개별경로 간접효과

ch. 15 잠재평균분석

ch. 16 잠재성장곡선모델

chapter

1

구조방정식모델의 개요

1 구조방정식모델이란?

구조방정식모델(Structural Equation Modeling, SEM)은 변수들 간의 인과관계와 상관관계를 검증하기 위한 통계기법으로서 사회학 및 심리학 분야에서 개발되었지만 현재는 경영학, 광고학, 교육학, 생물학, 체육학, 의학, 정치학 등 여러 학문 분야에서 광범위하게 사용되고 있다. 또한 기업체의 고객 만족도 및 브랜드 이미지, 신제품의 광고효과 등 다양한 소비자의 행동이나 상품시장을 분석하는 데에도 사용되고 있는 만큼 구조방정식모델의 사용 영역은 계속 확장될 것으로 예상된다.

Amos(Analysis of MOment Structure) 프로그램을 사용하기 위해서는 구조방정식모델의 개념을 먼저 이해해야 한다. Amos는 구조방정식모델을 구현하기 위한 여러 프로그램 중 하나일 뿐 구조방정식모델 자체는 아니기 때문이다.

구조방정식모델이 처음 사용되었던 시기에는 '공분산 구조분석(covariance structure analysis)', '인과모델링(causal modeling)', '잠재변수모델(latent variable model)', 'Lisrel (linear structural relations)' 등의 다양한 이름이 사용되었다. 이 중 Lisrel은 맨 처음 개발된 프로그램이었기 때문에 구조방정식모델을 지칭하는 것으로 인식되어왔지만, 사실 Lisrel 또한 Amos와 같이 구조방정식모델을 구현하는 여러 프로그램 중 하나일 뿐이다. 최근에는 이러한 여러 명칭들이 '구조방정식모델'로 통용되고 있으며, 본 교재에서도 '구조방정식모델'이라는 용어를 사용하였다.

구조방정식모델은 확인적 요인분석(Confirmatory Factor Analysis, CFA)[1]과 경로분석(path analysis)이 결합된 형태이다. 모델 형태의 관점에서 보면 확인적 요인분석은 측정모델(measurement model)에 해당되고, 경로분석은 구조모델(structural model)[2]에 해당된다.

---

1 '확증적 요인분석' 또는 '검증적 요인분석'이라고도 한다.

2 '이론모델'이라고도 한다.

구조방정식모델 = 확인적 요인분석(측정모델) + 경로분석(구조모델)

측정모델과 구조모델

측정모델

e1 1 디자인
e2 1 각종기능 1 자동차 이미지
e3 1 승차감

D1 1 브랜드 이미지
1 고급차 1 e6
독일차 1 e5
유명한차 1 e4

구조모델

구조방정식모델 예

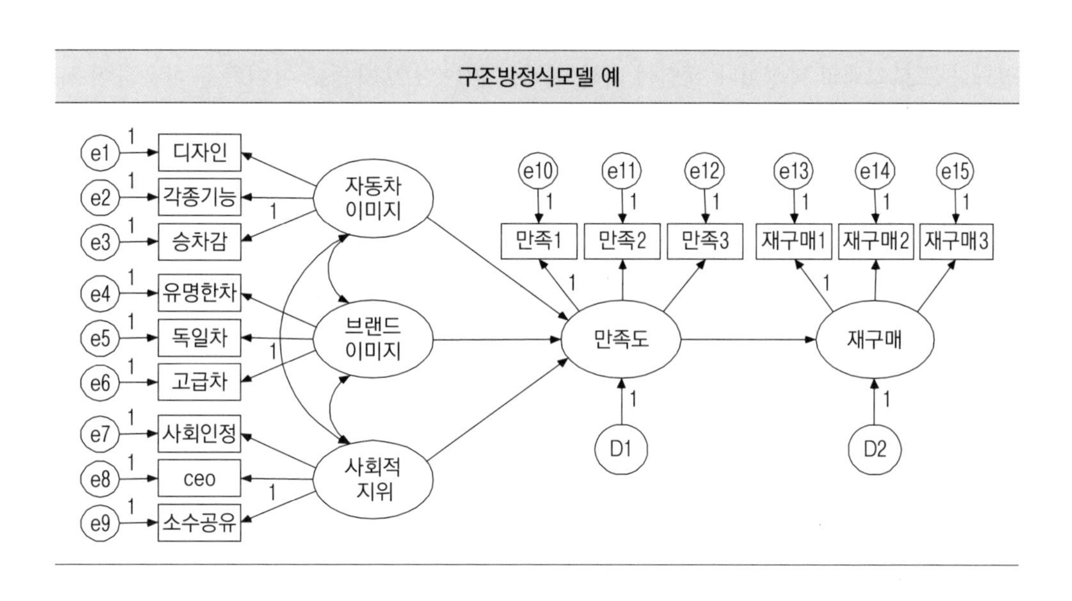

2 구조방정식모델 프로그램

구조방정식모델을 분석하기 위한 프로그램은 10여 가지 이상이 개발되어 있지만, 대표적으로 사용되는 프로그램은 Amos, Lisrel, EQS 등이다.

2-1 Amos

Amos(Analysis of MOment Structure)는 미국 템플대학교의 심리학과 교수인 제임스 아버클(James L. Arbuckle)이 개발한 프로그램이다. 모든 과정이 그래픽으로 구성되어 있어 초보자들도 편리하게 이용할 수 있다.

Amos는 기본적으로 그래픽(Amos graphics)과 베이직(Amos basic)을 제공하기 때문에 정확한 프로그램의 작성이나 행렬에 대한 지식이 없는 초보자들도 아이콘을 이용하여 복잡한 연구모델이나 다중집단분석 모델을 쉽게 작성할 수 있다. 또한 SPSS나 Excel 등과 호환이 가능해 타 프로그램에 비해 편리하게 사용할 수 있다. 이러한 장점으로 인해 구조방정식모델 분석을 대중화하는 데 크게 기여한 프로그램이다.

Amos는 2~3년을 주기로 새로운 버전을 선보이고 있으며, 현재는 Amos 25.0이 최신 버전으로 사용되고 있다. 하지만 새로운 버전과 구버전에 차이가 크지 않기 때문에 구버전 사용자들도 분석에 큰 문제가 없다.

• 홈페이지(www.ibm.com/kr-ko/marketplace/structural-equation-modeling-sem)

• Amos 다운로드(www.ibm.com/account/reg/kr-ko/signup?formid=urx-14553)

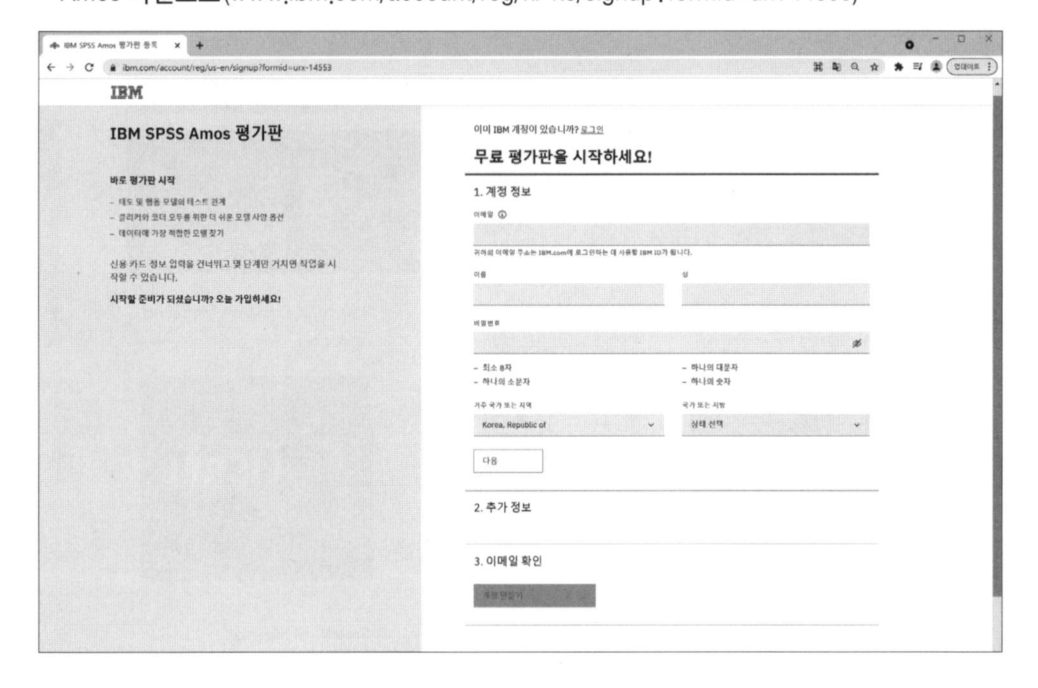

2-2 Lisrel

Lisrel(LInear Structural RELations)은 구조방정식모델을 분석하기 위한 최초의 프로그램으로, 스웨덴 웁살라대학교(Uppsala University)의 교수인 칼 예레스코그(Karl Jöreskog)와 다그 소르봄(Dag Sörbom)에 의해 개발되었다. 가장 먼저 개발되고 사용됨에 따라 구조방정식모델을 지칭하는 단어로 불리기도 한다. 사용 초기에는 여러 가지 행렬과 복잡한 그리스 문자들로 구성되어 있어 사용이 쉽지 않았지만, 버전이 높아지면서 다양한 기능이 추가되었다. 또한 현재 출시되어 있는 Lisrel 10.20에서는 구조방정식모델뿐만 아니라 다양한 통계적 기능도 제공하고 있다.

Lisrel 시험판(free 14-day trial edition)은 Lisrel 홈페이지에서 다운로드할 수 있다.

- Lisrel 홈페이지(https://ssicentral.com/)

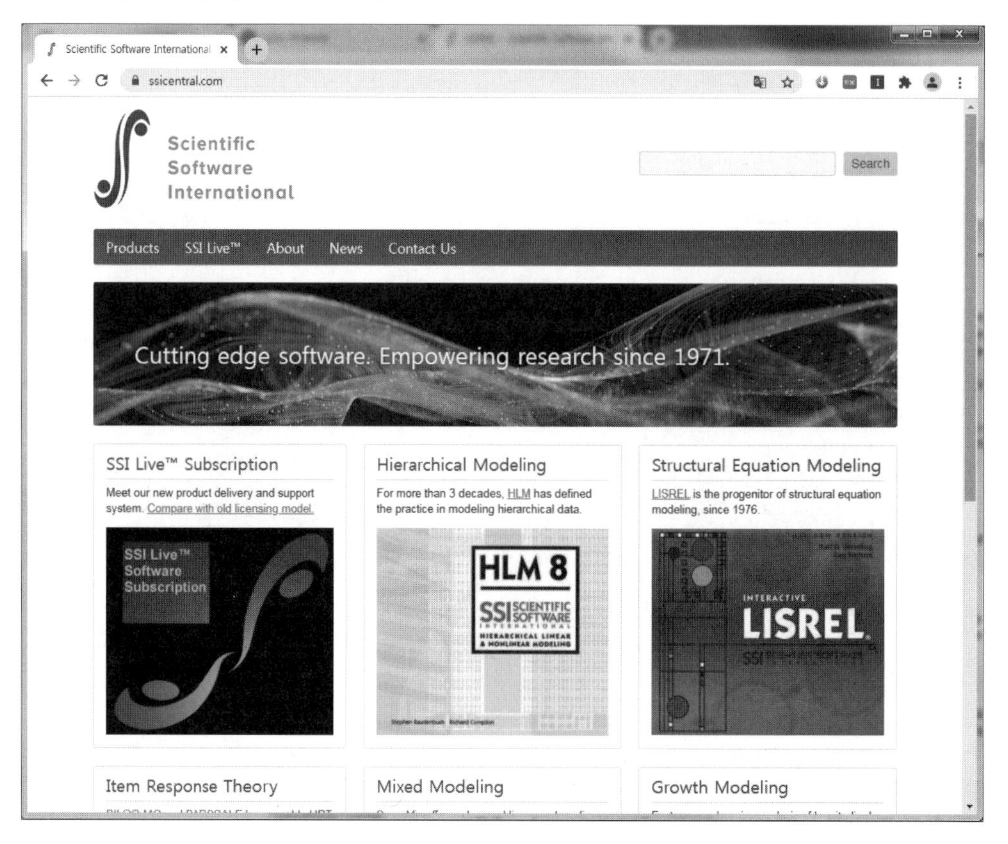

- Lisrel 프로그램(https://ssicentral.com/index.php/products/lisrel/)

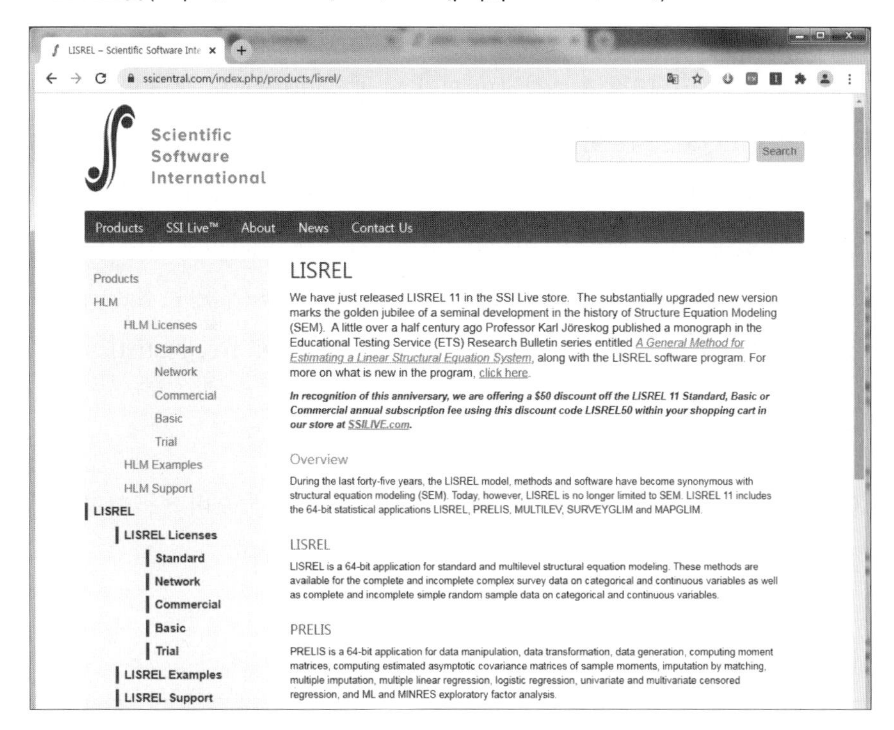

- Free Trial(https://ssicentral.com/index.php/products/lisrel/lisrel-licenses/lisrel-licenses-trial/)

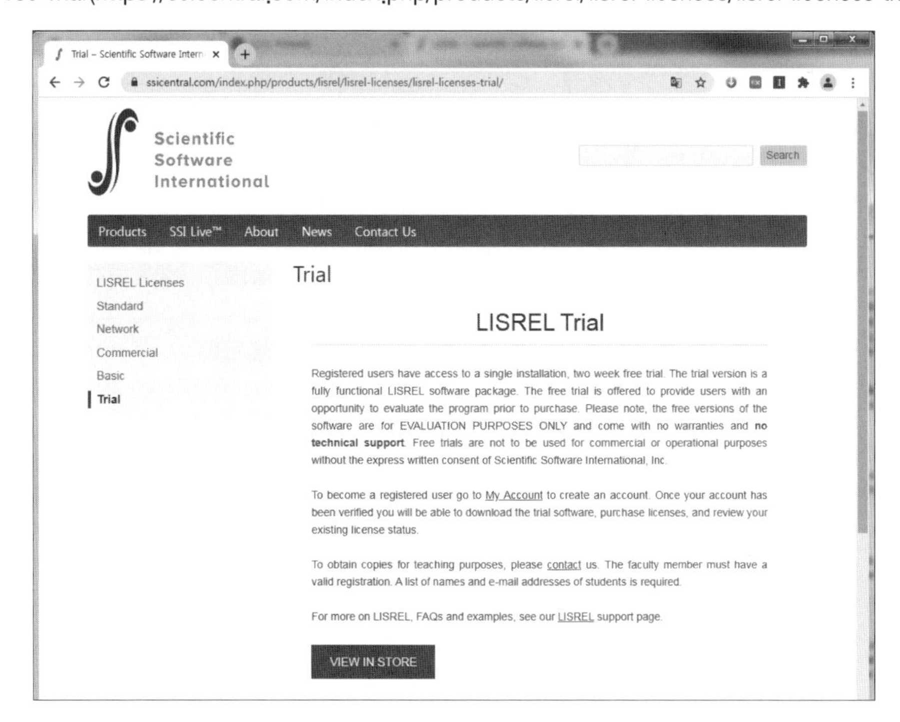

2-3 EQS

EQS(EQuationS)는 미국 UCLA 대학교의 피터 M 벤틀러(Peter M. Bentler) 교수가 개발한 프로그램이다. EQS는 행렬이 아닌 방정식 형태로 모델을 분석할 수 있게 개발되었지만, 그래픽을 이용하여 모델을 작성할 수 있는 'diagrammer' 기능도 제공하고 있다. 또한 구조방정식모델에 대한 기능뿐만 아니라 여러 가지 통계기법(t-test, ANOVA, 다중회귀분석 등)에 대한 결과를 제공하며, 다른 프로그램에서는 지원되지 않는 Satorra-Bentler scaled χ^2, robust standard errors, Yuan-Bentler distrubition free statistics 등을 제공하고 있다.

현재 EQS 6.4 버전이 출시되어 있으며, EQS 홈페이지에서 데모 버전을 다운로드할 수 있다.

- EQS 홈페이지(www.mvsoft.com)

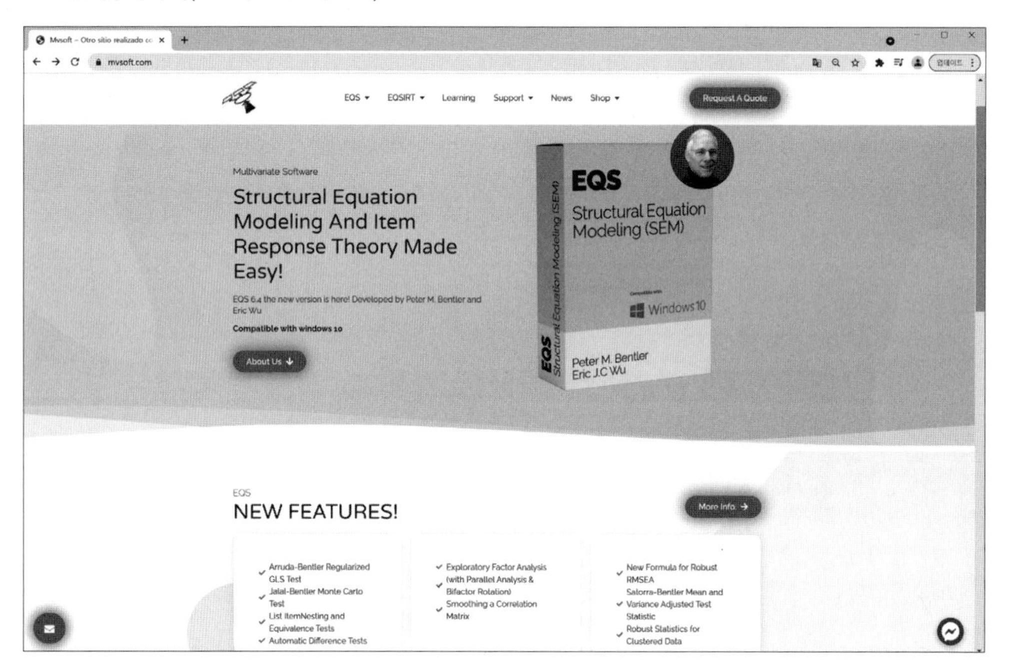

- EQS 다운로드

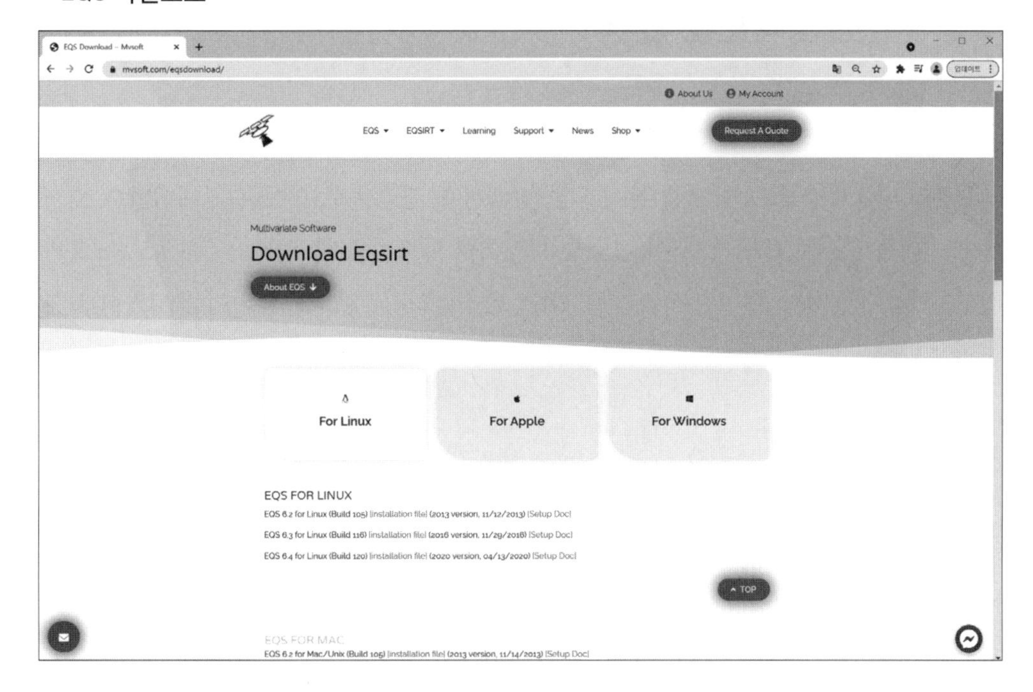

- diagrammer

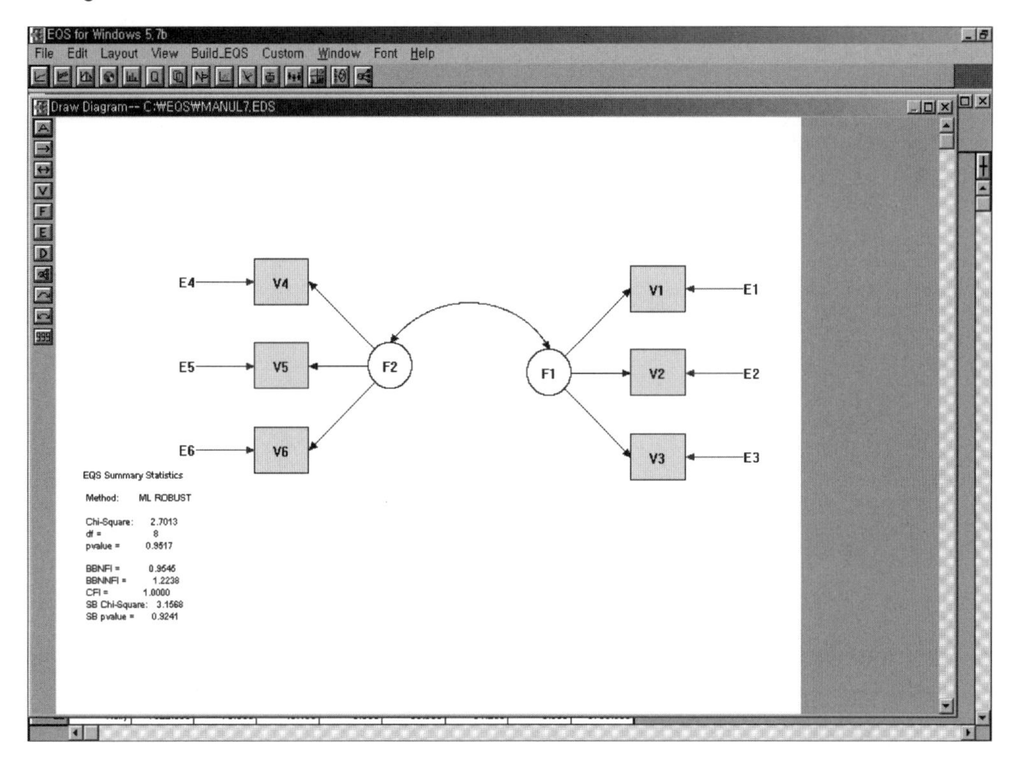

3 구조방정식모델 변수

지금부터 구조방정식모델에서 기본이 되는 잠재변수, 관측변수, 외생변수, 내생변수, 오차변수에 대해 알아보도록 하자. 이 변수들은 영어의 알파벳에 해당하는 부분으로, 구조방정식모델을 구성하는 데 있어서 기본이 되는 변수들이기 때문에 그 의미를 명확히 알아두어야 한다.

3-1 잠재변수

잠재변수('latent variable' 또는 'unobserved variable')는 구조방정식모델에서만 사용되는 변수로서 직접 관찰되거나 측정되지 않고, 관측변수에 의해서 간접적으로 측정된다. 구조방정식모델에서는 원이나 타원 형태로 나타나며, 연구모델에서는 구성개념(construct)[3]으로 사용된다.

3-2 관측변수

관측변수(observed variable)는 직접적으로 측정되는 변수로서 잠재변수에 연결되어 잠재변수를 측정한다. '관측변수'라는 명칭 이외에도 '측정변수(measured variable), 명시변수(manifest variable), 지표(indicator)'라는 용어로도 불리며, 구조방정식모델에서는 직사각형이나 정사각형 형태로 나타나게 된다. 설문지의 측정항목처럼 조사자의 조사나 실험, 관찰 등을 통해서 직접 얻게 되는 수치가 관측변수에 해당된다.

---

3 연구모델에서 사용되는 추상적인 개념으로서, 구조방정식모델에서는 일반적으로 잠재변수로 표현된다.

3-3 외생변수

일반적으로 통계분석에서 사용하는 '독립변수(independent variable)'와 '종속변수(dependent variable)'라는 용어 대신 구조방정식모델에서는 '외생변수(exogenous variable)'와 '내생변수(endogenous variable)'라는 용어를 사용한다.

외생변수는 독립변수의 개념에 해당하며, 다른 변수에 영향을 주는 변수이다. 외생변수를 구별할 수 있는 가장 간단한 방법은 화살표의 방향이다. 단어의 어원상 'exo~'는 'out'을 의미하기 때문에 화살표가 밖으로 향해 있으면 무조건 외생변수라고 생각하면 된다.

3-4 내생변수

내생변수는 종속변수의 개념에 해당하며, 최소한 한 번 이상은 직접 또는 간접적으로 영향을 받는 변수이다. 형태상으로 화살표를 받는 변수는 내생변수에 해당된다. 내생변수는 외생변수로부터 직접적으로 영향을 받는 변수(A → B에서 B의 경우)이지만, 다른 내생변수로부터 영향을 받는 변수(A → B → C에서 C의 경우)도 해당된다. 또한 화살표를 받는 동시에 화살표를 주는 변수(A → B → C에서 B의 경우)가 존재하는데, 이 역시 내생변수에 해당된다.

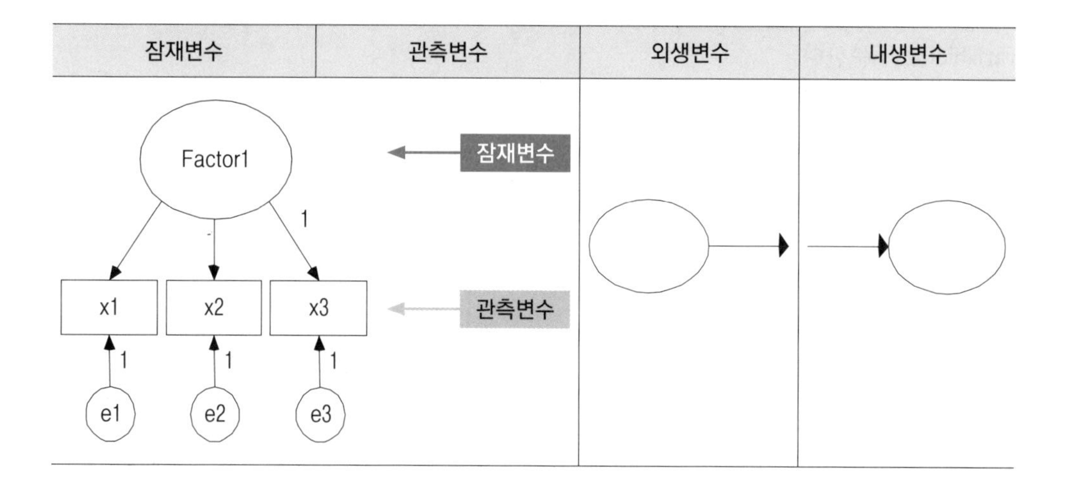

3-5 외생잠재변수, 내생잠재변수, 외생관측변수, 내생관측변수

잠재변수와 관측변수, 외생변수와 내생변수의 개념을 이용하면 [표 1-1]과 같은 4가지 형태의 변수 조합이 만들어진다.

[표 1-1] 잠재변수와 관측변수, 외생변수와 내생변수의 조합

	외생변수	내생변수
잠재변수	외생잠재변수	내생잠재변수
관측변수	외생관측변수	내생관측변수

외생잠재변수(exogenous latent variable)는 다른 변수에 영향을 주기 때문에 화살표가 밖으로 향하며, 내생잠재변수(endogenous latent variable)는 외생변수에 의해 영향을 받기 때문에 화살표를 받는 형태를 취한다. 변수 명칭의 순서는 외생과 내생, 잠재가 서로 바뀌어도 괜찮으므로 외생잠재변수(exogenous latent variable)를 잠재외생변수(latent exogenous variable)라고 해도 무방하다.

관측변수의 경우, Lisrel에서는 외생잠재변수에 붙어 있는 변수를 외생관측변수(exogenous observed variable), 내생잠재변수에 붙어 있는 변수를 내생관측변수(endogenous observed variable)로 구분한다.

Lisrel에서 사용하는 변수

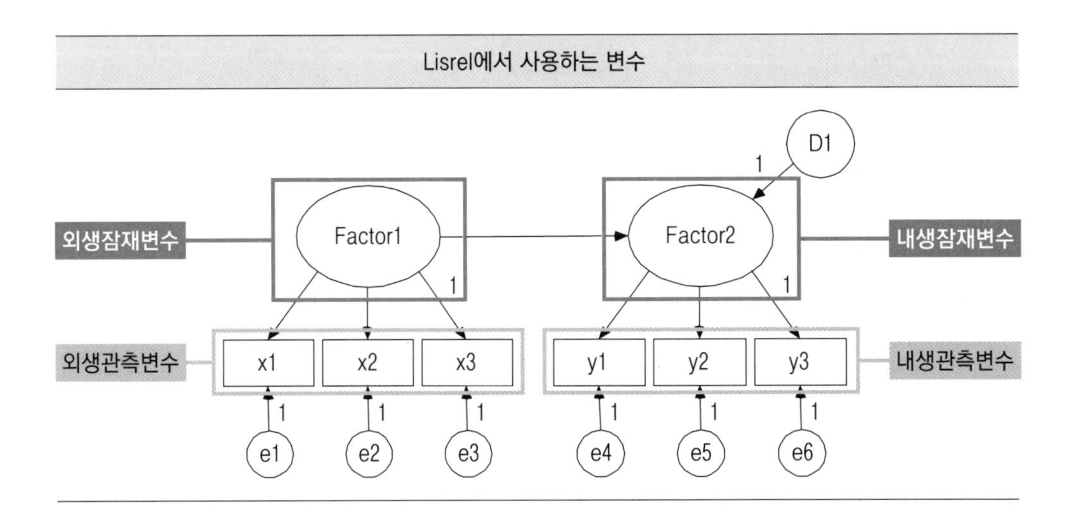

하지만 Amos에서는 외생관측변수와 내생관측변수의 구분 없이 모든 관측변수를 내생관측변수로 간주한다.[4]

Amos에서 사용하는 변수

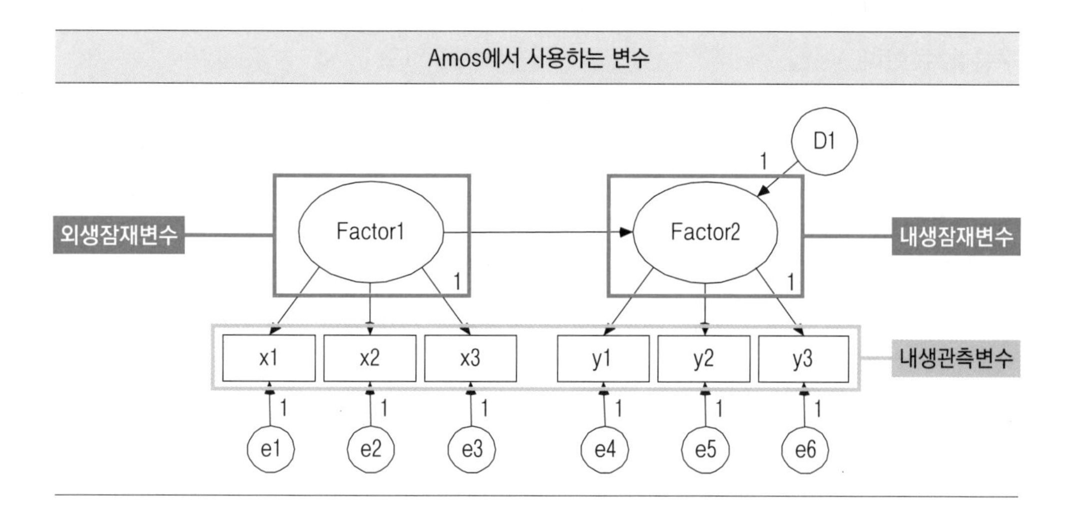

3-6 오차변수

오차변수(error variable)는 우리 몸에서 중요한 장기인 간처럼 밖으로 드러나지는 않지만 매우 중요한 역할을 하는 변수로서, 구조방정식모델에서 없어서는 안 되는 중요한 변수이다. 하지만 조사자들에 의해서 무시되는 경우가 많은데, 예를 들어 현재까지 발표된 다수의 논문들을 보더라도 오차분산의 크기나 오차 간 상관 등에 대한 결과를 찾아보기가 쉽지 않다. 상황이 이렇다 보니 많은 조사자들이 오차변수의 개념조차 제대로 파악하지 못하고 분석하는 경우를 종종 볼 수 있다.

오차변수는 측정오차(measurement error)와 구조오차(structural error)로 분류되는데, Amos에서는 두 오차변수의 형태를 구분하지 않고 똑같은 아이콘으로 표현하기 때문에 두 오차변수의 개념과 차이를 이해하는 데 주의를 기울여야 한다.

오차변수 : 측정오차, 구조오차

4 본 교재에서는 외생관측변수와 내생관측변수의 구분 없이 '관측변수'라는 용어를 사용하였다.

1) 측정오차

측정오차의 종류는 다양하지만, 일반적으로 측정오차가 발생하는 경우는 크게 3가지로 구분할 수 있다.

① 조사자가 데이터에 수치를 잘못 입력했을 경우

예를 들어 조사자가 결측치를 0, 9 또는 99 등으로 입력했지만 이를 결측치로 전환하지 않고 그대로 분석한다든지, 3을 33으로 두 번 입력한 채 분석하는 경우 등이다. 이때는 측정오차가 발생하여 평균이나 분산 등에 큰 영향을 미치게 된다.

② 응답자가 주어진 정보를 제대로 이해하지 못했을 경우

예를 들어 조사자가 로하스(Lifestyles Of Health And Sustainability, LOHAS)[5] 인증에 대한 소비자들의 의식을 조사할 때 자신은 로하스에 대해서 이미 알고 있기 때문에 응답자도 잘 알고 있을 거라 생각하지만, 실제로 응답자가 로하스에 대해 모르는 상태에서 임의대로 설문에 응답했을 경우 오차가 발생하게 된다.

③ 어떤 이유로 응답자가 제대로 된 대답을 할 수 없을 경우

예를 들어 조사자가 응답자의 연봉이나 회사의 세금 납부 현황과 같은 대답하기 곤란한 질문, 몸무게처럼 개인의 프라이버시에 관련된 질문을 하면 응답자는 제대로 된 응답을 하지 않을 확률이 높기 때문에 오차가 발생할 수 있다.

물론 이외에도 설문문항이 중복부정문(double negative question)으로 되어 있어 응답자가 질문 자체를 혼동하거나, 설문문항 자체에 관심이 없어 무성의하게 대답하거나, 설문응답 시 주위의 소란스러운 환경으로 인해 설문내용을 제대로 파악하지 못한 경우 등에도 측정오차가 발생할 수 있다.

---

5 인간과 자연이 하나가 되어 함께 건강하며 지속적인 성장을 추구하는 친환경적인 삶. 또는 자신의 정신적, 육체적 건강뿐만 아니라 환경 파괴를 최소화한 제품을 선호하는 소비패턴(스타일)을 의미한다. [출처 : 네이버 지식사전]

지금까지 설명한 측정오차는 연구방법론에서 주로 다루는 개념인데, 이를 구조방정식모델의 측정오차와 동일하게 인식하는 경우가 있다. 물론 이러한 오차들이 구조방정식모델에서 측정오차를 일으킬 수도 있지만, 중요한 점은 구조방정식모델에서 의미하는 측정오차는 위에서 언급한 측정오차와는 다소 다른 개념이라는 것이다.

구조방정식모델에서의 측정오차는 잠재변수가 관측변수를 설명하고 난 나머지 부분, 즉 설명하지 못하는 부분을 의미한다.

잠재변수와 관측변수, 측정오차의 관계를 보면 잠재변수에서 관측변수로 화살표가 뻗어 있고, 측정오차에서 관측변수로 화살표가 뻗어 있는 형태로 되어 있다. 다시 말해서, 잠재변수는 관측변수에 의해서 측정되지만, 개념상으로 잠재변수는 관측변수에 영향을 미치며, 관측변수에 영향을 미치고 난 나머지 부분(설명하지 못하는 부분)을 측정오차가 설명하는 형태로 되어 있는 것이다. 아래의 그림에서 화살표 방향을 보면, 잠재변수 Factor1이 관측변수 x1에 영향을 미치고, 측정오차 e1이 관측변수 x1에 영향을 미치는 것을 알 수 있는데, e1~e3이 바로 측정오차에 해당된다.

측정오차

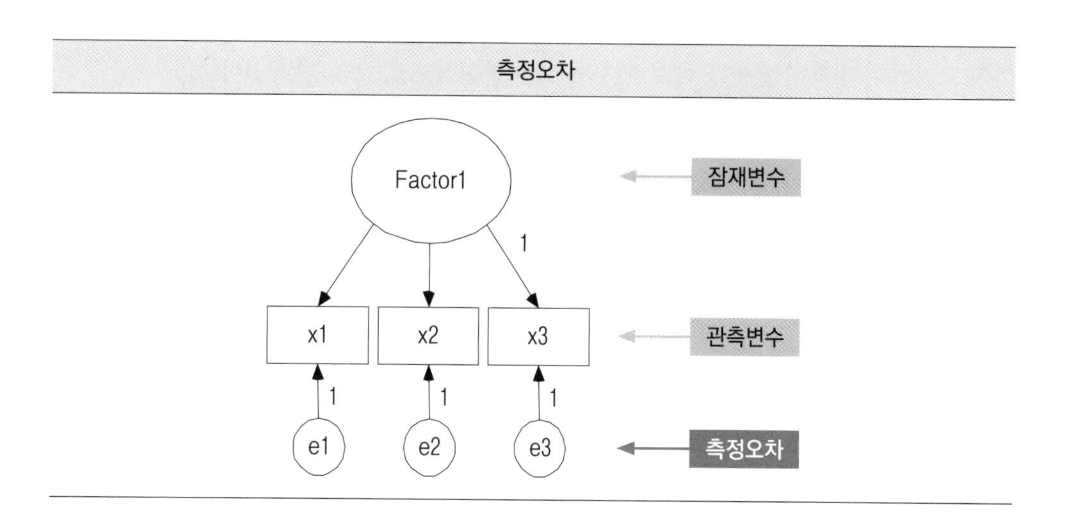

2) 구조오차

구조오차(structural error)는 내생변수가 다른 변수들에 의해서 설명이 되고 난 나머지 부분, 즉 설명이 안 된 부분을 의미한다. 교란(disturbance), 잔차(residual), 방정식오차(equation error), 예측오차(prediction error) 등의 다양한 이름으로 불리기도 한다. 다중회귀분석에서도 독립변수가 종속변수를 설명하는 부분(R^2) 이외의 부분을 오차로 간주하는데, 구조오차를 이와 비슷한 개념으로 이해하면 된다. 특히 모든 내생변수에는 구조오차가 필수적으로 존재하는데, 그 이유는 한 내생변수가 다른 변수로부터 완벽하게 영향을 받지 않기 때문이다. 반대로 외생변수에는 구조오차가 존재하지 않는다.

예를 통해 구조오차를 알아보도록 하자. 일기예보를 듣다 보면 오보를 하는 경우가 있는데, 아무리 좋은 슈퍼컴퓨터를 사용한다고 해도 일기예보 적중률이 100%가 되기 힘든 이유는 날씨에 영향을 미치는 요인들이 너무 다양한 데다가 그 요인들을 한꺼번에 다 고려할 수 없기 때문이다. 예를 들어 풍량, 풍속, 온도, 습도 등은 불규칙적으로 움직일 뿐만 아니라 지형에 따라 서로 복잡하게 상호작용을 일으키며 날씨에 다양하게 영향을 미친다. 그 외에도 전혀 예상하지 못했던 여러 요인들이 날씨에 영향을 미치는데, 이러한 부분까지 고려하여 정확히 날씨를 예보한다는 것은 현실적으로 불가능한 일이다.

물론 성능이 더 월등한 슈퍼컴퓨터를 도입하여 분석에 입력되는 요인의 수를 더 많이 늘리고, 요인 간 상호작용까지 고려해 분석할 수 있다면 일기예보 적중률은 훨씬 높아질 것이다. 하지만 100%를 예측한다는 것은 여전히 불가능하다고 할 수 있다.

이런 경우 일기예보에 투입되는 요인들은 외생변수가 되고, 일기예보 적중률은 내생변수가 되며, 예측을 빗나가는 부분, 즉 외생변수가 설명하지 못하는 나머지 부분은 구조오차가 된다. 따라서 투입되는 외생변수가 많아질수록 구조오차는 줄어들게 되는데, 다중회귀분석에서 투입되는 독립변수가 증가할수록 R^2값이 증가하는 원리와 같다.

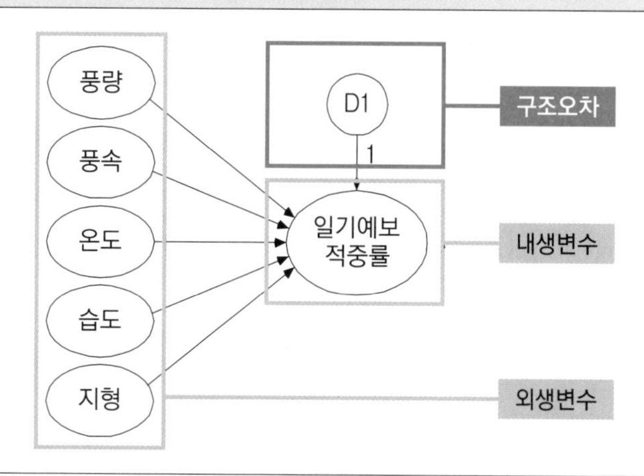

그렇다면 학문적인 측면에서 구조오차의 역할은 어떨까? 구조오차는 연구의 목적에 따라 결정되어야 한다.

만약 일기예보의 적중률을 높이거나 폐암 발생 요인을 규명하는 것처럼 외생변수가 내생변수를 설명하는 양을 늘리고 구조오차를 줄이는 것이 연구 목적이라면, 모델 내에서 내생변수에 영향을 미치는 외생변수를 많이 늘리는 것이 바람직하다.

하지만 외생변수와 내생변수 간 인과관계를 알아보고자 하는 경우라면, 구조오차 자체가 연구의 목적은 아니므로 구조오차를 줄이기 위해 많은 외생변수를 사용할 필요는 없다. 외생변수를 사용하기 위해서는 선행연구나 논리적인 근거가 있어야 하고, 외생변수를 무분별하게 증가시키면 모델이 복잡해지기 때문에 필요 이상의 외생변수를 사용하는 것은 바람직하지 않다.

3-7 변수의 정리

지금까지 설명한 변수들의 명칭과 기호를 정리하면 다음과 같다. 변수의 명칭을 명확하게 구분하고 있는 Lisrel과 달리, Amos에서는 변수명의 구분 없이 동일하게 표기되는 용어가 있기 때문에 용어 구분에 주의해야 한다. 예를 들어 Amos에서는 외생관측변수와 내생관측변수는 'observed, endogenous variable'로 표기되고, 외생잠재변수와 측정오차, 구조오차는 'unobserved, exogenous variable'로 동일하게 표기된다.

[표 1-2] Amos & Lisrel 용어 비교

변수	Amos	Lisrel
잠재변수	unobserved variable	latent variable
관측변수	observed variable	observed variable
외생변수	exogenous variable	exogenous variable
내생변수	endogenous variable	endogenous variable
외생잠재변수	unobserved, exogenous variable	exogenous latent variable
내생잠재변수	unobserved, endogenous variable	endogenous latent variable
외생관측변수	observed, endogenous variable	exogenous observed variable
내생관측변수	observed, endogenous variable	endogenous observed variable
측정오차	unobserved, exogenous variable	measurement error
구조오차	unobserved, exogenous variable	disturbance

[표 1-3] 구조방정식모델에서 사용되는 변수와 기호

변수	기호	설명
잠재변수	(타원)	구성개념에 해당하며, 관측변수에 의해서 측정됨
관측변수	(사각형)	실제로 얻어지는 데이터로서 잠재변수에 연결되어 잠재변수를 측정함
외생변수	(타원 →)	독립변수의 개념에 해당하며, 다른 변수에 영향을 줌
내생변수	(→ 타원)	종속변수의 개념에 해당하며, 다른 변수로부터 영향을 받음
측정오차	(사각형 ← 원)	잠재변수가 관측변수를 설명하고 난 나머지, 설명하지 못하는 부분
구조오차	(타원 ← 원)	내생잠재변수가 다른 잠재변수에 의해서 설명이 되고 난 나머지, 설명이 안 된 부분

4 외제차모델의 예

지금까지 설명한 변수들에 대한 내용을 외제차모델 시나리오[6]를 통해 전체적으로 이해해 보자.

4-1 외제차모델 시나리오

국내 자동차 시장에 진출한 독일 BBB사는 1년 전 출시한 500s의 구매고객을 대상으로 500s에 대한 만족도 및 재구매 의사를 조사하려고 한다. 특히 BBB사의 경영진은 500s의 어떤 요인들이 구매고객들의 만족도와 재구매 의도에 영향을 미치는지를 구체적으로 알고 싶어 하는 상황이다. BBB사로부터 의뢰를 받은 조사자는 본격적인 조사에 앞서, 사전에 포커스 그룹 인터뷰와 기존에 발표된 선행연구 등을 종합하여 BBB사의 500s에 대한 만족도와 재구매에 영향을 미치는 요인들과 항목을 다음과 같이 추출하였다.

- 첫 번째 요인은 '자동차이미지'로서 자동차 자체에 대한 내용이다. 측정문항은 500s의 디자인, 차의 기능(품질), 승차감을 선정하였다.
- 두 번째 요인은 '브랜드이미지'로서 독일회사인 BBB사의 브랜드에 대한 내용이다. 측정문항은 BBB사가 세계적으로 유명한 자동차회사라는 점, 독일차라는 점, 고급차 브랜드라는 점을 선정하였다.
- 세 번째 요인은 '사회적지위'로서 500s의 소유로 인해 얻게 되는 감정에 대한 내용이다. 측정문항은 500s를 타고 다니기 때문에 사회적으로 인정받는 것 같다는 점, 성공한 CEO로 보여질 수 있다는 점, 소수만이 공유할 수 있는 차라는 점을 선정하였다.
- 만족도와 재구매에 대한 내용 또한 3문항씩 구성하였다.

6 외제차모델은 독자들의 이해를 돕기 위해 저자가 가상으로 만든 모델이므로 이론적·논리적 배경이 반영되지 않았다.

설문지의 구성

1) 자동차이미지에 대한 질문

내용	전혀 그렇지 않다	그렇지 않다	보통 이다	그렇다	매우 그렇다
500s의 디자인은 마음에 든다	1	2	3	4	5
500s의 각종 기능(품질)은 탁월하다	1	2	3	4	5
500s의 승차감은 훌륭하다	1	2	3	4	5

2) 브랜드이미지에 대한 질문

내용	전혀 그렇지 않다	그렇지 않다	보통 이다	그렇다	매우 그렇다
BBB는 세계적으로 유명한 브랜드이다	1	2	3	4	5
BBB는 대표적인 독일 차 브랜드이다	1	2	3	4	5
BBB는 귀족적 이미지의 브랜드이다	1	2	3	4	5

3) 사회적지위에 대한 질문

내용	전혀 그렇지 않다	그렇지 않다	보통 이다	그렇다	매우 그렇다
500s를 타면 사회적으로 인정받는 것 같다	1	2	3	4	5
500s를 타면 성공한 CEO로 보여질 것 같다	1	2	3	4	5
500s는 소수의 사람만이 소유할 수 있다	1	2	3	4	5

4) 만족도에 대한 질문

내용	전혀 그렇지 않다	그렇지 않다	보통 이다	그렇다	매우 그렇다
나는 500s에 대해 만족한다	1	2	3	4	5
나는 BBB 브랜드에 대해 만족한다	1	2	3	4	5
나는 BBB사의 500s에 대해 만족한다	1	2	3	4	5

5) 재구매에 대한 질문

내용	전혀 그렇지 않다	그렇지 않다	보통 이다	그렇다	매우 그렇다
앞으로도 BBB사의 제품을 구매할 것이다	1	2	3	4	5
타 브랜드의 제품 구매를 생각해본 적이 있다*	1	2	3	4	5
주위 사람에게도 500s를 추천할 것이다	1	2	3	4	5

* 역채점 문항

4-2 연구모델 개발 및 가설설정

설문지가 완성된 후 조사자는 자동차이미지, 브랜드이미지, 사회적지위가 만족도에 영향을 미치고, 만족도가 재구매에 영향을 미치는 연구모델을 개발하고, 가설도 아래와 같이 설정하였다.

외제차 연구모델

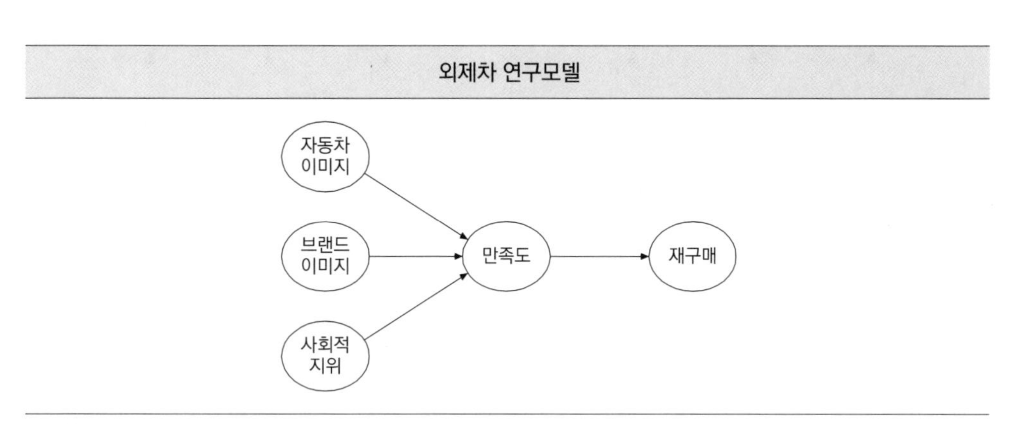

가설1. 자동차이미지는 만족도에 정(+)의 방향으로 영향을 미칠 것이다.
가설2. 브랜드이미지는 만족도에 정(+)의 방향으로 영향을 미칠 것이다.
가설3. 사회적지위는 만족도에 정(+)의 방향으로 영향을 미칠 것이다.
가설4. 만족도는 재구매에 정(+)의 방향으로 영향을 미칠 것이다.

4-3 외제차모델 구현

1) 잠재변수와 관측변수

연구모델을 구조방정식모델로 구현하는 첫 번째 단계이다. 전체 모델을 구현하기에 앞서 자동차이미지와 만족도에 대한 부분을 보면 다음과 같다.

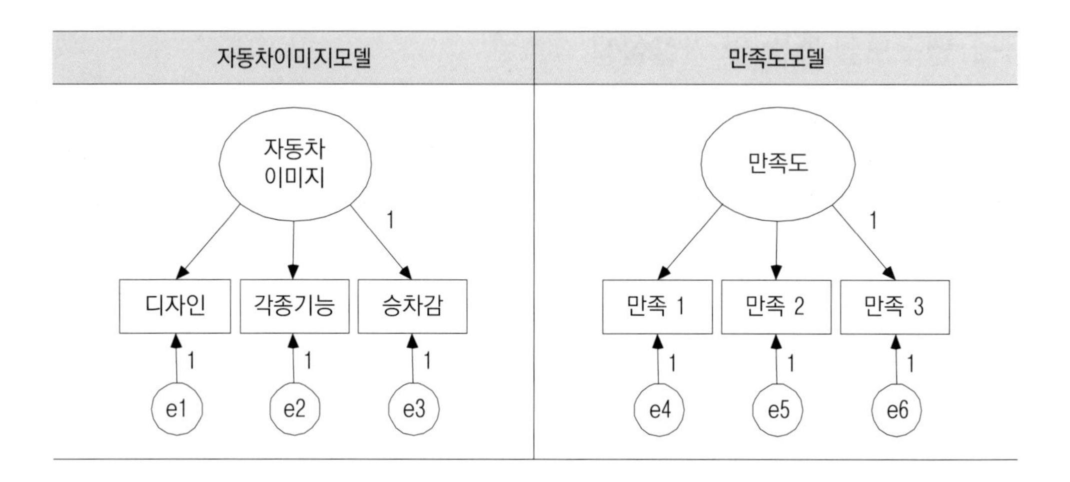

위의 자동차이미지모델에서 자동차이미지는 구성개념이기 때문에 잠재변수가 되고, 타원 형태를 취하고 있다. 측정항목에 해당되는 디자인, 각종기능, 승차감은 관측변수로서 직사각형으로 표시되고, 각각의 관측변수에는 e1~e3의 측정오차가 붙어 있다. 만족도모델 역시 만족도는 잠재변수이므로 타원 형태가 되고, 측정항목인 만족1, 만족2, 만족3은 관측변수이기 때문에 직사각형으로 표시되며, e4~e6의 측정오차가 붙어 있다.

자동차이미지모델과 만족도모델을 인과관계(일방향 화살표)로 연결하면 다음과 같은 모델이 완성된다.

[그림 1-1] 자동차이미지와 만족도의 인과모델

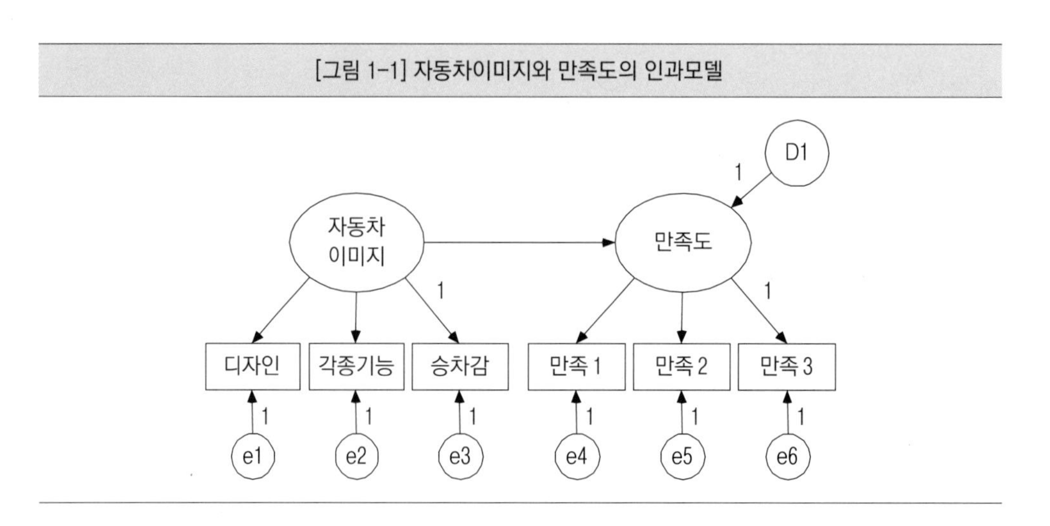

2) 외생변수와 내생변수

[그림 1-1]에서 잠재변수인 자동차이미지는 다른 잠재변수인 만족도에 영향을 주기 때문에(화살표가 밖으로 향함) 외생잠재변수가 되며, 만족도는 외생변수인 자동차이미지로부터 영향을 받기 때문에(화살표가 안으로 향함) 내생잠재변수가 된다. 그리고 디자인, 각종기능, 승차감, 만족1, 만족2, 만족3은 모두 관측변수에 해당된다.

또한 디자인, 각종기능, 승차감(관측변수)으로 구성된 자동차이미지(잠재변수)가 만족1, 만족2, 만족3(관측변수)으로 구성된 만족도(잠재변수)에 영향을 미치고 있음을 알 수 있다.

3) 측정오차와 구조오차

측정오차는 잠재변수가 관측변수를 설명하고 난 나머지 부분을 의미한다. [그림 1-1]에서 e1~e6이 측정오차에 해당된다. 구조오차는 내생변수가 다른 변수들에 의해서 설명이 되고 난 나머지 부분, 즉 설명이 안 된 부분을 의미한다. [그림 1-1]에서 D1로 표시[7]되어 있다. 모든 내생변수에는 반드시 구조오차가 붙어 있어야 한다는 것을 다시 한 번 기억하자.

실제로 고객들이 자동차에 대해 느끼는 만족도는 가격이나 품질, 색상 등 수많은 요인들에 의해서 결정될 것이다. 그러나 [그림 1-1]을 보면 그러한 변수들이 빠져 있고, 자동차이미지만이 만족도에 영향을 미치는 것으로 되어 있다. 다시 말해서, 자동차이미지가 만족도에 영향을 미치고 난 나머지 부분, 즉 빠져 있는 변수들이 구조오차가 되는 것이다.

---

7 본 교재에서는 두 오차를 구별하기 위해 측정오차는 e(error의 약자)로, 구조오차는 D(disturbance의 약자)로 표기하였다.

4-4 외제차모델의 완성

지금까지 설명한 내용을 바탕으로 전체 외제차모델을 구조방정식모델에 맞게 전환해보면 자동차이미지, 브랜드이미지, 사회적지위, 만족도, 재구매는 구성개념에 해당되기 때문에 잠재변수가 된다. 그리고 디자인, 각종기능, 승차감, 만족1, 만족2, 만족3, 재구매1, 재구매2, 재구매3 등의 측정항목들은 관측변수가 된다.

잠재변수 중에서도 자동차이미지, 브랜드이미지, 사회적지위는 외생변수로서 내생변수에 영향을 주기 때문에 외생잠재변수가 되고, 만족도와 재구매는 외생변수로부터 영향을 받기 때문에 내생잠재변수가 된다. 만족도의 경우 외생잠재변수들에 의해서 영향을 받지만 재구매에 다시 영향을 주기 때문에 외생잠재변수로 착각할 수도 있으나, 일단 영향을 받기 때문에 내생잠재변수로 분류한다.

e1~e15는 관측변수에 대한 측정오차들로 잠재변수들이 관측변수들을 설명하고 난 나머지 부분을 의미한다. D1과 D2는 내생변수에 존재하는 구조오차들로 D1은 자동차이미지, 브랜드이미지, 사회적지위가 만족도에 영향을 미치고 난 나머지 부분이며, D2는 만족도가 재구매에 영향을 미치고 난 나머지 부분을 의미한다.

[그림 1-2] 외제차모델의 완성

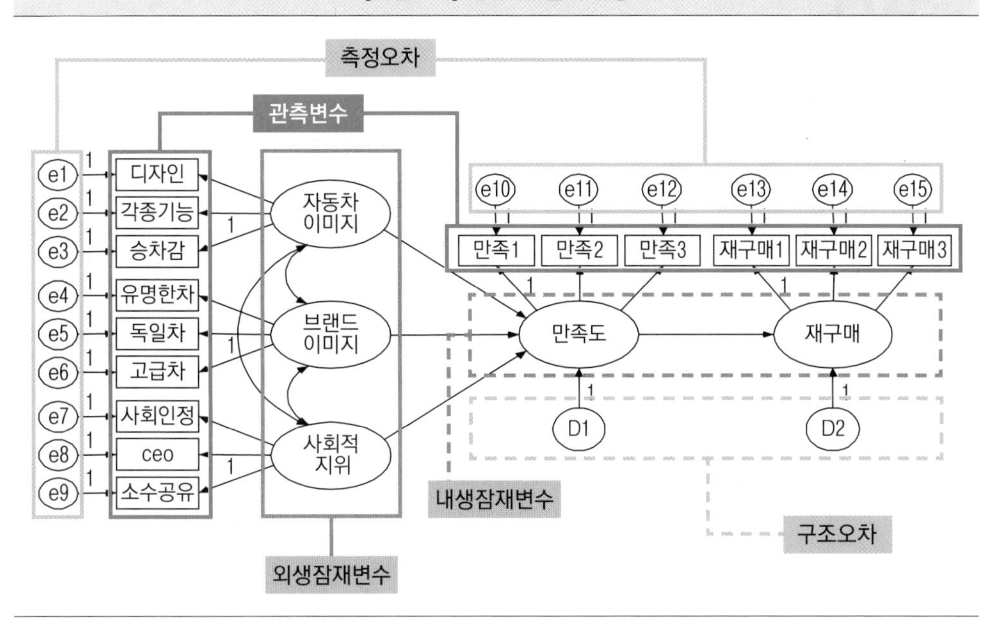

변수	기호	변수명
외생잠재변수	(타원 →)	자동차이미지, 브랜드이미지, 사회적지위
내생잠재변수	(→ 타원)	만족도, 재구매
관측변수	(사각형)	디자인, 각종기능, 승차감, 유명한차, 독일차, 고급차, 사회인정, CEO, 소수공유, 만족1, 만족2, 만족3, 재구매1, 재구매2, 재구매3
측정오차	e	e1~e15
구조오차	D	D1, D2

Q&A

Q 1-1 구조방정식 프로그램 중 Amos, Lisrel, EQS의 장단점을 간단히 알고 싶습니다.

A Amos, Lisrel, EQS 프로그램은 각각의 특징이 있습니다. Amos는 SPSS와 연동될 뿐만 아니라 그래픽이 지원되어 복잡한 모델의 이해를 높일 수 있고, 기능 아이콘을 이용하여 모델을 편리하게 작성할 수 있으며, 행렬이나 방정식에 익숙하지 않은 초보자들이 편리하게 이용할 수 있다는 강점이 있습니다.

Lisrel 역시 방정식 형태의 SIMPLIS와 그래픽 형태의 path diagram 기능을 지원하며 다양한 결과물들을 제공합니다. 가장 먼저 개발되었고 가장 많이 사용되었기 때문에 안정성 있는 프로그램으로 평가되고 있으나, 그리스 문자의 이해와 행렬구조에 대한 지식이 필요하기 때문에 초보자들에게는 다소 어려울 수 있습니다.

EQS는 Lisrel이나 Amos에서 제공하지 않는 Satorra-Bentler scaled χ^2, robust standard errors, Yuan-Bentler distrubition free statistics 등을 제공하는데, 이 기법은 정규분포 형태를 따르지 않는 표본에 대해 기존 분석보다 더 정확한 결과를 보여줍니다. 하지만 국내에서는 사용자가 많지 않고, 참고서적 등이 충분치 않아 초보자가 접근하기엔 쉽지 않아 보입니다.

Q 1-2 Amos와 Lisrel의 결과는 같은가요?

A Amos와 Lisrel의 결과 차이에 대해 궁금해하는 사용자들이 많은데, 이 프로그램들은 복잡한 계산기라고 생각하면 됩니다. 브랜드가 다른 계산기라도 입력되는 숫자와 계산되는 부호가 같다면 결과가 동일한 것처럼, 구조방정식모델의 경우에도 입력되는 데이터나 공분산행렬(또는 상관행렬)이 같고, 연구모델이 똑같다면 당연히 동일한 결과를 보여줍니다. 특히 Amos나 Lisrel 중 어느 프로그램을 사용하더라도 경로계수(표준화, 비표준화),

표준오차, t-value(C.R.), 모델적합도(GFI, AGFI, CFA, RMR, RMSEA) 등에 대한 결과는 동일하게 제공됩니다.

굳이 차이점을 말하자면, Amos는 원자료(raw data)를 주로 사용하는 반면 Lisrel은 행렬(공분산행렬이나 상관행렬)을 많이 사용하기 때문에 원자료와 행렬 간에 발생하는 약간의 차이가 있고, 소수점 셋째자리 반올림 등으로 인해 나타나는 미세한 차이가 있습니다. 그러나 이는 무시해도 될 만한 수치들입니다. 또한 Amos와 Lisrel에서 제공하는 수정지수(Modification Indicies, M.I.) 등에서 차이가 발생하기도 하며, 간접효과의 유의성을 제공하는 부분에서 추정법이 달라 서로 다른 결과를 나타내기도 합니다. 하지만 이 역시 큰 차이는 없다[8]고 말씀드릴 수 있습니다.

Q 1-3 다음과 같은 연구모델을 작성했습니다. 연구모델에 문제가 있나요?

[모델1]

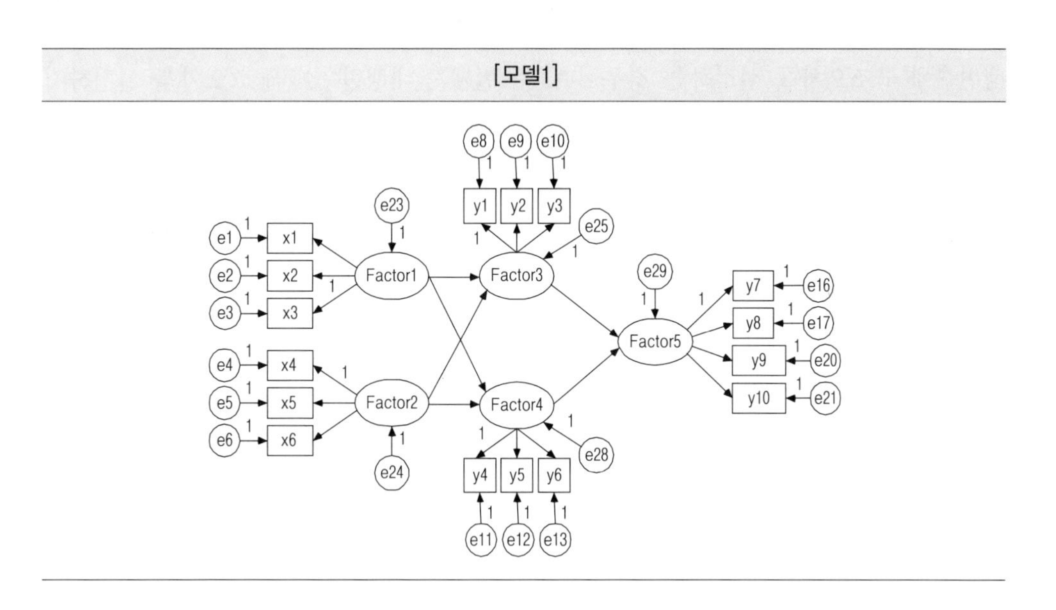

8 Byrne, B. M. (2001); Hair (2006). p. 743.

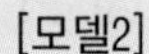
[모델2]

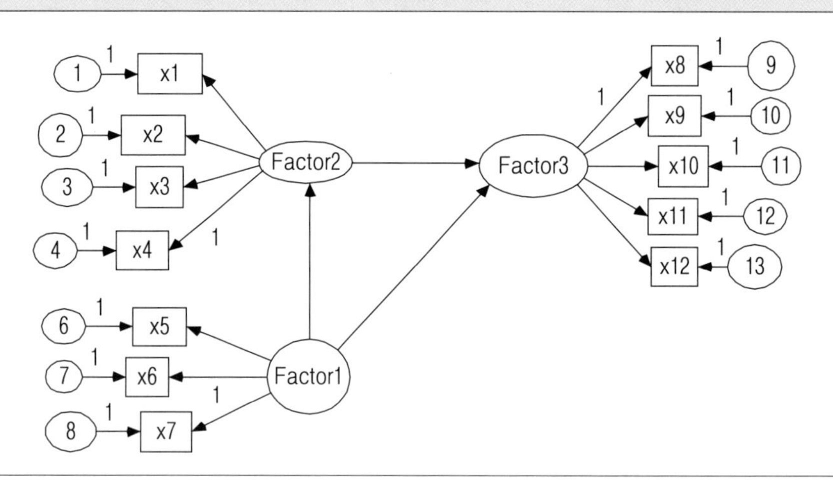

A 여러분이 보시기에 위의 예제들 중 어디에 문제가 있다고 생각되나요? 초보자들은 일반적으로 구조방정식모델의 구조오차에 대해 2가지 실수를 하게 됩니다. 첫 번째는 외생변수에 구조오차를 설정하는 경우이며, 두 번째는 내생변수에 구조오차를 설정하지 않는 경우입니다.

위 예들은 Amos 사용자들이 실제 작성한 모델로서 [모델1]의 Factor1과 Factor2는 외생변수이기 때문에 구조오차가 존재하지 않아야 되나 구조오차를 설정해준 경우입니다. 그리고 [모델2]는 Factor2와 Factor3이 내생변수임에도 구조오차를 설정해주지 않은 경우입니다. 두 경우 모두 오차변수에 대한 정확한 이해가 없기 때문에 발생하는 문제입니다. 특히, Amos에서는 측정오차와 구조오차에 대한 구분이 없으며, 동일한 모양의 아이콘으로 직접 설정해줘야 하기 때문에 이런 실수를 범하기 쉽습니다. 따라서 모델 작성 시 꼭 주의해야 합니다.

외제차모델을 예로 들면, 구조오차와 관련해 다음과 같은 실수를 할 수 있습니다.

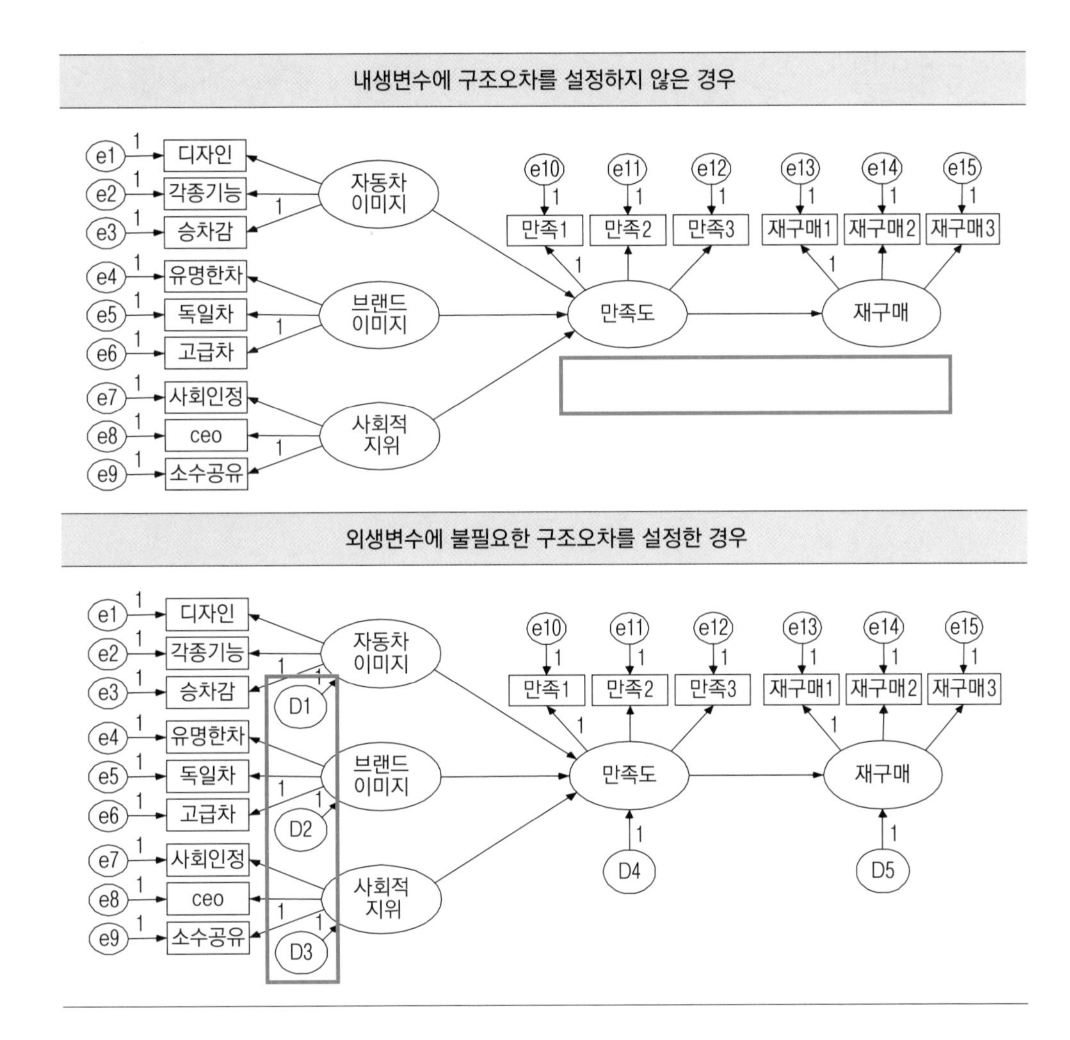

구조오차가 제대로 설정된 경우

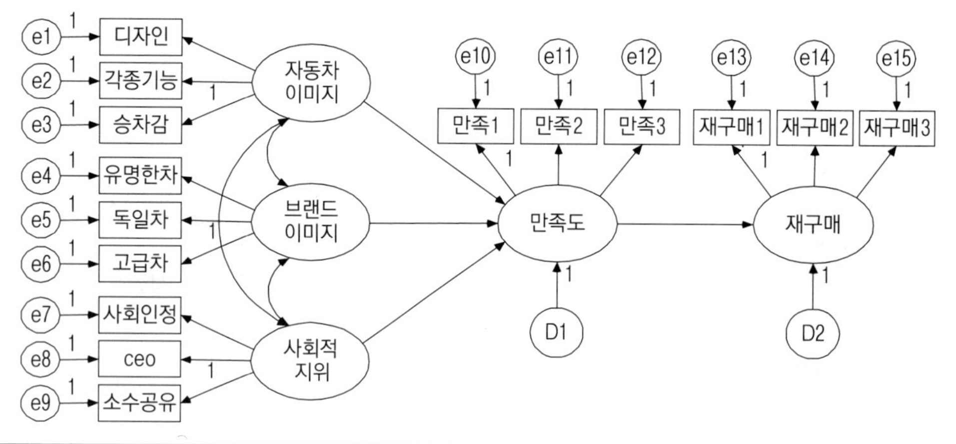

chapter

2

구조방정식모델의 특징

요즘 들어 구조방정식모델을 이용해 발표하는 논문이나 연구보고서는 급증하는 반면, 회귀분석이나 상관분석을 이용한 논문은 급감하고 있는 상황이다. 그렇다면 독자들은 왜 이렇게 구조방정식모델이 많이 사용되고 있는지 생각해본 적이 있는가? 구조방정식모델이 널리 사용되는 이유는 남들이 많이 사용하니까 혹은 이 기법을 사용해야 학술지 발표나 학위취득이 쉽기 때문이 아니라, 다른 통계기법에서는 제공되지 않는 여러 가지 특징과 장점이 있기 때문이다.

지금부터 구조방정식모델에는 어떤 특징이 있으며, 회귀분석과 같은 통계 분석방법과 어떻게 다른지 알아보도록 하자.

구조방정식모델의 특징

- 잠재변수의 사용 및 측정오차의 추정
- 동시추정
- 직접효과, 간접효과, 총효과
- 다양한 통계기법
- 다양한 표현기법

1 잠재변수의 사용 및 측정오차의 추정

첫 번째 특징은 구조방정식모델에만 존재하는 잠재변수의 사용 및 측정오차의 추정이다.

예를 들어, 다중회귀분석에서는 모델에 포함된 변수의 측정오차들이 무시된 채 분석이 진행된다. 다중회귀분석 과정을 살펴보면, 다중회귀분석은 다수의 독립변수는 가능하지만 종속변수는 반드시 하나여야 한다는 제약이 있기 때문에 다항목의 단일항목화는 필수요소가 된다. 다수의 항목을 단일항목으로 만들기 위해서는 먼저 신뢰도[1]를 검증하는데, 일반적으로 조사자는 측정항목 값들에 대한 크론바흐 알파(Cronbach's α)를 확인한 후 α값이 .7(또는 .6) 이하인 항목을 제거하고, 나머지 항목에 대한 평균이나 총점을 보편적으로 사용한다. 그런데 여기서 주목해야 할 부분은 Cronbach's α가 높다고 해서 무조건적으로 여러 항목들에 대한 평균값을 구하여 단일항목으로 사용할 경우, 측정항목끼리의 오차가 무시된다는 점이다. 가령 Cronbach's α가 .9라고 하더라도 측정항목에 대한 응답자들의 대답이 100% 일치하는 것은 아니기 때문에 측정항목 간 오차가 발생하게 된다. 이때 변수 간 평균을 낸다는 것은 존재하고 있는 측정항목(관측변수)들 간의 오차가 포함된 상태에서 다음 단계로 진행하는 것이라고 할 수 있다.

이에 반해 구조방정식모델은 잠재변수와 함께 측정오차를 구분하여 사용하기 때문에 잠재변수가 측정항목들에서 발생하는 측정오차를 고려하고 있는 상태에서 다른 잠재변수와의 인과관계를 분석하게 된다. 결론적으로, 측정오차가 포함된 상태에서 분석하는 회귀분석보다 구조방정식모델이 더 정확한 구성개념 간 인과관계를 도출한다고 할 수 있다.

이해를 돕기 위해 외제차모델에서 '자동차이미지 → 만족도' 모델을 설정한 후, 회귀분석과 구조방정식모델의 경로를 비교해보자.

1-1 회귀분석

회귀분석을 실시하기 전에 조사자는 독립변수인 자동차이미지의 측정항목(디자인, 각종기능, 승차감)과 종속변수인 만족도의 측정항목(만족1, 만족2, 만족3)에 대한 평균을 산출하여 단일항목화[2]하기로 결정하고, 이에 앞서 구성개념들의 측정항목에 대한 신뢰도분석을 실시하였다.

---

1 동일한 대상에 대해 반복적으로, 또는 다른 방법으로 측정했을 때 일치하는 정도를 신뢰도라 한다.

2 회귀분석에서는 3항목을 각각 독립변수로 사용할 수 있으나, 본 교재에서는 이해를 돕기 위해 독립변수의 구성개념을 단일항목화하였다.

구성개념	항목	신뢰도계수	구성개념	항목	신뢰도계수
자동차이미지	디자인	.910	만족도	만족1	.887
	각종기능			만족2	
	승차감			만족3	

신뢰도분석 결과, 자동차이미지에 대한 신뢰도계수는 .910이고, 만족도에 대한 신뢰도계수는 .887로서 모두 .7 이상으로 나타나 평균을 통해 단일항목화하였다. 그러나 항목들에 대한 신뢰도가 높다고 해도 1이 아니기 때문에 측정오차가 존재하고 있는 상태에서 평균을 구하게 된다는 것을 상기해야 한다.

회귀분석에서 독립변수는 '총자동차(자동차이미지)'로 설정하고, 종속변수는 '총만족도(만족도)'로 설정하여 분석한 결과는 다음과 같다.

SPSS의 회귀분석 결과

계수[a]

모형		비표준화계수 B	비표준화계수 표준오차	표준화계수 베타	t	유의확률
1	(상수)	1.455	.170		8.542	.000
	총자동차	.535	.051	.600	10.541	.000

a. 종속변수: 총만족도

회귀분석의 표준화계수[3]

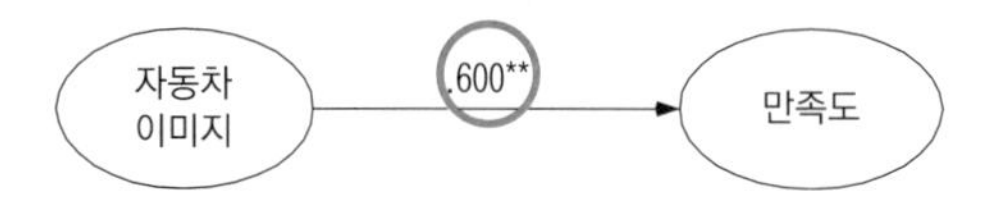

회귀분석 결과, 비표준화계수(Unstandardized Coefficients) = .535, 표준오차(Std. Error) = .051, 표준화계수(Standardized Coefficients) = .600, t = 10.541, 유의확률

3 이해를 돕기 위해 임의로 구성한 모델이며, SPSS에서는 그림 형태의 모델을 제공하지 않는다.

(Sig.)=.000($p = .000 < .05$)으로 자동차이미지가 만족도에 통계적으로 유의한 영향을 미치는 것으로 나타났다.

1-2 구조방정식모델

구조방정식모델의 경우에는 회귀분석처럼 측정항목들의 평균을 내어 단일항목화하는 대신, 관측변수와 그에 따른 측정오차들을 고려한 상태에서 순수한 잠재변수 간 인과관계를 측정한다. 자동차이미지를 외생잠재변수로, 만족도를 내생잠재변수로 사용하여 모델을 설정한 후 분석을 실시하면 다음과 같은 Amos 결과[4]가 제공된다.

구조방정식모델 분석 결과

Standardized Regression Weights: (Group number 1-Default model)

			Estimate
만족도	<---	자동차_이미지	.671
승차감	<---	자동차_이미지	.868
각종기능	<---	자동차_이미지	.917
디자인	<---	자동차_이미지	.851
만족3	<---	만족도	.837
만족2	<---	만족도	.862
만족1	<---	만족도	.854

구조방정식모델의 표준화계수

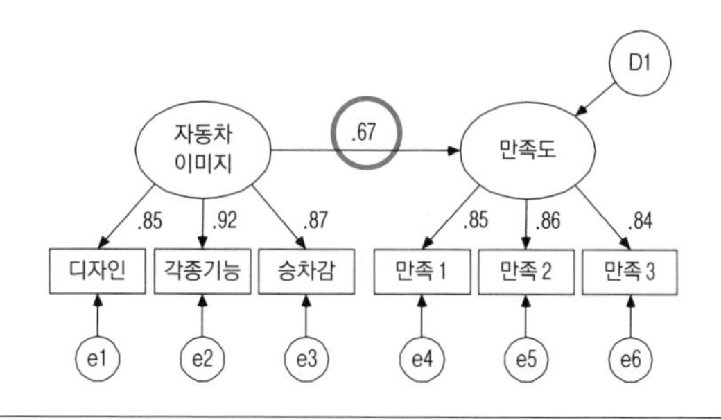

4 Amos의 자세한 분석과정은 3장을 참조하기 바란다.

구조방정식모델 분석 결과, 외생잠재변수인 자동차이미지에서 내생잠재변수인 만족도로 가는 표준화계수는 .671로 나타났다.

결론적으로, 측정오차가 무시된 회귀분석에서의 표준화계수는 $\gamma=.600$이며, 측정오차가 고려된 구조방정식모델에서의 표준화계수는 $\gamma=.671$로, 두 기법의 결과가 서로 다르게 나타남을 알 수 있다.

2 동시추정

구조방정식모델의 두 번째 특징은 동시추정(simultaneous estimation)이다. 대부분의 통계기법(t-test, ANOVA, MANOVA, 다중회귀분석, 판별분석, 정준상관분석 등)은 광범위하면서 나름대로의 역할을 가지고 있지만, 이 기법들이 공통적으로 가지고 있는 제약은 독립변수(independent variable)와 종속변수(dependent variable) 간의 일차원적인 관계(single relationship)밖에[5] 보여주지 못한다는 점이다.

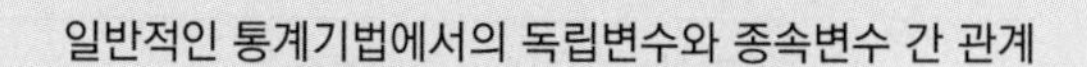

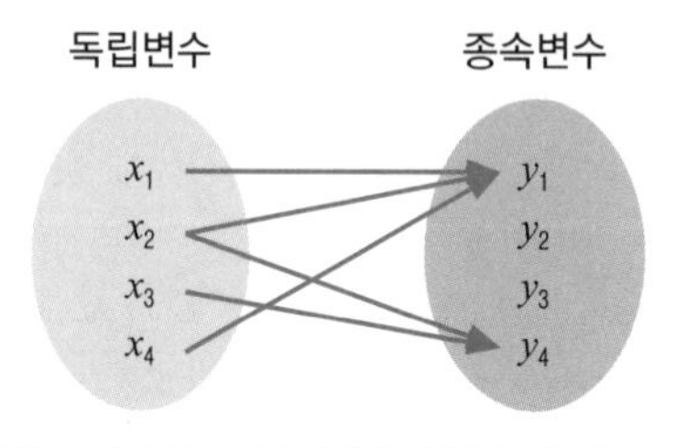

5 Hair (1998). p. 578.

회귀분석의 경우 다수의 외생변수는 가능하나 종속변수는 하나여야 한다는 제약이 있다. MANOVA나 정준상관분석(cannonical correlation analysis) 역시 다수의 독립변수와 다수의 종속변수 간 관계를 설정하고 있지만, 독립변수와 종속변수의 관계를 벗어나지 못한다.

하지만 구조방정식모델은 다수의 독립변수(외생변수)와 다수의 종속변수(내생변수) 간 관계뿐만 아니라, 종속변수들끼리의 인과관계를 동시에 추정할 수 있기 때문에 복잡한 인과모델 분석이 가능하다. 예를 들어 A → B → C → D의 인과관계를 분석하고자 할 때, 회귀분석에서는 일차원적인 분석만 가능하기 때문에 A → B, B → C, C → D의 인과관계를 각각 분석해야 하지만, 구조방정식모델에서는 A → B → C → D의 인과관계를 동시에 추정할 수 있다.

구조방정식모델에서의 독립변수와 종속변수 간 관계

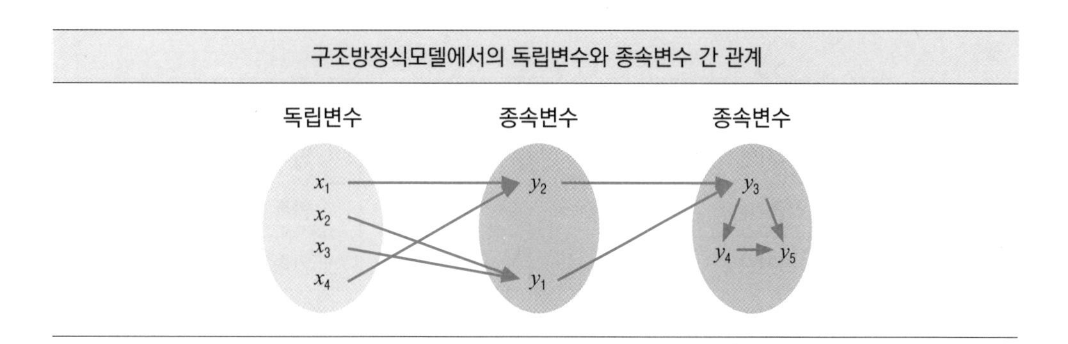

2-1 회귀분석

앞에서 언급한 것처럼 회귀분석에서는 다수의 종속변수가 존재할 수 없으며, 종속변수 간의 인과관계가 불가능하기 때문에 회귀분석을 이용하여 다음과 같은 연구모델을 분석하기 위해서는 1단계로 자동차이미지, 브랜드이미지, 사회적지위가 만족도에 미치는 영향을 분석해야 한다. 그런 다음 2단계로 만족도가 재구매에 미치는 영향을 분석해야 한다.

회귀분석의 단계

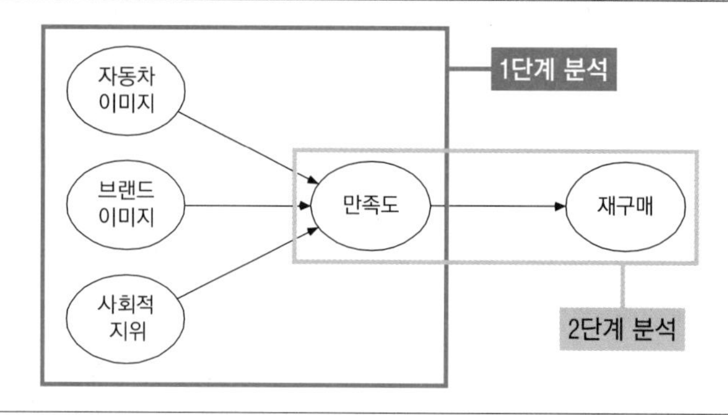

회귀분석에서는 구성개념이 단일항목화[6]되어야 하기 때문에 다항목으로 측정된 구성개념들을 단일항목화하기 위해 신뢰도 검증을 먼저 실시하였다.

구성개념	항목	신뢰도계수	구성개념	항목	신뢰도계수
자동차이미지	디자인	.910	만족도	만족1	.887
	각종기능			만족2	
	승차감			만족3	
브랜드이미지	유명한차	.929	재구매	재구매1	.879
	독일차			재구매2	
	고급차			재구매3	
사회적지위	사회인정	.897			
	CEO				
	소수공유				

6 회귀분석에서는 항목들의 평균을 구하지 않고 독립변수로 9항목을 각각 사용하고, 종속변수로 만족 3항목과 재구매 3항목 중 하나를 선택하거나 평균을 산출하여 분석할 수 있다. 그러나 본 교재에서는 구성개념을 단일항목화하는 것으로 가정하고 설명하였다.

신뢰도분석 결과, 모든 항목들에 대한 신뢰도가 .7 이상으로 양호하게 나타나 평균으로 단일항목화하였다. 그러나 평균을 이용하여 단일항목화하였기 때문에 항목들 간의 측정오차를 포함하고 있는 상태임을 상기해야 한다.

(1) 1단계 분석

1단계 분석에서는 독립변수를 '총자동차'(자동차이미지), '총브랜드'(브랜드이미지), '총사회적'(사회적지위)으로 설정하고, 종속변수를 '총만족도'(만족도)로 설정하여 회귀분석을 실시하였다.

SPSS의 회귀분석 1단계

계수[a]

모형		비표준화계수		표준화계수	t	유의확률
		B	표준오차	베타		
1	(상수)	.482	.179		2.700	.008
	총자동차	.171	.059	.191	2.886	.004
	총브랜드	.194	.060	.210	3.242	.001
	총사회적	.445	.061	.458	7.323	.000

a. 종속변수 총만족도

회귀분석의 표준화계수

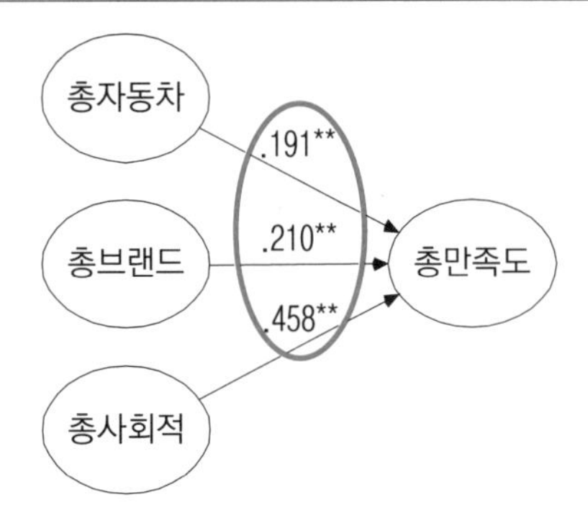

- 총자동차의 경우, 비표준화계수=.171, 표준오차=.059, 표준화계수=.191, t=2.886, 유의확률=.004(p=.004 < .05)로 자동차이미지가 만족도에 통계적으로 유의한 영향을 미치는 것으로 나타났다.
- 총브랜드의 경우, 비표준화계수=.194, 표준오차=.060, 표준화계수=.210, t=3.242, 유의확률=.001(p=.001 < .05)로 브랜드이미지가 만족도에 통계적으로 유의한 영향을 미치는 것으로 나타났다.
- 총사회적의 경우, 비표준화계수=.445, 표준오차=.061, 표준화계수=.458, t=7.323, 유의확률=.000(p=.000 < .05)으로 사회적지위가 만족도에 통계적으로 유의한 영향을 미치는 것으로 나타났다.

(2) 2단계 분석

2단계 분석에서는 독립변수를 '총만족도'(만족도)로 설정하고, 종속변수를 '총재구매'(재구매)로 설정하여 회귀분석을 실시하였다.

SPSS의 회귀분석 2단계

Coefficients[a]

모형		비표준화계수		표준화계수	t	유의확률
		B	표준오차	베타		
1	(상수)	1.771	.189		9.388	.000
	총만족도	.550	.057	.562	9.566	.000

a. 종속변수: 총재구매

회귀분석의 표준화계수

총만족도의 경우, 비표준화계수=.550, 표준오차=.057, 표준화계수=.562, t=9.566, 유의확률=.000(p=.000 < .05)으로 만족도가 재구매에 통계적으로 유의한 영향을 미치는 것으로 나타났다.

2-2 구조방정식모델

구조방정식모델은 다수의 외생변수와 다수의 내생변수를 설정할 수 있고, 내생변수 간 인과관계를 동시에 추정할 수 있기 때문에 자동차이미지, 브랜드이미지, 사회적지위, 만족도, 재구매의 구성개념 간 경로 추정이 동시에 가능하다.

자동차이미지, 브랜드이미지, 사회적지위를 외생잠재변수로, 만족도와 재구매를 내생잠재변수로 사용하여 모델을 설정한 후 분석을 실시하면 다음과 같은 결과가 제공된다.

구조방정식모델 분석 결과

Standardized Regression Weights: (Group number 1-Default model)

			Estimate
만족도	<---	자동차_이미지	.202
만족도	<---	브랜드_이미지	.211
만족도	<---	사회적_지위	.533
재구매	<---	만족도	.687

구조방정식모델의 표준화계수

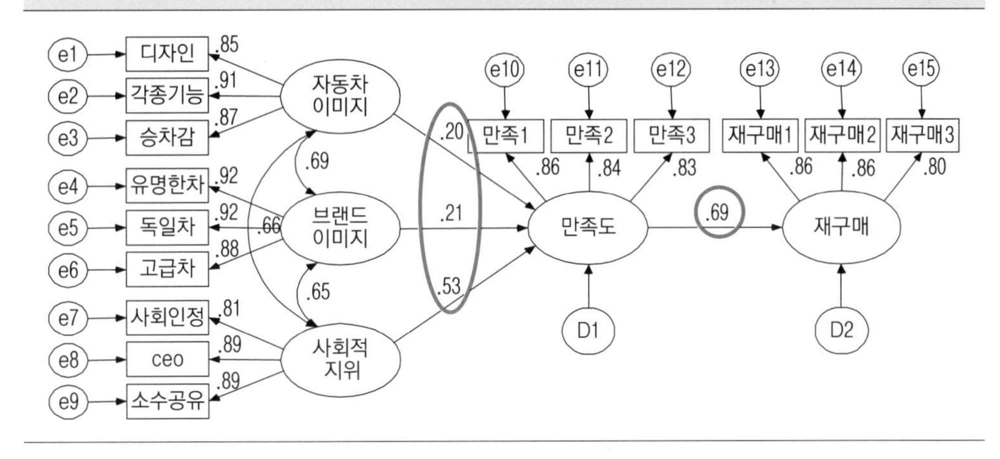

구조방정식모델 분석 결과, 자동차이미지에서 만족도로 가는 표준화계수는 .202, 브랜드이미지에서 만족도로 가는 표준화계수는 .211, 사회적지위에서 만족도로 가는 표준화계수는 .533, 만족도에서 재구매로 가는 표준화계수는 .687로 나타났다.

[표 2-1] 회귀분석 & 구조방정식모델 결과 비교

경로	회귀분석의 표준화계수	구조방정식모델의 표준화계수
자동차이미지 → 만족도	.191	.202
브랜드이미지 → 만족도	.210	.211
사회적지위 → 만족도	.458	.533
만족도 → 재구매	.562	.687

[표 2-1]에서 알 수 있듯이, 2단계로 나누어 분석한 회귀분석의 표준화계수와 모든 분석을 한 모델에서 실시한 구조방정식모델의 표준화계수는 서로 다르게 나타난다.

3 직접효과, 간접효과, 총효과

구조방정식모델의 세 번째 특징은 다수의 외생변수와 내생변수 간 인과관계를 설정할 수 있기 때문에 변수 간 직접효과(direct effect), 간접효과(indirect effect), 총효과(total effect)를 파악할 수 있다는 것이다.

직접효과는 'A'라는 변수가 'C'라는 변수에 직접적으로 영향(A → C)을 주는 것이며, 간접효과는 'A'라는 변수가 'B'라는 매개변수(mediating variable)를 통해 'C'라는 변수에 간접적으로 영향(A → B → C)을 주는 것이다. 간접효과는 'A → B'의 경로계수와 'B → C'의 경로계수를 곱하여 산출하며, 총효과는 직접효과와 간접효과의 합이 된다.

총효과 = 직접효과 + 간접효과

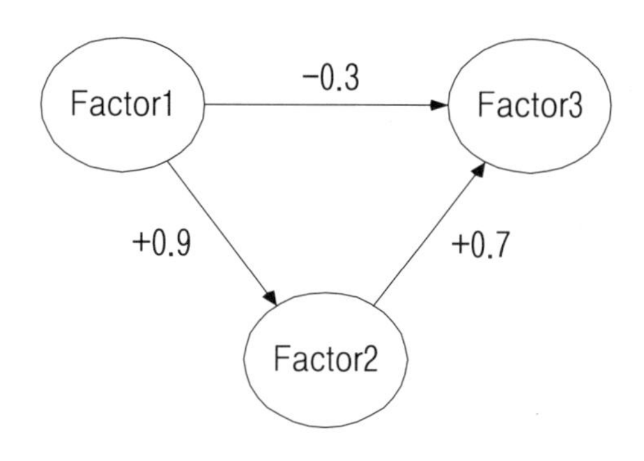

위 모델에서 직접효과는 Factor1에서 Factor3으로 가는 경로이며, 직접효과의 크기는 -.3이 된다. 간접효과는 Factor1이 Factor2를 거쳐 Factor3으로 가는 경로이며, 간접효과의 크기는 Factor1 → Factor2와 Factor2 → Factor3의 경로를 곱한 값이 되기 때문에 .9×.7=.63이 된다. 총효과는 직접효과와 간접효과의 합이기 때문에 (-.3)+.63=.33이 된다.

- 직접효과 = (Factor1 → Factor3) = -.30
- 간접효과 = (Factor1 → Factor2 → Factor3) = .9×.7 = .63
- 총 효 과 = -.30 + .63 = .33

경로	직접효과	간접효과	총효과
Factor1 → Factor3	-.30	.63	.33

외제차모델에서 조사자가 기존의 연구모델에 '사회적지위 → 재구매'의 직접경로를 추가한다고 할 때, 사회적지위는 직접적인 영향을 미치는 직접경로(사회적지위 → 재구매)와 만족도를 거쳐서 가는 간접경로(사회적지위 → 만족도 → 재구매)를 통하여 재구매에 영향을 미치게 된다. 이런 경우에 사회적지위가 재구매에 미치는 직접효과, 간접효과, 총효과를 구할 수 있다.

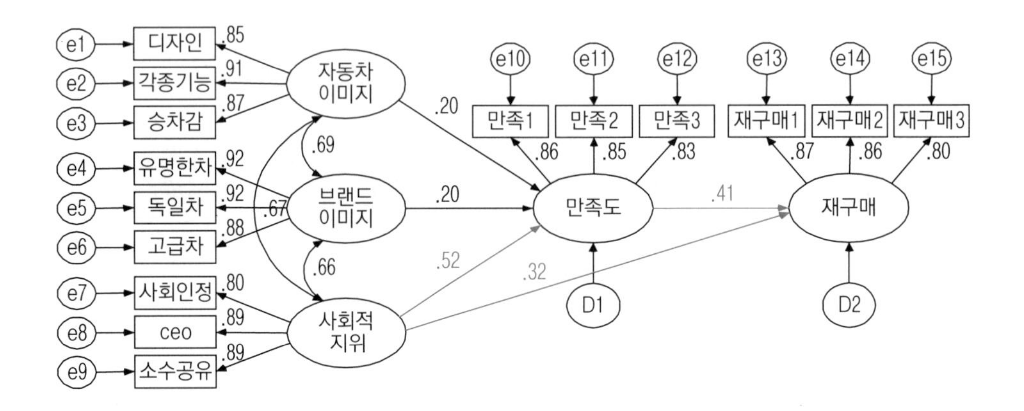

위 모델에서 '사회적지위 → 재구매' 경로는 .32이며 직접효과가 된다. 간접효과는 '사회적지위 → 만족도' 경로와 '만족도 → 재구매' 경로를 곱한 값이기 때문에 .52×.41=.213이 되며, 총효과는 직접효과와 간접효과의 합인 .533이 된다.

- 직접효과=(사회적지위 → 재구매)=.32
- 간접효과=(사회적지위 → 만족도 → 재구매)=.52×.41=.213
- 총 효 과=.32+.213=.533

경로	직접효과	간접효과	총효과
사회적지위 → 재구매	.32	.213	.533

그렇다면 '자동차이미지 → 재구매'의 경로는 어떨까? 여기에서는 자동차이미지와 재구매 간 직접적인 경로가 없기 때문에 간접효과(자동차이미지 → 만족도 → 재구매)가 곧 총효과가 된다.

- 직접효과=(자동차이미지 → 재구매)=.00
- 간접효과=(자동차이미지 → 만족도 → 재구매)=.20×.41=.082
- 총 효 과=.00+.082=.082

경로	직접효과	간접효과	총효과
자동차이미지 → 재구매	.00	.082	.082

4 다양한 통계기법

구조방정식모델의 네 번째 특징은 다양한 다변량 통계기법을 한 모델 안에 포함시켜 한꺼번에 분석할 수 있다는 것이다. 구조방정식모델은 통계분석 관점에서 보면 확인적 요인분석과 다중회귀분석의 성격을 가진 경로분석이 결합된 형태이기 때문에 요인분석과 회귀분석의 특성을 가지고 있다. 또한 외생변수 간 상관관계나 내생변수 간 오차의 상관관계를 설정해준 상태에서 분석이 가능하기 때문에 SPSS 등에서 개별적으로 실시해야 할 분석을 구조방정식모델에서는 한 연구모델에서 한꺼번에 구현할 수 있다.

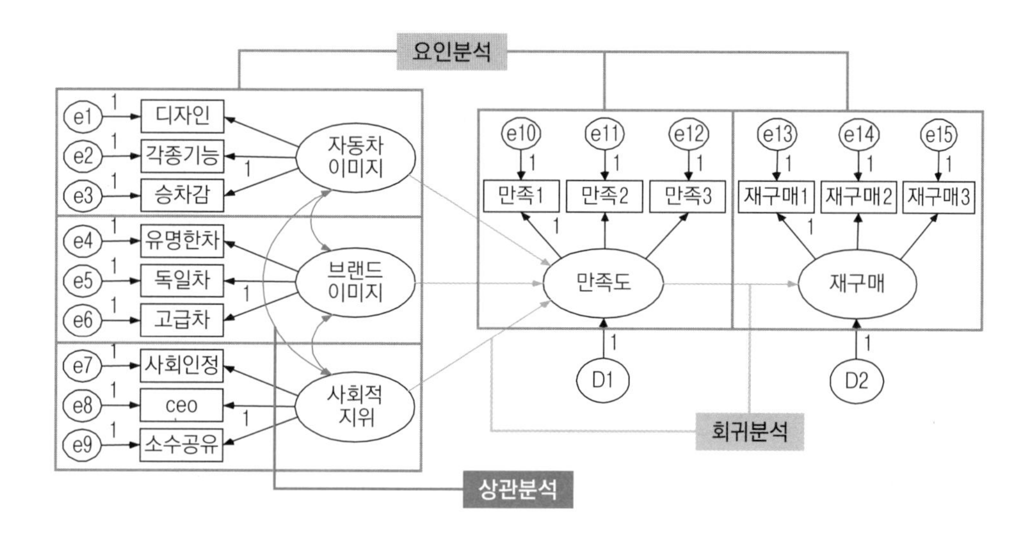

5 다양한 표현기법

마지막으로 구조방정식모델의 다섯 번째 특징은 다양한 모델 표현기법[7](쌍방향 인과관계, 순환적 인과관계, 제약모수)을 사용함으로써 다른 분석기법에 비해 많은 결과를 도출할 수 있다는 것이다. 아래의 모델에서 보는 것처럼 ①만족도와 재구매 간 쌍방향 인과관계(만족도 → 재구매, 재구매 → 만족도)를 설정하거나, ②자동차이미지 → 만족도 경로와 사회적지위 → 만족도 경로를 제약하는 제약모델을 구현할 수 있고, ③조사자가 처음 제안한 연구모델에서 경로를 추가하거나 제거한 경쟁모델 등의 여러 가지 모델을 구현할 수 있다는 장점이 있다.

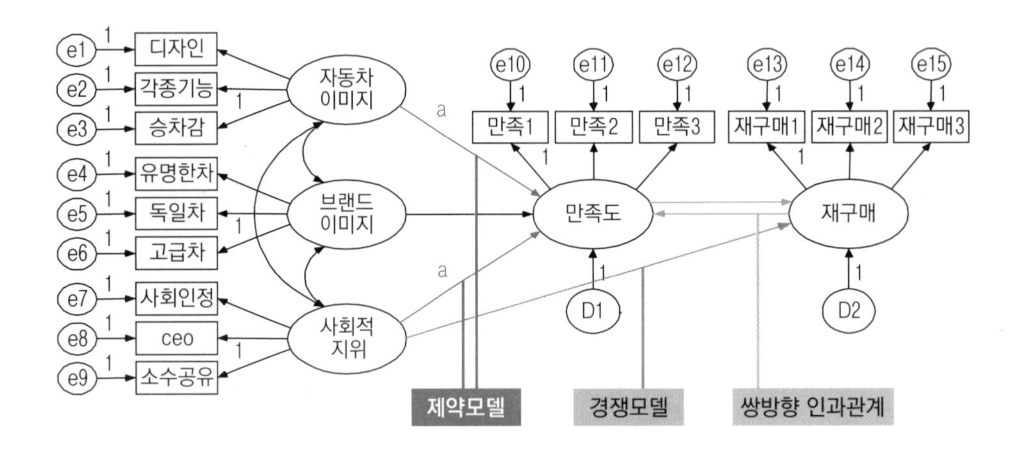

7 조현철 (1999). p. 3.

6 예제 따라하기

예제 1 SPSS-'자동차이미지' 신뢰도분석[8]

① '외제차모델.sav' 데이터를 실행한 후 [분석] → [척도] → [신뢰도분석]을 선택한다.

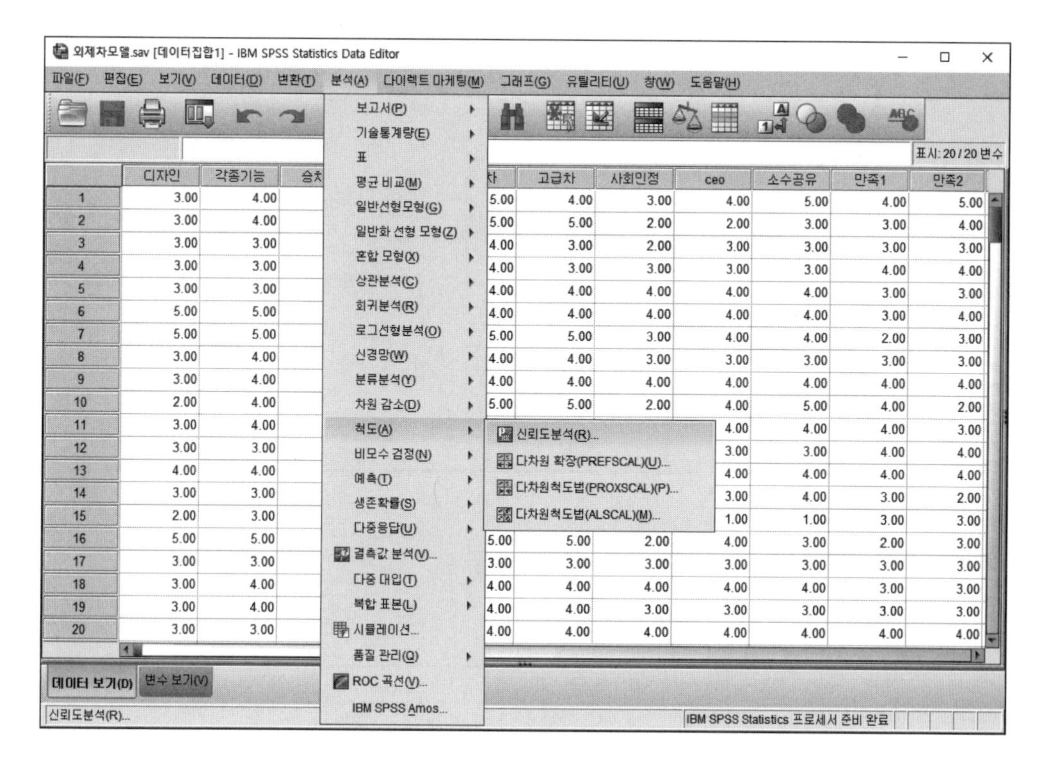

8 Amos는 SPSS와 연계되어 작동하기 때문에 SPSS와의 분석과정도 간단히 설명하였다.

② 왼쪽의 변수목록에서 디자인, 각종기능, 승차감을 [항목]으로 이동시킨 후 오른쪽 상단의 [통계량]을 누른다. 생성된 창에서 [다음에 대한 기술통계량]의 ☑ 항목, ☑ 척도, ☑ 항목제거시 척도를 체크한 후 [계속]과 [확인]을 누른다.

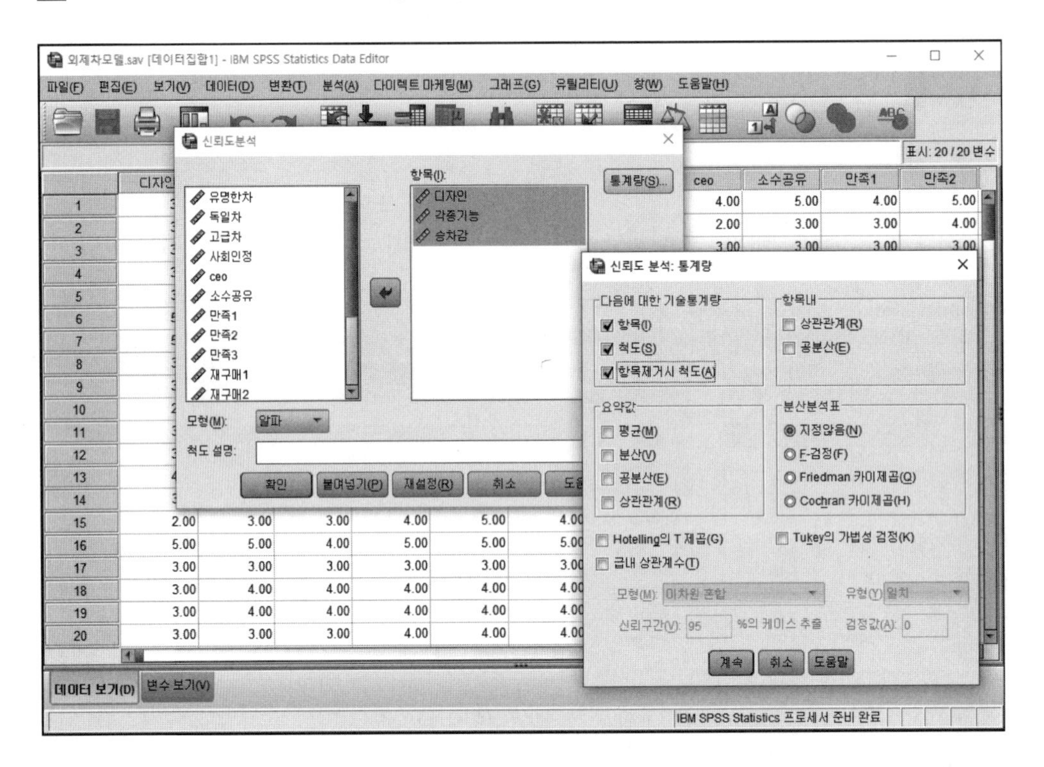

③ 신뢰도분석에 대한 결과는 다음과 같다.

항목 통계량

	평균	표준편차	N
디자인	3.1700	1.01798	200
각종기능	3.3550	.93989	200
승차감	3.1750	.95337	200

- **항목 통계량**: 변수의 통계를 나타낸다.
- **평균**: 변수의 평균을 나타내며, 본 분석에서 디자인의 평균은 3.1700이다.
- **표준편차**: 변수의 표준편차를 나타낸다.
- N: 표본의 크기를 나타낸다.

항목 총계 통계량

	항목이 삭제된 경우 척도 평균	항목이 삭제된 경우 척도 분산	수정된 항목-전체 상관관계	항목이 삭제된 경우 Cronbach's 알파
디자인	6.5300	3.215	.804	.885
각종기능	6.3450	3.393	.840	.853
승차감	6.5250	3.406	.816	.873

- **항목 총계 통계량**: 변수의 총 통계를 나타낸다.
- **항목이 삭제된 경우 척도 평균**: 지정된 변수가 제거됐을 때 나머지 변수들의 스케일 평균값을 나타낸다. 본 분석에서는 디자인 변수가 제거될 경우, 평균값은 6.5300이 된다.
- **항목이 삭제된 경우 척도 분산**: 지정된 변수가 제거됐을 때 나머지 변수들의 스케일 분산값을 나타낸다.
- **수정된 항목-전체 상관관계**: 지정된 변수가 제거됐을 때 나머지 변수들의 스케일 상관관계를 나타낸다.
- **항목이 삭제된 경우 Cronbach's 알파**: 지정된 변수가 제거됐을 때 나머지 변수들의 스케일 Cronbach's α값을 나타낸다.

예제 2 SPSS-'자동차이미지와 만족도' 회귀분석

① '외제차모델.sav'데이터를 실행한 후 [분석] → [회귀분석] → [선형]을 선택한다.

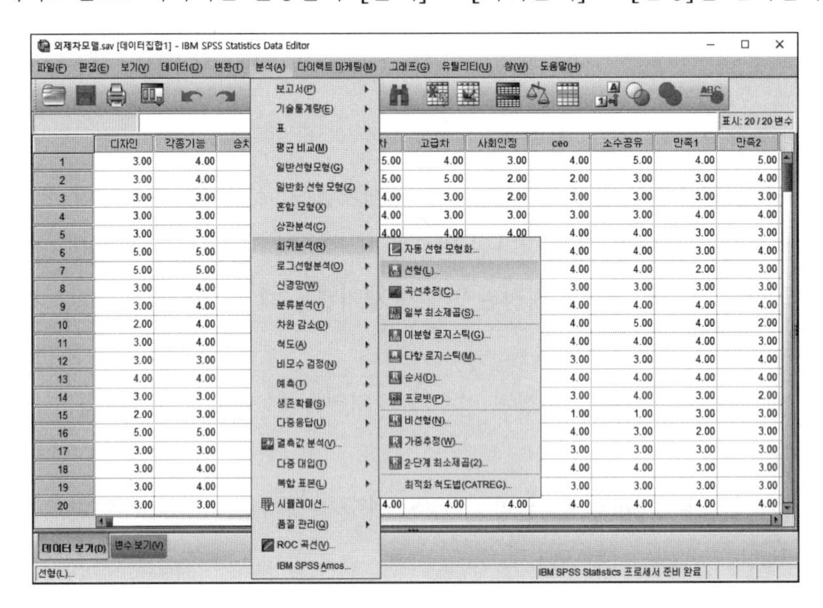

② [종속변수]에 종속변수인 '총만족도'를 이동시키고, [독립변수]에 독립변수인 '총자동차'를 이동시킨 후 [확인]을 누른다.

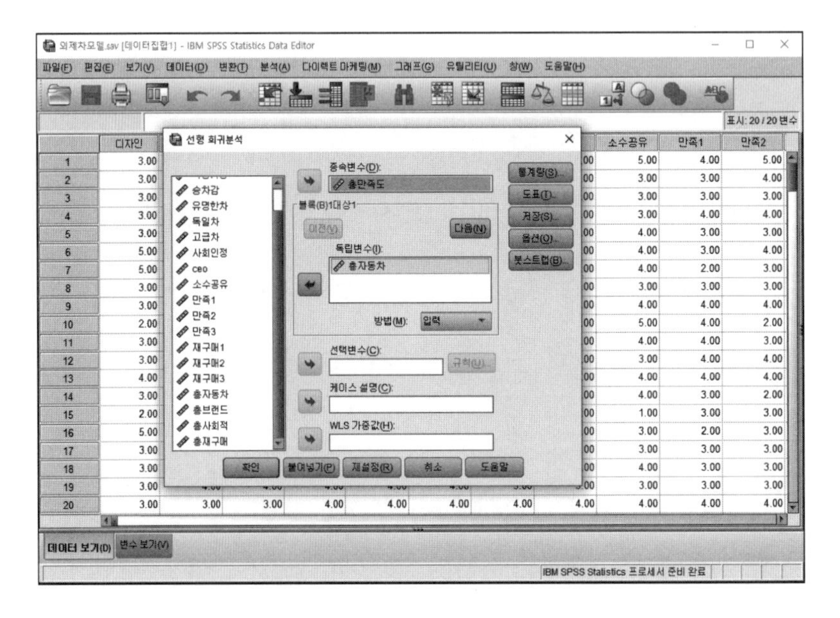

③ 회귀분석에 대한 결과는 다음과 같다.

진입/제거된 변수[a]

모형	진입된 변수	제거된 변수	방법
1	총자동차[b]	.	입력

a. 종속변수: 총만족도
b. 요청된 모든 변수가 입력 되었습니다.

- **진입/제거된 변수**: 분석에 사용되거나 제거된 변수들을 나타낸다.
- **진입된 변수**: 분석에 사용된 독립변수가 총자동차임을 보여준다. 분석방법은 입력방식(Enter)이 사용되었다.
- **종속변수**: 분석에 사용된 종속변수가 총만족도임을 의미한다.

모형 요약

모형	R	R 제곱	수정된 R 제곱	추정값의 표준오차
1	.600[a]	.359	.356	.63996

a. 예측값: (상수), 총자동차

- **모형 요약**: 모델에 대한 설명을 나타낸다.
- **R**: 독립변수와 종속변수 간 상관계수를 나타내며, 본 분석에서 총자동차와 총만족도의 상관계수는 .600이다.
- **R 제곱**: 상관계수의 제곱값(R^2)으로 '결정계수'라고 한다. 독립변수에 의해서 설명되는 종속변수의 비율을 나타내며, R^2이 1에 가까울수록 완벽한 관계를 의미한다. 본 분석에서는 R^2=.359로서 독립변수인 총자동차가 종속변수인 총만족도를 36% 설명하고 있다.
- **수정된 R 제곱**: 자유도를 고려하여 수정된 R^2이다.
- **추정값의 표준오차**: 추정치의 표준오차이다.

분산분석[a]

모형		제곱합	자유도	평균 제곱	F	유의확률
1	회귀모형	45.508	1	45.508	111.115	.000[b]
	잔차	81.092	198	.410		
	합계1	126.599	199			

a. 종속변수: 총만족도
b. 예측값: (상수), 총만족도

- **분산분석** : 회귀분석의 변량분석 결과를 나타낸다.
- **자유도** : 자유도를 나타낸다.
- **평균 제곱** : 평균의 제곱을 나타낸다.
- F : F-통계값을 나타낸다.
- **유의확률** : F-통계값에 대한 유의확률을 나타내며, 본 분석에서는 F=111.115, p=.000 < .05이므로 통계적으로 유의하다고 할 수 있다.

계수[a]

모형		비표준화계수		표준화계수	t	유의확률
		B	표준오차	베타		
1	(상수)	1.455	.170		8.542	.000
	총자동차	.535	.051	.600	10.541	.000

a. 종속변수: 총만족도

- **상수** : 상수를 나타낸 값으로, 본 분석에서 Constant는 1.455이며, t=8.542, p=.000 < .05로 통계적으로 유의하다.
- **비표준화계수** : 비표준화 회귀계수를 의미하며, 본 분석에서 회귀계수는 .535이다.
- **표준오차** : 표준오차를 의미하며, 본 분석에서 표준오차는 .051이다.
- **표준화계수** : 표준화 회귀계수를 의미하며, 본 분석에서 표준화계수는 .600이다.
- t : t-값을 나타내며, t는 비표준화계수를 표준오차로 나눈 값이다. 본 분석에서 t-값은 10.541이다.
- **유의확률** : t-값에 대한 유의확률을 보여준다. 본 분석에서는 p=.000 < .05이므로 통계적으로 유의하다.

예제 3 Amos-'자동차이미지와 만족도' 결과표[9]

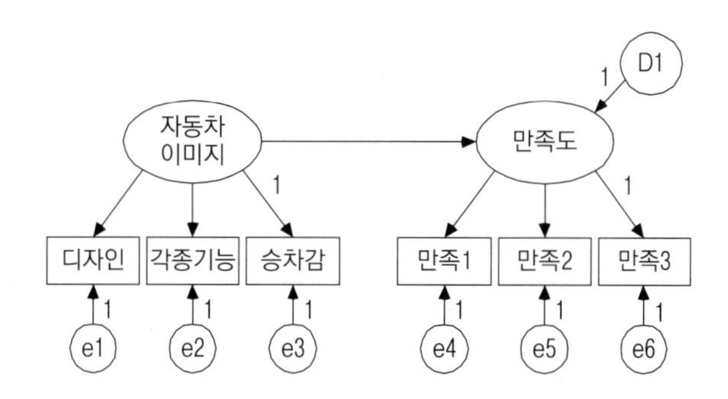

위 모델의 분석 결과는 다음과 같다.

Regression Weights: (Group number 1-Default model)

			Estimate	S.E.	C.R.	P	Label
만족도	<---	자동차_이미지	.609	.067	9.071	***	
승차감	<---	자동차_이미지	1.000				
각종기능	<---	자동차_이미지	1.041	.061	17.184	***	
디자인	<---	자동차_이미지	1.047	.068	15.493	***	
만족3	<---	만족도	1.000				
만족2	<---	만족도	1.042	.074	14.111	***	
만족1	<---	만족도	.961	.069	13.971	***	

- Regression Weights: 회귀 가중치를 나타낸다.
- Estimate: 변수 간 경로의 비표준화계수 값을 나타낸다.
- S.E.: Standard Error로 표준오차를 의미한다.
- C.R.: C.R.(Critical Ratio)는 Estimate를 S.E.로 나눈 값으로, t-값과 동일한 개념이므로 1.965 이상이면 통계적으로 유의하다.
- P: 유의확률을 나타내며, ***는 .001 이하의 값을 의미한다.

---

9 Amos의 분석과정은 3장을 참조하기 바란다.

Standardized Regression Weights: (Group number 1-Default model)

			Estimate
만족도	<---	자동차_이미지	.671
승차감	<---	자동차_이미지	.868
각종기능	<---	자동차_이미지	.917
디자인	<---	자동차_이미지	.851
만족3	<---	만족도	.837
만족2	<---	만족도	.862
만족1	<---	만족도	.854

- Standardized Regression Weights: 표준화 회귀 가중치를 나타낸다.
- Estimate: 변수 간 경로의 표준화계수 값을 나타낸다. '자동차이미지 → 만족도' 경로의 표준화계수 값이 .671임을 알 수 있다(Amos의 결과표는 화살표 방향이 오른쪽에서 왼쪽으로 향함).

예제 4 SPSS-'외제차모델' 회귀분석 결과표

(1) 1단계 분석

진입/제거된 변수[a]

모형	진입된 변수	제거된 변수	방법
1	총사회적, 총브랜드, 총자동차[b]	.	입력

a. 종속변수: 총만족도
b. 요청된 모든 변수가 입력되었습니다.

- **진입된 변수**: 분석에 사용된 독립변수가 총사회적, 총브랜드, 총자동차임을 보여준다.
- **종속변수**: 분석에 사용된 종속변수가 총만족도임을 보여준다.

모형 요약

모형	R	R 제곱	수정된 R 제곱	추정값의 표준오차
1	.747[a]	.558	.551	.53429

a. 예측값: (상수), 총사회적, 총브랜드, 총자동차

- **R 제곱**: 결정계수는 .558로 3개의 독립변수가 총만족도를 55.8% 설명하고 있다. 독립변수가 총자동차만 사용되었던 모델에 비해 결정계수가 상승했음을 알 수 있다.

분산분석[a]

모형		제곱합	자유도	평균제곱	F	유의확률
1	회귀모형	70.647	3	23.549	82.493	.000[b]
	잔차	55.952	196	.285		
	합계	126.599	199			

a. 종속변수: 총만족도
b. 예측값: (상수), 총사회적, 총브랜드, 총자동차

- **유의확률**: p=.000 < .05로 회귀식이 통계적으로 유의함을 알 수 있다.

계수[a]

모형		비표준화계수		표준화계수	t	유의확률
		B	표준오차	베타		
1	(상수)	.482	.179		2.700	.008
	총자동차	.171	.059	.191	2.886	.004
	총브랜드	.194	.060	.210	3.242	.001
	총사회적	.445	.061	.458	7.323	.000

a. 종속변수: 총만족도

- 총자동차의 경우, 비표준화계수는 .171이며, 표준오차는 .059, 표준화계수는 .191, t=2.886, p=.004 < .05로 통계적으로 유의하게 나타났다.
- 총브랜드의 경우, 비표준화계수는 .194이며, 표준오차는 .060, 표준화계수는 .210, t=3.242, p=.001 < .05로 통계적으로 유의하게 나타났다.

• 총사회적의 경우, 비표준화계수는 .445이며, 표준오차는 .061, 표준화계수는 .458, t= 7.323, p=.000 < .05로 통계적으로 유의하게 나타났다.

(2) 2단계 분석

진입/제거된 변수[a]

모형	진입된 변수	제거된 변수	방법
1	총만족도[b]	.	입력

a. 종속변수: 총재구매
b. 요청된 모든 변수가 입력되었습니다.

• **진입된 변수**: 분석에 사용된 독립변수가 총만족도임을 보여준다.
• **종속변수**: 분석에 사용된 종속변수가 총재구매임을 보여준다.

모형 요약

모형	R	R 제곱	수정된 R 제곱	추정값의 표준오차
1	.562[a]	.316	.313	.64654

a. 예측값: (상수), 총만족도

• R 제곱: 결정계수는 .316으로 독립변수인 총만족도가 종속변수인 총재구매를 31.6% 설명하고 있다.

분산분석[a]

모형		제곱합	자유도	평균 제곱	F	유의확률
1	회귀모형	38.250	1	38.250	91.502	.000[b]
	잔차	82.768	198	.418		
	합계	121.017	199			

a. 종속변수: 총재구매
b. 예측값: (상수), 총만족도

• **유의확률** : p=.000 < .05로 회귀식이 통계적으로 유의함을 알 수 있다.

계수[a]

모형		비표준화계수		표준화계수	t	유의확률
		B	표준오차	베타		
1	(상수)	1.771	.189		9.388	.000
	총만족도	.550	.057	.562	9.566	.000

a. 종속변수 : 총재구매

• 총만족도의 경우, 비표준화계수는 .550이며, 표준오차는 .057, 표준화계수는 .562, t= 9.566, p=.000 < .05로 통계적으로 유의하게 나타났다.

예제 5 Amos-'외제차모델' 결과표

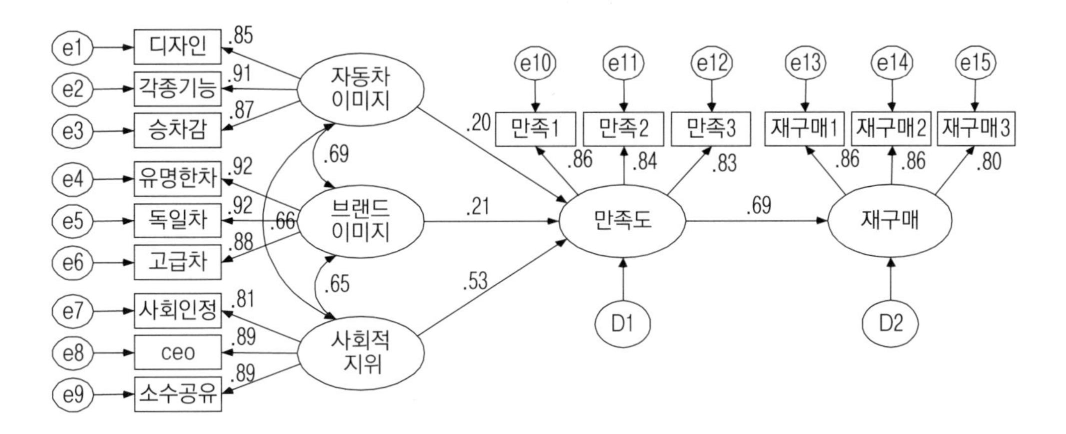

모델의 분석 결과는 다음과 같다.

Regression Weights: (Group number 1-Default model)

			Estimate	S.E.	C.R.	P	Label
만족도	<---	자동차_이미지	.177	.071	2.504	.012	
만족도	<---	브랜드_이미지	.194	.072	2.698	.007	
만족도	<---	사회적_지위	.468	.071	6.580	***	
재구매	<---	만족도	.707	.076	9.346	***	

*** p < .001

- Estimate: '자동차이미지 → 만족도' 경로의 비표준화계수는 .177이고, '브랜드이미지 → 만족도'는 .194, '사회적지위 → 만족도'는 .468, '만족도 → 재구매'는 .707임을 알 수 있다.
- C.R.: C.R.은 모두 1.965 이상으로 통계적으로 유의하게 나타났다.
- P: 유의확률은 모두 .05 이하로 나타나 통계적으로 유의함을 보여준다.

Standardized Regression Weights: (Group number 1-Default model)

			Estimate
만족도	<---	자동차_이미지	.202
만족도	<---	브랜드_이미지	.211
만족도	<---	사회적_지위	.533
재구매	<---	만족도	.687

- Estimate: '자동차이미지 → 만족도' 경로의 표준화계수는 .202이고, '브랜드이미지 → 만족도'는 .211, '사회적지위 → 만족도'는 .533, '만족도 → 재구매'는 .687임을 알 수 있다.

Q&A

Q 2-1 지금까지 구조방정식모델의 장점에 대해서만 언급하셨는데, 단점은 없는 건가요?

A 구조방정식모델은 많은 장점이 있지만 단점도 지닌 기법으로 Cox, Friedman, Rogosa, Rubin, Speed, Wermuth 등[10]의 유명한 통계학자들에 의해서 꾸준히 비판을 받아왔습니다. 구조방정식모델의 단점은 무엇이며, 왜 이러한 문제가 발생하는지를 간단히 살펴보면 다음과 같습니다.

첫째, 구조방정식모델은 어려운 통계기법인 만큼 구조방정식모델을 공부하기 위해서는 회귀분석, 요인분석, 상관분석 등을 사전에 반드시 이해해야 합니다. 그런데 조사자가 이러한 분석기법들에 대한 기본적인 개념 이해가 부족한 상태에서 구조방정식모델을 사용해야 한다는 의무감에 성급히 분석을 진행하다 보니, 잘못된 분석이 수행되고 결과가 제대로 해석되지 않는 상황이 발생하는 것입니다.

둘째, SPSS에서는 동일한 데이터와 동일한 통계분석방법이 사용되었다면, 여러 조사자가 개별적으로 분석을 하더라도 동일한 결과가 나와야 합니다. 하지만 구조방정식모델은 사용자에게 다양한 툴(tool)을 제공하기 때문에 동일한 데이터와 동일한 연구모델을 제공하더라도 조사자에 따라 다양한 종류의 모델이 만들어질 수 있습니다. 외제차모델을 예로 들면, 잠재변수 없이 관측변수만을 사용하여 경로분석 모델을 만들 수 있고, 모델 내 구성개념(잠재변수)을 넣고 빼거나 경로를 새롭게 추가하거나 빼면서 다양한 변형 모델을 만들어낼 수도 있습니다. 그런데 문제는 이렇게 만들어진 모델 중 논문에 사용할 최종 모델을 선택할 때 정확한 분석 결과보다 조사자가 원하는 모델을 선택할 가능성이 높다는 것입니다. 더 나아가 조사자가 원하는 결과를 미리 정해놓은 상태에서 그 결과에 맞는 모델이 만들어질 때까지 계속해서 모델을 만드는 어처구니없는 상황이 발생하기도 합니다.

10 Hoyle (2000).

셋째, 구조방정식모델은 여러 기법을 한꺼번에 추정할 수 있기 때문에 이것이 장점이 될 수 있는 반면, 많은 이유로 인해 분석 결과에 에러가 발생하기도 합니다. 예를 들어, 상관분석에서는 두 변수 간 관계가 정(+)의 관계인데 구조방정식모델에서는 부(-)의 관계로 나타난다거나, 회귀분석에서는 발생할 수 없는 표준화된 경로계수가 1이 넘는 경우가 발생하는 등 상식적으로 이해하기 힘든 상황이 일어나기도 합니다. 이런 경우에는 문제가 되는 변수를 제거하거나 모델의 설정 등을 바꿔 문제를 해결해야 하는데, 해결방법을 모르는 초보자들이 분석 결과에 대한 해결책을 찾기보다는 가설의 부호를 임의대로 바꾸거나, 잘못된 결과를 그대로 해석하여 결과 자체가 왜곡되는 경우도 가끔 있습니다.

물론, 저자 역시 위에서 언급한 오류 부분에 대해서 완전히 자유롭지 못할 거라고 생각합니다. 하지만 이러한 단점에도 불구하고 구조방정식모델은 제대로만 사용한다면 장점이 훨씬 많은 기법입니다. 모쪼록 본 교재와 같은 참고서적 등을 통해 열심히 공부하고 연구하여 위에서 언급한 단점들을 최소화해나가길 바랍니다.

Q 2-2 여러 서적들을 보면 관측변수를 통해 잠재변수를 측정한다고 나와 있습니다. 잠재변수가 관측변수에 의해서 측정된다는 의미로 이해됩니다. 그렇다면 잠재변수와 관측변수 간의 인과관계 방향(화살표 방향)이 관측변수에서 잠재변수로 가는 것이 맞지 않나요? 잠재변수와 관측변수의 관계가 혼동됩니다. 그리고 잠재변수를 왜 사용해야 하는지 아직도 잘 모르겠습니다.

질문자가 생각하는 모델 형태	기본적인 모델 형태
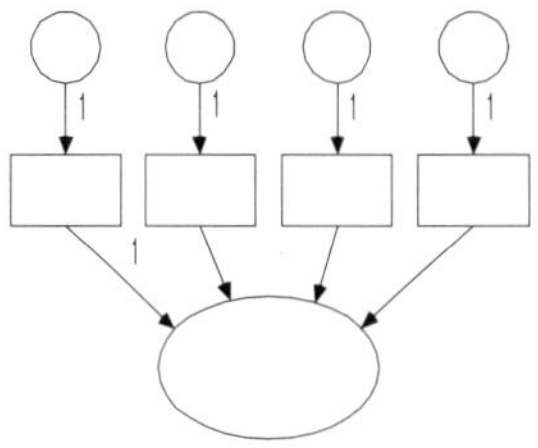	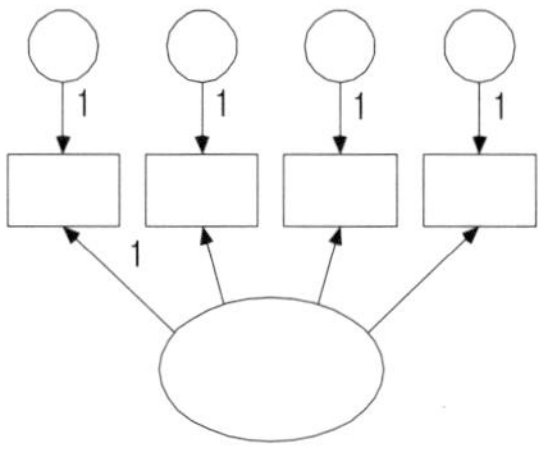

A 좋은 질문입니다. 구조방정식모델을 오래 공부한 학생들도 잠재변수의 개념과 관측변수와 잠재변수 간의 인과관계에 대해서 제대로 알지 못하는 것 같습니다.

앞서 수차례 언급했듯이 회귀분석의 경우에는 일반적으로 신뢰도분석에서 계수가 .6이나 .7 이상이면 신뢰도가 좋다고 판단하여 관측변수들의 평균을 내어 분석을 하게 됩니다. 하지만 아무리 신뢰도계수가 높다고 해도 신뢰도계수가 1이 아니라면 평균을 통해 얻은 변수들은 측정항목(관측변수)들 간 결과의 불일치 부분, 즉 측정오차가 존재하는 상태에서 분석을 하게 되는 것입니다. 그렇지요?

그렇다면 잠재변수의 개념은 무엇일까요? 대부분의 학생들이 알고 있는 잠재변수의 의미는 '실체가 존재하지 않는 변수' 정도입니다. 이처럼 개념을 잘못 알고 있기 때문에 왜 잠재변수를 사용하는지를 당연히 모르게 되는 것입니다. 잠재변수는 단순히 실체가 존재하지 않는 변수가 아니라, 측정오차가 존재하지 않는 순수한 구성개념의 변수입니다. 다시 말해서, 회귀분석의 경우에는 여러 항목들의 평균을 사용하기 때문에 단일항목화한 변수는 측정오차를 포함하고 있는 상태에서 분석되지만, 구조방정식모델에서는 그러한 측정오차를 배제한 순수한 구성개념의 가치만을 가지고 있는 잠재변수를 가정하여 분석을 하게 됩니다.

그러면 측정오차가 존재하지 않는 잠재변수를 만들기 위해서는 어떤 형태가 되어야 할까요? 첫째, 실제로는 측정되지 않지만 측정오차가 없는 순수한 변수(잠재변수)를 가상으로 만듭니다. 그리고 잠재변수가 실제로 측정한 관측변수들을 설명한다고 가정합니다. 여기서 설명한다고 가정하는 것은 영향을 미친다는 의미이기 때문에 화살표는 잠재변수에서 관측변수를 향해야 합니다.

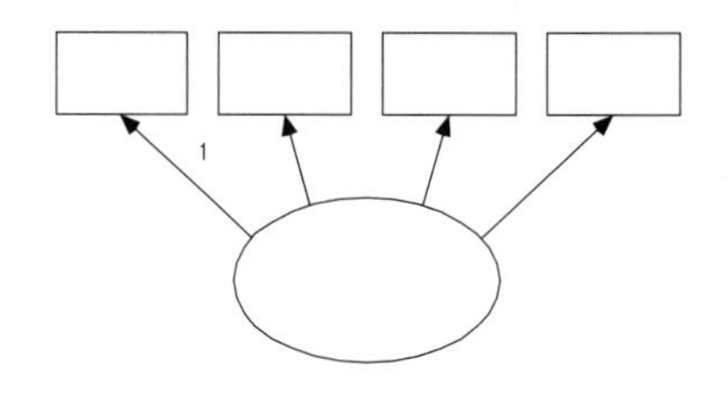

하지만 구성개념의 순수한 가치를 가졌다고 생각하는 잠재변수가 관측변수를 100% 완전하게 설명할 수는 없습니다. 그러므로 잠재변수가 관측변수를 설명하고 난 나머지 부분, 즉 측정오차가 자연스럽게 생성되는 것입니다. 다시 말해서, 잠재변수와 관측변수의 관계는 '잠재변수 → 관측변수'가 되어야만 측정오차를 분리할 수 있습니다.

그렇다면 관측변수와 측정오차의 관계는 어때야 할까요? 잠재변수가 설명하지 못하는 부분을 측정오차가 설명하는 형태가 되어야 하기 때문에 두 변수 간에 수학의 부등식처럼 측정오차가 다시 관측변수를 설명하는 형태(관측변수 ← 측정오차)가 됩니다. 결론적으로 세 변수의 관계는 '잠재변수 → 관측변수 ← 측정오차'로 구성되어야 합니다.

만약 질문자의 생각대로 '관측변수 → 잠재변수'의 인과관계가 형성된다면 측정오차는 생성될 수 없습니다. 이런 모델은 추후 설명하게 될 조형지표 모델에 해당하는데, 이는 6장에서 자세히 설명하도록 하겠습니다.

요약하면, 관측변수들에서 측정오차를 분리시키기 위해 구성개념의 순수한 가치를 지닌 잠재변수가 있다고 가정하고, 이 잠재변수가 관측변수를 설명한다고 모델을 설정하면, 자연히 그 설명하고 난 나머지 부분인 측정오차도 생성되기 때문에 현재 사용하고 있는 모델의 형태가 되어야 합니다. 이러한 차이로 인해 측정오차를 고려한 구성개념의 순수한 가치를 지닌 잠재변수들 간의 인과관계 결과를 보여주는 구조방정식모델이, 측정오차가 포함된 변수들 간의 인과관계 결과를 보여주는 회귀분석보다 더 선호되는 것입니다.

Q 2-3 구조방정식모델 관련 논문을 읽다 보면 그리스 문자들이 다수 나오는데, 모두 알아두어야 하나요?

A Amos 사용자들과 달리, Lisrel 사용자들은 그리스 문자를 이용하기도 합니다. 구조방정식모델에서는 다양한 그리스 문자를 사용하지만, 다음에 제시한 기본적인 3가지 문자만은 알아두는 것이 좋습니다.

- 외생변수에서 내생변수로 가는 경로: γ(gamma, 감마)
- 내생변수에서 내생변수로 가는 경로: β(beta, 베타)
- 잠재변수에서 관측변수로 가는 경로: λ(lambda, 람다)

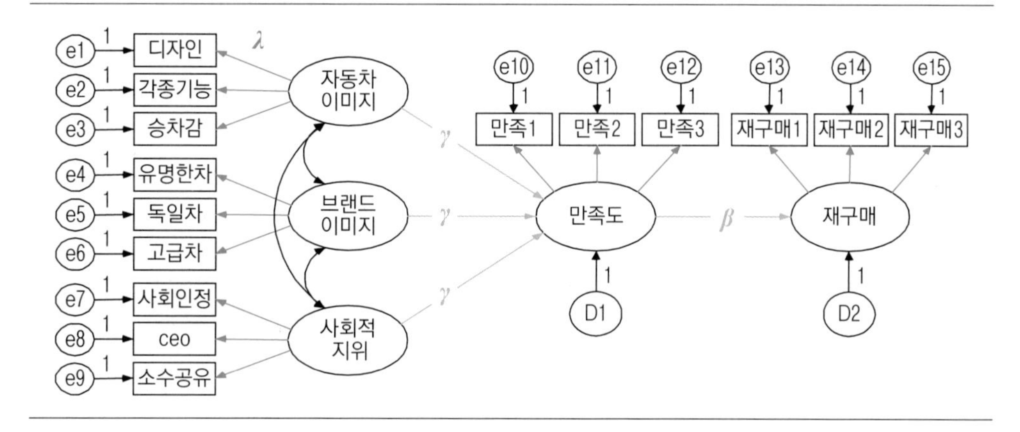

Thinking of Jp #1

동기부여

저자가 석사시절 첫 학기에 기말시험으로 리포트를 제출해야 하는 수업을 들은 적이 있습니다. 교수님이 주신 데이터를 이용해 이론적 배경과 가설 부분은 어느 정도 해결했는데, 문제는 통계분석 부분이었습니다.

당시엔 첫 학기라 학과에 잘 아는 사람도 없는 데다가, 통계에 관련된 수업도 들어본 적이 없었기 때문에 그야말로 벙어리 냉가슴 앓듯 속만 태우고 있었습니다. 차라리 밤이라도 새라면 그렇게 하겠는데, 통계분석이 밤을 새운다고 해결되는 것이 아니기에…….

그렇게 시간은 흘러 다음 날 오전까지 리포트를 제출해야 하는데 도와줄 사람은 없고, 직접 할 수 있는 것은 아무것도 없고…… 정말 너무나 힘들고 막막한 현실이었습니다. 거의 포기하고 있을 때, 제 사정을 알고 있던 여자 선배가 본인도 학기말이라 시간이 없었을 텐데 저녁 11시가 넘어서 집에 들러주었습니다. 그 당시 거주하던 동네가 워낙 추운 곳이라서 모자를 푹 눌러쓰고 목도리를 칭칭 감고 온 선배였지만 제 눈에는 천사로 보였습니다.

그토록 제 속을 썩이던 데이터를 분석해준 후 선배가 웃으면서 한마디 해주더군요. "종필 씨, 종필 씨도 다음에 잘 모르는 학생들 꼭 도와줘~ 알았지?" 선배의 그 한마디가 제 가슴에 깊이 와 닿았고 며칠 동안 머릿속에 맴돌았습니다.

그날 이후로 저는 통계 때문에 다시는 그러한 일을 겪지 않겠다고 굳게 다짐한 후 통계를 차근차근 공부하기 시작했습니다. 그런데 그토록 저를 힘들게 하고 애태우게 한 분석기법이 뭔지 아세요? 바로 t-test였습니다. 웃음이 나오시죠? 이러한 시간을 지나왔기 때문인지 저 역시 통계를 어려워하는 학생들의 심정을 충분히 이해할 수 있습니다. 많은 사람이 쉽게 공감하고 이해할 수 있는 책을 쓰려고 마음먹게 된 이유도 거기에 있습니다.

만약 여러분 주위에 통계로 인해 어려움을 겪고 있는 동료나 선후배가 있다면 '나도 어렵게 배운 걸 왜 알려줘야 해?' 하고 생각하지 말고, 본인이 아는 것을 함께 나누고 공부해보길 바랍니다. 학문은 혼자 지니고 있을 때보다 나눌 때 더 빛이 나기 마련이니까요.

chapter

3

Amos의 활용

1 Amos 시작

지금부터 재미있는 Amos 실행방법에 대해서 알아보도록 하자. Amos 22.0[1]을 설치한 후, 윈도우의 [시작] → [모든 프로그램] → [IBM SPSS Statistics] → [IBM SPSS Amos22] 를 실행하면 다음과 같은 메뉴가 나타난다.

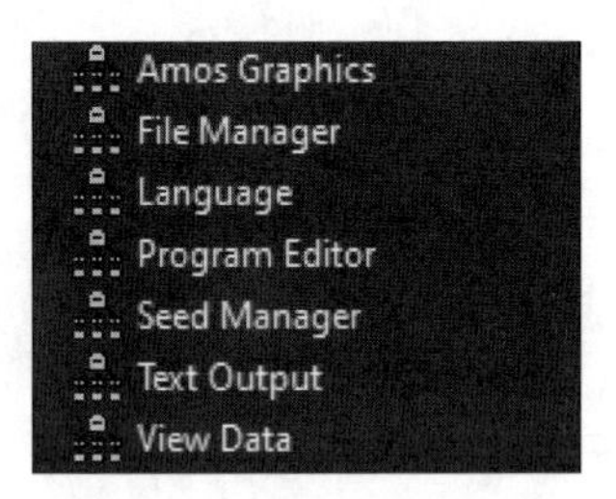

각각의 메뉴에 대한 설명은 아래와 같다.

메뉴	설명
Amos Graphics	다양한 기능 아이콘을 이용하여 그래픽(Graphical User Interface, GUI)으로 모델을 구현하고 수정하는 창이다. Amos 기본 창으로 이용되기 때문에 가장 많이 사용된다.
File Manager	Amos 파일을 관리하는 창이다. 파일 이름, 형태, 작성날짜, 크기 등이 제공된다.
Program Editor	GUI가 아닌 Visual Basic, Net, C# 등의 프로그램 언어와 같은 스크립트문을 바탕으로 모델을 구현하고 수정하는 창이다.
Seed Manager	부트스트래핑에 사용되는 난수 관리창이다.
Text Output	Amos 결과물을 텍스트로 제공해주는 창이다.
View Data	데이터를 보여주는 창이다.
View Path Diagrams	Amos를 통해 제작된 모델들을 순서대로 보여주는 창이다.

1 Amos는 버전 호환성이 없어 상위버전에서 제작한 모델 파일은 하위버전에서 열리지 않는다. 본 교재에서 제공하는 모델은 Amos 22.0을 이용하였으나 Amos 5.0 이상 사용자라면 모두 사용 가능하다.

2 Amos 화면구성

Amos 메뉴에서 [Amos Graphics]를 선택하면 다음과 같은 화면이 나타난다. 초기화면은 메뉴바, 기능아이콘, 모델정보창, 모델작업창으로 구성되어 있다.

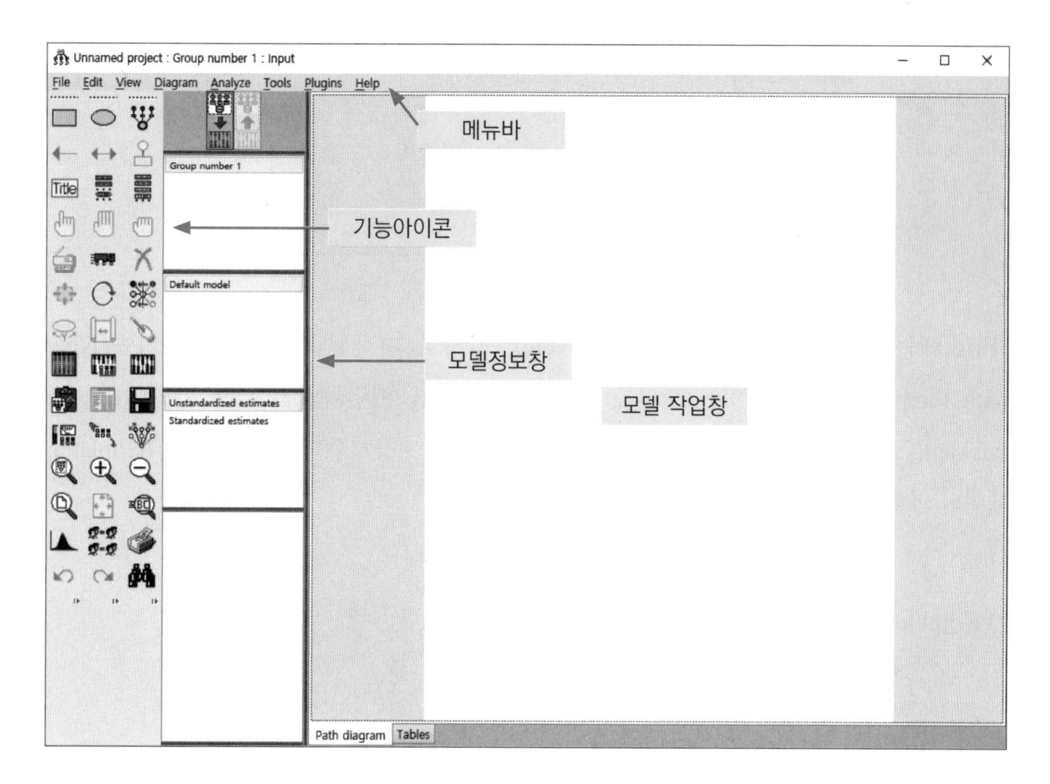

2-1 메뉴바

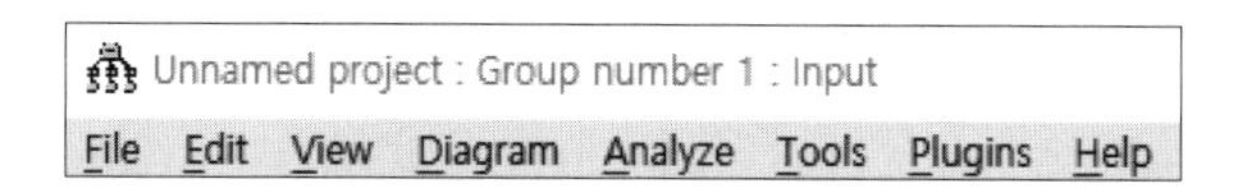

메뉴바는 ①File, ②Edit, ③View, ④Diagram, ⑤Analyze, ⑥Tools, ⑦Plugins, ⑧Help로 구성되어 있다.

1) File

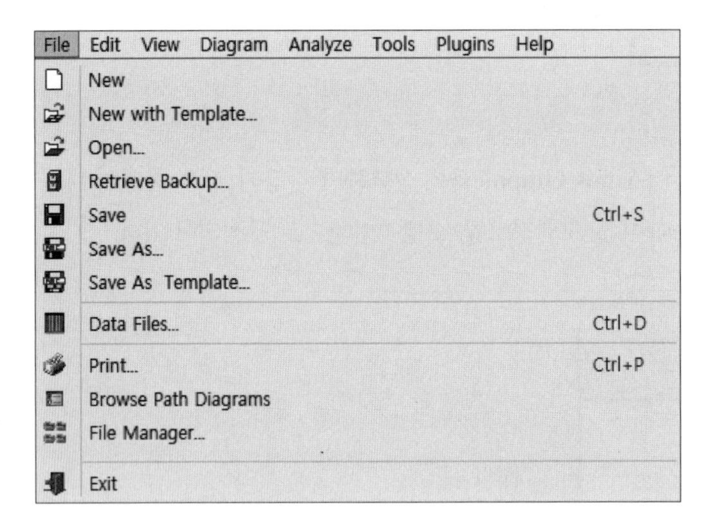

[File]에는 새로운 창을 만드는 기능(New), 임시로 저장된 파일을 여는 기능(New with Template), 기존에 있는 모델을 여는 기능(Open), 백업파일을 여는 기능(Retrieve Backup), 모델을 저장하는 기능(Save), 임시로 파일을 저장하는 기능(Save As Template), 데이터 파일을 불러들이는 기능(Data Files) 등이 있다.

2) Edit

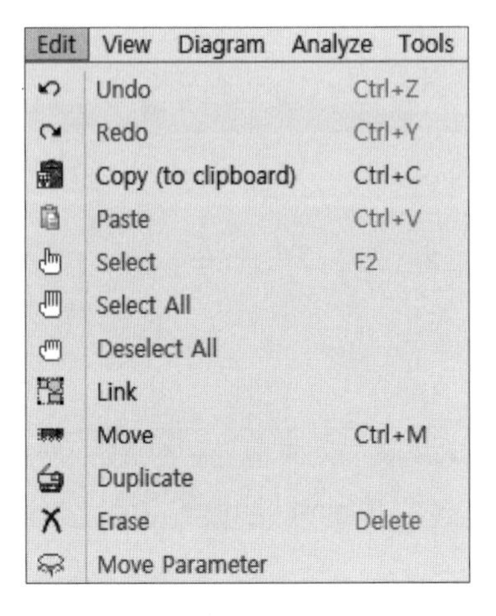

[Edit]에는 모델작업창에서 구현하고 있는 모델을 되돌리는 기능(Undo), 다시 되돌리는 기능(Redo), 모델을 복사하여 다른 곳에 붙이는 기능(Copy (to clipboard)), 모델의 선택(Select), 이동(Move), 복사(Duplicate), 제거(Erase), 회전(Reflect, Rotate) 및 모수의 위치를 이동(Move Parameter)시키는 등의 편집 관련 기능들이 있다. 'Copy (to clipboard)' 기능은 워드나 한글에 붙여넣기가 가능해 모델작업창에 그려진 연구모델을 그대로 사용할 수 있는 장점이 있다.

3) View

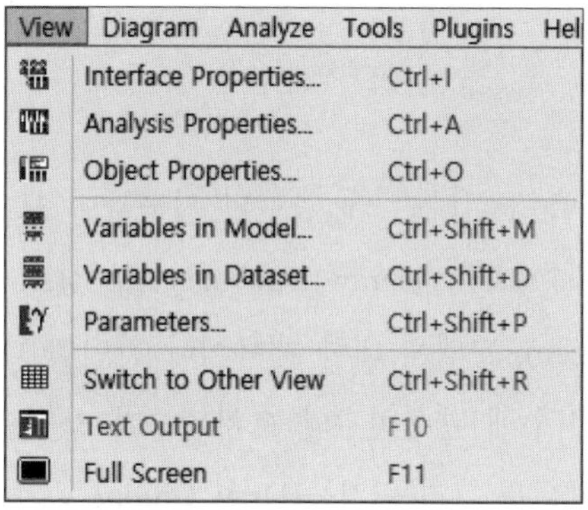

View Diagram Analyze Tools Plugins Hel

Interface Properties...	Ctrl+I
Analysis Properties...	Ctrl+A
Object Properties...	Ctrl+O
Variables in Model...	Ctrl+Shift+M
Variables in Dataset...	Ctrl+Shift+D
Parameters...	Ctrl+Shift+P
Switch to Other View	Ctrl+Shift+R
Text Output	F10
Full Screen	F11

[View]에는 연구모델의 결과를 산출하는 방식에 관련된 기능들이 모여 있다. 모델작업창의 형태 지정(가로방향 또는 세로방향), 변수의 컬러, 여백, 모수의 표시방법 등에 대한 인터페이스 속성 기능(Interface Properties), 추정법, 결과옵션 지정, 부트스트래핑 등에 대한 분석 속성 기능(Analysis Properties), 변수명 지정이나 크기, 폰트 조정, 모수 지정 등에 대한 대상 속성 기능(Object Properties) 등이 있다.

또한 모델에 사용된 변수명을 보여주는 기능(Variables in Model), 데이터에 있는 변수명을 보여주는 기능(Variables in Dataset), 모수에 대한 정보를 제공하는 기능(Parameters), 매트릭스에 대한 기능(Matrix Representation), 텍스트 형태의 결과물을 볼 수 있는 기능(Text Output), 전체화면 기능(Full Screen)이 있다.

4) Diagram

Diagram Analyze Tools Plugins Hel

Draw Observed F3
Draw Unobserved F4
Draw Path F5
Draw Covariance F6
Figure Caption
Draw Indicator Variable
Draw Unique Variable
Zoom
Zoom In F7
Zoom Out F8
Zoom Page F9
Scroll
Loupe F12
Redraw diagram

[Diagram]에는 연구모델을 구현하는 데 관련된 기능들이 모여 있다. 관측변수 그리기(Draw Observed), 잠재변수 그리기(Draw Unobserved), 경로 그리기(Draw Path), 공분산 그리기(Draw Covariance), 모델에 대한 제목이나 간단한 내용을 입력할 수 있는 기능(Figure Caption), 잠재변수에 관측변수와 오차변수가 자동으로 생성되는 기능(Draw Indicator Variable), 오차변수를 그리는 기능(Draw Unique Variable) 등이 있다.

또한 모델이나 창의 크기를 조절하는 기능(Zoom, Zoom In, Zoom Out, Zoom Page), 모델작업창 전체를 움직이는 기능(Scroll), 모델의 특정 부분을 확대하는 기능(Loupe) 등이 있다.

5) Analyze

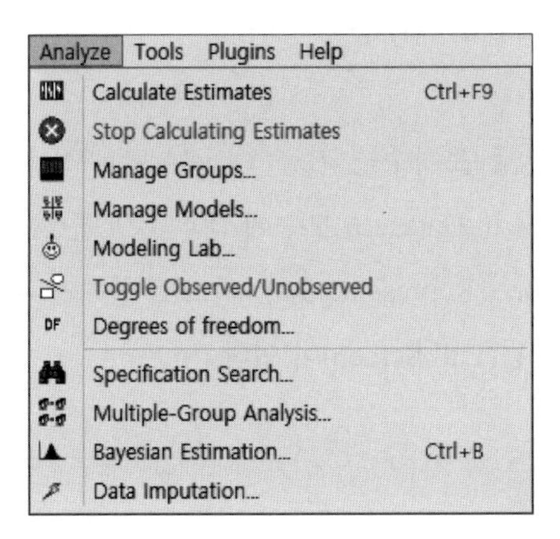

[Analyze]에는 연구모델을 분석한 결과의 산출방식에 관련된 기능들이 모여 있다. 연구모델의 실행(Calculate Estimates) 및 중단(Stop Calculating Estimates), 그룹 관리(Manage Groups), 모델 관리(Manage Models), 관측변수와 잠재변수의 전환(Toggle Observed/Unobserved), 자유도 보기(Degrees of freedom) 기능 등이 있다. 또한 모델의 설정탐색(Specification Search), 다중집단분석(Multiple-Group Analysis), 베이지안 추정(Bayesian Estimation), 결측치 대체(Data Imputation) 기능도 있다.

6) Tools

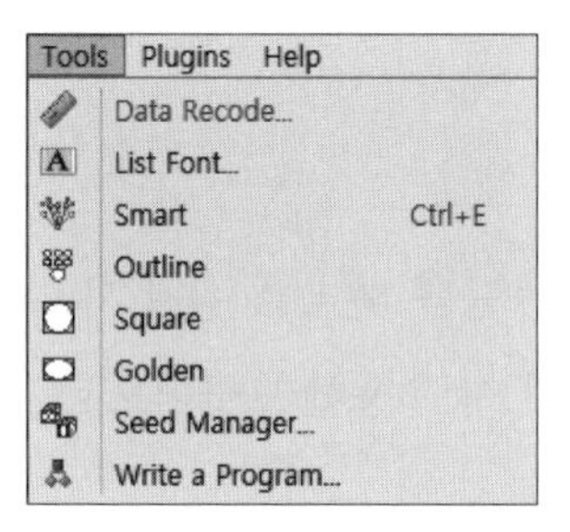

[Tools]에는 데이터 변환(Data Recode), 글꼴관리(List Font), 모델관리(Smart, Outline, Square, Golden), 난수관리(Seed Manager) 등의 기능이 있다.

7) Plugins

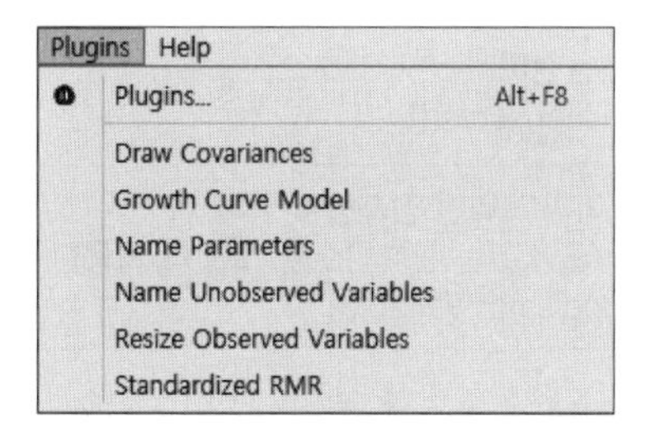

[Plugins]에는 공분산 그리기(Draw Covariances), 성장곡선모델 생성(Growth Curve Model), 모수이름 지정(Name Parameters), 비관측변수인 오차변수와 잠재변수명 지정(Name Unobserved Variables), 관측변수의 크기 조정(Resize Observed Variables), 표준화 RMR(Standardized RMR) 기능 등이 있다.

8) Help

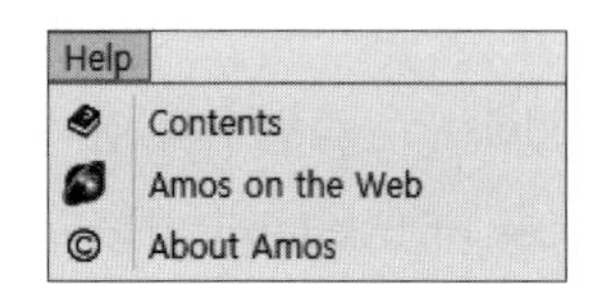

[Help]에는 Amos의 용어에 대한 설명(Contents), Amos 웹페이지로 이동(Amos on the Web)하는 기능, Amos에 대한 기본 정보(About Amos)를 제공하는 기능이 있다.

2-2 기능 아이콘

기능 아이콘은 메뉴에 있는 기능들을 빠르고 쉽게 사용할 수 있도록 버튼 형태로 되어 있다. 기능 아이콘들은 모델 구현 시 유용한 도구이므로 각각의 기능에 대해서 충분히 숙지해야 한다.

기능 아이콘과 메뉴바의 아이콘에 대한 설명은 다음과 같다.

아이콘	설명
	관측변수를 그릴 때 사용한다. [Diagram] → [Draw Observed]
	잠재변수를 그릴 때 사용한다. [Diagram] → [Draw Unobserved]
	잠재변수를 그리거나 이미 그려진 잠재변수 위에 오차변수(측정오차)가 붙어 있는 관측변수를 그릴 때 사용한다. [Diagram] → [Draw Indicator Variable]
	변수 간의 인과관계(일방향 화살표)를 설정할 때 사용한다. [Diagram] → [Draw Path]
	변수 간의 공분산 또는 상관관계(쌍방향 화살표)를 설정할 때 사용한다. [Diagram] → [Draw Covariance]
	이미 그려진 변수 위에 오차변수(측정오차 및 구조오차)를 그릴 때 사용한다. 한 번 클릭하면 오차변수가 생성되고, 연속으로 클릭하면 오차변수가 시계 방향으로 회전한다. [Diagram] → [Draw Unique Variable]

아이콘	설명
Title	모델의 제목이나 간단한 내용을 넣을 때 사용한다. 텍스트의 위치와 글자크기, 모양 등 간단한 기능이 제공된다. [Diagram] → [Figure Caption]
	모델에 사용된 변수 목록을 볼 때 사용한다. [View] → [Variables in Model]
	데이터 파일에 있는 변수 목록을 보여주며, 목록에 있는 변수를 선택해 원하는 변수란으로 끌어넣으면 자동으로 변수명이 생성된다. [View] → [Variables in Dataset]
	하나의 개념(변수 또는 경로)을 선택할 때 사용한다. 선택된 개념은 검정색에서 붉은색이나 파란색으로 변한다. [Edit] → [Select]
	모든 개념(변수 및 경로)을 선택할 때 사용한다. [Edit] → [Select All]
	선택된 개념(변수 및 경로)을 원상태로 되돌릴 때 사용한다. 원상태가 되면 모든 개념은 검정색으로 변한다. [Edit] → [Deselect All]
COPY	관측변수, 잠재변수 등을 복사할 때 사용한다. 동일한 변수를 생성하는 데 매우 유용하며, 여러 변수나 모델을 한꺼번에 선택한 후 전체복사를 할 수 있다. [Edit] → [Duplicate]
	모델작업창에 있는 변수들을 이동시킬 때 사용한다. 여러 변수나 모델을 부분 선택하거나 전체 선택한 후 옮길 때 유용하다. [Edit] → [Move]
	개념(변수 및 경로)을 삭제하는 데 사용하며, 마우스를 클릭할 때마다 선택된 개념이 하나씩 제거된다. [Edit] → [Erase]
	변수의 크기를 조정하거나, 쌍방향 화살표의 커브를 조정할 때 사용한다. [Edit] → [Shape of Object]
	잠재변수 위에 이 아이콘을 놓고 마우스를 클릭하면 잠재변수에 붙어 있는 모든 개념들이 시계 방향으로 90도씩 회전한다. [Edit] → [Rotate]
	잠재변수 위에 이 아이콘을 놓고 마우스를 클릭하면 잠재변수에 붙어 있는 개념(변수 및 경로)들의 위치가 반대로 바뀌며, 더블클릭하면 잠재변수를 축으로 180도 회전한다. [Edit] → [Reflect]
	경로와 변수에 있는 모수들의 위치를 이동시킬 때 사용한다. 복잡한 모델의 경우, 모수들이 겹치는 문제를 해결해준다. [Edit] → [Move Parameter]

아이콘	설명
	모델작업창의 위치를 이동시킬 때 사용한다. 아이콘을 선택한 후 모델작업창에 마우스를 누르고 움직이면 마우스가 이동하는 방향으로 모델작업창이 이동한다. [Diagram] → [Scroll]
	변수 간 일방향 화살표나 쌍방향 화살표를 정렬할 때 사용한다. 모델의 미적인 부분에 대한 기능을 보강해준다. [Edit] → [Touch Up]
	데이터 파일을 연결시킬 때 사용한다. 아이콘을 선택하면 생성된 창에서 데이터를 불러올 수 있으며, 'View Data' 버튼을 누르면 현재 사용 중인 데이터를 볼 수 있다. [File] → [Data Files]
	결과물에 대한 여러 가지 옵션을 설정할 때 사용한다. [View] → [Analysis Properties]
	모델을 분석할 때 사용하며, 분석이 끝나면 '결과 전환창'의 오른쪽에 있는 아이콘의 화살표가 붉은색으로 변한다. [Analyze] → [Calculate Estimates]
	모델작업창에 있는 모델을 복사하여 워드나 한글 등의 프로그램에 붙여넣기 할 때 사용한다. [Edit] → [Copy(clipboard)]
	모델의 분석 결과를 텍스트 형태로 보고자 할 때 사용한다. [View] → [Text Output]
	모델을 저장할 때 사용한다. [File] → [Save]
	모델에 있는 변수와 화살표(일방향, 쌍방향) 등에 변화를 줄 때 사용한다. 문자 조절(Text), 모수 조절(Parameters), 색 조절(Colors), 포맷(Format), 비주얼 효과(Visibility) 기능이 제공된다. [View] → [Object Properties]
	하나의 변수 특성을 다른 변수에 적용시킬 때 사용한다. 이 아이콘을 클릭하여 옵션(Height, Width, X coordinate 등)을 설정하고, 특성을 전달할 변수를 누른 상태에서 특성을 전달받을 변수로 끌어넣으면 동일한 특성이 적용된다. [Edit] → [Drag Properties]
	이 아이콘을 선택한 상태에서 잠재변수를 이동시키면 잠재변수에 연결된 모든 개념이 함께 이동되고, 관측변수를 이동시키면 연결된 관측변수와 측정오차들이 대칭으로 이동된다. [Tools] → [Smart]
	모델작업창에 그려진 모델의 특정 부분을 확대할 때 사용한다. 아이콘을 선택한 후 마우스로 확대할 부분을 사각형 모양으로 지정해주면 지정한 부분이 확대되어 나타난다. [Diagram] → [Zoom]

아이콘	설명
	모델작업창을 확대할 때 사용한다. 마우스를 클릭할 때마다 창 전체가 점점 커진다. [Diagram] → [Zoom In]
	모델작업창을 축소할 때 사용한다. 마우스를 클릭할 때마다 창 전체가 점점 작아진다. [Diagram] → [Zoom Out]
	확대, 복사 등으로 변형된 모델작업창을 처음의 모양으로 되돌릴 때 사용한다. [Diagram] → [Zoom Page]
	모델작업창을 벗어난 모델을 작업창 안으로 넣을 때 사용한다. 모델작업창은 프린트 사이즈와 연관되어 있다. [Edit] → [Fit to Page]
	돋보기 아이콘으로, 원하는 부분을 확대해서 보고자 할 때 사용한다. 아이콘을 지정하면 확대창이 생기고, 마우스가 위치한 곳이 확대되어 보인다. [Diagram] → [Loupe]
	베이지안 추정법에 사용한다. [Analyze] → [Bayesian Estimation]
	다중집단분석을 실시할 때 사용한다. 자유모델과 제약모델 등이 자동으로 생성되어 모델 간 비교 시 매우 유용하다. [Analyze] → [Multiple-Group Analysis]
	모델을 프린트할 때 사용한다. 그룹(Groups)이나 모델의 종류(Models), 비표준화계수(Unstandardized estimates) 또는 표준화계수(Standardized estimate) 모델을 각각 나누어 프린트할 수 있다. [File] → [Print]
	작성 중인 모델을 이전으로 되돌릴 때 사용한다. [Edit] → [Undo]
	되돌렸던 모델을 다시 앞으로 되돌릴 때 사용한다. [Edit] → [Redo]
	모델설정탐색 시 사용한다. [Analyze] → [Specification Search]
	새로운 모델작업창을 생성할 때 사용한다. [File] → [New]
	임시파일로 저장된 모델을 열 때 사용한다. [File] → [New with Template]
	파일 폴더를 열 때 사용한다. [File] → [Open]
	백업파일을 열 때 사용한다. 모델을 작성하거나 수정한 후에는 항상 백업파일이 생성된다. [File] → [Retrieve Backup]

아이콘	설명
	작성된 모델을 다른 이름으로 저장할 때 사용한다. [File] → [Save As]
	모델을 임시파일로 저장할 때 사용한다. '파일명.amt' 형태로 저장된다. [File] → [Save As Template]
	파일 매니저를 열 때 사용한다. [File] → [File Manager]
	Amos 프로그램 종료 시 사용한다. [File] → [Exit]
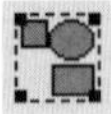	변수들을 그룹화할 때 사용한다. 원하는 변수들을 지정한 후 이 아이콘을 클릭하면 지정된 변수들이 하나로 인식되어 모델이 이동될 때 함께 움직인다. [Edit] → [Link]
	변수 사이의 좌우 간격을 동일하게 설정할 때 사용한다. [Edit] → [Space Horizontally]
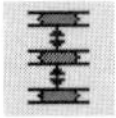	변수 사이의 상하 간격을 동일하게 설정할 때 사용한다. [Edit] → [Space Vertically]
	모델의 속성을 지정할 때 사용한다. 페이지 조정(Page Layout), 포맷(Format), 컬러(Colors) 등의 옵션을 제공하고 있다. [View] → [Interface Properties]
	모수에 지정된 이름이나 제약 등의 목록을 볼 때 사용한다. [View] → [Parameters]
	엑셀 형태의 스프레드시트 창을 이용하고자 할 때 사용한다. 모델의 매트릭스를 표시할 수 있으며, 엑셀이 지닌 대부분의 기능을 수행할 수 있다. [View] → [Matrix Representation]
	Amos 화면을 전체화면으로 전환할 때 사용한다. [View] → [Full Screen]
	모델을 지우거나 다시 그릴 때 사용한다. [Diagram] → [Redraw diagram]
	진행되고 있는 모델의 계산 작업을 중지시킬 때 사용한다. [Analyze] → [Stop Calculating Estimates]
	여러 그룹의 모델을 생성하거나 삭제할 때, 그룹명을 변경할 때 사용한다. [Analyze] → [Manage Groups]
	모델을 생성하거나 수정, 삭제할 때 사용한다. [Analyze] → [Manage Models]

아이콘	설명
	모수값의 변화에 따른 모델의 다른 결과치를 볼 때 사용한다. [Analyze] → [Modeling Lab]
	관측변수를 잠재변수로 바꾸거나, 잠재변수를 관측변수로 바꿀 때 사용한다. 마우스를 더블클릭하면 다시 원위치로 돌아온다. [Analyze] → [Toggle Observed/Unobserved]
DF	모델의 자유도를 볼 때 사용한다. [Analyze] → [Degrees of freedom]
	데이터 대체법 이용 시 사용한다. [Analyze] → [Data Imputation]
	데이터를 전환하여 입력할 때 사용한다. [Tools] → [Data Recode]
A	글꼴을 수정할 때 사용한다. [Tools] → [List Font]
	모델의 변수명, 모수의 제약, 화살표 방향을 모두 사라지게 할 때 사용한다. [Tools] → [Outline]
	정사각형이나 정원을 그릴 때 사용한다. 관측변수나 잠재변수를 그리면 변수의 형태는 정사각형이나 정원이 된다. [Tools] → [Square]
	직사각형이나 타원을 그릴 때 사용한다. 관측변수나 잠재변수를 그리면 변수의 형태는 직사각형이나 타원이 된다. [Tools] → [Golden]
	난수 관리창을 열 때 사용한다. [Tools] → [Seed Manager]
	도구상자에 있는 아이콘을 사용자 맞춤식으로 전환할 때 사용한다. [Tools] → [Customize]
	공분산 그리기, 잠재성장곡선모델 생성, 모수 명명, 변수이름 명명, 관측변수의 크기 조정, 표준화 RMR 등에 사용한다. [Plugins] → [Plugins]
	Amos의 도움말을 볼 때 사용한다. [Help] → [Contents]
	IBM SPSS 홈페이지로 이동할 때 사용한다. [Help] → [Amos on the Web]
©	Amos 버전과 제작자, Small Water Corp.에 대한 정보를 볼 때 사용한다. [Help] → [About Amos]

2-3 모델 정보창

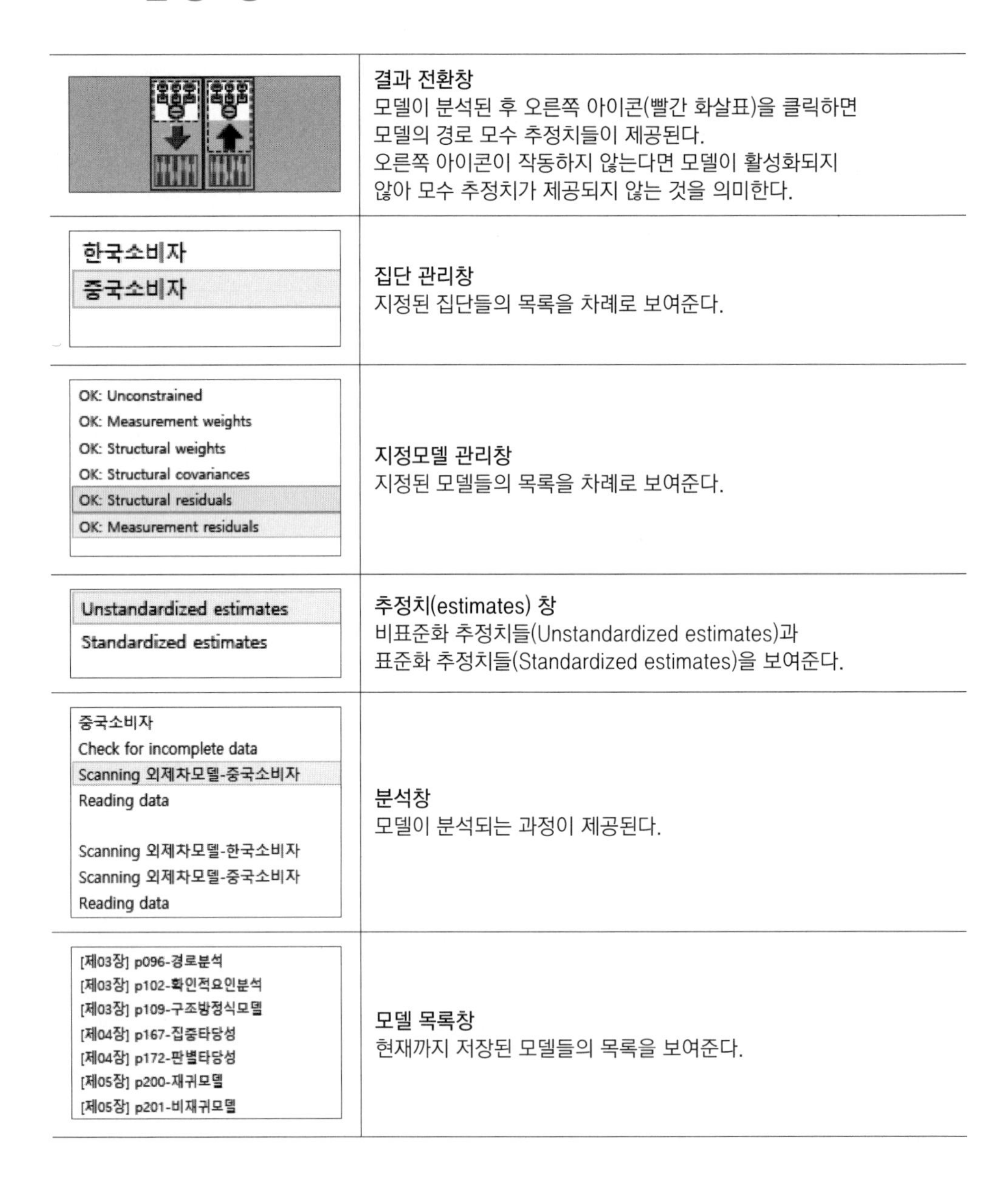

	결과 전환창 모델이 분석된 후 오른쪽 아이콘(빨간 화살표)을 클릭하면 모델의 경로 모수 추정치들이 제공된다. 오른쪽 아이콘이 작동하지 않는다면 모델이 활성화되지 않아 모수 추정치가 제공되지 않는 것을 의미한다.
한국소비자 중국소비자	**집단 관리창** 지정된 집단들의 목록을 차례로 보여준다.
OK: Unconstrained OK: Measurement weights OK: Structural weights OK: Structural covariances OK: Structural residuals OK: Measurement residuals	**지정모델 관리창** 지정된 모델들의 목록을 차례로 보여준다.
Unstandardized estimates Standardized estimates	**추정치(estimates) 창** 비표준화 추정치들(Unstandardized estimates)과 표준화 추정치들(Standardized estimates)을 보여준다.
중국소비자 Check for incomplete data Scanning 외제차모델-중국소비자 Reading data Scanning 외제차모델-한국소비자 Scanning 외제차모델-중국소비자 Reading data	**분석창** 모델이 분석되는 과정이 제공된다.
[제03장] p096-경로분석 [제03장] p102-확인적요인분석 [제03장] p109-구조방정식모델 [제04장] p167-집중타당성 [제04장] p172-판별타당성 [제05장] p200-재귀모델 [제05장] p201-비재귀모델	**모델 목록창** 현재까지 저장된 모델들의 목록을 보여준다.

3 Amos 실습

3-1 데이터 입력 및 Amos 실행

1) SPSS 데이터 입력[2]

설문지를 통해 수집한 자료를 SPSS 프로그램에 입력하면 다음과 같은 데이터를 얻게 된다.

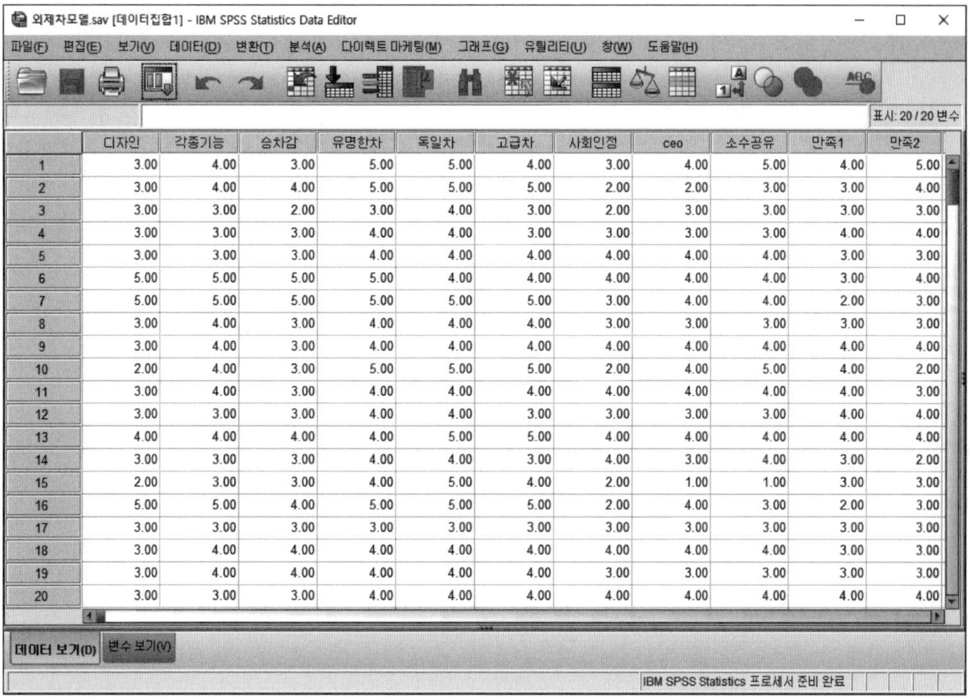

외제차모델.sav [데이터집합1] - IBM SPSS Statistics Data Editor

파일(F) 편집(E) 보기(V) 데이터(D) 변환(T) 분석(A) 다이렉트 마케팅(M) 그래프(G) 유틸리티(U) 창(W) 도움말(H)

표시: 20 / 20 변수

	디자인	각종기능	승차감	유명한차	독일차	고급차	사회인정	ceo	소수공유	만족1	만족2
1	3.00	4.00	3.00	5.00	5.00	4.00	3.00	4.00	5.00	4.00	5.00
2	3.00	4.00	4.00	5.00	5.00	5.00	2.00	2.00	3.00	3.00	4.00
3	3.00	3.00	2.00	3.00	4.00	3.00	2.00	3.00	3.00	3.00	3.00
4	3.00	3.00	3.00	4.00	4.00	3.00	3.00	3.00	3.00	4.00	4.00
5	3.00	3.00	3.00	4.00	4.00	4.00	4.00	4.00	4.00	3.00	3.00
6	5.00	5.00	5.00	5.00	4.00	4.00	4.00	4.00	4.00	3.00	4.00
7	5.00	5.00	5.00	5.00	5.00	5.00	3.00	4.00	4.00	2.00	3.00
8	3.00	4.00	3.00	4.00	4.00	4.00	3.00	3.00	3.00	3.00	3.00
9	3.00	4.00	3.00	4.00	4.00	4.00	4.00	4.00	4.00	4.00	4.00
10	2.00	4.00	3.00	5.00	5.00	5.00	2.00	4.00	5.00	4.00	2.00
11	3.00	4.00	3.00	4.00	4.00	4.00	4.00	4.00	4.00	4.00	3.00
12	3.00	3.00	3.00	4.00	4.00	3.00	3.00	3.00	3.00	4.00	4.00
13	4.00	4.00	4.00	4.00	5.00	5.00	4.00	4.00	4.00	4.00	4.00
14	3.00	3.00	3.00	4.00	4.00	3.00	4.00	3.00	4.00	3.00	2.00
15	2.00	3.00	3.00	4.00	5.00	4.00	2.00	1.00	1.00	3.00	3.00
16	5.00	5.00	4.00	5.00	5.00	5.00	2.00	4.00	3.00	2.00	3.00
17	3.00	3.00	3.00	3.00	3.00	3.00	3.00	3.00	3.00	3.00	3.00
18	3.00	4.00	4.00	4.00	4.00	4.00	4.00	4.00	4.00	3.00	3.00
19	3.00	4.00	4.00	4.00	4.00	4.00	3.00	3.00	3.00	3.00	3.00
20	3.00	3.00	3.00	4.00	4.00	4.00	4.00	4.00	4.00	4.00	4.00

데이터 보기(D) 변수 보기(V)

IBM SPSS Statistics 프로세서 준비 완료

---

2 Amos에서는 SPSS나 Excel 형태의 원자료뿐만 아니라 공분산행렬(또는 상관행렬)을 이용해서도 분석이 가능하다. 자세한 내용은 6장을 참조하기 바란다.

2) Amos 실행

실행 1 [IBM SPSS Statistics] → [IBM SPSS Amos22] → [Amos Graphics]
실행 2 SPSS에서 [Analyze] → [Amos 16]

Amos를 실행시키는 방법은 [시작] → [모든 프로그램] → [IBM SPSS Statistics] → [IBM SPSS Amos22] → [Amos Graphics]를 이용하는 방법과 SPSS상에서 [분석] → [IBM SPSS Amos]를 통하여 연결시키는 방법이 있다. 둘 중 원하는 방법으로 Amos를 실행시키면 다음과 같은 화면이 나타난다.

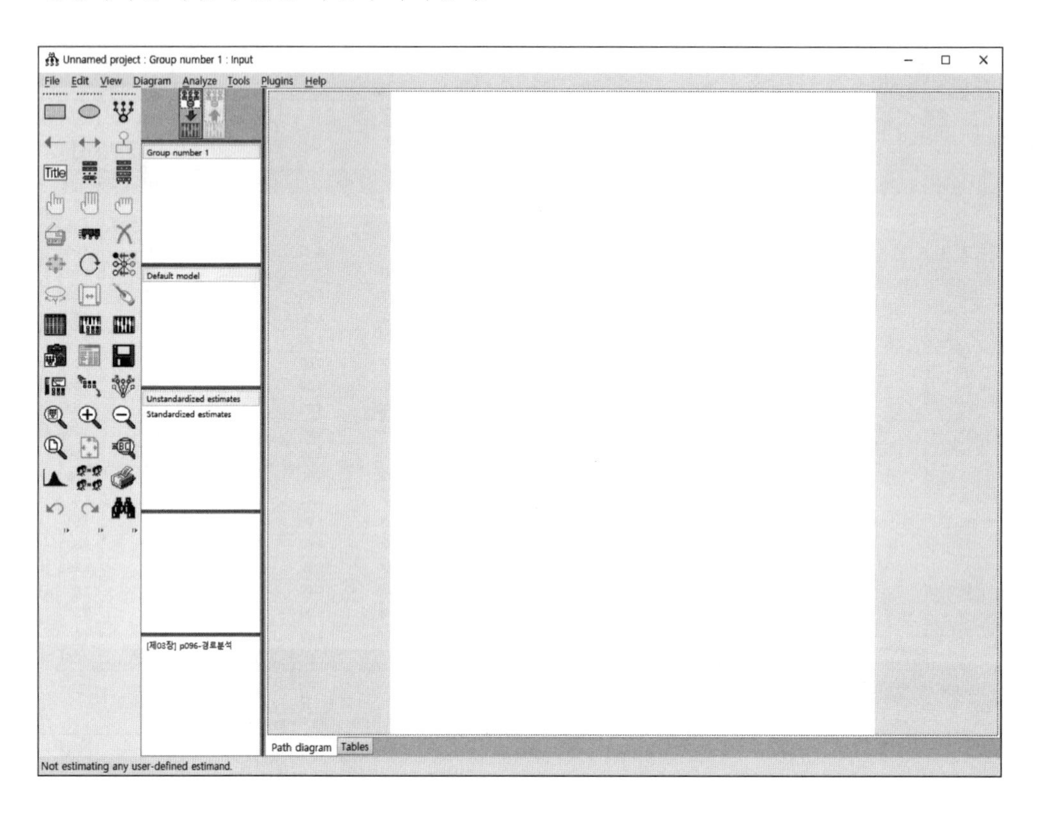

3-2 경로분석 모델 그리기

복잡한 구조방정식모델을 그리기에 앞서 [그림 3-1]과 같이 비교적 형태가 간단한 경로분석 모델을 만들어보자.

[그림 3-1] 경로분석 모델 예제

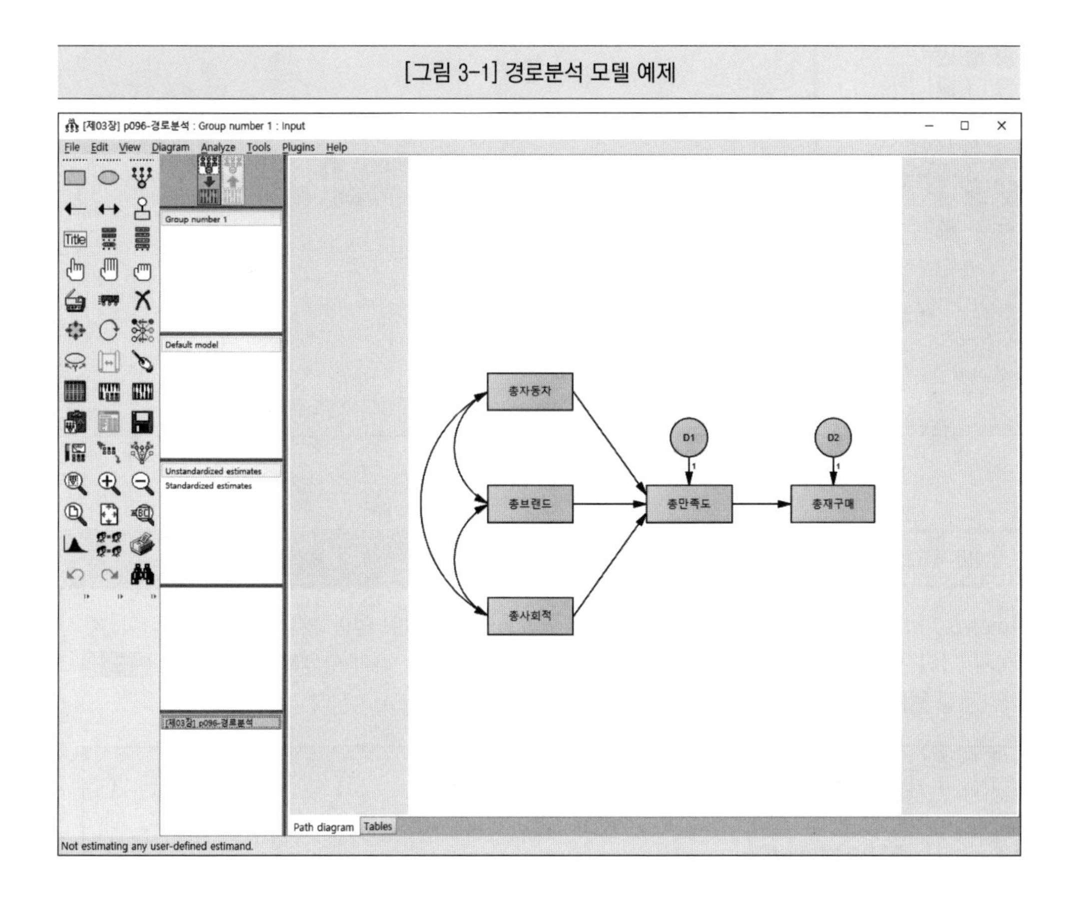

1) 관측변수 그리기

아이콘 모음창에서 ▭(관측변수) 아이콘을 마우스 왼쪽 버튼을 눌러 선택한 후, 모델작업창에 마우스포인터를 위치시키고 왼쪽 버튼을 누른 상태에서 대각선 우측 밑으로 끌어당기면 관측변수가 생성된다. ✥(형태 변경) 아이콘을 이용하여 관측변수의 크기를 조정할 수 있다.

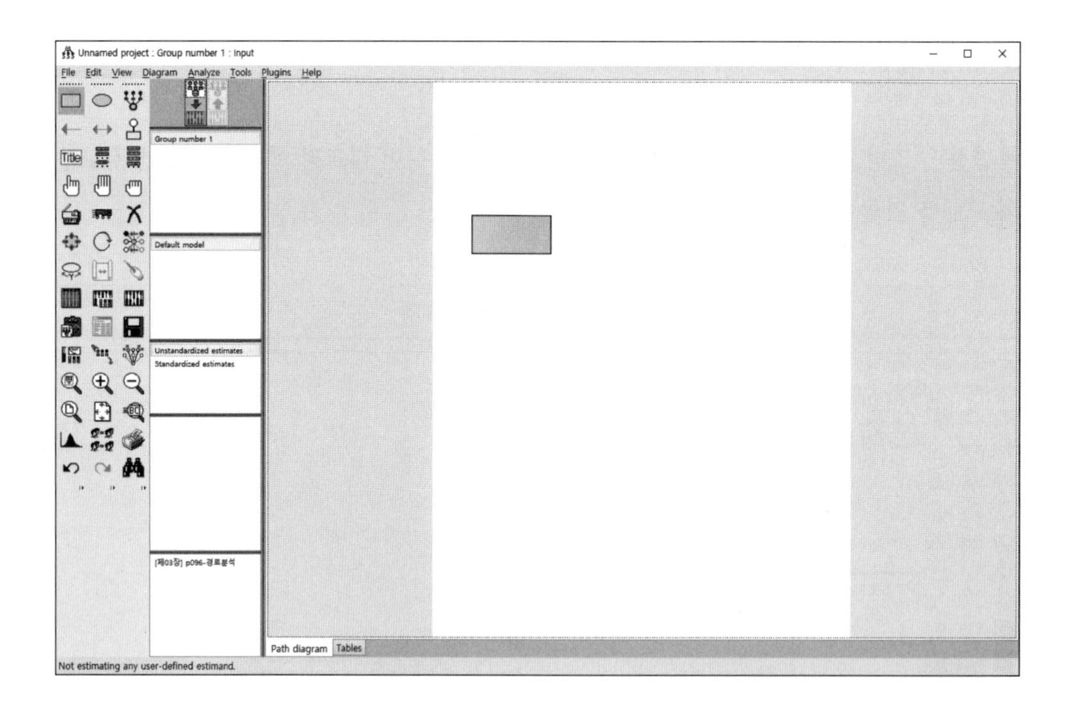

알아두세요! **모델 작업창의 잔상 없애기**

Amos 5.0 버전 사용 시, 초보자들의 경우에는 변수를 그리는 과정이 익숙하지 않아 다음과 같이 (삭제) 아이콘으로도 지워지지 않는 잔상이 발생한다. 이럴 때에는 화면 오른쪽 상단에 있는 아이콘 중 (최소화) 아이콘을 누른 후 다시 화면을 띄우면 잔상이 사라진다.

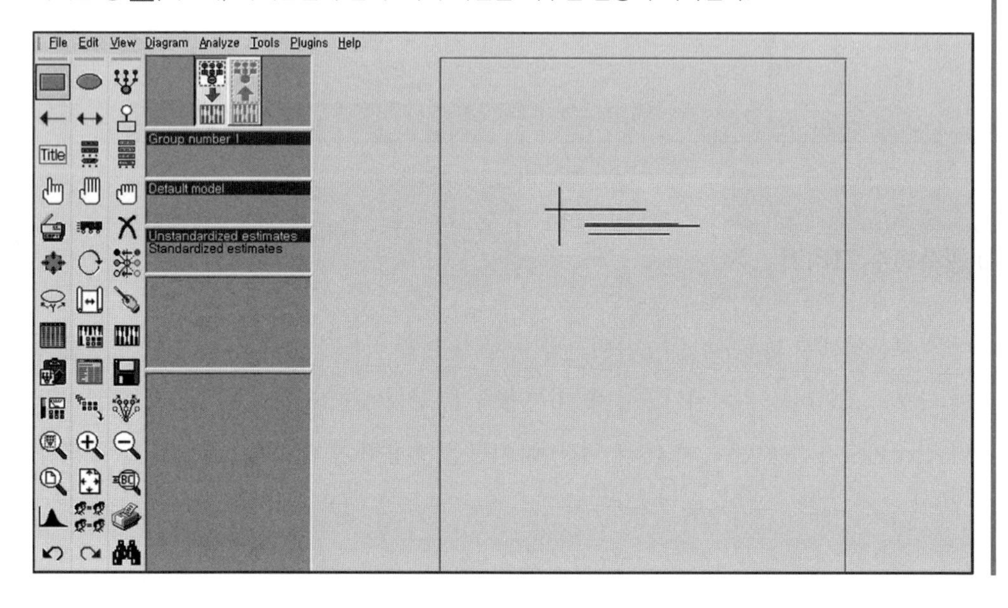

2) 복사하기

아이콘 모음창에서 (복사) 아이콘을 선택한 후, 이미 만들어진 관측변수 위에서 마우스 왼쪽 버튼을 누른 후 원하는 위치로 끌어당기면 동일한 관측변수가 생성된다. 같은 방법으로 모델에 사용할 관측변수를 필요한 수만큼 만들면 된다. 관측변수의 위치를 조정할 때에는 (이동) 아이콘을 이용하고, 제거할 때에는 X(삭제) 아이콘을 이용한다.

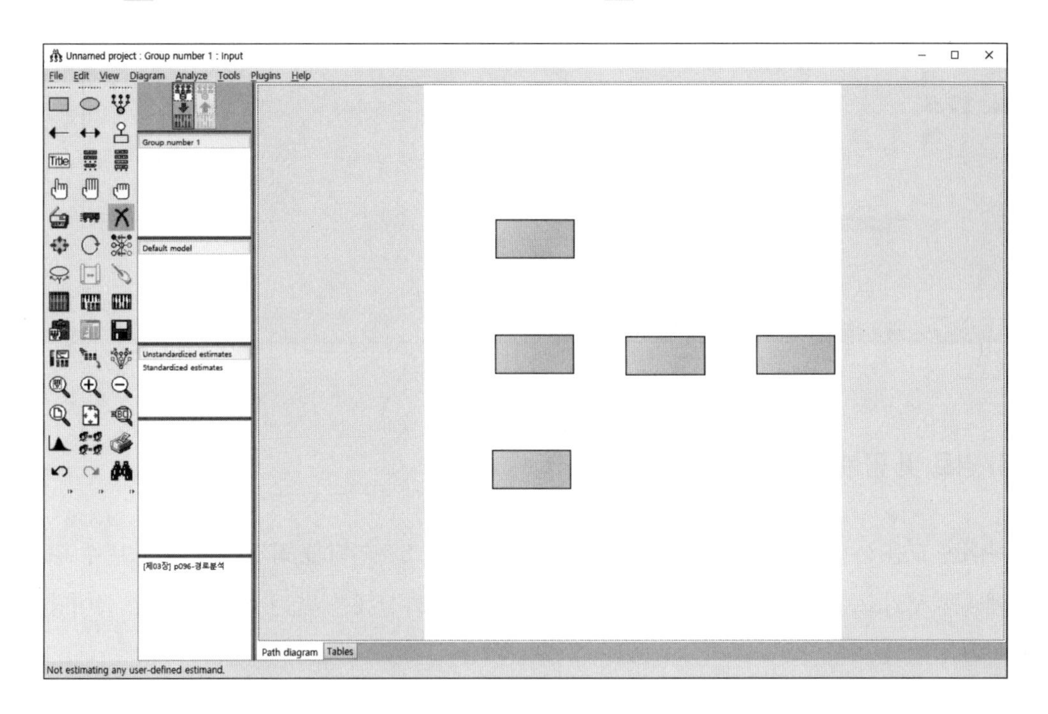

3) 구조오차 그리기

아이콘 모음창에서 (오차변수) 아이콘을 선택하고 관측변수 위에 마우스포인터를 위치시킨 후 왼쪽 버튼을 클릭하면 오차변수가 생성된다. 이때 오차변수는 경로분석이기 때문에 구조오차에 해당된다. 그리고 그 상태에서 왼쪽 버튼을 계속 클릭하면 오차변수가 시계 방향으로 45도씩 회전한다. Amos에서는 측정오차와 구조오차를 따로 구분하지 않고 아이콘으로 동일하게 나타내기 때문에 오차변수의 특성에 유의해야 한다.

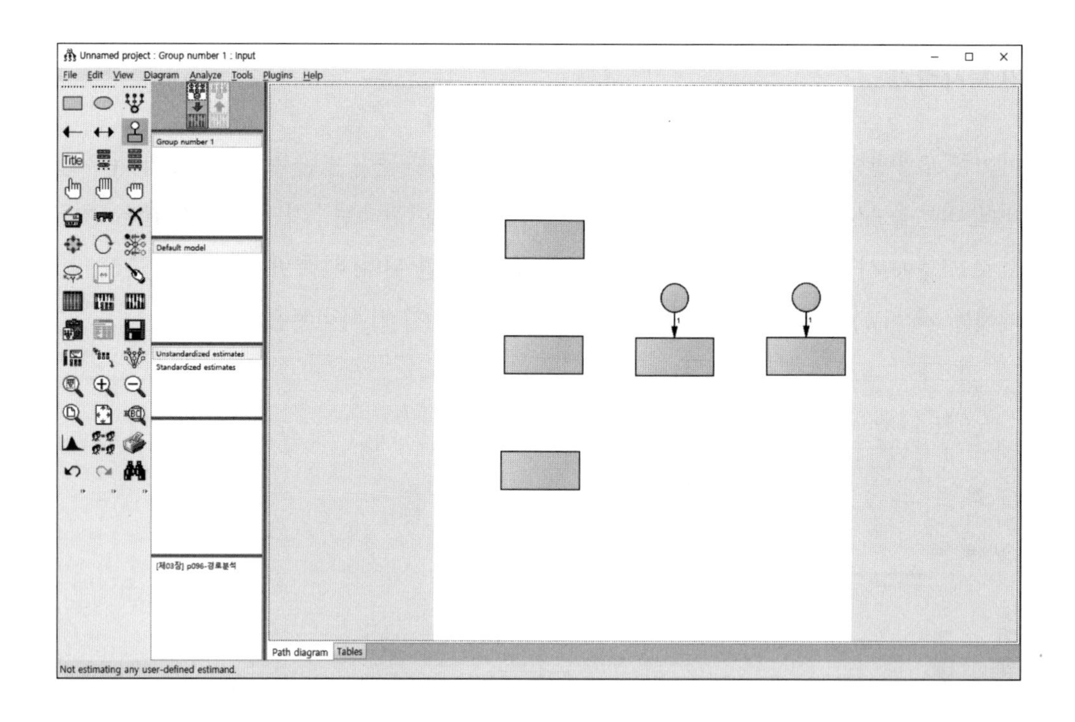

4) 경로 및 공분산 설정

아이콘 모음창에서 ←(경로) 아이콘을 선택한 후, 마우스포인터를 화살표를 주는 변수 위에 위치시키고, 마우스의 왼쪽 버튼을 누른 상태에서 화살표를 받는 변수 쪽으로 끌어당기면 경로가 생성된다.

Amos에서는 외생변수들 간에 공분산이 존재하는 것으로 가정하므로 공분산을 설정해주어야 한다. 공분산 설정은 ↔(공분산) 아이콘을 선택한 후, 위와 같은 방법으로 외생변수들을 연결시키면 된다. 이때 주의해야 할 점은 공분산의 형태다. 공분산을 설정하는 쌍방향 화살표는 시계 방향으로 볼록한 형태를 그리기 때문에 위쪽 변수에서 아래쪽 변수로 연결시키면 오른쪽으로 볼록한 형태의 공분산이 형성된다. 아래쪽 변수에서 위쪽 변수로 연결시키면 다음과 같이 왼쪽으로 볼록한 형태의 공분산을 가진 모델이 만들어진다.

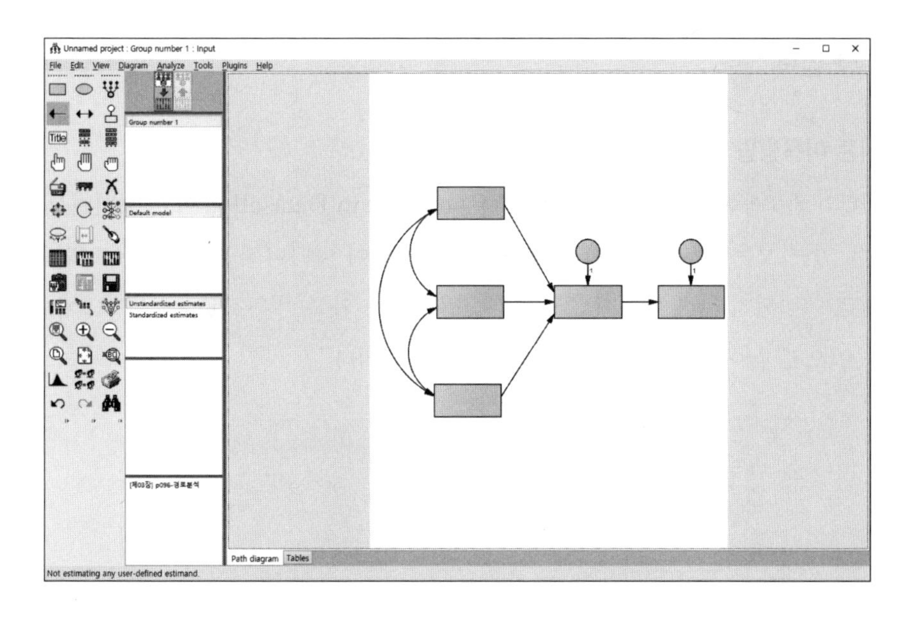

5) 데이터 연결

SPSS 데이터를 Amos에 연결시키기 위해 ▥(데이터셋) 아이콘을 선택하면 [Data Files] 창이 생성된다. 이 창에서 [File Name]을 누르거나 [Group num... 〈working〉]을 더블클릭해서 원하는 데이터(외제차모델.sav)를 지정한 후에 [열기(O)] 버튼과 [OK] 버튼을 누르면 SPSS 데이터가 Amos에 연결된다.

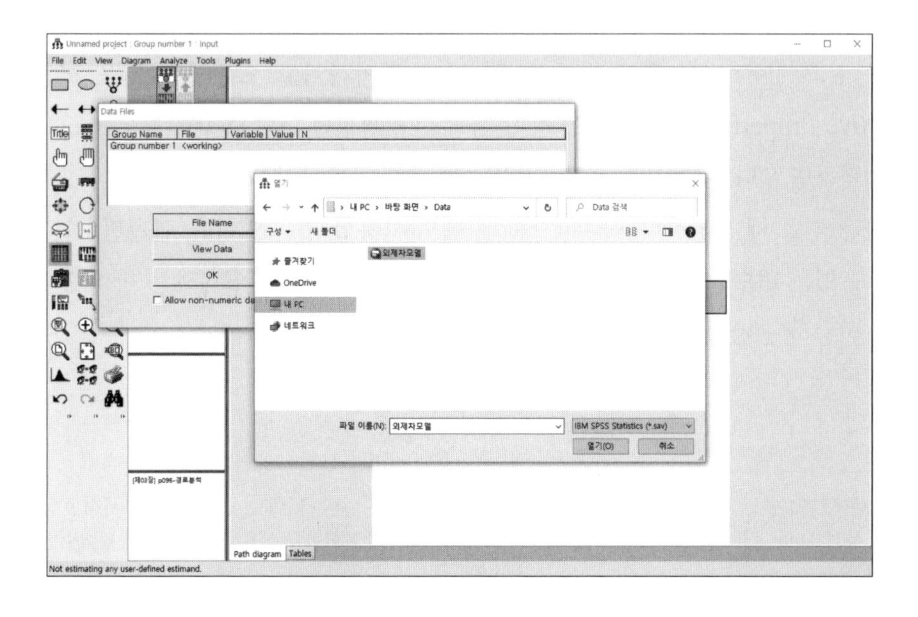

6) 변수명 입력

(1) 아이콘 이용방법

(데이터의 변수목록) 아이콘을 선택하면 [Variables in Dataset] 창이 생성되면서 SPSS 데이터에 있는 모든 변수명이 나타난다. 만약 변수명이 나타나지 않으면 데이터와 Amos가 제대로 연결되지 않은 것이다. 창에 있는 변수명을 왼쪽 마우스로 누른 상태에서 원하는 변수 안으로 끌어넣으면 변수명이 자동으로 생성된다.

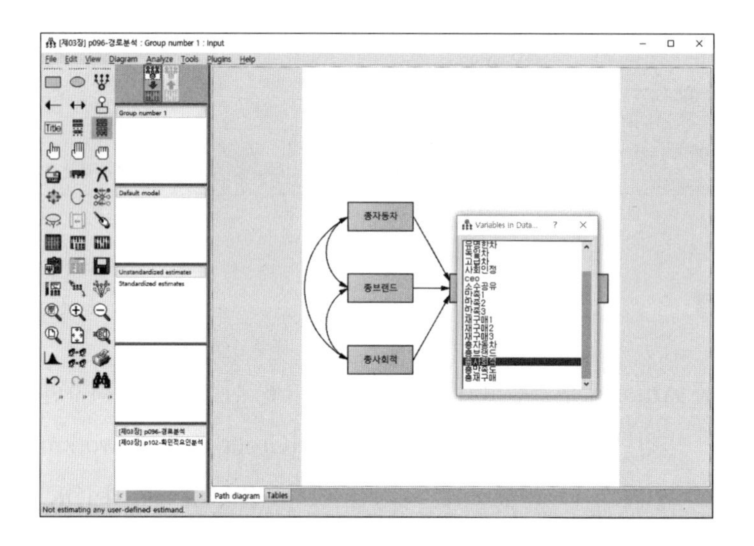

(2) 직접입력 방법

이름을 넣고 싶은 변수 위에 마우스포인터를 위치시키고 오른쪽 버튼을 클릭하여 [Objective Properties]를 선택하면 창이 생성된다. 생성된 창의 [Variable name]에 변수명을 입력하면 된다. 이 방법은 주로 SPSS 데이터에 존재하지 않는 잠재변수나 오차변수의 이름을 넣을 때 사용한다. 물론 관측변수에도 사용할 수는 있지만, 관측변수는 SPSS 데이터에 있는 변수명과 동일하게 입력[3]해야 하기 때문에 직접 입력하는 방법보다는 아이콘을 이용하는 방법이 더 효율적이라고 할 수 있다.

---

3 예를 들어, 변수명 '브랜드'를 'Brand'라고 입력하면 Amos에서는 다른 변수명으로 인식하여 분석에 오류가 발생한다. 특히 Amos 5.0에서는 한국어가 깨지는 현상이 있기 때문에 아이콘을 이용하여 변수명을 넣어주는 방법이 선호된다.

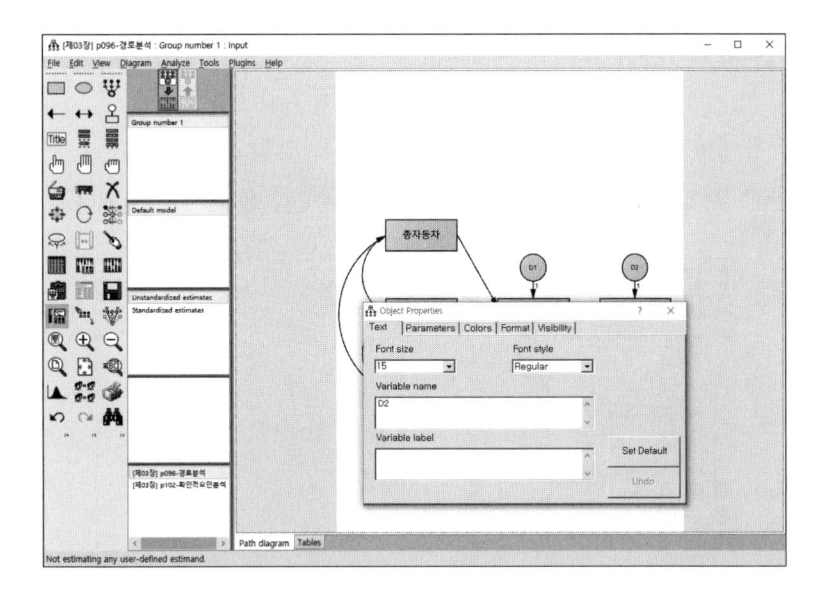

3-3 확인적 요인분석 모델 그리기

지금부터는 [그림 3-2]와 같은 확인적 요인분석 모델을 만들어보자.

[그림 3-2] 확인적 요인분석 모델 예제

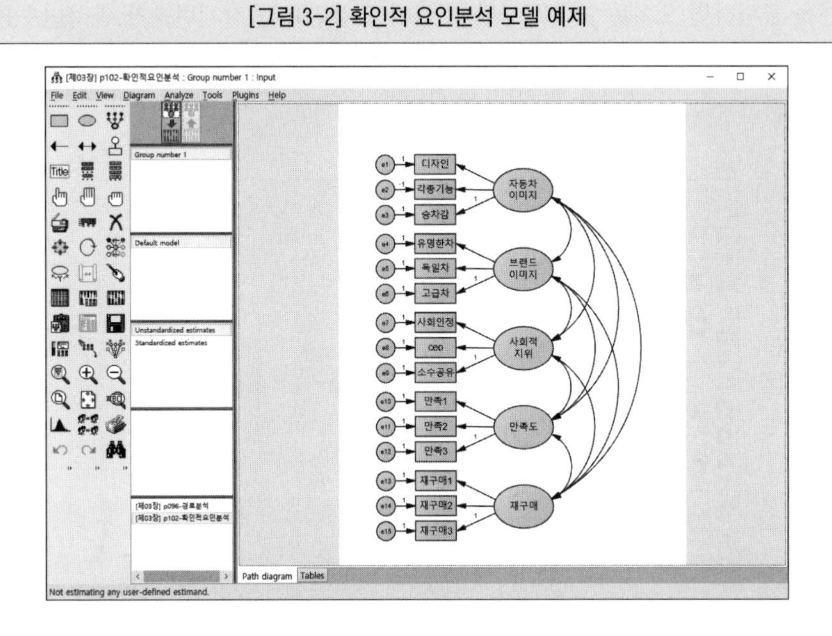

1) 잠재·관측변수 그리기

아이콘 모음창에서 ⬬ 아이콘을 선택해서 잠재변수를 만들고, ▭ 아이콘을 이용하여 관측변수를 만든 후, 아이콘으로 필요한 만큼의 관측변수를 복사하면 된다.

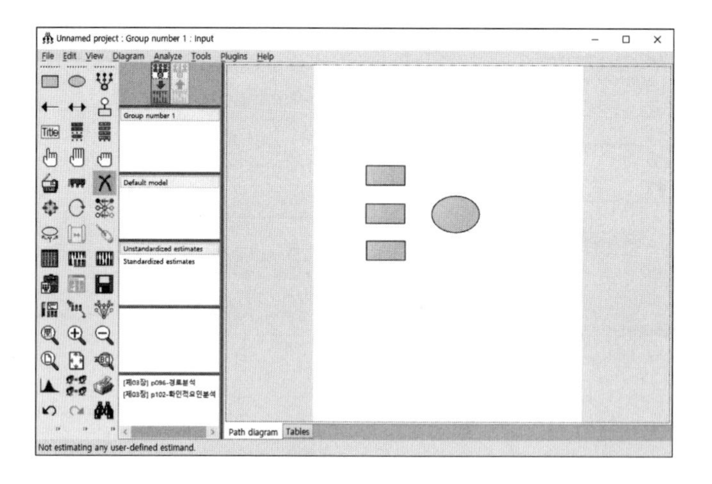

2) 측정오차 그리기

아이콘 모음창에서 아이콘을 선택하고 관측변수 위에 마우스포인터를 위치시킨 후 왼쪽 버튼을 클릭하면 오차변수가 생성된다. 이때 오차변수는 잠재변수가 관측변수를 설명하고 난 나머지 부분, 즉 측정오차가 된다. 그 상태에서 왼쪽 버튼을 계속 클릭하면 측정오차가 시계 방향으로 회전한다.

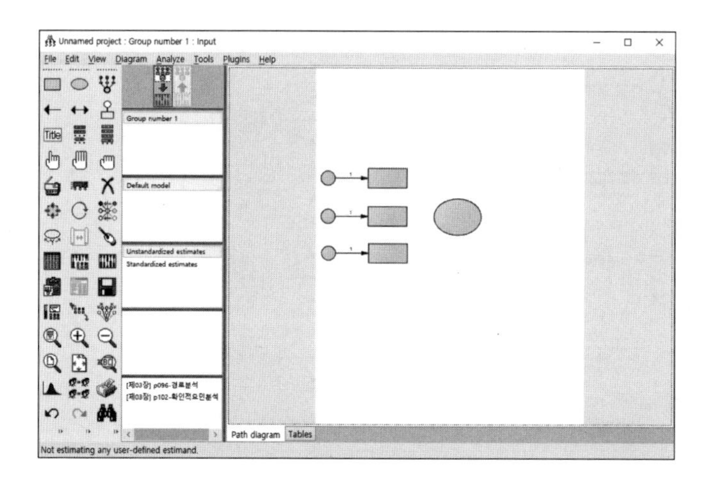

3) 경로 그리기

아이콘 모음창에서 ← 아이콘을 선택한 후, 잠재변수에서 관측변수 방향으로 경로를 연결한다. 연결한 후에는 잠재변수에서 관측변수로 가는 경로 중 하나를 1로 지정해줘야 한다. 경로를 지정하는 방법은, 지정하고자 하는 경로에 마우스포인터를 위치시키고 오른쪽 버튼을 클릭하여 [Object Properties]를 선택한 후, [Parameters]의 [Regression weight]에 '1'로 값을 지정해주면 된다.

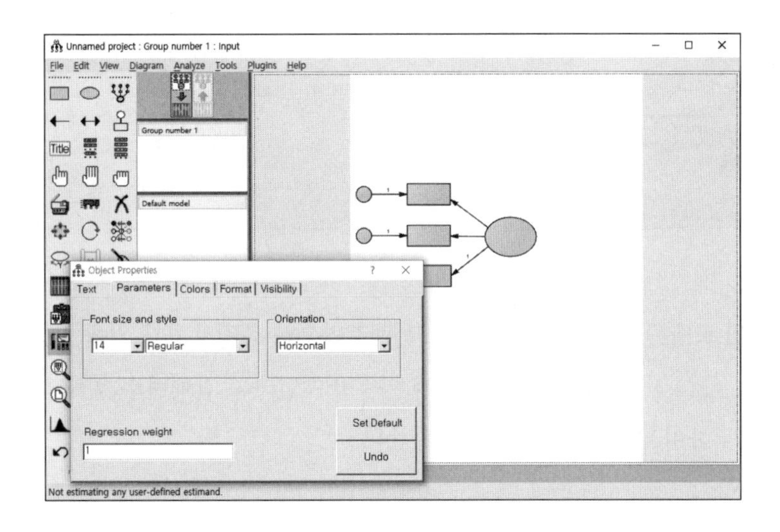

4) 측정모델 쉽게 그리기

앞에서 설명한 변수와 경로를 효과적으로 그리기 위해서는 (잠재변수 및 관측변수와 오차변수 그리기) 아이콘을 이용하면 된다.

아이콘을 선택해서 적당한 크기의 잠재변수를 만들고, 아이콘을 선택해서 이미 만들어진 잠재변수 위에 마우스포인터를 위치시킨 후 왼쪽 버튼을 클릭하면, 클릭한 수만큼 관측변수와 측정오차가 자동으로 생성된다. 아이콘을 이용하면 잠재변수에서 관측변수로 가는 경로 중 하나의 경로에 모수값 1이 자동으로 지정되기 때문에 조사자가 직접 지정해줘야 하는 번거로움을 피할 수 있다.

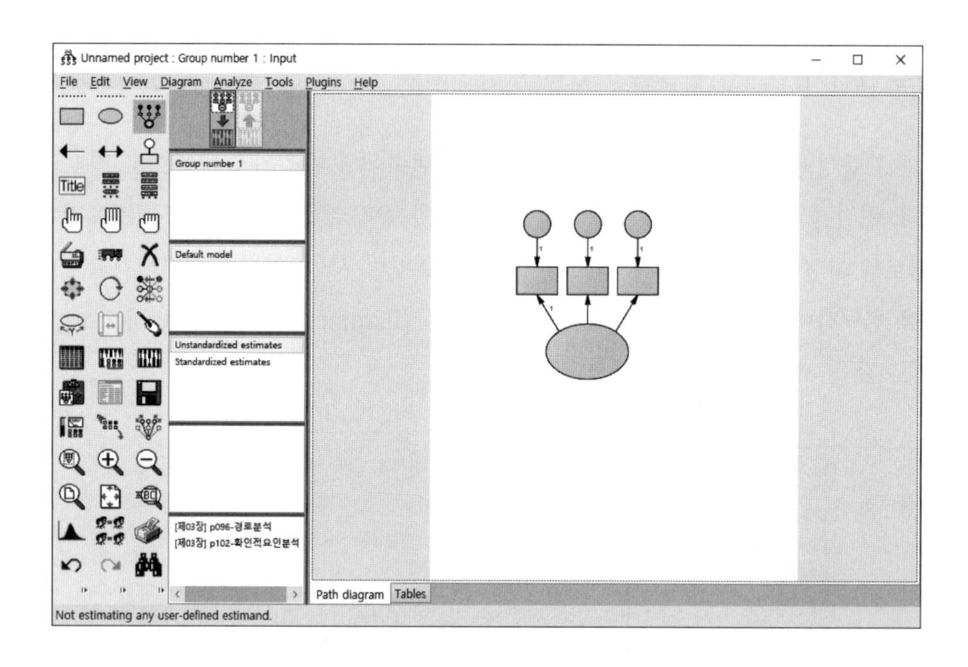

이렇게 생성된 모델은 잠재변수가 밑에 있고 관측변수와 측정오차가 위에 있는 가분수 형태가 되므로, (회전) 아이콘을 선택한 후 마우스포인터를 잠재변수 위에 대고 왼쪽 버튼을 계속 클릭하여 다음과 같은 형태를 만든다.

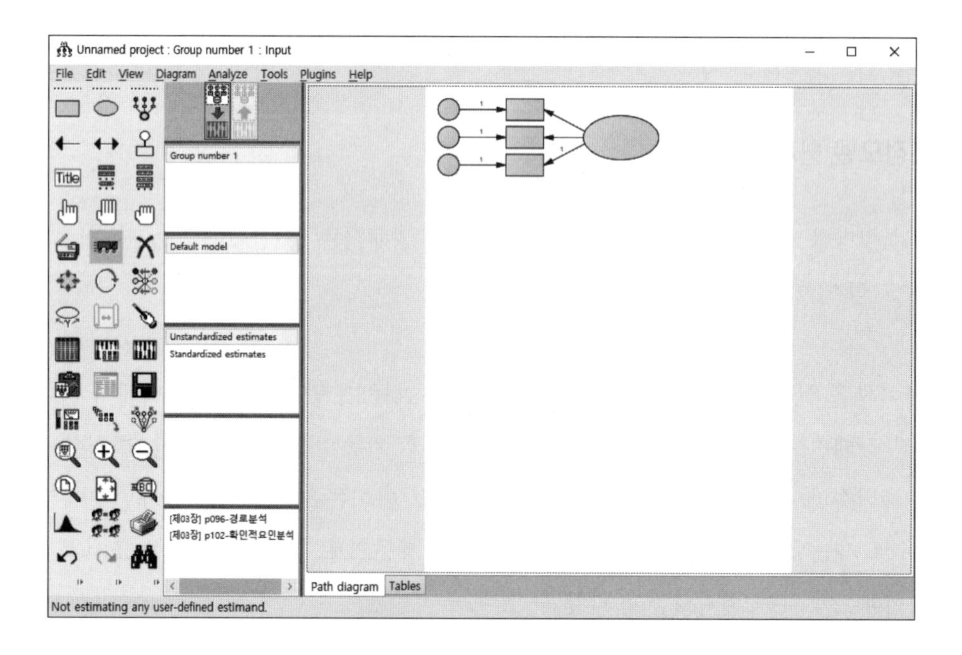

알아두세요! **모델의 일부가 모델작업창 밖으로 나갔을 때**

모델을 그리다 보면 다음과 같이 모델의 일부가 모델작업창 밖으로 나가는 경우가 있다.

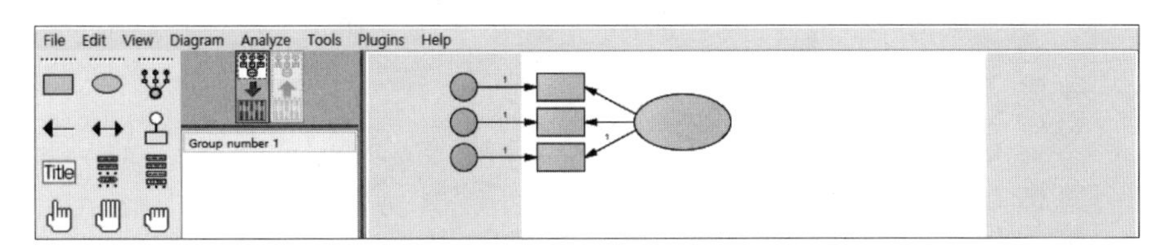

이럴 때에는 아이콘을 클릭한 후(실제 화면에서는 모델 전체가 파란색이나 붉은색으로 변함), 아이콘을 이용하여 모델을 모델작업창 안으로 이동시키면 된다. 아이콘을 사용한 후에는 반드시 아이콘을 클릭하여 전체 선택된 모델을 풀어줘야 한다(모델의 색이 검정색으로 돌아옴).

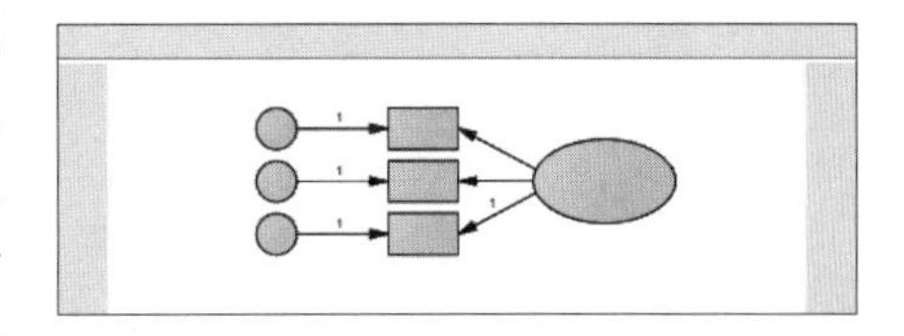

전체해제를 하지 않으면 Amos에서는 선택된 변수들을 하나로 인식하기 때문에 아이콘을 이용하여 관측변수에 이름을 넣을 경우, 선택된 모든 변수에 똑같은 이름이 생성된다. 이럴 때에는 당황하지 말고 아이콘을 클릭하여 이전 상태로 모델을 복귀시킨 후 아이콘을 클릭하면 전체해제가 된다.

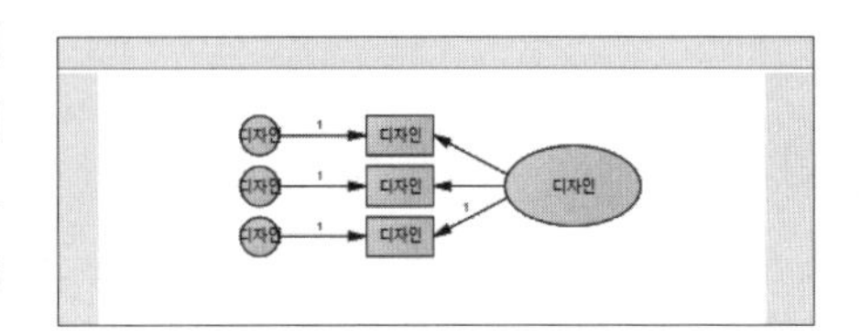

5) 측정모델 복사 및 공분산 설정

외제차모델에 사용할 모든 잠재변수와 관측변수(5개의 잠재변수와 15개의 관측변수)를 넣기 위해서는 4개의 측정모델이 더 필요하다. 측정모델을 추가로 만들기 위해서는 아이콘을 클릭한 후 아이콘을 이용하여 원하는 위치로 끌어당기면 동일한 모델이 생성된다. 그리고 같은 방법으로 필요한 수만큼 모델을 만들면 된다.

다음으로 ↔ 아이콘을 선택하여 잠재변수들 간의 공분산을 설정하면 모델이 완성된다. 모델이 완성된 후 아이콘을 클릭하여 선택된 모델을 풀어주면 모델의 색이 검정색으로 되돌아온다.

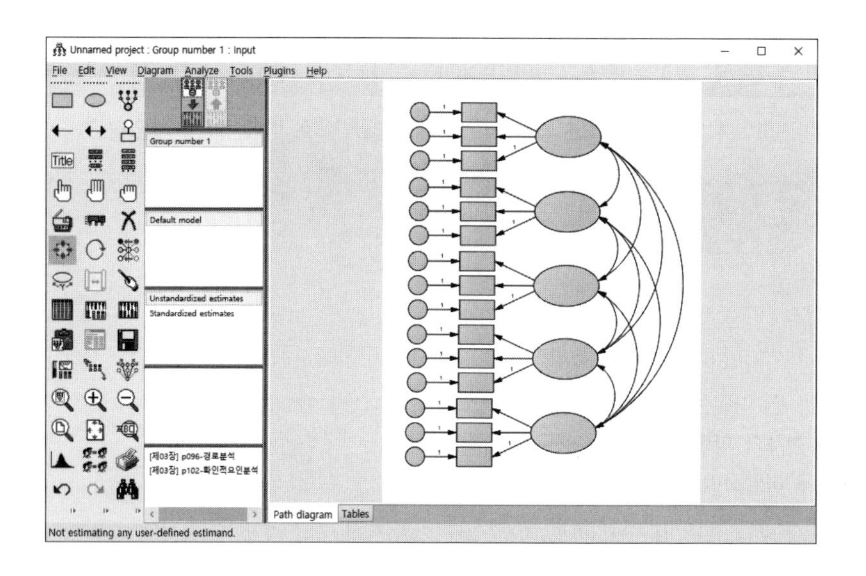

6) 변수명 입력

아이콘 모음창에서 아이콘을 선택하여 데이터(외제차모델.sav)를 연결시킨다. 관측변수는 아이콘을 선택한 후 [Variables in Dataset] 창이 생성되면 변수명을 누른 상태에서 모델 내의 원하는 변수 안으로 끌어서 넣어준다. 잠재변수와 오차변수는 SPSS에 존재하지 않는 변수이기 때문에 이름을 입력할 변수 위에 마우스포인터를 위치시키고 오른쪽 버튼을 클릭하여 [Object Properties]를 선택한 후 창이 생성되면 [Variable name]에 직접 입력한다.

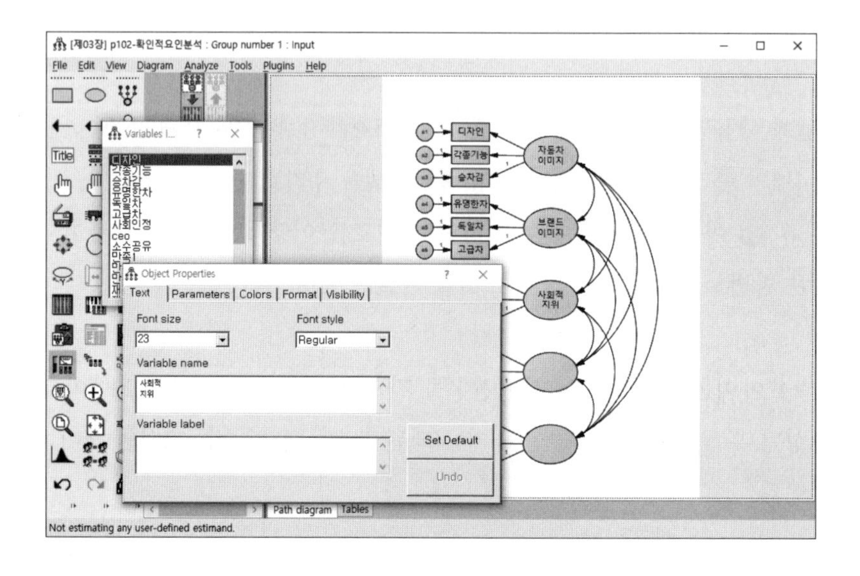

알아두세요! **변수명이 변수의 크기보다 클 때**

Amos 5.0 버전 사용 시, 변수명을 넣다 보면 변수의 크기가 작아 변수명이 밖으로 나오는 경우가 발생하는데, 이럴 때는 2가지 방법으로 해결할 수 있다.

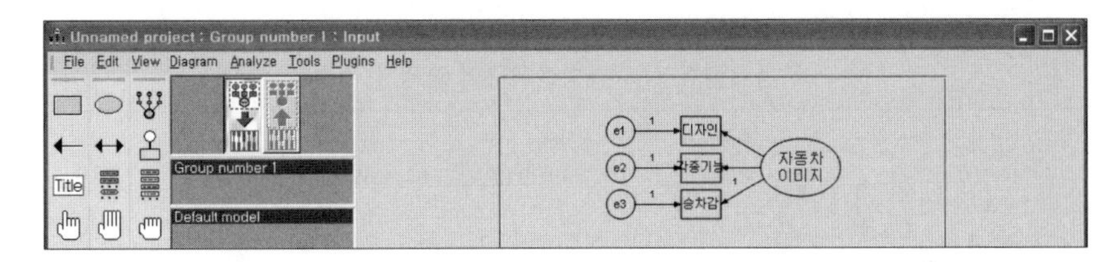

① 변수명의 크기를 줄이는 방법: '각종기능' 변수 위에 마우스포인터를 위치시키고 오른쪽 버튼을 클릭한 후 [Object Properties]를 선택해서 Font size를 수정하면 변수명이 변수 안으로 들어온다[그림1].

② 변수의 크기를 조정하는 방법: 아이콘을 클릭하고 크기를 조정할 변수를 선택한 후 아이콘을 이용해 변수의 크기를 조정하면 된다. 이때 '각종기능' 변수 하나만 크기를 조정하면 미관상 좋지 않으므로 아이콘을 이용하여 모든 관측변수를 선택한 후 크기를 조정해주면 된다[그림2].

[그림 1]

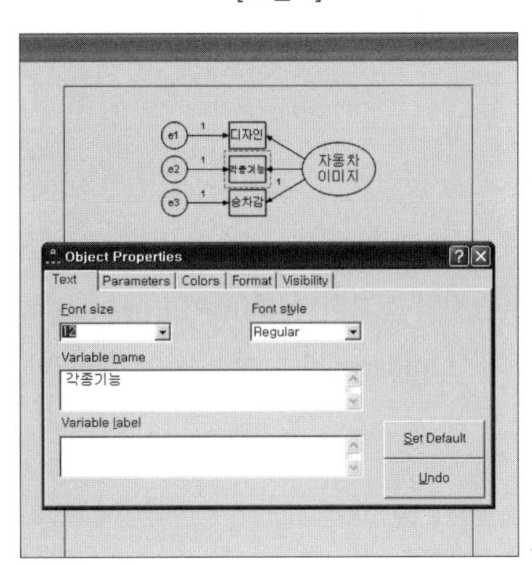

[그림 2]

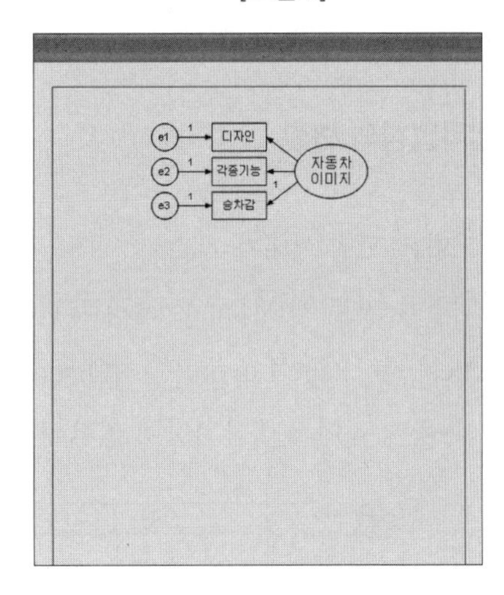

3-4 구조방정식모델 그리기

이제 모델 그리기의 최종단계인 [그림 3-3]의 구조방정식모델을 구현해보자.

[그림 3-3] 구조방정식모델 예제

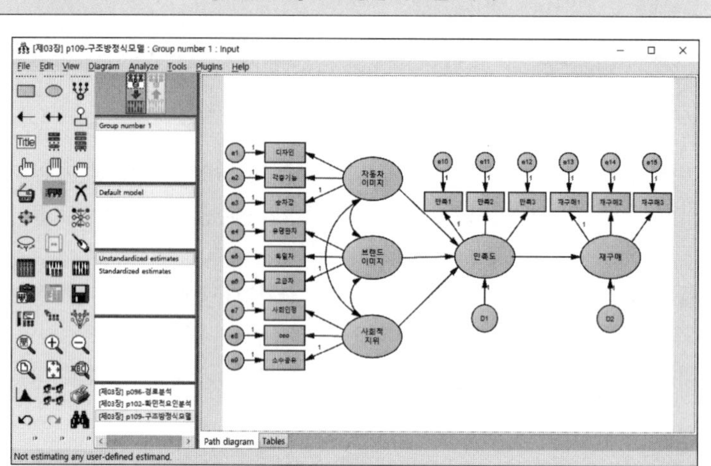

1) 모델작업창의 변환

외제차모델은 모델 형태가 가로로 되어 있기 때문에 세로 형태(Portrait)로 설정되어 있는 모델작업창을 가로 형태(Landscape)로 전환하는 과정이 필요하다. [View] → [Interface Properties] → [Page Layout] → [Orientation]의 [Landscape]를 지정한 후 [Apply]를 누르면 다음과 같이 모델작업창이 변환된다.

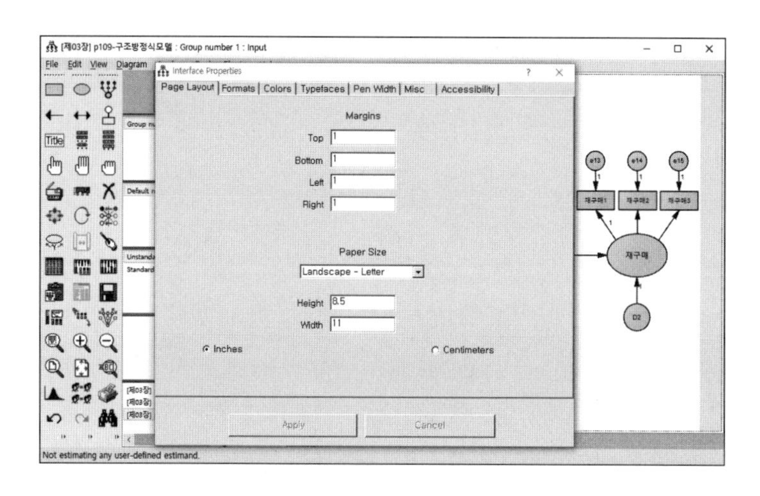

2) 측정모델의 완성

아이콘 모음창에서 아이콘과 아이콘을 이용해서 잠재변수와 관측변수 및 오차변수를 생성하고, 아이콘과 아이콘을 이용하여 다음과 같은 모델을 만든다.

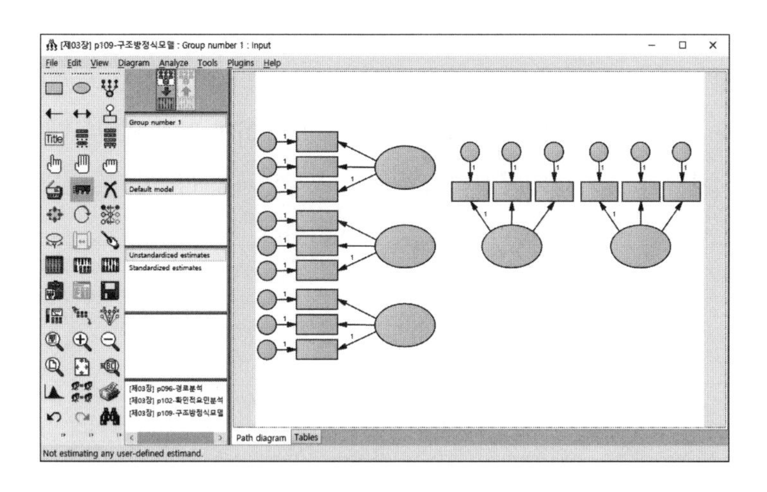

3) 오차변수 그리기 및 경로와 공분산 설정

아이콘을 이용하여 구조오차를 생성시킨 후 마우스를 연속 클릭해서 오차변수의 방향을 아래쪽에 위치시킨다. 다음으로 아이콘을 이용하여 잠재변수 간 경로를 설정하고, 아이콘을 이용하여 잠재변수 간 공분산을 설정하면 다음과 같은 모델이 완성된다.

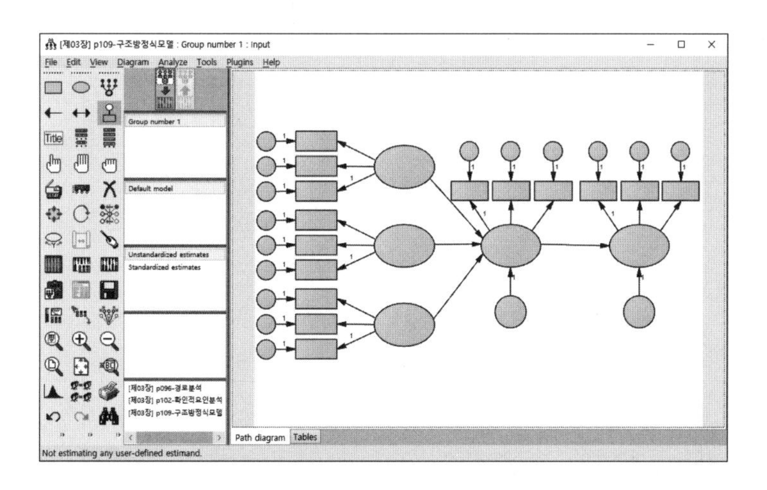

4) SPSS 데이터 연결과 변수명 입력

데이터(외제차모델.sav)를 아이콘을 이용하여 연결시킨다. 관측변수는 아이콘을 선택한 후 [Variables in Dataset] 창에 나타난 변수명을 선택하여 모델 내의 원하는 변수 안으로 끌어서 넣어주면 된다. SPSS 데이터에 존재하지 않는 잠재변수와 오차변수는 이름을 입력할 변수 위에 마우스포인터를 위치시키고 오른쪽 버튼을 클릭하여 [Object Properties]를 선택한 후 창이 생성되면 [Variable name]에 직접 입력한다. 아래의 모델에서는 측정오차와 구조오차를 구분하기 위해서 측정오차는 e1~e15로 명명하였고, 내생잠재변수에 존재하는 구조오차는 D1~D2로 명명하였다.

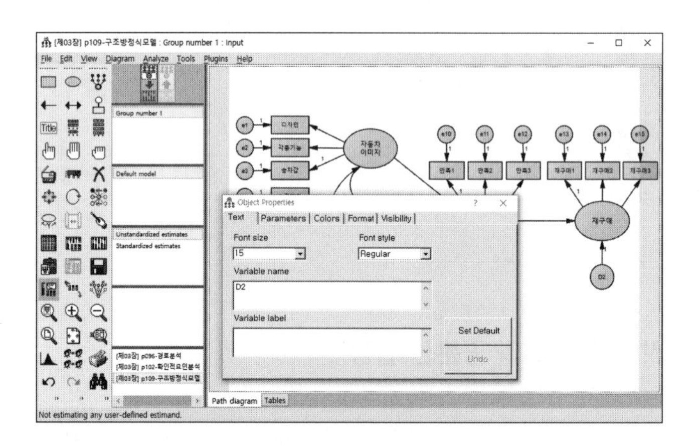

알아두세요! **오차변수 자동으로 생성하기**

오차변수가 많아 일일이 입력하기 힘들 경우에는 메뉴바의 [Plugins] → [Name Unobserved Variables]를 선택한다. 그러면 측정오차와 구조오차의 구분 없이 e1부터 순차적으로 자동으로 이름이 명명된다.

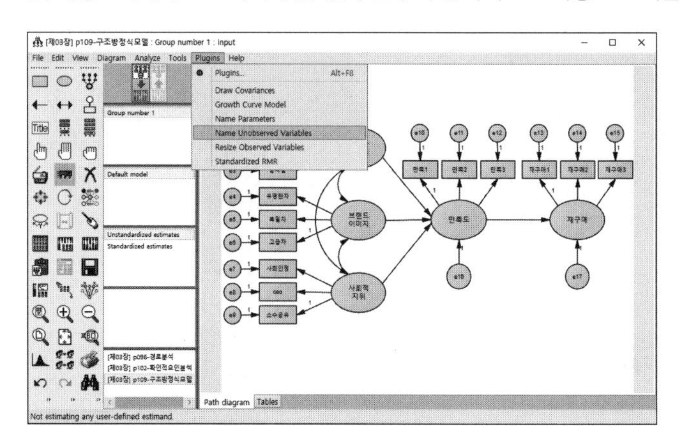

이렇게 해서 완성된 모델은 다음과 같다.

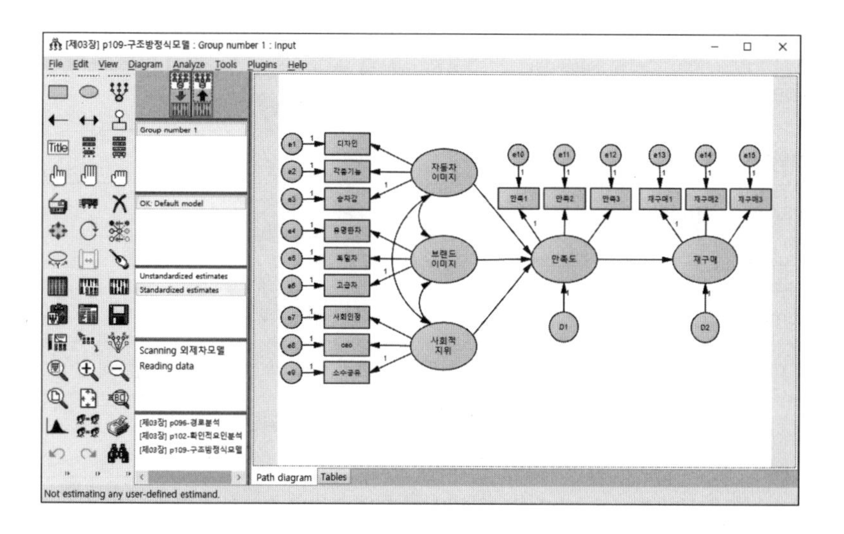

5) 결과물 옵션 지정

구조방정식모델이 완성되었고 데이터도 모델과 연결되었지만, 분석에 필요한 여러 결과들을 얻기 위해서는 몇 가지 옵션을 선택해야 한다. 이 옵션들은 결과 분석 시 필요한 것들이기 때문에 분석 전 미리 지정해주는 것이 좋다. 아이콘 모음창에서 (객체 속성) 아이콘을 클릭하여 [Analysis Properties] 창이 생성되면, [Output]을 선택한 후 ☑ Minimization History, ☑ Standardized estimates, ☑ Modification Indices, ☑ Indirect, direct & total effects를 다음과 같이 체크해준다.

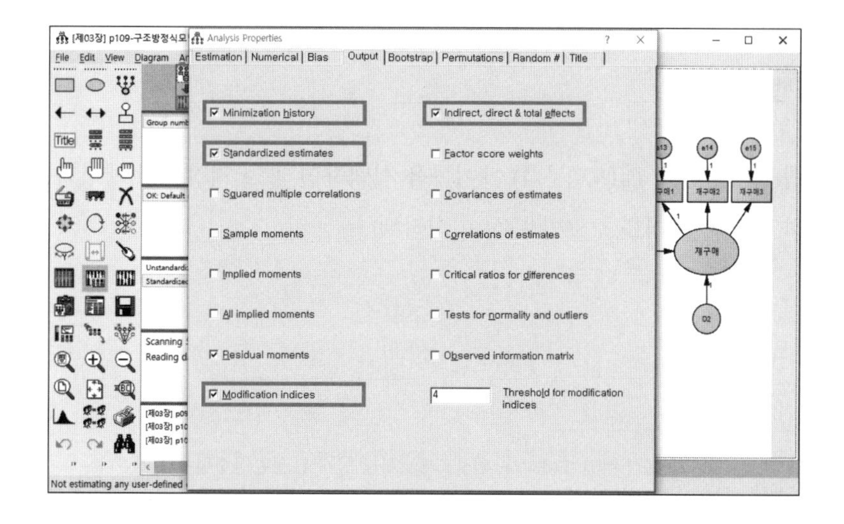

[Analysis Properties]의 [Output] 항목에 대한 내용은 다음과 같다.

Minimization history	각 iteration의 불일치 기능의 수치 (the value of the discrepancy function) 제공
Standardized estimates	표준화계수 수치 제공
Squared multiple correlations	다중상관자승 수치 제공
Sample moments	변수들의 공분산행렬 제공
Implied moments	관측변수들의 추정공분산행렬[4] 제공
All implied moments	잠재변수를 포함한 모든 변수의 추정공분산행렬 제공
Residual moments	표본공분산행렬과 추정공분산행렬 간 차이인 오차행렬 제공
Modification indices	모델의 적합도를 높이기 위한 수정지수 제공. 기본값(Threshold for modification indices)이 4로 지정되어 있음
Indirect, direct & total effects	직접효과, 간접효과, 총효과 제공
Factor score weights	요인점수 제공
Covariances of estimates	모수 추정치의 공분산행렬 제공
Correlations of estimates	모수 추정치의 상관행렬 제공
Critical ratios for differences	모수 추정치들의 쌍에 대한 차이 검증 제공
Tests for normality and outliers	변수들의 정규성이나 이상치 제공
Observed information matrix	관측정보행렬 제공

6) 모델 실행

모델을 실행시키기 위해 (모델분석) 아이콘을 선택하면 파일 저장창이 생성되는데, 파일명을 입력한 후 [저장(S)]을 누르면 분석이 시작된다.

4 데이터로부터 얻은 표본공분산 행렬이 아니라, 연구모델로부터 얻게 된 공분산행렬을 의미한다.

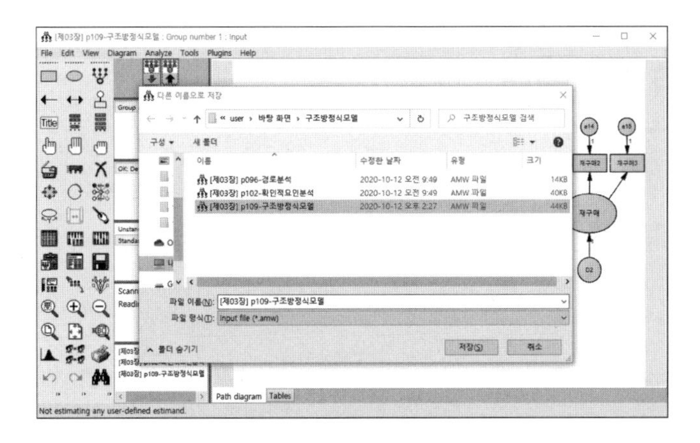

분석이 완료된 후, 결과 전환창의 (오른쪽 화살표) 아이콘을 클릭하면 다음과 같이 비표준화계수(Unstandardized estimates) 값들이 나타난다.

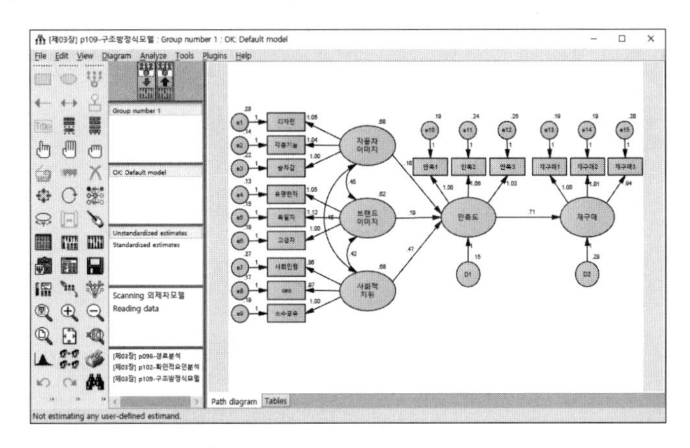

또한 추정치 창에서 Unstandardized estimates Standardized estimates 아이콘을 선택하면 표준화계수(Standardized estimates) 값들이 제공된다.

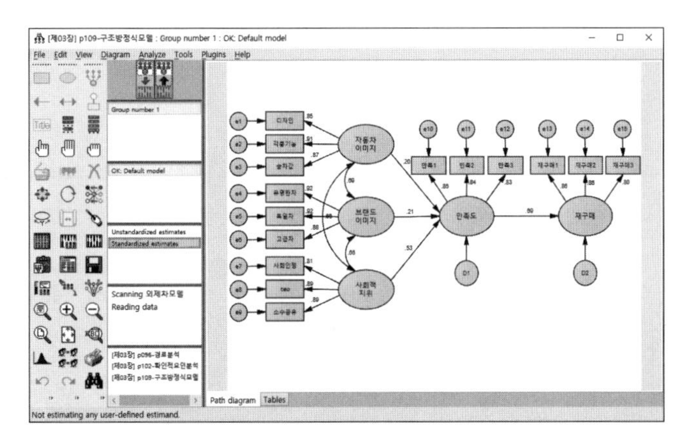

4 Amos 결과해석

외제차모델을 분석한 결과물에 대해서 자세히 알아보도록 하자.

4-1 결과표

아이콘 모음창에서 (결과) 아이콘을 선택하면 다음과 같은 창이 생성되면서 모델에 대한 결과가 나타난다.

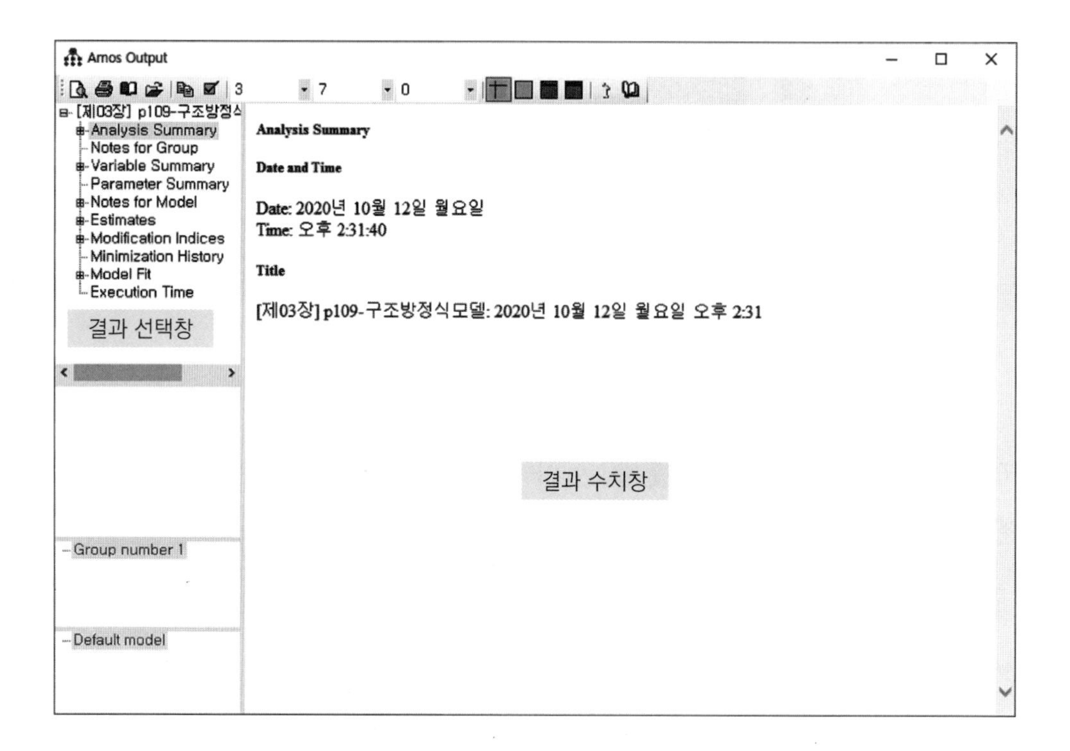

결과표는 기본적으로 왼쪽에 위치한 결과 선택창과 오른쪽에 위치한 결과 수치창으로 구성되어 있다. 결과 선택창에 나타난 설명은 [표 3-1]과 같다.

[표 3-1] 결과 선택창

Analysis Summary	Amos를 실행시킨 날짜와 시간, 모델 제목 제공
Notes for Group	구현한 모델이 재귀모델(recursive model)인지, 비재귀모델(non-recursive model)인지의 여부와 표본의 크기 제공
Variable Summary	관측변수, 잠재변수, 외생변수, 내생변수 등을 분류하고 개수를 제공
Parameter summary	모수에 대한 여러 가지 정보 제공 (Fixed, Labeled, Weights, Covariances, Variances, Means, Intercepts 등)
Notes for Model	Chi-square(χ^2), 자유도(df)와 그에 따른 유의확률 제공
Estimates	비표준화계수(Estimate), 표준오차(Standard Error, SE), C.R.(Critical Ratio), 표준화계수(Standardized Regression Weights), 분산(Variances), 메트릭스 (Matrices) 등을 제공
Modification Indices	수정지수(Modification Index)에 대한 결과 제공
Model Fit	여러 가지 모델적합도에 대한 결과 제공
Execution Time	모델 실행시간에 대한 내용 제공

4-2 결과분석 및 해석방법

1) Analysis Summary

Analysis Summary

Date and Time

Date : 0000년 3월 28일 월요일
Time : 오후 7:49:23

Title

Ch.03-03 : 2011년 3월 28일 월요일 오후 07:49

Analysis Summary에는 Amos를 실행시킨 날짜와 시간 등이 제공되며, 저장된 모델의 이름이 나타난다.

2) Notes for Group

Notes for Group (Group number 1)

The model is recursive.
Sample size=200

Notes for Group에서는 모델이 재귀모델(recursive model)[5]인지, 비재귀모델(non-recursive model)[6]인지를 알려주고, 표본의 크기(sample size)를 나타낸다. 외제차모델은 재귀모델이며, 표본의 크기가 200임을 알 수 있다.

3) Variable Summary

Variable Summary (Group number 1)

Your model contains the following variables (Group number 1)

Observed, endogenous variables	Unobserved, exogenous variables
승차감	자동차_이미지
각종기능	e3
디자인	e2
⋮	e1
재구매1	브랜드_이미지
재구매2	e6
재구매3	e5
Unobserved, endogenous variables	e4
만족도	사회적_지위
재구매	⋮
	D1
	D2

---

* 실제 제공되는 결과물이 많아 본문에 맞게 편집하였음.

Variable Summary는 모델에 사용된 관측내생변수(Observed, endogenous variable)와 비관측내생변수(Unoberserved, endogenous variables), 비관측외생변수(Unoberserved, exogenous variables)의 목록을 나타낸다.

---

5 재귀모델은 '일방향모델(unidirectional model)'이라고도 하며, 변수 간 관계가 순차적인 한 방향으로만 설정된 모델이다. 자세한 내용은 5장을 참조하기 바란다.

6 비재귀모델은 내생변수 내에 쌍방향 인과관계 또는 순환적 인과관계가 존재하는 모델이다. 자세한 내용은 5장을 참조하기 바란다.

- Observed, endogenous variables는 관측변수이면서 화살표를 받는 내생변수를 나타내기 때문에 모델에 측정항목으로 사용된 모든 변수가 해당된다. 그리고 Amos에서는 모든 관측변수를 내생관측변수로 간주한다.

- Unobserved, endogenous variables는 비관측변수이면서 내생변수인 내생잠재변수를 나타낸다. 외제차모델에서는 만족도와 재구매가 해당된다.

- Unobserved, exogenous variables는 비관측변수이면서 외생변수인 잠재변수와 오차변수들을 나타낸다. 외생잠재변수인 자동차이미지, 브랜드이미지, 사회적 지위와 측정오차(e1~e15) 및 구조오차(D1~D2)가 해당된다. Amos에서는 외생잠재변수와 오차변수의 구분 없이 Unobserved, exogenous variable로 사용되기 때문에 주의해야 한다.

Variable counts (Group number 1)

Number of variables in your model:	37
Number of observed variables:	15
Number of unobserved variables:	22
Number of exogenous variables:	20
Number of endogenous variables:	17

Variable counts에서는 모델에 사용된 모든 변수를 기능별로 나누어 제공한다. 각 기능에 대한 설명은 아래와 같다.

Number of variables in your model	37	모델 내에 사용된 모든 변수의 수 = 37
Number of observed variables	15	모든 관측변수의 수 = 15
Number of unobserved variables	22	잠재변수(5) + 오차변수(17) = 22
Number of exogenous variables	20	외생잠재변수(3) + 오차변수(17) = 20
Number of endogenous variables	17	관측변수(15) + 내생잠재변수(2) = 17

* 오차변수는 측정오차 + 구조오차

4) Parameter summary

Parameter summary (Group number 1)

	Weights	Covariances	Variances	Means	Intercepts	Total
Fixed	22	0	0	0	0	22
Labeled	0	0	0	0	0	0
Unlabeled	14	3	20	0	0	37
Total	36	3	20	0	0	59

Parameter summary는 모델에 사용된 모수(parameter)를 설명한다. 모수는 모델 안에 존재하는 모든 화살표(일방향과 쌍방향)를 의미한다. 세로 행은 고정 여부(Fixed)와 라벨 여부(Labeled, Unlabeled)를 나타내며, 가로 행은 Weights, Covariances, Variances, Means, Intercepts 등을 나타내는데, 가로 행과 세로 행의 조합으로 모수에 대한 정보를 제공한다.

- Weights와 Fixed는 고정되어 있는 모수의 수를 의미한다. 아래의 그림에서 관측변수로 가는 측정오차(e1~e15)와 내생잠재변수로 가는 구조오차(D1~D2)의 경로가 1로 고정되어 있으며, 잠재변수에서 관측변수로 가는 경로 중 하나가 역시 1로 고정되어 있음을 알 수 있다. 이렇게 고정된 경로가 모두 22개임을 보여준다.

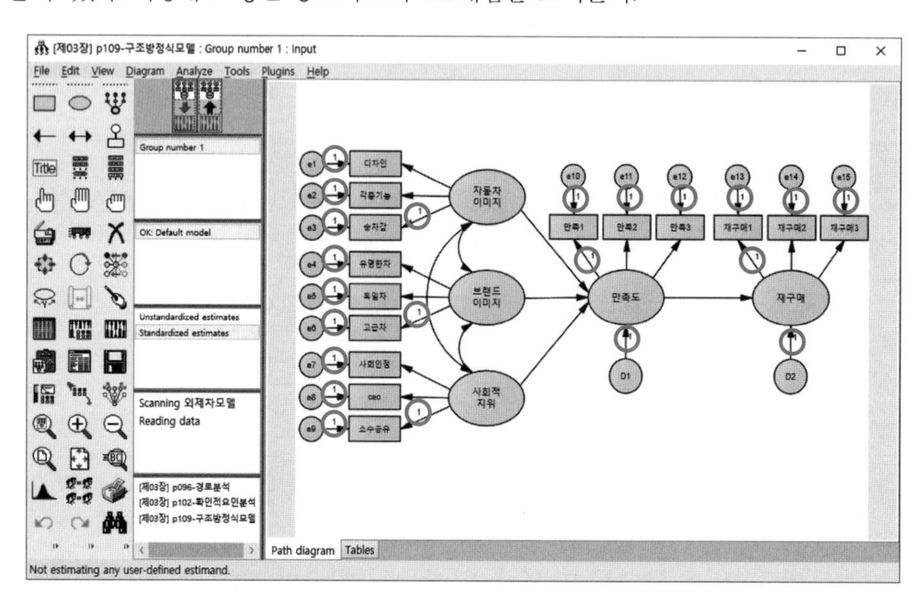

• Weights와 Labeled는 변수명 외에 다른 라벨로 명명된 변수의 수를 나타낸다. 아래의 그림을 보면 변수명(Variable name) 입력란과 변수라벨(Variable label) 입력란이 분리되어 있다. SPSS에 사용된 변수명과 다르게 변수명을 지정하고 싶을 때에는 Variable label에 새로운 이름을 넣어주면 된다.

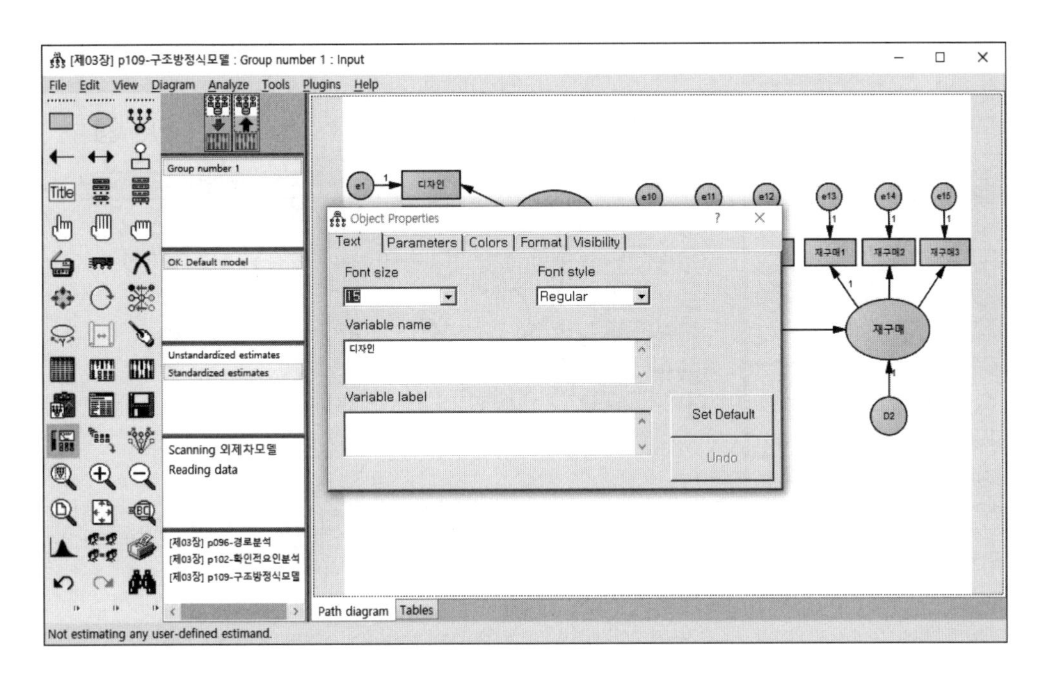

• Weights와 Unlabeled는 고정되지 않거나 라벨되지 않은 모수의 수를 나타낸다. 5개의 잠재변수 중에서 1로 지정되지 않은 2개의 모수들(2×5=10)과 잠재변수 간 경로모수들(n=4)의 합으로 총 14개임을 보여준다.

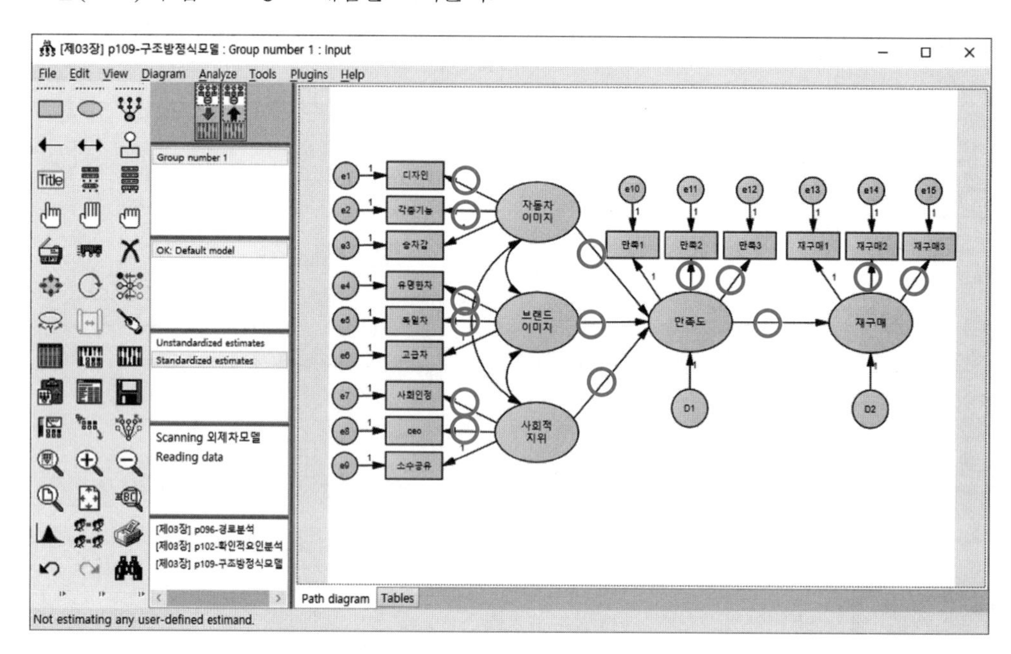

• Covariances와 Unlabeled는 변수 간 쌍방향 화살표의 수(n=3)를 나타낸다.

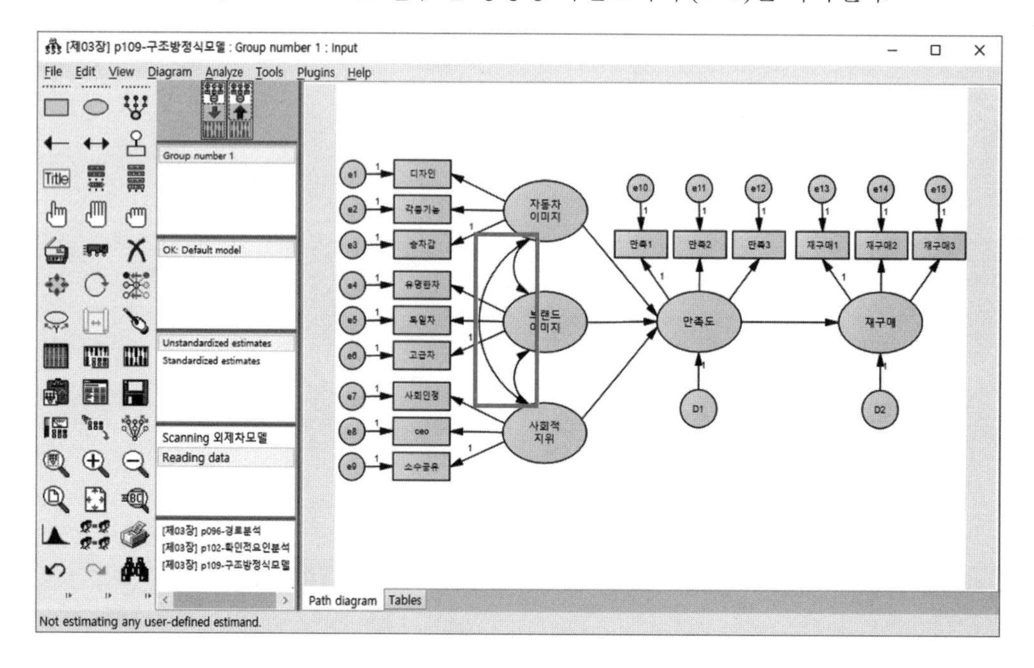

- Variances와 Unlabeled는 라벨되지 않은 잠재변수(n=3), 측정오차(n=15), 구조오차(n=2)의 합으로 총 20개임을 보여준다.

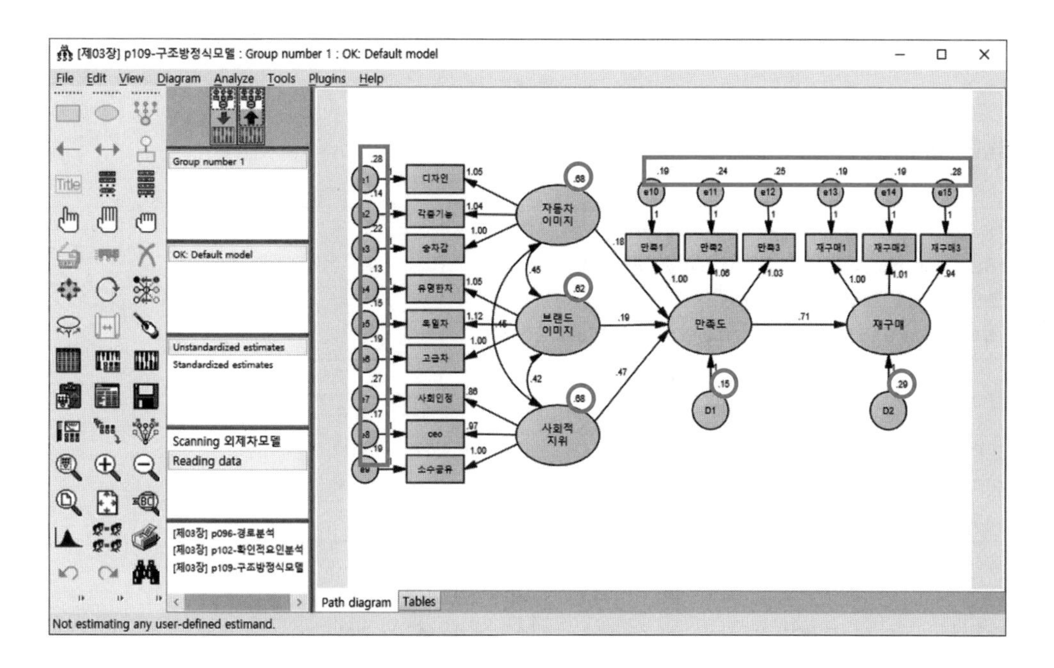

- Total은 가로 행의 total과 세로 행의 total에 대한 모수의 합으로 모델에 나와 있는 모든 화살표들의 수를 나타낸다.

5) Notes for Model

Notes for Model (Default model)

Computation of degrees of freedom (Default model)

Number of distinct sample moments: 120
Number of distinct parameters to be estimated: 37
Degrees of freedom (120-37): 83

Result (Default model)

Minimum was achieved
Chi-square=155.329
Degrees of freedom=83
Probability level=.000

Computation of degrees of freedom은 자유도의 계산과정을 나타낸다. Result는 χ^2(Chi-square)의 통계량, 자유도(Degree of freedom)와 확률수준(Probability level)을 보여준다. 분석 결과, χ^2=155.329, 자유도=83, 유의확률=.000임을 알 수 있다.

6) Estimates

Estimates (Group number 1-Default model)

Scalar Estimates (Group number 1-Default model)

Maximum Likelihood Estimates

Regression Weights: (Group number 1-Default model)

			Estimate	S.E.	C.R.	P	Label
만족도	<---	자동차_이미지	.177	.071	2.504	.012	
만족도	<---	브랜드_이미지	.194	.072	2.698	.007	
만족도	<---	사회적_지위	.468	.071	6.580	***	
재구매	<---	만족도	.707	.076	9.346	***	
승차감	<---	자동차_이미지	1.000				
각종기능	<---	자동차_이미지	1.040	.060	17.407	***	
디자인	<---	자동차_이미지	1.052	.067	15.667	***	
⋮							
재구매3	<---	재구매	.936	.071	13.123	***	

Estimates에서는 모델 추정을 위해서 최대우도법(Maximum Likelihood)이 사용되었음을 알려준다. 최대우도법은 구조방정식모델에서 가장 일반적으로 사용되는 방법으로서 Amos뿐만 아니라 Lisrel, EQS에서도 기본으로 설정되어 있는 추정법이다. Regression Weights는 비표준화계수(Estimate), 표준오차(S.E.), C.R.(Critical Ratio), 유의확률(P), 라벨(Label)을 나타낸다.

• Estimate는 비표준화계수 값을 나타내는데, 추정치 창의 Unstandardized estimates에서 제공되는 수치들이 Estimate 값에 해당된다. '사회적지위 → 만족도'[7] 경로의 비표준화계수 수치는 .468이며, 아래 그림에서는 반올림되어 .47로 표시되었음을 알 수 있다.

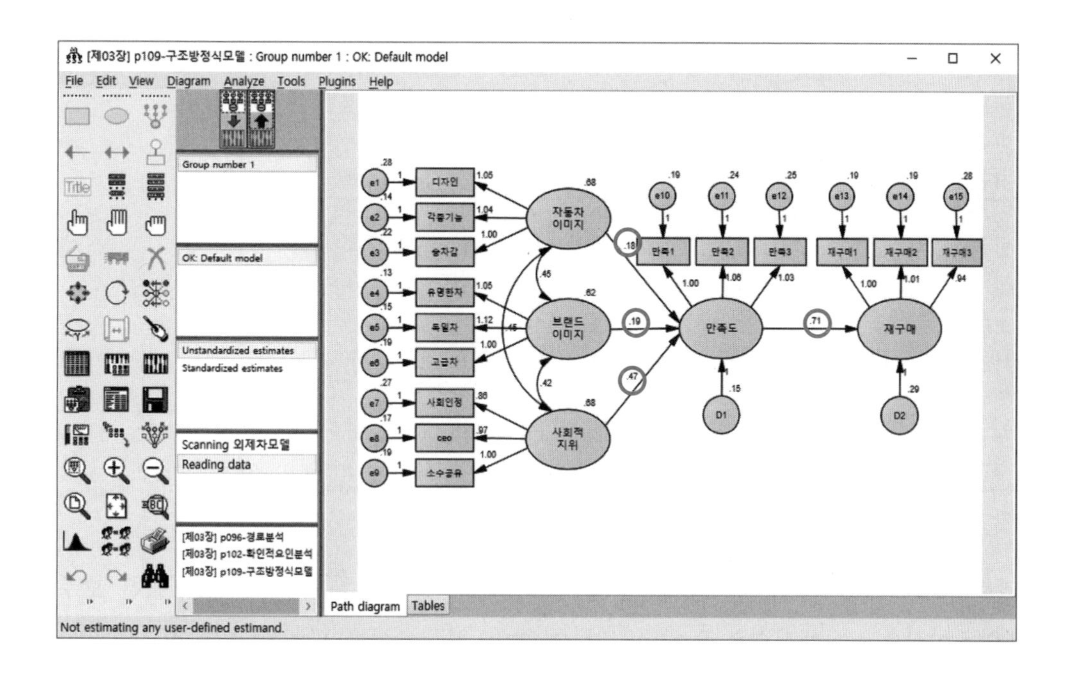

• S.E.(Standard Error)는 표준오차를 나타낸다.

• C.R.은 경로계수의 통계적인 유의성을 나타내는 중요한 부분이다. C.R. 값이 ±1.965보다 크거나 p-값이 .05보다 작다면 통계적으로 유의하다고 할 수 있다. C.R.은 비표준화계수를 표준오차로 나눈 값(C.R.=Estimate/S.E.)으로 '사회적지위 → 만족도'의 경우에는 .468/.071=6.580임을 알 수 있다(반올림으로 인해 Estimate/S.E.의 수치와 일치하지 않는 경우가 발생하지만 큰 차이는 아님).

• p는 유의확률이 된다. ***는 유의확률 .001 이하를 의미하므로 통계적으로 매우 유의함을 알 수 있다.

---

7 Amos Output에는 영향을 받는 내생변수를 기준(←)으로 결과가 제공되기 때문에 보기에 불편한 점이 있다. 본 교재에서는 영향을 주는 외생변수를 기준으로 하여 화살표 방향을 Amos의 결과와 반대로(→) 설정하여 설명하였다.

Estimates (Group number 1-Default model)

Scalar Estimates (Group number 1-Default model)

Maximum Likelihood Estimates

Regression Weights: (Group number 1-Default model)

			Estimate	S.E.	C.R.	P	Label
만족도	<---	자동차_이미지	.177	.071	2.504	.012	
만족도	<---	브랜드_이미지	.194	.072	2.698	.007	
만족도	<---	사회적_지위	.468	.071	6.580	***	
재구매	<---	만족도	.707	.076	9.346	***	
승차감	<---	자동차_이미지	1.000				
각종기능	<---	자동차_이미지	1.040	.060	17.407	***	
디자인	<---	자동차_이미지	1.052	.067	15.667	***	
고급차	<---	브랜드_이미지	1.000				
독일차	<---	브랜드_이미지	1.122	.060	18.645	***	
⋮							
재구매2	<---	재구매	1.011	.070	14.416	***	
재구매3	<---	재구매	.936	.071	13.123	***	

파란색으로 표시된 부분은 잠재변수와 관측변수의 관계를 나타낸다. C.R. 값은 모두 1.965 이상으로 통계적으로 유의함을 알 수 있다. '자동차이미지 → 승차감' 경로를 포함해 일부 경로에 S.E., C.R., p-값 등이 나타나지 않는데, 이것은 계산이 잘못된 것이 아니라 잠재변수에 있는 관측변수 중 1로 고정된 관측변수의 값이 제공되지 않은 것이다.

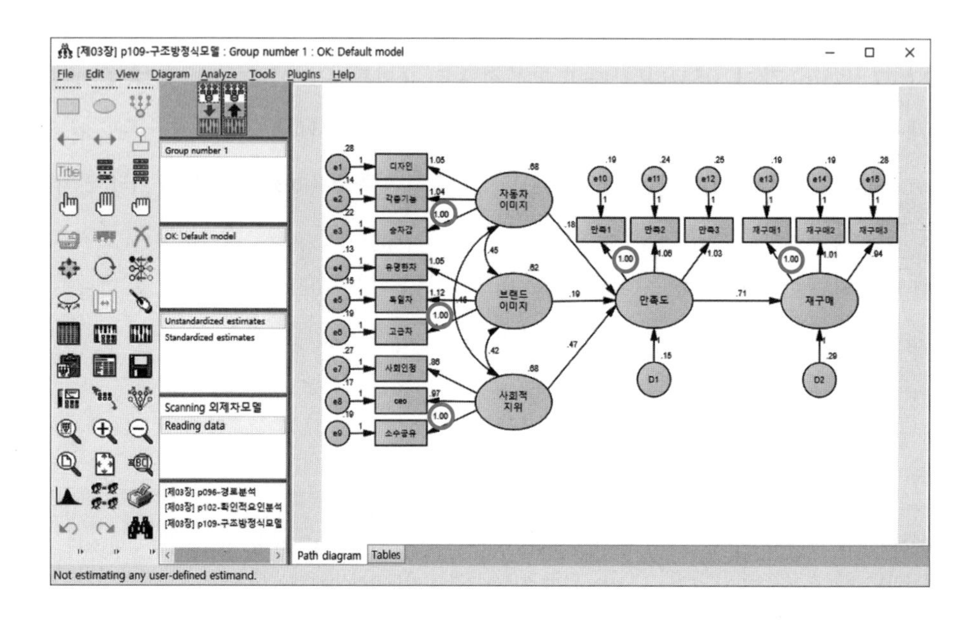

Standardized Regression Weights : (Group number 1-Default model)

			Estimate
만족도	<---	자동차_이미지	.202
만족도	<---	브랜드_이미지	.211
만족도	<---	사회적_지위	.533
재구매	<---	만족도	.687
승차감	<---	자동차_이미지	.867
각종기능	<---	자동차_이미지	.915
디자인	<---	자동차_이미지	.854
고급차	<---	브랜드_이미지	.875
독일차	<---	브랜드_이미지	.916
⋮			
재구매2	<---	재구매	.863
재구매3	<---	재구매	.798

Standardized Regression Weights는 표준화계수(Standardized Estimates)를 나타낸다. '사회적지위 → 만족도' 경로의 표준화계수 수치가 표에서는 .533이며, 아래의 그림에서는 .53으로 표시되어 있다. 일반적으로 논문과 같은 학술보고서에는 표준화계수를 제공해 주는 것이 좋다.

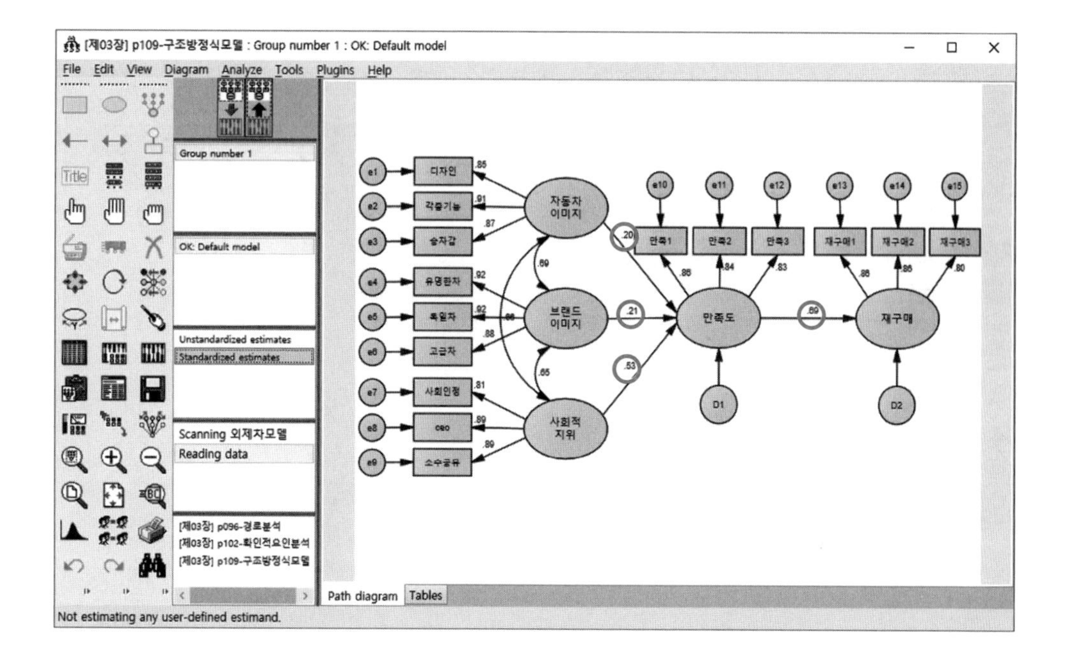

결과들을 바탕으로 '사회적지위 → 만족도'에 대해 정리하면, 사회적지위에서 만족도로 가는 경로의 비표준화계수는 .468이며, 표준오차는 .071, C.R.은 6.580(1.965 이상으로 유의), 표준화계수는 .533이고, 유의확률은 p=.000 < .05로 통계적으로 유의함을 알 수 있다.

Covariances: (Group number 1-Default model)

			Estimate	S.E.	C.R.	P	Label
브랜드_이미지	<-->	사회적_지위	.419	.062	6.794	***	
자동차_이미지	<-->	브랜드_이미지	.447	.064	7.036	***	
자동차_이미지	<-->	사회적_지위	.447	.066	6.816	***	

Covariances는 변수 간 공분산을 나타낸다. 아래의 그림에서 알 수 있듯이 '자동차이미지 ↔ 브랜드이미지', '브랜드이미지 ↔ 사회적지위', '자동차이미지 ↔ 사회적지위'에 공분산(쌍방향 화살표)이 설정되어 있다.

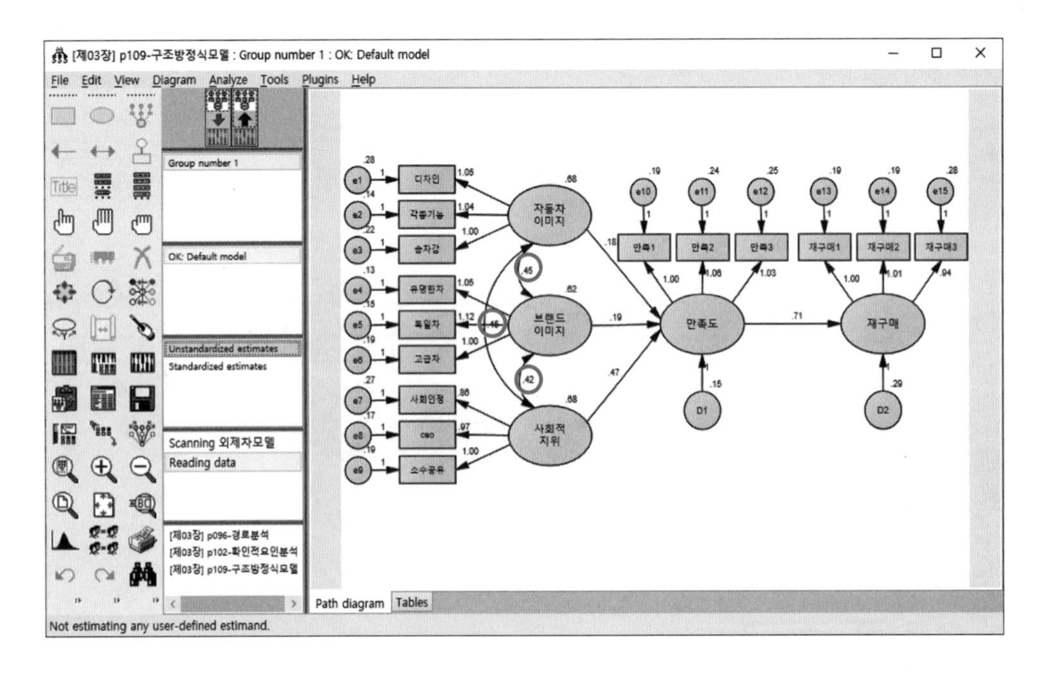

Correlations: (Group number 1-Default model)

			Estimate
브랜드_이미지	<-->	사회적_지위	.647
자동차_이미지	<-->	브랜드_이미지	.689
자동차_이미지	<-->	사회적_지위	.659

Correlations는 변수 간 상관관계를 나타낸다. covariances는 비표준화된 계수를 보여주는 반면, correlations는 표준화된 계수를 제공한다. 즉, 공분산을 표준화시킨 값이 상관계수가 된다.

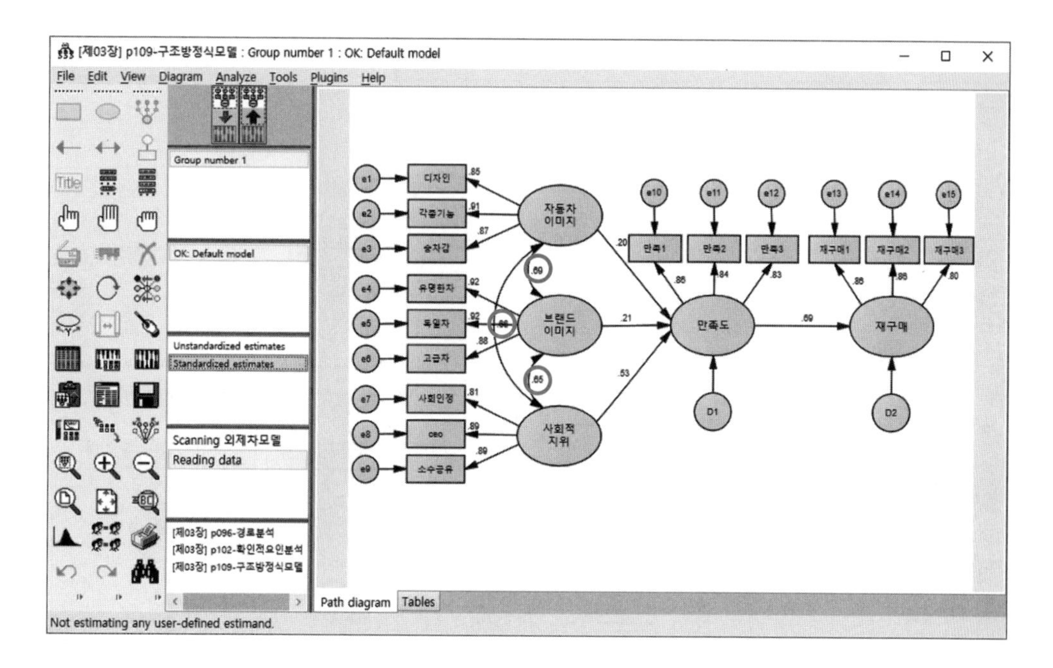

위의 결과들을 바탕으로 '자동차이미지 ↔ 브랜드이미지'에 대해 정리하면, 자동차이미지와 브랜드이미지 간 공분산은 .447이며, 표준오차는 .064, C.R.은 7.036(1.965 이상으로 유의), 상관계수는 .689이고, 유의확률은 $p = .000 < .05$로 통계적으로 유의함을 알 수 있다.

Variances : (Group number 1-Default model)

	Estimate	S.E.	C.R.	P	Label
자동차_이미지	.679	.090	7.519	***	
브랜드_이미지	.619	.080	7.702	***	
사회적_지위	.677	.087	7.750	***	
D1	.148	.026	5.638	***	
D2	.291	.046	6.403	***	
e3	.225	.031	7.250	***	
e2	.144	.026	5.459	***	
e1	.278	.037	7.565	***	
e6	.189	.025	7.660	***	
⋮					
e14	.194	.031	6.181	***	
e15	.275	.036	7.753	***	

Variances는 외생잠재변수와 오차변수들의 분산을 나타낸다.

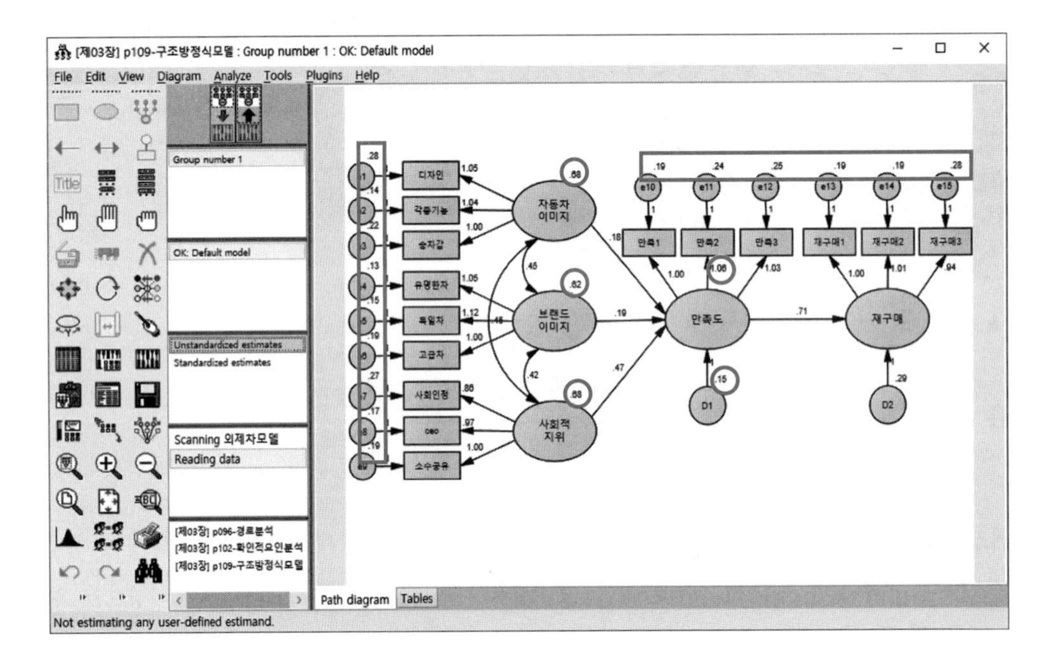

• Squared Multiple Correlations(SMC) 옵션 지정

Squared multiple correlations를 알고 싶다면 [Analysis Properties]의 [Output]에서 ☑ Squared multiple correlations를 체크한 후 분석을 실행하면 다음과 같은 결과가 도출된다.

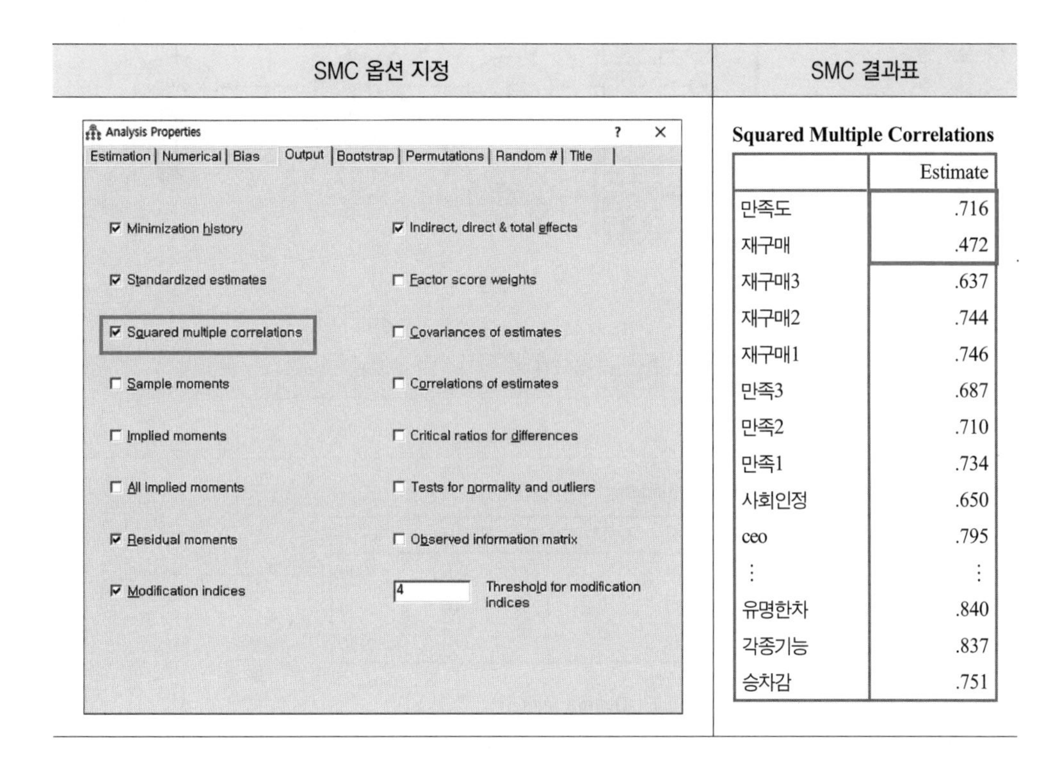

Squared Multiple Correlations

	Estimate
만족도	.716
재구매	.472
재구매3	.637
재구매2	.744
재구매1	.746
만족3	.687
만족2	.710
만족1	.734
사회인정	.650
ceo	.795
⋮	⋮
유명한차	.840
각종기능	.837
승차감	.751

Squared multiple correlations는 내생변수가 그 내생변수에 직접적인 영향을 미치는 변수들에 의해서 설명되는 양을 의미한다. SMC의 결과표에서 만족도가 외생변수들(자동차이미지, 브랜드이미지, 사회적지위)에 의해서 설명되는 부분은 72%이며, 재구매가 만족도에 의해서 설명되는 부분은 47%임을 알 수 있다.

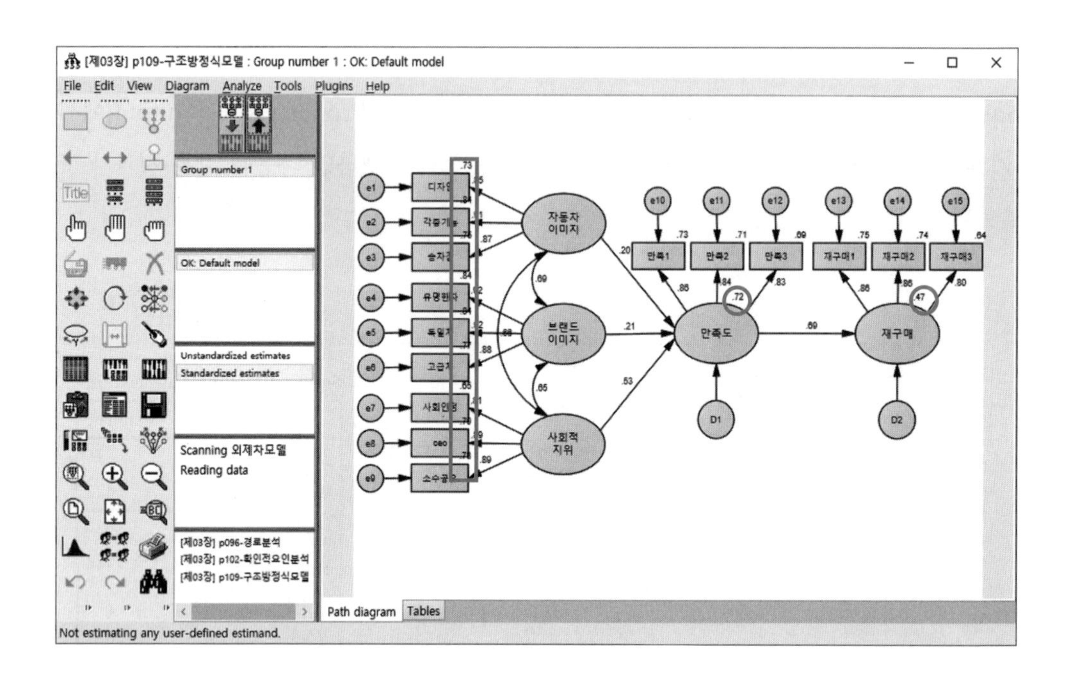

Total Effects (Group number 1-Default model)

	사회적_지위	브랜드_이미지	자동차_이미지	만족도	재구매
만족도	.468	.194	.177	.000	.000
재구매	.331	.137	.125	.707	.000
재구매3	.309	.128	.117	.661	.936

Standardized Total Effects (Group number 1-Default model)

	사회적_지위	브랜드_이미지	자동차_이미지	만족도	재구매
만족도	.533	.211	.202	.000	.000
재구매	.366	.145	.139	.687	.000
재구매3	.292	.116	.111	.548	.798

Direct Effects (Group number 1-Default model)

	사회적_지위	브랜드_이미지	자동차_이미지	만족도	재구매
만족도	.468	.194	.177	.000	.000
재구매	.000	.000	.000	.707	.000
재구매3	.000	.000	.000	.000	.936

Standardized Direct Effects (Group number 1-Default model)

	사회적_지위	브랜드_이미지	자동차_이미지	만족도	재구매
만족도	.533	.211	.202	.000	.000
재구매	.000	.000	.000	.687	.000
재구매3	.000	.000	.000	.000	.798

Indirect Effects (Group number 1-Default model)

	사회적_지위	브랜드_이미지	자동차_이미지	만족도	재구매
만족도	.000	.000	.000	.000	.000
재구매	.331	.137	.125	.000	.000
재구매3	.309	.128	.117	.661	.000

Standardized Indirect Effects (Group number 1-Default model)

	사회적_지위	브랜드_이미지	자동차_이미지	만족도	재구매
만족도	.000	.000	.000	.000	.000
재구매	.366	.145	.139	.000	.000
재구매3	.292	.116	.111	.548	.000

Amos에서는 직접효과, 간접효과, 총효과 수치를 비표준화와 표준화로 구분해서 제공한다. 외제차모델의 경우에는 자동차이미지, 브랜드이미지, 사회적지위가 재구매로 가는 직접적인 경로가 없기 때문에 직접효과(Standardized Direct Effects)가 .000으로 표시되어 있다. 직접효과가 없기 때문에 간접효과가 곧 총효과가 되므로 간접효과와 총효과의 크기가 동일하게 나타나고 있다.

만약, 외제차모델에서 '사회적지위 → 재구매'에 대한 직접효과, 간접효과, 총효과의 크기를 측정하기 위해 아래 그림과 같이 '사회적지위 → 재구매' 경로를 설정한 후 모델을 분석하였다면 직접효과, 간접효과, 총효과의 표준화(Standardized effect)된 수치는 다음과 같다.

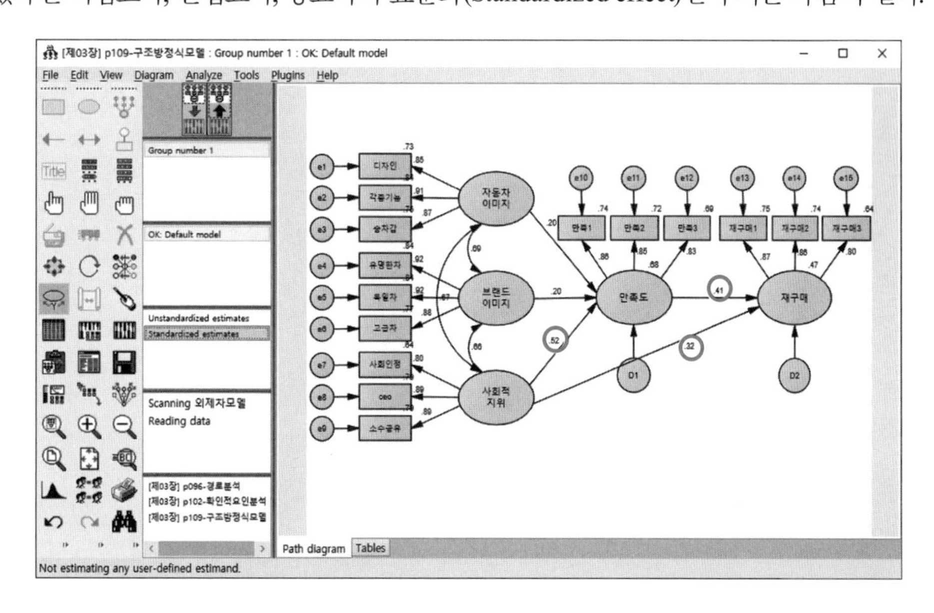

Standardized Total Effects (Group number 1-Default model)

	사회적_지위	브랜드_이미지	자동차_이미지	만족도	재구매
만족도	.522	.197	.200	.000	.000
재구매	.532	.081	.082	.409	.000
재구매3	.425	.064	.065	.327	.799

Standardized Direct Effects (Group number 1-Default model)

	사회적_지위	브랜드_이미지	자동차_이미지	만족도	재구매
만족도	.522	.197	.200	.000	.000
재구매	.318	.000	.000	.409	.000
재구매3	.000	.000	.000	.000	.799

Standardized Indirect Effects (Group number 1-Default model)

	사회적_지위	브랜드_이미지	자동차_이미지	만족도	재구매
만족도	.000	.000	.000	.000	.000
재구매	.214	.081	.082	.000	.000
재구매3	.425	.064	.065	.327	.000

'사회적지위 → 재구매' 경로의 직접효과는 .318, 간접효과는 .214(.52×.41=.21), 총효과는 .532임을 알 수 있다.

경로	직접효과	간접효과	총효과
사회적지위 → 재구매	.318	.214	.532

알아두세요! **Amos 모델작업창에서 제시하는 추정치와 변수명**

(1) 비표준화계수(Unstandardized estimate)

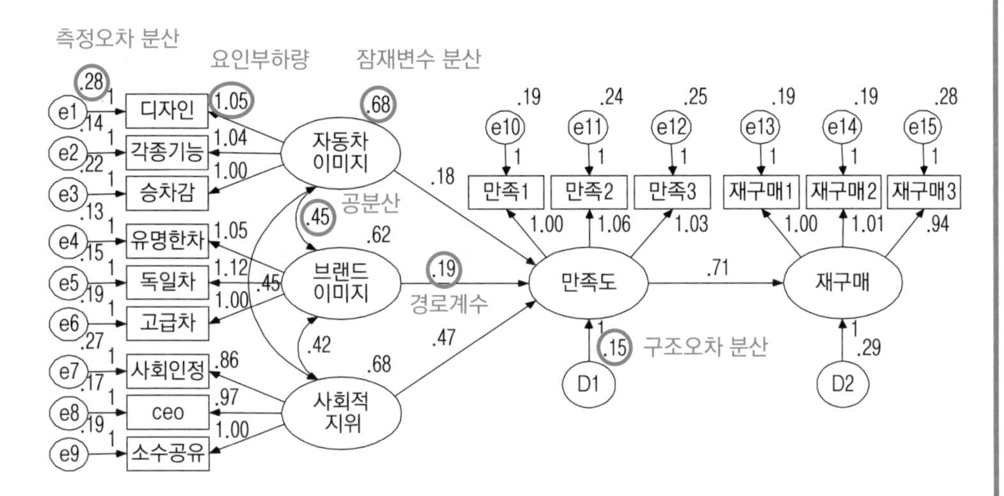

(2) 표준화계수(Standardized estimate)

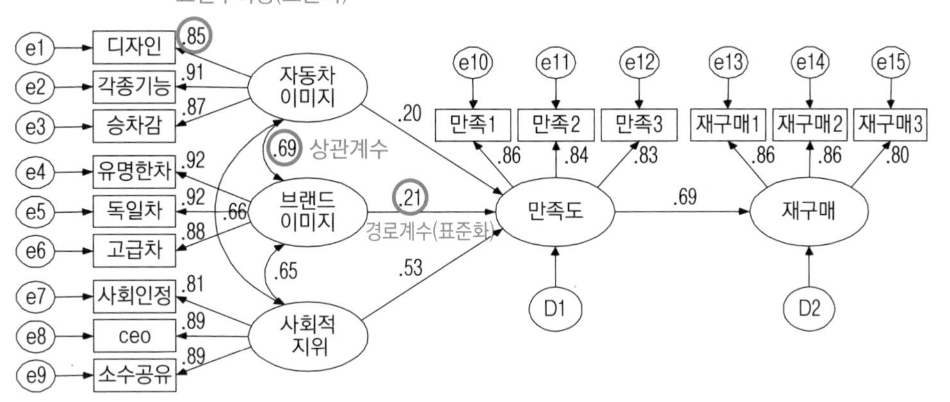

7) Modification Indices

Covariances: (Group number 1-Default model)

			M.I.	Par Change
D2	<-->	브랜드_이미지	6.258	.065
D2	<-->	D1	16.362	-.085
e10	<-->	사회적_지위	4.047	.046
e10	<-->	D2	7.085	-.058
e7	<-->	브랜드_이미지	7.393	-.064
e7	<-->	e12	4.900	-.049
e7	<-->	e10	17.274	.083
e9	<-->	브랜드_이미지	4.639	.046
e9	<-->	D2	4.285	.047
⋮				
e2	<-->	e7	6.236	-.048
e3	<-->	e15	4.198	-.046

Variances: (Group number 1-Default model)

	M.I.	Par Change

Regression Weights: (Group number 1-Default model)

			M.I.	Par Change
재구매	<---	브랜드_이미지	10.047	.184
재구매	<---	자동차_이미지	6.620	.144
만족1	<---	재구매2	5.202	-.093
만족1	<---	사회인정	7.988	.115
사회인정	<---	독일차	5.765	-.099
독일차	<---	사회인정	5.822	-.092
디자인	<---	사회인정	4.688	.104

* 실제 제공되는 결과물이 많아 본문에 맞게 편집하였음.

Modification Indices(M.I.)는 변수 간 수정지수(modification index)와 모수변화(par change)를 나타낸다. 수정지수는 연구모델에서 적합도를 올릴 수 있는 공분산(Covariances)과 회귀계수(Regression Weights)의 수정지수를 제공한다. 지수의 값은 Threshold for modification indices에서 4로 지정되어 있기 때문에 M.I.에서는 4 이상의 값들이 제공된다.

8) Minimization History

Minimization History (Default model)

Iteration		Negative eigenvalues	Condition #	Smallest eigenvalue	Diameter	F	NTries	Ratio
0	e	10		-.608	9999.000	2551.928	0	9999.000
1	e*	12		-.400	4.317	1043.949	20	.342
2	e	4		-.174	.764	549.405	6	.910
3	e	1		-.051	.825	279.607	5	.727
4	e	0	547.279		.546	190.504	5	.785
5	e	0	28.411		1.202	172.987	2	.000
6	e	0	42.106		.263	157.526	1	1.166
7	e	0	57.200		.164	155.441	1	1.132
8	e	0	65.924		.049	155.329	1	1.043
9	e	0	66.223		.004	155.329	1	1.003
10	e	0	66.237		.000	155.329	1	1.000

Minimization History는 각 iteration의 끝에 불일치 기능(discrepancy function)의 수치를 보여준다. Iteration은 모집단의 공분산행렬과 연구모델의 공분산행렬 간의 차이에 대한 F-값이 최소화될 때까지 반복 계산하는 과정을 나타낸다. Iteration이 0에서 10까지 반복되는 과정을 통하여 F-값은 2551.928에서 155.329까지 내려갔음을 알 수 있다.

9) Model Fit

CMIN

Model	NPAR	CMIN	DF	P	CMIN/DF
Default model	37	155.329	83	.000	1.871
Saturated model	120	.000	0		
Independence model	15	2536.653	105	.000	24.159

RMR, GFI

Model	RMR	GFI	AGFI	PGFI
Default model	.050	.905	.863	.626
Saturated model	.000	1.000		
Independence model	.423	.193	.078	.169

Baseline Comparisons

Model	NFI Delta1	RFI rho1	IFI Delta2	TLI rho2	CFI
Default model	.939	.923	.971	.962	.970
Saturated model	1.000		1.000		1.000
Independence model	.000	.000	.000	.000	.000

Parsimony-Adjusted Measures

Model	PRATIO	PNFI	PCFI
Default model	.790	.742	.767
Saturated model	.000	.000	.000
Independence model	1.000	.000	.000

Model Fit에서는 다양한 모델적합도를 제공한다. Default model은 분석된 모델을 의미하며, Saturated model은 포화모델로 모든 변수 간 관계가 설정된 모델이고, Independence model은 모든 변수 간 관계가 설정되지 않은 모델이다. 일반적으로 Default model의 적합도 수치를 참조하면 된다. 모델적합도에 대한 내용은 10장에 설명되어 있다.

10) Execution time

Execution time summary

Minimization: .030
Miscellaneous: .130
Bootstrap: .000
Total: .160

Execution time은 분석을 실행하는 데 소요된 시간을 보여준다. Minimization은 불일치 기능의 최소화에 소요된 시간이며, Miscellaneous는 modification indices 등의 기타 작업에 소요된 시간이고, Bootstrap은 부트스트랩에 소요된 시간이며, Total은 분석에 소요된 총 시간을 나타낸다. 본 분석에서는 총 .160초의 시간이 소요됐음을 알 수 있다.

Q&A

Q 3-1 Amos에서 제공하는 기능아이콘이 많아서 혼동됩니다. 몇 개만 알고 시작하면 안 되나요?

A 기능아이콘을 모두 숙지하는 것은 쉬운 일이 아닙니다. 그러나 아래의 그림을 한번 보세요.

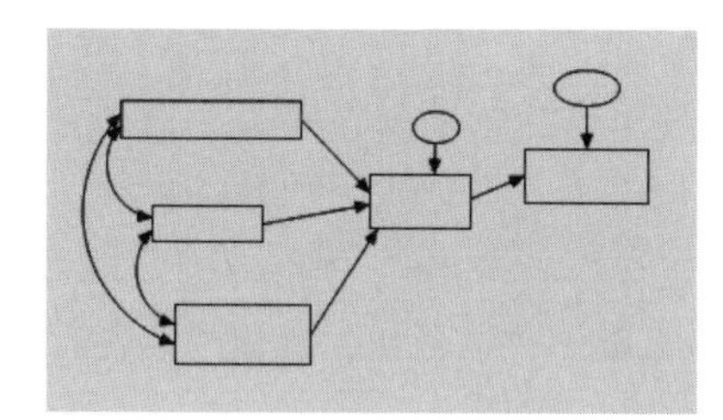

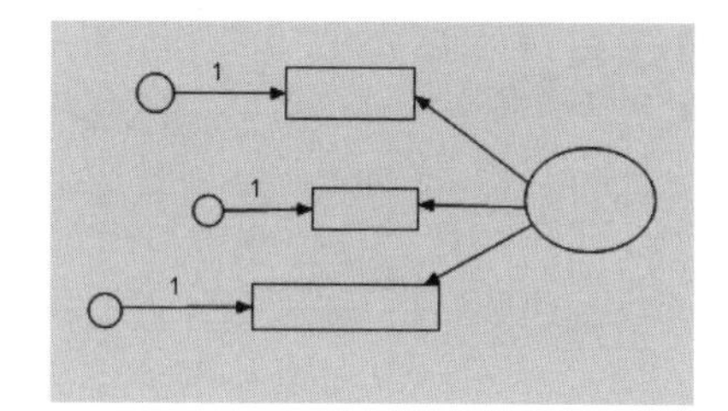

위의 그림을 보니 웃음이 나오지요? 웃을 일이 아닙니다. 기능아이콘을 제대로 알지 못하는 초보자가 만든 모델입니다. 아이콘이나 아이콘의 기능만 알고 있었어도 위와 같은 모델은 안 나왔을 겁니다. 모델을 잘 그리지 못하면 사용자뿐만 아니라 보는 사람도 불편합니다. 그래서 사용자의 모델 만드는 수준만 봐도 Amos에 대한 실력이 어느 정도인지 짐작할 수 있습니다. 시간이 날 때마다 이것저것 눌러보면서 재미있는 기능들을 발견하고 익히시기 바랍니다.

Q 3-2 잠재변수에서 관측변수로 가는 경로 중 하나가 1로 고정되어 있는데, 고정값이 없으면 안 되나요? 그리고 반드시 1로 고정해야 되나요?

A 첫째, 잠재변수에 붙어 있는 관측변수 중 하나는 반드시 고정되어야 하며, 일반적으로 1을 많이 선택하고 있습니다. 잠재변수를 구성하고 있는 관측변수 중 어느 것도 고정되어 있지 않으면, 식별에 문제가 발생해 분석이 제대로 되지 않습니다.

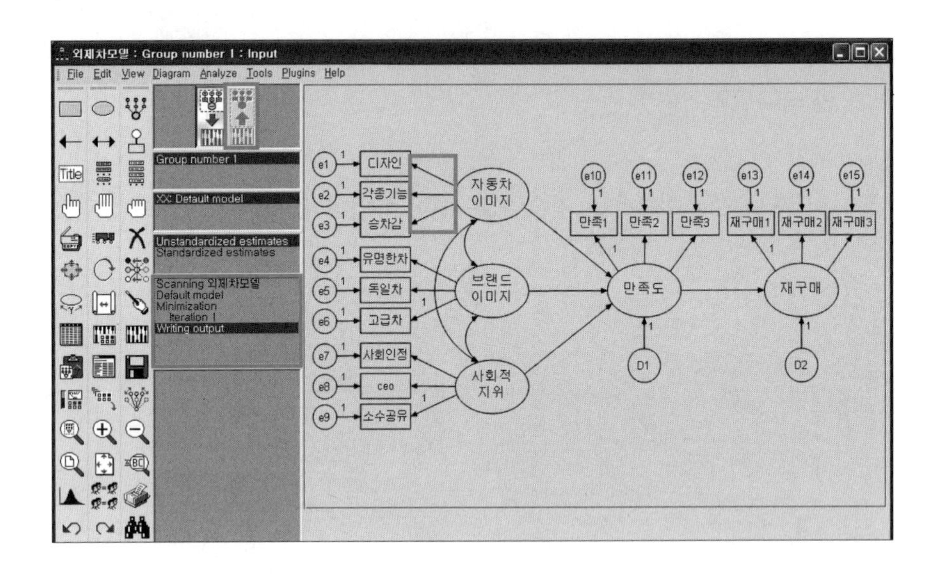

위 그림을 보면, 자동차이미지를 구성하는 관측변수 중 어느 것도 1로 고정되어 있지 않습니다. 이런 상태에서 분석이 되었기 때문에 분석창에 모델의 결과가 제공되지 않으며, 결과 전환창의 오른쪽 아이콘(위쪽 방향 화살표)이 활성화되지 않는 것입니다. 즉, 분석이 되지 않았다는 의미입니다.

둘째, 모수의 고정은 반드시 1로 하지 않아도 됩니다. 1이 아닌 다른 값으로 고정하더라도 표준화계수는 일치하기 때문입니다. 하지만 Amos의 경우, 프로그램 자체에서 1로 자동으로 지정되어 있기 때문에 사용자의 입장에서도 1로 고정하는 것이 편리하다고 할 수 있습니다. 다음의 예는 1과 2로 고정된 예입니다.

	1로 고정	2로 고정
비표준화계수	e1 .28 1 → 디자인 ← 1.05; e2 .14 1 → 각종기능 ← 1.04; e3 .22 1 → 승차감 ← 1.00; 자동차 이미지 .68	e1 .28 1 → 디자인 ← 2.10; e2 .14 1 → 각종기능 ← 2.08; e3 .22 1 → 승차감 ← 2.00; 자동차 이미지 .17
표준화계수	e1 → 디자인 ← .85; e2 → 각종기능 ← .91; e3 → 승차감 ← .87; 자동차 이미지	e1 → 디자인 ← .85; e2 → 각종기능 ← .91; e3 → 승차감 ← .87; 자동차 이미지

* 표준화계수는 동일함.

Q 3-3 모델을 완성한 후 실행시키는데, 갑자기 다음과 같은 메시지가 나옵니다. 왜 그런가요?

> "The observed variable, _____, is represented by an ellipse in the path diagram."

A 위의 메시지는 잠재변수명과 관측변수명이 동일한 경우에 나타나는 메시지입니다. 예를 들어, 외제차모델에서 관측변수인 만족1, 만족2, 만족3의 평균을 낸 변수를 SPSS 데이터에 '만족도'라고 만든 후 모델을 분석할 경우 아래와 같은 메시지가 나타납니다.

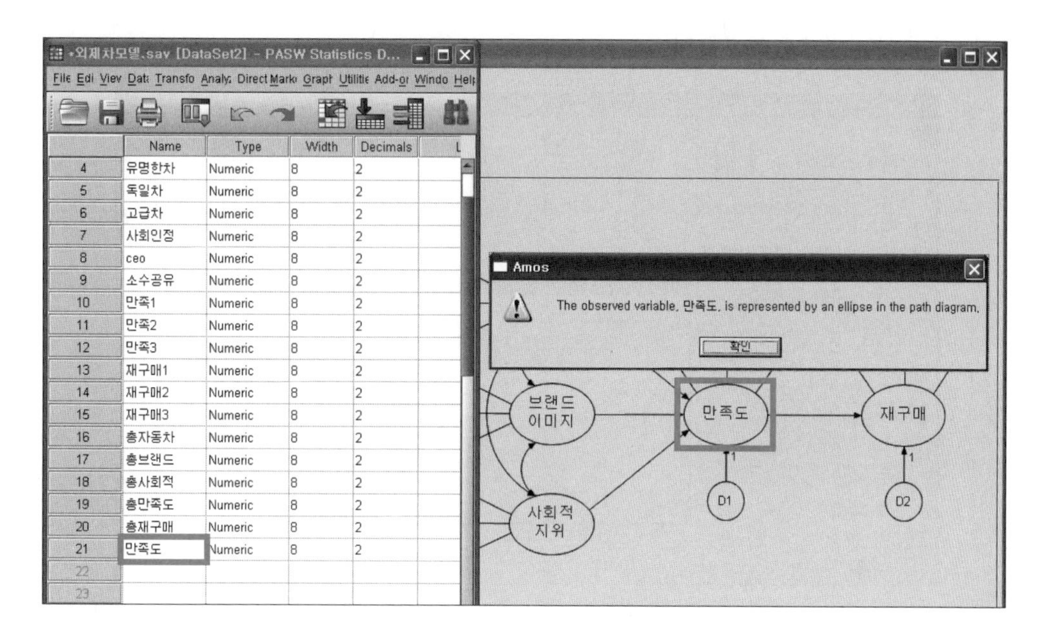

다시 말해서, SPSS상에 존재하는 '만족도'라는 변수명이 모델에서 잠재변수명인 '만족도'로 표시되어 있다는 의미입니다. 이미 관측변수로 되어 있는 변수는 같은 이름의 잠재변수로 사용될 수 없으므로, 이럴 때에는 잠재변수명이나 관측변수의 평균을 낸 변수명을 다른 이름으로 변경하여 해결합니다.

Q 3-4 모델을 완성한 후 실행시키는데, 갑자기 다음과 같은 메시지가 나옵니다.

> "The following variables are endogenous, but have no residual (error) variables."

A Amos 초보자들은 모델 구현 시 구조오차나 측정오차를 만들지 않고 모델을 분석하는 경우가 종종 있습니다. 구조오차와 측정오차의 개념이 정립되지 않았다면 얼마든지 할 수 있는 실수입니다. 내생변수에 구조오차가 존재하지 않는 모델을 분석하면 다음과 같은 경고 메시지가 나타납니다.

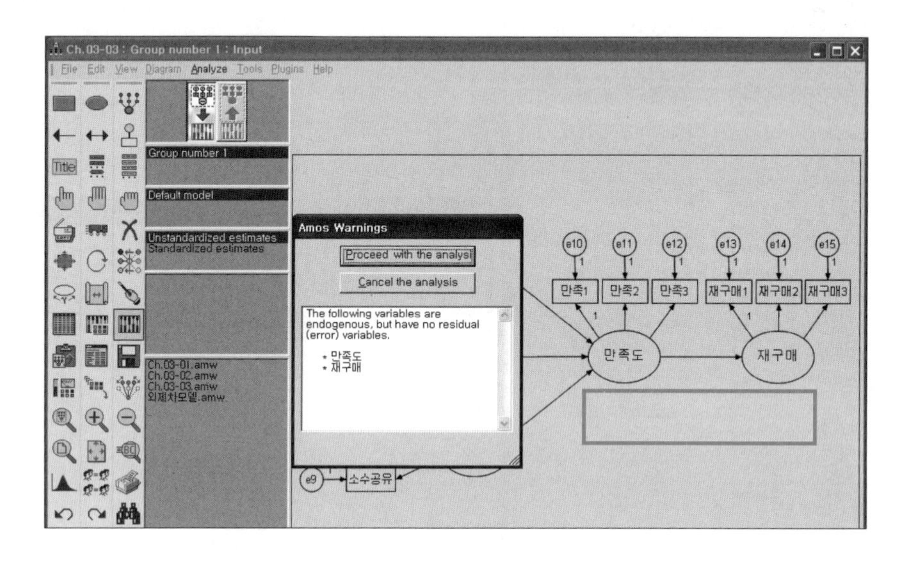

대부분의 초보자들은 이런 메시지가 나타나면 읽어보지도 않고 당황해서 메시지 창을 닫아버리는데, 사실 내용을 차근차근 읽어보면 충분히 해결할 수 있는 부분입니다. 위 메시지 내용을 보면 '다음에 제시된 변수(만족도, 재구매)는 내생변수(endogeonous)인데 구조오차(residual)가 없다'는 의미입니다. 즉, 내생변수에 구조오차를 만들라는 내용입니다. 구조오차는 [아이콘] 아이콘을 이용하면 쉽게 만들 수 있습니다. 경고 메시지가 나타나면 당황하지 말고 그 의미를 차근차근 읽고 문제를 해결하시기 바랍니다.

Q 3-5 모델을 완성한 후 실행시키는데, 갑자기 다음과 같은 메시지가 나옵니다.

> "Amos will require the following pairs of variables to be uncorrelated:"

A Amos 모델 구현 시, 외생변수 간 공분산(상관) 설정에 대해서 잠깐 말씀드리겠습니다. Amos에서는 외생변수 간 공분산이 가정되어 있습니다. 그래서 공분산 설정을 해주지 않으면 다음과 같은 메시지가 나타납니다. 물론 공분산을 설정하지 않은 상태에서 분석을 해도 관계없지만, 이럴 경우 모델적합도 등이 낮게 나올 수 있습니다. Amos에서 제공하는 경고 메시지 역시 외생변수 간 공분산 관계를 설정하라는 의미이기 때문에 되도록이면 외생변수 간 공분산을 설정한 후 분석하는 것이 바람직합니다.

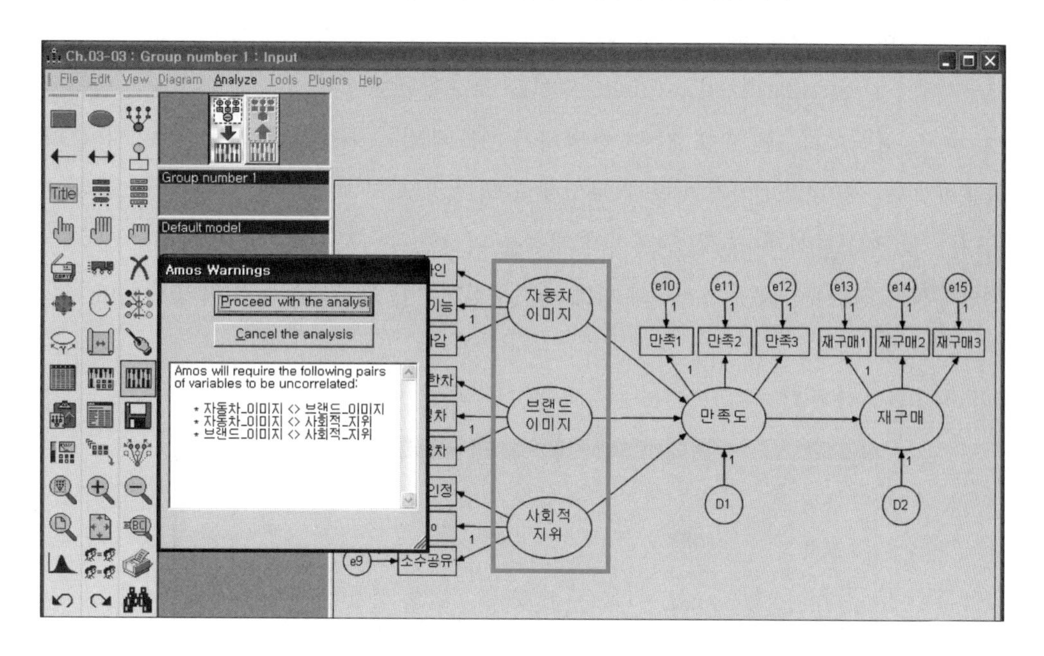

Q 3-6 논문에 표준화계수와 비표준화계수 중 어느 것을 발표해야 하나요?

A Amos를 이용한 연구논문들을 보면 비표준화계수 수치만 발표하는 경우가 종종 있습니다. Amos에서는 Unstandardized estimate(비표준화계수)가 기본화면으로 나타나고, 비표준화계수가 제공되는 표(Regression Weights)에 S.E., C.R., p-값 등의 중요한 수치가 함께 제공되기 때문에 충분히 그럴 수 있다고 생각합니다. 하지만 비표준화계수의 크기는 이론적으로 무한대에서 무한대가 될 뿐만 아니라 모델 내에서 계수 간 비교가 불가능하다는 문제를 가지고 있습니다.

반면, 표준화계수는 척도를 표준화하기 때문에 계수의 수치가 -1~1 사이이며, 계수 간 비교가 가능하므로 영향력의 크기를 짐작할 수 있는 장점이 있습니다. 그러므로 논문에는 표준화계수인 Standardized estimate 수치를 보고해주는 것이 바람직합니다. 엄밀하게 얘기하면, 표준화계수는 필요조건에 해당하기 때문에 반드시 보고해야 되는 수치이며, 비표준화계수는 충분조건이기 때문에 보고해도 되고, 보고하지 않아도 크게 문제 되지 않습니다. 단, 비표준화계수는 집단끼리의 계수를 비교할 수 있는 장점이 있기 때문에 다중집단분석의 경우에는 표준화계수와 함께 비표준화계수를 보고해주는 것이 좋습니다.

[비표준화계수가 기본화면으로 제공]

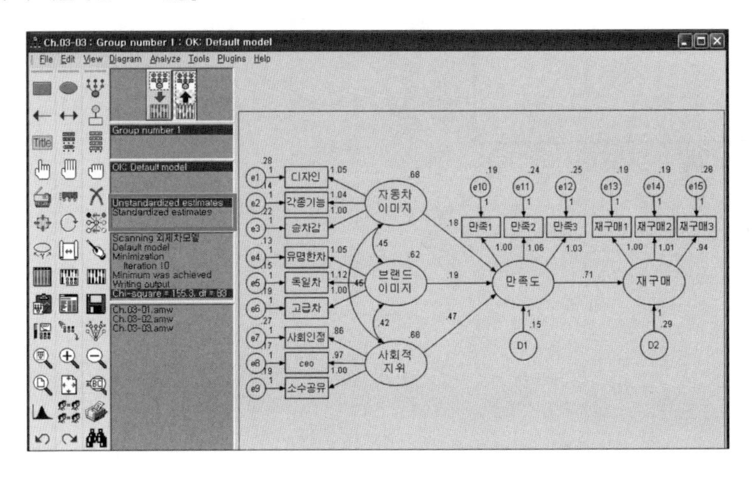

[비표준화계수가 다른 중요한 수치들과 함께 제공]

Regression Weights: (Group number 1-Default model)

			Estimate	S.E.	C.R.	P	Label
만족도	<---	자동차_이미지	.177	.071	2.504	.012	
만족도	<---	브랜드_이미지	.194	.072	2.698	.007	
만족도	<---	사회적_지위	.468	.071	6.580	***	
재구매	<---	만족도	.707	.076	9.346	***	
승차감	<---	자동차_이미지	1.000				
각종기능	<---	자동차_이미지	1.040	.060	17.407	***	
디자인	<---	자동차_이미지	1.052	.067	15.667	***	
고급차	<---	브랜드_이미지	1.000				
독일차	<---	브랜드_이미지	1.122	.060	18.645	***	
⋮							
재구매2	<---	재구매	1.011	.070	14.416	***	
재구매3	<---	재구매	.936	.071	13.123	***	

Q 3-7 Amos에서도 SPSS에서 하는 회귀분석이 가능한가요?

A Amos에서도 회귀분석을 실행할 수 있으며, SPSS와 동일한 결과가 제공됩니다. 외제차모델에서 총자동차(자동차이미지), 총브랜드(브랜드이미지), 총사회적(사회적지위)이 총만족도(만족도)에 영향을 미치는 모델을 Amos와 SPSS를 이용해서 분석해보겠습니다.

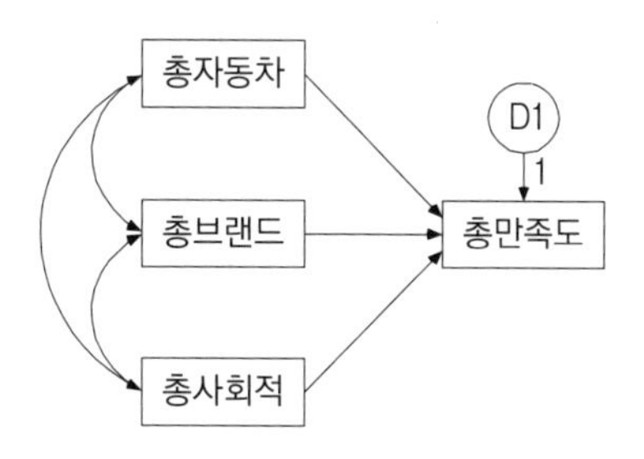

위 모델에 대한 Amos와 SPSS의 분석 결과는 다음과 같습니다.

Amos 결과

Regression Weights: (Group number 1-Default model)

			Estimate	S.E.	C.R.	P	Label
총만족도	<---	총자동차	.171	.059	2.908	.004	
총만족도	<---	총브랜드	.194	.059	3.267	.001	
총만족도	<---	총사회적	.445	.060	7.379	***	

Standardized Regression Weights: (Group number 1-Default model)

			Estimate
총만족도	<---	총자동차	.191
총만족도	<---	총브랜드	.210
총만족도	<---	총사회적	.458

SPSS 결과

Coefficients[a]

Model		Unstandardized Coefficients		Standardized Coefficients	t	Sig.
		B	Std. Error	Beta		
1	(Constant)	.482	.179		2.700	.008
	총자동차	.171	.059	.191	2.886	.004
	총브랜드	.194	.060	.210	3.242	.001
	총사회적	.445	.061	.458	7.323	.000

a. Dependent Variable: 총만족도

두 분석방법 모두 비표준화계수(Regression Weights(Estimate), Unstandardized Coefficients), 표준오차(S.E., Std. Error), 표준화계수(Standardized Regression Weights, Standardized Coefficients)에 대해서 동일한 결과를 제공하고 있습니다. 단, 사용하는 추정법이 다르기 때문에 C.R.(t), P(Sig.)에 대해서는 약간의 차이가 발생하지만 무시해도 될 만한 수치입니다.

Amos에서는 상관분석도 가능합니다. 이 분석방법 역시 Amos와 SPSS에서 제공하는 결과가 동일함을 알 수 있습니다.

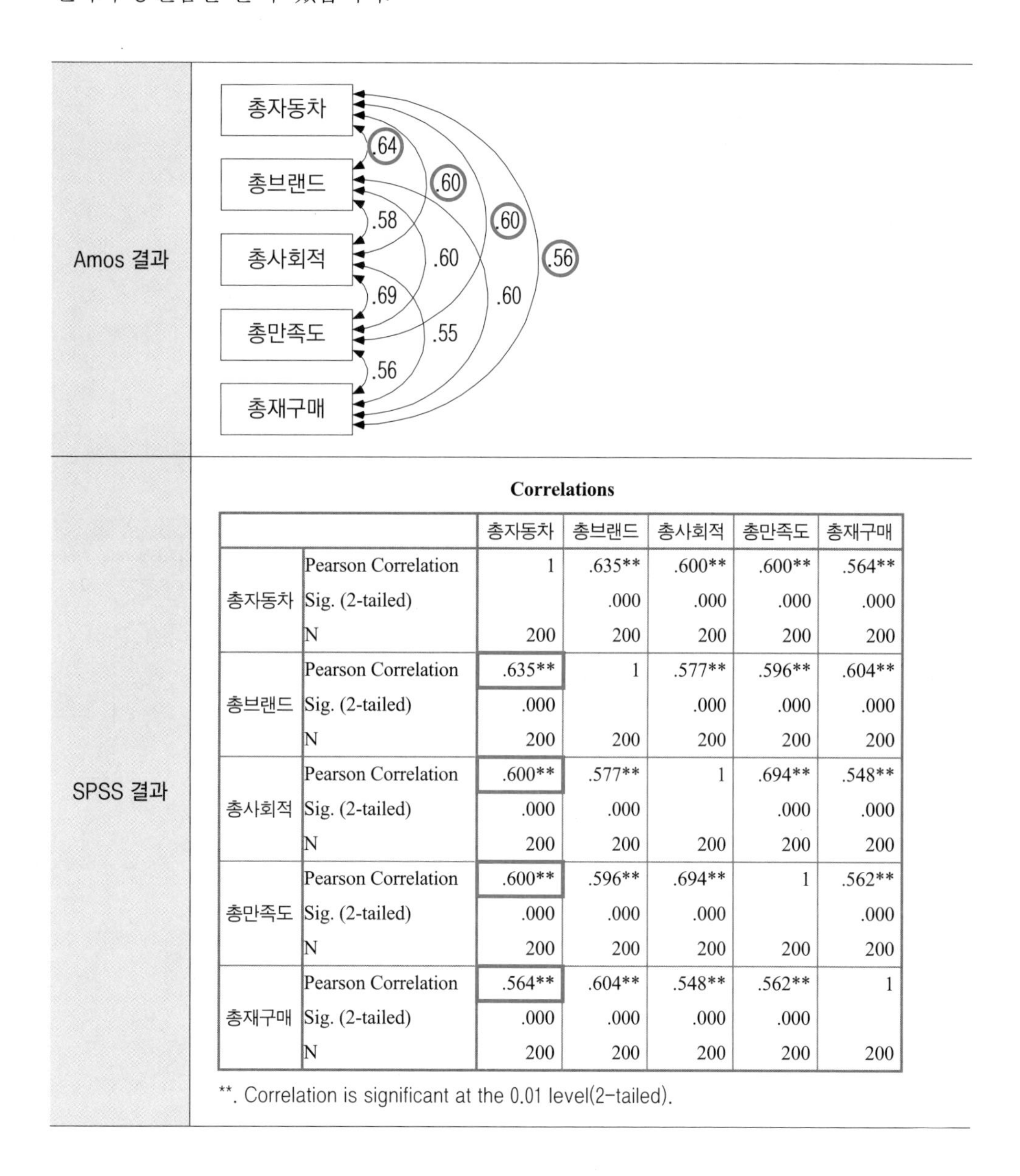

Correlations

		총자동차	총브랜드	총사회적	총만족도	총재구매
총자동차	Pearson Correlation	1	.635**	.600**	.600**	.564**
	Sig. (2-tailed)		.000	.000	.000	.000
	N	200	200	200	200	200
총브랜드	Pearson Correlation	.635**	1	.577**	.596**	.604**
	Sig. (2-tailed)	.000		.000	.000	.000
	N	200	200	200	200	200
총사회적	Pearson Correlation	.600**	.577**	1	.694**	.548**
	Sig. (2-tailed)	.000	.000		.000	.000
	N	200	200	200	200	200
총만족도	Pearson Correlation	.600**	.596**	.694**	1	.562**
	Sig. (2-tailed)	.000	.000	.000		.000
	N	200	200	200	200	200
총재구매	Pearson Correlation	.564**	.604**	.548**	.562**	1
	Sig. (2-tailed)	.000	.000	.000	.000	
	N	200	200	200	200	200

**. Correlation is significant at the 0.01 level(2-tailed).

Q 3-8 모델을 작성한 후 분석을 했는데 다음과 같은 메시지가 나옵니다.

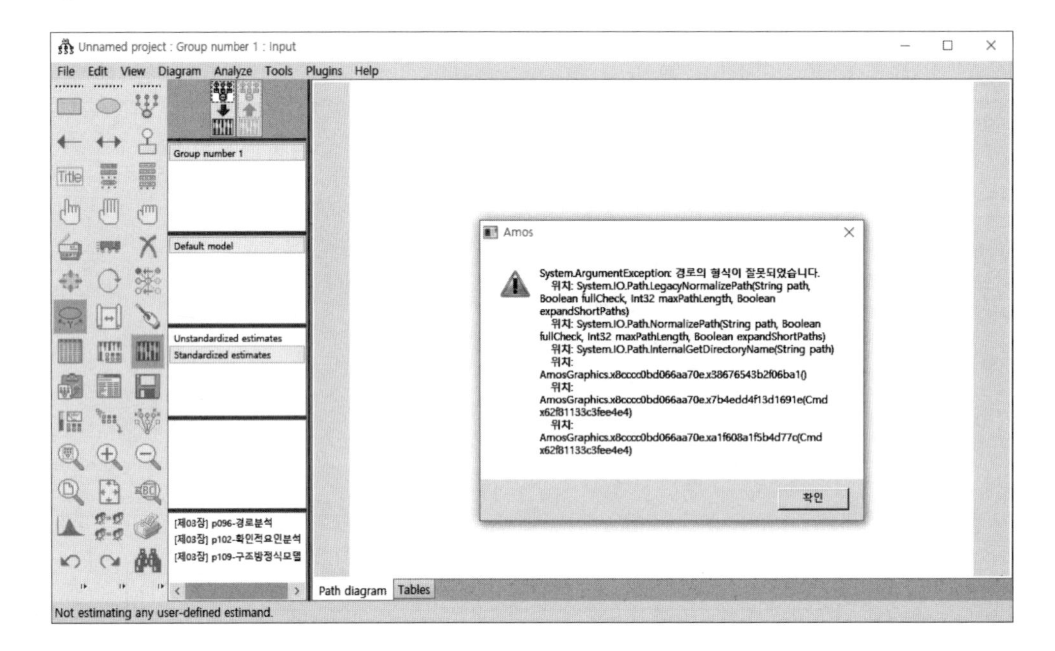

A 이런 메시지가 나온다면, 일단 모델을 다른 이름으로 저장합니다. 그런 다음 분석 아이콘을 다시 눌러주면 문제가 해결됩니다.

chapter

4

확인적 요인분석

1 요인분석

확인적 요인분석을 알아보기에 앞서 요인분석에 대한 개념 이해가 필요하다. 요인분석은 탐색적 요인분석(Exploratory Factor Analysis, EFA)과 확인적 요인분석(Confirmatory Factor Analysis, CFA)으로 나뉘는데, 이 두 기법은 요인분석이라는 공통된 이름을 사용하지만 서로 상이한 특성을 가지고 있다. 특히 구조방정식을 처음 배우는 초보자들의 경우, 이 두 기법의 차이점을 잘 모르는 상태에서 확인적 요인분석을 실시할 때가 있는데, 이 두 기법의 개념 이해가 반드시 선행되어야 구조방정식모델에 대한 전반적인 이해를 할 수 있다. 탐색적 요인분석과 확인적 요인분석의 특성은 다음과 같다.

1-1 탐색적 요인분석

탐색적 요인분석은 SPSS나 SAS 프로그램 등에 의해 분석되는 기법이다. 예전에는 '요인분석'이라고 불렸지만, 최근 들어 확인적 요인분석의 사용 빈도가 높아짐에 따라 이 둘을 구분하기 위해 '탐색적 요인분석'으로 불리고 있다. 탐색적 요인분석은 변수들 간의 구조를 조사하고, 통계적 효율성을 높이기 위해 변수의 수를 줄이기 위한 방법으로 사용되며, 변수와 요인의 관계가 이론상으로 체계화되지 않거나 논리적으로 정립되지 않은 상태에서 이용된다.

그렇다면 왜 '탐색적 요인분석'이라는 명칭을 사용할까? 예를 들어, 어떤 탐험가가 미지의 동굴을 조사하기 위해 동굴 안으로 들어가려고 할 때, 우리는 탐험가가 미지의 동굴을 '탐험한다' 또는 '탐색한다(explore)'라고 표현한다. 그 이유는 탐험가가 동굴에 직접 들어가서 탐색을 하기 전까지는 동굴의 크기나 깊이를 알 수 없고, 직접 들어가 본 후에야 동굴을 제대로 파악할 수 있기 때문이다.

이렇듯 탐색적 요인분석의 핵심은 아무런 사전 정보 없이 분석이 이루어지기 때문에 조사자가 데이터를 분석하기 전까지는 요인에 대한 통제가 불가능하며[1], 요인의 수에 대해서도 알 수 없고, 요인이 어떤 항목으로 묶일지도 예측할 수 없다는 것이다. 이런 특성 때문에 새로운 구성개념의 척도 개발처럼 가설을 세우기에 충분한 증거들이 없을 때 주로 사용된다.

그러므로 탐색적 요인분석은 선행연구를 통한 이론적 배경이나 논리적 근거 대신 데이터가 보여주는 결과 자체를 그대로 받아들이게 되므로 '이론 생성 과정(theory generating procedure)'[2]에 가깝다고 할 수 있다.

예를 들어, 조사자가 커피전문점의 만족도에 대한 요인을 알아보기 위해 일반인을 대상으로 F.G.I.(Focus Group Interview)를 실시하여 다음과 같은 결과를 얻었다고 가정해보자.

요인
- 커피 맛 - 다양한 커피 종류 - 종업원 친절도 - 넓은 주차장 - 편리한 접근성 - 내부 인테리어 - 커피 가격

위의 결과를 바탕으로 설문지를 개발한 후 데이터 수집을 거쳐 탐색적 요인분석을 실시한 결과는 다음과 같다.

	요인1	요인2	요인3
조사자1	- 커피 맛 - 다양한 커피 종류 - 커피 가격	- 종업원 친절도 - 넓은 주차장 - 편리한 접근성 - 내부 인테리어	

1 단, SPSS에서는 탐색적 요인분석에서 추출된 수에 대한 기술적인 제약은 가능하다.

2 Stapleton (1997).

분석 결과, 조사자는 커피전문점의 만족도에 영향을 미치는 요인을 크게 2가지로 분류할 수 있다. 첫 번째는 커피 맛, 다양한 커피 종류, 커피 가격으로서 ①커피 자체에 대한 요인이고, 두 번째는 종업원 친절도, 넓은 주차장, 편리한 접근성, 내부 인테리어로서 ②커피 전문점에 대한 요인이다.

예에서 알 수 있듯이, 탐색적 요인분석은 분석을 하기 전까지는 요인의 수와 요인을 구성하는 항목(또는 변수)에 대해서 알 수 없다. 분석을 통해 조사자는 새롭게 추출된 요인들에 대해 명명하고, 분석 결과에 대해 새로운 의미를 부여하고 해석해주면 된다.

하지만 이러한 특성으로 인한 문제점도 있다. 첫째, 논리적이거나 이론적 배경이 없는 상태에서 결과에 의해서만 요인을 추출하기 때문에 데이터 지향적(data driven)[3]인 성격을 갖게 된다. 커피전문점 만족도 조사에서 3명의 조사자가 각각 다른 지역과 다른 시간에 다른 응답자들로부터 데이터를 수집한 후 분석을 실시해서 다음과 같은 결과를 얻었다고 가정해보자.

	요인1	요인2	요인3
조사자2	- 커피 맛 - 다양한 커피 종류 - 커피 가격 - 내부 인테리어	- 종업원 친절도 - 넓은 주차장 - 편리한 접근성	
조사자3	- 커피 맛 - 다양한 커피 종류 - 커피 가격	- 종업원 친절도 - 넓은 주차장 - 편리한 접근성 - 내부 인테리어	
조사자4	- 커피 맛 - 커피 가격	- 종업원 친절도 - 편리한 접근성 - 내부 인테리어	- 다양한 커피 종류 - 넓은 주차장

3 Van Prooijen & Van der Kloot (2001).

탐색적 요인분석을 실시한 결과, 조사자3은 조사자1과 동일한 결과를 얻었지만, 조사자2와 조사자4는 다른 결과를 얻었음을 알 수 있다. 특히 조사자4는 요인이 3개로 묶이는 결과를 보이고 있다. 그런데 문제는 조사자2와 조사자4의 결과가 조사자1의 결과와 다르다고 해서 이들의 조사가 잘못됐다고 단정 짓기는 힘들다는 것이다.[4] 실제로 선행연구의 결과와 본인의 연구결과가 일치하지 않아 고민하는 조사자들을 종종 볼 수 있는데, 결과가 다르게 나타났다고 하더라도 제대로 된 방법을 통해 데이터를 수집했다면 그 조사자의 결과가 잘못되었다고 판단하기는 힘들다. 결과에 영향을 미칠 수 있는 수많은 요인이 존재하기 때문이다. 예를 들어 응답자의 나이, 성별, 소득수준, 교육수준 등은 결과에 얼마든지 영향을 미칠 수 있다.

둘째, 요인들이 제각각 묶이거나 연관성 없는 항목들이 묶여 요인에 대한 해석이 어색하거나 복잡해질 수 있다.[5] 탐색적 요인분석의 경험이 있는 독자라면 한번쯤 경험해봤을 것이다. 조사자4의 결과처럼 요인의 구성항목만으로 요인의 이름을 명명하기 힘든 경우가 이에 해당한다. 요인분석은 변수 간 상관에 의해서 분석이 되기 때문에 통계적으로 상관이 높은 변수라면 얼마든지 서로 한 요인으로 묶일 수 있다.

셋째, 탐색적 요인분석에서 제시하는 요인의 수나 회전법, 분석법 등의 적합한 사용 여부이다.[6] 탐색적 요인분석은 요인추출방법으로 주성분분석(principle component analysis)과 공통요인분석(common factor analysis)을 제공하며, 요인회전 방법으로는 직각요인회전(orthogonal factor rotation-varimax, quartimax, equimax)과 사각요인회전(oblique factor rotation-oblimin)을 제공한다. 이러한 분석법들이 실제로 데이터에 정확하게 적용되어 적합한 요인을 찾아냈느냐에 대한 문제에 해당된다.

---

4 Stapleton (1997).

5 Nunnally (1978).

6 Fabrigar et al. (1999).

1-2 확인적 요인분석

확인적 요인분석은 잠재변수와 관측변수 간 관계 및 잠재변수 간의 관계를 검증하는 것이다. 탐색적 요인분석과 다른 점은 분석 전에 요인(잠재변수)의 수와 요인(잠재변수)과 그에 따른 항목(관측변수)들이 이미 지정된 상태에서 분석된다는 것이다.

예를 들어, 선행연구에서 기업 간 거래 만족이 경제적 만족(economic satisfaction)과 비경제적 만족(non-economic satisfaction)[7]으로 나뉘어 있으며, 이들을 측정하는 변수들이 각각 5개씩, 총 10개라고 가정해보자. 이 경우, 만약 조사자가 10개의 관측변수들에 대해 탐색적 요인분석을 실시한 결과, 요인이 3개로 묶였다고 하더라도 확인적 요인분석에서 요인의 수는 중요하지 않다. 분석 전에 요인(경제적 만족과 비경제적 만족)이 이미 지정되어 있기 때문이다.

또한 경제적 만족에 지정되어 있는 관측변수 중 하나가 비경제적 만족의 관측변수들과 상관이 높아 탐색적 요인분석의 관점에서 비경제적 만족 요인으로 묶인다 하더라도, 이론적 배경이나 논리적 근거가 없다면 확인적 요인분석에서는 그러한 관계 설정이 인정되지 않는다. 즉, 이론적 배경이나 논리적 근거가 없는 상황에서 추출된 탐색적 요인분석의 결과는 무의미하게 된다.

확인적 요인분석은 이렇듯 선행연구의 이론적 배경이나 논리적 근거를 중요시(theory driven)[8]하기 때문에 이론 검증 과정(theory testing procedure)[9]에 가깝다고 할 수 있다. 이러한 특성으로 인해 확인적 요인분석은 집중타당성이나 판별타당성과 같은 측정도구의 타당성 검증에 이용되며, 모델의 평가가 χ^2 또는 다른 모델의 적합도(GFI, AGFI, CFI, RMR) 등에 의해 이루어지기도 한다.

---

7 Geyskens, Steenkamp & Kumar (1999).

8 Van Prooijen & Van der Kloot (2001).

9 Stapleton (1997).

확인적 요인분석의 단점은 선행연구 등을 통해 가설 등이 세워진 상태에서만 분석이 되기 때문에 탐색적 요인분석에 비해 보수적(conservative)이라는 점이다. 또한 모델적합도 등이 좋지 않을 경우에는 모델을 수정하게 되는데, 이때 모델적합도를 높여 수정한 모델이 처음 의도했던 모델과 달라질 수 있다.

1-3 탐색적 요인분석 & 확인적 요인분석 비교

지금까지 알아본 탐색적 요인분석과 확인적 요인분석을 간단히 비교하면 다음과 같다.

[표 4-1] 탐색적 요인분석 & 확인적 요인분석 특성 비교

	탐색적 요인분석	확인적 요인분석
사용 프로그램	SPSS	Amos
영문 약자	EFA (Exploratory Factor Analysis)	CFA (Confirmatory Factor Analysis)
분석방법	탐색적, 경험적 방법	확인적, 검증적 방법
이론 과정	이론 생성 과정 (theory generating procedure)	이론 검증 과정 (theory testing procedure)
선행연구 여부	선행연구나 이론적 배경이 없는 경우	선행연구나 이론적 배경이 충분한 경우
지향성	데이터 지향적(data driven)	이론 지향적(theory driven)
요인의 수	요인의 수는 분석 전까지 알 수 없음	요인(구성개념)들이 분석 전에 이미 지정되어 있음
요인의 항목	어떤 요인에 어떤 항목이 묶이는지 분석 전까지 알 수 없음	구성개념(잠재변수)에 대한 측정항목(관측변수)들이 분석 전에 이미 정해져 있음

두 요인분석을 형태상으로 비교해보면, 탐색적 요인분석은 모든 지표가 모든 요인과 연결되어 있기 때문에 분석 시 요인부하량이 높은 변수들은 같은 요인으로 묶이고, 낮은 변수들은 다른 요인으로 묶이며, 어느 요인에도 묶이지 않는 변수는 제거된다. 반면, 확인적 요인분석은 잠재변수에 관측변수가 이미 지정되어 있기 때문에 잠재변수가 모든 관측변

수와 관계를 갖고 있지 않으며, 잠재변수와 관측변수 간의 관계(요인부하량)에 초점이 맞춰져 있다. 그러나 관측변수 중 요인부하량이 낮은 변수는 제거된다.

[그림 4-1] 탐색적 요인분석 & 확인적 요인분석 형태 비교

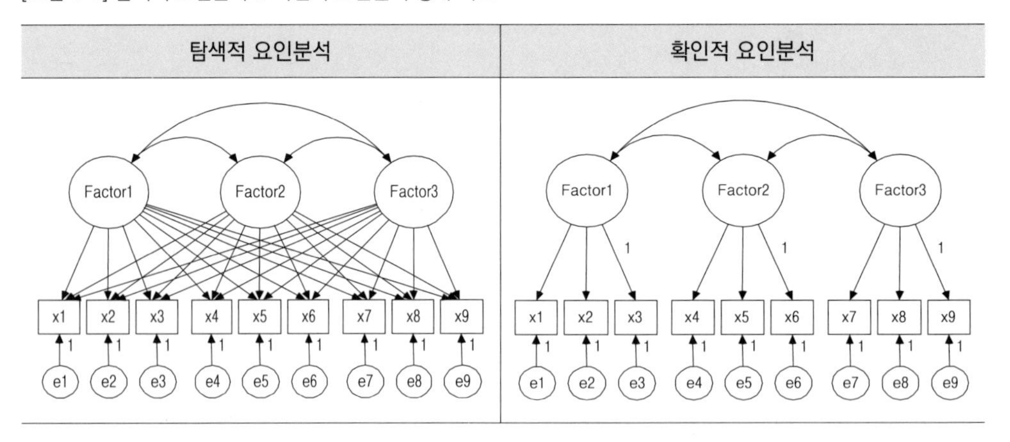

다시 말해서, 탐색적 요인분석이 다수의 변수들로부터 소수의 요인을 추출하는 분석이라면, 확인적 요인분석은 잠재변수와 관측변수 간의 관계를 파악하는 분석이라고 할 수 있다. 이러한 특성 때문에 척도개발과 같은 주제를 다룬 논문에서는 탐색적 요인분석을 거친 후 다시 확인적 요인분석을 실시하기도 한다.

1-4 확인적 요인분석 모델

확인적 요인분석에 대해서 좀 더 자세히 알아보도록 하자. 확인적 요인분석은 잠재변수와 관측변수, 그리고 측정오차로 구성되어 있다.

확인적 요인분석의 구성

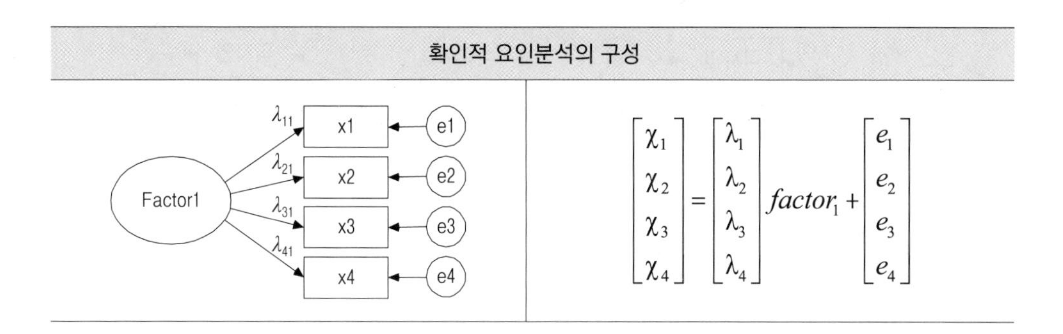

$$\begin{bmatrix} \chi_1 \\ \chi_2 \\ \chi_3 \\ \chi_4 \end{bmatrix} = \begin{bmatrix} \lambda_1 \\ \lambda_2 \\ \lambda_3 \\ \lambda_4 \end{bmatrix} factor_1 + \begin{bmatrix} e_1 \\ e_2 \\ e_3 \\ e_4 \end{bmatrix}$$

위의 그림에서 Factor1은 잠재변수이며, x1~x4는 관측변수, e1~e4는 측정오차이다. 잠재변수에서 관측변수들로 가는 요인계수(λ11~λ41)는 '요인부하량(factor loading)' 또는 '요인적재치'라고 하며, 'λ(lambda, 람다)'로 표시한다. 표준화된 요인부하량은 학자들마다 견해가 조금씩 다르지만 .7 이상이면 바람직[10]하며, 일반적으로 .5~.95 정도로 제시[11]하고 있다. 여기에서 .7의 기준은 $.7^2 = .49$이므로 잠재변수의 관측변수 설명량이 최소 50%는 되어야 하기 때문이다.

또한 잠재변수에 대한 관측변수의 수는 일반적으로 3개 이상이어야 좋다. 3개 미만일 경우에는 식별에 대한 문제[12]가 발생하기 때문이다.

10 Fornell, Tellis & Zinkhan (1982).

11 Baggozzi & Yi (1998).

12 모델 식별의 문제에 대한 자세한 내용은 9장 3-3절을 참조하기 바란다.

알아두세요! Amos에서 관측변수의 분산 추정

외제차모델에서 자동차이미지에 대한 잠재변수와 관측변수의 관계는 다음과 같다.

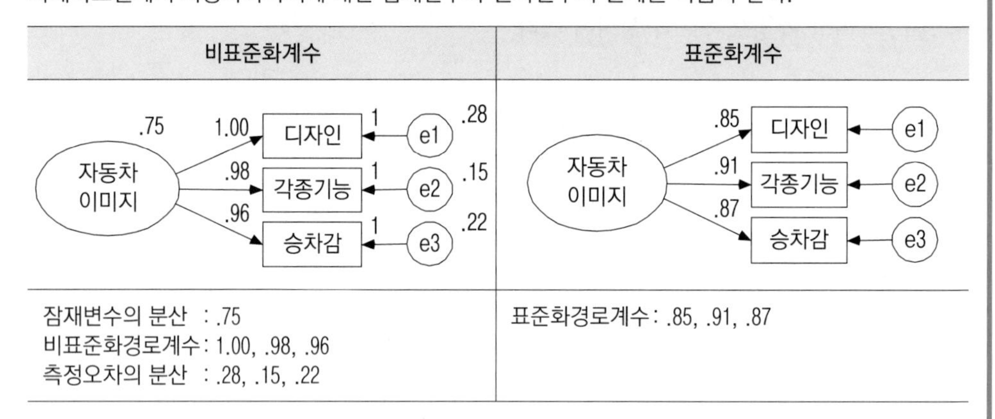

비표준화계수	표준화계수
잠재변수의 분산 : .75 비표준화경로계수 : 1.00, .98, .96 측정오차의 분산 : .28, .15, .22	표준화경로계수 : .85, .91, .87

위의 비표준화계수를 바탕으로 자동차이미지의 관측변수들에 대한 분산은 다음과 같이 계산한다.

관측변수의 분산 = 비표준화경로계수^2 × 잠재변수의 분산 + 1^2 × 오차의 분산

디자인의 분산 = $1.00^2 \times .75 + 1^2 \times .28 = 1.03$
각종기능의 분산 = $.98^2 \times .75 + 1^2 \times .15 = .87$
승차감의 분산 = $.96^2 \times .75 + 1^2 \times .22 = .91$

실제 SPSS를 통해 얻은 자동차이미지의 관측변수들에 대한 분산은 아래와 같다.

통계량

		디자인	각종기능	승차감
N	유효수	200	200	200
	결측치	0	0	0
평균		3.1700	3.3550	3.1750
표준편차		1.01798	.93989	.95337
분산		1.036	.883	.909

Amos에서 제공하는 수치를 이용하여 계산한 관측변수의 분산과 SPSS를 통해서 구한 분산의 수치가 거의 동일하다는 것을 알 수 있다.

1-5 확인적 요인분석 모델 & 구조방정식모델 비교

초보자들은 확인적 요인분석과 구조방정식모델의 차이점을 잘 이해하지 못하는 경우가 많다. 확인적 요인분석은 모든 잠재변수 간 관계가 공분산(상관)으로 설정되어 있는 반면, 구조방정식모델은 잠재변수 간 관계가 공분산 및 인과관계로 설정되어 있다. 또한 확인적 요인분석에는 내생변수가 없기 때문에 구조오차가 존재하지 않지만, 구조방정식모델에는 내생변수에 구조오차가 존재한다.

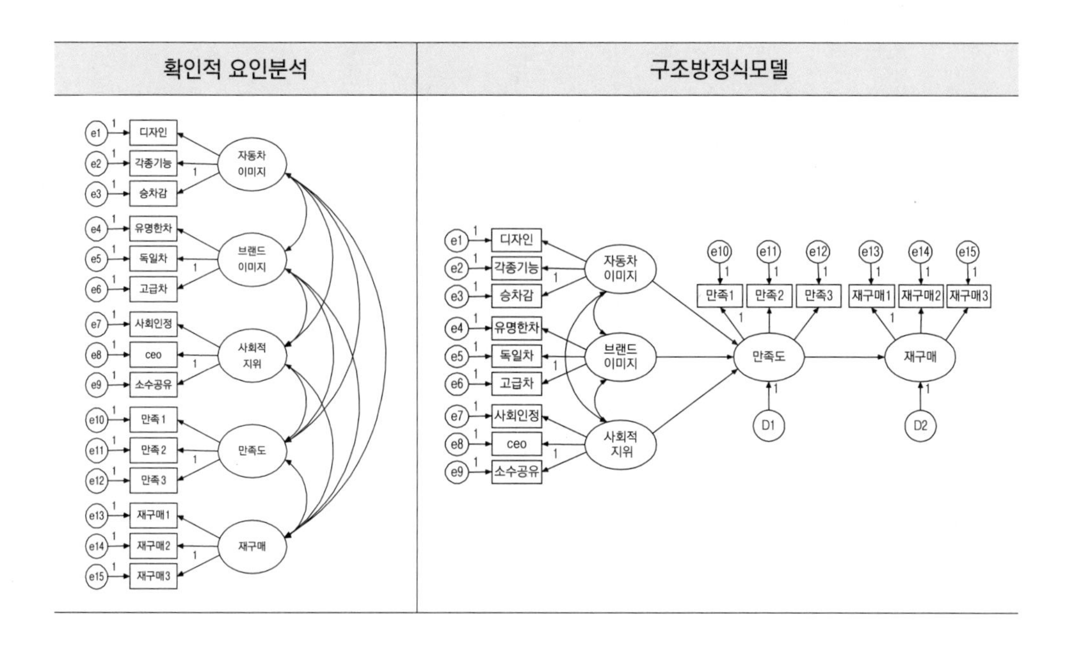

1-6 고차 요인분석 모델

고차 요인분석(high-order factor analysis)은 확인적 요인분석 모델의 1차요인(first order factor) 위에 다시 2차요인(second order factor), 3차요인(third order factor)과 같은 상위요인이 존재하는 모델이다. 예를 들어, 조사자가 소비자의 전반적인 만족도를 측정하기 위해서 가격만족도 3항목, 서비스만족도 3항목, 품질만족도 3항목을 측정했다면, 잠재변수가 2단계로 되어 있기 때문에 연구모델은 2차 요인분석(second-order factor analysis)에 해당되며 형태는 다음과 같다.

2차 요인분석

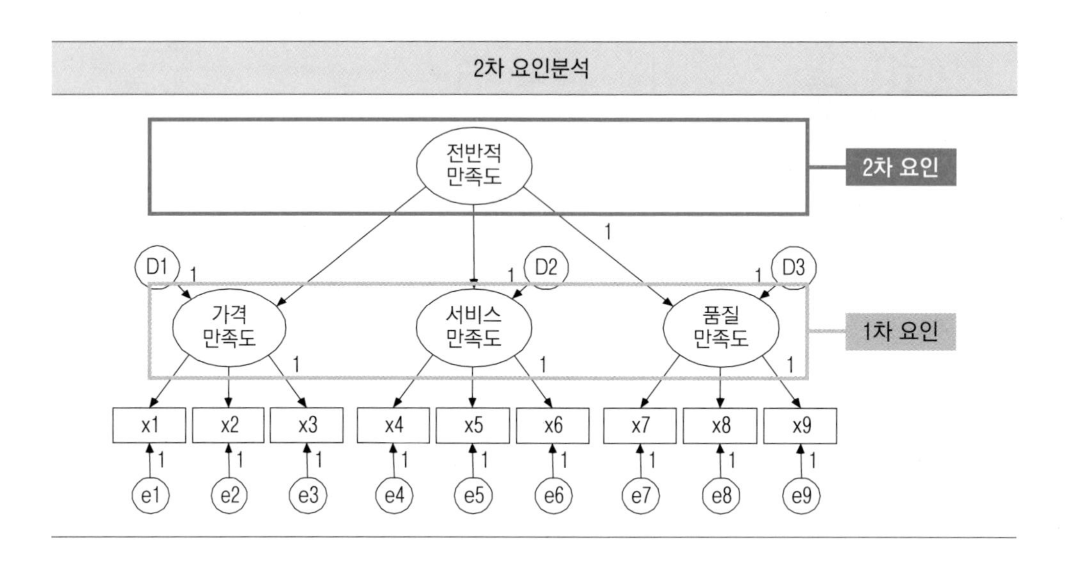

위의 그림에서 1차요인은 가격만족도, 서비스만족도, 품질만족도이며, 관측변수는 x1~x9, 측정오차는 e1~e9가 된다. 3가지 1차요인 위에 다시 2차요인인 '전반적만족도'가 존재하며, 1차요인들이 2차요인에 의해 영향을 받고 있다.

여기에서 주의해야 할 점은 Amos에서는 하위변인 중 하나는 반드시 1로 고정되어야 한다는 것이다. 위의 모델을 보면 '전반적만족도 → 품질만족도' 경로가 1로 고정되어 있으며, 가격만족도, 서비스만족도, 품질만족도에 존재하는 오차변수는 구조오차에 해당되기 때문에 D1~D3으로 표시되어 있다.

2 확인적 요인분석과 타당성

요즘 대다수의 논문들을 보면 구성개념들의 측정도구에 대한 신뢰성 및 타당성 결과를 제공하고 있다. 신뢰성은 Cronbach's alpha를 통해 어렵지 않게 검증할 수 있으며, 타당성은 탐색적 요인분석이나 확인적 요인분석을 통해 검증할 수 있다. 특히, 확인적 요인분석은 관측변수와 잠재변수 간 요인부하량을 측정할 수 있고 모델의 전반적인 적합도를 평가할 수 있기 때문에 구성개념 타당성(construct validity)을 측정하는 데 유용하게 사용된다.

구성개념 타당성은 구성개념과 그것을 측정하는 변수 사이의 일치성(agreement)에 관한 것으로 구성개념이 관측변수에 의해서 얼마나 잘 측정되었는지를 나타낸다. 구성개념 타당성은 집중타당성(convergent validity), 판별타당성(discriminant validity), 법칙타당성(nomological validity) 등으로 분류된다.

[표 4-2] 구성개념 타당성

타당성의 분류	의미	검증방법
집중타당성 (convergent validity)	잠재변수를 측정하는 관측변수들의 일치성 정도	요인부하량이 높을수록 집중타당성이 있음
판별타당성 (discriminant validity)	서로 독립된 잠재변수 간의 차이를 나타내는 정도	잠재변수 간 상관이 낮을수록 판별타당성이 있음
법칙타당성 (nomological validity)	이론적 배경을 바탕으로 하나의 구성개념이 다른 구성개념을 정확히 예측하는 정도	잠재변수 간 상관의 방향성과 유의성으로 확인함

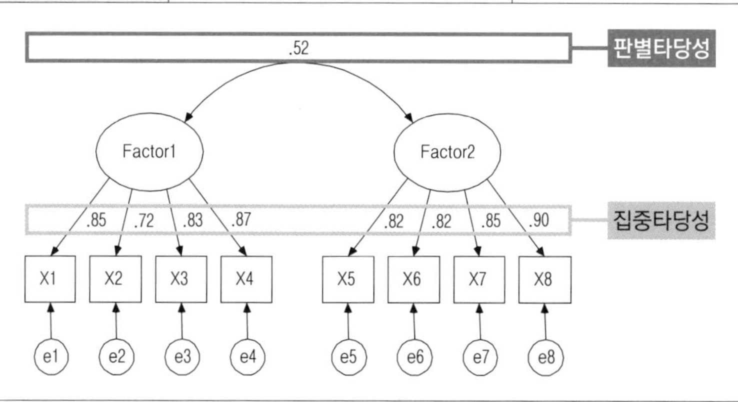

2-1 집중타당성

집중타당성은 '수렴타당성'이라고도 하며, 잠재변수를 측정하는 관측변수들의 일치성 정도를 나타낸다. 만약, 측정항목들이 구성개념을 일관성 있게 잘 측정하였다면 항목들 간에 높은 상관이 있을 것이고, 이럴 경우 집중타당성이 있다고 할 수 있다. 집중타당성을 검증하는 방법은 잠재변수와 관측변수 간 요인부하량을 측정하는 것이 대표적이다.

예를 들어서 관측변수인 디자인, 각종기능, 승차감이 잠재변수인 자동차이미지를 잘 측정했다면 관측변수들 간의 상관이 높을 것이고, 잠재변수에서 관측변수로 가는 요인부하량이 좋은 값($\lambda > .5$ 이상)을 보일 것이다. 반대로 관측변수 간 상관이 낮고, 요인부하량이 낮다면, 이는 집중타당성이 없는 경우에 해당된다.

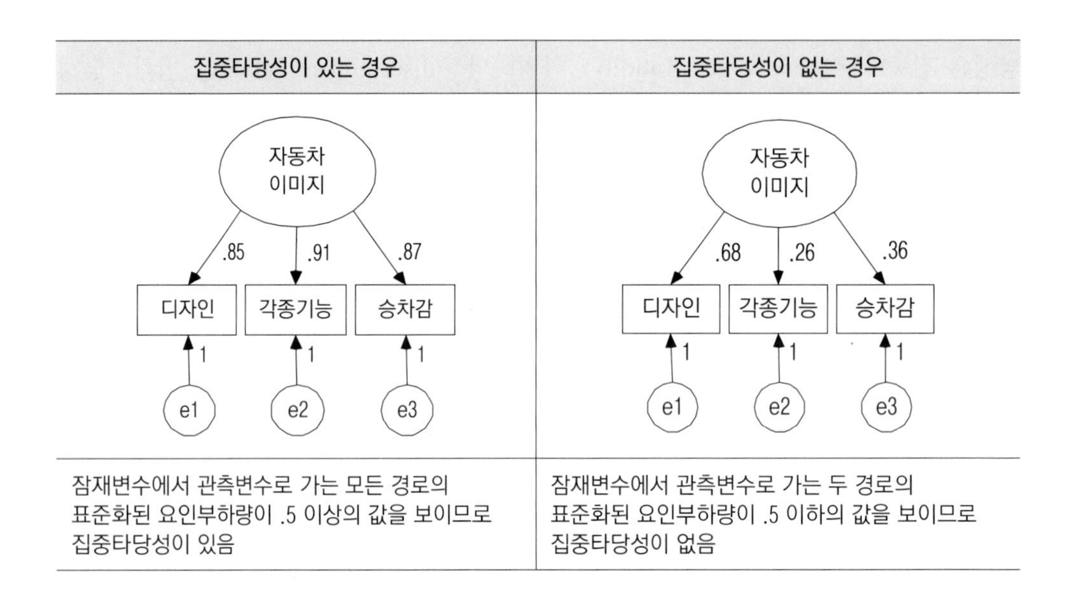

집중타당성이 있는 경우	집중타당성이 없는 경우
잠재변수에서 관측변수로 가는 모든 경로의 표준화된 요인부하량이 .5 이상의 값을 보이므로 집중타당성이 있음	잠재변수에서 관측변수로 가는 두 경로의 표준화된 요인부하량이 .5 이하의 값을 보이므로 집중타당성이 없음

2-2 판별타당성

쌍둥이들을 보면 분간하기 힘든 경우가 있다. 서로 너무 닮아서 누가 누군지 정확히 판별하기가 어려운데, 판별타당성 역시 이와 비슷한 개념이라고 생각하면 된다. 판별타당성은 서로 다른 잠재변수 간의 차이를 나타내는 정도이다. 잠재변수 간 낮은 상관을 보인다면 판별타당성이 있는 것이며, 잠재변수 간 높은 상관[13]을 보인다면 두 구성개념 간의 차별성이 떨어지는 것을 의미하므로 잠재변수 간 판별타당성이 없는 것이다.

아래의 예에서 [모델1]과 [모델2]는 잠재변수에 대한 관측변수들의 요인부하량이 모두 .5 이상이므로 집중타당성이 있다고 할 수 있다. 그러나 잠재변수 간의 상관을 보면, [모델1]은 상관이 .54로 그다지 높지 않기 때문에 판별타당성이 있지만, [모델2]는 상관이 .95로 매우 높기 때문에 판별타당성이 없는 경우이다. 이는 이들 잠재변수가 통계적으로 서로 독립된 형태의 구성개념이 아닌 동일한 구성개념임을 의미한다.

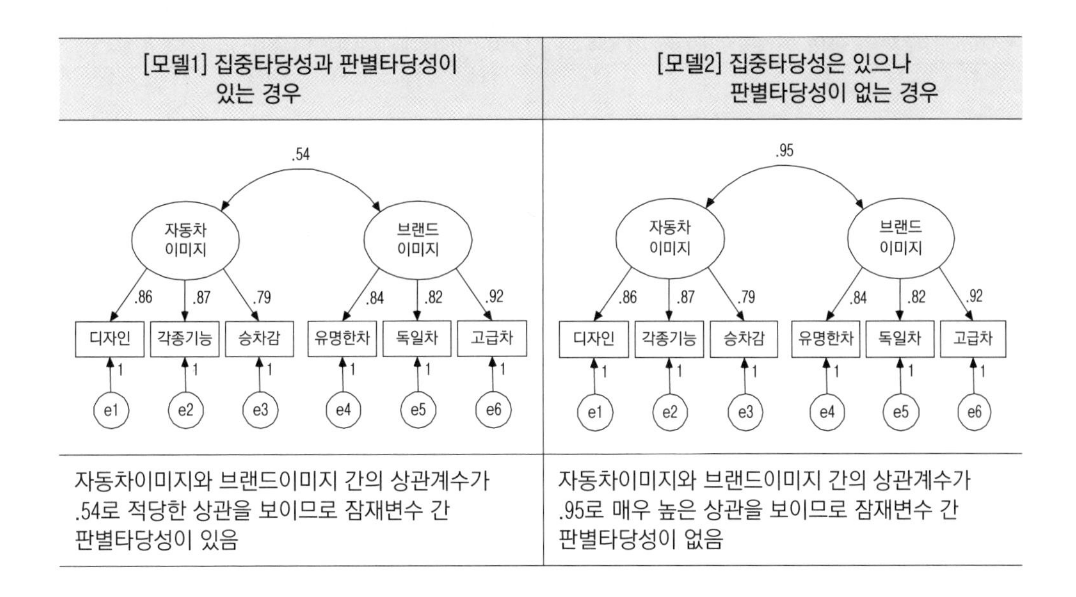

---

13 잠재변수 간 높은 상관은 두 잠재변수를 구성하고 있는 관측변수들끼리의 높은 상관에 의해서 발생한다.

2-3 법칙타당성

법칙타당성은 이론적 배경을 바탕으로 하나의 구성개념이 다른 구성개념을 어느 정도 예측하는지에 대한 정도를 나타낸다. 예를 들어, 조사자가 선행연구나 논리적인 이론을 바탕으로 두 구성개념 간의 관계를 정(+)의 방향으로 예측했는데, 실제로 잠재변수 간 관계가 유의한 정(+)의 관계로 나타났다면 법칙타당성[14]이 있는 것이다. 반대로 잠재변수 간 관계가 부(-)의 관계이거나 정(+)의 관계지만 통계적으로 유의하지 않다면 법칙타당성이 없는 것이다.

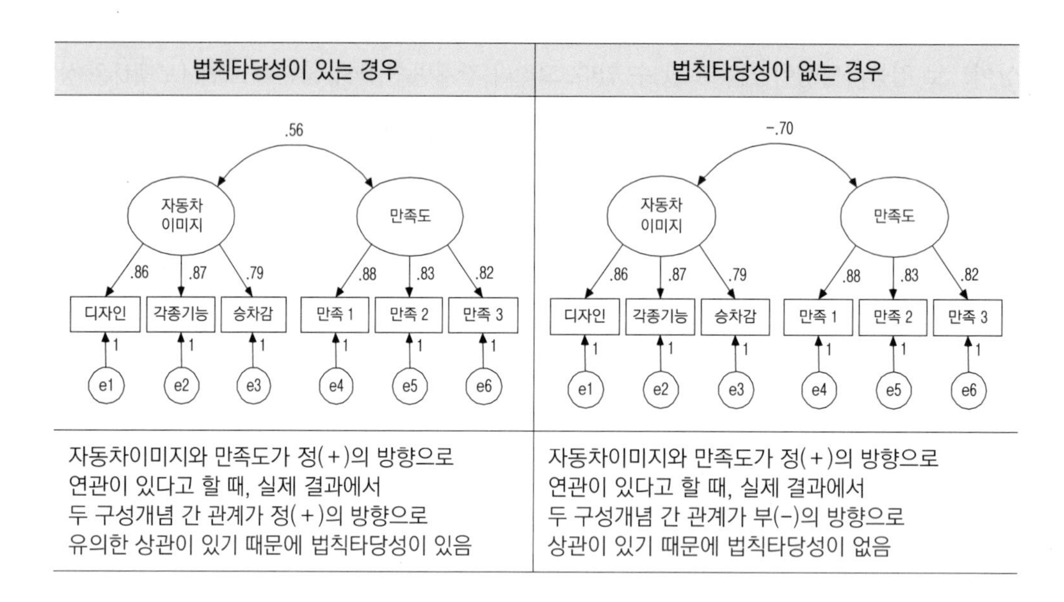

14 법칙타당성은 이론적 배경을 바탕으로 한 변수들 간의 관계를 예측하는 것이기 때문에 확인적 요인분석을 통해 상관관계로서 검증하기도 하지만, 구조방정식모델에서는 가설의 방향성과 유의성을 통해 인과관계로 판단하기도 한다.

3 타당성 검증

3-1 집중타당성 검증

타당성을 검증하는 방법 중 집중타당성과 판별타당성은 Amos에서 모든 결과를 제공하는 것이 아니라 조사자가 직접 계산해야 하는 부분(AVE, 개념신뢰도)이 있기 때문에 주의를 기울여야 한다. 먼저 집중타당성을 검증하기 위해서는 다음 3가지 방법이 사용된다.

집중타당성 검증방법	
요인부하량과 유의성	• 요인부하량: .5~.95(.7 이상이면 바람직) • 유의성: C.R. = 1.965 이상
AVE(평균분산추출)	• .5 이상
개념신뢰도	• .7 이상

1) 요인부하량과 유의성

집중타당성을 검증하기 위한 첫 번째 방법은 요인부하량(factor loading)과 유의성이다. 앞에서 언급했듯이 요인부하량은 표준화된 요인부하량(standardized factor loading)이 최소 .5 이상이어야 하며, .95 이하면 좋다고 할 수 있다(.7 이상이면 바람직). 이와 더불어 통계적인 유의성(C.R. > 1.965, p < .05)도 함께 체크해야 한다. 일반적으로 요인부하량에 대한 유의성(C.R.)은 높지만 표준화된 요인부하량 값(λ)이 .5 이하인 경우가 많기 때문에 유의해야 한다.

가끔 분석을 하다 보면 매우 중요한 항목의 요인부하량이 .5 미만으로 나와 조사자들을 당황하게 만들곤 한다. 이때 요인부하량이 .5 이하라도 너무 낮지만 않다면(예, λ = .45), 해당 관측변수를 무조건 제거하기보다는 그에 합당한 이유를 논문에 제시하고 사용하는 것도 고려해볼 수 있다. 그 변수가 빠져 구성개념의 의미가 변할 수도 있기 때문이다. 하지만 측정항목이 많고, 그 항목을 대체할 만한 항목이 많은 경우라면 제거하는 것이 바람직하다.

2) AVE

AVE(Average Variance Extracted: 평균분산추출)[15]는 표준화된 요인부하량의 제곱한 값들의 합을 표준화된 요인부하량의 제곱의 합과 오차분산의 합으로 나눈 값이다(Fornell & Larker 1981). AVE 식은 아래와 같으며, 이때 AVE 값이 .5 이상이면 집중타당성이 있는 것으로 간주한다.

$$AVE = \frac{(\Sigma\,\text{요인부하량}^2)}{[(\Sigma\,\text{요인부하량}^2) + (\text{오차분산의 합})]} = 0.5\ \text{이상}$$

AVE 값은 Amos에서 제공하지 않기 때문에 Amos 분석 결과를 통해 제공되는 수치들을 바탕으로 직접 공식에 값을 대입해 계산해야 하는 번거로움이 있다.

3) 개념신뢰도

개념신뢰도(Construct Reliability, C.R.) 또는 합성신뢰도(composite reliablity)는 표준화된 요인부하량 합의 제곱을 표준화된 요인부하량 합의 제곱과 오차분산의 합으로 나눈 값이다. 개념신뢰도 식은 아래와 같으며, 개념신뢰도 값이 .7 이상이면 집중타당성이 있는 것으로 간주한다. 개념신뢰도 역시 Amos에서 제공하지 않기 때문에 직접 계산해야 한다.

$$\text{개념신뢰도} = \frac{(\Sigma\,\text{요인부하량})^2}{[(\Sigma\,\text{요인부하량})^2 + (\text{오차분산의 합})]} = 0.7\ \text{이상}$$

15 Hair et al. (2006)은 Fornell & Larker (1981)와 달리, VE(the average percentage of variance extracted) 값에 대해 다음과 같은 식을 제안하였다. 두 식의 결과는 각각 다른 값을 제공한다.

$$VE = \frac{(\Sigma\,\text{요인부하량}^2)}{\text{측정변수의 수}}$$

3-2 Amos에서의 집중타당성 검증

1) 요인부하량과 유의성

외제차모델에서 자동차이미지에 대한 확인적 요인분석 모델과 표준화된 결과는 다음과 같다.

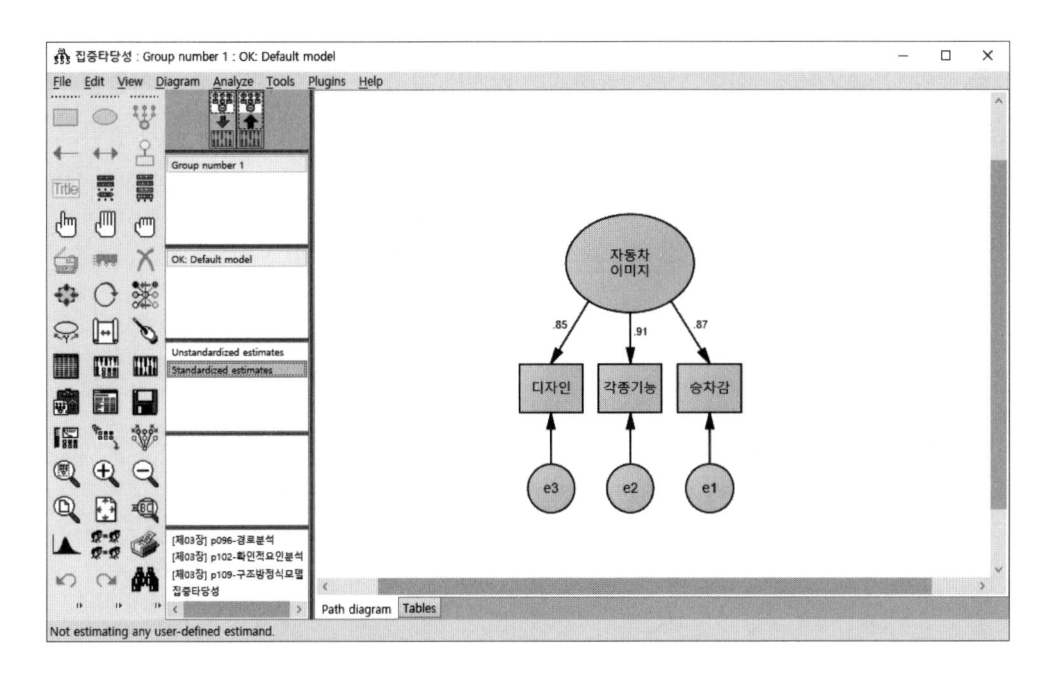

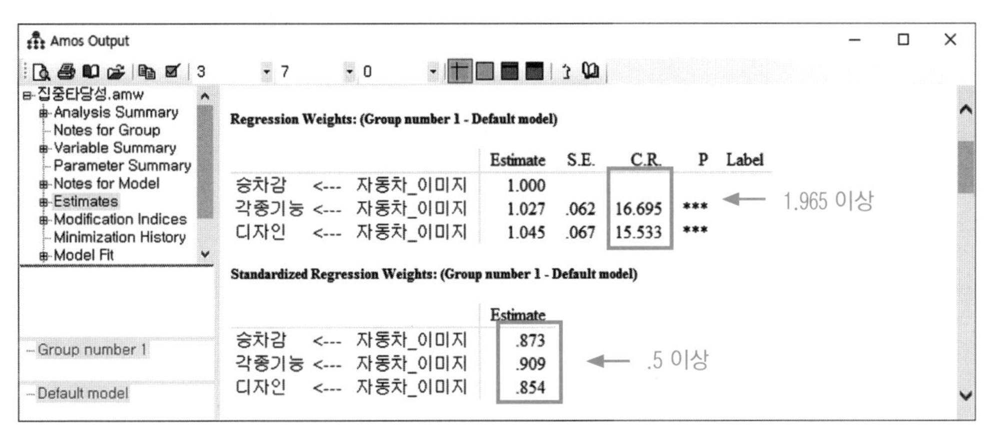

Regression Weights: (Group number 1 - Default model)

			Estimate	S.E.	C.R.	P	Label
승차감	<---	자동차_이미지	1.000				
각종기능	<---	자동차_이미지	1.027	.062	16.695	***	
디자인	<---	자동차_이미지	1.045	.067	15.533	***	

Standardized Regression Weights: (Group number 1 - Default model)

			Estimate
승차감	<---	자동차_이미지	.873
각종기능	<---	자동차_이미지	.909
디자인	<---	자동차_이미지	.854

결과표의 Standardized Regression Weights에서 Estimate는 표준화된 요인부하량을

나타내며, 모든 경로의 요인부하량이 .5 이상으로 좋은 값을 보여준다. 그리고 C.R. 값은 15.00 이상으로 유의(C.R. > 1.965)하게 나타났다. 참고로 자동차이미지 → 승차감 경로는 1로 고정되어 있기 때문에 C.R. 값이 제공되지 않는다. 분석 결과, 요인부하량 값도 좋고, C.R. 값도 유의하기 때문에 집중타당성이 있는 것으로 나타났다.

2) AVE

Amos에서는 AVE를 직접적으로 제공하지는 않지만 값을 구하는 데 필요한 수치들을 제공한다. AVE 값을 구하는 데 필요한 표준화된 요인부하량과 오차분산은 다음과 같다.

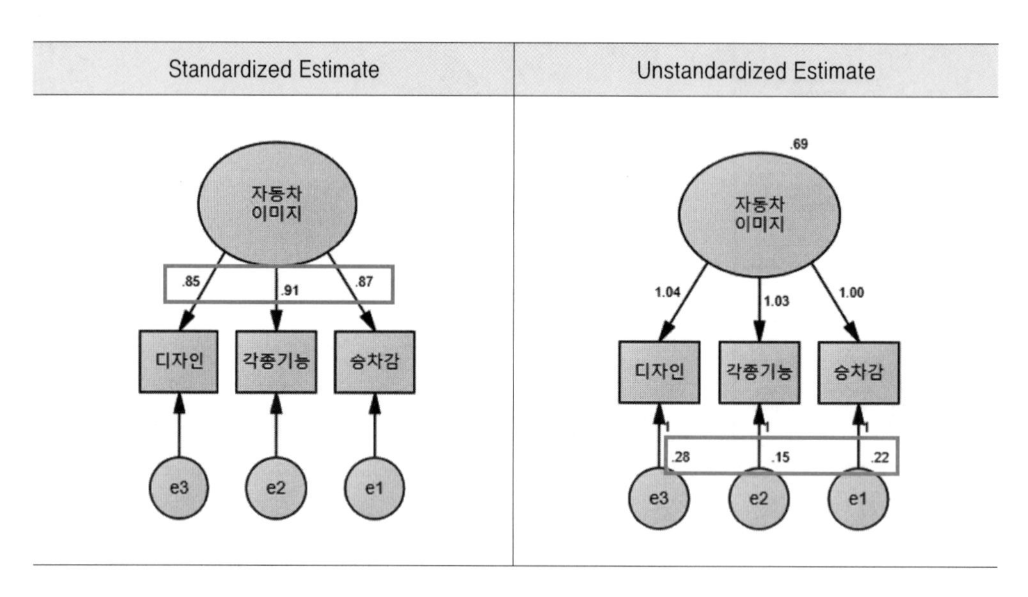

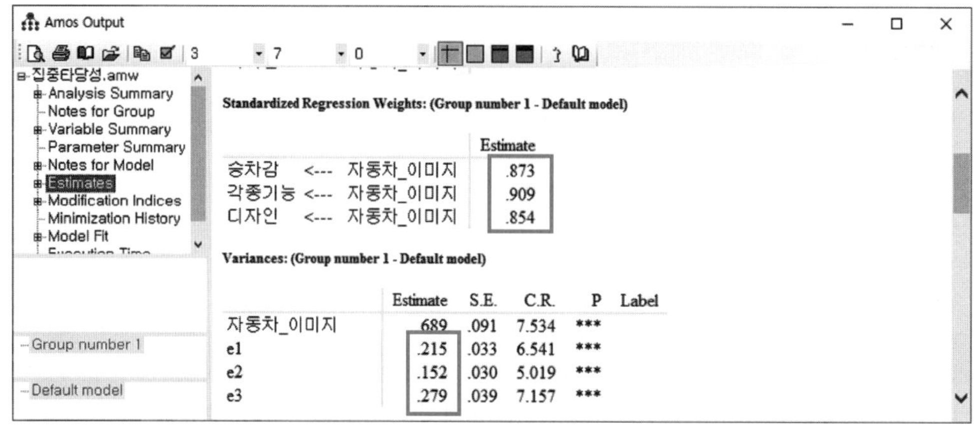

위의 결과들을 AVE 식에 대입하면 다음과 같다.

$$AVE = \frac{[(.873)^2 + (.909)^2 + (.854)^2]}{[(.873)^2 + (.909)^2 + (.854)^2 + (.215 + .152 + .279)]} = .782$$

AVE 값은 .782로 .5 이상의 수치를 보여 집중타당성이 있는 것으로 나타났다.

3) 개념신뢰도

개념신뢰도 역시 앞에서 제시된 Amos의 결과를 식에 대입하여 값을 구할 수 있다.

$$\text{개념신뢰도} = \frac{(.873 + .909 + .854)^2}{[(.873 + .909 + .854)^2 + (.215 + .152 + .279)]} = .915$$

개념신뢰도 값은 .915로 .7 이상의 수치를 보여 집중타당성이 있는 것으로 나타났다.

알아두세요! **AVE와 개념신뢰도 값 구하기**

본 교재에서는 AVE와 개념신뢰도 값을 구할 수 있는 파일을 제공한다. Excel 파일(AVE-CCR)을 연 후, 표준화계수와 오차항의 분산을 입력하면 AVE와 개념신뢰도 값이 자동으로 계산된다.

요인	표준화계수	오차항	AVE	개념신뢰도
			0.782	0.915
Item 1	0.873	0.215		
Item 2	0.909	0.152		
Item 3	0.854	0.279		
Item 4				
Item 5				
Item 6				

표준화계수는 [Standardized estimates]에서 구할 수 있고,
오차항은 [Unstandardized estimates]에서 구할 수 있다.

4) 논문 보고 양식

위의 결과를 바탕으로 집중타당성의 3가지 결과에 대해 논문에서는 다음과 같은 형식으로 보고하면 된다.

	비표준화 계수	S.E.	C.R.	P	표준화 계수	AVE	개념 신뢰도
자동차이미지 → 승차감	1.000	–	–	–	.873	.782	.915
자동차이미지 → 각종기능	1.027	.062	16.695	.000	.909		
자동차이미지 → 디자인	1.045	.067	15.533	.000	.854		

3-3 판별타당성 검증

집중타당성 다음으로 중요한 검증이 바로 판별타당성에 대한 검증[16]이다. 판별타당성은 약간 복잡해 보일 수 있지만 개념만 이해한다면 충분히 분석할 수 있을 것이다.

판별타당성 검증방법	
AVE > ϕ^2	두 구성개념 간 각각의 AVE 값과 두 구성개념 간 상관계수 제곱값을 비교했을 때, AVE 값이 상관계수의 제곱값보다 클 경우 판별타당성이 있다고 판단함
[ϕ±2×S.E.]가 1을 포함하는지 여부	두 구성개념 간 상관계수에 ±2 곱하기 표준오차를 계산한 결과값이 1을 포함하지 않으면 판별타당성이 있다고 판단함
비제약(자유)모델과 제약모델 간의 $\Delta\chi^2$	두 구성개념 간 자유로운 상관을 갖는 비제약(자유)모델과 두 구성개념 간 공분산을 1로 고정시킨 제약모델 간의 χ^2 차이 분석을 실시한 후, 두 모델 간 χ^2에 통계적으로 유의한 차이가 있는지 없는지를 비교하여 $\Delta\chi^2$ = 3.84 이상이면 판별타당성이 있다고 판단함

16 배병렬 (2009).

1) AVE > ϕ^2

첫 번째 방법은 잠재변수의 AVE가 잠재변수 간 상관계수의 제곱보다 크면 판별타당성이 있는 것으로 간주한다. 이 식은 잠재변수와 관측변수의 설명량과 잠재변수 간 설명량을 비교하는 개념이라고 생각하면 된다. 만약 AVE 값이 잠재변수 간 상관계수의 제곱(ϕ^2)보다 더 강하다면 판별타당성이 있는 것이고, 그 반대면 판별타당성이 없는 것이다.

2) [$\phi \pm 2 \times$ S.E.]가 1.0을 포함하는지 여부

두 번째 방법은 잠재변수 간 상관관계를 보여주는 상관계수의 신뢰구간($\phi \pm 2 \times$ standard error)이 1.0을 포함하지 않아야 한다. 두 잠재변수 간 상관에 ± 2 곱하기 표준오차를 했을 때 결과가 1을 포함하지 않는다면 판별타당성이 있는 것이고, 결과가 1을 포함한다면 판별타당성이 없는 것이다.

3) 비제약모델 & 제약모델 간의 χ^2 차이

세 번째 방법은 2개의 구성개념으로 짝지워진 쌍을 선택한 다음, 두 구성개념 간 자유로운 상관을 갖는 비제약모델(unconstrained model)이나 자유모델(free model)과 두 구성개념 간 공분산(covariance)을 1로 고정시킨 제약모델(constrained model) 간의 χ^2 차이를 분석하는 것이다. 이때 두 모델 간 χ^2 차이가 유의적($\chi^2 = 3.84$ 이상)으로 나타나면, 두 개념 간에 판별타당성이 있는 것으로 간주한다.

3-4 Amos에서의 판별타당성 검증

1) AVE > ϕ^2

첫 번째 판별타당성을 검증하기 위해서는 잠재변수 간 상관(ϕ)과 AVE 값이 필요하기 때문에 다음과 같이 확인적 요인분석 모델을 분석하였다.

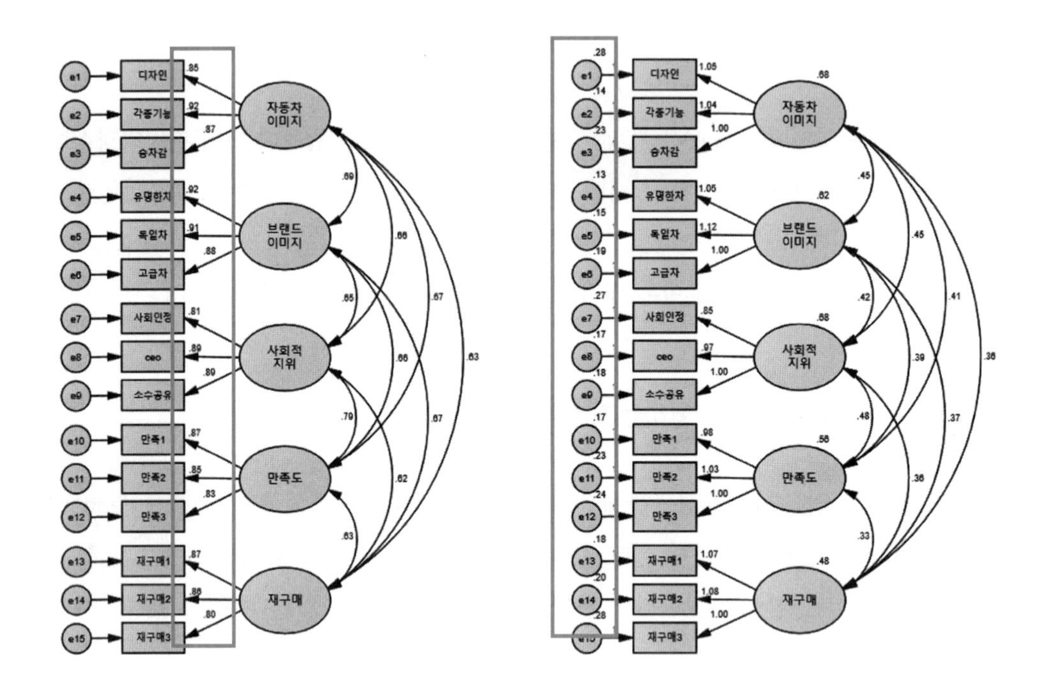

위의 수치를 이용하여 산출한 AVE 값과 상관관계를 정리하면 다음과 같다.

	자동차 이미지	브랜드 이미지	사회적 지위	만족도	재구매	AVE	개념 신뢰도
자동차이미지	1					.782	.915
브랜드이미지	.69	1				.839	.940
사회적지위	.66	.65	1			.783	.915
만족도	.67	.66	.79	1		.772	.910
재구매	.63	.67	.62	.63	1	.764	.907

판별타당성 검증의 경우, 모든 변수들 간 검증이 힘들기 때문에 일반적으로 개념적으로 유사하거나 변수 간 상관이 가장 높은 쌍을 선택해서 대표적으로 검증한다. 가장 높은 변수 간 상관을 선택하는 이유는 상관이 높을수록 판별타당성이 떨어질 확률이 높기 때문이다.

앞의 표에서 변수 간 상관이 가장 높은 '사회적지위 ↔ 만족도'를 [AVE > ϕ^2] 식에 적용해보면, 사회적지위와 만족도 간 상관계수는 .79이므로 $(.79)^2 = .62$이고, 사회적지위의 AVE는 .783, 만족도의 AVE는 .772이다. 두 AVE 값이 상관계수의 제곱보다 모두 크기 때문에 판별타당성이 있는 것으로 나타났다.

$$AVE > \phi^2$$

사회적지위 AVE = .783 > (사회적지위 ↔ 만족도)^2 = .62

만족도 AVE = .772 > (사회적지위 ↔ 만족도)^2 = .62

2) $\phi \pm 2 \times$ S.E.가 1.0을 포함하는지 여부

두 번째 방법은 상관계수와 표준오차를 이용한 방법이다. 아래의 결과에서 사회적지위와 만족도 간의 상관계수는 .79이고, 두 잠재변수 간 표준오차는 .065임을 알 수 있다.

Covariances: (Group number 1 - Default model)

			Estimate	S.E.	C.R.	P	Label
자동차_이미지	<-->	브랜드_이미지	.448	.064	7.043	***	
브랜드_이미지	<-->	사회적_지위	.421	.062	6.807	***	
사회적_지위	<-->	만족도	.483	.065	7.433	***	
만족도	<-->	재구매	.328	.052	6.257	***	
자동차_이미지	<-->	사회적_지위	.447	.066	6.815	***	
자동차_이미지	<-->	만족도	.411	.061	6.721	***	
자동차_이미지	<-->	재구매	.362	.057	6.361	***	
브랜드_이미지	<-->	만족도	.389	.058	6.732	***	
브랜드_이미지	<-->	재구매	.366	.055	6.640	***	
사회적_지위	<-->	재구매	.357	.056	6.328	***	

Correlations: (Group number 1 - Default model)

			Estimate
자동차_이미지	<-->	브랜드_이미지	.690
브랜드_이미지	<-->	사회적_지위	.648
사회적_지위	<-->	만족도	.786
만족도	<-->	재구매	.634
자동차_이미지	<-->	사회적_지위	.659
자동차_이미지	<-->	만족도	.670
자동차_이미지	<-->	재구매	.632
브랜드_이미지	<-->	만족도	.662
브랜드_이미지	<-->	재구매	.668
사회적_지위	<-->	재구매	.623

이 수치를 [$\phi \pm 2 \times$ S.E.] 식에 대입하면, [$.79 \pm 2 \times .065 = .92 \sim .66$]으로 1을 포함하지 않고 있기 때문에 판별타당성이 있는 것으로 본다.

[$\phi \pm 2 \times$ S.E.]

[$.79 \pm 2 \times .065 = .92 \sim .66$] ⋯▸ 1을 포함하지 않음

3) 비제약모델 & 제약모델 간의 χ^2 차이

세 번째 방법은 비제약모델과 제약모델 간 χ^2 차이를 비교하는 것이다. 사회적지위와 만족도 간에 아무런 제약을 가하지 않은 비제약모델의 분석 결과는 $\chi^2 = 124.0$, df=80이다.

제약모델의 경우 사회적지위에 1로 고정된 소수공유와 만족도에서 1로 고정된 만족3의 제약을 풀어주고, 대신 사회적지위와 만족도의 분산을 1로 지정한다. 다음으로, 이 사회적지위와 만족도의 공분산을 다시 1로 고정한 제약모델의 분석 결과는 $\chi^2 = 225.5$, df=81이다.

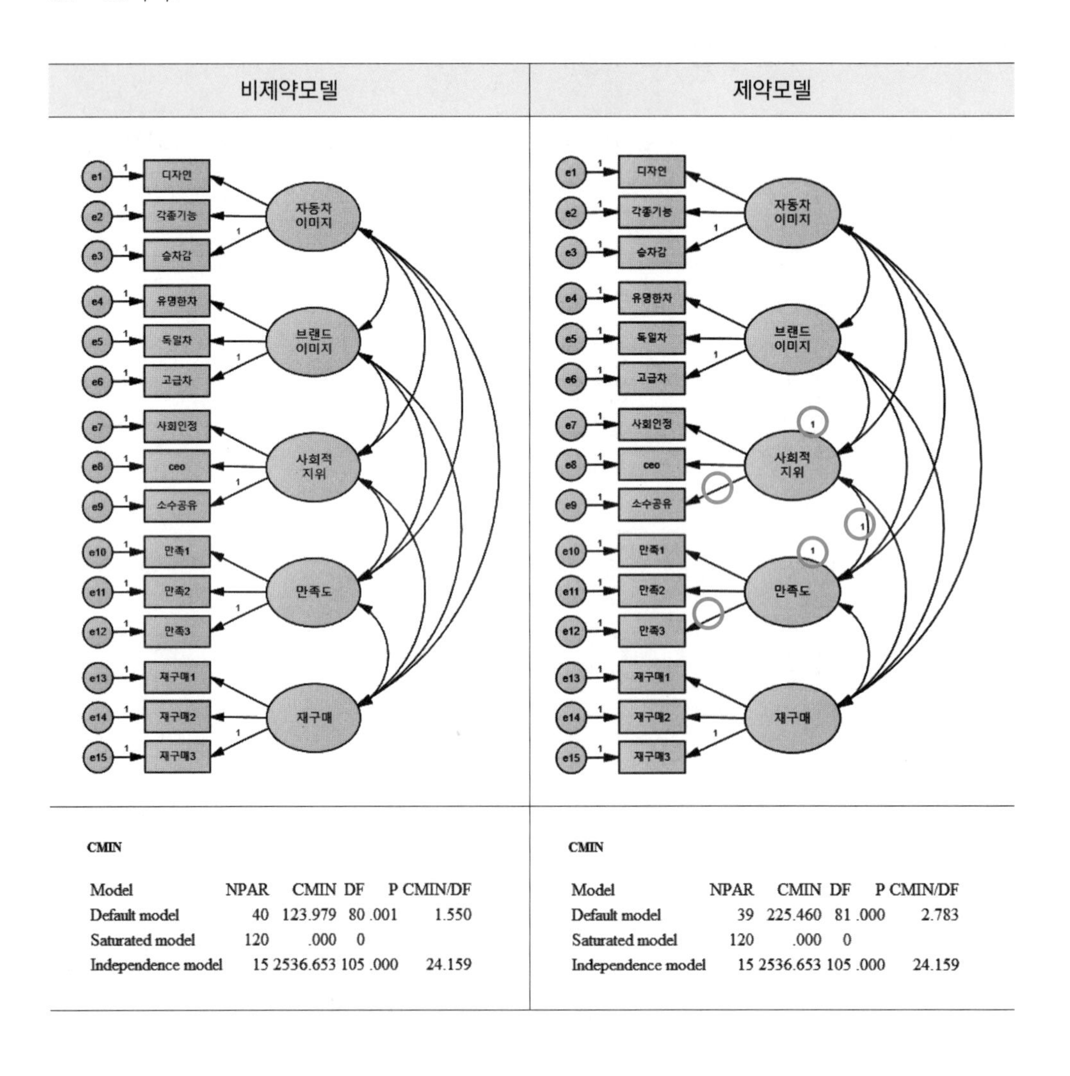

비제약모델

CMIN

Model	NPAR	CMIN	DF	P	CMIN/DF
Default model	40	123.979	80	.001	1.550
Saturated model	120	.000	0		
Independence model	15	2536.653	105	.000	24.159

제약모델

CMIN

Model	NPAR	CMIN	DF	P	CMIN/DF
Default model	39	225.460	81	.000	2.783
Saturated model	120	.000	0		
Independence model	15	2536.653	105	.000	24.159

[표 4-3] 비제약모델 & 제약모델 간의 χ^2 차이

	χ^2	df	$\Delta\chi^2$ / df
비제약모델	124.0	80	
제약모델	225.5	81	101.5 / 1

비제약모델과 제약모델의 χ^2을 비교하면, df=1일 때 $\Delta\chi^2$=101.5로서 두 모델 간 유의한 차이가 나타나므로 판별타당성이 있는 것이다(df=1일 때 $\Delta\chi^2$=3.84보다 크면 유의).

비제약모델 & 제약모델 간의 χ^2 차이

제약모델(χ^2=225.5.5, df=81) − 비제약모델(χ^2=124.0, df=80) = 101.5 > 3.84

알아두세요! 비제약모델과 제약모델 간 차이 검증

일반적으로 비제약모델과 제약모델 간 차이 검증은 χ^2을 비교한다. 자유도 1이 차이 날 때 χ^2의 차이가 3.84 이상이면 통계적으로 유의하다. χ^2 분포표를 보면 df=1이고 p=.05이면 χ^2=3.84임을 알 수 있다. 따라서 χ^2이 3.84 이상이면 두 모델 간의 유의한 차이가 있는 것이고, 3.84 이하면 유의한 차이가 없는 것이다. 만약 자유도가 2라면 p=.05 수준에서 5.99 이상이어야 유의한 차이가 있는 것이다.

df \ p	0.05	0.01	0.001
1	3.84	6.64	10.83
2	5.99	9.21	13.82
3	7.82	11.35	16.27
4	9.49	13.28	18.47
5	11.07	15.09	20.52
6	12.59	16.81	22.46
7	14.07	18.48	24.32
8	15.51	20.09	26.13
9	16.92	21.67	27.88

지금까지 3가지 방법을 통해 상관이 가장 높은 사회적지위와 만족도 간 판별타당성 검증을 실시한 결과, 모두 판별타당성이 있는 것으로 나타났다.

3-5 법칙타당성 검증

법칙타당성은 잠재변수 간 방향성에 대한 것으로서 상관관계표에서 변수 간 관계가 정(+)의 방향인지, 부(-)의 방향인지를 확인하고 유의성을 확인하면 된다.

Amos에서는 확인적 요인분석을 통해 간단히 법칙타당성을 검증할 수 있다. 예를 들어 선행연구 등에서 만족도와 재구매가 정(+)의 관계에 있다고 할 때, 실제 연구에서도 만족도와 재구매가 정(+)의 관계에 있다고 한다면 법칙타당성이 있는 것으로 간주한다. 이론적 배경을 바탕으로 가설을 세우고 그것에 대한 방향성과 유의성을 보기 때문에 때로는 구조방정식모델에서 법칙타당성을 검증하기도 한다.

예를 들어 외제차모델에서 사회적지위와 만족도의 상관을 정(+)으로 가정했을 경우, 실제 분석에서도 두 변수 간 상관이 정(+)으로 나타났고 통계적인 결과 역시 유의한 것으로 나타났다면 법칙타당성이 있는 것이다.

Covariances: (Group number 1 - Default model)

			Estimate	S.E.	C.R.	P	Label
자동차_이미지	<-->	브랜드_이미지	.448	.064	7.043	***	
브랜드_이미지	<-->	사회적_지위	.421	.062	6.807	***	
사회적_지위	<-->	만족도	.483	.065	7.433	***	
만족도	<-->	재구매	.328	.052	6.257	***	
자동차_이미지	<-->	사회적_지위	.447	.066	6.815	***	
자동차_이미지	<-->	만족도	.411	.061	6.721	***	
자동차_이미지	<-->	재구매	.362	.057	6.361	***	
브랜드_이미지	<-->	만족도	.389	.058	6.732	***	
브랜드_이미지	<-->	재구매	.366	.055	6.640	***	
사회적_지위	<-->	재구매	.357	.056	6.328	***	

Correlations: (Group number 1 - Default model)

			Estimate
자동차_이미지	<-->	브랜드_이미지	.690
브랜드_이미지	<-->	사회적_지위	.648
사회적_지위	<-->	만족도	.786
만족도	<-->	재구매	.634
자동차_이미지	<-->	사회적_지위	.659
자동차_이미지	<-->	만족도	.670
자동차_이미지	<-->	재구매	.632
브랜드_이미지	<-->	만족도	.662
브랜드_이미지	<-->	재구매	.668
사회적_지위	<-->	재구매	.623

Q&A

Q 4-1 논문을 보면 집중타당성과 판별타당성에 대한 내용이 많은데, 둘 중 어느 타당성이 더 중요한가요?

A 집중타당성과 판별타당성 모두 중요하지만, 굳이 따지자면 집중타당성이 더 중요해 보입니다. 집중타당성은 구성개념을 나타내는 잠재변수와 관측변수의 관계이기 때문에 집중타당성이 나쁘다는 얘기는 관측변수가 구성개념을 잘 나타내지 못하고 있다는 의미가 됩니다. 이런 상태(관측변수가 구성개념을 잘 나타내지 못한 상태)에서 다른 구성개념과 상관을 통한 판별타당성을 측정한다는 것은 큰 의미를 갖지 못하기 때문에 많은 논문에서 판별타당성에 대한 내용보다 집중타당성에 대한 통계적 결과를 더 많이 보고하고 있습니다. 그렇다고 해서 판별타당성이 중요하지 않다는 의미는 아니며, 판별타당성에 대해서는 뒤의 질문들을 통해 좀 더 알아보도록 하겠습니다.

Q 4-2 구성개념 간 상관이 매우 높아서 걱정했는데, 판별타당성 결과 역시 좋지 않게 나왔습니다. 이런 경우 어떻게 해야 하나요? 두 구성개념 중 하나를 제거해야 하나요? 아니면 하나의 구성개념으로 합해야 하나요?

A 종종 일어나는 경우입니다. 예를 들어서, 사회과학 분야의 논문들을 보면 만족(satisfaction)과 신뢰(trust)의 구성개념들이 많이 사용됩니다. 이 구성개념들은 수천 편의 논문을 통해서 서로 개념적으로 독립된 구성개념으로 사용되어왔지만, 상관이 높게 나오는 경우가 대부분입니다. 즉, 판별타당성이 없는 것으로 나오게 됩니다. 왜 그럴까요? 상식적으로 양자 간 관계에서 서로 만족을 하다 보면 자연스럽게 신뢰로 이어지기 때문에 두 구성개념 간 상관이 높게 나오는 것입니다. 사람 관계에서도 어떤 사람과의 관계가 만족스러운 상태로 이어진다면 그 사람을 신뢰하게 되는데, 이와 같은 이치입니다.

이렇듯 만족과 신뢰의 관계와 같은 경우에는 통계적으로 두 구성개념 간 상관이 높아 판별타당성이 떨어진다고 해서 두 변수를 합하거나, 이 중 하나의 구성개념을 제거하는 것은 좋지 않습니다. 이런 경우에 조사자는 (비록 상관은 높게 나왔지만) 왜 두 변수 간 상관이 높게 나왔는지에 대한 이유를 논문에 제시해주는 것이 바람직합니다. 단, 변수의 개념적 정의가 명확하지 않거나 변수 간 관계가 이론적으로 명확히 성립되지 않았을 때에는 판별타당성에 대해서 심각히 고려해봐야 합니다. 특히 외생변수들 간 상관이 높을 경우, 다중공선성 문제를 일으킬 수 있으니 이 점도 반드시 확인해야 합니다.

Q 4-3 본 교재에서 제시한 판별타당성의 3가지 검증방법을 실행해보았는데, 결과가 서로 다르게 나왔습니다. 이런 경우도 있을 수 있나요?

A 네 가능한 일입니다. 예를 들어 'AVE > ϕ^2' 방법과 '[$\phi \pm 2 \times$ S.E.]가 1.0을 포함하는지 여부'의 방법에서는 판별타당성이 있는 것으로 나타났지만, '비제약모델 & 제약모델 간의 χ^2 차이' 방법에서는 판별타당성이 없는 것으로 나타날 수 있습니다. 이런 경우에 판별타당성에 대한 결정은 조사자의 몫이지만, 어떤 방법을 통해서 판별타당성을 검증했는지에 대해서는 명시해줘야 합니다.

Q 4-4 확인적 요인분석을 이용한 논문을 읽다 보면, 어떤 논문은 연구모델에 들어가는 모든 변수를 한꺼번에 분석하고, 어떤 논문은 구성개념별로 분리해서 분석하는 경우를 볼 수 있습니다. 두 경우의 차이점은 무엇이고, 어떤 것이 맞는 방법인가요?

A 결론부터 말하자면 확인적 요인분석은 연구모델에 있는 모든 잠재변수와 관측변수를 한꺼번에 분석하는 것이 바람직합니다. 구성개념별로 나누어 분석을 하면 모델적합도가 좋아지는 장점은 있으나, 잠재변수 간 상관이 측정되지 않기 때문에 판별타당성과 법칙타당성을 검증할 수 없습니다. 단, 측정항목이 너무 많아 한 모델에 모든 잠재변수와 관

측변수를 측정하기가 현실적으로 어려울 때에는 외생변수, 매개변수, 종속변수(또는 외생변수와 내생변수) 등으로 나누어서 확인적 요인분석을 하는 경우도 있습니다. 그러나 이런 경우를 제외한다면 연구모델에 사용된 모든 변수를 한 번에 분석하는 것이 바람직합니다.

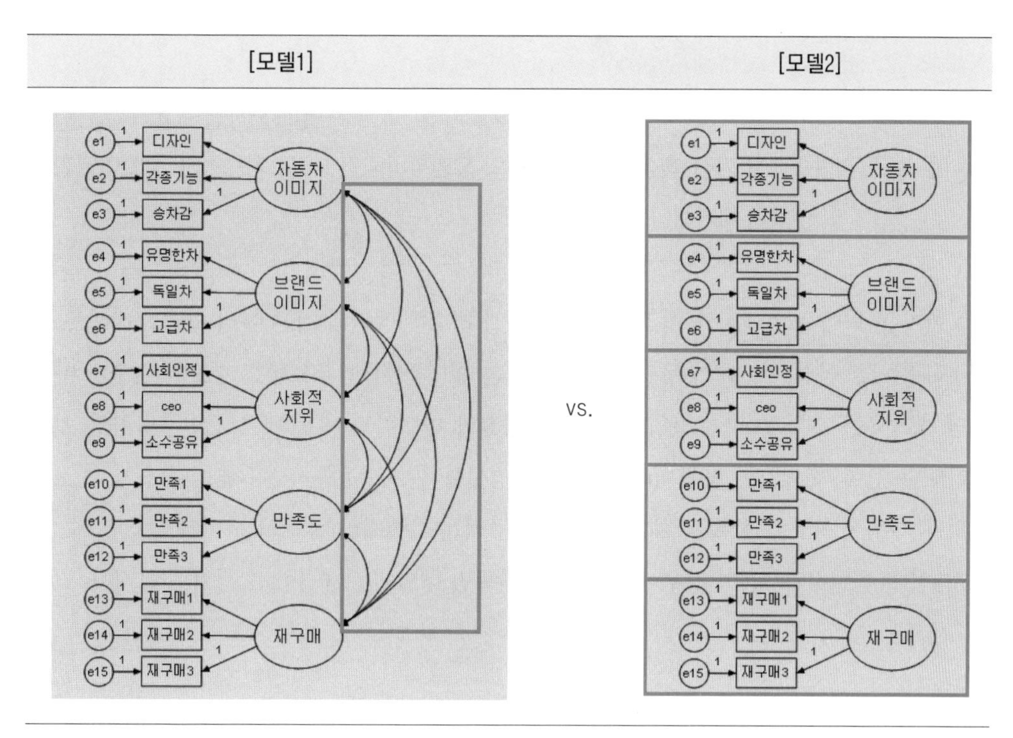

* [모델2]는 잠재변수 간 상관을 측정할 수 없으므로 판별타당성 및 법칙타당성 검증이 불가함.

Q 4-5 탐색적 요인분석과 확인적 요인분석은 반드시 같이 해야 하나요?

A 이 질문에 대해서는 학자들마다 의견이 다양하며, 연구의 성격에 따라 달라질 수 있으므로 단정 지어 답변하기가 매우 힘듭니다. 하지만 이미 잘 개발되고 보편적으로 사용되고 있는 구성개념에 한해서는 반드시 탐색적 요인분석을 할 필요는 없어 보입니다. 다만, 구성개념이 확실히 정립되지 않은 측정도구나 새로운 개념에 대한 척도를 개발할 경

우, 그리고 cross cultural study나 cross national study의 경우처럼 구성개념에 대한 차이점 등을 비교할 때는 탐색적 요인분석이 필요하다고 할 수 있습니다. 가끔 하나의 단일 개념에 대해서 여러 가지 측정도구를 이용하여 측정하는 경우가 있는데, 이때도 탐색적 요인분석이 필요하다고 할 수 있습니다.

Q 4-6 잠재변수에서 가장 핵심이 되는 항목의 요인부하량이 .45로 기준치인 .5에 미달합니다. 이 항목을 제거해야 하나요?

A 학자들 사이에서 제시하는 .5는 권장 수치일 뿐 절대적인 수치는 아닙니다. 그러므로 요인부하량이 .5 이하라고 해서 무조건 제거하라는 의미는 아닙니다. 물론 중요한 변수가 아니라면 제거하는 것이 좋지만, 만약 그 변수가 중요한 변수라면 비록 낮은 요인부하량을 보이더라도 논문에 꼭 필요한 항목이라는 이유를 명시한 후 사용하는 것이 좋습니다. 낮은 요인부하량 때문에 중요한 항목을 제거하게 되면 구성개념에 대한 본래의 의미가 달라질 수 있고, 특히 관측변수가 3개인 경우에 항목을 제거하면 식별에 문제를 일으키기도 합니다.

Q 4-7 2차 요인분석을 하는데 모델이 분석되지 않고 다음과 같은 메시지가 결과창에 나타납니다. 왜 그런가요?

> The model is probably unidentified. In order to achieve identifiability, it will probably be necessary to impose 1 additional constraint.

A 고차 확인적 요인분석을 할 때 1차요인들 중 하나를 1로 고정해주지 않아서 발생하는 문제입니다. 하위변인 중 하나라도 고정이 되지 않았을 경우에는 분석이 수행되지 않으며, Amos 결과창의 Notes for Model에 다음과 같은 메시지가 제시됩니다.

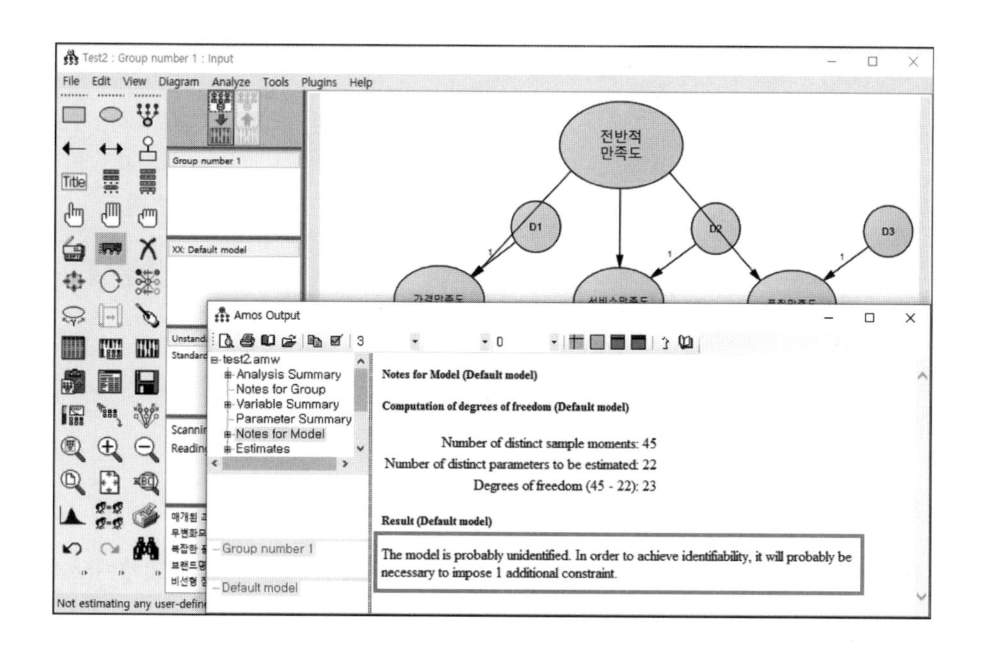

이런 경우에는 다음과 같이 세 경로 중 하나를 1로 고정한 후 분석을 실시합니다.

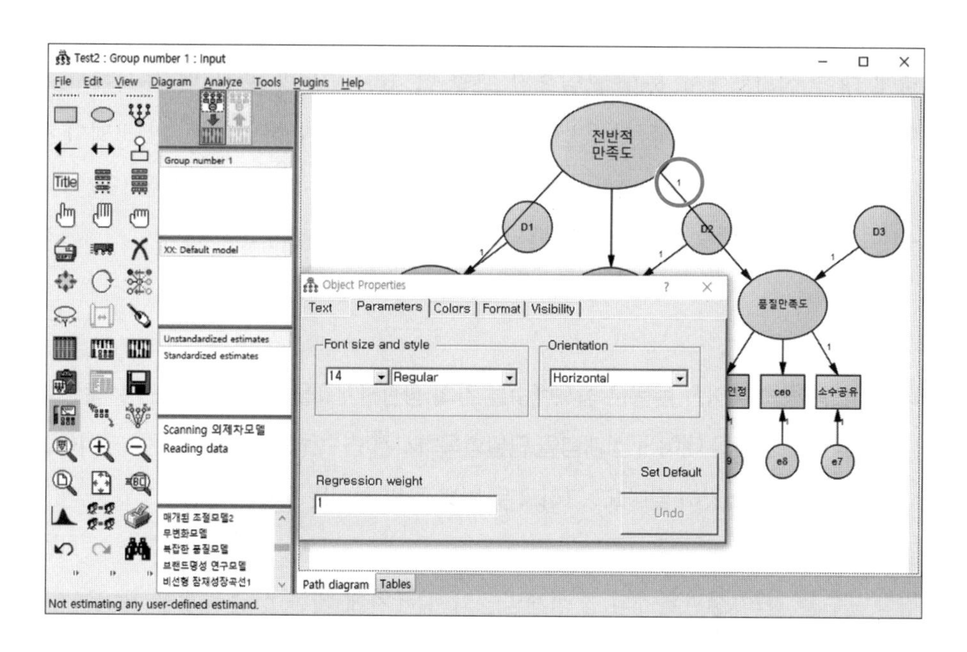

Q 4-8 확인적 요인분석을 하는데 모델의 결과에서 정(+)의 방향과 부(-)의 방향을 가진 수치들이 섞여서 나옵니다. 이 모델이 맞는 건가요?

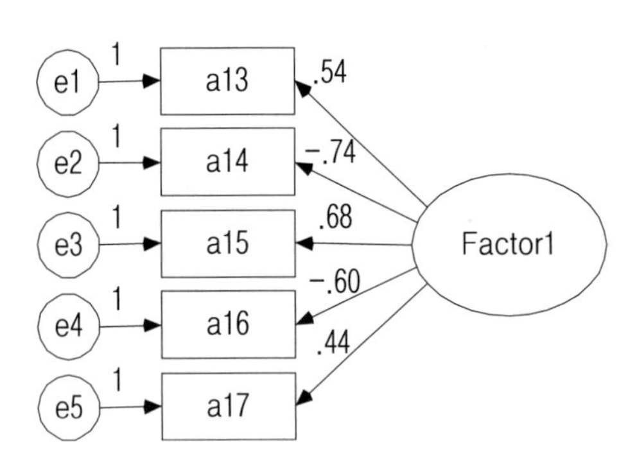

A 확인적 요인분석에서는 관측변수들에 대한 방향성을 한 방향으로 일치시키는 것이 좋습니다. 종종 하나의 구성개념을 측정하는 항목들 중 긍정문과 부정문이 섞여 있어서 잠재변수와 관측변수들의 방향성이 정(+)과 부(-)의 방향으로 함께 나타나는 경우가 발생합니다. 이런 경우에는 부정문에 해당되는 항목을 역환산 해주는 방식(구성개념이 부정적 개념이라면 긍정적 항목을 역환산)으로 전환한 후 분석해야 합니다. 그러지 않으면 구성개념에 대한 신뢰도에서 문제를 일으킬 뿐만 아니라, 구조방정식모델 분석에서도 잠재변수 간 인과관계가 가설과 반대방향으로 나오는 결과가 나타납니다. 위 모델의 경우에는 a14, a16에 대한 점수를 역환산 해주면 문제가 해결됩니다. 또한 a17은 요인부하량(λ=.44)이 낮기 때문에 중요한 항목이 아니라면 제거해주는 것이 좋습니다.

Q 4-9 논문을 보면 어떤 논문은 잠재변수들 간의 상관관계표를 제시하고, 어떤 논문은 측정항목의 평균을 내어 구성개념을 단일항목화시킨 변수들의 상관관계표를 제시하고 있습니다. 어느 것이 맞나요? 그리고 두 방법 간의 차이는 무엇인가요?

A 잠재변수들 간의 상관관계와 구성개념들의 평균치에 대한 상관관계의 차이는 '측정

오차 포함 여부'라고 할 수 있습니다. 평균치를 이용한 방법은 측정오차가 포함된 변수들 간의 상관관계를 측정하는 반면, 잠재변수 간 상관관계는 측정오차가 제외된 잠재변수 간 상관관계를 보는 것입니다. 따라서 변수들의 측정오차의 크기에 따라 두 상관관계의 차이가 발생한다고 볼 수 있습니다. 만약 측정항목의 신뢰도나 집중타당성이 좋아서 오차의 분산이 적은 경우라면, 잠재변수 간 상관계수나 평균치에 대한 상관계수의 차이가 크지 않다고 할 수 있습니다. 하지만 그 반대의 경우라면 두 방법 간의 상관계수에 대한 차이는 클 수 있습니다.

외제차모델의 경우를 살펴보도록 할까요? 먼저 잠재변수 간 상관을 이용한 결과는 다음과 같습니다.

[Amos] 잠재변수 간 상관관계

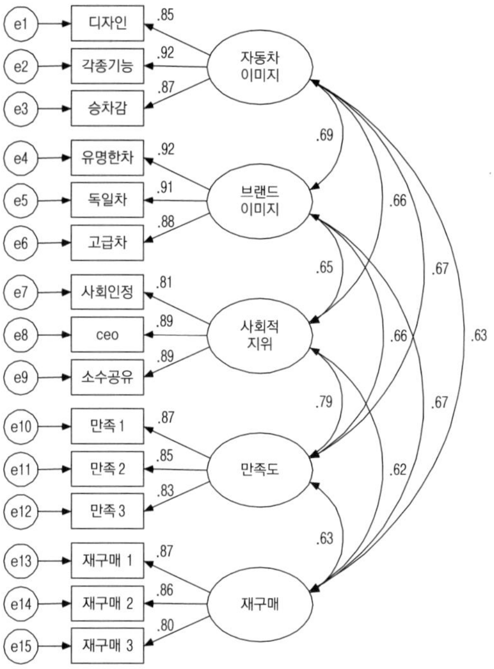

	자동차이미지	브랜드이미지	사회적지위	만족도	재구매
자동차이미지	1				
브랜드이미지	.69	1			
사회적지위	.66	.65	1		
만족도	.67	.66	.79	1	
재구매	.63	.67	.62	.63	1

다음으로 단일항목화한 변수들의 상관관계는 다음과 같습니다.

[SPSS] 평균치 간 상관관계

Correlations

		총자동차	총브랜드	총사회적	총만족도	총재구매
총자동차	Pearson Correlation	1	.635**	.600**	.600**	.564**
	Sig. (2-tailed)		.000	.000	.000	.000
	N	200	200	200	200	200
총브랜드	Pearson Correlation	.635**	1	.577**	.596**	.604**
	Sig. (2-tailed)	.000		.000	.000	.000
	N	200	200	200	200	200
총사회적	Pearson Correlation	.600**	.577**	1	.694**	.548**
	Sig. (2-tailed)	.000	.000		.000	.000
	N	200	200	200	200	200
총만족도	Pearson Correlation	.600**	.596**	.694**	1	.562**
	Sig. (2-tailed)	.000	.000	.000		.000
	N	200	200	200	200	200
총재구매	Pearson Correlation	.564**	.604**	.548**	.562**	1
	Sig. (2-tailed)	.000	.000	.000	.000	
	N	200	200	200	200	200

**. Correlation is significant at the 0.01 level(2-tailed).

외제차모델의 경우, 요인부하량이 좋고 측정오차의 분산이 크지 않기 때문에 위의 두 상관계수를 비교했을 때 잠재변수 간 상관계수가 평균치의 상관계수보다 약간 높은 것을 알 수 있습니다. 하지만 큰 차이는 없는 것으로 나타났습니다.

이런 차이 외에도 Amos에서 제공하는 잠재변수 간 상관관계는 공분산(비표준화계수)이나 표준오차, 유의성 등에 대한 정보를 제공해주기 때문에 판별타당성에 대한 검증이 용이하다고 할 수 있습니다.

Q 4-10 다음의 연구모델에서 어느 부분이 문제인지 알고 싶습니다. 잠재변수 간 상관이 표준화계수인데도 6.95로 나오고 있습니다. 정상인가요?

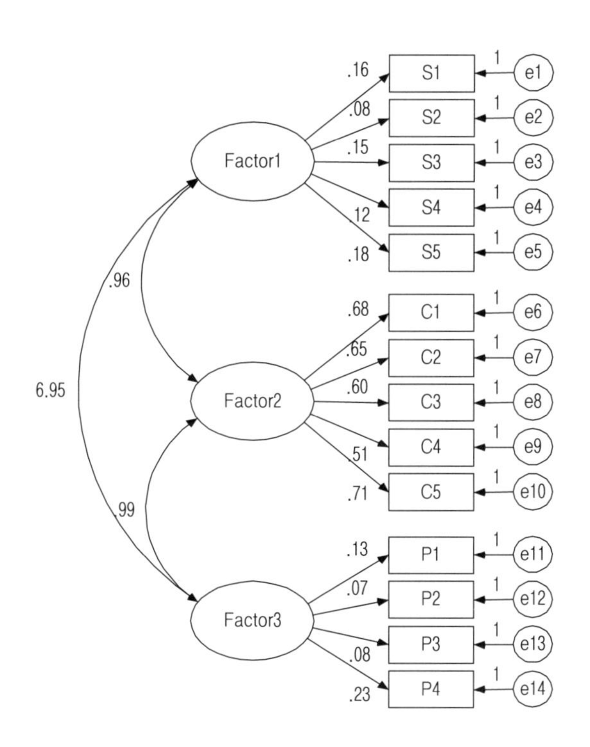

Ⓐ 이 모델은 집중타당성과 판별타당성이 모두 없는 경우라고 할 수 있습니다. 먼저 Factor1과 Factor3의 경우, 관측변수의 요인부하량이 매우 낮습니다. 다시 말해서 측정항목들이 구성개념을 잘 나타내지 못하고 있는 상태입니다. 또한 잠재변수 간 상관계수가 .96, .99, 6.95로 비정상적으로 높습니다. 이 모델은 정상적인 확인적 요인분석을 통한 타당성 검증이 불가능하기 때문에 연구모델을 재구성하거나, 설문지부터 다시 개발하여 데이터를 재수집한 후 분석하는 것이 좋을 것 같습니다.

Ⓠ **4-11** 확인적 요인분석에서 잠재변수와 관측변수 간 경로를 1로 고정해주는 것이 아니라 잠재변수의 분산을 고정해주는 경우도 있다고 들었습니다. 두 모델 간에는 어떤 차이가 있나요?

Ⓐ 두 방법은 비표준화계수의 차이는 있지만 표준화계수에 대해서는 차이를 보이지 않습니다. 먼저 Amos에서는 아이콘을 이용하면 관측변수 중 하나가 자동으로 1로 지정되므로 사용자 입장에서 편리하기 때문에 자주 사용하게 됩니다. 그러나 잠재변수의 분산을 고정해주는 경우에는 잠재변수를 지정한 상태에서 [Objective Properties] → [Variance]에서 1로 지정하여 분산을 고정시켜야 합니다. 그리고 잠재변수 → 관측변수로 고정되어 있는 1은 제거해야 합니다.

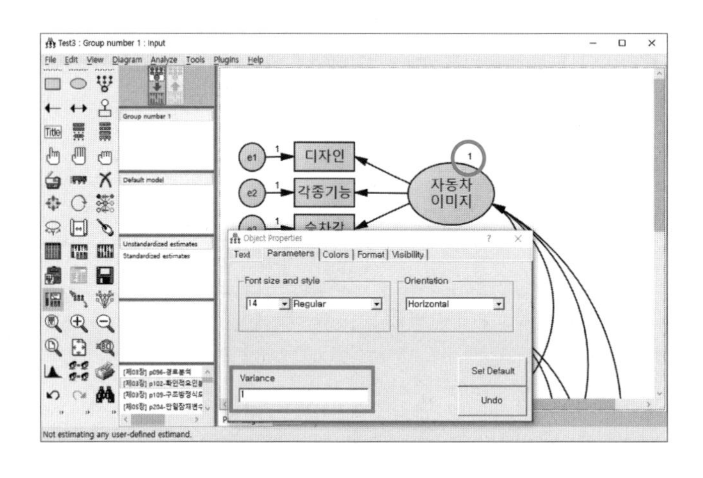

두 방법의 결과는 다음과 같습니다.

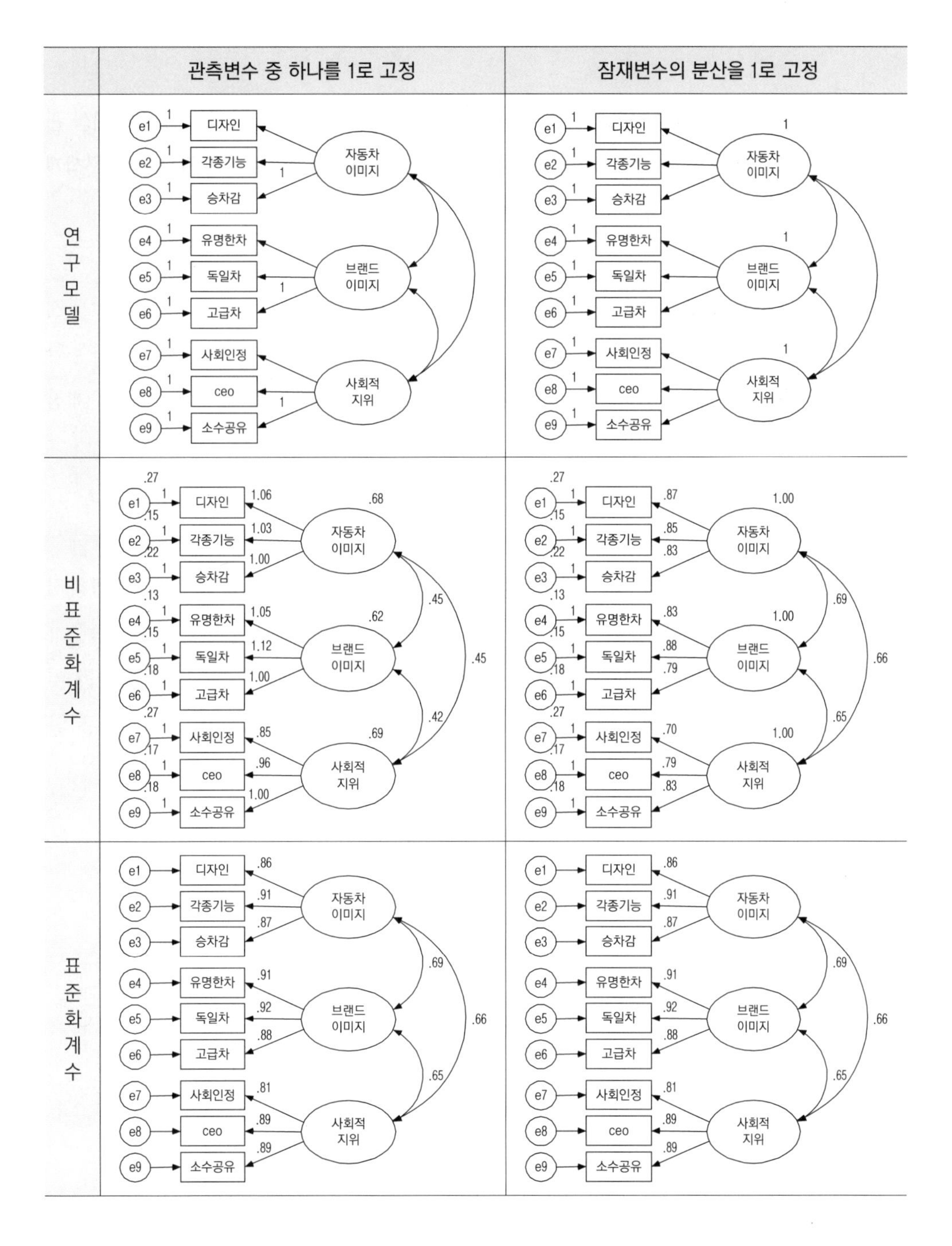

분석 결과, 두 모델의 표준화계수가 동일함을 알 수 있습니다.

Q 4-12 확인적 요인분석 모델의 경우, 하나의 구성개념을 측정하는 데 적어도 3개 이상 관측변수를 사용하는 것으로 보입니다. 그렇다면 단일항목으로 측정된 변수는 구성개념으로 사용할 수 없나요?

A 이론적으로는 단일항목으로 측정된 변수도 구성개념으로 나타낼 수 있습니다. 하지만 단일항목으로 측정되었을 경우에는 집중타당성 검증이나 신뢰도 검증 등이 불가능합니다. 아울러 단일항목이 구성개념을 제대로 나타내고 있는지 여부 등 여러 가지 문제점이 발생합니다.

예를 들어 어떤 제품의 만족도를 측정할 때 조사자가 '이 제품에 대해서 얼마나 만족하십니까?'라고 물었다면, 이는 단순히 제품에 대한 만족도를 측정하는 것일 뿐입니다. 하지만 그 외에 '가격에 대한 만족도', '디자인에 대한 만족도', '품질에 대한 만족도' 등을 추가하여 더 많은 정보를 얻는다면, 단순한 만족도가 아니라 전반적인 만족도를 측정하는 것이라고 할 수 있습니다. 요컨대 구성개념 측정 시 단일항목으로는 하나의 구성개념을 완벽히 나타내는 것이 어렵기 때문에 되도록 다항목으로 측정하는 것이 바람직합니다.

chapter

5

경로분석

1 경로분석이란?

경로분석(path analysis)은 다수의 독립변수와 다수의 종속변수 간 인과관계를 분석하는 방법이다. 형태상으로 관측변수들 간의 관계로만 이루어져 있기 때문에 모델의 모양도 직사각형으로 구성되어 있다. 구조방정식모델과의 차이점은 잠재변수가 존재하지 않는다는 것인데, 사실 경로분석이 개발되었을 당시[1]엔 잠재변수라는 개념[2]이 존재하지 않았기 때문에 어찌 보면 당연한 일이라고 할 수 있다.

통계학적으로 보면, 경로분석은 다중회귀분석이 발전된 기법이다. 하지만 회귀분석은 종속변수가 하나여야 한다는 제약이 있는 반면, 경로분석은 다수의 독립변수와 다수의 종속변수 간 인과관계뿐만 아니라 종속변수 간 인과관계 분석이 가능하기 때문에 복잡한 모델의 변수 간 인과관계를 한 번의 분석으로 측정할 수 있다. 또한 이러한 특성을 이용하여 직접효과, 간접효과, 총효과를 쉽게 파악할 수 있는 장점도 있다.

경로분석의 기본 형태

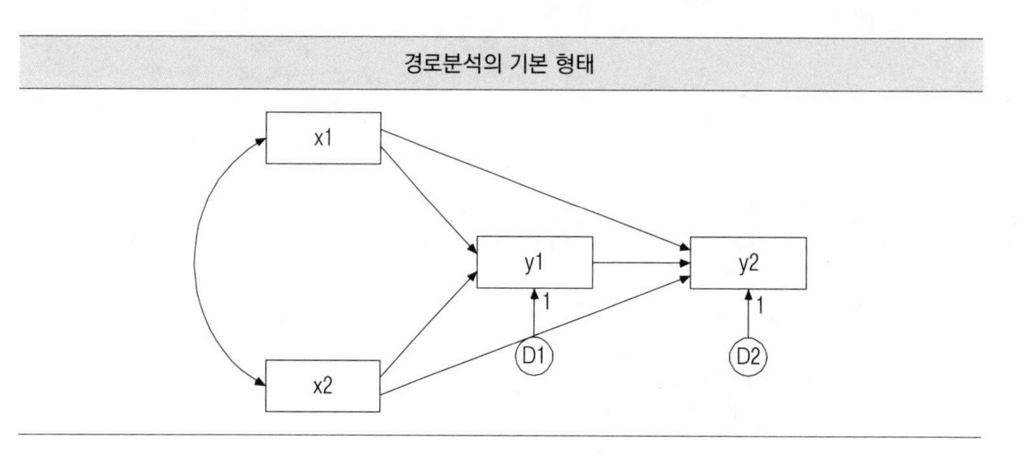

---

1 Wright (1918, 1921, 1934).

2 Joreskog (1969).

앞의 모델을 보면 외생변수인 x1, x2가 서로 상관을 가지며, x1, x2가 내생변수인 y1, y2에 영향을 미치고, y1이 다시 y2에 영향을 미치고 있다. 오차변수인 D1은 외생변수인 x1, x2에 의해서 설명되지 못한 구조오차를 의미하며, D2는 x1, x2, y1에 의해서 설명되지 못한 구조오차를 나타낸다.

그렇다면 측정오차는 어디에 있을까? 경로분석에는 여러 가정[3]이 있는데, 그중 하나가 '경로분석에는 측정오차가 존재하지 않는다'이다. 다시 말해서 경로분석은 측정오차를 가정하고 있지 않기 때문에 경로분석에 존재하는 모든 오차는 외생변수가 내생변수에 영향을 미치고 난 나머지 부분에 대한 오차, 즉 구조오차라고 할 수 있다. 그리고 측정오차에 대한 개념은 측정한 다수의 항목들 간의 불일치에 관한 내용이기 때문에 모든 구성개념의 측정항목이 단일항목(사각형)으로 구성되어 있는 경로분석에는 측정오차가 존재한다는 가정이 성립되지 않는다.

1-1 변수 간 관계 유형

경로분석에 대해 설명하기 전에 경로분석 모델에 사용되는 여러 가지 인과관계 및 상관관계 유형을 알아보자. 기본적으로 사용되는 유형들은 다음과 같다.

1) 인과관계

독립변수와 종속변수 간 원인과 결과에 해당하는 인과관계(causality, causation or causal relationship)를 나타낸 모델로서 화살표가 독립변수인 x에서 시작하여 종속변수인 y로

---

3 경로분석모델의 가정은 아래와 같다(이영훈, 2008, p. 578).

①설정된 경로분석 모델에 이론상 오류가 없어야 한다.
②경로분석에 사용되는 변수들은 측정오차가 없어야 한다.
③모든 구조오차는 등분산성을 가지며, 서로 연관이 없고 독립적이어야 한다.
④경로분석에 포함된 변수들 간 구조관계는 선형(linear)이고, 가법적(additive)이어야 한다.
⑤경로분석의 모든 변수들은 등간척도나 비율척도로 측정된 변수이어야 한다.
⑥경로분석에서는 순환적인(recursive) 관계만 가정한다.

향한다. 여기에서 독립변수는 원인변수가 되며, 종속변수는 결과변수가 된다.

예: 학생의 공부시간과 성적의 인과관계를 알아볼 경우, x는 학생의 공부시간이 되고, y는 성적이 된다. 공부하는 시간이 많을수록 성적이 향상되기 때문에 정(+)의 인과관계를 가질 것이란 점을 알 수 있다.

2) 상관관계(인과관계 분석 불가능)

두 변수 간 인과관계는 없지만 우연한 상관(correlation)이 있는 모델이다. 독립변수와 종속변수의 구분이 없으며, 곡선으로 된 양방향 화살표가 변수 간 상관관계를 나타낸다.

예: 키와 몸무게의 관계가 상관관계의 대표적인 예라고 할 수 있다. 키가 크기 때문에 몸무게가 많이 나가는 것인지, 몸무게가 많이 나가기 때문에 키가 큰 것인지에 대한 뚜렷한 인과관계를 밝히기는 어렵지만, 성장기 청소년의 경우에는 키와 몸무게가 항상 같이 증감한다. 이럴 경우, 키와 몸무게는 서로 정(+)의 상관관계에 있다고 할 수 있다.

3) 독립관계

독립변수들(x1, x2)이 종속변수인 y에 영향을 미치는 모델이다. x1과 x2는 각각 독립적인 상태에서 종속변수 y에 영향을 미치며, x1과 x2 사이에는 아무 관계도 설정되어 있지 않다.

예: 학생의 IQ(Intelligence Quotient)와 집중력이 시험성적에 영향을 미치는 관계라고 할 수 있다. IQ가 높을수록, 공부에 대한 집중력이 높을수록 시험성적이 높아지는 정(+)의 인과관계를 갖지만, 학생의 IQ와 집중력 사이에는 어떠한 관계도 존재하지 않는다.

4) 의사관계

독립변수 x가 종속변수인 y1과 y2에 영향을 미치는 모델로서 y1과 y2는 의사관계(spurious relationship)를 보여준다. y1과 y2 사이에는 어떠한 인과관계도 존재하지 않으나 두 변수 간에 관계가 있는 것처럼 보이는 경우도 있다.

예: 국어를 잘하는 학생은 대부분 영어도 잘한다고 한다. 국어를 잘하기 때문에 영어를 잘한다고 생각할 수 있지만, 실제로 언어에 대한 이해능력이 높은 학생이 국어와 영어를 동시에 잘하는 것이라고 할 수 있다. 결국 국어를 잘하기 때문에 영어를 잘하는 것이 아니라, '언어능력'이라는 변수에 의해서 국어와 영어가 영향을 받는 것이다.

5) 쌍방향적 인과관계(상호 인과관계)

두 변수(x, y) 사이에 쌍방향적인 인과관계(reciprocal causation)가 존재하며, 변수 간에 원인과 결과를 반복하며 순환관계(feedback relation)를 이루고 있다. 독립변수인 x가 종속변수인 y에 영향을 미치고, 다시 종속변수인 y가 독립변수인 x에 영향을 미치는 모델이다.

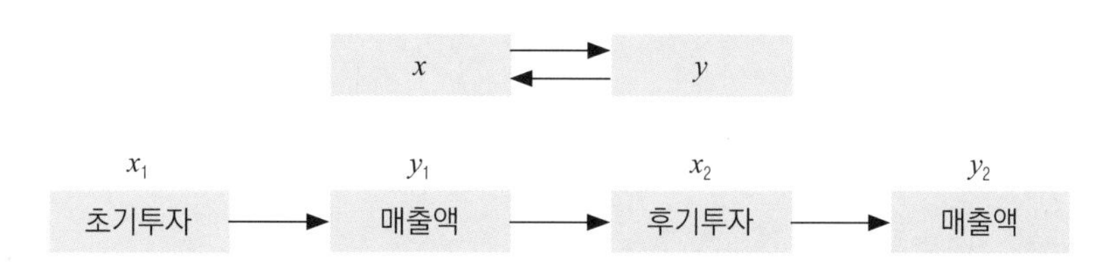

예: 기업의 투자와 매출액 관계를 생각해보자. 기업이 반도체 부분에 투자(x1)를 했는데, 그 투자가 성공적이어서 기업의 매출액(y1)이 크게 향상되었다. 그 후 기업이 증가한 매출액을 바탕으로 더 큰 투자(x2)를 하고, 그 투자로 인해 매출액(y2)이 다시 증가하는 관계라고 할 수 있다.

언뜻 보면 쌍방향적 인과관계와 상관관계를 혼동할 수 있을 것이다. 하지만 상관관계는 하나의 화살표가 양방향이며 곡선형으로 휘어 있는 반면, 쌍방향적 인과관계는 2개의 화살표가 한쪽씩 엇갈리게 일방향으로 표시되어 있다. 개념적으로도 상관관계는 동시에 일어나는 것인 데 반해, 쌍방향적 인과관계는 A라는 변수가 B에 영향(A → B)을 미치고, 다시 B가 A에 영향(B → A)을 미치는 인과관계로서 시간상 차이를 두고 일어나는 현상이다. 스포츠로 표현하면 상관관계는 권투에서 두 선수가 서로 크로스 펀치를 날리듯이 동시에 일어나는 경우지만, 쌍방향적 인과관계는 탁구나 테니스처럼 두 선수가 공을 서로 주고받듯이 시간적 차이를 두고 일어나는 경우이다.

6) 매개관계

독립변수인 x가 첫 번째 종속변수인 y1에 영향을 미치고, y1이 다시 두 번째 종속변수인 y2에 영향을 미치는 모델이다. 독립변수인 x가 두 번째 종속변수인 y2에 직접적인 영향을 미치지는 못하지만, 매개변수인 y1을 통하여 간접적으로 영향을 미친다.

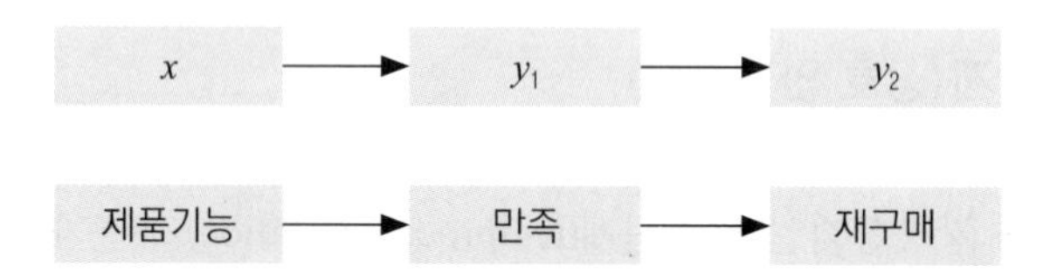

예: 자동차의 좋은 기능에 대해 소비자가 만족하고(제품기능 → 만족), 소비자 만족이 다시 제품에 대한 재구매(만족 → 재구매)로 이어지는 예가 될 수 있다. 이때 만족은 매개변수가 된다.

7) 조절관계

독립변수 x와 종속변수 y의 관계가 조절변수[4]인 z에 의해서 조절되는 모델이다. x와 y의 관계는 조절변수인 z에 의해서 결정된다.

예: TV홈쇼핑 광고를 시청한 남녀소비자들의 제품구매 차이를 조사한다고 할 때 독립변수는 TV홈쇼핑 광고, 종속변수는 제품구매, 조절변수는 성별(남자소비자와 여자소비자)이 된다.

1-2 재귀모델과 비재귀모델

경로분석은 크게 재귀모델(recursive model)과 비재귀모델(non-recursive model)로 구분한다.

1) 재귀모델

재귀모델은 변수 간 관계를 순차적인 한 방향으로만 설정한 모델로서 '일방향모델(unidirectional model)'이라고도 부른다. 화살표가 왼쪽에서 오른쪽으로 향하는 모델이라고 생각하면 된다. 또한 내생변수 내에 쌍방향 인과관계(reciprocal causation)나 순환적 인과관계(feedback loops)가 존재하지 않는다.

4 조절변수에 대한 자세한 내용은 12장을 참조하기 바란다.

재귀모델

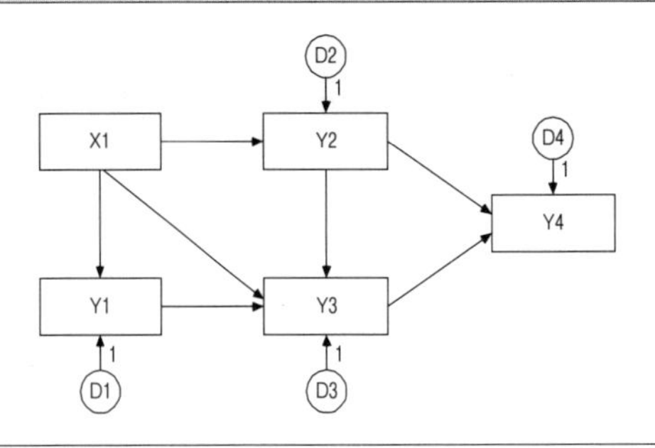

2) 비재귀모델

비재귀모델은 내생변수 내에 쌍방향 인과관계나 순환적 인과관계가 존재하는 모델로서, 변수끼리 서로 영향을 주고받는다.

비재귀모델1-쌍방향 인과관계

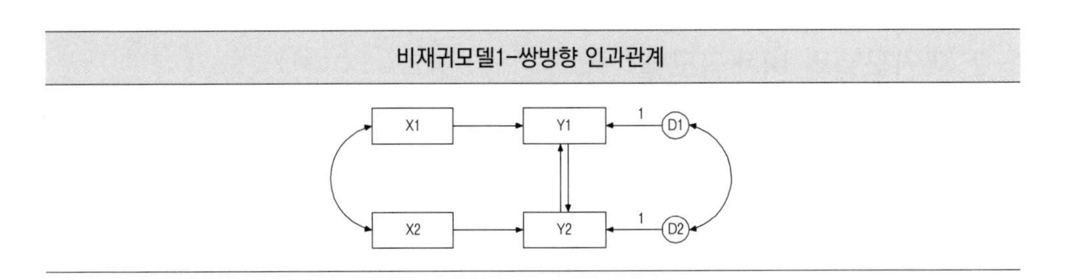

Y1과 Y2가 서로 화살표를 주고받는 것을 알 수 있다. (Y1 → Y2, Y2 → Y1)

비재귀모델2-순환적 인과관계

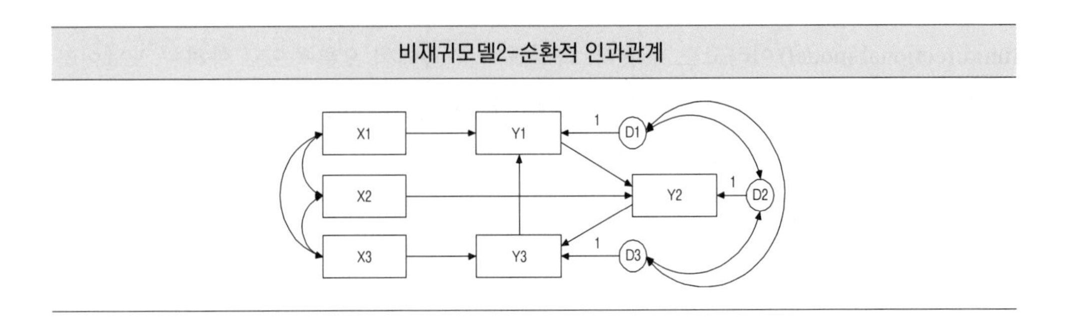

Y1, Y2, Y3이 순환적으로 돌고 있음을 알 수 있다. (Y1 → Y2 → Y3 → Y1)

1-3 Amos에서의 재귀모델과 비재귀모델

1) Amos에서의 재귀모델

외제차모델에서 '사회적지위 → 재구매' 경로가 추가된 모델을 Amos에서 분석해보자.

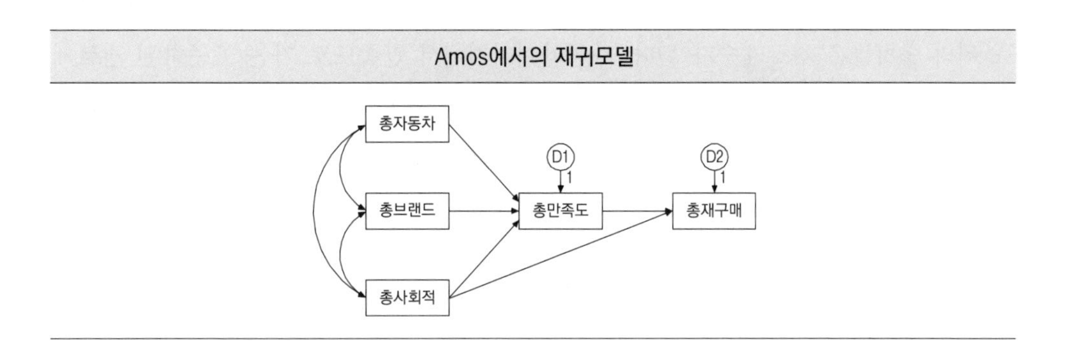

앞서 언급했듯이 경로분석은 잠재변수가 존재하지 않고 관측변수로만 구성되어 있다. 따라서 각 구성개념들의 평균을 이용하여 단일항목으로 만든 총자동차(자동차이미지), 총브랜드(브랜드이미지), 총사회적(사회적지위), 총만족도(만족도), 총재구매(재구매)로 연구모델을 구성하였다.

위의 모델을 분석한 결과는 다음과 같다.

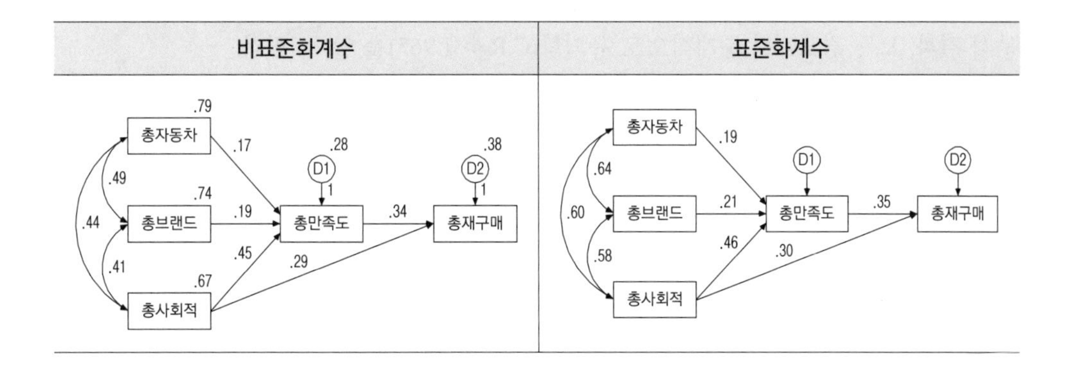

표준화계수 모델에서 3개의 독립변수 간 쌍방향 화살표는 변수 간 상관관계를 나타낸다. 자동차이미지와 브랜드이미지 간 상관계수는 .64이며, 브랜드이미지와 사회적지위 간 상관계수는 .58, 자동차이미지와 사회적지위는 .60의 상관관계를 보여준다. 비표준화계수 모델의 경우에는 공분산이 된다.

또한 3개의 독립변수(외생변수)에서 만족도로 가는 화살표는 인과관계를 나타내며, 화살표 위의 수치들은 경로계수가 된다. 자동차이미지에서 만족도로 가는 표준화된 경로계수는 .19이며, 브랜드이미지에서 만족도, 사회적지위에서 만족도, 사회적지위에서 재구매, 만족도에서 재구매로 가는 표준화된 경로계수는 각각 .21, .46, .30, .35이다.

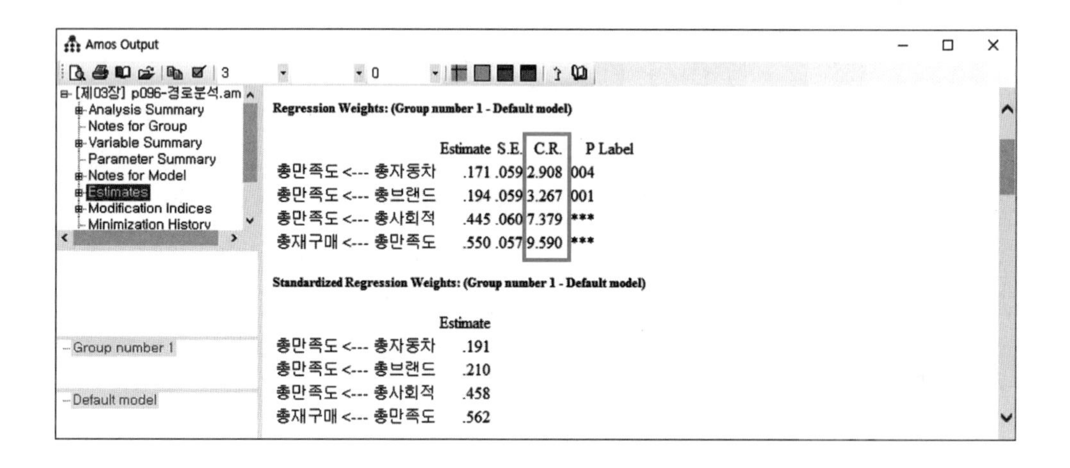

분석 결과, 모든 경로에서 통계적으로 유의함(C.R. > 1.965)을 알 수 있다.

2) Amos에서의 비재귀모델

외제차모델에서 총만족도와 총재구매 간 쌍방향 인과관계를 설정한 모델은 다음과 같다.

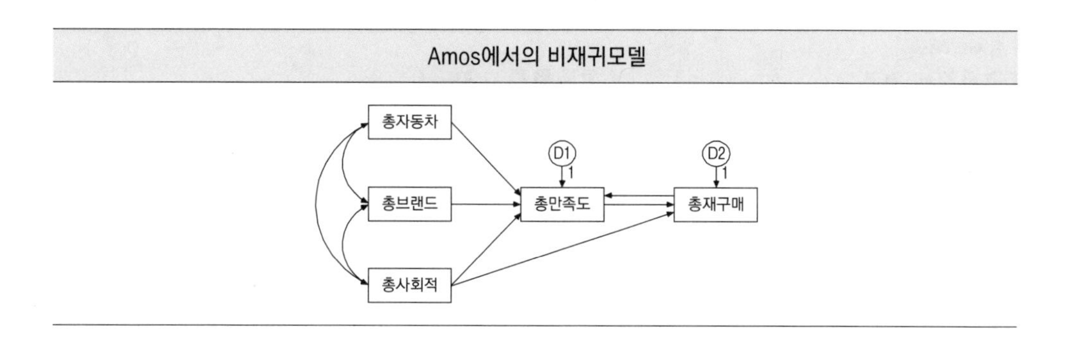

위의 모델을 분석한 결과는 다음과 같다.

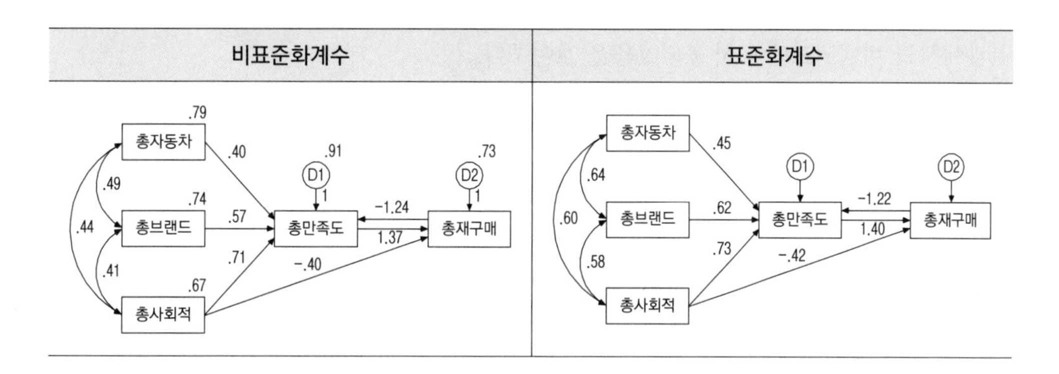

표준화계수 모델에서 총만족도 → 총재구매는 $\beta = 1.40$이며, 총재구매 → 총만족도는 $\beta = -1.22$로, 모두 -1~1 범위를 벗어나는 비정상적인 수치를 보이고 있다.

Amos와 Lisrel 분석 시, 비재귀모델에서 종종 비정상적인 수치를 보여주곤 하는데, 그 이유는 재귀모델에서 사용하는 하삼각행렬(lower triangular)을 비재귀모델에 그대로 사용하기 때문이다. 하삼각행렬은 일반적으로 우리가 사용하는 공분산행렬(상관행렬)의 구조를 일컫는데, 이 행렬[5]은 재귀모델에는 적합하지만 비재귀모델에는 적합하지 않다. 따라서 Amos를 이용하여 구조방정식모델을 분석할 경우, 비재귀모델은 되도록 피하는 것이 좋다.[6]

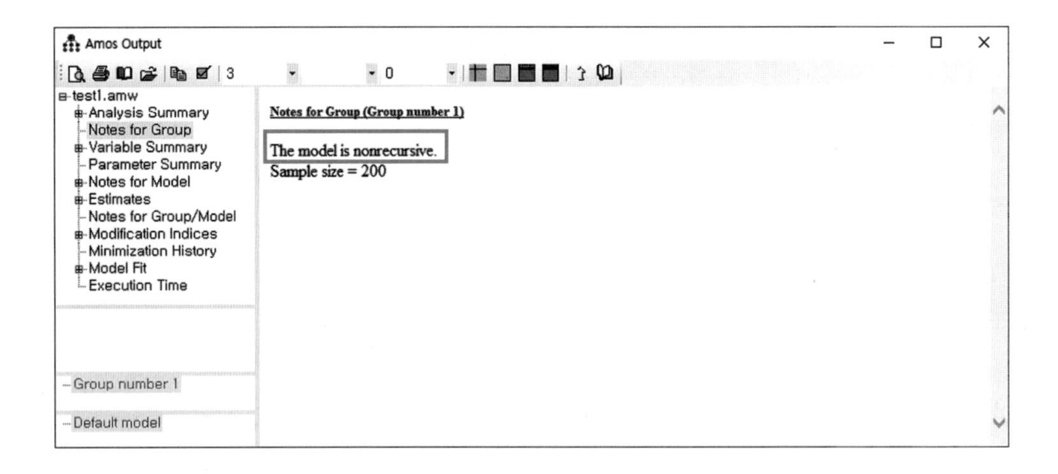

결과에서는 비재귀모델이 사용되었음을 보여준다.

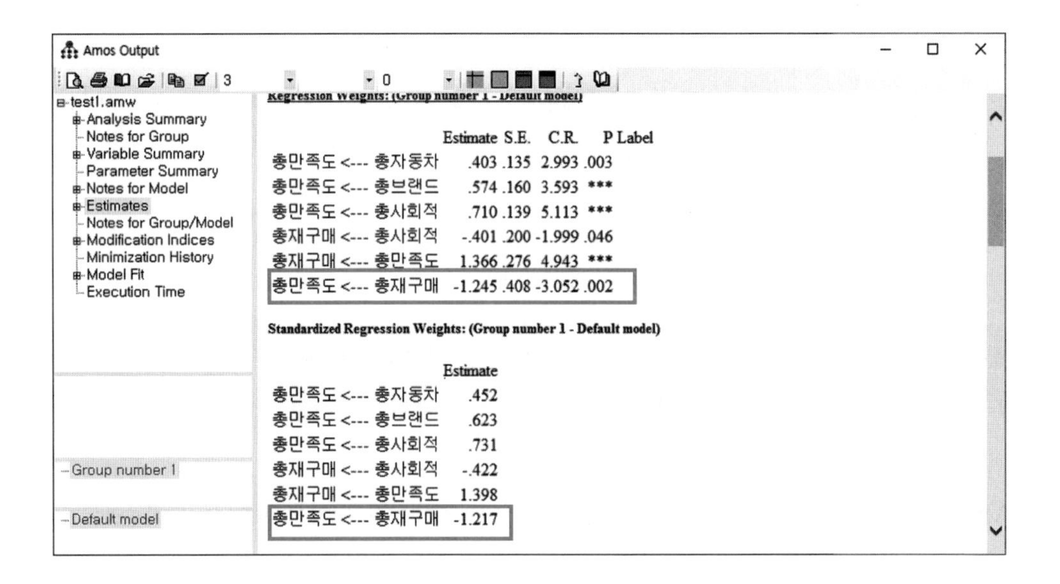

5 Bollen (1989).

6 Hair (2006).

‘총재구매 → 총만족도’ 경로에서 부(-)의 방향으로 나오는 결과가 제시되고, 그 경로 또한 통계적으로 유의한 것으로 나타났다.

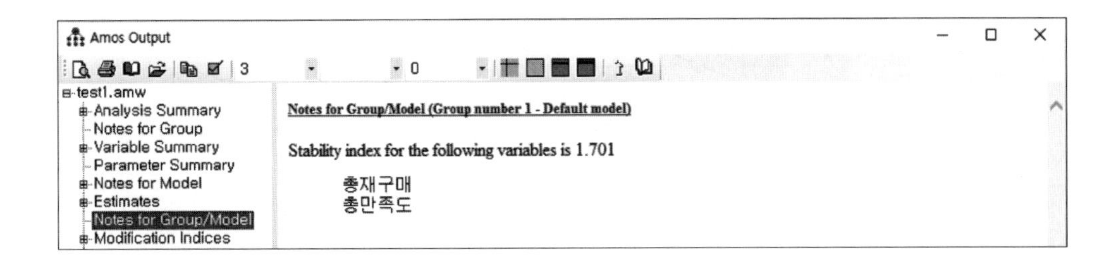

비재귀모델에서는 변수 간 상호인과관계에 대한 안정성지수(stability index)를 제시하는데, -1~1 사이이면 안정적이라고 할 수 있다. 외제차모델의 경우, 총재구매와 총만족도 간의 안정성지수가 1.701로 1 이상이므로 두 변수 간 관계가 앞의 결과처럼 불안정한 것을 알 수 있다.

1-4 잠재변수 형태의 경로분석 (단일 잠재변수와 단일 관측변수)

앞서 언급했듯이 경로분석과 구조방정식모델의 중요한 차이점은 경로분석에서의 모든 변수는 관측변수로만 구성되어 있다는 것이다. 하지만 Amos에서는 잠재변수의 형태를 가진 모델로의 기술적 전환이 가능하다.

기존의 잠재변수는 다항목의 관측변수로 구성되어 있지만 경로분석 자체는 단일항목의 개념만 사용되기 때문에, 하나의 잠재변수가 하나의 관측변수를 가지고 있는 형태를 취하는 모델로 전환해주는 것이다. 단, 형태만 잠재변수로 만들어주는 것이기 때문에 분석결과나 모델적합도 등에 차이는 없다. ‘단일 잠재변수와 단일 관측변수’ 모델의 형태는 다음과 같다.

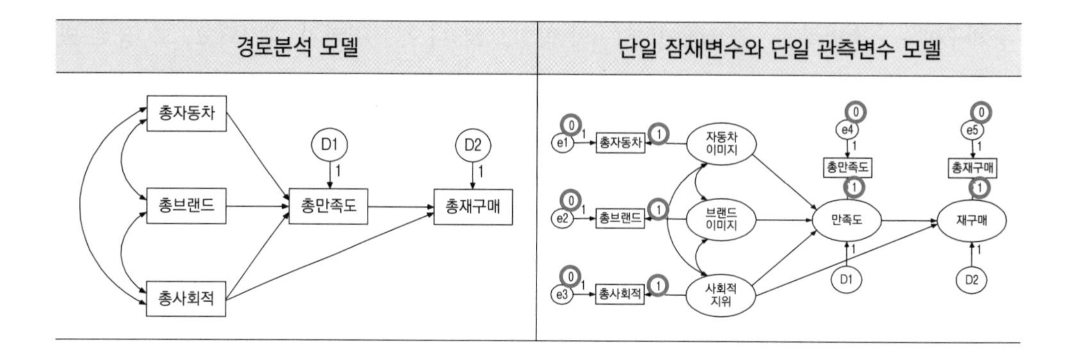

단일 잠재변수와 단일 관측변수 모델 구성 시 주의해야 할 점은 내생잠재변수에는 관측변수에 새로운 구조오차(D1, D2)를 생성시켜야 하며, 측정오차(e1~e5)의 분산은 0으로 고정하고, 잠재변수에서 관측변수로 가는 경로는 1로 고정해야 한다는 것이다.

오차변수의 분산을 고정할 때는 [View] → [Object Properties] → [Parameters]의 [Variance]에 0을 입력하고, 경로는 [Regression weight]에 1을 입력하면 된다.

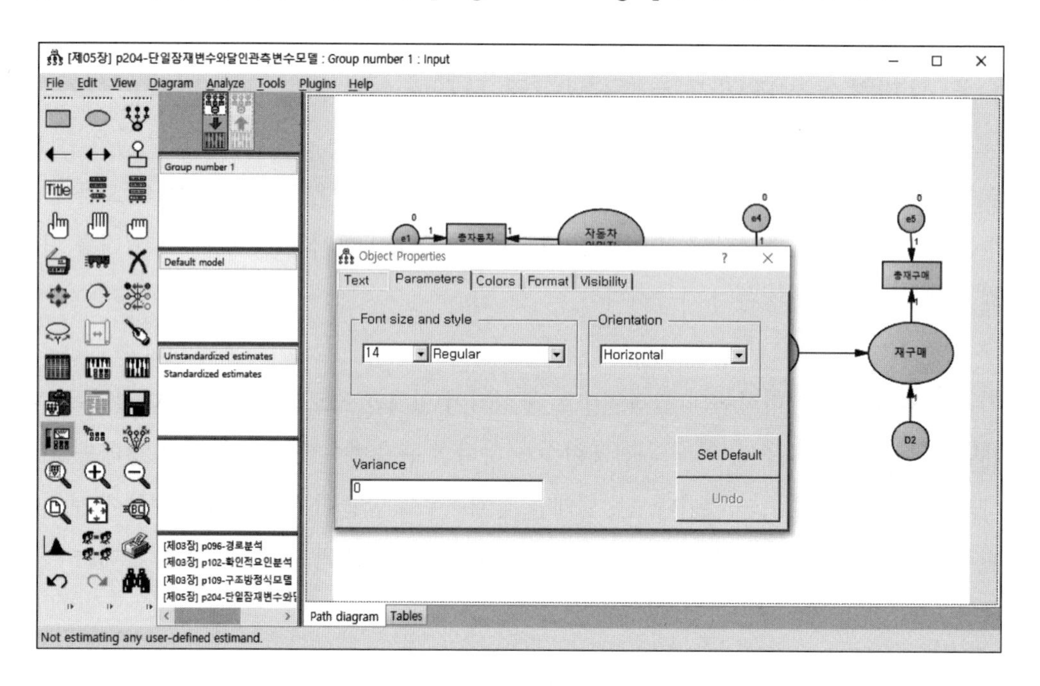

측정오차의 분산을 0으로 지정하는 이유는 잠재변수가 관측변수를 '1'로서 완벽하게 설명하며, 측정오차가 존재하지만 실제로 분산은 '0'으로 오차변수가 없는 것과 마찬가지라는 의미에서다. 즉, 잠재변수가 관측변수와 동일시되도록 만들어주는 것이다.

이렇게 만들어진 모델과 실제 경로분석 모델에 대한 결과는 다음과 같이 동일함을 확인할 수 있다.

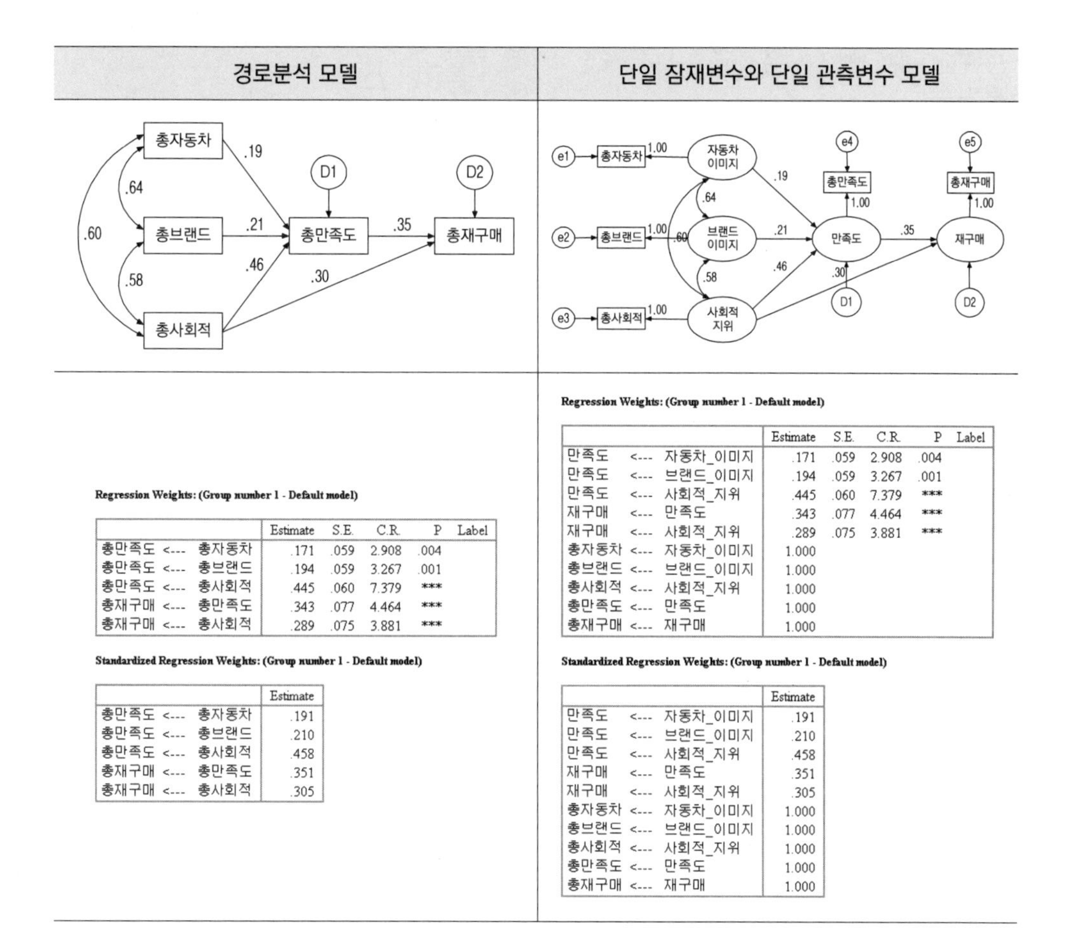

경로분석 모델

Regression Weights: (Group number 1 - Default model)

			Estimate	S.E.	C.R.	P	Label
총만족도	<---	총자동차	.171	.059	2.908	.004	
총만족도	<---	총브랜드	.194	.059	3.267	.001	
총만족도	<---	총사회적	.445	.060	7.379	***	
총재구매	<---	총만족도	.343	.077	4.464	***	
총재구매	<---	총사회적	.289	.075	3.881	***	

Standardized Regression Weights: (Group number 1 - Default model)

			Estimate
총만족도	<---	총자동차	.191
총만족도	<---	총브랜드	.210
총만족도	<---	총사회적	.458
총재구매	<---	총만족도	.351
총재구매	<---	총사회적	.305

단일 잠재변수와 단일 관측변수 모델

Regression Weights: (Group number 1 - Default model)

			Estimate	S.E.	C.R.	P	Label
만족도	<---	자동차_이미지	.171	.059	2.908	.004	
만족도	<---	브랜드_이미지	.194	.059	3.267	.001	
만족도	<---	사회적_지위	.445	.060	7.379	***	
재구매	<---	만족도	.343	.077	4.464	***	
재구매	<---	사회적_지위	.289	.075	3.881	***	
총자동차	<---	자동차_이미지	1.000				
총브랜드	<---	브랜드_이미지	1.000				
총사회적	<---	사회적_지위	1.000				
총만족도	<---	만족도	1.000				
총재구매	<---	재구매	1.000				

Standardized Regression Weights: (Group number 1 - Default model)

			Estimate
만족도	<---	자동차_이미지	.191
만족도	<---	브랜드_이미지	.210
만족도	<---	사회적_지위	.458
재구매	<---	만족도	.351
재구매	<---	사회적_지위	.305
총자동차	<---	자동차_이미지	1.000
총브랜드	<---	브랜드_이미지	1.000
총사회적	<---	사회적_지위	1.000
총만족도	<---	만족도	1.000
총재구매	<---	재구매	1.000

이 방법은 다항목의 잠재변수와 단일항목의 관측변수가 각각 다른 구성개념으로 사용되었을 때 시각적인 부분에서도 유용하게 사용할 수 있다.

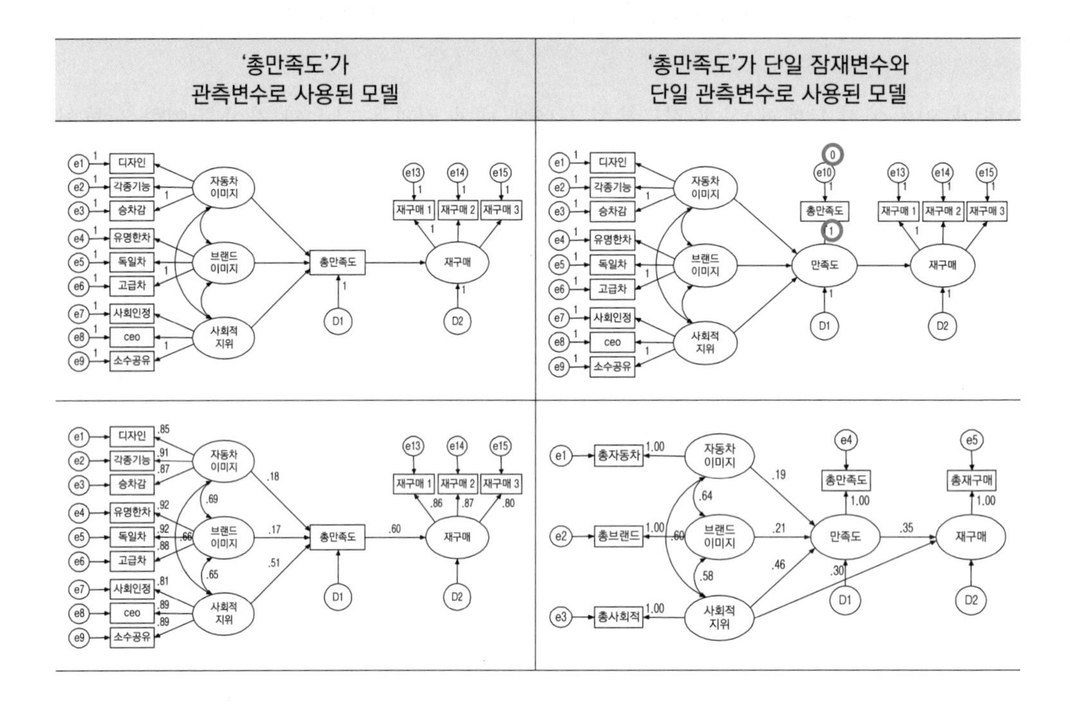

두 모델의 결과 역시 동일함을 알 수 있다. 단일 잠재변수와 단일 관측변수 모델에서는 오차변수의 분산이 0으로 고정되어 있음을 기억해야 한다.

1-5 측정오차를 고려한 경로분석

경로분석에서는 측정오차를 가정하고 있지 않기 때문에 지금까지의 경로분석에서는 측정오차를 고려하지 않은 상태에서 분석을 하였다. 하지만 외제차모델처럼 다항목을 신뢰도분석 등을 거쳐 평균을 통해 단일항목화한 모델은 실제 측정오차가 포함되어 있기 때문에 경로분석의 가정에 모순된 경우라고 할 수 있다.

이런 경우에도 '단일 잠재변수와 단일 관측변수' 모델의 형태를 이용하여 문제를 해결할 수 있다. 그 이유는 이론적으로 잠재변수 형태를 이용한 경로분석 모델은 측정오차가 존재하므로 오차분산 값을 지정해줄 수 있기 때문이다. 오차분산은 1에서 신뢰도계수를 뺀 후 분산을 곱하여 구할 수 있다.

오차분산 = (1−신뢰도계수 α) × 관측변수의 분산

2장에 나왔던 외제차모델 변수의 신뢰도계수와 위의 식을 이용하여 오차분산을 구하면 다음과 같다.

구성개념	신뢰도	(1−α)	분산	(1−α) × 관측변수의 분산
자동차이미지	.910	.090	.798	.072
브랜드이미지	.929	.071	.749	.053
사회적지위	.897	.103	.675	.070
만족도	.887	.113	.636	.072
재구매	.879	.121	.608	.074

관측변수의 분산은 SPSS를 통해 구할 수 있다.

Descriptive Statistics

	N	최소값	최대값	평균	표준편차	분산
총자동차	200	1.00	5.00	3.2333	.89355	.798
총브랜드	200	1.00	5.00	3.5533	.86526	.749
총사회적	200	1.00	5.00	3.2867	.82130	.675
총만족도	200	1.00	5.00	3.1850	.79761	.636
총재구매	200	1.00	5.00	3.5217	.77982	.608
유효수	200					

오차분산에 대한 지정은 '(1 − α)×관측변수의 분산' 값을 측정오차변수의 분산에 입력하면 된다.

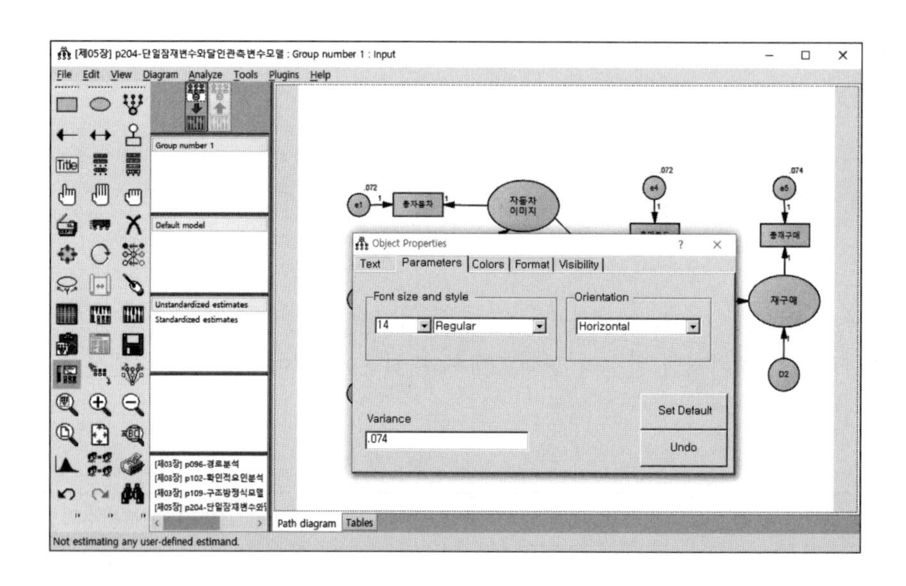

위의 모델과 기존 모델의 결과를 비교(표준화계수)하면 다음과 같다.

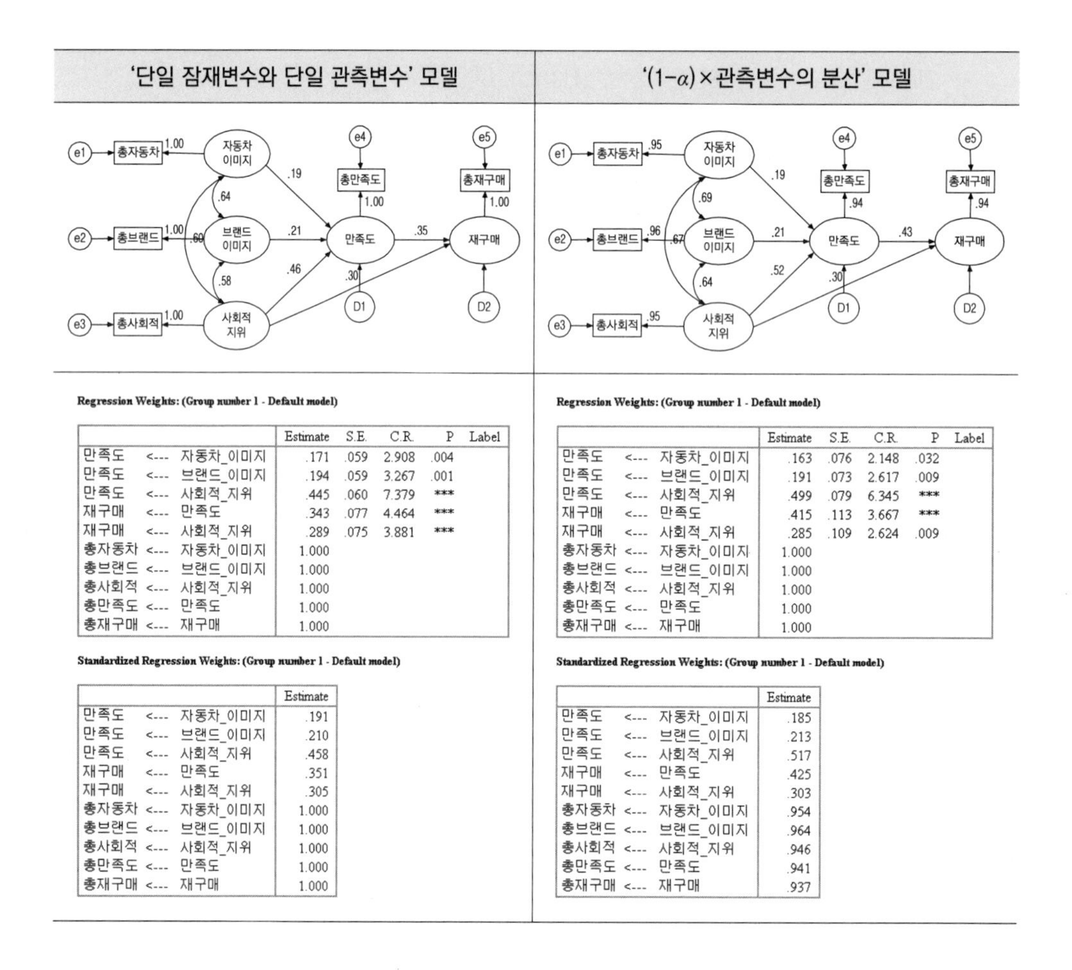

'단일 잠재변수와 단일 관측변수' 모델

Regression Weights: (Group number 1 - Default model)

			Estimate	S.E.	C.R.	P	Label
만족도	<---	자동차_이미지	.171	.059	2.908	.004	
만족도	<---	브랜드_이미지	.194	.059	3.267	.001	
만족도	<---	사회적_지위	.445	.060	7.379	***	
재구매	<---	만족도	.343	.077	4.464	***	
재구매	<---	사회적_지위	.289	.075	3.881	***	
총자동차	<---	자동차_이미지	1.000				
총브랜드	<---	브랜드_이미지	1.000				
총사회적	<---	사회적_지위	1.000				
총만족도	<---	만족도	1.000				
총재구매	<---	재구매	1.000				

Standardized Regression Weights: (Group number 1 - Default model)

			Estimate
만족도	<---	자동차_이미지	.191
만족도	<---	브랜드_이미지	.210
만족도	<---	사회적_지위	.458
재구매	<---	만족도	.351
재구매	<---	사회적_지위	.305
총자동차	<---	자동차_이미지	1.000
총브랜드	<---	브랜드_이미지	1.000
총사회적	<---	사회적_지위	1.000
총만족도	<---	만족도	1.000
총재구매	<---	재구매	1.000

'(1-α)×관측변수의 분산' 모델

Regression Weights: (Group number 1 - Default model)

			Estimate	S.E.	C.R.	P	Label
만족도	<---	자동차_이미지	.163	.076	2.148	.032	
만족도	<---	브랜드_이미지	.191	.073	2.617	.009	
만족도	<---	사회적_지위	.499	.079	6.345	***	
재구매	<---	만족도	.415	.113	3.667	***	
재구매	<---	사회적_지위	.285	.109	2.624	.009	
총자동차	<---	자동차_이미지	1.000				
총브랜드	<---	브랜드_이미지	1.000				
총사회적	<---	사회적_지위	1.000				
총만족도	<---	만족도	1.000				
총재구매	<---	재구매	1.000				

Standardized Regression Weights: (Group number 1 - Default model)

			Estimate
만족도	<---	자동차_이미지	.185
만족도	<---	브랜드_이미지	.213
만족도	<---	사회적_지위	.517
재구매	<---	만족도	.425
재구매	<---	사회적_지위	.303
총자동차	<---	자동차_이미지	.954
총브랜드	<---	브랜드_이미지	.964
총사회적	<---	사회적_지위	.946
총만족도	<---	만족도	.941
총재구매	<---	재구매	.937

결과에서는 경로분석에서 측정오차가 없다고 가정한 모델과 측정오차를 오차분산에 지정한 모델 간 경로계수 간에 차이가 있음을 보여준다. 이 방법의 사용 여부에 대해서는 어떠한 기준도 없기 때문에 전적으로 조사자의 결정에 달려 있지만, 만약 사용하였을 경우에는 '$(1-\alpha) \times$ 관측변수의 분산' 방식을 이용하였다고 논문에 명시해주어야 한다.

2 매개효과의 검증

2-1 매개효과

매개효과에 대해서는 앞에서 잠깐 언급했지만 좀 더 자세히 알아보도록 하자. 매개효과는 독립변수(X)와 종속변수(Y) 사이에 제3의 변수인 매개변수(M)가 개입될 때 발생한다.

매개효과

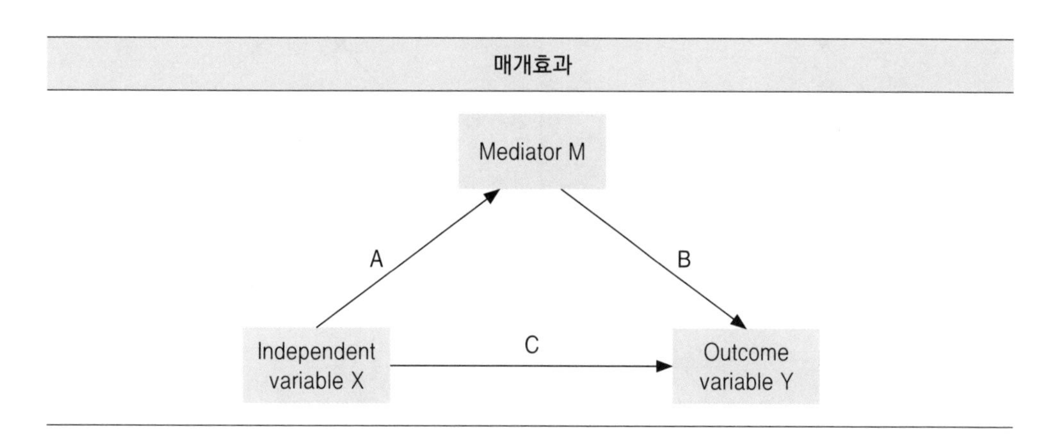

Hair et al. (2006)[7]은 매개분석에 대해서 다음과 같은 절차를 제시한다.

---

1. **변수 간 관계**
(1) X와 Y 간 상관관계는 유의하여야 한다.
(2) X와 M 간 상관관계는 유의하여야 한다.
(3) M과 Y 간 상관관계는 유의하여야 한다.

2. **매개효과**
만약 X와 Y 사이에 M이 개입된 상태에서
X와 Y 관계가 유의한 상태로 전혀 변함이 없다면 매개효과는 없는 것이다.

3. **부분매개**(partial mediation)
만약 X와 Y 사이에 M이 개입된 상태에서
X와 Y 관계가 유의하지만 약하게 영향을 미치는 것으로 변하면 부분매개가 된다.

4. **완전매개**(full mediation)
만약 X와 Y 사이에 M이 개입된 상태에서
X와 Y 관계가 유의하지 않은 상태로 변하면 완전매개가 된다.

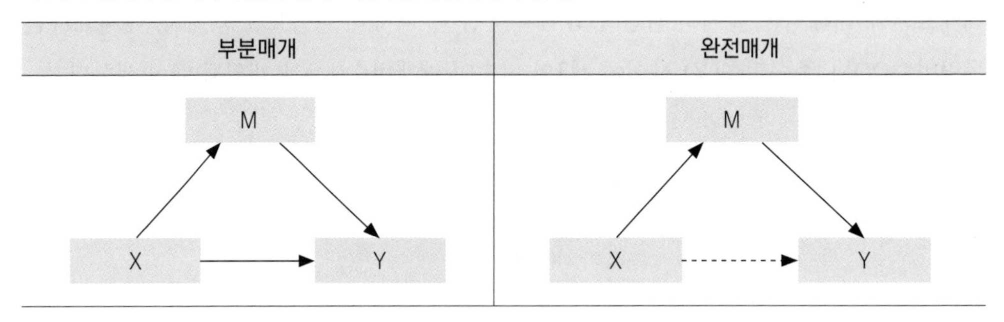

외제차모델의 사회적지위, 만족도, 재구매를 이용하여 매개모델을 만들어보자.

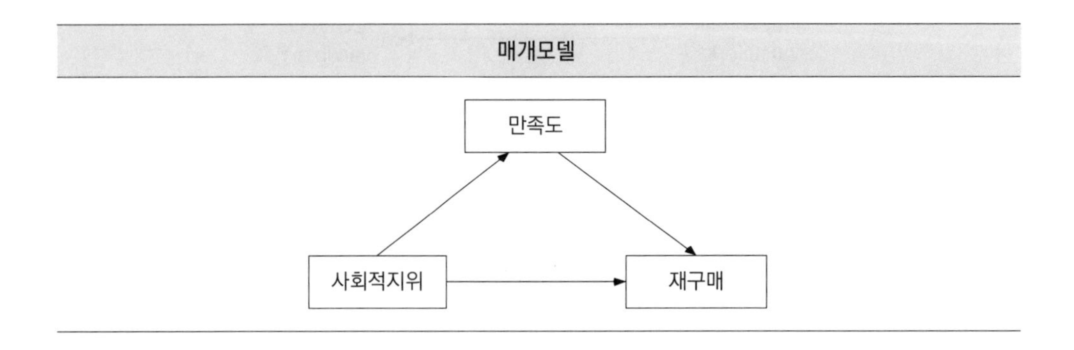

---

7 Hair et al. (2006)은 Baron & Kenny (1986)의 연구를 기초로 하고 있다.

먼저 세 변수에 대한 상관관계는 다음과 같다.

(1) 사회적지위와 재구매의 상관계수는 .548로 유의(p<.05)하고,
(2) 사회적지위와 만족도의 상관계수는 .694로 유의(p<.05)하며,
(3) 만족도와 재구매의 상관계수는 .562로 유의(p<.05)하다.

변수 간 상관관계

Correlations

		총사회적	총만족도	총재구매
총사회적	Pearson Correlation	1	.694**	.548**
	Sig. (2-tailed)		.000	.000
	N	200	200	200
총만족도	Pearson Correlation	.694**	1	.562**
	Sig. (2-tailed)	.000		.000
	N	200	200	200
총재구매	Pearson Correlation	.548**	.562**	1
	Sig. (2-tailed)	.000	.000	
	N	200	200	200

**. Correlation is significant at the 0.01 level(2-tailed).

매개효과를 검증하기 위해 매개모델을 구성하고, 분석한 결과는 다음과 같다.

외제차 매개모델(표준화계수)	결과

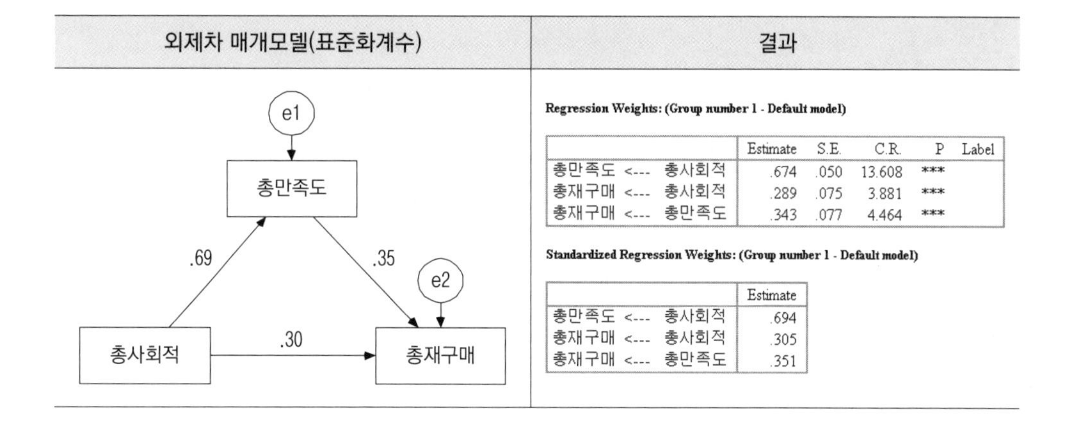

Regression Weights: (Group number 1 - Default model)

	Estimate	S.E.	C.R.	P	Label
총만족도 <--- 총사회적	.674	.050	13.608	***	
총재구매 <--- 총사회적	.289	.075	3.881	***	
총재구매 <--- 총만족도	.343	.077	4.464	***	

Standardized Regression Weights: (Group number 1 - Default model)

	Estimate
총만족도 <--- 총사회적	.694
총재구매 <--- 총사회적	.305
총재구매 <--- 총만족도	.351

외생변수인 사회적지위와 내생변수인 재구매 사이에 매개변수인 만족도가 개입됐을 때, 만약 두 변수의 관계가 통계적으로 유의하지 않게 변한다면 완전매개에 해당된다. 위의 결과에서는 사회적지위와 재구매의 계수가 .548에서 .305로 약해졌지만, 통계적으로 여전히 유의(C.R. = 3.88, $p < .05$)하기 때문에 부분매개 한다고 볼 수 있다.

2-2 직접효과, 간접효과, 총효과

3장에서 잠깐 언급했지만 Amos에서는 변수 간 직접효과, 간접효과, 총효과에 대한 결과를 제공한다. 먼저 경로분석에서 외제차모델의 결과는 다음과 같다.

외제차모델 경로분석

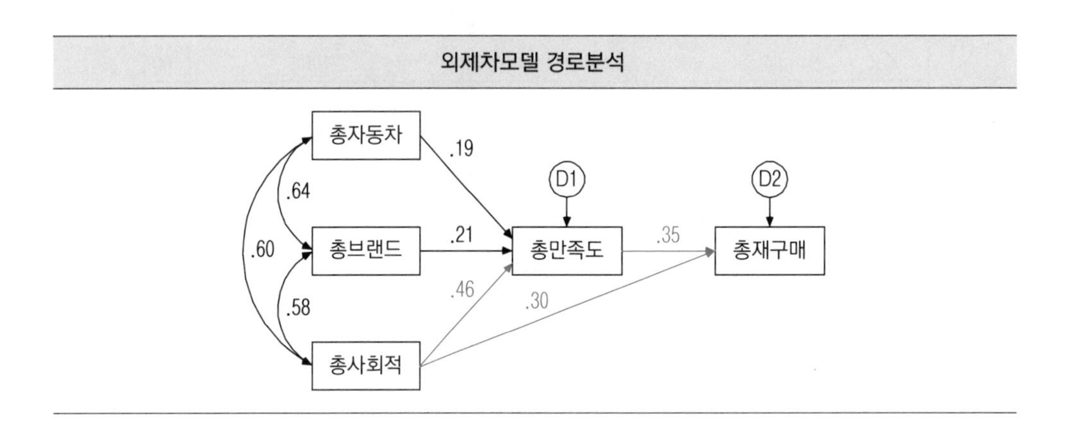

위의 모델에서 '사회적지위 → 재구매' 경로의 직접효과, 간접효과, 총효과는 다음과 같다.

경로	직접효과	간접효과	총효과
사회적지위 → 재구매	.30	.46×.35 = .161 (총사회적 → 총만족도)×(총만족도 → 총재구매)	.461

그리고 실제 Amos에서 제공한 결과는 다음과 같다. 논문의 경우 직접효과, 간접효과, 총효과에 대해서는 표준화된 수치를 제공하는 것이 일반적이다.

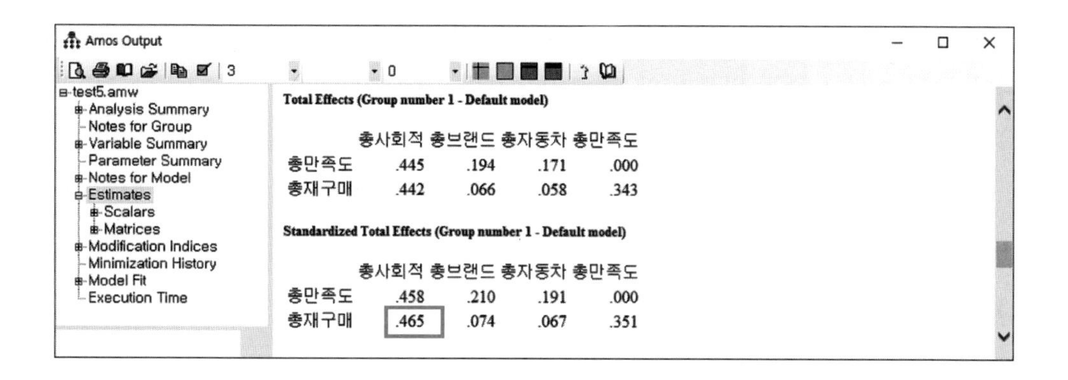

Total Effects (Group number 1 - Default model)

	총사회적	총브랜드	총자동차	총만족도
총만족도	.445	.194	.171	.000
총재구매	.442	.066	.058	.343

Standardized Total Effects (Group number 1 - Default model)

	총사회적	총브랜드	총자동차	총만족도
총만족도	.458	.210	.191	.000
총재구매	.465	.074	.067	.351

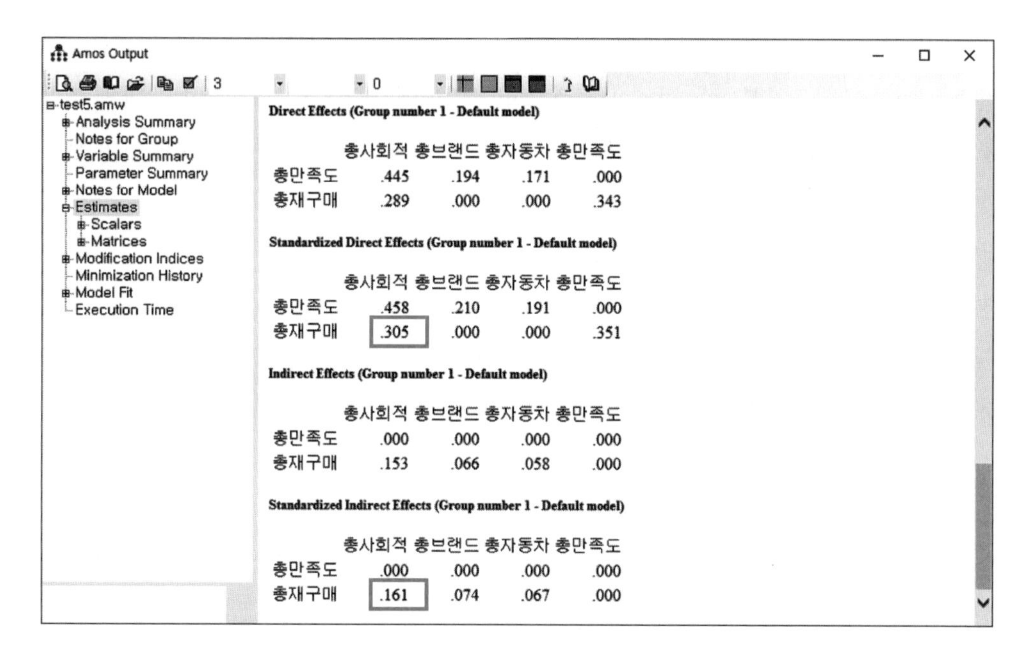

Direct Effects (Group number 1 - Default model)

	총사회적	총브랜드	총자동차	총만족도
총만족도	.445	.194	.171	.000
총재구매	.289	.000	.000	.343

Standardized Direct Effects (Group number 1 - Default model)

	총사회적	총브랜드	총자동차	총만족도
총만족도	.458	.210	.191	.000
총재구매	.305	.000	.000	.351

Indirect Effects (Group number 1 - Default model)

	총사회적	총브랜드	총자동차	총만족도
총만족도	.000	.000	.000	.000
총재구매	.153	.066	.058	.000

Standardized Indirect Effects (Group number 1 - Default model)

	총사회적	총브랜드	총자동차	총만족도
총만족도	.000	.000	.000	.000
총재구매	.161	.074	.067	.000

* Amos 결과는 소수점 셋째 자리에서 반올림되므로 직접 계산한 결과와 약간의 차이가 있을 수 있음.

2-3 간접효과의 유의성 검증

Amos에서는 간접효과와 총효과에 대한 크기는 제공하지만 그것에 대한 유의성은 제공하지 않는다. 예를 들어 '사회적지위 → 재구매' 경로의 직접효과에 대한 유의성은 결과표에 나타난 C.R.이나 p-값 등을 통해 알 수 있으나, 간접효과(사회적지위 → 만족도 → 재구매)의 유의성은 제공되지 않으므로 알 수 없다. 간접효과에 대한 유의성을 제공해주지 않는 이유는 간접효과의 유의성 검증을 위해 부트스트래핑(bootstrapping) 방법이 사용되기 때문이다.

1) 부트스트래핑

부트스트래핑(bootstrapping)[8]은 모집단으로부터 무작위로 추출한 표본 데이터를 대상으로 재표본추출(resampling)[9]을 통해 표준오차를 추정하는 방법이다. 표본자료로부터 복원추출을 하여 하위표본(subsample)을 생성하기 때문에 표본자료가 모집단의 대체 역할을 하게 된다. 즉, 모집단의 분포를 모르는 상태에서 표본 데이터를 바탕으로 모수의 분포를 생성시킨 후 모수를 추정하는 방식이다.
방법은 표본자료의 크기인 N에서 복원추출 방식으로 N수만큼의 하위표본 추출을 지정한 횟수만큼 반복한다. 예를 들어, 표본의 수가 200개인 표본으로부터 부트스트랩의 횟수를 500번 지정했다면, 200개의 표본에서 복원추출로 200개의 하위표본을 추출하는 것을 1번으로 간주하고 이러한 과정을 500번 반복하는 것이다.

그렇다면 부트스트래핑을 왜 하는 것일까? 현재 구조방정식모델에서 가장 보편적으로 사용되고 있는 모수 추정법인 ML(Maximum Likelihood)법이나 GLS(General Least Square)법의 경우, 표본 데이터의 다변량 정규분포를 가정하고 있다. 그러나 이러한 가정을 모두 충족시키는 데이터가 많지 않기 때문에 결국 다변량 정규분포라는 가정이 지켜지지 않는 상황에서 분석이 진행되는 것이다. 하지만 부트스트래핑은 이러한 가정에서 자

8 Efron (1972).

9 재표본추출은 복원추출과 비복원추출로 나뉜다. 복원추출은 한 번 추출한 관측치를 다시 추출 대상으로 하는 추출법이고, 비복원추출은 한 번 추출한 관측치에 대해서는 두 번 다시 추출 대상으로 하지 않는 추출법이다.

유로우므로 다변량 정규성을 벗어난 데이터(non-normal data) 분석에 특히 유용하게 사용된다. 또한 부트스트래핑 방법은 추정치의 편향 및 표준오차를 제공하며, 모수의 신뢰구간과 경로의 p-값[10] 등도 제공한다.

한편, 부트스트래핑 방법은 표본집단이 모집단으로 가정되기 때문에 모집단으로부터 표본집단을 추출하는 과정이 매우 중요하며, 대표본(최소 200 이상)이 요구된다. 그리고 모집단의 최솟값과 최댓값 등을 추정하지 못한다는 단점을 지닌다.

2) Amos에서의 부트스트래핑

Amos에서는 비모수 부트스트랩(non-parametric bootstrap) 방법과 모수 부트스트랩(parametric bootstrap) 방법을 제공한다. 원자료(raw data)를 이용할 때는 비모수 부트스트랩 방법을 사용하고, 공분산행렬(상관행렬)을 이용할 때는 몬테카를로(Monte Carlo) 방법을 사용하면 된다.

신뢰구간에 대해서는 백분율법(percentile method)과 편향수정 백분율법(bias-corrected percentile method)을 제공한다. 백분율법은 편향이 거의 없는 경우에 사용하며, 편향수정 백분율법은 편향을 수정한 방법으로 편의가 크게 존재할 경우에 사용한다.

'사회적지위 → 재구매' 경로에 대한 간접효과의 유의성을 부트스트래핑 방법을 이용해 알아보도록 하자. [View] → [Analysis Properties] → [Bootstrap]에서 ☑ Perform bootstrap, ☑ Percentile confidence intervals, ☑ Bias-corrected confidence intervals, ☑ Bootstrap ML을 체크한다. 만약 원자료가 아닌 공분산행렬(상관행렬)을 분석에 사용할 경우에는 ☑ Monte Carlo(parametric bootstrap)를 추가로 체크한다.

---

10 김계수 (2010). p. 322.

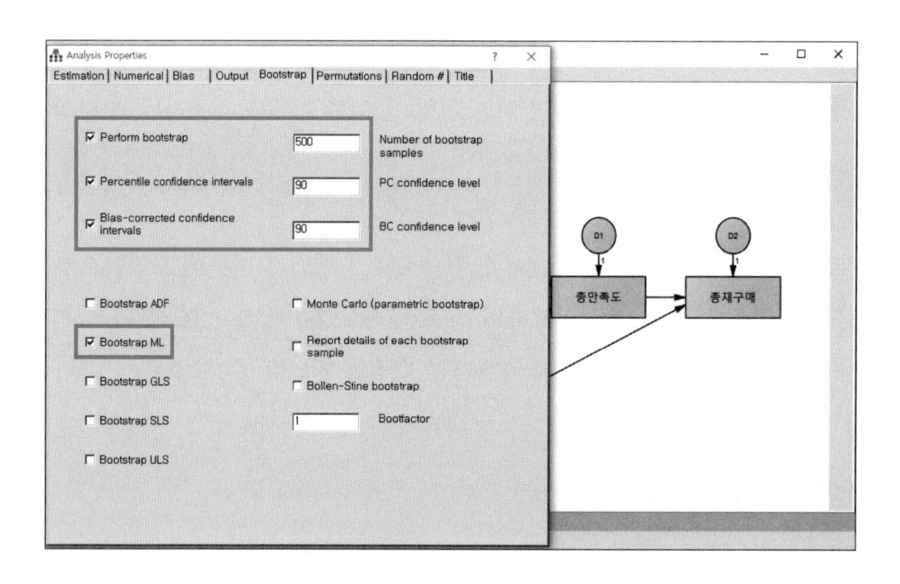

☑ Perform bootstrap[11]	: 부트스트랩에서 반복횟수 제공
☑ Percentile confidence intervals	: 백분율법 신뢰구간
☑ Bias-corrected confidence intervals	: 편향수정 백분율법 신뢰구간
☑ Bootstrap ML	: 최대우도법으로 부트스트랩 실행

분석 결과창에서 간접효과의 유의성 검증을 확인하려면 다음과 같이 다소 복잡한 지정을 해야 한다.

결과창 상단: [Amos Output]
→ [Estimates]
→ [Matrices]
→ [Standardized Indirect Effects]

결과창 하단: [Bootstrap Confidence]
→ [Bias-corrected percentile method][12]
→ [Two Tailed Significance (BC)]

---

11 Amos에서 부트스트랩 반복횟수는 기본으로 200번이 지정되어 있다. 수치가 클수록 안정적이지만 절대적인 수치는 존재하지 않기 때문에 500번 이상이면 적당한 수치로 간주된다.

12 [Bias-corrected percentile method]는 백분율법을 보고 싶을 경우에 선택한다.

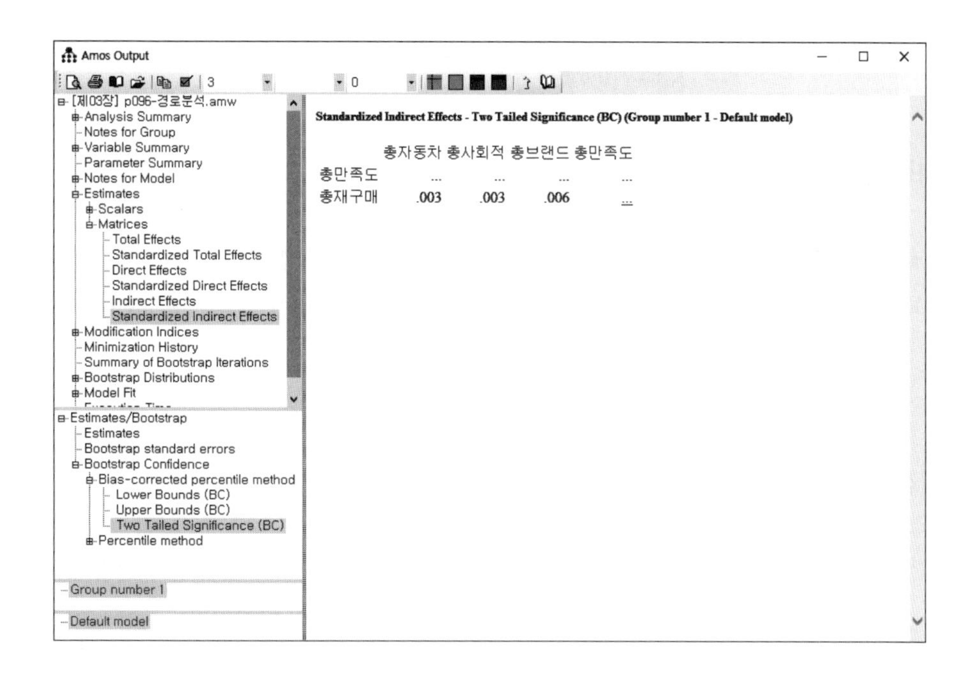

	총자동차	총사회적	총브랜드	총만족도
총만족도	...	...	...	...
총재구매	.003	.003	.006	...

결과에 제시된 수치들은 유의확률(p-value)로서 .05보다 작을 때 유의하다. '사회적지위 → 재구매' 경로에 대한 간접효과의 유의확률은 .003이기 때문에 통계적으로 유의함을 알 수 있다.

3 상관의 분해

지금까지는 직접효과, 간접효과, 총효과에 대해서만 알아봤지만, 경로분석에서 나타나는 효과들을 좀 더 자세히 살펴보면 ① 직접효과, ② 간접효과, ③ 의사효과, ④ 미분석효과로 나눌 수 있다. 상관의 분해(decomposition of correlation)는 변수 간 총효과를 직접효과, 간접효과, 의사효과, 미분석효과 등으로 분해[13]하는 것을 의미한다.

13 Amos에서는 의사효과 및 미분석효과에 대한 결과를 제공하지 않는다. 따라서 Amos에서 보여주는 총효과는 의사효과 및 미분석효과가 제외된 직접효과+간접효과의 크기를 나타낸다.

3-1 직접효과, 간접효과, 의사효과, 미분석효과

1) 직접효과

직접효과(direct effect)는 독립변수가 종속변수에 직접적으로 영향을 미치는 것을 의미한다. 아래 그림에서 p21은 독립변수 x에서 종속변수 y로 가는 경로계수(path coefficient)가 된다.

2) 간접효과

간접효과(indirect effect)는 독립변수가 하나 이상의 매개변수를 통하여 종속변수에 간접적으로 영향을 미치는 것을 의미한다. 다음의 그림에서 변수 간 직접경로는 p21, p31이며, 간접효과의 크기는 x → y1의 경로계수 크기와 y1 → y2의 경로계수 크기의 곱인 p21×p31이다.

(1) 직접효과 = p21	(2) 간접효과 = p21 × p31
x —p21→ y	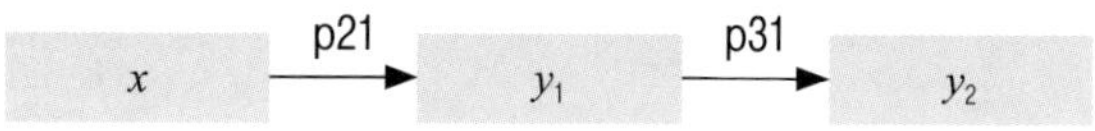 x —p21→ y_1 —p31→ y_2

3) 의사효과

의사효과(spurious effect)는 공통의 선행변수(common antecedent variable)에 의해 발생되는 두 종속변수 간의 관계를 나타낸다. 다시 말해서 두 종속변수(y1, y2)가 하나의 독립변수(x)로부터 영향을 받는 것이며, 다음의 그림에서 의사효과의 크기는 x → y1과 x → y2의 경로 곱인 p21×p31이 된다. 이때 y1과 y2 간에는 아무런 인과관계도 존재하지 않는다.

4) 미분석효과

미분석효과(unanalyzed effect)는 외생변수 간 상관관계가 존재할 때 발생하는 효과로서, 상관된 원인들 때문에 분석되지 않는 부분을 나타낸다. 다음의 그림에서 미분석효과는 x1 → y1과 x1 ↔ x2의 경로 곱인 p31×r21이 된다.

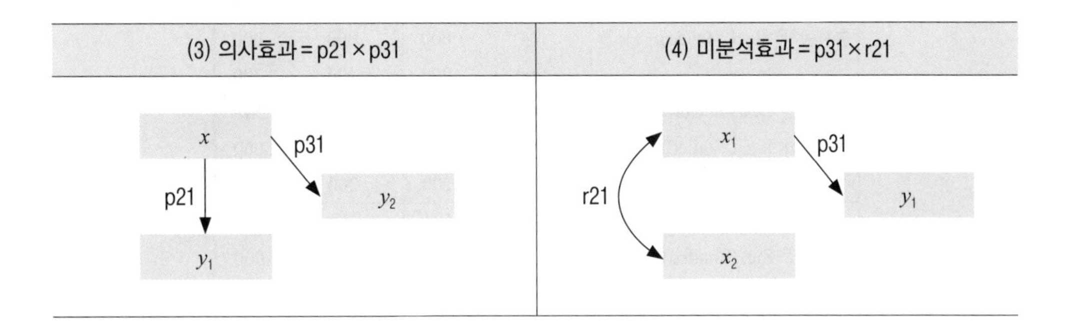

3-2 상관의 분해 예

지금까지 설명한 직접효과, 간접효과, 의사효과, 미분석효과 및 총효과를 외제차모델에 적용해보도록 하자.

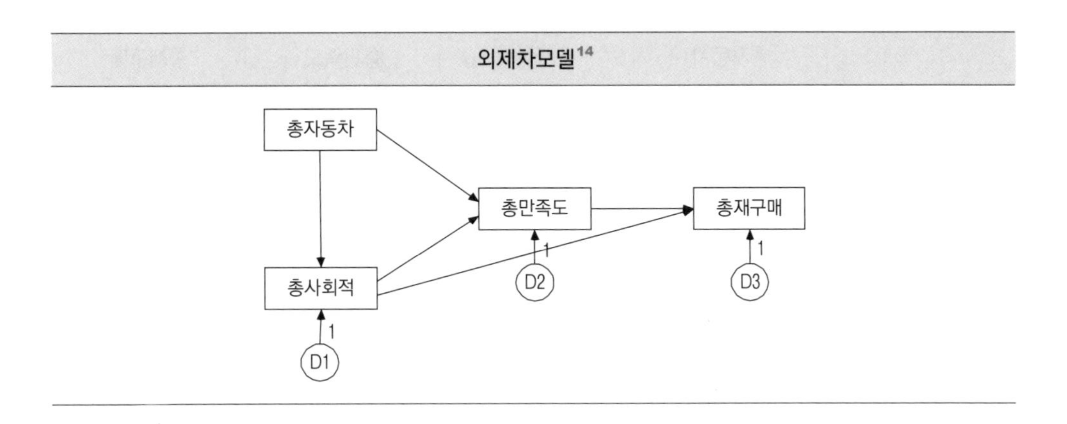

14 적절한 예를 위해 외제차모델에서 총자동차와 총사회적 관계를 상관관계 대신 인과관계로 설정했음에 유의하자.

SPSS에서 구한 외제차모델의 상관관계는 다음과 같다.

외제차모델의 상관관계

Correlations

		총자동차	총사회적	총만족도	총재구매
총자동차	Pearson Correlation	1	.600**	.600**	.564**
	Sig. (2-tailed)		.000	.000	.000
	N	200	200	200	200
총사회적	Pearson Correlation	.600**	1	.694**	.548**
	Sig. (2-tailed)	.000		.000	.000
	N	200	200	200	200
총만족도	Pearson Correlation	.600**	.694**	1	.562**
	Sig. (2-tailed)	.000	.000		.000
	N	200	200	200	200
총재구매	Pearson Correlation	.564**	.548**	.562**	1
	Sig. (2-tailed)	.000	.000	.000	
	N	200	200	200	200

**. Correlation is significant at the 0.01 level(2-tailed).

분석의 용이성을 위해 상관관계와 경로를 다음과 같이 명명하였다.

	총자동차	총사회적	총만족도	총재구매
총자동차	1			
총사회적	r12 (.60)	1		
총만족도	r13 (.60)	r23 (.69)	1	
총재구매	r14 (.56)	r24 (.54)	r34 (.56)	1

1) 직접효과 및 간접효과 검증

Amos에서 분석한 표준화계수와 각 경로의 명명은 다음과 같다.

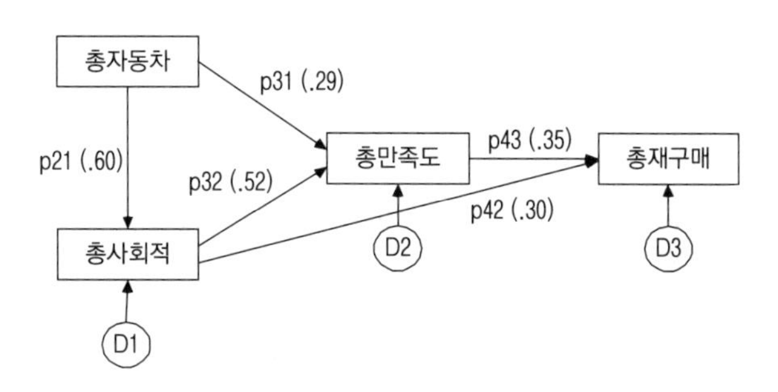

위의 상관행렬과 경로계수를 이용하면 다음과 같은 식을 얻을 수 있다.

r12	=	p21
.60	=	.60
총자동차 총사회적	=	(총자동차 → 총사회적)
r13	=	p31 + (p21 * p32)
.60	=	.29 + (.60 × .52)
총자동차 총만족도	=	(총자동차 → 총만족도) + (총자동차 → 총사회적 × 총사회적 → 총만족도)
r23	=	p32 + (p21 * p31)
.69	=	.52 + (.60 × .29)
총사회적 총만족도	=	(총사회적 → 총만족도) + (총자동차 → 총사회적 × 총자동차 → 총만족도)
r24	=	p42 + (p32 * p43) + (p21 * p31 * p43)
.54	=	.30 + (.52 × .35) + (.60 × .29 × .35)
총사회적 총재구매	=	(총사회적 → 총재구매) + (총사회적 → 총만족도 × 총만족도 → 총재구매) + (총자동차 → 총사회적 × 총자동차 → 총만족도 × 총만족도 → 총재구매)
r34	=	p43 + (p32 * p42) + (p31 * p21 * p42)
.56	=	.35 + (.52 × .30) + (.29 × .60 × .30)
총만족도 총재구매	=	(총만족도 → 총재구매) + (총사회적 → 총만족도 × 총사회적 → 총재구매) + (총자동차 → 총만족도 × 총자동차 → 총사회적 × 총사회적 → 총재구매)

예를 들어, r12(총자동차 ↔ 총사회적)는 다른 관계가 존재하지 않기 때문에 p21이라는 인과관계의 수치와 같은 값을 갖게 된다. 하지만 r13(총자동차 ↔ 총만족도)은 p31이라는 직접효과와 p21×p32의 간접효과로 분해될 수 있다.

위의 식을 분해한 결과는 다음과 같다.

경로	직접효과	간접효과	의사효과	총효과[15]
총자동차 → 총사회적	p21 .60			r12 .60
총자동차 → 총만족도	p31 .29	(p21 * p32) (.60×.52)		r13 .60
총사회적 → 총만족도	p32 .52		(p21 * p31) (.60×.29)	r23 .69
총사회적 → 총재구매	p42 .30	(p32 * p43) (.52×.35)	(p21 * p31 * p43) (.60×.29×.35)	r24 .54
총만족도 → 총재구매	p43 .35		(p32 * p42) + (p31 * p21 * p42) (.52×.30) + (.29×.60×.30)	r34 .56

여기에서 총효과는 맨 처음의 상관행렬에서 제시된 값과 동일한 수치가 제공된다.

15 여기에서 의미하는 총효과는 두 변수 간의 상관을 나타내며, 직접효과+간접효과+의사효과를 합한 것으로서 Amos에서 제공하는 총효과(직접효과+간접효과)와는 수치가 다르다.

2) 의사효과 및 미분석효과 검증

의사효과 및 미분석효과를 검증하기 위하여 원래 모델을 다음과 같이 변형하였다. 첫 번째 모델과 달리 두 번째 모델에서는 총자동차와 총사회적 사이에 인과관계 대신 상관관계가 존재하고, 총자동차에서 총재구매로 가는 인과관계를 추가로 설정하였다. 총자동차에서 총재구매로 가는 경로계수는 p41로 명명하였으며, 총사회적에 있던 구조오차는 총자동차와 총사회적 변수를 상관관계로 전환하면서 제거하였다.

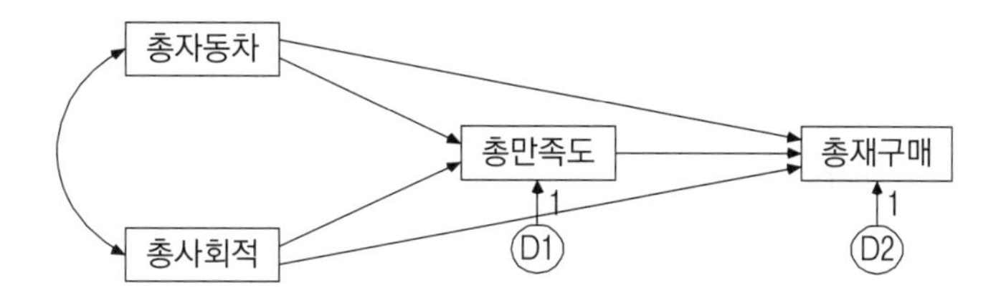

Amos에서 분석한 표준화계수와 각 경로의 명명은 다음과 같다.

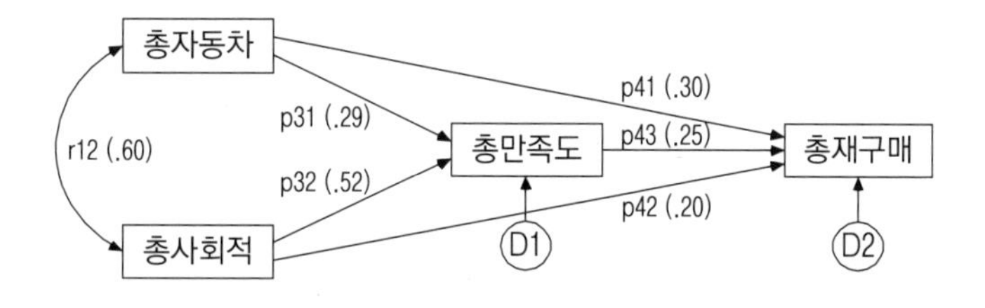

위의 상관행렬과 연구모델을 이용하면 다음과 같은 식을 얻을 수 있다.

r12	=	r12
.60	=	.60
총자동차 총사회적	=	(총자동차 ↔ 총사회적)
r13	=	p31 + (r12 * p32)
.60	=	.29 + (.60 × .52)
총자동차 총만족도	=	(총자동차 → 총만족도) + (총자동차 → 총사회적 × 총사회적 → 총만족도)
r14	=	p41 + (p31 * p43) + (r12 * p32 * p43) + (r12 * p42)
.56	=	.30 + (.29 × .25) + (.60 × .52 × .25) + (.60 × .20)
총자동차 총재구매	=	(총자동차 → 총재구매) + (총자동차 → 총만족도 × 총만족도 → 총재구매) + (총자동차 → 총사회적 × 총사회적 → 총만족도 × 총만족도 → 총재구매) + (총자동차 → 총사회적 × 총사회적 → 총재구매)
r23	=	p32 + (r12 * p31)
.69	=	.52 + (.60 × .29)
총사회적 총만족도	=	(총사회적 → 총만족도) + (총자동차 → 총사회적 × 총자동차 → 총만족도)
r24	=	p42 + (p32 * p43) + (r12 * p31 * p43) + (r12 * p41)
.54	=	.20 + (.52 × .25) + (.60 × .29 × .25) + (.60 × .30)
총사회적 총재구매	=	(총사회적 → 총재구매) + (총사회적 → 총만족도 × 총만족도 → 총재구매) + (총자동차 → 총사회적 × 총자동차 → 총만족도 × 총만족도 → 총재구매) + (총자동차 → 총사회적 × 총자동차 → 총재구매)
r34	=	p43 + (p31 * p41) + (p31 * r12 * p42) + (p32 * r12 * p41) + (p32 * p42)
.56	=	.25 + (.29 × .30) + (.29 × .60 × .20) + (.52 × .60 × .30) + (.52 × .20) 소수점 셋째자리 = .56 / 둘째자리 = .55
총만족도 총재구매	=	(총만족도 → 총재구매) + (총자동차 → 총만족도 × 총자동차 → 총재구매) + (총자동차 → 총만족도 × 총자동차 → 총사회적 × 총사회적 → 총재구매) + (총사회적 → 총만족도 × 총자동차 → 총사회적 × 총자동차 → 총재구매) + (총사회적 → 총만족도 × 총사회적 → 총재구매)

위의 식을 분해한 결과는 다음과 같다.

경로	직접효과	간접효과	의사효과	미분석효과	총효과[16]
총자동차 → 총사회적	r12 .60				r12 .60
총자동차 → 총만족도	p31 .29			(r12*P32) (.60×.52)	r13 .60
총자동차 → 총재구매	p41 .30	(p31*p43) (.29×.25)		(r12*p32*p43) +(r12*p42) (.60×.52×.25) +(.60×.20)	r14 .56
총사회적 → 총만족도	p32 .52			(r12*p31) (.60×.29)	r23 .69
총사회적 → 총재구매	p42 .20	(p32*p43) (.52×.25)		(r12*p31*p43) +(r12*p41) (.60×.29×.25) +(.60×.30)	r24 .54
총만족도 → 총재구매	p43 .25		(p31*p41) +(p31*r12*p42) +(p32*r12*p41) +(p32*p42) (.29×.30) +(.29×.60×.20) +(.52×.60×.30) +(.52×.20)		r34 .56

상관의 분해는 좀 복잡해 보일 수 있다. 그러나 이 부분을 이해해야 상관행렬이 인과관계로 전환되는 원리를 터득할 수 있기 때문에 경로분석을 깊이 있게 이해하기 위해서는 충분히 학습해야 한다.

16 여기에서의 총효과는 직접효과+간접효과+의사효과+미분석효과를 포함한 두 변수 간 상관을 나타낸다. 실제 Amos에서의 총효과는 직접효과+간접효과만의 크기를 나타낸다.

Q&A

Q 5-1 경로분석에서 변수 간 상관관계와 쌍방향 인과관계가 헷갈립니다.

A 상관관계는 인과관계가 불가능한 관계로서 변수 간 원인과 결과를 밝혀내기 힘든 관계이며, 변수 간 현상이 동시에 일어나는 특징이 있습니다. 그래서 원인과 결과의 시간적 우선순위를 정하는 것도 쉽지 않습니다. 주식시장을 보면, 일반적으로 코스피 지수와 코스닥 지수가 함께 상승하거나 함께 하락하는 것을 볼 수 있는데, 이는 어느 한쪽이 원인이나 결과가 되어서 움직이는 것이 아니라 동시에 변수의 움직임이 일어나기 때문에 양의 상관관계를 가지고 있는 것입니다.

반면, 쌍방향 인과관계는 원인과 결과의 관계가 순환적으로 일어나며, 어떤 현상이 시간의 차이를 두고 발생합니다. 예를 들어, 한 소비자가 특정 온라인 쇼핑몰을 통해 제품을 구매했는데 품질에 만족하여 제품을 재구매한 후 다시 재만족할 때, '구매 → 만족 → 재구매 → 재만족'처럼 원인과 결과가 순환적으로 일어나는 경우라고 할 수 있습니다.

Q 5-2 다음의 연구모델을 만들어보았습니다. 어느 부분이 잘못됐나요?

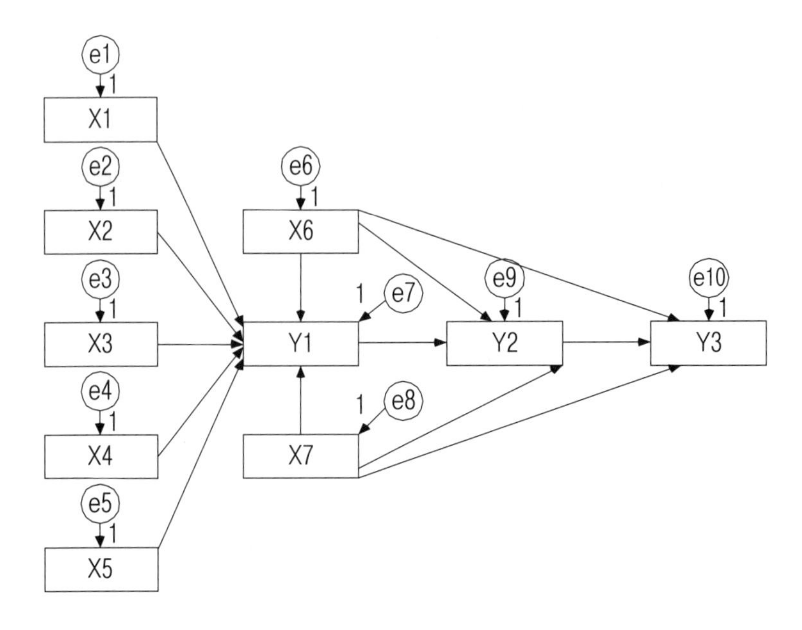

A 먼저 외생변수로 보이는 X1~X7에 오차변수(e1~e5, e6, e8)를 굳이 만들 필요는 없어 보입니다. 그리고 구조방정식모델에서는 외생변수 간 공분산을 가정하고 있기 때문에 공분산을 설정해주는 것이 좋습니다. 오차변수가 존재하고 있는 상태에서는 공분산을 설정할 수 없기 때문에 오차변수를 제거하고 공분산을 설정해줘야 합니다. 공분산이 설정되지 않으면 분석 시 외생변수 간 공분산 설정에 대한 메시지가 나타나고, 모델적합도 역시 좋지 않게 나올 수 있습니다.

Q 5-3 Amos에서 다음 모델이 분석되지 않습니다. 왜 그런가요?

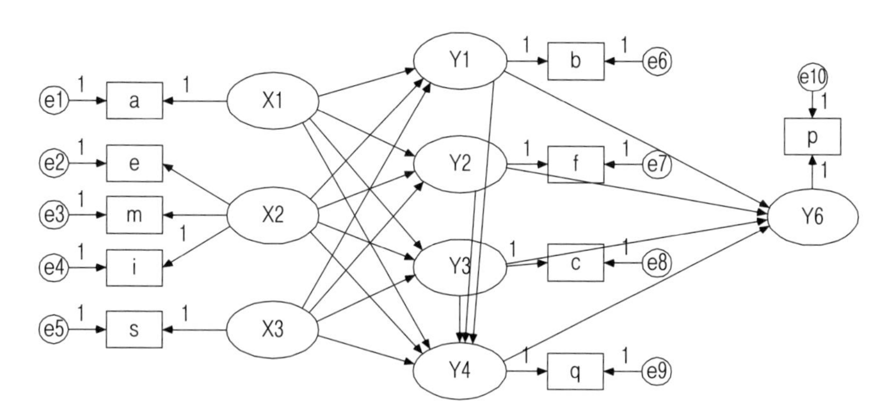

A 위의 모델은 분석되지 않는 것이 당연합니다. 먼저, X2를 제외한 모든 잠재변수들이 단일 관측변수로 구성된 잠재변수(단일 잠재변수와 단일 관측변수)입니다. 이럴 경우, X2를 제외한 모든 측정오차의 분산은 0으로 고정되어야 합니다. 또한 Y1~Y5의 내생잠재변수들 역시 측정오차만 존재할 뿐 구조오차가 빠져 있습니다. 위의 모델을 재구성한다면 다음과 같이 될 수 있을 것 같습니다.

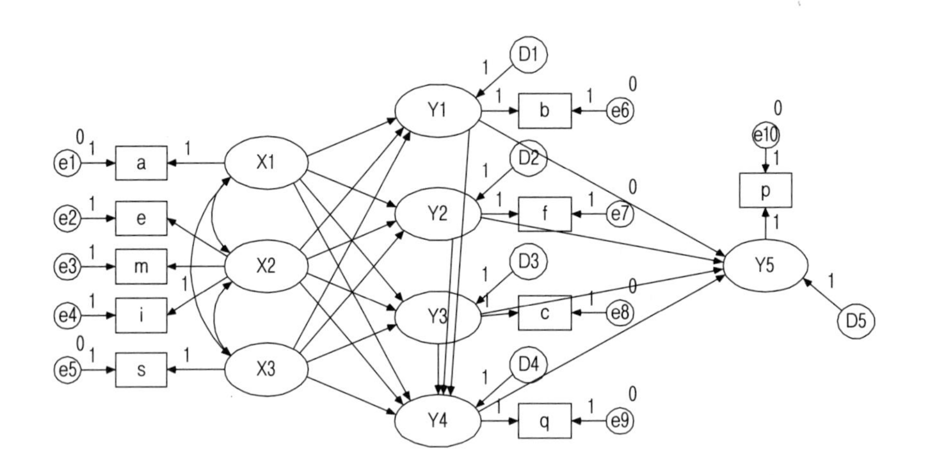

그림에서 보는 바와 같이 '단일 잠재변수와 단일 관측변수'인 경우에는 측정오차변수의 분산이 0으로 고정되어야 하고, 화살표를 받는 내생변수에는 반드시 구조오차를 설정해 줘야 합니다. 그리고 외생변수 간 상관설정도 해주는 것이 좋습니다. 개인적으로, 위 모델과 같은 경우에는 경로분석 형태로 만드는 것이 더 간단명료해 보일 것 같습니다. 굳이 '단일 잠재변수와 단일 관측변수'의 모델 형태를 이용할 필요가 없어 보입니다.

Q 5-4 경로분석에서 간접효과의 유의성을 설명해주셨는데, 구조방정식모델에서도 간접효과의 유의성 검증을 할 수 있나요?

A 간접효과의 유의성 검증은 경로분석에서도 가능하지만 구조방정식모델에서도 확인할 수 있습니다. 외제차모델에서 '사회적지위 → 재구매' 경로의 구조방정식모델을 예로 들어보겠습니다.

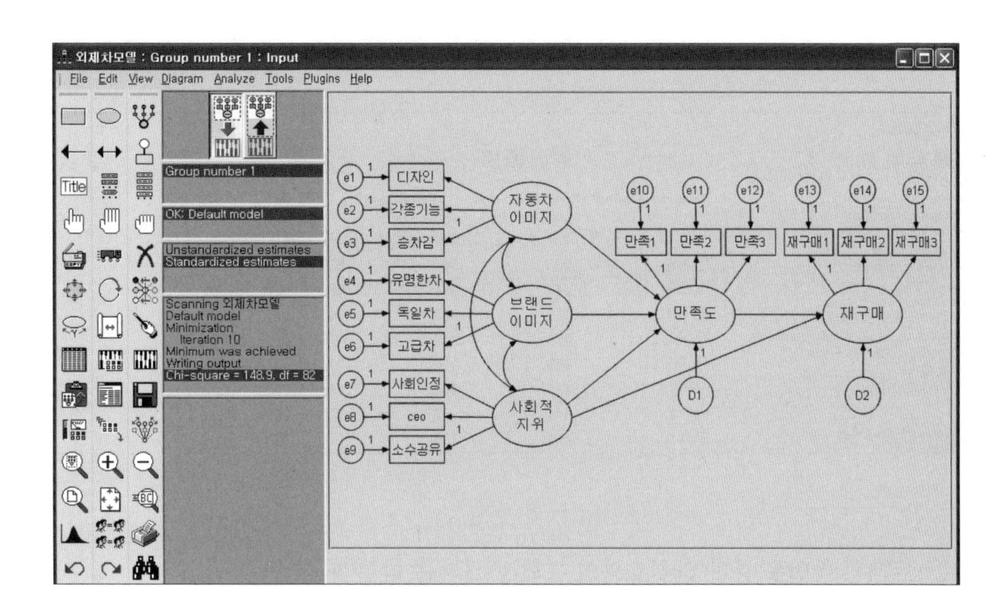

[View] → [Analysis Properties] → [Bootstrap]에서 ☑ Perform bootstrap, ☑ Percentile confidence intervals, ☑ Bias-corrected confidence intervals, ☑ Bootstrap ML을 체크합니다.

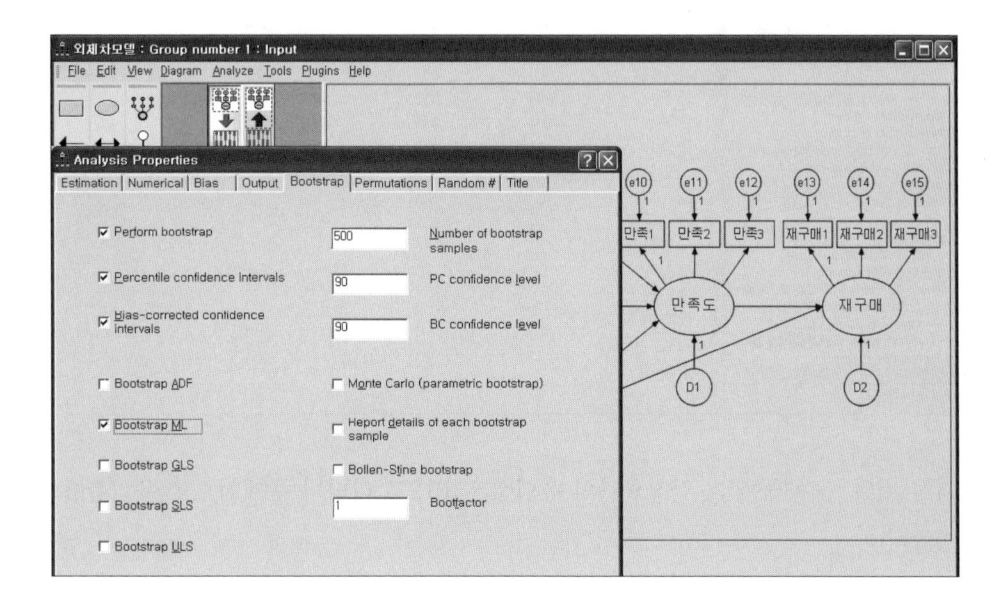

위 모델을 분석한 결과, '사회적 지위 → 재구매'의 간접효과의 크기는 다음과 같습니다.

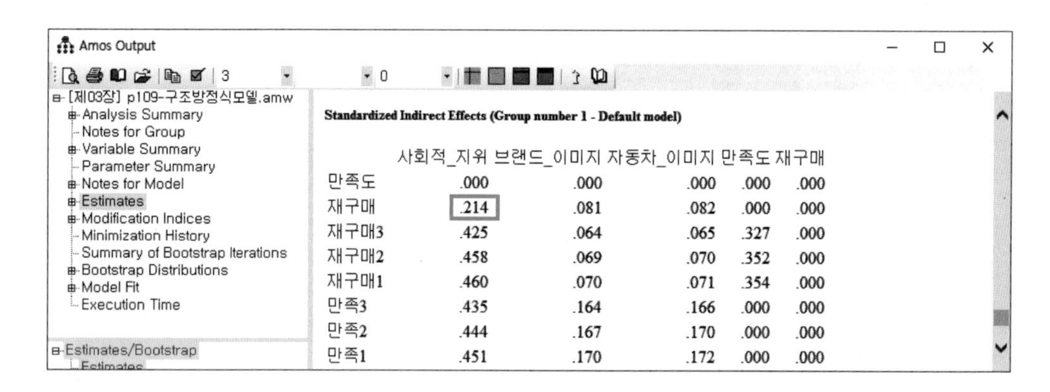

Standardized Indirect Effects (Group number 1 - Default model)

	사회적_지위	브랜드_이미지	자동차_이미지	만족도	재구매
만족도	.000	.000	.000	.000	.000
재구매	.214	.081	.082	.000	.000
재구매3	.425	.064	.065	.327	.000
재구매2	.458	.069	.070	.352	.000
재구매1	.460	.070	.071	.354	.000
만족3	.435	.164	.166	.000	.000
만족2	.444	.167	.170	.000	.000
만족1	.451	.170	.172	.000	.000

부트스트래핑 방법을 통한 간접효과의 유의성 결과는 다음과 같습니다.

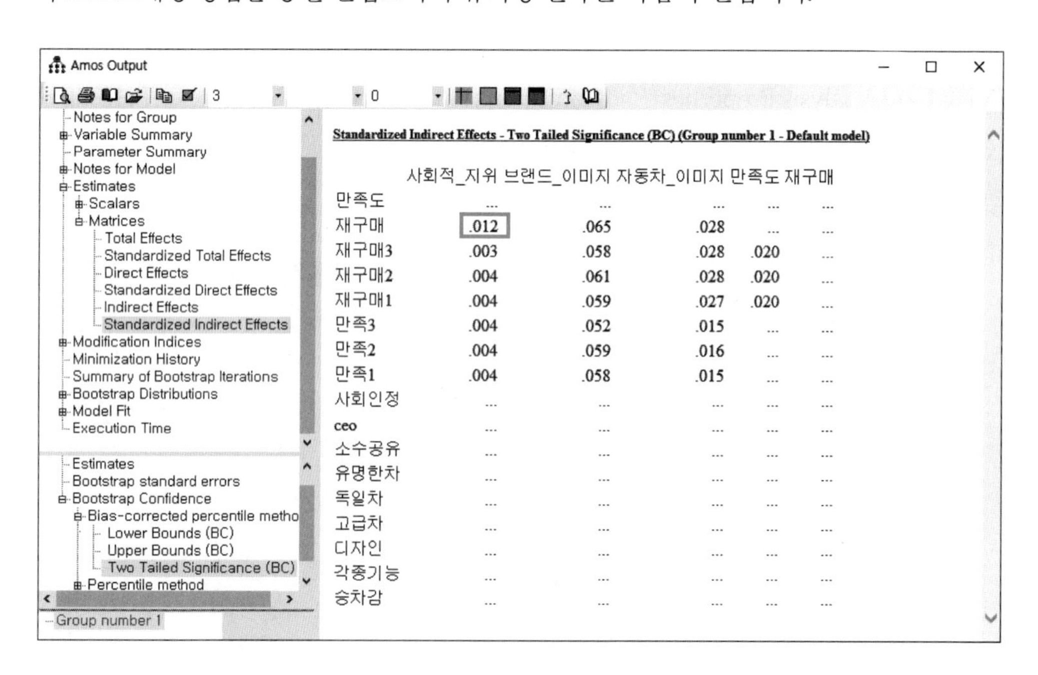

Standardized Indirect Effects - Two Tailed Significance (BC) (Group number 1 - Default model)

	사회적_지위	브랜드_이미지	자동차_이미지	만족도	재구매
만족도	...	...	...	...	...
재구매	.012	.065	.028	...	...
재구매3	.003	.058	.028	.020	...
재구매2	.004	.061	.028	.020	...
재구매1	.004	.059	.027	.020	...
만족3	.004	.052	.015	...	...
만족2	.004	.059	.016	...	...
만족1	.004	.058	.015	...	...
사회인정	...	...	...	...	...
ceo	...	...	...	...	...
소수공유	...	...	...	...	...
유명한차	...	...	...	...	...
독일차	...	...	...	...	...
고급차	...	...	...	...	...
디자인	...	...	...	...	...
각종기능	...	...	...	...	...
승차감	...	...	...	...	...

'사회적 지위 → 재구매'의 간접효과의 유의성은 .012로 나타나 통계적으로 유의함을 알 수 있습니다.

Q 5-5 경로분석을 이용해서 모델을 만들었는데, 논문에 반드시 사각형으로 표시해줘야 하나요? 타원은 잠재변수인 경우에만 사용할 수 있나요?

A 구조방정식모델의 기준에서 보면 사각형으로 표시해주는 것이 맞습니다. 하지만 변수의 개념을 구성개념의 목적으로 나타내려 했다면 사각형으로 표시해주지 않아도 큰 문제가 되지는 않습니다. 만약 그런 논리라면 구성개념을 평균 내어 단일문항화한 후 회귀분석을 이용한 연구모델들은 모두 사각형으로 표시하여야 할 것입니다. 또한 어떤 모델에서 다수의 관측변수에 의해서 측정된 잠재변수는 원으로, 그렇지 않고 하나의 관측변수로 측정된 변수는 사각형으로 해줘야 한다는 의미가 됩니다. 하지만 그런 식으로 연구모델을 제시한 논문은 많지 않습니다. 결론적으로, 경로분석을 사용한 경우(혹은 특정 변수를 단일항목으로 사용한 경우)라도 구성개념을 나타내는 의미로서 원으로 표시하여도 틀리지 않습니다. 단, 논문의 연구방법론 부분에서는 경로분석을 사용했다는 것을 명시해줘야 합니다.

Q 5-6 SPSS에서도 경로분석이 가능한가요?

A SPSS에서는 경로분석을 실행할 수 없습니다. 비록 경로분석이 회귀분석이 여러 번 실행된 형태이긴 하지만 SPSS에는 경로분석을 실행할 수 있는 기능이 없으며, Amos나 Lisrel처럼 구조방정식모델 프로그램에서만 가능합니다. 반면, Amos에서는 회귀분석을 실행할 수 있습니다.

Thinking of Jp #2
즐기기

가끔 당구 초보자들이 당구에 푹 빠지게 되면 잠잘 때도 방 천장이 당구대로 보이고, 그 위에 당구공이 굴러다니는 게 보인다고 합니다. 여러분은 혹시 그런 경험이 있으신가요?

박사과정 시절, 전공분야뿐만 아니라 구조방정식모델 분야에서 유명한 석학이신 교수님께서 강의하는 과목이 있었습니다. 그 수업을 듣기 위해서는 선수과목으로 다변량분석 과목을 들어야 했는데, 다변량분석에 대해서는 어느 정도 알고 있던 상태였기 때문에 선수과목을 듣기 전에 구조방정식모델 수업을 들을 수 없을까 해서 교수님을 찾아뵈었습니다. 그런데 교수님께서 단호하게 선수과목을 듣고 오라고 하시더군요. 물론 청강도 허락하지 않으셨습니다. 조금은 실망했지만 그동안 구조방정식모델을 더 열심히 공부하리라 마음속으로 다짐하고 집으로 돌아왔습니다.

그런데 개강 후 공교롭게도 선수과목인 다변량분석 수업 바로 전 시간에 같은 강의실에서 구조방정식모델 과목이 열리는 것을 알았습니다. 구조방정식모델 수업시간에 그렸던 모델들이 칠판에 고스란히 남아 있었기 때문이죠. 그 칠판에 어지럽게 그려져 있던 구조방정식모델들이 제 눈에는 그 어떤 명화보다도 더 아름다워 보였습니다. 그 모델들을 보고 있자니 막 가슴이 뛰어서 책상에 앉아 아무것도 하지 않은 채 조교가 다음 시간 준비를 위해 칠판을 지울 때까지 멍하니 모델만 바라보고 있었던 적이 있습니다.

그 후 구조방정식모델 수업을 정식으로 듣게 되었고, 이후 두 번을 더 청강하였습니다. 수업에 낙제해서가 아니라 너무 좋은 강의였기 때문입니다. 옛말에 '知之者 不如好之者 好之者 不如樂之者(지지자 불여호지자 호지자 불여락지자)', 아는 자는 좋아하는 자만 못하고, 좋아하는 자는 즐기는 자만 못하다(논어 옹야편)는 말이 있습니다.

여러분도 공부를 하면서 또는 논문을 쓰면서 꼭 통계가 아니더라도 본인이 즐길 수 있는 그 무엇인가를 찾아보시기 바랍니다. 그리고 그 과정을 즐겨보시기 바랍니다. 그러다 보면 어느덧 크게 발전해 있는 자신을 발견하실 수 있을 것입니다.

chapter

6

구조방정식모델

1 구조방정식모델의 기원

구조방정식모델은 불과 십 년도 안 되는 기간 사이에 사회과학 분야에서 가장 대중적으로 사용되는 통계기법 중 하나가 되었다. 구조방정식모델의 급격한 성장은 복잡한 계산을 가능케 한 컴퓨터의 발전과 Amos와 같은 사용자 중심의 프로그램 개발 등이 큰 공헌을 했기 때문이다. 하지만 구조방정식모델의 기원을 살펴보면 상당히 오래된 분석방법 중 하나라고 할 수 있다.

구조방정식모델은 계량경제학(econometrics)에서 개발된 '동시방정식모델(simultaneous equation modeling)'과 심리학(psychology)과 심리측정학(psychometrics)에서 개발된 '요인분석(factor analysis)'이 합쳐져 탄생한 기법이다.

구조방정식모델의 한 축인 경로분석은 라이트(Wright, 1918, 1921, 1934, 1960)에 의해 고안된 오래된 기법으로서, 라이트는 변수 간의 상관관계를 변수 간 인과관계로 풀어내는 부분을 개발하였다. 또한 직접효과, 간접효과, 총효과 부분에 대한 추정방법을 제시했다. 그 뒤 하벨모(Haavelmo, 1943)는 다음과 같은 동시방정식(simultaneous equation)을 제시했다.

$$y = By + \Gamma x + \zeta$$

위의 식에서 y는 내생변수의 벡터이며, x는 외생변수의 벡터이고, ζ는 구조오차(잔차)이며, B와 Γ는 계수 매트릭스이다.

요인분석 역시 오래된 통계기법 중 하나이다. 요인분석은 스피어만(Spearman, 1904)에 의해 체계화된 후 발전을 거듭하였다(Thurstone, 1947). 특히 1950년대와 1960년대에 큰 인기를 얻게 되었는데 예레스코그(Jöreskog, 1967), 예레스코그와 라울리(Jöreskog and Lawley, 1968) 등에 의해서 최대우도법(Maximum Likelihood)을 기본으로 한 접근법(ML approach)이 개발되었고, 이후 GLS 접근법(Generalized Least Squares approach)이 예레스코그와 골드버거(Jöreskog and Goldberger, 1972)에 의해서 다시 개발되었다. 이러한 과정 속에서 앤더슨과 루빈(Anderson and Rubin, 1956), 예레스코그(Jöreskog, 1969)가 기존의 요인분석(탐색적 요인분석)과 차별된 기법인 확인적 요인분석을 개발하였다.

이렇게 독립적으로 개발된 경로분석과 확인적 요인분석이 예레스코그(Jöreskog, 1973)에 의해서 합쳐지게 되는데, 이것이 바로 구조방정식모델의 기원이다. 즉 구조방정식모델은 어느 날 갑자기 혜성처럼 나타난 것이 아니라 전통적으로 사용되던 기법들이 변형되고 결합되어 탄생한 기법이다.

2 공분산행렬과 상관행렬

Lisrel을 한번쯤 공부했던 사람이라면 구조방정식모델이 데이터의 공분산행렬로 분석된다는 것을 알고 있을 것이다. 그 이유는 수많은 변수들 간의 공분산 행렬을 직접 입력하는 과정이 필요하기 때문이다.

[표 6-1] LISREL에서 사용되는 그리스 문자표

η	η	eta(에타, 이타)	ϵ	ϵ	epsilon(입실론)
ξ	ξ	xi(그자이, 자이, 크시)	δ	δ	delta(델타)
ζ	ζ	zeta(제타)	Θ_ϵ	$\theta^{(\epsilon)}$	theta-epsilon(쎄타-입실론)
Λ_y	λ_y	lambda y(람다 y)	Θ_δ	$\theta^{(\delta)}$	theta-delta(쎄타-델타)
Λ_x	λ_x	lambda x(람다 x)	$\Theta_{\delta\epsilon}$	$\theta^{(\delta\epsilon)}$	theta-delta-epsilon
B	β	beta(베타)	α	α	alpha(알파)
Γ	γ	gamma(감마)	κ	κ	kappa(카파)
Φ	ϕ	phi(파이)	τ_x	τ_x	tau-x(타우 x)
Ψ	ψ	psi(프사이, 사이, 프시)	τ_y	τ_y	tau-y(타우 y)

하지만 Amos 사용자들은 SPSS에 데이터를 직접 입력하여 모델을 만들고 분석하기 때문에 실제로 구조방정식모델이 어떻게 분석되는지에 대해 잘 알고 있지 못하는 것 같다.

구조방정식모델은 데이터의 공분산행렬이나 상관행렬에 의해서 분석이 가능하다. 지금까지 공분산구조분석(covariance structure analysis)으로 불리고 있는 이유도 바로 이 때문이다. Amos의 경우, SPSS에서 자동으로 공분산이 계산되어 분석이 되기 때문에 굳이 사용자가 공분산행렬이나 상관행렬을 입력하지 않아도 되는 것 뿐, 실제로는 SPSS에서 계산된 형태의 공분산행렬이나 상관행렬이 입력되어 분석되는 것이다. 다시 말하면, 논문에 제시된 변수들 간 공분산행렬이나 상관행렬[1]만 있다면 원자료가 없더라도 얼마든지 논문의 연구모델을 재현할 수 있다는 의미가 된다.

3 반영지표와 조형지표

지금까지 공부한 잠재변수와 지표(관측변수)[2]의 인과관계는 화살표가 잠재변수에서 지표로 향하는 형태로 되어 있었지만, 잠재변수와 지표 간 화살표의 방향성에 따라 반영지표(reflective indicator)와 조형지표(formative indicator)로 구분된다.

반영지표는 화살표가 잠재변수에서 지표로 향하고 있기 때문에 잠재변수가 관측변수에 영향을 미치는 형태이며, 지표가 잠재변수로부터 영향을 받기 때문에 'effect model'이라고 불린다. 반대로 조형지표는 지표가 잠재변수에 영향을 미치기 때문에 'cause model'이라고 불린다.

1 Amos에서 상관행렬을 사용할 경우에는 평균과 표준편차를 함께 제공해야 한다.

2 반영지표 모델에서는 지표가 관측변수에 해당한다.

화살표의 방향성 외에도 다른 차이점이 있는데, 바로 오차변수이다. 반영지표 모델에서는 관측변수에 해당하는 반영지표에 측정오차가 존재한다. 하지만 조형지표 모델에서는 지표가 영향을 주는 외생변수의 역할을 하고, 잠재변수가 영향을 받는 내생변수의 역할을 하기 때문에 구조오차가 존재하게 된다.

<table>
<tr><th>반영지표</th><th>조형지표</th></tr>
<tr><td>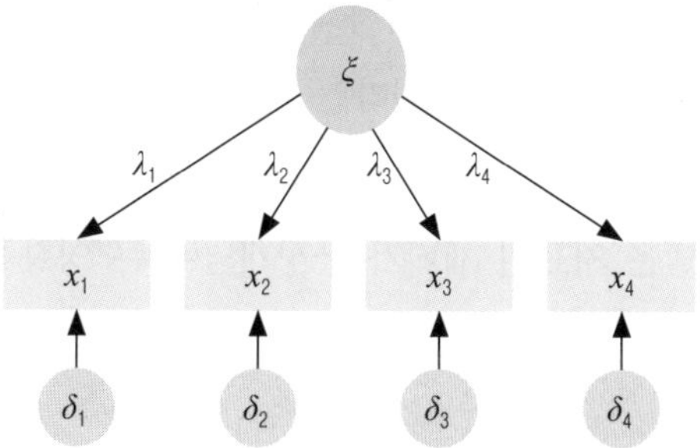
</td><td>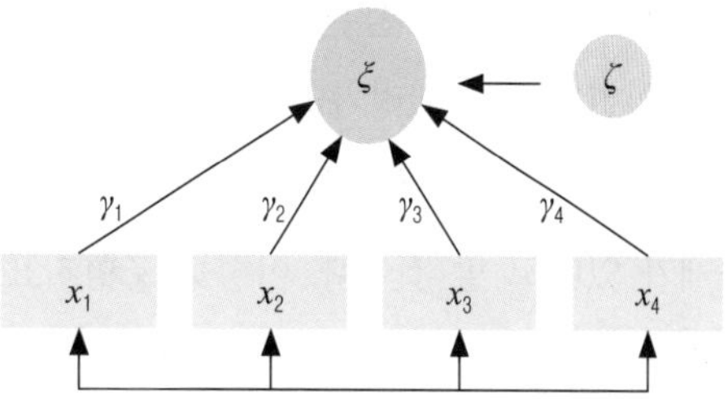
</td></tr>
<tr><td>$X_1 = \lambda_1\xi + \delta_1$
$X_2 = \lambda_2\xi + \delta_2$
$X_3 = \lambda_3\xi + \delta_3$
$X_4 = \lambda_4\xi + \delta_4$</td><td>$\xi = \gamma_1X_1 + \gamma_2X_2 + \gamma_3X_3 + \gamma_4X_4 + \zeta$</td></tr>
</table>

이 두 모델은 형태뿐만 아니라 내용 면에서도 여러 가지 다른 점을 내포하고 있다. 먼저 반영지표 모델은 지표(관측변수)들끼리의 내용이 서로 비슷해야 하며, 수치적으로도 서로 강한 상관을 가져야 한다. 그래서 신뢰도분석이나 타당성분석 등을 통한 지표 간 관계의 검증이 중요하며, 특정 변수가 제거되더라도 다른 비슷한 내용의 지표들이 구성개념을 나타내기 때문에 구성개념 자체에 큰 영향을 미치지 않는다. 반면, 조형지표 모델은 지표의 내용들이 반드시 비슷해야 할 필요가 없으며, 상관이 높을 필요도 없다. 또한 상관이 낮다고 해서 그 변수를 제거할 필요도 없다. 오히려 변수의 제거는 구성개념에 큰 영향을 미칠 수 있다.

예를 통해 조형지표 모델을 이해해보자. 만약 어떤 조사자가 '한국사회에서 성공한 사람으로 인정받기 위한 요인'에 대해서 질문했을 경우, 많은 요인들이 있겠지만 주요 요인으로는 재정능력, 학력, 명예, 인맥, 직업, 집안배경, 건강 등으로 대답할 것이다. 그럼 이들 요인의 상관관계는 어떨까? 서로 높은 상관을 보일까? 학력이 높다고 해서 재력이 좋은 것은 아닐 것이다. 고학력에서도 저임금으로 일하는 직업은 수없이 많다. 또한 인맥이 넓다고 해서 좋은 직업을 가지는 것은 아니며, 재정능력이 있다고 해서 명예가 높아지는 것도 아니다. 이렇듯 조형지표 모델은 지표 간 상관이 높을 수 있지만 그렇다고 반드시 높을 필요도 없으며, 지표 간 낮은 상관이 문제를 일으키지도 않는다.

또한 변수의 제거가 구성개념의 내용에 영향을 미칠 수 있다. 지표 중 '재정능력'이라는 변수가 다른 변수와 상관이 낮아서 제거됐다고 가정해보자. 한국사회에서 성공한 사람이라면 일반적으로 재력가라는 관념이 강하기 때문에 재정능력이라는 변수가 제거된다면 많은 사람들은 '한국사회에서 성공한 사람으로 인정받기 위한 요인'의 구성개념 측정에 문제가 있다고 할 것이다. 이렇듯 조형지표 모델은 지표의 제거가 구성개념에 큰 영향을 미칠 수 있으므로 신중을 기해야 한다.

조형지표모델 예

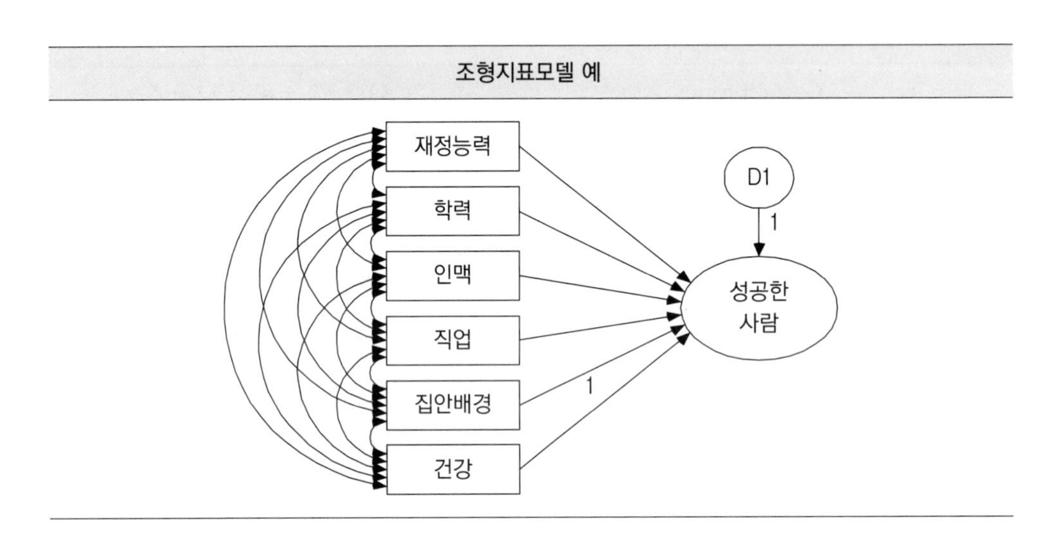

Amos, Lisrel 등의 구조방정식모델 프로그램은 관측변수와 잠재변수 간 관계가 반영지표 모델을 기본으로 하기 때문에 조형지표 모델을 사용할 경우에는 식별에 문제[3]가 발생할 수 있으므로 유의해야 한다.

3 Amos와 Lisrel의 경우, 반영지표가 기본으로 되어 있기 때문에 발생하는 문제로서 PLS(Partial Least Square) 프로그램으로 해결이 가능하다.

[표 6-2] 반영지표모델 & 조형지표모델 비교[4]

개념	반영지표모델	조형지표모델
화살표의 방향성 (인과관계)	잠재변수에서 지표(관측변수)로 향함	지표(관측변수)에서 잠재변수로 향함
오차변수	지표에 측정오차가 존재함	잠재변수에 구조오차가 존재함
지표 간 일치성	지표는 서로 비슷한 내용을 나타내야 함	지표는 서로 비슷한 내용을 나타낼 필요 없음
상관관계	지표 간 상관이 높음 (상관이 낮을 경우 제거함)	지표 간 상관이 낮아도 문제 되지 않음
지표의 제거	지표가 제거되어도 구성개념에 큰 영향 없음	지표 제거 시, 구성개념에 영향을 미칠 수 있음
Amos에서의 모델설정	아이콘을 이용하면 잠재변수에 있는 지표 중 하나가 자동으로 1로 지정됨	잠재변수에 영향을 주는 조형지표 중 경로 하나를 반드시 1로 고정시켜야 함
집중타당성 및 신뢰도	집중타당성 및 신뢰도가 중요함	집중타당성 및 신뢰도가 그다지 중요하지 않음

4 반영지표와 조형지표를 이용한 모델

반영지표와 조형지표를 이용한 다양한 모델의 표현[5]을 알아보도록 하자.

4-1 다중지표 모델

다중지표(multiple indicator) 모델은 다수의 반영지표가 사용된 모델이다. 그림에서 유명한차, 독일차, 고급차, 만족1, 만족2, 만족3은 관측변수에 해당하는 반영지표들이며, 외생

4 Hair (2006). p. 789; 배병렬 (2009). p. 349.

5 노형진 (2003). p. 209.

잠재변수인 브랜드이미지가 내생잠재변수인 만족도에 영향을 미치는 모델이 된다. 또한 각 지표가 반영지표(관측변수)로 사용되었으므로 측정오차가 존재하며, 만족도는 내생잠재변수이므로 구조오차가 존재한다.

다중지표 모델

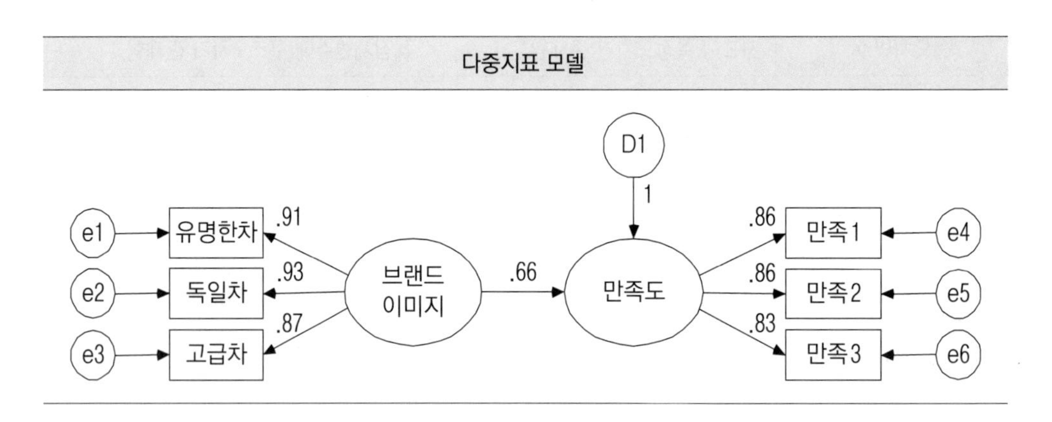

4-2 다중지표 다중원인 모델

다중지표 다중원인(Multiple Indicator Multiple Cause, MIMIC) 모델은 다수의 지표가 영향을 미치는 외생변수와 관측변수로 각각 나뉘어 사용된 모델로서, 조형지표 형태와 반영지표 형태가 공존한다. 아래의 그림에서 왼쪽에 있는 유명한차, 독일차, 고급차는 외생변수이기 때문에 측정오차가 존재하지 않으며, 오른쪽의 반영지표인 만족1, 만족2, 만족3은 관측변수이기 때문에 측정오차가 존재한다. 내생잠재변수인 만족도의 경우에는 유명한차, 독일차, 고급차에 의해서 영향을 받으므로 구조오차가 존재한다.

다중지표 다중원인 모델

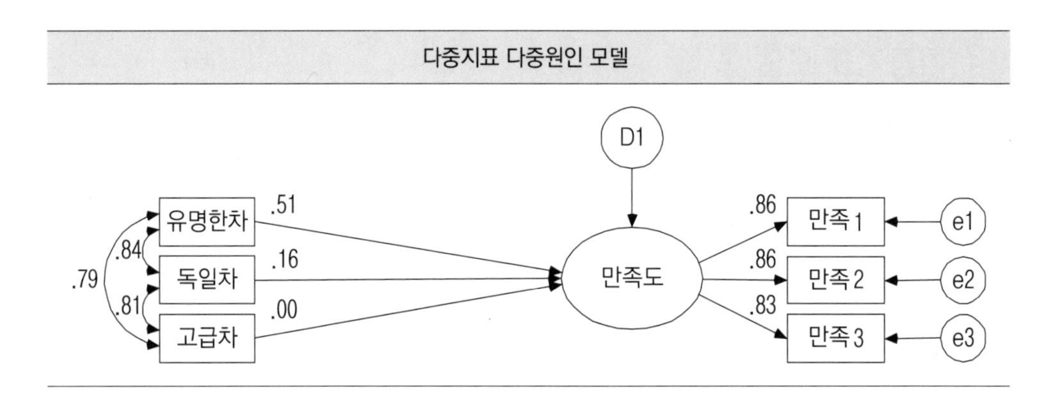

알아두세요! **다중지표 다중원인 모델의 형태**

연구모델의 구조는 조사자가 결정하는 것이다. 따라서 아래의 모델처럼 조형지표 모델을 형성하고 있는 잠재변수인 브랜드이미지가 내생변수인 만족1, 만족2, 만족3에 영향을 미치는 것으로 구성할 수도 있다. 여기서 만족1, 만족2, 만족3은 관측변수가 아닌 내생변수이기 때문에 구조오차가 존재한다.

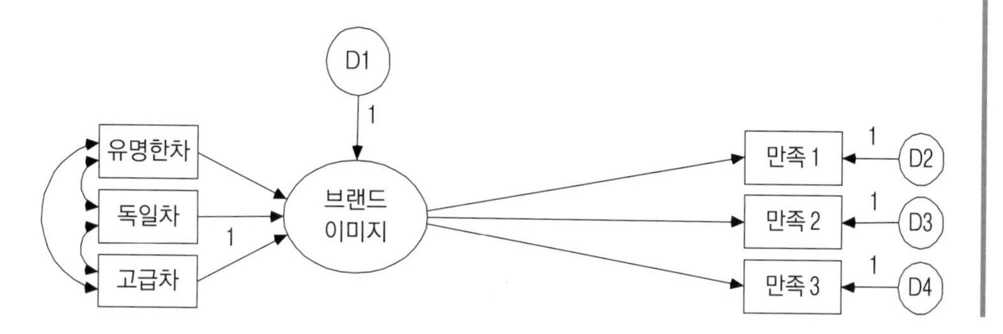

4-3 PLS 모델

PLS(Partial Least Squares) 모델은 다수의 반영지표와 조형지표가 동시에 사용되는 모델이다. MIMIC 모델과 비교해보면, MIMIC 모델은 외생변수인 조형지표가 잠재변수에 직접 영향을 주는 반면, PLS 모델은 조형지표로 형성된 잠재변수가 반영지표로 구성된 잠재변수에 영향을 미친다. 아래의 그림에서 왼쪽에 있는 유명한차, 독일차, 고급차는 잠재변수를 형성하는 조형지표가 되며, 오른쪽의 지표(관측변수)인 만족1, 만족2, 만족3은 잠재변수인 만족도의 반영지표로서 측정오차가 존재한다. 그리고 내생잠수변수인 브랜드이미지와 만족도의 경우, 브랜드이미지는 유명한차, 독일차, 고급차에 의해 영향을 받고, 만족도는 브랜드이미지에 의해 영향을 받으므로 구조오차가 존재한다.

PLS 모델

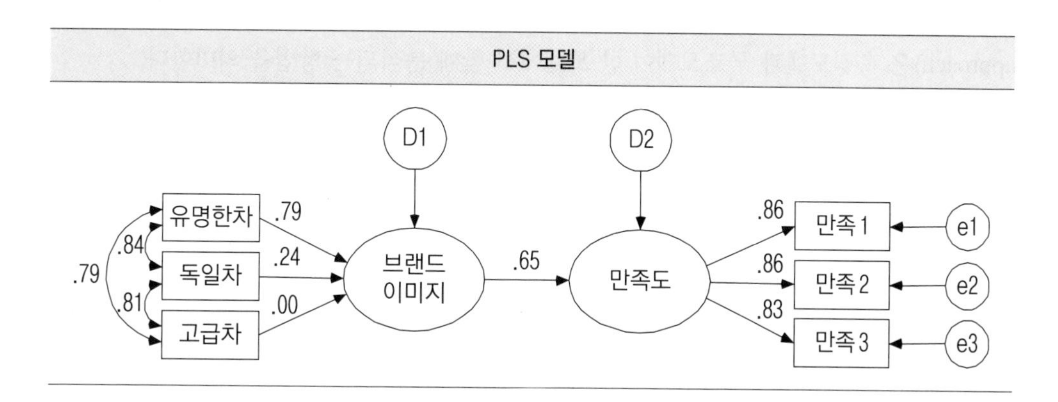

알아두세요!

Amos에서 조형지표 실행

Amos에서는 반영지표 모델이 기본으로 설정되어 있기 때문에 조형지표 모델을 구현하기 위해서는 조형지표의 경로(regression weight) 중 하나를 1로 고정해주어야 하며, 구조오차에서 분산(variance)을 0으로 고정해주어야 한다.

Amos에서의 PLS 모델

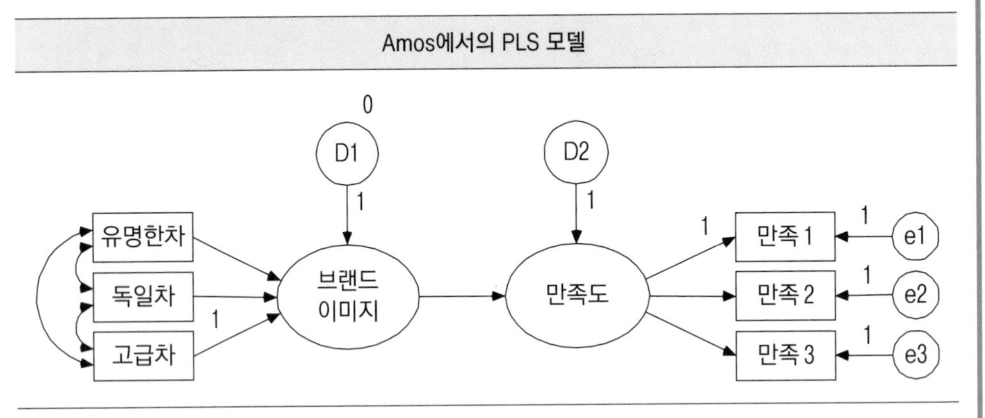

예를 들어 브랜드이미지의 경우, 지표 중 하나인 고급차가 브랜드이미지로 가는 경로에 1이 고정되어 있고, 구조오차인 D1의 분산이 0으로 고정되어 있음을 알 수 있다.

5 2단계 접근법

앤더슨과 게르빙(Anderson & Gerbing, 1988)에 의해서 제안된 2단계 접근법(two step approach)은 1단계에서 조사자가 확인적 요인분석을 통하여 측정모델의 적합도와 타당성을 검증한 후, 2단계에서 구조모델[6]을 추정하는 방법이다. 1단계 접근법(one step approach)은 측정모델과 구조모델이 한 모델에서 함께 분석되는 방법을 의미한다.

6 2단계 접근법의 경우, 1단계에서 확인적 요인분석을 실시한 후 2단계인 구조모델 추정에서는 구조방정식모델을 사용하기도 하며, 경로분석모델을 이용하여 분석하기도 한다.

1단계 접근법: 측정모델과 구조모델을 동시에 분석

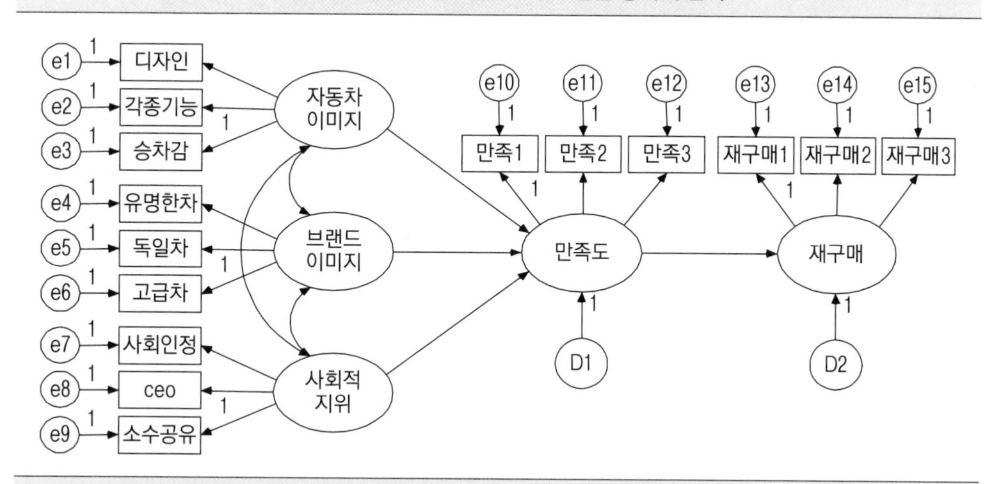

2단계 접근법: 측정모델 분석(1단계) 후, 구조모델을 분석(2단계)

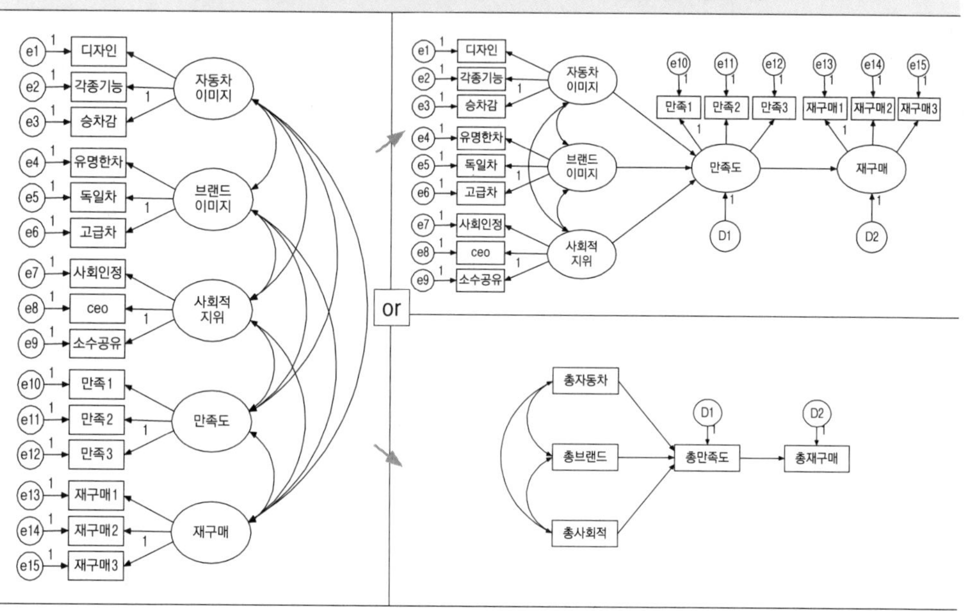

구조방정식모델을 이용한 연구모델의 적합도가 좋지 않게 나왔다면, 이는 측정모델이나 구조모델이 적합하지 않거나, 이 2가지 모델이 모두 적합하지 않을 확률이 높다는 것을 의미한다. 이런 경우에는 측정모델 단계에서 타당성 검증 등을 통해 요인부하량이 좋지 않은 관측변수 등을 제거한 후, 다음 단계인 구조모델을 분석하는 2단계 접근법이 효과적이다.

2단계 접근법은 현재 국내 논문에서도 많이 사용되고 있다. 하지만 이론과 측정은 서로 분리되어 분석될 수 없기 때문에 측정모델과 구조모델을 동시에 분석하는 1단계 접근법이 옳다는 주장[7] 역시 존재한다.

결론적으로 측정모델과 구조모델이 모두 강한 이론적 배경을 가지고 있고 관측변수들 간에 신뢰도가 좋다면, 측정모델과 구조모델을 동시에 추정하는 분석법이 좋다고 할 수 있을 것이다. 하지만 그렇지 않은 경우라면 2단계 접근법이 좋은 방법[8]이라고 할 수 있다.

---

7 Fornell & Yi (1992a, 1992b).

8 Hair (2006). p. 848.

Q&A

Q 6-1 경로분석과 구조방정식모델의 차이점은 무엇인가요?

A 경로분석과 구조방정식모델의 가장 큰 차이점은 잠재변수의 사용 여부입니다. 경로분석이 개발되었을 당시엔 잠재변수라는 개념 자체가 없었기 때문에 어찌 보면 당연한 일입니다. 물론 하나의 잠재변수와 하나의 관측변수 형태로 잠재변수를 이용한 형태의 모델을 공부했지만 이 역시 형태상의 변형일 뿐, 기본적으로 단일변수 간 인과관계라는 한계를 뛰어넘을 수는 없습니다. 하지만 구조방정식모델은 다수의 관측변수와 잠재변수가 연결되어 있는 형태이기 때문에 관측변수에 대한 측정오차가 존재하며, 잠재변수 간 구조오차도 존재합니다. 반면, 경로분석에서는 다수의 변수로 구성된 잠재변수가 존재하지 않으므로 측정오차가 없으며, 구조오차만 존재합니다.

Q 6-2 확인적 요인분석과 구조방정식모델의 차이점은 무엇인가요?

A 확인적 요인분석은 형태상으로 잠재변수 간 상관(공분산)으로만 구성되어 있는 모델이기 때문에 구조오차가 존재하지 않습니다. 하지만 구조방정식모델은 잠재변수 간 인과관계를 보기 때문에 구조오차가 존재하며, 확인적 요인분석처럼 잠재변수 간의 1:1 관계뿐만 아니라 1:多의 관계를 볼 수 있습니다. 두 기법의 가장 큰 차이는 잠재변수 간 상관관계(확인적 요인분석)와 인과관계(구조방정식모델)의 차이라고 할 수 있습니다.

Q 6-3 구조방정식모델에서 통계적 가정이 존재하나요?

A 구조방정식모델에는 다음과 같은 통계적 가정들이 존재합니다.

구조방정식모델의 가정	
1. 다변량 정규분포 (multivariate normal distribution)	구조방정식모델은 ML(Maximum Likelihood)법을 기본 추정법으로 사용하고 있기 때문에 다변량 정규분포를 가정하고 있다. 이러한 정규성이 무너질 경우 χ^2 등에 영향을 미치게 된다.
2. 선형성(linearity)	구조방정식모델에서는 연구모델 내에 존재하는 외생변수와 내생변수 간 선형성을 가정하고 있다.
3. 이상치(outlier)	구조방정식모델에 사용되는 데이터에는 이상치가 존재하고 있지 않음을 가정하고 있다. 이상치는 데이터 분석 결과에 영향을 미치기 때문에 반드시 분석 전에 확인해야 한다.
4. 인과성(causal effect)	구조방정식모델은 인과관계를 바탕으로 하고 있기 때문에 외생변수와 내생변수 간 관계는 반드시 원인과 결과를 바탕으로 구성되어야 한다.
5. 모델의 식별(identification)	구조방정식모델에서는 정보의 수가 모수의 수와 같거나(적정식별), 더 큰(과대식별) 경우에만 구조방정식모델로 인정하며, 정보의 수가 모수의 수보다 더 적은(과소식별) 경우에는 구조방정식모델로 인정하지 않는다.
6. 오차변수 간 무상관 (uncorrelated error term)	구조방정식모델에서는 기본적으로 오차변수 간 상관을 가정하고 있지 않다. 단, 수정지수 등을 통해서 조사자가 설정할 수는 있다.
7. 데이터의 특성(interval data)	구조방정식모델은 회귀분석이 변형된 형태이기 때문에 모든 변수는 등간이나 비율척도이어야 한다.

Q 6-4 구조방정식모델에서 명목척도(예 : 성별, 학년, 지역, 소속)를 변수로 사용하고 싶은데, 가능한가요?

A 구조방정식모델을 논문에 사용하기 위해서는 설문지 단계에서부터 구조방정식모델에 맞게 구성해야 합니다. 구조방정식모델은 회귀분석이 발전된 형태이므로 독립변수(외

생변수)와 종속변수(내생변수)들은 등간척도나 비율척도로 된 연속형 변수를 사용하는 것으로 가정되어 있습니다. 예외적으로 성별이나 Yes/No와 같은 이분법적인 변수까지는 연구모델 내 사용이 가능하지만, 3 이상의 수치를 가진 명목척도(예: 지역별구분 1=서울, 2=경기, 3=강원)는 해석에 어려움이 있기 때문에 적합하지 않습니다. 단, 다중집단분석에서 성별이나 국가(예: 한국소비자 Vs. 미국소비자)와 같은 명목척도들은 조절변수 등으로 사용할 수 있습니다.

Q 6-5 박사논문에 다음 모델을 사용하고 싶은데, 어떤 문제가 있나요?

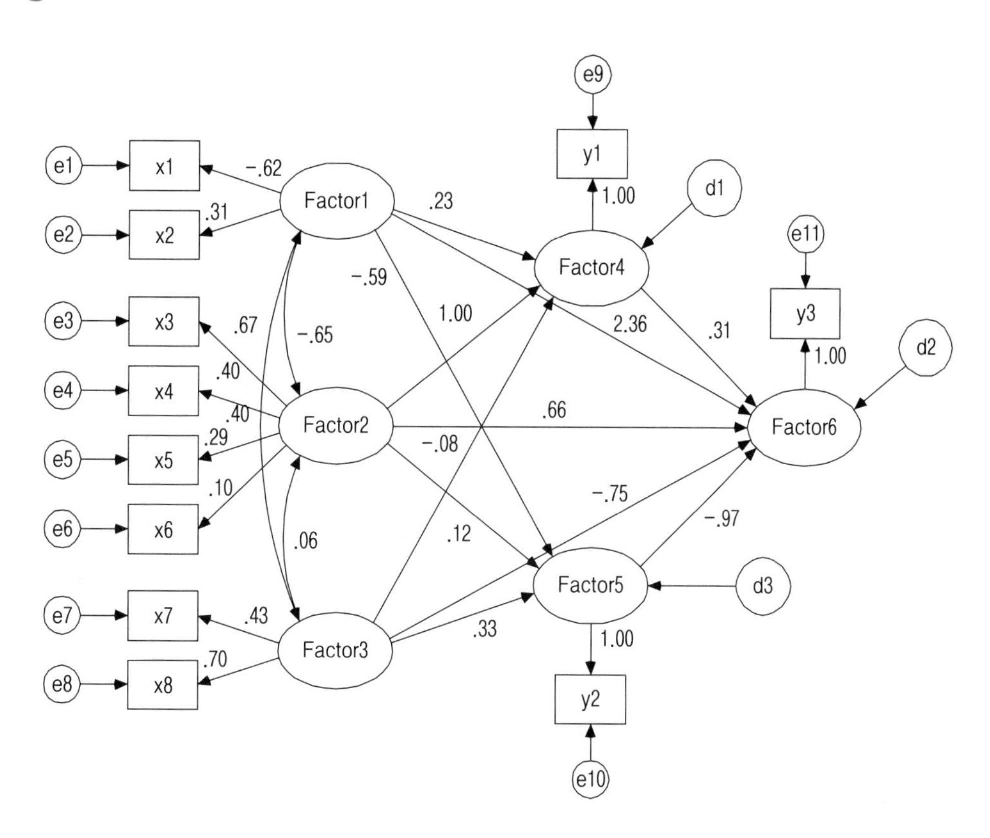

A 이 모델은 많은 문제를 포함하고 있습니다. Factor1의 경우 두 관측변수의 요인부하량에 대한 방향성(양과 음의 방향성)이 불일치하기 때문에 한쪽을 역환산해주는 과정이 필요합니다. 그런데 항목을 역환산한다고 해도 부호만 바뀔 뿐 계수의 크기는 변하지 않기 때문에 x2의 낮은 요인부하량이 문제 될 수 있습니다. 그리고 Factor3 역시 x7의 요인부하량이 높지 않습니다. 이럴 때는 Factor1과 Factor3에서 낮은 요인부하량의 관측변수 제거에 대해서 생각해봐야 하는데, 그것 역시 쉬운 문제가 아닙니다. 관측변수를 2개씩만 사용했기 때문에 타당성 등에 문제가 발생할 수 있습니다.

또한 Factor2의 경우, 4개의 관측변수를 사용했지만 요인부하량 수치들이 좋지 않습니다. 요인부하량 수치들을 볼 때 관측변수들에 대한 상관 등도 매우 낮을 것으로 예상됩니다. Factor2가 반영지표 모델인지, 조형지표 모델인지를 확인한 후 반영지표 모델이라면 요인부하량이 낮은 변수들을 제거하여 모델을 재구성하는 것이 바람직해 보입니다.

마지막으로 변수 간 인과관계에서도 표준화계수임에도 불구하고 Factor1에서 Factor6으로 가는 경로계수가 2.36으로 비정상적인 수치를 보이고 있습니다.

결과적으로 위 모델의 분석 결과는 논문으로 사용하기엔 부적합해 보입니다. 설령, 이 결과를 논문에 사용한다고 하더라도 결과에 대한 신뢰성이 없어 보입니다. 설문항목을 다시 한 번 검토한 후 표본을 재수집하여 모델을 다시 분석해보기를 권합니다.

chapter

7

구조방정식모델 연구단계 I :

가설설정 및 설문지 개발

구조방정식모델을 분석한다고 하면, 일반적으로 단순히 수집된 데이터를 바탕으로 Amos를 이용해 분석하면 된다고 생각한다. 하지만 이것은 잘못된 생각으로 구조방정식모델을 분석하기 위해서는 다음과 같은 여러 가지 복잡한 사항을 고려해야 한다.

구조방정식모델 분석 시 고려사항

- 연구가설과 연구모델은 이론적 배경을 바탕으로 잘 구성되었는가?
- 설문지는 구조방정식모델에 맞게 구성되었는가?
- 데이터는 올바른 방법으로 수집되고 점검되었는가?
- 연구모델은 구조방정식모델에 맞게 구체화되고 설정되었는가?
- 구조방정식모델의 분석 결과는 제대로 해석되었는가?
- 수정모델 과정을 거친 최종모델은 올바르게 선택되었는가?

위와 같은 사항들을 해결하기 위해서 조사자는 연구의 초기 단계부터 이론적 배경을 바탕으로 한 연구가설 및 모델을 개발하고, 구조방정식모델에 적합한 설문지를 개발한 후, 올바른 방법을 통해 데이터를 수집하고, 결측치나 이상치 등을 처리해야 한다. 다음으로 연구모델을 구조방정식모델 분석에 맞게 구체화하여 설정한 후, 올바른 분석과 해석 과정을 거쳐 이를 바탕으로 여러 수정모델을 만들고, 그중 최종 모델을 결정해야 한다. 이러한 과정들을 거치지 않고서는 제대로 된 구조방정식모델을 구현하기가 어렵기 때문에 특히 초보자들에게 있어서 구조방정식모델의 사용은 쉽지 않은 과정이라 할 수 있다.

앞으로 살펴볼 7장부터 11장까지는 조사자가 연구문제를 발견하고 최종 구조방정식모델을 얻기까지의 과정들을 기술하였다. 조사자가 구조방정식모델에 맞는 연구를 진행하는 단계[1]는 다음과 같다.

---

1 구조방정식모델의 연구단계는 여러 가지가 제시되어 있으나 본 교재에서는 현재까지 발표된 모델들을 바탕으로 재구성하였다(Hair, 1998, 2006; Diamantopoulos & Siguaw, 2000; Kaplan, 2000; 배병렬, 2009; 김계수, 2010).

구조방정식모델 연구단계

- 연구단계 I : 가설설정 및 설문지 개발
- ⬇
- 연구단계 II : 데이터 수집 및 검사
- ⬇
- 연구단계 III : 연구모델의 구체화
- ⬇
- 연구단계 IV : 모델의 해석 및 적합도 검증
- ⬇
- 연구단계 V : 모델의 수정 및 최종모델 결정

1 가설설정

구조방정식모델의 기본구조는 하나의 구성개념(잠재변수)이 다른 구성개념에 영향을 미치는 인과관계를 바탕으로 하기 때문에 연구가설 또는 연구문제의 설정이 필요하다. 이러한 가설들의 대부분은 선행연구의 결과나 이론적·논리적 배경에 근거를 두고 작성하게 되는데, 논문에서 이론적 배경이 중요시되는 이유도 바로 이 때문이다. 그렇다면 '가설'이란 무엇일까? 여기서부터 이야기를 시작해보도록 하자.

1-1 가설이란?

가설(hypothesis)은 '어떤 상황(situation)이나 현상(phenomenon)을 설명하기 위한 임시적인 가정'으로서 아직 검증되지 않은 이론을 의미한다. 가끔 학설(theory)과 혼용되기도 하는데, 학설은 가설보다 더 많은 과학적 증거가 뒷받침되며, 대부분 진실로 받아들여지는 경우에 해당된다. 예를 들어서, 코페르니쿠스(Nicolaus Copernicus)가 여러 가지 계산과 실험을 통해 지구가 태양을 중심으로 돈다는 '지동설'을 주장했을 당시, 그의 주장은 가설에 불과했지만 현재는 실제로 지구가 태양을 중심으로 돈다는 것이 입증되었기 때문에 그의 주장은 학설로 인정받은 것이라고 할 수 있다. 이처럼 가설은 기존에 나와 있는 이론적·논리적인 자료를 바탕으로 설정을 하게 된다. 여러 논문에서 선행연구들을 조사하는 이유가 여기에 있다.

가설은 크게 귀무가설(null hypothesis)[2]과 대립가설(alternative hypothesis)[3]로 나뉜다. 귀무가설(H_0)은 말 그대로 '차이가 없다'라는 등호(=) 형태의 가설이며, 대립가설(H_1)은 '차이가 있다'라는 부등호(>, <) 형태의 가설이다. 또한 귀무가설은 기존의 일반적인 사실로 받아들여지는 내용을 나타낼 때 주로 사용하지만, 대립가설은 조사자가 새롭게 내세운 가설을 표현할 때 사용한다.

예를 들어, 코페르니쿠스가 살았던 16세기 당시에는 프톨레마이오스(Klaudios Ptolemaeos)가 주장한 지구를 중심으로 태양이 도는 것이 정설로 받아들여졌기 때문에 '천동설'은 귀무가설에 해당되고, 코페르니쿠스가 주장한 '지동설'은 대립가설에 해당된다.

1-2 가설의 오류

가설은 이론적으로 완벽하게 검증된 것이 아니기 때문에 오류가 발생하게 된다. 예를 들어서, 귀무가설이 참인데 이를 기각하는 경우를 1종 오류(type1 error, α로 표기)라고 하며, 귀무가설이 거짓인데 이를 채택하는 경우를 2종 오류(type2 error, β로 표기)라고 한다.

2 귀무가설은 '영가설'이라고도 한다.

3 대립가설은 '연구가설' 또는 '대안가설'이라고도 한다.

[표 7-1] 가설의 오류

	귀무가설 참	귀무가설 거짓
귀무가설 채택	정확한 결론 ($1-\alpha$)	제2종 오류 (β)
귀무가설 기각	제1종 오류 (α)	정확한 결론 ($1-\beta$)

가설의 오류를 코페르니쿠스의 주장에 연결해보면, 그 당시 사람들은 '지구는 돌지 않는다'는 거짓 귀무가설을 믿었기 때문에(귀무가설 채택) 제2종 오류에 해당되고, 코페르니쿠스는 '지구는 돌지 않는다'는 거짓 귀무가설을 믿지 않았기 때문에(귀무가설 기각) 정확한 결론에 해당된다.

1-3 유의확률 및 유의수준

가설에는 유의확률(p-value)과 유의수준(significance level)이 존재하는데 이들 개념에 대해서 알아보도록 하자. 예를 들어, 홍길동은 한국 사람임에도 불구하고 특이한 외모 때문에 가끔 외국인으로 오해를 받는다고 가정할 때, 귀무가설은 '홍길동은 한국 사람이다'가 된다. 그런데 몇몇 사람들이 '홍길동은 한국 사람이 아니다'라고 한다면 참인 귀무가설이 기각되기 때문에 이때 발생하는 오류는 1종 오류에 해당한다.

조사자가 실제로 사람들에게 홍길동 사진을 보여준 후 '이 사람이 한국 사람처럼 보입니까?'라고 질문했을 때, 100명 중 97명은 '홍길동은 한국 사람이다'라고 대답하고 3명은 '홍길동은 한국 사람이 아니다'라고 대답했다면, 이 3%가 1종 오류에 해당한다. 그리고 3%처럼 맞는 귀무가설을 틀렸다고 기각하는 확률을 '유의확률'이라고 한다. 따라서 유의확률 값이 적다는 것은 귀무가설을 기각하는 가능성도 그만큼 적어진다는 것을 의미한다. 유의확률은 'p-값' 또는 'p-value'로 표시한다.

유의수준은 유의확률인 p-값이 어느 정도일 때 귀무가설을 기각할 것인가에 대한 수준을 나타낸 것으로 'α'로 표시한다. 일반적으로 유의수준을 .05로 결정하는 경우(α = .05, p < .05)[4]가 많은데, 이는 1종 오류가 발생할 확률을 5% 미만으로 허용한다는 의미이며, 가설이 맞을 확률이 95% 이상으로 매우 신뢰할 만하다고 간주하는 것이다.

홍길동의 예에서는 3%가 1종 오류를 범했으므로 유의확률이 p = .03이기 때문에 .05 유의수준 미만(α = .05 > p = .03)으로 귀무가설을 기각할 수 없다. 즉, 홍길동은 한국 사람이라는 것이 채택된다는 의미이다. 그러나 유의수준을 더 엄격한 기준인 .01로 정하는 경우(α = .01, p < .01)라면 p = .03이기 때문에 귀무가설은 기각된다.

[표 7-2] 유의확률(p)과 유의수준(α)

신뢰구간	α (1종오류 허용수준)	p-값	유의수준
90%	α = .10	p<.10	유의수준 10%
95%	α = .05	p<.05	유의수준 5%
99%	α = .01	p<.01	유의수준 1%

1-4 방향성 가설 및 비방향성 가설

가설은 서술형 가설(descriptive hypothesis)과 관계형 가설(relational hypothesis)로 나뉜다. 서술형 가설은 '홍길동은 한국 사람이다'와 같이 서술 형태의 가설이며, 관계형 가설은 독립변수와 종속변수 간의 관계에 대한 내용을 나타내는데, 방향성 여부에 따라 비방향성 가설(nondirectional hypothesis)과 방향성 가설(directional hypothesis)로 나뉜다.

비방향성 가설은 독립변수와 종속변수 간 방향을 제시하지 않은 가설로, 예를 들면 '브랜드이미지는 고객만족에 영향을 미칠 것이다'에 해당된다. 반면, 방향성 가설은 독립변수

4 가끔 유의수준을 .10으로 지정(α = .10, 1종 오류 발생확률 10% 미만)하기도 하는데, 이는 .05보다 덜 엄격한 수준이다.

와 종속변수 간 관계에 방향을 제시한 가설로, '브랜드이미지는 고객만족에 정(+)의 방향으로 영향을 미칠 것이다'에 해당된다.

서술형 가설 홍길동은 한국 사람이다.

관계형 가설
- **비방향성 가설**: 브랜드이미지는 고객만족에 영향을 미칠 것이다.
- **방향성 가설**: 브랜드이미지는 고객만족에 정(+)의 방향으로 영향을 미칠 것이다.

구조방정식모델에서 사용되는 가설은 일반적으로 잠재변수 간의 인과관계를 나타내기 때문에 관계형 가설 중에서도 방향성 가설이 많이 사용된다. 앞에서 설명한 외제차모델의 경우, 조사자가 설정한 가설은 한 변수가 다른 변수에 정(+)의 방향으로 영향을 미칠 것이라고 언급했기 때문에 방향성 가설에 해당된다.

1-5 양측검정 및 단측검정

가설검정 시 조사자는 양측검정(two-tailed test)과 단측검정(one-tailed test) 중 어느 기준을 사용할 것인지를 결정해야 한다. 양측검정은 귀무가설을 기각하고 연구가설을 채택하는 범위가 양쪽에 존재하는 경우이다. 그래서 비방향성 가설처럼 '자동차의 브랜드이미지는 고객만족에 영향을 미칠 것이다'라고 한다면 브랜드이미지가 고객만족에 정(+)이나 부(-)로 영향을 미칠 수 있기 때문에 양측검정이 적합하다고 할 수 있다. 하지만 방향성 가설처럼 '자동차의 브랜드이미지는 고객만족에 정(+)의 방향으로 영향을 미칠 것이다'라고 한다면 귀무가설을 기각하고 연구가설을 채택하는 범위가 한쪽에만 존재하기 때문에 단측검정이 더 적합[5]하다고 할 수 있다.

5 방향성가설이라고 해서 반드시 단측검정을 해야 하는 것은 아니며, 더 엄격한 양측검정을 하는 논문들도 다수 있다. 또한 다수의 논문에서는 양측검정을 기본으로 하고 있기 때문에 단측검정을 사용할 경우에는 가설의 채택 여부에 단측검정으로 가설을 검증하였음을 명시해줘야 한다.

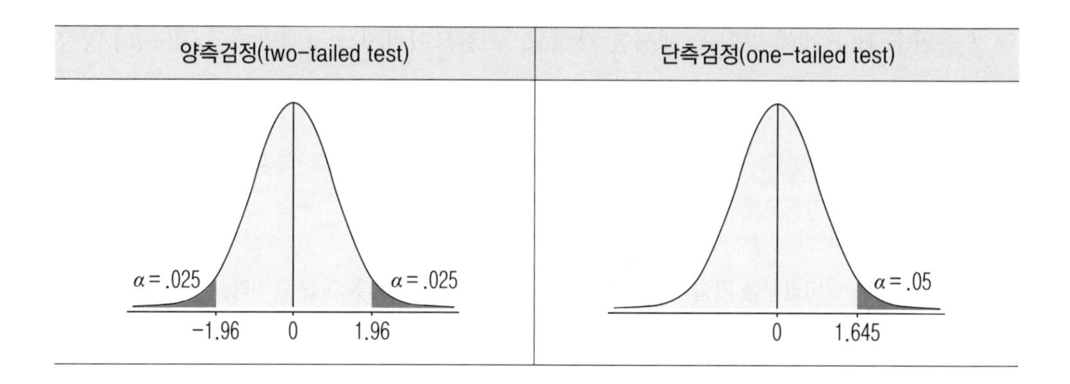

구조방정식모델에서의 양측검정과 단측검정에 대해 좀 더 자세히 알아보도록 하자. 구조방정식모델에서 가설의 유의성은 양측검정을 할 때와 단측검정을 할 때의 차이가 있기 때문에 주의를 기울여야 한다. 먼저 Amos에서 유의성을 알려주는 C.R. 값의 변화는 다음과 같다.

[표 7-3] 구조방정식모델에서 가설의 유의성

양측검정	단측검정	C.R.(t-value)
α = .10에서 유의	α = .05에서 유의	$\|C.R.\| > 1.645$
α = .05에서 유의	α = .025에서 유의	$\|C.R.\| > 1.965$
α = .01에서 유의	α = .005에서 유의	$\|C.R.\| > 2.580$

[표 7-3]에서 볼 수 있듯이 유의수준이 .05일 때, 양측검정의 C.R. 값은 1.965로서 1.965 이상이면 유의하지만, 단측검정의 C.R. 값은 1.645이므로 1.645 이상만 되어도 유의[6]하게 된다.

6 단측검정에서 유의수준인 α=.05와 양측검정에서 유의수준인 α=.10의 C.R. 값은 1.645로 동일하다.

단측검정에 대한 예를 보도록 하자.

[표 7-4] Amos 결과

Regression Weights: (Group number 1 - Default model)

			Estimate	S.E.	C.R.	P	Label
품질	<---	브랜드	.181	.126	1.435	.151	
품질	<---	맛	.179	.093	1.924	.054	
재구매	<---	품질	.880	.176	5.013	***	

Standardized Regression Weights: (Group number 1 - Default model)

			Estimate
품질	<---	브랜드	.262
품질	<---	맛	.351
재구매	<---	품질	.715

[표 7-4]에서 '맛 → 품질'의 경로를 보면 C.R. 값이 1.924임을 알 수 있다. 만약 양측검정이 적용된다면 C.R. 값이 1.965보다 작기 때문에 '맛 → 품질' 경로는 통계적으로 유의하지 않게 된다(C.R. = 1.924 < 1.965). 또한 p-값 역시 .054로 나타나 .05보다 큰 수치를 보이고 있다.

하지만 조사자가 '맛은 품질에 정(+)의 방향으로 영향을 미칠 것이다'라고 가설을 설정했다면, 방향성 가설로서 단측검정이 적용될 수 있기 때문에 C.R. 값이 1.645보다 크므로 통계적으로 유의할 수 있다(C.R. = 1.924 > 1.645). 쉽게 생각해서 유의성의 커트라인을 1.965에서 1.645로 낮추는 것이라고 이해하면 된다. 단, 단측검정을 사용했을 경우에는 논문에 다음과 같이 제시해주는 것이 좋다.

경로	비표준화 계수	표준화 계수	S.E.	C.R.	가설채택 여부
브랜드 → 품질	.181	.262	.126	1.435	기각
맛 → 품질	.179	.351	.093	1.924	채택(단측검정)
품질 → 재구매	.880	.715	.176	5.013	채택

2 설문지 개발

연구가설이 완성되었으면 다음 단계로 측정도구인 설문지를 개발[7]해야 한다. 설문지 개발은 올바른 데이터 수집과 직결되기 때문에 이 과정이야말로 가장 중요한 부분이라고 할 수 있다. 미국 속담에 'Garbage in, Garbage out'이란 말이 있다. '쓰레기가 들어가면 쓰레기가 나온다'는 의미지만, 데이터 분석에 이처럼 잘 맞는 표현도 없는 것 같다. 아무리 응답자가 성실히 응답하려고 해도 잘못 구성된 설문지를 사용하였다면 올바른 데이터 수집은 불가능하며, 잘못 수집된 데이터를 가지고서는 제아무리 뛰어난 통계 전문가라고 해도 정확한 결과를 도출할 수 없기 때문이다. 또한 잘못 수집된 데이터는 분석 결과를 되돌릴 수 없기 때문에 이로 인해 데이터를 재수집하는 상황이 발생할 경우에 시간적, 금전적으로 몇 배의 노력이 더 필요하게 된다.

이러한 수고를 줄이기 위해 조사자는 설문지에서 피해야 할 사항들을 고려하여 설문지를 개발하고, 철저한 사전 조사와 준비를 통해 데이터 수집에서 발생할 수 있는 문제점들을 해결한 후 본 조사의 완성도를 높여야 한다. 올바른 설문지 개발 과정[8]은 다음과 같다.

2-1 설문지 개발 과정

1) 정보의 탐색

설문지 개발을 위해 조사자가 가장 먼저 해야 할 일은 어떤 정보들을 탐색할 것인가를 결정하는 것이다. 설문지 개발은 가설검정을 위한 것이기 때문에 가설에 관련된 충분한 선

7 설문지법 외에도 관찰법, 실험법, 면담법 등을 통하여 데이터를 얻을 수 있으나, 본 교재에서는 가장 보편적으로 사용되는 설문지법을 선택했다.

8 Churchill (1999).

행연구와 정보가 뒷받침되어야 한다. 이 과정을 소홀히 하면 짜임새 있는 설문지가 개발되지 않아 힘들게 수집한 데이터가 무용지물이 될 수 있다. 건물에 비유하자면, 잘못된 설계로 인해 건물 전체 시공이 부실공사로 이어지는 것과 비슷한 이치다.

2) 데이터 수집 방법

다음으로는 개발된 설문지를 이용하여 어떤 방식으로 데이터를 수집할 것인지를 결정해야 한다. 데이터 수집 방법에는 우편, 온라인, 전화인터뷰, 개인인터뷰 등이 있으며, 각각의 장단점이 존재한다. 온라인이나 전화인터뷰 등은 빠른 시간 안에 저렴한 가격으로 다량의 데이터 수집이 가능하지만 낮은 응답률로 인한 표본의 편향(bias)이 발생할 수 있다. 예를 들어, 선거 시즌에 전화인터뷰의 결과가 실제 선거 결과와 상당한 차이를 보이는 경우가 이에 해당된다. 전화인터뷰의 경우, 무응답자들이 많아 소수 응답자들의 결과만을 대상으로 분석이 진행되기 때문이다. 반면, 개인인터뷰의 경우에는 시간과 비용이 많이 들지만 응답자들로부터 깊이 있고 자세한 정보를 얻을 수 있으며, 민감한 질문에 대한 정보도 얻을 수 있다는 장점이 있다.

3) 질문의 내용

설문에서 질문의 내용을 작성할 때는 다음과 같은 사항에 유의하여야 한다.

① **실제로 필요한 질문인가?** 조사의 목적과 관련 없는 불필요한 질문이 설문에 포함되면, 설문의 내용이 길어질 뿐만 아니라 응답한 결과가 의미 없이 버려지는 비효율적인 일이 발생한다. 따라서 꼭 필요한 질문인지 점검하고 아니라면 피하는 것이 좋다.

② **응답자가 질문에 대한 정보를 가지고 있는가?** 설문지 개발 시 응답대상을 정확하게 설정해야 한다. 예를 들어 일반인을 대상으로 하는 설문지에 부동산 정책에 관련된 내용을 넣는다면, 평소 부동산에 관심이 없는 일반인들은 제대로 응답하기 힘들 것이다. 따라서 사전에 응답대상을 세밀히 고려하여 설문지를 구성해야 한다.

③ 응답자가 필요한 정보에 응답해줄 것인가? 설문내용을 구성하다 보면 응답자가 꺼릴 만한 내용이 포함되기도 한다. 기업의 경우, 전체 매출액이나 특정 노하우에 관련된 내용 등에 응답을 피하려 할 것이다. 또한 일반 응답자들은 질병에 관련된 개인적 병력이나 가족력과 같은 부분에 응답을 꺼릴 수 있다. 따라서 이러한 질문은 되도록 피하면서 필요한 정보를 얻을 수 있도록 질문내용에 유의해야 한다.

4) 질문의 형태

질문의 형태는 여러 가지가 있지만 일반적인 형태는 다음과 같다.

① 이분형 질문(dichotomous question): 2개의 선택 항목이 제시된 경우이다.

올해 안에 자동차를 구입할 의향이 있으십니까?
□ 예　　□ 아니오

② 선다형 질문(multichotomous question): 다수의 선택 항목이 제시된 경우이다.

자동차를 구입하신다면 어떤 형태의 차를 원하십니까?
□ 세단　　□ 리무진　　□ 밴　　□ 컨버터블

③ 척도형 질문(scale question): 어떤 정도가 척도로 제시된 경우이다.

최근 구입하신 자동차에 대해 얼마나 만족하고 계십니까?

	1	2	3	4	5	6	7	
매우 불만족한다	—	—	—	—	—	—	—	매우 만족한다

④ 개방형 질문(open-ended question): 응답자가 자신의 생각을 자유롭게 적을 수 있도록 제시된 경우이다.

만약 구입하신 자동차에 대해 불만족하셨다면 그 이유가 무엇인지 구체적으로 적어주십시오.
(　　　　　　　　　　　　　　　　　　　　　　　　　　　　　　)

5) 질문의 표현

질문에 대한 표현은 응답자로부터 정확한 데이터를 얻는 데 중요한 부분으로, 조사자가 주의해야 할 사항을 살펴보면 다음과 같다.

① 애매한 단어나 질문은 피하고, 명쾌한 표현을 사용한다.

[수정 전] 귀하는 얼마나 자주 할인점에 들르십니까?

□ 전혀 가지 않는다 □ 가끔 들른다 □ 보통이다
□ 자주 들른다 □ 매우 자주 들른다

'자주'에 대한 의미는 주관적이기 때문에 응답자마다 해석이 다를 수 있음.

[수정 후] 귀하는 얼마나 자주 할인점에 들르십니까?

□ 전혀 가지 않는다 □ 일주일에 1회 □ 일주일에 2~3회
□ 일주일에 4~5회 □ 일주일에 6회 이상

② 질문의 표현은 되도록 짧고 간결하게 한다.

[수정 전] 이번에 출시된 신차 500s는 뛰어난 기능과 디자인에도 불구하고 한국시장에서 성공을 거두지 못하였습니다. 이러한 500s의 실패가 한국 소비자들에게 OOO사의 브랜드 이미지에 부정적인 영향을 미치지 않는다고 생각하지 않으십니까?

□ 전혀 그렇지 않다 □ 그렇지 않다 □ 보통이다
□ 그렇다 □ 매우 그렇다

질문이 불필요하게 길고, 이중부정문의 사용으로 질문내용이
긍정문인지 부정문인지 파악하기 어려워 제대로 응답하기 어려움.

[수정 후] 이번에 출시된 신차 500s의 실패는 OOO사의 브랜드 이미지에 부정적인 영향을 미칠 거라고 생각하십니까?

□ 전혀 그렇지 않다 □ 그렇지 않다 □ 보통이다
□ 그렇다 □ 매우 그렇다

③ 하나의 질문에 2개 이상의 의미가 있는 경우는 피한다.

[수정 전] 이번에 출시된 신차의 디자인과 기능에 대해서 만족하십니까? (　　　)

하나의 질문에 디자인과 기능에 대한 두 가지의 만족도를 묻게 되면,
디자인만 만족하거나 기능만 만족하는 경우엔 올바른 응답을 하기 어려움.

[수정 후] 이번에 출시된 신차의 디자인에 대해서 만족하십니까? (　　　)
이번에 출시된 신차의 기능에 대해서 만족하십니까? (　　　)

④ 전문적인 용어는 피한다.

[수정 전] 귀하는 현재 대기업에서 진행하고 있는 CSR에 대해서 어떻게 생각하십니까?
(　　　　　　　　　　　　　　　　　　　　　　)

'기업의 사회공헌활동(Corporate Social Responsibility, CSR)'이라는 용어에 대해 알지 못하는 경우, 질문에 응답하기 어려움.

[수정 후] 귀하는 현재 대기업에서 진행하고 있는 '사회공헌활동'에 대해서 어떻게 생각하십니까?
(　　　　　　　　　　　　　　　　　　　　　　)

⑤ 유도 질문은 피한다.

[수정 전] 이번에 출시된 신차의 디자인은 이탈리아 최고의 디자이너인 OOO에 의해서 고안되었고, 1년 이상 자체 소비자조사를 통해 최고의 디자인으로 선정된 제품입니다. 신차의 디자인에 대해서 어떻게 생각하십니까? (　　　　　　　　　　　)

응답에 영향을 미칠 수 있는 정보를 제공하여 특정한 방향(긍정적 응답이나 부정적 응답)으로 응답자들의 응답을 유도할 수 있음.

[수정 후] 이번에 출시된 신차의 디자인에 대해서 어떻게 생각하십니까? (　　　　　　　　　　　)

⑥ 너무 자세한 정보는 묻지 않는다.

[수정 전]	귀하의 연봉은 정확히 얼마입니까? ( )
	개인의 연봉이나 회사의 매출액 등은 액수의 크기를 떠나 밝히기를 꺼리는 경우가 많으므로 완곡하게 표현하는 것이 좋음.
[수정 후]	귀하의 연봉은 어느 정도입니까? □ 2천만원 미만 □ 2천만원 이상~3천만원 미만 □ 3천만원 이상~4천만원 미만 □ 4천만원 이상~5천만원 미만 □ 5천만원 이상

⑦ 응답자가 당황스러울 수 있는 개인적인 질문은 피한다.

[수정 전]	귀하의 몸무게는 몇 kg입니까? ( )
	꼭 필요한 경우가 아니라면 개인 신상에 대한 질문은 피하는 것이 좋음. 특히, 여성들은 몸무게에 민감할 수 있기 때문에 불쾌감을 유발할 수 있음.

⑧ 추상적이거나 광범위한 질문은 피한다.

[수정 전]	귀하의 월평균 인터넷 사용량은 몇 시간 정도입니까? ( )
	질문이 너무 광범위하기 때문에 응답자가 정확한 응답을 하기 어려움. 이런 유형의 질문은 구체적으로 하는 것이 좋음.
[수정 후]	귀하의 하루 평균 인터넷 사용량은 몇 시간 정도입니까? ( )

6) 질문의 순서

질문의 순서 역시 응답자의 응답에 영향을 미치기 때문에 조사자는 다음과 같은 사항에 주의해야 한다.

① 간단하고 흥미로운 질문을 앞에 위치시킨다: 설문의 처음 내용은 흥미를 유발할 수 있는 간단한 질문이 좋다. 예를 들어 "세련된 디자인과 스타마케팅으로 유명해진 ○○○○ 커피전문점을 방문해본 적이 있습니까?"라고 첫 질문을 던지면, 응답자들이 부담 없이 답할 수 있고 커피전문점에 대한 설문이라는 것을 자연스럽게 알 수 있을 것이다.

② 광범위한 질문에서 구체적인 질문으로 범위를 점점 좁혀간다: 설문지 초반에는 응답자들이 쉽게 이해할 수 있는 광범위한 내용의 질문으로 시작해 갈수록 구체적인 질문으로 구성해야 한다. 예를 들어 ○○○○ 커피전문점의 전반적인 만족도에 대한 질문을 한 후, 분위기, 가격, 커피 맛, 종업원 친절도 등 구체적 항목에 대한 만족도를 묻는 내용으로 접근하는 것이 좋다.

③ 복잡한 질문이나 민감한 질문은 뒤쪽에 위치시킨다: 설문지의 앞쪽에 복잡하거나 민감한 질문이 이어지면 응답을 피하려는 경향이 있기 때문에 이런 질문은 뒤쪽에 위치시키는 것이 좋다. 예를 들어 "○○○○ 커피전문점에서 드셔보신 메뉴 중 개선해야 할 메뉴는 어떤 것이고, 새로운 메뉴를 추가한다면 어떤 것들이 있을까요?"라는 질문을 넣는다고 하자. 이런 질문은 응답자들이 응답을 위해서 생각할 시간이 필요하므로 설문지 뒤쪽에 위치시키는 것이 좋다.

④ 인구통계학적 질문은 가급적 맨 뒤에 위치시킨다: 성별이나 수입, 학력 등과 같은 인구통계학적 질문은 민감할 수 있기 때문에 되도록 맨 뒤에 위치시키는 것이 좋다.

7) 사전조사

완성된 설문지를 가지고 본조사에 들어가기 전에 조사자는 사전조사를 실시해야 한다. 조사자의 입장에서는 완벽해 보이는 설문지라고 하더라도 막상 응답자들이 응답하는 것을 보면 설문내용을 잘 이해하지 못하거나 응답하지 않으려는 상황이 발생하기 때문이다. 이런 경우, 조사자는 사전조사를 통해 나타난 문제점들을 수정하고 보완한 후 본조사를 실시하면 된다. 가끔 사전조사를 생략하고 본조사를 강행하는 경우를 볼 수 있는데, 불행히도 조사자가 예상치 못했던 문제가 발생해 본조사를 다시 해야 하는 상황이 초래될 수 있으니 유의해야 한다.

2-2 구조방정식모델에 맞는 설문지 개발

구조방정식모델기법은 확인적 연구에서 주로 사용되기 때문에 새로운 측정항목에 대한 개발보다는 선행연구에 있는 구성개념(잠재변수)들의 측정항목을 그대로 사용하거나 부분적으로 수정하여 사용하는 경우가 많다. 그러나 기존에 사용되었던 제대로 된 설문지라고 하더라도 구조방정식모델에 맞는 설문지가 아니라면 분석이 힘들어질 수 있기 때문에 설문지를 개발할 때에는 다음과 같은 사항을 고려해야 한다.

1) 다수의 측정항목 사용

가끔 하나의 구성개념을 측정하기 위해 단일항목(관측변수)을 사용하는 경우가 있는데 구조방정식모델에서는 되도록 단일측정항목은 피하는 것이 좋다. 예를 들어 만족도를 측정하기 위해 "이 제품(서비스)에 대해서 얼마나 만족하십니까?"라고 단일 측정항목을 사용했을 경우, 구성개념에 대한 질문내용의 적합성을 떠나 신뢰도계수인 Cronbach's α나 집중타당성에서 요인부하량(λ), AVE, 개념신뢰도 등과 같은 수치를 보고할 수 없기 때문이다. 또한 이런 경우는 측정항목 간 신뢰성과 타당성 검증이 불가능하다는 단점이 있다.

그렇다면 구조방정식모델의 경우, 하나의 구성개념에 몇 개의 측정항목이 적당할까? 통계적으로 구성개념을 측정하기 위해서는 최소한 3개 이상의 항목을 사용하여야 한다. 하지만 3개의 측정항목 중에서 낮은 신뢰도계수나 요인부하량 등으로 인해 한 항목이라도 삭제해야 하는 상황이 발생하면, 식별의 문제가 생겨 분석이 되지 않을 수 있기 때문에 일반적으로 4~5개 이상의 측정항목을 사용하는 것이 바람직하다. 반대로 너무 많은 측정항목을 사용하면 모델이 복잡해지는 문제가 발생할 수 있다.

2) 연속형 변수의 사용

구조방정식모델은 회귀분석이 발전된 형태이기 때문에 통계적 가정 역시 독립변수(외생변수)와 종속변수(내생변수)들은 등간척도나 비율척도로 구성된 연속형 변수를 사용하는 것이 기본이 되어야 한다. 명목척도나 서열척도로 구성된 명목형 변수가 설문지에 다수 사용되면 t-test, ANOVA, MANOVA 등의 분석에 유용할 수 있다. 그러나 구조방정식모델에서는 명목형 변수들이 조절변수로서 다중집단분석에 사용되는 경우를 제외하고는 사용의 폭이 좁아지기 때문에 되도록이면 연속형 변수를 중심으로 설문지를 구성하는 것이 좋다.

3) 적절한 설문의 양

구조방정식모델에서는 구성개념을 측정하기 위해 다수의 측정항목이 필요하기 때문에 구성개념이 많을수록 설문문항도 많아지게 된다. 조사자의 입장에서 보면 많은 양의 질문을 설문지에 넣어 되도록 많은 정보를 응답자로부터 얻고 싶은 것은 당연하다. 그러나 지나치게 많은 질문은 응답자들을 설문에 응답하기도 전에 질리게 할 수 있다.

설문지의 양이 지나치게 많으면 정확한 응답을 기대할 수 없을 뿐 아니라, 뒷부분으로 갈수록 응답자들이 성실하게 답할 확률이 낮아지는 단점이 있다. 따라서 설문 응답 시간은 15~20분을 넘지 않도록 하는 것이 좋다.

4) 척도의 구성

척도는 응답번호가 커질수록 내용이 부정적이거나 긍정적인 방향으로 진행되도록 구성되어 있다. 그런데 한 설문지 내에서 부정적 또는 긍정적 방향이 일관성 없이 서로 섞여 있는 것은 바람직하지 않다. 특히, 구조방정식모델의 경우에는 번호가 낮을수록 부정적인 응답으로 시작해서 번호가 높을수록 긍정적인 응답이 놓이는 형태로 작성하는 것이 좋다.

예를 들어, 다음과 같은 설문지를 조사자가 개발했다고 가정해보자.

[건강에 대한 질문]

내용	전혀 그렇지 않다	그렇지 않다	보통 이다	그렇다	매우 그렇다
나의 건강 상태는 좋다고 생각한다	1	2	3	4	5

[만족도에 대한 질문]

내용	매우 그렇다	그렇다	보통 이다	그렇지 않다	전혀 그렇지 않다
나는 현재 상태에 만족한다	1	2	3	4	5

위의 설문지는 건강에 대한 질문은 번호가 낮을수록 부정적인 응답으로, 만족도에 대한 질문은 번호가 낮을수록 긍정적인 응답으로 구성되어 있다. 이렇게 설문을 개발하면 응답자도 헷갈릴 뿐 아니라, 데이터 분석에 대한 결과해석 시에도 건강과 만족도의 관계가 역방향 상관이 되어 혼동이 발생하게 된다. 상식적으로 건강상태가 좋을수록 만족도가 높아야 하는데, 실제 데이터상의 결과는 반대로 나오기 때문이다. 만약 이런 형태로 데이터가 수집됐다면, 번호가 낮을수록 부정적인 의미의 척도가 되도록 점수를 전환해주는 것이 좋다.

또한 갈등, 불만족, 우울 등과 같은 부정적인 의미를 지닌 구성개념의 경우에도 번호가 낮을수록 부정적인 응답으로, 번호가 높을수록 긍정적인 응답으로 구성해주는 것이 좋다.

[우울에 대한 질문]

내용	전혀 그렇지 않다	그렇지 않다	보통 이다	그렇다	매우 그렇다
나는 매사에 의욕이 없고 우울하다	1	2	3	4	5

Q&A

Q 7-1 가설설정에 반드시 선행연구가 필요한가요? 변수들을 무작위로 배열한 후 유의한 결과가 나오는 모델을 선택하여 연구모델로 사용하고 분석해도 되지 않나요?

A 논문을 읽다 보면 결과는 좋으나 이론적, 논리적 근거가 부족한 연구모델을 종종 볼 수 있습니다. 하지만 인과관계는 상관관계와 달리, 그 원인과 이유가 분명히 존재해야 하므로 가설을 설정하기 위해서는 이론적 배경과 논리적 근거가 반드시 뒷받침되어야 합니다. 예를 들어볼까요?

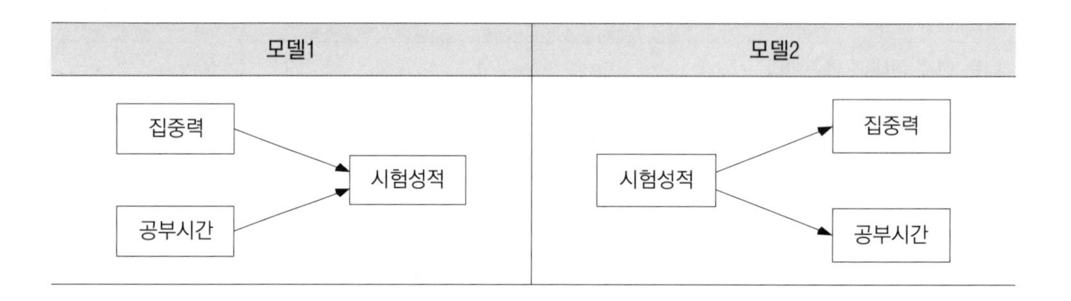

모델1은 집중력과 공부시간이 시험성적에 영향을 미치는 형태로서 학생들의 집중력이 높을수록, 그리고 공부시간이 늘어날수록 시험성적이 향상될 것이라는 가설로 이루어져 있습니다. 상식적으로도 이해가 되는 모델입니다.

반면, 모델2는 시험성적이 집중력과 공부시간에 영향을 미치는 형태이나 모델1과 같은 논리적 근거가 떨어집니다. 시험성적이 향상된다고 해서 집중력이 높아지거나 공부시간이 자동으로 늘어나지는 않기 때문입니다.

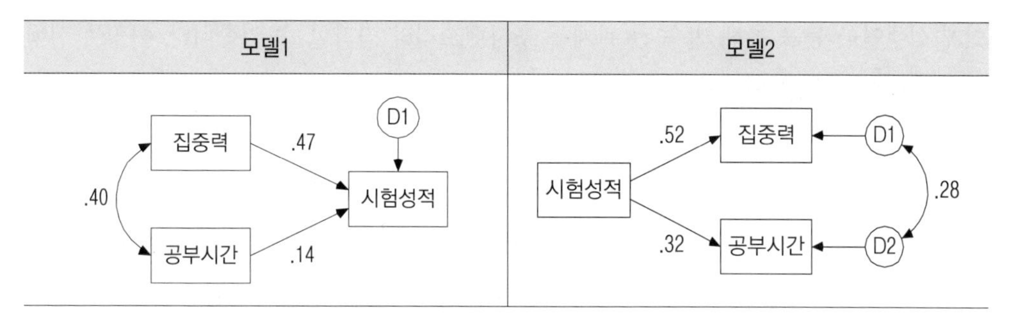

* 모든 경로는 통계적으로 유의함.

통계적으로는 두 모델 모두 같은 데이터를 사용한 상태에서 변수의 위치만 바꾸었기 때문에 경로들의 결과도 모두 유의하고, 오히려 두 번째 모델의 경로계수가 더 크게 나타나 좋은 모델로 보일 수 있습니다. 하지만 논리적 근거가 떨어지는 것입니다.

이렇듯 변수들 간의 유의한 결과만을 바탕으로 모델을 구성할 수 있지만, 중요한 것은 결과가 아니라 가설을 만들게 된 이론적 배경입니다. 특히, 구조방정식모델은 탐색적 방법의 연구(exploratory way)가 아니라 확인적 성향의 연구(confirmatory way)이므로 이론적 배경에 대한 충분한 사전연구를 거친 후 모델을 완성하고 분석하는 것이 바람직합니다.

Q 7-2 구조방정식모델에서 가설은 반드시 방향성 가설이어야 하나요?

A 관계형 가설에는 방향성 가설과 비방향성 가설이 있습니다. 이 중 방향성 가설은 좀 더 구체적인 사실을 제공합니다. 예를 들어 [Q 7-2] 모델에서 '집중력과 공부시간은 시험성적에 영향을 미칠 것이다'라고 가설을 설정했다면, 조사자는 집중력이나 공부시간이 시험성적에 정(+)의 방향인지, 부(-)의 방향인지를 예측하지 못한 채 단순히 영향을 미칠 것이라고만 가정한 것입니다. 이에 비해 '집중력과 공부시간은 시험성적에 정(+)의 방향으로 영향을 미칠 것이다'라고 가설을 설정했다면, 조사자는 비방향성 가설보다 좀 더 심도

있게 선행연구 등을 통해 변수 간 관계를 조사했으리라 짐작할 수 있습니다. 이렇듯 선행 연구에 대한 충분한 연구가 있는 경우라면 방향성 가설이 추천됩니다.

한편, 변수들의 관계에서 어떤 논문은 두 변수 간의 관계를 정(+)의 방향으로 설정하고, 다른 논문은 같은 변수의 관계를 부(-)의 방향으로 설정하여 분석하는 경우가 있기도 합니다. 이럴 때는 조사자가 두 변수 간 관계를 비방향성으로 설정한 후 자신의 연구에서 정(+)의 방향인지 부(-)의 방향인지를 확인하는 방법을 사용할 수도 있습니다.

Q 7-3 다음과 같은 모델과 가설설정이 올바른 것인가요? 연구모델과 가설설정이 혼동됩니다.

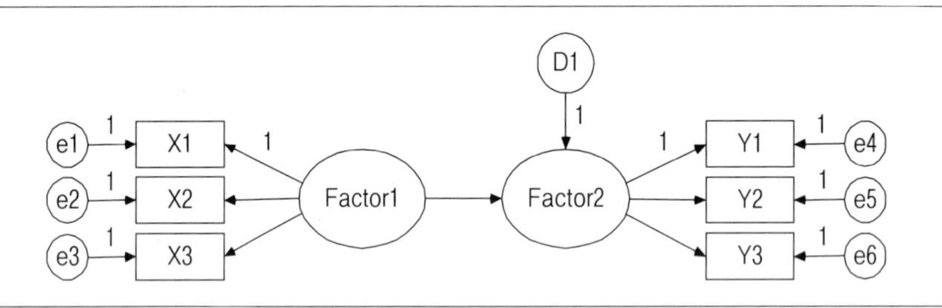

가설1 : X1은 Factor2에 정(+)의 방향으로 영향을 미칠 것이다.
가설2 : X2는 Factor2에 정(+)의 방향으로 영향을 미칠 것이다.
가설3 : X3은 Factor2에 정(+)의 방향으로 영향을 미칠 것이다.

A 가끔 위의 모델과 가설처럼 잠재변수와 관련된 관측변수를 다른 변수와 연결해 가설을 설정하는 경우를 볼 수 있습니다. 아마 잠재변수를 사용해야 한다는 부담과 세부 가설을 보고 싶은 마음에 위와 같은 가설을 만든 것 같습니다. 먼저 잠재변수에 속한 관측변수들은 잠재변수를 측정하는 데 쓰이는 변수이기 때문에 대표성을 갖지 못할 뿐 아니라 독립적인 변수로서의 역할을 할 수 없습니다. 또한 화살표의 방향(인과 방향) 역시 잠재변수에서 관측변수로 향하고 있기 때문에 이치에도 맞지 않습니다.

위의 모델에 적합한 가설설정은 다음과 같습니다.

가설1 : Factor1은 Factor2에 정(+)의 방향으로 영향을 미칠 것이다.

만약, 질문에서 제시한 가설을 사용하려면 다음과 같이 모델을 수정해야 합니다.

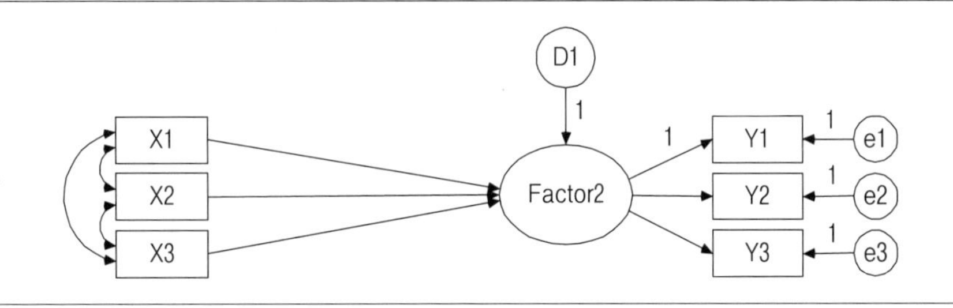

Q 7-4 구조방정식모델을 사용할 줄 모르고 별생각 없이 설문지를 만들었는데, 막상 구조방정식모델을 사용하려고 하니 잘못된 설문항목들로 인해 분석 결과가 좋지 않습니다. 솔직히 데이터 조작의 유혹을 느낍니다. 데이터를 다시 수집할 시간도 없고, 이번에 꼭 졸업해야 하는데 어떻게 하지요?

A 상황은 충분히 이해가 됩니다. 그리고 많은 조사자들이 충분히 공감할 수 있는 부분이기도 합니다. 하지만 조사자가 부지중에 발생하는 실수를 제외하곤 데이터의 임의적 조작은 있을 수 없습니다. 게다가 구조방정식모델에서는 데이터 조작이라는 것이 생각처럼 쉽지 않습니다. 모든 변수들이 상관으로 얽혀 있기 때문입니다. 지금 당장은 졸업에 대한 부담이 있겠지만, 올바르지 않은 논문 결과로 졸업을 하는 것보다는 한 학기 늦더라도 이번 데이터 분석을 교훈 삼아 좋은 설문지를 개발하고 데이터를 재수집하여 올바른 분석을 통해 졸업을 하는 것이 좋은 방법이라 생각됩니다.

Q 7-5 어떤 논문에서는 양측검정을 사용하고, 어떤 논문에서는 단측검정을 사용하는데 어떤 것이 맞는 건가요? 그리고 방향성 가설의 경우엔 꼭 단측검정을 사용해야 하나요?

A 양측검정을 적용할 것인지, 단측검정을 적용할 것인지 여부는 전적으로 조사자가 결정할 문제입니다. 방향성 가설이라고 해서 꼭 단측검정을 사용할 필요는 없으며, 방향성 가설도 얼마든지 양측검정으로 유의성을 확인할 수 있습니다. C.R. 값의 기준으로 보면, 단측검정에서 유의수준 .05는 양측검정에서 유의수준 .10과 동일합니다(C.R. = 1.645). 즉, 어느 유의수준으로 유의성을 검증할 것인지에 대한 내용과 같습니다.

chapter

8

구조방정식모델 연구단계 II :

데이터 수집 및 검사

이론적 배경을 바탕으로 연구가설과 연구모델을 완성한 후 이에 맞는 설문지를 개발했다면 다음 단계는 데이터 수집이다. 데이터는 적정한 표본의 크기를 결정한 후 수집해야 하고, 데이터 수집이 끝나면 데이터에 존재하는 결측치나 이상치, 정규성을 검사하는 과정을 거쳐야 한다. 이러한 검사과정을 생략한 채 분석을 진행하면 사소한 데이터 문제로 논문 전체의 결과가 바뀌는 상황이 발생할 수 있다. 이번 장에서는 분석에 사용할 데이터에 대해 자세히 알아보도록 하자.

1 표본과 검정통계량

표본(sample)의 크기는 통계분석에서 매우 중요한 부분이다. 데이터의 표본 수가 커질수록 표준오차는 작아지게 되는데, 이렇게 작아진 표준오차는 검정통계량(test statistic) 값을 크게 하여 귀무가설을 기각하게 된다. 즉, 표본의 크기가 커질수록 유의확률이 높아진다는 의미로 해석할 수 있다.

예를 들어, 표본이 200인 외제차모델에서 표본의 크기를 50으로 조정한 후 원래의 모델과 결과를 비교[1]해보면, [표 8-1]과 같이 두 집단 간의 경로에 유의한 차이를 발견할 수 있다.

1 표본이 50인 모델은 행렬자료를 이용하여 표본이 200인 원래 외제차모델에서 표본의 크기만 50으로 조정한 모델로서 원래 외제차모델과 상관행렬 및 평균, 표준편차가 동일하다.

[표 8-1] 표본의 크기에 따른 결과 비교

표본의 크기가 200인 경우 (원래 외제차모델)

Regression Weights: (Group number 1 - Default model)

			Estimate	S.E.	C.R.	P	Label
만족도	<---	자동차_이미지	.177	.071	2.504	.012	
만족도	<---	브랜드_이미지	.194	.072	2.698	.007	
만족도	<---	사회적_지위	.468	.071	6.580	***	
재구매	<---	만족도	.707	.076	9.346	***	
승차감	<---	자동차_이미지	1.000				
각종기능	<---	자동차_이미지	1.040	.060	17.407	***	
디자인	<---	자동차_이미지	1.052	.067	15.667	***	
고급차	<---	브랜드_이미지	1.000				
독일차	<---	브랜드_이미지	1.122	.060	18.645	***	
유명한차	<---	브랜드_이미지	1.052	.056	18.656	***	

표본의 크기가 50인 경우

Regression Weights: (Group number 1 - Default model)

			Estimate	S.E.	C.R.	P	Label
만족도	<---	자동차_이미지	.177	.142	1.242	.214	
만족도	<---	브랜드_이미지	.194	.145	1.339	.180	
만족도	<---	사회적_지위	.468	.143	3.268	.001	
재구매	<---	만족도	.706	.152	4.636	***	
승차감	<---	자동차_이미지	1.000				
각종기능	<---	자동차_이미지	1.040	.120	8.640	***	
디자인	<---	자동차_이미지	1.052	.135	7.777	***	
고급차	<---	브랜드_이미지	1.000				
독일차	<---	브랜드_이미지	1.121	.121	9.259	***	
유명한차	<---	브랜드_이미지	1.052	.114	9.259	***	

통계적인 유의치를 나타내는 C.R.은 '비표준화계수(Estimate)/표준오차(S.E.)'이기 때문에 표준오차(S.E.)가 작으면 작을수록 C.R. 값은 높아지게 된다. 다시 말해서 표본의 크기가 커질수록 표준오차는 작아지고, 그에 따른 C.R.(검정통계량) 값이 커지기 때문에 통계적 유의확률이 높아지게 되는 것이다.

[표 8-1]을 보면, 표본의 크기가 50인 모델의 표준오차가 200인 모델의 표준오차(S.E.)보다 큰 것을 알 수 있는데, 이는 표본의 크기에 기인한 것이다. 또한 표준오차의 차이로 C.R. 값도 낮아져 '자동차이미지 → 만족도', '브랜드이미지 → 만족도' 경로가 유의하지 않게($C.R. < 1.965$, $p > 0.05$) 나타나는 것을 알 수 있다.

경로	표본의 크기	비표준화계수(Estimate)/표준오차(S.E.)=C.R.
자동차이미지 → 만족도	200	.177/.071=2.504
	50	.177/.142=1.242

2 적정한 표본의 크기

2-1 표본의 크기

그렇다면 구조방정식모델에서 적정한 표본의 크기는 어느 정도일까? 조사자의 입장에서는 표본의 크기가 증가할수록 시간적, 금전적 요소가 커지기 때문에 당연히 적정한 표본의 크기가 어느 정도인지 궁금할 것이다. 적정한 표본의 크기에 대해서는 학자들마다 다양한 제시를 하고 있다.

예레스코그와 소르봄(Jöreskog & Sorbom, 1989)은 관측변수의 수가 12개 미만일 때는 표본크기가 200 정도이어야 하며, 12개 이상일 때는 1.5q(q+1)(q는 관측변수의 수)가 되어야 한다고 제시했다. 벤틀러와 츄(Bentler & Chou,1988)는 자유모수(모든 오차변수와 경로계수 포함)에 5배의 표본 수가 필요하다고 했으며, 미첼(Mitchell, 1993)은 변수당 10~20배의 표본이 필요하다고 주장했다. 또한 스티븐스(Stevens, 1996)는 하나의 관측변수에 적어도 15개의 표본이 필요하다고 주장하였다. 학자들이 제시하는 적정한 표본의 크기를 외제차모델에 적용하면 다음과 같다.

[표 8-2] 적정한 표본의 크기

학자	표본의 크기	외제차모델에 대입했을 경우
Joreskog & Sorbom (1989)	$q<12$: 200개 $q>12$: $1.5q(q+1)$	외제차모델에서 관측변수는 15개이므로 필요한 표본은 360개(1.5×15×16)
Bentler & Chou (1988)	자유모수의 5배	외제차모델에서 자유모수는 37개이므로 필요한 표본은 최소 185개
Mitchell (1993)	관측변수당 10~20배	외제차모델에서 관측변수는 15개이므로 필요한 표본은 150~300개
Stevens (1996)	관측변수당 15배	외제차모델에서 관측변수는 15개이므로 필요한 표본은 225개

이러한 의견에도 불구하고 사실, 절대적인 표본의 크기는 존재하지 않는다. 하지만 여러 학자의 의견을 종합해보면 최소 150개 정도가 필요하며, 200~400개 정도면 바람직하다고 할 수 있다.[2] 이 수치는 최대우도법(maximum likelihood, ML)에도 적합한 표본크기라고 할 수 있으며, 특히 200여 개의 표본크기는 임계치로 많이 사용된다. 그러나 표본이 다변량 정규성을 벗어나거나, 모델이 복잡하거나, 모델설정에 오류가 있을 때는 표본의 크기를 늘려야 한다.[3]

물론 최소한의 표본 수는 존재한다. 원자료 이용 시 표본 수는 적어도 모델에 사용된 변수의 수보다 커야[4] 하는데, 외제차모델의 경우 15개의 관측변수가 사용되었기 때문에 표본크기가 최소한 15개 이상이어야 한다.

2-2 Hair가 제시한 표본의 크기

기존의 연구들과 달리 헤어(Hair, 2006)는 표본크기에 영향을 주는 5가지 요인[5]을 구체적으로 분류하여 표본의 크기를 제시하였다.

1) 다변량 정규분포성

데이터가 다변량 정규분포성을 벗어날 경우, 모수의 수에 15배 정도의 표본크기가 되어야 정규분포성으로부터 문제를 최소화할 수 있다.

---

2 Loehlin (1992); Hoyle (1995); Kling (1998); Schumacker & Lomax (2004); Garver & Mentzer (1999); Heolter (1983).

3 Hoogland & Boomsma (1998).

4 행렬자료를 이용할 경우에는 표본의 수가 관측변수의 수보다 적어도 분석이 가능하지만, 실제 이런 상태의 분석은 바람직하지 않다.

5 Hair (2006). pp. 740-742.

2) 추정기법

구조방정식모델 분석에서 가장 일반적인 추정법은 최대우도법(maximum likelihood, ML)으로서, 이에 적당한 표본크기는 최소한 100~150 정도이다. 표본크기가 400 이상일 경우에는 ML법이 민감하게 되어 모델적합도가 나빠질 수 있기 때문에 ML법을 기준으로 할 때 150~400 정도의 표본크기가 적당하며, 일반적으로 200이 가장 적당한 표본크기라고 할 수 있다.

3) 모델의 복잡성

모델이 단순할수록 적은 수의 표본으로 분석이 가능하다. 모델이 복잡할수록, 즉 관측변수가 많이 사용되는 모델일수록 표본의 크기가 커져야 한다.

4) 결측치의 양

결측치(missing data)는 구조방정식모델의 분석을 복잡하게 할 뿐만 아니라 표본의 크기를 감소시킨다. 이 때문에 조사자는 결측치가 많을 것 같은 표본의 경우에는 문제를 해결하기 위해서 큰 표본을 수집해야 한다.

5) 커뮤널리티

표본의 크기는 커뮤널리티(communality)에 의해서 결정되기도 한다. 커뮤널리티는 관측변수가 구성개념에 의해 설명되어지는 분산으로서, 구성개념의 관측변수들의 표준화된 요인부하량의 제곱의 합을 관측변수의 수로 나눈 것이다. 확인적 요인분석의 경우, 표준화된 요인부하량의 제곱들의 평균치에 해당된다.

커뮤널리티 값이 작을수록 표본의 크기는 커야 한다. 예를 들어, 모델에서 커뮤널리티가 .5 미만이라면 모델안정성과 수렴타당성을 위해 더 큰 수의 표본이 필요하다. 표본과 커뮤널리티의 관계는 다음과 같이 자세히 나뉜다.

[표 8-3] 커뮤널리티에 의한 표본의 크기

표본의 크기를 결정하는 조건	커뮤널리티 범위	표본의 크기
커뮤널리티가 높고, 모델에서 구성개념이 5개나 그 이하이고, 3개 이상의 관측변수를 가진 경우	.6 이상	100~150
커뮤널리티가 중간이거나, 모델에서 구성개념이 3개 미만의 관측변수를 가진 경우	.45~.55	200 이상
커뮤널리티가 낮거나, 모델에서 구성개념이 3개 미만의 관측변수를 가진 경우	.45 미만일 경우	최소 300 이상
커뮤널리티가 낮고, 모델에서 구성개념이 6개 이상이며, 3개 미만의 관측변수를 가진 경우	.45 미만일 경우	500 이상

3 결측치

결측치(missing data)는 조사자가 최선을 다한다고 해서 발생하지 않는 것이 아니라 여러 가지 상황에 의해 발생할 수 있다. 조사자에게 있어서 결측치는 피할 수 없는 부분이며, 반드시 해결해야 하는 과정이다. 데이터에 존재하는 결측치들을 자세히 들여다보면 무작위로 발생하는 결측치도 있고, 특정한 패턴을 지닌 결측치도 있다. 지금부터는 이러한 결측치의 종류와 다양한 해결방법에 대해서 알아보도록 하자.

3-1 결측치의 종류

결측치는 크게 ①무시결측치(ignorable missing data), ②완전무작위결측(missing completely at random, MCAR), ③무작위결측(missing at random, MAR), ④비무시결측치(non-ignorable data)로 나뉜다.[6]

6 결측치를 크게 무작위결측(missing at random)과 체계적결측(systematic missing)으로 나누기도 한다.

1) 무시결측치

무시결측치는 말 그대로 결측치에 대해서 특별한 수정이 필요하지 않은 결측치다. 예를 들어, 조사자가 인터넷 쇼핑몰 구매자들의 구매패턴을 알기 위해 '인터넷 쇼핑몰에서 물건을 구입한 적이 있습니까?'라는 질문을 건넸다고 하자. 이 질문에 '없다'라고 응답한 응답자들은 다음에 이어지는 질문에 응답할 수 없기 때문에 설문을 종료하게 되는데, 이때 발생하는 결측치가 무시결측치에 해당된다.

인터넷 쇼핑몰에서 물건을 구입한 적이 있습니까? ☐ 있다 ☐ 없다	… '없다'에 체크한 응답자는 면접 중단

2) 완전무작위결측

완전무작위결측(MCAR)은 완전 임의적으로 발생한 결측치로서 응답자가 고의 없이 문항에 응답하지 못한 경우이다. 결측치에 어떠한 패턴도 존재하지 않으며, 다른 항목과 어떠한 관계도 없이 일어나는 결측에 해당된다.

3) 무작위결측

무작위결측(MAR)은 완전무작위결측보다 낮은 수준의 결측치로서 우연성이 떨어지는 결측이다. 만약, 남녀집단 간 몸무게에 대한 응답에 대해 여자집단의 결측치 비율(%)이 남자집단보다 유의하게 높다면 무작위결측에 해당된다고 할 수 있다. 비록 결측치가 무작위적으로 발생했다고 해도 일반적으로 여자들은 몸무게를 밝히는 것을 원치 않으므로 응답하지 않았을 확률이 높기 때문이다.

4) 비무시결측치

비무시결측치는 가장 문제가 되는 형태로서 결측치가 비무작위(non-random)일 뿐만 아니라, 다른 방법으로 대체하기도 힘든 경우의 결측치이다. 비무시결측치는 응답자가 대답하기 곤란한 질문에 의도적으로 응답하지 않거나(예: 정확한 연봉액수나 기업의 매출액), 질문내용을 제대로 이해하지 못한 경우 등에서 다양하게 발생한다. 조사자는 비무시결측치를 줄이기 위해 설문을 설계할 때부터 이러한 비무시결측치를 감안하여 질문내용을 개발 및 수정해야 하며, 자료수집 과정에 주의를 기울여야 한다.

3-2 SPSS에서의 결측치 해결법

SPSS에서 결측치를 해결하는 방법에는 제거법과 대체법이 있다. 제거법에는 ①목록별(listwise) 제거법, ②대응별(pairwise) 제거법이 있으며, 대체법에는 ③평균대체법(mean imputation), ④EM법(Expectation-Maximization), ⑤회귀대체법(regression imputation) 등이 있다.

제거법	대체법
• 목록별(listwise) 제거법 • 대응별(pairwise) 제거법	• 평균대체법(mean imputation) • EM법(Expectation-Maximization) • 회귀대체법(regression imputation)

1) 목록별 제거법

응답자가 설문지에서 한 항목이라도 응답하지 않았을 경우, 해당 응답자의 전체 항목을 삭제하고 분석하는 방법이다. 소수의 결측치로 인해 응답자의 전체 응답이 제거되기 때문에 많은 양의 정보가 손실되며, 표본의 크기가 줄어드는 단점이 있다.

실행 데이터 외제차모델-결측치.sav

[분석] → [상관분석] → [이변량 상관계수]를 선택한다.

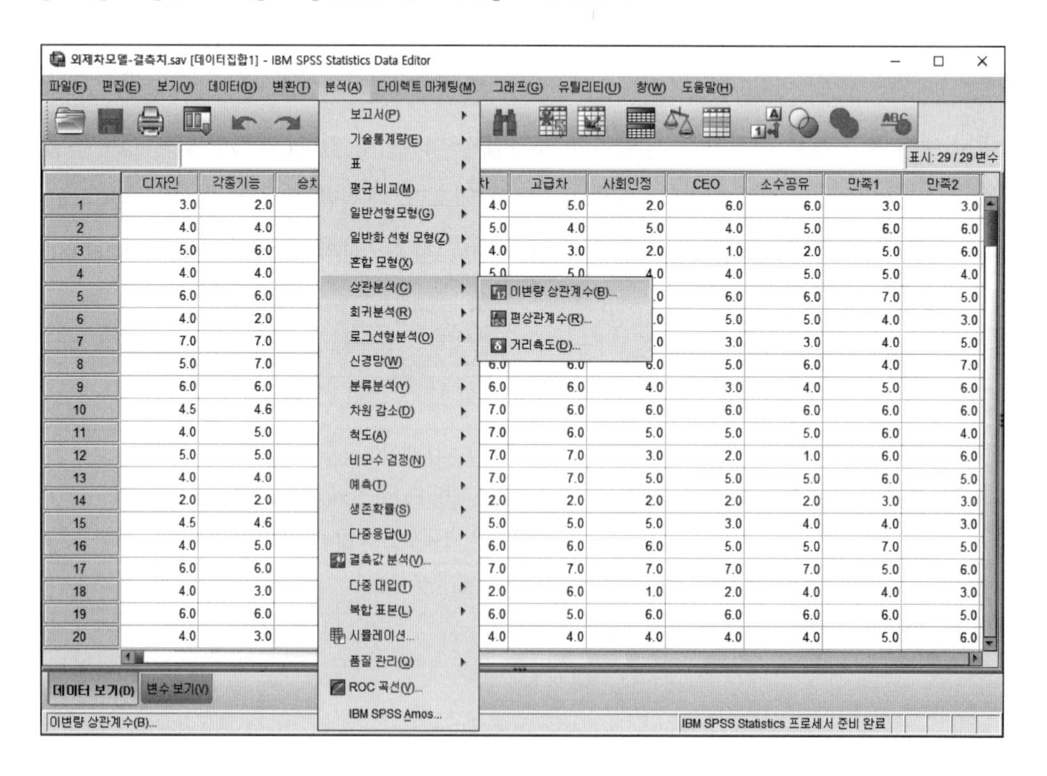

이어서 좌측의 변수들 중 분석하고자 하는 변수들을 [변수]로 이동시키고, [옵션] → ⊙ 목록별 결측값 제외 → [계속] → [확인]을 누른다.

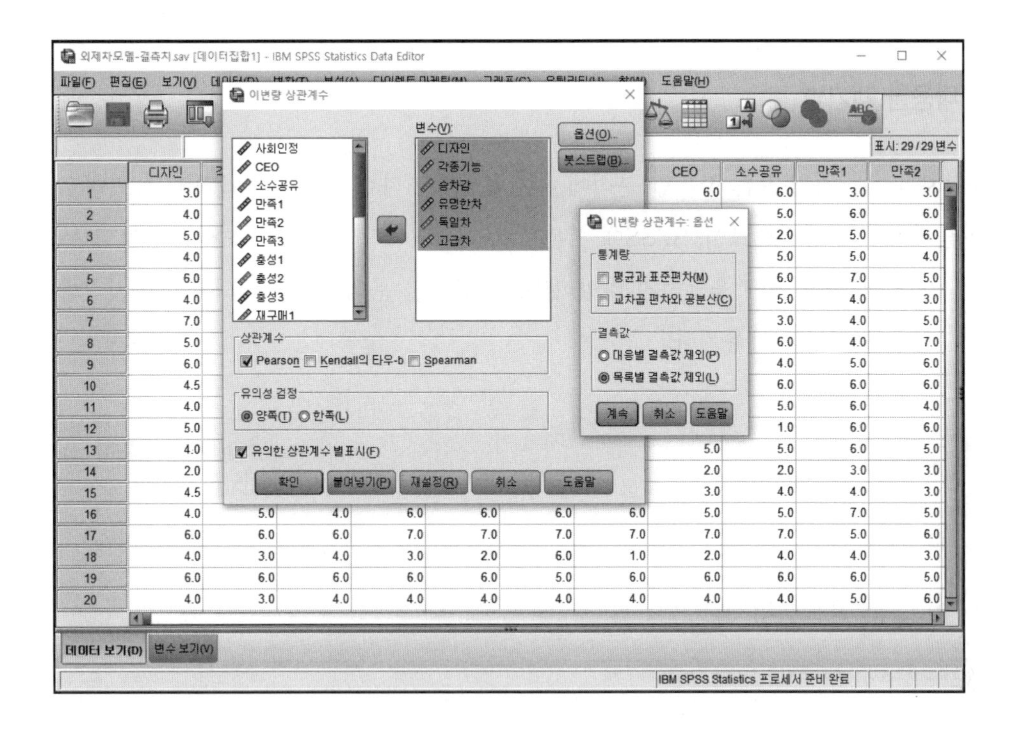

그러면 다음과 같은 결과가 나타난다.

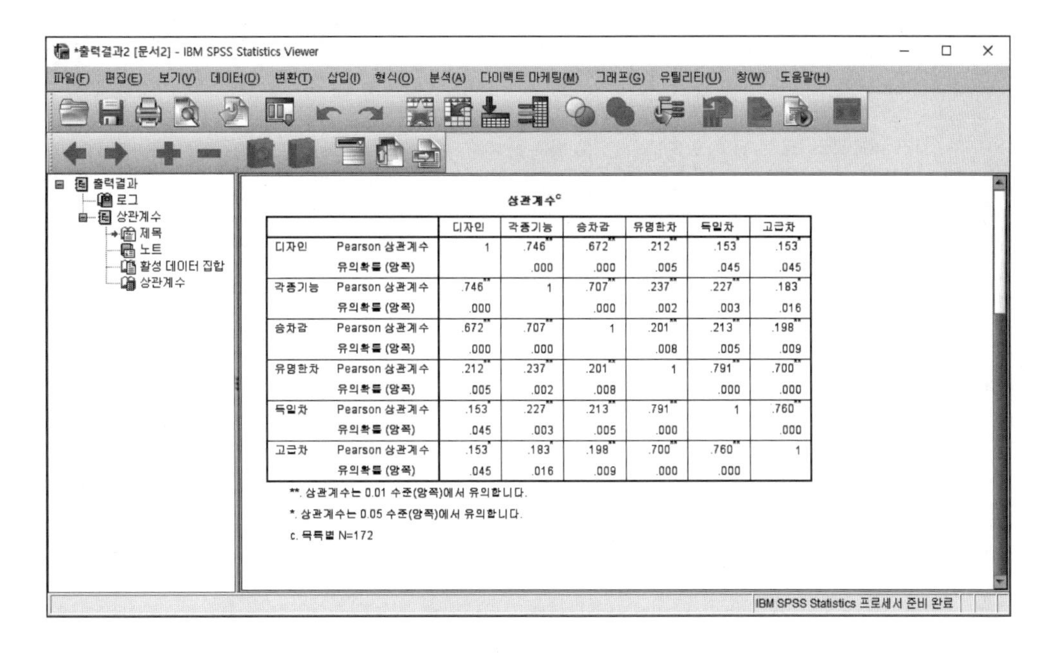

상관계수c

		디자인	각종기능	승차감	유명한차	독일차	고급차
디자인	Pearson 상관계수	1	.746**	.672**	.212**	.153*	.153*
	유의확률 (양쪽)		.000	.000	.005	.045	.045
각종기능	Pearson 상관계수	.746**	1	.707**	.237**	.227**	.183*
	유의확률 (양쪽)	.000		.000	.002	.003	.016
승차감	Pearson 상관계수	.672**	.707**	1	.201**	.213**	.198**
	유의확률 (양쪽)	.000	.000		.008	.005	.009
유명한차	Pearson 상관계수	.212**	.237**	.201**	1	.791**	.700**
	유의확률 (양쪽)	.005	.002	.008		.000	.000
독일차	Pearson 상관계수	.153*	.227**	.213**	.791**	1	.760**
	유의확률 (양쪽)	.045	.003	.005	.000		.000
고급차	Pearson 상관계수	.153*	.183*	.198**	.700**	.760**	1
	유의확률 (양쪽)	.045	.016	.009	.000	.000	

**. 상관계수는 0.01 수준(양쪽)에서 유의합니다.
*. 상관계수는 0.05 수준(양쪽)에서 유의합니다.
c. 목록별 N=172

결측치가 하나라도 있는 case는 모두 삭제되기 때문에 표본의 크기(N = 172)는 모두 동일한 상태가 된다.

2) 대응별 제거법

응답자가 응답하지 않은 항목만 분석에서 제외시키고 나머지 항목에 대해서는 그대로 분석을 진행하는 방법으로서, SPSS에 기본으로 지정되어 있다. 예를 들어 10개의 항목 중 응답자가 1개의 항목에 응답하지 않았다면, 그 항목만 분석에서 제외되고 나머지 9개 항목은 분석에 그대로 사용된다.

실행 데이터 외제차모델-결측치.sav

[분석] → [상관분석] → [이변량 상관계수]를 선택한다.

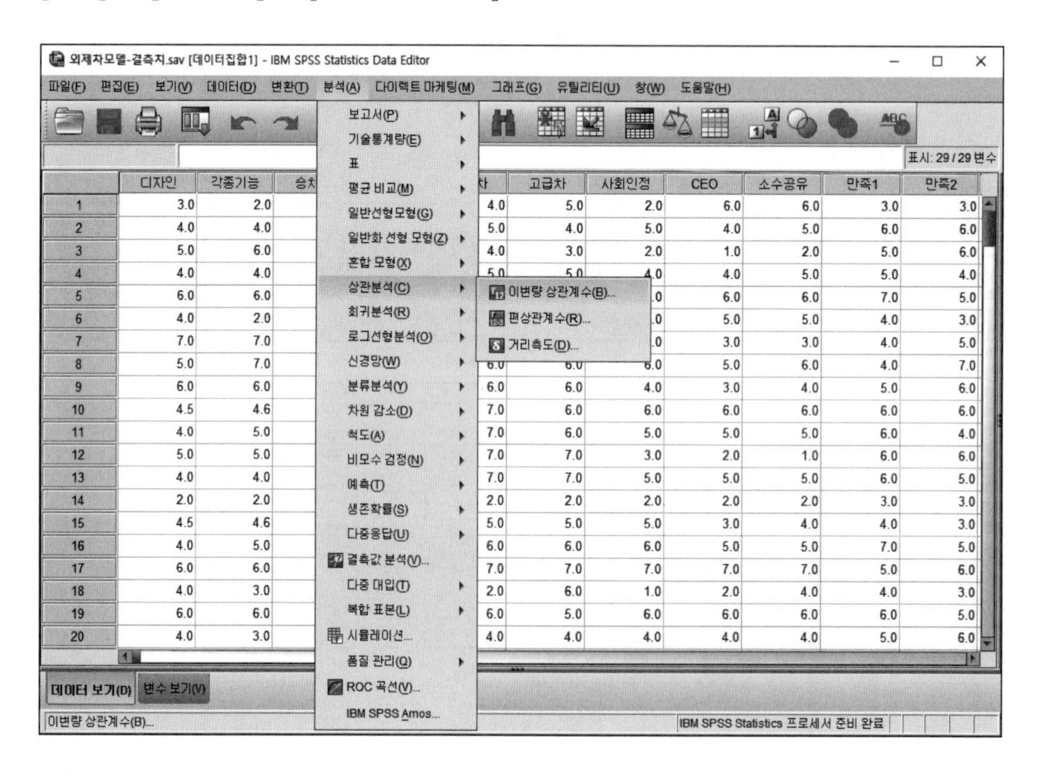

이어서 좌측의 변수들 중 분석하고자 하는 변수들을 [변수]로 이동시키고, [옵션] → ⊙ 대응별 결측값 제외 → [계속] → [확인]을 누른다.

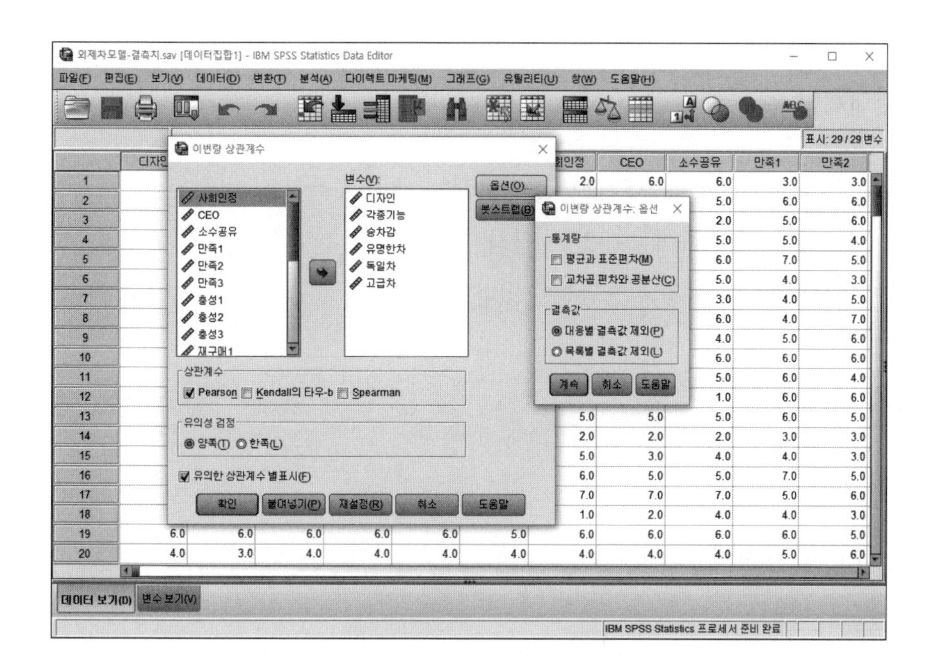

그러면 다음과 같은 결과가 나타난다.

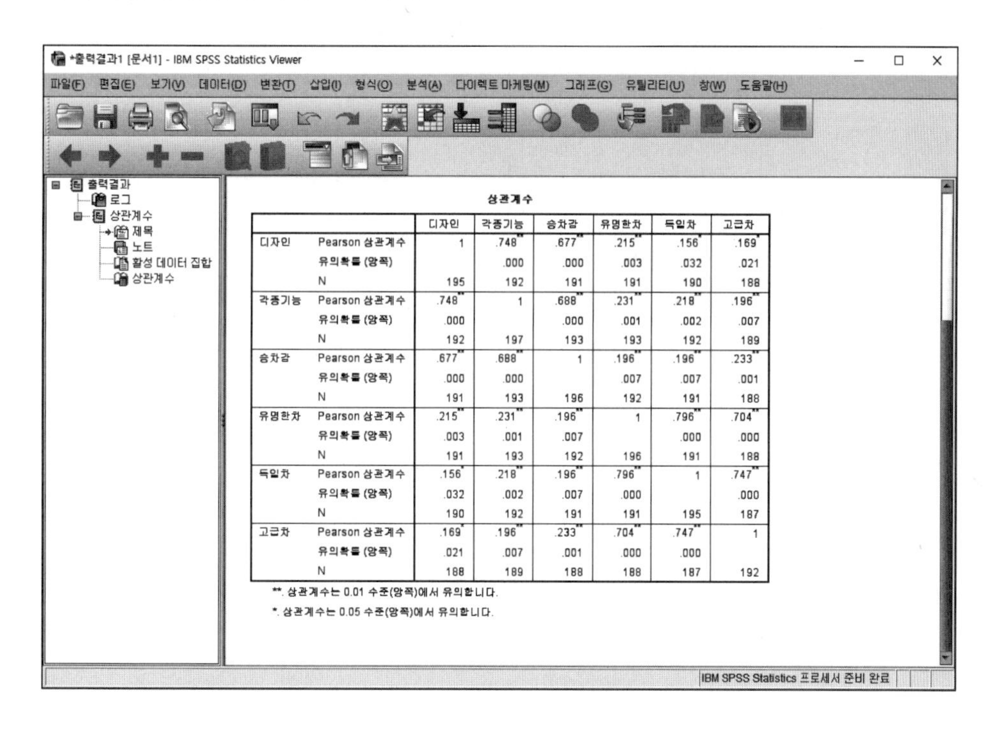

상관계수

		디자인	각종기능	승차감	유명한차	독일차	고급차
디자인	Pearson 상관계수	1	.748**	.677**	.215**	.156*	.169*
	유의확률 (양쪽)		.000	.000	.003	.032	.021
	N	195	192	191	191	190	188
각종기능	Pearson 상관계수	.748**	1	.688**	.231**	.218**	.196**
	유의확률 (양쪽)	.000		.000	.001	.002	.007
	N	192	197	193	193	192	189
승차감	Pearson 상관계수	.677**	.688**	1	.196**	.196**	.233**
	유의확률 (양쪽)	.000	.000		.007	.007	.001
	N	191	193	196	192	191	188
유명한차	Pearson 상관계수	.215**	.231**	.196**	1	.796**	.704**
	유의확률 (양쪽)	.003	.001	.007		.000	.000
	N	191	193	192	196	191	188
독일차	Pearson 상관계수	.156*	.218**	.196**	.796**	1	.747**
	유의확률 (양쪽)	.032	.002	.007	.000		.000
	N	190	192	191	191	195	187
고급차	Pearson 상관계수	.169*	.196**	.233**	.704**	.747**	1
	유의확률 (양쪽)	.021	.007	.001	.000	.000	
	N	188	189	188	188	187	192

**. 상관계수는 0.01 수준(양쪽)에서 유의합니다.

*. 상관계수는 0.05 수준(양쪽)에서 유의합니다.

결측치가 있는 항목에 대해서만 분석을 하지 않기 때문에 표본의 크기(N)는 변수마다 다르며, 목록별 제거법과 비교할 때 상관계수가 조금씩 다름을 알 수 있다.

3) 평균대체법

평균대체법(mean imputation)은 표본을 삭제하는 대신 결측치를 평균값으로 대체하는 방법이다. 표본의 크기가 줄어들지 않는 장점이 있지만, 결측치가 많아 삭제가 요구되는 경우에도 그대로 분석에 사용되는 단점이 있다.

[변환] → [결측값 대체]를 선택한다.

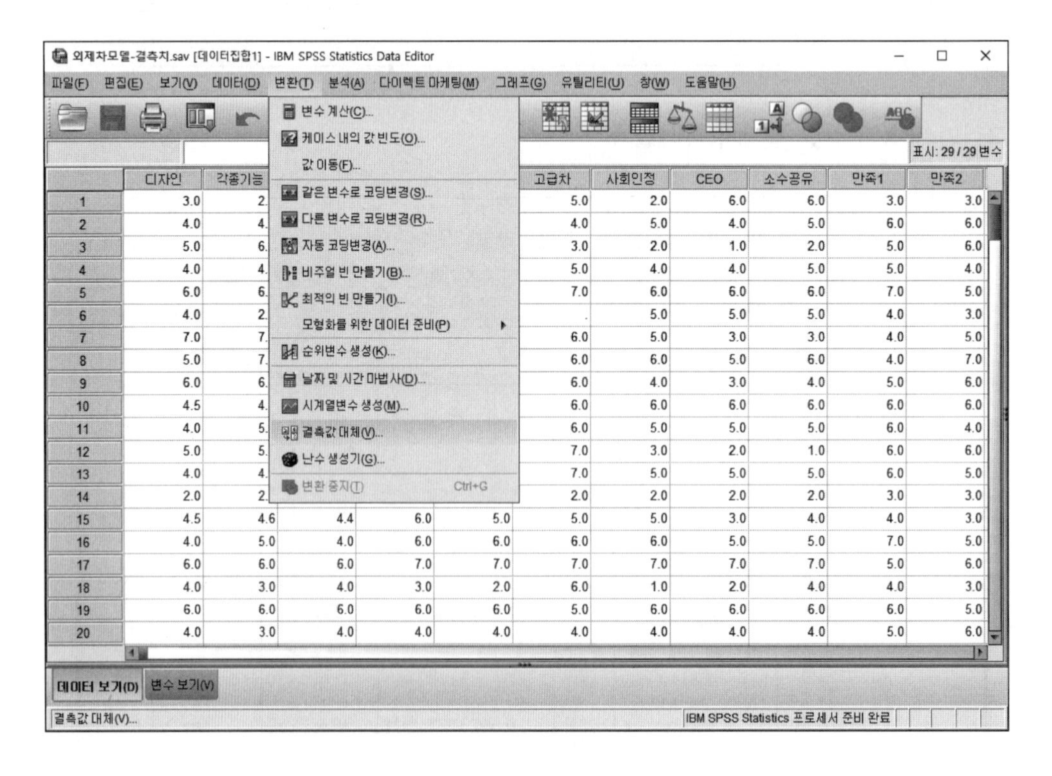

이어서 [방법]은 '계열 평균'으로 지정하고, 좌측의 변수들 중 분석하고자 하는 변수들을 [새 변수]로 이동시킨 후 [확인]을 누른다.

그러면 다음과 같은 결과가 나타난다.

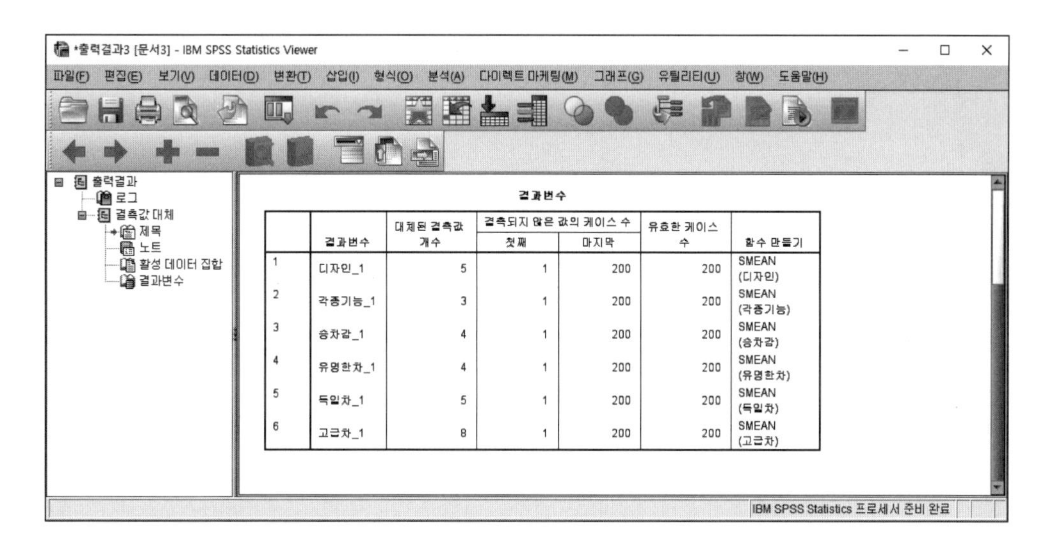

결과변수

	결과변수	대체된 결측값 개수	결측되지 않은 값의 케이스 수 첫째	마지막	유효한 케이스 수	함수 만들기
1	디자인_1	5	1	200	200	SMEAN (디자인)
2	각종기능_1	3	1	200	200	SMEAN (각종기능)
3	승차감_1	4	1	200	200	SMEAN (승차감)
4	유명한차_1	4	1	200	200	SMEAN (유명한차)
5	독일차_1	5	1	200	200	SMEAN (독일차)
6	고급차_1	8	1	200	200	SMEAN (고급차)

결측치가 있는 항목을 평균값으로 대체했기 때문에 표본의 크기(N=200)는 변하지 않음을 알 수 있다.

또한 평균대체법을 실행하면 데이터 파일의 맨 마지막 부분에 평균값으로 대체된 결측치들에 대한 새로운 이름의 변수가 생성된다. 즉 기존에 있는 변수의 결측치에 평균값이 들어가는 것이 아니라, 기존의 변수명에 '_1'이 붙은 새로운 변수가 자동으로 생성된다.

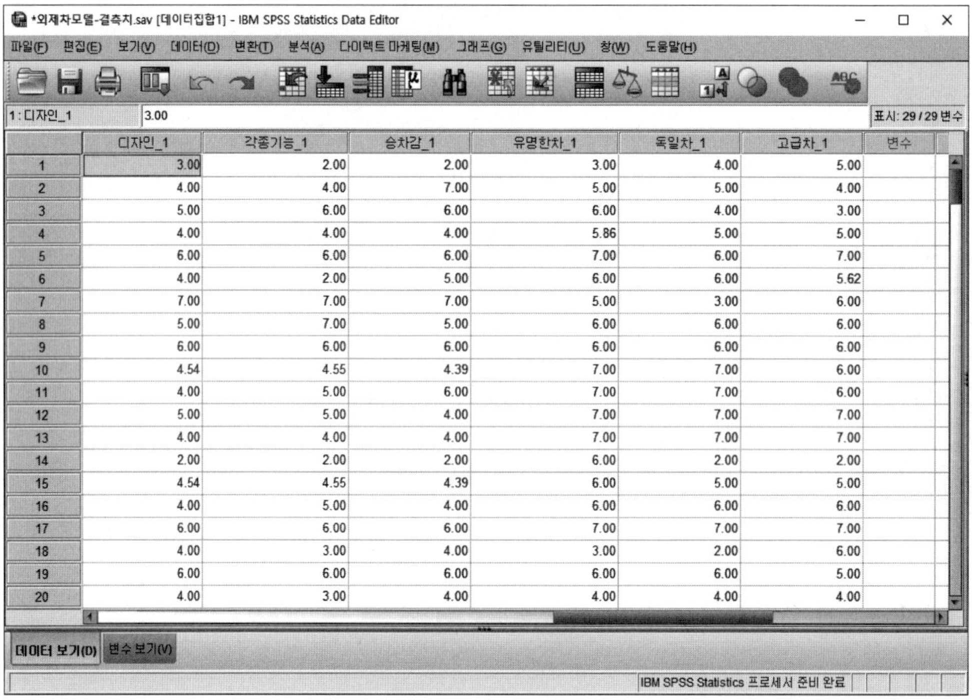

*외제차모델-결측치.sav [데이터집합1] - IBM SPSS Statistics Data Editor

파일(F) 편집(E) 보기(V) 데이터(D) 변환(T) 분석(A) 다이렉트 마케팅(M) 그래프(G) 유틸리티(U) 창(W) 도움말(H)

1 : 디자인_1 3.00 표시: 29 / 29 변수

	디자인_1	각종기능_1	승차감_1	유명한차_1	독일차_1	고급차_1	변수
1	3.00	2.00	2.00	3.00	4.00	5.00	
2	4.00	4.00	7.00	5.00	5.00	4.00	
3	5.00	6.00	6.00	6.00	4.00	3.00	
4	4.00	4.00	4.00	5.86	5.00	5.00	
5	6.00	6.00	6.00	7.00	6.00	7.00	
6	4.00	2.00	5.00	6.00	6.00	5.62	
7	7.00	7.00	7.00	5.00	3.00	6.00	
8	5.00	7.00	5.00	6.00	6.00	6.00	
9	6.00	6.00	6.00	6.00	6.00	6.00	
10	4.54	4.55	4.39	7.00	7.00	6.00	
11	4.00	5.00	6.00	7.00	7.00	6.00	
12	5.00	5.00	4.00	7.00	7.00	7.00	
13	4.00	4.00	4.00	7.00	7.00	7.00	
14	2.00	2.00	2.00	6.00	2.00	2.00	
15	4.54	4.55	4.39	6.00	5.00	5.00	
16	4.00	5.00	4.00	6.00	6.00	6.00	
17	6.00	6.00	6.00	7.00	7.00	7.00	
18	4.00	3.00	4.00	3.00	2.00	6.00	
19	6.00	6.00	6.00	6.00	6.00	5.00	
20	4.00	3.00	4.00	4.00	4.00	4.00	

데이터 보기(D) 변수 보기(V)

IBM SPSS Statistics 프로세서 준비 완료

4) EM법

이 방법은 반복적인 두 단계 기법(iterative two stage)으로서 첫 번째 E단계(Expectation)에서는 결측치에 대한 최상의 추정치를 만들고, 두 번째 M단계(Maximization)에서는 도출된 추정치로 모수(평균, 표준오차, 상관관계)를 대체한다.

실행 데이터 외제차모델-결측치.sav

[분석] → [결측값 분석]을 선택한다.

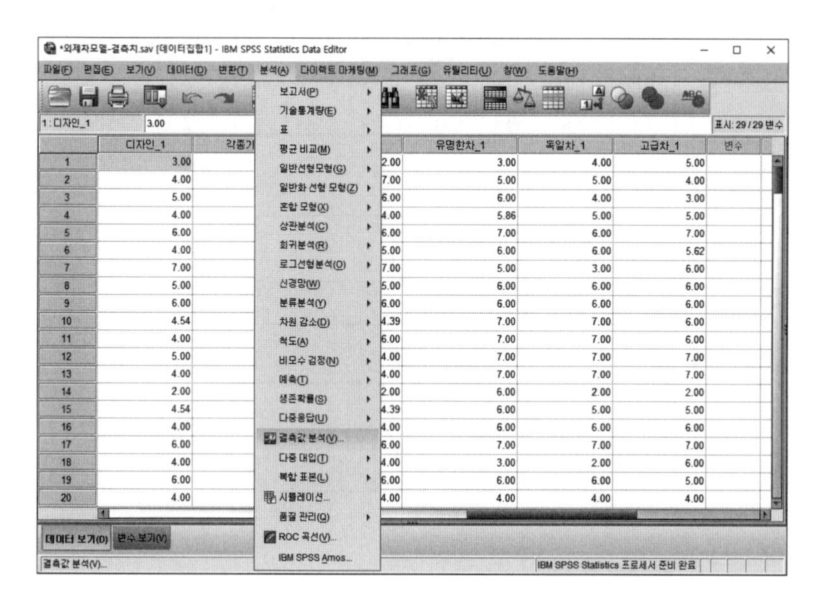

이후 좌측의 변수들 중 분석하고자 하는 변수들을 [양적 변수]로 이동시키고, ☑ EM을 체크한 후 [확인]을 누른다.

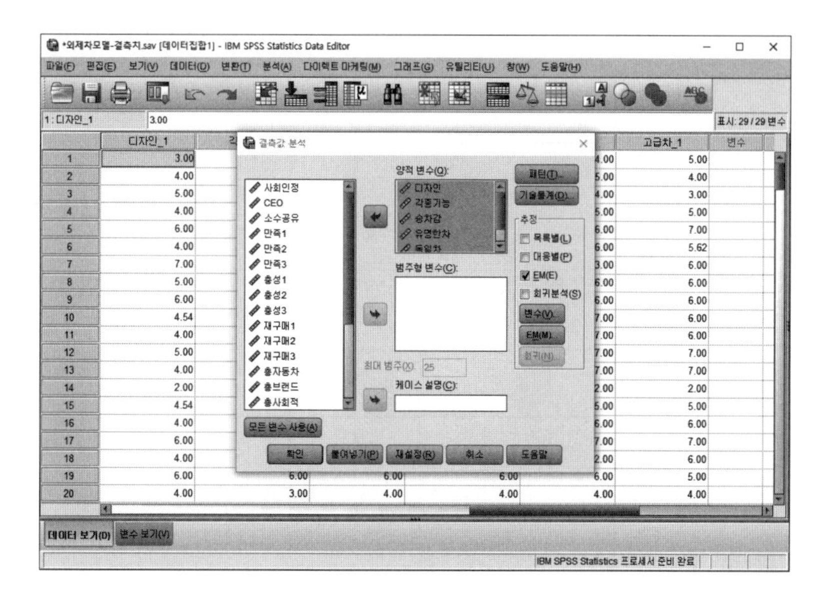

그러면 다음과 같은 결과가 나타난다.

결측값 분석

일변량 통계량

	N	평균	표준편차	결측		극단값의 수[a]	
				빈도	퍼센트	하한	상한
디자인	195	4.654	1.0383	5	2.5	5	4
각종기능	197	4.677	1.1460	3	1.5	8	9
승차감	196	4.575	1.1256	4	2.0	7	5
유명한차	196	5.991	1.1747	4	2.0	23	0
독일차	195	5.765	1.2094	5	2.5	4	0
고급차	192	5.616	1.1067	8	4.0	6	0

a. 범위 (Q1 - 1.5*IQR, Q3 + 1.5*IQR) 밖의 케이스의 수.

추정된 평균의 요약

	디자인	각종기능	승차감	유명한차	독일차	고급차
모든 값	4.654	4.677	4.575	5.991	5.765	5.616
EM	4.650	4.686	4.576	5.990	5.777	5.626

추정된 표준편차의 요약

	디자인	각종기능	승차감	유명한차	독일차	고급차
모든 값	1.0383	1.1460	1.1256	1.1747	1.2094	1.1067
EM	1.0343	1.1540	1.1214	1.1671	1.2051	1.0978

EM 추정 통계량

EM 평균[a]

디자인	각종기능	승차감	유명한차	독일차	고급차
4.650	4.686	4.576	5.990	5.777	5.626

a. Little의 MCAR 검정: 카이제곱 = 24.133, DF = 34, Sig. = .895

EM 공분산[a]

	디자인	각종기능	승차감	유명한차	독일차	고급차
디자인	1.0697					
각종기능	.8944	1.3317				
승차감	.7811	.8952	1.2575			
유명한차	.2522	.3169	.2597	1.3620		
독일차	.1876	.3163	.2837	1.1124	1.4524	
고급차	.1842	.2322	.2734	.8895	.9822	1.2051

a. Little의 MCAR 검정: 카이제곱 = 24.133, DF = 34, Sig. = .895

EM 상관계수[a]

	디자인	각종기능	승차감	유명한차	독일차	고급차
디자인	1					
각종기능	.749	1				
승차감	.673	.692	1			
유명한차	.209	.235	.198	1		
독일차	.151	.227	.210	.791	1	
고급차	.162	.183	.222	.694	.742	1

a. Little의 MCAR 검정: 카이제곱 = 24.133, DF = 34, Sig. = .895

결측치가 대체된 데이터셋을 원할 경우에는 [추정]란에 있는 ☑ EM → [EM(M)...] 버튼을 누른다. 생성된 창에서 완전한 데이터 저장 → ⊙새 데이터 파일 만들기 → 데이터 파일 이름에 새롭게 생성될 데이터셋 이름을 입력(본 예제에서는 'complete'로 명명)하면 결측치가 대체된 데이터셋이 생성된다.

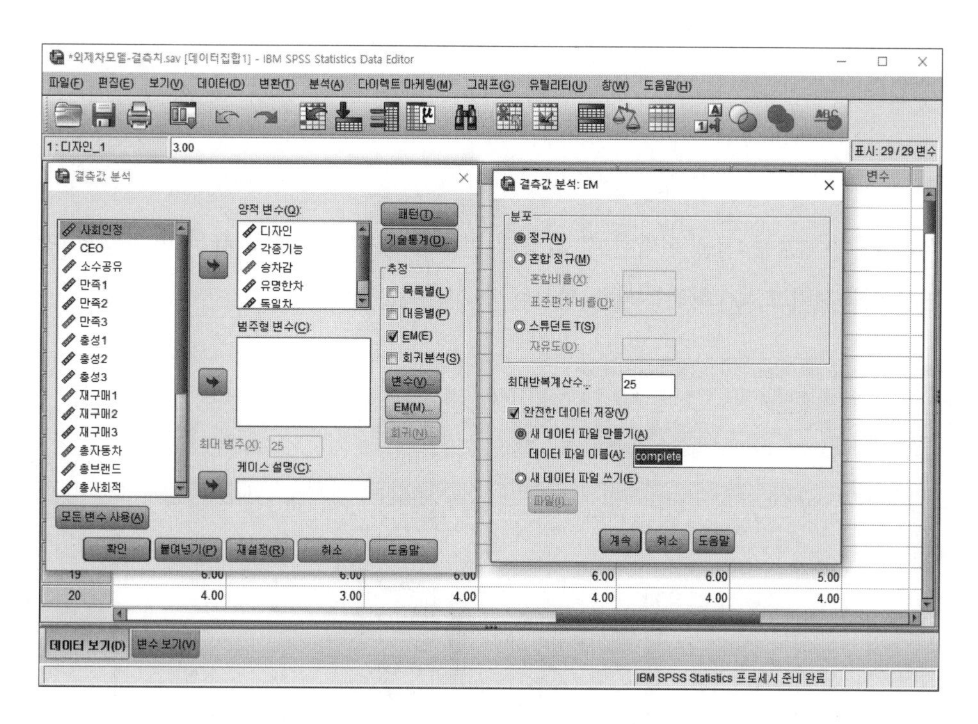

EM법으로 새롭게 생성된 데이터셋은 다음과 같다.

결측치가 있는 데이터

	승차감	유명한차	독일차	고급차
1	2.0	3.0	4.0	5.0
2	7.0	5.0	5.0	4.0
3	6.0	6.0	4.0	3.0
4	4.0	5.9	5.0	5.0
5	6.0	7.0	6.0	7.0
6	5.0	6.0	6.0	
7	7.0	5.0	3.0	6.0

EM법으로 결측치가 대체된 데이터

	승차감	유명한차	독일차	고급차
1	2.0	3.0	4.0	5.0
2	7.0	5.0	5.0	4.0
3	6.0	6.0	4.0	3.0
4	4.0	5.9	5.0	5.0
5	6.0	7.0	6.0	7.0
6	5.0	6.0	6.0	6.0
7	7.0	5.0	3.0	6.0

'외제차모델-결측치.sav' 데이터의 고급차 6번 case 결측치가 'complete'에서는 6.0으로 대체되었음을 알 수 있다.

5) 회귀대체법

회귀대체법(Regression imputation)은 회귀모델을 통해서 구한 예측치로 모든 결측치를 대체하는 방법이다.

[분석] → [결측값 분석]을 선택한 후 좌측의 변수들 중 분석하고자 하는 변수들을 [양적 변수]로 이동시키고, ☑ 회귀분석을 체크한 후 [확인]을 누른다.

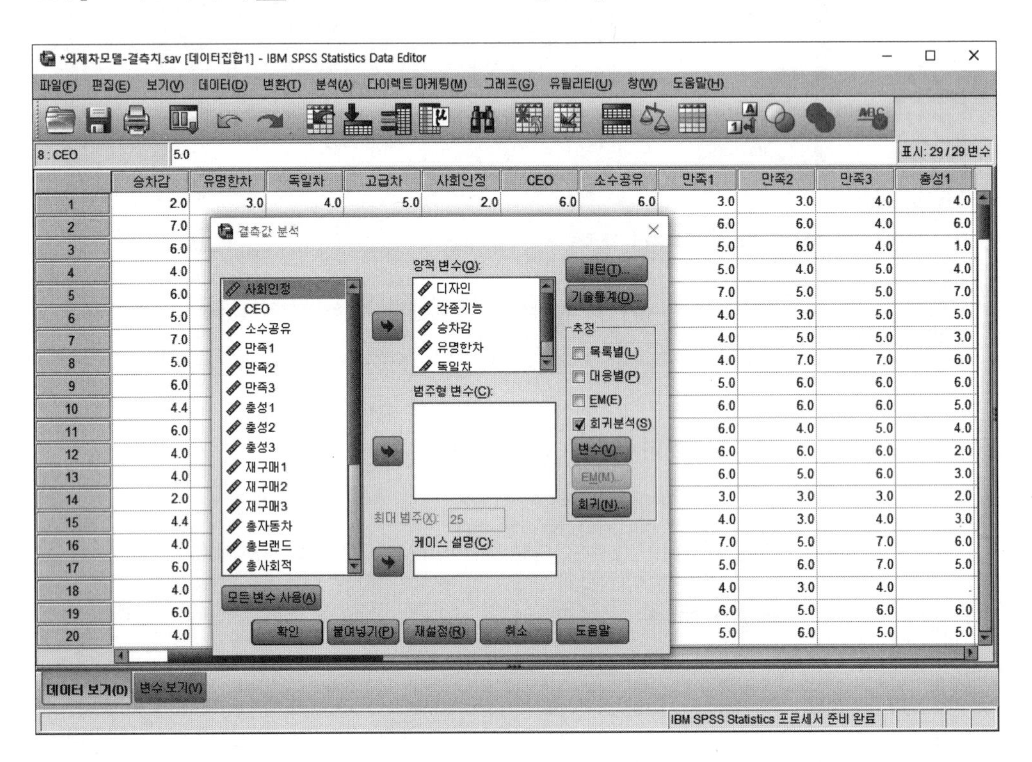

그러면 다음과 같은 결과가 나타난다.

결측값 분석

일변량 통계량

	N	평균	표준편차	결측		극단값의 수[a]	
				빈도	퍼센트	하한	상한
디자인	195	4.654	1.0383	5	2.5	5	4
각종기능	197	4.677	1.1460	3	1.5	8	9
승차감	196	4.575	1.1256	4	2.0	7	5
유명한차	196	5.991	1.1747	4	2.0	23	0
독일차	195	5.765	1.2094	5	2.5	4	0
고급차	192	5.616	1.1067	8	4.0	6	0

a. 범위 (Q1 - 1.5*IQR, Q3 + 1.5*IQR) 밖의 케이스의 수.

추정된 평균의 요약

	디자인	각종기능	승차감	유명한차	독일차	고급차
모든 값	4.654	4.677	4.575	5.991	5.765	5.616
회귀	4.652	4.688	4.580	5.992	5.778	5.621

추정된 표준편차의 요약

	디자인	각종기능	승차감	유명한차	독일차	고급차
모든 값	1.0383	1.1460	1.1256	1.1747	1.2094	1.1067
회귀	1.0280	1.1513	1.1194	1.1637	1.2005	1.0904

회귀 추정 통계량

회귀 평균[a]

디자인	각종기능	승차감	유명한차	독일차	고급차
4.652	4.688	4.580	5.992	5.778	5.621

a. 임의 선택 케이스 잔차가 각 추정값에 추가됩니다.

회귀 공분산[a]

	디자인	각종기능	승차감	유명한차	독일차	고급차
디자인	1.0569					
각종기능	.8926	1.3255				
승차감	.7722	.8851	1.2531			
유명한차	.2496	.3190	.2555	1.3542		
독일차	.1866	.3183	.2735	1.1102	1.4411	
고급차	.1808	.2340	.2676	.8872	.9778	1.1890

a. 임의 선택 케이스 잔차가 각 추정값에 추가됩니다.

회귀 계수[a]

	디자인	각종기능	승차감	유명한차	독일차	고급차
디자인	1					
각종기능	.754	1				
승차감	.671	.687	1			
유명한차	.209	.238	.196	1		
독일차	.151	.230	.204	.795	1	
고급차	.161	.186	.219	.699	.747	1

a. 임의 선택 케이스 잔차가 각 추정값에 추가됩니다.

결측치가 대체된 데이터셋을 원할 경우에는 [추정]란에 있는 ☑ 회귀분석 → [회귀(N)] 버튼을 누른다. 생성된 창에서 ☑ 완전한 데이터 저장 → ⊙새 데이터 파일 만들기 → 데이터 파일 이름에 새롭게 생성될 데이터셋 이름을 입력(본 예제에서는 'complete2'로 명명)하면 결측치가 대체된 데이터셋이 생성된다.

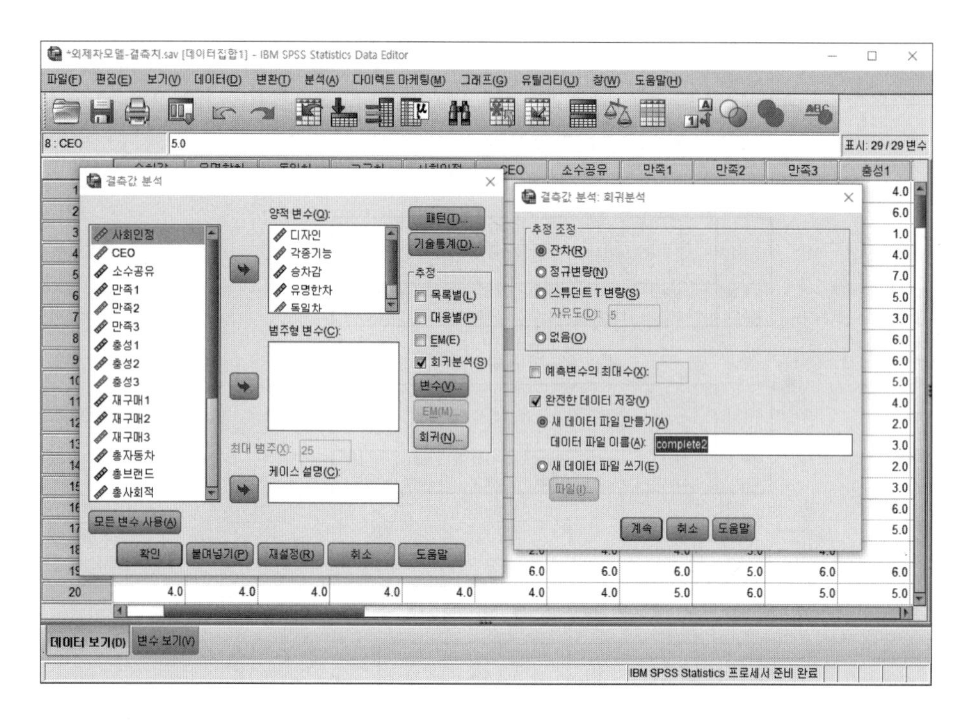

회귀대체법으로 새롭게 생성된 데이터셋은 다음과 같다.

회귀대체법으로 결측치가 대체된 데이터

	승차감	유명한차	독일차	고급차
1	2.0	3.0	4.0	5.0
2	7.0	5.0	5.0	4.0
3	6.0	6.0	4.0	3.0
4	4.0	5.9	5.0	5.0
5	6.0	7.0	6.0	7.0
6	5.0	6.0	6.0	6.2
7	7.0	5.0	3.0	6.0

EM법으로 결측치가 대체된 데이터

	승차감	유명한차	독일차	고급차
1	2.0	3.0	4.0	5.0
2	7.0	5.0	5.0	4.0
3	6.0	6.0	4.0	3.0
4	4.0	5.9	5.0	5.0
5	6.0	7.0	6.0	7.0
6	5.0	6.0	6.0	6.0
7	7.0	5.0	3.0	6.0

회귀대체법(결측치가 6.2로 대체)과 EM법(결측치가 6.0으로 대체) 간 대체값의 차이가 있음을 알 수 있다.

3-3 Amos에서의 결측치 해결법

Amos에서 결측치를 해결하는 방법에는 ①완전정보최대우도법(Full Information Maximum Likelihood, FIML), ②Regression imputation, Stochastic regression imputation, Bayesian imputation법 등이 있다.

1) 완전정보최대우도법

완전정보최대우도법(FIML)은 결측치를 갖지 않은 데이터를 바탕으로 최우추정을 하여 결측치의 추청치를 계산하는 방법이다.

Amos 분석 시, 데이터에 결측치가 하나라도 존재하면 다음과 같은 메시지가 나타난다.

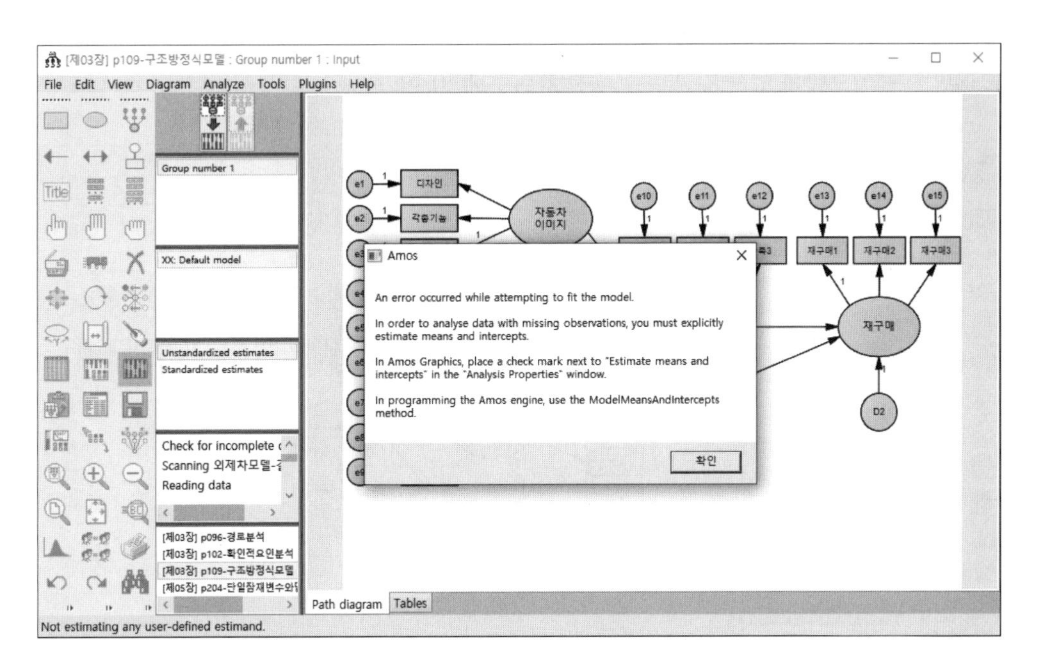

메시지 창을 닫은 후 메뉴바에서 [View] → [Analysis Properties] → [Estimation]
☑ Estimate means and intercepts를 체크한다.

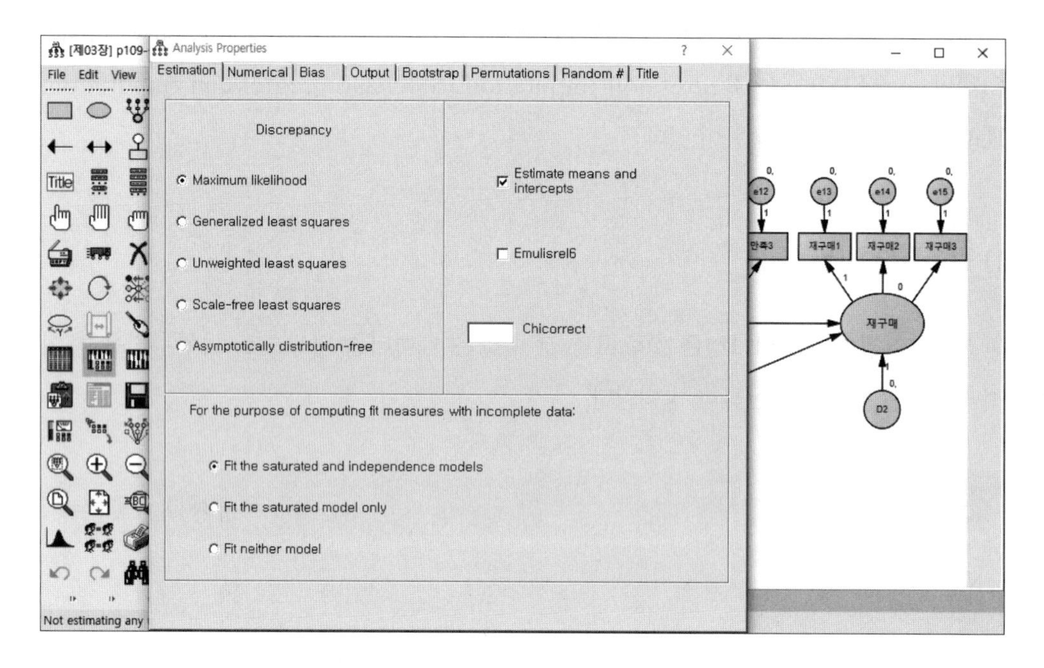

그러면 외제차모델에 있는 잠재변수와 오차변수에 '0.'이 자동으로 생성된다.

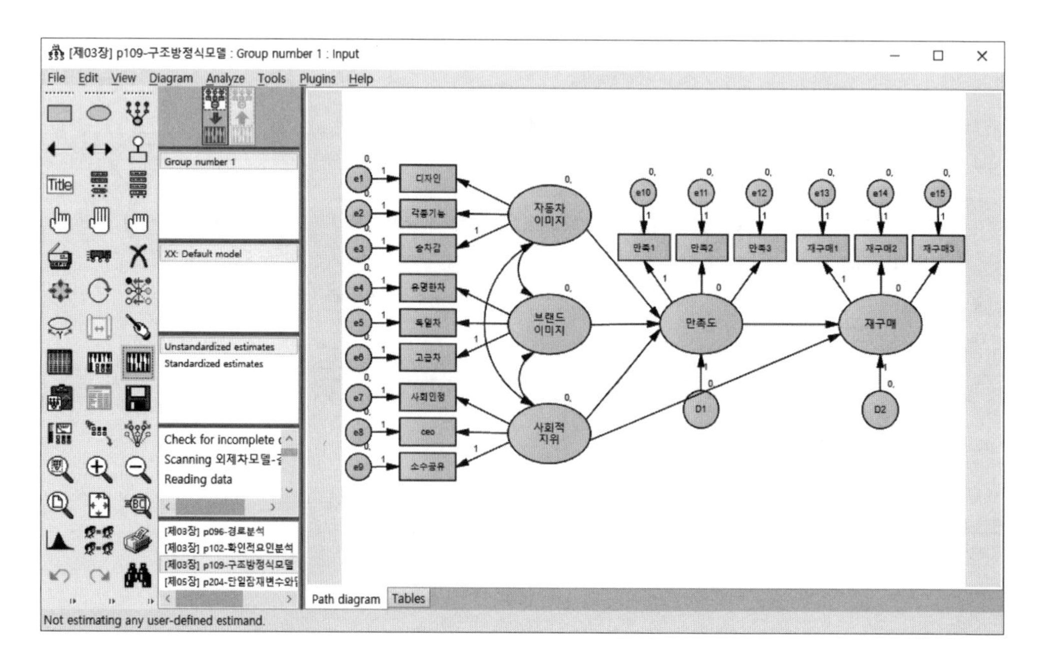

여기서 '0'은 잠재변수와 측정오차의 평균이 0으로 지정된다는 의미이다.

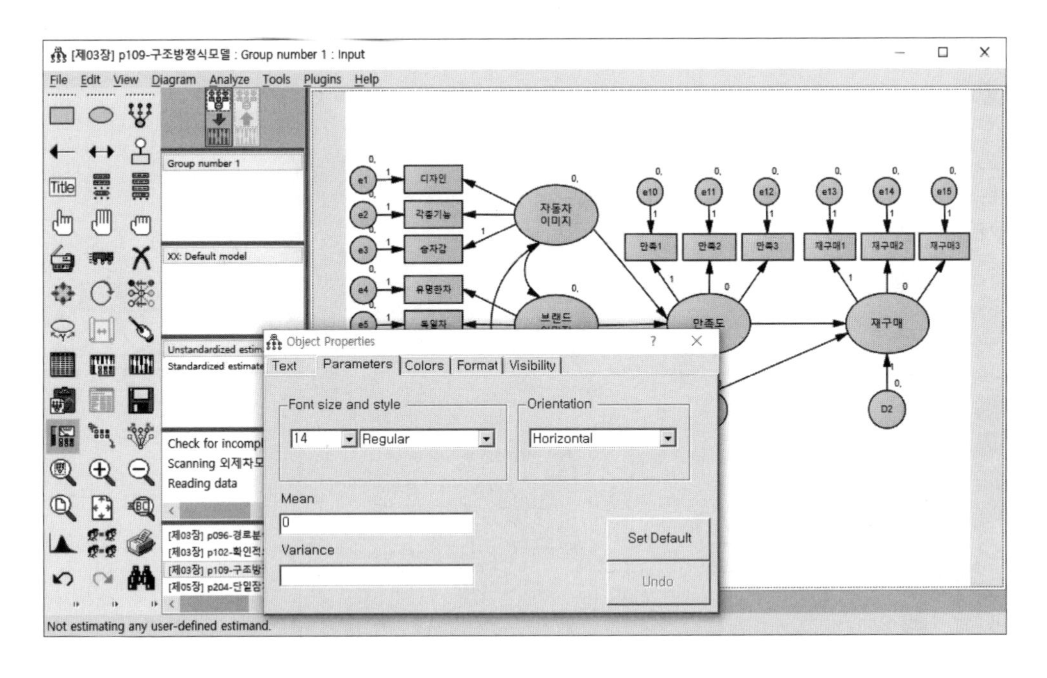

이 상태에서 분석을 진행하면 다음과 같은 에러 메시지가 다시 나타난다.

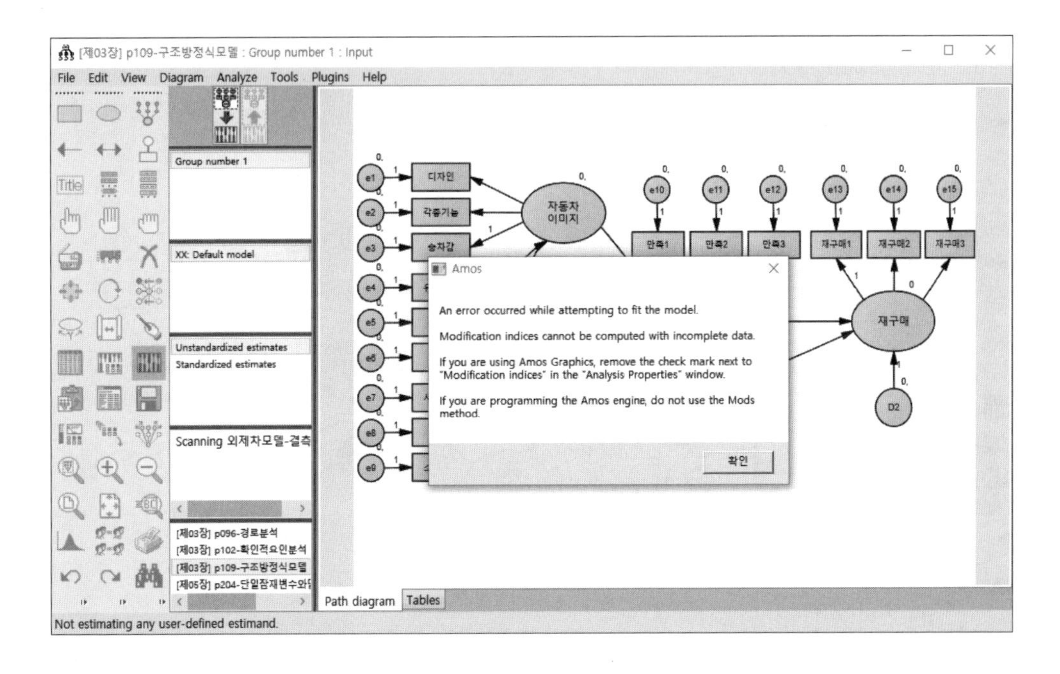

에러 메시지는 분석 전에 [View] → [Analysis Properties] → [Output]에서 ☑ Modification indices가 체크되어 있기 때문에 나타나는 것이므로 체크를 풀어주면 된다.

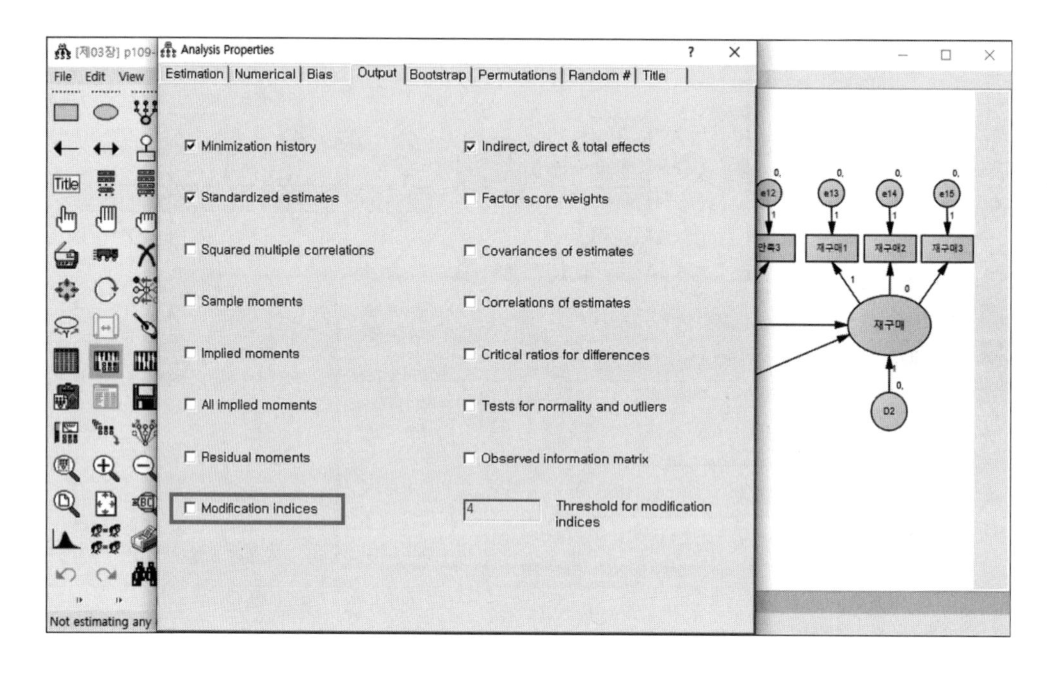

다시 분석을 진행하면 다음과 같은 결과가 제공된다.

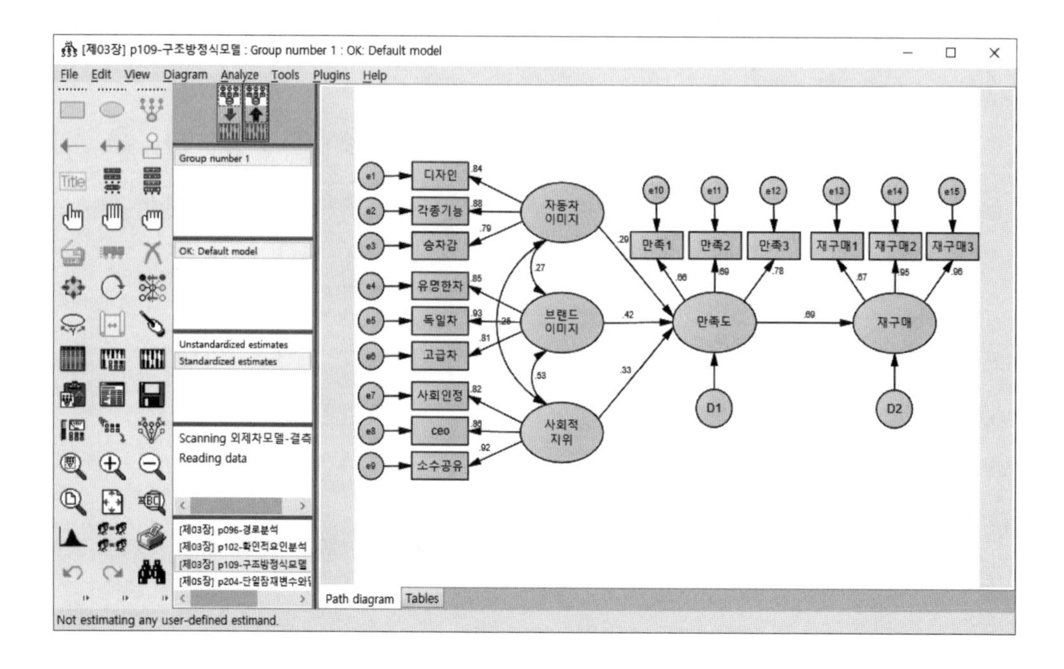

그러나 이 방법(☑ Estimate means and intercepts)을 사용했을 경우에는 국내외 논문에서 중요하게 여겨지는 모델적합도(GFI, AGFI, RMR 등)가 제시되지 않는 문제가 있다.

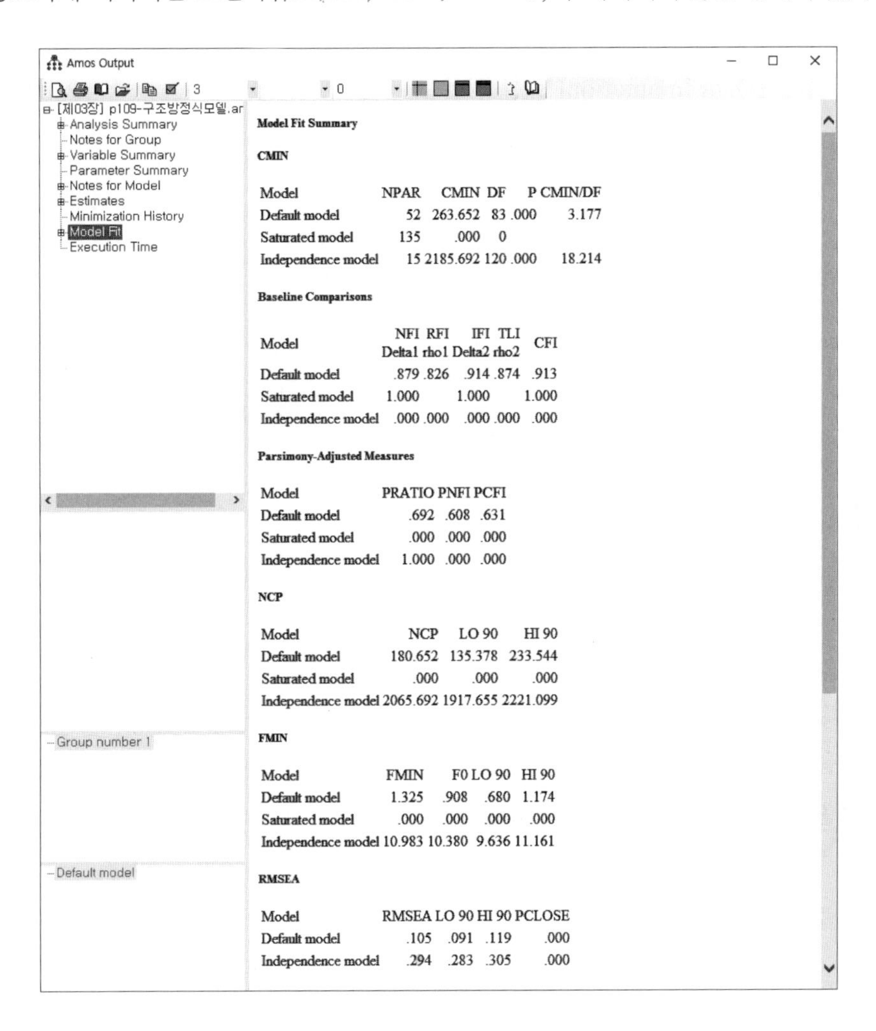

Model Fit Summary

CMIN

Model	NPAR	CMIN	DF	P	CMIN/DF
Default model	52	263.652	83	.000	3.177
Saturated model	135	.000	0		
Independence model	15	2185.692	120	.000	18.214

Baseline Comparisons

Model	NFI Delta1	RFI rho1	IFI Delta2	TLI rho2	CFI
Default model	.879	.826	.914	.874	.913
Saturated model	1.000		1.000		1.000
Independence model	.000	.000	.000	.000	.000

Parsimony-Adjusted Measures

Model	PRATIO	PNFI	PCFI
Default model	.692	.608	.631
Saturated model	.000	.000	.000
Independence model	1.000	.000	.000

NCP

Model	NCP	LO 90	HI 90
Default model	180.652	135.378	233.544
Saturated model	.000	.000	.000
Independence model	2065.692	1917.655	2221.099

FMIN

Model	FMIN	F0	LO 90	HI 90
Default model	1.325	.908	.680	1.174
Saturated model	.000	.000	.000	.000
Independence model	10.983	10.380	9.636	11.161

RMSEA

Model	RMSEA	LO 90	HI 90	PCLOSE
Default model	.105	.091	.119	.000
Independence model	.294	.283	.305	.000

2) Regression imputation, Stochastic regression imputation, Bayesian imputation

이 방법들은 회귀대체, 스토케스틱 회귀대체, 베이지안 대체법 등을 통해 결측치를 대체하는 방법[7]이다. 이 중 회귀대체법의 예를 보도록 하자.

7 Amos 5.0 이하 버전에서는 해당 기능들을 제공하지 않는다.

실행 데이터 외제차모델-결측치.sav

[Analyze] → [Data Imputation]을 선택한다.

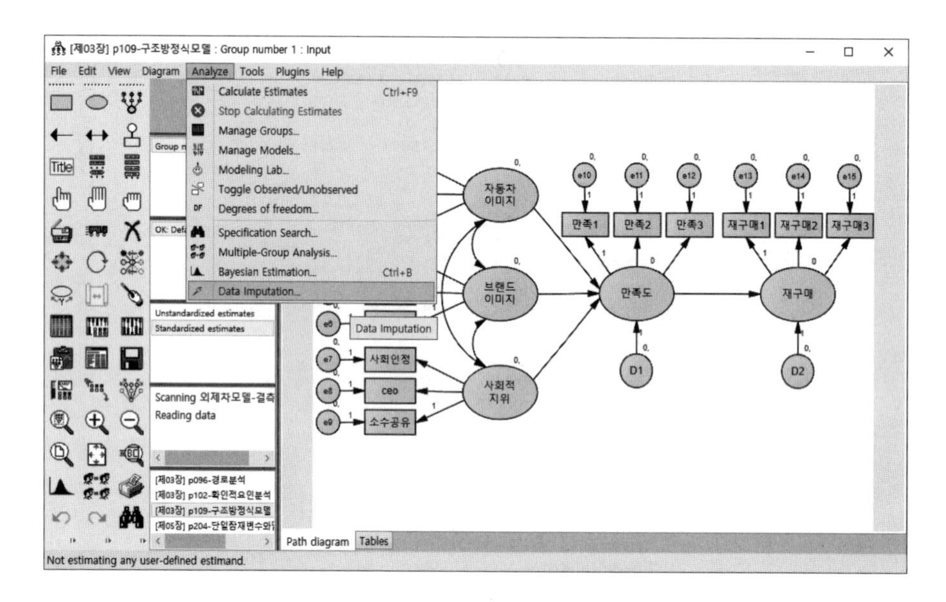

만약 다음과 같은 메시지가 나타나면 [View] → [Analysis Properties] → [Estimation]에서 ☑ Estimate means and intercepts를 체크한다.

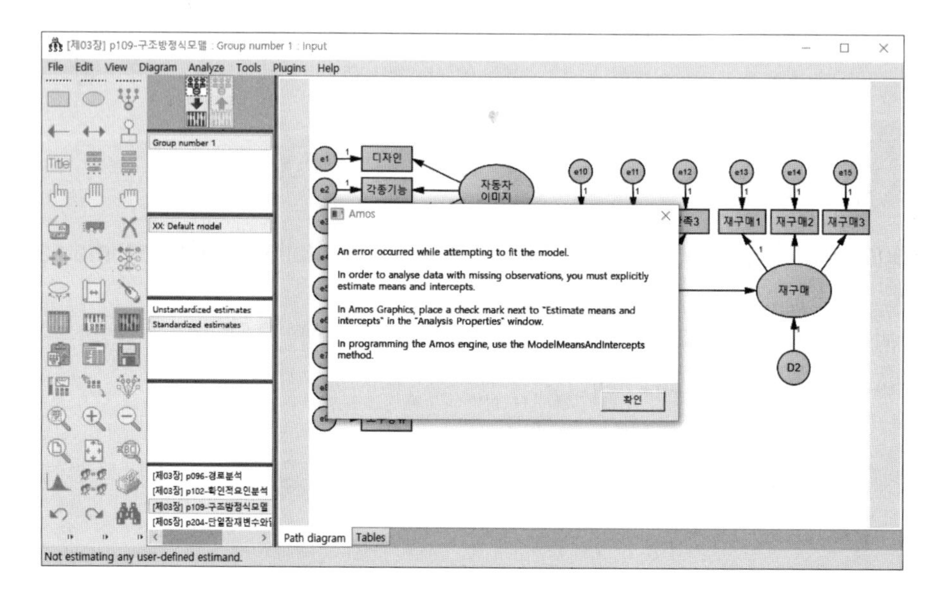

다시 [Analyze] → [Data Imputation]을 선택하여 [Amos Data Imputation] 창이 생성되면 ⊙Regression imputation을 체크한 후 [Impute] 버튼을 누른다.

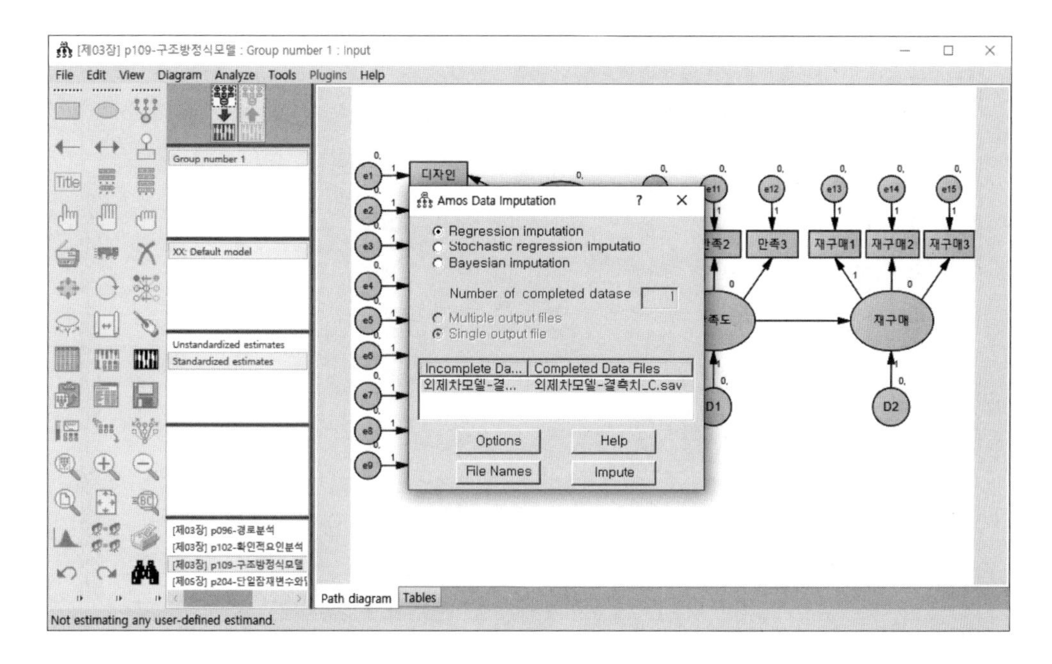

메시지 창에 '_C'가 붙은 새로운 데이터(외제차모델-결측치_C.sav)가 생성된다.

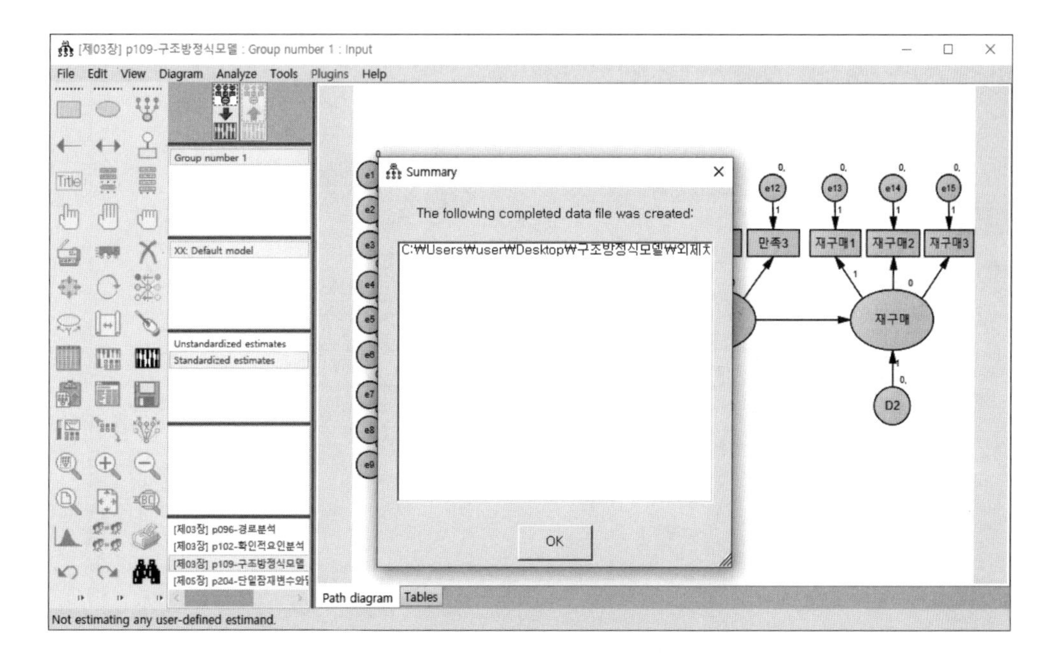

SPSS에서 '외제차모델-결측치_C.sav'를 열어보면 '브랜드_이미지', '자동차_이미지', '사회적_지위', '만족도', '재구매' 등 새로운 변수가 생성되었음을 확인할 수 있다.

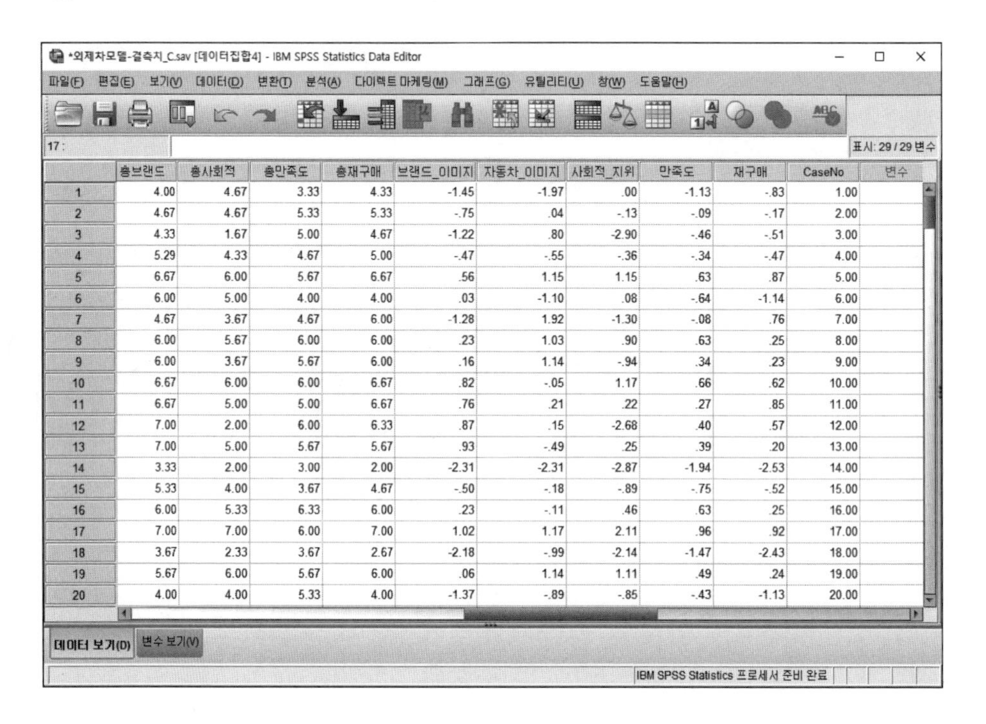

	총브랜드	총사회적	총만족도	총재구매	브랜드_이미지	자동차_이미지	사회적_지위	만족도	재구매	CaseNo	변수
1	4.00	4.67	3.33	4.33	-1.45	-1.97	.00	-1.13	-.83	1.00	
2	4.67	4.67	5.33	5.33	-.75	.04	-.13	-.09	-.17	2.00	
3	4.33	1.67	5.00	4.67	-1.22	.80	-2.90	-.46	-.51	3.00	
4	5.29	4.33	4.67	5.00	-.47	-.55	-.36	-.34	-.47	4.00	
5	6.67	6.00	5.67	6.67	.56	1.15	1.15	.63	.87	5.00	
6	6.00	5.00	4.00	4.00	.03	-1.10	.08	-.64	-1.14	6.00	
7	4.67	3.67	4.67	6.00	-1.28	1.92	-1.30	-.08	.76	7.00	
8	6.00	5.67	6.00	6.00	.23	1.03	.90	.63	.25	8.00	
9	6.00	3.67	5.67	6.00	.16	1.14	-.94	.34	.23	9.00	
10	6.67	6.00	6.00	6.67	.82	-.05	1.17	.66	.62	10.00	
11	6.67	5.00	5.00	6.67	.76	.21	.22	.27	.85	11.00	
12	7.00	2.00	6.00	6.33	.87	.15	-2.68	.40	.57	12.00	
13	7.00	5.00	5.67	5.67	.93	-.49	.25	.39	.20	13.00	
14	3.33	2.00	3.00	2.00	-2.31	-2.31	-2.87	-1.94	-2.53	14.00	
15	5.33	4.00	3.67	4.67	-.50	-.18	-.89	-.75	-.52	15.00	
16	6.00	5.33	6.33	6.00	.23	-.11	.46	.63	.25	16.00	
17	7.00	7.00	6.00	7.00	1.02	1.17	2.11	.96	.92	17.00	
18	3.67	2.33	3.67	2.67	-2.18	-.99	-2.14	-1.47	-2.43	18.00	
19	5.67	6.00	5.67	6.00	.06	1.14	1.11	.49	.24	19.00	
20	4.00	4.00	5.33	4.00	-1.37	-.89	-.85	-.43	-1.13	20.00	

'외제차모델-결측치_C.sav'를 연결하여 재분석을 실시한다.

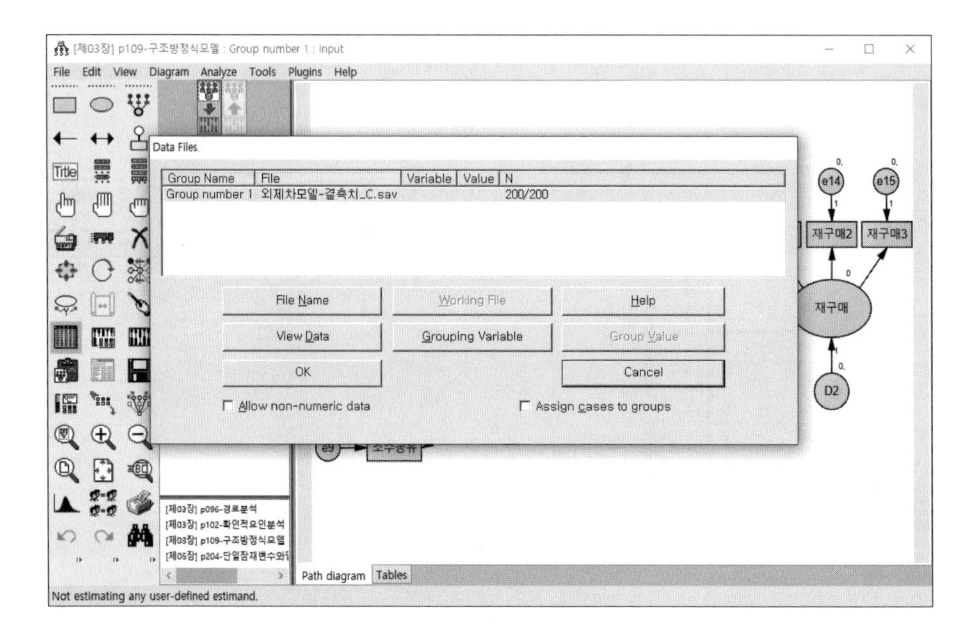

그런데 현 상태에서 분석을 하게 되면 잠재변수에 있는 모델과 새롭게 생성된 변수의 이름이 같기 때문에 아래와 같은 메시지가 나타난다.

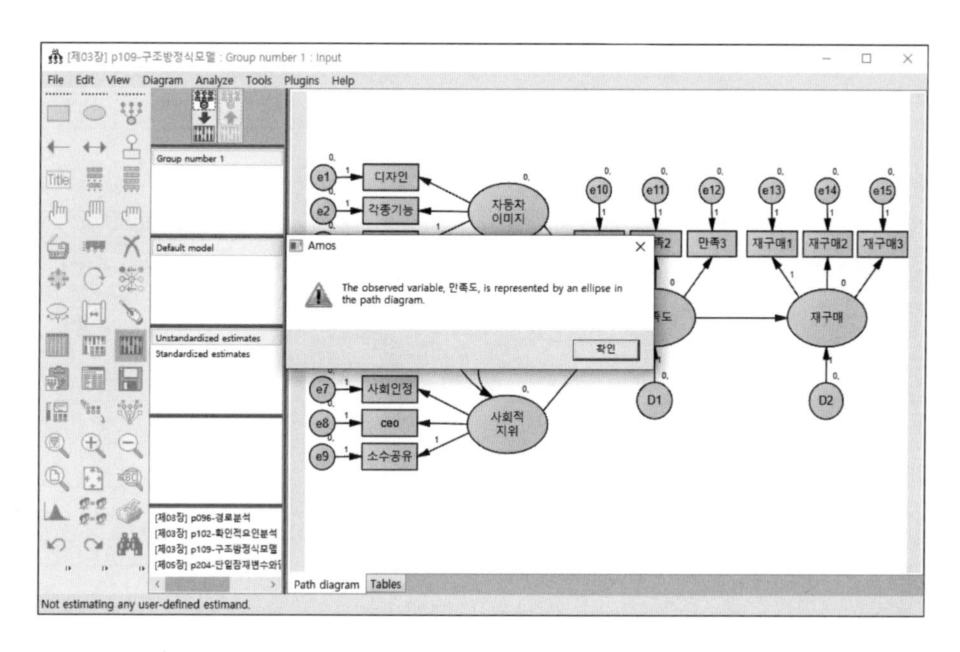

이런 경우에는 잠재변수들의 이름을 바꿔줌으로써 문제를 해결할 수 있다. 외제차모델의 경우, 잠재변수에 '_요인'을 붙여서 변수명을 차별화하면 된다. 이를 통해 얻은 결과는 다음과 같다.

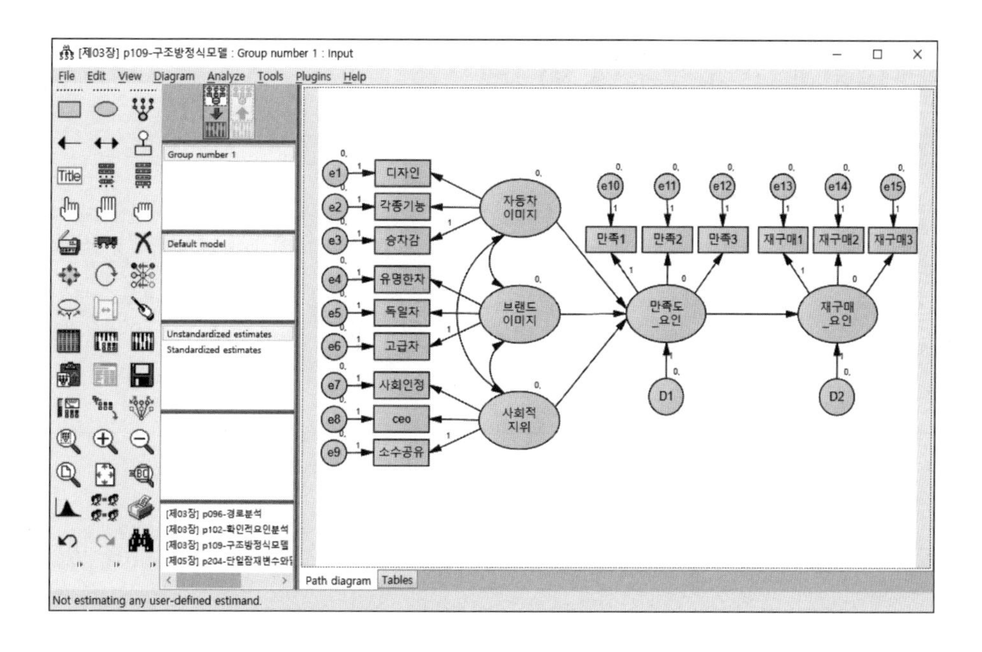

3-4 Amos에서의 결측치 해결법 비교

① 원래 외제차모델 : 외제차모델.sav

비표준화계수	표준화계수

② 완전정보최대우도법(FIML법) : 외제차모델-결측치.sav

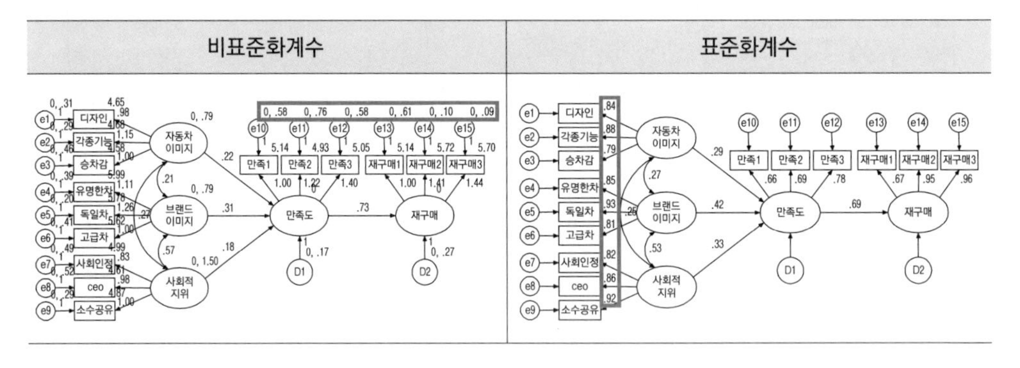

③ 회귀대체법 : 외제차모델-결측치_C.sav

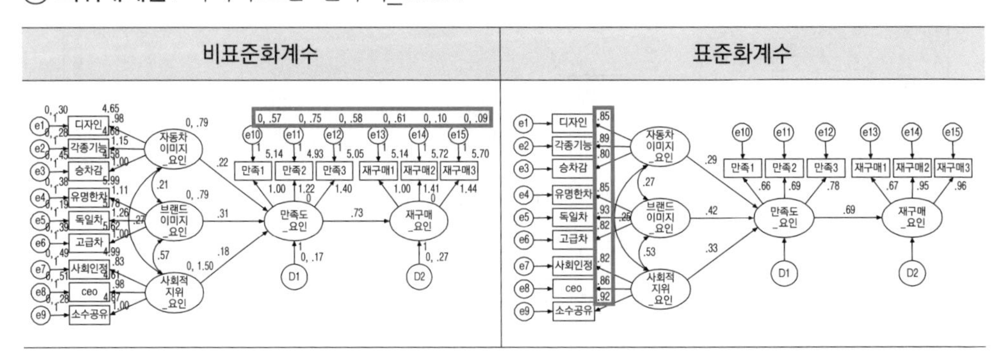

이를 통해 외제차모델의 FIML법과 회귀대체법 간에 약간의 차이가 있음을 알 수 있다.

4 이상치

이상치(outlier)란 데이터에서 어떤 측정치의 수치가 나머지 측정치들과 다른 것을 의미한다. 이상치는 조사자가 결과를 잘못 입력했을 때나, 응답자가 일반 응답자들과 특이하게 다른 응답을 했을 때 발생할 수 있다. 예를 들어, 1~7점 리커트 척도 문항에서 조사자가 '7'을 '77'로 잘못 입력했거나, 결측치를 '99'로 표시해놓고 분석 시 결측치를 처리하지 않은 채 그대로 분석할 경우에 발생한다. 또한 가정의 월 소득을 10억이라고 답하거나, 인터넷 하루 평균 사용시간을 20시간 이상이라고 응답한 경우처럼 다른 응답자들의 일반적인 응답과 큰 차이를 보일 때 발생한다.

데이터에서 이상치들을 처리하지 않은 채 분석을 진행하면 모델의 전체적인 분석 결과에 영향을 미칠 수 있다. 예를 들어, 외제차모델 데이터의 디자인 5번 case에 조사자가 '3'을 '33'으로 잘못 입력해서 이상치가 발생했다고 가정해보자.

외제차모델-이상치.sav [데이터집합1] - IBM SPSS Statistics Data Editor

파일(F) 편집(E) 보기(V) 데이터(D) 변환(T) 분석(A) 다이렉트 마케팅(M) 그래프(G) 유틸리티(U) 창(W) 도움말(H)

5 : 디자인 33.00 표시: 25 / 25 변수

	디자인	각종기능	승차감	유명한차	독일차	고급차	사회인정	ceo	소수공유	만족1	만족2
1	3.00	4.00	3.00	5.00	5.00	4.00	3.00	4.00	5.00	4.00	5.00
2	3.00	4.00	4.00	5.00	5.00	5.00	2.00	2.00	3.00	3.00	4.00
3	3.00	3.00	2.00	3.00	4.00	3.00	2.00	3.00	3.00	3.00	3.00
4	3.00	3.00	3.00	4.00	4.00	3.00	3.00	3.00	3.00	4.00	4.00
5	33.00	3.00	3.00	4.00	4.00	4.00	4.00	4.00	4.00	3.00	3.00
6	5.00	5.00	5.00	5.00	4.00	4.00	4.00	4.00	4.00	3.00	4.00
7	5.00	5.00	5.00	5.00	5.00	5.00	3.00	4.00	4.00	2.00	3.00
8	3.00	4.00	3.00	4.00	4.00	4.00	3.00	3.00	3.00	3.00	3.00
9	3.00	4.00	3.00	4.00	4.00	4.00	4.00	4.00	4.00	4.00	4.00
10	2.00	4.00	3.00	5.00	5.00	5.00	2.00	4.00	5.00	4.00	2.00
11	3.00	4.00	3.00	4.00	4.00	4.00	4.00	4.00	4.00	4.00	3.00
12	3.00	3.00	3.00	4.00	4.00	3.00	3.00	3.00	3.00	4.00	4.00
13	4.00	4.00	4.00	4.00	5.00	5.00	4.00	4.00	4.00	4.00	4.00
14	3.00	3.00	3.00	4.00	4.00	3.00	4.00	3.00	4.00	3.00	2.00
15	2.00	3.00	3.00	4.00	5.00	4.00	2.00	1.00	1.00	3.00	3.00
16	5.00	5.00	4.00	5.00	5.00	5.00	2.00	4.00	3.00	2.00	3.00
17	3.00	3.00	3.00	3.00	3.00	3.00	3.00	3.00	3.00	3.00	3.00
18	3.00	4.00	4.00	4.00	4.00	4.00	4.00	4.00	4.00	3.00	3.00
19	3.00	4.00	4.00	4.00	4.00	4.00	3.00	3.00	3.00	3.00	3.00
20	3.00	3.00	3.00	4.00	4.00	4.00	4.00	4.00	4.00	4.00	4.00

데이터 보기(D) 변수 보기(V)

IBM SPSS Statistics 프로세서 준비 완료

외제차모델의 원래 데이터와 '3'을 '33'으로 잘못 입력해서 이상치가 발생한 데이터를 각각 분석한 결과(표준화계수)는 다음과 같다.

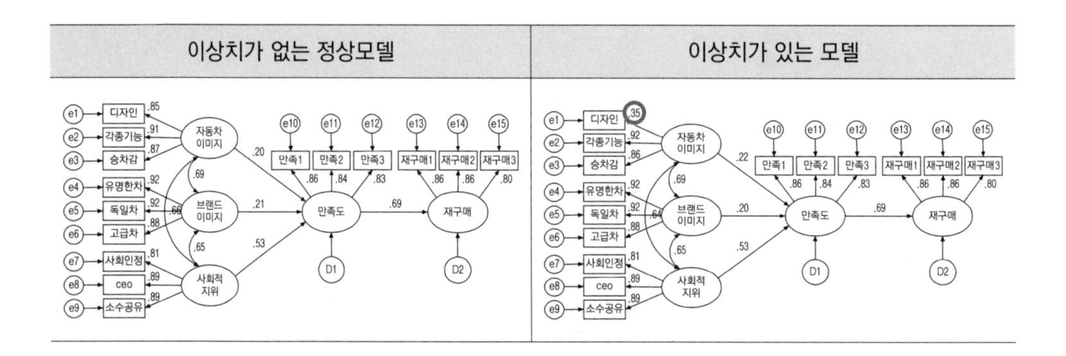

위의 그림을 보면 '자동차이미지 → 디자인' 경로의 표준화계수가 원래 모델에서는 .85이지만 이상치가 존재하는 모델에서는 .35로 급격히 낮아졌음을 알 수 있다. 이 수치는 요인부하량을 제거($\lambda < .50$)할 수 있는 크기이다. 따라서 만약 이상치의 존재를 모르는 조사자라면, 단 하나의 이상치로 인해 관측변수 하나를 제거할 수 있는 상황이 발생할 수도 있는 것이다. 이렇듯 이상치는 모델 전체의 결과를 바꿀 수 있기 때문에 분석 전에 반드시 확인해야 한다.

이상치는 일변량 이상치(univariate outlier)와 다변량 이상치(multivariate outlier)로 나뉜다. 일변량 이상치는 한 변수에 대한 수치가 이상치를 보이는 경우이며, 다변량 이상치는 2개 이상의 변수에 대한 수치가 이상치를 보이는 경우이다. 이러한 이상치들은 SPSS나 Amos를 이용해 해결할 수 있다.

4-1 SPSS에서의 일변량 이상치 해결법

'외제차모델-이상치.sav'를 연결시킨 후 [분석] → [기술통계량] → [기술통계]를 선택한다.

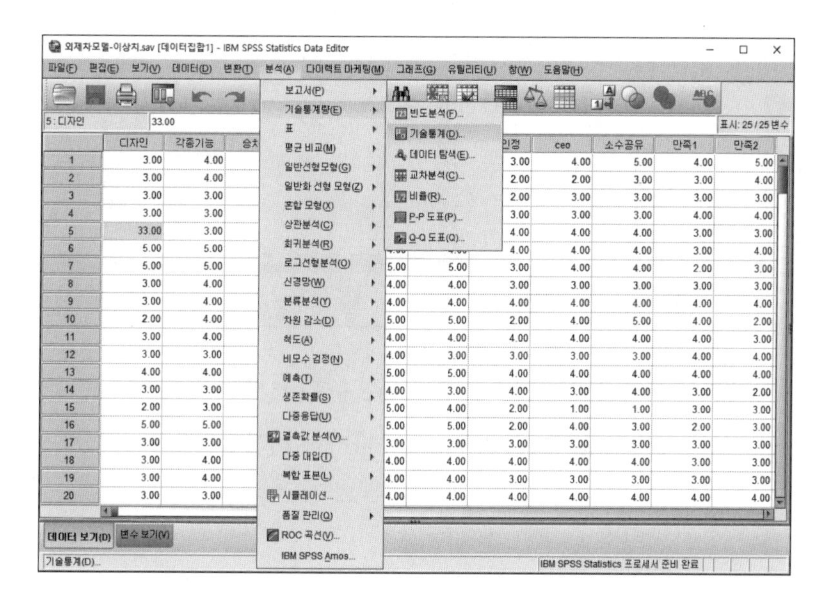

좌측의 변수들 중 분석하고자 하는 변수들을 [변수]로 이동시킨 후 '☑ 표준화 값을 변수로 저장'을 체크하고 [확인]을 누른다.

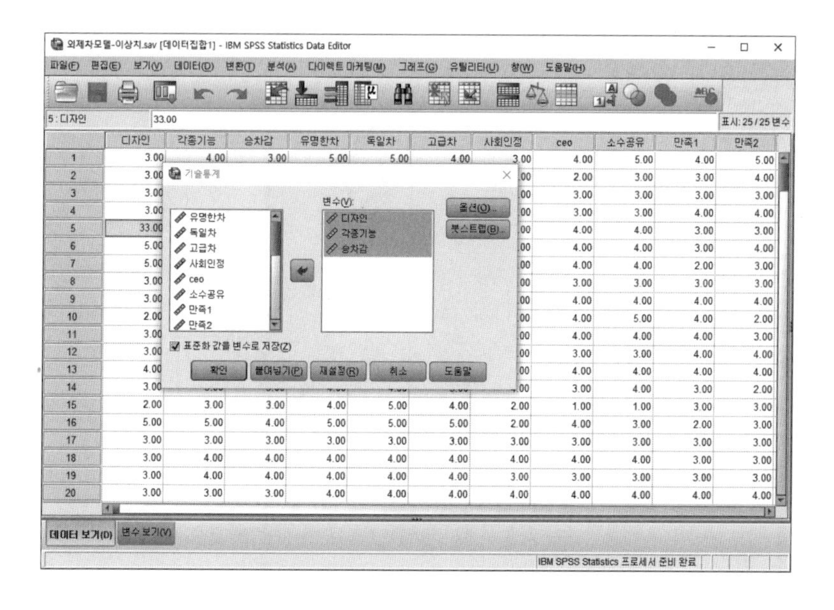

그러면 데이터에 Z-value를 제공하는 변수가 다음과 같이 생성된다.

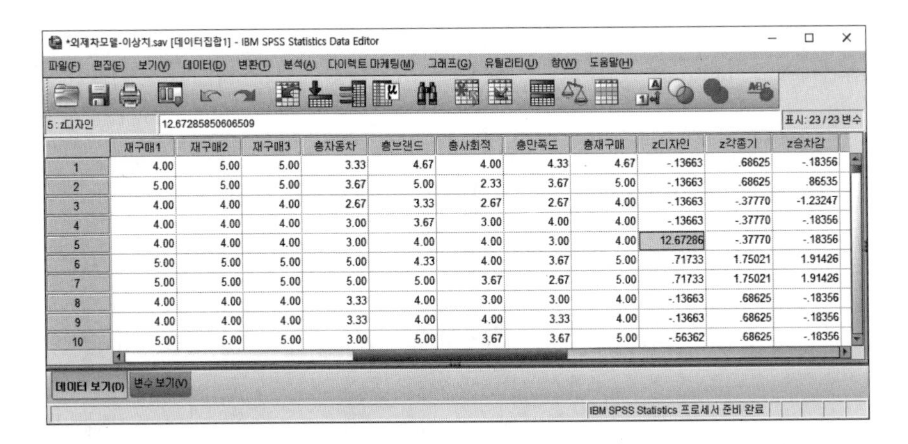

	재구매1	재구매2	재구매3	총자동차	총브랜드	총사회적	총만족도	총재구매	z디자인	z각종기	z승차감
1	4.00	5.00	5.00	3.33	4.67	4.00	4.33	4.67	-.13663	.68625	-.18356
2	5.00	5.00	5.00	3.67	5.00	2.33	3.67	5.00	-.13663	.68625	.86535
3	4.00	4.00	4.00	2.67	3.33	2.67	2.67	4.00	-.13663	-.37770	-1.23247
4	4.00	4.00	4.00	3.00	3.67	3.00	4.00	4.00	-.13663	-.37770	-.18356
5	4.00	4.00	4.00	3.00	4.00	4.00	3.00	4.00	12.67286	-.37770	-.18356
6	5.00	5.00	5.00	5.00	4.33	4.00	3.67	5.00	.71733	1.75021	1.91426
7	5.00	5.00	5.00	5.00	5.00	3.67	2.67	5.00	.71733	1.75021	1.91426
8	4.00	4.00	4.00	3.33	4.00	3.00	3.00	4.00	-.13663	.68625	-.18356
9	4.00	4.00	4.00	3.33	4.00	4.00	3.33	4.00	-.13663	.68625	-.18356
10	5.00	5.00	5.00	3.00	5.00	3.67	3.67	5.00	-.56362	.68625	-.18356

이상치에는 절댓값이 없으나 일반적으로 Z-score ±3 이상이면 이상치로 간주한다. 위의 데이터에서는 디자인 5번의 값이 12.6 이상으로 나타나 이상치임을 알 수 있다.

4-2 Amos에서의 다변량 이상치 해결법

'외제차모델-이상치.sav'를 연결한 후 [View] → [Analysis Properties] → [Output]에서 ☑ Tests for normality and outliers를 체크한다.

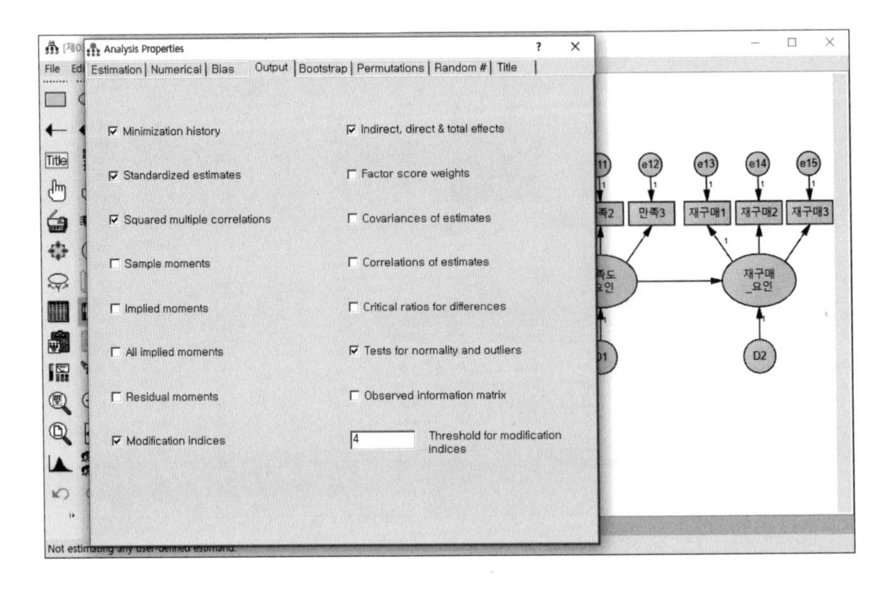

분석 결과는 다음과 같다.

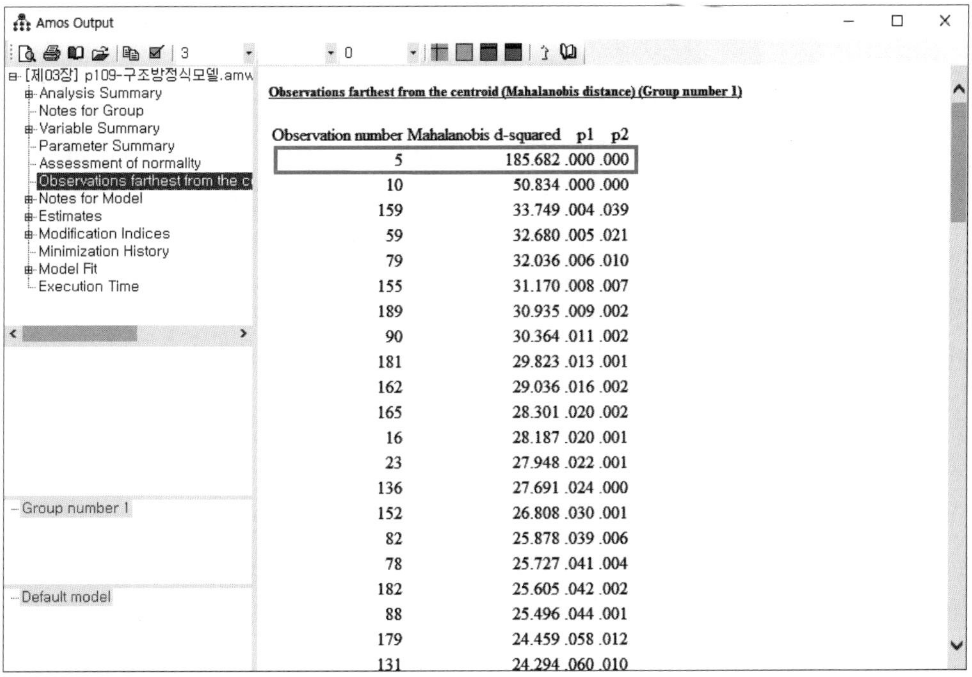

Amos Output

[제03장] p109-구조방정식모델.amw
- Analysis Summary
- Notes for Group
- Variable Summary
- Parameter Summary
- Assessment of normality
- Observations farthest from the c
- Notes for Model
- Estimates
- Modification Indices
- Minimization History
- Model Fit
- Execution Time

Group number 1

Default model

Observations farthest from the centroid (Mahalanobis distance) (Group number 1)

Observation number	Mahalanobis d-squared	p1	p2
5	185.682	.000	.000
10	50.834	.000	.000
159	33.749	.004	.039
59	32.680	.005	.021
79	32.036	.006	.010
155	31.170	.008	.007
189	30.935	.009	.002
90	30.364	.011	.002
181	29.823	.013	.001
162	29.036	.016	.002
165	28.301	.020	.002
16	28.187	.020	.001
23	27.948	.022	.001
136	27.691	.024	.000
152	26.808	.030	.001
82	25.878	.039	.006
78	25.727	.041	.004
182	25.605	.042	.002
88	25.496	.044	.001
179	24.459	.058	.012
131	24.294	.060	.010

[Amos output]의 'Observations farthest from the centroid'에서는 마할라노비스 거리(Mahalanobis distance)와 유의확률을 제공한다. 마할라노비스 거리는 다른 관측치와 특정 관측치 간의 거리를 나타내며, d2(Mahalanobis d-squared)로 표시된다. 거리가 멀다면 그만큼 다른 관측치와 거리가 있다는 것을 의미하기 때문에 d2 수치가 클수록 이상치임을 나타낸다. 결과표에는 Mahalanobis d-squared가 가장 큰 수치부터 제공되는데, 잘못 입력된 5번의 마할노비스 거리가 185.682로 다른 변수들에 비해 비정상적으로 큰 것을 알 수 있다. 그리고 두 종류의 유의확률을 제공하는데, p1은 관측치가 중앙으로부터 실제로 벗어난 확률이며, p2는 관측치가 중앙으로부터 벗어날 예상확률을 나타낸다. 5번의 유의확률인 p1, p2 역시 .001 이하로서 이상치임을 보여준다.

이렇게 이상치로 인한 문제가 발생할 때에는 문제가 되는 case를 제외하든지, 결측치로 처리한 후 대체법을 통해 해결해야 한다.

5 정규성

다변량 분석의 기본적인 가정은 정규분포(normal distribution)이다. 정규성(normality)이란 데이터가 얼마나 정규분포를 따르고 있는지에 대한 것으로, 일변량 정규성(univariate normality)과 다변량 정규성(multivariate normality)으로 나뉜다. 구조방정식모델에서는 다변량 정규성을 가정하고 있기 때문에 관측변수들이 정규분포를 따르고 있다는 가정하에 분석이 진행된다. 하지만 대부분의 데이터들은 이 가정을 충족시키지 못한다.

정규성 검토에서 중요한 것은 왜도(skewness)와 첨도(kurtosis)이다. 왜도는 분포곡선의 대칭성을 나타낸 것으로, 분포가 오른쪽이나 왼쪽으로 치우진 정도를 나타낸다. 왜도의 값이 0이라면 정규분포를 의미하며, 0보다 클 때에는 양의 왜도(positive skewness)로 분포가 왼쪽으로 몰려 있고 오른쪽의 꼬리 형태를 가진다. 반대로 0보다 작을 때에는 음의 왜도(negative skewness)로 분포가 오른쪽으로 몰려 있고 왼쪽의 꼬리 형태를 가진다. 만약 왜도 수치가 ±1.965를 넘는다면 .05 유의수준에서 정규성을 벗어난 경우이며, ±2.58을 넘는다면 .01 유의수준에서 정규성을 벗어난 경우라고 할 수 있다.

첨도는 분포곡선이 중심으로 집중된 정도를 나타낸 것으로서 뾰족하거나 평평한 정도를 보여준다. 첨도의 값이 0이라면 정규분포를 의미하며, 0보다 클 때에는 정규분포곡선보다 뾰족한 형태를 보이고 0보다 작을 때에는 평평한 형태를 보인다.

[표 8-4] 왜도와 첨도

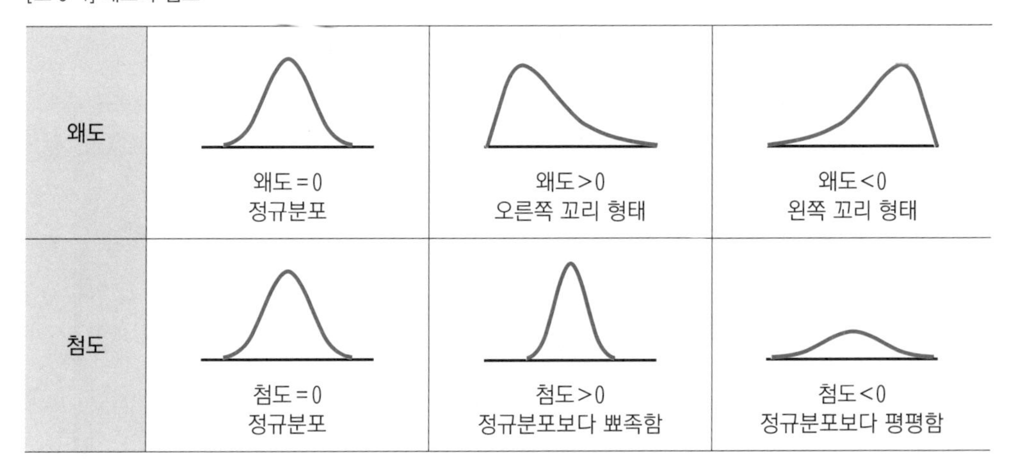

왜도	왜도=0 정규분포	왜도>0 오른쪽 꼬리 형태	왜도<0 왼쪽 꼬리 형태
첨도	첨도=0 정규분포	첨도>0 정규분포보다 뾰족함	첨도<0 정규분포보다 평평함

5-1 SPSS에서의 일변량 정규성 검토

'외제차모델.sav'를 실행한 후 [분석] → [기술 통계량] → [빈도분석]을 선택한다.

정규성을 검토할 변수를 [변수]로 이동시킨 후 [통계량]에서 ☑ 평균, 중위수, 최빈값, 왜도, 첨도 등을 체크하고 [계속] → [확인]을 누른다.

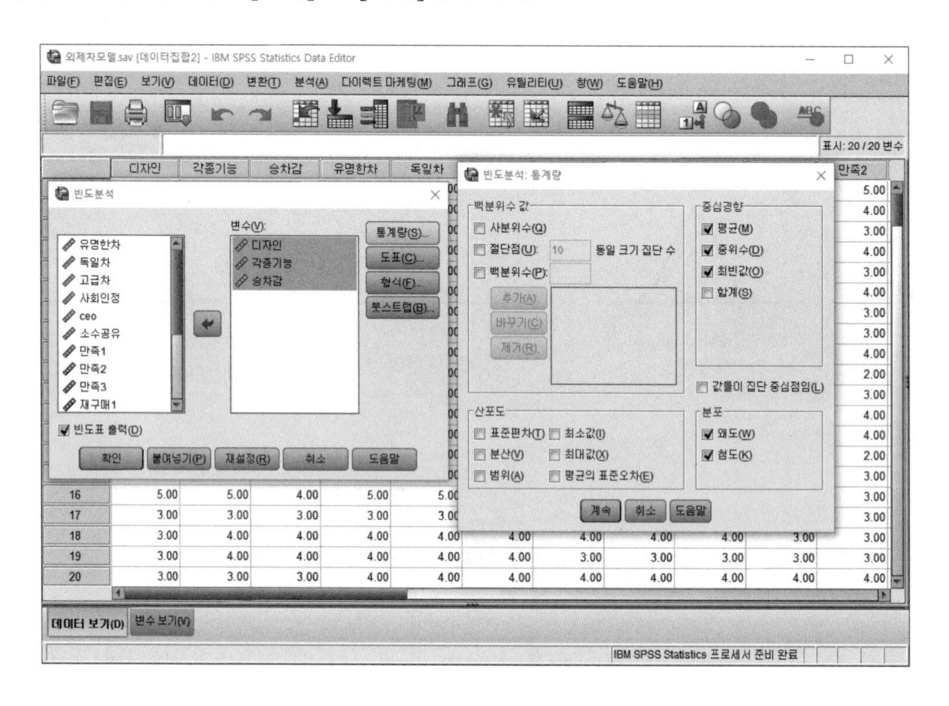

결과는 다음과 같다.

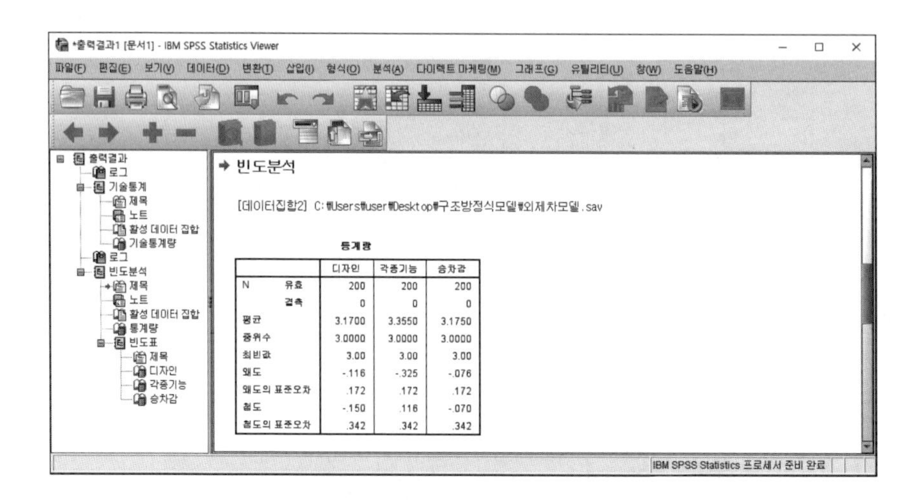

통계량

		디자인	각종기능	승차감
N	유효	200	200	200
	결측	0	0	0
평균		3.1700	3.3550	3.1750
중위수		3.0000	3.0000	3.0000
최빈값		3.00	3.00	3.00
왜도		-.116	-.325	-.076
왜도의 표준오차		.172	.172	.172
첨도		-.150	.116	-.070
첨도의 표준오차		.342	.342	.342

왜도의 디자인, 각종기능, 승차감 모두 -.325~-.076 사이로 정규성에 문제가 없어 보인다. 첨도 역시 -.150~-.070 사이로 정규성에 문제가 없음을 보여준다.

변수들에 대한 정규성을 히스토그램으로 보고 싶을 때에는 [그래프] → [레거시 대화 상자] → [히스토그램]을 선택한다.

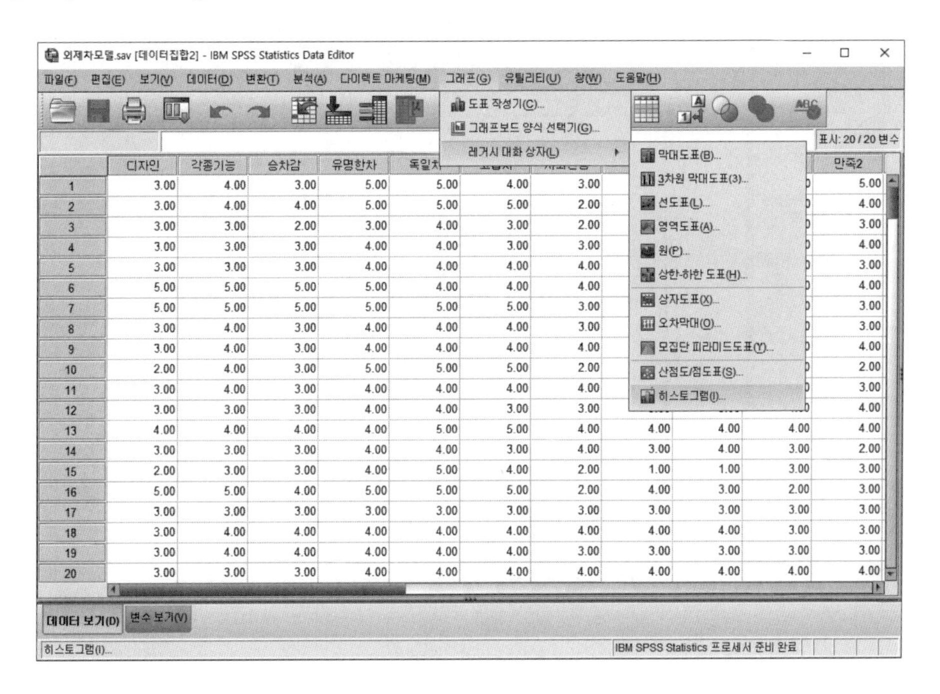

원하는 변수를 [변수]로 이동시키고 ☑ 정규곡선 출력을 체크한 후 [확인]을 누른다.

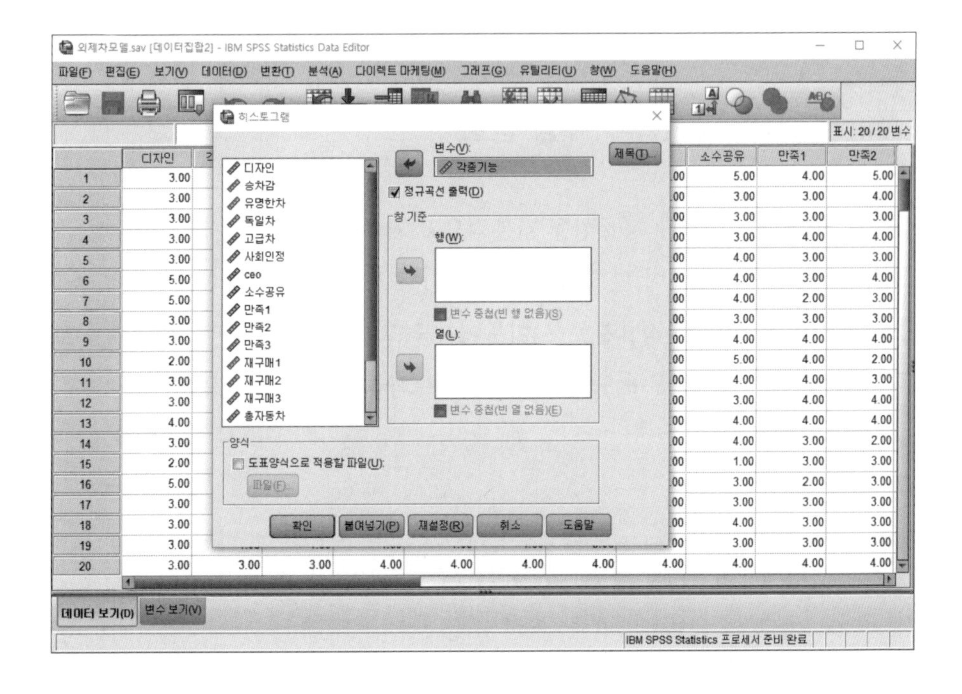

결과는 다음과 같다.

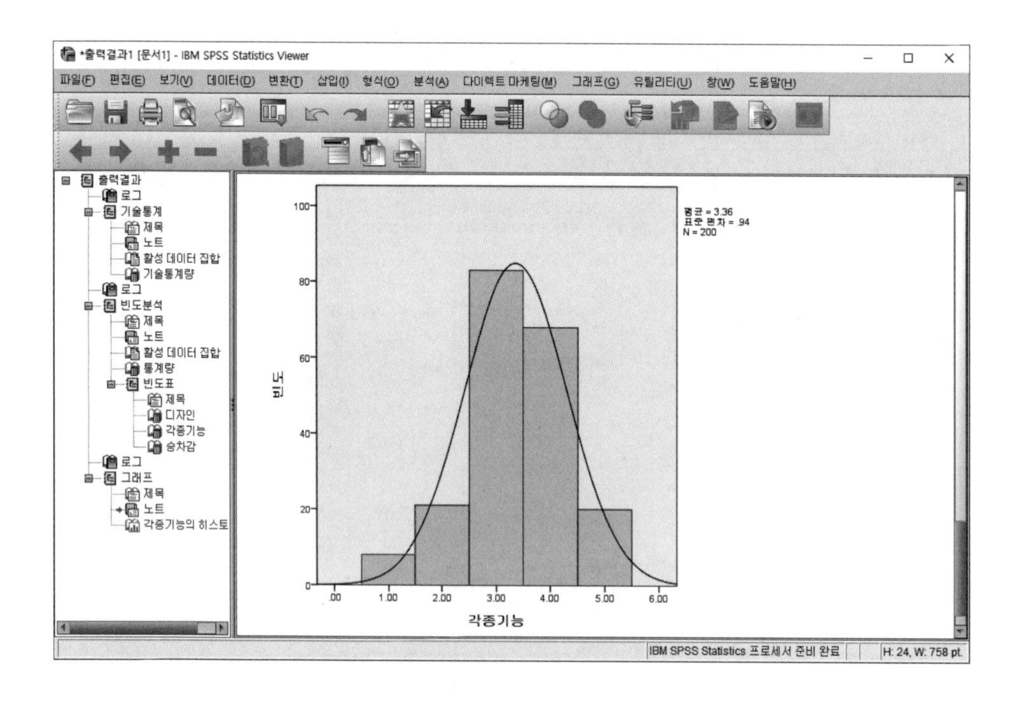

'각종기능'의 경우, 왜도가 -.325로 음의 왜도이기 때문에 분포가 오른쪽으로 약간 몰려 있으며 왼쪽 꼬리 형태를 보인다.

5-2 Amos에서의 다변량 정규성 검토

구조방정식모델에서는 다변량 정규성을 기본적으로 가정하고 있다. 다변량 정규성을 충족시키기 위해서는 3가지 조건이 만족되어야 한다. ①모든 항목이 정규분포를 이루어야 하며, ②문항의 쌍이 이변량[8] 정규분포를 이루어야 하고, ③등분산성과 선형성[9]을 보여야 한다. 하지만 이러한 가정을 모두 충족하는지를 검토하는 것은 현실적으로 쉽지 않기 때문

8 이변량이란 변수들의 쌍을 의미한다. 외제차모델에서는 15개의 관측변수가 사용되었기 때문에 두 변수씩 한 쌍으로 계산하면 총 105쌍이 생기는데, 이 쌍들이 모두 정규분포를 이루어야 한다.

9 분산이 같다는 가정과 변수 간 관계가 일정한 선형적(직선적) 형태를 보여야 한다.

에 일변량 정규성을 기준으로 평가를 하게 된다. Amos에서도 왜도와 첨도, 다변량 척도(multivariate kurtosis)의 수치를 제공하기 때문에 다변량 정규분포 여부를 확인할 수 있다. Amos에서 다변량 정규성을 검토하기 위해서는 '외제차모델.sav'를 연결시킨 후 [View] → [Analysis Properties] → [Output]에서 ☑ Tests for normality and outliers를 체크한다.

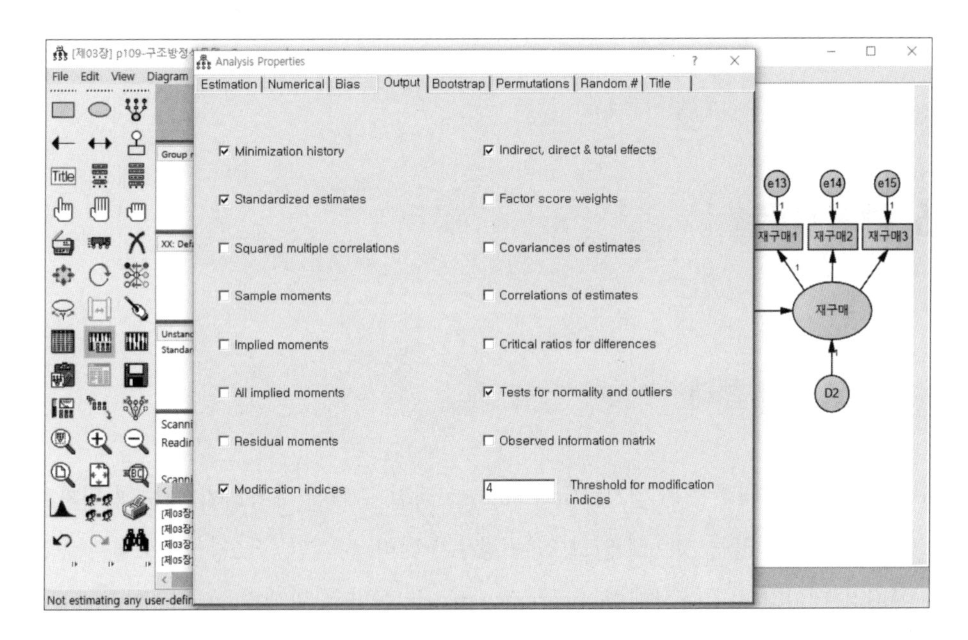

분석을 진행하면 다음과 같은 결과가 제공된다.

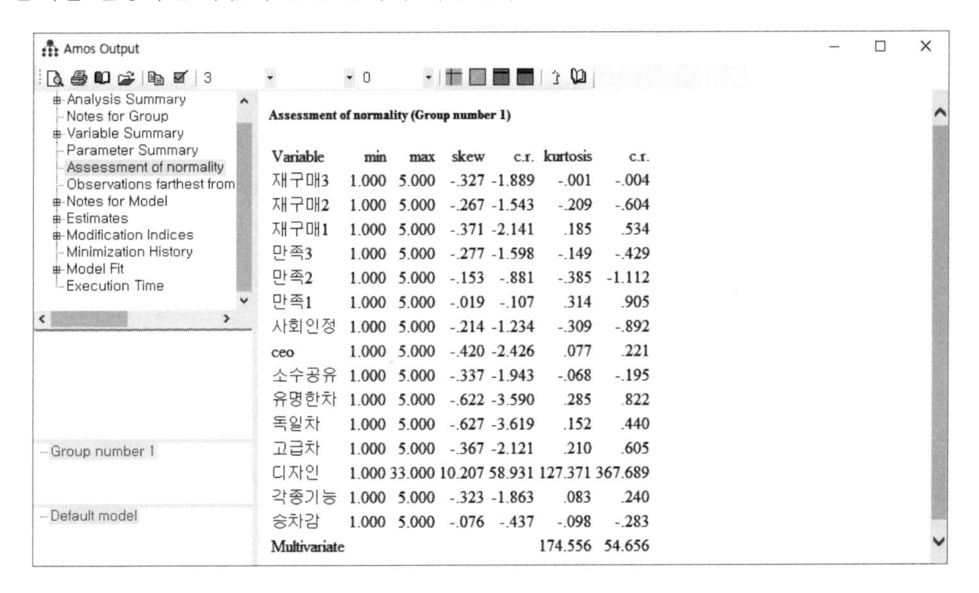
Assessment of normality (Group number 1)

Variable	min	max	skew	c.r.	kurtosis	c.r.
재구매3	1.000	5.000	-.327	-1.889	-.001	-.004
재구매2	1.000	5.000	-.267	-1.543	-.209	-.604
재구매1	1.000	5.000	-.371	-2.141	.185	.534
만족3	1.000	5.000	-.277	-1.598	-.149	-.429
만족2	1.000	5.000	-.153	-.881	-.385	-1.112
만족1	1.000	5.000	-.019	-.107	.314	.905
사회인정	1.000	5.000	-.214	-1.234	-.309	-.892
ceo	1.000	5.000	-.420	-2.426	.077	.221
소수공유	1.000	5.000	-.337	-1.943	-.068	-.195
유명한차	1.000	5.000	-.622	-3.590	.285	.822
독일차	1.000	5.000	-.627	-3.619	.152	.440
고급차	1.000	5.000	-.367	-2.121	.210	.605
디자인	1.000	33.000	10.207	58.931	127.371	367.689
각종기능	1.000	5.000	-.323	-1.863	.083	.240
승차감	1.000	5.000	-.076	-.437	-.098	-.283
Multivariate					174.556	54.656

외제차모델에 사용된 관측변수들의 정규분포성을 보면, 디자인의 경우 왜도는 10.207이고, C.R. 값은 58.931로 ±1.965 이상[10]이기 때문에 .05 임계치(유의수준 5%)를 초과하였고, 첨도의 경우에도 127.371이고, C.R. 값이 367.689로 ±1.965 이상이기 때문에 다변량 정규성을 충족시키지 않는 것으로 나타났다. 각종기능과 승차감 역시 마찬가지다. 또한 다변량 첨도를 의미하는 Multivariate의 경우에도 첨도가 174.556이고, C.R. 값이 54.656으로 정규성의 가정을 위배하는 것으로 나타났다.

6 입력자료

6-1 입력자료의 형태

Amos 사용자들의 대부분은 원자료(raw data)를 직접 분석에 사용하기 때문에 원자료가 없으면 분석이 되지 않는 것으로 알고 있는 경우가 많다. 하지만 구조방정식모델은 원자료뿐만 아니라 데이터의 공분산행렬(covariance matrix)이나 상관행렬(correlation matrix)에 의해서도 분석이 가능하다. 이런 이유로 구조방정식모델은 '공분산구조분석(covariance structure analysis)'이라고 불리기도 한다. 즉 모델 분석을 위해서 원자료가 꼭 필요한 것은 아니며, 원자료의 공분산행렬(또는 상관행렬)만 있어도 분석을 수행할 수 있다.

실제로 Amos가 대중화되기 전에는 Lisrel 사용자들이 행렬을 직접 입력하여 사용했다. 이에 변수의 수가 많은 복잡한 행렬을 입력할 때는 조사자에게 상당한 시간과 인내가 필요했다. 그러나 이제는 원자료를 이용하여 바로 분석을 수행할 수 있기 때문에 그러한 행렬의 입력 과정이 불필요하게 되었다.

10 C.R. 값은 ±1.965 이상이면 5%에서, ±2.58 이상이면 1%에서 유의하다.

원자료를 직접 입력해야 했던 당시에는 공분산행렬이나 상관행렬(평균이나 표준편차가 제외된 행렬)[11] 중 어느 행렬을 입력해야 하는지에 대한 논란도 있었다. 단순히 상관행렬만 입력해서 분석할 경우에는 -1~1 사이의 표준화된 추정치를 제공하기 때문에 분석이 간단하고 해석이 용이한 장점이 있지만, 데이터에 대해 제한된 정보만 알 수 있다는 단점이 있다. 한편 공분산행렬의 경우에는 척도에 대한 정보와 상관행렬에서 제공하는 표준화 추정치뿐만 아니라 비표준화 추정치까지 제공한다는 장점이 있지만, 해석에 어려움이 있다.

하지만 Amos에서는 원자료를 바탕으로 필요한 모든 정보[12]를 이용하여 자체적으로 분석하기 때문에 두 행렬 중 어떤 행렬을 입력할지에 대한 논란은 큰 의미가 없으며, 행렬자료를 이용할 시 다음과 같은 형태로 입력하면 된다.

Amos 분석 시 필요한 행렬자료 형태

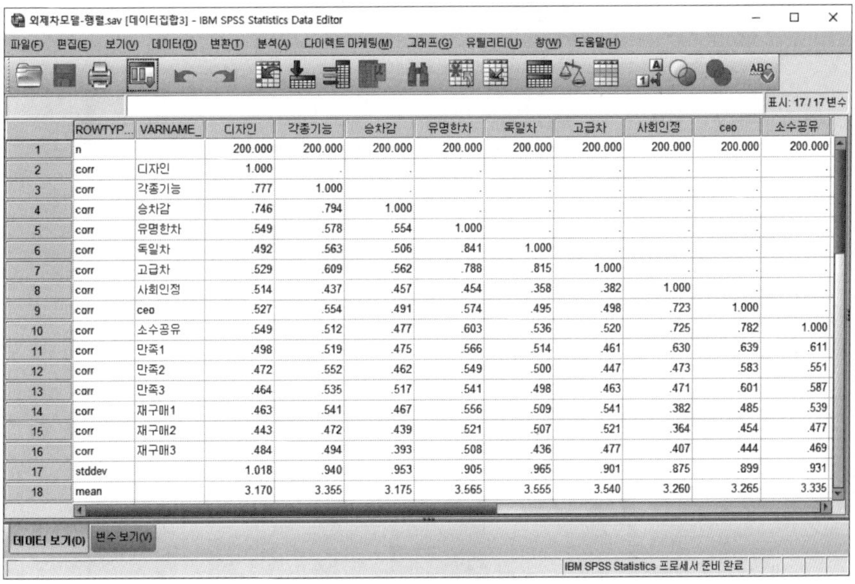

외제차모델-행렬.sav [데이터집합3] - IBM SPSS Statistics Data Editor

파일(F) 편집(E) 보기(V) 데이터(D) 변환(T) 분석(A) 다이렉트 마케팅(M) 그래프(G) 유틸리티(U) 창(W) 도움말(H)

표시: 17 / 17 변수

	ROWTYP...	VARNAME_	디자인	각종기능	승차감	유명한차	독일차	고급차	사회인정	ceo	소수공유
1	n		200.000	200.000	200.000	200.000	200.000	200.000	200.000	200.000	200.000
2	corr	디자인	1.000	.	.	.	.	.	.	.	.
3	corr	각종기능	.777	1.000	.	.	.	.	.	.	.
4	corr	승차감	.746	.794	1.000	.	.	.	.	.	.
5	corr	유명한차	.549	.578	.554	1.000	.	.	.	.	.
6	corr	독일차	.492	.563	.506	.841	1.000	.	.	.	.
7	corr	고급차	.529	.609	.562	.788	.815	1.000	.	.	.
8	corr	사회인정	.514	.437	.457	.454	.358	.382	1.000	.	.
9	corr	ceo	.527	.554	.491	.574	.495	.498	.723	1.000	.
10	corr	소수공유	.549	.512	.477	.603	.536	.520	.725	.782	1.000
11	corr	만족1	.498	.519	.475	.566	.514	.461	.630	.639	.611
12	corr	만족2	.472	.552	.462	.549	.500	.447	.473	.583	.551
13	corr	만족3	.464	.535	.517	.541	.498	.463	.471	.601	.587
14	corr	재구매1	.463	.541	.467	.556	.509	.541	.382	.485	.539
15	corr	재구매2	.443	.472	.439	.521	.507	.521	.364	.454	.477
16	corr	재구매3	.484	.494	.393	.508	.436	.477	.407	.444	.469
17	stddev		1.018	.940	.953	.905	.965	.901	.875	.899	.931
18	mean		3.170	3.355	3.175	3.565	3.555	3.540	3.260	3.265	3.335

데이터 보기(D) 변수 보기(V)

IBM SPSS Statistics 프로세서 준비 완료

11 상관행렬을 제공할 때 평균과 표준편차를 함께 제공하는 것은 공분산행렬을 제공하는 것과 동일하다. 여기서 상관행렬은 평균과 표준편차가 제외된 순수한 상관행렬만을 의미한다. 참고로 Amos에서는 상관행렬만 제시한 상태에서는 분석이 되지 않는다.

12 표본의 크기, 상관행렬, 평균, 표준편차를 포함한 정보를 의미한다.

6-2 행렬자료 생성

Amos에서 행렬자료를 입력자료로 사용할 때에는 표본의 크기와 상관계수, 평균 및 표준편차 등이 필요한데, 이 자료들은 SPSS를 통해서 구할 수 있다.

① 상관행렬 구하기

[분석] → [상관분석] → [이변량 상관계수]를 선택한다.

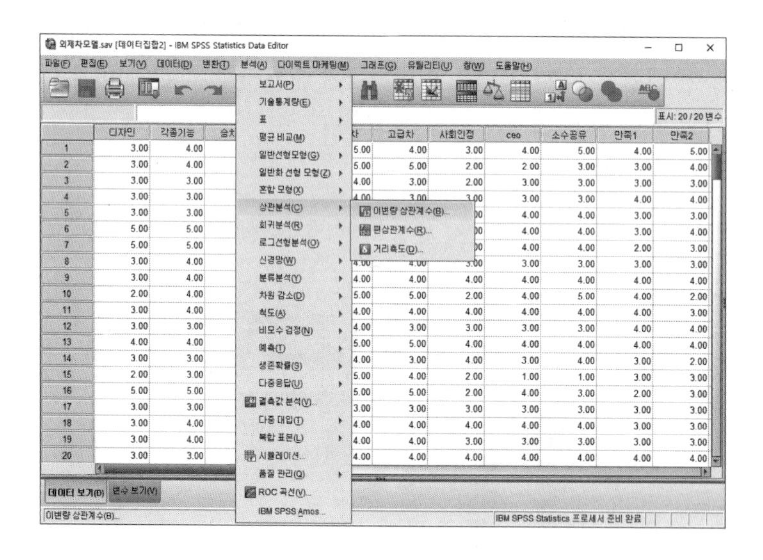

모든 측정항목을 [변수]로 이동시킨 후 [확인]을 누른다.

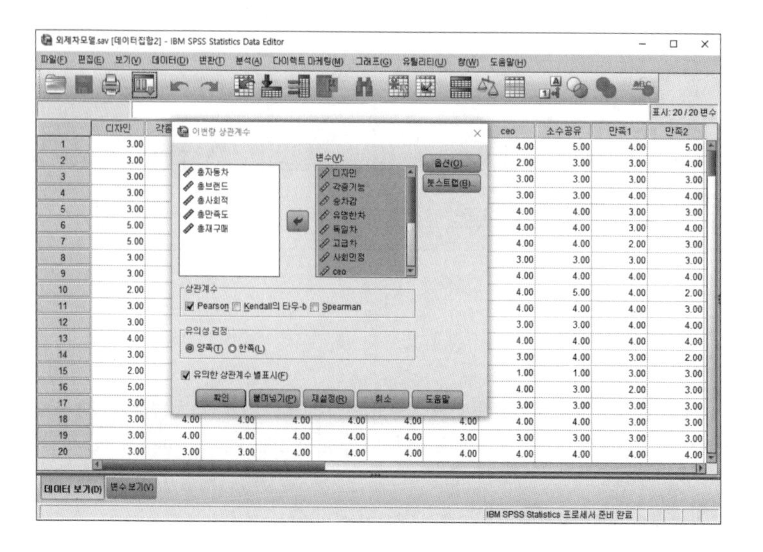

결과표에 제공된 상관행렬은 다음과 같다.

		디자인	각종기능	승차감	유명한차	득일차	고급차	사회인정	ceo	소수공유	만족1	만족2	만족3	재구매1	재구매2	재구매3
디자인	Pearson 상관계수	1	.777**	.746**	.549**	.492**	.529**	.514**	.527**	.549**	.498**	.472**	.464**	.463**	.443**	.484**
	유의확률 (양쪽)		.000	.000	.000	.000	.000	.000	.000	.000	.000	.000	.000	.000	.000	.000
	N	200	200	200	200	200	200	200	200	200	200	200	200	200	200	200
각종기능	Pearson 상관계수	.777**	1	.794**	.578**	.563**	.609**	.437**	.554**	.512**	.519**	.552**	.535**	.541**	.472**	.494**
	유의확률 (양쪽)	.000		.000	.000	.000	.000	.000	.000	.000	.000	.000	.000	.000	.000	.000
	N	200	200	200	200	200	200	200	200	200	200	200	200	200	200	200
승차감	Pearson 상관계수	.746**	.794**	1	.554**	.506**	.562**	.457**	.491**	.477**	.475**	.462**	.517**	.467**	.439**	.393**
	유의확률 (양쪽)	.000	.000		.000	.000	.000	.000	.000	.000	.000	.000	.000	.000	.000	.000
	N	200	200	200	200	200	200	200	200	200	200	200	200	200	200	200
유명한차	Pearson 상관계수	.549**	.578**	.554**	1	.841**	.788**	.454**	.574**	.603**	.566**	.549**	.541**	.556**	.521**	.508**
	유의확률 (양쪽)	.000	.000	.000		.000	.000	.000	.000	.000	.000	.000	.000	.000	.000	.000
	N	200	200	200	200	200	200	200	200	200	200	200	200	200	200	200
득일차	Pearson 상관계수	.492**	.563**	.506**	.841**	1	.815**	.358**	.495**	.536**	.514**	.500**	.498**	.509**	.507**	.436**
	유의확률 (양쪽)	.000	.000	.000	.000		.000	.000	.000	.000	.000	.000	.000	.000	.000	.000
	N	200	200	200	200	200	200	200	200	200	200	200	200	200	200	200
고급차	Pearson 상관계수	.529**	.609**	.562**	.788**	.815**	1	.382**	.498**	.520**	.461**	.447**	.463**	.541**	.521**	.477**
	유의확률 (양쪽)	.000	.000	.000	.000	.000		.000	.000	.000	.000	.000	.000	.000	.000	.000
	N	200	200	200	200	200	200	200	200	200	200	200	200	200	200	200
사회인정	Pearson 상관계수	.514**	.437**	.457**	.454**	.358**	.382**	1	.723**	.725**	.630**	.473**	.471**	.382**	.364**	.407**
	유의확률 (양쪽)	.000	.000	.000	.000	.000	.000		.000	.000	.000	.000	.000	.000	.000	.000
	N	200	200	200	200	200	200	200	200	200	200	200	200	200	200	200
ceo	Pearson 상관계수	.527**	.554**	.491**	.574**	.495**	.498**	.723**	1	.782**	.639**	.583**	.601**	.485**	.454**	.444**
	유의확률 (양쪽)	.000	.000	.000	.000	.000	.000	.000		.000	.000	.000	.000	.000	.000	.000
	N	200	200	200	200	200	200	200	200	200	200	200	200	200	200	200
소수공유	Pearson 상관계수	.549**	.512**	.477**	.603**	.536**	.520**	.725**	.782**	1	.611**	.551**	.587**	.539**	.477**	.469**
	유의확률 (양쪽)	.000	.000	.000	.000	.000	.000	.000	.000		.000	.000	.000	.000	.000	.000
	N	200	200	200	200	200	200	200	200	200	200	200	200	200	200	200
만족1	Pearson 상관계수	.498**	.519**	.475**	.566**	.514**	.461**	.630**	.639**	.611**	1	.741**	.712**	.467**	.420**	.435**
	유의확률 (양쪽)	.000	.000	.000	.000	.000	.000	.000	.000	.000		.000	.000	.000	.000	.000
	N	200	200	200	200	200	200	200	200	200	200	200	200	200	200	200
만족2	Pearson 상관계수	.472**	.552**	.462**	.549**	.500**	.447**	.473**	.583**	.551**	.741**	1	.719**	.479**	.491**	.462**
	유의확률 (양쪽)	.000	.000	.000	.000	.000	.000	.000	.000	.000	.000		.000	.000	.000	.000
	N	200	200	200	200	200	200	200	200	200	200	200	200	200	200	200

② 평균과 표준편차 구하기

[분석] → [기술통계량] → [기술통계]를 선택한다.

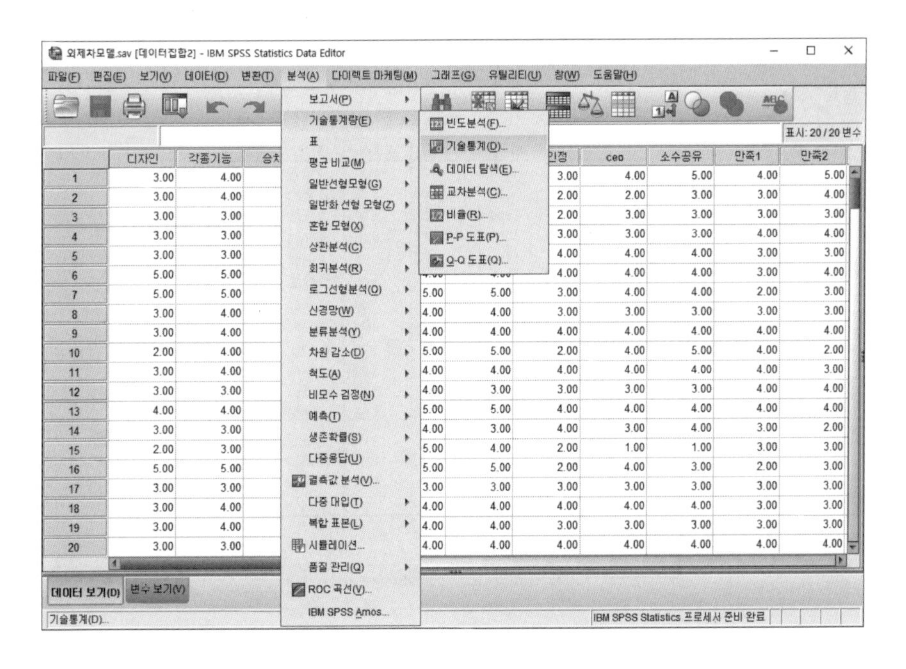

모든 측정항목을 [변수]로 이동시킨 후 [확인]을 누른다.

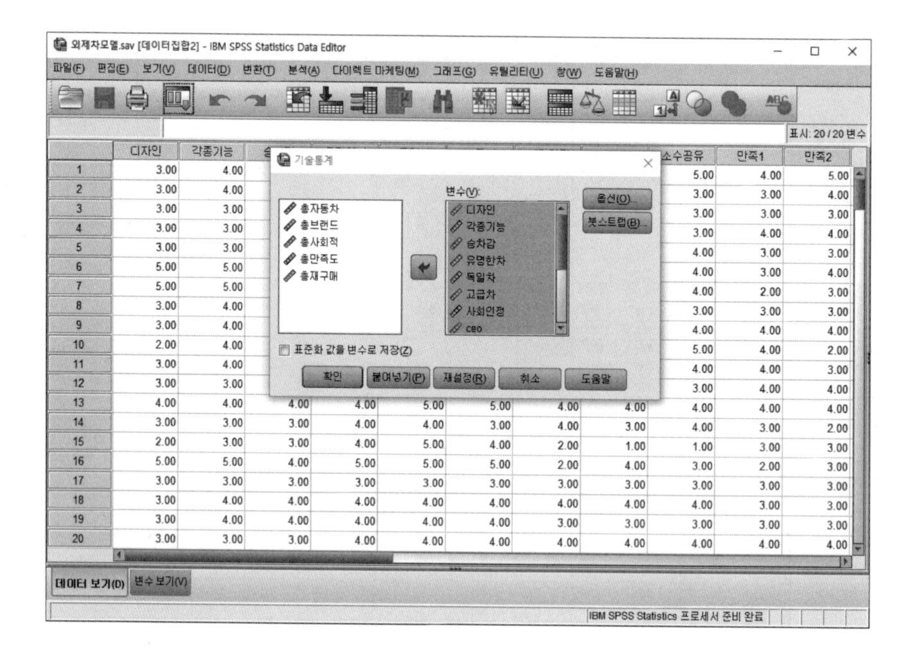

결과표에 제공된 평균과 표준편차는 다음과 같다.

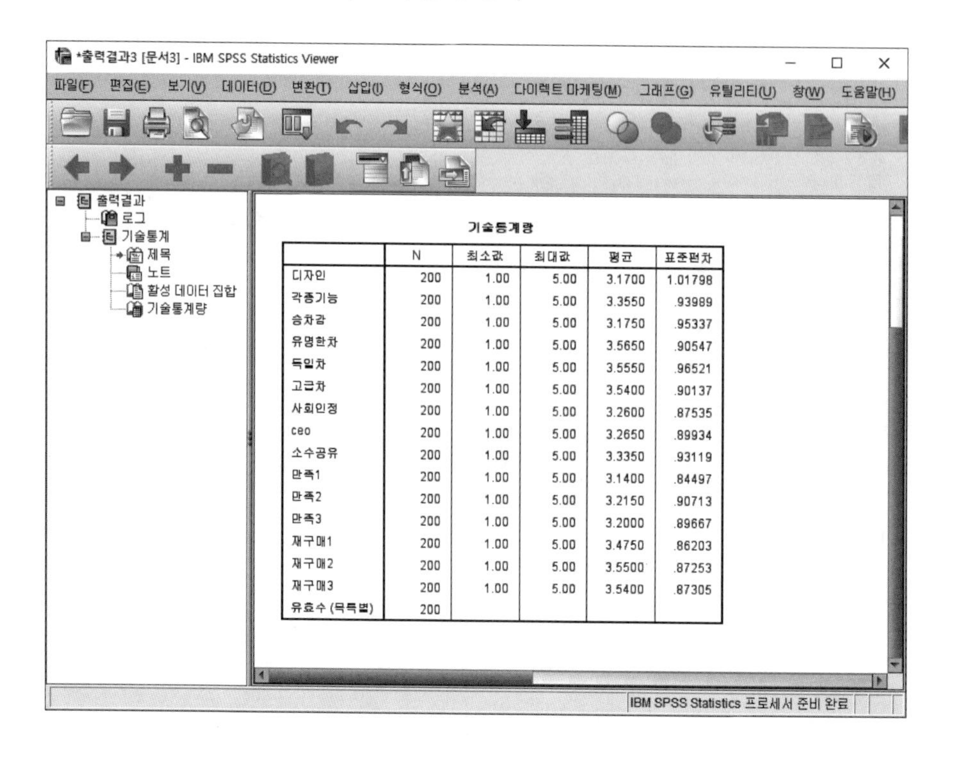

기술통계량

	N	최소값	최대값	평균	표준편차
디자인	200	1.00	5.00	3.1700	1.01798
각종기능	200	1.00	5.00	3.3550	.93989
승차감	200	1.00	5.00	3.1750	.95337
유명한차	200	1.00	5.00	3.5650	.90547
독일차	200	1.00	5.00	3.5550	.96521
고급차	200	1.00	5.00	3.5400	.90137
사회인정	200	1.00	5.00	3.2600	.87535
ceo	200	1.00	5.00	3.2650	.89934
소수공유	200	1.00	5.00	3.3350	.93119
만족1	200	1.00	5.00	3.1400	.84497
만족2	200	1.00	5.00	3.2150	.90713
만족3	200	1.00	5.00	3.2000	.89667
재구매1	200	1.00	5.00	3.4750	.86203
재구매2	200	1.00	5.00	3.5500	.87253
재구매3	200	1.00	5.00	3.5400	.87305
유효수 (목록별)	200				

③ 행렬자료 만들기

SPSS에서 새로운 창을 생성한 후에 [변수 보기]를 선택한다. [이름] 1번 셀에는 'ROWTYPE_', [이름] 2번 셀에는 'VARNAME_'이라고 입력한 후 [유형]을 '문자'로 전환한다. 3번 행부터는 변수명을 차례대로 입력한다.

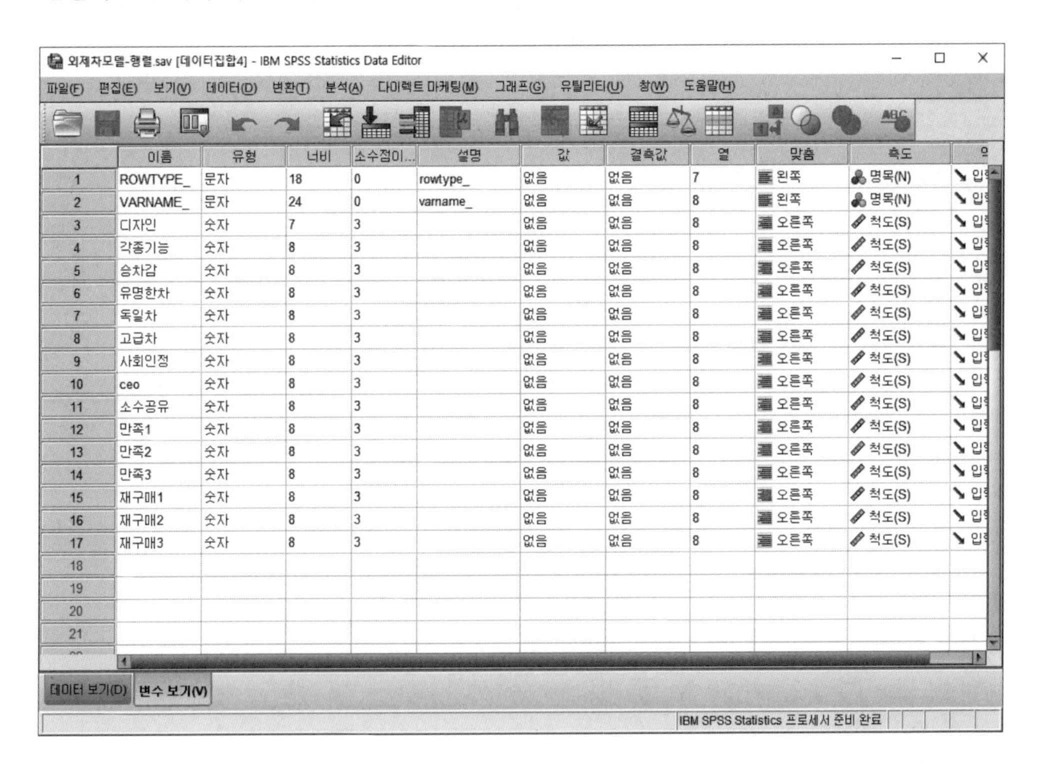

[데이터 보기]를 선택하면 [변수 보기]에서 입력한 내용이 나타난다. ROWTYPE_의 1번 셀에는 'n', 2번 셀부터는 'corr'을 변수명만큼 입력하고, 마지막 셀에는 'stddev'와 'mean'을 입력한다. 그리고 VARNAME_에는 변수명을 입력한다. 철자가 하나라도 틀리면 분석이 되지 않기 때문에 주의를 기울여야 한다. 여기서 n은 표본의 크기를 의미하며, corr은 상관을 나타내고, stddev는 표준편차, mean은 평균을 의미한다.

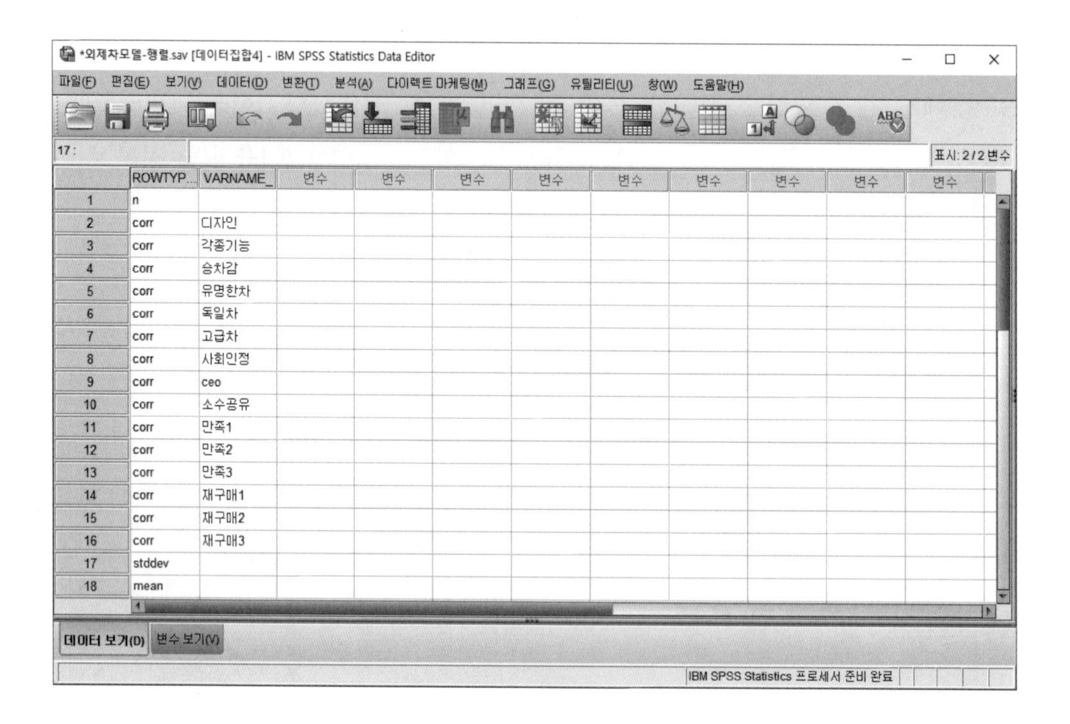

	ROWTYP...	VARNAME_	변수	변수	변수	변수	변수	변수	변수	변수	변수
1	n										
2	corr	디자인									
3	corr	각종기능									
4	corr	승차감									
5	corr	유명한차									
6	corr	독일차									
7	corr	고급차									
8	corr	사회인정									
9	corr	ceo									
10	corr	소수공유									
11	corr	만족1									
12	corr	만족2									
13	corr	만족3									
14	corr	재구매1									
15	corr	재구매2									
16	corr	재구매3									
17	stddev										
18	mean										

SPSS를 통해 얻은 표본의 크기와 상관계수, 평균, 표준편차를 입력한다.

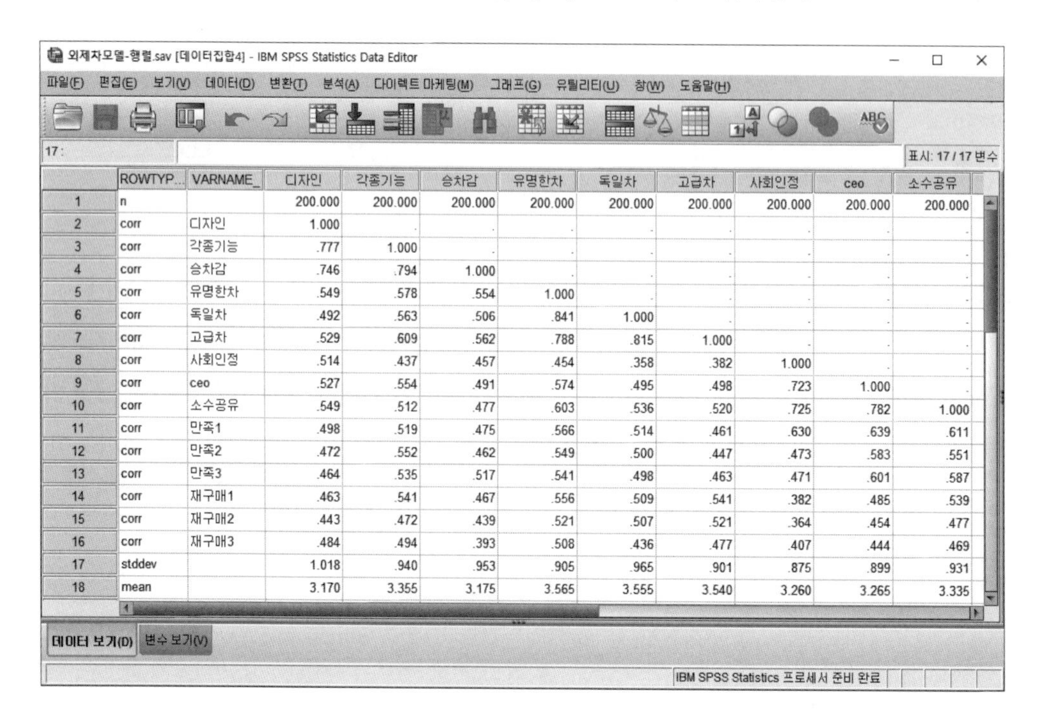

	ROWTYP...	VARNAME_	디자인	각종기능	승차감	유명한차	독일차	고급차	사회인정	ceo	소수공유
1	n		200.000	200.000	200.000	200.000	200.000	200.000	200.000	200.000	200.000
2	corr	디자인	1.000	.	.	.	.	.	.	.	.
3	corr	각종기능	.777	1.000	.	.	.	.	.	.	.
4	corr	승차감	.746	.794	1.000	.	.	.	.	.	.
5	corr	유명한차	.549	.578	.554	1.000	.	.	.	.	.
6	corr	독일차	.492	.563	.506	.841	1.000	.	.	.	.
7	corr	고급차	.529	.609	.562	.788	.815	1.000	.	.	.
8	corr	사회인정	.514	.437	.457	.454	.358	.382	1.000	.	.
9	corr	ceo	.527	.554	.491	.574	.495	.498	.723	1.000	.
10	corr	소수공유	.549	.512	.477	.603	.536	.520	.725	.782	1.000
11	corr	만족1	.498	.519	.475	.566	.514	.461	.630	.639	.611
12	corr	만족2	.472	.552	.462	.549	.500	.447	.473	.583	.551
13	corr	만족3	.464	.535	.517	.541	.498	.463	.471	.601	.587
14	corr	재구매1	.463	.541	.467	.556	.509	.541	.382	.485	.539
15	corr	재구매2	.443	.472	.439	.521	.507	.521	.364	.454	.477
16	corr	재구매3	.484	.494	.393	.508	.436	.477	.407	.444	.469
17	stddev		1.018	.940	.953	.905	.965	.901	.875	.899	.931
18	mean		3.170	3.355	3.175	3.565	3.555	3.540	3.260	3.265	3.335

이렇게 해서 얻게 된 행렬자료를 '외제차모델-행렬.sav'로 저장한 후, Amos에 연결해 분석을 진행하면 된다.

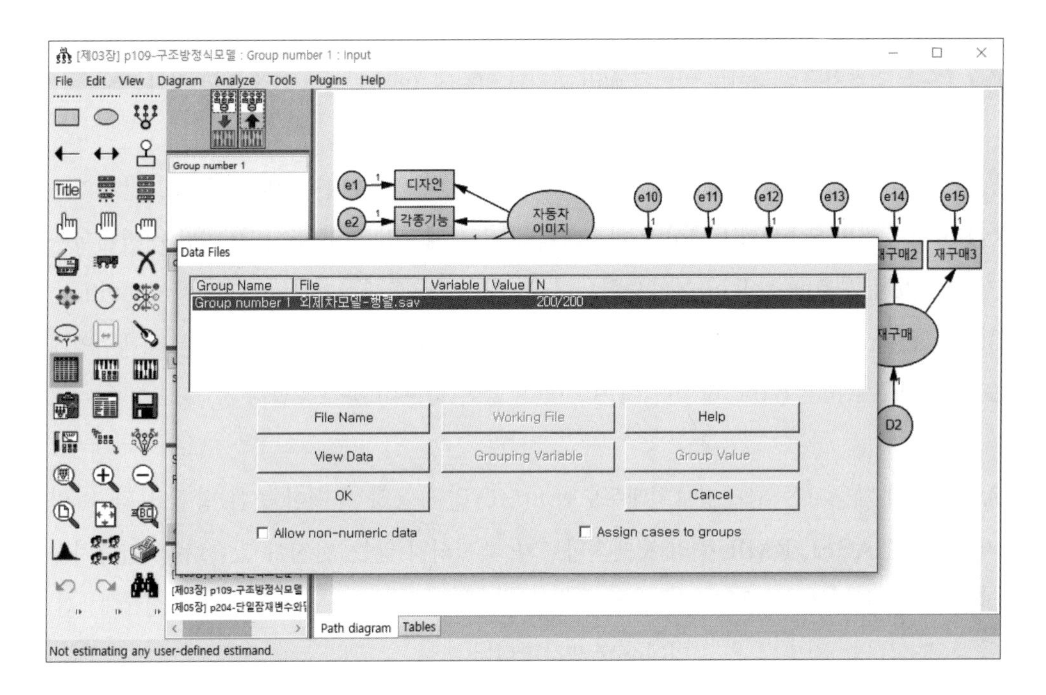

행렬자료를 사용한 분석 결과와 원래 데이터를 사용한 결과를 비교해보면, 서로 일치함을 알 수 있다.

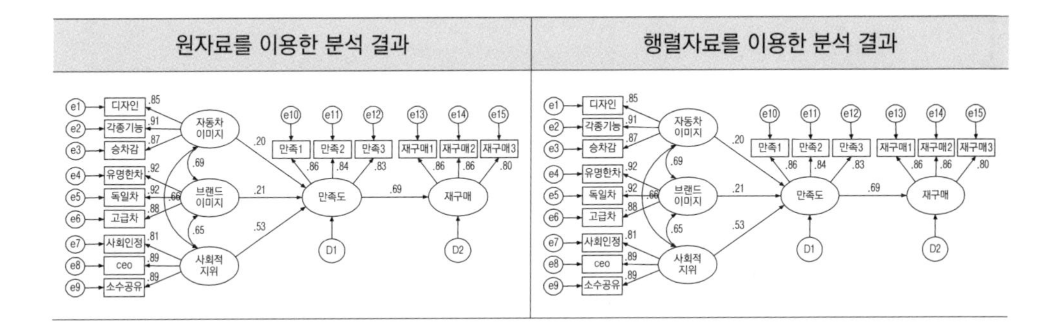

이 분석은 조사자가 원자료를 가지고 있지 않은 상황에서 단순히 상관행렬만을 이용하여 모델을 원자료와 똑같이 구현할 수 있으며, 표본의 크기 등도 임의대로 조정이 가능하다는 장점이 있다.

Q&A

Q 8-1 결측치를 해결하는 방법은 여러 가지가 있는데, 어떤 방법이 가장 좋은 건가요?

A 결측치 해결법들은 나름대로의 장단점이 있기 때문에 어떤 방법이 좋다고 말하기는 어렵습니다. SPSS에서의 EM이나 회귀대체와 같은 해결법은 SPSS 17.0 미만 버전에서는 기능이 없기 때문에 사용이 불가능합니다. 그리고 Amos에서의 regression imputation, Stochastic regression imputation, Bayesian imputation 등은 상당히 좋은 대체법임에도 불구하고 Amos 6.0 미만 버전에는 기능이 없어 사용이 불가능합니다.

Amos에서 제공하는 완전정보최대우도법(FIML)을 사용하는 것이 좋은 방법이 될 수 있지만, GFI, AGFI, RMR 등의 모델적합도가 제시되지 않는 단점이 있습니다. 결측치가 많지 않고 MCAR이나 MAR인 경우라면 SPSS에서 결측치를 평균으로 대체(평균대체법)한 후 분석하는 것도 좋은 방법이라고 생각합니다.

Q 8-2 Amos에서는 원자료만으로도 충분히 분석을 할 수 있는데, 왜 어렵게 행렬을 이용하여 분석하는 방법을 알아야 하나요?

A 원자료가 있다면 굳이 행렬을 이용하여 분석할 필요는 없습니다. 그런데 만약 여러분이 어떤 논문을 보는데, 그 논문에서 상관행렬과 변수들에 대한 평균 및 표준편차를 제시했다면 그것은 무엇을 의미할까요? 그것은 독자에게 논문의 저자가 가지고 있는 모든 데이터의 정보를 주는 것과 같습니다. 즉, 여러분은 논문 저자의 원자료가 없어도 상관행렬, 평균, 표준편차 등의 정보를 이용하여 본 교재에서 제시한 행렬을 이용한 방법으로 논문의 연구모델을 그대로 재현할 수 있습니다. 이런 이유로 간혹 변수의 모든 정보를 제공하지 않는 저자들도 있습니다. 저자 역시 이 방법을 이용하여 박사과정 시절에 많은 발표논문의 연구모델을 똑같이 구현하는 연습을 했던 경험이 있습니다. 개인적으로 매우 유익한 과정이었던 것으로 기억합니다. 뿐만 아니라 분석을 회귀분석 수준으로만 끝냈던 타

연구자의 논문이 있다면 이 방법을 이용하여 구조방정식모델로 재분석해보는 것도 의미 있는 연구가 되지 않을까 생각합니다.

Q 8-3 특정 산업에 관련된 기업체들을 대상으로 데이터를 수집했는데 표본크기가 100이 안 됩니다. 이 산업에 관련된 기업을 전수조사 한다고 해도 120 정도인데 어떻게 해야 하나요?

A 구조방정식모델에서는 일반적으로 200 이상의 표본크기를 요구하지만 표본크기가 100 이하라도 분석은 가능합니다. 질문자의 경우처럼 표본의 대상이 특정 기업체이거나 희귀병 환자처럼 대량 표본을 구할 수 없는 상황이라면 수집된 표본만으로 분석을 진행해야 할 것입니다. 단, 이런 경우에는 다수의 관측변수를 사용하는 복잡한 구조방정식모델의 형태보다는 경로분석처럼 단순한 모델의 구성이 추천됩니다. 예를 들어, 2단계 접근법과 같이 확인적 요인분석을 실시한 후 경로분석을 하는 방법도 좋은 대안일 수 있습니다. 적은 표본으로 복잡한 구조방정식모델을 분석하게 되면, 모델적합도도 좋지 않으며 분석결과도 유의하게 나올 확률이 떨어지기 때문입니다.

Q 8-4 표본크기의 변화량에 따른 경로계수의 변화를 알고 싶습니다.

A 좋은 질문입니다. 외제차모델을 예로 들어보겠습니다. 표본의 크기만 조정하기 위해서 원자료의 행렬을 이용했으며, 표본의 크기는 50, 200, 1000으로 설정한 후 분석을 실시하였습니다. 결과는 다음과 같습니다.

표본의 크기	경로계수 (표준화계수는 제외)

50

Regression Weights: (Group number 1 - Default model)

			Estimate	S.E.	C.R.	P	Label
만족도	<---	자동차_이미지	.177	.142	1.242	.214	
만족도	<---	브랜드_이미지	.194	.145	1.339	.180	
만족도	<---	사회적_지위	.468	.143	3.268	.001	
재구매	<---	만족도	.706	.152	4.636	***	
승차감	<---	자동차_이미지	1.000				
각종기능	<---	자동차_이미지	1.040	.120	8.640	***	
디자인	<---	자동차_이미지	1.052	.135	7.777	***	
고급차	<---	브랜드_이미지	1.000				
독일차	<---	브랜드_이미지	1.121	.121	9.259	***	
유명한차	<---	브랜드_이미지	1.052	.114	9.259	***	
소수공유	<---	사회적_지위	1.000				
ceo	<---	사회적_지위	.972	.115	8.473	***	

200

Regression Weights: (Group number 1 - Default model)

			Estimate	S.E.	C.R.	P	Label
만족도	<---	자동차_이미지	.177	.071	2.504	.012	
만족도	<---	브랜드_이미지	.194	.072	2.698	.007	
만족도	<---	사회적_지위	.468	.071	6.580	***	
재구매	<---	만족도	.707	.076	9.346	***	
승차감	<---	자동차_이미지	1.000				
각종기능	<---	자동차_이미지	1.040	.060	17.407	***	
디자인	<---	자동차_이미지	1.052	.067	15.667	***	
고급차	<---	브랜드_이미지	1.000				
독일차	<---	브랜드_이미지	1.122	.060	18.645	***	
유명한차	<---	브랜드_이미지	1.052	.056	18.656	***	
소수공유	<---	사회적_지위	1.000				
ceo	<---	사회적_지위	.972	.057	17.054	***	

1000

Regression Weights: (Group number 1 - Default model)

			Estimate	S.E.	C.R.	P	Label
만족도	<---	자동차_이미지	.177	.032	5.606	***	
만족도	<---	브랜드_이미지	.194	.032	6.047	***	
만족도	<---	사회적_지위	.468	.032	14.754	***	
재구매	<---	만족도	.706	.034	20.932	***	
승차감	<---	자동차_이미지	1.000				
각종기능	<---	자동차_이미지	1.040	.027	39.010	***	
디자인	<---	자동차_이미지	1.052	.030	35.115	***	
고급차	<---	브랜드_이미지	1.000				
독일차	<---	브랜드_이미지	1.121	.027	41.805	***	
유명한차	<---	브랜드_이미지	1.052	.025	41.805	***	
소수공유	<---	사회적_지위	1.000				
ceo	<---	사회적_지위	.972	.025	38.259	***	

경로계수의 경우, 표본의 크기가 증가함에 따라 비표준화계수는 변화하지 않지만, 표준오차(S.E.)는 낮아지면서 C.R. 값은 높아지는 것을 알 수 있습니다. 예를 들어, '자동차이미지 → 만족도'의 C.R. 값을 비교해보면, 표본의 크기가 50일 때는 1.242, 200일 때는 2.504, 1000일 때는 5.606으로 나타나 표본의 크기가 증가함에 따라 C.R. 값도 높아진다는 것을 알 수 있습니다.

Q 8-5 본 조사에 앞서 사전조사를 위해 표본의 크기가 20인 데이터를 이용하여 관측변수가 25개인 구조방정식모델을 분석하려고 합니다. 그런데 다음과 같은 메시지가 나타나는데, 왜 그런가요?

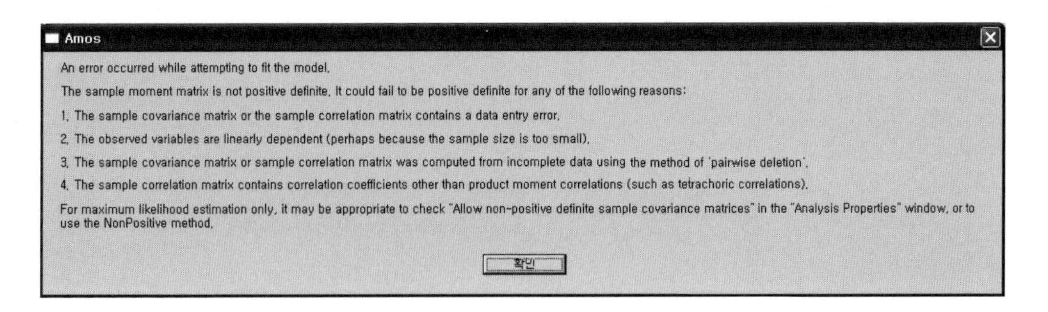

A 표본의 크기가 관측변수의 수보다 작을 때 나타나는 메시지입니다. 표본의 크기가 최소한 관측변수의 수보다 커야 분석이 수행됩니다. 표본의 크기를 25 이상으로 늘리면 문제가 해결될 것입니다.

chapter

9

구조방정식모델 연구단계 Ⅲ :

연구모델의 구체화

데이터 수집과 점검이 끝나면 연구모델을 구조방정식모델에 맞는 형태로 전환한 후 분석하는 과정이 필요한데, 이 과정이 바로 연구모델의 구체화이다. 이 장에서는 연구모델을 구체화하기 위해 필요한 구성개념의 항목합산, 모델의 설정, 모델 및 모수의 식별, 모수의 추정에 대해 알아보도록 하자.

[그림 9-1] 연구모델 구체화의 예

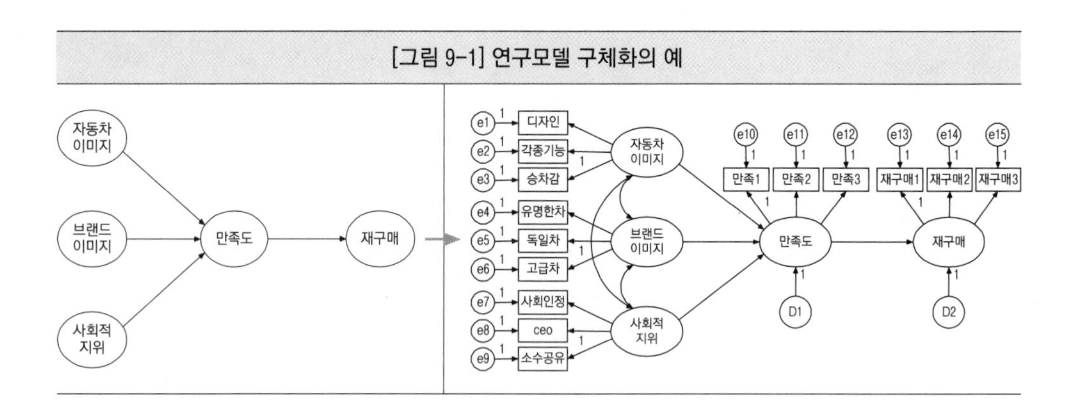

1 구성개념의 항목 합산

1-1 적절한 관측변수의 수

적절한 관측변수의 수(또는 설문항목의 수)[1]는 모델의 복잡성과 연관되어 적합도 및 경로의 유의성에 큰 영향을 미치게 된다. 그렇다면 관측변수의 수는 어느 정도가 적당할까? 원칙적으로 한 모델 내에서 관측변수의 수에 대한 제한은 없지만, 5~6개 정도의 잠재변수가 존재하는 모델을 예상하고 1개의 잠재변수에 3~4개의 관측변수[2]를 갖는 것으로 가

1 일반적으로는 설문항목이 관측변수로 사용되지만, 다수의 설문항목이 하나의 변수로 합산되어 관측변수로 사용되기도 하므로 설문항목이 관측변수와 언제나 동일시되는 것은 아니다.

2 1개의 잠재변수에 4개 이상의 관측변수는 얼마든지 존재할 수 있지만 최소한 3개 이상이 필요하다. 3개 미만일 경우에는 잠재변수를 측정하는 관측변수의 타당성에 문제가 생길 수 있으며, 모델의 식별에서도 문제가 발생할 수 있다.

정한다면 15~24개가 되므로 20개 정도의 관측변수가 적당하다고 할 수 있다.[3] 하지만 많은 수의 항목이 측정되어 있는 경우에는 항목 합산을 통해 문제를 해결해야 한다.

1-2 항목 합산의 필요성

가끔 다수의 구성개념에 상당히 많은 설문항목을 측정한 후 그 설문항목들을 한 모델에 모두 관측변수로 사용하는 경우를 볼 수 있다. 물론 다수의 설문항목이 연구의 정확한 조사를 위하여 꼭 필요할 수 있겠지만, 구조방정식모델에서 이러한 항목을 모두 관측변수로 사용하게 되면 모델의 복잡성이 증가하여 표본의 크기, 모델의 적합도, 모수의 추정에 대한 유의성 등에서 문제가 발생할 수 있다.

[그림 9-2] 잘못된 모델 구체화의 예

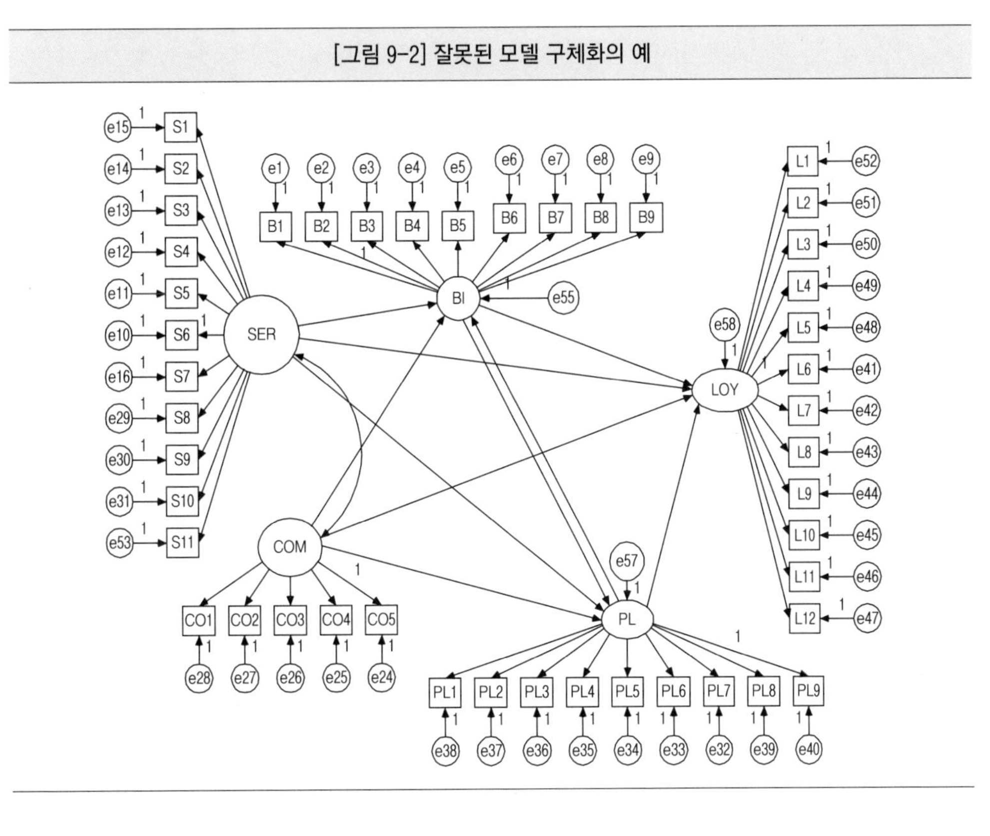

3 Bentler & Chou (1987); 배병렬 (2009).

[그림 9-2]와 같이 측정항목이 많을 때에는 항목 합산(item parceling)을 통해 항목의 수를 조정해야 한다. 항목 합산은 항목(관측변수)의 수가 많아서 구조방정식모델에서 분석하기 어려울 때 평균이나 총점 등을 이용하여 합산하는 방법이다.

예를 들어 하나의 구성개념에 여러 개의 하위개념이 존재하고 이렇게 구성된 측정항목이 100여 개가 넘는다고 가정할 때, 이 많은 변수들을 한 모델에 모두 넣어서 동시에 분석하는 것은 현실적으로 불가능한 일이다. 이런 경우에는 항목들을 합산하는 방법을 통해 Amos에서 구현 가능한 모델로 구체화할 수 있다. 이 방법은 원래의 측정항목들보다 합산한 항목이 정규분포곡선에 좀 더 가까워지고, 추정해야 할 모수가 줄어들기 때문에 표본 수가 적은 데이터 분석에 적합하다는 장점이 있다. 그러나 항목 합산이 아무 때나 가능한 것은 아니다. 항목들의 신뢰성과 타당성이 검증되었을 경우에 측정항목이 단일차원(unidimentional)이라는 가정하에서만 가능하다.

1-3 항목 합산 방법

지금부터는 항목 합산이 어떠한 방식으로 이루어져야 하는지에 대해서 알아보도록 하자. 항목 합산에는 여러 방법이 있지만 ① 전 항목을 단일항목으로 합산, ② 이론적 근거를 바탕으로 한 합산, ③ 탐색적 요인분석을 통한 합산 등으로 나눌 수 있다.

1) 전 항목을 단일항목으로 합산

이 방법은 합산의 방법 중 가장 극단적인 방법으로서 신뢰도분석과 집중타당성을 검증한 후 모든 항목을 평균이나 총점으로 합산하여 단일변수로 만드는 과정이다. 경로분석 시에 사용되는 가장 일반적인 방법이지만, 여러 하위요인이 가지고 있는 정보의 손실이 발생할 수 있다.

예를 들어, 성과요인이라는 구성개념을 16항목으로 측정했다고 가정해보자. 전 항목을 단일항목으로 합산할 경우 전 항목에 대한 신뢰도분석과 확인적 요인분석을 통하여 신뢰성과 타당성을 검증해야 하는데, 이 과정에서 수치가 좋지 않은 항목들을 제거한 후 전 항목을 평균이나 총점으로 단일항목화하면 된다. 이 방법은 모든 항목이 단일변수화되기 때문에 추후 연구모델은 경로분석이 된다.

[그림 9-3] 전 항목을 단일항목으로 합산

신뢰도분석 (16항목)	확인적 요인분석	단일항목화 (평균 또는 총점)

항목	신뢰도 계수
성과1	
성과2	
성과3	
성과4	
성과5	
성과6	
성과7	
성과8	
성과9	.932
성과10	
성과11	
성과12	
성과13	
성과14	
성과15	
성과16	

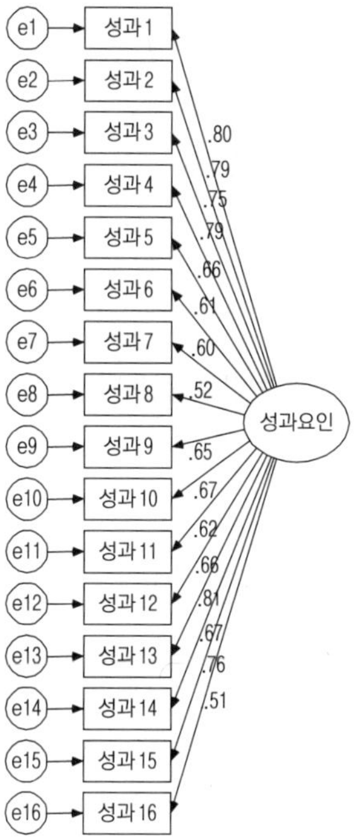

e1 성과1
e2 성과2
e3 성과3
e4 성과4
e5 성과5
e6 성과6
e7 성과7
e8 성과8
e9 성과9
e10 성과10
e11 성과11
e12 성과12
e13 성과13
e14 성과14
e15 성과15
e16 성과16
.80 .79 .75 .79 .66 .61 .60 .52 .65 .67 .62 .66 .81 .67 .76 .51
성과요인

성과요인

위 모델의 경우, 좋은 신뢰도 계수와 요인부하량에 의해 단일항목화되었음을 알 수 있다.

2) 이론적 근거를 바탕으로 한 합산

두 번째 방법은 선행연구자가 제시한 하위요인들을 기준으로 신뢰성과 타당성을 검증한 후 합산하는 방법이다. 구성개념이 가진 정보를 최대한 살리면서 항목을 줄이기 때문에 가장 보편적으로 사용되고 있다.

만약 성과모델에서 선행연구자가 성과를 '경제적 만족', '비경제적 만족', '재무적 성과', '비재무적 성과'의 4가지 하위요인으로 구분하였다면 다음과 같이 표현할 수 있다.

- 경제적 만족 : 성과1, 성과2, 성과3, 성과4
- 비경제적 만족 : 성과5, 성과6, 성과7, 성과8
- 재무적 성과 : 성과9, 성과10, 성과11, 성과12
- 비재무적 성과 : 성과13, 성과14, 성과15, 성과16

이에 대한 신뢰도분석과 확인적 요인분석 결과는 다음과 같으며, 분석을 통해서 16개 항목이 4개의 관측변수로 줄었음을 알 수 있다.

[그림 9-4] 이론적 근거를 바탕으로 한 합산

신뢰도분석 (4항목씩 각각)	확인적 요인분석	각 구성개념의 관측변수화

신뢰도분석 (4항목씩 각각)

요인	항목	신뢰도 계수
경제적 만족	성과1	.909
	성과2	
	성과3	
	성과4	
비경제적 만족	성과5	.828
	성과6	
	성과7	
	성과8	
재무적 성과	성과9	.920
	성과10	
	성과11	
	성과12	
비재무적 성과	성과13	.870
	성과14	
	성과15	
	성과16	

확인적 요인분석

요인	항목 (오차)	요인적재량
경제적 만족 (D1)	성과 1 (e1)	.87
	성과 2 (e2)	.85
	성과 3 (e3)	.82
	성과 4 (e4)	.85
비경제적 만족 (D2)	성과 5 (e5)	.84
	성과 6 (e6)	.83
	성과 7 (e7)	.75
	성과 8 (e8)	.55
재무적 성과 (D3)	성과 9 (e9)	.91
	성과 10 (e10)	.95
	성과 11 (e11)	.86
	성과 12 (e12)	.76
비재무적 성과 (D4)	성과 13 (e13)	.89
	성과 14 (e14)	.81
	성과 15 (e15)	.83
	성과 16 (e16)	.62

성과요인 → 경제적 만족 .90, 비경제적 만족 .72, 재무적 성과 .63, 비재무적 성과 .90

각 구성개념의 관측변수화

오차	관측변수	성과요인
e1	경제적만족	.84
e2	비경제적만족	.70
e3	재무적성과	.66
e4	비재무적성과	.80

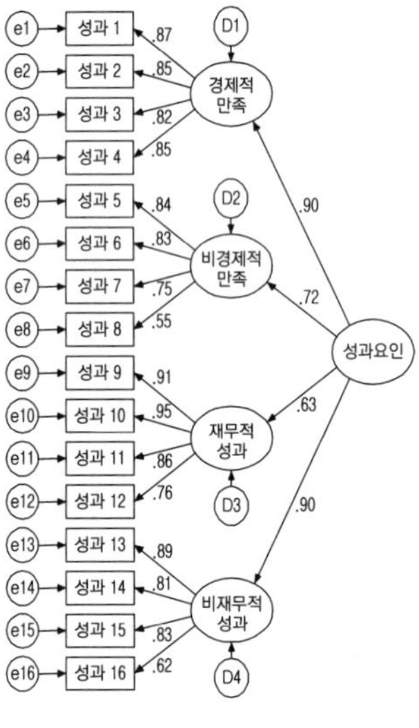

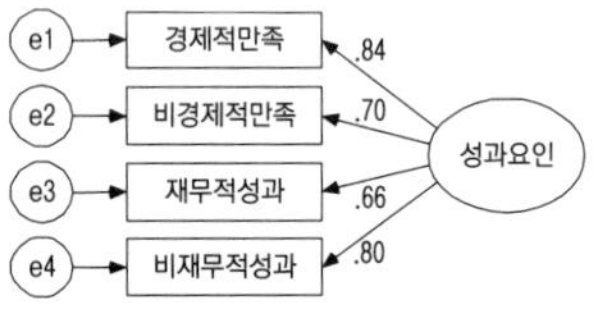

3) 탐색적 요인분석을 통한 합산

세 번째 방법은 선행연구자가 어떠한 하위요인도 제시하지 않았을 경우, 조사자가 탐색적 요인분석을 통해 요인을 추출한 다음, 추출된 요인을 대상으로 신뢰성과 타당성을 검증한 후 합산을 하는 방법이다.

성과모델의 탐색적 요인분석[4] 결과는 다음과 같다.

회전된 성분행렬[a]

	성분		
	1	2	3
성과1	.797		
성과2	.788		
성과3	.796		
성과4	.783		
성과5			.672
성과6			.771
성과7			.708
성과8		.580	
성과9		.840	
성과10		.873	
성과11		.856	
성과12		.743	
성과13	.776		
성과14	.695		
성과15	.727		
성과16	.526		

- Factor1 : 성과1, 성과2, 성과3, 성과4, 성과13, 성과14, 성과15, 성과16
- Factor2 : 성과5, 성과6, 성과7
- Factor3 : 성과8, 성과9, 성과10, 성과11, 성과12

4 rotation에서 varimax 방법을 이용하였다.

탐색적 요인분석 결과를 바탕으로 신뢰도분석과 확인적 요인분석을 실시한 결과는 다음과 같으며, 분석을 통해서 16개의 항목이 3개의 관측변수로 줄었음을 알 수 있다.

[그림 9-5] 탐색적 요인분석을 통한 합산

신뢰도분석 (요인마다 각각)	확인적 요인분석	각 구성개념의 관측변수화

	항목	신뢰도 계수
Factor1	성과1	.922
	성과2	
	성과3	
	성과4	
	성과13	
	성과14	
	성과15	
	성과16	
Factor2	성과5	.847
	성과6	
	성과7	
Factor3	성과8	.896
	성과9	
	성과10	
	성과11	
	성과12	

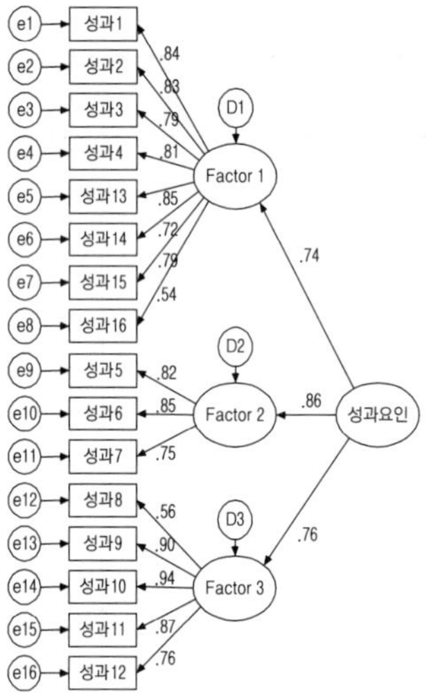

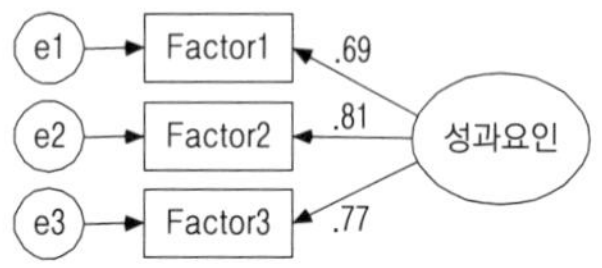

e1 성과1 .84
e2 성과2 .83
e3 성과3 .79
e4 성과4 .81
e5 성과13 .85
e6 성과14 .72
e7 성과15 .79
e8 성과16 .54
D1 Factor 1
.74
e9 성과5 .82
e10 성과6 .85
e11 성과7 .75
D2 Factor 2
.86 성과요인
e12 성과8 .56
e13 성과9 .90
e14 성과10 .94
e15 성과11 .87
e16 성과12 .76
D3 Factor 3
.76

e1 Factor1 .69
e2 Factor2 .81
e3 Factor3 .77
성과요인

이 방법을 사용할 때 주의해야 할 점은 탐색적 요인분석에서 요인으로 묶인 변수를 따로 분리해서 평균이나 총점을 이용하여 새로운 관측변수를 생성한 후 분석해야 한다는 것이다. 탐색적 요인분석의 '☑ 변수로 저장'을 통해서 생성된 요인들을 이용해도 된다고 생각할 수도 있으나, 이렇게 하면 실제로 분석이 되지 않는다.

탐색적 요인분석의 '☑ 변수로 저장'을 통한 요인 생성

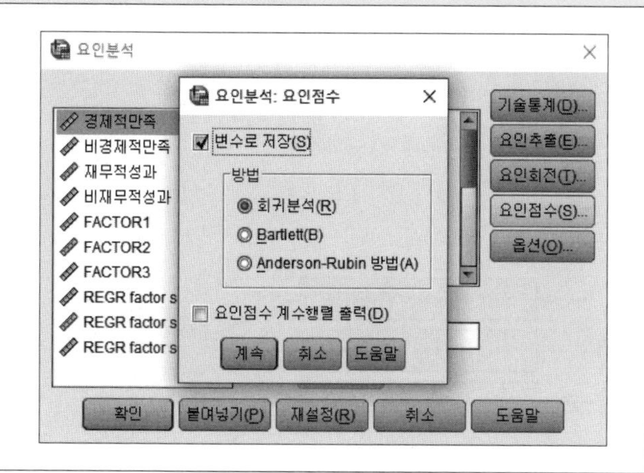

	FAC1_1	FAC2_1	FAC3_1
1	.80601	-.02035	.75839
2	-1.10922	-2.37725	-1.03862
3	-1.25575	-3.15937	-2.65517
4	-.49772	-2.78264	.71476
5	-1.17700	-.61087	-.93293
6	-1.78030	-.21399	.44052
7	.27426	.62951	1.31941
8	.39289	.55241	.35271
9	-.22701	.35143	-.89974
10	-1.89760	-.13467	-.06176
11	.94479	-.94318	1.53092
12	.61185	-.34246	1.37170
13	1.35688	.85093	1.28918
14	-.79038	.41869	-.31718
15	-1.50097	-.17550	.99951
16	-.92523	-.15619	.86146
17	-1.27141	-.29733	.94534
18	-.68758	-.54180	-.34151

분석이 되지 않는 이유는 구조방정식모델에서는 변수 간 상관행렬(공분산행렬)을 바탕으로 분석이 되는데, '☑ 변수로 저장'을 통해 생성된 요인은 요인 간 상관이 모두 1이 되기 때문이다.

'☑ 변수로 저장'을 통해 생성된 요인 간 상관관계

상관계수

		REGR factor score 1 for analysis 1	REGR factor score 2 for analysis 1	REGR factor score 3 for analysis 1
REGR factor score 1 for analysis 1	Pearson 상관계수	1	.000	.000
	유의확률 (양쪽)		1.000	1.000
	N	250	250	250
REGR factor score 2 for analysis 1	Pearson 상관계수	.000	1	.000
	유의확률 (양쪽)	1.000		1.000
	N	250	250	250
REGR factor score 3 for analysis 1	Pearson 상관계수	.000	.000	1
	유의확률 (양쪽)	1.000	1.000	
	N	250	250	250

'☑ 변수로 저장'을 통해 생성된 요인을 분석에 사용했을 경우

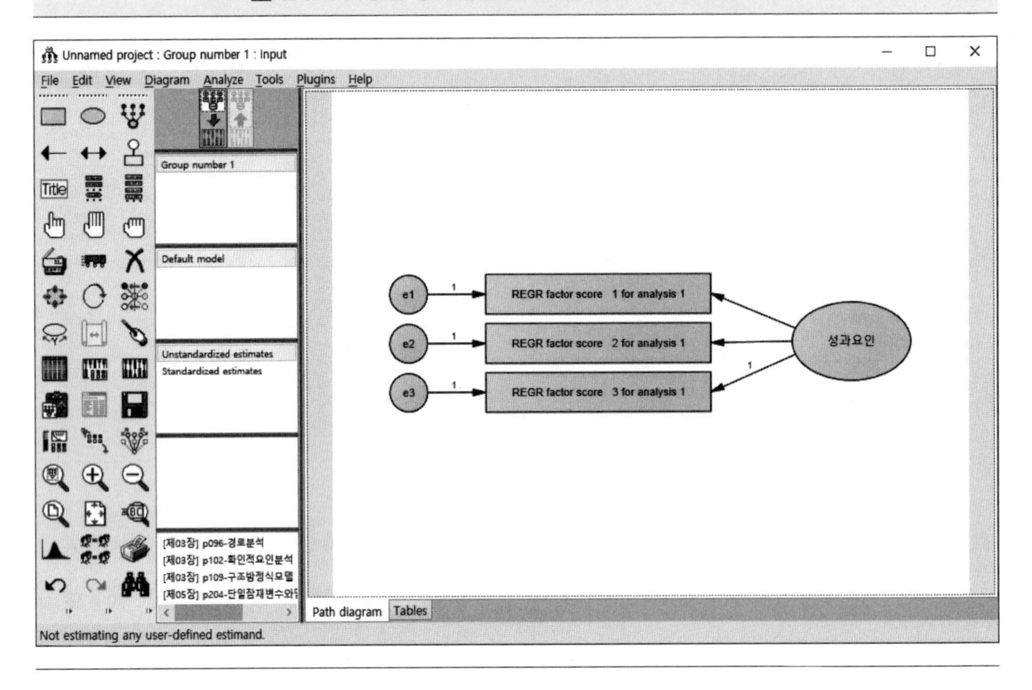

4) 항목 합산의 부작용

구성개념을 단일항목으로 합산[5]하면 모델을 단순화시키기 때문에 다수의 구성개념들을 한 모델에 사용할 수 있고 높은 적합도를 얻을 수 있지만, 구성개념의 하위요인들에 대한 특징들이 사라질 수 있다. 그리고 하위요인이 3개 미만일 경우에는 하위요인을 관측변수로 전환할 시 관측변수의 수가 3개 미만이 되기 때문에 식별에 문제가 발생할 수 있으므로 주의해야 한다.

5 Hoyle(1995). p. 70.

2 모델의 설정

모델설정(model specification)은 구조방정식모델을 구체화하는 데 중요한 부분으로 크게 2가지로 나뉜다. 첫 번째는 모델 내에서 변수 간 관계를 방향성(directional relationship)으로 할 것인지, 비방향성(non-directional relationship)으로 할 것인지에 관한 것이다. 두 번째는 변수 간 경로를 자유모수(free parameter)로 할 것인지, 제약모수(fixed parameter)로 할 것인지에 관한 것이다.

2-1 변수 간 관계의 방향성

변수 간 관계의 방향성[6]은 모델 내에서 변수 간 인과관계를 의미하는 것으로서 원인변수가 결과변수에 영향을 미치는 경로계수(또는 회귀계수)가 된다. 반면, 비방향성 관계는 변수 간 공분산관계(또는 상관관계)를 의미한다.

외제차모델의 '자동차이미지 → 만족도'와 같은 인과관계는 방향성 관계이며, '자동차이미지 ↔ 사회적지위'와 같은 공분산관계는 비방향성 관계에 해당된다.

6 변수 간 관계의 방향성과 가설의 방향성(방향성가설 및 비방향성가설)을 혼동하지 말 것. 가설의 방향성은 변수 간 관계가 인과관계로 지정된 상태에서 정(+)이나 부(-)의 관계를 나타낸 것이지만, 변수 간 관계의 방향성은 인과관계인지 또는 공분산(상관)관계인지를 나타낸 것이다.

[그림 9-6] 변수 간 관계의 방향성

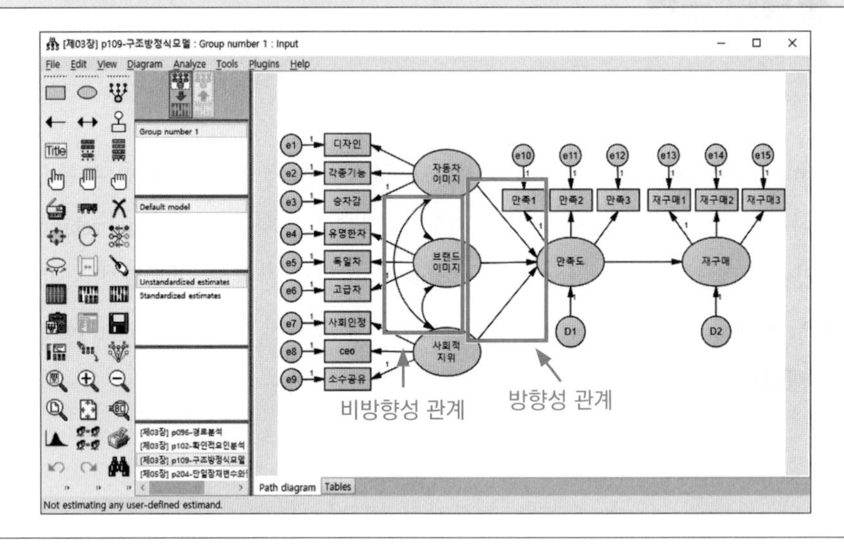

Amos에서는 외생변수 간 공분산관계를 기본으로 가정하고 있기 때문에 공분산관계를 설정하지 않을 경우에는 다음과 같은 메시지가 나타난다. 이럴 경우, 변수 간 공분산관계를 설정해주면 문제가 해결된다.

[그림 9-7] 외생변수 간 공분산관계가 설정되지 않은 경우

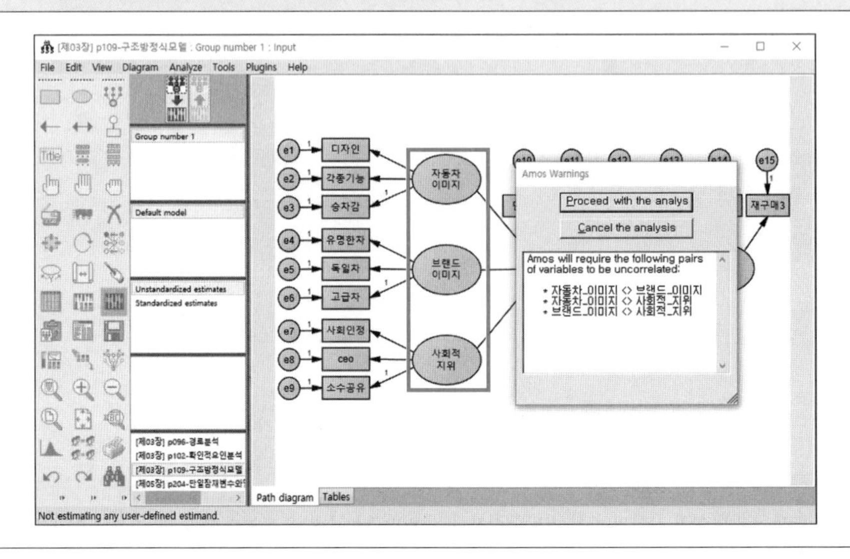

2-2 모수

모수는 자유모수(free parameter), 고정모수(fixed parameter), 제약모수(constrained parameter) 등으로 나뉜다.

1) 자유모수

자유모수는 아무 제약 없이 자유롭게 추정되는 모수로서, 모수에 어떠한 수치나 문자도 없는 경우이다. 외제차모델의 '자동차이미지 → 디자인'과 같은 인과관계뿐만 아니라 '자동차이미지 ↔ 사회적지위'와 같은 공분산관계도 해당된다.

2) 고정모수

고정모수는 어떤 특정한 값(0, 1, 또는 어떤 값)으로 고정시킨 모수를 의미한다. 외제차모델에서는 '자동차이미지 → 승차감', 측정오차인 'e1 → 디자인', 구조오차인 'D1 → 만족도'처럼 1로 고정되어 있는 경우가 고정모수에 해당된다.

[그림 9-8] 고정모수

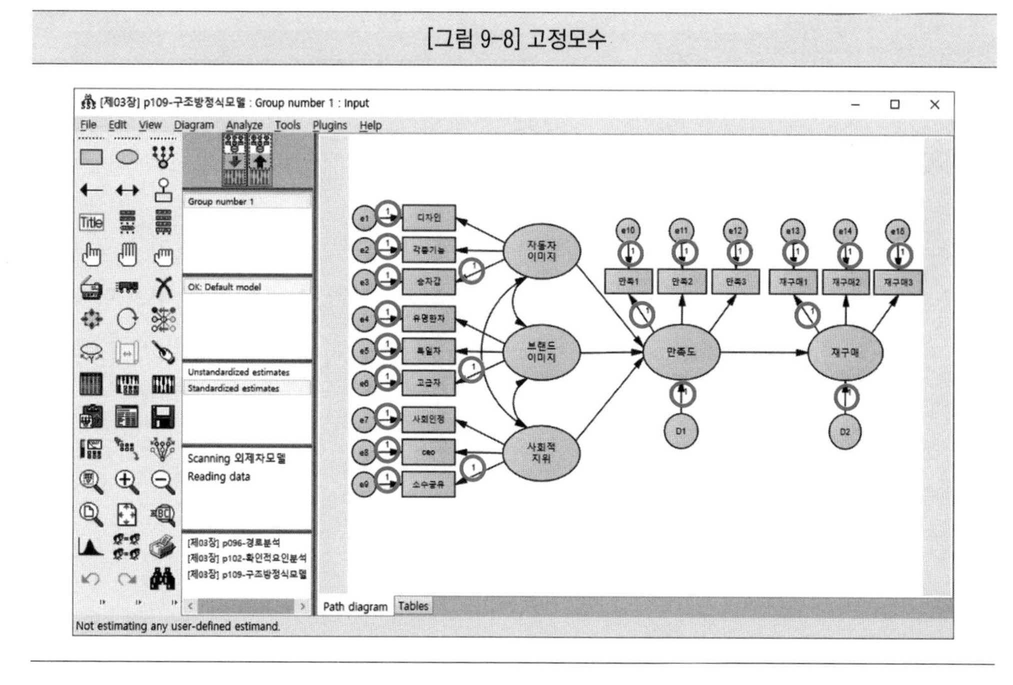

확인적 요인분석에서 관측변수 중 하나의 모수를 지정하는 경우도 고정모수에 해당되며, 판별타당성을 검증하기 위해 두 잠재변수 간 공분산을 1로 지정하고 자유모델과 $\Delta\chi^2$ 차이를 측정할 때도 고정모수가 사용된다. 예를 들어, 외제차모델에서 'e1 → 디자인' 경로에 1을 지정하지 않으면 분석이 진행되지 않으며, 결과표의 [Estimate]에 '디자인 ← e1 unidentified'라고 나타난다.

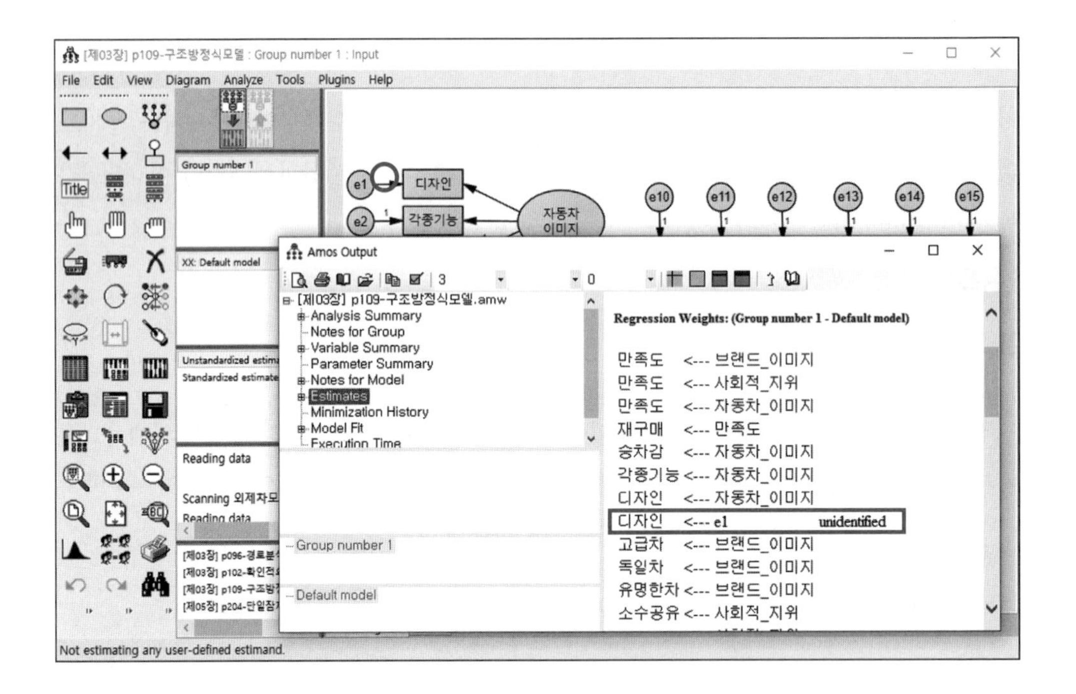

3) 제약모수

제약모수[7]는 모수에 제약이 가해진 것으로서 일반적으로 2개 이상의 모수값이 서로 같다고 제약하는 등식제약(equality constraint)이 많이 사용된다. 정수나 다른 모수의 함수 관계로 제약하는 함수제약(functional constraint), 모수의 값을 어떤 범위에 있다고 가정하고 추정하는 부등식제약(inequality constraint) 등이 있다.

7 조현철(1999). p. 27.

[그림 9-9] 제약모수

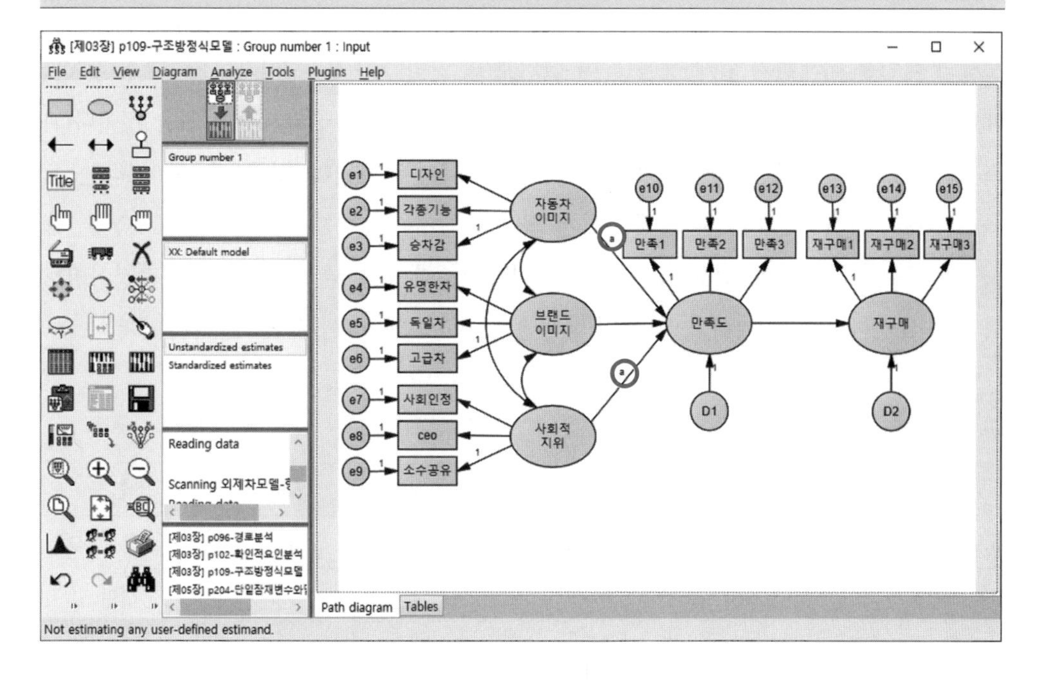

3 모델 및 모수의 식별

모델의 식별(identification)은 자유모수의 해(solution)를 찾는 데 충분한 정보를 제공하는지에 대한 문제로서, 모수에 대한 해가 구해졌을 때 모델이 식별되었다고 한다. 모델의 식별은 주어진 정보의 수와 추정해야 할 모수의 수에 따라 ①과소식별(under identified), ②적정식별(just identified), ③과대식별(over identified)로 나뉜다. 정보의 수가 모수의 수보다 적은 과소식별(정보의 수 < 모수의 수)은 모델의 식별이 되지 않으며, 모델이 식별되기 위해서는 주어진 정보의 수와 모수의 수가 같은 적정식별(정보의 수 = 모수의 수)이나 정보의 수가 모수의 수보다 큰 과대식별(정보의 수 > 모수의 수)이어야 한다.

3-1 모델 식별

모델의 식별을 이해하기 쉽게 예를 들어 살펴보자. 만약 X+Y=7이라고 할 때 X나 Y에 대해 어떠한 정보도 주어지지 않는다면, X나 Y에 대한 해를 구하기가 어려울 것이다(과소식별). 하지만 X+Y=7에 2X+Y=10이라는 식이 추가된다면, X=3, Y=4라는 해를 구할 수 있다(적정식별). 이는 유일하게 해가 구해지는 경우가 된다. 한편 X+Y=7에서 X가 2~4 사이에 존재하는 모든 수라고 제약해준다면, Y=5~3으로 해가 적정식별보다 훨씬 많아지게 된다(과대식별). 모델의 식별은 이와 비슷한 이치라고 생각하면 된다.

[표 9-1] 식별모델들의 특징

	정보의 수 vs. 모수의 수	분석 여부	자유도	적합도
과소식별모델	정보의 수<모수의 수	불가능	음수	제공하지 않음
적정식별모델	정보의 수=모수의 수	가능	0	완벽
과대식별모델	정보의 수>모수의 수	가능	양수	제공함

1) 과소식별모델

주어진 정보의 수가 추정하고자 하는 모수의 수보다 적은 경우로서 분석이 되지 않으며, 자유도가 0보다 작은 음수로 표시되고, 모델적합도가 제공되지 않는다. 가장 흔히 발생되는 대표적인 예가 확인적 요인분석에서 관측변수가 2개인 경우로, Amos에서는 다음과 같이 표시된다.

[그림 9-10] 과소식별모델

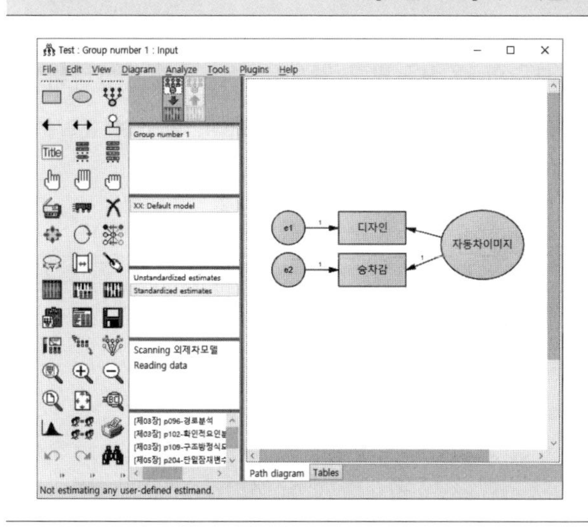

Notes for Model (Default model)

Computation of degrees of freedom (Default model)

Number of distinct sample moments: 3
Number of distinct parameters to be estimated: 4
Degrees of freedom (3 - 4): -1

Result (Default model)

The model is probably unidentified. In order to achieve identifiability, it will probably be necessary to impose 1 additional constraint.

2) 적정식별모델

주어진 정보의 수가 추정하고자 하는 모수의 수와 같은 경우로서 분석이 가능하며, 자유도가 0으로 표시되고, 모델적합도가 완벽하게 나타난다. 확인적 요인분석에서 관측변수가 3개인 경우로, Amos에서는 다음과 같이 표시된다.

[그림 9-11] 적정식별모델

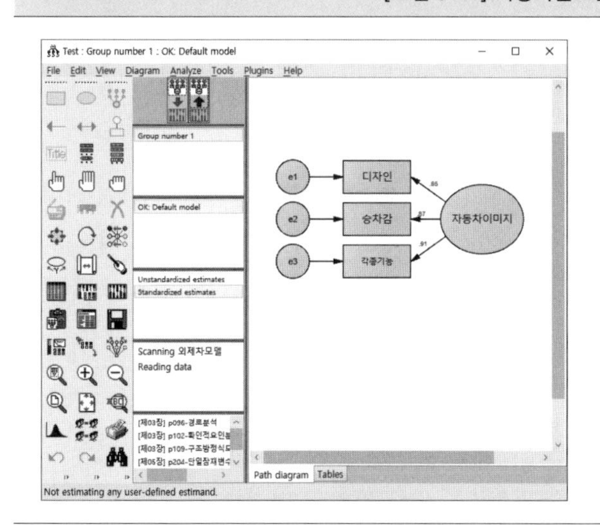

Notes for Model (Default model)

Computation of degrees of freedom (Default model)

Number of distinct sample moments: 6
Number of distinct parameters to be estimated: 6
Degrees of freedom (6 - 6): 0

Result (Default model)

Minimum was achieved
Chi-square = .000
Degrees of freedom = 0
Probability level cannot be computed

3) 과대식별모델

주어진 정보의 수가 추정하고자 하는 모수의 수보다 많은 경우로서 분석이 가능하며, 자유도가 0 이상으로 표시되지만, 모델적합도는 완벽하지 않게 나타난다. 확인적 요인분석에서 관측변수가 4개 이상인 경우로, Amos에서는 다음과 같이 표시된다.

[그림 9-12] 과대식별모델

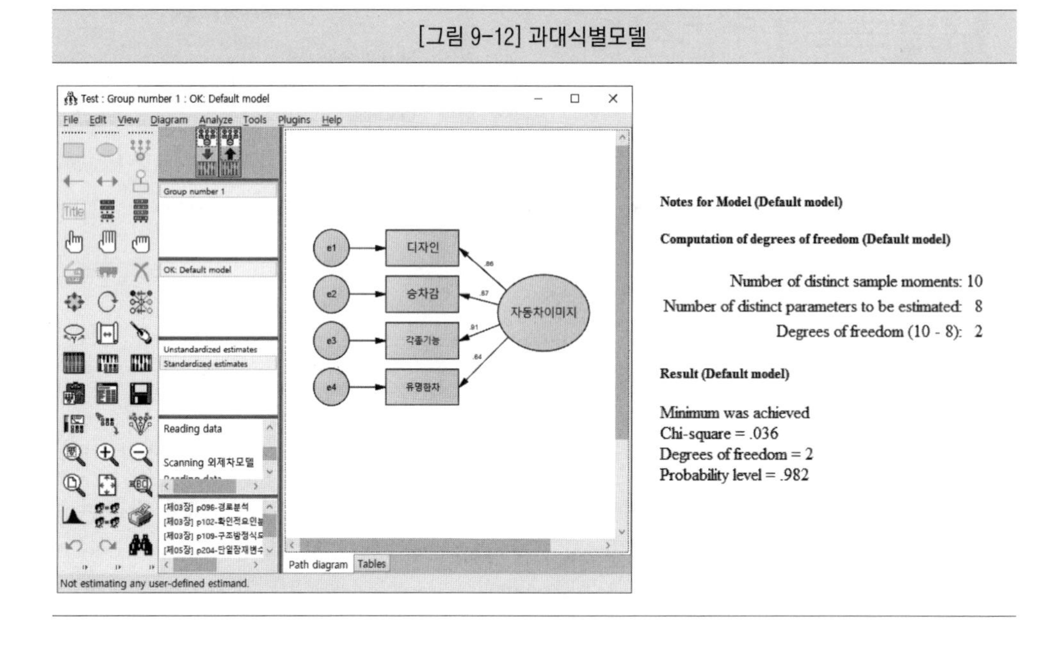

3-2 자유도의 평가

자유도(degree of freedom, df)는 '총 정보의 수'에서 '모수의 수'를 뺀 수치다. 과소식별의 경우 정보의 수가 모수의 수보다 적기 때문에 자유도가 음수(-)가 나오고, 적정식별의 경우에는 0, 과대식별의 경우에는 양수(+)가 나온다. 구조방정식모델에서 자유도는 다음과 같이 계산한다.

$df = 1/2[(p)(p+1)] - k$

p = 관측변수의 총수, k = 추정 모수의 수

여기서 1/2 [(p)(p + 1)]에 해당하는 부분이 '총 정보의 수'이며, 데이터의 공분산행렬(상관행렬)의 하삼각 부분에 해당하는 수치가 된다.

Correlations

		디자인	각종기능	승차감	유명한차
디자인	Pearson Correlation	1	.777**	.746**	.549**
	Sig. (2-tailed)		.000	.000	.000
	N	200	200	200	200
각종기능	Pearson Correlation	.777**	1	.794**	.578**
	Sig. (2-tailed)	.000		.000	.000
	N	200	200	200	200
승차감	Pearson Correlation	.746**	.794**	1	.554**
	Sig. (2-tailed)	.000	.000		.000
	N	200	200	200	200
유명한차	Pearson Correlation	.549**	.578**	.554**	1
	Sig. (2-tailed)	.000	.000	.000	
	N	200	200	200	200

**. Correlation is significant at the 0.01 level (2-tailed).

앞의 과대식별 모델인 [그림 9-12]의 자유도를 계산하면, 관측변수의 수가 4개이므로 총 정보의 수는 1/2 [(4×5)] = 10개가 된다. 그리고 추정해야 할 모수는 총 8개가 되기 때문에 자유도는 10 - 8 = 2개가 된다.

Amos에서 [그림 9-12]의 추정해야 할 모수는 다음과 같이 구할 수 있다.

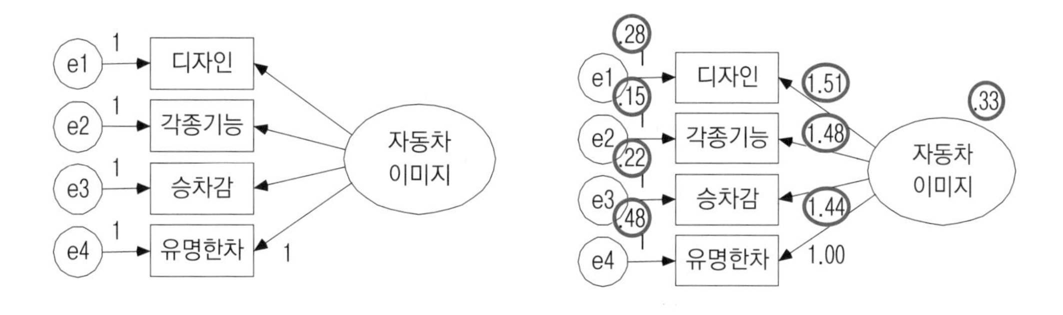

추정 모수의 수는 모델을 분석한 후 Unstandardized estimates / Standardized estimates 를 선택하면 알 수 있는데, 변수나 경로 위의 수치들이 모수에 해당된다. 단, 이미 1로 지정된 수치들은 제외해야 한다. 위의 그림에서는 '자동차이미지 → 유명한차' 경로에 1로 고정이 되어 있었기 때문에 따로 추정이 되지 않으므로 총 8개가 된다.

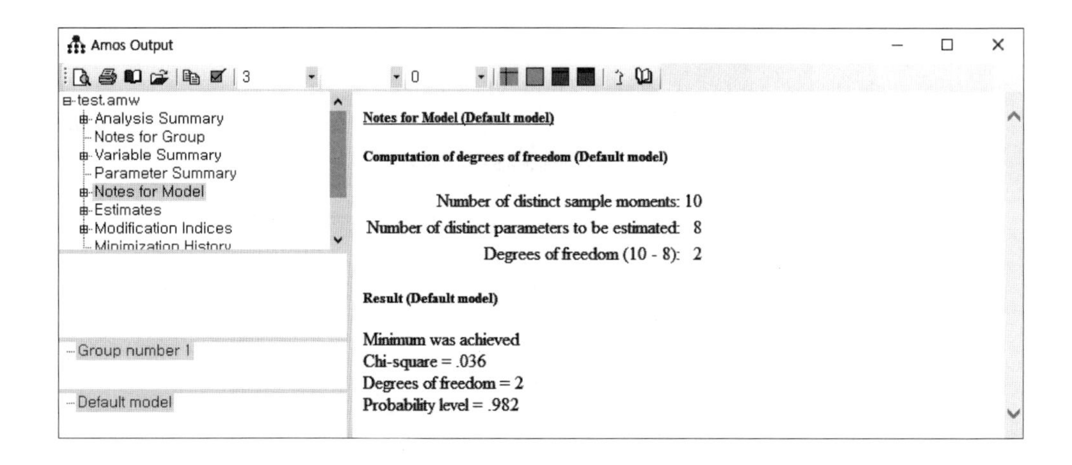

결과에서 'Number of distinct sample moments: 10'은 총 정보의 수이며, 'Number of distinct parameters to be estimated: 8'은 추정해야 할 모수의 수이다. 그리고 'Degrees of freedom (10-8): 2'는 자유도를 나타낸다.

자유도는 간명성(parsimony)과 관련이 있다. 자유도는 '총 정보의 수'에서 '모수의 수'를 뺀 수치이기 때문에 자유도가 낮다는 것은 모델이 복잡하지 않다는 것을 의미하며, 반대로 자유도가 높다는 것은 모델이 복잡하다는 것을 의미한다. 예를 들어, 모델의 자유도가 100 이상이라면 모델의 구성이 매우 복잡하다는 것을 미루어 짐작할 수 있다.

3-3 식별의 문제점

Amos에서 분석을 하다 보면 생각지도 않은 모델식별에 대한 문제가 발생하기도 한다. 식별의 문제점들은 다음과 같다.

1) 헤이우드 케이스

헤이우드 케이스(Heywood case)는 잠재변수와 관측변수 간 표준화된 요인부하량 값이 1 이상의 수치를 보이면서 측정오차의 분산이 0보다 작은 음의 수치를 보이는 경우이다. 즉, 잠재변수가 관측변수를 100% 이상으로 설명하는 비상식적인 상황이 되는 것이다. 헤이우드 케이스는 표본의 크기가 작거나,[8] 구조방정식모델에서 3개 미만의 관측변수로 구성된 잠재변수에서 주로 발생한다. 다음과 같은 헤이우드 케이스의 경우를 보자.

[그림 9-13] 헤이우드 케이스 모델(N = 25)

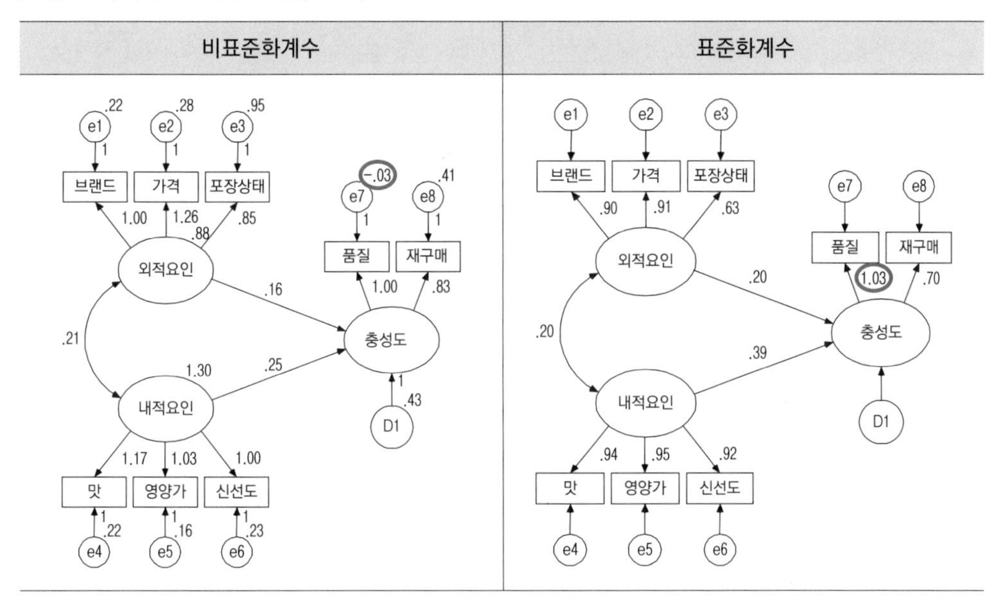

[그림 9-13]을 보면, 측정오차인 'e7'의 오차변수 분산이 -.03임을 알 수 있다. 또한 '충성도 → 품질'의 표준화된 요인부하량도 1.03으로 나타나 절댓값 1 이상인 비정상적인 수치를 보인다. 이렇게 발생한 헤이우드 케이스에 대한 해결방법은 다음과 같다.

(1) 변수를 제거하는 방법

문제가 되는 변수를 삭제하는 방법이다. 그런데 현재 '충성도'의 관측변수가 2개이기 때문에 '품질' 변수를 제거하게 되면 관측변수가 하나밖에 남지 않는 문제가 발생한다. 제거를 결심한 상태라면 '단일 잠재변수 & 단일 관측변수' 형태가 되기 때문에 '충성도 → 재구매' 경로를 1로 고정하고, 측정오차인 'e8'의 분산을 0으로 고정해야 한다.

---

8 일반적으로 300 이상의 표본크기에서는 헤이우드 케이스가 잘 발생하지 않는다.

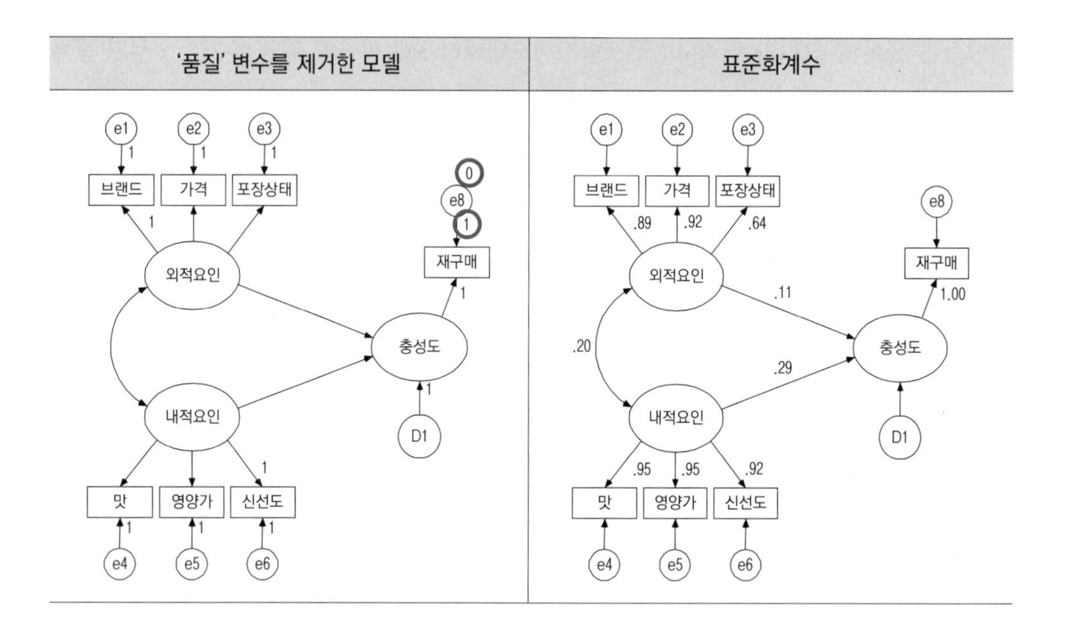

(2) 작은 수로 오차의 분산을 지정하는 방법

오차변수의 분산을 .005와 같은 아주 작은 수로 고정하는 방법이다. 음오차분산을 해결할 때 사용하는 가장 일반적인 방법이지만, 실제 수치와는 다른 수치를 임의로 지정하는 것이기 때문에 논란의 여지가 있을 수 있다. 또한 오차변수 분산의 크기를 임의적으로 조정함에 따라 결과가 바뀔 수도 있다.

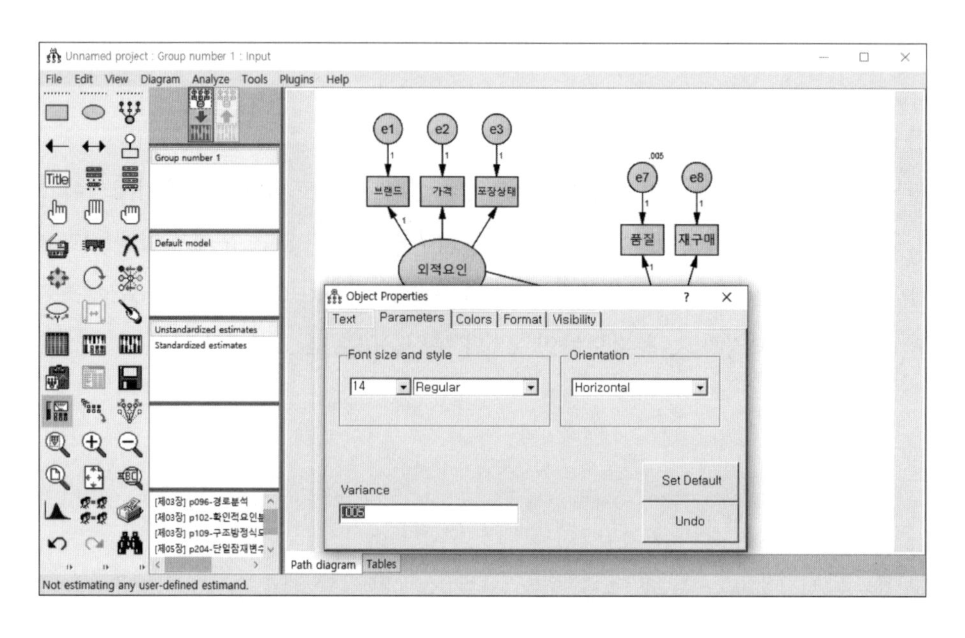

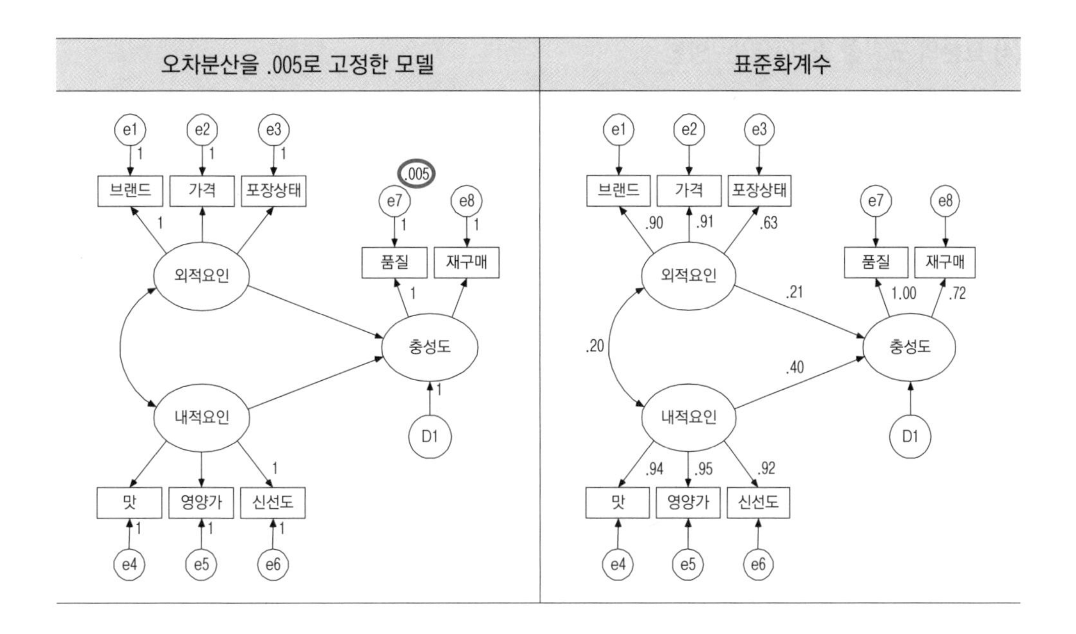

(3) 요인부하량을 모두 동일하게 고정하는 방법

잠재변수에 관련된 요인부하량을 모두 1로 고정시키는 방법이다. 모수를 임의의 수로 고정시킨다는 점에서 이 역시 논란의 여지가 있을 수 있다.

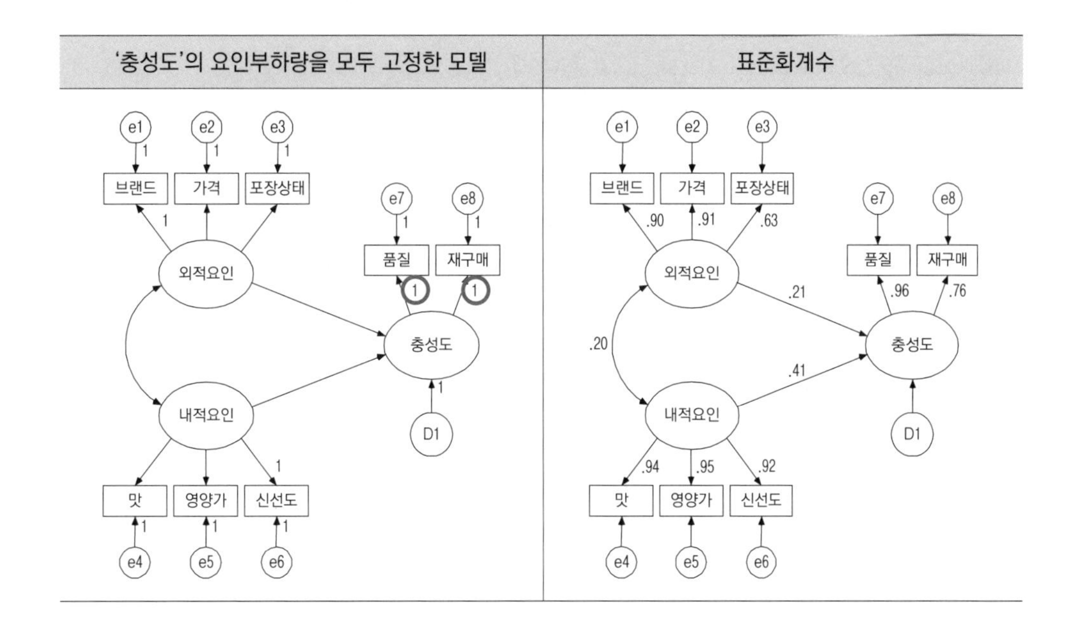

(4) 표본의 크기를 증가시키는 방법

헤이우드 케이스는 작은 표본의 크기로 인해 일어날 확률이 높기 때문에 데이터를 추가로 수집해서 표본의 크기를 증가[9]시키는 방법(N > 300 이상)이다. 인위적인 조작 없이 가장 자연스럽게 해결할 수 있는 방법이지만, 표본의 크기를 증가시켜야 한다는 부담이 있다.

2) 비정상적인 표준화계수

식별에 대한 두 번째 문제는 비정상적으로 큰 표준화계수이다. 상관분석의 상관계수나 회귀분석에서의 표준화계수는 -1~1 사이의 값을 가지는데, 구조방정식모델에서는 상관계수나 표준화된 경로계수가 ±1을 초과하여 이론적으로 설명이 되지 않는 비정상적인 결과를 종종 보여준다. 이러한 현상은 변수들 간 높은 상관이나 통계적 가정을 크게 벗어난 경우에 주로 발생한다.

[그림 9-14] 비정상적인 표준화계수 모델

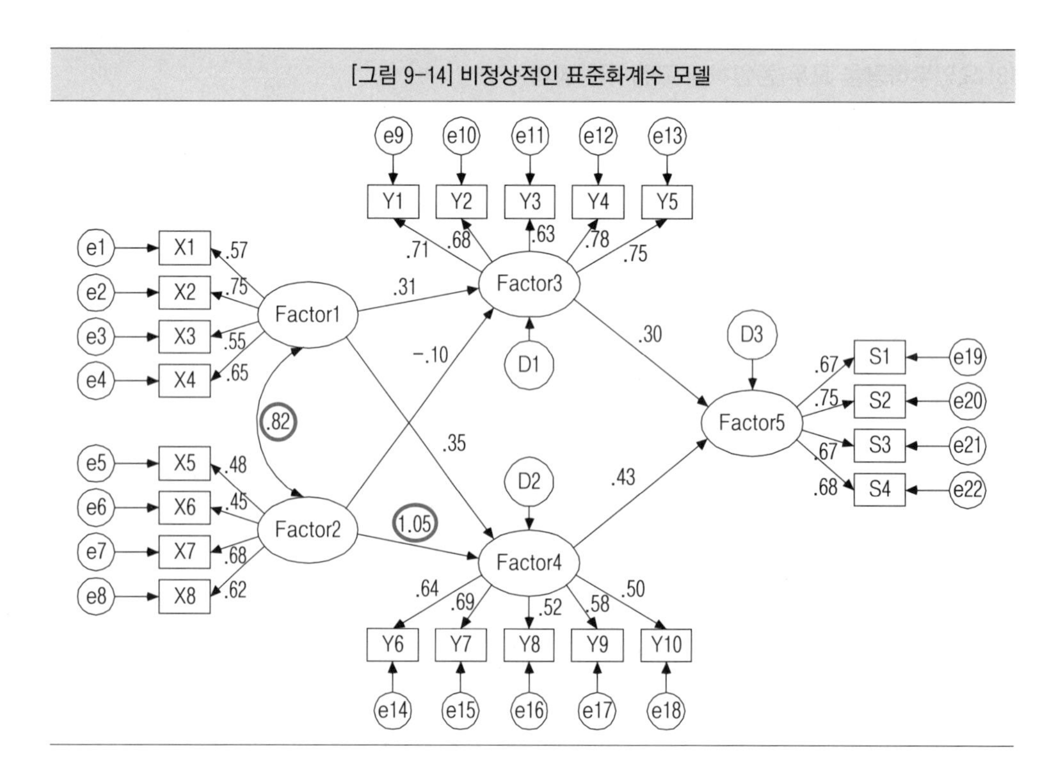

9 공분산 행렬을 이용한 상태에서 헤이우드 케이스가 발생했을 경우, 단순히 표본의 크기(N)만 증가시키면 문제가 지속된다. 새로운 데이터를 수집하여 표본의 크기를 증가시키는 방법이 바람직하다.

[그림 9-14]에서 'Factor2 → Factor4' 경로의 표준화계수가 1 이상의 값(γ = 1.05)을 보이는데, 이는 Factor1과 Factor2의 높은 상관(r = .82)에 의해서 일어난 것이다. 즉, 다중공선성(multicollinearity)[10]에 의한 문제로서 해결방법으로는 ①Factor1과 Factor2 간 공분산관계를 설정해주지 않는 방법, ②두 변수를 하나의 잠재변수로 합하는 방법, ③하나의 구성개념을 제거하는 방법이 있다.

(1) 두 변수 간 공분산관계를 설정해주지 않는 방법

Factor1과 Factor2의 높은 상관으로 인해 문제가 발생한 것이기 때문에 외생변수 간 상관을 제거하면 다중공선성 문제가 해결된다. 하지만 Amos에서는 외생변수 간 공분산관계 설정을 기본으로 가정하고 있으므로 모델적합도가 낮아지는 문제가 발생한다.

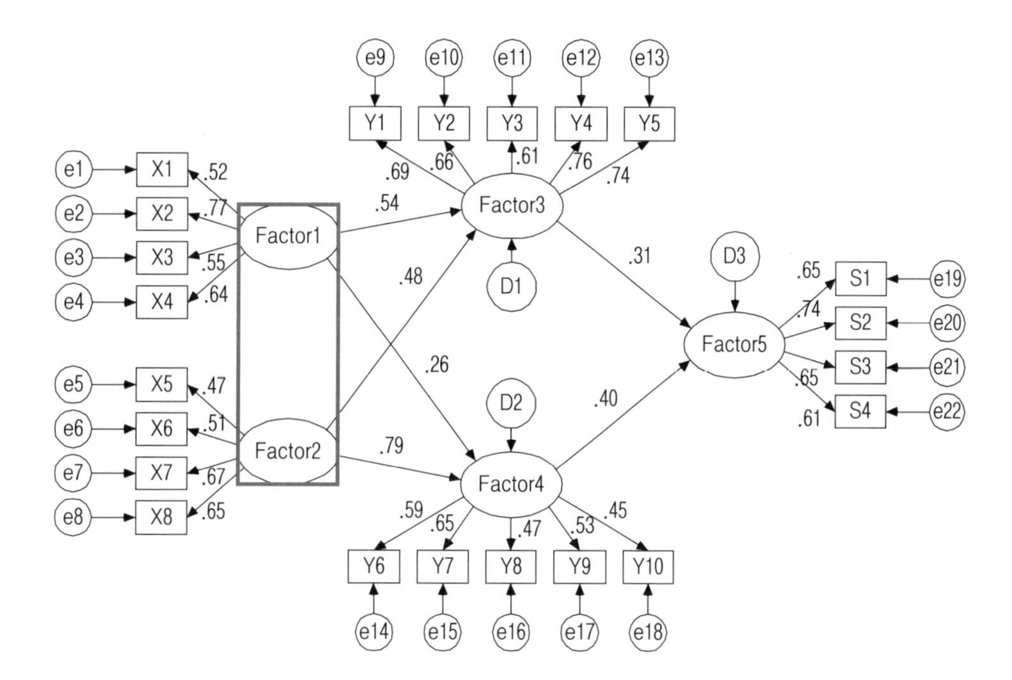

10 다중공선성은 독립변수 간 강한 상관관계로 인해 발생되는 문제다. 예를 들어, 회귀분석 시 독립변수들은 서로 독립적이어야 한다는 가정이 있는데, 독립변수 간 상관이 높게 되면 이러한 가정이 위배되면서 문제가 발생하고, 분석에서 제공하는 회귀계수에 대한 결과를 신뢰할 수 없게 된다.

(2) 하나의 잠재변수로 합하는 방법

이 모델의 근본적인 문제는 Factor1과 Factor2의 높은 상관으로 인한 것이기 때문에 두 잠재변수를 하나의 잠재변수로 합함으로써 문제를 해결할 수 있다. 하지만 두 변수가 높은 상관을 갖는다고 하더라도 이론적으로 구성개념이 다를 경우에는 문제가 될 수 있다.

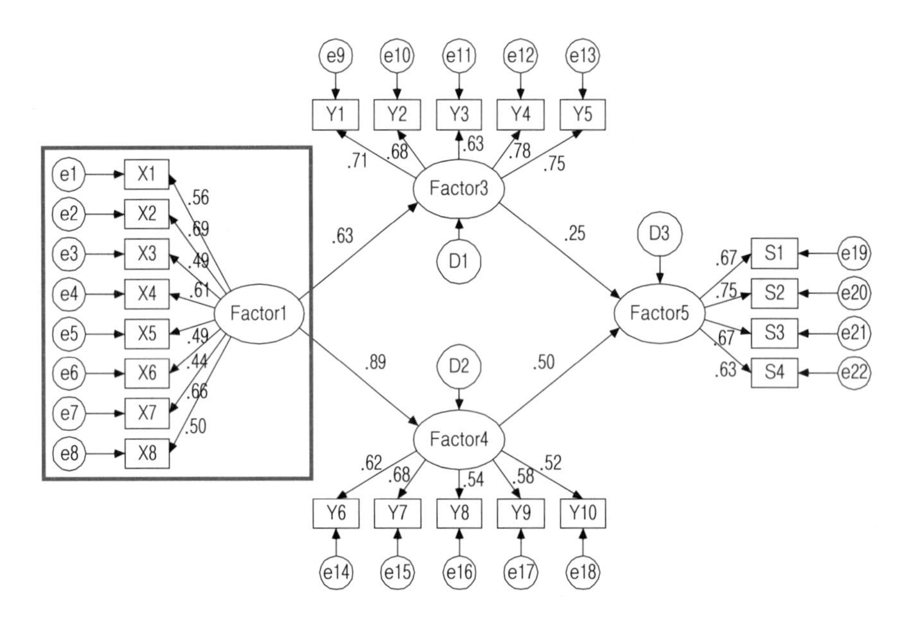

(3) 하나의 잠재변수를 제거하는 방법

Factor1과 Factor2 중 하나의 잠재변수를 제거하는 방법이다. 이 방법은 다중공선성 문제를 해결할 수는 있지만, 연구모델의 변형과 함께 가설의 제거 등이 문제가 될 수 있다.

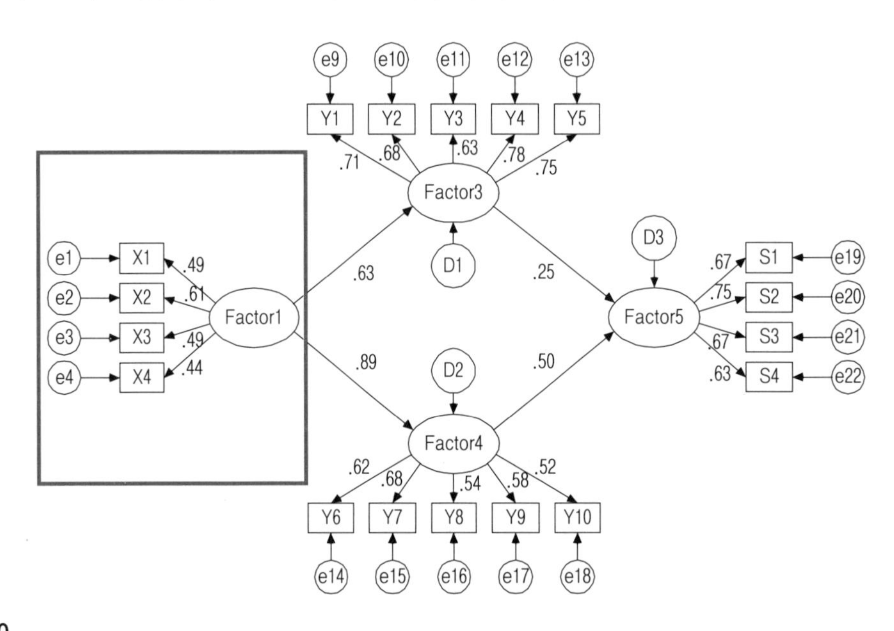

3-4 Amos에서 식별이 되지 않는 경우

Amos에서 식별의 문제는 다음과 같은 경우에 자주 발생하니 유의해야 한다.

1) 경로를 1로 고정하지 않은 경우

사용자들이 자주 실수하는 부분으로, 잠재변수와 관측변수 간 경로나 오차에서 변수 간 경로를 고정해주지 않았을 때 발생한다.

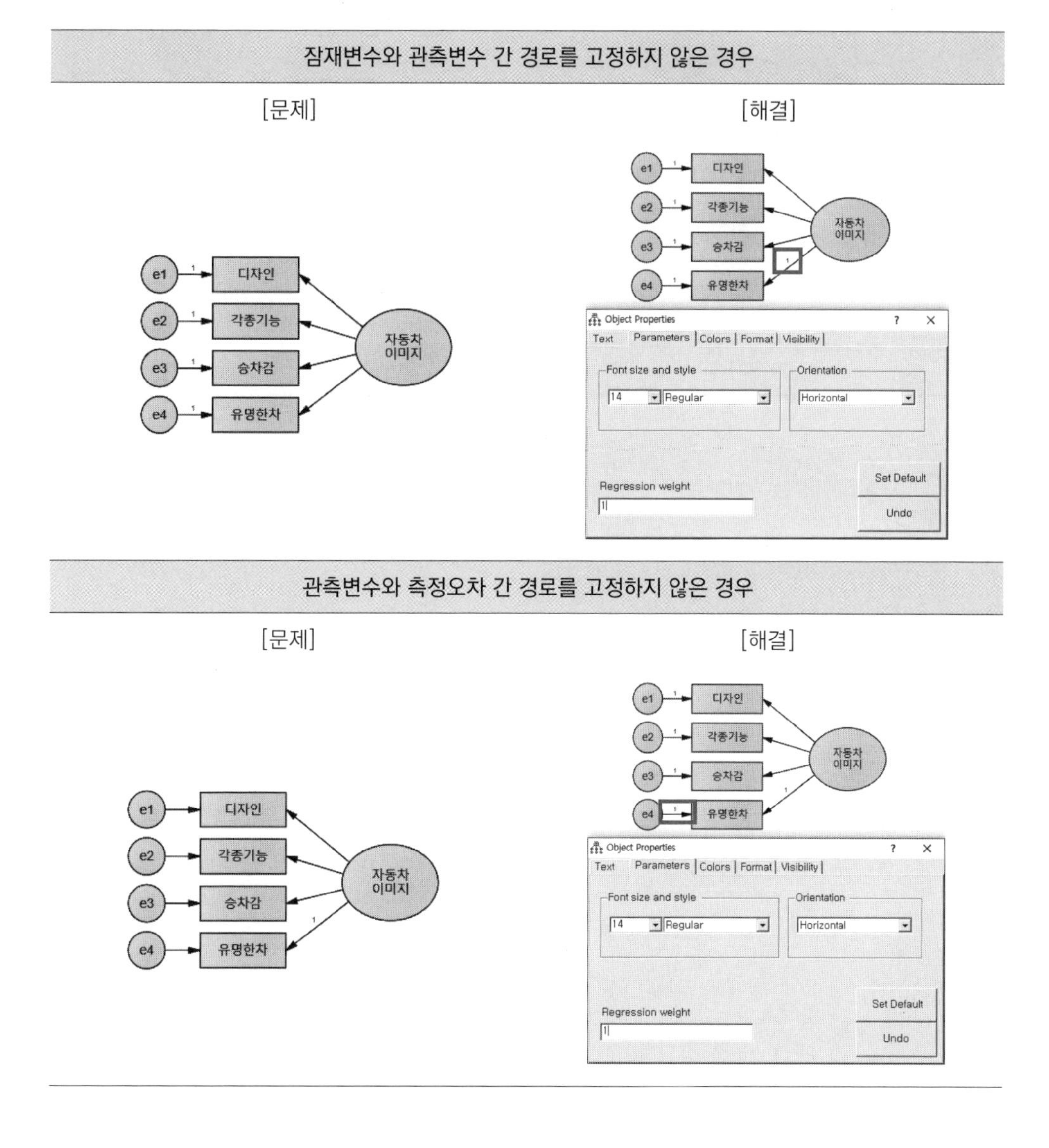

2) 변수명을 분산에 입력한 경우

자주는 아니지만 변수명을 [variable name]에 입력하지 않고 [variance]에 입력해서 문제를 일으키기도 한다.

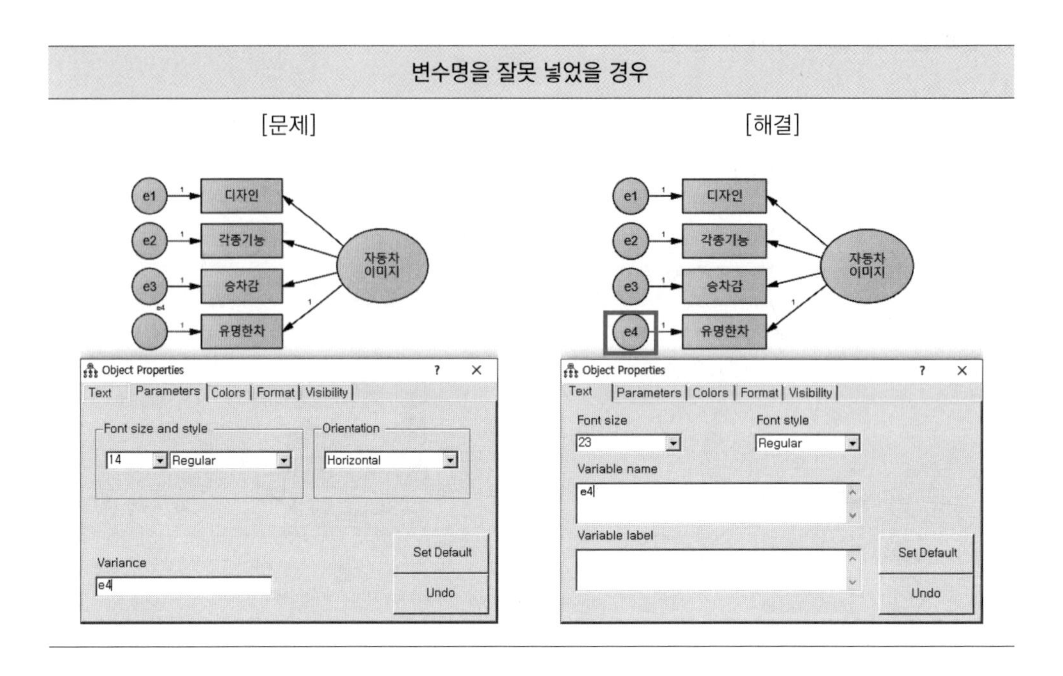

4 모델의 추정

모델의 설정과 식별이 끝나면 모델에 대한 추정(model estimation)을 해야 한다. 모델 추정은 모델에서 모수에 대한 추정을 어떠한 수학적 알고리즘을 지닌 추정법으로 할 것인가에 대한 문제이다.

모델을 추정하는 방법은 여러 가지가 있지만, Amos에서는 다음과 같은 추정법들을 제공한다.

[그림 9-15] 모델 추정법

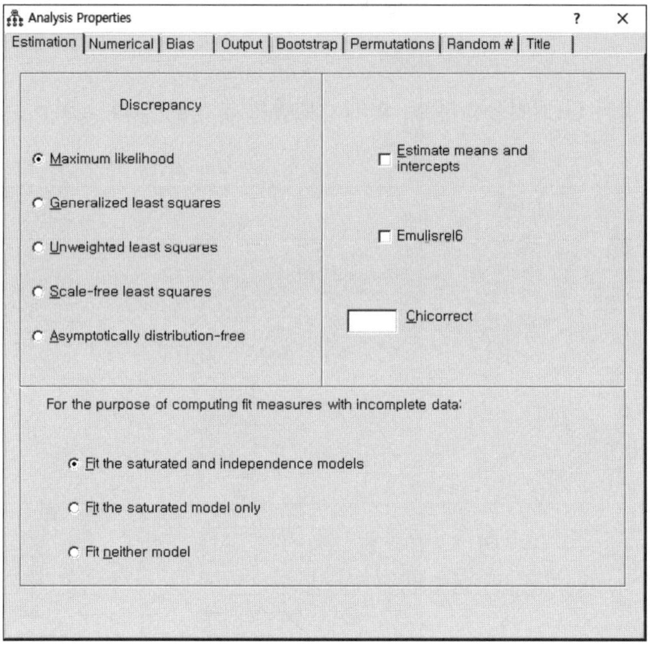

- 최대우도법(Maximum Likelihood, ML)
- 일반최소자승법(Generalized Least Squares, GLS)
- 비가중최소자승법(Unweighted Least Squares, ULS)
- 척도자유최소자승법(Scale-Free Least Squares, SLS)
- 점근분포자유법(Asymptotically Distribution-Free, ADF)

최대우도법(ML법)은 Amos에서 기본(default)으로 지정되어 있으며, 모수를 추정하는 데 가장 보편적으로 사용된다. 어원의 뜻 그대로 우도(likelihood)가 최대(Maximum)가 되도록 모수를 추정하는 방법으로, 표본 데이터를 바탕으로 그 표본 데이터가 얻어질 확률이 가장 높은 모집단을 구한 후 모수를 추정한다. ML법과 함께 일반최소자승법(GLS법)이 많이 사용되는데, ML법과 GLS법은 데이터가 다변량 정규분포를 가정하며 표본의 크기가 최소 200 이상일 때 사용된다.

다변량 정규성이 충족되지 못했을 경우에는 비가중최소자승법(ULS법)이 추천되나 χ^2과 같은 통계적 유의성에 대한 결과가 제공되지 않으며, 척도의존성(scale-dependency)이 있어 공분산행렬과 상관행렬을 사용했을 때에는 추정치가 달라지는 단점이 있다. 점근분포자유법(ADF법) 역시 다변량 정규성을 벗어난 경우에 사용되지만 표본의 크기가 커야 한다는 단점이 있으며, 척도자유최소자승법(SLS법)은 표본의 크기가 작은 경우에 적합하지만 상관행렬을 사용할 경우에는 문제가 발생한다.

Amos에서 ML법과 GLS법을 이용해 외제차모델을 분석한 결과와 차이는 다음과 같다.

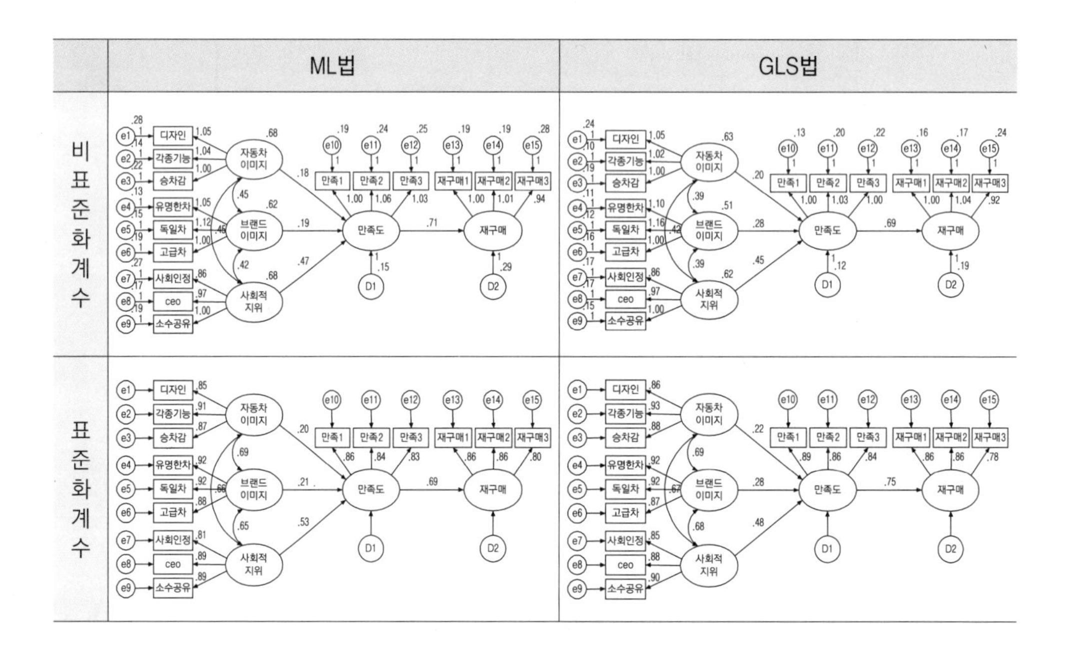

경로결과

Regression Weights: (Group number 1 - Default model)

			Estimate	S.E.	C.R.	P	Label
만족도	<---	자동차_이미지	.177	.071	2.504	.012	
만족도	<---	브랜드_이미지	.194	.072	2.698	.007	
만족도	<---	사회적_지위	.468	.071	6.580	***	
재구매	<---	만족도	.707	.076	9.346	***	
승차감	<---	자동차_이미지	1.000				
각종기능	<---	자동차_이미지	1.040	.060	17.407	***	
디자인	<---	자동차_이미지	1.052	.067	15.667	***	
고급차	<---	브랜드_이미지	1.000				
독일차	<---	브랜드_이미지	1.122	.060	18.645	***	
유명한차	<---	브랜드_이미지	1.052	.056	18.656	***	
소수공유	<---	사회적_지위	1.000				
ceo	<---	사회적_지위	.972	.057	17.054	***	
사회인정	<---	사회적_지위	.856	.059	14.438	***	
만족1	<---	만족도	1.000				
만족2	<---	만족도	1.056	.072	14.677	***	
만족3	<---	만족도	1.027	.072	14.303	***	
재구매1	<---	재구매	1.000				
재구매2	<---	재구매	1.011	.070	14.416	***	
재구매3	<---	재구매	.936	.071	13.123	***	

Regression Weights: (Group number 1 - Default model)

			Estimate	S.E.	C.R.	P	Label
만족도	<---	자동차_이미지	.204	.071	2.867	.004	
만족도	<---	브랜드_이미지	.282	.083	3.391	***	
만족도	<---	사회적_지위	.446	.077	5.798	***	
재구매	<---	만족도	.691	.078	8.861	***	
승차감	<---	자동차_이미지	1.000				
각종기능	<---	자동차_이미지	1.020	.061	16.764	***	
디자인	<---	자동차_이미지	1.046	.069	15.137	***	
고급차	<---	브랜드_이미지	1.000				
독일차	<---	브랜드_이미지	1.162	.066	17.573	***	
유명한차	<---	브랜드_이미지	1.100	.066	16.621	***	
소수공유	<---	사회적_지위	1.000				
ceo	<---	사회적_지위	.974	.059	16.375	***	
사회인정	<---	사회적_지위	.865	.061	14.254	***	
만족1	<---	만족도	1.000				
만족2	<---	만족도	1.028	.068	15.217	***	
만족3	<---	만족도	.999	.069	14.463	***	
재구매1	<---	재구매	1.000				
재구매2	<---	재구매	1.044	.079	13.142	***	
재구매3	<---	재구매	.925	.079	11.694	***	

모델적합도

CMIN

Model	NPAR	CMIN	DF	P	CMIN/DF
Default model	37	155.329	83	.000	1.871
Saturated model	120	.000	0		
Independence model	15	2536.653	105	.000	24.159

RMR, GFI

Model	RMR	GFI	AGFI	PGFI
Default model	.050	.905	.863	.626
Saturated model	.000	1.000		
Independence model	.423	.193	.078	.169

CMIN

Model	NPAR	CMIN	DF	P	CMIN/DF
Default model	37	124.772	83	.002	1.503
Saturated model	120	.000	0		
Independence model	15	401.573	105	.000	3.825
Zero model	0	1492.500	120	.000	12.438

RMR, GFI

Model	RMR	GFI	AGFI	PGFI
Default model	.069	.916	.879	.634
Saturated model	.000	1.000		
Independence model	.481	.731	.693	.640
Zero model	.514	.000	.000	.000

Q&A

Q 9-1 설문항목(130개)이 상당히 많은 상태에서 구조방정식모델을 사용하려고 하다 보니 분석이 되질 않습니다. 무엇이 문제인지 잘 모르겠습니다. 표본의 크기는 300 정도 됩니다. 어떻게 해야 하나요? 그리고 무엇이 문제인가요?

A 질문하신 분의 모델을 보지 않아도 충분히 짐작할 수 있습니다. 오히려 분석이 되는 것이 이상할 정도입니다. 가끔 설문에 사용된 모든 항목들을 한 연구모델에 넣어야 한다고 생각하는 분들이 있는 것 같습니다. 지금 정도로 모델이 복잡하다면 표본의 크기가 아주 크거나 잠재변수에 대한 관측변수의 요인부하량들이 매우 좋다는 가정하에서만 분석이 가능할 수 있습니다.

질문자의 경우에는 구성개념(잠재변수)을 측정했던 변수들을 모두 사용하지 말고, 신뢰도 분석이나 확인적 요인분석(또는 탐색적 요인분석)을 이용하여 신뢰성과 타당성을 검증한 후, 본 교재에서 제시한 항목 합산 방법을 통해 변수를 줄여 모델을 단순화하는 것이 좋은 방법으로 보입니다.

Q 9-2 식별의 개념이 잘 이해되지 않습니다. 정보의 수나 모수의 수가 나오는 것도 잘 모르겠습니다. 쉽게 설명해주시면 감사하겠습니다.

A 식별은 어떤 것을 분별하여 알아볼 수 있는지에 대한 내용입니다. 정보의 수는 우리가 알고 있는 수가 되며, 모수의 수는 우리가 추정해야 하는 것이기 때문에 모르는 수가 됩니다. 어떤 것에 대해서 우리가 식별을 하기 위해서는 알고 있는 수가 모르는 수보다 최소한 같거나 많아야 합니다.

예를 들어 알고 있는 수가 10이고 모르는 수가 11이라면, $10-11=-1$이므로 자유도는 -1이 됩니다. 이 경우에는 우리가 모르는 수가 더 많기 때문에 식별이 불가능하므로 과소식별모델이 됩니다. 즉, 모르는 수가 더 많아서 식별이 불가능하고, 자유도도 음의 수가 나오는 것입니다. 그런데 알고 있는 수가 10이고, 모르는 수가 9라면 10－9＝1이므로 자유도는 ＋1이 됩니다. 이 경우는 우리가 알고 있는 수가 더 많기 때문에 식별이 가능하므로 과대식별모델이 됩니다. 즉, 알고 있는 수가 더 많기 때문에 식별이 가능하고, 자유도도 양의 수가 나오는 것입니다. 마지막으로, 알고 있는 수와 모르는 수가 10씩 같은 경우라면 10－10＝0이므로 자유도는 0이 되고 적정식별모델이 됩니다. 이제 좀 쉽게 이해가 되시죠?

Q 9-3 잠재변수와 관측변수 관계에서 표준화된 요인부하량이 1 이상으로 나옵니다. 표준화된 계수는 -1~1 사이인 것으로 알고 있는데, 왜 이런 결과가 나오나요?

A 헤이우드 케이스로 보입니다. 표준화된 요인부하량이 1이 넘으면 오차변수의 분산에 음의 수치가 나오게 됩니다. 상식적으로 잠재변수는 1 이상을 설명할 수 없는데도 1 이상을 설명한다고 가정하기 때문에 오차변수에 음의 수치가 나오는 것입니다. 모든 기법이 비슷하지만 구조방정식모델 역시 완벽한 통계기법이 아니기 때문에 발생하는 문제라고 생각하시면 됩니다.

가장 일반적인 해결방법은 오차변수의 분산을 적은 수(예: .005)로 지정해주는 것입니다. 하지만 임의로 수치를 지정해준다는 점에서 논란의 여지가 있을 수 있으며, 이로 인해 분석 결과가 달라질 수 있습니다. 그리고 해당 변수를 제거하는 방법이 있는데, 이 역시 식별에 문제를 일으킬 수 있습니다. 이러한 문제로 인해 가끔 헤이우드 케이스 자체를 무시하는 방법도 사용되고 있습니다. 만약 이러한 방법들에 문제가 있다고 생각되면, 헤이우드 케이스는 표본의 크기가 적은 경우나 잠재변수의 관측 수가 적을 때 자주 발생하므로 표본의 크기를 가능한 한 늘리거나, 잠재변수에 대한 관측변수의 수를 증가시켜 문제를 해결할 수 있습니다.

Q 9-4 관측변수의 수가 3개 미만인 모델은 식별에 문제가 발생하여 분석이 되지 않는다고 했는데, [그림 9-13]의 경우에는 헤이우드 케이스가 발생하지만 분석은 된 상태입니다. 왜 그렇지요?

A 충분히 혼동될 수 있는 질문입니다. 관측변수가 3 미만이라 식별에 문제가 발생하는 경우는 관측변수의 수가 3개 미만의 모델이 단독으로 분석되는 경우입니다. 이런 모델이 관측변수가 3개 이상인 다른 모델과 함께 분석되는 경우에는 분석이 가능한데, 그 이유는 자유도가 변화하기 때문입니다. 즉, 다른 변수와 함께 분석되면서 과소식별모델에서 과대식별모델이나 적정식별모델로 변화하기 때문에 분석이 가능한 것입니다.

chapter

10

구조방정식모델 연구단계 IV:

모델의 해석 및 적합도 검증

1 모델의 해석

연구모델을 구조방정식모델에 맞게 구체화했다면, 다음으로 모델에 대한 정확한 분석과 해석이 필요하다. 이 단계에서는 Amos output에서 제공하는 모델의 다양한 결과들을 검토하고, 논문에 제공할 경로계수에 대한 정보들을 확인하게 된다. 특히, [Estimates]에서 제공하는 비표준화계수(Estimates), 표준오차(S.E.), C.R., P, 표준화계수(Standardized Regression Weights: Estimate)들을 확인하고, 계수의 방향성과 직접효과, 간접효과, 총효과 등을 검토해야 한다. 모델의 결과에 대한 해석은 3장에서 자세히 다루었기 때문에 생략하기로 한다.

2 모델적합도

모델적합도는 연구모델을 채택하느냐 기각하느냐를 결정하는 기준이 되므로 가설의 유의성 검증만큼이나 중요한 부분이다. 모델에서 경로의 결과가 아무리 좋게 나왔다고 하더라도 모델적합도가 좋지 않으면 큰 의미를 갖지 못하는 것도 바로 이 때문이다.

모델적합도는 실제 조사자가 수집한 표본 데이터로부터 얻은 공분산행렬(S)과 조사자가 이론적 배경을 바탕으로 개발한 연구모델로부터 추정된 공분산행렬(∑)의 차이(S-∑)를 의미한다. 이 차이가 작다면 높은 모델적합도를 보이게 되고, 이 차이가 크다면 낮은 모델적합도를 보이게 된다. 만약 데이터로부터 얻은 공분산행렬과 연구모델로부터 추정한 추정공분산행렬이 정확히 일치한다면 적합도는 완벽하게 나타난다.

만약, 조사자가 7~9장에서 언급한 연구단계를 거쳐 수집한 데이터에 문제가 없는데도 연구모델이 낮은 모델적합도를 보였다면, 이는 조사자가 개발한 연구모델에 문제가 있다고 할 수 있다. 이러한 문제를 보완하기 위해 조사자는 모델의 수정을 통하여 모델적합도를 높이는 과정을 거쳐야 한다.

모델적합도는 크게 절대적합지수, 증분적합지수, 간명적합지수로 분류된다.

[표 10-1] 주요 모델적합도 지수와 판단기준

적합도 종류			판단기준
절대적합지수	χ^2	(Chi-square statistic)	p-값이 .05 이상이면 양호
	RMR (RMSR)	(Root Mean-squared Residual)	.05 이하이면 양호
	GFI	(Goodness of Fit Index)	.9 이상이면 양호
	AGFI	(Adjusted GFI)	.9 이상이면 양호
	RMSEA	(Root Mean Squared Error of Approximation)	.1 이하이면 보통 .08 이하이면 양호 .05 이하이면 좋음
증분적합지수	NFI	(Normed Fit Index)	.9 이상이면 양호
	TLI (NNFI)	(Tucker-Lewis Index)	.9 이상이면 양호
	CFI	(Comparative Fit Index)	.9 이상이면 양호
간명적합지수	PGFI	(Parsimonious GFI)	낮을수록 양호
	PNFI	(Parsimonious NFI)	낮을수록 양호
	AIC	(Akaike Information Criteria)	낮을수록 양호

2-1 절대적합지수

절대적합지수(absolute fit index)[1]는 조사자가 수집한 데이터의 공분산행렬과 이론을 바탕으로 한 연구모델의 공분산행렬이 얼마나 적합한지를 보여주기 때문에 다른 모델과 비교하지 않는 것이 특징이다. 절대적합지수에는 χ^2(CMIN), Normed χ^2(CMIN/DF), RMR, GFI, AGFI 등이 있다.

1) χ^2 (CMIN)

χ^2(χ^2 statistic)은 가장 대표적으로 사용되는 절대적합지수로서, Amos에서는 CMIN으로 표현된다. 수치가 클수록 좋지 않기 때문에 'badness of fit'으로 불리며, 수많은 모델적합도 중에서 유일하게 통계적 유의성인 p-값을 제공한다. χ^2 통계량의 다양한 특징은 다음과 같다.

첫째, 교차분석(cross tabulation analysis)의 경우, 조사자는 일반적으로 χ^2의 큰 수치를 기대한다. 그래야 변수들 간 유의한 차이가 있기 때문이다. 예를 들어, 성인 남녀 간 신용카드 유무의 차이를 볼 때 χ^2 차이가 크다면 남녀 간 신용카드 유무의 차이가 있다는 것을 의미한다.

반대로 구조방정식모델에서 조사자는 적은 수치의 χ^2을 기대하게 된다. 적은 수치의 χ^2은 표본 데이터로부터 얻은 공분산행렬과 모델에서 추정되는 공분산행렬 간의 차이가 크지 않다는 것을 의미하며, 반대로 χ^2 수치가 크다는 것은 조사자의 모델이 데이터와 적합하지 않다는 것을 의미하기 때문이다.

둘째, χ^2 통계량은 df(자유도)와 p-값(유의확률)을 함께 제공한다. χ^2과 p-값은 반비례 관계로서 χ^2이 클수록 p-값은 작아지고, χ^2이 작을수록 p-값은 커진다. 여기서 p-값은 표본 데이터로부터 얻은 공분산행렬과 모델에서 추정되는 공분산행렬 간의 유의성이 된다.

---

1 Hair (2009). p. 746.

H0: 연구모델이 데이터에 적합하다.
(표본 데이터 공분산행렬 = 추정 공분산행렬, $p > \alpha = .05$)

H1: 연구모델이 데이터에 적합하지 않다.
(표본 데이터 공분산행렬 ≠ 추정 공분산행렬, $p < \alpha = .05$)

만약 p-값이 .05보다 크다면 두 공분산행렬 간에 차이가 없는 것이기 때문에 귀무가설을 기각할 수 없다. 즉, 표본 데이터의 공분산행렬과 모델로부터 추정된 공분산행렬 간에 차이가 없으므로 모델이 적합하다고 할 수 있다. 반대로 p-값이 .05보다 작다면 모델이 적합하다고 할 수 없다.

셋째, χ^2은 표본의 크기에도 영향을 받는다. 다음의 식에서 알 수 있듯이 χ^2은 두 공분산행렬의 차이와 표본크기의 곱으로 산출되기 때문에 표본의 크기가 커질수록 χ^2은 증가하게 된다.

$$\chi^2 = (N-1) \times [\text{표본 데이터 공분산행렬}(S) - \text{모델 추정 공분산행렬}(\Sigma)]$$

그런데 문제는 표본의 크기가 큰 경우(예: 표본의 크기 > 300)에는 두 공분산행렬 간 차이가 작아 통계적으로 유의하지 않더라도 표본의 크기 때문에 차이가 있는 것으로 나타날 수 있으며, 반대로 표본크기가 적은 경우(예: 표본의 크기 < 100)에는 모델이 통계적으로 유의한 차이가 있음에도 불구하고 적은 표본의 크기 때문에 차이가 없는 것으로 나타날 수 있다는 점이다. 즉 표본의 크기에 따라 적합한 모델이라도 적합하지 않게 나타날 수 있고, 적합하지 않은 모델도 적합하게 나타날 수 있기 때문에 표본의 크기가 적절한 경우에만 올바른 χ^2값을 구할 수 있다는 한계를 지닌다.

넷째, 모델의 복잡성에 따라 영향을 받을 수 있다. 관측변수들이 많이 사용된 복잡한 모델의 경우에는 데이터의 공분산행렬과 추정 공분산행렬 간의 차이가 커지기 때문에 당연히 χ^2의 수치는 높아지고 p-값은 작아질 수밖에 없다. 그래서 종종 구조방정식모델의 기타 적합도는 좋은 수치를 보이는 반면, 유독 χ^2 수치만 좋지 않게 나타나는 경우가 발생하기도 한다.

다섯째,[2] 관측변수들이 다변량 정규분포를 하지 않은 상태에서 일반적으로 사용하는 추정법인 ML법이나 GLS법을 사용했을 경우, 비정상적으로 큰 χ^2값이 나타난다.

이러한 특징들로 인해 오늘날 구조방정식모델에서 χ^2 통계량이 차지하고 있는 비중은 크지 않으며, χ^2 통계량만을 절대적으로 신뢰하는 것도 적절하지 않다고 볼 수 있다.

외제차모델의 경우, Amos에서는 다음과 같은 결과를 제공한다.

CMIN

Model	NPAR	CMIN	DF	P	CMIN/DF
Default model	37	155.329	83	.000	1.871
Saturated model	120	.000	0		
Independence model	15	2536.653	105	.000	24.159

Default model은 분석에 사용된 외제차 연구모델을 의미하며, Saturated model은 포화모델로서 모든 변수 간 관계가 설정된 모델을 의미하고, Independence model은 모든 변수 간 관계가 설정되지 않은 모델을 의미한다. 또한 NPAR은 추정된 자유모수의 수, CMIN은 χ^2을 의미하고, DF는 자유도, P는 유의확률, CMIN/DF는 χ^2/df로서 155.329/83 = 1.871의 값을 나타낸다.

2) Normed χ^2 (CMIN/DF)

Normed χ^2은 χ^2을 df로 나눈 수치이며, Amos에서는 CMIN/DF로 표현된다. 표본의 크기가 750 이상인 대표본이나 모델이 굉장히 복잡한 경우를 제외한다면, 일반적으로 3 이하면 수용할 만하며 2 이하면 좋다고 할 수 있다.

2 Muthen & Kaplan (1985).

3) RMR

RMR(Root Mean-square Residual)은 'RMSR'이라고도 한다. 표본 데이터의 공분산행렬과 모델의 추정 공분산행렬 간 차이는 오차(residual)행렬이 되는데, RMR은 이 오차들을 제곱한 값의 평균에 대한 제곱근의 수치이다. 즉 RMR은 표본공분산행렬과 모델 추정 공분산행렬 간 차이가 얼마나 되느냐에 대한 수치이기 때문에 두 행렬이 정확히 일치하면 0이 된다. 그러므로 RMR이 작을수록 좋은 적합도가 되며, 0.5 이하면 좋은 것으로 판단한다.

하지만 RMR은 측정 척도에 영향을 받는 단점[3]이 있어 SRMR(Standardized Root Mean Residual)이 사용되기도 한다. SRMR은 RMR을 표준화한 수치로서 모델 간 비교 시 유용하게 사용된다. Amos 5.0 버전에서는 SRMR 값을 제공하지 않으나 Amos 7.0 이상의 버전에서는 SRMR 수치를 제공한다.

[Plugins] → [Standardized RMR]을 선택한 후 아이콘 모음창에서 아이콘을 클릭하면 SRMR 값이 제공된다.

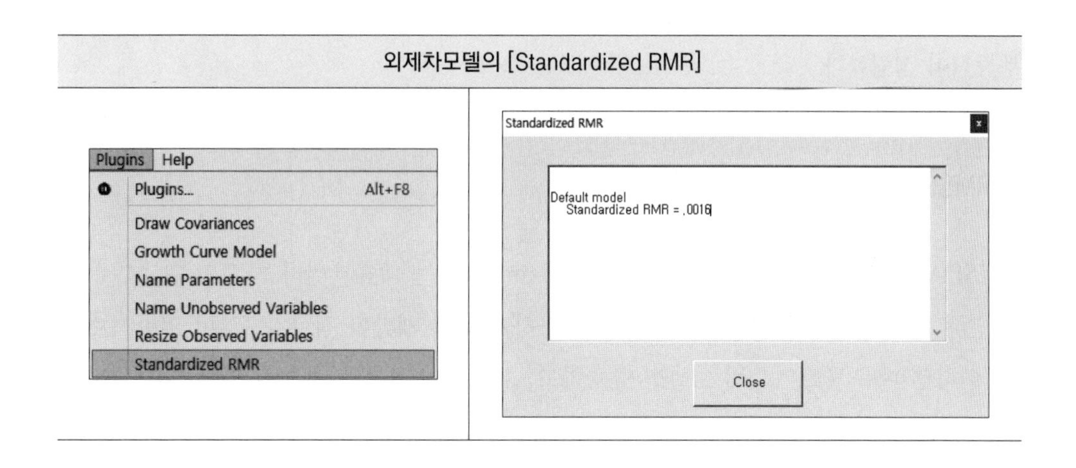

외제차모델의 [Standardized RMR]

3 예를 들어 5점 척도와 7점 척도가 함께 사용되었을 경우, 척도의 차이로 인해 문제가 발생한다.

4) GFI

GFI(Goodness of Fit Index)는 구조방정식모델에서 가장 많이 쓰이는 적합도로서, 표본 데이터의 공분산행렬 내에 분산과 공분산이 추정 공분산행렬에 의해서 설명되는 양을 나타낸다. 0(무적합)~1(완벽한 적합) 사의의 값을 가지며, 보통 .9 이상이면 양호한 수준이라고 할 수 있다. 또한 GFI의 계산식에는 표본의 크기인 N이 포함되어 있지 않아 직접적으로 표본의 크기에 민감하지 않지만, 간접적으로 영향[4]을 받기 때문에 표본의 크기가 증가할수록 높은 수치를 보인다. 일반적으로 표본의 크기가 200 이상이면 적합도를 판단하는데 큰 지장은 없다고 할 수 있다.

5) AGFI

AGFI(Adjusted Goodness of Fix Index)는 모델의 자유도에 의해 GFI가 수정된 값으로서 모델의 복잡성에 관련된 지수를 산출한다. GFI와 마찬가지로 표본의 크기가 증가할수록 높은 수치를 보이며, 0~1 사이의 값을 갖지만 가끔 이 범위를 벗어나 음수를 나타내는 경우도 있기 때문에 유의해야 한다. .9 이상이면 양호한 것으로 판단하며, GFI ≥ AGFI의 부등식이 성립한다.

6) RMSEA

RMSEA(Root Mean Square Error of Approximation)는 대표본이나 다수의 관측변수들로 인해 발생하는 χ^2 통계량의 문제점을 보완하기 위해 개발된 적합지수로서 일반적으로 .05 이하면 매우 좋으며, .08 이하면 양호하고, .1 이하면 보통인 것으로 판단한다. 표본의 크기에 영향을 가장 덜 받는 장점이 있다.

---

4 표본분포(sampling distribution)에 대한 표본의 크기 때문에 간접적으로 영향을 받는다.

RMR과 다른 점은 ①표본이 아닌 모집단에서 얼마나 더 모델이 적합한지를 보여준다는 것이며, ②Amos에서는 신뢰구간인 LO 90(Lower boundary of a two-sided 90% confidence interval for the population)과 HI 90(Upper boundary of a two-sided 90% confidence interval for the population)을 제공한다는 것이다.

2-2 증분적합지수

증분적합지수(incremental fit index)[5]는 연구모델이 영모델(null model)[6]보다 얼마나 잘 측정되었는지를 나타내는 지수이다. 증분적합지수에는 NFI, RFI, IFI, TLI, CFI 등이 있다.

1) NFI

NFI(Normed Fit Index)는 'Bentler-Bonett normed fit index'라고도 하며, 'Delta1'로 표현된다. 증분적합지수의 기본이 되는 적합도로서 영모델의 χ^2과 제안모델의 χ^2 차이를 영모델의 χ^2으로 다시 나눈 수치가 된다. 범위는 0~1 사이이며, .9 이상이면 양호한 것으로 간주한다. 만약 NFI 수치가 .95라면 영모델에서 연구모델이 95% 향상된 것을 의미한다.

2) RFI

RFI(Relative Fit Index)는 'rho1'로 표현되며, 0~1 사이의 값을 가지지만 이 범위를 벗어나는 경우도 있다. 일반적으로 .9 이상이면 양호한 것으로 간주한다.

5 'comparative fit index' 또는 'relative fit index'로 표기하기도 한다.

6 영모델은 Amos output의 Independence model에 해당한다. 모든 변수 간 관계가 전혀 설정되지 않은 모델로서 모든 관측변수 간 상관을 0으로 가정하고 있기 때문에 잠재변수 간 상관도 0인 모델이다.

3) IFI

IFI(Incremental Fit Index)는 'Delta2'로 표현되며, RFI와 마찬가지로 0~1 사이의 값을 보이지만 이 범위를 벗어나는 경우도 있다. 일반적으로 .9 이상이면 양호한 것으로 간주한다.

4) TLI

TLI(Turker-Lewis Index)는 'rho2'로 표현되며, 지수가 표준을 벗어난(non-normed) 상태로 제공되기 때문에 NNFI(Non-Normed Fit Index)로 불리기도 한다. CFI와 비슷한 개념의 적합도로서 결과 역시 CFI와 비슷한 수치를 제공한다. 0~1 사이의 값을 보이지만, 역시 이 범위를 벗어나는 경우도 있다. 일반적으로 .9 이상이면 양호한 것으로 간주한다.

5) CFI

CFI(Comparative Fit Index)는 NFI의 단점을 보완한 적합도로서 모델의 복잡성에 대해 덜 민감한 장점이 있어 널리 사용된다. 0~1 사이의 값을 가지며, .9 이상이면 양호한 것으로 간주한다. 특히 RMSEA와 함께 표본의 크기에 영향을 가장 적게 받는 적합도 지수이다.

2-3 간명적합지수

간명적합지수(parsimonious fit index)[7]는 모델의 복잡성을 고려한 상태에서 경쟁모델(competing models) 중 최고의 모델에 대한 정보를 제공한다. 모델 간 비교를 하기 때문에 하나의 모델을 측정할 때보다는 2개 이상의 모델 중 어느 모델이 더 적합한지를 비교할 때 매우 유용하다. 간명적합지수에는 PGFI, PNFI, PCFI, AIC 등이 있다.

---

7 '간결적합지수'라고도 한다.

1) PRATIO

PRATIO(Parsimony RATIO)는 '간명비율'로서 'PRATIO＝모델의 자유도/영모델의 자유도'에 해당한다. 그 자체는 적합도가 아니지만 GFI, NFI, CFI와 같은 기존의 적합도에 간명비율을 이용하여 PNFI, PGFI, PCFI 등이 계산된다.

2) PGFI

PGFI(Parsimonious Goodness of Fit Index)는 GFI에 간명비율을 이용하여 나온 값으로 범위는 0~1이다. 간명적합지수의 특성상 하나의 모델로 적합도 지수를 보는 것은 무의미하므로 2개 이상의 모델에서 PGFI 수치가 낮을수록 좋은 모델이다.

3) PNFI

PNFI(Parsimonious Normed Fit Index)는 NFI에 간명비율을 곱하여 나온 값으로 범위는 0~1이며, 2개 이상의 모델 중 PNFI 수치가 낮을수록 좋은 모델이다.

4) PCFI

PCFI(Parsimonious Comparative Fit Index)는 CFI에 간명비율을 곱하여 나온 값으로 범위는 0~1이며, 2개 이상의 모델 중 PCFI 수치가 낮을수록 좋은 모델이다.

5) AIC

AIC(Akaike Information Criterion)는 일본학자인 아카이케에 의해서 개발된 방법으로서 다른 간명적합지수들처럼 2개 이상의 모델을 비교하는 데 사용된다. 구성개념의 수나 관측변수의 수가 다른 모델들을 비교하는 데 유용하며, AIC가 낮을수록 좋은 적합도를 의미한다.

6) CAIC

CAIC(Consistent AIC)는 모델복잡성(model complexity)에 대해서 AIC나 BCC보다 더 높은 수치를 보여준다. AIC처럼 낮을수록 좋은 적합도를 의미한다.

7) BCC

BCC(Browne-Cudeck Criterion)는 모델복잡성에 대해 AIC보다 높은 수치를 보여준다. 낮을수록 좋은 적합도를 의미한다.

8) BIC

BIC(Bayes Information Criterion)는 'ABIC(Akaike's Bayes Information Criterion)'라고도 하며, 모델복잡성에 대해서 높은 수치를 보여준다. 특히 간결한 모델에 대해서 더 좋은 결과를 보여준다.

2-4 기타 지수

1) NCP

NCP(Non-Centrality Parameter)는 비중심모수로서 모집단의 공분산행렬과 연구모델에서 추정된 공분산 행렬 간 불일치 정도를 나타내며, 수치가 낮을수록 좋은 적합도를 의미한다. Amos에서는 LO 90(Lower boundary of a two-sided 90% confidence interval for the population)과 HI 90(Upper boundary of a two-sided 90% confidence interval for the population)을 제공한다.

2) FMIN

FMIN은 불일치 함수인 F의 최솟값(minimum value of discrepancy function F)으로, 여기서 불일치는 표본 데이터 공분산행렬과 추정 공분산행렬 간 최소한의 차이를 의미한다. Amos에서는 LO 90과 HI 90을 제공한다.

3) ECVI & MECVI

ECVI(Expected Cross Validation Index)는 표본 데이터로부터 얻은 공분산행렬과 동일한 수의 다른 표본으로부터 얻은 기대된 공분산행렬(expected covariance matrix) 간의 차이를 측정한 수치로서, 표본데이터와 동일한 크기의 다른 표본 데이터를 바탕으로 한 추정된 모델의 적합도에 대한 근사치(approximation)이다. 모델들 간 비교 시 유용하며, 모델들 중 가장 낮은 수치의 ECVI를 가장 적합한 것으로 간주한다.

4) HOELTER

HOELTER는 Hoelter(1983)[8]의 critical N을 의미하며, 모델이 맞는다는 가설을 채택시키기 위한 최대의 표본크기를 의미한다. Amos에서는 .05 유의수준(Hoelter .05)과 .01 유의수준(Hoelter .01)을 제공하는데, HOELTER의 수치가 200 이상이면 좋은 적합도라고 보고, 75 이하이면 좋지 않은 적합도로 간주한다.

---

8 Hoelter, J. W. (1983).

Q&A

Q 10-1 Amos에서는 많은 모델적합도 지수들을 보여주는데, 그중 어느 적합도들을 논문에 보고해야 하나요?

A 현실적으로 Amos에서 제공하는 모든 적합도 지수를 논문에 보고하는 경우는 많지 않습니다. 국내외 여러 논문들이 다양한 적합도들을 발표하고 있습니다만, 국내에서는 기본적으로 χ^2, GFI, AGFI, RMR, CFI, TLI, RMSEA, NFI 등을 많이 사용하고 있습니다. 하지만 이 적합도 수치들을 반드시 보고해야 하는 규정이 있는 것은 아닙니다. 경우에 따라 SRMR을 보고하는 경우도 있습니다.

제안모델과 수정모델 간 차이를 비교하기 위해서는 χ^2과 함께 PGFI, PNFI, PCFI 등과 같은 간명적합지수를 보고하는 것이 좋고, 잠재변수나 관측변수의 수가 다른 모델을 비교하기 위해서는 AIC 지수를 보고하는 것이 좋습니다.

Q 10-2 사전조사를 통해 모델을 분석해보았습니다. 모델적합도가 다음과 같이 나왔는데, 어떤 적합도는 좋고, 어떤 적합도는 안 좋아서 어떻게 해석해야 할지 잘 모르겠습니다. 참고로 사전조사이기 때문에 표본의 크기는 25로 매우 적습니다.

Model Fit Summary

CMIN

Model	NPAR	CMIN	DF	P	CMIN/DF
Default model	18	15.577	18	.622	.865
Saturated model	36	.000	0		
Independence model	8	155.050	28	.000	5.538

RMR, GFI

Model	RMR	GFI	AGFI	PGFI
Default model	.061	.872	.744	.436
Saturated model	.000	1.000		
Independence model	.556	.423	.258	.329

FMIN

Model	FMIN	F0	LO 90	HI 90
Default model	.649	.000	.000	.439
Saturated model	.000	.000	.000	.000
Independence model	6.460	5.294	3.820	7.081

RMSEA

Model	RMSEA	LO 90	HI 90	PCLOSE
Default model	.000	.000	.156	.683
Independence model	.435	.369	.503	.000

Baseline Comparisons

Model	NFI Delta1	RFI rho1	IFI Delta2	TLI rho2	CFI
Default model	.900	.844	1.018	1.030	1.000
Saturated model	1.000		1.000		1.000
Independence model	.000	.000	.000	.000	.000

Parsimony-Adjusted Measures

Model	PRATIO	PNFI	PCFI
Default model	.643	.578	.643
Saturated model	.000	.000	.000
Independence model	1.000	.000	.000

NCP

Model	NCP	LO 90	HI 90
Default model	.000	.000	10.528
Saturated model	.000	.000	.000
Independence model	127.050	91.673	169.945

AIC

Model	AIC	BCC	BIC	CAIC
Default model	51.577	73.177	73.516	91.516
Saturated model	72.000	115.200	115.880	151.880
Independence model	171.050	180.650	180.801	188.801

ECVI

Model	ECVI	LO 90	HI 90	MECVI
Default model	2.149	2.250	2.689	3.049
Saturated model	3.000	3.000	3.000	4.800
Independence model	7.127	5.653	8.914	7.527

HOELTER

Model	HOELTER .05	HOELTER .01
Default model	45	54
Independence model	7	8

Ⓐ 표본의 크기가 25인 모델을 분석하는 것 자체가 좋아 보이지 않습니다만, 사전조사라는 전제하에 살펴보겠습니다.

위의 모델적합도를 보면, 좋은 적합도와 좋지 않은 적합도들로 극명하게 나뉘어 있습니다. 대표적 지수 격인 GFI, AGFI 등은 좋지 않지만 CFI, RMSEA 등은 완벽한 모델적합도를 보이고 있습니다. 이런 경우, 조사자는 상당히 혼란스러울 것입니다.

위와 같은 적합도지수가 발생하는 이유는 표본의 크기 때문입니다. 본 교재에도 언급했듯이 표본의 크기에 영향을 받는 GFI, AGFI 등은 작은 표본의 크기 때문에 지수가 좋지 않게 나왔지만, CFI, RMSEA 등은 표본의 크기에 영향을 받지 않는 대표적인 모델적합도 지수이기 때문에 다른 모델적합도와 차별화되어 좋게 나오는 것입니다. 결론적으로 적은 표본의 크기로 인해 문제가 되는 모델은 CFI나 RMSEA 등의 적합도 지수를 참조하는 것이 좋습니다.

Thinking of Jp #3
노력

여러분이 구조방정식모델을 배우기 위해 얼마나 노력하고 있는지 알 길은 없습니다. 각자 개인적 차이가 있을 테니까 말이죠. 하지만 어떤 분야에서 전문가의 위치에 오르기 위해서 반드시 필요한 요건 중 하나는 노력이라고 생각합니다.

박사과정 당시 구조방정식모델에 푹 빠져서 방학 내내 한 석 달 정도 아무것도 하지 않고 오로지 Amos만 연구하고, 모델을 만들고, 분석했던 적이 있습니다. 지금 다시 하라면 못할 것 같은데, 아무튼 그때는 무슨 정신이었는지 밥 먹고 자는 시간 이외에는 오로지 구조방정식모델만 공부했습니다. 어떤 날에는 완전히 몰입하여 한 데이터셋을 가지고 백여 개 이상의 모델을 만들면서 밤을 새우기도 했습니다.

그러던 어느 날 Amos를 이용하여 모델을 분석하는데 분석이 잘되지 않고, 모델의 그림도 이상해 보이고 가슴이 답답해지기 시작했습니다. 이제 한계가 왔다고 생각하고 밖에 나가서 바람이나 쏘이려고 하는데 그날따라 몸도 말을 듣지 않았습니다. '너무 오래 앉아 있었나?' 하는 생각에 벌떡 일어나보니…… 꿈이었습니다. 그런데 신기한 것은 그때 당시 꿈에서 그렸던 모델들이 새록새록 생각이 나더군요. 그래서 잠에서 깨자마자 꿈속의 모델들을 구현해보고 분석했던 기억이 납니다.

혹시 여러분들은 꿈속에서 구조방정식모델을 분석해본 경험이 있으신가요? 만약 그 정도로 노력했다면 여러분은 충분히 구조방정식모델 전문가가 될 수 있으리라 생각합니다. 통계에 큰 재능이나 능력이 없었던 제가 부족하지만 이렇게 책을 출판하게 된 것 역시 구조방정식모델에 빠져 수없이 모델을 만들고 분석을 수행했던 노력의 시간들이 있었기 때문에 가능해진 일이라 생각하고요.

아무리 생각해도 노력은 희한한 마력을 지니고 있는 것 같습니다. 불가능해 보이는 일을 가능하게 하는 신비한 힘 말이지요.

chapter

11

구조방정식모델 연구단계 V :

모델의 수정 및 최종모델 결정

1 모델 수정

모든 조사자들은 높은 모델적합도를 원하기 때문에 모델의 적합도가 낮으면 모델 수정(model modification)[1]을 통해 적합도를 올리게 된다. 예를 들어, 확인적 요인분석에서는 요인부하량이 낮은 변수를 제거하는 과정을 통해 모델을 수정하지만, 구조방정식모델에서는 구성개념(잠재변수) 간 경로를 추가하거나 제거하는 방법을 사용한다. 경로를 제거하는 방법은 적합도가 좋아지긴 하지만 경로를 추가하는 방법과 비교할 때 상대적으로 변화량이 높지 않다. 때문에 구조방정식모델에서는 모델 수정 시 경로를 추가하는 방법을 많이 사용하며, Amos에서는 수정지수(Modification Indices, M.I.)를 이용하여 모델을 수정한다.

1-1 수정지수

수정지수(M.I.)는 변수 간 존재하지 않는 관계를 상관관계나 인과관계로 설정함으로써 줄어든 χ^2 수치를 제공한다. Amos에서 수정지수는 크게 ①변수 간 공분산 설정을 제시하는 covariances와 ②변수 간 인과관계 설정을 제시하는 regression weights로 나뉜다.

---

1 모델의 수정에는 M.I.(Modification Indices)와 L.M.(Lagrange Multiplier) test가 대표적으로 사용되나, L.M. test는 Amos에서 결과를 제공하지 않기 때문에 본 교재에서는 다루지 않았다.

수정지수(M.I.) 지정

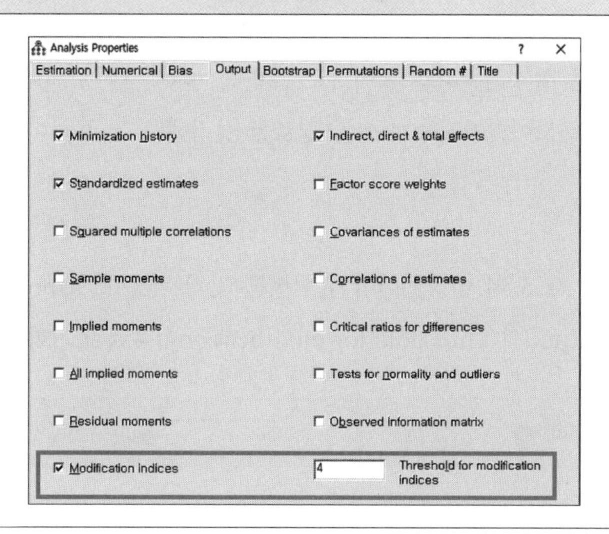

수정지수(M.I.) 결과

Covariances: (Group number 1 - Default model)

			M.I.	Par Change
D2	<-->	브랜드_이미지	6.258	.065
D2	<-->	D1	16.362	-.085
e10	<-->	사회적_지위	4.047	.046
e10	<-->	D2	7.085	-.058
e7	<-->	브랜드_이미지	7.393	-.064
e7	<-->	e12	4.900	-.049
e7	<-->	e10	17.274	.083
e9	<-->	브랜드_이미지	4.639	.046
e9	<-->	D2	4.285	.047
e9	<-->	e13	4.420	.040
e4	<-->	사회적_지위	7.367	.055
e5	<-->	e7	4.958	-.042
e6	<-->	자동차_이미지	5.009	.048
e6	<-->	D2	6.435	.055
e1	<-->	e15	5.012	.055
e1	<-->	e7	5.475	.055
e2	<-->	e7	6.236	-.048
e3	<-->	e15	4.198	-.046

Variances: (Group number 1 - Default model)

	M.I.	Par Change

Regression Weights: (Group number 1 - Default model)

			M.I.	Par Change
재구매	<---	브랜드_이미지	10.047	.184
재구매	<---	자동차_이미지	6.620	.144
만족1	<---	재구매2	5.202	-.093
만족1	<---	사회인정	7.988	.115
사회인정	<---	독일차	5.765	-.099
독일차	<---	사회인정	5.822	-.092
디자인	<---	사회인정	4.688	.104

위의 결과표에서 M.I. 수치는 변수 간 관계 설정 시 χ^2 값이 줄어드는 양을 보여주며, 모수변화(Par Change)는 추정된 모수변화량을 나타낸다. Covariances에서는 조사자가 변수 간 공분산을 설정해줌으로써 χ^2을 줄일 수 있는 변수 간 관계를 보여주며, Regression Weights에서는 변수 간 인과관계를 설정해줌으로써 χ^2을 줄일 수 있는 변수 간 관계를 보여준다.

χ^2은 낮을수록 좋은 적합도를 의미하기 때문에 결과표에 제공된 M.I.의 가장 큰 값의 관계를 설정할수록 모델적합도는 향상된다. 예를 들어, Covariances에서는 'e10 ↔ e7' 간 공분산(상관) 관계를 설정해준다면 χ^2이 17.274만큼 줄어든다는 의미이고, Regression Weights에서는 '브랜드이미지 → 재구매' 경로를 설정해줄 경우 χ^2이 10.047 정도 줄어든다는 의미이다.[2]

M.I.는 df=1 변할 때 3.84 이상이어야 유의성을 갖기 때문에 Amos에서는 [Analysis properties] → [Output]의 Threshold for modification이 4로 초기화되어 있다.

M.I.에서 다수의 설정을 제공할 경우, M.I. 값이 제일 큰 순서대로 한 번에 하나씩 관계를 설정한 후 모델을 실행하는 과정을 반복해서 분석해야 한다. 조사자의 입장에서 보면 번거로운 과정이나, M.I.가 가장 큰 변수 간 관계를 설정한 후 모델을 실행하면 처음에 제시되었던 변수 간 M.I. 값이 변화하기 때문이다. 그리고 Amos에서는 M.I.의 수치가 4 이상인 모든 관계를 제공하고 있지만, M.I가 얼마 이상일 때까지 수정해야 한다는 기준은 없으므로 조사자가 판단해서 결정하면 된다.

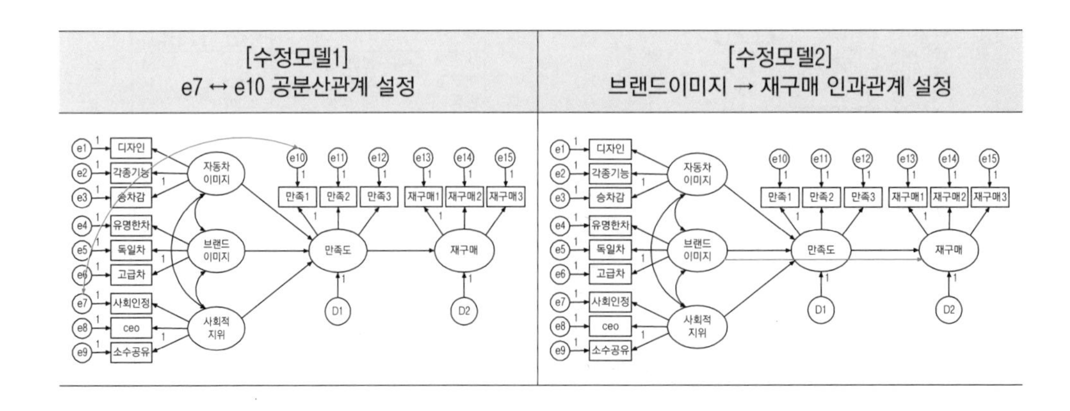

2 M.I.에서 제시한 χ^2 수치와 실제 변수 간 관계를 설정한 후 변화한 χ^2 수치는 약간 다르게 제공된다.

[표 11-1] 수정모델에 따른 χ^2 변화량

모델	χ^2	$\Delta\chi^2$ (제안모델-수정모델)
제안모델	$\chi^2 = 155.3$ / df = 83	-
수정모델1	$\chi^2 = 136.9$ / df = 82	$\Delta\chi^2 = 18.4$ / df = 1
수정모델2	$\chi^2 = 130.9$ / df = 82	$\Delta\chi^2 = 24.4$ / df = 1

* M.I.에서 제시한 χ^2 변화량과 실제 χ^2 변화량에는 차이가 있다.

1-2 모델 수정 시 주의사항

Amos 사용자들을 보면 논리적이거나 이론적인 근거 없이 M.I.를 기준으로 무턱대고 모델적합도를 올린 모델을 최종모델로 결정하는 경우가 종종 있다. 그런데 이렇게 무조건적으로 M.I.를 이용하여 모델적합도를 올리는 것은 바람직하지 않다. 또한 M.I.를 이용해 모델적합도를 올리다 보면 뜻하지 않게 경로의 유의성마저 변하는 상황이 발생하기도 한다. 무분별한 M.I. 이용으로 구조방정식모델 기법이 때때로 비판을 받기도 하므로 올바른 사용법을 알고 제대로 사용해야 한다.

M.I.를 사용한 좋지 않은 예

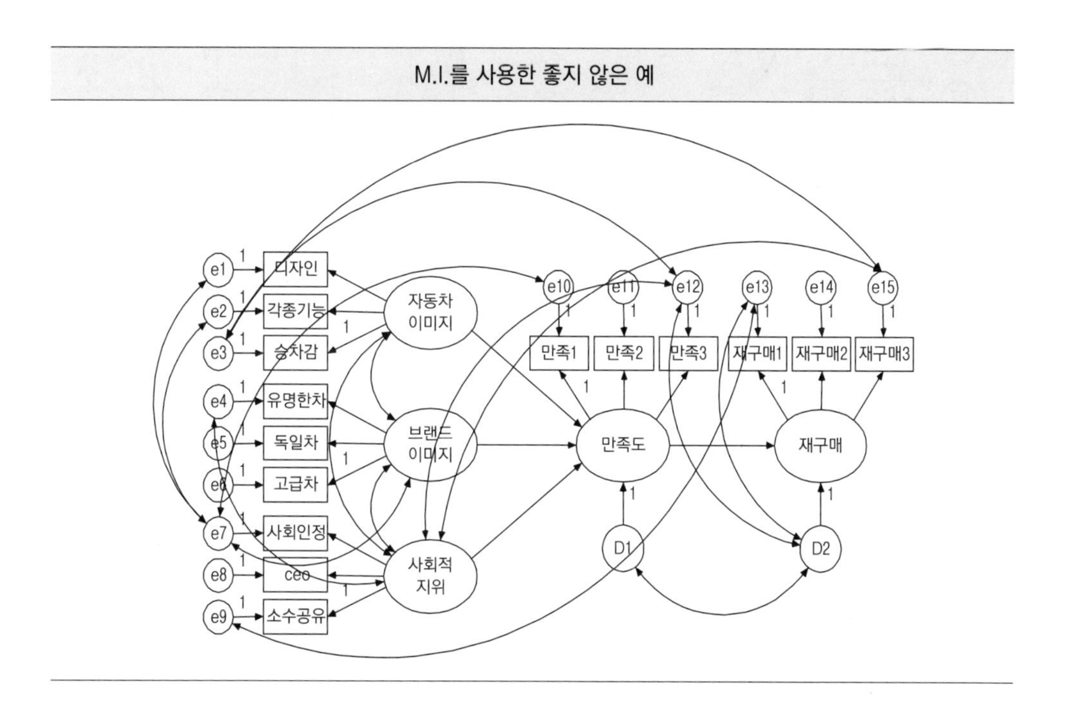

그렇다면 어떤 상황에서 M.I.를 이용하는 것이 좋을까? 다음과 같은 상황[3]에서는 M.I. 설정을 피해야 한다.

잘못된 공분산 설정

- 외생잠재변수의 측정오차와 외생잠재변수
- 외생잠재변수의 측정오차와 내생잠재변수 (설정 자체 불가)
- 외생잠재변수의 측정오차와 내생잠재변수의 측정오차
- 외생잠재변수의 측정오차와 내생잠재변수의 구조오차
- 외생잠재변수와 내생잠재변수의 측정오차
- 외생잠재변수와 내생잠재변수의 구조오차
- 내생잠재변수와 내생잠재변수의 측정오차 (설정 자체 불가)
- 내생잠재변수와 내생잠재변수의 구조오차

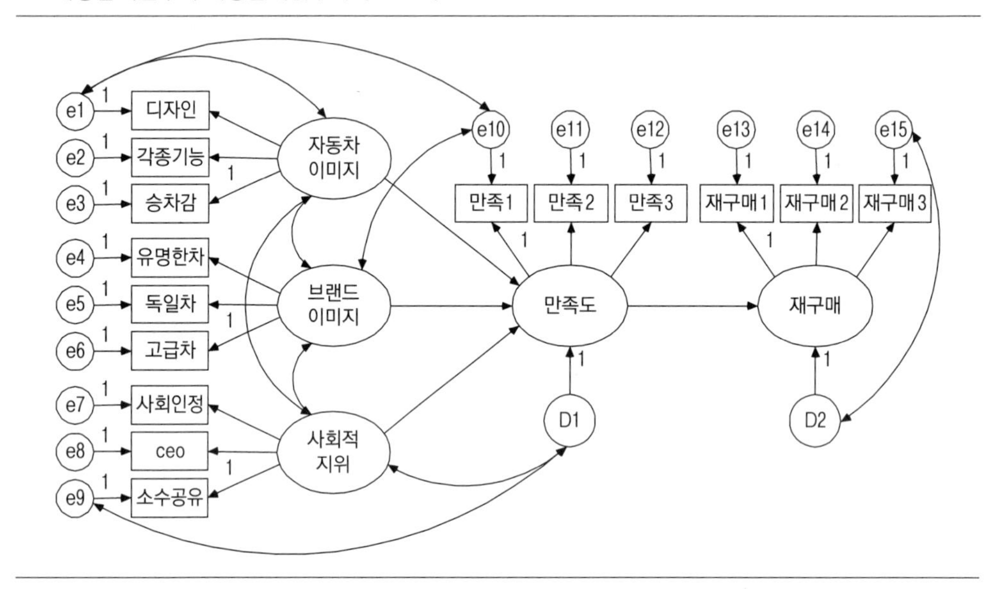

3 배병렬 (2009), 김대업 (2009).

올바른 공분산 설정

- 외생잠재변수의 측정오차 간 상관
- 내생잠재변수의 측정오차 간 상관
- 내생잠재변수의 구조오차 간 상관

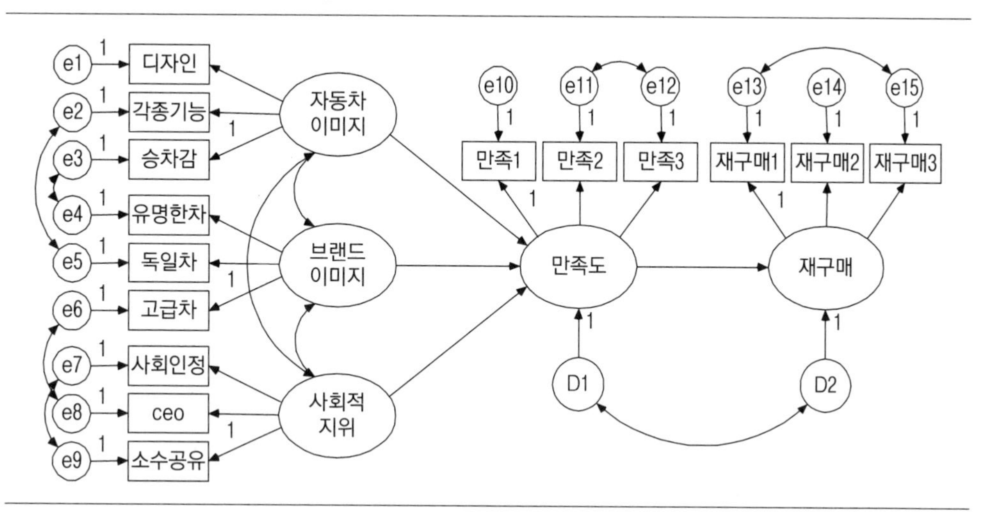

* D1과 D2의 관계 설정은 가능하나 이미 '만족도 → 재구매'의 인과관계가 설정되어 있기 때문에 비재귀모델의 형태가 되어 '만족도 → 재구매' 경로에서 에러가 날 수 있으므로 되도록이면 피하는 것이 좋다.

인과관계 설정 역시 오차 간 인과관계나 관측변수끼리의 인과관계 설정은 피해야 한다. 인과관계는 하나하나가 가설이 되기 때문에 더욱 주의해야 한다.

잘못된 인과관계 설정

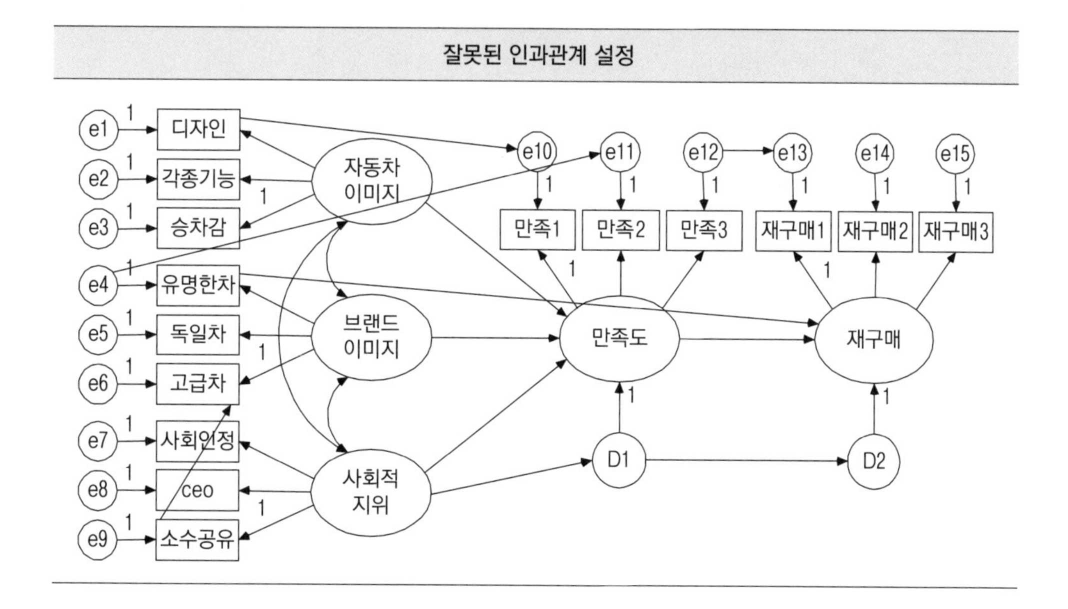

2 최종모델 결정

마지막으로 조사자는 위에서 언급한 여러 과정을 거친 후 결과 등을 고려하여 최종모델을 결정하게 된다. 연구논문 등을 읽다 보면 최종모델과 관련된 동치모델(equivalent model), 대안모델(alternative model), 경쟁모델(competing model or rival model), 둥지모델(nested model)[4] 등의 여러 모델이 나온다. 그런데 각 모델에 대해 자세히 설명되어 있지 않기 때문에 모델의 개념이 부족한 상태에서 보면 혼동이 될 수 있다. 먼저 이러한 모델들의 특징에 대해서 알아보도록 하자.

2-1 동치모델

동치모델(equivalent model)은 동일한 공분산행렬을 가진 모델로서, 동일한 적합도와 자유도를 갖지만 1개 이상의 경로가 다른 형태를 한 모델이다. 즉, 적합도만으로는 모델을 서로 구별할 수 없다.

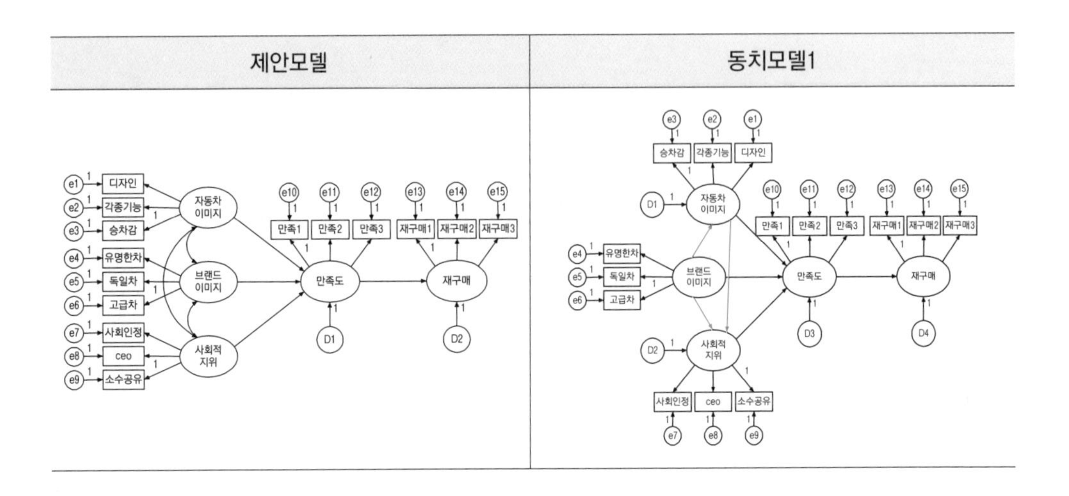

4 둥지모델은 '내포모델'이라고도 한다.

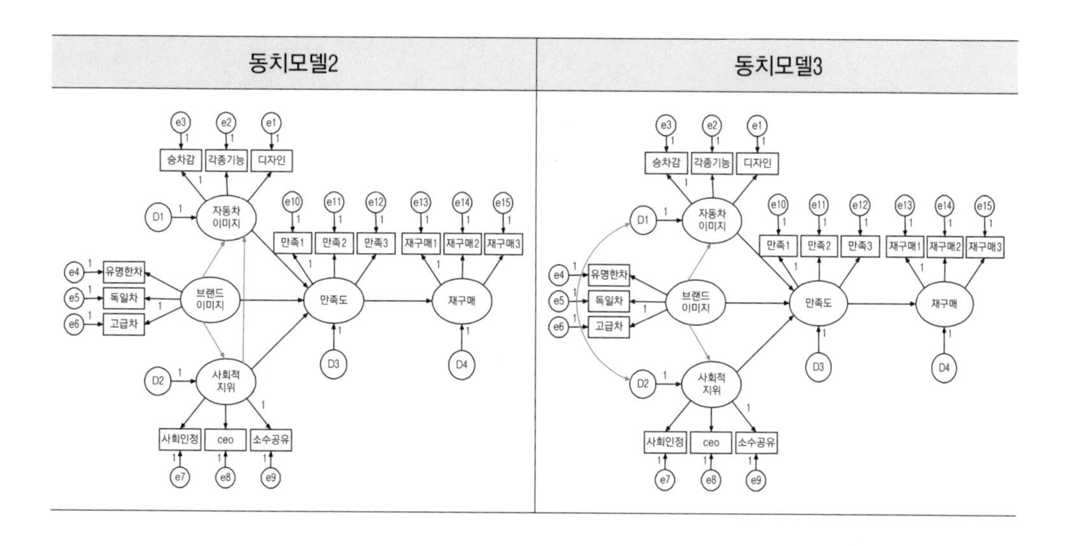

[표 11-2] 동치모델의 모델적합도 변화량

	χ^2 (df)	GFI	AGFI	RMR	CFI	RMSEA	PGFI
제안모델	155.32 (83)	.905	.863	.050	.970	.066	.626
동치모델1	155.32 (83)	.905	.863	.050	.970	.066	.626
동치모델2	155.32 (83)	.905	.863	.050	.970	.066	.626
동치모델3	155.32 (83)	.905	.863	.050	.970	.066	.626

동치모델들의 모양 및 경로 구성은 각각 다르지만, 자유도와 모델적합도는 동일함을 알 수 있다.

2-2 대안모델

대안모델(alternative model)은 조사자가 기존의 선행연구나 이론을 바탕으로 처음 고안한 제안모델(proposed model)과 서로 비교하기 위해 만든 모델로서 '경쟁모델(competing model or rival model)'이라고도 부른다. 제안모델과 대안모델을 함께 제시함으로써 모델들을 서로 비교하는 전략을 경쟁모델전략(competing models strategy)이라고 한다. 이러한 과정들을 통해 조사자는 최종모델을 결정하게 된다.

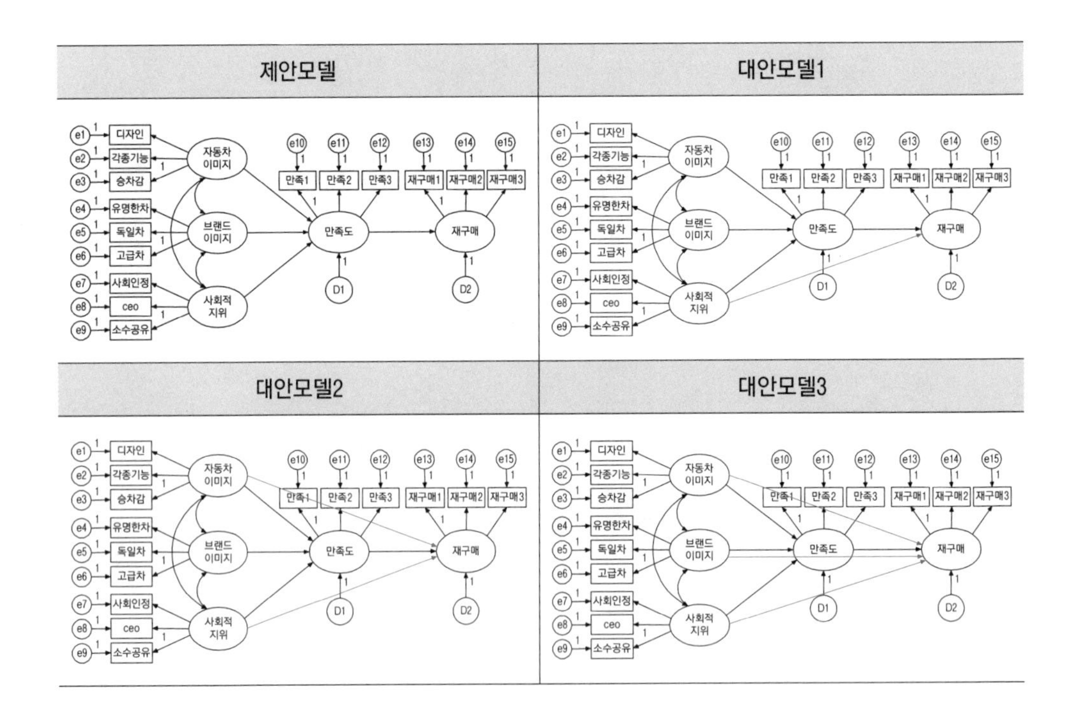

[표 11-3] 대안모델의 모델적합도 변화량

	χ^2 (df)	GFI	AGFI	RMR	CFI	RMSEA	PGFI
제안모델	155.32 (83)	.905	.863	.050	.970	.066	.626
대안모델1	148.98 (82)	.908	.865	.046	.972	.064	.620
대안모델2	135.65 (81)	.916	.876	.033	.978	.058	.618
대안모델3	123.98 (80)	.923	.885	.026	.982	.053	.616

[표 11-3]을 보면, 경로가 추가됨에 따라 대안모델의 모델적합도 역시 증가하는 것을 알 수 있다. 제안모델과 대안모델1의 경우, 자유도가 1 증가함에 따라 $\Delta\chi^2=6.34$로서 $\Delta\chi^2$이 3.84보다 크기 때문에 통계적으로 유의하게 변화하는 것을 알 수 있다. 단, 조사자가 주의해야 할 점은 만약 대안모델3을 최종모델로 결정하고자 한다면, 모델적합도는 가장 높지만 '만족도 → 재구매', '사회적지위 → 재구매' 경로가 유의하지 않게 변화되었기 때문에 이 점을 고려해야 한다는 것이다. 이 부분만을 보더라도 조사자는 최종모델을 결정할 때, 모델적합도 기준이 아닌 여러 가지 상황을 고려해야 함을 알 수 있다.

[대안모델3]의 경로계수 결과

Regression Weights: (Group number 1 - Default model)

			Estimate	S.E.	C.R.	P	Label
만족도	<---	자동차_이미지	.166	.075	2.208	.027	
만족도	<---	브랜드_이미지	.166	.076	2.187	.029	
만족도	<---	사회적_지위	.486	.075	6.480	***	
재구매	<---	만족도	.173	.121	1.431	.153	
재구매	<---	자동차_이미지	.178	.087	2.051	.040	
재구매	<---	브랜드_이미지	.304	.089	3.426	***	
재구매	<---	사회적_지위	.137	.103	1.328	.184	

2-3 둥지모델

둥지모델(nested model)은 동일한 구성개념(잠재변수)을 가지고 있지만 설정된 변수 간 관계의 유형 및 수가 다른 모델로서, 일반적으로 수정 전 모델과 수정 후 모델이 1개의 자유도 차이($\Delta df = \pm 1$)를 갖는 유사한 모델이다. 즉, 모델에서 경로를 하나 추가하거나 제거하는 경우이며, 경로를 서로 같게 고정해주거나 임의로 지정해주는 경우이다.

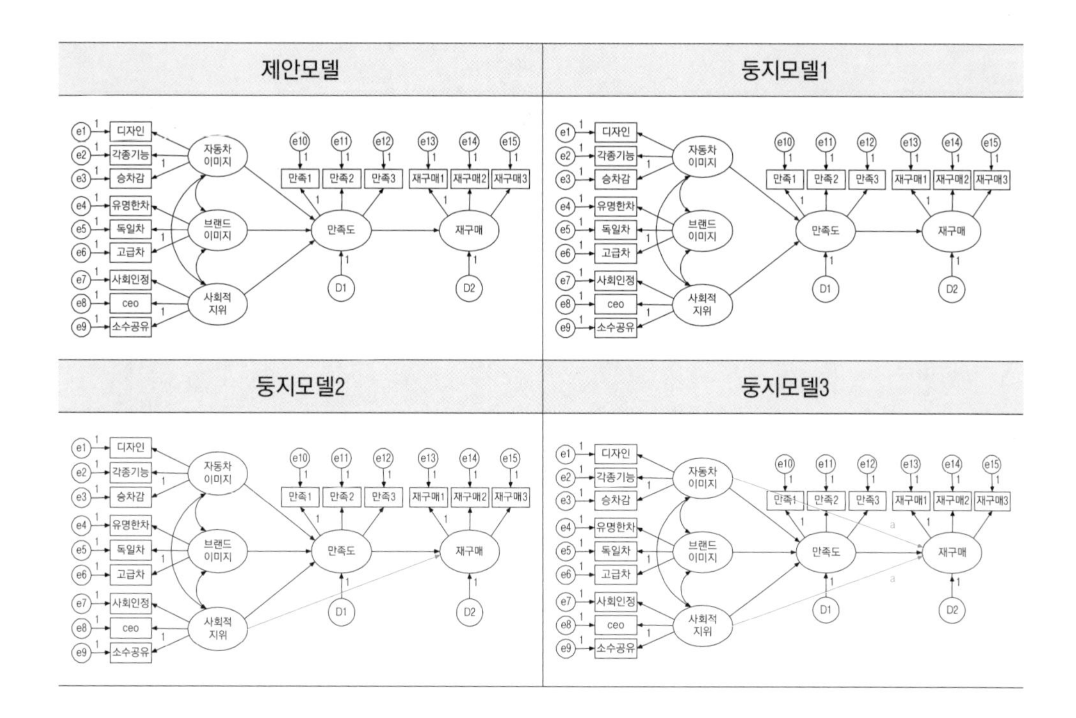

[표 11-4] 둥지모델의 모델적합도 변화량

	χ^2 (df)	GFI	AGFI	RMR	CFI	RMSEA	PGFI
제안모델	155.32 (83)	.905	.863	.050	.970	.066	.626
둥지모델1	162.45 (84)	.903	.861	.058	.968	.069	.632
둥지모델2	148.89 (82)	.908	.865	.046	.972	.064	.620
둥지모델3	136.23 (82)	.915	.876	.034	.978	.058	.625

[표 11-4]에서 알 수 있듯이, 둥지모델1(df=84)의 경우에는 제안모델(df=83)에 비해서 자유도가 +1이고, 둥지모델2(df=82)와 둥지모델3(df=82)은 자유도가 -1이기 때문에 둥지모델에 해당된다.

2-4 최종모델 결정

조사자가 마지막으로 최종모델[5]을 선정할 때에는 다음과 같은 결정을 할 수 있다. 처음 연구모델의 M.I.를 보면 다음과 같다.

연구모델의 M.I. 결과

Covariances: (Group number 1 - Default model)

	M.I.	Par Change
D2 <--> 브랜드_이미지	6.258	.065
D2 <--> D1	16.362	-.085
e10 <--> 사회적_지위	4.047	.046
e10 <--> D2	7.085	-.058
e7 <--> 브랜드_이미지	7.393	-.064
e7 <--> e12	4.900	-.049
e7 <--> e10	17.274	.083
e9 <--> 브랜드_이미지	4.639	.046
e9 <--> D2	4.285	.047
e9 <--> e13	4.420	.040
e4 <--> 사회적_지위	7.367	.055
e5 <--> e7	4.958	-.042
e6 <--> 자동차_이미지	5.009	.048
e6 <--> D2	6.435	.055
e1 <--> e15	5.012	.055
e1 <--> e7	5.475	.055
e2 <--> e7	6.236	-.048
e3 <--> e15	4.198	-.046

Variances: (Group number 1 - Default model)

	M.I.	Par Change

Regression Weights: (Group number 1 - Default model)

	M.I.	Par Change
재구매 <--- 브랜드_이미지	10.047	.184
재구매 <--- 자동차_이미지	6.620	.144
만족1 <--- 재구매2	5.202	-.093
만족1 <--- 사회인정	7.988	.115
사회인정 <--- 독일차	5.765	-.099
독일차 <--- 사회인정	5.822	-.092
디자인 <--- 사회인정	4.688	.104

5 여기서 최종모델은 수정모델을 거친 최종모델을 의미하기 때문에 만약 조사자가 연구모델을 최종모델로 선택한다면 수정모델 없이 연구모델을 최종모델로 선택할 수 있다. 또한 최종모델의 결정은 저자의 주관적인 기준에 의한 것이기 때문에 개인적으로 얼마든지 다르게 최종모델을 설정할 수 있다.

먼저, Covariances에서는 'e10 ↔ e7'의 M.I.가 가장 높으나 외생변수의 측정오차와 내생변수의 측정오차 간 상관이기 때문에 설정을 피해야 하며, 'D2 ↔ D1'의 경우에도 이미 '만족도 → 재구매'에 인과관계가 설정되어 있기 때문에 비재귀모델의 개념이 되므로 설정을 피하는 것이 좋다. Regression Weights의 경우, '브랜드이미지 → 재구매' 경로의 M.I.는 10.047, '자동차이미지 → 재구매' 경로의 M.I.는 6.620으로 나타났음을 알 수 있다.

M.I.는 한 번에 하나씩[6]만 설정해야 하기 때문에 '브랜드이미지 → 재구매'의 인과관계를 먼저 설정한 후 재분석을 실시한 결과는 다음과 같다.

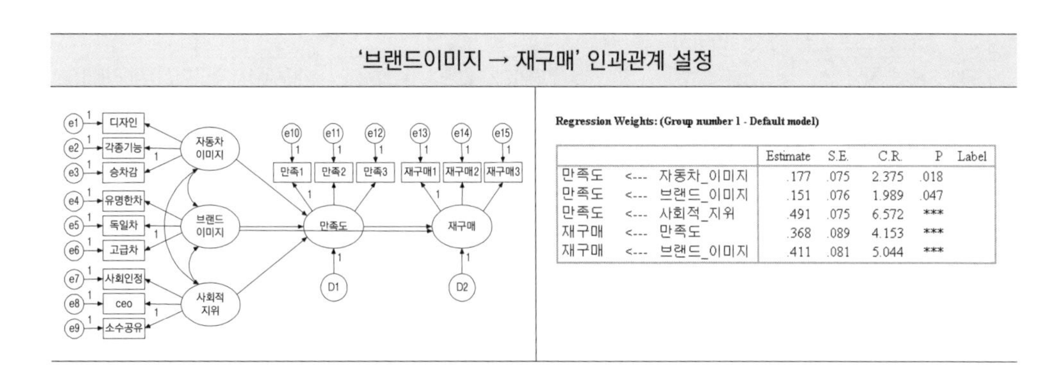

Regression Weights: (Group number 1 - Default model)

			Estimate	S.E.	C.R.	P	Label
만족도	<---	자동차_이미지	.177	.075	2.375	.018	
만족도	<---	브랜드_이미지	.151	.076	1.989	.047	
만족도	<---	사회적_지위	.491	.075	6.572	***	
재구매	<---	만족도	.368	.089	4.153	***	
재구매	<---	브랜드_이미지	.411	.081	5.044	***	

이렇게 수정된 모델의 M.I. 결과는 다음과 같다.

수정된 모델의 M.I. 결과

Covariances: (Group number 1 - Default model)

			M.I.	Par Change
e7	<-->	브랜드_이미지	7.599	-.064
e7	<-->	e12	6.047	-.054
e7	<-->	e10	16.931	.081
e9	<-->	브랜드_이미지	4.967	.048
e4	<-->	사회적_지위	6.989	.053
e5	<-->	e7	4.793	-.041
e6	<-->	자동차_이미지	4.034	.042
e1	<-->	e15	5.170	.056
e1	<-->	e7	5.502	.055
e2	<-->	e11	4.566	.040
e2	<-->	e7	6.187	.048
e2	<-->	e4	4.209	-.031
e3	<-->	e15	4.305	-.046

Variances: (Group number 1 - Default model)

	M.I.	Par Change

Regression Weights: (Group number 1 - Default model)

			M.I.	Par Change
만족1	<---	사회인정	8.472	.117
사회인정	<---	독일차	5.842	-.100
소수공유	<---	재구매1	4.231	.088
독일차	<---	재구매3	4.192	-.079
독일차	<---	사회인정	5.590	-.091
디자인	<---	사회인정	4.690	.104

6 M.I.에서 제공하는 다수의 설정들을 한꺼번에 지정해서 분석하는 것은 잘못된 방법이므로 한 번에 하나씩 지정한 후 수정해나가야 한다.

Covariances에서 'e10 ↔ e7'의 M.I.가 가장 높게 나타나고 있으나, 처음에 보여주었던 'D2 ↔ D1'은 사라졌음을 알 수 있다. Regression Weights에서도 처음에 나왔던 '자동차이미지 → 재구매' 경로는 사라졌고, 나머지 관계들은 의미 없는 관측변수 간 인과관계임을 알 수 있다. 이러한 결과를 바탕으로 조사자는 다음의 모델을 최종모델로 결정할 수 있다.

외제차모델의 최종모델

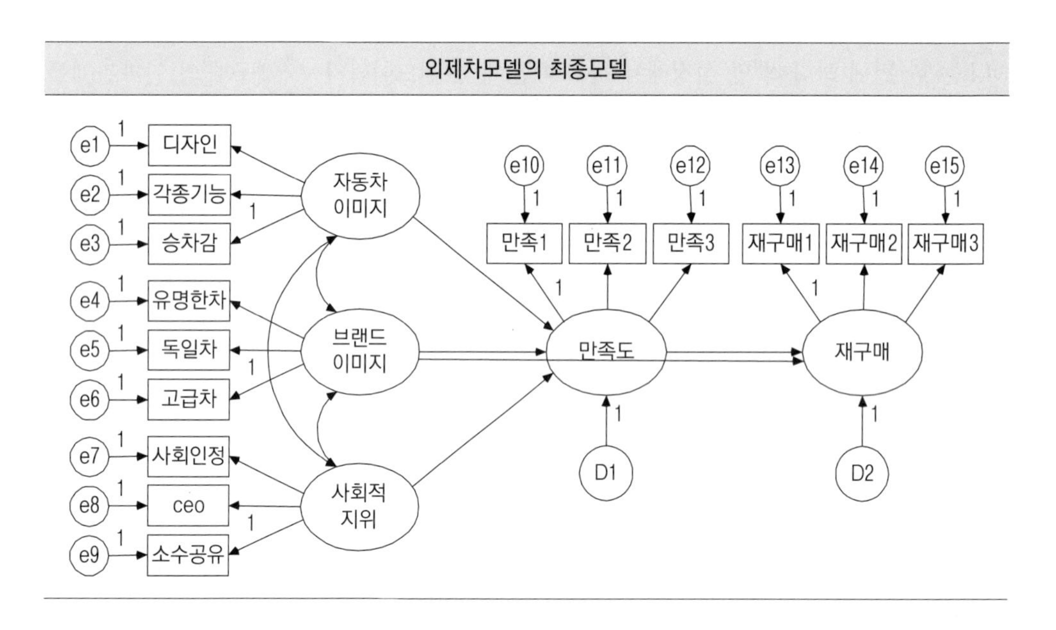

Q&A

Q 11-1 모델을 분석하였는데 다음과 같은 모델적합도가 도출되었습니다. 어떤 것은 기준치 이상(GFI, CFI)이고, 어떤 것은 기준치 이하(χ^2, AGFI, RMR, RMSEA)라서 판단이 쉽지 않습니다. 어느 정도가 좋은 적합도인가요? 그리고 모델 수정을 사용해서 얼마까지 높여야 하나요?

> χ^2 = 80.26, df = 23, p = .000, GFI = .923, AGFI = .849, RMR = .102, CFI = .957, RMSEA = .110

A 적합도의 가장 큰 화두는 '어느 정도까지가 좋은 적합도를 가진 모델이라고 할 수 있느냐'인 것 같습니다. 통계적인 유의확률을 제공하는 적합도는 χ^2 정도이고, 그 외 대부분의 적합도들은 통계적 검증이 불가능한 단순 수치만을 제공합니다. 하지만 χ^2 역시 표본의 크기나 모델의 복잡성, 다변량 정규성 등에 의해서 영향을 받기 때문에 결과 자체만으로 모델을 평가하기에는 문제가 있습니다. 나머지 적합도들의 경우에도 프로그램에서 제공하는 수치들로는 통계적 검증이 불가능하기 때문에 참고서적에서 제시하는 수용범위를 기준으로 모델을 평가하게 됩니다(예: GFI ≥ .90, AGFI ≥ .90).

그런데 여기서 한 가지 생각해봐야 할 문제는 과연 χ^2의 유의성이나 다른 적합도에 대해서 참고서적에서 제시하는 수용범위만으로 좋은 모델과 나쁜 모델을 단정 지어 결정할 수 있느냐는 것입니다. 물론 모델적합도가 높다는 의미는 데이터와 모델의 일치성이 좋다는 것을 의미하기 때문에 높을수록 좋은 것은 자명한 사실입니다. 하지만 모델적합도가 낮다고 해서 사용할 수 없는 모델이며, 모델적합도가 높다고 모두 훌륭한 모델일까요? 다음의 모델을 보도록 하겠습니다.

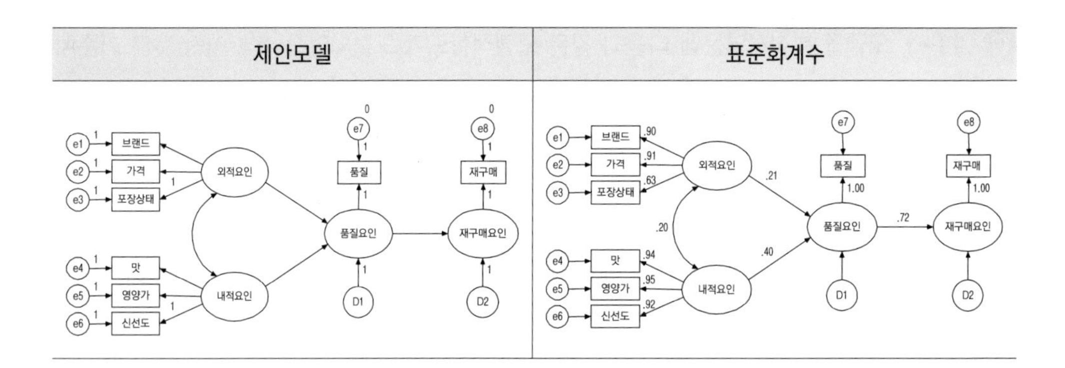

모델에 대한 결과는 아래와 같습니다.

경로계수 결과	모델적합도

Regression Weights: (Group number 1 - Default model)

			Estimate	S.E.	C.R.	P	Label
품질요인	<---	외적요인	.188	.181	1.042	.298	
품질요인	<---	내적요인	.253	.121	2.095	.036	
재구매요인	<---	품질요인	.880	.176	5.013	***	
포장상태	<---	외적요인	1.000				
가격	<---	외적요인	1.477	.434	3.402	***	
브랜드	<---	외적요인	1.173	.344	3.412	***	
신선도	<---	내적요인	1.000				
영양가	<---	내적요인	1.028	.119	8.635	***	
맛	<---	내적요인	1.174	.137	8.547	***	
품질	<---	품질요인	1.000				
재구매	<---	재구매요인	1.000				

Standardized Regression Weights: (Group number 1 - Default model)

			Estimate
품질요인	<---	외적요인	.209
품질요인	<---	내적요인	.399
재구매요인	<---	품질요인	.715
포장상태	<---	외적요인	.634
가격	<---	외적요인	.913
브랜드	<---	외적요인	.896
신선도	<---	내적요인	.923
영양가	<---	내적요인	.948
맛	<---	내적요인	.944
품질	<---	품질요인	1.000
재구매	<---	재구매요인	1.000

Model Fit Summary

CMIN

Model	NPAR	CMIN	DF	P	CMIN/DF
Default model	18	15.577	18	.622	.865
Saturated model	36	.000	0		
Independence model	8	155.050	28	.000	5.538

RMR, GFI

Model	RMR	GFI	AGFI	PGFI
Default model	.061	.872	.744	.436
Saturated model	.000	1.000		
Independence model	.556	.423	.258	.329

Baseline Comparisons

Model	NFI Delta1	RFI rho1	IFI Delta2	TLI rho2	CFI
Default model	.900	.844	1.018	1.030	1.000
Saturated model	1.000		1.000		1.000
Independence model	.000	.000	.000	.000	.000

Parsimony-Adjusted Measures

Model	PRATIO	PNFI	PCFI
Default model	.643	.578	.643
Saturated model	.000	.000	.000
Independence model	1.000	.000	.000

앞 모델의 적합도를 보면 $\chi^2=15.577$(df = 18, p = .622), GFI = .872, AGFI = .744, RMR = .061, CFI = 1.000 등으로 나와 있습니다. 기준으로 보자면 χ^2은 $p > .05$이고, CFI는 1.000으로 완벽한 수치가 나왔기 때문에 좋은 수치라고 할 수 있습니다. 반면 GFI, AGFI, RMR 등은 기준치에 미달하기 때문에 좋은 적합도 지수라고 할 수 없습니다. 그렇다면 조사자는 이 모델이 GFI, AGFI, RMR이 낮다고 해서 좋지 못한 모델이라고 단정 지을 수 있을까요?

모델적합도를 올리기 위해 분석한 M.I. 결과는 다음과 같습니다.

Modification Indices (Group number 1 - Default model)

Covariances: (Group number 1 - Default model)

	M.I.	Par Change
e6 <--> D2	7.356	-.188
e6 <--> e8	7.356	-.188
e6 <--> e7	4.979	.117

M.I. 결과를 통해 e6과 D2 간 상관관계를 설정[7]했고, 결과는 다음과 같습니다.

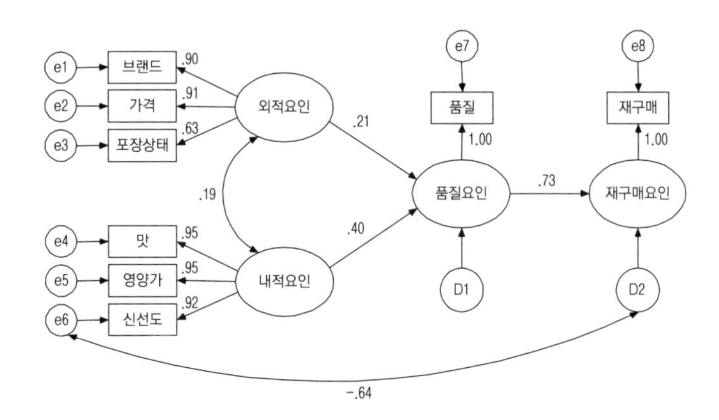

7 '단일 잠재변수 & 단일 관측변수'를 이용하여 모델을 구성했기 때문에 e8과 D2 중 어느 것을 설정해도 결과는 동일하다.

경로계수 결과	모델적합도

Regression Weights: (Group number 1 - Default model)

			Estimate	S.E.	C.R.	P	Label
품질요인	<---	외적요인	.190	.181	1.053	.292	
품질요인	<---	내적요인	.250	.118	2.115	.034	
재구매요인	<---	품질요인	.932	.151	6.151	***	
포장상태	<---	외적요인	1.000				
가격	<---	외적요인	1.477	.434	3.401	***	
브랜드	<---	외적요인	1.173	.344	3.411	***	
신선도	<---	내적요인	1.000				
영양가	<---	내적요인	1.018	.105	9.716	***	
맛	<---	내적요인	1.165	.120	9.708	***	
품질	<---	품질요인	1.000				
재구매	<---	재구매요인	1.000				

Standardized Regression Weights: (Group number 1 - Default model)

			Estimate
품질요인	<---	외적요인	.211
품질요인	<---	내적요인	.398
재구매요인	<---	품질요인	.734
포장상태	<---	외적요인	.633
가격	<---	외적요인	.913
브랜드	<---	외적요인	.897
신선도	<---	내적요인	.924
영양가	<---	내적요인	.946
맛	<---	내적요인	.946
품질	<---	품질요인	1.000
재구매	<---	재구매요인	1.000

Model Fit Summary

CMIN

Model	NPAR	CMIN	DF	P	CMIN/DF
Default model	19	6.636	17	.988	.390
Saturated model	36	.000	0		
Independence model	8	155.050	28	.000	5.538

RMR, GFI

Model	RMR	GFI	AGFI	PGFI
Default model	.059	.936	.864	.442
Saturated model	.000	1.000		
Independence model	.556	.423	.258	.329

Baseline Comparisons

Model	NFI Delta1	RFI rho1	IFI Delta2	TLI rho2	CFI
Default model	.957	.930	1.075	1.134	1.000
Saturated model	1.000		1.000		1.000
Independence model	.000	.000	.000	.000	.000

Parsimony-Adjusted Measures

Model	PRATIO	PNFI	PCFI
Default model	.607	.581	.607
Saturated model	.000	.000	.000
Independence model	1.000	.000	.000

수정모델의 결과를 제안모델과 비교해보겠습니다.

	χ^2 (df)	GFI	AGFI	RMR	CFI
제안모델	15.577 (18)	.872	.744	.061	1.000
수정모델	6.636 (17)	.936	.864	.059	1.000

두 모델을 비교한 결과, df = 1 변화함에 따라 $\Delta\chi^2$은 8.941이 변화하여 $\Delta\chi^2 = 8.941 > 3.84$로서 유의한 차이를 보이며 모델이 좋아졌고, GFI = .936으로 .9 이상을 보이며 좋아졌음을 알 수 있습니다. AGFI와 RMR 역시 기준치보다는 약하게 미달이지만 많이 개선되었음을 알 수 있습니다.

그런데 여기서 한 가지 생각해봐야 할 문제는 처음에 설정한 제안모델은 GFI 등이 낮았기 때문에 좋지 않은 모델이고, '신선도'라는 관측변수의 측정오차와 '재구매요인'의 구조오차 간 상관(e6 ↔ D2)을 설정한 수정모델은 좋은 모델이라고 할 수 있느냐는 것입니다. GFI를 기준으로만 본다면 수정모델이 더 좋은 모델이지만, 필자가 생각하기에는 모델적합도는 다소 떨어지지만 이론적으로나 논리적으로 타당한 제안모델이 더 좋은 모델로 보입니다.

결론적으로, 모델적합도가 높을수록 좋은 모델임에는 틀림없지만, 연구모델을 무조건 좋은 모델적합도의 기준에만 맞춰 구성하는 것은 바람직하지 않다고 생각합니다.

Q 11-2 확인적 요인분석과 구조방정식모델의 모델적합도 지수들의 결과가 똑같습니다. 이런 경우도 발생하나요? 아니면 제가 분석을 잘못한 건가요?

A 가끔 확인적 요인분석과 구조방정식모델의 모델적합도 결과가 일치하는 경우를 볼 수 있습니다. 그 이유는 모든 잠재변수 간 관계가 상관으로 설정된 확인적 요인분석 모델과 모든 잠재변수 간 관계가 상관이나 인과관계로 설정된 구조방정식모델이 서로 동치모델이 되기 때문입니다.

외제차모델의 확인적 요인분석 모델과 구조방정식모델을 비교해보겠습니다.

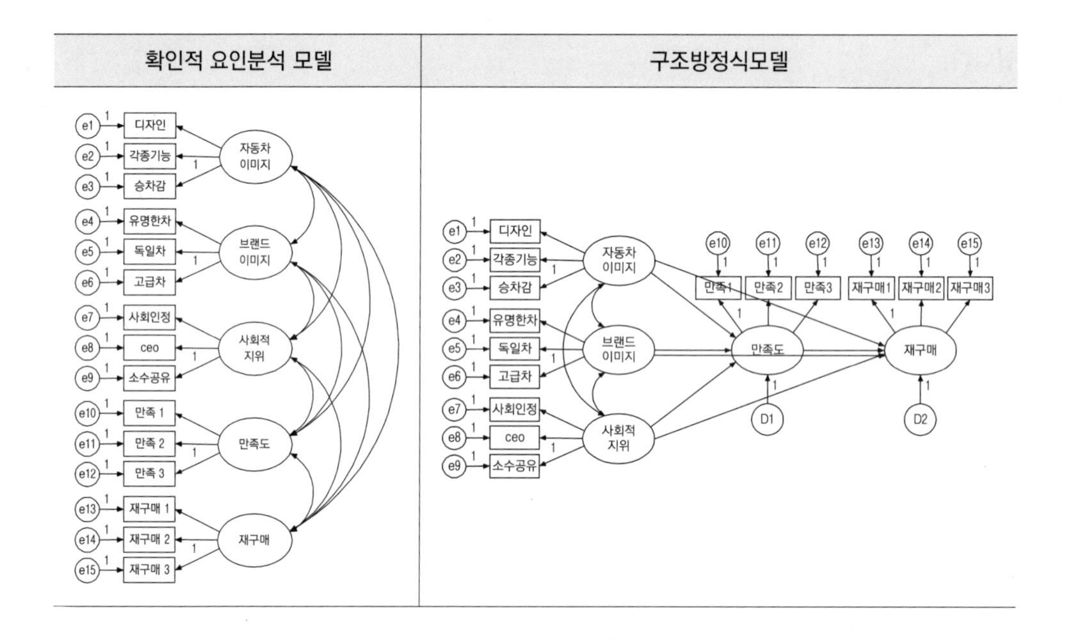

확인적 요인분석 모델은 모든 잠재변수 간 관계가 상관관계로 설정되어 있고, 구조방정식 모델은 모든 잠재변수 간 관계가 인과관계 또는 상관관계로 설정되어 있습니다.

확인적 요인분석 모델과 구조방정식모델의 적합도는 다음과 같습니다.

확인적 요인분석 모델의 적합도	구조방정식모델의 적합도

확인적 요인분석 모델의 적합도

CMIN

Model	NPAR	CMIN	DF	P	CMIN/DF
Default model	40	123.979	80	.001	1.550
Saturated model	120	.000	0		
Independence model	15	2536.653	105	.000	24.159

RMR, GFI

Model	RMR	GFI	AGFI	PGFI
Default model	.026	.923	.885	.616
Saturated model	.000	1.000		
Independence model	.423	.193	.078	.169

Baseline Comparisons

Model	NFI Delta1	RFI rho1	IFI Delta2	TLI rho2	CFI
Default model	.951	.936	.982	.976	.982
Saturated model	1.000		1.000		1.000
Independence model	.000	.000	.000	.000	.000

구조방정식모델의 적합도

CMIN

Model	NPAR	CMIN	DF	P	CMIN/DF
Default model	40	123.979	80	.001	1.550
Saturated model	120	.000	0		
Independence model	15	2536.653	105	.000	24.159

RMR, GFI

Model	RMR	GFI	AGFI	PGFI
Default model	.026	.923	.885	.616
Saturated model	.000	1.000		
Independence model	.423	.193	.078	.169

Baseline Comparisons

Model	NFI Delta1	RFI rho1	IFI Delta2	TLI rho2	CFI
Default model	.951	.936	.982	.976	.982
Saturated model	1.000		1.000		1.000
Independence model	.000	.000	.000	.000	.000

결과를 보면 두 모델의 적합도가 일치함을 알 수 있는데, 이와 같은 결과는 두 모델이 동치모델이기 때문입니다.

chapter

12

조절효과 및 상호작용효과

1 조절효과

조절효과(moderation effect)는 제3의 변수가 두 변수 간 관계에 변화를 줄 때 발생하는 효과로서, 변화를 주는 제3의 변수를 '조절변수[1](moderator 또는 moderating variable)'라고 한다. 예를 들면, X와 Y의 관계가 조절변수인 Z에 의해 강해지거나 약해지는 경우, 또는 영향의 방향성인 양(+)의 방향과 음(-)의 방향이 서로 바뀌는 경우에 해당된다.

조절인과모델

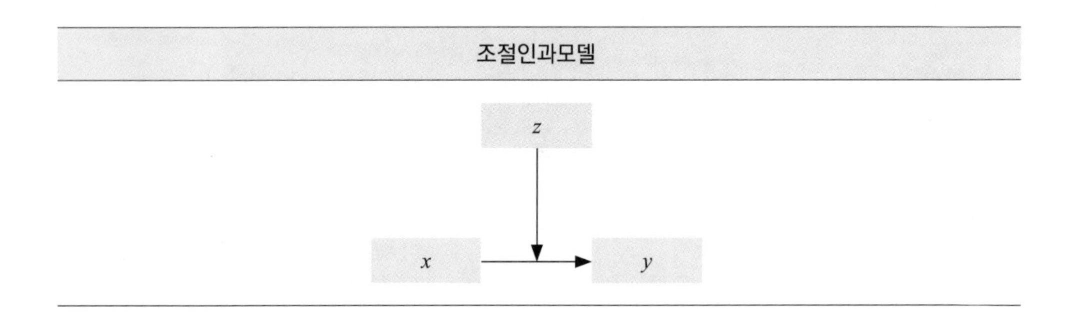

조절변수는 크게 ① 비매트릭 조절변수(non-metric moderator)와 ② 매트릭 조절변수(metric moderator)로 나뉜다.

1-1 비매트릭 조절변수 (범주형 변수)

비매트릭 조절변수는 명목척도나 서열척도와 같은 카테고리형 변수(categorical variable)가 조절변수로 사용된 경우로서 성별이 가장 대표적인 예이다. 예를 들어 조사자가 남자 소비자와 여자소비자 간 외제차 만족도 차이를 조사한다면, 성별은 명목척도에 해당되기 때문에 비매트릭 조절변수가 된다.

1 매개변수(mediator 또는 mediating variable)와 혼동하지 않도록 주의한다.

논문에 연구모델을 제시할 때, 조절변수는 다음과 같이 표현할 수 있다.

[그림 12-1] 비매트릭 조절변수의 논문 제시 형태

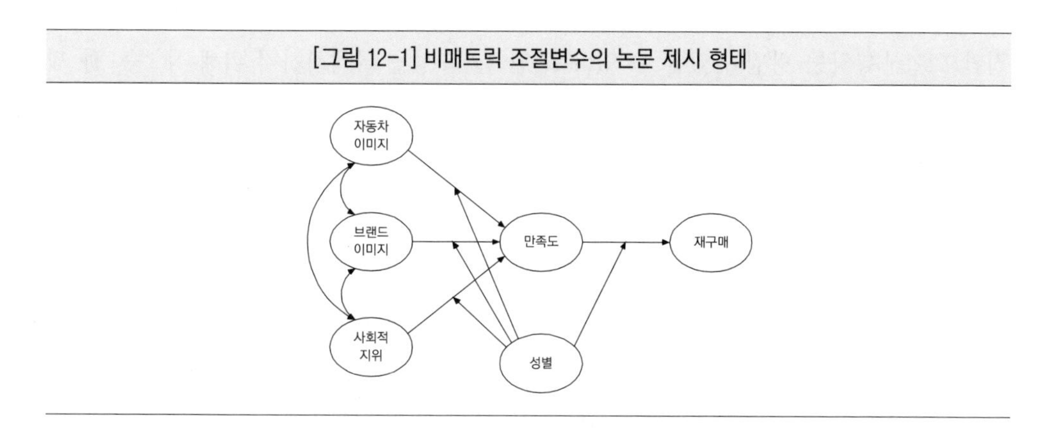

논문에서는 조절변수가 잠재변수 간 경로의 중간에 영향을 미치는 것으로 표시되지만, 실제로 Amos에서는 [그림 12-1]과 같이 경로를 설정하는 것은 불가능하기 때문에 다음과 같이 두 집단으로 나누어 분석을 수행해야 한다.

[그림 12-2] 비매트릭 조절변수의 실제 분석 형태

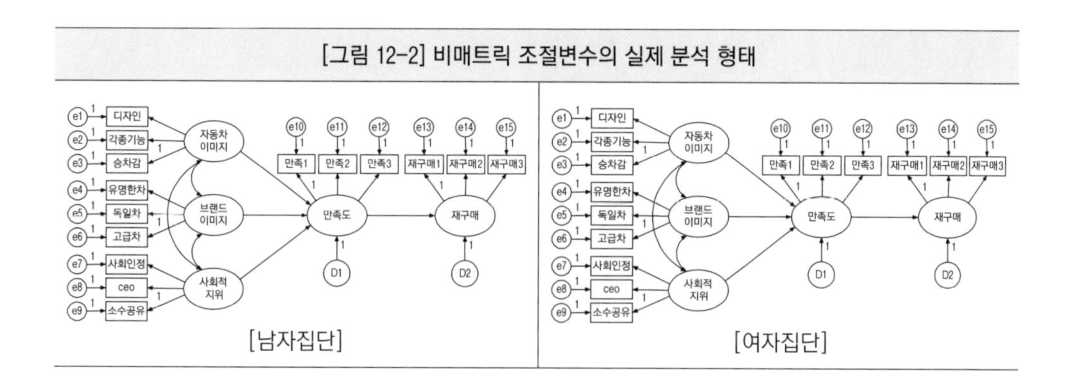

이렇게 조절변수가 비매트릭인 경우에는 다중집단분석(multi group analysis)을 이용한다.

1-2 매트릭 조절변수 (연속형 변수)

매트릭 조절변수는 등간척도나 비율척도와 같은 연속형 변수(continuous variable)가 조절변수로 사용된 경우이다. 매트릭 변수의 경우에도 비매트릭 변수처럼 집단을 나누어서 분석하는 방법이 있다. 표본을 군집분석(cluster analysis) 등을 통해 집단으로 나누어 분석하거나, 특정 변수를 기준으로 평균(mean)이나 중앙값(median) 등을 통하여 상·하 두 집단으로 분류하는 방법이 있을 수 있다. 집단 간 특성을 극대화하기 위해 상·중·하 세 집단으로 나누어 중간의 집단을 제거하고 점수가 높은 집단과 낮은 집단을 비교하는 방법도 있을 수 있지만, 이런 경우에는 표본의 크기가 크게 줄어드는 단점이 있다.

예를 들어 외제차모델에서 '사회적지위'가 조절변수로 사용된다면, '사회적지위'를 평균이나 총점을 기준으로 하여 점수가 높은 집단과 낮은 집단으로 나누어 분석할 수 있다.

[그림 12-3] 매트릭 조절변수의 논문 제시 형태

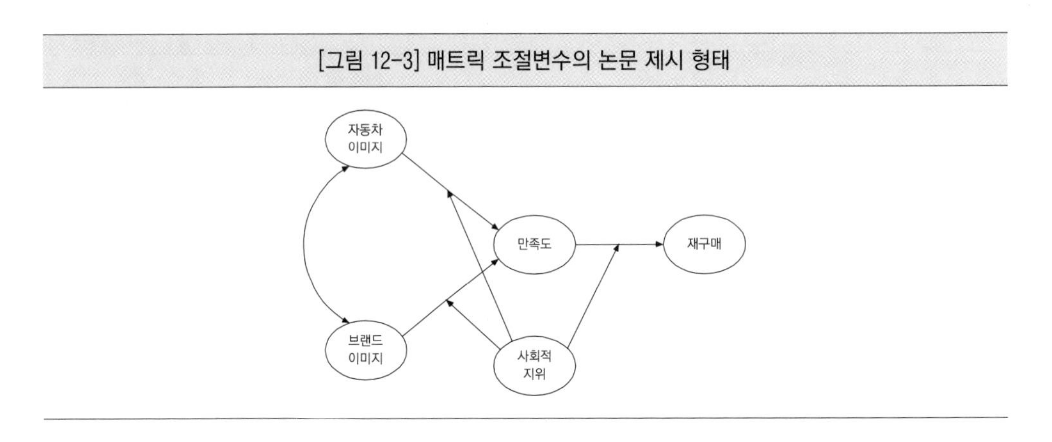

Amos에서는 다음과 같이 '사회적지위' 점수가 높은 집단과 낮은 집단으로 나누어서 분석해야 한다.

[그림 12-4] 매트릭 조절변수의 실제 분석 형태

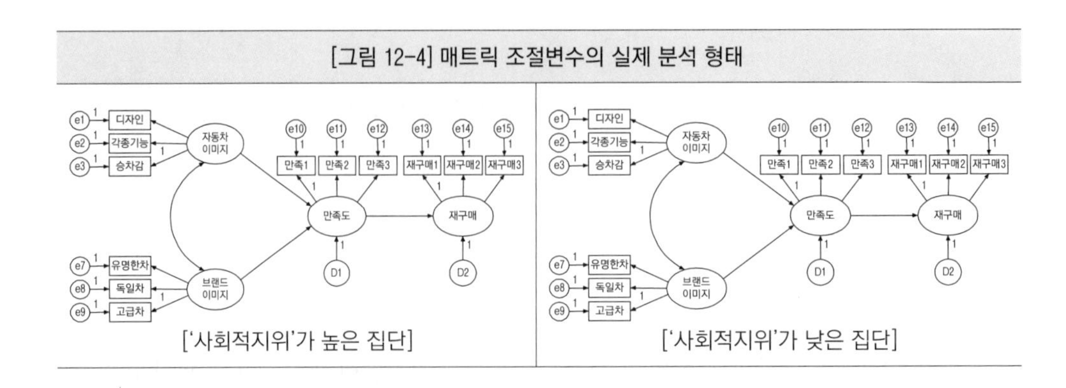

['사회적지위'가 높은 집단] ['사회적지위'가 낮은 집단]

2 상호작용효과

매트릭 조절변수를 분석하는 또 하나의 방법은 외생변수와 조절변수 사이에 상호개념을 만들어 분석하는 것이다. 이 방법은 독립변수 x와 조절변수 z가 xz라는 새로운 상호작용 변수(interaction term)를 생성한 후 종속변수인 y와의 상호작용효과를 분석하는 기법이다.

예를 들어, 학생의 공부시간(x)이 시험성적(y)에 영향을 미친다고 할 때, 조절변수인 집중력(z)이 시험성적에 얼마만큼 영향을 미치는지를 알아보는 경우에 해당한다.

[그림 12-5] 상호작용변수의 논문 제시 형태

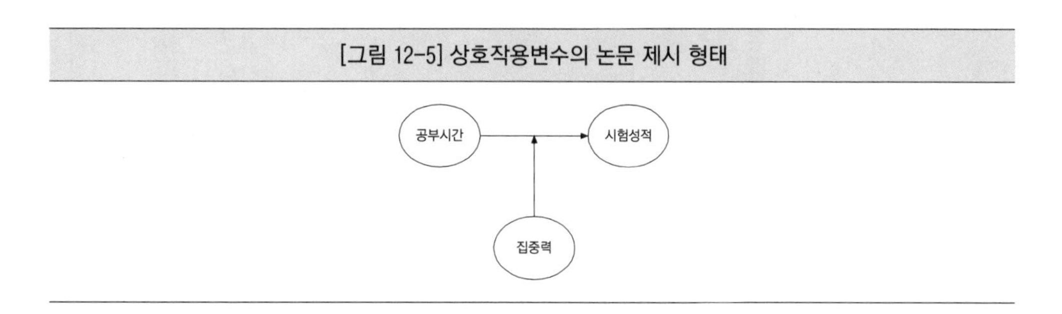

논문에서는 연구모델이 [그림 12-5]처럼 표시되지만, 실제 분석은 다음과 같이 상호작용 변수인 공부시간×집중력(xz)을 생성하여 분석하게 된다.

[그림 12-6] 상호작용변수의 실제 분석 형태

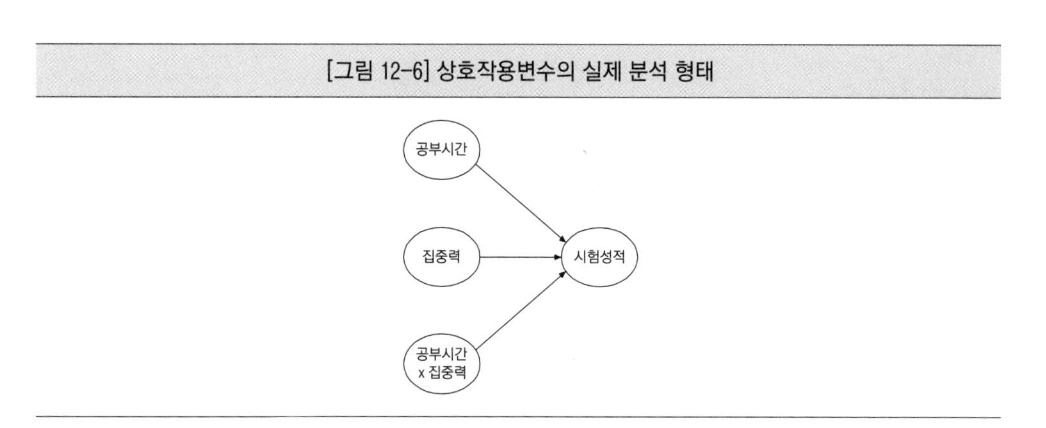

상호작용효과는 회귀분석과 구조방정식모델에서 분석이 가능하다.

2-1 회귀분석에서의 상호작용효과

'Ch.12-상호작용효과.sav' 데이터를 열고 [분석] → [회귀분석] → [선형]을 선택한다. x(공부시간), z(집중력), xz(공부시간 집중력)를 [독립변수]로 이동시키고, y(시험성적)를 [종속변수]로 이동시킨 후 [확인]을 누른다.

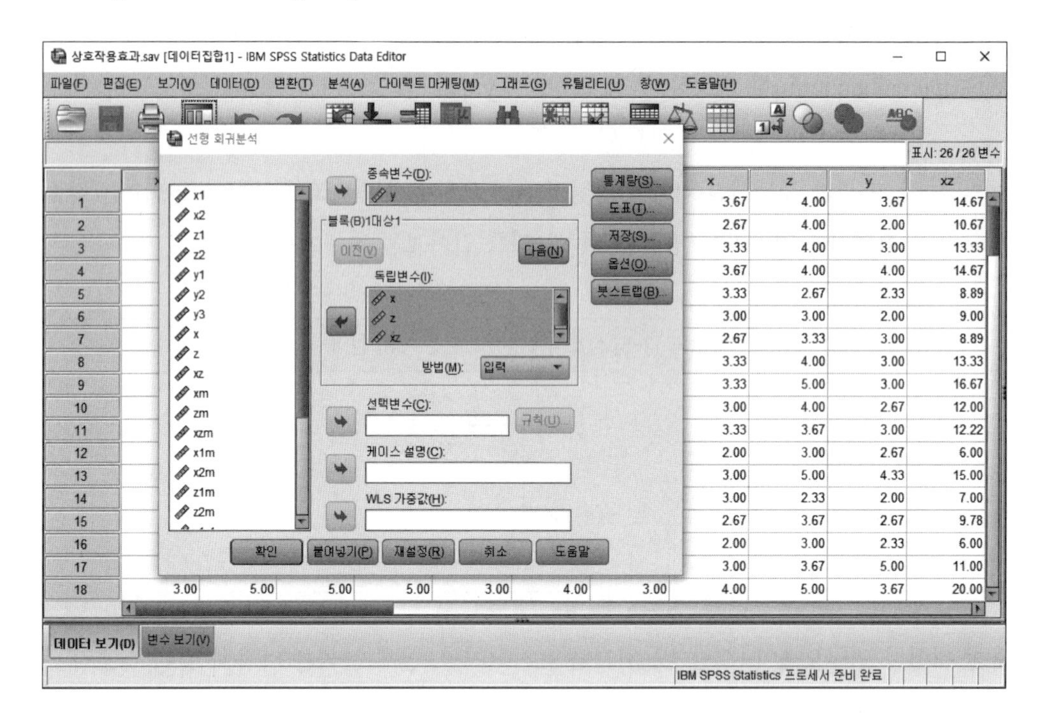

분석 결과는 다음과 같다.

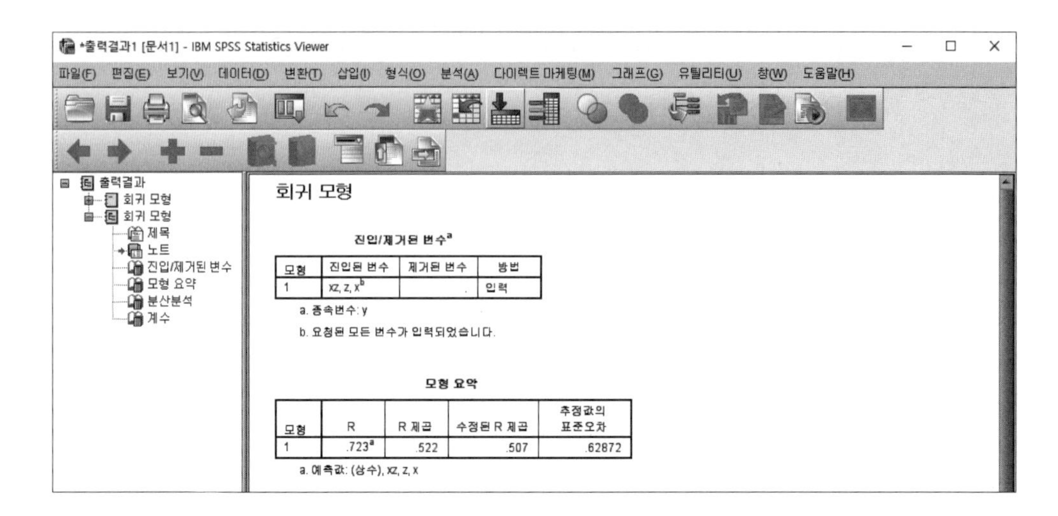

분산분석[a]

모형		제곱합	자유도	평균 제곱	F	유의확률
1	회귀 모형	41.497	3	13.832	34.993	.000[b]
	잔차	37.947	96	.395		
	합계	79.444	99			

a. 종속변수: y

b. 예측값: (상수), xz, z, x

계수[a]

모형		비표준화 계수		표준화 계수	t	유의확률
		B	표준오차	베타		
1	(상수)	2.113	.584		3.617	.000
	x	-.062	.224	-.065	-.276	.783
	z	-.177	.199	-.186	-.889	.376
	xz	.163	.065	.941	2.523	.013

a. 종속변수: y

IBM SPSS Statistics 프로세서 준비 완료 H: 24, W: 575 pt

회귀분석 결과, 공부시간(x)과 시험성적(y)의 관계는 비표준화계수=-.062, 표준오차=.224, 표준화계수=-.065, t=-.276, p=.783으로 통계적으로 유의하지 않은 것으로 나타났다. 집중력(z)의 경우에도 비표준화계수=-.177, 표준오차=.199, 표준화계수=-.186, t=-.889, p=.376으로 유의하지 않은 것으로 나타났다. 반면, 공부시간×집중력(xz)은 비표준화계수=.163, 표준오차=.056, 표준화계수=.941, t=2.523, p=.013으로 통계적으로 유의한 것으로 나타났다.

왜 이런 결과가 나타날까? 이유는 독립변수 간 높은 상관으로 발생한 다중공선성 때문이다. 상호작용변수인 xz가 x와 z의 곱으로 이루어져 높은 상관을 가질 수밖에 없기 때문이다.

- **공부시간(x), 집중력(z), 공부시간×집중력(xz), 시험성적(y)의 상관관계**

Correlations

		x	z	xz	y
x	Pearson Correlation	1	.645**	.903**	.665**
	Sig. (2-tailed)		.000	.000	.000
	N	100	100	100	100
z	Pearson Correlation	.645**	1	.877**	.597**
	Sig. (2-tailed)	.000		.000	.000
	N	100	100	100	100
xz	Pearson Correlation	.903**	.877**	1	.719**
	Sig. (2-tailed)	.000	.000		.000
	N	100	100	100	100
y	Pearson Correlation	.665**	.597**	.719**	1
	Sig. (2-tailed)	.000	.000	.000	
	N	100	100	100	100

**. Correlation is significant at the 0.01 level (2-tailed).

이러한 문제를 해결하기 위해서는 평균중심화(mean centering)[2]가 필요하다. 평균중심화는 원래 점수에서 평균점수를 뺀 수치들을 나타내는데, 이 방법을 이용하면 다중공선성 문제를 해결할 수 있다.

평균중심화에 필요한 변수들의 평균은 [분석] → [기술통계량] → [기술통계]에서 구할 수 있으며, 실행을 통해 얻은 평균은 다음과 같다.

기술통계량

	N	최소값	최대값	평균	표준편차
x	100	1.00	5.00	3.0700	.93958
z	100	1.00	5.00	3.3567	.94192
y	100	1.00	5.00	3.1000	.89581
유효수 (목록별)	100				

원래 점수에서 평균점수를 뺀 평균중심화는 [변환] → [변수계산]에서 구할 수 있다. 평균중심화된 공부시간변수(xm)는 x - 3.07(공부시간 - 평균)을 입력하고, 평균중심화된 집중력 변수(zm)는 z - 3.36(집중력 - 평균)을 입력해서 생성시키면 된다.

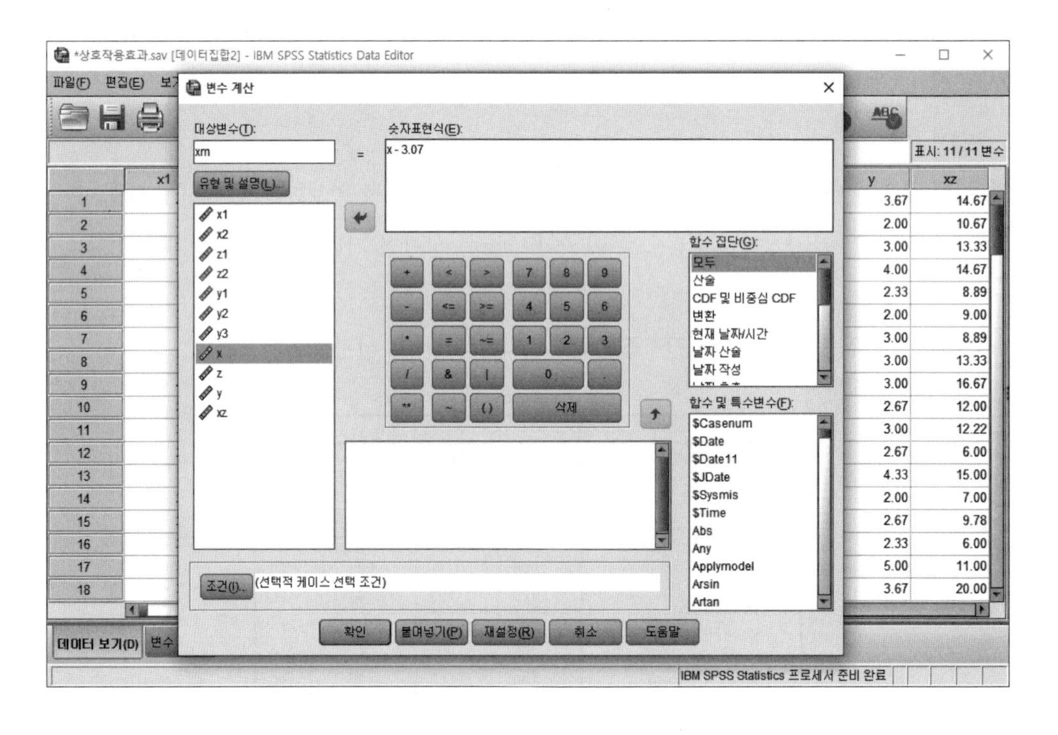

---

2 평균중심화를 하는 방법 이외에 변수들의 표준화 점수를 넣는 방법도 가능하다.

다음으로 평균중심화된 xz에 해당하는 xzm 변수를 xm×zm으로 생성시킨다.

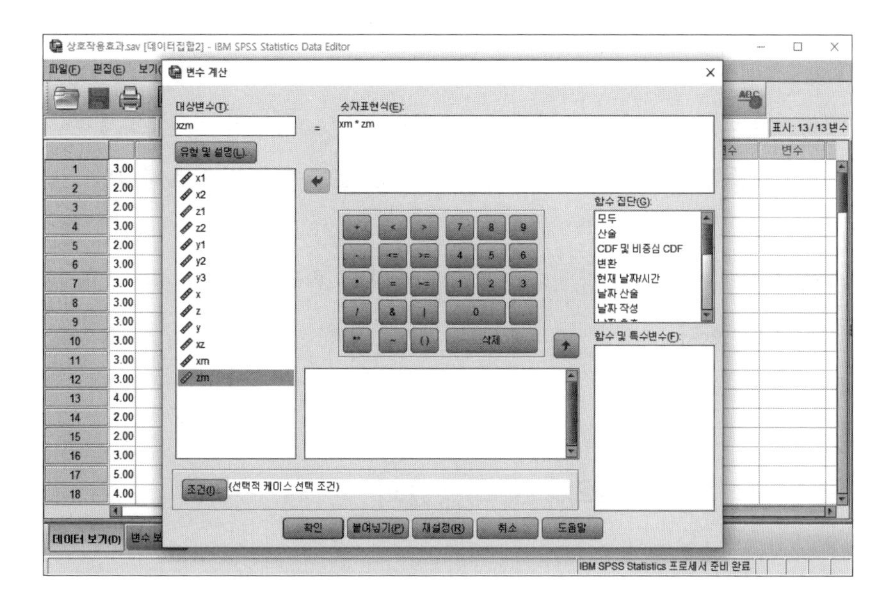

xz 대신 xzm을 독립변수로 지정하여 회귀분석을 실시한 결과는 다음과 같다.

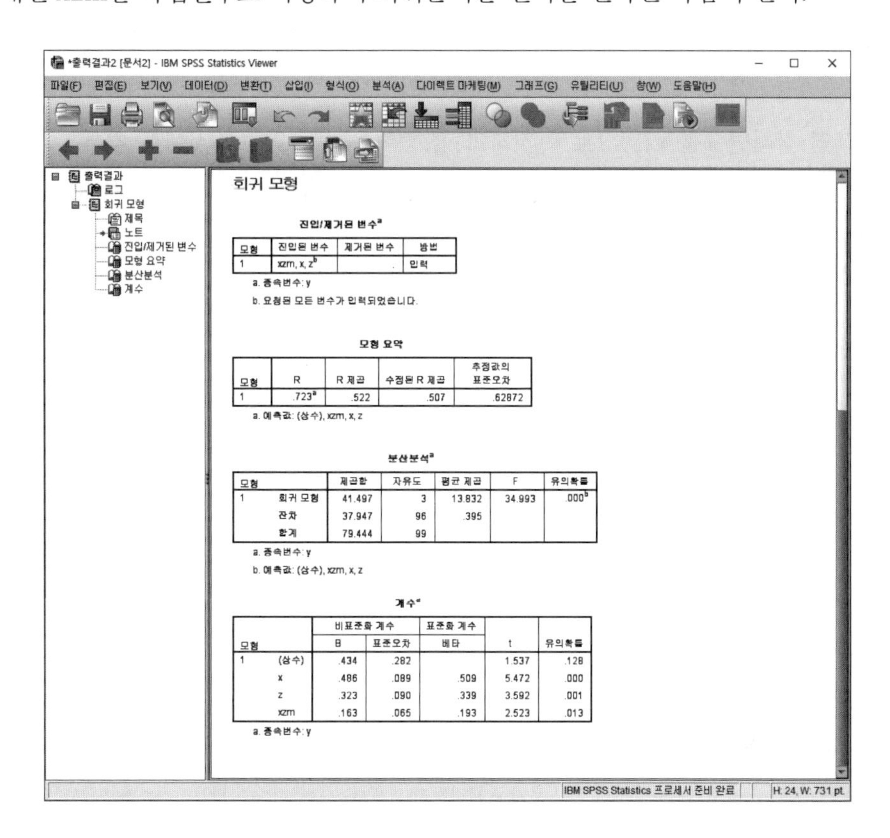

회귀 모형

진입/제거된 변수[a]

모형	진입된 변수	제거된 변수	방법
1	xzm, x, z[b]	.	입력

a. 종속변수: y

b. 요청된 모든 변수가 입력되었습니다.

모형 요약

모형	R	R 제곱	수정된 R 제곱	추정값의 표준오차
1	.723[a]	.522	.507	.62872

a. 예측값: (상수), xzm, x, z

분산분석[a]

모형		제곱합	자유도	평균 제곱	F	유의확률
1	회귀 모형	41.497	3	13.832	34.993	.000[b]
	잔차	37.947	96	.395		
	합계	79.444	99			

a. 종속변수: y

b. 예측값: (상수), xzm, x, z

계수[a]

모형		비표준화 계수 B	비표준화 계수 표준오차	표준화 계수 베타	t	유의확률
1	(상수)	.434	.282		1.537	.128
	x	.486	.089	.509	5.472	.000
	z	.323	.090	.339	3.592	.001
	xzm	.163	.065	.193	2.523	.013

a. 종속변수: y

평균중심화한 결과를 보면, 공부시간(x)에서 시험성적(y)의 경우는 비표준화계수=.486, 표준오차=.089, 표준화계수=.509, t=5.472, p=.000으로 유의한 것으로 나타났다. 집중력(z)의 경우에도 비표준화계수=.323, 표준오차=.090, 표준화계수=.339, t=3.592, p=.001로 유의한 것으로 나타났다. 평균중심화한 상호작용변수(xzm) 또한 비표준화계수=.163, 표준오차=.065, 표준화계수=.193, t=2.523, p=.013으로 유의한 것으로 나타났다.

위의 결과에서 알 수 있듯이, 상호작용효과를 제대로 분석하기 위해서는 평균중심화가 반드시 선행되어야 한다.

2-2 구조방정식모델에서의 상호작용효과

잠재변수가 있는 구조방정식모델에서의 상호작용효과[3]를 알아보도록 하자. 잠재변수가 존재하는 상호작용의 경우, 잠재변수에 연결된 관측변수의 수가 많을수록 새롭게 생성되는 수가 많아지는 단점이 있기 때문에 간단한 모델을 통해 상호작용효과를 이해해보자.

공부시간인 잠재변수를 x1, x2로 측정하고, 집중력을 z1, z2로 측정했을 경우, 평균중심화[4]한 상호작용변수를 생성(x1z1m, x1z2m, x2z1m, x2z2m)한 후 분석한 모델의 결과는 다음과 같다.

- **평균중심화 과정**

```
COMPUTE x1m = x1 - 3.04 .
EXECUTE .
COMPUTE x2m = x2 - 3.17 .
EXECUTE .
COMPUTE z1m = z1 - 3.38 .
EXECUTE .
COMPUTE z2m = z2 - 3.32 .
EXECUTE .
```

```
COMPUTE x1z1m = x1m*z1m.
EXECUTE .
COMPUTE x1z2m = x1m*z2m.
EXECUTE .
COMPUTE x2z1m = x2m*z1m.
EXECUTE .
COMPUTE x2z2m = x2m*z2m.
EXECUTE .
```

---

3 Kenny & Judd (1984).

4 잠재변수를 이용한 방법에서도 다중공선성 문제를 해결하기 위해서는 관측변수를 평균중심화한 후 분석해야 한다.

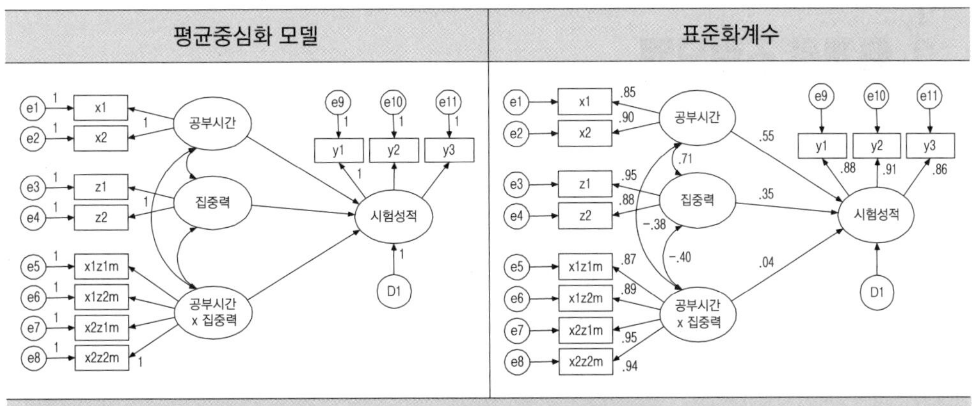

경로계수 결과

Regression Weights: (Group number 1 - Default model)

			Estimate	S.E.	C.R.	P	Label
시험성적	<---	공부시간	.515	.119	4.320	***	
시험성적	<---	집중력	.319	.109	2.928	.003	
시험성적	<---	공부시간_x집중력	.031	.057	.541	.588	
x1	<---	공부시간	1.017	.100	10.140	***	
x2	<---	공부시간	1.000				
z1	<---	집중력	1.025	.085	11.990	***	
z2	<---	집중력	1.000				
x1z1m	<---	공부시간_x집중력	.901	.063	14.231	***	
x1z2m	<---	공부시간_x집중력	.936	.061	15.402	***	
x2z1m	<---	공부시간_x집중력	.954	.050	19.123	***	
x2z2m	<---	공부시간_x집중력	1.000				
y1	<---	시험성적	1.000				
y2	<---	시험성적	1.089	.087	12.579	***	
y3	<---	시험성적	1.033	.089	11.557	***	

Standardized Regression Weights: (Group number 1 - Default model)

			Estimate
시험성적	<---	공부시간	.553
시험성적	<---	집중력	.348
시험성적	<---	공부시간_x집중력	.043
x1	<---	공부시간	.848
x2	<---	공부시간	.905
z1	<---	집중력	.955
z2	<---	집중력	.879
x1z1m	<---	공부시간_x집중력	.865
x1z2m	<---	공부시간_x집중력	.889
x2z1m	<---	공부시간_x집중력	.946
x2z2m	<---	공부시간_x집중력	.945
y1	<---	시험성적	.879
y2	<---	시험성적	.905
y3	<---	시험성적	.862

위의 결과에서 공부시간(x)과 시험성적(y)의 관계는 비표준화계수=.515, 표준오차=.119, 표준화계수=.553, C.R=4.320, p=.000으로 유의한 것으로 나타났다. 집중력(z)은 비표준화계수=.319, 표준오차=.109, 표준화계수=.348, C.R.=2.928, p=.003으로 역시 통계적으로 유의한 것으로 나타났다. 하지만 상호작용변수인 공부시간×집중력은 비표준화계수=.031, 표준오차=.057, 표준화계수=.043, C.R.=.541, p=.588로 통계적으로 유의하지 않은 것으로 나타났다.

3 매개된 조절모델

매개된 조절모델(mediated moderation model)[5]은 연속형 조절변수가 포함된 모델에 매개변수가 추가된 모델로서, 형태적으로 보면 독립변수, 조절변수, 상호작용변수들과 종속변수 사이에 매개변수가 매개하는 모델이다.

앞서 보았던 '회귀분석에서의 상호작용효과'의 모델을 '시험성적모델'로 명명하도록 하자. '시험성적모델'은 다음과 같이 Amos에서 구체화할 수 있다.

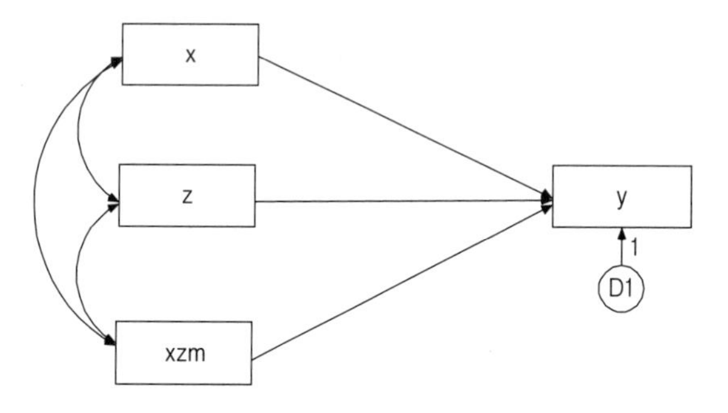

* x : 공부시간, z : 집중력, xzm : 공부시간×집중력(평균중심화 상호작용변수), Y : 시험성적

위 모델의 분석 결과는 다음과 같고, 표준화계수와 비표준화계수는 회귀분석의 상호작용효과 결과와 정확히 일치함을 알 수 있다.

5 본 장에서는 Wu & Zumbo (2007)가 제시한 매개된 조절모델의 형태를 따르고 있다.

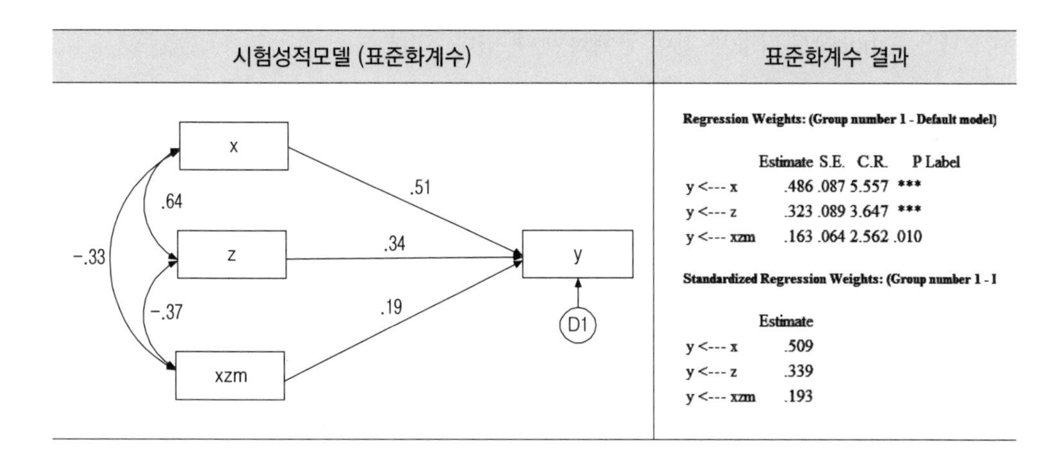

Regression Weights: (Group number 1 - Default model)

	Estimate	S.E.	C.R.	P	Label
y <--- x	.486	.087	5.557	***	
y <--- z	.323	.089	3.647	***	
y <--- xzm	.163	.064	2.562	.010	

Standardized Regression Weights: (Group number 1 - I

	Estimate
y <--- x	.509
y <--- z	.339
y <--- xzm	.193

위 결과로 보아 독립변수(x), 조절변수(z), 상호작용변수(xzm) 모두가 종속변수(y)에 유의하게 영향을 미치고 있음을 알 수 있다.

3-1 관측변수로만 구성된 매개된 조절모델

관측변수로만 구성된 매개된 조절모델은 잠재변수가 존재하지 않고 모든 구성개념이 단일항목으로만 구성된 경로분석 형태의 모델을 의미한다. '시험성적 모델'은 연속형 조절변수(집중력)가 존재하는 모델이며, 이 모델에 매개변수인 학습성과가 추가된 형태가 바로 매개된 조절모델이다. 모델의 형태는 다음과 같다.

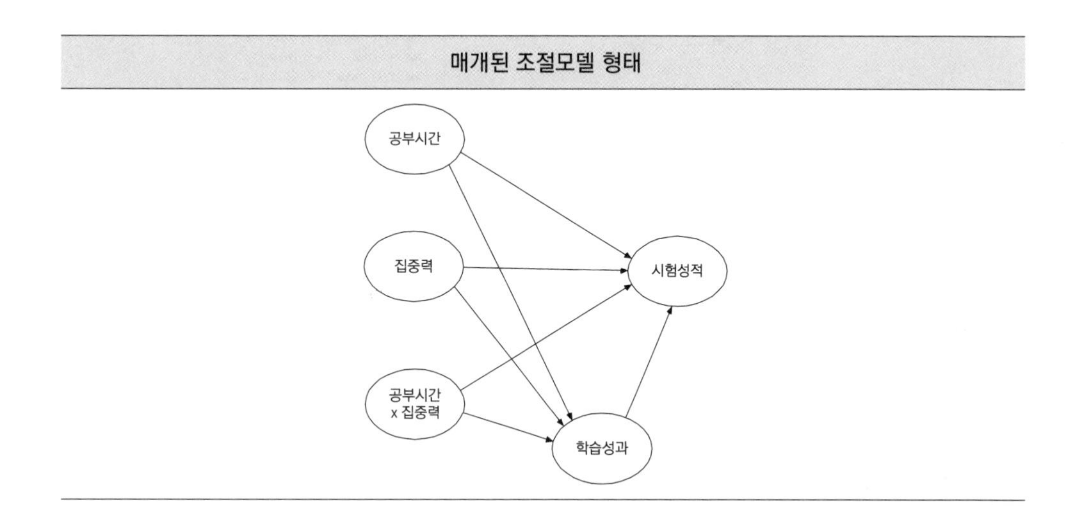

위 모델은 Amos에서 다음과 같이 구체화할 수 있다.

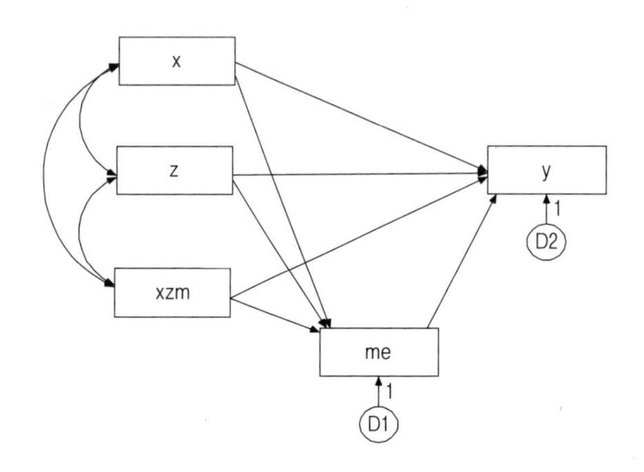

* me : 학습성과

위 모델을 분석한 결과는 다음과 같다.

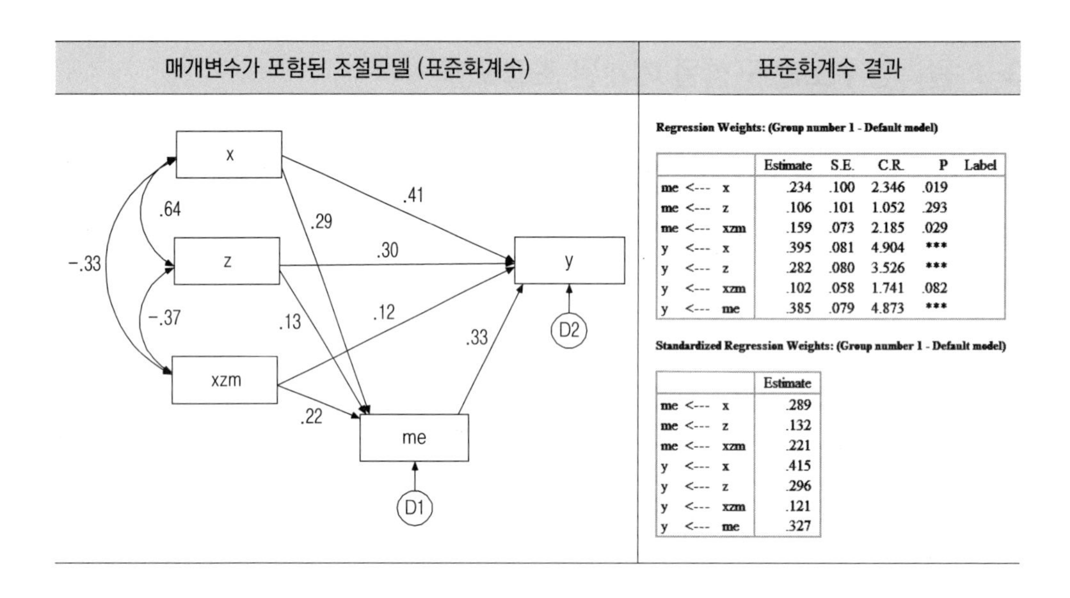

Regression Weights: (Group number 1 - Default model)

	Estimate	S.E.	C.R.	P	Label
me <--- x	.234	.100	2.346	.019	
me <--- z	.106	.101	1.052	.293	
me <--- xzm	.159	.073	2.185	.029	
y <--- x	.395	.081	4.904	***	
y <--- z	.282	.080	3.526	***	
y <--- xzm	.102	.058	1.741	.082	
y <--- me	.385	.079	4.873	***	

Standardized Regression Weights: (Group number 1 - Default model)

	Estimate
me <--- x	.289
me <--- z	.132
me <--- xzm	.221
y <--- x	.415
y <--- z	.296
y <--- xzm	.121
y <--- me	.327

모델에서 매개변수(me)가 개입됐을 때, 시험성적 모델에서 .193(C.R. = 2.562, $p < .05$)으로 유의했던 xzm → y 경로계수가 매개변수가 포함된 조절모델에서는 .121(C.R. = 1.741, $p > .05$)로 통계적으로도 유의하지 않게 변해버렸다. 하지만 xzm → me 경로(C.R. = 2.185, $p < .05$)와 me → y 경로(C.R. = 4.873, $p < .05$)가 유의하기 때문에 상호작용변수(xzm)는 종속변수(y)에 매개변수(me)를 통해 완전매개하는 것으로 나타났다.

이 경로들의 간접효과의 유의성을 알아보기 위해서 부트스트래핑 방법을 이용해보면 다음과 같다.

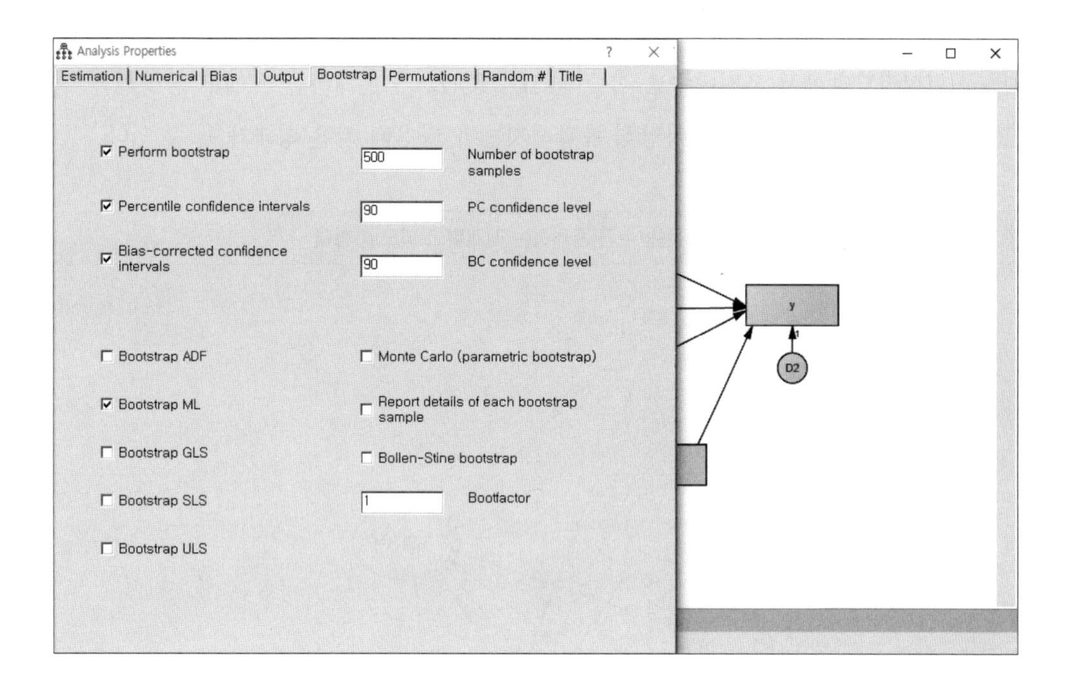

부트스트래핑 결과에서도 상호작용변수(xzm)가 매개변수(me)를 매개하여 종속변수(y)에 간접적으로 유의하게 영향(유의확률=.012)을 미치는 것을 알 수 있다.

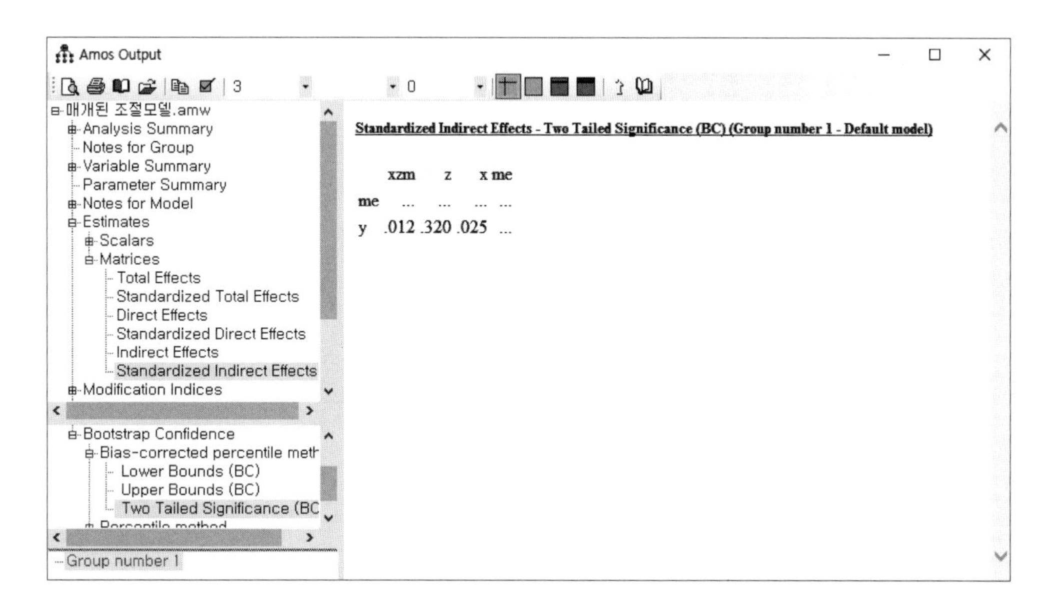

	xzm	z	x	me
me	...	...	...	...
y	.012	.320	.025	...

3-2 다수의 조절변수가 존재하는 매개된 조절모델

연구모델에서 다수의 조절변수가 존재하는 매개된 조절모델도 생각할 수 있다. 예를 들어, '시험성적모델'에서 조절변수로 집중력(z1)과 IQ(z2)가 존재하는 모델을 상상해볼 수 있다. 이런 경우 모델의 구성이 상당히 복잡해지는데, 다음과 같은 형태가 될 수 있다.

다수의 조절변수가 존재하는 매개된 조절모델 형태

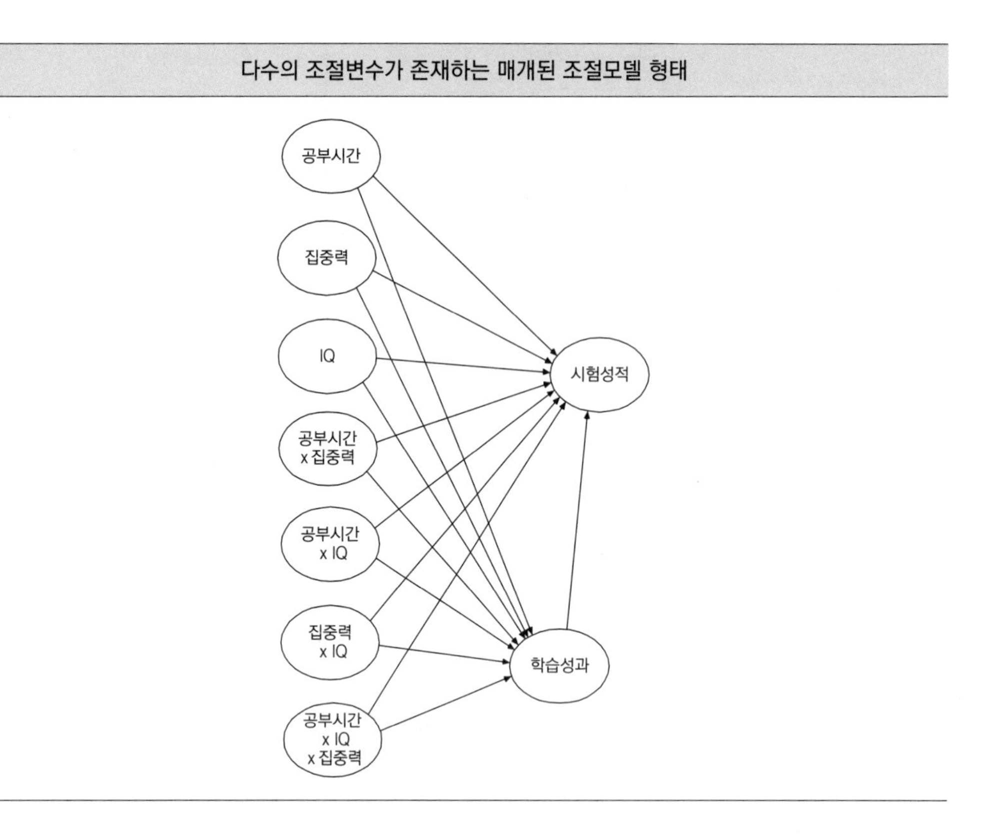

조절변수가 다수인 경우, 조절변수와 독립변수 간 상호작용변수를 만들 뿐만 아니라 조절변수 간 상호작용변수를 생성해주어야 한다.

앞의 모델을 다음과 같이 Amos에서 구체화[6]할 수 있다.

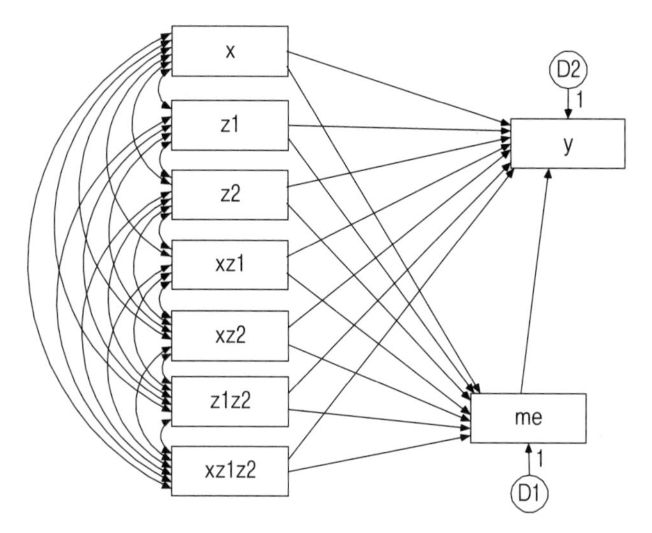

* x : 공부시간, z1 : 집중력, z2 : IQ, xz1 : 공부시간×집중력, xz2 : 공부시간×IQ, z1z2 : 집중력×IQ,
xz1z2 : 공부시간×IQ×집중력, Y : 시험성적

이와 같이 조절변수가 다수인 모델은 계산이 매우 복잡하고 실제 논문에서도 자주 사용되지 않지만, 이런 형태의 모델로 구성해야 한다는 것을 숙지하고 넘어가도록 하자.

3-3 잠재변수 형태의 매개된 조절모델

잠재변수 형태의 매개된 조절모델[7]은 연구모델의 구성개념들이 잠재변수로 구성된 모델로서, '브랜드명성 모델'의 예를 통해 알아보도록 하자.

6 모델에서 xz1, xz2, z1z2, xz1, zx2는 모두 평균중심화된 수치가 분석에 사용되어야 한다.

7 관측변수가 다수인 독립변수와 조절변수의 경우, 상호작용변수의 생성 시 다수의 관측변수가 새롭게 생성되기 때문에 구조방정식모델 형태보다 경로분석 형태의 모델이 적합하다.

브랜드명성 모델은 브랜드명성이 재구매에 영향을 미치고 조절변수로 연속형 변수인 제품품질이 사용된 형태이다. 브랜드명성 모델의 형태는 다음과 같다.

브랜드명성 모델

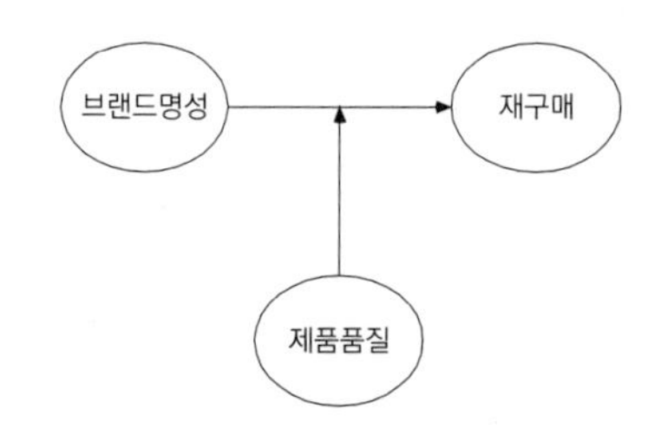

측정항목은 브랜드명성 2문항(x1, x2), 제품품질 2문항(z1, z2), 평균중심화한 상호작용변수 4문항(x1z1m, x2z1m, x1z2m, x2z2m), 재구매 3문항(y1, y2, y3)으로 구성되어 있다. 위의 모델을 구조방정식모델에서 분석하기 위해 구체화하면 다음과 같다.

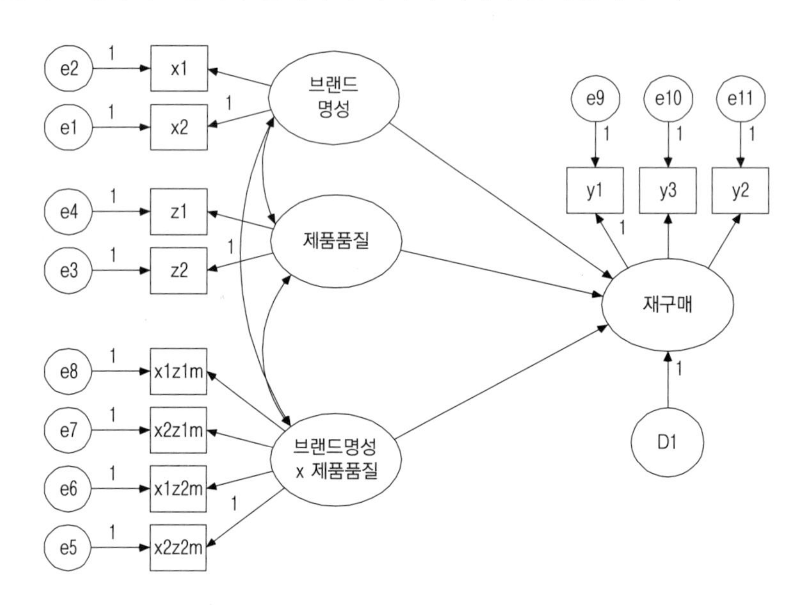

브랜드명성 모델의 분석 결과는 다음과 같다.

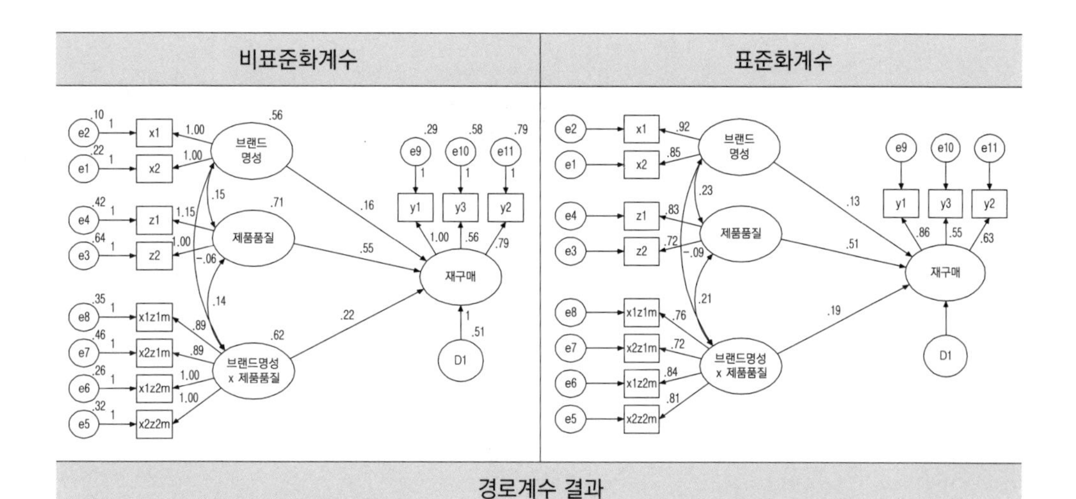

Regression Weights: (Group number 1 - Default model)

			Estimate	S.E.	C.R.	P	Label
재구매	<---	브랜드_명성	.158	.077	2.039	.041	
재구매	<---	제품품질	.548	.084	6.520	***	
재구매	<---	브랜드명성_x제품품질	.217	.074	2.919	.004	
x2	<---	브랜드_명성	1.000				
x1	<---	브랜드_명성	1.004	.156	6.450	***	
z2	<---	제품품질	1.000				
z1	<---	제품품질	1.151	.143	8.035	***	
x2z2m	<---	브랜드명성_x제품품질	1.000				
x1z2m	<---	브랜드명성_x제품품질	1.003	.066	15.184	***	
x2z1m	<---	브랜드명성_x제품품질	.890	.069	12.806	***	
x1z1m	<---	브랜드명성_x제품품질	.885	.064	13.756	***	
y1	<---	재구매	1.000				
y3	<---	재구매	.557	.069	8.105	***	
y2	<---	재구매	.791	.089	8.915	***	

Standardized Regression Weights: (Group number 1 - Default model)

			Estimate
재구매	<---	브랜드_명성	.131
재구매	<---	제품품질	.510
재구매	<---	브랜드명성_x제품품질	.188
x2	<---	브랜드_명성	.847
x1	<---	브랜드_명성	.922
z2	<---	제품품질	.725
z1	<---	제품품질	.833
x2z2m	<---	브랜드명성_x제품품질	.811
x1z2m	<---	브랜드명성_x제품품질	.841
x2z1m	<---	브랜드명성_x제품품질	.718
x1z1m	<---	브랜드명성_x제품품질	.763
y1	<---	재구매	.861
y3	<---	재구매	.552
y2	<---	재구매	.628

위의 결과에서 브랜드명성과 재구매의 관계는 비표준화계수=.158, 표준오차=.077, 표준화계수=.131, C.R=2.039, p=.041로 유의한 것으로 나타났다. 제품품질과 재구매의 관계 역시 비표준화계수=.548, 표준오차=.084, 표준화계수=.510, C.R.=6.520, p=.000으로 통계적으로 유의한 것으로 나타났다. 상호작용변수(브랜드명성 제품품질)와 재구매 관계는 비표준화계수=.217, 표준오차=.074, 표준화계수=.188, C.R.=2.919, p=.004로 통계적으로 유의한 것으로 나타났다.

브랜드명성 모델에서 만족도(me1, me2)라는 매개변수가 포함된 매개된 조절모델의 형태는 다음과 같다.

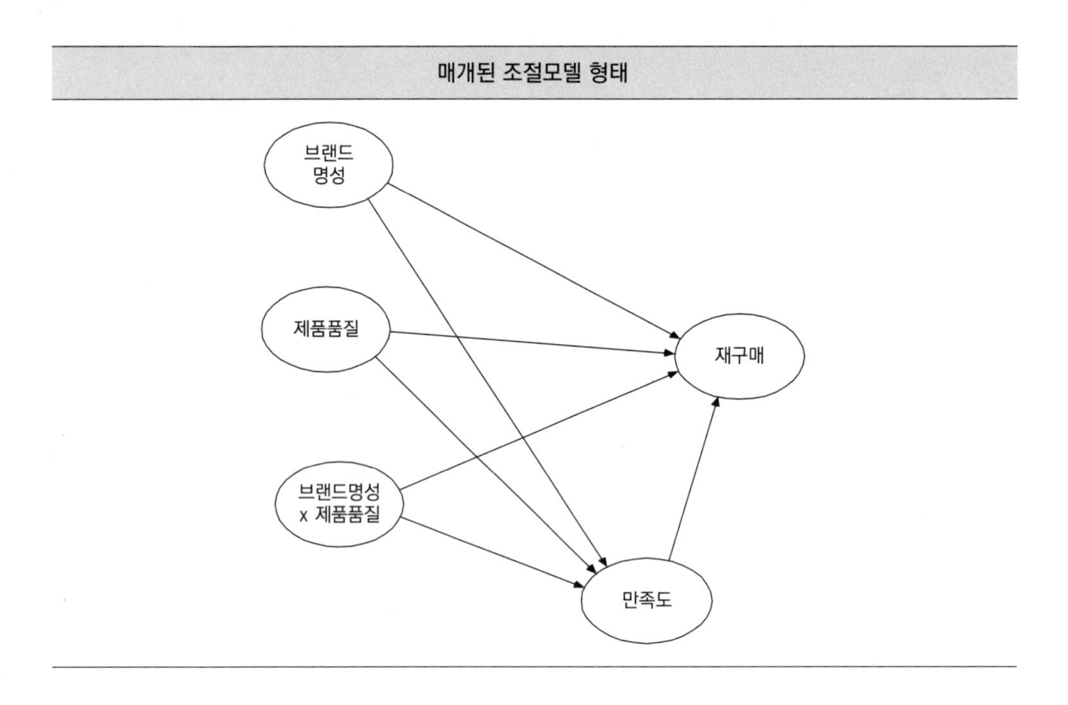

위 모델은 Amos에서 다음과 같이 구체화할 수 있다.

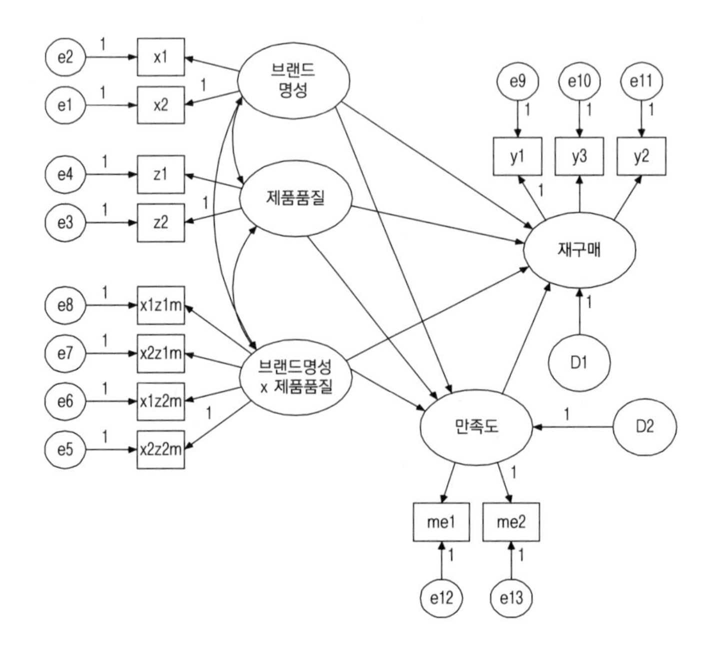

모델을 분석한 결과는 다음과 같다.

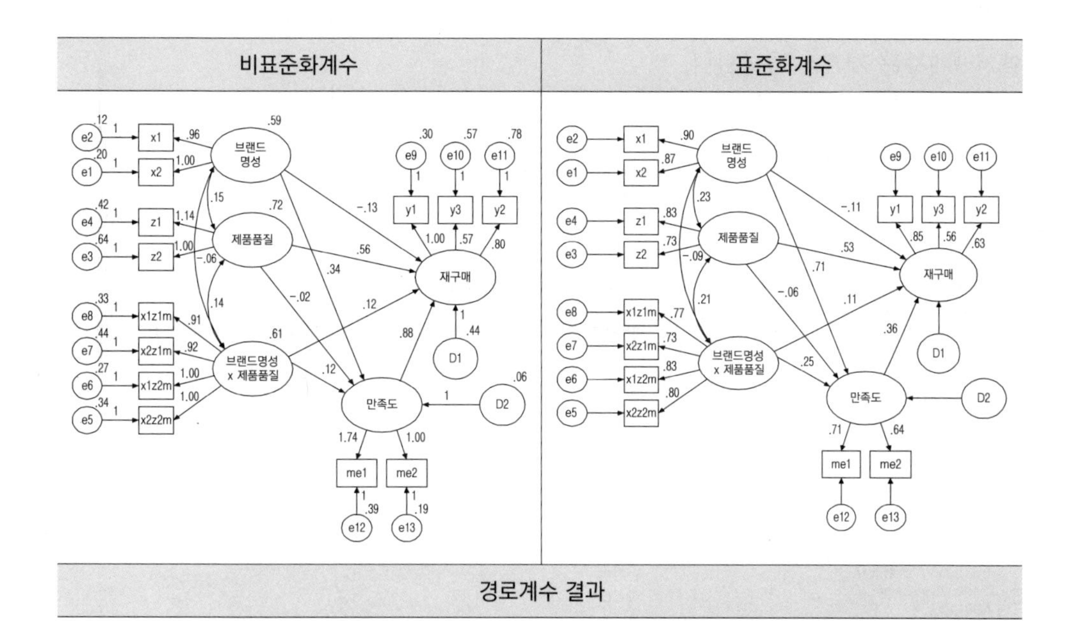

경로계수 결과

Regression Weights: (Group number 1 - Default model)

			Estimate	S.E.	C.R.	P	Label
만족도	<---	브랜드_명성	.336	.044	7.681	***	
만족도	<---	제품품질	-.024	.033	-.724	.469	
만족도	<---	브랜드명성_x제품품질	.116	.034	3.419	***	
재구매	<---	브랜드_명성	-.134	.142	-.940	.347	
재구매	<---	제품품질	.561	.085	6.576	***	
재구매	<---	브랜드명성_x제품품질	.121	.086	1.406	.160	
재구매	<---	만족도	.883	.339	2.603	.009	
x2	<---	브랜드_명성	1.000				
x1	<---	브랜드_명성	.961	.071	13.450	***	
z2	<---	제품품질	1.000				
z1	<---	제품품질	1.142	.140	8.157	***	
x2z2m	<---	브랜드명성_x제품품질	1.000				
x1z2m	<---	브랜드명성_x제품품질	1.001	.068	14.804	***	
x2z1m	<---	브랜드명성_x제품품질	.915	.071	12.925	***	
x1z1m	<---	브랜드명성_x제품품질	.908	.066	13.806	***	
y1	<---	재구매	1.000				
y3	<---	재구매	.570	.069	8.319	***	
y2	<---	재구매	.799	.088	9.105	***	
me2	<---	만족도	1.000				
me1	<---	만족도	1.735	.225	7.709	***	

Standardized Regression Weights: (Group number 1 - Default model)

			Estimate
만족도	<---	브랜드_명성	.712
만족도	<---	제품품질	-.056
만족도	<---	브랜드명성_x제품품질	.251
재구매	<---	브랜드_명성	-.114
재구매	<---	제품품질	.530
재구매	<---	브랜드명성_x제품품질	.105
재구매	<---	만족도	.356
x2	<---	브랜드_명성	.865
x1	<---	브랜드_명성	.902
z2	<---	제품품질	.728
z1	<---	제품품질	.829
x2z2m	<---	브랜드명성_x제품품질	.802
x1z2m	<---	브랜드명성_x제품품질	.830
x2z1m	<---	브랜드명성_x제품품질	.731
x1z1m	<---	브랜드명성_x제품품질	.774
y1	<---	재구매	.853
y3	<---	재구매	.560
y2	<---	재구매	.629
me2	<---	만족도	.640
me1	<---	만족도	.707

매개변수인 만족도가 개입되었을 때, 브랜드명성 모델에서 .188(C.R.=2.919, $p < .05$)로 유의했던 '(브랜드명성×제품품질) → 재구매' 경로계수가 매개변수가 포함된 조절모델에서는 .105(C.R.=1.406, $p > .05$)로 통계적으로도 유의하지 않게 변해버렸다. 하지만 '(브

랜드명성×제품품질) → 만족도' 경로(C.R.＝3.419, p < .05)와 '만족도 → 재구매' 경로(C.R.＝2.603, p < .05)가 유의하기 때문에 상호작용변수는 종속변수에 매개변수를 통해 완전매개하는 것으로 나타났다.

간접효과의 유의성에 대한 결과는 다음과 같다.

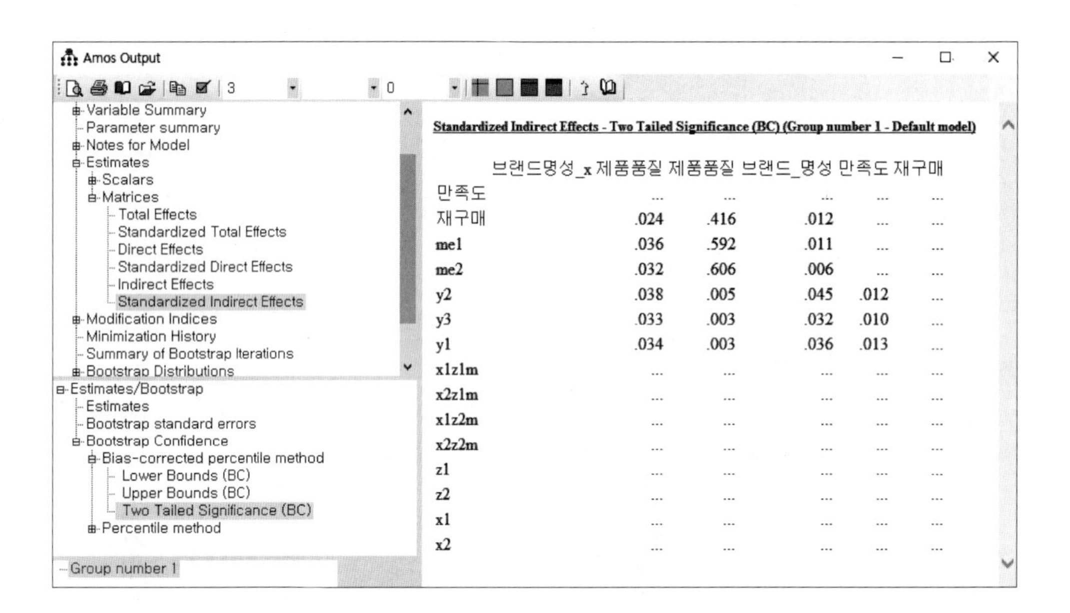

Standardized Indirect Effects - Two Tailed Significance (BC) (Group number 1 - Default model)

	브랜드명성_x제품품질	제품품질	브랜드_명성	만족도	재구매
만족도	...	...	...	...	...
재구매	.024	.416	.012	...	...
me1	.036	.592	.011	...	...
me2	.032	.606	.006	...	...
y2	.038	.005	.045	.012	...
y3	.033	.003	.032	.010	...
y1	.034	.003	.036	.013	...
x1z1m	...	...	...	...	...
x2z1m	...	...	...	...	...
x1z2m	...	...	...	...	...
x2z2m	...	...	...	...	...
z1	...	...	...	...	...
z2	...	...	...	...	...
x1	...	...	...	...	...
x2	...	...	...	...	...

부트스트래핑 결과에서도 상호작용변수(브랜드명성 제품품질)가 매개변수(만족도)를 매개하여 종속변수(재구매)에 간접적으로 유의하게 영향(유의확률＝.024)을 미치는 것을 알 수 있다.

4 조절된 매개모델

조절된 매개모델(moderated mediation model)은 독립변수와 종속변수 사이에 매개변수가 존재하는 모델에 범주형 조절변수가 추가된 모델로서, 매개변수모델에서 조절변수가 조절 역할을 하는 형태이다.

4-1 매개모델

디자인모델을 통해 조절된 매개모델에 대해 알아보자. 디자인모델은 디자인이 만족도와 재구매에 영향을 미치고, 만족도가 재구매에 영향을 미치는 모델로, 형태는 다음과 같다.

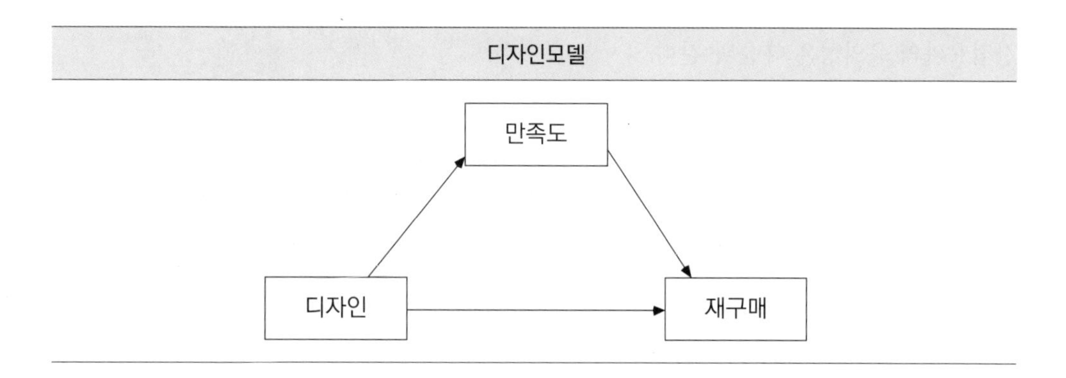

위의 모델을 Amos에서 다음과 같이 구체화할 수 있다. 모델에서 디자인은 독립변수(X), 만족도는 매개변수(ME), 재구매는 종속변수(Y)에 해당한다.

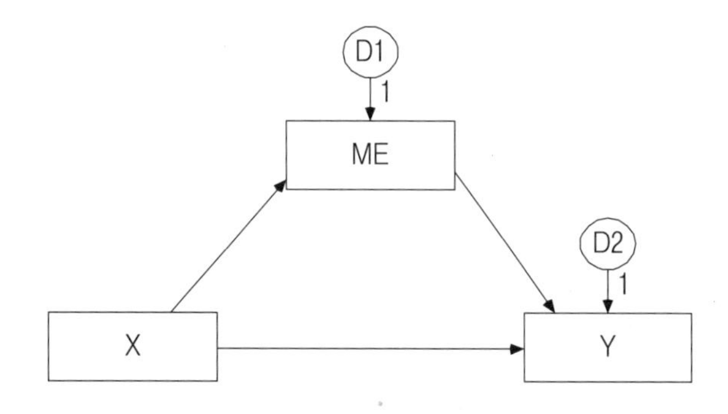

위 모델의 분석 결과는 다음과 같다.

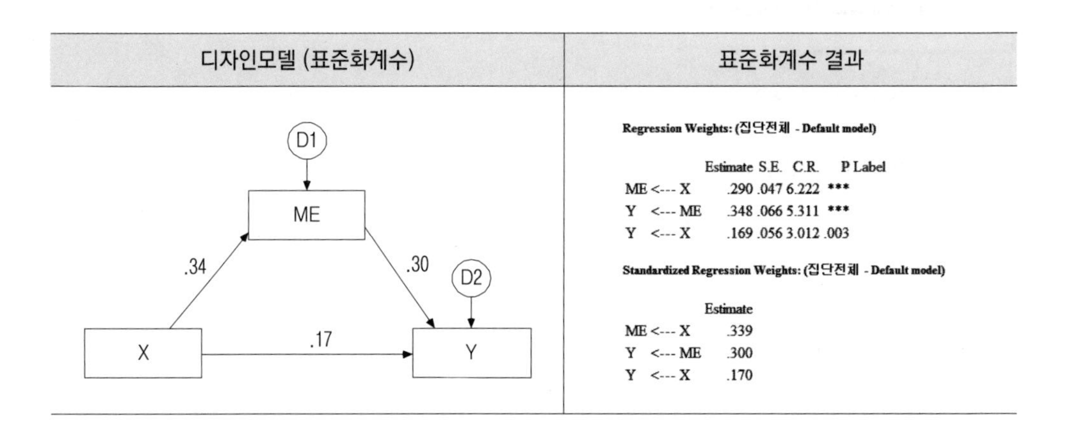

위 결과를 통해 모든 독립변수는 매개변수와 종속변수에 유의하게 영향을 미치며, 매개변수 역시 종속변수에 유의하게 영향을 미쳐 부분매개하고 있음을 알 수 있다.

간접효과의 유의성은 다음과 같다.

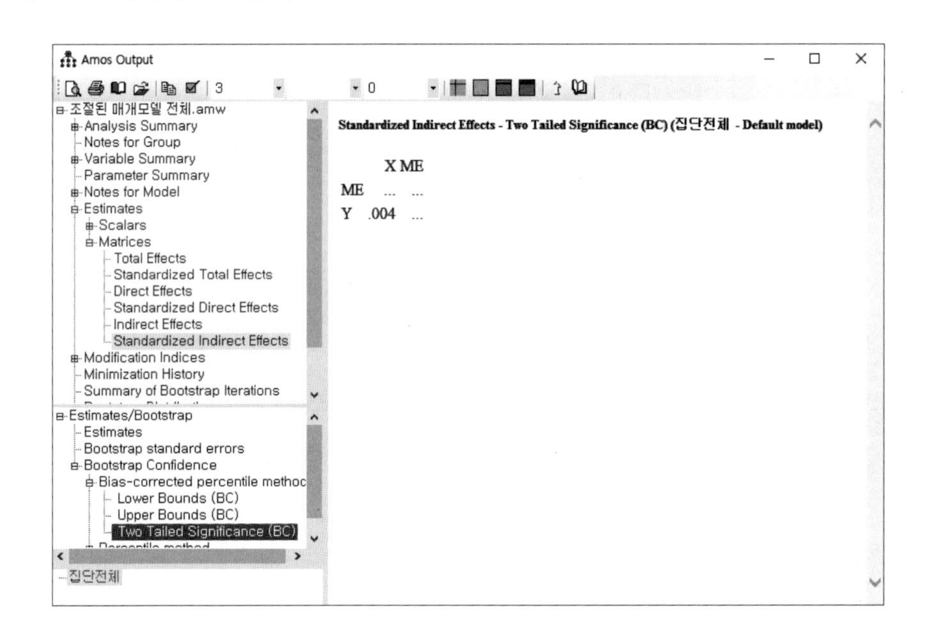

부트스트래핑 결과에서도 독립변수(x)가 매개변수(me)를 매개하여 종속변수(y)에 간접적으로 유의하게 영향(유의확률=.004)을 미치고 있음을 알 수 있다.

4-2 성별이 조절하는 디자인모델

디자인모델에서 조절변수(z)인 성별이 조절하는 모델을 구성해보자. 모델의 형태는 다음과 같다.

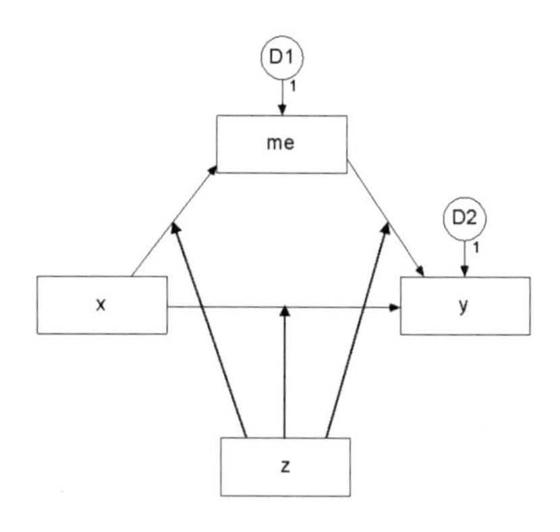

* Amos에서는 z에서 경로 중간에 화살표가 연결되지 않고, 실제 분석은 남자집단과 여자집단으로 분리해서 분석해야 한다.

위 모델을 분석한 결과는 다음과 같다.

	남자집단	여자집단
표준화계수	D1 me .45 .25 D2 x .21 y	D1 me .23 .34 D2 x .15 y
경로결과	**Regression Weights: (남자집단 - Default model)** Estimate S.E. C.R. P Label ME <--- X .400 .063 6.357 *** Y <--- ME .327 .105 3.118 .002 Y <--- X .235 .093 2.519 .012 **Standardized Regression Weights: (남자집단 - Default model)** Estimate ME <--- X .449 Y <--- ME .254 Y <--- X .205	**Regression Weights: (여자집단 - Default model)** Estimate S.E. C.R. P Label ME <--- X .195 .069 2.837 .005 Y <--- ME .349 .081 4.311 *** Y <--- X .124 .067 1.845 .065 **Standardized Regression Weights: (여자집단 - Default model)** Estimate ME <--- X .235 Y <--- ME .345 Y <--- X .148

간접효과 크기	Standardized Indirect Effects (남자집단 - Default model) X ME ME .000 .000 Y .114 .000	Standardized Indirect Effects (여자집단 - Default model) X ME ME .000 .000 Y .081 .000
간접효과 유의확률	Standardized Indirect Effects - Two Tailed Significance (BC) (남자집단 X ME ME ... ... Y .011 ...	Standardized Indirect Effects - Two Tailed Significance (BC) (여자집단 X ME ME ... ... Y .002 ...

디자인 → 재구매 경로의 직접효과, 간접효과, 총효과를 보기 쉽게 표로 정리하면 다음과 같다.

집단	직접효과	간접효과	총효과	매개효과 종류
남자집단 (N=161)	.205**	.114**	.319**	부분매개
여자집단 (N=139)	.148	.081**	.229**	완전매개

**p < .05

결론적으로 디자인은 재구매에 직접적으로 유의한 영향을 미치고, 만족도를 매개하여 간접적으로도 재구매에 유의한 영향을 미치는 것으로 나타났다. 하지만 성별을 조절변수로 사용하여 남자집단과 여자집단으로 분리하여 분석한 결과, 남자집단의 경우 디자인이 재구매에 직접 및 간접적으로 모두 유의한 영향을 미쳐 부분매개하는 반면, 여자집단의 경우 디자인이 재구매에 간접적으로 유의한 영향을 미치나 직접적으로는 유의한 영향을 미치지 않아 완전매개하는 것으로 나타났다. 결론적으로 조절변수인 성별을 변수로 한 조절효과가 있는 것을 알 수 있다.[8]

8 남자집단과 여자집단 간 경로의 유의한 차이를 알아보기 위해서는 자유모델과 각 경로를 제약한 모델 간 $\Delta\chi^2$ 차이를 이용한다. 자세한 내용은 13장 다중집단분석 부분을 참조한다.

5 조절변수가 포함된 매개된 조절모델

조절변수가 포함된 매개된 조절모델은 매트릭 조절변수(연속형 변수)가 포함된 매개된 조절모델에 다시 비매트릭 조절변수(범주형 변수)가 사용된 모델이다.

앞서 알아보았던 '시험성적모델'에 학습성과인 매개변수가 포함된 매개된 조절모델에서 성별이 조절변수로 사용된 모델은 다음과 같다.

조절변수가 포함된 매개된 조절모델 형태

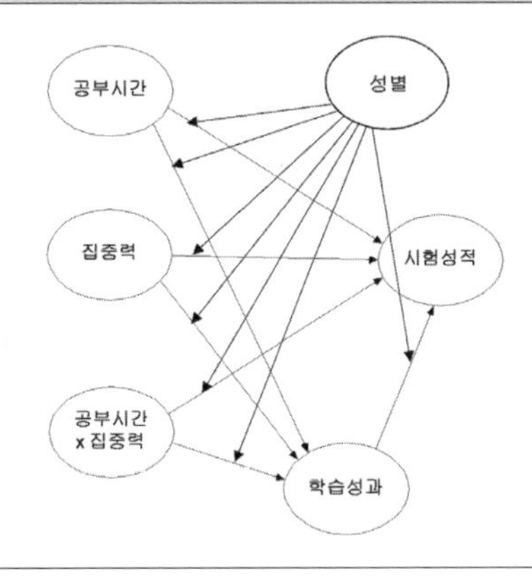

위 모델은 Amos에서 다음과 같이 구체화할 수 있다.

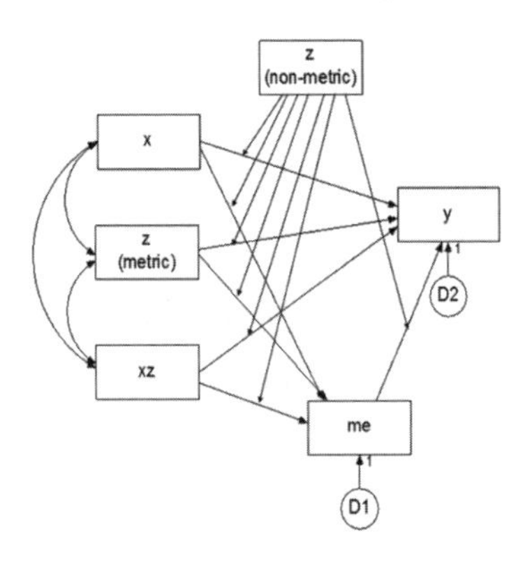

* Z(metric): 매트릭 조절변수, Z(non-metric): 비매트릭 조절변수

위 모델을 분석한 결과는 다음과 같다. 분석은 성별로 나누어 수행해야 한다.

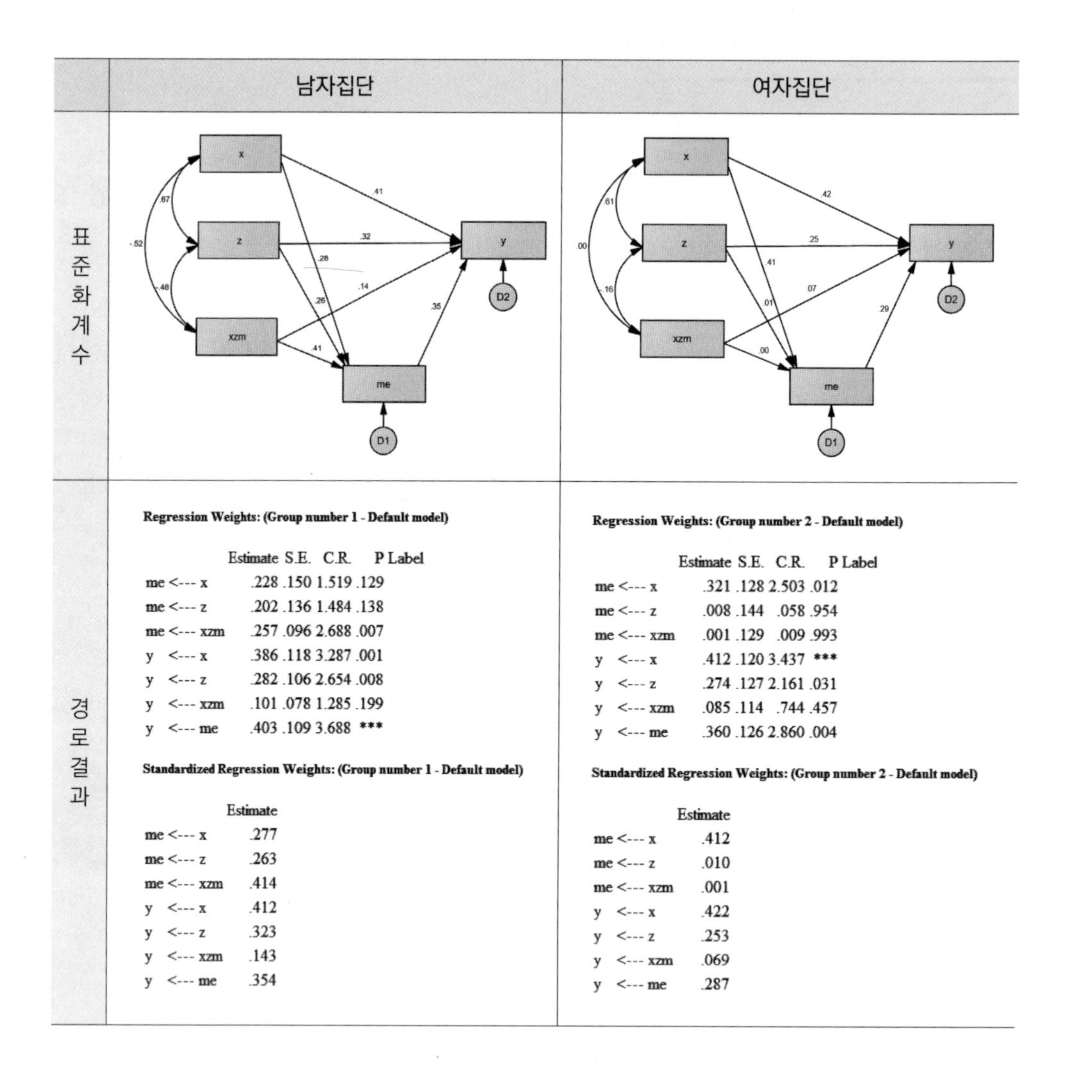

남자집단

Regression Weights: (Group number 1 - Default model)

	Estimate	S.E.	C.R.	P	Label
me <--- x	.228	.150	1.519	.129	
me <--- z	.202	.136	1.484	.138	
me <--- xzm	.257	.096	2.688	.007	
y <--- x	.386	.118	3.287	.001	
y <--- z	.282	.106	2.654	.008	
y <--- xzm	.101	.078	1.285	.199	
y <--- me	.403	.109	3.688	***	

Standardized Regression Weights: (Group number 1 - Default model)

	Estimate
me <--- x	.277
me <--- z	.263
me <--- xzm	.414
y <--- x	.412
y <--- z	.323
y <--- xzm	.143
y <--- me	.354

여자집단

Regression Weights: (Group number 2 - Default model)

	Estimate	S.E.	C.R.	P	Label
me <--- x	.321	.128	2.503	.012	
me <--- z	.008	.144	.058	.954	
me <--- xzm	.001	.129	.009	.993	
y <--- x	.412	.120	3.437	***	
y <--- z	.274	.127	2.161	.031	
y <--- xzm	.085	.114	.744	.457	
y <--- me	.360	.126	2.860	.004	

Standardized Regression Weights: (Group number 2 - Default model)

	Estimate
me <--- x	.412
me <--- z	.010
me <--- xzm	.001
y <--- x	.422
y <--- z	.253
y <--- xzm	.069
y <--- me	.287

남자집단에서는 xzm → y(C.R. = 1.285, p > .05)가 유의하지 않지만, xzm → me (C.R. = 2.688, p < .05) 경로와 me → y(C.R. = 3.688, p < .05) 경로가 유의하기 때문에 완전매개하는 것을 알 수 있다. 반면, 여자집단에서는 x → y(C.R. = 3.437, p > .05)가 유의하고, x → me(C.R. = 2.503, p < .05) 경로와, me → y(C.R. = 2.860, p < .05) 경로가 유의하기 때문에 부분매개하는 것을 알 수 있다.

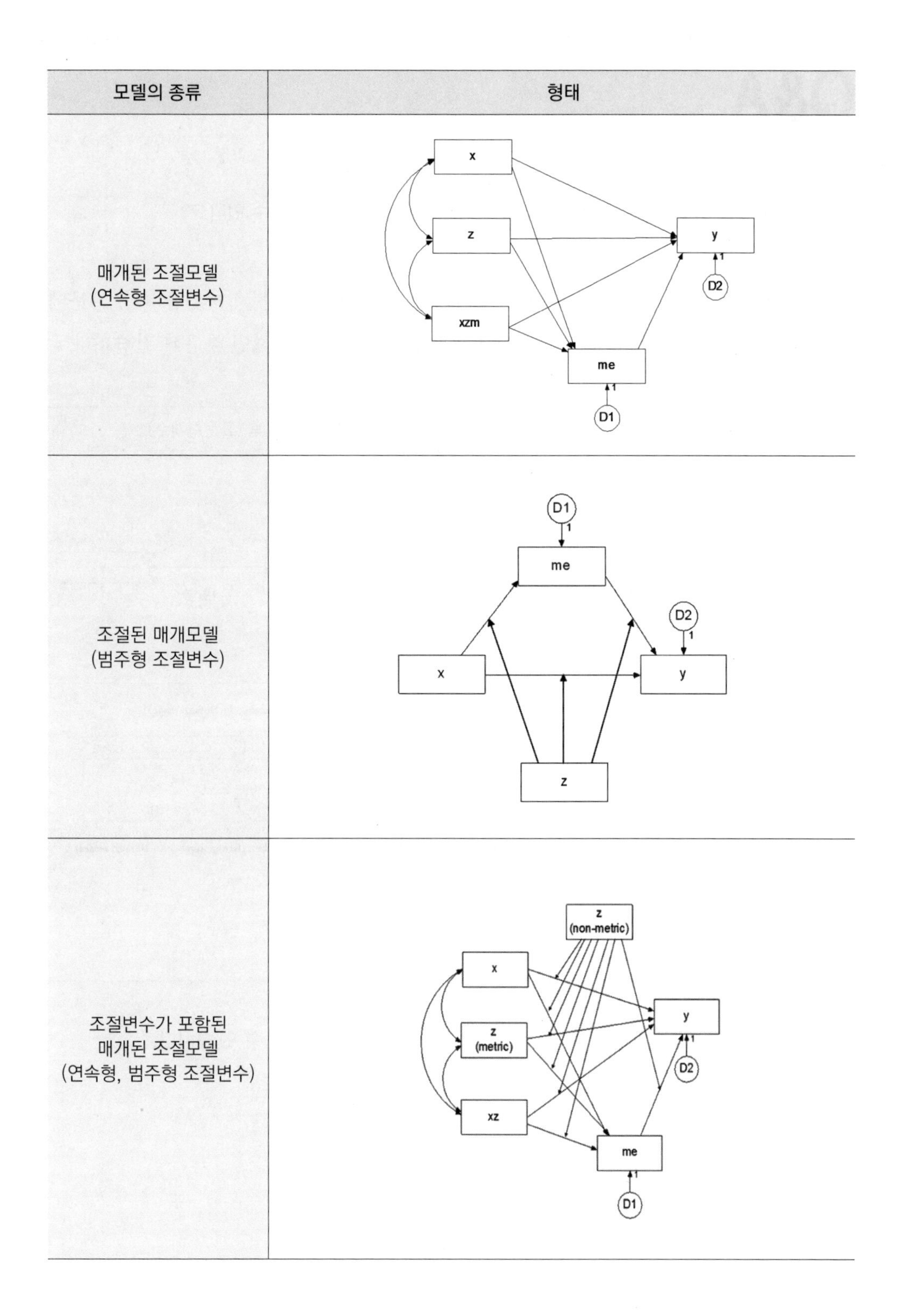

모델의 종류	형태
매개된 조절모델 (연속형 조절변수)	
조절된 매개모델 (범주형 조절변수)	
조절변수가 포함된 매개된 조절모델 (연속형, 범주형 조절변수)	

Q&A

Q 12-1 SPSS를 이용한 상호작용효과 결과를 Amos에서도 얻을 수 있나요?

A Amos에서도 SPSS에서 제공하는 결과와 동일한 결과를 얻을 수 있습니다. 본문에서 언급했던 공부시간, 집중력, 시험성적 모델을 Amos에서 분석하면 다음과 같습니다.

평균중심화 전 (표준화계수)

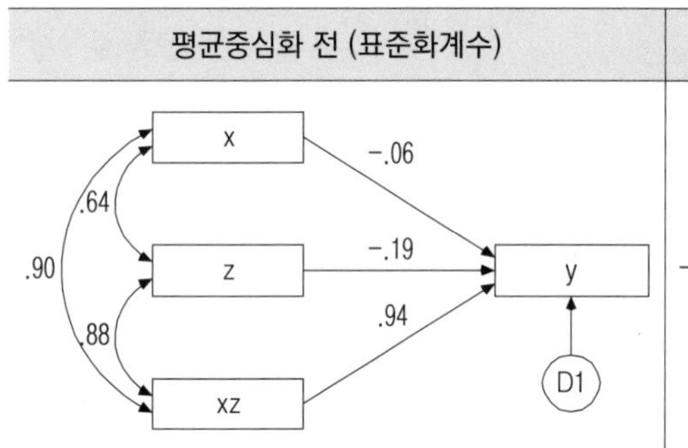

Regression Weights: (Group number 1 - Default model)

	Estimate	S.E.	C.R.	P	Label
y <--- x	-.062	.220	-.280	.780	
y <--- z	-.177	.196	-.903	.367	
y <--- xz	.163	.064	2.562	.010	

Standardized Regression Weights: (Group number 1 - Default model)

	Estimate
y <--- x	-.065
y <--- z	-.186
y <--- xz	.941

평균중심화 후 (표준화계수)

Regression Weights: (Group number 1 - Default model)

	Estimate	S.E.	C.R.	P	Label
y <--- x	.486	.087	5.557	***	
y <--- z	.323	.089	3.647	***	
y <--- xzm	.163	.064	2.562	.010	

Standardized Regression Weights: (Group number 1 - Default model)

	Estimate
y <--- x	.509
y <--- z	.339
y <--- xzm	.193

분석 결과, 본문의 SPSS 결과와 Amos 결과가 거의 동일함을 알 수 있습니다.

Q 12-2 조절효과 검증 시 평균중심화 이외에 표준화점수를 사용해도 된다고 들었습니다. 두 방법 모두 동일한가요?

A 평균중심화 이외에도 표준화점수를 이용하여 다중공선성 문제를 해결할 수 있습니다. 먼저 변수를 표준화하기 위해 [분석] → [기술통계량] → [기술통계]에서 표준화하려는 변수들을 [변수]로 이동시킨 후 '☑ 표준화 값을 변수로 저장(Z)'을 체크하고 [확인]을 누릅니다.

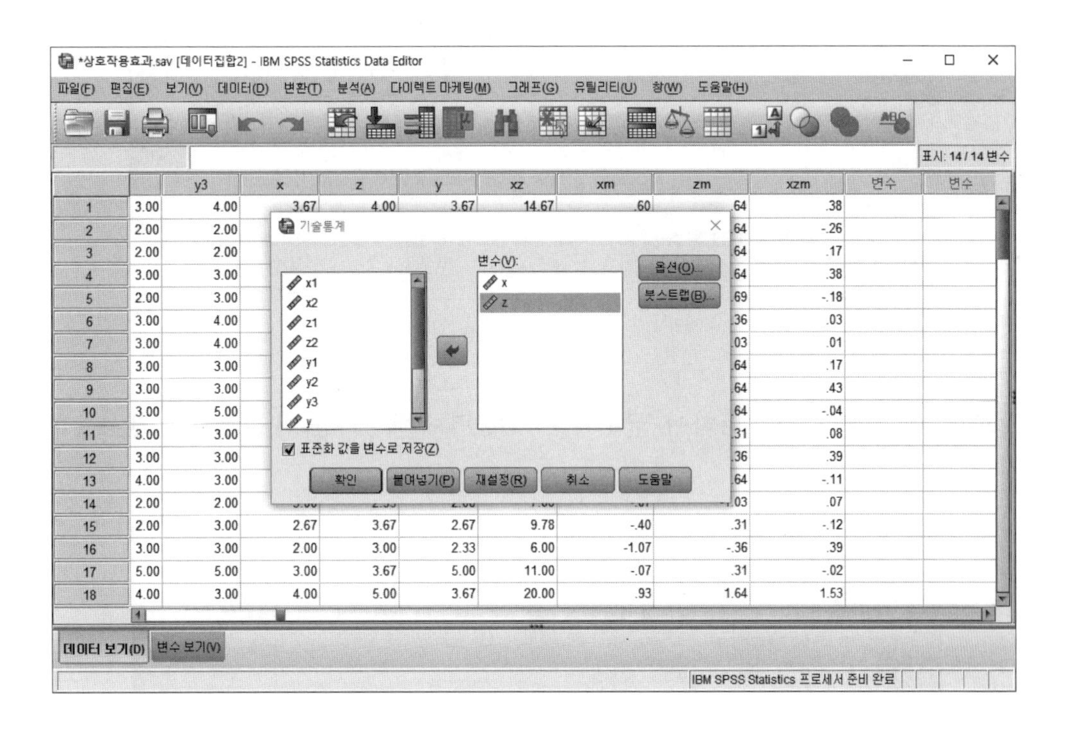

그러면 'Z'가 붙은 새로운 변수가 생성되며 설명란에 '표준화 점수'라고 나타납니다.

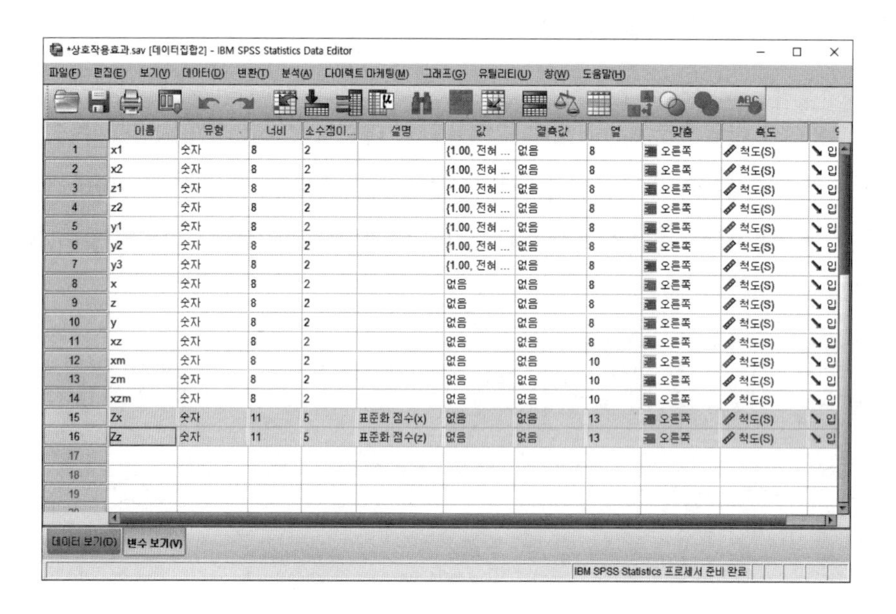

표준화 점수 Zx, Zz를 이용하여 '공부시간×집중력'에 해당하는 변수(zxzz)를 생성시킵니다.

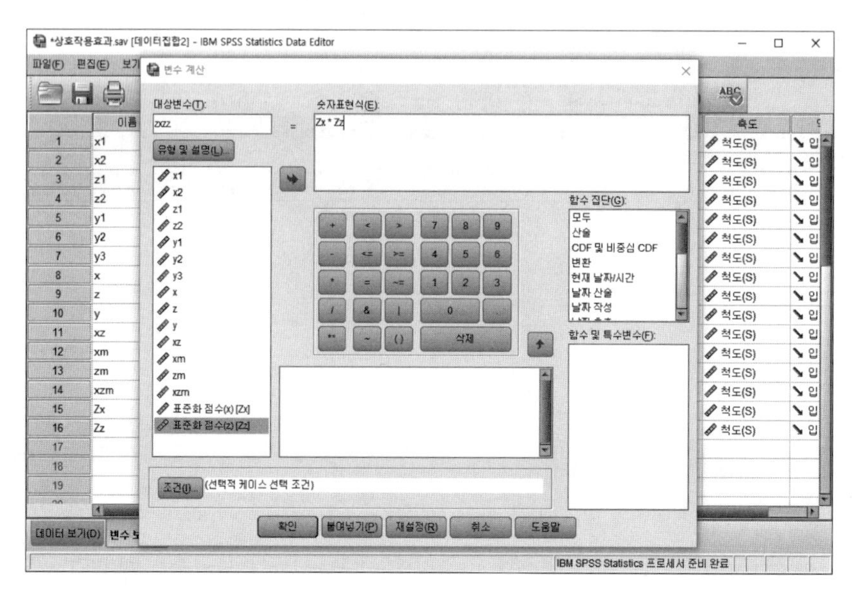

생성된 zxzz를 독립변수로 설정한 후 분석을 진행합니다.

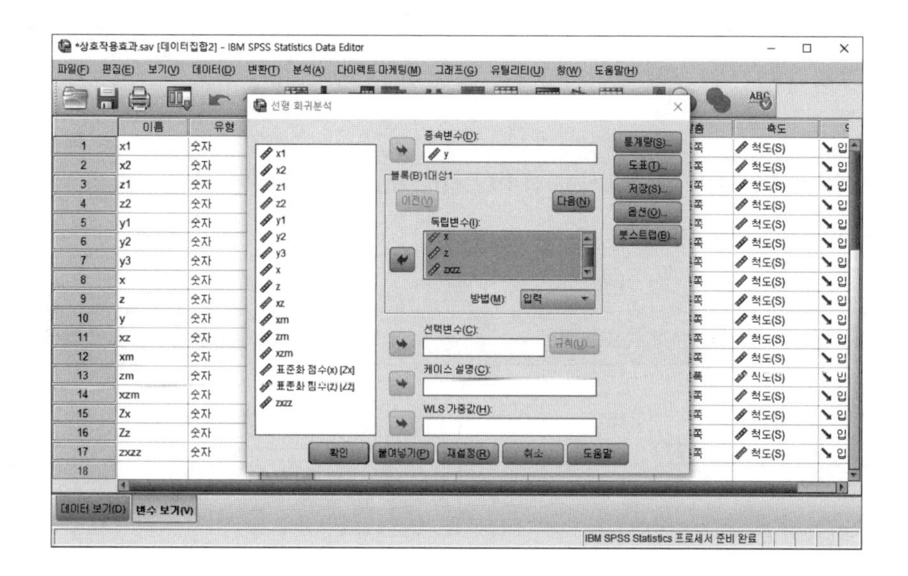

평균중심화 변수(xzm)가 사용된 경우

진입/제거된 변수a

모형	진입된 변수	제거된 변수	방법
1	xzm, x, z[b]	.	입력

a. 종속변수: y

b. 요청된 모든 변수가 입력되었습니다.

모형 요약

모형	R	R 제곱	수정된 R 제곱	추정값의 표준오차
1	.723[a]	.522	.507	.62872

a. 예측값: (상수), xzm, x, z

분산분석a

모형		제곱합	자유도	평균 제곱	F	유의확률
1	회귀 모형	41.497	3	13.832	34.993	.000[b]
	잔차	37.947	96	.395		
	합계	79.444	99			

a. 종속변수: y

b. 예측값: (상수), xzm, x, z

계수a

모형		비표준화 계수		표준화 계수	t	유의확률
		B	표준오차	베타		
1	(상수)	.434	.282		1.537	.128
	x	.486	.089	.509	5.472	.000
	z	.323	.090	.339	3.592	.001
	xzm	.163	.065	.193	2.523	.013

표준화된 변수(zxzz)가 사용된 경우

진입/제거된 변수a

모형	진입된 변수	제거된 변수	방법
1	zxzz, x, z[b]	.	입력

a. 종속변수: y

b. 요청된 모든 변수가 입력되었습니다.

모형 요약

모형	R	R 제곱	수정된 R 제곱	추정값의 표준오차
1	.723[a]	.522	.507	.62872

a. 예측값: (상수), zxzz, x, z

분산분석a

모형		제곱합	자유도	평균 제곱	F	유의확률
1	회귀 모형	41.497	3	13.832	34.993	.000[b]
	잔차	37.947	96	.395		
	합계	79.444	99			

a. 종속변수: y

b. 예측값: (상수), zxzz, x, z

계수a

모형		비표준화 계수		표준화 계수	t	유의확률
		B	표준오차	베타		
1	(상수)	.435	.282		1.544	.126
	x	.485	.089	.509	5.468	.000
	z	.323	.090	.339	3.592	.001
	zxzz	.144	.057	.193	2.523	.013

a. 종속변수: y

두 분석을 비교해보면 평균중심화의 xzm은 비표준화계수 = .163이고, 표준화점수의 zxzz는 비표준화계수 = .144로 약간의 차이가 나타납니다. 그러나 이를 제외하면 표준화계수를 포함한 다른 부분에서는 일치하는 것을 알 수 있습니다.

그리고 x와 z 변수 대신 평균중심화 점수인 xm, zm과 표준화점수인 Zx, Zz를 이용하더라도 분석 결과는 변하지 않습니다.

평균중심화된 xm, zm이 사용된 경우

진입/제거된 변수[a]

모형	진입된 변수	제거된 변수	방법
1	xzm, xz, zm[b]	.	입력

a. 종속변수: y

b. 요청된 모든 변수가 입력되었습니다.

모형 요약

모형	R	R 제곱	수정된 R 제곱	추정값의 표준오차
1	.723[a]	.522	.507	.62872

a. 예측값: (상수), xzm, xz, zm

분산분석[a]

모형		제곱합	자유도	평균 제곱	F	유의확률
1	회귀 모형	41.497	3	13.832	34.993	.000[b]
	잔차	37.947	96	.395		
	합계	79.444	99			

a. 종속변수: y

b. 예측값: (상수), xzm, xz, zm

계수[a]

모형		비표준화 계수		표준화 계수	t	유의확률
		B	표준오차	베타		
1	(상수)	1.519	.287		5.300	.000
	xz	.144	.026	.835	5.472	.000
	zm	-.121	.153	-.127	-.790	.431
	xzm	.018	.067	.022	.276	.783

표준화점수 Zscore 변수가 사용된 경우

진입/제거된 변수[a]

모형	진입된 변수	제거된 변수	방법
1	zxzz, 표준화 점수(x), 표준화 점수(z)[b]	.	입력

a. 종속변수: y

b. 요청된 모든 변수가 입력되었습니다.

모형 요약

모형	R	R 제곱	수정된 R 제곱	추정값의 표준오차
1	.723[a]	.522	.507	.62872

a. 예측값: (상수), zxzz, 표준화 점수(x), 표준화 점수(z)

분산분석[a]

모형		제곱합	자유도	평균 제곱	F	유의확률
1	회귀 모형	41.497	3	13.832	34.993	.000[b]
	잔차	37.947	96	.395		
	합계	79.444	99			

a. 종속변수: y

b. 예측값: (상수), zxzz, 표준화 점수(x), 표준화 점수(z)

계수[a]

모형		비표준화 계수		표준화 계수	t	유의확률
		B	표준오차	베타		
1	(상수)	3.008	.073		41.385	.000
	표준화 점수(x)	.456	.083	.509	5.468	.000
	표준화 점수(z)	.304	.085	.339	3.592	.001
	zxzz	.144	.057	.193	2.523	.013

a. 종속변수: y

chapter

13

다중집단분석

1 다중집단분석의 이해

다중집단분석(multiple group analysis)[1]은 둘 이상의 집단을 분석하여 모델 간 경로계수가 통계적으로 유의한 차이가 있는지 없는지를 판단할 때 사용하는 분석기법이다. 국가 간 소비자들의 차이(한국소비자 vs. 미국소비자), 남녀집단 간 차이 분석처럼 모집단으로부터 얻은 서로 다른 표본들을 비교할 때 주로 사용한다. 다중집단분석은 아래와 같이 크게 3가지로 분류한다.

다중집단분석
- 다중집단 확인적 요인분석
- 다중집단 경로분석
- 다중집단 구조방정식모델 분석

다중집단분석을 공부하기 전에 염두에 두어야 할 점은 다중집단분석을 '어떻게 하는지'가 아니라 '왜 하는지'이다. 이를 명확히 이해하는 것이 중요하다.

구조방정식모델을 처음 공부하는 초보자들 대부분이 다집단을 각각 분석하는 것과 다중집단분석을 혼동한다. 이 두 방법은 서로 비슷해 보이지만, 사실 다른 개념이다.

예를 들어, 어떤 조사자가 TV홈쇼핑 광고가 재구매에 미치는 영향을 조사하는 경우를 생각해보자. 이때 남녀집단 간 차이가 있는지 없는지를 알아보려고 한다면, 홈쇼핑 광고는 독립변수, 재구매는 종속변수, 성별은 조절변수가 된다.

1 Amos 4.0 버전에서는 다중집단분석을 제공하지 않기 때문에 조사자가 직접 계산해야 하며, 계산방법은 본 교재에 자세히 기술되어 있다.

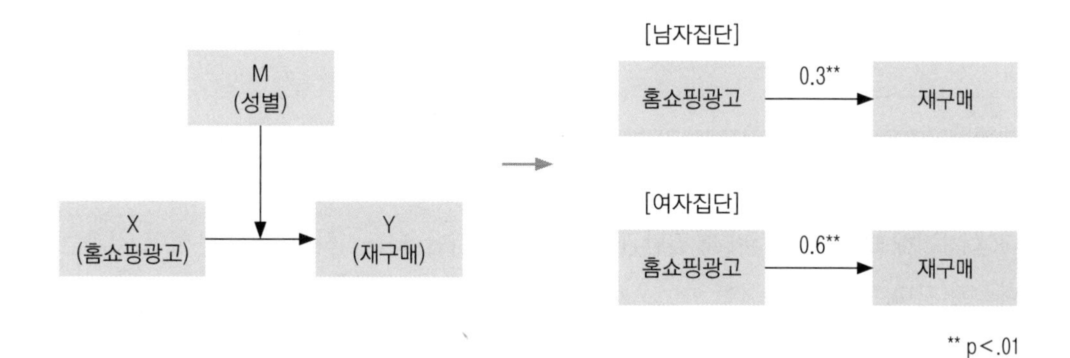

두 집단의 경로계수를 비교해보면, 남자집단은 .3으로 통계적으로 유의하고, 여자집단 또한 .6으로 통계적으로 유의하다. 이 결과에 따라 '광고가 재구매로 가는 경로에서 남자집단과 여자집단은 모두 통계적으로 유의하게 영향을 미친다'는 결론을 내린다면, 이는 다중집단분석이 아니라 단순히 두 집단을 개별적으로 분석하는 단계에 머무르는 것이다.

그런데 조사자가 한 단계 더 나아가 두 집단의 경로계수의 크기를 가지고 서로 통계적으로 유의한 차이가 있는지 없는지를 알고 싶어졌다고 하자. 경로계수의 크기를 비교하면 여자집단의 경로계수($\gamma_1 = .6$)가 남자집단의 경로계수($\gamma_2 = .3$)보다 상대적으로 크지만, 여자집단의 경로계수가 남자집단의 경로계수보다 통계적으로 유의하게 강한지는 알 수 없다. 단순히 경로계수의 절대적 수치가 크다고 해서 통계적으로 유의하게 더 강하다고 할 수 없기 때문이다. 바로 이럴 경우, 다중집단분석을 통해 검증을 해봐야 한다.

즉, 연구모델을 남자집단과 여자집단으로 나누어 분석할 경우에는 조사자의 관심이 각 집단의 가설에 해당하는 모델 내 경로의 통계적 유의성에 국한되지만, 다중집단분석에서는 모델 내 경로의 통계적 유의성뿐만 아니라 집단 간 경로의 통계적으로 유의한 차이성까지 확장된다. 그리고 경로계수의 차이는 비제약모델(unconstrainded model)[2]과 제약모델 간 χ^2 차이를 통해서 검증하게 된다.

2 '자유모델(free model)'이라고도 한다.

1-1 다중집단분석 예

외제차모델은 구조방정식모델이기 때문에 다중집단 구조방정식모델에 해당된다. 먼저 조사자가 한국소비자 집단과 중국소비자 집단을 비교하기 위해 새롭게 중국 표본을 수집했다고 가정해보자. 한국소비자 집단과 중국소비자 집단을 분리하여 각각 분석한 결과는 다음과 같다.

[그림 13-1] 한국소비자 집단과 중국소비자 집단의 경로계수

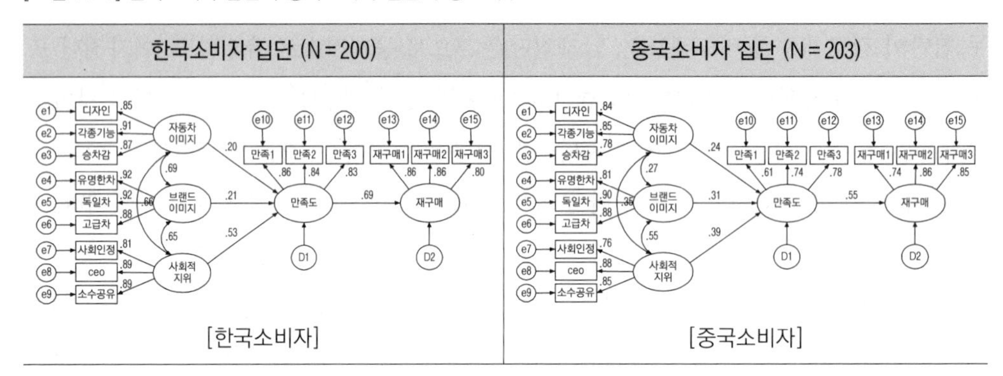

[표 13-1] 한국소비자 집단과 중국소비자 집단의 분석 결과

	한국소비자 집단		중국소비자 집단	
	표준화계수	C.R. (p-값)	표준화계수	C.R. (p-값)
자동차이미지 → 만족도	.20	2.504 (.012)	.24	3.095 (.002)
브랜드이미지 → 만족도	.21	2.699 (.007)	.31	3.569 (.000)
사회적지위 → 만족도	.53	6.580 (.000)	.39	4.159 (.000)
만족도 → 재구매	.69	9.346 (.000)	.55	5.533 (.000)
모델적합도	χ^2 = 155.33, df = 83, p = .000, GFI = .905, AGFI = .863, CFI = .970, RMR = .050, RMSEA = .066		χ^2 = 166.26, df = 83, p = .000, GFI = .899, AGFI = .855, CFI = .950, RMR = .068, RMSEA = .070	

앞서 언급했듯이, 만약 조사자가 여기까지만 분석한다면 두 집단을 개별적으로 분석한 단계에 머무르는 것이다.

그런데 조사자가 한국소비자 집단과 중국소비자 집단의 모든 경로가 유의하지만, 이것으로 비교 연구를 끝내는 것은 큰 의미가 없을 수 있기 때문에 두 집단 간 차이를 보여줄 수 있는 연구방법을 생각할 수 있다. 서로 다른 모집단으로부터 추출한 표본을 비교할 때 상이한 차이를 기대하는 것은 조사자의 입장에서 당연한 것이기 때문이다.

다음으로 조사자가 생각할 수 있는 방법은 경로의 수치 간 차이의 통계적인 유의성을 알아보는 방법일 것이다. 예를 들어 '사회적지위 → 만족도' 경로의 경우, 한국소비자 집단은 .53이고 중국소비자 집단은 .39이기 때문에 한국소비자 집단의 경로계수가 중국소비자 집단의 경로계수보다 상대적으로 크다고 할 수 있지만, 통계적으로 유의하게 크다고 할 수는 없다. 그래서 두 경로 간에 통계적으로 유의한 차이를 알아보기로 했다면, 이것이 바로 다중집단분석에 해당한다. 다중집단분석은 비제약모델과 제약모델 간 χ^2 차이를 이용해 분석하게 된다.

그런데 다중집단 구조방정식모델 분석(또는 다중집단 경로분석)을 실시하기 위해서는 먼저 다중집단 확인적 요인분석의 개념을 알아야 한다. 다중집단 확인적 요인분석은 집단 간 교차타당성이라는 중요한 검증을 하는 수단으로, 다중집단분석에서 핵심이 되기 때문이다. 지금부터는 다중집단 확인적 요인분석이 무엇이고, 이 분석이 왜 필요한지에 대해 알아보도록 하자.

2 다중집단 확인적 요인분석

다중집단 확인적 요인분석(multiple group confirmatory factor analysis)은 집단 간 확인적 요인분석을 하는 것으로서, 주로 교차타당성(cross validation)을 검증할 때 사용된다. 교차타당성은 모집단으로부터 추출한 표본에서 얻은 결과가 같은 모집단으로부터 추출한 다른 표본에서 얻은 결과와 동일한지를 검증할 때 이용된다. 개념적으로는 같은 모집단에서 추출한 표본들을 대상으로 하는 것이지만, 구조방정식모델에서는 이를 응용하여 이질적 모집단으로부터 얻은 표본끼리 교차타당성을 분석하기도 한다.

2-1 교차타당성

1) 동일모집단

동일한 모집단으로부터 얻은 2개 이상의 표본들이 서로 동일한 결과를 보이는지를 검증하는 것이다. 동일한 모집단으로부터 얻은 표본을 비교하기 때문에 표본의 정확성(accuracy)이나 신뢰성(reliability)은 확인할 수 있지만, 검증을 위해 표본을 2개 이상으로 나누기 때문에 표본의 크기가 적은 경우에는 분석에 문제가 발생하기도 한다.

외제차모델의 경우, 표본의 교차타당성을 위해서 무작위로 두 집단을 나눈 후 첫 번째 집단의 결과와 두 번째 집단의 결과를 비교하는 것이라고 생각하면 된다. 두 집단의 결과가 동일하다면 교차타당성이 입증되었다고 할 수 있다. 그러나 이 방법은 표본이 2개 이상으로 나누어지기 때문에 대표본이 아닐 경우에는 표본의 크기가 줄어드는 단점이 있다.

2) 이질모집단

이질모집단은 다른 모집단으로부터 얻은 표본에 대한 교차타당성을 검증하는 것으로서 주로 cross cultural study나 cross national study에서 사용된다. 외제차모델의 경우, 한국소비자와 중국소비자 모두에게 조사하여 분석하는 방법이 이에 해당한다.

2-2 측정동일성

1) 측정동일성 개념

교차타당성을 검증하기 위해서는 측정동일성(measurement equivalence)[3]에 대한 분석이 필요하다. 측정동일성은 다른 모집단으로부터 얻은 측정모델이 같은 결과를 보이는지 아닌지를 판단하는 것으로, 다중집단 확인적 요인분석을 통해 검증한다.

측정동일성의 개념을 예를 통해 이해해보자. 서울 지역 고등학교에서 강남에 위치한 학교와 강북에 위치한 학교 간의 수학시험 점수를 비교하려고 할 때, 점수 비교에 앞서 어떠한 전제가 필요할까? 만약 강남학교와 강북학교의 시험문제가 다르게 출제됐다면, 강남학교와 강북학교의 수학성적을 비교하는 것은 객관적으로 타당하다고 할 수 없다. 시험문제는 반드시 동일해야 한다는 가정이 성립되어야 강남학교와 강북학교의 성적을 비교할 수 있는 것이다. 이렇게 다수의 응답자들이 측정도구(예: 설문지)에 대해서 동등하게 인식하고 있다는 것을 검증하는 과정이 측정동일성에 해당한다.

외제차모델에서도 조사자는 다중집단 구조방정식모델 분석을 실시하기 전, 실제로 한국소비자 집단과 중국소비자 집단이 설문지 내용을 동등하게 이해했는지를 검증해야 한다. 한국소비자와 중국소비자가 설문지 내용을 동일하게 이해했다면 문제가 없지만, 다르게 인식했다면 측정동일성에 문제가 있다는 의미이다. 이는 설문지를 잘못 해석하거나 국가 간 응답집단을 서로 다르게 측정하는 등 측정도구나 방법에 문제가 발생했거나, 또는 실제로 설문에 나와 있는 구성개념에 대해서 응답자들이 다르게 이해했다는 뜻이 된다. 만약 이러한 과정 없이 다중집단 구조방정식모델 분석(또는 다중집단 경로분석)을 실시한다면, 이는 서로 다른 시험지로 시험을 치른 강남학생들의 점수와 강북학생들의 점수를 비교하는 것과 비슷한 이치라고 할 수 있다.

---

3 Myers et al. (2000), Mullen (1995).

2) 측정동일성 검증순서

지금까지 언급한 측정동일성은 다음과 같이 5단계[4]로 나뉜다.

1단계 : 형태 동일성
비제약모델(unconstrained model) 형태로 집단 간 어떠한 제약도 하지 않은 모델
2단계 : 요인부하량 동일성
요인부하량 제약모델(λ constrained model) 형태로 집단 간 요인부하량을 동일하게 제약한 모델
3단계 : 공분산 동일성
공분산 제약모델(ϕ constrained model) 형태로 집단 간 공분산 및 잠재변수의 분산을 동일하게 제약한 모델
4단계 : 요인부하량, 공분산 동일성
요인부하량, 공분산 제약모델(λ, ϕ constrained model) 형태로 집단 간 요인부하량, 공분산을 동일하게 제약한 모델
5단계 : 요인부하량, 공분산, 오차분산 동일성
요인부하량, 공분산, 오차분산 제약모델(λ, ϕ, θ constrained model) 형태로 집단 간 요인부하량, 공분산, 측정오차 분산을 동일하게 제약한 모델

알아두세요!

Hair가 제시한 측정동일성 6단계

본문에서 마이어스 등(Myers et al., 2000)과 멀른(Mullen, 1995)이 제시한 측정동일성 5단계를 사용한 이유는 Amos Output에서 제공하는 결과와 순서가 일치하기 때문이다. 이는 헤어(Hair, 2007)가 제시한 6단계와 비교할 때, 순서의 차이만 있을 뿐 내용은 거의 동일하다.

- **1단계** Loose cross validation : 자유 교차 타당성을 확인하는 단계
- **2단계** Equivalent covariance matrices : 공분산행렬 동일성을 확인하는 단계
- **3단계** Factor structure equivalence : 요인구조 동일성을 확인하는 단계
- **4단계** Factor loading equivalence : 요인부하량 동일성을 확인하는 단계
- **5단계** Factor loading and interfactor covariance equivalence : 요인부하량 및 요인공분산 동일성을 확인하는 단계
- **6단계** Factor loading, interfactor covariance, and error variance equivalence : 요인부하량, 요인공분산 및 오차분산 동일성을 확인하는 단계

4 Myers et al. (2000); Mullen (1995).

3) 측정동일성 예

외제차모델의 예를 통해 측정동일성을 이해해보도록 하자.

(1) 형태 동일성: 비제약모델

두 집단에 아무런 제약을 하지 않은 모델[5]이다. 두 집단을 동시에 분석하기 때문에 경로계수 등은 집단별로 각각 제공되지만, 모델적합도는 하나만 제공된다. 즉, 두 집단의 모델을 한꺼번에 분석한 모델에 해당한다.

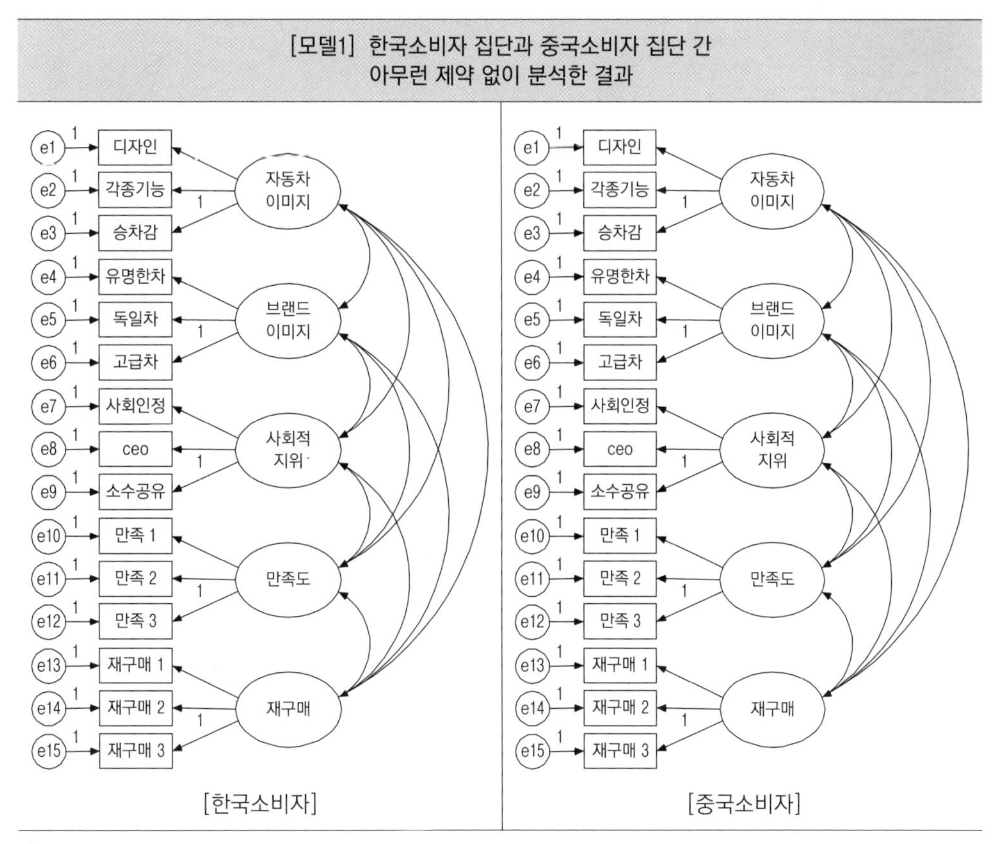

[모델1] 한국소비자 집단과 중국소비자 집단 간 아무런 제약 없이 분석한 결과

χ^2 = 279.95, df = 160, p = .000, GFI = .914, AGFI = .871, CFI = .971, RMR = .047, RMSEA = .043, TLI = .962

5 Amos에서는 두 집단을 동시에 볼 수 없으며, 집단관리창에서 집단을 각각 지정해주어야 한다.

(2) 요인부하량 동일성: 요인부하량 제약모델

두 집단에서 잠재변수와 관측변수 간 경로(요인부하량)를 동일하게 제약한 모델이다. a1~a10에 해당하는 기호는 두 집단의 요인부하량을 똑같이 제약한 것을 의미한다. 즉 '자동차이미지 → 디자인' 경로를 한국집단과 중국집단 모두 a1로 똑같이 고정하는 것이다. 단, 잠재변수와 관측변수 간에 1로 고정되어 있는 경로는 제약해주면 안 된다.

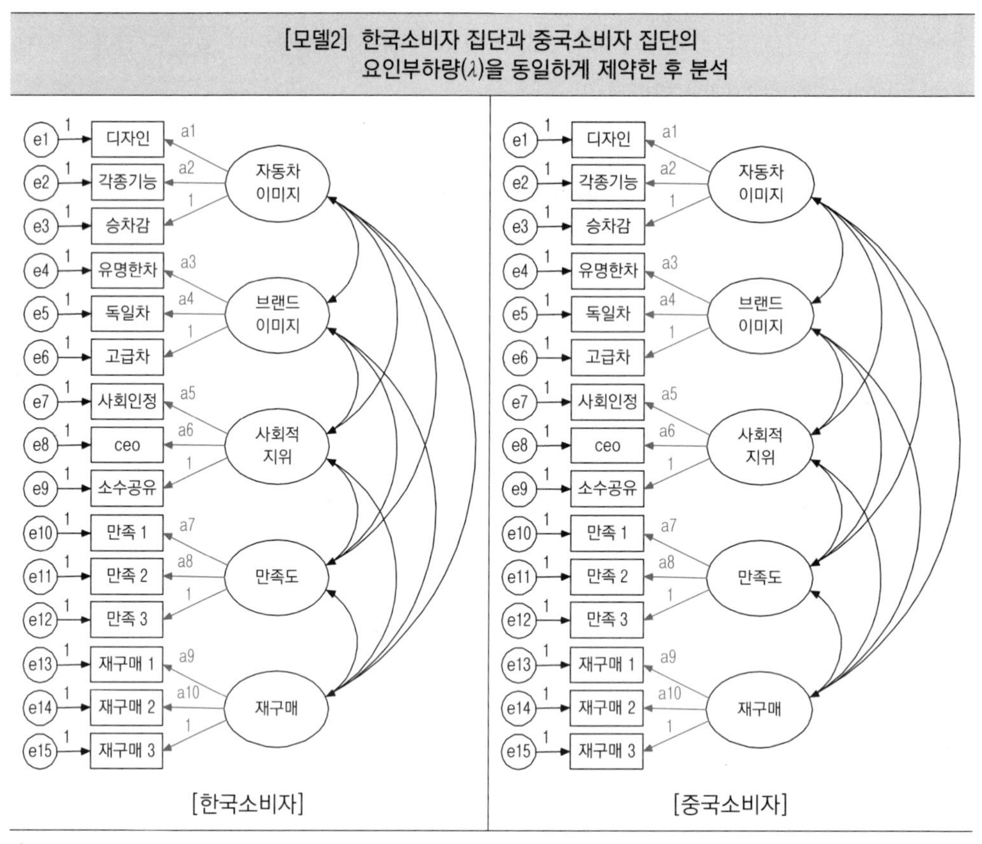

χ^2 = 295.02, df = 170, p = .000, GFI = .909, AGFI = .872, CFI = .970, RMR = .051, RMSEA = .043, TLI = .962

(3) 공분산 동일성: 공분산 제약모델

두 집단에서 잠재변수 간 공분산 및 분산을 동일하게 제약한 모델이다. b1~b10에 해당하는 기호는 잠재변수 간 공분산을 똑같이 제약하는 것을 의미한다. 즉 '자동차이미지 ↔ 브랜드이미지'의 공분산을 한국소비자 집단과 중국소비자 집단 모두 b1로 똑같이 고정하는 것이다. 그리고 b11~b15는 잠재변수들의 분산을 똑같이 고정해준 경우이다.

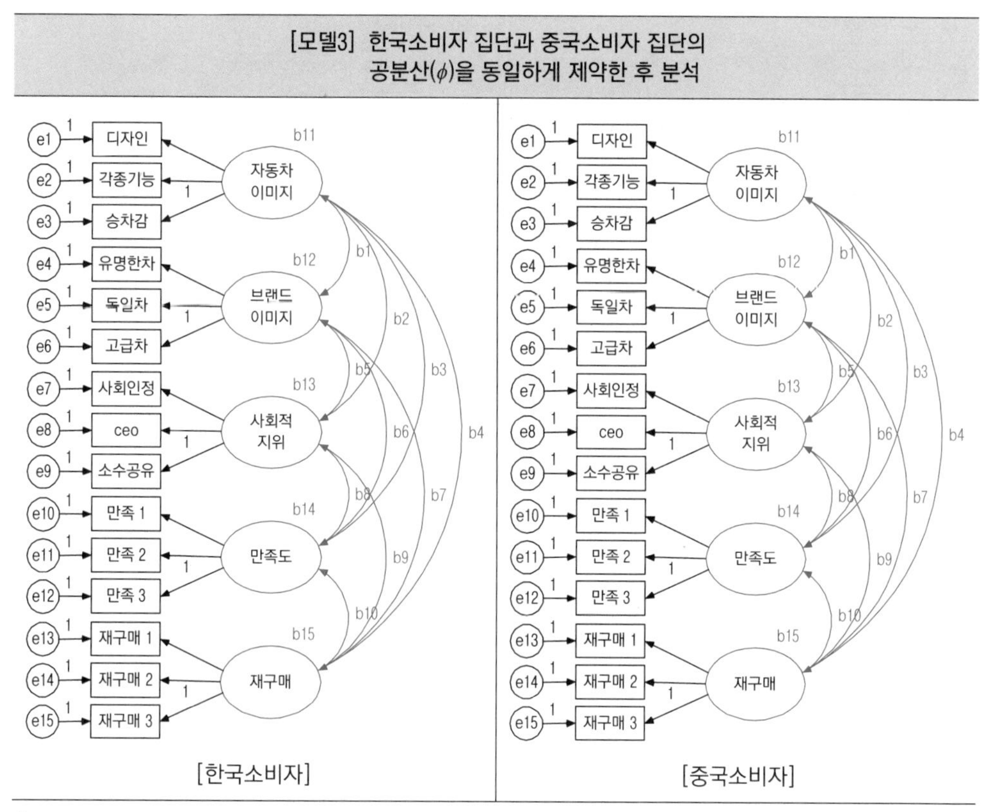

χ^2 = 368.12, df = 175, p = .000, GFI = .891, AGFI = .851, CFI = .953, RMR = .097, RMSEA = .052, TLI = .944

(4) 요인부하량, 공분산 동일성: 요인부하량, 공분산 제약모델

두 집단에서 요인부하량과 잠재변수 간 공분산을 동일하게 제약한 모델이다.

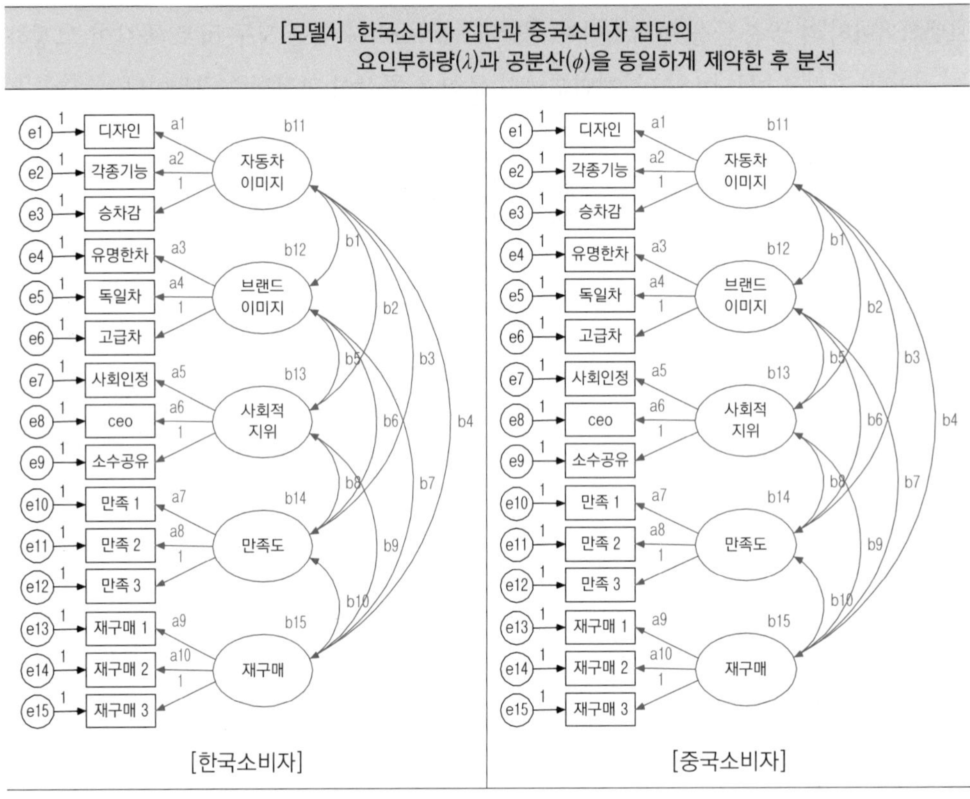

[모델4] 한국소비자 집단과 중국소비자 집단의
요인부하량(λ)과 공분산(ϕ)을 동일하게 제약한 후 분석

χ^2 = 407.17, df = 185, p = .000, GFI = .883, AGFI = .848, CFI = .946, RMR = .119, RMSEA = .055, TLI = .939

(5) 요인부하량, 공분산, 오차분산 동일성: 요인부하량, 공분산, 오차분산 제약모델

두 집단에서 요인부하량과 잠재변수 간 공분산, 측정오차분산을 동일하게 제약한 모델이다. c1~c15에 해당하는 기호는 측정오차들의 분산을 똑같이 제약하는 것을 의미한다.

[모델5] 한국소비자 집단과 중국소비자 집단의
요인부하량(λ), 공분산(ϕ), 측정오차분산(θ_δ)을 동일하게 제약한 후 분석

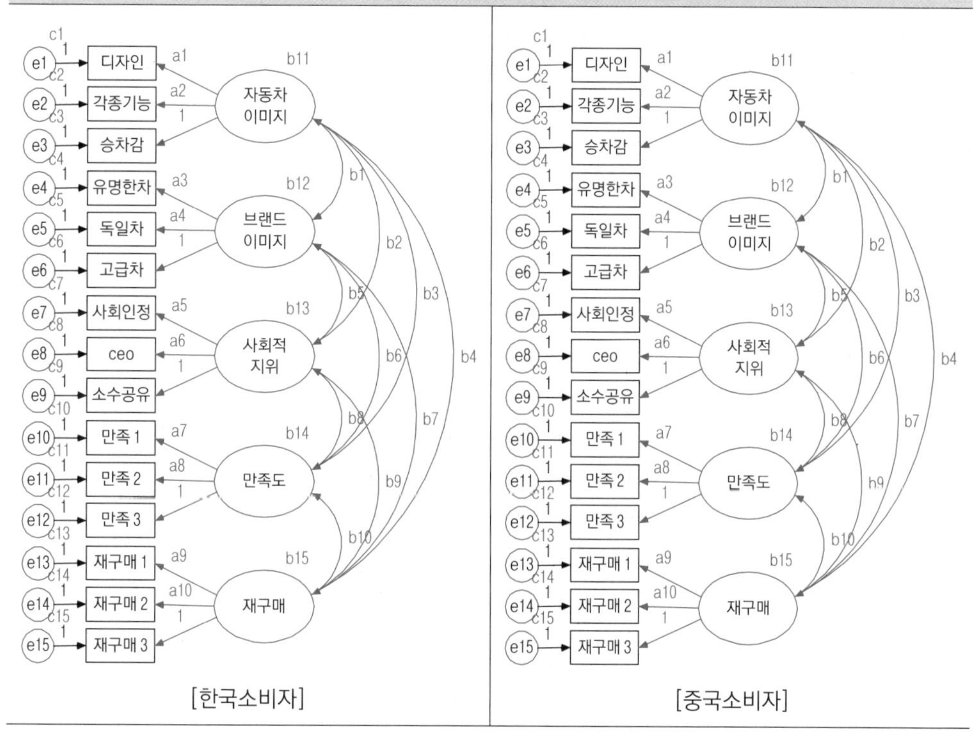

χ^2 = 815.96, df = 200, p = .000, GFI = .787, AGFI = .745, CFI = .850, RMR = .147, RMSEA = .088, TLI = .842

[표 13-2] 모델1~모델5의 측정동일성에 대한 모델적합도 비교

모델	χ^2	df	GFI	CFI	RMSEA	TLI	$\Delta\chi^2$	Sig.
[모델1] 비제약	279.95	160	.914	.971	.043	.962		
[모델2] λ 제약	295.02	170	.909	.970	.043	.962	$\Delta\chi^2(10) = 15.07$ (모델2-모델1)	유의하지 않음
[모델3] ϕ 제약	368.12	175	.891	.953	.052	.944	$\Delta\chi^2(15) = 88.17$ (모델3-모델1)	유의함
[모델4] λ, ϕ 제약	407.17	185	.883	.946	.055	.939	$\Delta\chi^2(25) = 127.22$ (모델4-모델1)	유의함
[모델5] λ, ϕ, θ 제약	815.96	200	.787	.850	.088	.842	$\Delta\chi^2(40) = 536.01$ (모델5-모델1)	유의함

[표 13-2]에서 $\Delta\chi^2$은 비제약모델과 제약모델 간 χ^2 차이를 보여주며, Sig.는 통계적으로 유의한 차이의 유무를 보여준다. 예를 들어 모델1과 모델2의 차이는 df=10일 때, $\Delta\chi^2$=15.07(모델2-모델1 : 295.02-279.95)이 된다. 이는 두 모델 간 χ^2 차이를 나타내는데, 이 수치만으로는 두 집단 간 유의한 차이 유무를 알 수 없기 때문에 χ^2분포표를 보고 판단해야 한다. (χ^2분포표는 부록 참조)

[표 13-3] χ^2분포표

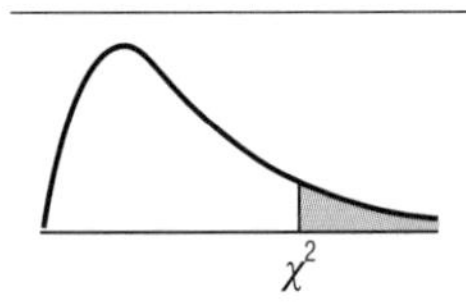

df \ P	0.10	0.05	0.01
1	2.71	3.84	6.64
2	4.61	5.99	9.21
3	6.25	7.82	11.35
4	7.78	9.49	13.28
5	9.24	11.07	15.09
6	10.65	12.59	16.81
7	12.02	14.07	18.48
8	13.36	15.51	20.09
9	14.68	16.92	21.67
10	15.99	18.31	23.21
11	17.28	19.68	24.73
12	18.55	21.03	26.22
13	19.81	22.36	27.69
14	21.06	23.69	29.14
15	22.31	25.00	30.58
⋮			
25	34.38	37.65	44.31
⋮			
40	51.81	55.76	63.69

χ^2분포표에서 p=.05, df=10일 때 χ^2=18.31인데, 모델1과 모델2 간의 $\Delta\chi^2$은 15.07로서 18.31보다 작으므로 통계적으로 유의하지 않다는 것을 나타낸다. 이는 설문지와 같은 측

정도구에 대한 요인부하량 동일성에 문제가 없음을 보여준다. 만약 $\Delta\chi^2$이 18.31 이상이었다면 측정동일성에 문제가 있는 것으로, 한국소비자 집단과 중국소비자 집단이 어떤 구성개념을 측정하는 설문항목과 같은 측정도구에 대해서 다르게 인식하고 있다는 것을 의미한다. 이럴 경우, 다음 분석 단계인 다중집단 구조방정식모델 분석(또는 다중집단 경로분석)을 진행하는 것은 의미가 없게 된다. 두 집단이 구성개념에 대해 다르게 인식하고 있는 상태에서 구성개념 간 인과관계를 측정하는 분석은 의미가 없기 때문이다.

모델3의 경우, 비제약모델(모델1)과 비교할 때 유의한 차이가 있지만, 이 부분은 추후 구조방정식모델로 전환했을 때 가설에 해당되는 인과관계로 변환되기 때문에 차이가 난다고 해서 크게 문제가 되지는 않는다. 모델4, 모델5의 경우에 모델1과 비교해서 유의한 차이가 나는 이유는 모델3에서 유의한 차이가 있는 상태에서 다른 관계를 제약한 후 분석을 했기 때문으로 추정된다.

2-3 다중집단 확인적 요인분석 모델 실행

지금부터는 다중집단 확인적 요인분석을 Amos에서 어떻게 실행하는지 알아보도록 하자. 확인적 요인분석 모델을 다음과 같이 완성한다.

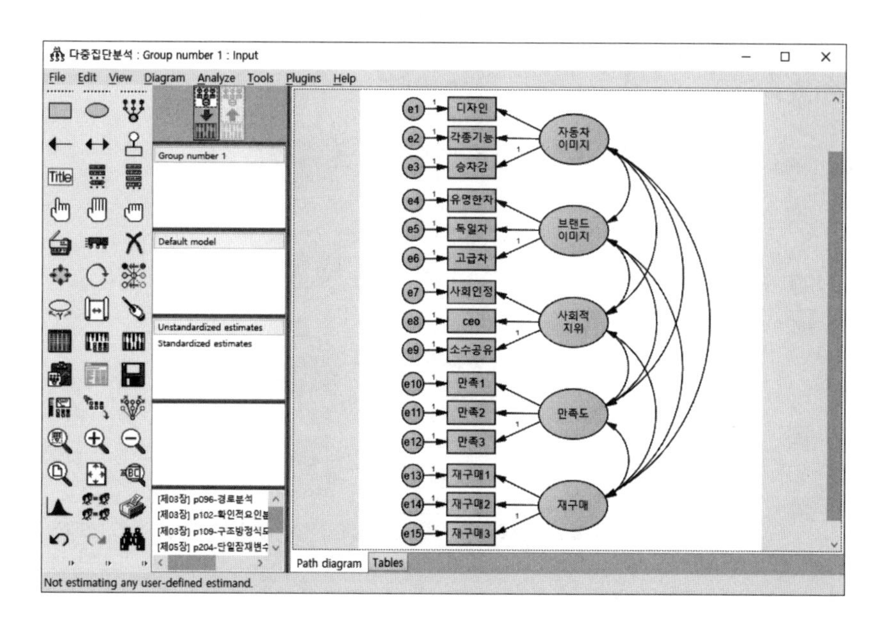

그런 다음 집단관리창에 있는 'Group number 1'을 더블클릭한다.

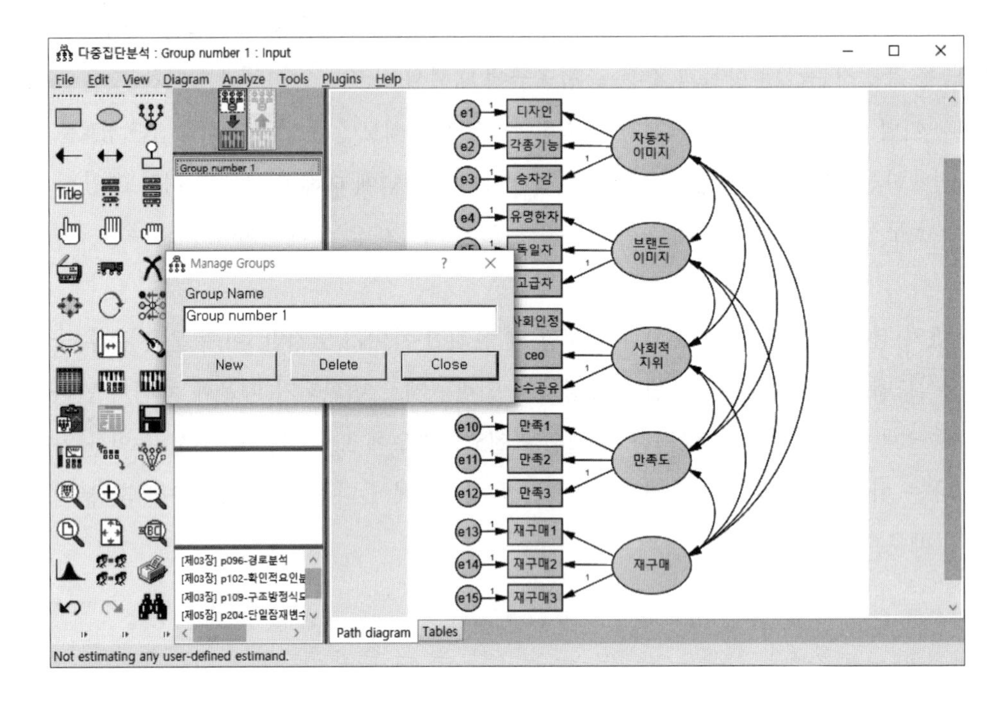

생성된 [Manage Groups] 창에서 [New] 버튼을 누르면 'Group number 2'가 생성된다.

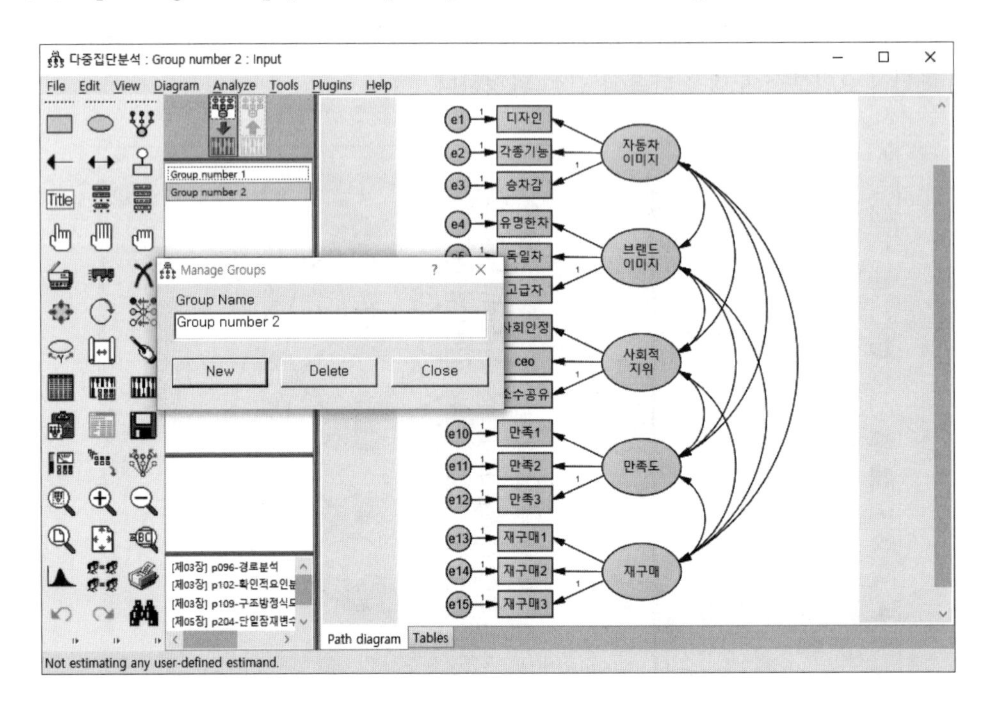

이 상태는 2개의 집단을 연결할 수 있는 모델 2개가 생성된 것으로서 Group number 1에는 '한국소비자'라고 입력하고, Group number 2에는 '중국소비자'라고 입력한다.

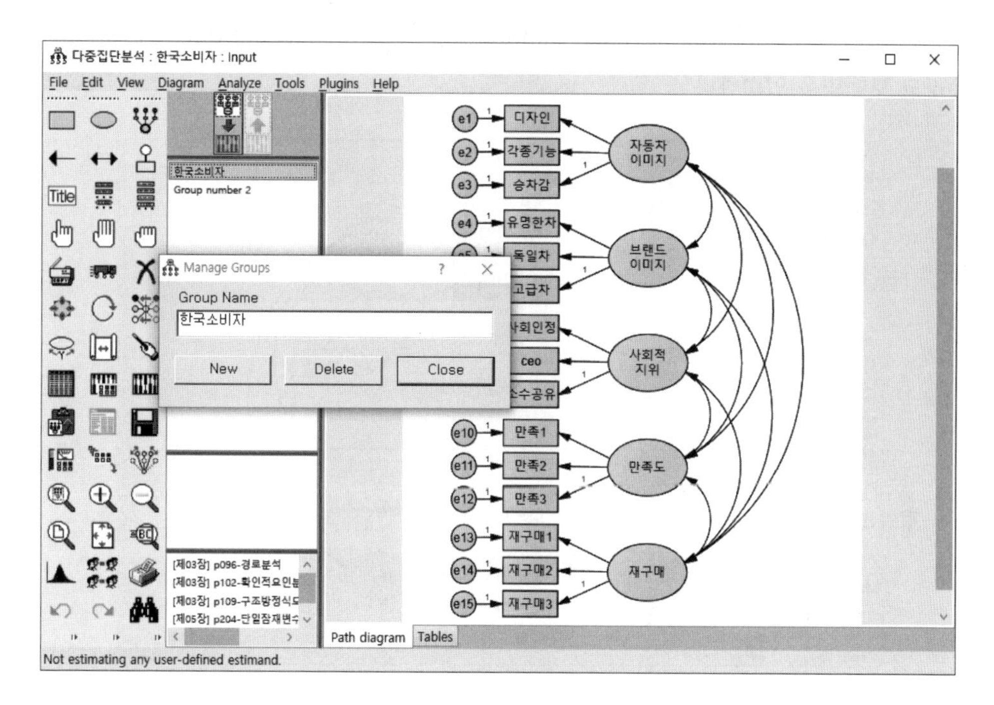

한국소비자 집단과 중국소비자 집단에 각각의 데이터를 연결한다.

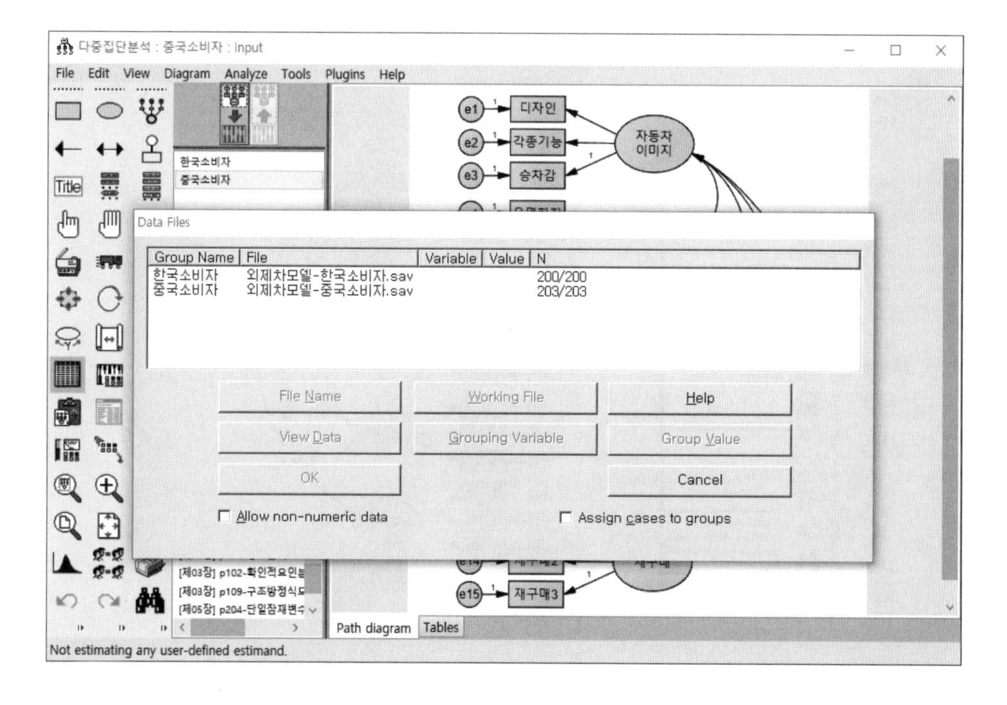

하나의 모델에서 집단을 2개로 나누었기 때문에 분석 결과가 혼동될 수 있으므로 모델작업창에 각 집단의 이름을 입력해준다. 모델관리창에서 '한국소비자' 지정 → Title 아이콘 클릭 → 모델작업창 클릭 → [Figure Caption] 창이 생성되면 [Caption]란에 〈한국소비자〉라고 모델명을 입력한다.

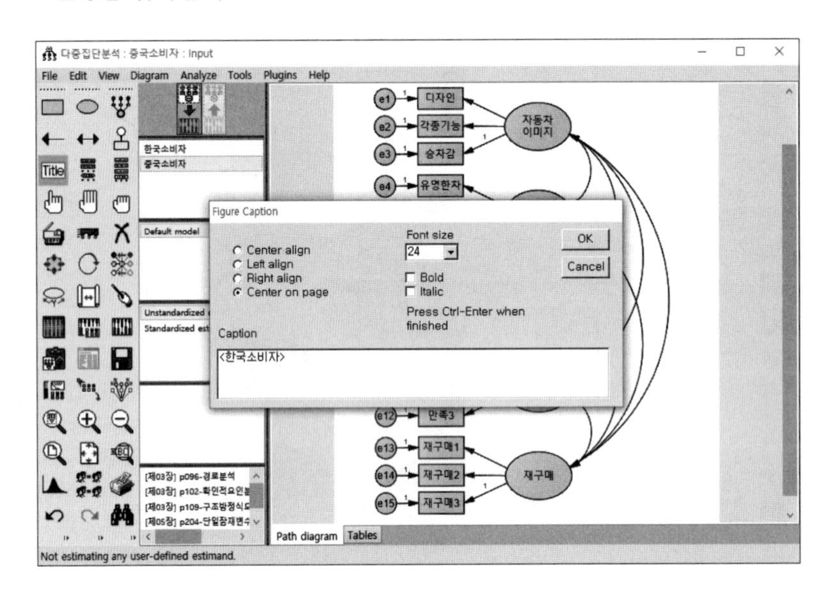

〈한국소비자〉라는 이름이 모델 아래에 생성되었으면, 같은 방법으로 중국소비자 집단도 이름을 입력해준다. 이름의 위치를 수정할 때는 아이콘을 이용한다.

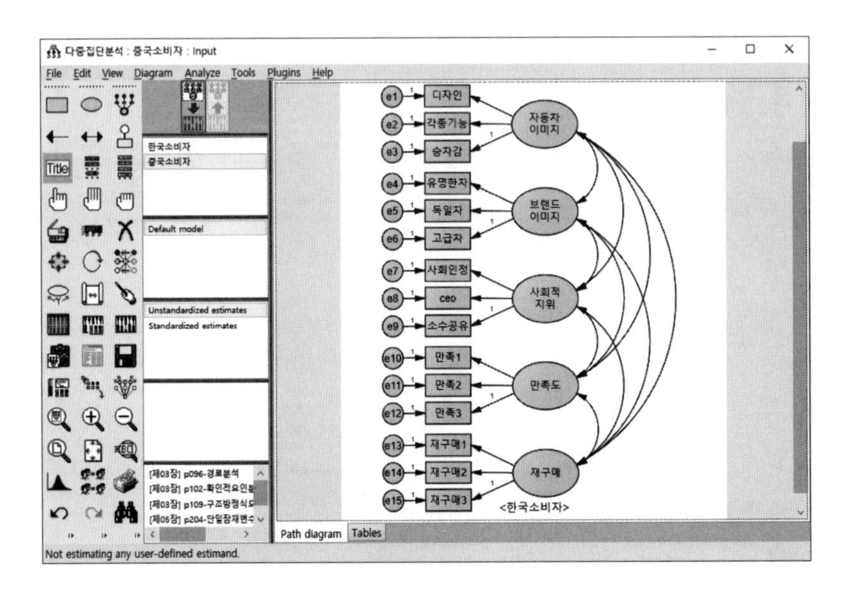

두 집단을 동시에 분석한 모델이기 때문에 경로계수는 한국소비자 집단과 중국소비자 집단에 대해 각각 제공되지만, 모델적합도는 하나만 제공된다.

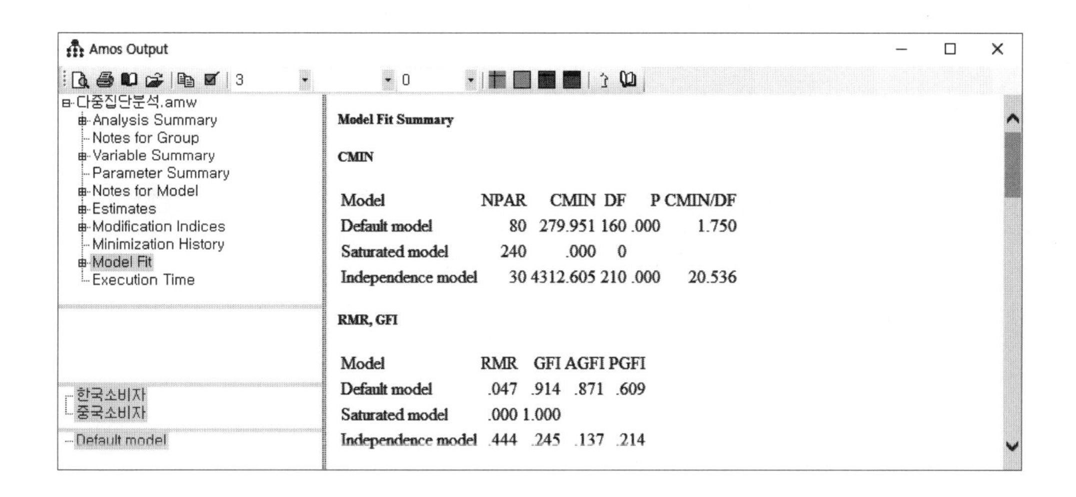

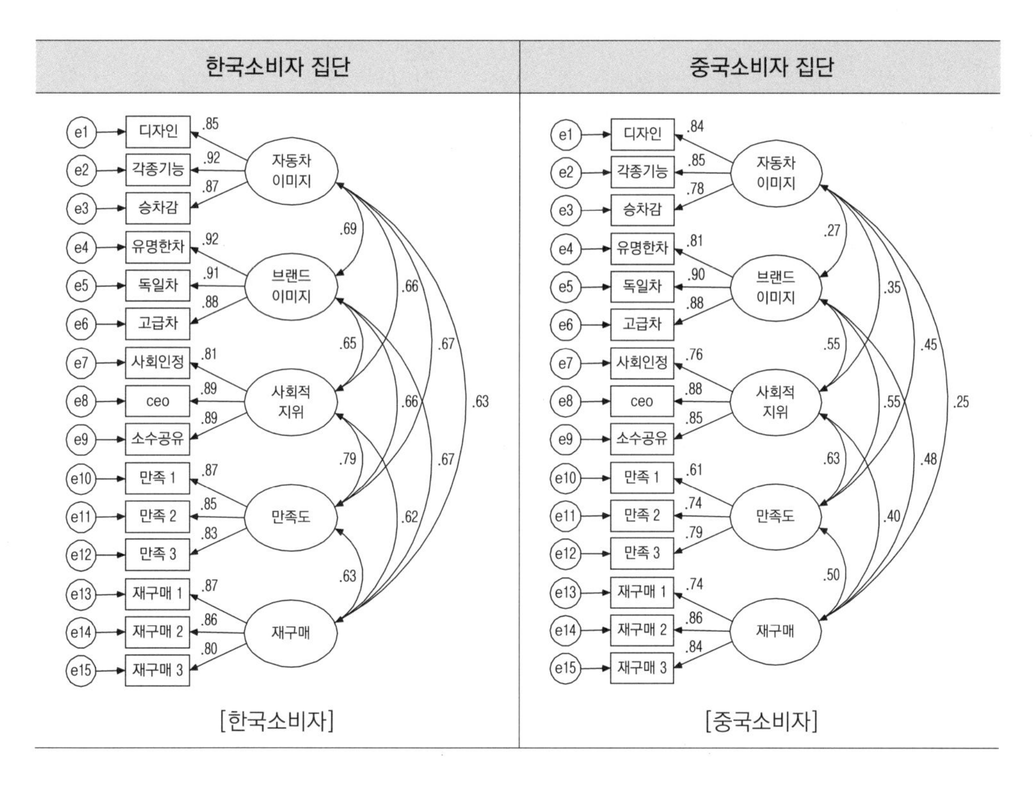

[한국소비자]

[중국소비자]

알아두세요! 다중집단분석 시 데이터 사용방법

다중집단분석 시 데이터 사용방법은 2가지가 있다. 첫 번째는 집단별로 분리한 데이터를 사용하는 방법이며, 두 번째는 한 데이터에 다집단의 정보가 함께 있는 경우에 집단을 구별할 수 있는 변수를 새롭게 생성하여 분석하는 방법이다. 외제차모델을 예로 들면 다음과 같다.

첫 번째 집단별로 분리한 데이터를 사용하는 방법은 본문에서 사용한 것이다. 한국소비자 데이터와 중국소비자 데이터를 각각 모델에 연결한다. 이때 데이터들의 변수명은 반드시 동일해야 한다.

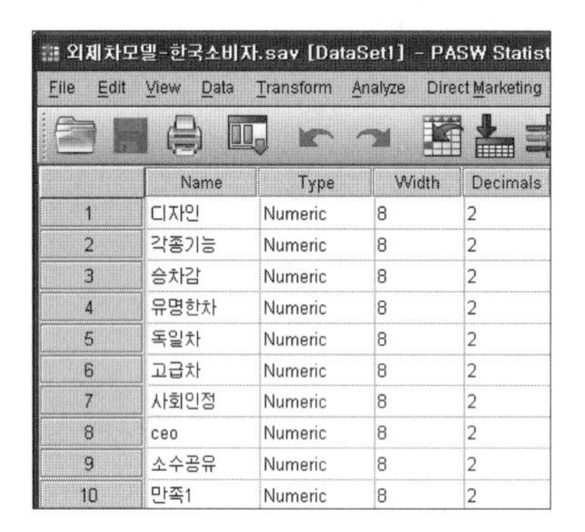

외제차모델-한국소비자.sav [DataSet1] - PASW Statist

	Name	Type	Width	Decimals
1	디자인	Numeric	8	2
2	각종기능	Numeric	8	2
3	승차감	Numeric	8	2
4	유명한차	Numeric	8	2
5	독일차	Numeric	8	2
6	고급차	Numeric	8	2
7	사회인정	Numeric	8	2
8	ceo	Numeric	8	2
9	소수공유	Numeric	8	2
10	만족1	Numeric	8	2

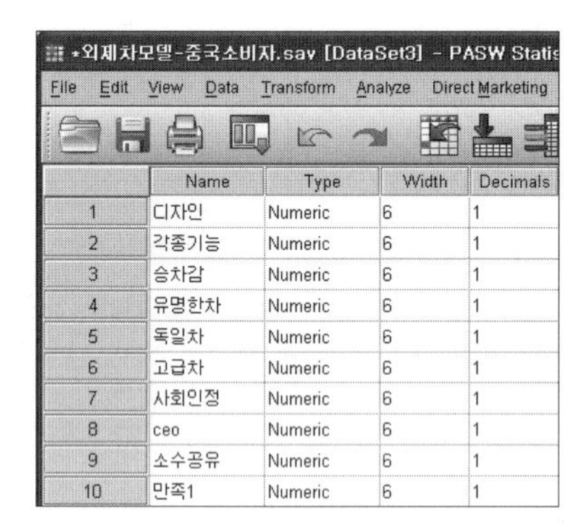

*외제차모델-중국소비자.sav [DataSet3] - PASW Statis

	Name	Type	Width	Decimals
1	디자인	Numeric	6	1
2	각종기능	Numeric	6	1
3	승차감	Numeric	6	1
4	유명한차	Numeric	6	1
5	독일차	Numeric	6	1
6	고급차	Numeric	6	1
7	사회인정	Numeric	6	1
8	ceo	Numeric	6	1
9	소수공유	Numeric	6	1
10	만족1	Numeric	6	1

두 번째 하나의 데이터(외제차모델-한국&중국소비자.sav)를 이용하는 방법은 다음과 같은 순서로 진행한다.

① '국가'라는 새로운 변수를 생성한 후 한국 = 1, 중국 = 2로 입력한다.

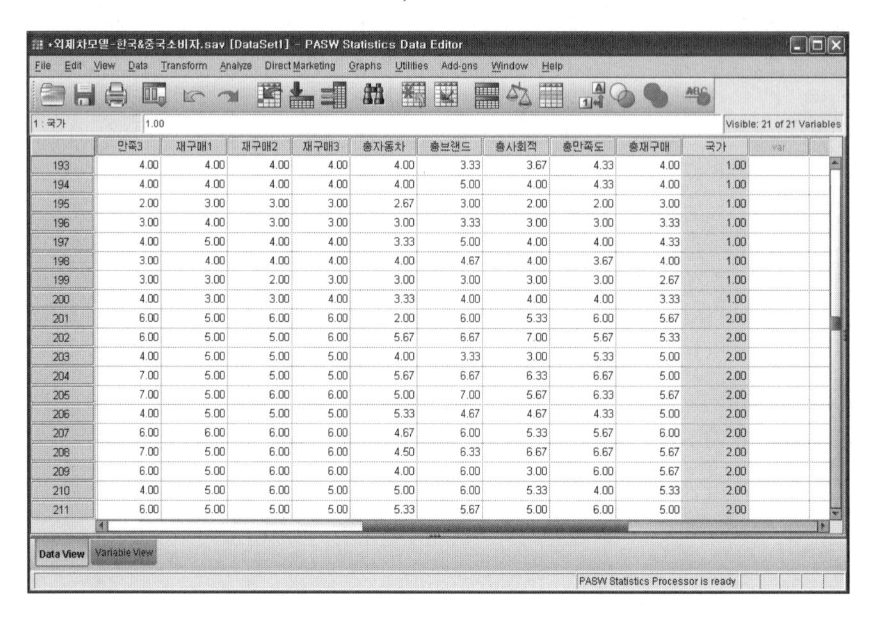

*외제차모델-한국&중국소비자.sav [DataSet1] - PASW Statistics Data Editor

1 : 국가 1.00 Visible: 21 of 21 Variables

	만족3	재구매1	재구매2	재구매3	총자동차	총브랜드	총사회적	총만족도	총재구매	국가	var
193	4.00	4.00	4.00	4.00	4.00	3.33	3.67	4.33	4.00	1.00	
194	4.00	4.00	4.00	4.00	4.00	5.00	4.00	4.33	4.00	1.00	
195	2.00	3.00	3.00	3.00	2.67	3.00	2.00	2.00	3.00	1.00	
196	3.00	4.00	3.00	3.00	3.00	3.33	3.00	3.00	3.33	1.00	
197	4.00	5.00	4.00	4.00	3.33	5.00	4.00	4.00	4.33	1.00	
198	3.00	4.00	4.00	4.00	4.00	4.67	4.00	3.67	4.00	1.00	
199	3.00	3.00	2.00	3.00	3.00	3.00	3.00	3.00	2.67	1.00	
200	4.00	3.00	3.00	4.00	3.33	4.00	4.00	4.00	3.33	1.00	
201	6.00	5.00	6.00	6.00	2.00	6.00	5.33	6.00	5.67	2.00	
202	6.00	5.00	5.00	6.00	5.67	6.67	7.00	5.67	5.33	2.00	
203	4.00	5.00	5.00	5.00	4.00	3.33	3.00	5.33	5.00	2.00	
204	7.00	5.00	5.00	5.00	5.67	6.67	6.33	6.67	5.00	2.00	
205	7.00	5.00	6.00	6.00	5.00	7.00	5.67	6.33	5.67	2.00	
206	4.00	5.00	5.00	5.00	5.33	4.67	4.67	4.33	5.00	2.00	
207	6.00	6.00	6.00	6.00	4.67	6.00	5.33	5.67	6.00	2.00	
208	7.00	5.00	6.00	6.00	4.50	6.33	6.67	6.67	5.67	2.00	
209	6.00	5.00	6.00	6.00	4.00	6.00	3.00	6.00	5.67	2.00	
210	4.00	5.00	6.00	5.00	5.00	6.00	5.33	4.00	5.33	2.00	
211	6.00	5.00	5.00	5.00	5.33	5.67	5.00	6.00	5.00	2.00	

Data View Variable View

PASW Statistics Processor is ready

② 데이터를 모델에 연결한다.

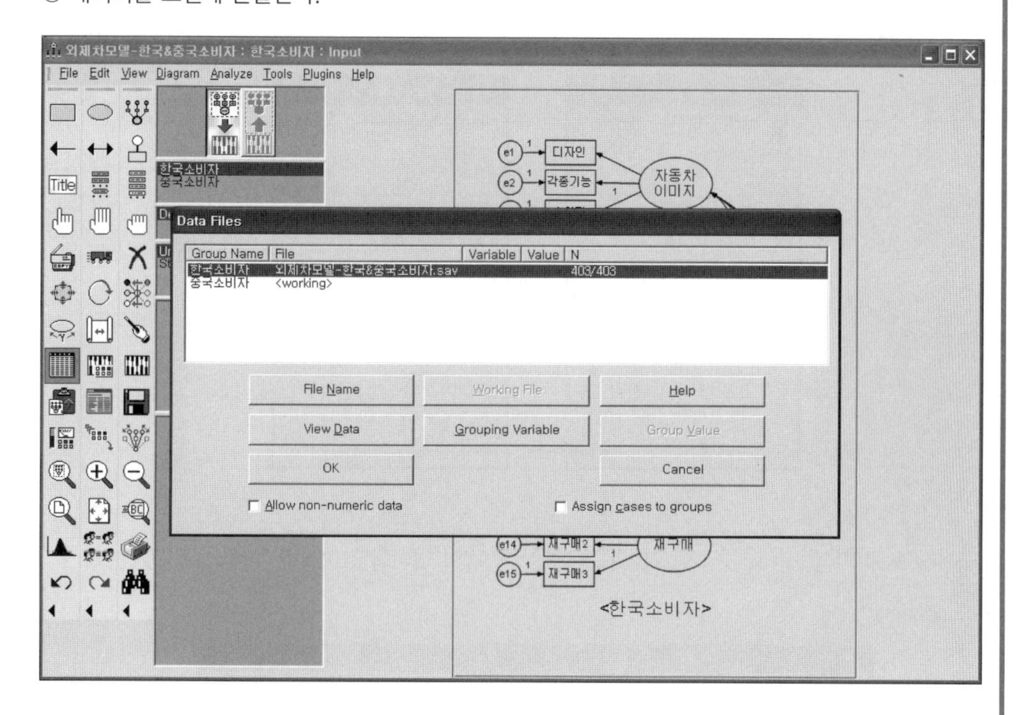

③ '외제차모델-한국&중국소비자.sav'를 선택한 후 [Grouping Variable] 버튼을 클릭하여 창이 생성되면 '국가' 변수를 지정하고 [OK]를 누른다.

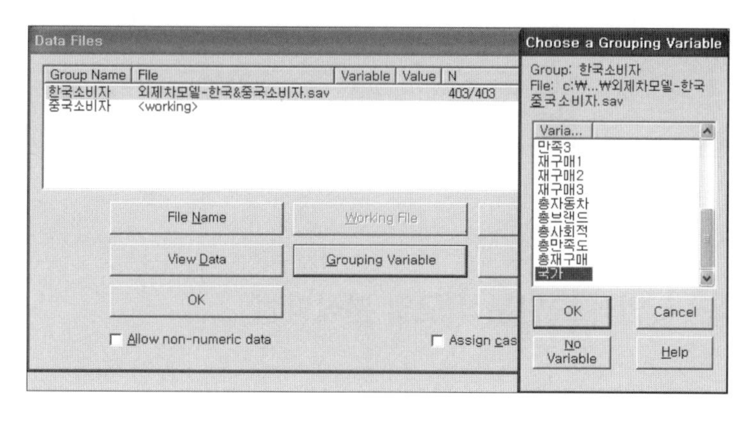

④ [Group Value] 버튼을 클릭하여 창이 생성되면 한국소비자 집단인 1을 선택한다. 같은 방법으로 중국소비자 집단에 2를 선택하면 된다.

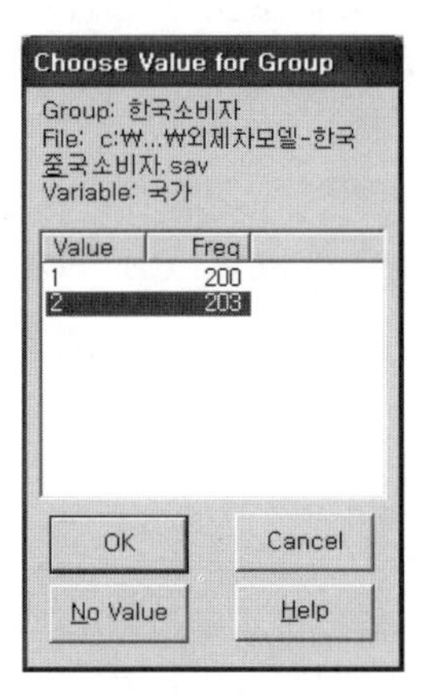

⑤ 국가 번호를 지정하면 데이터가 모델과 연결되어 하나의 데이터를 이용해 분석이 가능한 상태가 된다.

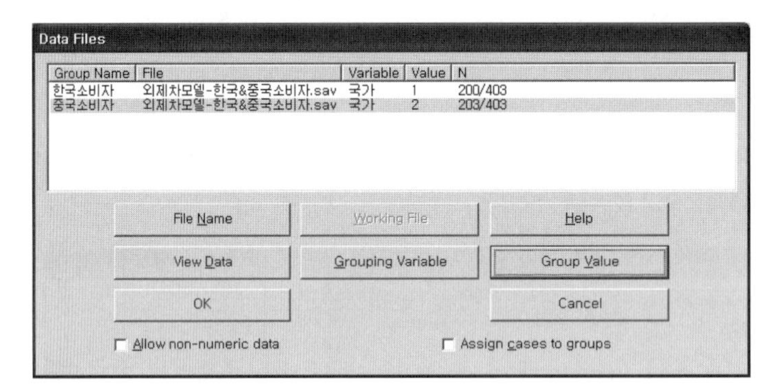

2-4 다중집단 확인적 요인분석 모델 분석방법

구현된 모델을 분석하는 방법에는 ①조사자가 직접 경로나 변수들을 제약하는 방법[6]과 ②아이콘을 이용하는 방법이 있다.

6 앞서 측정동일성을 설명하기 위해 사용했던 모든 모델들은 조사자가 직접 제약하여 분석하는 방법을 이용하였고, 모델적합도 또한 이 방법을 이용해 얻은 결과이다.

1) 조사자 제약에 의한 분석방법

(1) 요인부하량의 제약 (모델2의 경우)

요인부하량을 제약하기 위해서는 해당 경로 위에 마우스 포인터를 위치시키고 마우스의 오른쪽 버튼을 클릭하여 [Object properties]를 선택하거나, 아이콘 모음창에서 아이콘을 선택한 후 창이 생성되면 해당 경로를 지정한다.

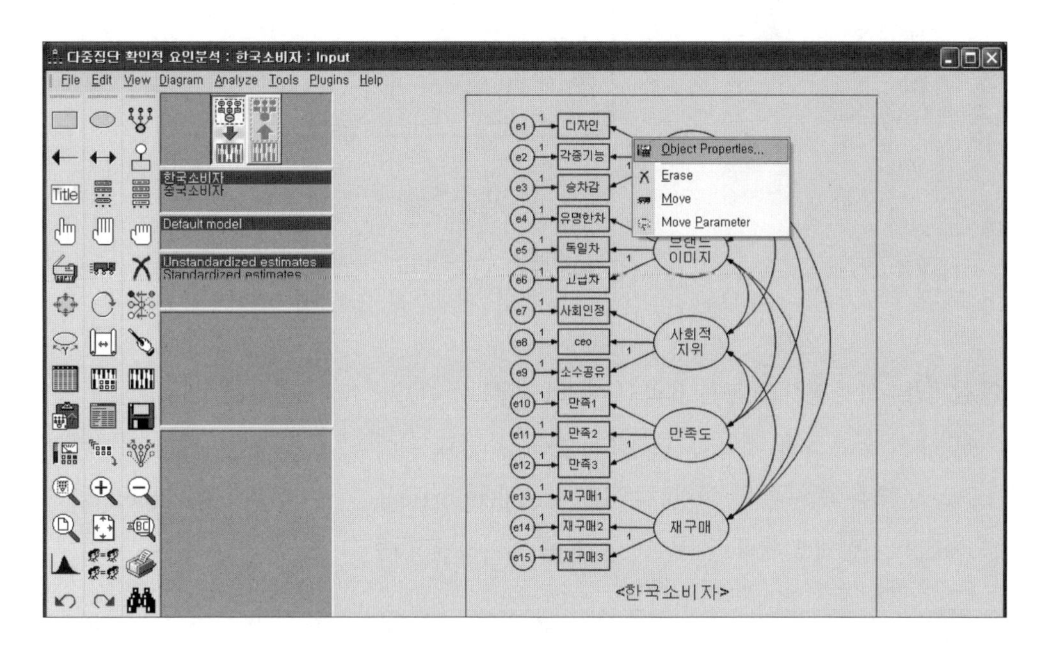

[Parameters]의 [Regression weight]란에 조사자가 알아볼 수 있는 임의의 문자 또는 숫자를 입력하면 된다. 여기서는 '자동차이미지 → 디자인' 경로를 'a1'로 입력하였다. a1은 기호로서 한국소비자 집단의 '자동차이미지 → 디자인'과 중국소비자 집단의 '자동차이미지 → 디자인'이 a1이라는 이름으로 똑같이 고정되었음을 나타내는 것이다. 경로 고정은 한 집단의 모델에서 지정하면 다른 집단의 모델에도 자동으로 지정된다.[7] 그리고 이미 1로 지정되어 있는 경로는 지정해주지 않아야 한다.

---

7 Amos 5.0 버전에서는 두 집단 모두 'a1'로 각각 지정해주어야 한다.

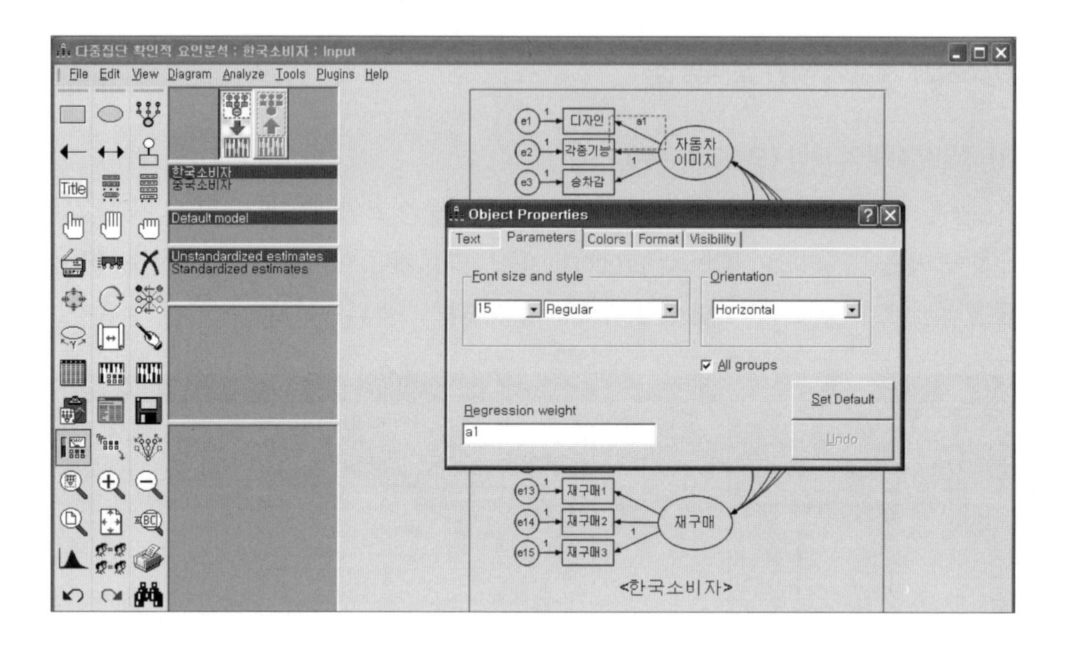

(2) 잠재변수의 공분산 및 분산 제약 (모델3의 경우)

잠재변수의 공분산을 제약하기 위해서는 해당 경로 위에 마우스 포인터를 위치시키고 마우스의 오른쪽 버튼을 클릭하여 [Object properties]를 선택한다. [Parameters]의 [Covariance]란에 임의의 문자 또는 숫자를 입력하면 된다.

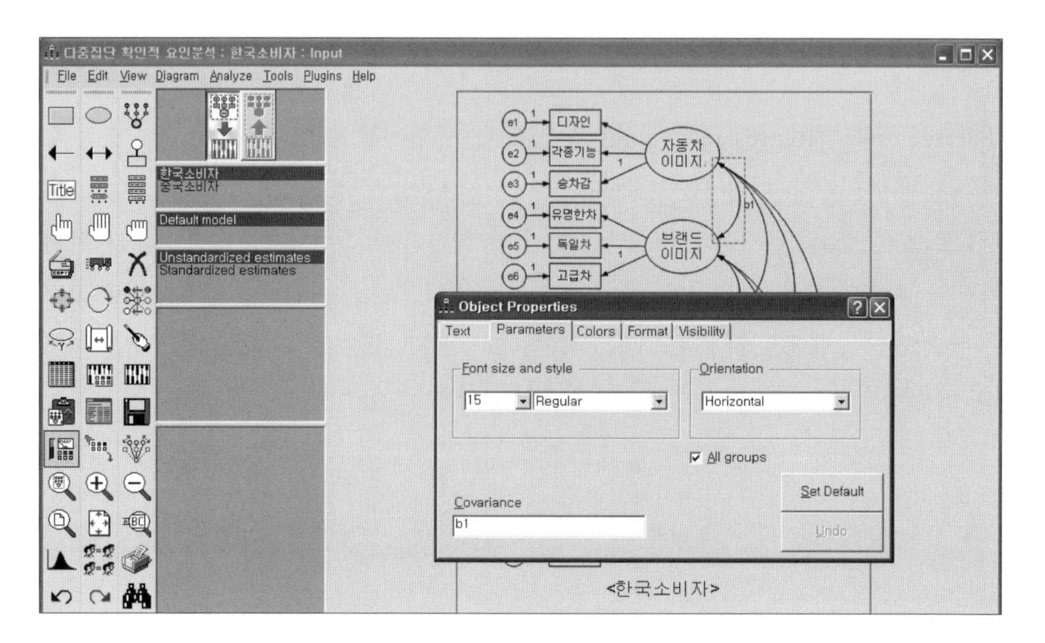

잠재변수의 분산 역시 [Object Properties]를 선택하여 [Parameters]의 [Variance]란에 임의의 문자 또는 숫자를 입력하면 된다.

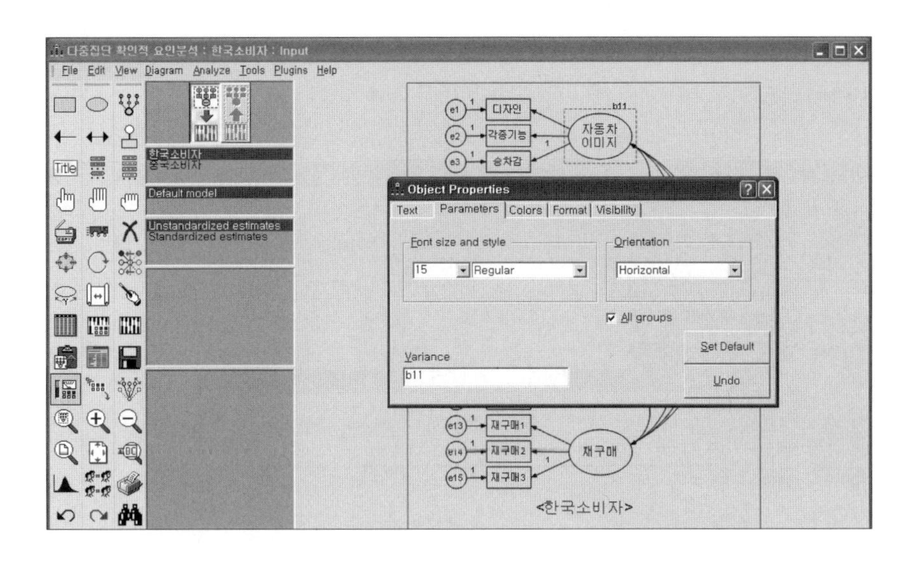

(3) 오차분산의 제약 (모델5의 경우)

오차분산을 제약하기 위해서는 해당 변수 위에 마우스 포인터를 위치시키고 마우스의 오른쪽 버튼을 클릭하여 [Object properties]를 선택한다. [Parameters]의 [Variance]란에 임의의 문자 또는 숫자를 입력하면 된다.

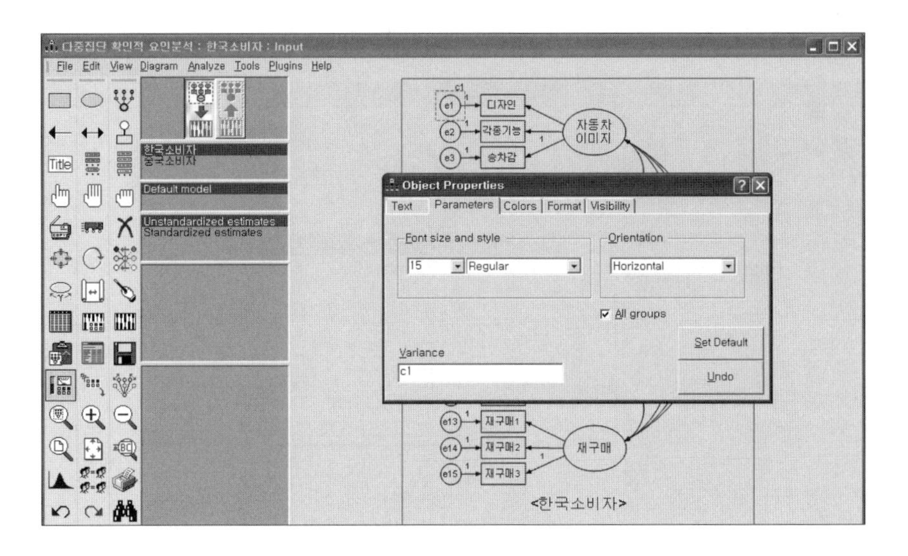

2) 아이콘을 이용한 분석방법

아이콘을 이용한 방법은 다중집단분석에 매우 편리한 방법이다. 다중집단 확인적 요인분석 모델을 완성한 후, 아이콘 모음창에서 (다중집단분석) 아이콘을 선택하면 다음과 같은 창이 나타난다.

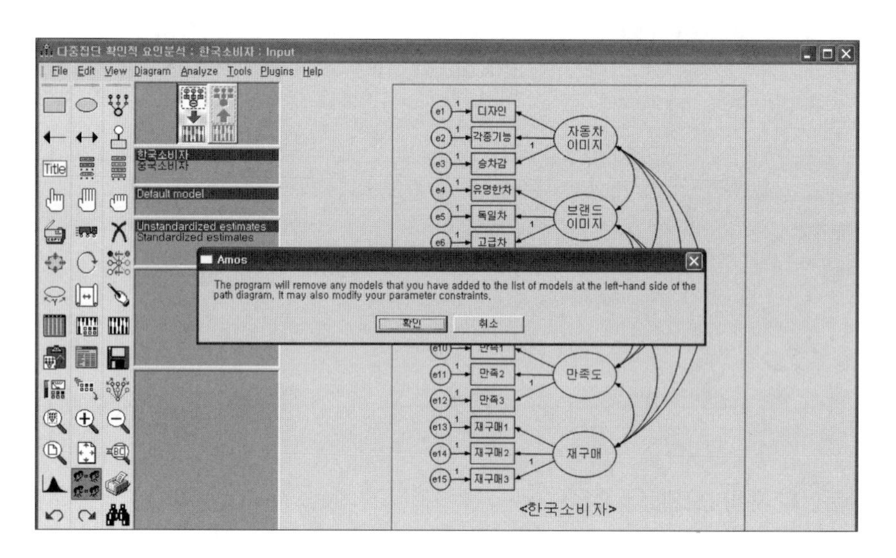

생성된 창에서 [확인]을 누르면 다음과 같은 창이 다시 나타나면서 자동으로 필요한 모델들이 지정된다.

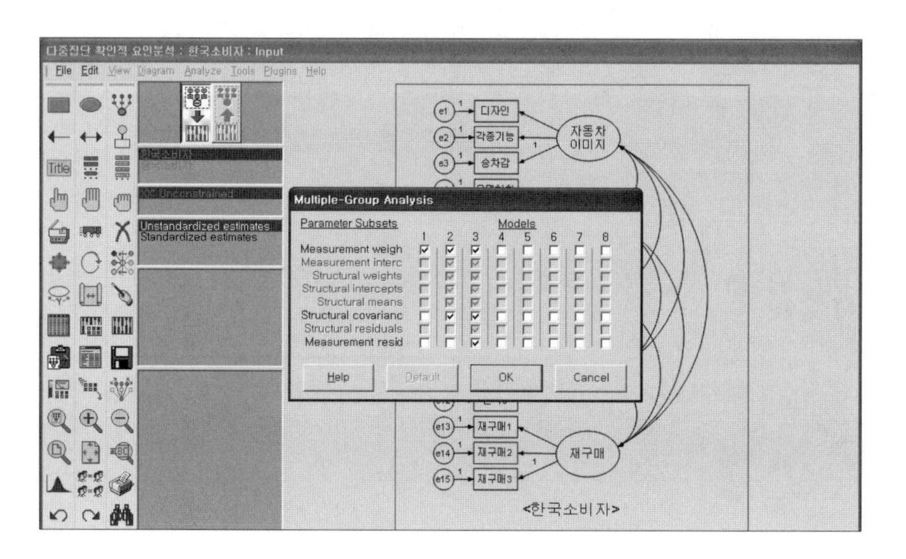

용어 설명	
• Measurement weights	: 잠재변수와 관측변수 간 경로(요인부하량)를 고정한 모델
• Measurement intercepts	: 잠재변수와 관측변수 간 경로의 절편을 고정한 모델
• Structural weights	: 잠재변수 간 경로를 고정한 모델
• Structural intercepts	: 잠재변수 간 경로의 절편을 고정한 모델
• Structural means	: 구조모델에서 외생변수의 평균을 고정한 모델
• Structural covariances	: 잠재변수의 분산과 공분산을 고정한 모델
• Structural residuals	: 구조모델에서 구조오차의 분산과 공분산을 고정한 모델
• Measurement residuals	: 측정모델에서 측정오차의 분산과 공분산을 고정한 모델

모델에서 제약된 부분

Measurement weights	Structural covariances
[한국소비자]	[한국소비자]

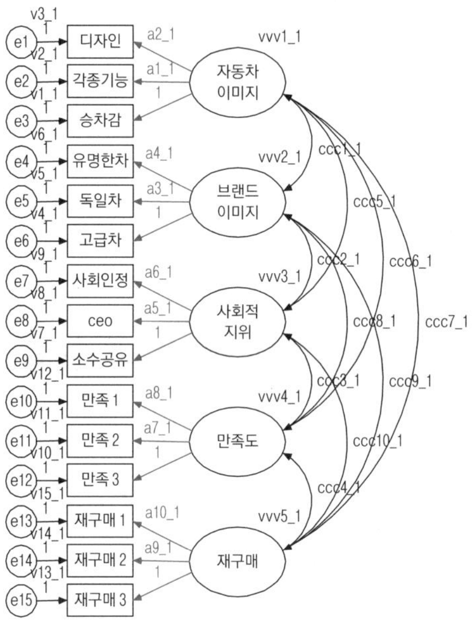

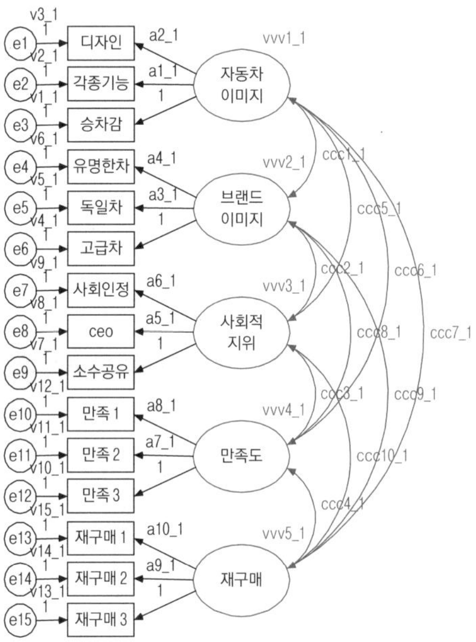

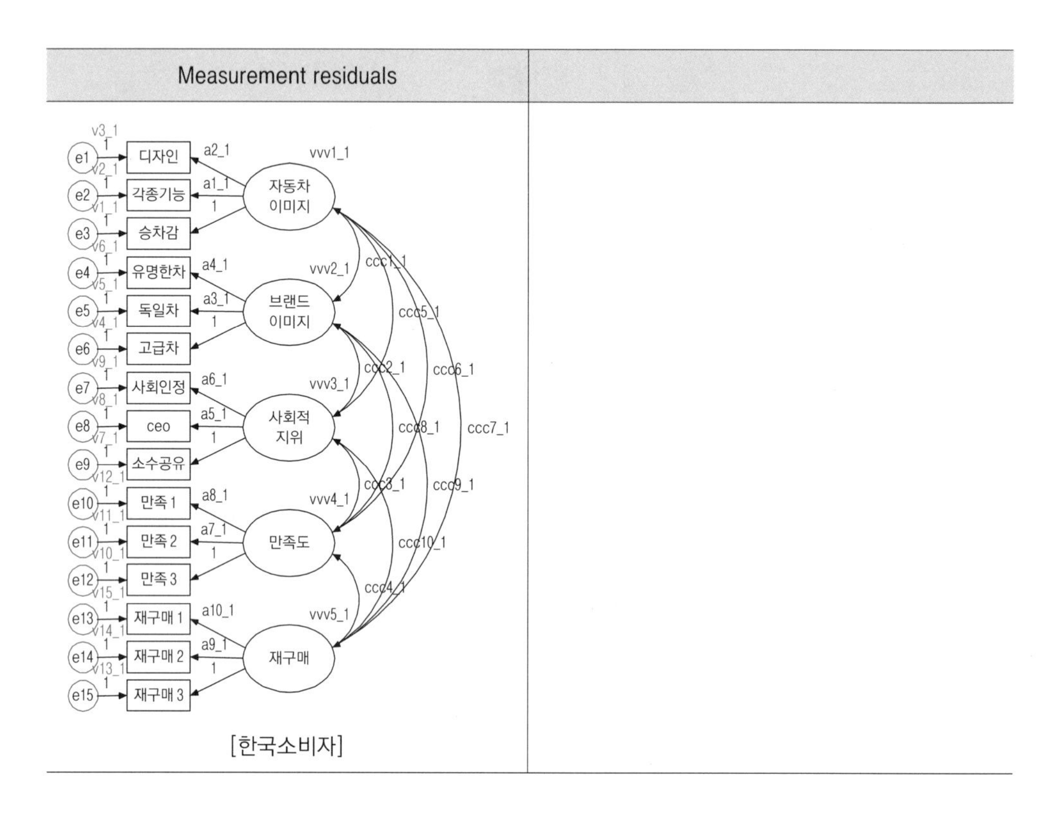

[OK]를 누르고 아이콘을 선택하면, 모델에 복잡한 문자와 숫자들의 조합이 나타나면서 분석이 진행된다.

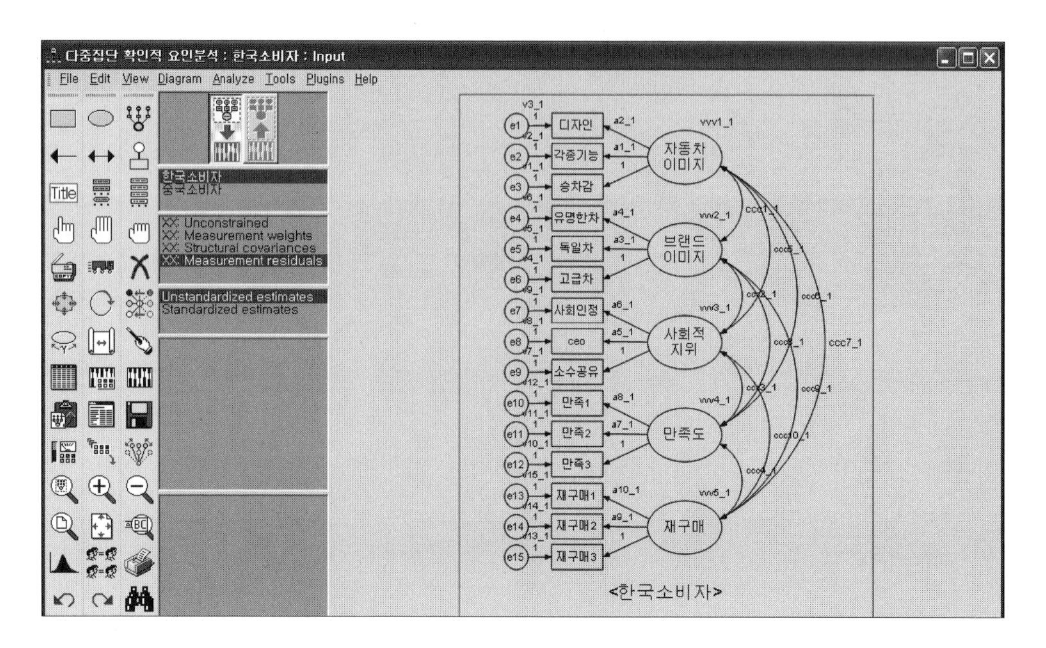

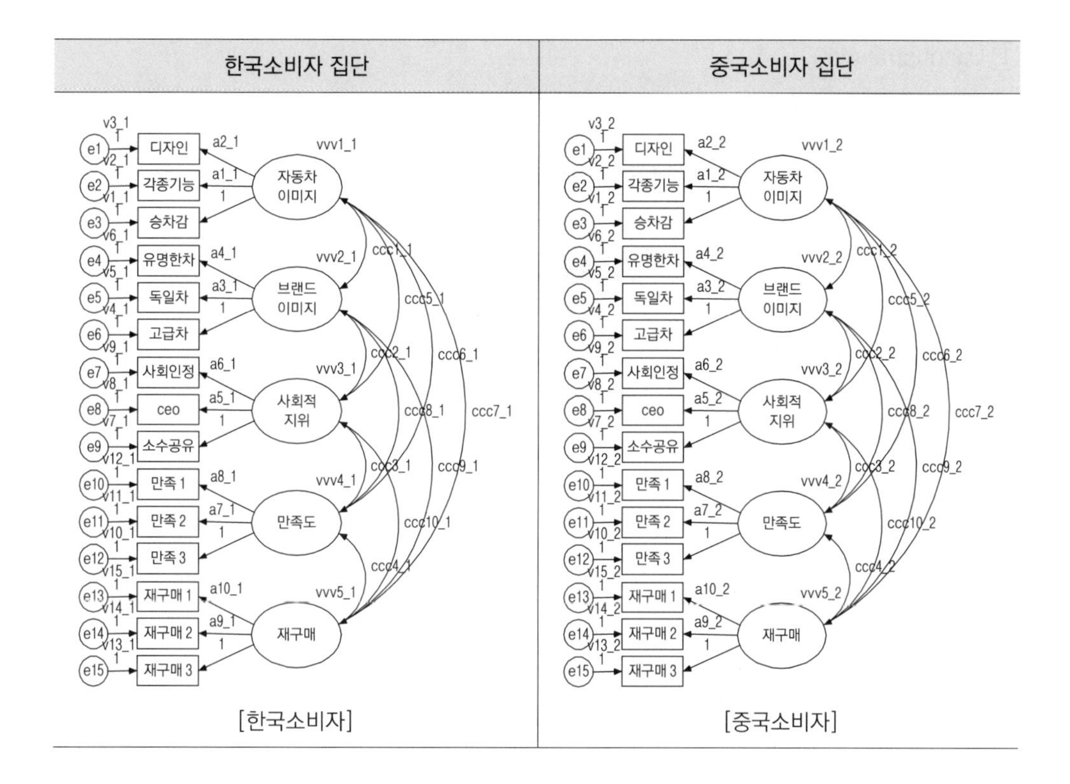

조사자가 직접 제약하는 방법과 아이콘을 이용하여 분석하는 방법을 비교해보자. 조사자가 직접 제약하는 방법은 조사자가 '자동차이미지 → 디자인' 경로를 a1로 지정하면 두 집단의 경로가 자동으로 동일하게 고정된다. 반면, 아이콘을 이용하여 분석하는 방법은 프로그램 자체에서 집단별로 다른 이름으로 명명해주고, 다시 다른 이름이 동일하다는 가정을 주게 된다. 예를 들어 '자동차이미지 → 디자인' 경로를 보면 한국소비자 집단은 a2_1로, 중국소비자 집단은 a2_2로 각각 명명한 후 a2_1=a2_2로 똑같이 고정해주는 방식이다.

Amos에서는 제약된 모델들의 상태를 제공한다. 모델관리창에서 모델명을 더블클릭하면 다음과 같이 모델의 제약 상태를 확인할 수 있다. 본 분석방법에서는 측정동일성 모델3을 제외한 모델[8]을 제공하고 있다.

8 Amos에서는 측정동일성 모델3에 해당하는 잠재변수 간 공분산 및 분산을 제약한 모델을 제공하지 않으므로 필요할 경우에는 조사자 제약에 의한 분석방법을 이용해야 한다.

① Unconstrained

측정동일성의 모델1에 해당하며, 두 집단 간 아무런 제약이 없다.

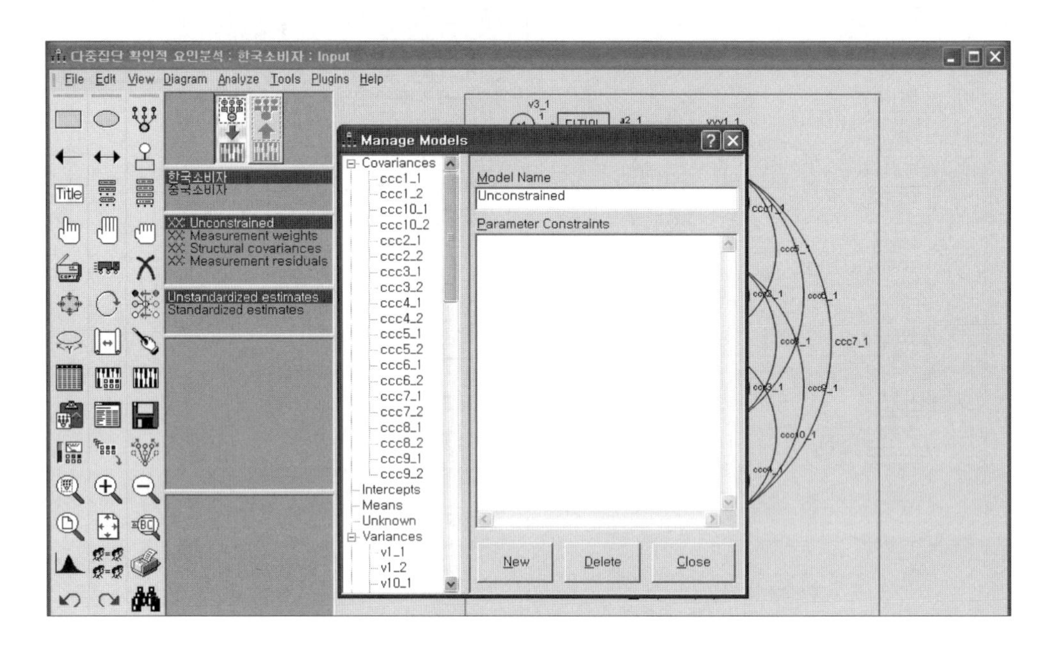

② Measurement weights

측정동일성의 모델2에 해당하며, 두 집단 간 요인부하량이 동일하게 제약되어 있다.

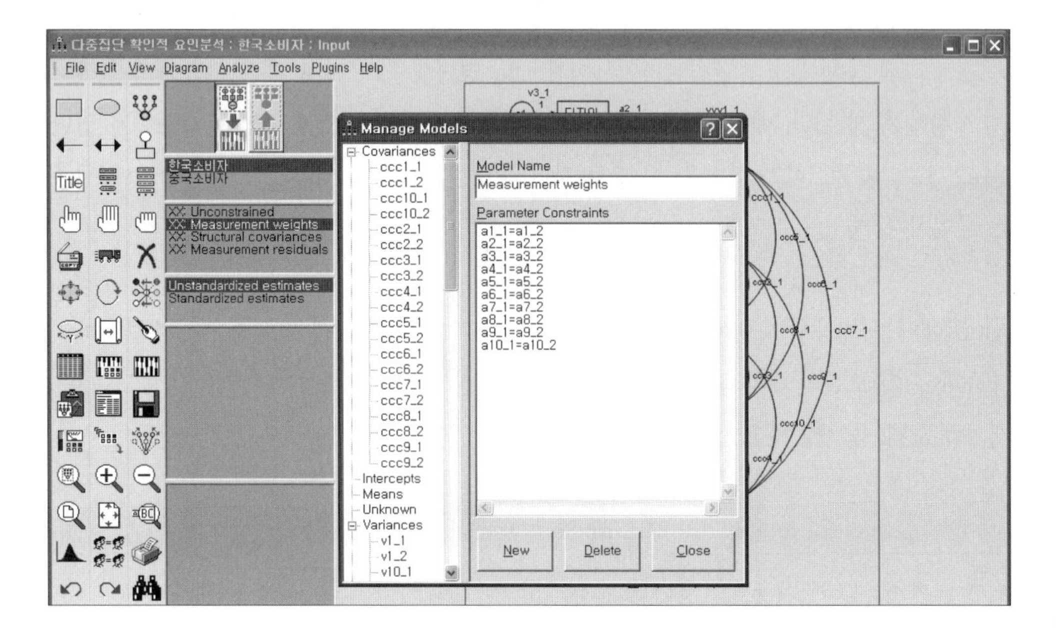

③ Structural covariances

측정동일성의 모델4에 해당하며, 두 집단 간 요인부하량과 잠재변수의 공분산 및 분산이 동일하게 제약되어 있다.

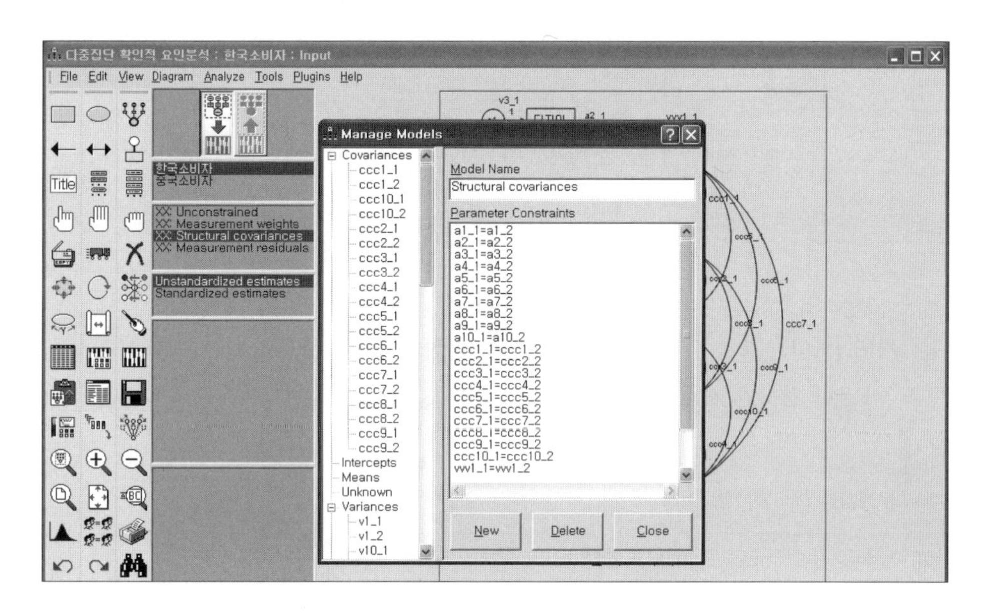

④ Measurement residuals

측정동일성의 모델5에 해당하며, 두 집단 간 요인부하량, 잠재변수 간 공분산 및 분산, 오차분산이 서로 동일하게 제약되어 있다.

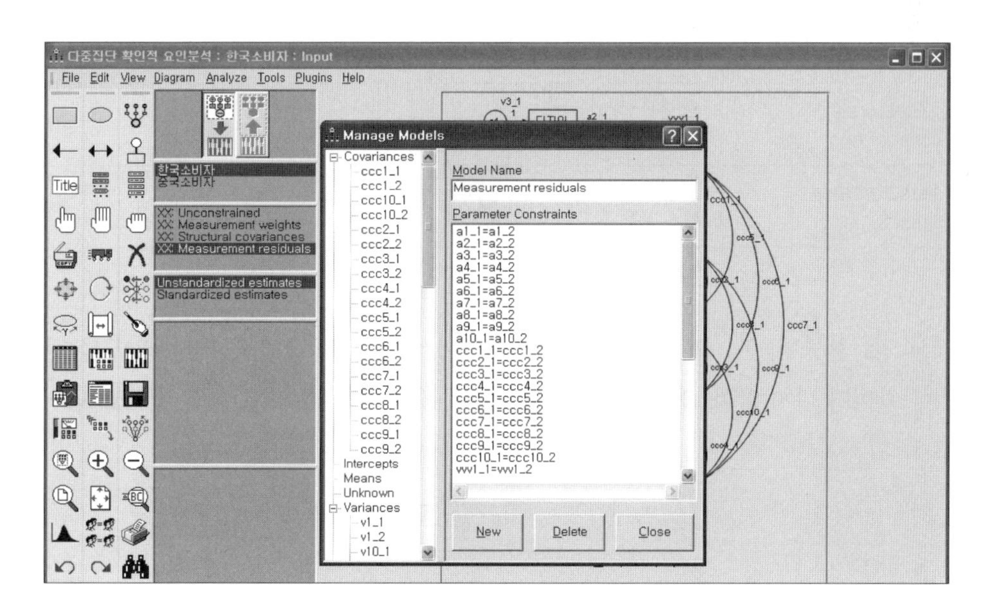

Amos에서 제공하는 측정동일성 모델들에 대한 적합도는 다음과 같다.

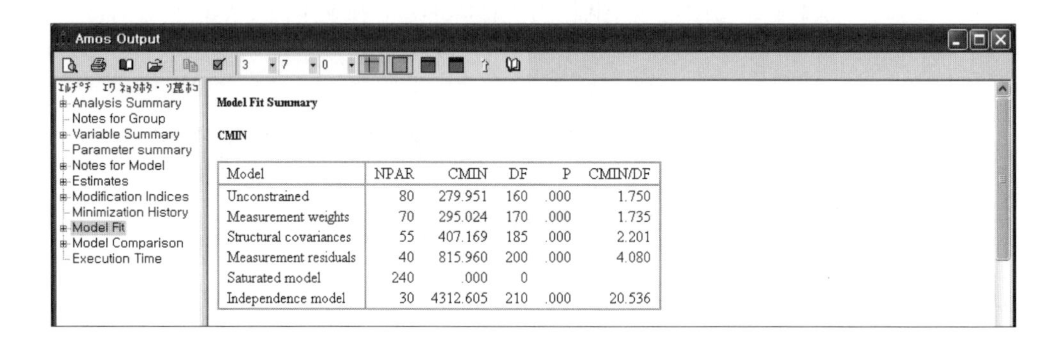

Model Fit Summary

CMIN

Model	NPAR	CMIN	DF	P	CMIN/DF
Unconstrained	80	279.951	160	.000	1.750
Measurement weights	70	295.024	170	.000	1.735
Structural covariances	55	407.169	185	.000	2.201
Measurement residuals	40	815.960	200	.000	4.080
Saturated model	240	.000	0		
Independence model	30	4312.605	210	.000	20.536

위의 결과와 [표 13-2]에서 제시했던 조사자가 직접 경로를 제약해서 얻은 결과를 비교해 보면, 두 방법의 결과가 정확히 일치함을 알 수 있다.

[표 13-4] 분석방법 간 모델적합도 비교

아이콘을 이용한 분석방법	조사자 제약에 의한 분석방법	χ^2	df	GFI	CFI	RMSEA	TLI
Unconstrained	[모델1] 비제약	279.95	160	.914	.971	.043	.962
Measurement weights	[모델2] λ 제약	295.02	170	.909	.970	.043	.962
	[모델3] ϕ 제약	368.12	175	.891	.953	.052	.944
Structural covariances	[모델4] λ, ϕ 제약	407.17	185	.883	.946	.055	.939
Measurement residuals	[모델5] λ, ϕ, θ 제약	815.96	200	.787	.850	.088	.842

앞에서 언급했듯이, 본 예제에서는 두 집단 간 비제약모델과 요인부하량 제약모델 간에 유의한 차이가 나지 않아 요인부하량 동일성에 문제가 없다. 따라서 다음 단계로 넘어가도록 한다.

3 다중집단 경로분석

다중집단 경로분석은 집단 간 경로분석을 의미한다. 다중집단 구조방정식모델에서는 변수의 수가 많고 표본의 크기가 적을 경우 문제가 발생하기 때문에 다중집단 경로분석을 사용하기도 한다. 외제차모델의 경로분석을 한국소비자 집단과 중국소비자 집단으로 나누어 분석한 결과는 다음과 같다.

[그림 13-2] 한국소비자 집단과 중국소비자 집단의 경로계수

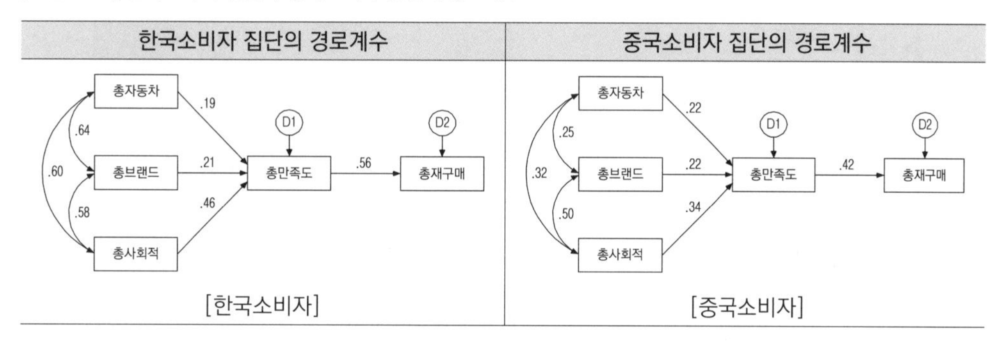

[표 13-5] 한국소비자 집단과 중국소비자 집단의 분석 결과

경로	한국소비자 집단		중국소비자 집단	
	표준화계수	C.R. (p-값)	표준화계수	C.R. (p-값)
자동차이미지 → 만족도	.19	2.908 (.004)	.22	3.631 (.000)
브랜드이미지 → 만족도	.21	3.267 (.001)	.22	3.377 (.000)
사회적지위 → 만족도	.46	7.379 (.000)	.34	5.150 (.000)
만족도 → 재구매	.56	9.590 (.000)	.42	6.563 (.000)

[표 13-5]에서는 한국소비자 집단과 중국소비자 집단의 모든 경로가 통계적으로 유의한 것으로 나타났다. 하지만 현재는 두 경로 간 유의한 차이가 있는지를 알 수 없기 때문에 $\Delta\chi^2$을 통해 경로 간 유의한 차이를 검증[9]해야 한다.

9 일반적으로 조사자는 다중집단 확인적 요인분석의 경우, 요인부하량 측정동일성에서는 집단 간 차이가 없는 것을 기대한다. 그래야 다음 분석으로 진행하는 데 문제가 없기 때문이다. 하지만 다중집단 경로분석이나 다중집단 구조방정식모델의 경우에는 경로 간 차이가 있는 것을 기대한다.

3-1 다중집단 경로분석 방법

다중집단 경로분석 역시 ①조사자가 직접 경로를 제약하는 방법과 ②아이콘을 이용하여 분석하는 방법이 있다.

1) 조사자 제약에 의한 분석방법

연구모델을 구현한 후 한국소비자 집단과 중국소비자 집단을 만들고 데이터를 연결시킨다.

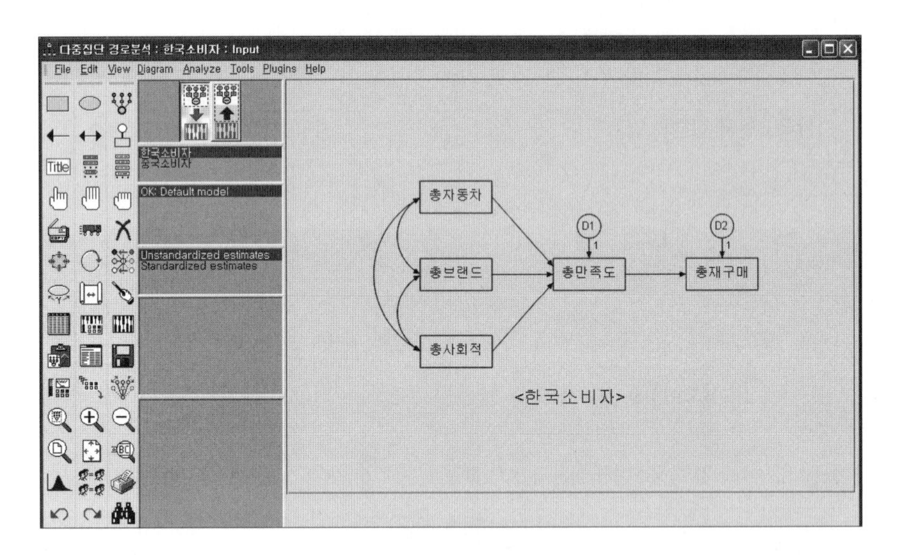

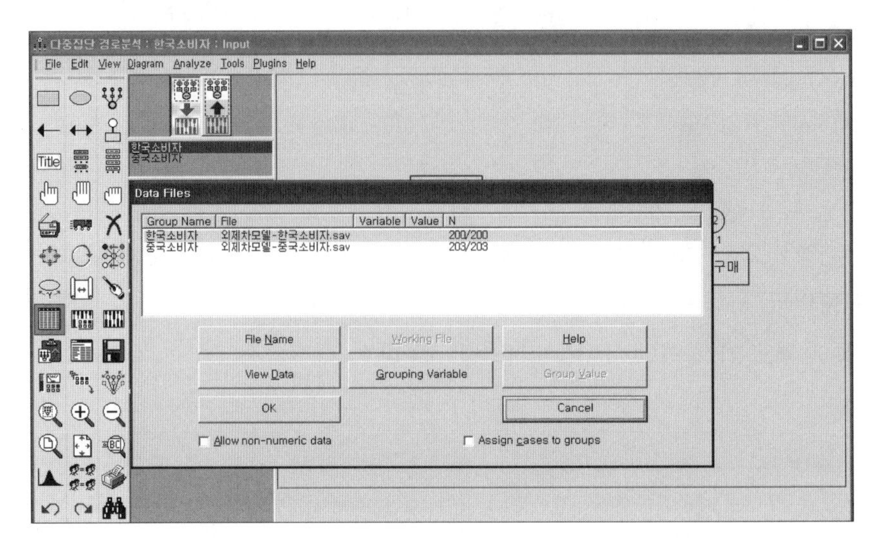

경로제약 모델에서는 어느 경로에서 유의한 차이가 나는지 알 수 없기 때문에 각 경로를 하나씩 고정한 후 비제약모델과 χ^2 차이를 검증하는 방법을 사용해야 한다. 모델 간 χ^2 차이가 3.84 이상이라면 그 경로는 유의한 차이가 있다고 할 수 있다. 하지만 이 방법은 고정된 경로계수의 수만큼 각각 분석해야 하는 번거로움이 있다.

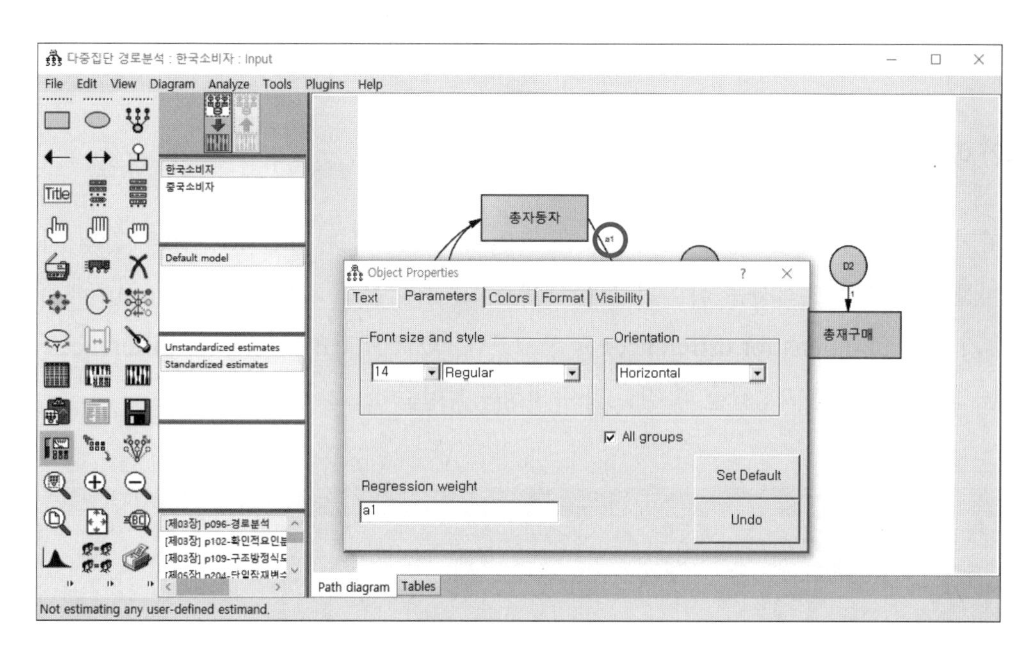

[표 13-6] 경로제약 결과

경로제약	χ^2	df	$\Delta\chi^2$	Sig. (제약모델-비제약모델)
비제약모델	67.6	6	-	
자동차이미지 → 만족도	67.8	7	0.2	유의하지 않음
브랜드이미지 → 만족도	67.6	7	0.0	유의하지 않음
사회적지위 → 만족도	71.5	7	3.9	유의함
만족도 → 재구매	85.1	7	17.5	유의함

[표 13-6]을 보면 '사회적지위 → 만족도', '만족도 → 재구매' 경로에서 $\Delta\chi^2$이 3.84 이상의 차이가 나는데, 이는 집단 간 경로가 통계적으로 유의한 차이가 있음을 의미한다.
이 결과를 바탕으로 '한국소비자 집단에서 사회적지위가 만족도에 미치는 영향은 중국

소비자 집단에서 사회적지위가 만족도에 미치는 영향보다 통계적으로 유의하고 강하다(한국소비자 집단=.46 > 중국소비자 집단=.34)'라고 할 수 있다. 그리고 '한국소비자 집단에서 만족도가 재구매에 미치는 영향은 중국소비자 집단에서 만족도가 재구매에 미치는 영향보다 통계적으로 유의하고 강하다(한국소비자 집단=.56 > 중국소비자 집단=.42)'라고 할 수 있다.

2) 아이콘을 이용한 분석방법

아이콘을 이용한 분석방법은 다중집단 확인적 요인분석과 동일하며, 경로 간의 차이를 알아보기 위해서는 아이콘 모음창에서 아이콘을 선택한 후 [Output]에서 '☑ Critical rations for differences'를 체크한다. '☑ Critical rations for differences'는 집단 간 경로를 고정했을 때 경로 간 유의성을 보여준다.

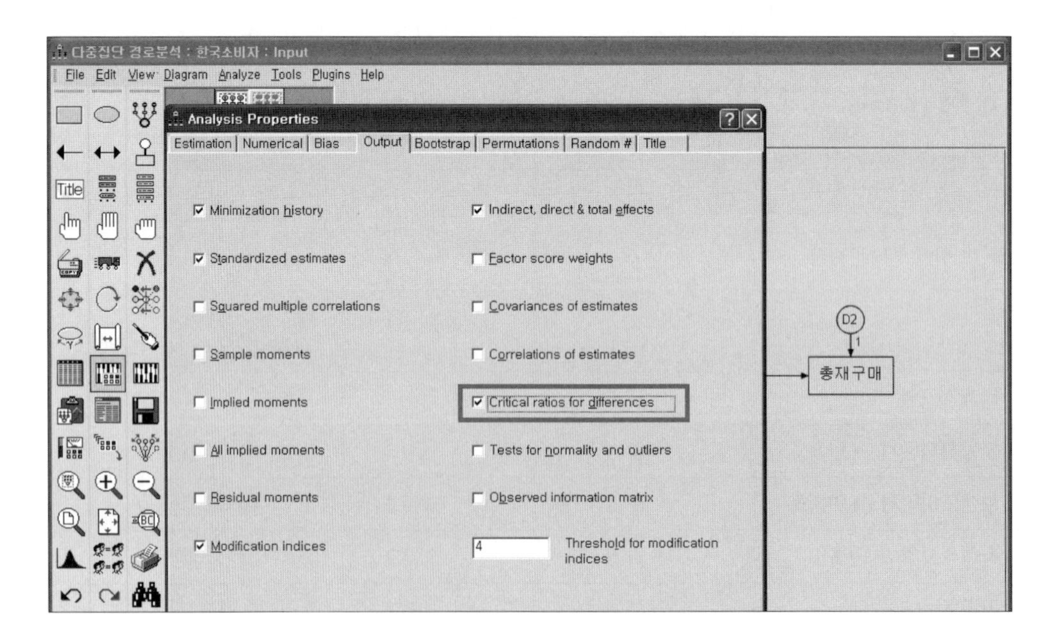

아이콘 모음창에서 아이콘을 선택하면 다음과 같은 창이 나타난다.

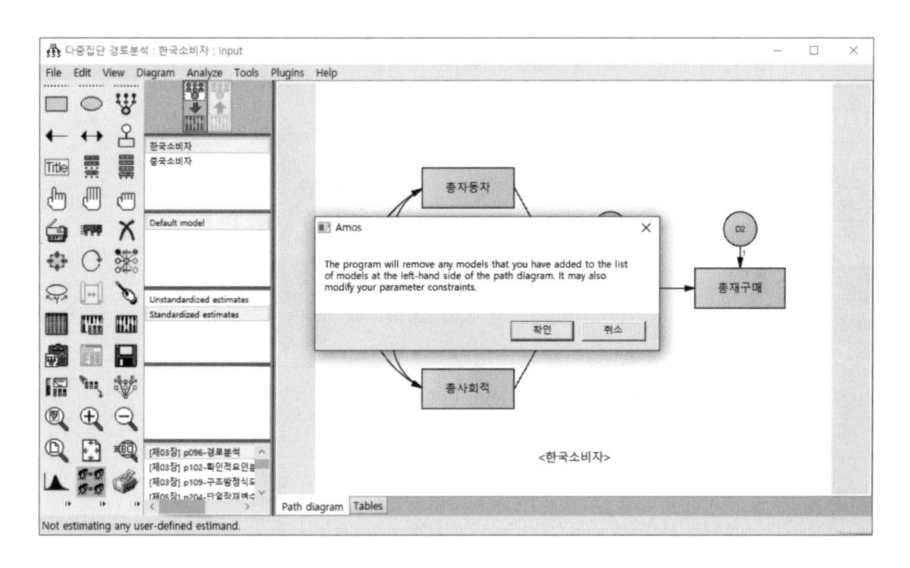

[확인]을 누르면 다음과 같은 창이 다시 나타나며, 자동으로 필요한 모델이 지정된다.

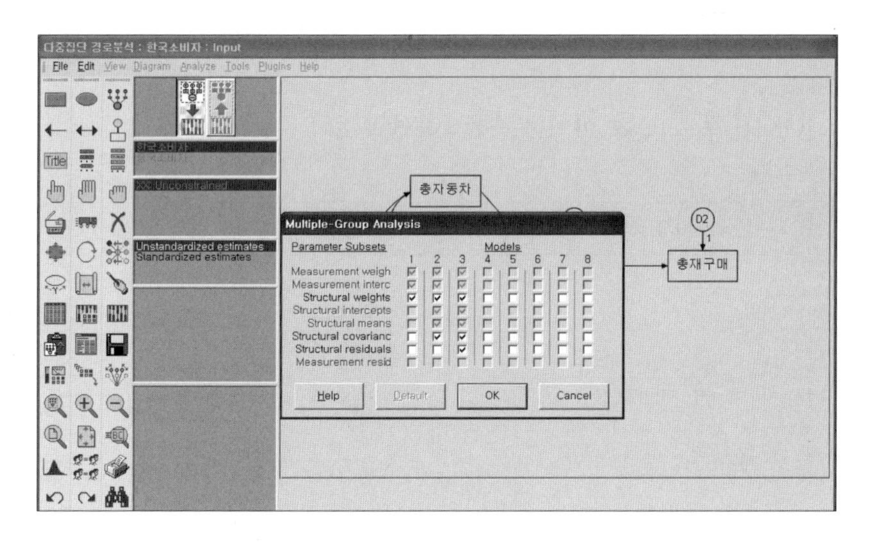

[Multiple-Group Analysis]에서는 경로분석만 실시하기 때문에 측정모델과 관련된 모델들(Measurement weights, Measurement intercepts, Measurement residuals)은 활성화되지 않았고, 구조모델에 관련된 모델들(Structural weights, Structural covariance, Structural residuals)만 지정되었음을 알 수 있다.

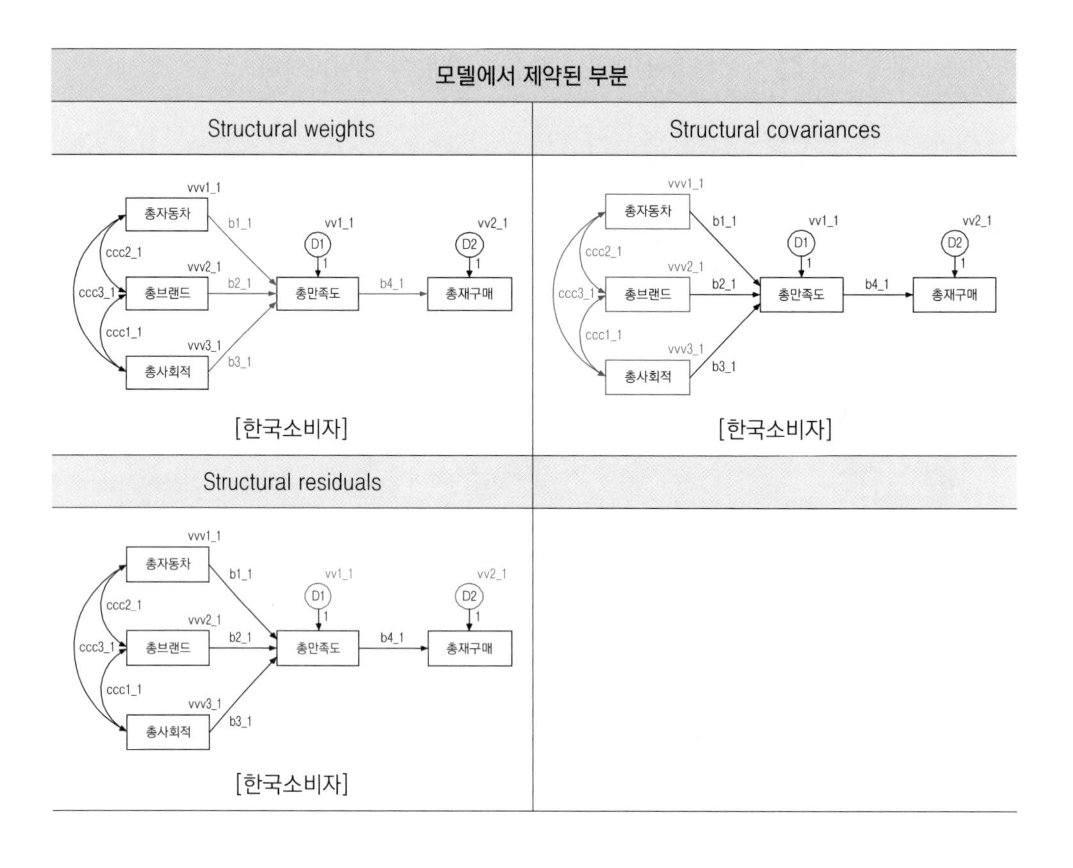

다음으로 [OK]를 누르고, 아이콘을 선택하면 분석이 진행된다.

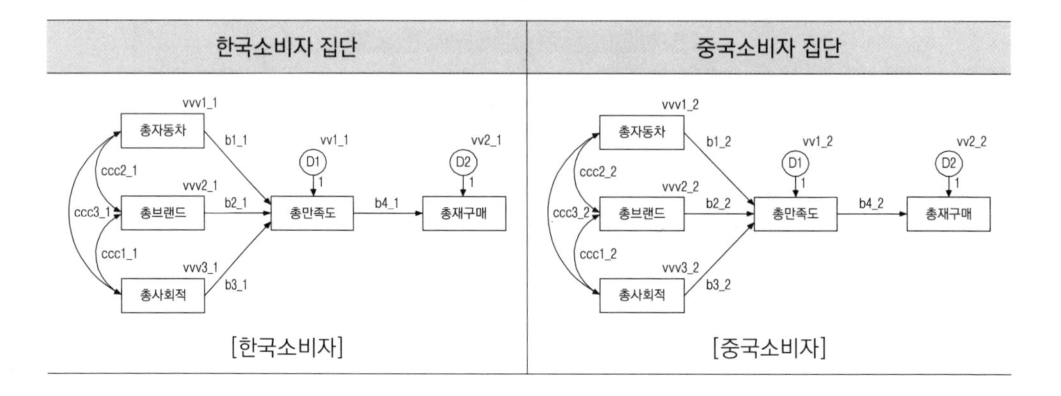

모델의 제약 상태는 모델관리창에서 모델명을 더블클릭하면 확인할 수 있다.

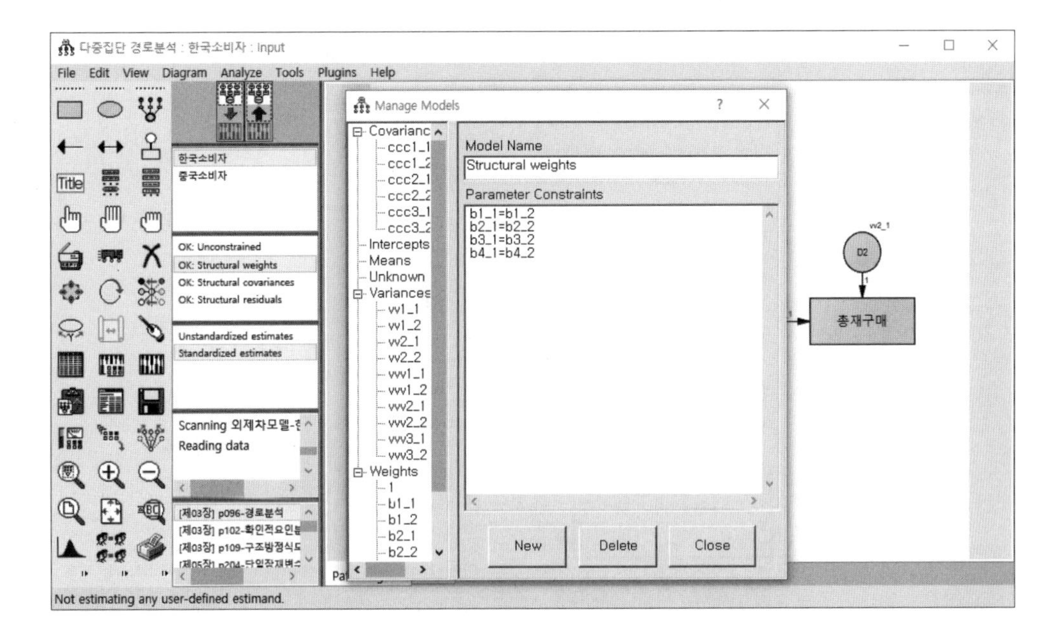

다중집단 경로분석 결과는 다음과 같으며, 결과를 통해 각 모델의 χ^2을 확인할 수 있다.

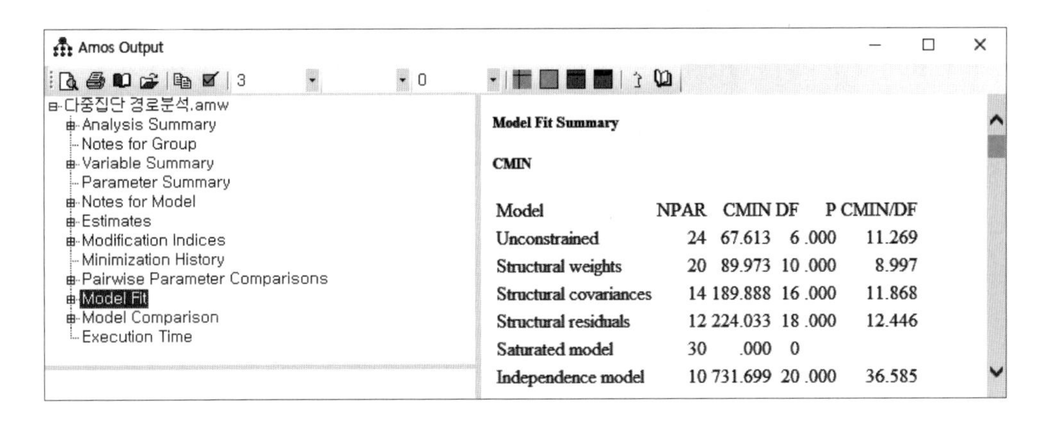

Model Fit Summary

CMIN

Model	NPAR	CMIN	DF	P	CMIN/DF
Unconstrained	24	67.613	6	.000	11.269
Structural weights	20	89.973	10	.000	8.997
Structural covariances	14	189.888	16	.000	11.868
Structural residuals	12	224.033	18	.000	12.446
Saturated model	30	.000	0		
Independence model	10	731.699	20	.000	36.585

위의 결과에서 가장 중요한 부분은 Unconstrained와 Structural weights이다. Amos에서 제공한 위의 표에서는 각 경로마다 χ^2 차이를 보여주지 않고, Structural weights 부분은 모든 경로에서 두 집단을 똑같이 고정한 상태에서 분석한 모델의 결과를 보여준다. 하지만 현재 상태에서는 어느 경로에서 통계적으로 유의한 차이가 있는지 알 수 없다.

집단 간 유의한 경로의 차이는 결과표의 [Pairwise Parameter comparison]에서 확인할 수 있다.

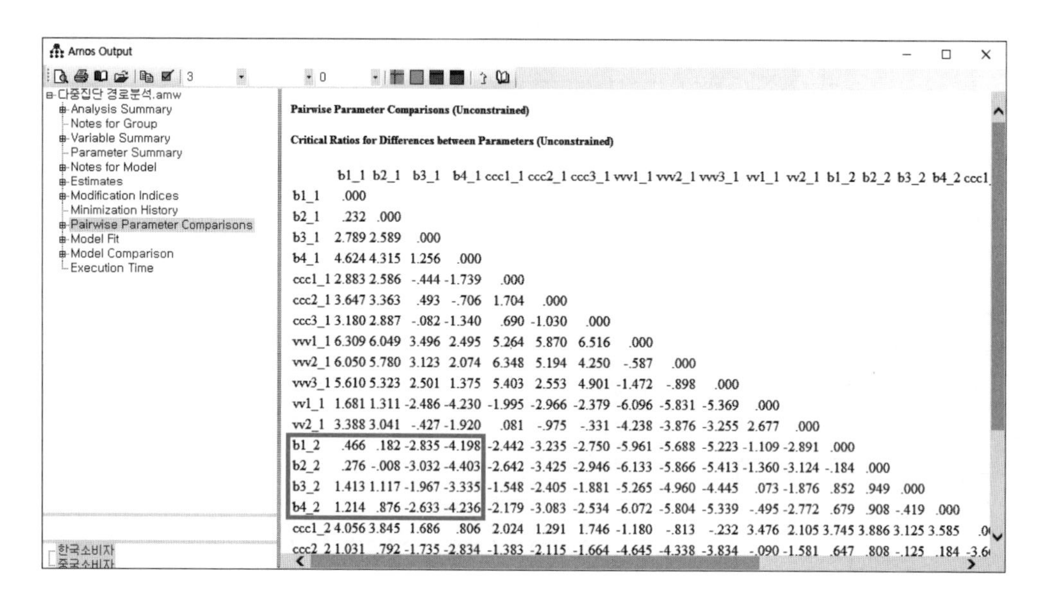

Pairwise Parameter Comparisons (Unconstrained)

Critical Ratios for Differences between Parameters (Unconstrained)

	b1_1	b2_1	b3_1	b4_1	ccc1_1	ccc2_1	ccc3_1	vvv1_1	vvv2_1	vvv3_1	vv1_1	vv2_1	b1_2	b2_2	b3_2	b4_2	ccc1
b1_1	.000																
b2_1	.232	.000															
b3_1	2.789	2.589	.000														
b4_1	4.624	4.315	1.256	.000													
ccc1_1	2.883	2.586	-.444	-1.739	.000												
ccc2_1	3.647	3.363	.493	-.706	1.704	.000											
ccc3_1	3.180	2.887	-.082	-1.340	.690	-1.030	.000										
vvv1_1	6.309	6.049	3.496	2.495	5.264	5.870	6.516	.000									
vvv2_1	6.050	5.780	3.123	2.074	6.348	5.194	4.250	-.587	.000								
vvv3_1	5.610	5.323	2.501	1.375	5.403	2.553	4.901	-1.472	-.898	.000							
vv1_1	1.681	1.311	-2.486	-4.230	-1.995	-2.966	-2.379	-6.096	-5.831	-5.369	.000						
vv2_1	3.388	3.041	-.427	-1.920	.081	-.975	-.331	-4.238	-3.876	-3.255	2.677	.000					
b1_2	.466	.182	-2.835	-4.198	-2.442	-3.235	-2.750	-5.961	-5.688	-5.223	-1.109	-2.891	.000				
b2_2	.276	-.008	-3.032	-4.403	-2.642	-3.425	-2.946	-6.133	-5.866	-5.413	-1.360	-3.124	-.184	.000			
b3_2	1.413	1.117	-1.967	-3.335	-1.548	-2.405	-1.881	-5.265	-4.960	-4.445	.073	-1.876	.852	.949	.000		
b4_2	1.214	.876	-2.633	-4.236	-2.179	-3.083	-2.534	-6.072	-5.804	-5.339	-.495	-2.772	.679	.908	-.419	.000	
ccc1_2	4.056	3.845	1.686	.806	2.024	1.291	1.746	-1.180	-.813	-.232	3.476	2.105	3.745	3.886	3.125	3.585	.0
ccc2_2	1.031	.792	-1.735	-2.834	-1.383	-2.115	-1.664	-4.645	-4.338	-3.834	-.090	-1.581	.647	.808	-.125	.184	-3.6

결과표에서는 각 경로를 동일하게 고정했을 때의 경로 간 차이와 경로가 서로 고정되었을 때의 C.R.[10]값을 보여준다(±1.965 이상이면 경로 간 유의한 차이, $\alpha = .05$). 총자동차 → 총만족도[b1_1 = b1_2], 총브랜드 → 총만족도[b2_1 = b2_2] 경로는 통계적으로 유의하지 않지만, 총사회적 → 총만족도[b3_1 = b3_2], 총만족도 → 총재구매[b4_1 = b4_2] 경로는 통계적으로 유의(±1.965 이상)한 것으로 나타났는데, 이 결과는 조사자가 직접 제약한 모델 결과와 동일함을 알 수 있다.

여기에서 주의해야 할 점은 조사자 제약에 의한 분석방법에서는 조사자가 직접 χ^2 차이를 계산해서 3.84 이상인지를 확인해야 하지만, 아이콘을 이용한 분석방법에서는 경로 간 C.R. 값을 제공하기 때문에 ±1.965 이상임을 확인해야 한다는 것이다. 하지만 두 방법 모두 유의성에 대해서는 같은 결과를 제공한다.

10 Amos 결과표에서 제공하는 수치는 C.R. 값이므로 $\Delta\chi^2$과 혼동하지 않도록 주의한다.

4 다중집단 구조방정식모델

다중집단 구조방정식모델은 집단 간 구조방정식모델을 분석하는 것으로서, 다중집단 경로분석과 동일하지만 모델 내 잠재변수가 존재하는 구조방정식모델의 형태를 띤다.

외제차모델의 구조방정식모델을 한국소비자 집단과 중국소비자 집단으로 나누어 분석한 결과는 다음과 같다.

[그림 13-3] 한국소비자 집단과 중국소비자 집단의 경로계수

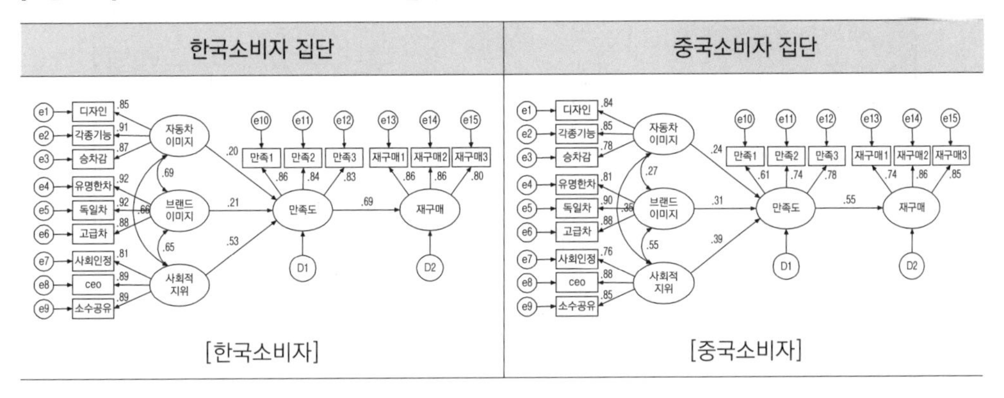

[표 13-7] 한국소비자 집단과 중국소비자 집단의 분석 결과

	한국소비자 집단		중국소비자 집단	
	표준화계수	C.R. (p-값)	표준화계수	C.R. (p-값)
자동차이미지 → 만족도	.20	2.504 (.012)	.24	3.095 (.002)
브랜드이미지 → 만족도	.21	2.699 (.007)	.31	3.569 (.000)
사회적지위 → 만족도	.53	6.580 (.000)	.39	4.159 (.000)
만족도 → 재구매	.69	9.346 (.000)	.55	5.533 (.000)

[표 13-7]에서도 다중집단 경로분석과 마찬가지로 두 집단의 모든 경로에서 통계적으로 유의한 결과를 보여준다.

4-1 다중집단 구조방정식모델 분석방법

다중집단 구조방정식모델 분석 역시 ①조사자가 직접 경로를 제약하는 방법과 ②아이콘을 이용하여 분석하는 방법이 있다.

1) 조사자 제약에 의한 분석방법

한국소비자 집단과 중국소비자 집단을 각각 만들고 데이터를 연결시킨다.

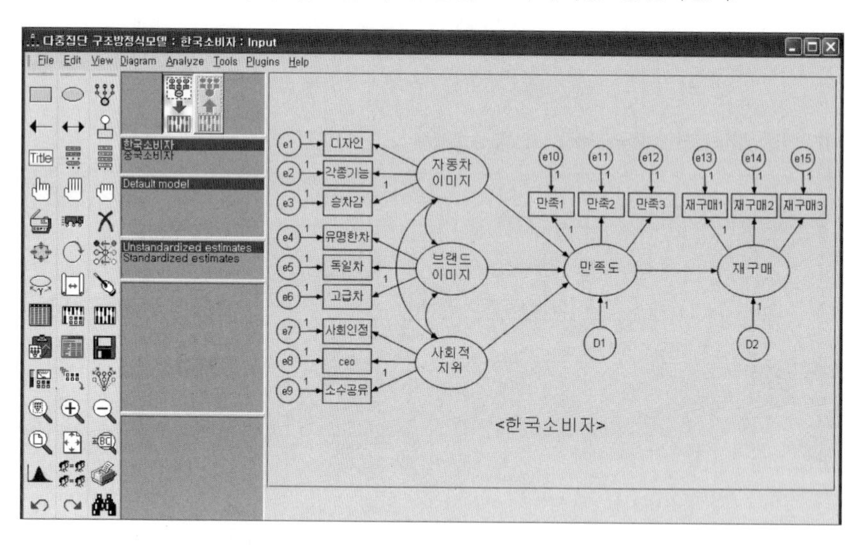

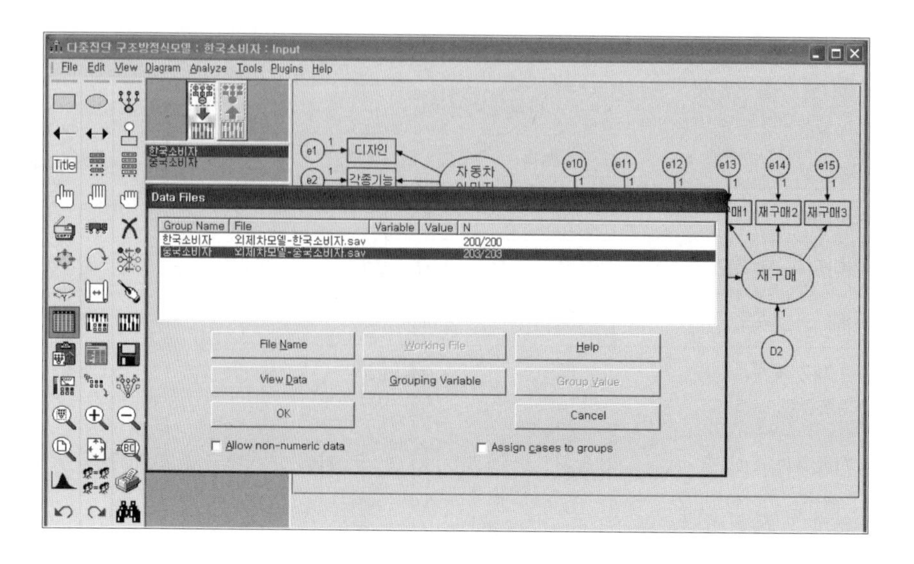

다중집단 구조방정식모델 또한 고정된 경로계수의 수만큼 각각 분석해야 하는 번거로움이 있다.

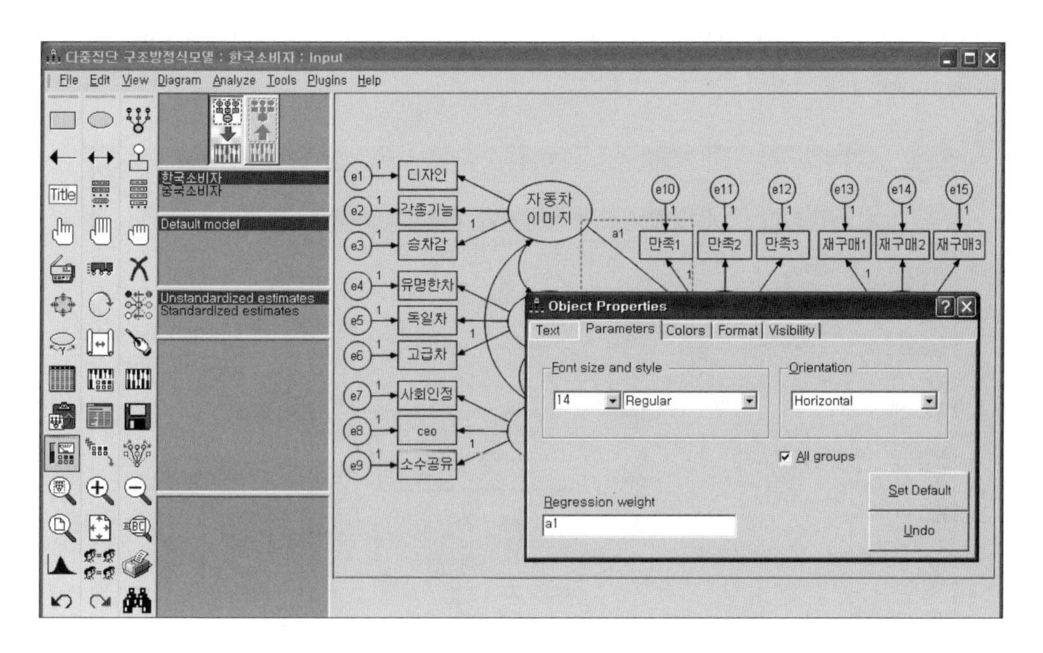

[표 13-8] 경로제약 결과

경로제약	χ^2	df	$\Delta\chi^2$	Sig. (제약모델 - 비제약모델)
비제약모델	321.6	166		
자동차이미지 → 만족도	321.6	167	0.0	유의하지 않음
브랜드이미지 → 만족도	321.6	167	0.0	유의하지 않음
사회적지위 → 만족도	327.0	167	5.4	유의함
만족도 → 재구매	329.6	167	8	유의함

[표 13-8]을 보면, 다중집단 경로분석과 마찬가지로 '사회적 지위 → 만족도', '만족도 → 재구매' 경로에서 $\Delta\chi^2$이 3.84 이상 차이가 나고 있음을 알 수 있다.

2) 아이콘을 이용한 분석방법

아이콘 모음창에서 아이콘을 선택한 후 [Output]에서 '☑ Critical rations for differences'를 체크한다.

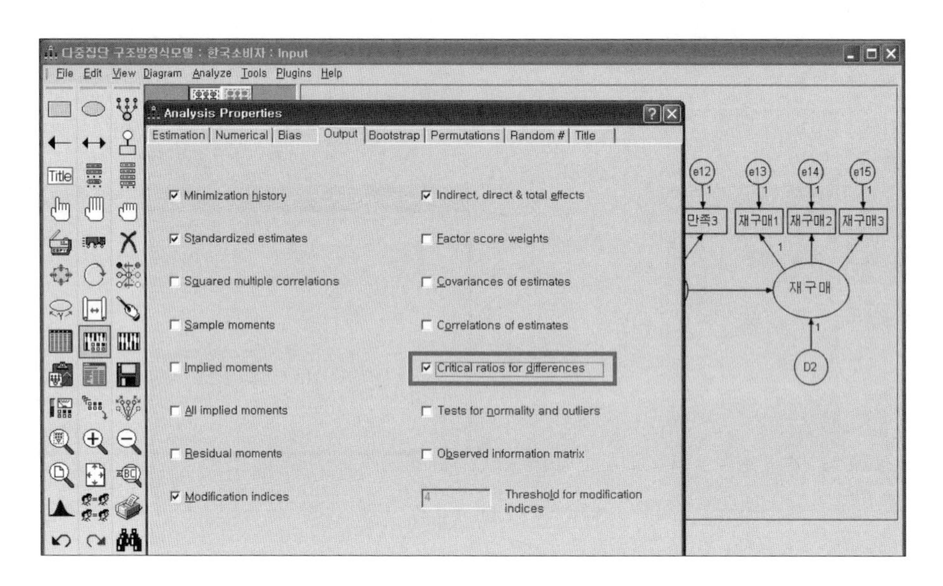

그리고 아이콘을 선택하면 메시지 창이 나타나는데, [확인]을 누르면 다음과 같은 창이 다시 나타나면서 필요한 모델들이 자동으로 지정된다.

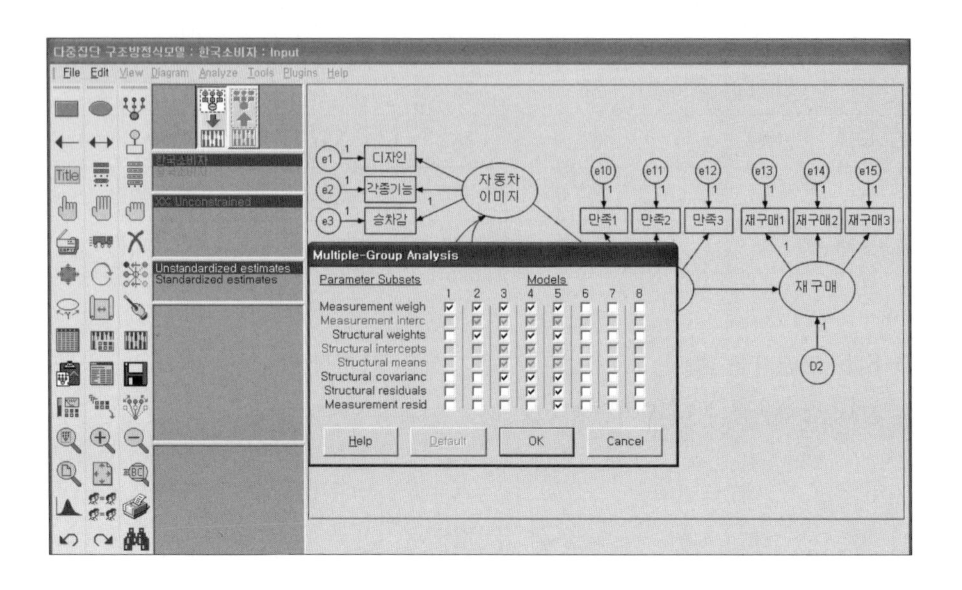

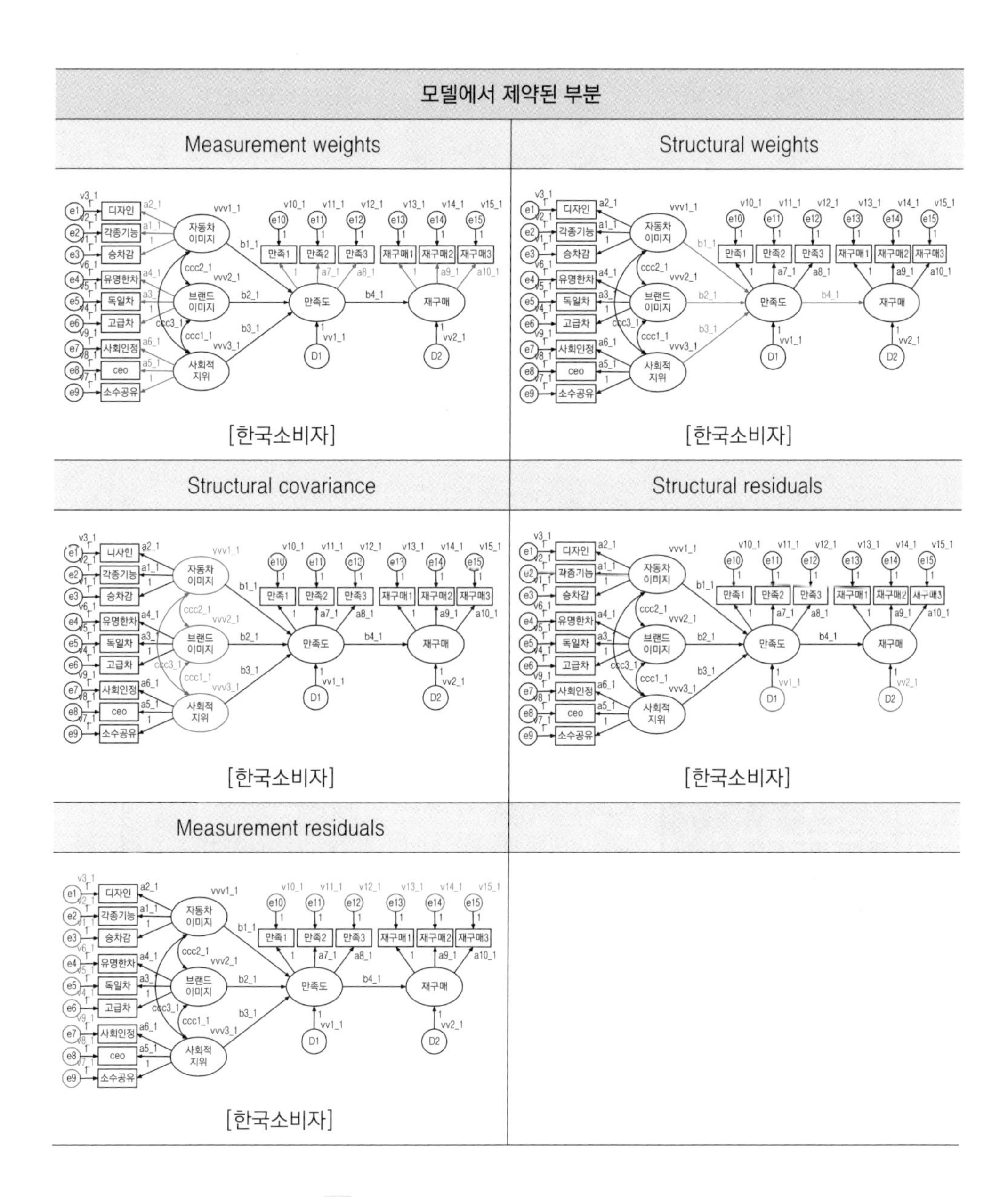

다음으로 [OK]를 누르고, 아이콘을 선택하면 분석이 진행된다.

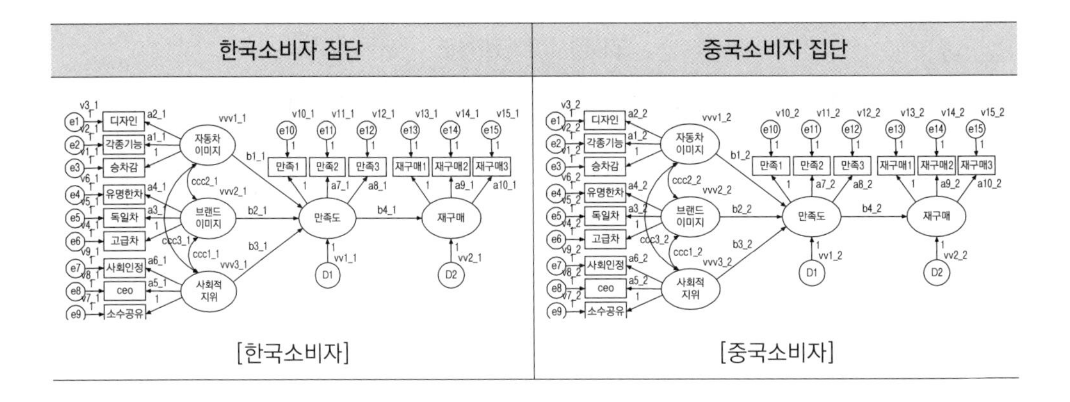

[한국소비자] [중국소비자]

모델의 제약 상태는 모델관리창에서 모델명을 더블클릭하면 확인할 수 있다.

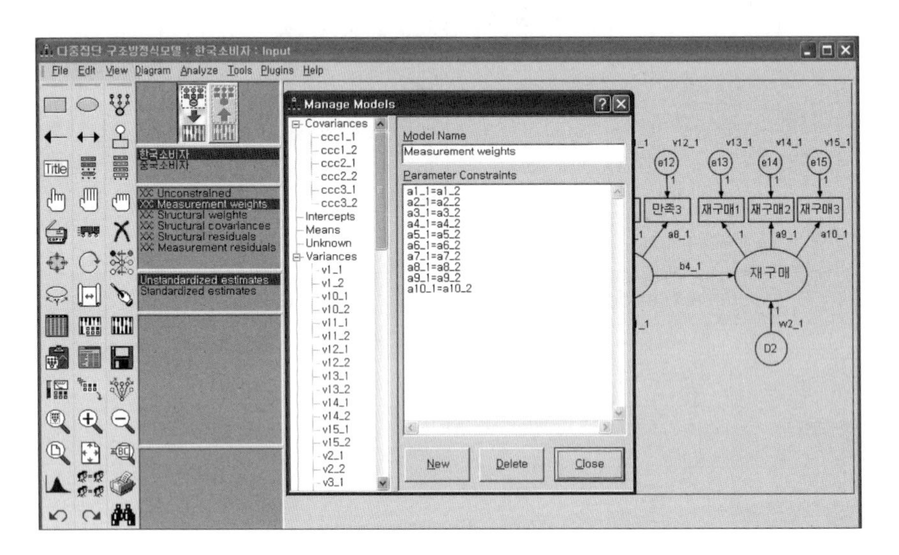

다중집단 구조방정식모델에 대한 결과는 다음과 같다. 결과를 통해 각 모델 간 χ^2을 확인할 수 있다.

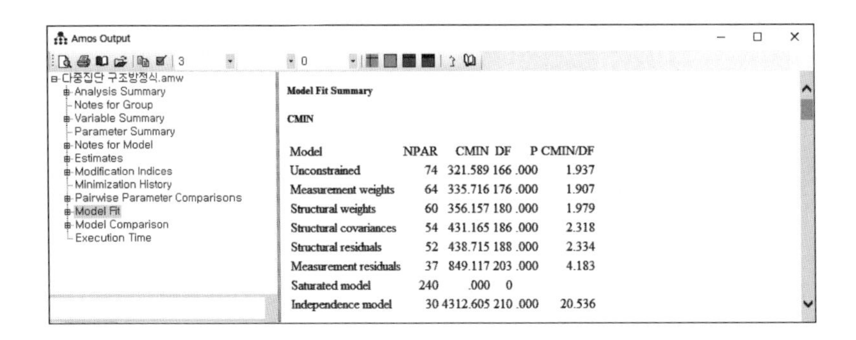

Model Fit Summary

CMIN

Model	NPAR	CMIN	DF	P	CMIN/DF
Unconstrained	74	321.589	166	.000	1.937
Measurement weights	64	335.716	176	.000	1.907
Structural weights	60	356.157	180	.000	1.979
Structural covariances	54	431.165	186	.000	2.318
Structural residuals	52	438.715	188	.000	2.334
Measurement residuals	37	849.117	203	.000	4.183
Saturated model	240	.000	0		
Independence model	30	4312.605	210	.000	20.536

집단 간 유의한 경로의 차이는 결과표의 [Pairwise Parameter comparison]에서 제공한다.

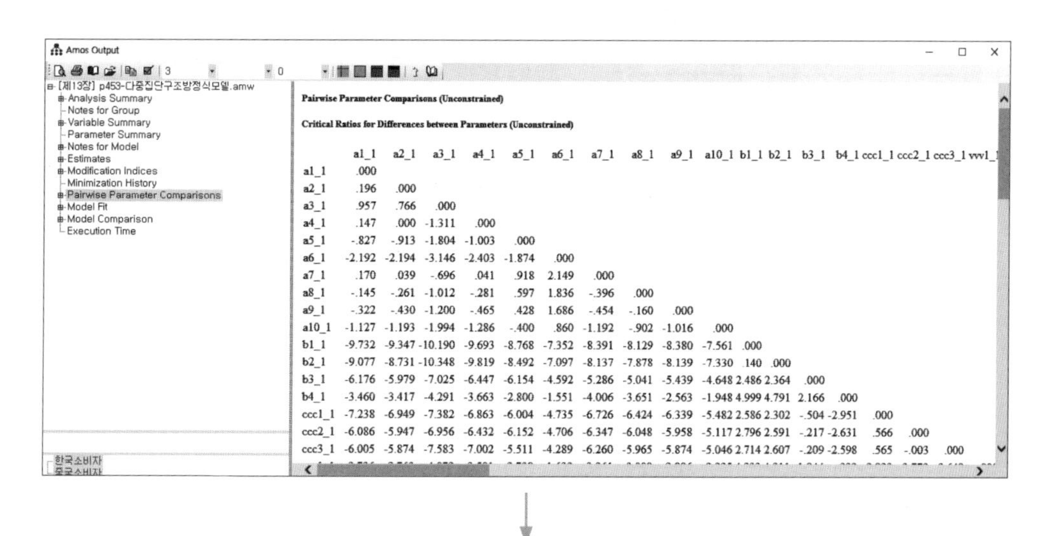

Pairwise Parameter Comparisons (Unconstrained)

Critical Ratios for Differences between Parameters (Unconstrained)

	a1_1	a2_1	a3_1	a4_1	a5_1	a6_1	a7_1	a8_1	a9_1	a10_1	b1_1	b2_1	b3_1	b4_1	ccc1_1	ccc2_1	ccc3_1	vvv1_
a1_1	.000																	
a2_1	.196	.000																
a3_1	.957	.766	.000															
a4_1	.147	.000	-1.311	.000														
a5_1	-.827	-.913	-1.804	-1.003	.000													
a6_1	-2.192	-2.194	-3.146	-2.403	-1.874	.000												
a7_1	.170	.039	-.696	.041	.918	2.149	.000											
a8_1	-.145	-.261	-1.012	-.281	.597	1.836	-.396	.000										
a9_1	-.322	-.430	-1.200	-.465	.428	1.686	-.454	-.160	.000									
a10_1	-1.127	-1.193	-1.994	-1.286	-.400	.860	-1.192	-.902	-1.016	.000								
b1_1	-9.732	-9.347	-10.190	-9.693	-8.768	-7.352	-8.391	-8.129	-8.380	-7.561	.000							
b2_1	-9.077	-8.731	-10.348	-9.819	-8.492	-7.097	-8.137	-7.878	-8.139	-7.330	.140	.000						
b3_1	-6.176	-5.979	-7.025	-6.447	-6.154	-4.592	-5.286	-5.041	-5.439	-4.648	2.486	2.364	.000					
b4_1	-3.460	-3.417	-4.291	-3.663	-2.800	-1.551	-4.006	-3.651	-2.563	-1.948	4.999	4.791	2.166	.000				
ccc1_1	-7.238	-6.949	-7.382	-6.863	-6.004	-4.735	-6.726	-6.424	-6.339	-5.482	2.586	2.302	-.504	-2.951	.000			
ccc2_1	-6.086	-5.947	-6.956	-6.432	-6.152	-4.706	-6.347	-6.048	-5.958	-5.117	2.796	2.591	-.217	-2.631	.566	.000		
ccc3_1	-6.005	-5.874	-7.583	-7.002	-5.511	-4.289	-6.260	-5.965	-5.874	-5.046	2.714	2.607	-.209	-2.598	.565	-.003	.000	

Critical Ratios for Differences between Parameters (Unconstrained)

	b1_1	b2_1	b3_1	b4_1	
b1_2	0.052	-0.131	-3.103	-5.487	
b2_2	0.251	0.062	-2.966	-5.395	
b3_2	0.741	0.551	-2.413	-4.818	
b4_2	2.09	1.902	-0.845	-3.148	

* 출력내용이 많아 필요한 부분만 편집함

위 결과에서 총자동차 → 총만족도[b1_1=b1_2], 총브랜드 → 총만족도[b2_1=b2_2] 경로는 통계적으로 유의하지 않은 것으로 나타났다. 반면 총사회적 → 총만족도 [b3_1=b3_2], 총만족도 → 총재구매[b4_1=b4_2] 경로는 통계적으로 유의(±1.965 이상)한 것으로 나타났다. 이 역시 조사자가 직접 제약한 모델 결과와 동일함을 알 수 있다. 또한 다중집단 경로분석과 다중집단 구조방정식모델 분석은 서로 동일한 결과[11]를 보여 준다.

11 외제차모델의 경우에는 다중집단 경로분석과 다중집단 구조방정식모델 결과가 동일하게 나타났지만, 두 분석의 결과는 얼마든지 다를 수 있다.

5 실제 논문에서 사용된 다중집단분석 예

요즘 들어 다중집단분석을 사용하는 경우가 부쩍 증가하고 있다. 그런데 실제로 이 분석을 사용하기 위해서는 여러 가지 고려해야 할 점들이 있다. 지금부터는 실제 발표된 논문을 중심으로 다중집단분석의 적용과 해석에 대해서 자세히 알아보도록 하자.

5-1 다중집단 확인적 요인분석

마이어스 등(Myers et al., 2000)[12]의 연구를 보면, 저자들은 테일러(Taylor, 1992)[13]의 'Model of attitude toward the ad, attitude toward the brand and buyer intent'를 이용하여 한국데이터(N = 180)와 미국데이터(N = 180)에 대해 측정동일성을 검증하였다.

Taylor's 모델[14]

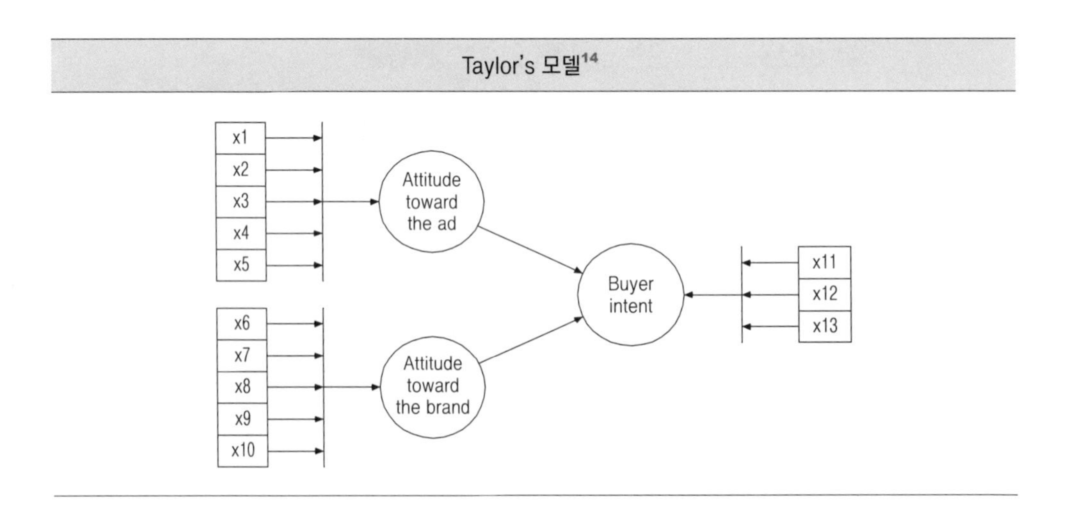

12 Myers, M. B., Calantone, R. J., Page, T. J., and Taylor, C. R. (2000).

13 Taylor, C. R. (1992).

14 논문에서는 그림처럼 화살표 방향이 관측변수에서 잠재변수로 향하는 조형지표 형태이나, 실제로는 반영지표모델을 사용하였다.

측정동일성 검증을 위해 다중집단 확인적 요인분석을 실시한 결과는 다음과 같다.

[표 13-9] 측정동일성 분석 결과[15]

모델	χ^2	df	p	CFI	RMSEA	$\Delta\chi^2$/df	Sig. Dif
[모델1] 비제약	257.09	124	.001	.977	.055		
[모델2] λ 제약	290.34	137	.001	.974	.056	33.25/13	Yes
[모델3] ϕ 제약	258.87	127	.001	.977	.054	1.78/3	No
[모델4] λ, ϕ 제약	292.96	140	.001	.974	.055	2.64/3	No
[모델5] λ, ϕ, θ 제약	103.54	63	.001	.993	.043	153.55/61	Yes

[표 13-9]에서 요인부하량 제약모델(모델2)은 비제약모델과 통계적으로 유의한 차이가 있는 것($\Delta\chi^2 = 33.25$, df = 13 > 22.36)으로 나타났으나, 공분산 제약모델(모델3)은 비제약모델과 통계적으로 유의한 차이가 없는 것($\Delta\chi^2 = 1.78$, df = 3 < 7.82)으로 나타났다.

요인부하량 동일성(모델2) 결과는 각 구성개념(잠재변수)을 측정하는 관측변수가 한국과 미국 응답자들에게 서로 다르게 인식되고 있다는 의미이다. 그런데 한 가지 더 짚고 넘어가야 할 부분은 이렇게 측정도구를 서로 다르게 인식하고 있음에도 불구하고 공분산 제약모델(모델3)이 비제약모델과 차이가 없게 나타난 점이다. 상식적으로 집단 간 요인부하량에 차이가 있기 때문에 공분산 제약모델에서도 당연히 차이가 있어야 하는데, 이 논문에서는 두 집단 간 공분산 동일성에 차이가 없음을 보여준다. 이러한 문제는 오직 다중집단 확인적 요인분석에서만 검증이 가능하기 때문에 이 기법이 측정동일성 검증을 통한 교차타당성 검증에 매우 유용한 기법임을 논문은 제시하고 있다.

---

15 Myers et al. (2000)의 논문에서는 요인부하량 제약모델을 모델3으로, 공분산 제약모델을 모델2로 사용했으나, 본 교재에서는 독자들의 혼동을 막기 위해 Amos 결과에 맞게 수정하였다.

이처럼 요인부하량 측정동일성에 문제가 있다면 다음 단계인 다중집단 구조방정식모델 (또는 다중집단 경로분석)로 넘어가는 것은 문제[16]가 될 수 있다.

5-2 다중집단 경로분석

Yu et al.(2008)[17]의 경우를 보자. 이 논문은 외생변수인 제조업체의 강압적인 힘(coercive power)과 비강압적인 힘(non-coercive power)이 매개변수인 경제적만족(economic satisfaction), 비경제적만족(non-economic satisfaction), 경제적갈등(economic conflict), 비경제적갈등(non-economic conflict)에 영향을 미치고, 다시 이들이 최종 내생변수인 장기지향성(long-term orientation)에 영향을 미치는 모델로 구성되어 있다.

Yu's 모델

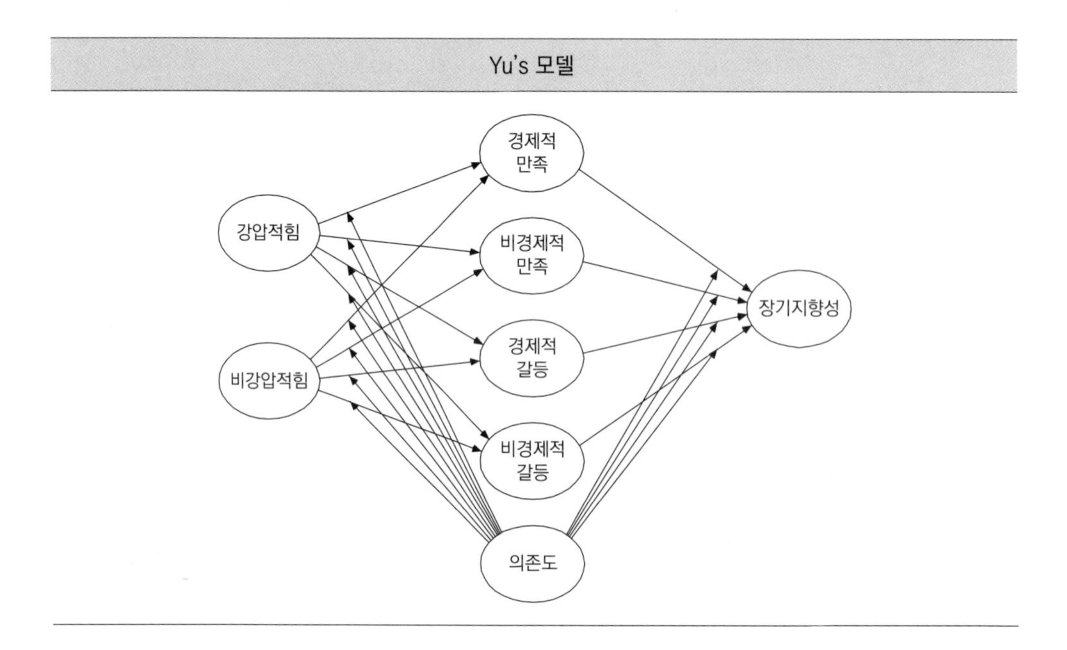

16 요인부하량 제약모델과 비제약모델에 차이가 나는 것은 조사자의 실수(측정설문에 대한 해석적 오류나 집단의 잘못된 선택 등) 또는 문화적 차이와 같은 여러 가지 요인에 의한 것이다. 후자의 경우, 다음 단계인 다중집단 경로분석이나 다중집단 구조방정식모델을 실시하는 것은 큰 의미가 없고, 타당성에 대해서 문제의 소지가 있기 때문에 측정동일성 검증에서 왜 이러한 차이가 났는지를 설명하거나, 이 부분을 분리해 가치 있는 연구를 도출할 수 있다.

17 Yu, J. P., Pysarchik, D. T., Kim, Y. K (2008).

Yu's 모델에서는 제조업체에 대한 소매업체의 의존도(dependence)를 기준으로 높은 집단(N=111)과 낮은 집단(N=99)으로 나눈 후, 구성개념들에 대한 측정동일성 검증을 위해 다중집단 확인적 요인분석을 실시하였다. 이에 대한 분석 결과는 다음과 같다. 여기서 의존도는 조절변수에 해당된다.

[표 13-10] 측정동일성 분석 결과

	$\Delta\chi^2$	df	CFI	RMSEA	$\Delta\chi^2$/df	$\Delta\chi^2$ Sig. Dif
[모델1] 비제약	1304.9	768	.791	.058		
[모델2] λ 제약	1335.8	791	.788	.058	30.9/23	유의하지 않음
[모델3] ϕ 제약	1356.8	789	.779	.059	51.9/21	유의함
[모델4] λ, ϕ 제약	1386.8	812	.776	.058	81.9/44	유의함

분석 결과, 비제약모델(모델1)과 요인부하량 제약모델(모델2) 간에는 유의한 차이가 나지 않는 것($\Delta\chi^2$=30.9, df=23 < 35.1)으로 나타났다. 이는 두 집단에서 측정도구를 똑같이 인식하고 있다는 의미이므로 저자는 요인부하량의 측정동일성이 검증되었다고 판단하고 다음 단계인 다중집단 경로분석을 실시하였다.

Yu's 모델

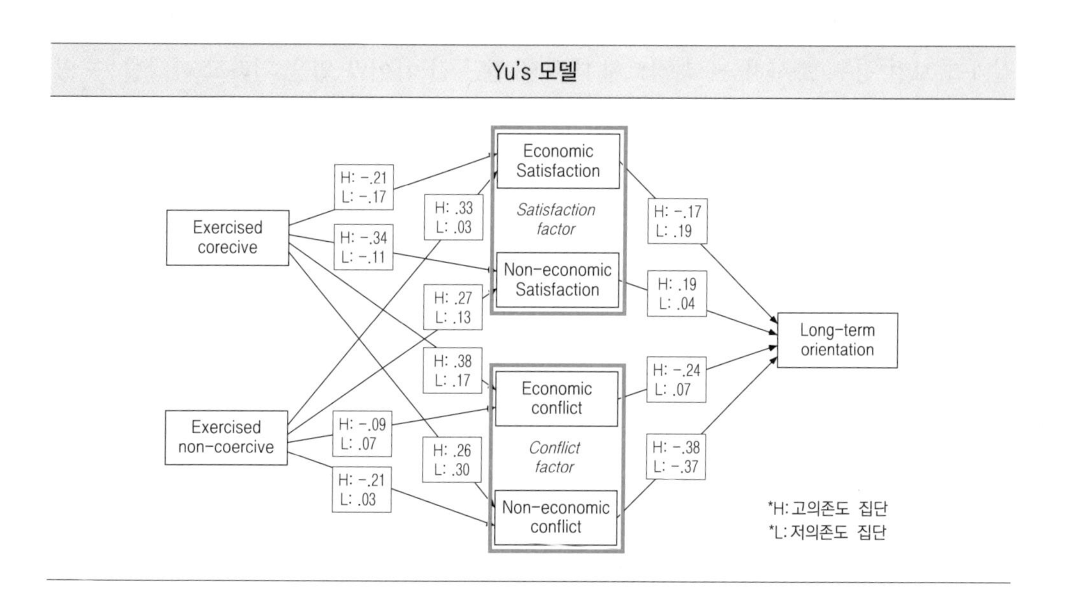

[표 13-11] 다중집단 경로분석 결과

경로	고의존도 집단 경로계수 (C.R.)	저의존도 집단 경로계수 (C.R.)
강압적힘 → 경제적만족	-.21 (-2.39)	-.17 (-1.74)
강압적힘 → 비경제적만족	-.34 (-3.94)	-.11 (-1.13)
강압적힘 → 경제적갈등	.38 (4.35)	.17 (1.73)
강압적힘 → 비경제적갈등	.26 (2.88)	.30 (3.06)
비강압적힘 → 경제적만족	.33 (3.82)	.03 (0.33)
비강압적힘 → 비경제적만족	.27 (3.11)	.13 (1.28)
비강압적힘 → 경제적갈등	-.09 (-1.03)	.07 (0.68)
비강압적힘 → 비경제적갈등	-.21 (-2.30)	.03 (0.33)
경제적만족 → 장기지향성	-.17 (-1.65)	.19 (1.86)
비경제적만족 → 장기지향성	.19 (1.830)	.04 (0.47)
경제적갈등 → 장기지향성	-.24 (-2.61)	.07 (0.75)
비경제적갈등 → 장기지향성	-.38 (-4.14)	-.37 (-3.63)

[표 13-11]에서는 두 집단 간 경로계수의 크기와 유의성을 보여준다. 그런데 흥미로운 점은 같은 경로에서 한 집단에서는 유의한 결과를 보이고 다른 집단에서는 유의하지 않은 결과를 보일 경우, 조사자는 그 경로에 대해서 집단 간 차이가 있을 거라고 예상할 수 있지만 실제로는 유의한 차이가 나지 않을 수 있다는 점이다.

예를 들어, '강압적힘 → 경제적만족'에서 고의존도 집단의 경로계수는 -.21이고, C.R. 값은 -2.39로서 유의하고, 저의존도 집단의 경로계수는 -.17이고, C.R. 값은 -1.7로서 유의하지 않다. 이 경우, 한 경로는 유의하고 다른 경로는 유의하지 않기 때문에 조사자는 두 경로가 차이가 있을 거라고 예상할 수 있다. 위의 표를 기준으로 보면, 한쪽은 유의하고 한쪽은 유의하지 않은 경로 간 차이가 있는 경우만 따져 봐도 상당수 존재한다. 그렇다면 실제로 이러한 경로의 차이가 있을까? 분석 결과는 다음과 같다.

[표 13-12] 경로제약 결과

경로제약	χ^2	df	$\Delta\chi^2$/df	$\Delta\chi^2$ Sig. Dif
강압적힘 → 경제적만족	5.4	7	0.2/1	No
강압적힘 → 비경제적만족	7.9	7	2.7/1	No
강압적힘 → 경제적갈등	8.8	7	3.6/1	No
강압적힘 → 비경제적갈등	5.2	7	0.0/1	No
비강압적힘 → 경제적만족	11	7	5.8/1	**Yes**
비강압적힘 → 비경제적만족	6.1	7	0.9/1	No
비강압적힘 → 경제적갈등	6.6	7	1.4/1	No
비강압적힘 → 비경제적갈등	9.0	7	3.8/1	No
경제적만족 → 장기지향성	11.2	7	6.0/1	**Yes**
비경제적만족 → 장기지향성	6.5	7	1.3/1	No
경제적갈등 → 장기지향성	10.5	7	5.3/1	**Yes**
비경제적갈등 → 장기지향성	5.3	7	0.1/1	No

위의 결과에서 알 수 있듯이 유의한 차이를 보이는 경로($\Delta\chi^2$ Sig. dif)는 '비강압적힘 → 경제적만족', '경제적만족 → 장기지향성', '경제적갈등 → 장기지향성'의 세 경로뿐이다. 다시 말해서 개별적으로 분석한 모델의 결과에서 한 경로는 유의하고 다른 경로는 유의하지 않다고 하더라도, 다중집단분석은 분석방법이 엄격하기 때문에 얼마든지 유의하지 않게 나올 수 있음을 보여준다.

Q&A

Q 13-1 다집단으로부터 데이터를 수집해서 분석하려고 합니다. 반드시 다중집단분석을 해야 하나요?

A 다중집단분석은 구조방정식에서 사용되는 여러 분석방법 중 하나일 뿐입니다. 다집단 데이터를 수집했다고 해서 반드시 다중집단분석을 해야 하는 것은 아닙니다. 다중집단분석의 경우 조사자의 연구목적이 집단 간 모델 내 경로 간 유의한 경로를 해석하는 데 있기보다는, 집단의 경로 간 통계적 유의한 차이점을 중점적으로 설명하는 데 있습니다. 따라서 모델을 집단으로 나누어 개별적으로 분석할 때보다 결과에 대한 서술의 폭이 좁아질 수 있습니다.

예를 들어 Yu et al.(2008)의 경우, 조사자가 다중집단분석을 하지 않았다면 비록 집단 간 경로들의 통계적으로 유의한 차이를 검증할 수는 없었겠지만, 고의존도 집단과 저의존도 집단의 개별적인 유의한 경로들뿐만 아니라 한 집단의 경로는 유의하고 다른 집단의 경로는 유의하지 않은지 등의 다양한 결과에 대해 구체적으로 설명할 수 있었을 것입니다. 하지만 다중집단분석을 사용했기 때문에 모델에서 경로 간 통계적 유의한 차이가 있는 경로에만 결과의 초점이 맞춰져 있음을 알 수 있습니다.

특히 다중집단분석 시 집단 간 모델에서 모든 경로 간에 유의한 차이가 전혀 나지 않는 경우도 종종 발생하는데, 이때는 결과에 대해 특별히 서술할 내용이 없기 때문에 오히려 개별적인 분석 결과를 이용하는 것이 더 좋을 수 있습니다. 따라서 조사자는 다집단을 분석할 때에 다중집단분석이 꼭 필요한지를 먼저 신중히 고려해야 합니다.

Q 13-2 연구모델을 이미 완성한 상태에서 측정동일성 검증을 위해 다중집단 확인적 요인분석을 실시했는데, 비제약모델과 요인부하량 제약모델 사이에 유의한 차이가 발생했습니다. 이렇게 차이가 날 경우, 다음 단계인 다중집단 경로분석이나 다중집단 구조방정식모델로 넘어가면 안 되나요?

A 모든 연구에서 측정동일성 검증(다중집단 확인적 요인분석)을 반드시 해야 하는 것은 아닙니다. 실제로 현재까지 발표된 다중집단 구조방정식모델(또는 다중집단 경로분석)을 사용한 논문들을 보면, 다중집단 확인적 요인분석을 통한 측정동일성 검증을 실시하지 않은 논문들을 볼 수 있습니다. 다만, 분석의 목적에 따라 측정동일성 검증이 필요한 경우가 발생하는데, 집단 간 구성개념을 서로 다르게 이해한 상태에서 연구모델을 분석할 경우, 분석 결과에 대한 신뢰의 문제가 발생할 수 있기 때문입니다.

예를 들어 조사자가 '제품가치 → 구매' 영향을 한국소비자 집단과 중국소비자 집단 간 다중집단분석을 실시한다고 가정해봅시다. 가설도 '한국소비자 집단에서 제품가치가 구매에 미치는 영향은 중국소비자 집단에서 미치는 영향보다 더 강할 것이다'라고 설정했습니다. 여기서 조사자의 목적은 집단 간 경로의 유의한 차이를 보는 것이 되겠지요.

그런데 소비자가 제품을 구매했을 때 느끼는 가치를 볼 때, 한국소비자들은 좀 더 비싼 가격을 지불하더라도 환경이 좋은 점포에서 제품을 구매했을 때 제품가치가 있다고 느끼는 반면, 중국소비자들은 점포의 환경보다 가격이 저렴한 점포에서 제품을 구매했을 때 제품가치가 높다고 느낀다면, 두 나라의 소비자들은 제품가치에 대해서 서로 다르게 생각하고 있는 것입니다.

이런 상황에서 조사자가 알고 싶어 하는 두 나라 간 경로 간 차이가 중요할까요? 아니면 어떻게 두 소비자 집단이 제품가치를 서로 다르게 느끼는지 차이점을 연구하는 것(다중집단 확인적 요인분석의 측정동일성 실시)이 더 중요할까요? 아마 제품 구매 시 느끼는 가치에 대한 차이점을 선행연구로 진행하는 것도 충분히 가치가 있을 것입니다. 이런 경우라면 다중집단 확인적 요인분석이 필요합니다.

만약 다중집단 구조방정식모델을 꼭 분석해야 한다면, 다중집단 확인적 요인분석에서 유의한 차이가 있는 '제품가치'와 같은 구성개념이나 변수를 제거한 후 요인부하량 동일성을 확보한 상태에서 나머지 변수들만을 가지고 다음 단계인 다중집단 구조방정식모델 분석이나 다중집단 경로분석을 할 수 있습니다. 단, 유의한 차이를 보이는 변수 제거에 대해서는 신중을 기해야 합니다.

Q 13-3 다중집단분석에서 모델 간 차이 검증은 반드시 $\Delta\chi^2$(카이제곱 변화량)으로만 해야 하나요?

A 모델 간 차이 검증 시 χ^2을 사용하는 이유는 통계적 유의성이 제공되기 때문입니다. 하지만 10장의 모델적합도 부분에서 언급했듯이 χ^2의 경우 표본의 크기에 영향을 받는 등 여러 가지 문제가 있기 때문에 CFI, RMSEA, TLI(NNFI) 등을 함께 제시하기도 합니다.

Q 13-4 분석을 하다 보니 한 집단의 경로는 유의한데, 다른 집단의 경로는 유의하지 않게 나왔습니다. 그런데 경로 간 차이($\Delta\chi^2=3.84$ 이하)는 유의하지 않은 것으로 나타났습니다. 이런 경우가 가능한가요?

A 두 집단에서 모두 유의한 경로라고 하더라도 경로 간 유의한 차이가 날 수 있고, 한 집단에서는 유의하고 다른 집단에서는 유의하지 않더라도 경로 간 유의한 차이가 나지 않을 수 있습니다. 심지어 두 집단에서 모두 유의하지 않은 경로라도 경로 간 유의한 차이가 나는 경우도 종종 발생합니다.

Q 13-5 5개 집단에서 데이터를 수집했습니다. 다중집단분석을 하려고 하는데 가능한가요?

A 이론적으로는 가능하지만 실제로 발표된 논문들을 보면 2~3 집단을 사용한 경우가 대부분이고, 4집단 이상을 사용하는 논문은 많지 않습니다. 이유는 분석이 복잡해지기 때문입니다. 예를 들어, 측정동일성의 경우 4집단 이상을 하면 표나 결과 등이 상당히 복잡해집니다. 또 다중집단 경로분석이나 다중집단 구조방정식모델의 경우에는 경로 간 유의성 검증에서도 해석에 어려움이 있을 수 있습니다. 그러므로 5집단이라면 다중집단분석을 하기보다는 집단별로 나누어서 분석하는 방법을 생각해보기를 권합니다.

Q 13-6 다중집단 확인적 요인분석 시, 요인부하량 동일성에서 차이가 발생했습니다. 이럴 경우, 특정 관측변수(항목)에 대한 집단 간 차이를 보려면 어떻게 해야 하나요?

A 앞서 언급했듯이 ① 조사자가 직접 각각의 요인부하량을 고정하여 경로마다 $\Delta\chi^2$이 3.84 이상인지 알아보는 방법, ② [View] → [Analysis properties] → [Output]에서 '☑ Critical rations for differences'를 체크하여 C.R. 값의 차이가 ±1.965 이상인 쌍을 찾아보는 방법이 있습니다.

Q 13-7 비제약모델(모델1)과 요인부하량, 공분산, 오차분산 제약모델(모델5)에서도 차이가 나지 않았는데 이것은 무슨 의미인가요?

A 모델1과 모델5에서 유의한 차이가 나지 않았다면 거의 완벽한 측정동일성입니다. 즉, 두 집단이 거의 차이가 나지 않는 동일한 집단에 가깝다고 할 수 있습니다. 이럴 경우에는 다중집단 경로분석이나 다중집단 구조방정식모델로 분석해도 경로 간 유의한 차이가 날 가능성이 희박하다고 할 수 있습니다.

Thinking of Jp #4
열정

어느 날 구조방정식모델을 공부하다가 궁금한 점이 생겼습니다. 사실 주위에 물어볼 사람이 없었고, 오로지 구조방정식모델을 가르쳐주셨던 교수님이 답을 알고 있으리라 생각했습니다. 그런데 그 교수님 수업은 이미 들은 후였기 때문에 정식으로 만날 시간이 없었던 데다가, 교수님이 워낙 바쁘셔서 이메일을 여러 번 드렸는데도 답장이 오지 않았습니다. 그래서 일주일 내내 무턱대고 교수님 연구실 앞에서 시간이 날 때마다 기다렸습니다.

어쩌다 교수님이 계실 때면 왜 그렇게 손님들이 자주 찾아오시고, 면담 후 다른 곳으로 곧바로 나가시는지……. 그러던 어느 날 연구실 앞에서 드디어 교수님을 마주치게 되었습니다. 교수님께 용기 내어 질문이 있다고 말씀드렸더니 다시 나가봐야 한다고 하시더군요. 간단한 질문이라고 말씀드렸는데도 지금은 힘들 것 같다고 하셨습니다. 이에 아랑곳하지 않고 질문을 드렸더니 교수님께서 복도를 지나 엘리베이터를 타고 이동하는 동안 대답을 해주셨습니다. 그렇게 해서 한 달 동안 혼자 고민했던 질문에 대한 답을 들을 수 있었습니다.

여러분은 어떠신가요? 배움에는 적극적인 열정이 필요합니다. 요즘에는 Amos 강좌가 많이 열리는 것 같습니다. 필자 역시 SPSS 본사 및 여러 곳에서 강의를 하고 있습니다. 그런데 수업에 참석한 분들을 보면 석·박사 학생뿐만 아니라 교수님도 많을 뿐더러 광주, 대구, 부산, 제주도, 포항 등에서 새벽기차나 비행기를 타고 오시는 분들도 많습니다. 심지어 중국, 호주, 일본, 미국에서 방학을 이용해 Amos 강좌에 참석하는 학생들도 있습니다. 그리고 개인적으로 제 수업을 6회 이상 반복해서 들은 학생도 본 적이 있습니다. 아마도 저의 잘생긴 얼굴을 보기 위해 그 먼 곳에서 수업을 들으러 오진 않았을 테죠? 이 지면을 빌어 그분들의 열정에 다시 한 번 감사를 표합니다.

여러분에게 지식과 열정 중 하나를 택하라면 어떤 선택을 하시겠습니까? 개인적으로 어떤 사람의 지식을 훔치는 것보다 그 사람의 열정을 훔친다면 지식보다 더 많은 것을 얻을 수 있지 않을까 생각합니다. 물론 '난 지식을 택할 거야'라고 생각하시는 분들도 있겠지요. 그럼 만약 여러분이 애플사 CEO였던 스티브 잡스의 IT에 대한 지식과 그의 새로운 창조적 도전에 대한 열정 중 반드시 하나를 택해야 한다면 어느 것을 택하시겠습니까?

chapter

14

개별경로 간접효과

1 유령변수를 이용한 개별경로 간접효과

Amos 사용자들은 부트스트래핑 방법을 통하여 변수 간 간접효과의 유의성을 검증한다. 그런데 매개변수가 2개 이상인 경우, 독립변수와 종속변수 간 간접효과의 총크기와 그에 대한 유의성은 알 수 있지만, 각 매개경로에 대한 개별적인 간접효과의 크기와 유의성을 알 수 없는 단점이 발생한다. 본 장에서는 유령변수(phantom variable)[1]를 이용하여 각 개별경로의 간접효과 크기 및 유의확률 분석에 대해서 알아보도록 하자.

1-1 개별경로 간접효과 유의확률

외제차모델은 매개변수가 만족도 하나로 구성되어 있어 유령변수를 이용하기에 적절치 못하므로 품질모델의 예를 보자. 품질모델은 품질이 만족도, 신뢰, 재구매에 영향을 미치고, 만족도가 신뢰, 재구매에 영향을 미치며, 신뢰가 재구매에 영향을 미치는 형태로 되어 있다.

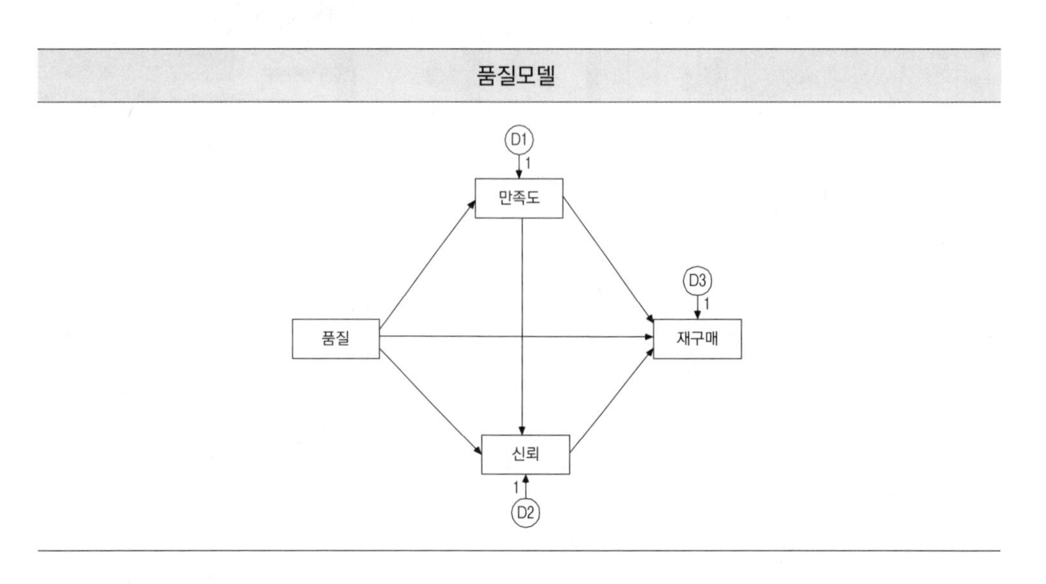

1 유령변수는 데이비드 케니(David A. Kenny)에 의해서 처음 제시된 개념이다.

품질모델의 분석 결과는 다음과 같다.

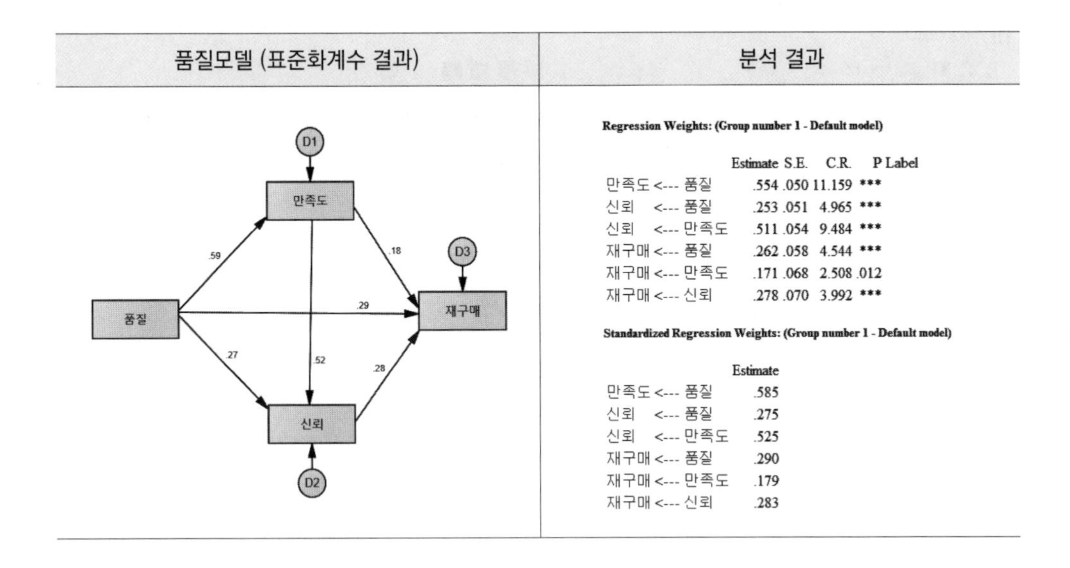

Regression Weights: (Group number 1 - Default model)

	Estimate	S.E.	C.R.	P	Label
만족도 <--- 품질	.554	.050	11.159	***	
신뢰 <--- 품질	.253	.051	4.965	***	
신뢰 <--- 만족도	.511	.054	9.484	***	
재구매 <--- 품질	.262	.058	4.544	***	
재구매 <--- 만족도	.171	.068	2.508	.012	
재구매 <--- 신뢰	.278	.070	3.992	***	

Standardized Regression Weights: (Group number 1 - Default model)

	Estimate
만족도 <--- 품질	.585
신뢰 <--- 품질	.275
신뢰 <--- 만족도	.525
재구매 <--- 품질	.290
재구매 <--- 만족도	.179
재구매 <--- 신뢰	.283

Amos에서 제공하는 품질모델에 대한 직접효과, 간접효과, 총효과는 다음과 같다.

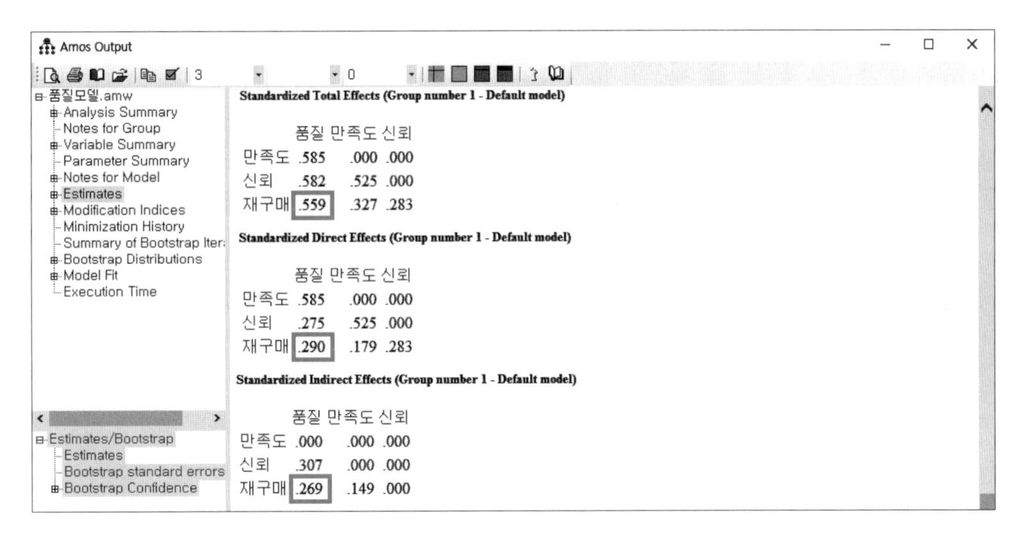

Standardized Total Effects (Group number 1 - Default model)

	품질	만족도	신뢰
만족도	.585	.000	.000
신뢰	.582	.525	.000
재구매	.559	.327	.283

Standardized Direct Effects (Group number 1 - Default model)

	품질	만족도	신뢰
만족도	.585	.000	.000
신뢰	.275	.525	.000
재구매	.290	.179	.283

Standardized Indirect Effects (Group number 1 - Default model)

	품질	만족도	신뢰
만족도	.000	.000	.000
신뢰	.307	.000	.000
재구매	.269	.149	.000

* 표준화된 계수만 따로 편집함

부트스트래핑을 통한 품질에서 재구매의 간접효과의 유의확률은 다음과 같다.

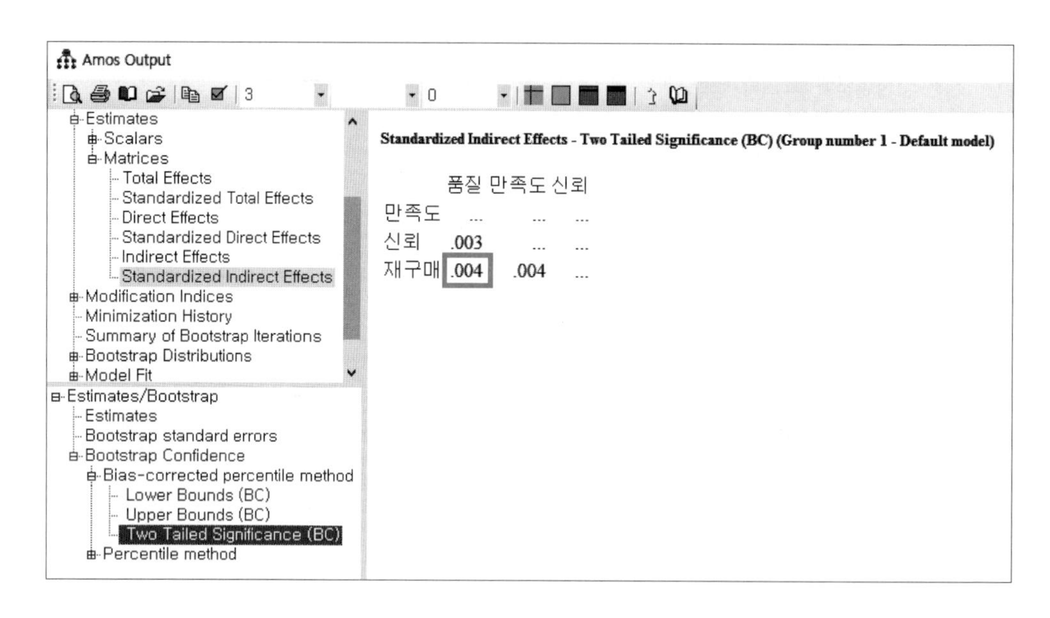

결과에 제시된 수치들로 보아 품질은 재구매에 간접적으로 유의한 영향(유의확률=.004)을 미치는 것으로 나타났다. 하지만 여기서 문제는, Amos 결과표에서는 다양한 간접효과 합에 대한 유의확률만을 제공하며 각각의 경로에 대한 개별적인 유의확률은 제공하지 않는다는 점이다. 품질이 재구매에 미치는 간접효과를 각 경로별로 구분해보면 다음과 같이 3가지 경로를 생각해볼 수 있다.

경로	간접효과	크기
품질 → 만족도 → 재구매	.585×.179 (품질 → 만족도)×(만족도 → 재구매)	.105
품질 → 신뢰 → 재구매	.275×.283 (품질 → 만족도)×(만족도 → 재구매)	.078
품질 → 만족도 → 신뢰 → 재구매	.585×.525×.283 (품질 → 만족도)×(만족도 → 재구매)×(만족도 → 재구매)	.087

세 경로의 간접효과 크기는 각각 .105, .078, .087로서 총 .270이며, 이는 Amos 결과표에서 제시한 표준화 간접효과 크기인 .0269와 일치하는 크기(반올림)이다. 하지만 문제는 이들 각각의 경로에 대한 유의확률은 알 수 없다는 것이다.

경로	간접효과	크기	유의확률
품질 → 만족도 → 재구매	.585×.179 (품질 → 만족도)×(만족도 → 재구매)	.105	?
품질 → 신뢰 → 재구매	.275×.283 (품질 → 만족도)×(만족도 → 재구매)	.078	?
품질 → 만족도 → 신뢰 → 재구매	.585×.525×.283 (품질 → 만족도)×(만족도 → 재구매)× (만족도 → 재구매)	.087	?
경로의 합		.270	.004

1-2 유령변수 사용

간접효과에서 각 개별적인 간접효과 유의성을 알아보기 위해서는 유령변수를 사용해야 한다. 유령변수는 모델 내에서는 존재하나 모델의 모수나 모델적합도에 영향을 미치지 않는 변수를 의미한다. 품질모델에서 유령변수를 만들기 위해서는 다음과 같이 아이콘을 선택해서 적당한 크기의 7개 변수를 생성[2]해야한다.

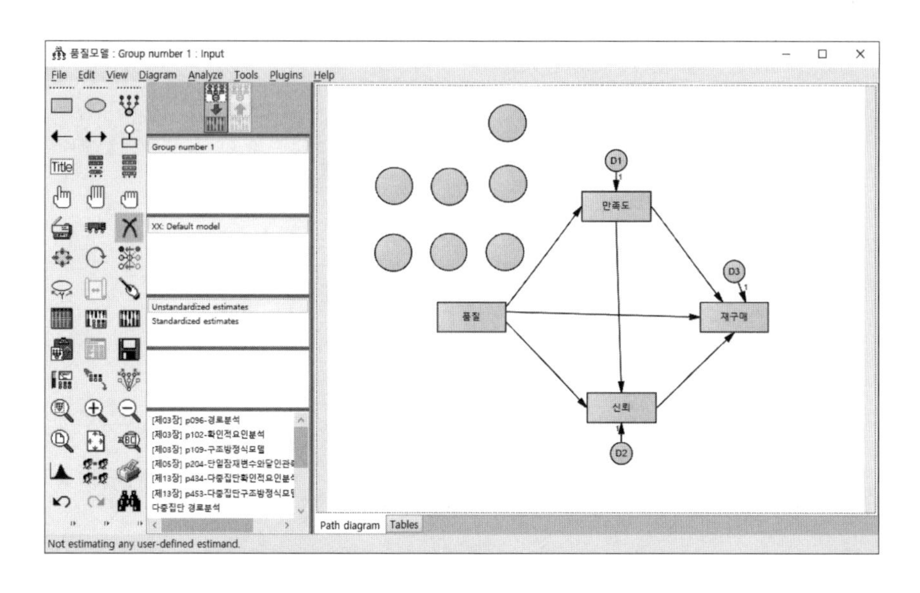

2 유령변수는 사각형의 관측변수 형태가 아니라 반드시 원 형태의 변수로 구성해야 한다.

다음으로 ← 아이콘을 이용하여 다음과 같이 경로를 생성한다. 여기서 주의해야 할 점은 화살표가 관측변수에서 유령변수로 향해야 한다는 것이다. 오차변수와 화살표 방향을 혼동해서는 안 된다.

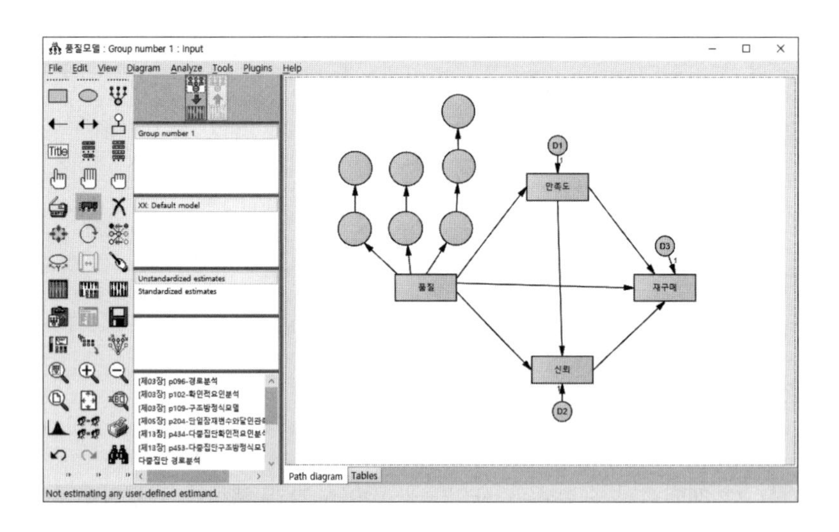

새롭게 생성된 유령변수에 p1~p7의 변수명을 입력한다. 여기서 'p'는 'phantom'의 줄임말로 생각하면 된다.

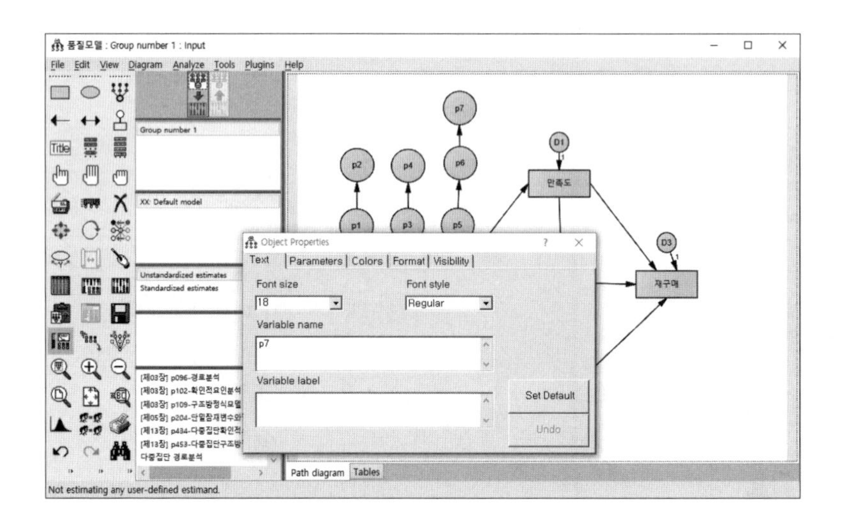

다음으로 각 경로에 임의의 문자 또는 문숫자를 입력한다. '품질 → 만족도'로 가는 경로를 'a1'으로 입력하고, '만족도 → 재구매' 경로를 'a2'로 입력한다. 또한 유령변수의 경로에도 동일한 문자 또는 문숫자를 입력한다. 예를 들어, '품질 → p1', 'p1 → p2'로 가는 경로에도 동일하게 'a1', 'a2'로 입력하는데, 이는 품질이 만족도를 거쳐 재구매로 가는 경로가 품질이 유령변수인 p1을 통해 p2로 미치는 계수와 동일하게 지정되었다는 것을 의미한다. 그래서 품질이 만족도를 거쳐 재구매에 미치는 간접효과는 p2의 계수에 해당한다.

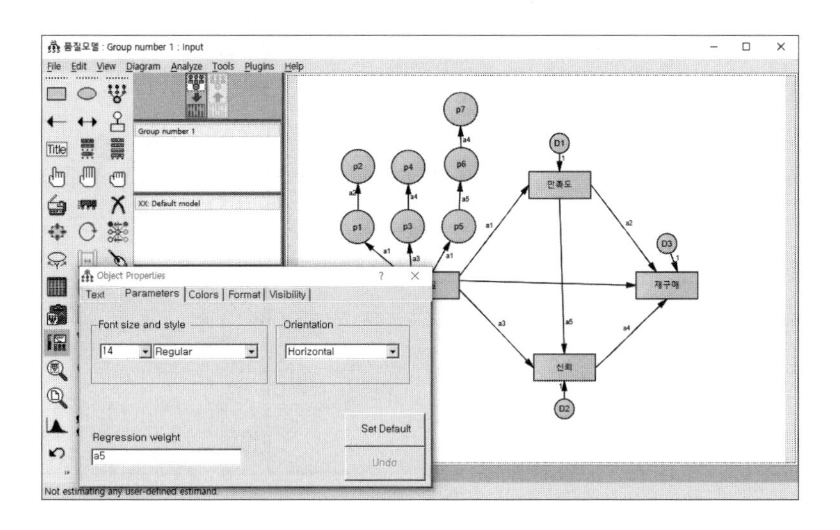

같은 방법으로 품질과 신뢰 및 재구매 경로를 'a3', 'a4', 'a5'로 입력한다. 예를 들어, 품질이 만족도와 신뢰를 거쳐 재구매로 가는 경로(품질 → 만족도 → 신뢰 → 재구매)의 경우, 매개변수가 만족도와 신뢰 2개이므로 유령변수는 3개가 필요하다. 품질이 만족도(a1)와 신뢰(a5)를 거쳐 재구매(a4)로 가기 때문에 유령변수 간 계수 역시 'a1', 'a5', 'a4'로 입력하면 된다. 완성된 모델은 다음과 같다.

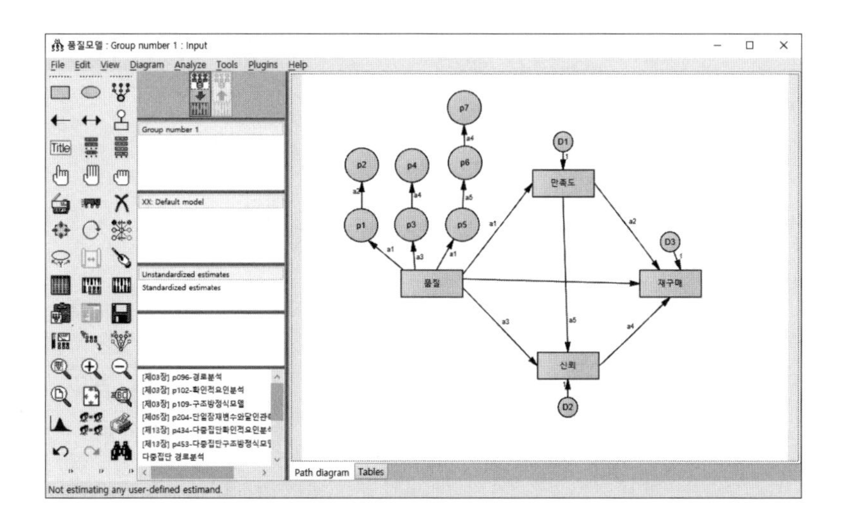

다음으로 간접효과의 유의성을 알아보기 위해 부트스트래핑을 이용한다.

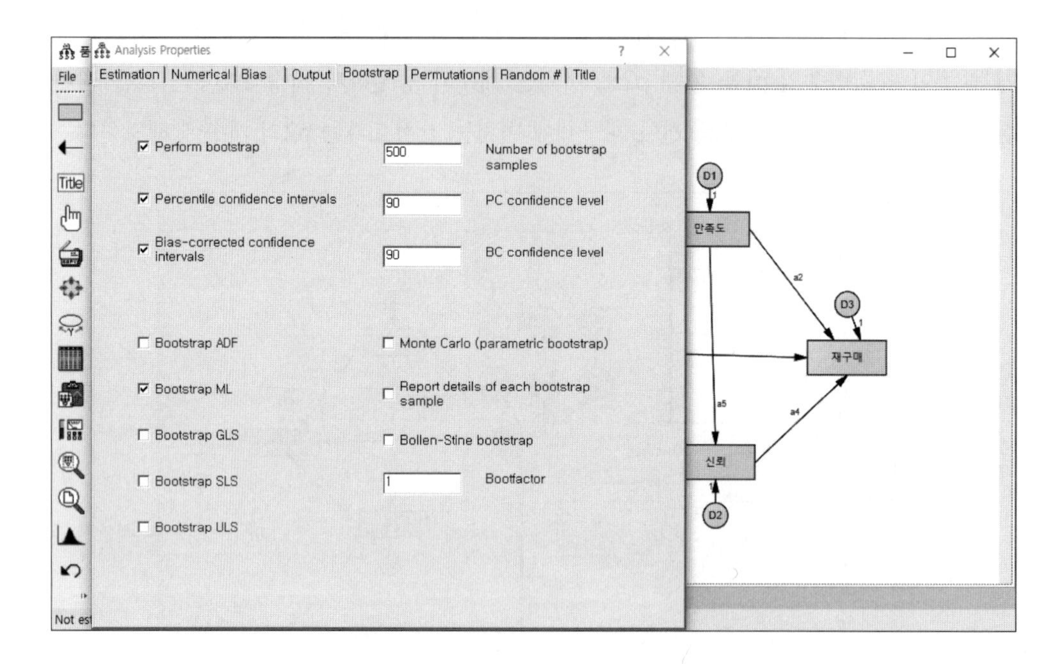

위 작업을 마치고 분석을 실행시키면 다음과 같은 경고 메시지가 뜨나, 이를 무시하고 'Proceed with the analysis'를 누른 후 그대로 진행하면 된다.

Amos Warnings

Proceed with the analys

Cancel the analysis

The following variables are endogenous, but have no residual (error) variables.

* p1
* p2
* p3
* p4
* p5
* p6
* p7

연구모델의 비표준화계수 및 표준화계수의 결과는 다음과 같다.

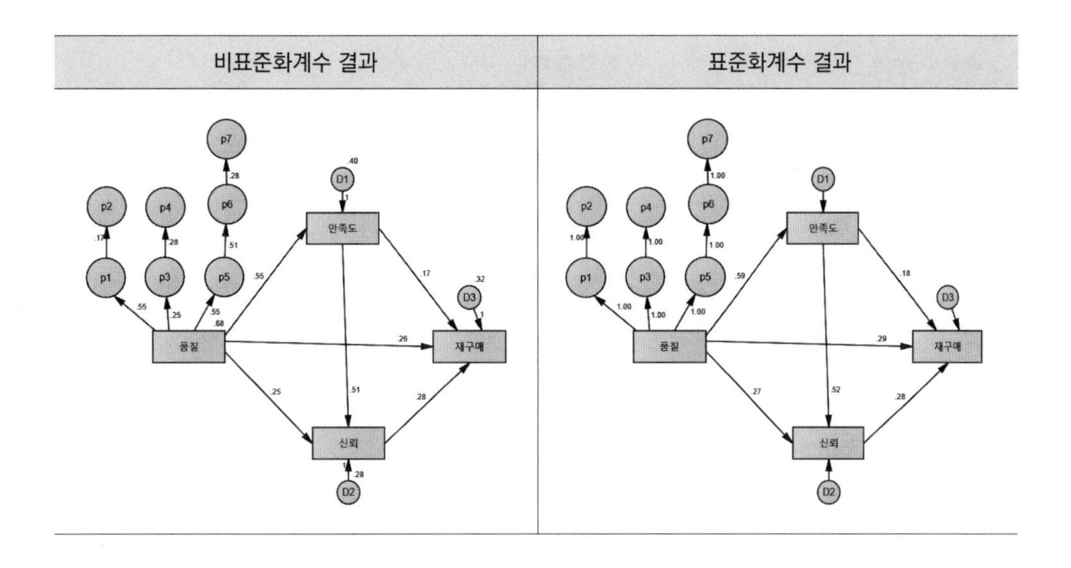

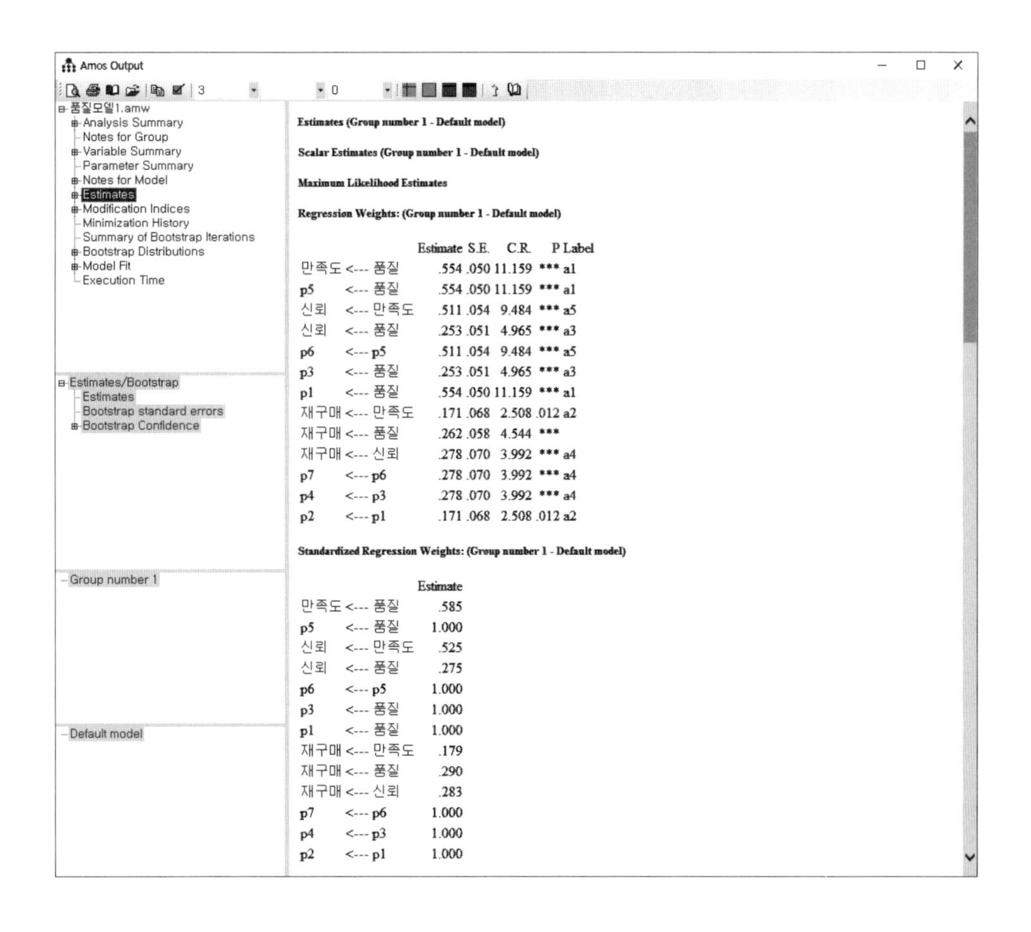

Estimates (Group number 1 - Default model)

Scalar Estimates (Group number 1 - Default model)

Maximum Likelihood Estimates

Regression Weights: (Group number 1 - Default model)

			Estimate	S.E.	C.R.	P	Label
만족도	<---	품질	.554	.050	11.159	***	a1
p5	<---	품질	.554	.050	11.159	***	a1
신뢰	<---	만족도	.511	.054	9.484	***	a5
신뢰	<---	품질	.253	.051	4.965	***	a3
p6	<---	p5	.511	.054	9.484	***	a5
p3	<---	품질	.253	.051	4.965	***	a3
p1	<---	품질	.554	.050	11.159	***	a1
재구매	<---	만족도	.171	.068	2.508	.012	a2
재구매	<---	품질	.262	.058	4.544	***	
재구매	<---	신뢰	.278	.070	3.992	***	a4
p7	<---	p6	.278	.070	3.992	***	a4
p4	<---	p3	.278	.070	3.992	***	a4
p2	<---	p1	.171	.068	2.508	.012	a2

Standardized Regression Weights: (Group number 1 - Default model)

			Estimate
만족도	<---	품질	.585
p5	<---	품질	1.000
신뢰	<---	만족도	.525
신뢰	<---	품질	.275
p6	<---	p5	1.000
p3	<---	품질	1.000
p1	<---	품질	1.000
재구매	<---	만족도	.179
재구매	<---	품질	.290
재구매	<---	신뢰	.283
p7	<---	p6	1.000
p4	<---	p3	1.000
p2	<---	p1	1.000

개별경로의 간접효과 유의성을 보기에 앞서 간접효과의 결과는 다음과 같다.

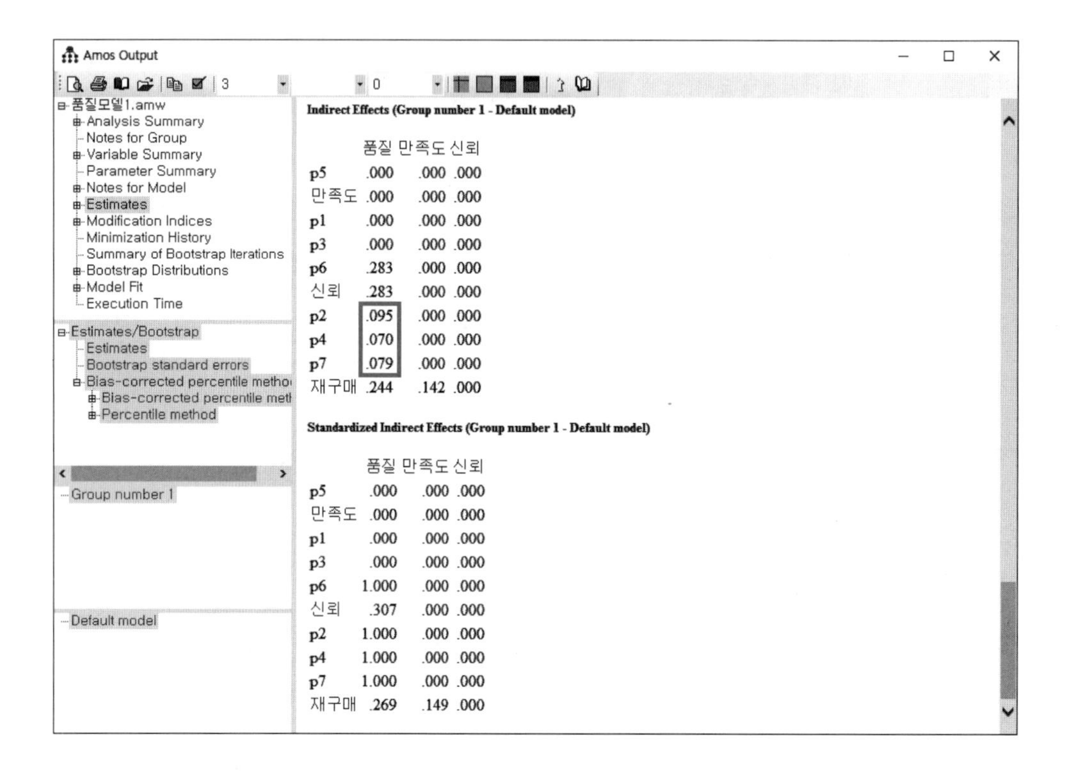

Indirect Effects (Group number 1 - Default model)

	품질	만족도	신뢰
p5	.000	.000	.000
만족도	.000	.000	.000
p1	.000	.000	.000
p3	.000	.000	.000
p6	.283	.000	.000
신뢰	.283	.000	.000
p2	.095	.000	.000
p4	.070	.000	.000
p7	.079	.000	.000
재구매	.244	.142	.000

Standardized Indirect Effects (Group number 1 - Default model)

	품질	만족도	신뢰
p5	.000	.000	.000
만족도	.000	.000	.000
p1	.000	.000	.000
p3	.000	.000	.000
p6	1.000	.000	.000
신뢰	.307	.000	.000
p2	1.000	.000	.000
p4	1.000	.000	.000
p7	1.000	.000	.000
재구매	.269	.149	.000

표준화계수(Standardized Indirect Effects) 결과를 보면 유령변수들(p1~p7)의 크기가 .000이나 1.000으로 나타나 큰 의미가 없다. 반면 비표준화계수(Indirect Effects)의 경우, 외생변수(품질)와 유령변수 간 비표준화계수 결과[3]의 크기를 보여준다. 예를 들어, p2의 간접효과의 비표준화계수 크기는 .095이며, p4 = .070, p7 = .079임을 알 수 있다. 이들 비표준화계수 결과에 대한 유의확률은 다음과 같다.

3 간접효과에 대한 유의확률은 비표준화계수(Indirect Effects)와 표준화계수(Standardized Indirect Effects) 모두를 제공하지만, 개별경로의 간접효과 유의확률을 보기 위해서는 비표준화계수 결과를 참고해야 한다.

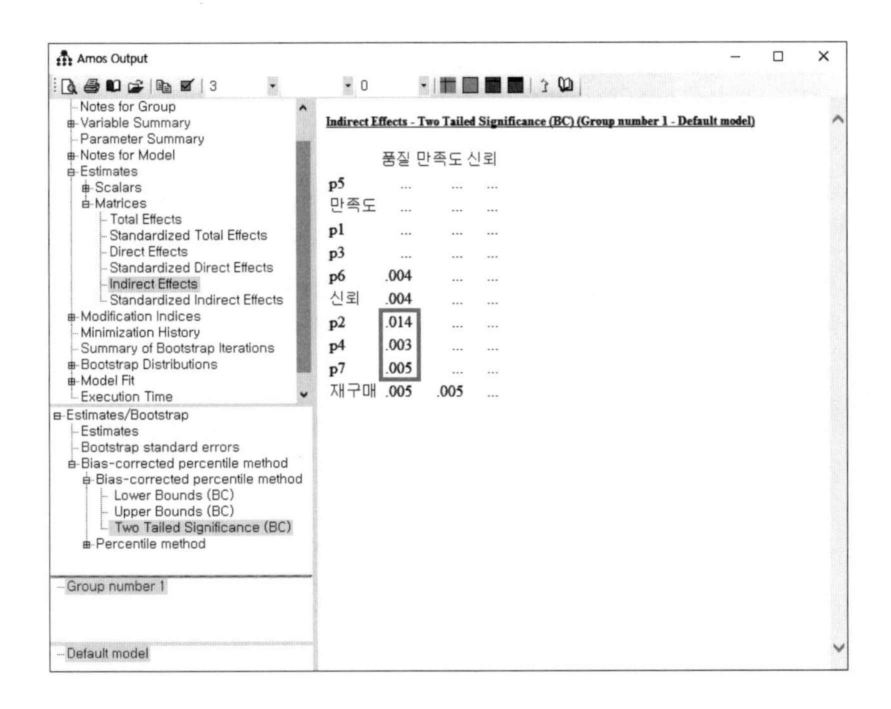

각 경로별 간접효과의 유의확률을 보면 p2=.014, p4=.003, p7=.005로서, 유령변수를 이용하여 각 경로별 유의확률을 확인할 수 있다. 이 결과를 바탕으로 다음과 같은 표를 작성할 수 있다.

경로	간접효과	크기	유의확률[4]
품질 → 만족도 → 재구매	.585×.179 (품질 → 만족도)×(만족도 → 재구매)	.105	.014
품질 → 신뢰 → 재구매	.275×.283 (품질 → 만족도)×(만족도 → 재구매)	.078	.003
품질 → 만족도 → 신뢰 → 재구매	.585×.525×.283 (품질 → 만족도)×(만족도 → 재구매)× (만족도 → 재구매)	.087	.005
경로의 합		.270	.004

4 일반적으로 경로계수의 크기는 표준화계수를 발표하므로 표에서 계수의 크기는 표준화계수를 사용하고, 유의확률의 경우에 한하여 비표준화계수 유의확률을 사용해야 한다.

위 결과로서 '품질 → 재구매'의 간접효과는 유의(.004)하며, 각각의 개별적인 경로의 간접효과 역시 유의(.014, .003, .005)함을 알 수 있다.

알아두세요! **유령변수모델 결과 비교**

'유령변수가 포함된 모델의 결과와 원래모델의 결과가 다르지 않을까?'라고 생각할 수 있지만, '유령변수가 포함된 품질모델'과 '품질모델'은 흥미롭게도 모수치와 모델적합도에 대해서 동일한 결과를 보인다.

품질모델 (비표준화계수 결과)	유령변수가 포함된 품질모델 (비표준화계수 결과)

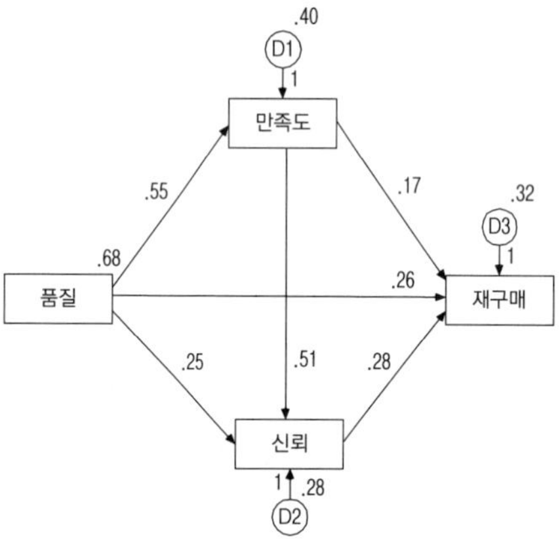

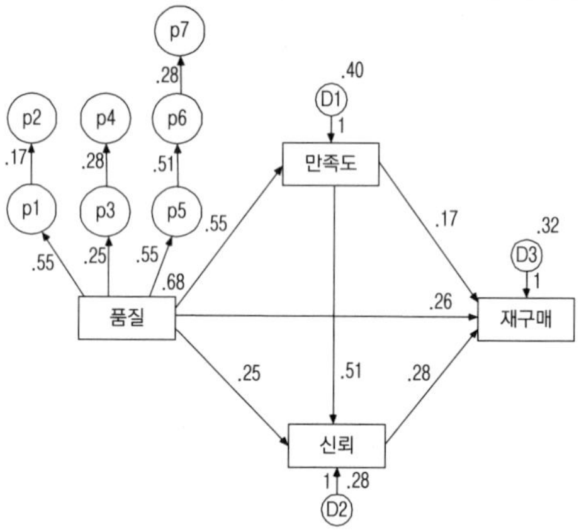

품질모델

Regression Weights: (Group number 1 - Default model)

			Estimate	S.E.	C.R.	P	Label
만족도	<---	품질	.554	.050	11.159	***	
신뢰	<---	품질	.253	.051	4.965	***	
신뢰	<---	만족도	.511	.054	9.484	***	
재구매	<---	품질	.262	.058	4.544	***	
재구매	<---	만족도	.171	.068	2.508	.012	
재구매	<---	신뢰	.278	.070	3.992	***	

CMIN

Model	NPAR	CMIN	DF	P	CMIN/DF
Default model	10	.000	0		
Saturated model	10	.000	0		
Independence model	4	406.032	6	.000	67.672

유령변수가 포함된 품질모델

Regression Weights: (Group number 1 - Default model)

			Estimate	S.E.	C.R.	P	Label
만족도	<---	품질	.554	.050	11.159	***	a1
p5	<---	품질	.554	.050	11.159	***	a1
신뢰	<---	만족도	.511	.054	9.484	***	a5
신뢰	<---	품질	.253	.051	4.965	***	a3
p6	<---	p5	.511	.054	9.484	***	a5
p3	<---	품질	.253	.051	4.965	***	a3
p1	<---	품질	.554	.050	11.159	***	a1
재구매	<---	만족도	.171	.068	2.508	.012	a2
재구매	<---	품질	.262	.058	4.544	***	
재구매	<---	신뢰	.278	.070	3.992	***	a4
p7	<---	p6	.278	.070	3.992	***	a4
p4	<---	p3	.278	.070	3.992	***	a4
p2	<---	p1	.171	.068	2.508	.012	a2

CMIN

Model	NPAR	CMIN	DF	P	CMIN/DF
Default model	10	.000	0		
Saturated model	10	.000	0		
Independence model	4	406.032	6	.000	67.672

2 구조방정식모델에서 개별경로 간접효과

2-1 개별경로 간접효과 유의확률

잠재변수가 존재하는 구조방정식모델에도 유령변수가 포함된 모델을 얼마든지 구현할 수 있다. 잠재변수로 구성된 품질모델의 예를 들어보도록 하자. 품질모델의 경우, 각 잠재변수는 3항목씩 측정되었다.

잠재변수가 포함된 품질모델

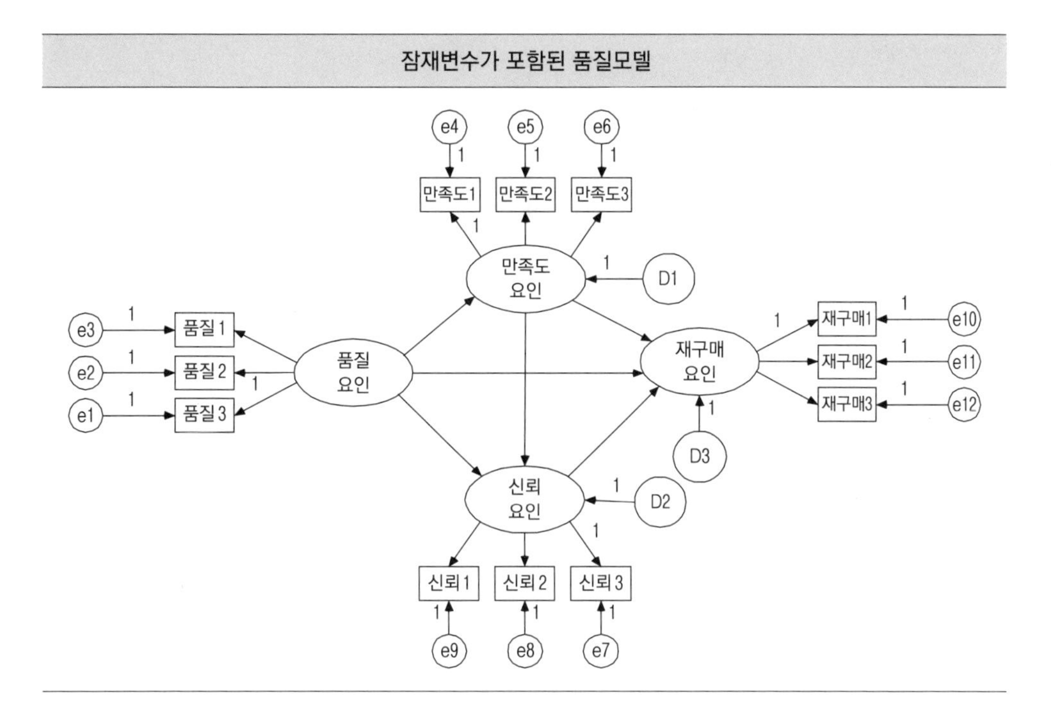

잠재변수가 포함된 품질모델의 분석 결과는 다음과 같다.

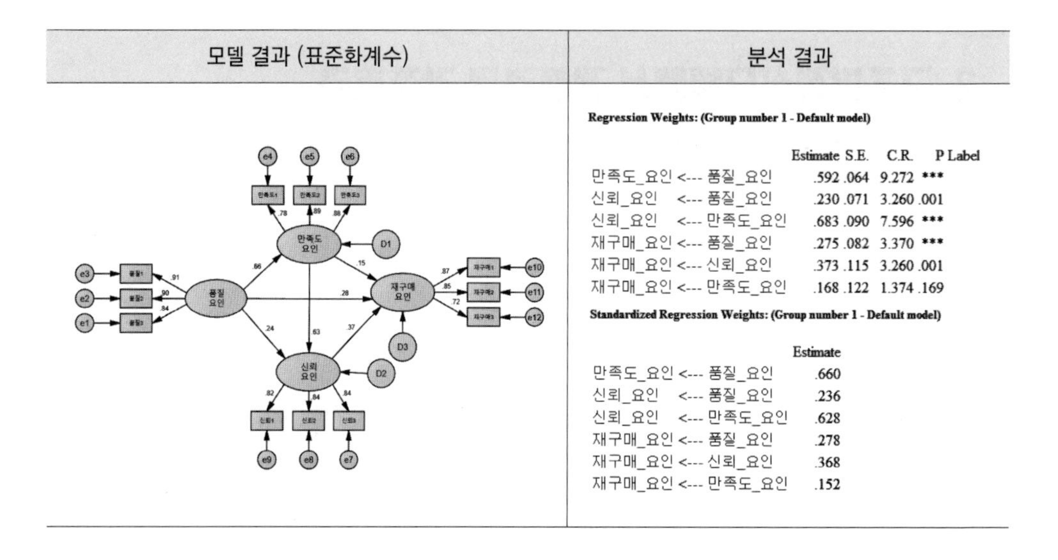

모델 결과 (표준화계수)	분석 결과

Regression Weights: (Group number 1 - Default model)

	Estimate	S.E.	C.R.	P	Label
만족도_요인 <--- 품질_요인	.592	.064	9.272	***	
신뢰_요인 <--- 품질_요인	.230	.071	3.260	.001	
신뢰_요인 <--- 만족도_요인	.683	.090	7.596	***	
재구매_요인 <--- 품질_요인	.275	.082	3.370	***	
재구매_요인 <--- 신뢰_요인	.373	.115	3.260	.001	
재구매_요인 <--- 만족도_요인	.168	.122	1.374	.169	

Standardized Regression Weights: (Group number 1 - Default model)

	Estimate
만족도_요인 <--- 품질_요인	.660
신뢰_요인 <--- 품질_요인	.236
신뢰_요인 <--- 만족도_요인	.628
재구매_요인 <--- 품질_요인	.278
재구매_요인 <--- 신뢰_요인	.368
재구매_요인 <--- 만족도_요인	.152

Amos에서 제공하는 모델에 대한 간접효과는 다음과 같다.

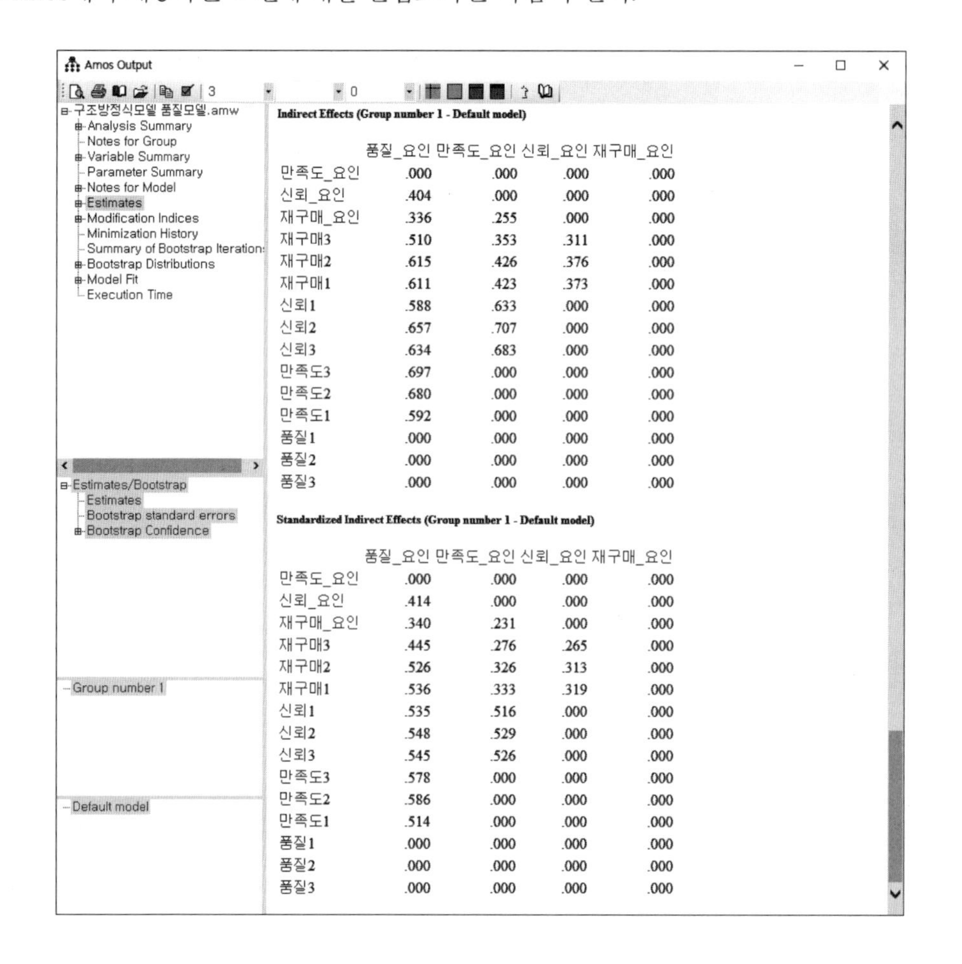

Amos Output

구조방정식모델 품질모델.amw
Analysis Summary
Notes for Group
Variable Summary
Parameter Summary
Notes for Model
Estimates
Modification Indices
Minimization History
Summary of Bootstrap Iterations
Bootstrap Distributions
Model Fit
Execution Time

Estimates/Bootstrap
Estimates
Bootstrap standard errors
Bootstrap Confidence

Group number 1

Default model

Indirect Effects (Group number 1 - Default model)

	품질_요인	만족도_요인	신뢰_요인	재구매_요인
만족도_요인	.000	.000	.000	.000
신뢰_요인	.404	.000	.000	.000
재구매_요인	.336	.255	.000	.000
재구매3	.510	.353	.311	.000
재구매2	.615	.426	.376	.000
재구매1	.611	.423	.373	.000
신뢰1	.588	.633	.000	.000
신뢰2	.657	.707	.000	.000
신뢰3	.634	.683	.000	.000
만족도3	.697	.000	.000	.000
만족도2	.680	.000	.000	.000
만족도1	.592	.000	.000	.000
품질1	.000	.000	.000	.000
품질2	.000	.000	.000	.000
품질3	.000	.000	.000	.000

Standardized Indirect Effects (Group number 1 - Default model)

	품질_요인	만족도_요인	신뢰_요인	재구매_요인
만족도_요인	.000	.000	.000	.000
신뢰_요인	.414	.000	.000	.000
재구매_요인	.340	.231	.000	.000
재구매3	.445	.276	.265	.000
재구매2	.526	.326	.313	.000
재구매1	.536	.333	.319	.000
신뢰1	.535	.516	.000	.000
신뢰2	.548	.529	.000	.000
신뢰3	.545	.526	.000	.000
만족도3	.578	.000	.000	.000
만족도2	.586	.000	.000	.000
만족도1	.514	.000	.000	.000
품질1	.000	.000	.000	.000
품질2	.000	.000	.000	.000
품질3	.000	.000	.000	.000

부트스트래핑을 통한 간접효과의 유의성에 대한 결과는 다음과 같다.

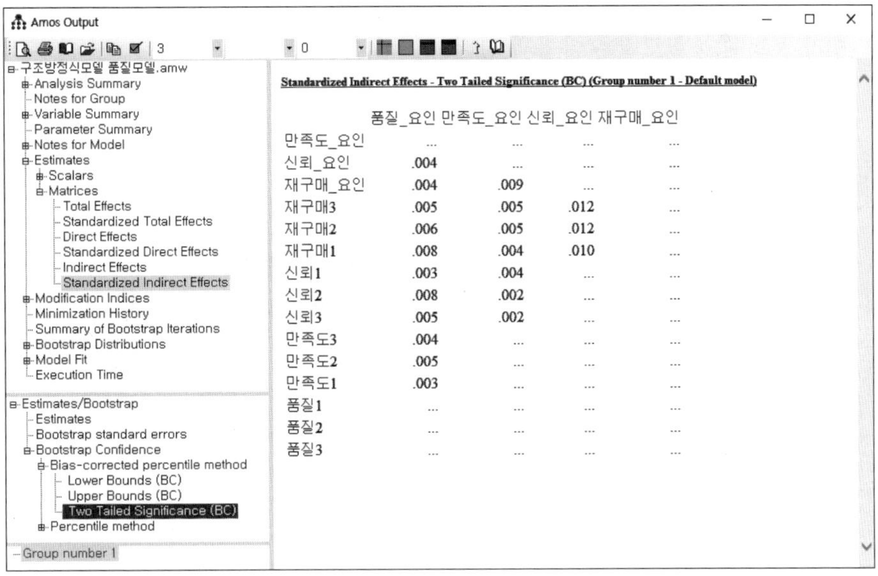

Amos Output

Standardized Indirect Effects - Two Tailed Significance (BC) (Group number 1 - Default model)

	품질_요인	만족도_요인	신뢰_요인	재구매_요인
만족도_요인	...	...	...	...
신뢰_요인	.004	...	...	...
재구매_요인	.004	.009	...	...
재구매3	.005	.005	.012	...
재구매2	.006	.005	.012	...
재구매1	.008	.004	.010	...
신뢰1	.003	.004	...	...
신뢰2	.008	.002	...	...
신뢰3	.005	.002	...	...
만족도3	.004	...	...	...
만족도2	.005	...	...	...
만족도1	.003	...	...	...
품질1	...	...	...	...
품질2	...	...	...	...
품질3	...	...	...	...

결과에 제시된 수치들로 보아 품질은 재구매에 간접적으로 유의한 영향(유의확률=.004)을 미치는 것으로 나타났다.

단, 어느 경로에서 얼마만큼 유의한지 현 상태에서는 알 수 없다.

유령변수 경로	간접효과 (표준화계수)	표준화계수 크기	유의확률
품질 → 만족도 → 재구매	.660×.152 (품질 → 만족도)×(만족도 → 재구매)	.100	?
품질 → 신뢰 → 재구매	.236×.368 (품질 → 신뢰)×(신뢰 → 재구매)	.087	?
품질 → 만족도 → 신뢰 → 재구매	.660×.628×.368 (품질 → 만족도)×(만족도 → 신뢰)× (신뢰 → 재구매)	.153	?
경로의 합		.340	.004

2-2 유령변수의 사용

잠재변수가 포함된 품질모델은 다음과 같다.

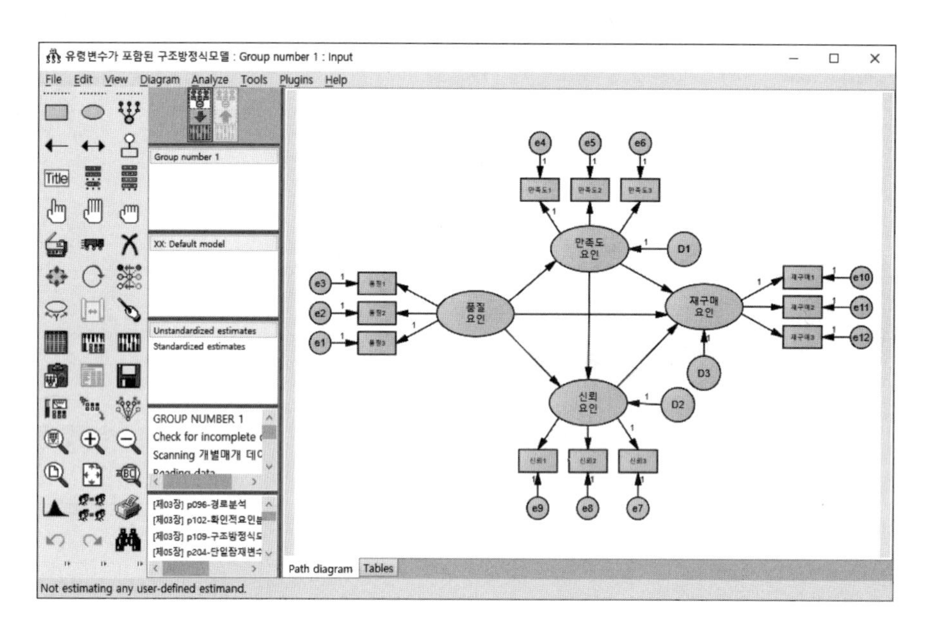

이전과 같은 방법으로 유령변수를 생성한 후, 잠재변수 경로와 유령변수 경로에 문숫자를 입력하면 다음과 같다.

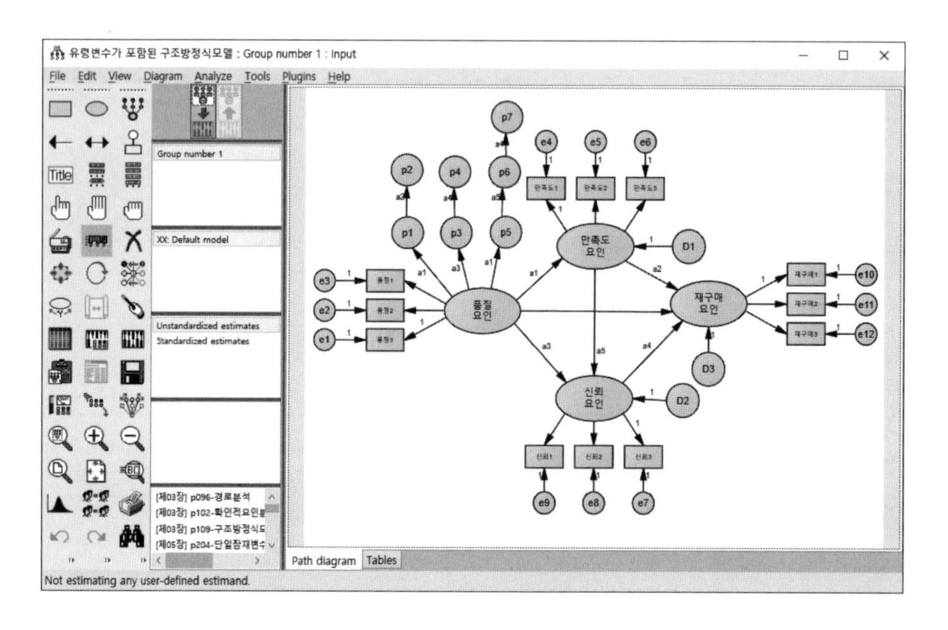

간접효과 유의성을 알아보기 위해 부트스트래핑 방법을 이용한다.

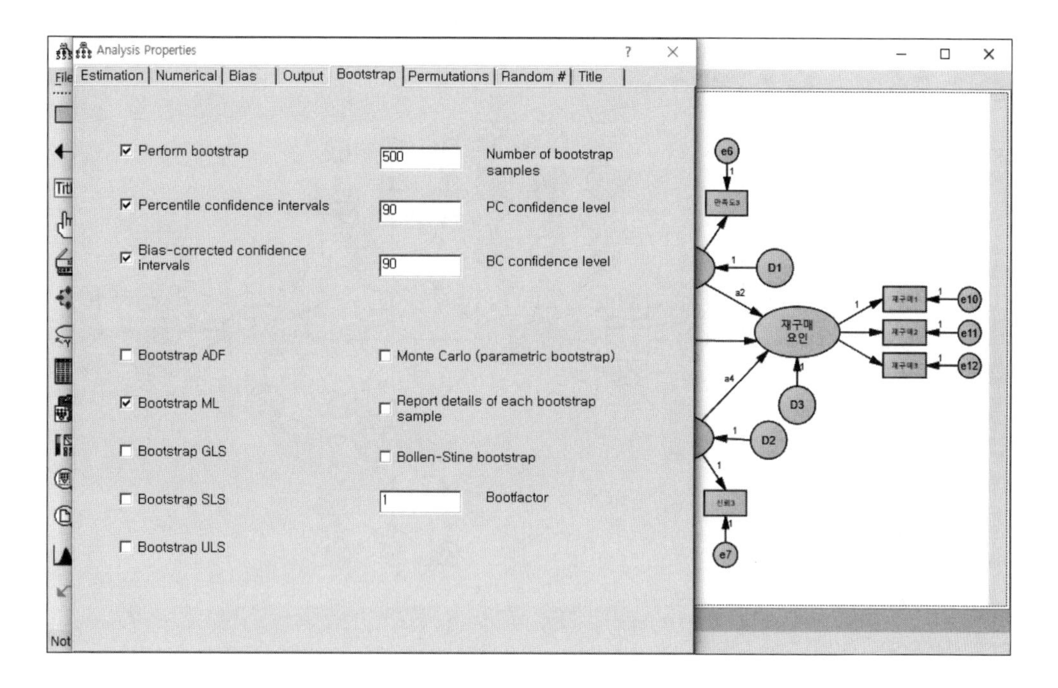

분석을 실행시키면 다음과 같은 경고 메시지가 뜨나, 이를 무시하고 'Proceed with the analysis'를 누르면 된다.

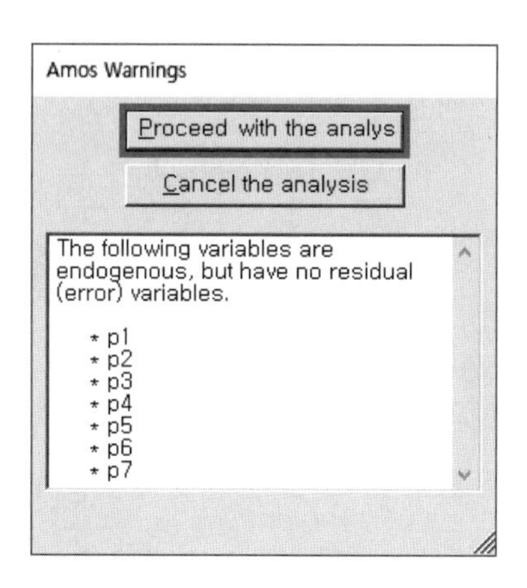

연구모델의 비표준화계수 결과는 다음과 같다.

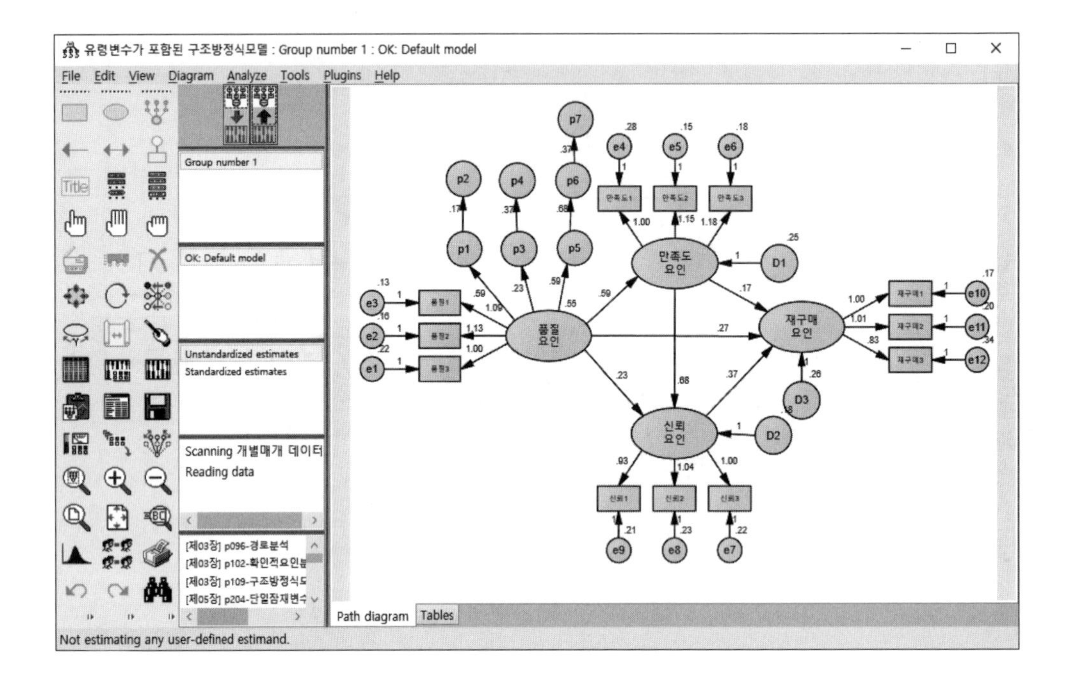

연구모델의 표준화계수 결과 및 경로계수 결과는 다음과 같다.

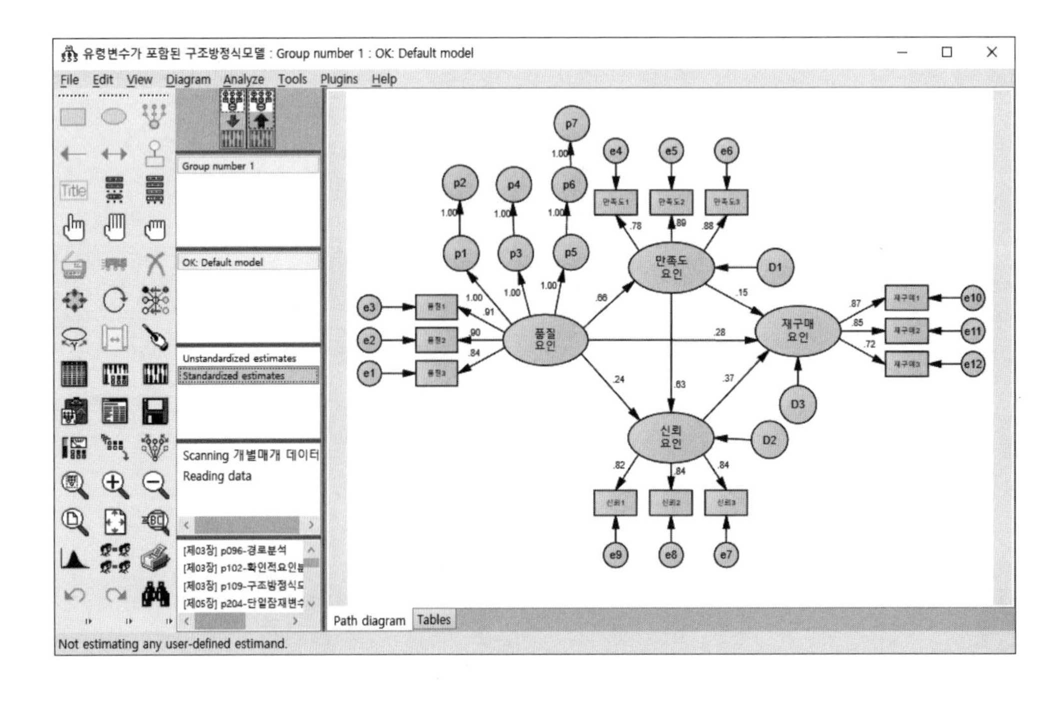

비표준화계수 결과

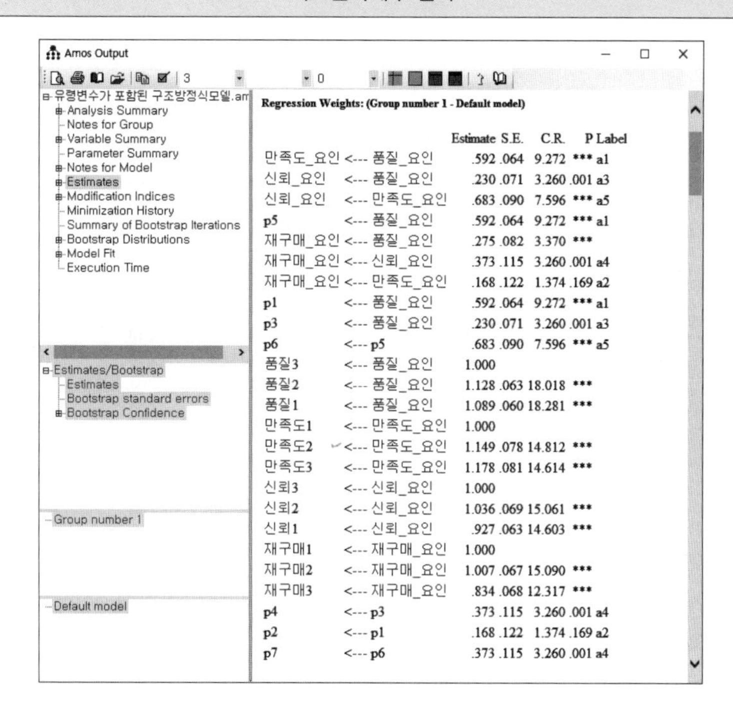

Regression Weights: (Group number 1 - Default model)

			Estimate	S.E.	C.R.	P	Label
만족도_요인	<---	품질_요인	.592	.064	9.272	***	a1
신뢰_요인	<---	품질_요인	.230	.071	3.260	.001	a3
신뢰_요인	<---	만족도_요인	.683	.090	7.596	***	a5
p5	<---	품질_요인	.592	.064	9.272	***	a1
재구매_요인	<---	품질_요인	.275	.082	3.370	***	
재구매_요인	<---	신뢰_요인	.373	.115	3.260	.001	a4
재구매_요인	<---	만족도_요인	.168	.122	1.374	.169	a2
p1	<---	품질_요인	.592	.064	9.272	***	a1
p3	<---	품질_요인	.230	.071	3.260	.001	a3
p6	<---	p5	.683	.090	7.596	***	a5
품질3	<---	품질_요인	1.000				
품질2	<---	품질_요인	1.128	.063	18.018	***	
품질1	<---	품질_요인	1.089	.060	18.281	***	
만족도1	<---	만족도_요인	1.000				
만족도2	<---	만족도_요인	1.149	.078	14.812	***	
만족도3	<---	만족도_요인	1.178	.081	14.614	***	
신뢰3	<---	신뢰_요인	1.000				
신뢰2	<---	신뢰_요인	1.036	.069	15.061	***	
신뢰1	<---	신뢰_요인	.927	.063	14.603	***	
재구매1	<---	재구매_요인	1.000				
재구매2	<---	재구매_요인	1.007	.067	15.090	***	
재구매3	<---	재구매_요인	.834	.068	12.317	***	
p4	<---	p3	.373	.115	3.260	.001	a4
p2	<---	p1	.168	.122	1.374	.169	a2
p7	<---	p6	.373	.115	3.260	.001	a4

표준화계수 결과

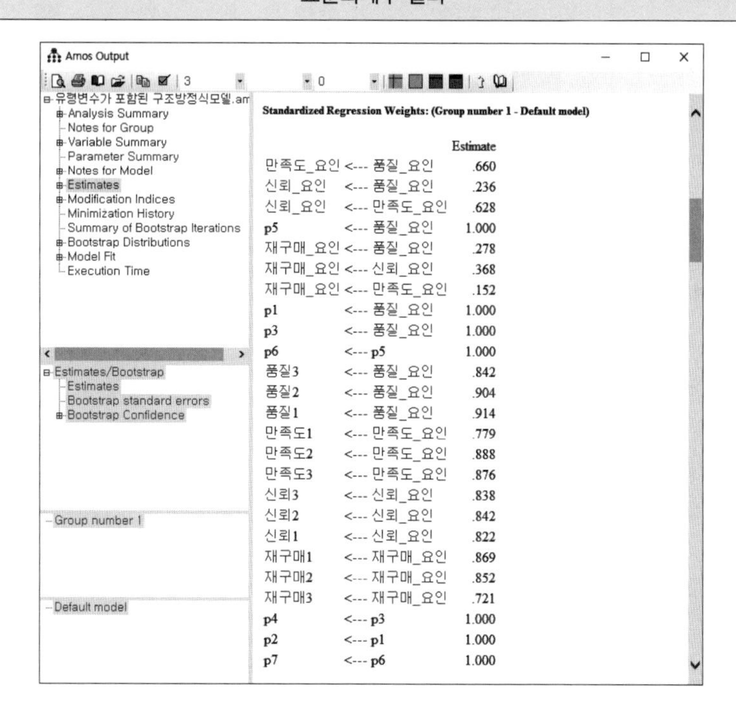

Standardized Regression Weights: (Group number 1 - Default model)

			Estimate
만족도_요인	<---	품질_요인	.660
신뢰_요인	<---	품질_요인	.236
신뢰_요인	<---	만족도_요인	.628
p5	<---	품질_요인	1.000
재구매_요인	<---	품질_요인	.278
재구매_요인	<---	신뢰_요인	.368
재구매_요인	<---	만족도_요인	.152
p1	<---	품질_요인	1.000
p3	<---	품질_요인	1.000
p6	<---	p5	1.000
품질3	<---	품질_요인	.842
품질2	<---	품질_요인	.904
품질1	<---	품질_요인	.914
만족도1	<---	만족도_요인	.779
만족도2	<---	만족도_요인	.888
만족도3	<---	만족도_요인	.876
신뢰3	<---	신뢰_요인	.838
신뢰2	<---	신뢰_요인	.842
신뢰1	<---	신뢰_요인	.822
재구매1	<---	재구매_요인	.869
재구매2	<---	재구매_요인	.852
재구매3	<---	재구매_요인	.721
p4	<---	p3	1.000
p2	<---	p1	1.000
p7	<---	p6	1.000

개별경로의 간접효과 유의성을 보기에 앞서 간접효과의 비표준화계수 결과를 살펴보면 다음과 같다.

비표준화계수 간접효과 크기

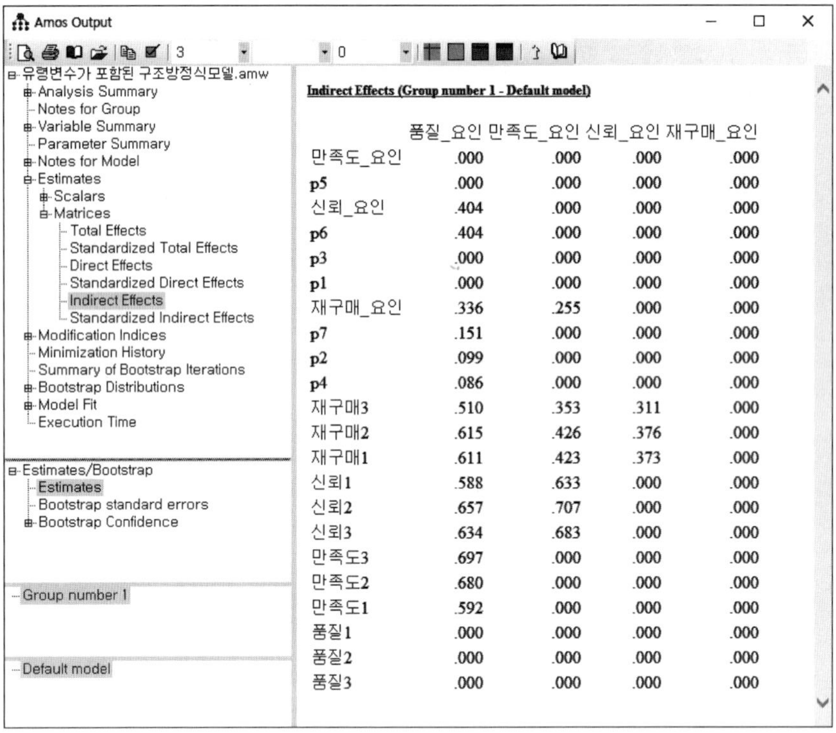

Amos Output

유령변수가 포함된 구조방정식모델.amw
- Analysis Summary
- Notes for Group
- Variable Summary
- Parameter Summary
- Notes for Model
- Estimates
  - Scalars
  - Matrices
    - Total Effects
    - Standardized Total Effects
    - Direct Effects
    - Standardized Direct Effects
    - Indirect Effects
    - Standardized Indirect Effects
- Modification Indices
- Minimization History
- Summary of Bootstrap Iterations
- Bootstrap Distributions
- Model Fit
- Execution Time

Estimates/Bootstrap
- Estimates
- Bootstrap standard errors
- Bootstrap Confidence

Group number 1

Default model

Indirect Effects (Group number 1 - Default model)

	품질_요인	만족도_요인	신뢰_요인	재구매_요인
만족도_요인	.000	.000	.000	.000
p5	.000	.000	.000	.000
신뢰_요인	.404	.000	.000	.000
p6	.404	.000	.000	.000
p3	.000	.000	.000	.000
p1	.000	.000	.000	.000
재구매_요인	.336	.255	.000	.000
p7	.151	.000	.000	.000
p2	.099	.000	.000	.000
p4	.086	.000	.000	.000
재구매3	.510	.353	.311	.000
재구매2	.615	.426	.376	.000
재구매1	.611	.423	.373	.000
신뢰1	.588	.633	.000	.000
신뢰2	.657	.707	.000	.000
신뢰3	.634	.683	.000	.000
만족도3	.697	.000	.000	.000
만족도2	.680	.000	.000	.000
만족도1	.592	.000	.000	.000
품질1	.000	.000	.000	.000
품질2	.000	.000	.000	.000
품질3	.000	.000	.000	.000

표에서 p2의 간접효과의 비표준화계수 크기는 .099이며, p4=.086, p7=.151임을 알 수 있다. 이들 결과에 대한 유의확률은 다음과 같다.

비표준화계수 간접효과 유의성

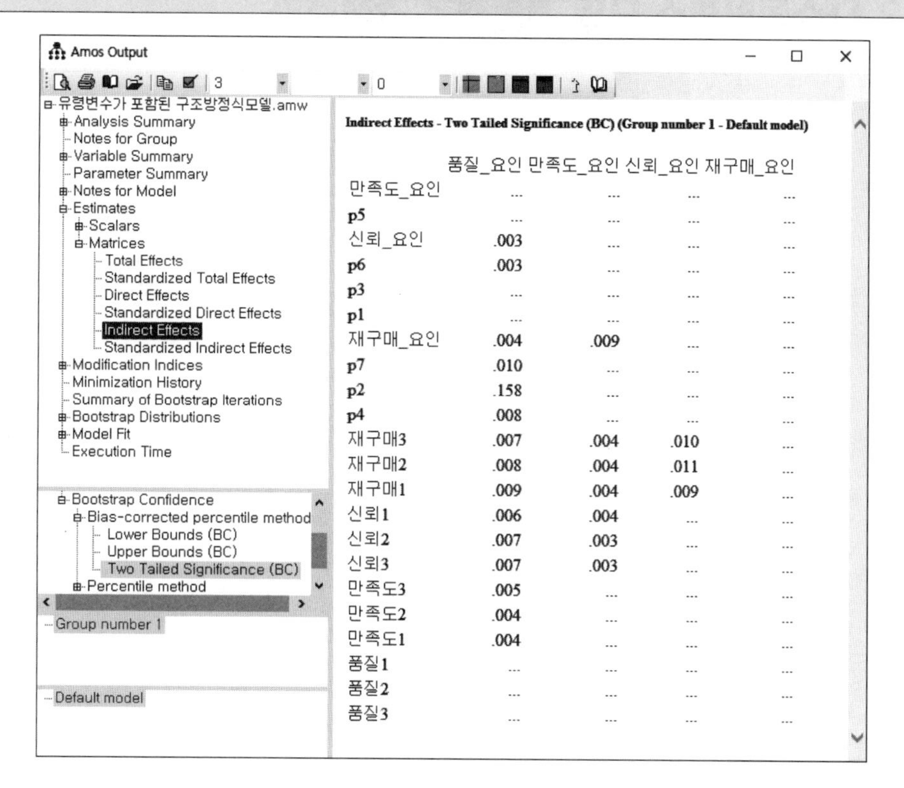

Indirect Effects - Two Tailed Significance (BC) (Group number 1 - Default model)

	품질_요인	만족도_요인	신뢰_요인	재구매_요인
만족도_요인	...	...	...	...
p5	...	...	...	...
신뢰_요인	.003	...	...	...
p6	.003	...	...	...
p3	...	...	...	...
p1	...	...	...	...
재구매_요인	.004	.009	...	...
p7	.010	...	...	...
p2	.158	...	...	...
p4	.008	...	...	...
재구매3	.007	.004	.010	...
재구매2	.008	.004	.011	...
재구매1	.009	.004	.009	...
신뢰1	.006	.004	...	...
신뢰2	.007	.003	...	...
신뢰3	.007	.003	...	...
만족도3	.005	...	...	...
만족도2	.004	...	...	...
만족도1	.004	...	...	...
품질1	...	...	...	...
품질2	...	...	...	...
품질3	...	...	...	...

각 경로별 간접효과의 유의확률을 보면 p2=.158, p4=.008, p7=.010으로서, 유령변수를 이용하여 각 경로별 유의확률을 얻을 수 있다. 이 결과를 바탕으로 다음과 같은 표를 작성할 수 있다.

유령변수 경로	간접효과 (표준화계수)	표준화계수 크기	유의확률
품질 → 만족도 → 재구매 (품질 → p1 → p2)	.660×.152 (품질 → 만족도)×(만족도 → 재구매)	.100	.158
품질 → 신뢰 → 재구매 (품질 → p3 → p4)	.236×.368 (품질 → 신뢰)×(신뢰 → 재구매)	.087	.008
품질 → 만족도 → 신뢰 → 재구매 (품질 → p1 → p5 → p4)	.660×.628×.368 (품질 → 만족도)×(만족도 → 신뢰)× (신뢰 → 재구매)	.153	.010
경로의 합		.340	.004

3 다수독립변수 모델 개별경로 간접효과

3-1 다수의 독립변수가 포함된 간접효과 유의확률

모델에 다수의 독립변수가 포함된 경우에도 유령변수를 이용하여 각 경로별 간접효과 유의확률을 측정할 수 있다.

독립변수가 다수인 품질-디자인모델을 구현해보도록 하자. 품질모델에서 독립변수인 디자인이 하나 더 추가된 형태의 모델이다.

품질-디자인모델

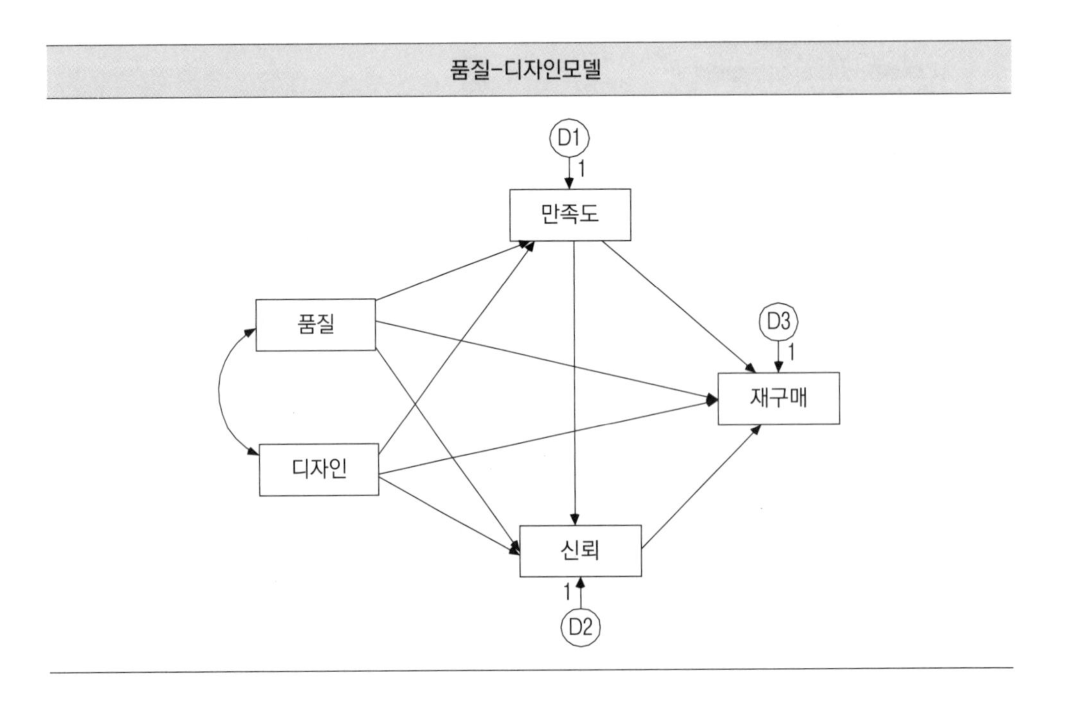

품질-디자인모델의 분석 결과는 다음과 같다.

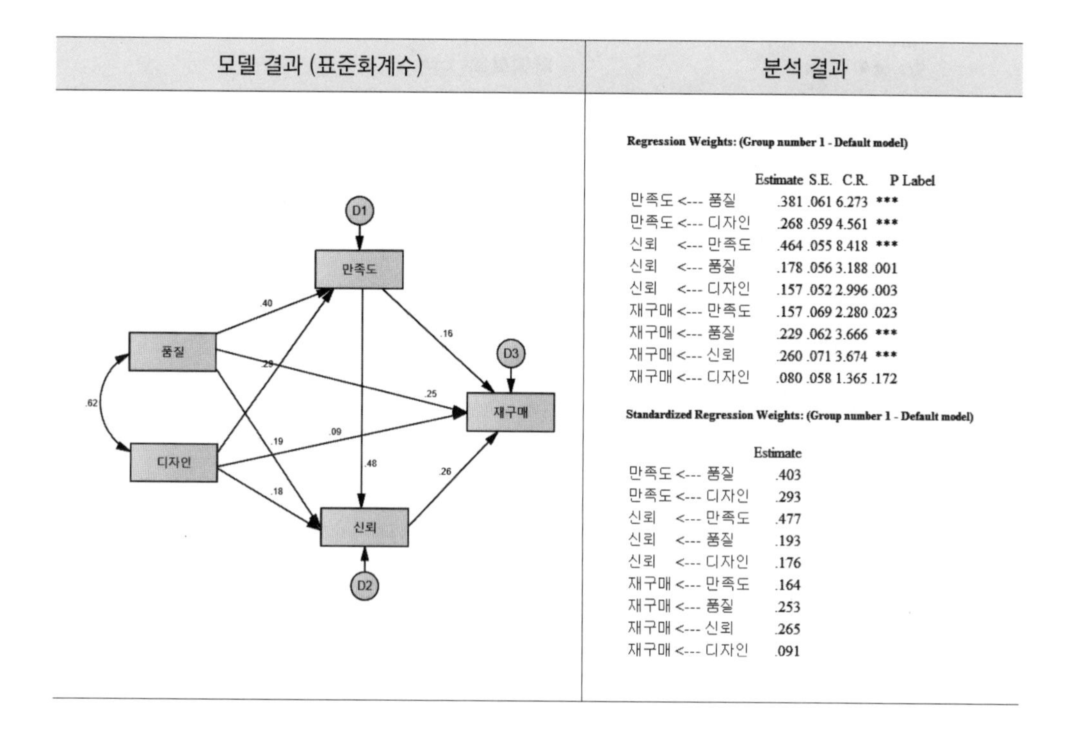

모델 결과 (표준화계수)	분석 결과

Regression Weights: (Group number 1 - Default model)

	Estimate	S.E.	C.R.	P	Label
만족도 <--- 품질	.381	.061	6.273	***	
만족도 <--- 디자인	.268	.059	4.561	***	
신뢰 <--- 만족도	.464	.055	8.418	***	
신뢰 <--- 품질	.178	.056	3.188	.001	
신뢰 <--- 디자인	.157	.052	2.996	.003	
재구매 <--- 만족도	.157	.069	2.280	.023	
재구매 <--- 품질	.229	.062	3.666	***	
재구매 <--- 신뢰	.260	.071	3.674	***	
재구매 <--- 디자인	.080	.058	1.365	.172	

Standardized Regression Weights: (Group number 1 - Default model)

	Estimate
만족도 <--- 품질	.403
만족도 <--- 디자인	.293
신뢰 <--- 만족도	.477
신뢰 <--- 품질	.193
신뢰 <--- 디자인	.176
재구매 <--- 만족도	.164
재구매 <--- 품질	.253
재구매 <--- 신뢰	.265
재구매 <--- 디자인	.091

Amos에서 제공하는 품질-디자인모델에 대한 간접효과는 다음과 같다.

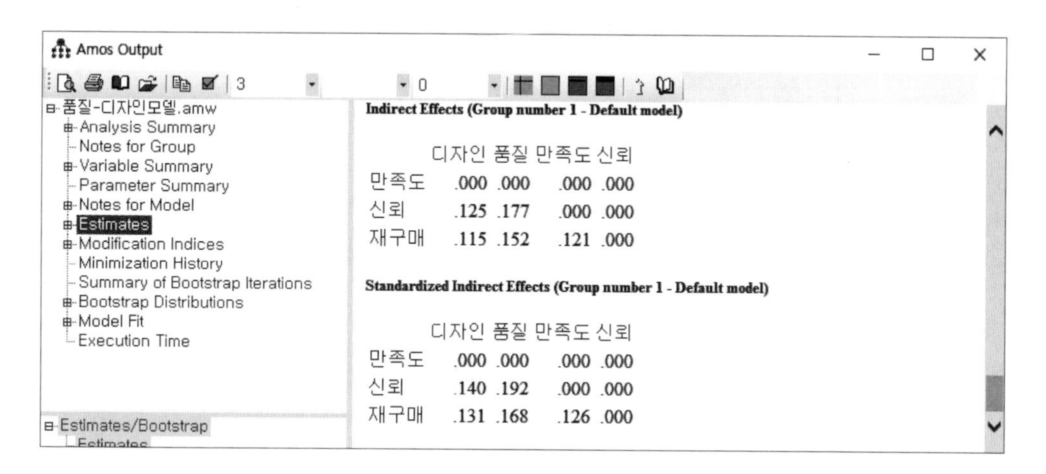

Indirect Effects (Group number 1 - Default model)

	디자인	품질	만족도	신뢰
만족도	.000	.000	.000	.000
신뢰	.125	.177	.000	.000
재구매	.115	.152	.121	.000

Standardized Indirect Effects (Group number 1 - Default model)

	디자인	품질	만족도	신뢰
만족도	.000	.000	.000	.000
신뢰	.140	.192	.000	.000
재구매	.131	.168	.126	.000

부트스트래핑을 통한 비표준화계수의 간접효과의 유의성에 대한 결과는 다음과 같다.

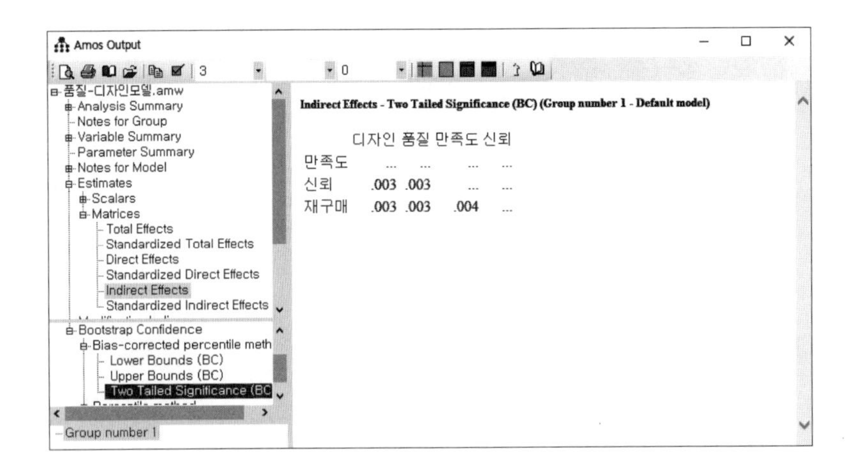

품질은 재구매에 간접적으로 유의한 영향(유의확률=.003)을 미치며, 디자인 역시 재구매에 간접적으로 유의한 영향(유의확률=.003)을 미치는 것으로 나타났다.

3-2 유령변수의 사용

품질-디자인모델에 유령변수를 포함하면 다음과 같다.

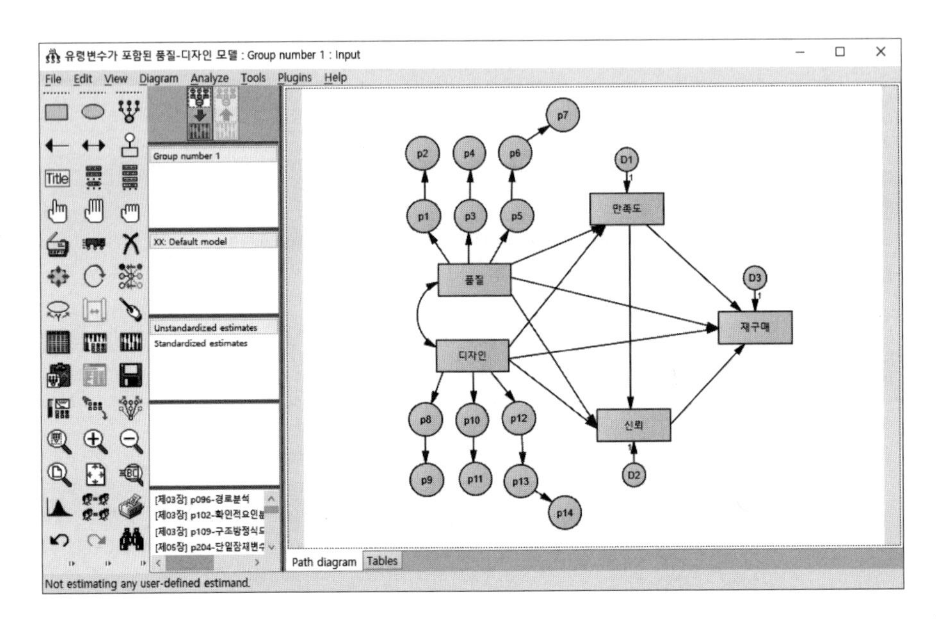

이전과 같은 방법으로 잠재변수 경로와 유령변수 경로에 문숫자를 입력한다.

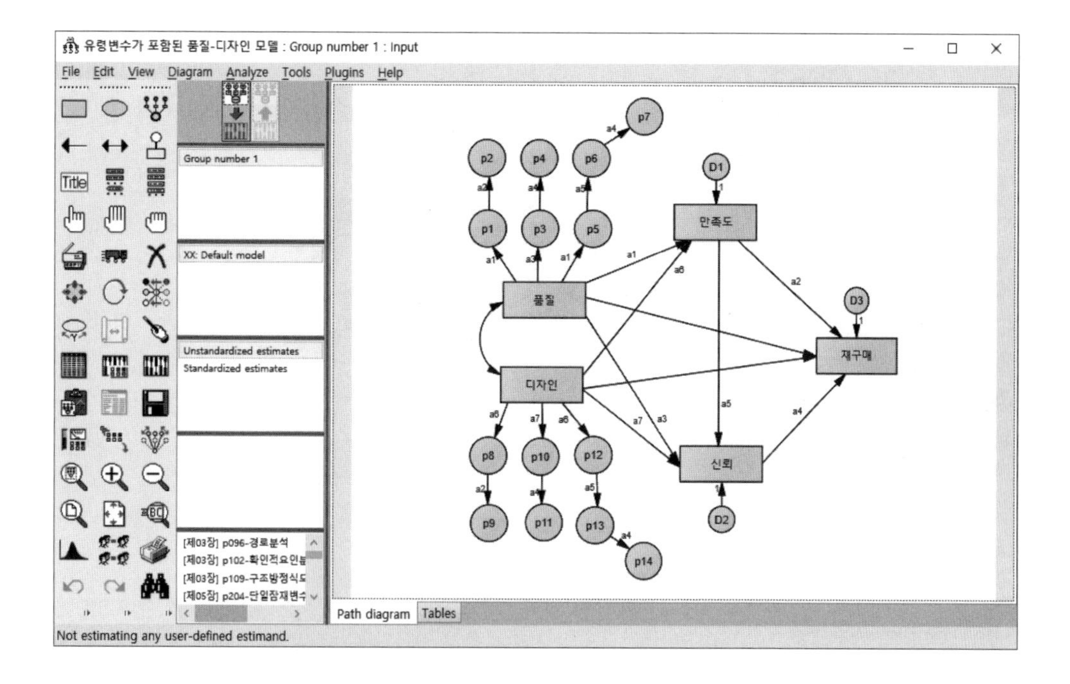

연구모델의 비표준화계수 결과는 다음과 같다.

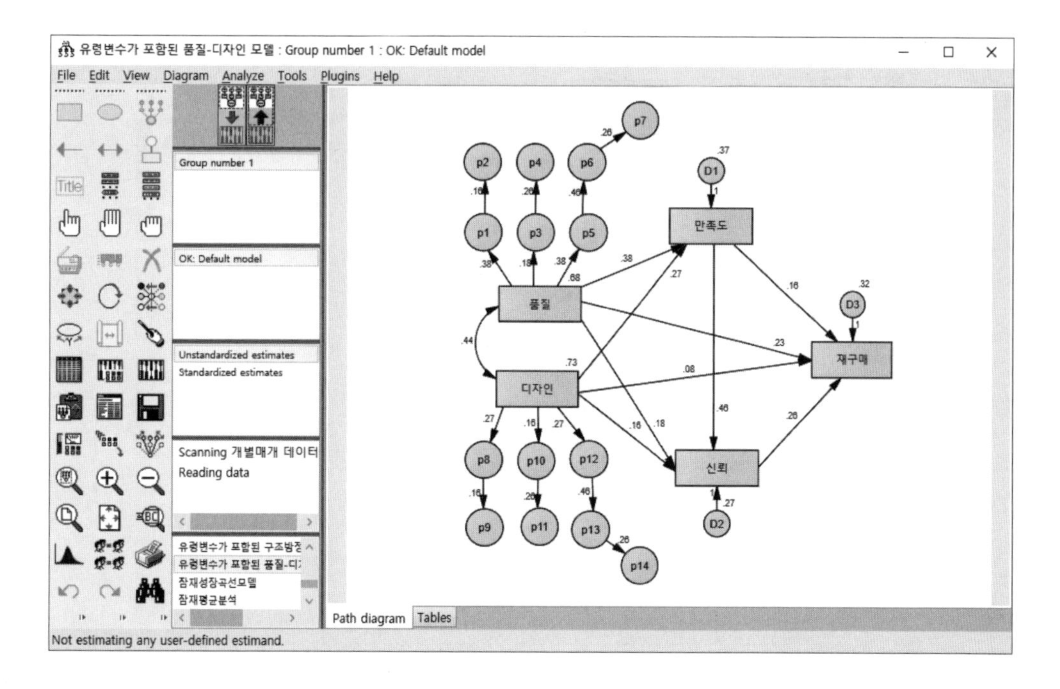

연구모델의 표준화계수 결과 및 경로계수 결과는 다음과 같다.

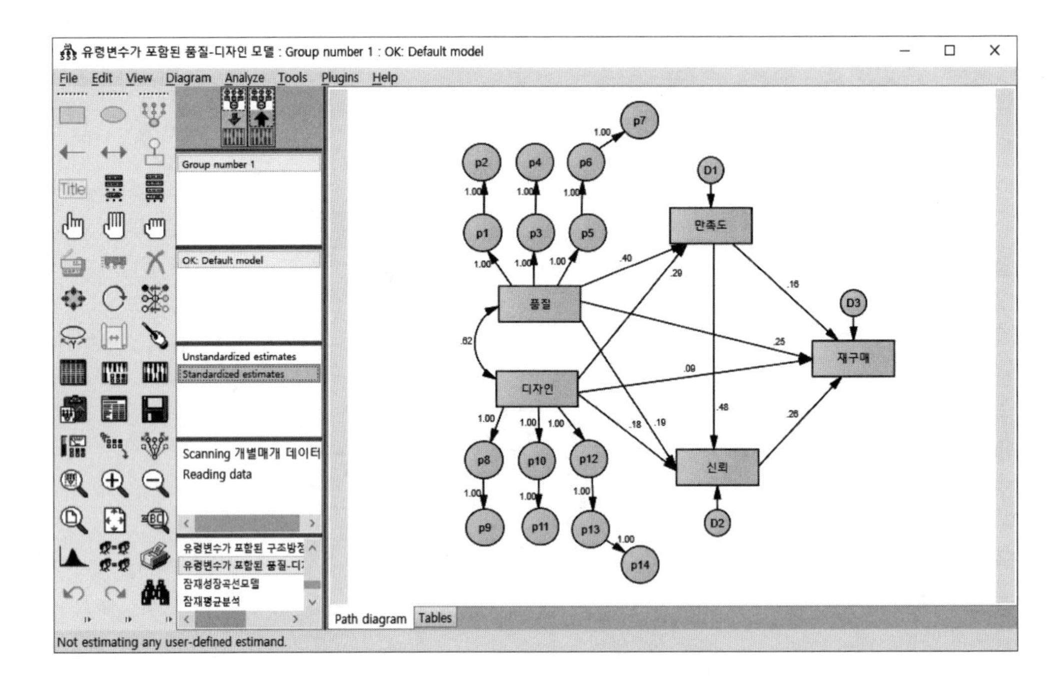

비표준화계수 결과

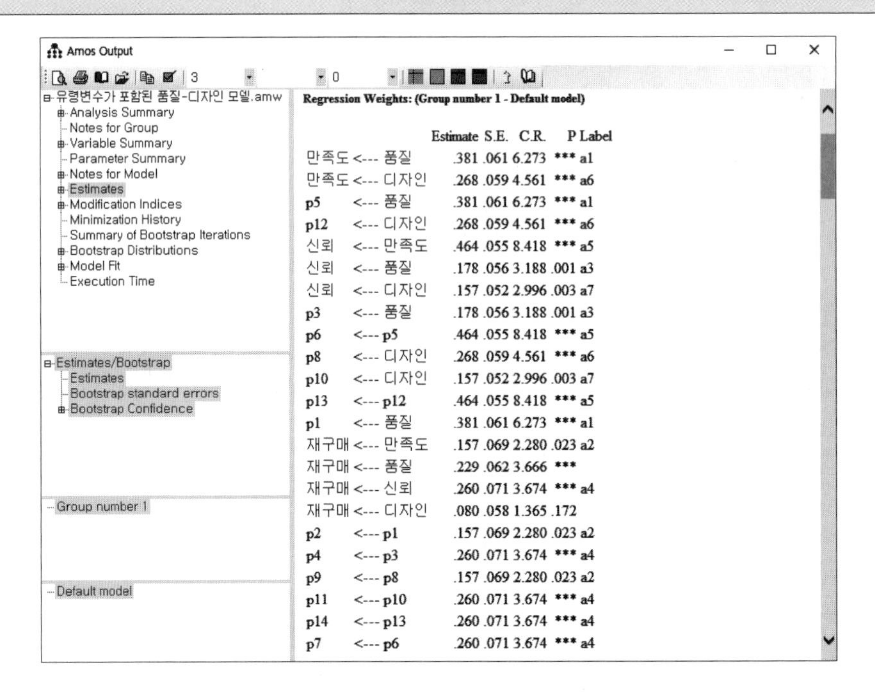

Regression Weights: (Group number 1 - Default model)

			Estimate	S.E.	C.R.	P	Label
만족도	<---	품질	.381	.061	6.273	***	a1
만족도	<---	디자인	.268	.059	4.561	***	a6
p5	<---	품질	.381	.061	6.273	***	a1
p12	<---	디자인	.268	.059	4.561	***	a6
신뢰	<---	만족도	.464	.055	8.418	***	a5
신뢰	<---	품질	.178	.056	3.188	.001	a3
신뢰	<---	디자인	.157	.052	2.996	.003	a7
p3	<---	품질	.178	.056	3.188	.001	a3
p6	<---	p5	.464	.055	8.418	***	a5
p8	<---	디자인	.268	.059	4.561	***	a6
p10	<---	디자인	.157	.052	2.996	.003	a7
p13	<---	p12	.464	.055	8.418	***	a5
p1	<---	품질	.381	.061	6.273	***	a1
재구매	<---	만족도	.157	.069	2.280	.023	a2
재구매	<---	품질	.229	.062	3.666	***	
재구매	<---	신뢰	.260	.071	3.674	***	a4
재구매	<---	디자인	.080	.058	1.365	.172	
p2	<---	p1	.157	.069	2.280	.023	a2
p4	<---	p3	.260	.071	3.674	***	a4
p9	<---	p8	.157	.069	2.280	.023	a2
p11	<---	p10	.260	.071	3.674	***	a4
p14	<---	p13	.260	.071	3.674	***	a4
p7	<---	p6	.260	.071	3.674	***	a4

표준화계수 결과

Standardized Regression Weights: (Group number 1 - Default model)

			Estimate
만족도	<---	품질	.403
만족도	<---	디자인	.293
p5	<---	품질	1.000
p12	<---	디자인	1.000
신뢰	<---	만족도	.477
신뢰	<---	품질	.193
신뢰	<---	디자인	.176
p3	<---	품질	1.000
p6	<---	p5	1.000
p8	<---	디자인	1.000
p10	<---	디자인	1.000
p13	<---	p12	1.000
p1	<---	품질	1.000
재구매	<---	만족도	.164
재구매	<---	품질	.253
재구매	<---	신뢰	.265
재구매	<---	디자인	.091
p2	<---	p1	1.000
p4	<---	p3	1.000
p9	<---	p8	1.000
p11	<---	p10	1.000
p14	<---	p13	1.000
p7	<---	p6	1.000

개별경로의 간접효과 유의성을 보기에 앞서 간접효과의 비표준화계수 및 표준화계수 결과를 살펴보면 다음과 같다.

비표준화계수 간접효과 크기

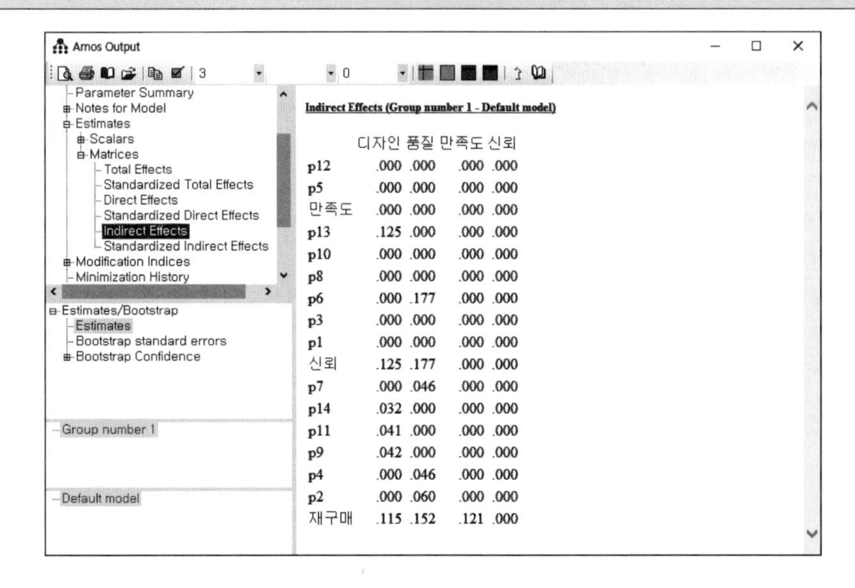

Indirect Effects (Group number 1 - Default model)

	디자인	품질	만족도	신뢰
p12	.000	.000	.000	.000
p5	.000	.000	.000	.000
만족도	.000	.000	.000	.000
p13	.125	.000	.000	.000
p10	.000	.000	.000	.000
p8	.000	.000	.000	.000
p6	.000	.177	.000	.000
p3	.000	.000	.000	.000
p1	.000	.000	.000	.000
신뢰	.125	.177	.000	.000
p7	.000	.046	.000	.000
p14	.032	.000	.000	.000
p11	.041	.000	.000	.000
p9	.042	.000	.000	.000
p4	.000	.046	.000	.000
p2	.000	.060	.000	.000
재구매	.115	.152	.121	.000

표준화계수 간접효과 크기

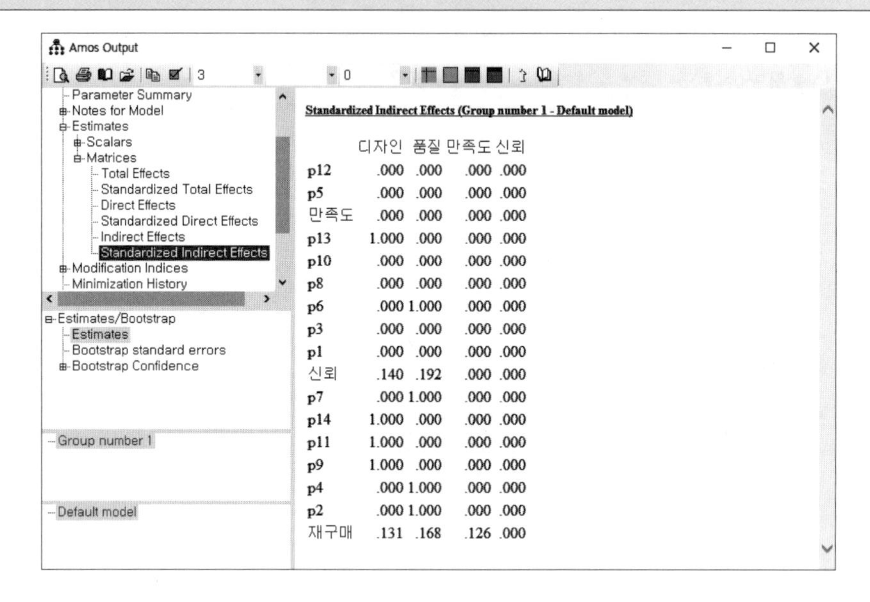

Standardized Indirect Effects (Group number 1 - Default model)

	디자인	품질	만족도	신뢰
p12	.000	.000	.000	.000
p5	.000	.000	.000	.000
만족도	.000	.000	.000	.000
p13	1.000	.000	.000	.000
p10	.000	.000	.000	.000
p8	.000	.000	.000	.000
p6	.000	1.000	.000	.000
p3	.000	.000	.000	.000
p1	.000	.000	.000	.000
신뢰	.140	.192	.000	.000
p7	.000	1.000	.000	.000
p14	1.000	.000	.000	.000
p11	1.000	.000	.000	.000
p9	1.000	.000	.000	.000
p4	.000	1.000	.000	.000
p2	.000	1.000	.000	.000
재구매	.131	.168	.126	.000

품질의 간접효과인 p2의 경우 간접효과의 비표준화계수 크기는 .060이며, p4=.046, p7=.046이다. 디자인의 간접효과인 p9의 경우 간접효과의 비표준화계수 크기는 .042이며, p11=.041, p14=.032이다. 이들 결과에 대한 유의확률은 다음과 같다.

비표준화계수 간접효과 유의성

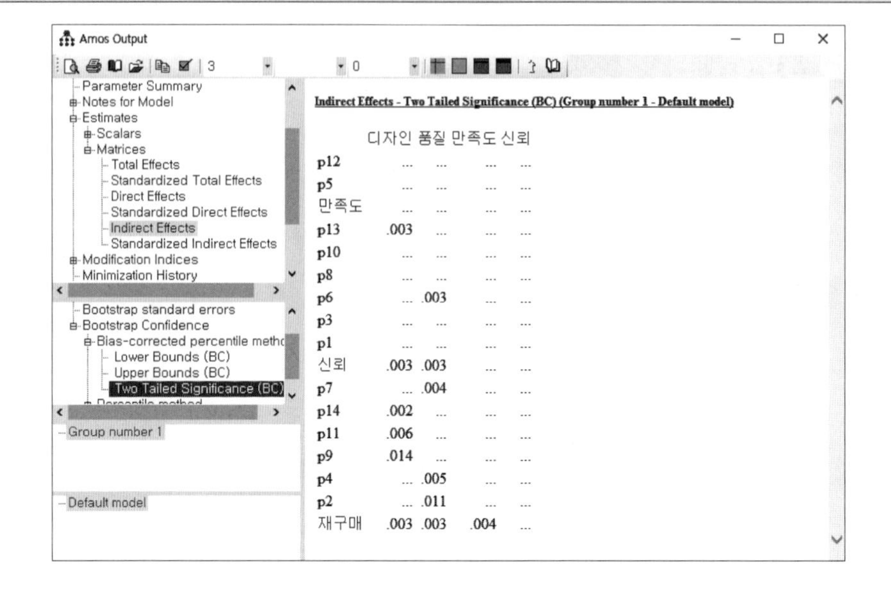

Indirect Effects - Two Tailed Significance (BC) (Group number 1 - Default model)

	디자인	품질	만족도	신뢰
p12	...	...	...	...
p5	...	...	...	...
만족도	...	...	...	...
p13	.003	...	...	...
p10	...	...	...	...
p8	...	...	...	...
p6	...	.003	...	...
p3	...	...	...	...
p1	...	...	...	...
신뢰	.003	.003	...	...
p7	...	.004	...	...
p14	.002	...	...	...
p11	.006	...	...	...
p9	.014	...	...	...
p4	...	.005	...	...
p2	...	.011	...	...
재구매	.003	.003	.004	...

각 경로별 간접효과의 유의확률을 보면 p2 = .011, p4 = .005, p7 = .004, p9 = .014, p11 = .006, p14 = .002로서, 유령변수를 이용하여 각 경로별 유의확률을 얻을 수 있다. 이 결과를 통해 다음과 같은 표를 작성할 수 있다.

유령변수 경로	간접효과 (표준화계수)	표준화계수 크기	유의확률
품질 → 만족도 → 재구매 (품질 → p1 → p2)	.403×.164 (품질 → 만족도)×(만족도 → 재구매)	.066	.011
품질 → 신뢰 → 재구매 (품질 → p3 → p4)	.193×.265 (품질 → 신뢰)×(신뢰 → 재구매)	.051	.005
품질 → 만족도 → 신뢰 → 재구매 (품질 → p5 → p6 → p7)	.403×.477×.265 (품질 → 만족도)×(만족도 → 신뢰)× (신뢰 → 재구매)	.051	.004
품질 간접효과 경로의 합		.168	.003
디자인 → 만족도 → 재구매 (디자인 → p8 → p9)	.293×.164 (디자인 → 만족도)×(만족도 → 재구매)	.048	.014
디자인 → 신뢰 → 재구매 (디자인 → p10 → p11)	.176×.265 (디자인 → 신뢰)×(신뢰 → 재구매)	.047	.006
디자인 → 만족도 → 신뢰 → 재구매 (디자인 → p12 → p13 → p14)	.293×.477×.265 (디자인 → 만족도)×(만족도 → 신뢰)× (신뢰 → 재구매)	.037	.002
디자인 간접효과 경로의 합		.132	.003

3-3 내생변수 오차 간 상관이 존재할 경우

품질-디자인모델에서 만족도와 신뢰의 관계가 인과관계가 아닌, 내생변수의 오차항 간 상관으로 구성되었다고 가정해보자. Amos에서 구성한 모델은 다음과 같다.

품질-디자인모델 (오차변수 간 상관)

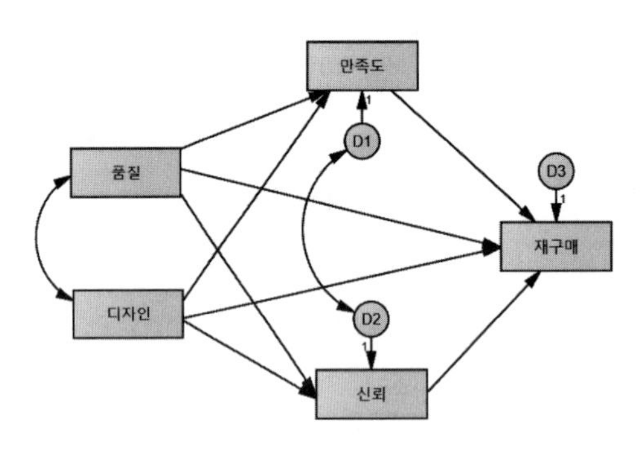

모델 결과 (표준화계수)	분석 결과

Regression Weights: (Group number 1 - Default model)

	Estimate	S.E.	C.R.	P	Label
신뢰 <--- 품질	.355	.059	6.022	***	
만족도 <--- 품질	.381	.061	6.273	***	
만족도 <--- 디자인	.268	.059	4.561	***	
신뢰 <--- 디자인	.281	.057	4.924	***	
재구매 <--- 만족도	.157	.069	2.280	.023	
재구매 <--- 품질	.229	.062	3.666	***	
재구매 <--- 신뢰	.260	.071	3.674	***	
재구매 <--- 디자인	.080	.058	1.365	.172	

Standardized Regression Weights: (Group number 1 - Default model)

	Estimate
신뢰 <--- 품질	.386
만족도 <--- 품질	.403
만족도 <--- 디자인	.293
신뢰 <--- 디자인	.315
재구매 <--- 만족도	.164
재구매 <--- 품질	.253
재구매 <--- 신뢰	.265
재구매 <--- 디자인	.091

Amos에서 제공하는 간접효과는 다음과 같다.

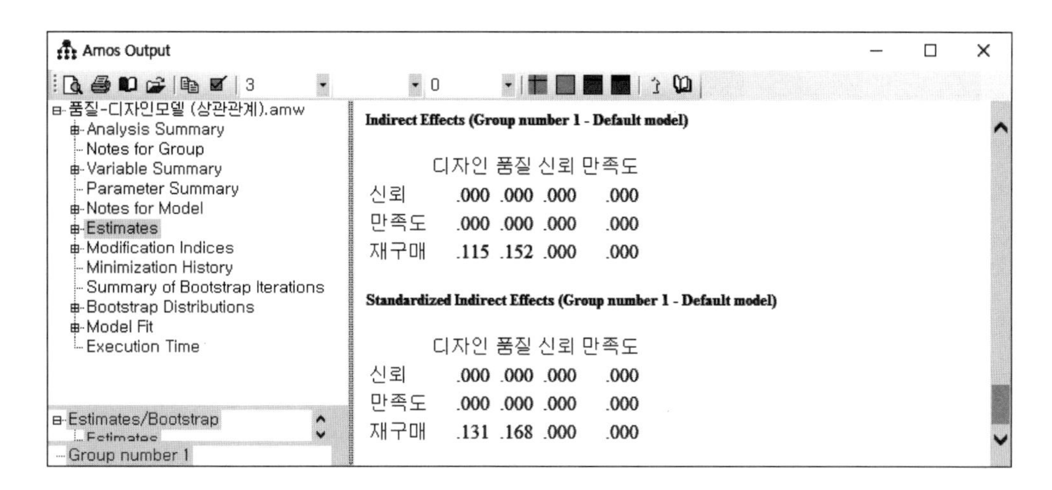

Indirect Effects (Group number 1 - Default model)

	디자인	품질	신뢰	만족도
신뢰	.000	.000	.000	.000
만족도	.000	.000	.000	.000
재구매	.115	.152	.000	.000

Standardized Indirect Effects (Group number 1 - Default model)

	디자인	품질	신뢰	만족도
신뢰	.000	.000	.000	.000
만족도	.000	.000	.000	.000
재구매	.131	.168	.000	.000

부트스트래핑을 통한 비표준화계수의 간접효과의 유의성에 대한 결과는 다음과 같다.

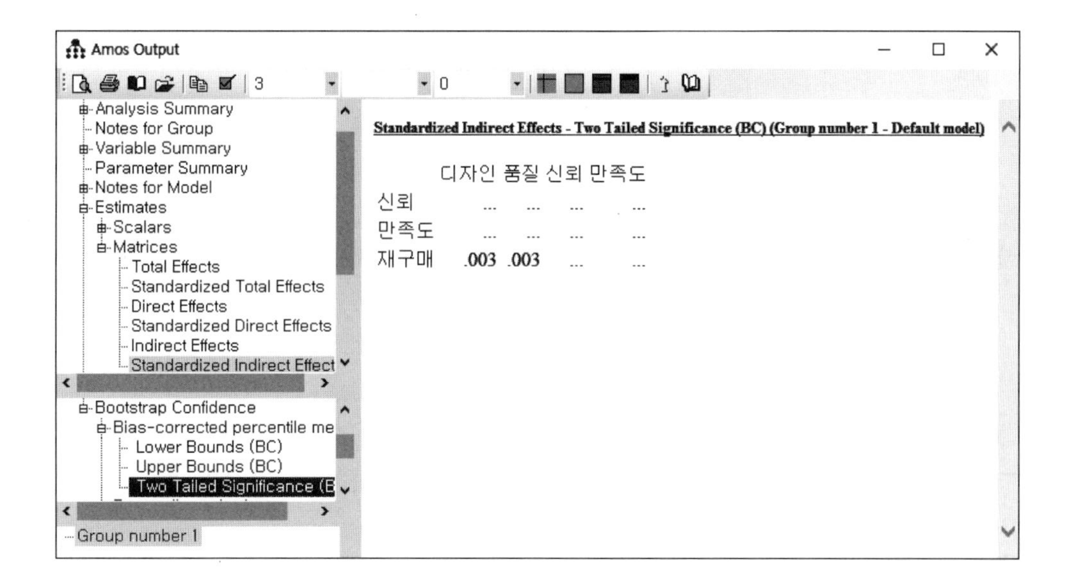

Standardized Indirect Effects - Two Tailed Significance (BC) (Group number 1 - Default model)

	디자인	품질	신뢰	만족도
신뢰	...	...	...	...
만족도	...	...	...	...
재구매	.003	.003	...	...

내생변수 오차 간 상관은 간접효과에 해당하지 않으므로 다음과 같이 모델을 구성하면 된다. 결과는 다음과 같다.

품질-디자인모델 (오차변수 간 상관)

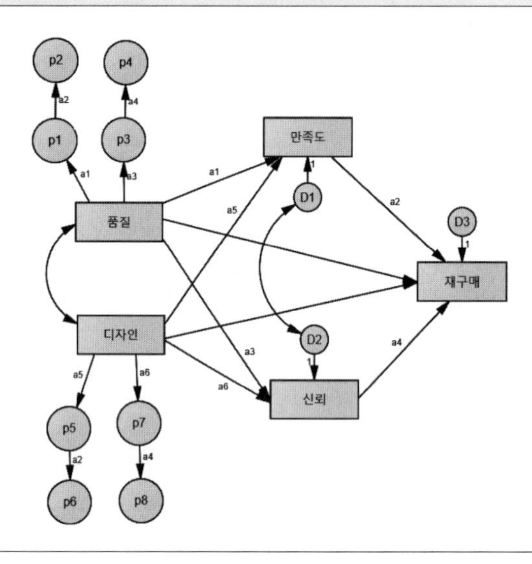

유령변수 경로	간접효과 (표준화계수)	표준화계수 크기	유의확률
품질 → 만족도 → 재구매 (품질 → p1 → p2)	.403×.164 (품질 → 만족도)×(만족도 → 재구매)	.066	.011
품질 → 신뢰 → 재구매 (품질 → p3 → p4)	.386×.265 (품질 → 신뢰)×(신뢰 → 재구매)	.102	.002
품질 간접효과 경로의 합		.168	.003
디자인 → 만족도 → 재구매 (디자인 → p5 → p6)	.293×.164 (디자인 → 만족도)×(만족도 → 재구매)	.048	.014
디자인 → 신뢰 → 재구매 (디자인 → p7 → p8)	.315×.265 (디자인 → 신뢰)×(신뢰 → 재구매)	.083	.003
디자인 간접효과 경로의 합		.131	.003

4 복잡한 모델 개별경로 간접효과

4-1 복잡한 모델에서 간접효과 유의확률

매개변수가 다수인 복잡한 품질모델의 경우를 보도록 하자. 모델은 품질이 외생변수였던 디자인에도 영향을 미치는 구조로 되어 있다.

복잡한 품질모델

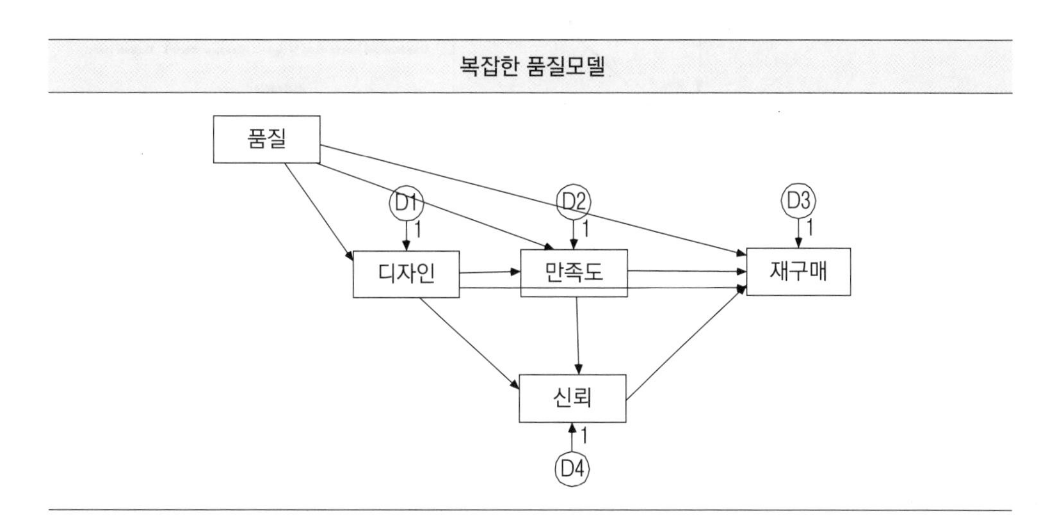

복잡한 품질모델은 매개변수가 다수일 뿐만 아니라, 매개변수끼리 다시 인과관계가 생성되기 때문에 다수의 간접효과 개별경로가 존재한다. 예를 들어 품질의 경우 재구매까지 총 6개의 개별경로가 존재하며, 디자인에서 재구매까지는 3개, 만족도에서 재구매까지는 1개의 경로가 존재한다.

복잡한 품질모델의 분석 결과는 다음과 같다.

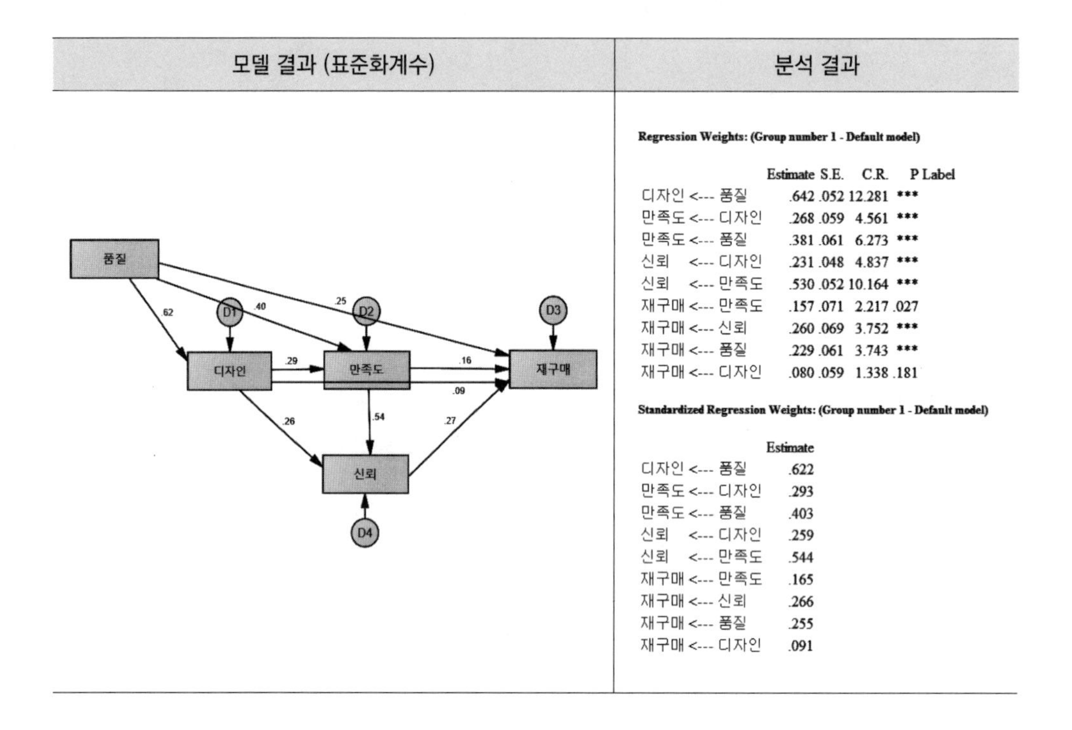

모델 결과 (표준화계수)	분석 결과

Regression Weights: (Group number 1 - Default model)

	Estimate	S.E.	C.R.	P	Label
디자인 <--- 품질	.642	.052	12.281	***	
만족도 <--- 디자인	.268	.059	4.561	***	
만족도 <--- 품질	.381	.061	6.273	***	
신뢰 <--- 디자인	.231	.048	4.837	***	
신뢰 <--- 만족도	.530	.052	10.164	***	
재구매 <--- 만족도	.157	.071	2.217	.027	
재구매 <--- 신뢰	.260	.069	3.752	***	
재구매 <--- 품질	.229	.061	3.743	***	
재구매 <--- 디자인	.080	.059	1.338	.181	

Standardized Regression Weights: (Group number 1 - Default model)

	Estimate
디자인 <--- 품질	.622
만족도 <--- 디자인	.293
만족도 <--- 품질	.403
신뢰 <--- 디자인	.259
신뢰 <--- 만족도	.544
재구매 <--- 만족도	.165
재구매 <--- 신뢰	.266
재구매 <--- 품질	.255
재구매 <--- 디자인	.091

Amos에서 제공하는 복잡한 품질모델에 대한 간접효과는 다음과 같다.

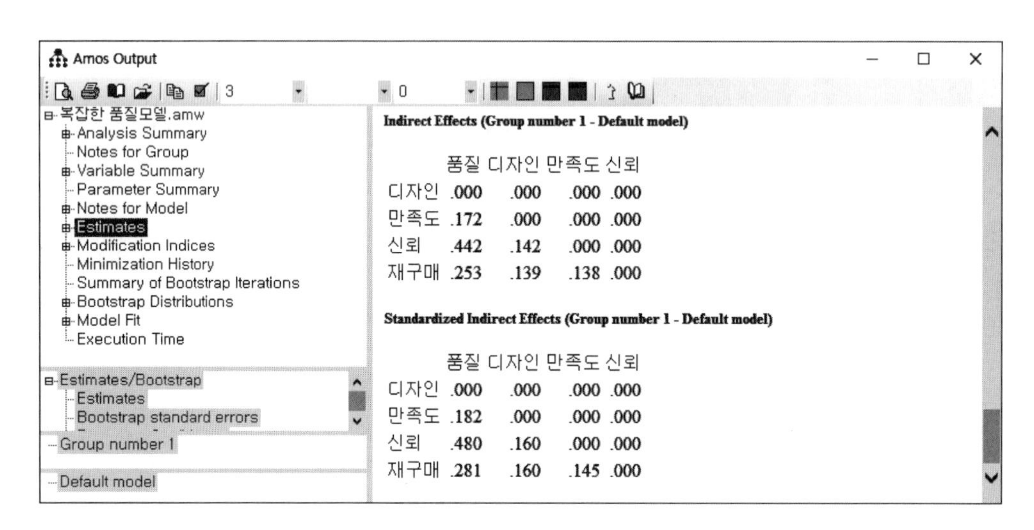

Indirect Effects (Group number 1 - Default model)

	품질	디자인	만족도	신뢰
디자인	.000	.000	.000	.000
만족도	.172	.000	.000	.000
신뢰	.442	.142	.000	.000
재구매	.253	.139	.138	.000

Standardized Indirect Effects (Group number 1 - Default model)

	품질	디자인	만족도	신뢰
디자인	.000	.000	.000	.000
만족도	.182	.000	.000	.000
신뢰	.480	.160	.000	.000
재구매	.281	.160	.145	.000

부트스트래핑을 통한 비표준화계수의 간접효과의 유의성에 대한 결과는 다음과 같다.

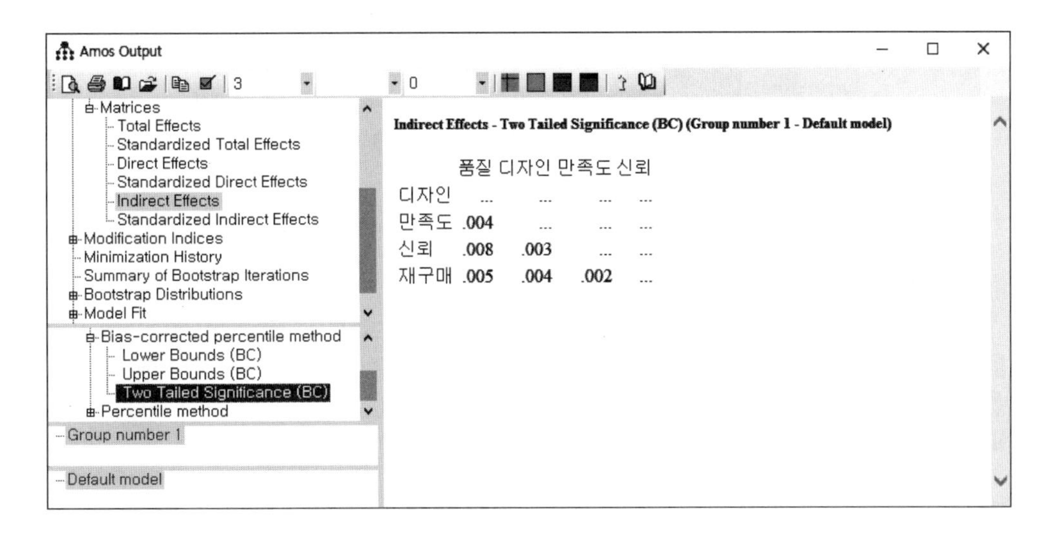

	품질	디자인	만족도	신뢰
디자인	...	...	...	...
만족도	.004	...	...	...
신뢰	.008	.003	...	...
재구매	.005	.004	.002	...

1) 유령변수가 포함된 복잡한 품질모델

복잡한 품질모델에서 매개변수들에도 유령변수를 포함시키고, 모든 경로에 문숫자를 입력하면 다음과 같다.

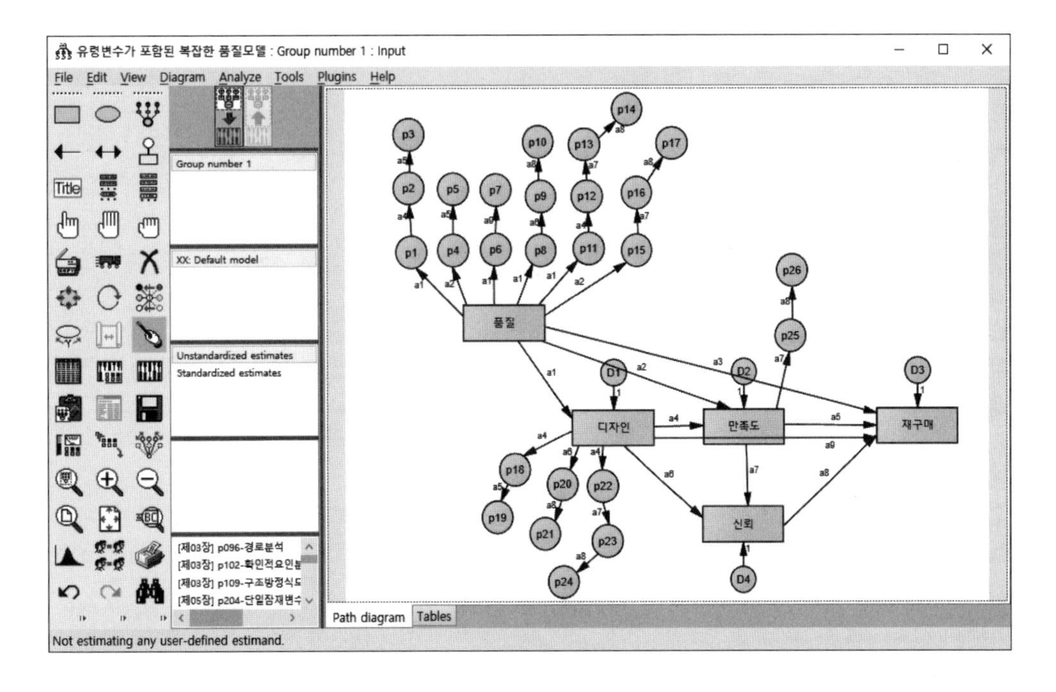

연구모델의 비표준화계수 결과는 다음과 같다.

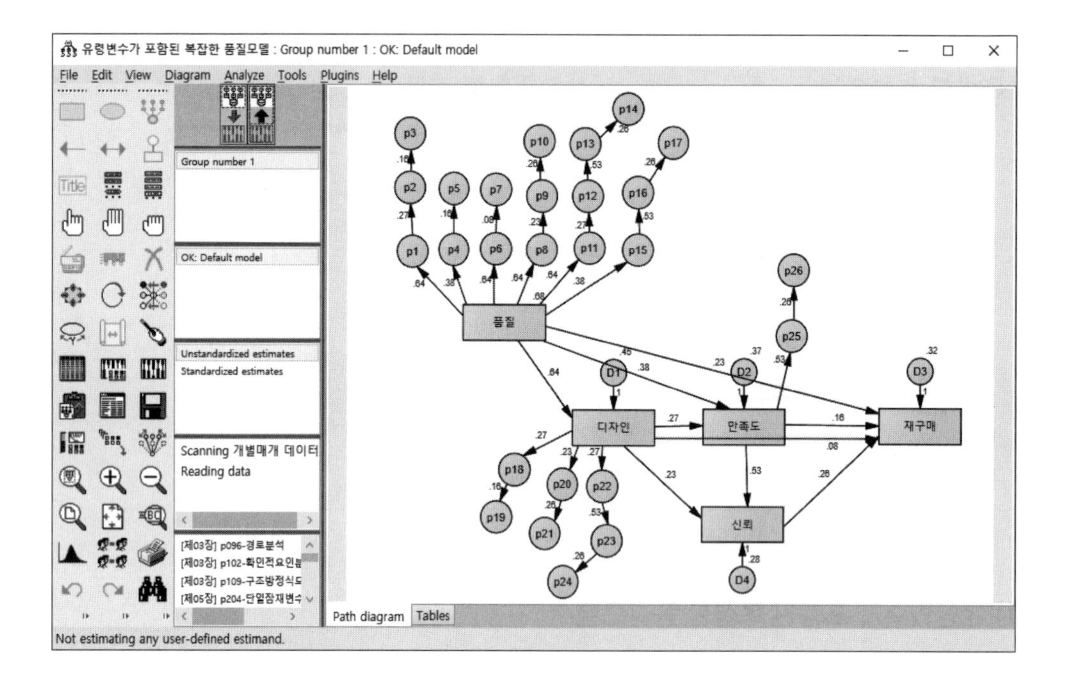

연구모델의 표준화계수 결과는 다음과 같다.

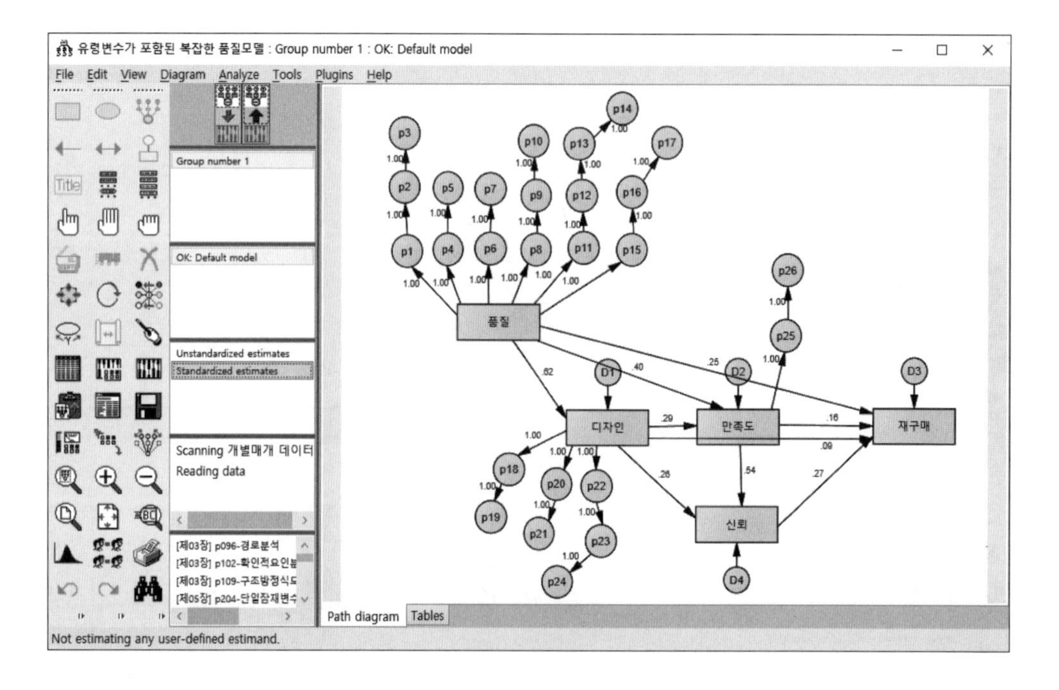

비표준화 경로계수 결과는 다음과 같다.

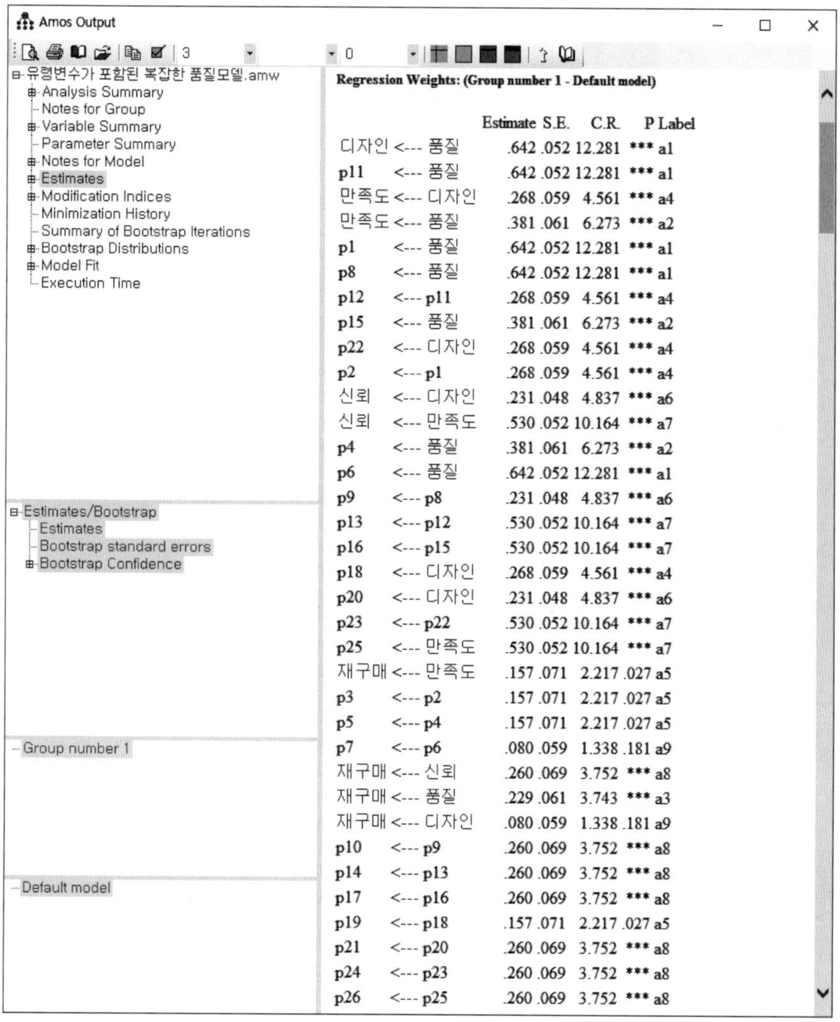

Amos Output

유령변수가 포함된 복잡한 품질모델.amw
- Analysis Summary
- Notes for Group
- Variable Summary
- Parameter Summary
- Notes for Model
- Estimates
- Modification Indices
- Minimization History
- Summary of Bootstrap Iterations
- Bootstrap Distributions
- Model Fit
- Execution Time

Estimates/Bootstrap
- Estimates
- Bootstrap standard errors
- Bootstrap Confidence

Group number 1

Default model

Regression Weights: (Group number 1 - Default model)

			Estimate	S.E.	C.R.	P	Label
디자인	<---	품질	.642	.052	12.281	***	a1
p11	<---	품질	.642	.052	12.281	***	a1
만족도	<---	디자인	.268	.059	4.561	***	a4
만족도	<---	품질	.381	.061	6.273	***	a2
p1	<---	품질	.642	.052	12.281	***	a1
p8	<---	품질	.642	.052	12.281	***	a1
p12	<---	p11	.268	.059	4.561	***	a4
p15	<---	품질	.381	.061	6.273	***	a2
p22	<---	디자인	.268	.059	4.561	***	a4
p2	<---	p1	.268	.059	4.561	***	a4
신뢰	<---	디자인	.231	.048	4.837	***	a6
신뢰	<---	만족도	.530	.052	10.164	***	a7
p4	<---	품질	.381	.061	6.273	***	a2
p6	<---	품질	.642	.052	12.281	***	a1
p9	<---	p8	.231	.048	4.837	***	a6
p13	<---	p12	.530	.052	10.164	***	a7
p16	<---	p15	.530	.052	10.164	***	a7
p18	<---	디자인	.268	.059	4.561	***	a4
p20	<---	디자인	.231	.048	4.837	***	a6
p23	<---	p22	.530	.052	10.164	***	a7
p25	<---	만족도	.530	.052	10.164	***	a7
재구매	<---	만족도	.157	.071	2.217	.027	a5
p3	<---	p2	.157	.071	2.217	.027	a5
p5	<---	p4	.157	.071	2.217	.027	a5
p7	<---	p6	.080	.059	1.338	.181	a9
재구매	<---	신뢰	.260	.069	3.752	***	a8
재구매	<---	품질	.229	.061	3.743	***	a3
재구매	<---	디자인	.080	.059	1.338	.181	a9
p10	<---	p9	.260	.069	3.752	***	a8
p14	<---	p13	.260	.069	3.752	***	a8
p17	<---	p16	.260	.069	3.752	***	a8
p19	<---	p18	.157	.071	2.217	.027	a5
p21	<---	p20	.260	.069	3.752	***	a8
p24	<---	p23	.260	.069	3.752	***	a8
p26	<---	p25	.260	.069	3.752	***	a8

개별경로의 간접효과 유의성을 보기에 앞서 간접효과의 비표준화계수 결과를 살펴보면 다음과 같다.

비표준화계수 간접효과 크기

Amos Output

유형변수가 포함된 복잡한 품질모델.amw
- Analysis Summary
- Notes for Group
- Variable Summary
- Parameter Summary
- Notes for Model
- Estimates
- Modification Indices
- Minimization History
- Summary of Bootstrap Iterations
- Bootstrap Distributions
- Model Fit
- Execution Time

Estimates/Bootstrap
- Estimates
- Bootstrap standard errors
- Bootstrap Confidence

Group number 1

Default model

Indirect Effects (Group number 1 - Default model)

	품질	디자인	만족도	신뢰
p11	.000	.000	.000	.000
디자인	.000	.000	.000	.000
p22	.172	.000	.000	.000
p15	.000	.000	.000	.000
p12	.172	.000	.000	.000
p8	.000	.000	.000	.000
p1	.000	.000	.000	.000
만족도	.172	.000	.000	.000
p25	.293	.142	.000	.000
p23	.091	.142	.000	.000
p20	.148	.000	.000	.000
p18	.172	.000	.000	.000
p16	.202	.000	.000	.000
p13	.091	.000	.000	.000
p9	.148	.000	.000	.000
신뢰	.442	.142	.000	.000
p6	.000	.000	.000	.000
p4	.000	.000	.000	.000
p2	.172	.000	.000	.000
p26	.076	.037	.138	.000
p24	.024	.037	.000	.000
p21	.039	.060	.000	.000
p19	.027	.042	.000	.000
p17	.053	.000	.000	.000
p14	.024	.000	.000	.000
p10	.039	.000	.000	.000
p7	.051	.000	.000	.000
p5	.060	.000	.000	.000
p3	.027	.000	.000	.000
재구매	.253	.139	.138	.000

표에서 디자인의 간접효과인 p19의 경우, 간접효과의 비표준화계수 크기는 .042이며, p21 = .060, p24 = .037임을 알 수 있다. 만족도의 간접효과인 p26의 경우, 간접효과의 비표준화계수 크기는 .037임을 알 수 있다. 이들 결과에 대한 유의확률은 다음과 같다.

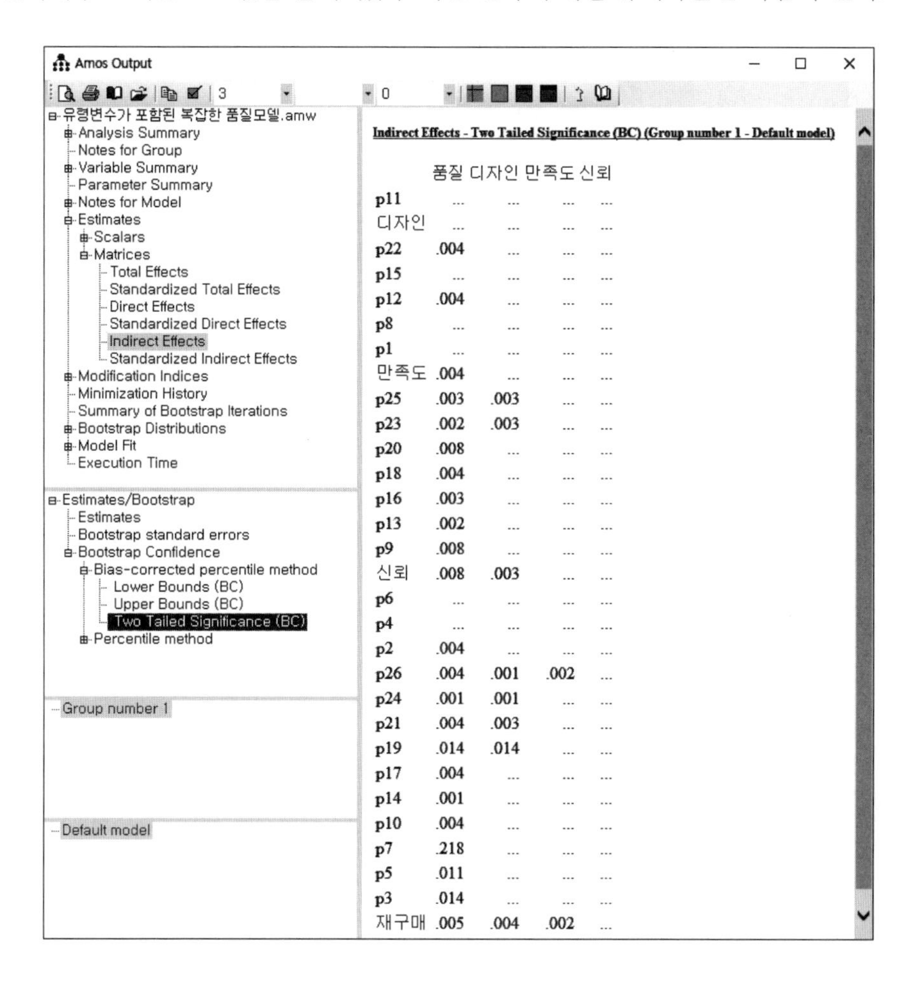

Indirect Effects - Two Tailed Significance (BC) (Group number 1 - Default model)

	품질	디자인	만족도	신뢰
p11	...	...	...	...
디자인	...	...	...	...
p22	.004	...	...	...
p15	...	...	...	...
p12	.004	...	...	...
p8	...	...	...	...
p1	...	...	...	...
만족도	.004	...	...	...
p25	.003	.003	...	...
p23	.002	.003	...	...
p20	.008	...	...	...
p18	.004	...	...	...
p16	.003	...	...	...
p13	.002	...	...	...
p9	.008	...	...	...
신뢰	.008	.003	...	...
p6	...	...	...	...
p4	...	...	...	...
p2	.004	...	...	...
p26	.004	.001	.002	...
p24	.001	.001	...	...
p21	.004	.003	...	...
p19	.014	.014	...	...
p17	.004	...	...	...
p14	.001	...	...	...
p10	.004	...	...	...
p7	.218	...	...	...
p5	.011	...	...	...
p3	.014	...	...	...
재구매	.005	.004	.002	...

chapter

15

잠재평균분석

일반적으로 변수의 집단 간 평균 차이를 검정할 때에는 t-test, ANOVA, MANOVA 기법을 사용한다. 그런데 이 기법들은 SPSS 등을 이용해 실제로 측정된 관측변수의 집단 간 평균을 비교할 때는 사용할 수 있지만, 직접적으로 생성되지 않은 잠재변수의 평균을 측정할 때는 사용할 수 없다. 따라서 만약 조사자가 잠재변수 간 평균을 비교하고 싶은 경우라면 다중집단 확인적 요인분석을 이용해야 한다.

그렇다면 왜 잠재변수 간 평균 비교가 필요할까? 그 이유는 측정오차를 포함한 관측변수들의 평균 비교보다 관측변수들 간의 측정오차를 고려한 잠재변수 간 평균 비교가 더 정확하기 때문이다. 하지만 구조방정식모델은 기본개념 자체가 변수 간 인과관계나 공분산관계를 가정하고 있기 때문에 두 집단 간 평균 차이를 검증하는 것이 생각처럼 쉽지 않다.

잠재평균분석을 하기 전에 형태동일성(configural invariance), 매트릭동일성(metric invariance),[1] 절편동일성(scalar invariance)에 대한 분석이 선행되어야 한다.[2] 형태동일성은 비제약모델이고, 매트릭동일성은 요인부하량 동일성에 해당하며, 절편동일성은 관측변수의 절편을 동일하게 제약한 모델을 의미한다.

• 형태동일성(configural invariance) 검증 • 매트릭동일성(metric invariance) 검증 • 절편동일성(scalar invariance) 검증	→	잠재평균분석 실시

1 잠재평균분석에 관련된 다수의 논문에서는 매트릭동일성이 '측정동일성'이란 명칭으로 사용되고 있으나, 이는 요인부하량 측정동일성에 해당하는 내용으로 본 교재에서 언급한 측정동일성(measurement equivalence)과는 차이가 있다.

2 Hong et al. (2003).

1 형태동일성, 매트릭동일성, 절편동일성

1-1 형태동일성, 매트릭동일성, 절편동일성 검증

형태동일성, 매트릭동일성, 절편동일성을 검증하는 방법에는 다중집단분석과 마찬가지로 ①조사자가 직접 제약하는 방법, ②아이콘을 이용하는 방법이 있다.

1) 조사자 제약에 의한 분석방법

형태동일성과 매트릭동일성에 대한 분석은 13장의 다중집단 확인적 요인분석에서 이미 했기 때문에 여기에서는 절편동일성에 대해서만 알아보도록 하자.

절편동일성을 분석하기 위해서는 먼저 요인부하량을 제약해야 한다. 해당 경로 위에 마우스 포인터를 위치시키고 마우스의 오른쪽 버튼을 클릭하여 [Object properties]를 선택한 후 [Parameters]의 [Regression weight]란에 'a1'을 입력한다. 같은 방식으로 경로들을 a1~a10으로 고정시킨다. 이미 1로 지정되어 있는 경로는 지정해주지 않아야 한다.

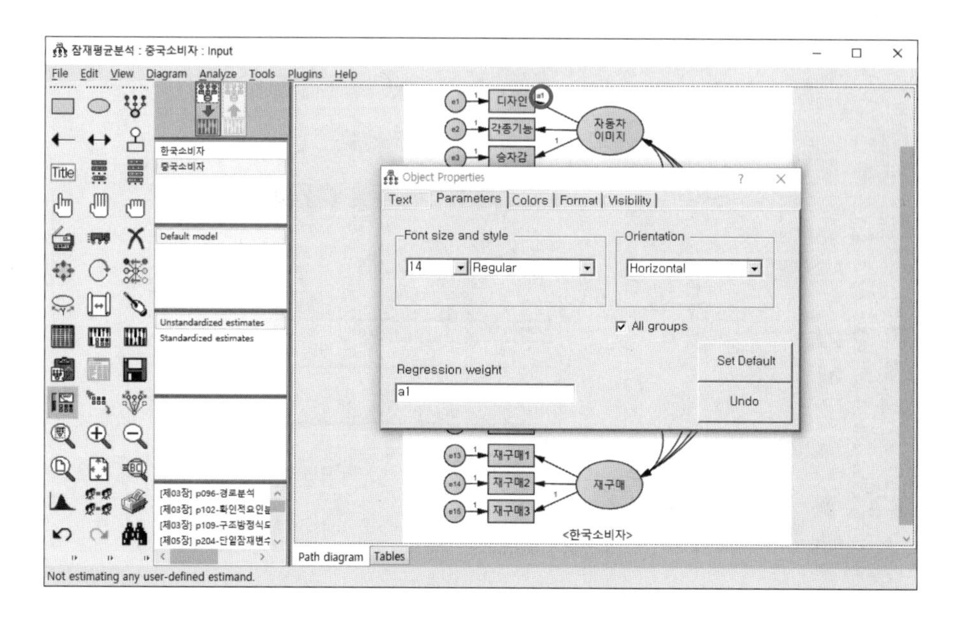

아이콘 모음창에서 아이콘을 선택한 후 [Estimation]에서 '☑ Estimate means and intercepts'를 체크하면 잠재변수와 측정오차 위에 '0,'이 자동으로 생성된다.

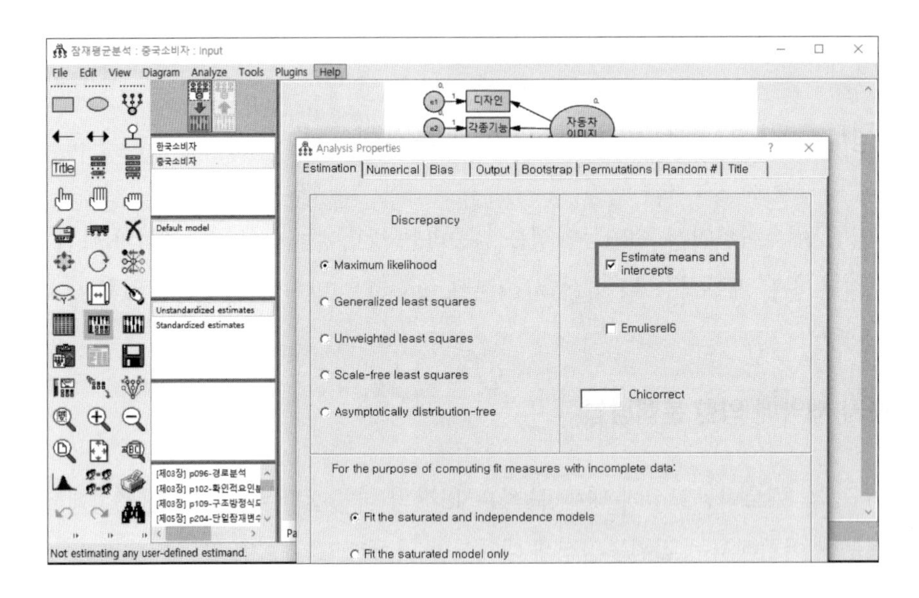

관측변수 위에 마우스 포인터를 위치시키고 마우스의 오른쪽 버튼을 클릭하여 [Object properties]를 선택한 후 [Parameters]의 [Intercept]란에 m1 등의 기호를 입력해서 관측변수의 절편을 고정시킨다. 이때 '☑ All groups'가 체크되어 있어야 한다. 같은 방식으로 모든 관측변수를 m1~m15로 고정시킨다.

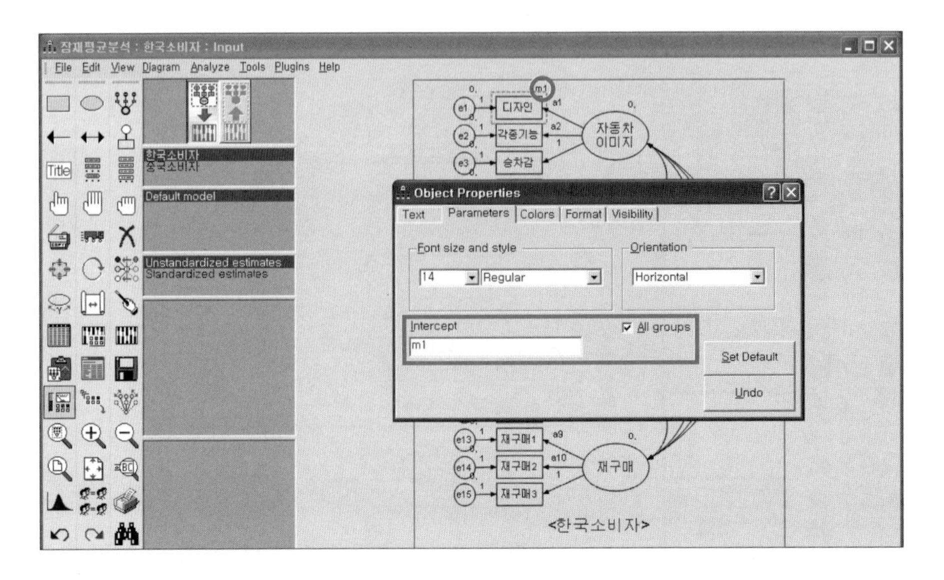

한국소비자 집단과 중국소비자 집단의 절편(intercept)을 동일하게 제약한 후 분석

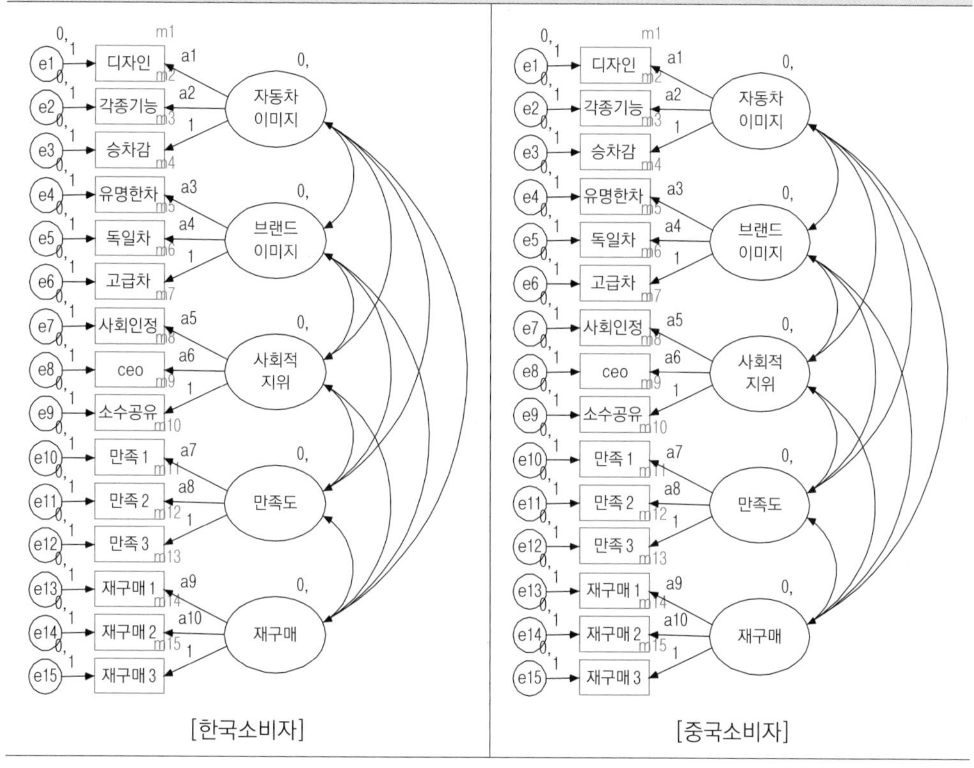

χ^2 = 730.383, df = 185, p = .000, GFI = , AGFI = , CFI = .867, RMR = , RMSEA = .086, TLI = .849

* ☑ Estimate means and intercepts를 체크하면 모델적합도의 GFI, AGFI, RMR 등이 제공되지 않음.

2) 아이콘을 이용한 분석방법

비제약모델에서 아이콘 모음창의 아이콘을 선택한 후 [Estimation]에서 '☑ Estimate means and intercepts'를 체크한다.

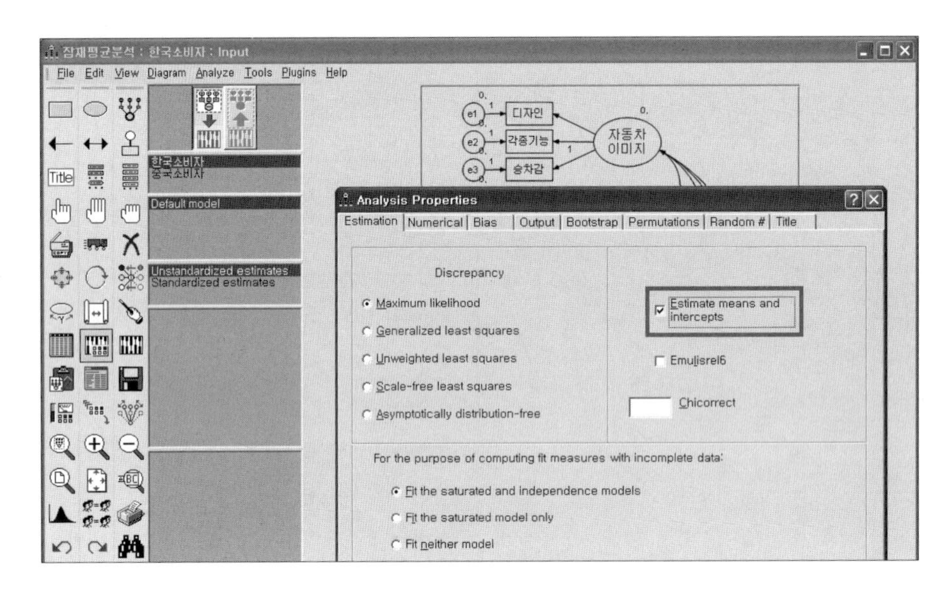

아이콘 모음창에서 (다중집단분석) 아이콘을 선택하면 메시지 창이 나타나는데, [확인]을 누르면 다음과 같은 창이 다시 나타나면서 자동으로 필요한 모델들이 지정된다.

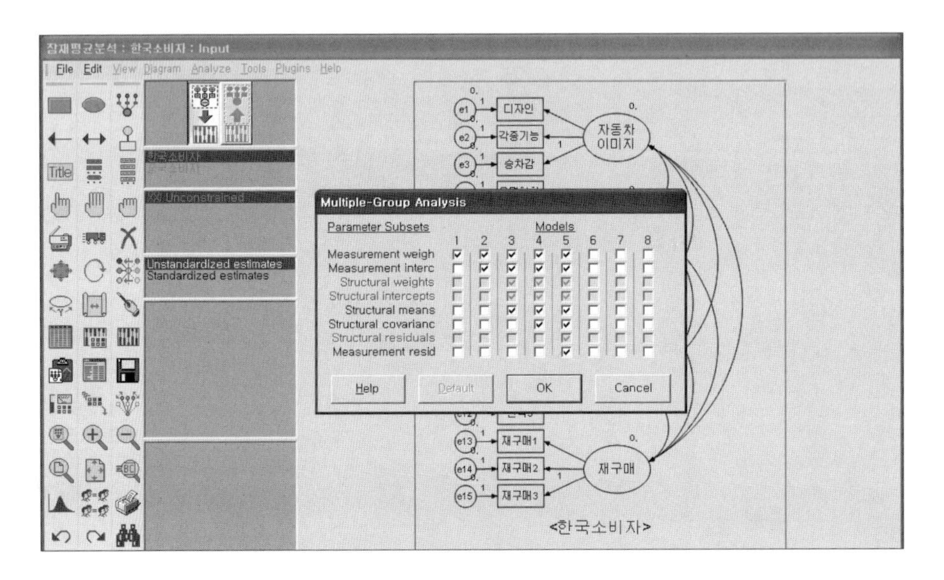

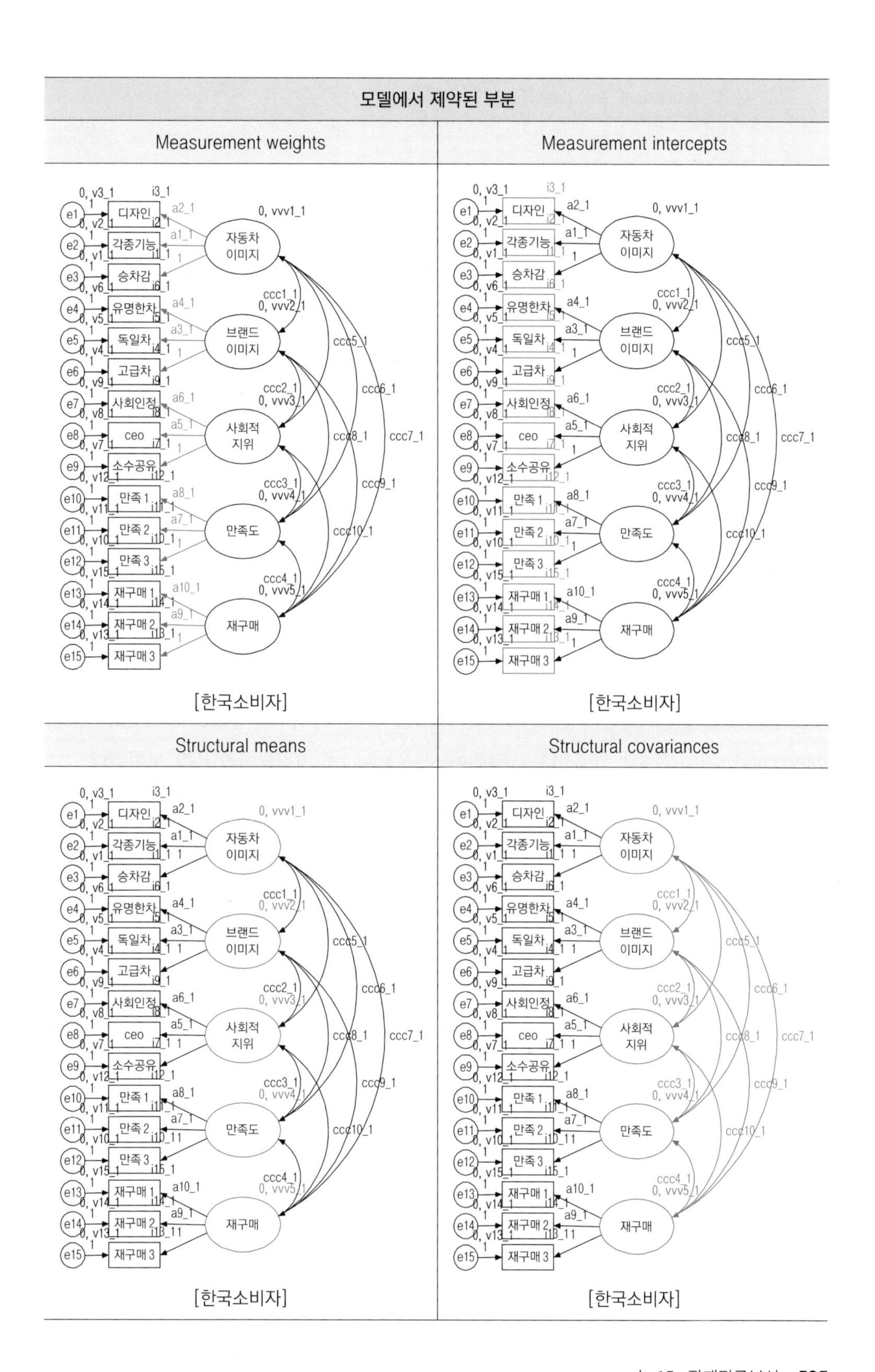
모델에서 제약된 부분
Measurement weights
Measurement intercepts
Structural means
Structural covariances
디자인
각종기능
승차감
유명한차
독일차
고급차
사회인정
ceo
소수공유
만족 1
만족 2
만족 3
재구매 1
재구매 2
재구매 3
자동차 이미지
브랜드 이미지
사회적 지위
만족도
재구매
0, vvv1_1
ccc1_1
0, vvv2_1
ccc2_1
0, vvv3_1
ccc3_1
0, vvv4_1
ccc4_1
0, vvv5_1
ccc5_1
ccc6_1
ccc7_1
ccc8_1
ccc9_1
ccc10_1
[한국소비자]
[한국소비자]
[한국소비자]
[한국소비자]

Measurement residuals

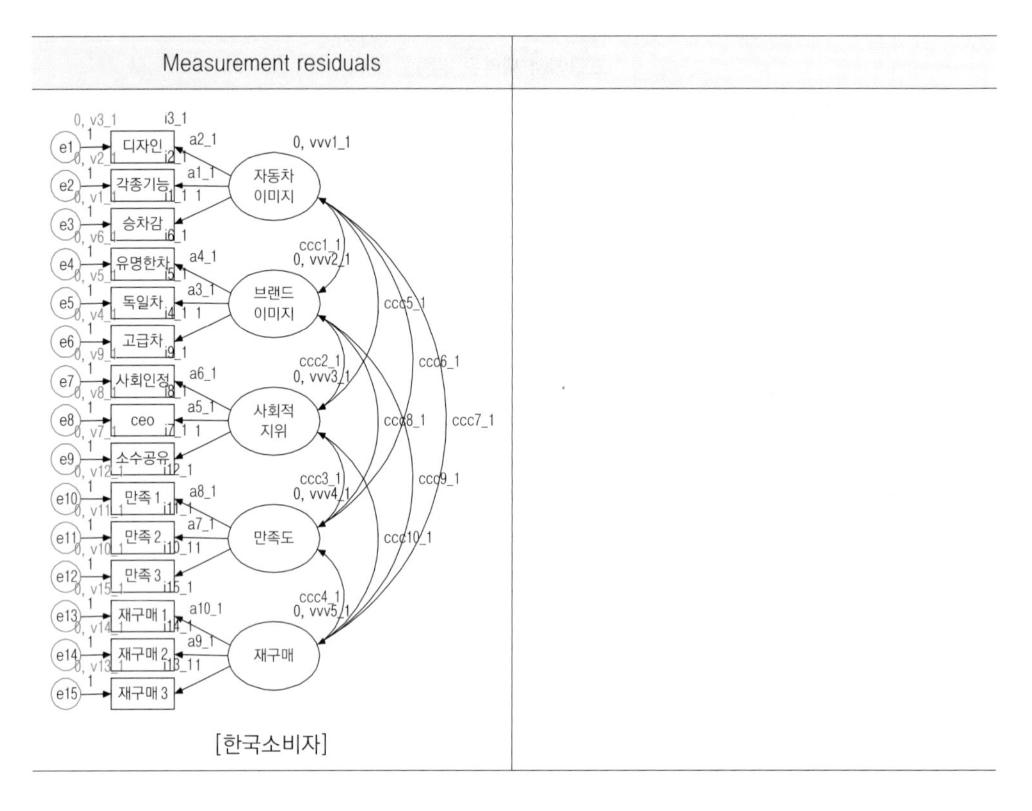

[한국소비자]

모델의 제약 상태는 모델관리창에서 모델명을 더블클릭하면 확인할 수 있다. Measurement intercepts는 요인부하량, 관측변수의 절편이 서로 동일하게 지정되어 있음을 보여준다.

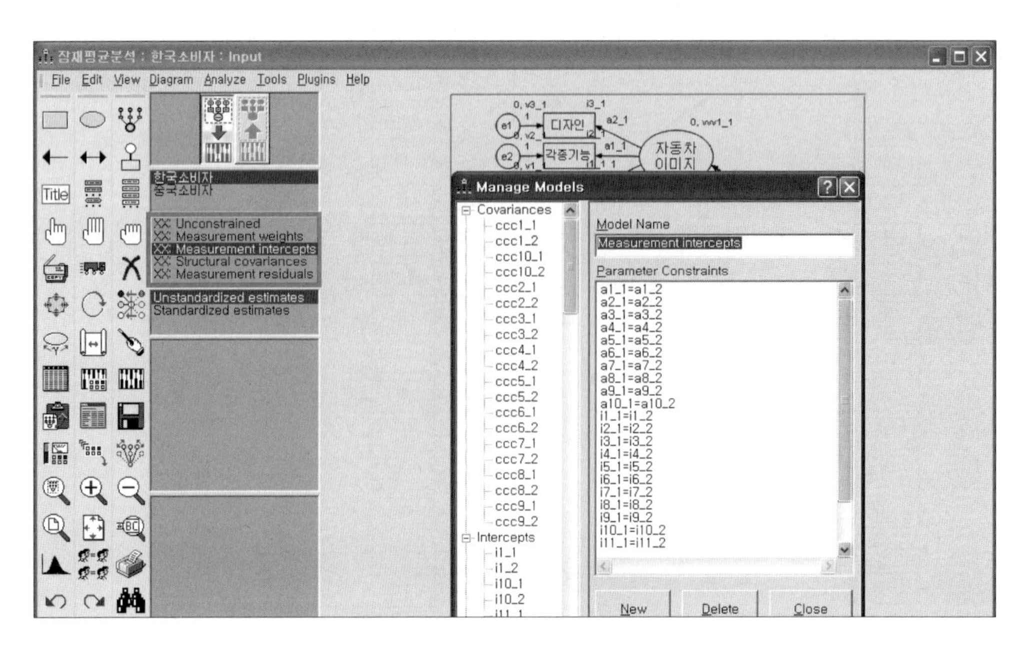

아이콘을 선택해서 분석을 실시한다. 분석 결과의 모델적합도는 다음과 같다.

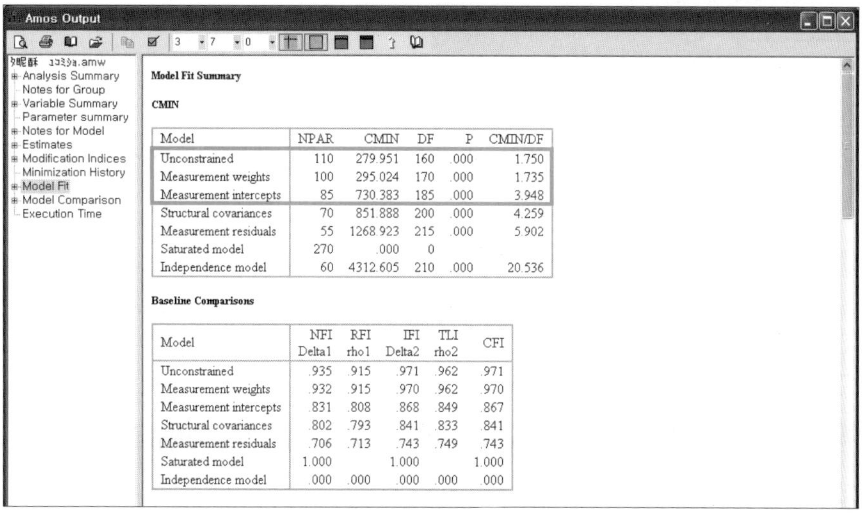

Amos Output

- Analysis Summary
- Notes for Group
- Variable Summary
- Parameter summary
- Notes for Model
- Estimates
- Modification Indices
- Minimization History
- Model Fit
- Model Comparison
- Execution Time

Model Fit Summary

CMIN

Model	NPAR	CMIN	DF	P	CMIN/DF
Unconstrained	110	279.951	160	.000	1.750
Measurement weights	100	295.024	170	.000	1.735
Measurement intercepts	85	730.383	185	.000	3.948
Structural covariances	70	851.888	200	.000	4.259
Measurement residuals	55	1268.923	215	.000	5.902
Saturated model	270	.000	0		
Independence model	60	4312.605	210	.000	20.536

Baseline Comparisons

Model	NFI Delta1	RFI rho1	IFI Delta2	TLI rho2	CFI
Unconstrained	.935	.915	.971	.962	.971
Measurement weights	.932	.915	.970	.962	.970
Measurement intercepts	.831	.808	.868	.849	.867
Structural covariances	.802	.793	.841	.833	.841
Measurement residuals	.706	.713	.743	.749	.743
Saturated model	1.000		1.000		1.000
Independence model	.000	.000	.000	.000	.000

모델	χ^2	df	GFI	CFI	RMSEA	TLI
비제약모델	279.95	160	.914	.971	.043	.962
요인부하량 제약모델	295.02	170	.909	.970	.043	.962
절편 제약모델	730.38	185		.867	.086	.849

다중집단 확인적 요인분석을 통하여 비제약모델과 요인부하량 제약모델 간에는 차이가 없는 것으로 이미 알고 있었지만(df = 10일 때, $\Delta\chi^2 = 15.07 < 18.31$), 위 표를 기준으로 보면 요인부하량 제약모델(Measurement weights)과 절편 제약모델(Measurement intercepts) 간에 유의한 차이(df = 15일 때, $\Delta\chi^2 = 450.43 > 25$)가 있는 것으로 나타났다. 이 부분에서 두 모델 간 유의한 차이가 나지 않아야 하겠지만, 실제 중요한 잠재평균분석을 진행하기 위해서 요인부하량 제약모델과 절편 제약모델 간 유의한 차이가 없다고 가정[3]하고 다음 단계로 넘어가도록 하자.

3 실제로 분석을 하다 보면 요인부하량 제약모델과 절편 제약모델 간의 $\Delta\chi^2$이 유의하게 차이 나는 경우가 대부분이기 때문에 χ^2 대신 CFI, TLI, RMSEA 등의 적합도로 비교하기도 한다. 본 연구에서도 χ^2에서는 큰 차이가 나지만, CFI, TLI, RMSEA에서는 χ^2만큼 큰 차이가 나지 않는 것을 알 수 있다.

2 잠재평균분석

조사자가 직접 제약하는 방법을 이용해서 잠재평균분석을 해보도록 하자.

잠재평균분석을 하기 위해서는 요인부하량과 절편이 고정된 모델이 필요하다. 앞서 소개한 '1) 조사자 제약에 의한 분석방법'을 이용하면 다음과 같은 요인부하량과 절편이 고정된 모델이 구현된다.

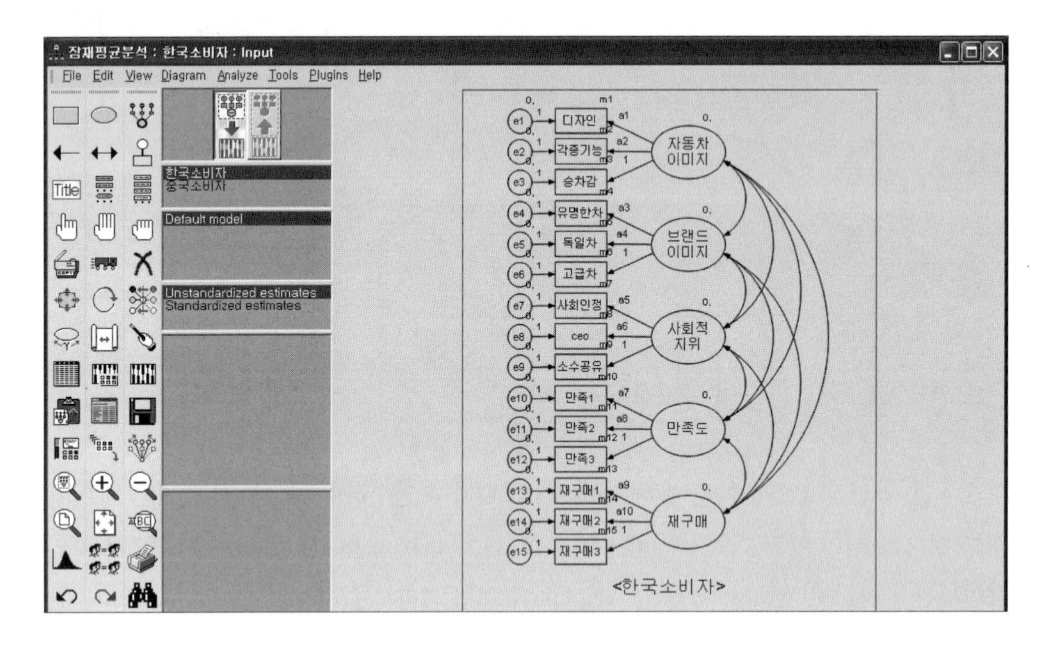

위 모델은 두 집단 모두 잠재변수의 평균과 오차의 평균이 0으로 고정되어 있는 상태다.

다음으로 한 집단에서 잠재변수의 평균(Mean)을 없애주거나 다른 기호로 교체해주면 되는데, 이때 반드시 '☐ All groups'의 체크를 풀어주어야 한다. 외제차모델의 경우, 중국소비자 집단을 선택하고 잠재변수를 지정한 후 [Object Properties]에서 Mean의 0을 제거한다. 그리고 '☐ All groups'의 체크를 풀어준다.

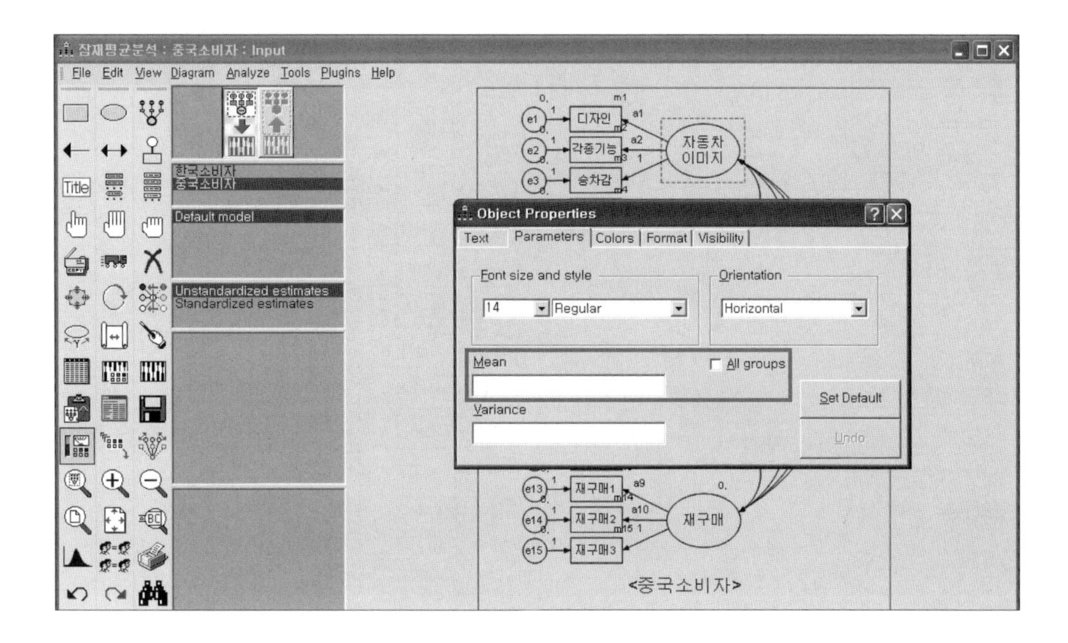

이렇게 중국소비자 집단의 모든 잠재변수의 Mean을 제거한 후 아이콘을 선택하여 분석을 실시하면 다음과 같은 결과가 나타난다.

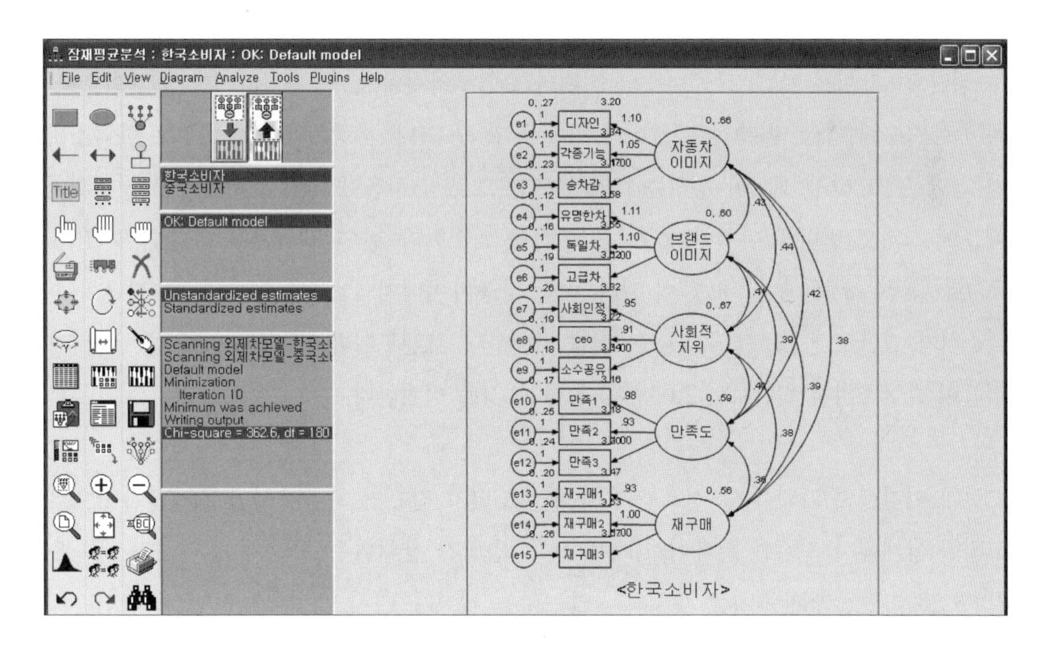

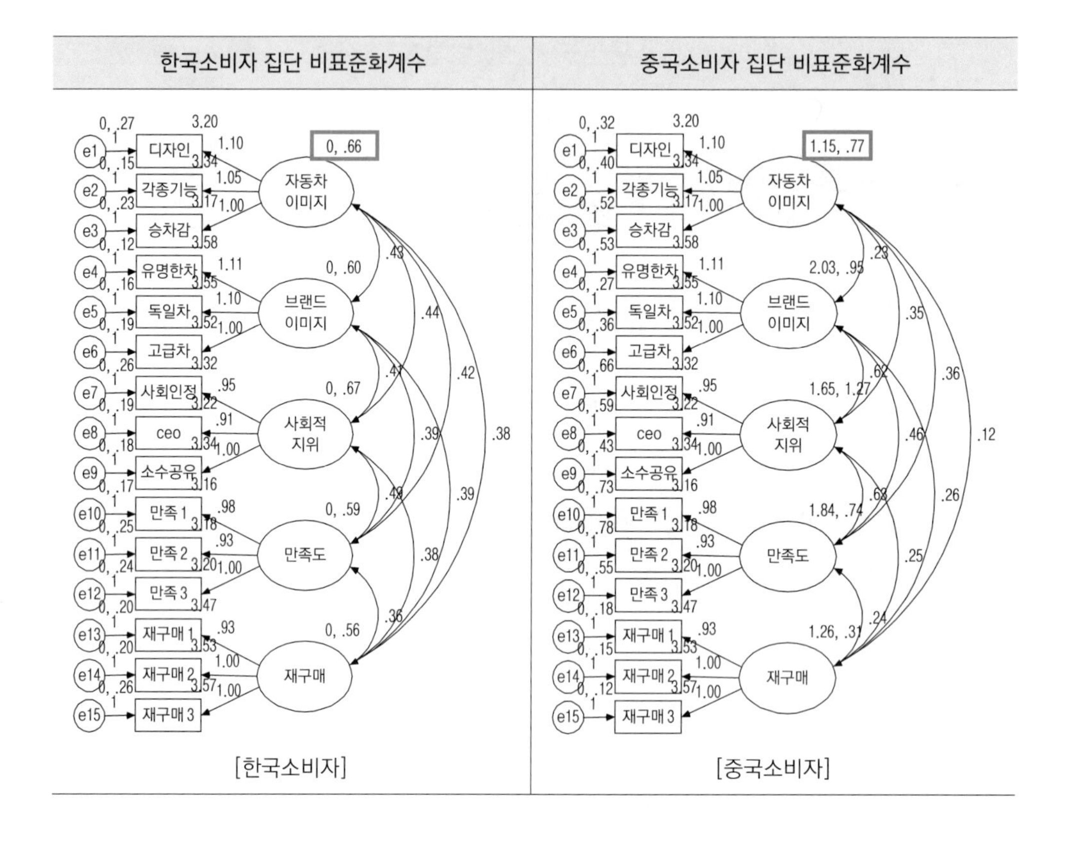

두 집단 간 차이를 보면, 관측변수의 절편과 요인부하량은 모두 동일하지만 오차의 분산과 잠재변수의 평균 및 분산은 차이가 있음을 알 수 있다. 자동차이미지의 경우 한국소비자 집단은 [0, 66]인데, 이 수치는 [평균, 분산]으로서 처음에 평균을 0으로 고정시켰기 때문에 결과도 변화 없이 0이며, .66은 분산을 의미한다. 반면, 중국소비자 집단은 [1.15, .77]로 평균은 1.15, 분산은 .77이 된다. 이는 자동차이미지의 경우, 중국소비자 집단이 한국소비자 집단보다 1.15만큼 높다는 것을 의미한다. 브랜드이미지의 경우에도 중국소비자 집단이 한국소비자 집단보다 2.03만큼 높다는 것을 의미한다.

그런데 여기서 주의해야 할 점은 처음에 한국소비자 집단의 자동차이미지 평균을 0으로 고정한 상태에서 측정한 결과이기 때문에 두 집단 간 잠재변수 평균에 대한 높고 낮음을 알 수 있지만, 정확한 수치는 제공되지 않는다는 것이다. 다시 말해서, 한국소비자 집단에서 자동차이미지의 평균이 3이라면 중국소비자 집단은 4.15(3 + 1.15)가 되는 것이다.

그렇다면 '이러한 차이가 과연 통계적으로 유의한 차이가 있을 것인가?' 하는 의문이 생길 수 있다. t-test, ANOVA, MANOVA 등의 기법들도 평균값 차이에 대한 유의성을 제공하는데 이와 마찬가지라고 생각하면 된다.

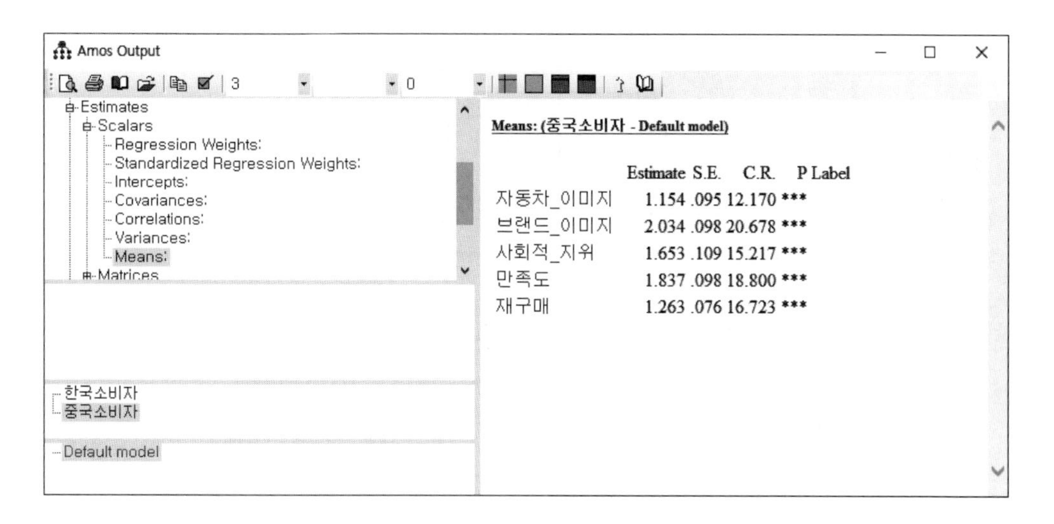

분석 결과, C.R. 값은 ±1.965 이상이며, p-값 역시 모두 .000으로, 두 집단 간 잠재변수의 평균은 유의한 차이가 있는 것으로 나타났다. 다시 말해서 중국소비자 집단에서 자동차이미지, 브랜드이미지의 잠재변수 평균이 한국소비자 집단보다 통계적으로 유의하게 높은 것으로 나타났다고 할 수 있다.

알아두세요! **관측변수들의 평균과 잠재변수 평균 비교**

조사자는 실제 관측변수들의 평균과 잠재변수 간 평균의 차이점에 대해서 궁금해할 수 있다. 한국소비자 집단과 중국소비자 집단 간 관측변수들의 평균은 다음과 같다.

한국소비자 집단

기술통계량

	N	최소값	최대값	평균	표준편차
총자동차	200	1.00	5.00	3.2333	.89355
총브랜드	200	1.00	5.00	3.5533	.86526
총사회적	200	1.00	5.00	3.2867	.82130
총만족도	200	1.00	5.00	3.1850	.79761
총재구매	200	1.00	5.00	3.5217	.77982
유효수 (목록별)	200				

중국소비자 집단

기술통계량

	N	최소값	최대값	평균	표준편차
총자동차	203	1.00	6.67	4.4422	.99912
총브랜드	203	1.00	7.00	5.7357	1.10098
총사회적	203	1.33	7.00	4.8734	1.16659
총만족도	203	2.00	7.00	4.9608	.96307
총재구매	203	3.00	6.00	4.7586	.58799
유효수 (목록별)	203				

SPSS를 이용해 구한 집단 간 관측변수들의 평균 차이와 잠재변수들의 평균 차이를 정리하면 다음과 같다.

변수	두 집단 간 관측변수 평균 차이	두 집단 간 잠재변수 평균 차이
자동차이미지	1.21	1.15
브랜드이미지	2.18	2.03
사회적 지위	1.58	1.65
만족도	1.77	1.84
재구매	1.24	1.26

흥미롭게도 SPSS를 이용한 분석에서도 중국소비자 집단의 평균이 한국소비자 집단보다 모두 높았으며, 두 분석 모두 평균 차이가 비슷한 것으로 나타났다. 이러한 결과는 외제차모델의 측정오차가 크지 않기 때문이라고 해석할 수 있다. 만약 측정오차가 크게 존재하는 경우라면 두 기법의 평균 차이는 얼마든지 크게 벌어질 수 있다.

Q&A

Q 15-1 기본적인 질문인 것 같습니다만, t-test, ANOVA, MANOVA와 다중집단분석 및 잠재평균분석과의 차이점이 혼동됩니다.

A 통계적인 기본개념이 명확하게 정립되지 않은 경우라면 충분히 혼동될 수 있는 부분이라고 생각합니다. 질문을 2가지로 나누어 살펴보겠습니다.

첫 번째, 여러분이 알고 있는 t-test, ANOVA, MANOVA는 집단 간 변수들의 평균에 대한 차이를 보는 것이라고 할 수 있습니다. 예를 들어, 한국소비자 집단과 중국소비자 집단 간 자동차에 대한 만족도의 차이를 본다면 t-test를 이용하면 됩니다. 두 집단 이상이면 ANOVA, 종속변수가 다수일 때는 MANOVA를 이용하면 됩니다. 하지만 다중집단분석은 어떤가요? 이 분석은 변수들의 평균에 대한 차이가 아닌 변수들 간 경로에 대한 유의성의 차이를 보는 것입니다. 즉 '자동차이미지 → 만족도'로 갈 때, 한국소비자 집단의 경로와 중국소비자 집단의 경로 간 통계적인 차이가 있는지를 보는 것입니다. 집단 간 변수들의 평균 차이를 보느냐, 집단 간 변수들의 경로 차이를 보느냐에 대한 의미로 생각하면 이해가 빠를 겁니다.

두 번째로 t-test, ANOVA, MANOVA의 경우에는 SPSS처럼 실제로 측정되는 변수에 대한 평균의 차이를 보는 것이지만, 측정오차가 제거된 잠재변수 간 평균 차이는 볼 수 없기 때문에 다중집단 확인적 요인분석을 이용한 잠재변수 평균 비교를 통해 측정하게 됩니다.

Thinking of Jp #5

보석과 데이터

언젠가 TV 프로그램에서 보석의 가치는 원석의 크기나 질도 중요하지만, 어느 수준의 보석전문가가 원석을 가공하느냐에 따라서 천차만별로 바뀔 수 있다는 내용을 본 적이 있습니다. 원석의 크기가 절대적 가치일 줄 알았는데 꼭 그것만은 아니라는 생각을 했습니다. 사실, 좋은 다이아몬드 원석을 가지고 있다고 해도 그것이 커팅과정을 거치지 않으면 조금 비싼 돌멩이 중 하나일 테지만, 그것이 보석전문가에 의해 가공되어 아름다운 빛을 발한다면 사람들은 그것이 진짜 값비싼 다이아몬드임을 발견하고 가치를 인정하려 들 것입니다.

그러다 문득, '데이터 분석도 보석 가공의 이치가 그대로 적용되지 않을까?'라는 생각을 해보았습니다. 똑같은 데이터라도 누가 분석하느냐에 따라서 그 데이터가 가진 가치를 충분히 보여줄 수도, 그렇지 않을 수도 있을 테니까 말이죠.

이렇게 똑같은 데이터를 가지고 평범한 결과를 만들어내는 것과 의미 있는 결과를 만들어내는 것이 아마도 아마추어와 전문가의 차이가 아닐까요? 더 큰 문제는 의미 있는 가치를 지녔지만 전문가를 만나지 못해 그냥 묻혀버리는 데이터들…… 그런 데이터들이 세상에 얼마나 많을까요? 혹시 여러분이 예전에 사용했던 데이터 중에 그런 데이터는 없나요? 예를 들어 여러분 컴퓨터 파일 안에 정말 좋은 논문을 쓸 수 있는 데이터가 있음에도 불구하고 아직 분석능력이 부족해서 빛을 발휘하지 못하는 데이터가 있을 수 있습니다.

데이터는 절대 그것의 가치를 그 누구에게도 먼저 말해주지 않는 것 같습니다. 적어도 먼저 발견해주기 전까진 말이죠. 앞으로 여러분들도 데이터의 숨겨진 가치를 발견해낼 수 있는 구조방정식모델 전문가가 되어서, 여러분 폴더 안에서 잠자고 있는 데이터들을 멋지게 부활시켜 보시기 바랍니다.

chapter

16

잠재성장곡선모델

1 잠재성장곡선모델

지금까지 공부한 구조방정식모델은 특정한 시점에서 데이터를 수집한 횡단적 데이터(cross sectional data) 중심의 내용이었다. 하지만 연도별 특정제품에 대한 소비자들의 만족도 변화라든가, 학생들이 성장함에 따라 언어와 수리능력이 변화하는 것처럼 시간이 지남에 따라 어떤 변수의 변화를 측정한 종단적 데이터(longitudinal data)에 대한 분석이 필요한 경우가 있다. 잠재성장곡선모델(Latent Growth Curve modeling, LGC)은 이렇게 조사자가 시간의 흐름에 따른 데이터셋의 변화 패턴을 조사하고자 할 때 사용하는 기법이다.

1-1 잠재성장곡선모델 형태

잠재성장곡선모델을 분석하기 위해서는 최소 세 번 이상의 종단 데이터(longitudinal data)나 패널 데이터(panel data)가 필요한데, 기본적인 모델 형태는 다음과 같다.

잠재성장곡선모델의 기본형태

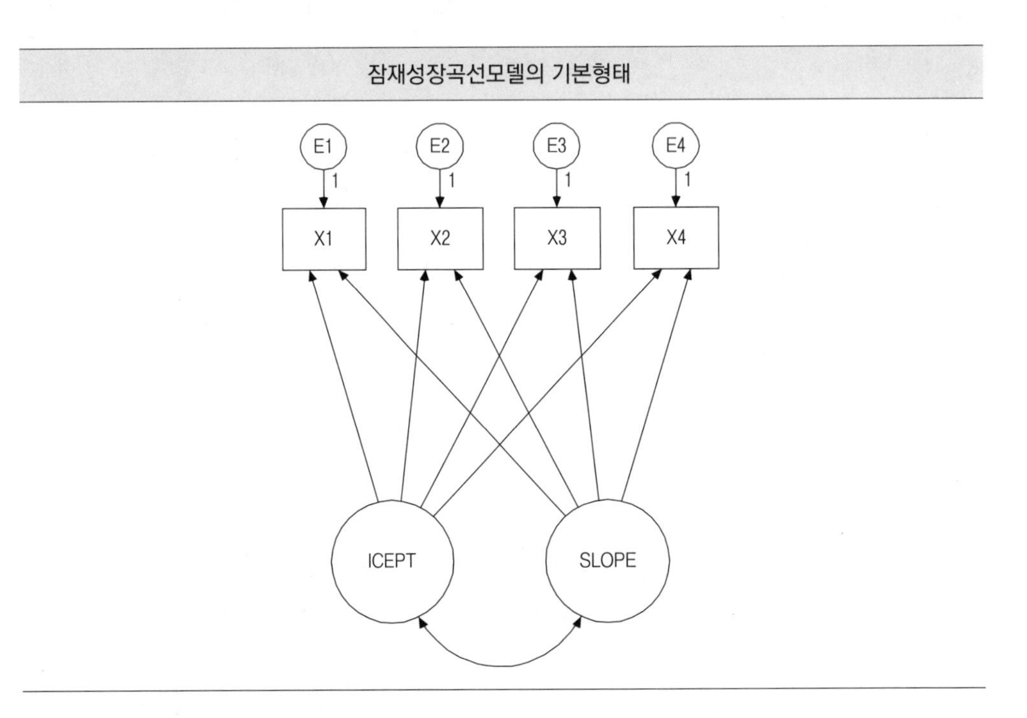

[표 16-1] 잠재성장곡선모델 변수명

잠재변수 (latent variable)	ICEPT, SLOP	ICEPT는 절편을 나타내며, 초깃값(start 또는 initial)을 의미하고, SLOP는 기울기를 의미함
지표변수 (indicator variable)	X1, X2, X3, X4	관측변수에 해당하는 부분으로 일정 기간에 측정된 측정치들에 해당함
측정오차 (error terms)	E1, E2, E3, E4	구조방정식모델처럼 잠재성장곡선모델에도 측정오차가 존재함
가중치 (weights)	잠재변수와 관측변수 간 경로	분석 시 ICEPT의 가중치는 모두 1로 고정하는데, 이 의미는 절편을 일정한 상수(constant)로 만드는 과정임. SLOP의 가중치가 4회 측정되었다면 [0, 1, 2, 3] 등으로 고정해줌
공분산 (covariance)	잠재변수 간 공분산	두 잠재변수인 ICEPT와 SLOP 사이에 공분산이 설정되어 있는 것을 나타냄

1-2 잠재성장곡선모델 실행

조사자가 외제차 구매 고객들의 재구매의도가 매년 어떻게 변화하는지에 대해 알고 싶다고 가정해보자. 2008년 재구매의도 측정치를 V1, 2009년 재구매의도 측정치를 V2, 2010년 재구매의도 측정치를 V3, 그리고 2011년 재구매의도 측정치를 V4라고 할 때, 외제차의 재구매의도 변화는 다음과 같다.

[그림 16-1] 외제차 재구매의도의 측정값 및 변화 추이

Descriptive Statistics

	N	Minimum	Maximum	Mean	Std. Deviation
V1	200	2.0	7.0	4.415	1.3460
V2	200	2.0	7.0	4.940	1.2426
V3	200	2.0	7.0	5.355	1.2356
V4	200	2.0	7.0	5.665	1.3646
Valid N (listwise)	200				

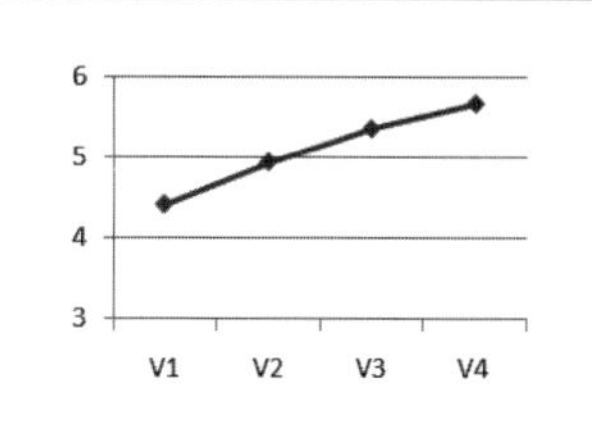

1) 모델의 생성

Amos에서 잠재성장곡선 모델을 만들기 위해서는 메뉴에서 [Plugins] → [Growth Curve Model]을 선택한다. 창이 생성되면 [Number of time points]에 측정시점을 입력한다. 외제차모델의 경우에는 4회를 측정하였기 때문에 4를 입력하고 [OK]를 누르면 다음과 같은 모델이 자동으로 생성된다.

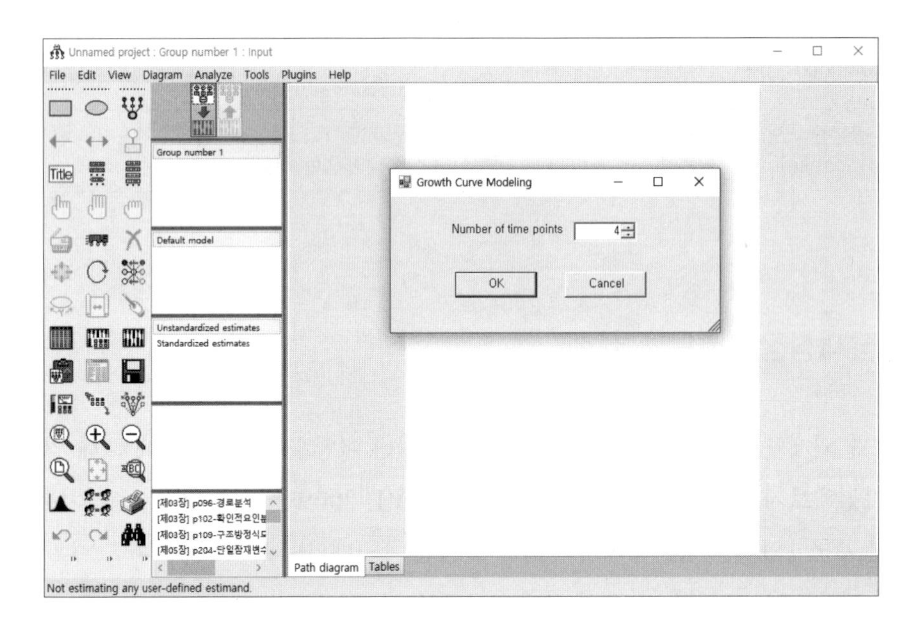

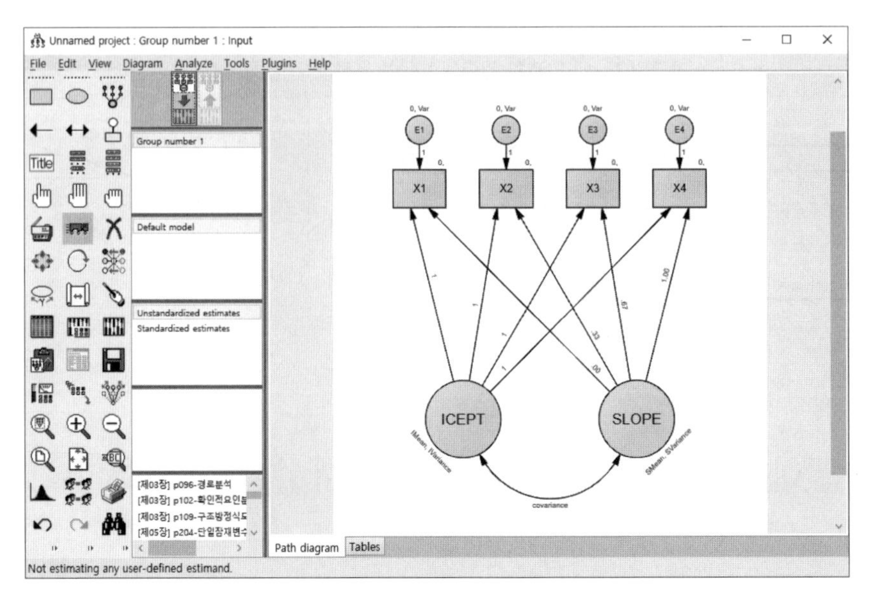

데이터(외제차모델-잠재성장곡선.sav)를 연결시킨 후 아이콘 모음창에서 (데이터의 변수목록) 아이콘을 선택하여 아래와 같은 창이 생성되면 X1~X4 자리에 V1~V4를 대신 넣어준다.

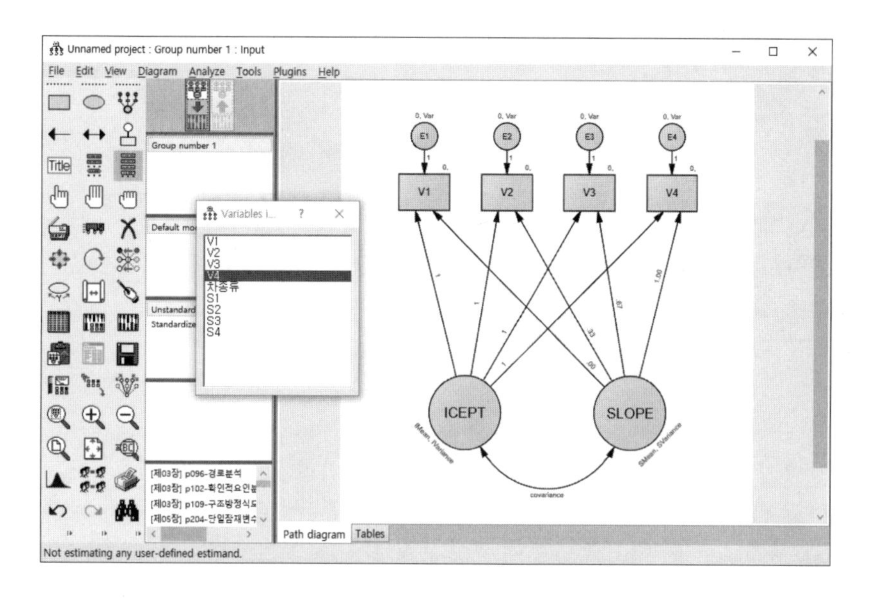

2) 경로의 고정

잠재변수와 관측변수 간 경로의 고정이 필요하다. ICEPT는 초기상수값을 의미하는데, 모든 경로가 이미 1로 고정되어 있음을 알 수 있다.

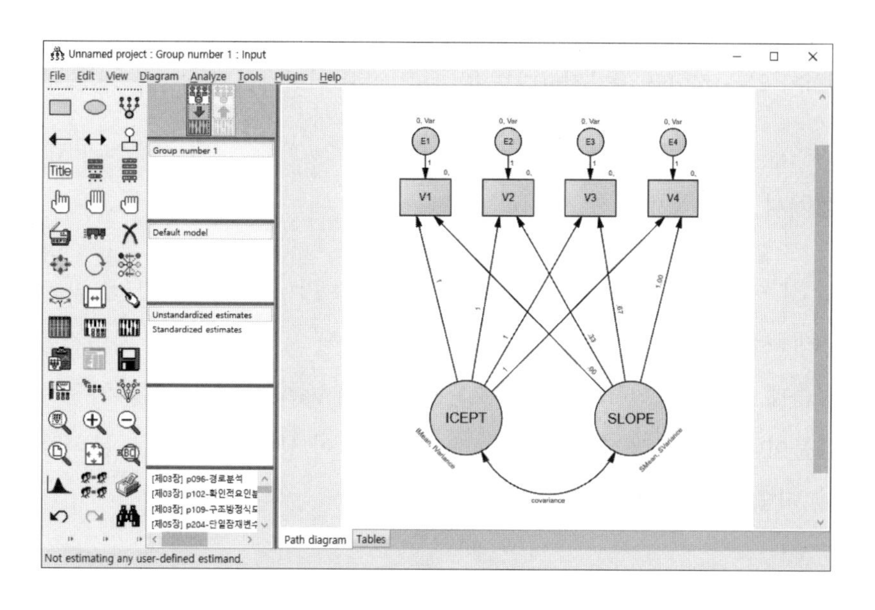

변화량에 해당하는 SLOPE는 관측변수로 가는 경로를 [0, 1, 2, 3]으로 고정해주면 된다.

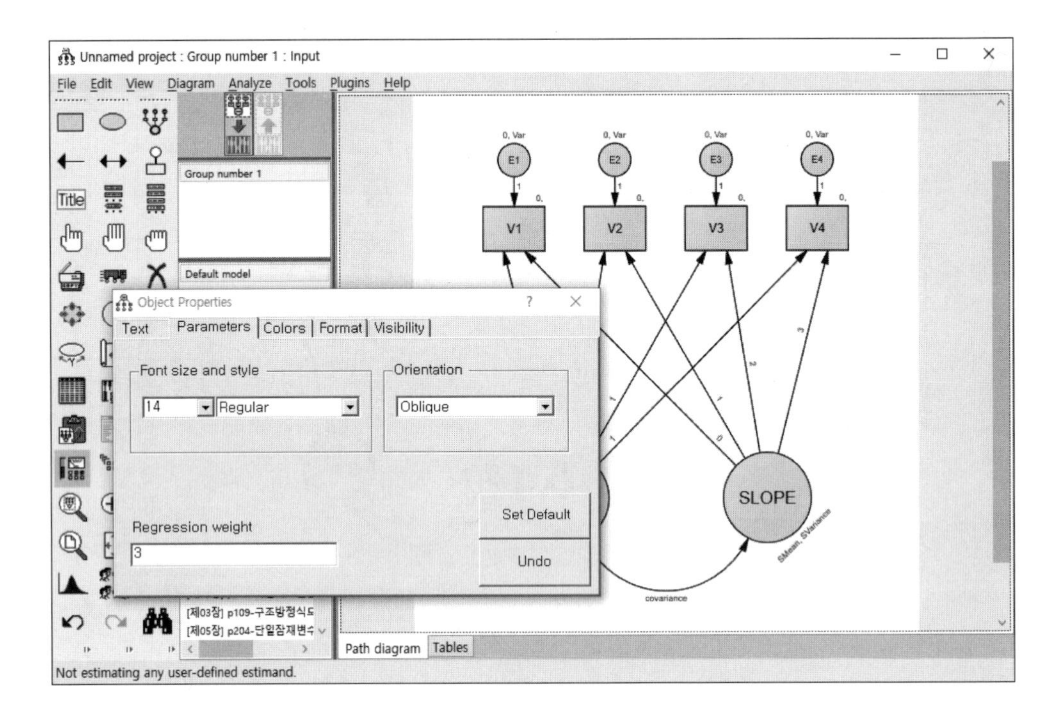

[0, 1, 2, 3]을 지정한 이유는, 처음에는 기울기 자체가 없기 때문에 0으로 시작하여 점차 양(+)의 방향으로 선형적으로 증가할 것이라는 가정을 하고 있기 때문이다. 만약 음(-)의 방향으로 선형적으로 감소할 것이라고 가정한다면 [0, -1, -2, -3]을 입력하고, 3차에서 4차의 변화가 없을 것이라고 가정한다면 [0, 1, 2, 2]를 입력하면 된다.

3) 오차항에서 'Var' 삭제

다음으로 E1 ~ E4 오차항을 더블클릭한 후 [Object Properties] → [Parameters] → [Variance]에서 'Var'를 삭제해야 한다. 그 이유는 분석 시에 각 오차가 자연스럽게 추정되어야 하는데, Var를 삭제하지 않으면 모든 오차항의 Variance가 동일한 가정하에서 분석되기 때문이다. 프로그램 자체에서 Var가 생성되어 이 상태에서 그대로 분석하는 경우가 많으나, 이렇게 하면 올바른 분석이 되지 않는다.

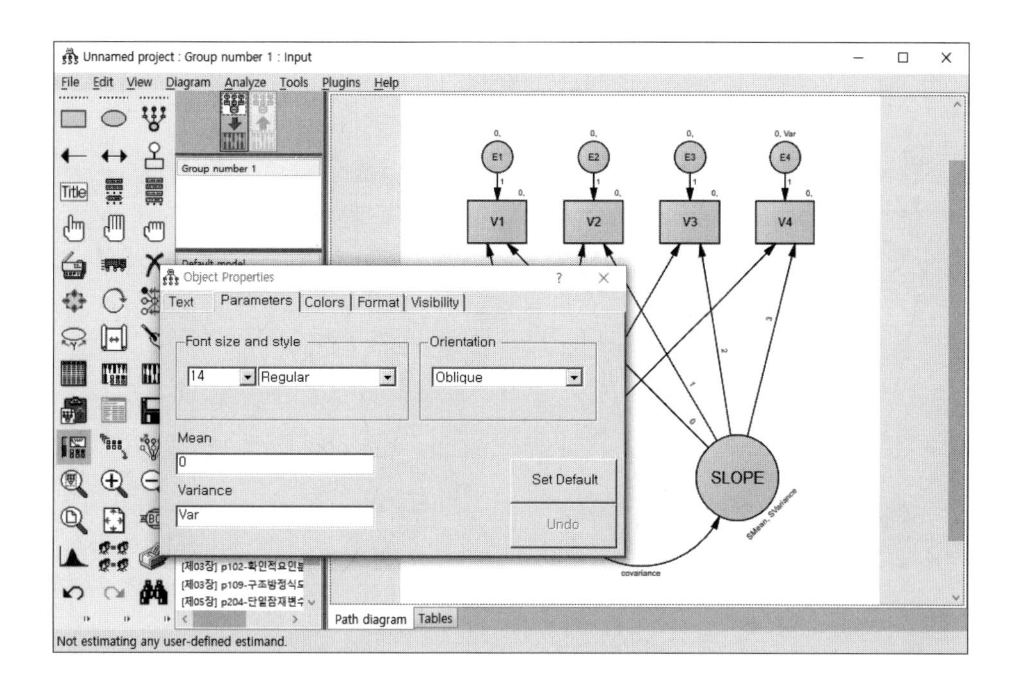

이러한 과정을 통해 최종적으로 완성된 모델은 아래와 같다.

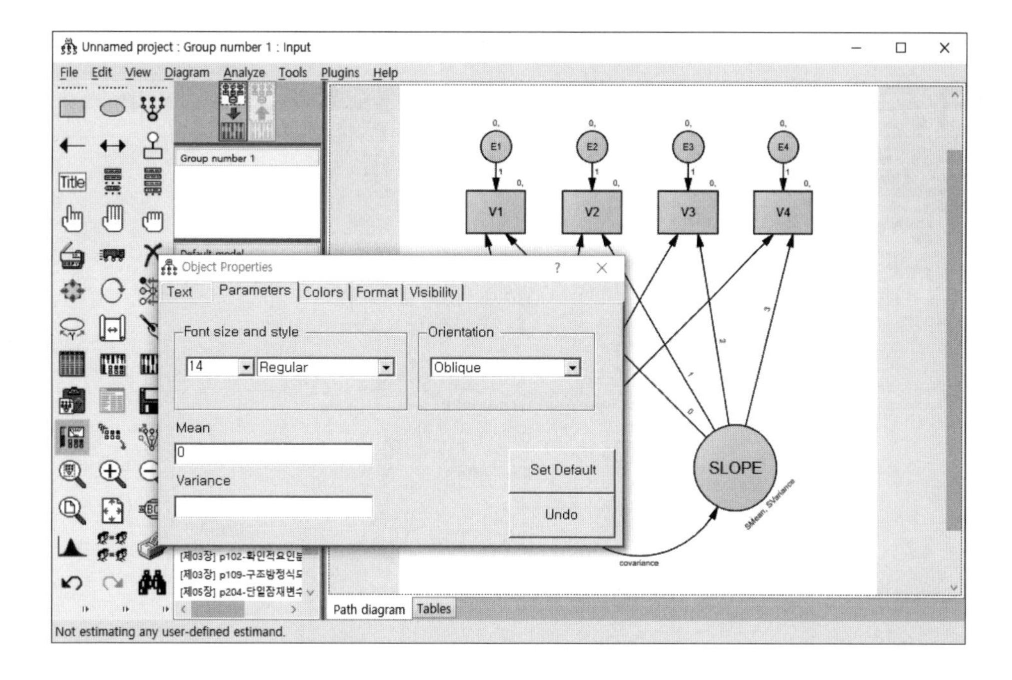

위 모델을 분석한 결과는 다음과 같다.

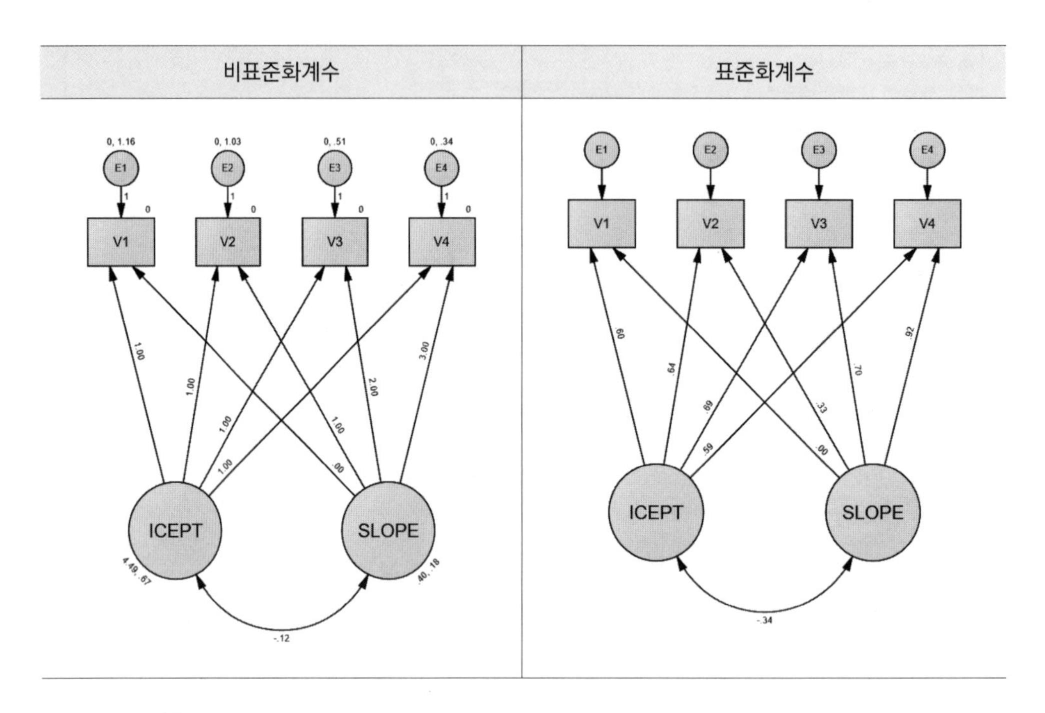

모델에 제시된 결과를 보면, ICEPT의 평균과 분산은 [4.49, .67]이고, SLOPE는 [.40, .18]임을 알 수 있다. 그리고 ICEPT와 SLOPE의 공분산은 −.12, 상관은 −.34로 나타났다.

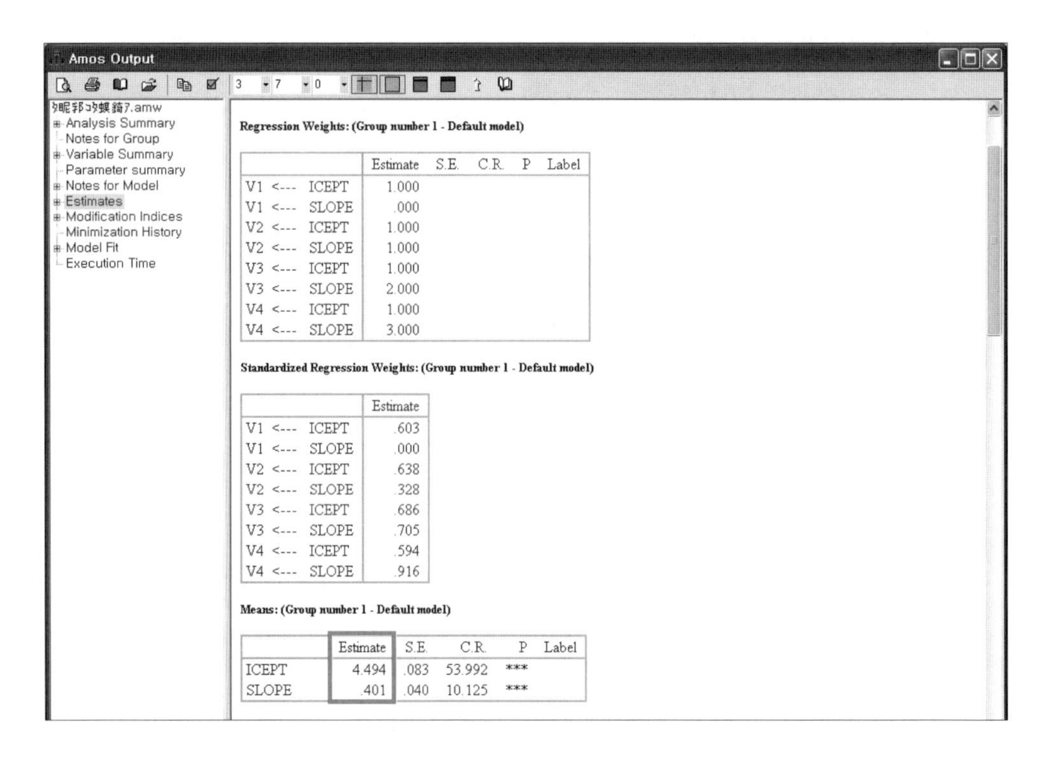

Regression Weights: (Group number 1 - Default model)

			Estimate	S.E.	C.R.	P	Label
V1	<---	ICEPT	1.000				
V1	<---	SLOPE	.000				
V2	<---	ICEPT	1.000				
V2	<---	SLOPE	1.000				
V3	<---	ICEPT	1.000				
V3	<---	SLOPE	2.000				
V4	<---	ICEPT	1.000				
V4	<---	SLOPE	3.000				

Standardized Regression Weights: (Group number 1 - Default model)

			Estimate
V1	<---	ICEPT	.603
V1	<---	SLOPE	.000
V2	<---	ICEPT	.638
V2	<---	SLOPE	.328
V3	<---	ICEPT	.686
V3	<---	SLOPE	.705
V4	<---	ICEPT	.594
V4	<---	SLOPE	.916

Means: (Group number 1 - Default model)

	Estimate	S.E.	C.R.	P	Label
ICEPT	4.494	.083	53.992	***	
SLOPE	.401	.040	10.125	***	

위의 결과에서 Mean 부분을 보면, 절편인 ICEPT 평균은 4.494이고, 기울기인 SLOP 평균은 .401로 나타나 통계적으로 모두 유의(C.R. 값이 ±1.965 이상)함을 알 수 있다. 이 결과를 바탕으로 한 재구매의도에 대한 방정식은 다음과 같다.

재구매의도 = 절편 + 측정시기 × 기울기 + 오차항

1차년도 재구매의도 = 4.494 + 0 × .401 + 오차항 = 4.494 + 오차항
2차년도 재구매의도 = 4.494 + 1 × .401 + 오차항 = 4.895 + 오차항
3차년도 재구매의도 = 4.494 + 2 × .401 + 오차항 = 5.296 + 오차항
4차년도 재구매의도 = 4.494 + 3 × .401 + 오차항 = 5.697 + 오차항

위의 수치는 아이콘을 선택한 후 [Output]에서 '☑ Implied moments'를 체크하여 분석한 결과를 통해서도 얻을 수 있다.

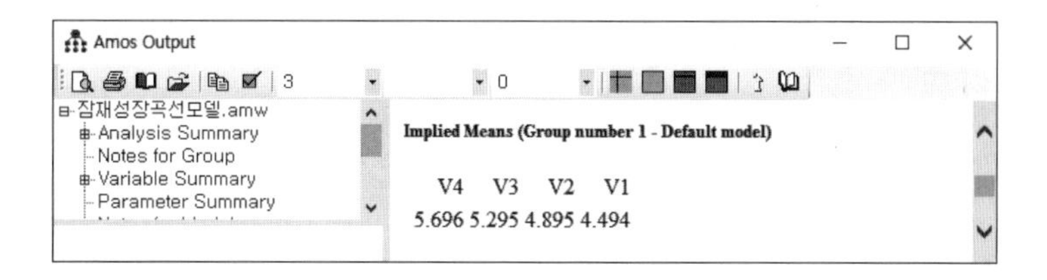

위의 식을 이용하여 조사자는 다음 연도 재구매의도를 예측할 수 있다.

모델적합도 역시 양호한 수치를 보이고 있다.

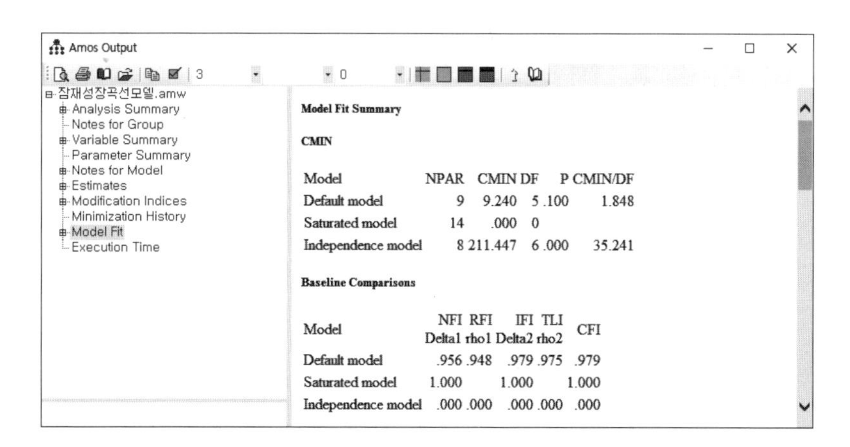

1-3 잠재성장곡선모델 & 무변화모델 비교

만약 외제차모델의 재구매의도가 변화되지 않았다고 가정하면 어떨까? 무변화모델은 변화가 없고 수평선과 같은 형태이므로 기울기(SLOP)가 존재하지 않으며, 초기상수값(ICEPT)만 존재하는 모델이다. 모델의 분석과정은 다음과 같다.

아이콘을 이용하여 아래와 같은 모델을 만든 후, 지표변수에는 V1~V4, 측정오차에는 E1~E4를 입력하고, 잠재변수명은 ICEPT(초기상수값)로 명명한다.

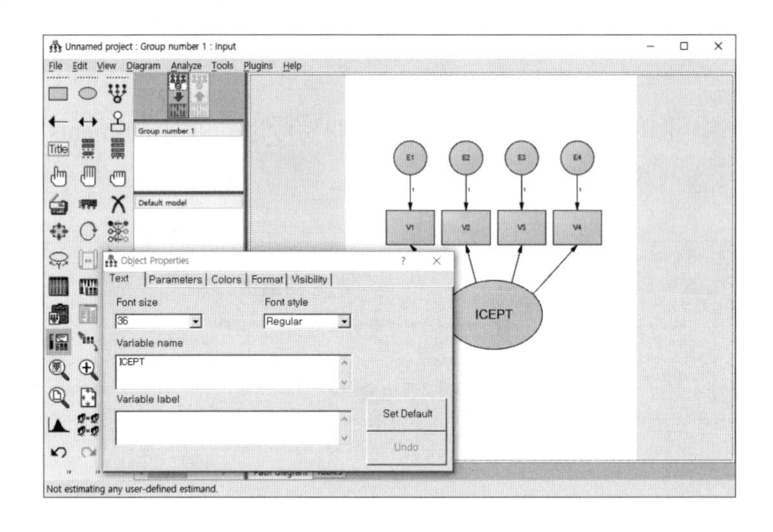

다음으로 잠재변수에서 지표변수로 가는 경로를 모두 1로 고정시킨다.

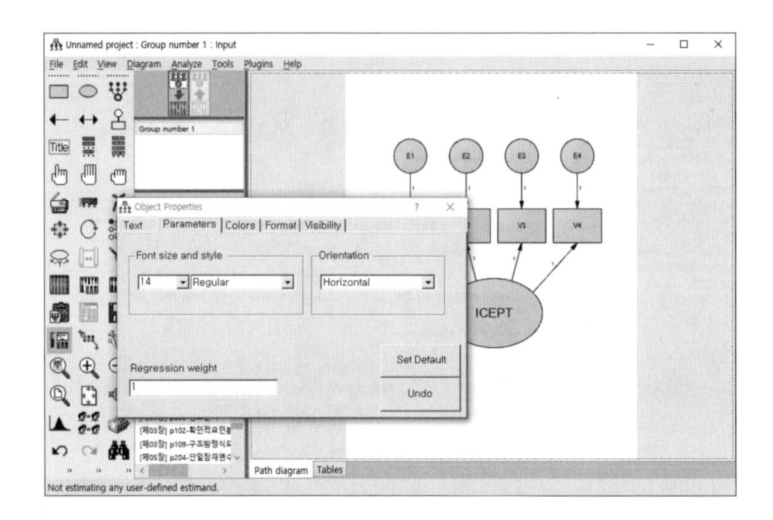

분석 결과는 다음과 같다.

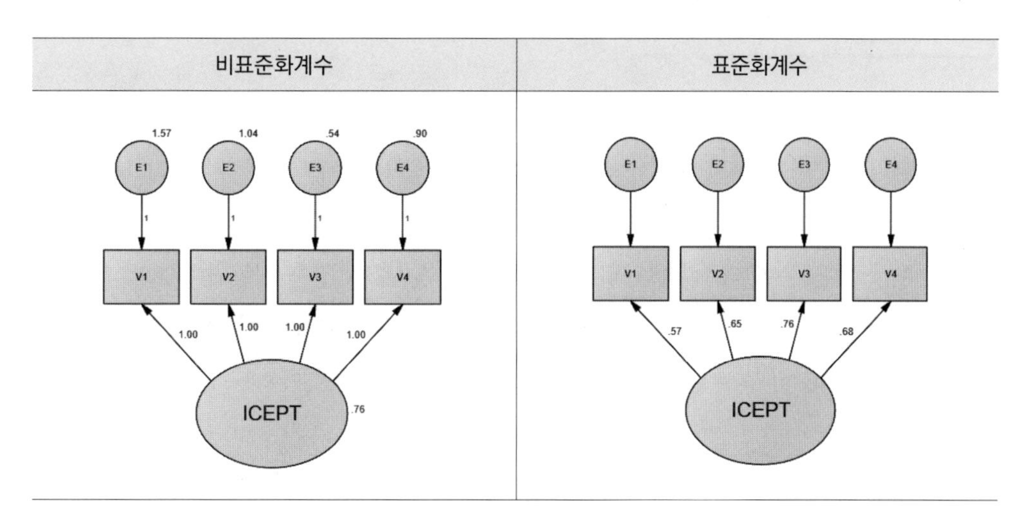

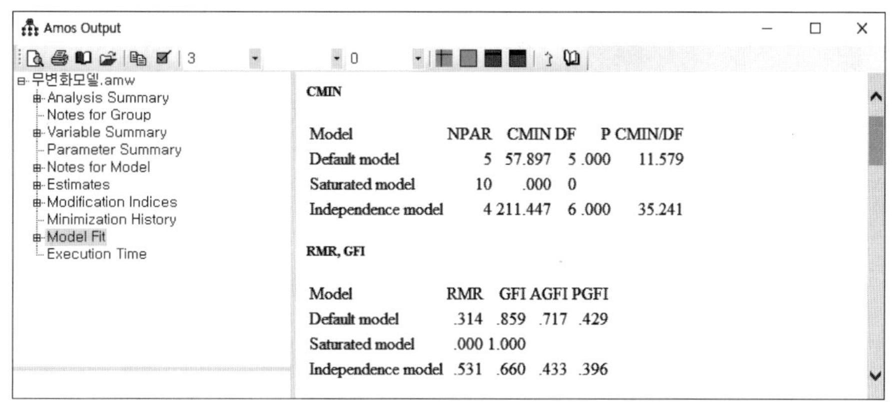

잠재성장곡선모델과 무변화모델의 적합도를 비교해보면, 잠재성장곡선모델의 적합도가 더 좋은 것을 알 수 있다. 이는 재구매의도에 대한 변화가 선형의 성장을 하고 있기 때문이다.

[표 16-2] 잠재성장곡선모델과 무변화모델의 모델적합도 비교

	χ^2	df	CFI	RMSEA	TLI
잠재성장곡선모델	9.240	5	.979	.065	.975
무변화모델	57.897	5	.743	.231	.691

2 성장예측이 어려운 잠재성장곡선모델

앞에서 살펴본 모델들은 시간이 경과함에 따라 재구매의도가 꾸준한 증가세를 보였기 때문에 SLOPE에 [0, 1, 2, 3] 등으로 경로를 고정한 후 분석했지만, 성장을 예측하기가 어려운 경우가 있을 수 있다. 이때는 SLOPE에 특정 문자로 고정을 해주거나 고정 없이 자유모수 상태에서 분석을 진행하면 된다. 만약 조사자가 2011년(V4) 재구매의도의 성장예측을 하기 힘든 경우에는 다음과 같이 나타내면 된다.

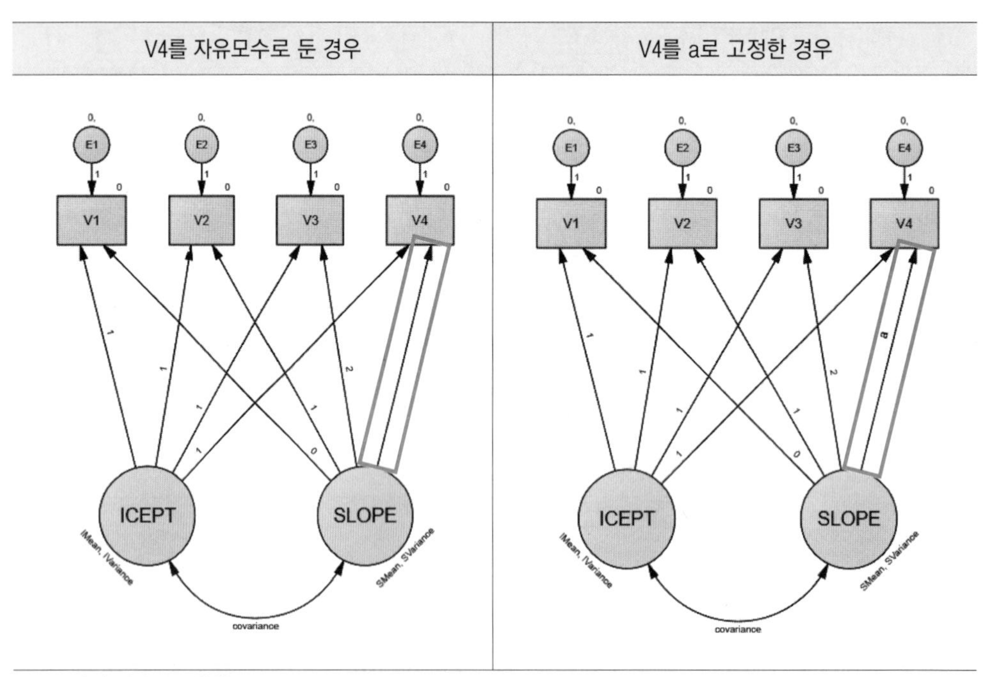

* 두 모델의 결과는 동일함.

모델에 대한 분석 결과는 다음과 같다.

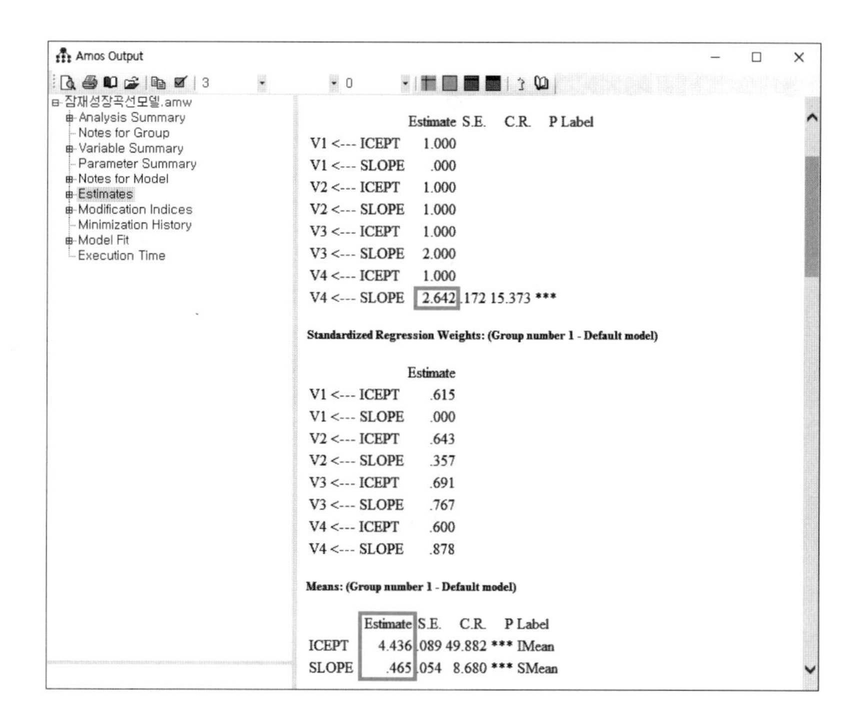

	Estimate	S.E.	C.R.	P	Label
V1 <--- ICEPT	1.000				
V1 <--- SLOPE	.000				
V2 <--- ICEPT	1.000				
V2 <--- SLOPE	1.000				
V3 <--- ICEPT	1.000				
V3 <--- SLOPE	2.000				
V4 <--- ICEPT	1.000				
V4 <--- SLOPE	2.642	.172	15.373	***	

Standardized Regression Weights: (Group number 1 - Default model)

	Estimate
V1 <--- ICEPT	.615
V1 <--- SLOPE	.000
V2 <--- ICEPT	.643
V2 <--- SLOPE	.357
V3 <--- ICEPT	.691
V3 <--- SLOPE	.767
V4 <--- ICEPT	.600
V4 <--- SLOPE	.878

Means: (Group number 1 - Default model)

	Estimate	S.E.	C.R.	P	Label
ICEPT	4.436	.089	49.882	***	IMean
SLOPE	.465	.054	8.680	***	SMean

위의 결과를 보면 Regression weights에서 'SLOPE → V4'의 비표준화계수는 2.642이고, Means는 ICEPT=4.436, SLOPE=.465임을 알 수 있다. 이 정보를 이용하여 재구매의도 식을 계산하면 다음과 같다.

1차년도 재구매의도 = 4.436 + 0 × .465 + 오차항 = 4.436 + 오차항
2차년도 재구매의도 = 4.436 + 1 × .465 + 오차항 = 4.901 + 오차항
3차년도 재구매의도 = 4.436 + 2 × .465 + 오차항 = 5.366 + 오차항
4차년도 재구매의도 = 4.436 + 2.642 × .465 + 오차항 = 5.664 + 오차항

위의 수치는 아이콘을 선택한 후 [Output]에서 '☑ Implied moments'를 체크하여 분석한 결과를 통해서도 얻을 수 있다.

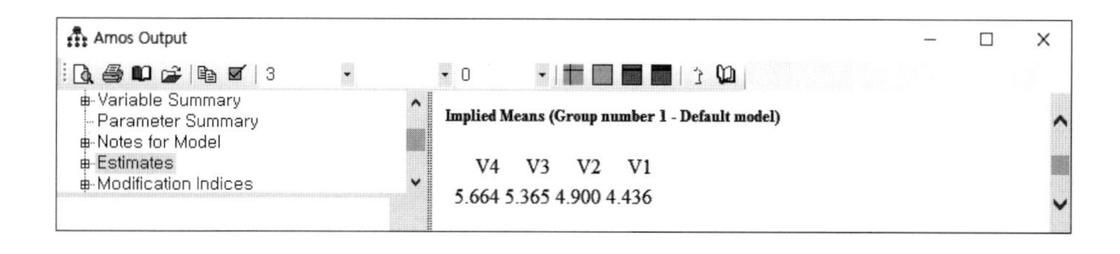

Implied Means (Group number 1 - Default model)

V4	V3	V2	V1
5.664	5.365	4.900	4.436

3 공변량 잠재성장곡선모델

잠재성장곡선모델을 응용하면 공변량변수를 이용한 분석이 가능하다. 예를 들어, 조사자가 BBB사의 300s와 500s 차종류에 따른 재구매의도의 차이 변화에 대해서 알고 싶다고 가정해보자. 그래프에서 300s의 초기 재구매의도는 500s보다 낮았으나, 시간이 지날수록 500s의 재구매의도를 능가하고 있다.

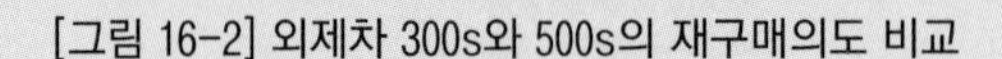

[그림 16-2] 외제차 300s와 500s의 재구매의도 비교

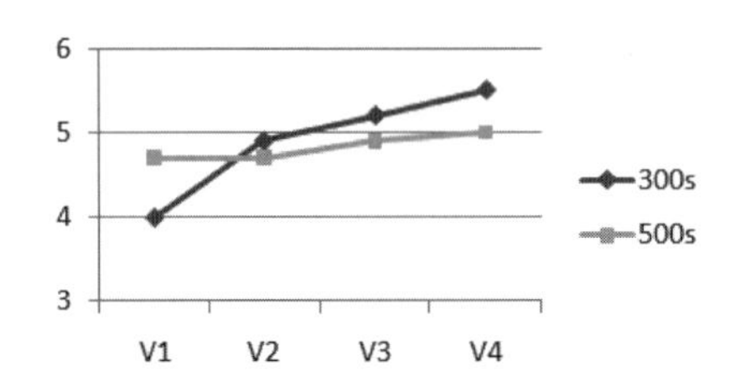

분석을 위해 앞에서 배웠던 잠재성장곡선을 만든 후 '차종류'라는 공변량(covariate)이 ICEPT와 SLOPE에 영향을 미치기 때문에 ICEPT와 SLOPE의 구조오차 간에 공분산을 설정[1]해줘야 한다.

주의해야 할 점은, 공변량인 차종류에서 절편인 ICEPT와 변화량인 SLOPE에 연결할 때 다음과 같은 메시지가 뜨는데, 이때 'Remove the constraint on the ~'를 체크해주고 [OK]를 누르면 된다.

1 잠재변수인 ICEPT와 SLOPE는 내생변수가 되기 때문에 직접적인 공분산이 불가능하므로 오차변수 간 공분산을 설정해야 한다.

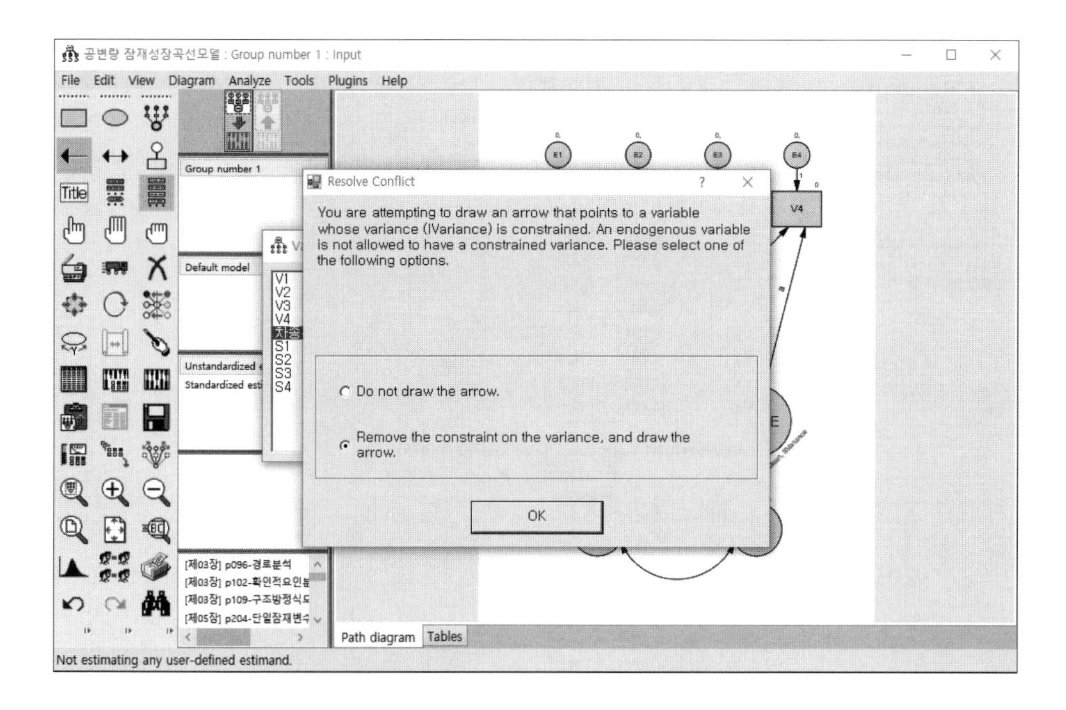

모델의 분석 결과는 다음과 같다.

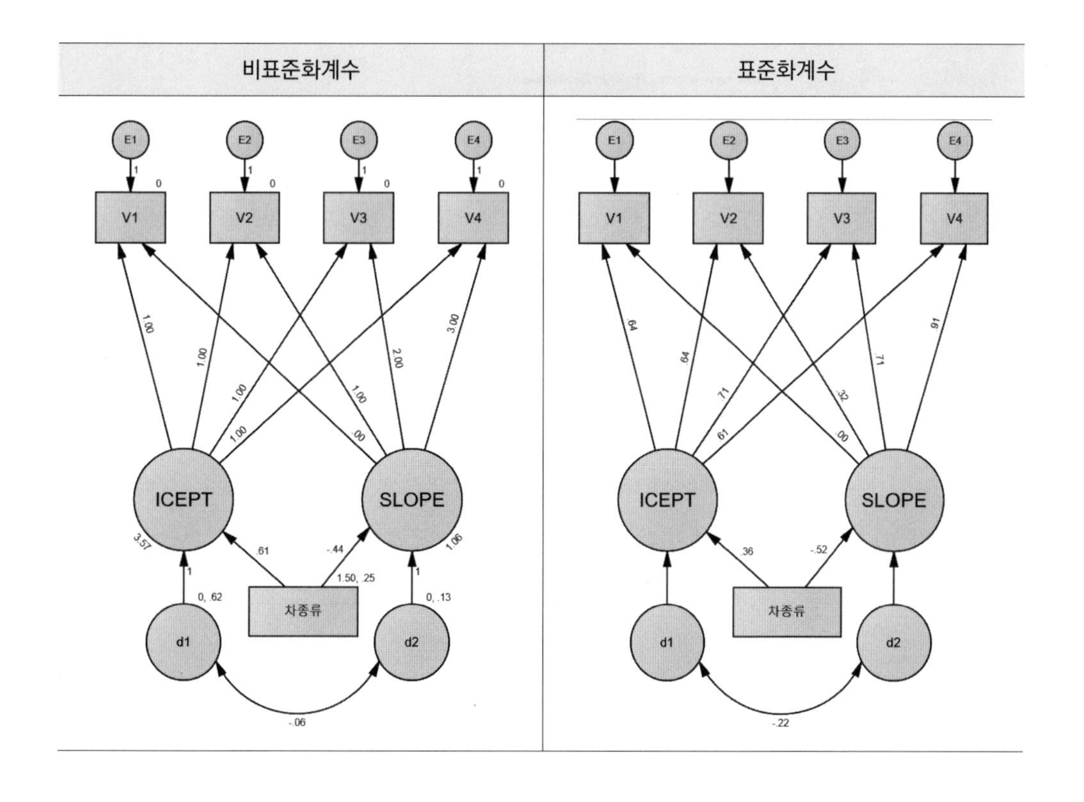

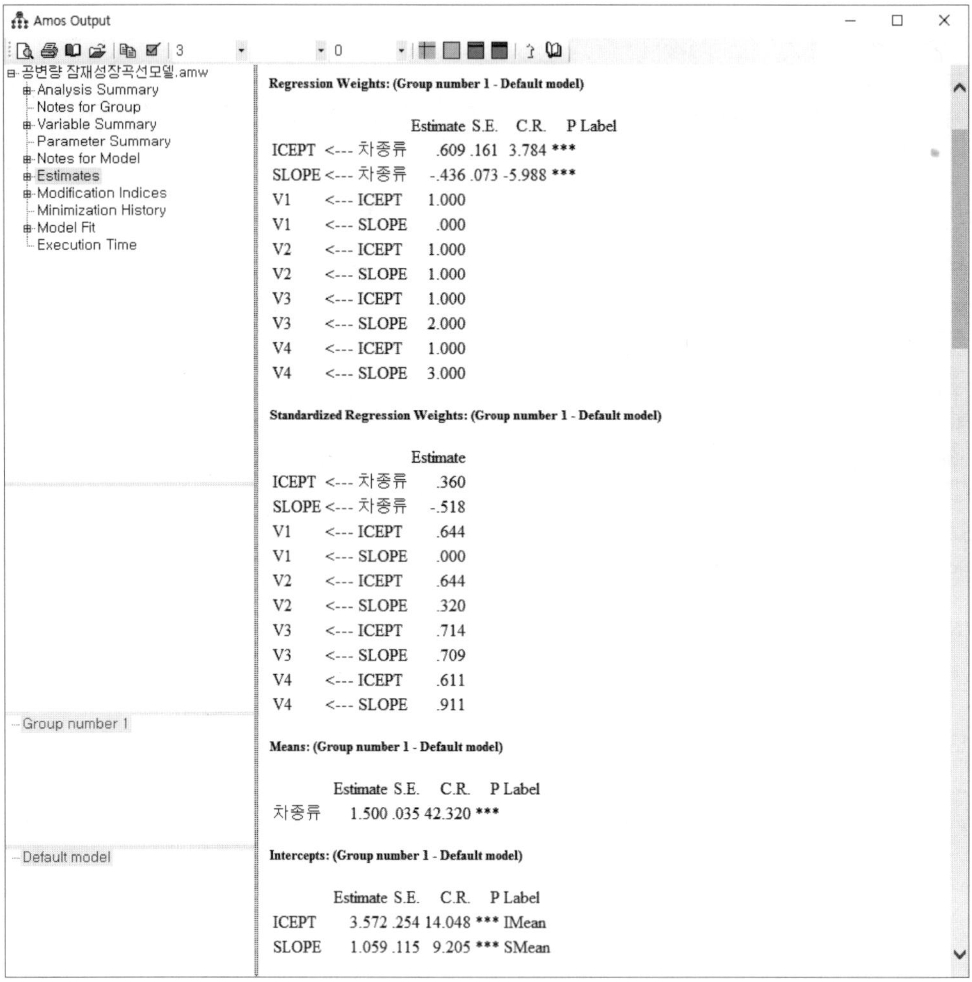

Amos Output

공변량 잠재성장곡선모델.amw
- Analysis Summary
- Notes for Group
- Variable Summary
- Parameter Summary
- Notes for Model
- Estimates
- Modification Indices
- Minimization History
- Model Fit
- Execution Time

Group number 1

Default model

Regression Weights: (Group number 1 - Default model)

			Estimate	S.E.	C.R.	P	Label
ICEPT	<---	차종류	.609	.161	3.784	***	
SLOPE	<---	차종류	-.436	.073	-5.988	***	
V1	<---	ICEPT	1.000				
V1	<---	SLOPE	.000				
V2	<---	ICEPT	1.000				
V2	<---	SLOPE	1.000				
V3	<---	ICEPT	1.000				
V3	<---	SLOPE	2.000				
V4	<---	ICEPT	1.000				
V4	<---	SLOPE	3.000				

Standardized Regression Weights: (Group number 1 - Default model)

			Estimate
ICEPT	<---	차종류	.360
SLOPE	<---	차종류	-.518
V1	<---	ICEPT	.644
V1	<---	SLOPE	.000
V2	<---	ICEPT	.644
V2	<---	SLOPE	.320
V3	<---	ICEPT	.714
V3	<---	SLOPE	.709
V4	<---	ICEPT	.611
V4	<---	SLOPE	.911

Means: (Group number 1 - Default model)

	Estimate	S.E.	C.R.	P	Label
차종류	1.500	.035	42.320	***	

Intercepts: (Group number 1 - Default model)

	Estimate	S.E.	C.R.	P	Label
ICEPT	3.572	.254	14.048	***	IMean
SLOPE	1.059	.115	9.205	***	SMean

결과에서 Regression weight를 보면 '차종류 → ICEPT'와 '차종류 → SLOPE' 모두 유의(C.R. 값이 ±1.965 이상)한 것으로 나타났다. 먼저 차종류와 절편(ICEPT)은 비표준화계수가 .609이며 유의한 것으로 보아 500s의 초기 재구매의도가 더 높은 것을 알 수 있다. 차종류와 기울기(SLOPE)의 비표준화계수는 -.436으로서, 이는 500s의 재구매의도 증가량이 300s의 재구매의도 증가량에 비해 줄어들고 있음을 나타낸다. 즉 차종류(300s = 1, 500s = 2)에 따라 재구매의도의 변화량이 차이가 있다는 것을 의미하며, 재구매의도 그래프와 일치하고 있음을 알 수 있다.

모델적합도 역시 양호하게 나타났다.

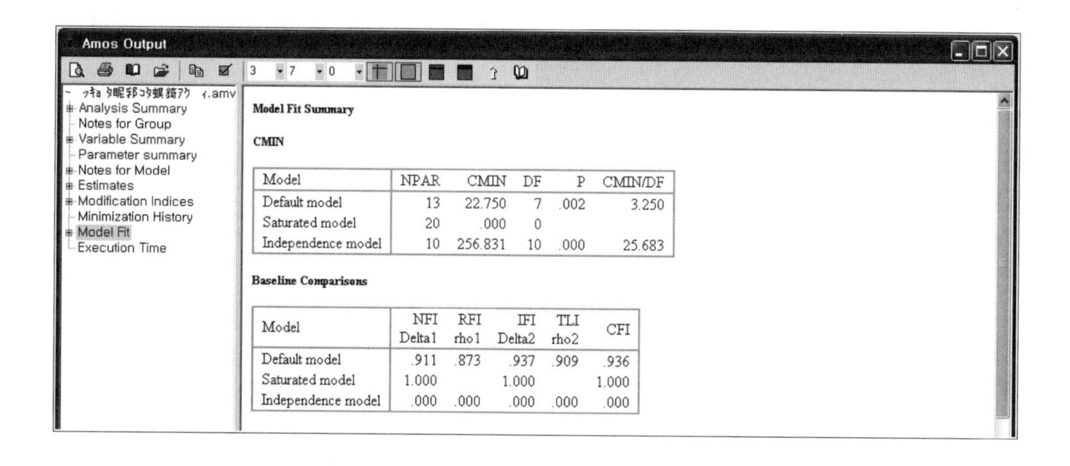

Model Fit Summary

CMIN

Model	NPAR	CMIN	DF	P	CMIN/DF
Default model	13	22.750	7	.002	3.250
Saturated model	20	.000	0		
Independence model	10	256.831	10	.000	25.683

Baseline Comparisons

Model	NFI Delta1	RFI rho1	IFI Delta2	TLI rho2	CFI
Default model	.911	.873	.937	.909	.936
Saturated model	1.000		1.000		1.000
Independence model	.000	.000	.000	.000	.000

4 다변량 잠재성장곡선모델

잠재성장곡선모델을 응용하면 한 구성개념의 변화가 다른 구성개념의 변화에 어떤 식으로 영향을 주는지 알 수 있다. 예를 들어, 조사자가 외제차의 고객만족도 증가와 재구매의도 증가를 알아보기로 했다고 가정해보자. 외제차에 대한 고객만족도 변화와 재구매의도 변화는 다음과 같다.

[그림 16-3] 외제차의 고객만족도 변화와 재구매의도 변화

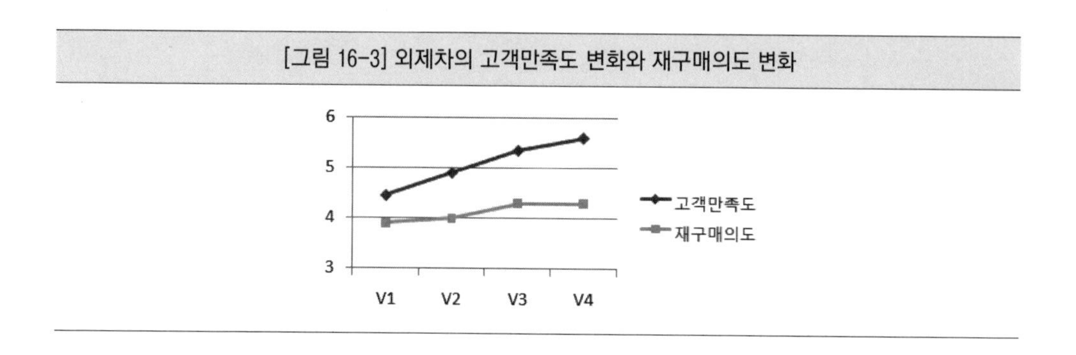

위의 그래프를 보면, 외제차의 고객만족도와 재구매의도는 선형으로 꾸준히 증가하지만, 재구매의도의 기울기보다 고객만족도의 기울기가 가파른 것을 알 수 있다.

4-1 잠재성장곡선 간 공분산

만족도와 재구매의도 간 공분산을 설정한 모델은 다음과 같다. 2008년 만족도 측정치를 S1, 2009년 만족도 측정치를 S2, 2010년 만족도 측정치를 S3, 2011년 만족도 측정치를 S4로 명명하였다.

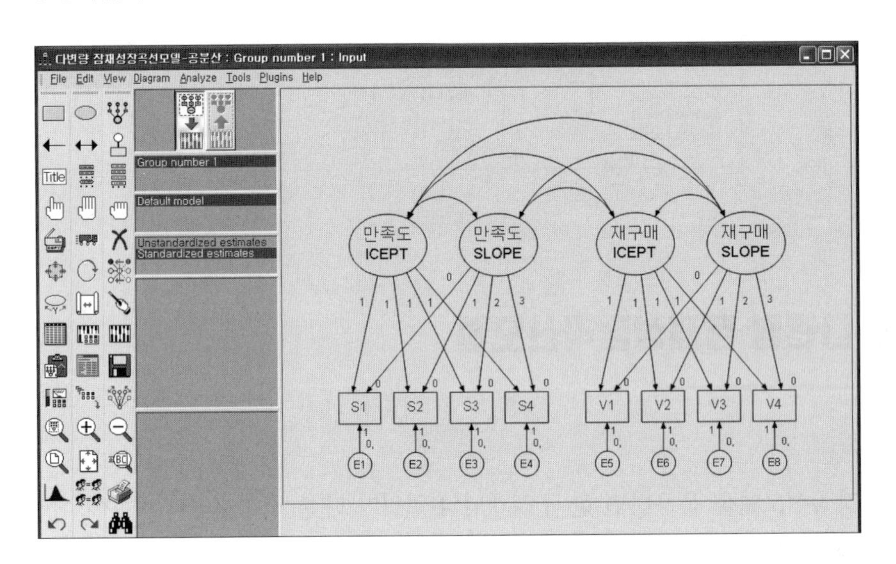

위의 모델을 분석한 결과는 다음과 같다.

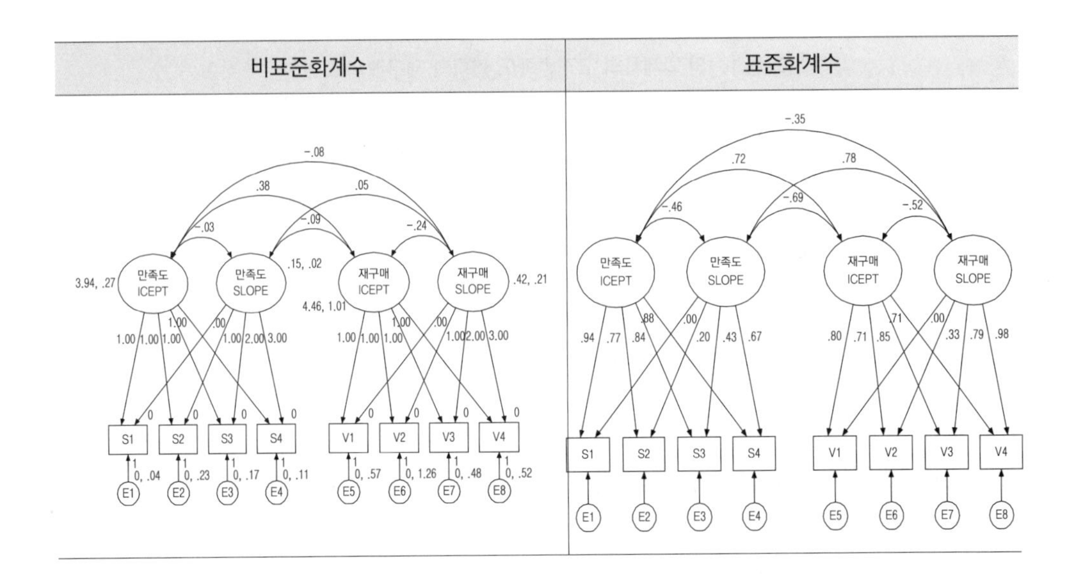

모델에 제시된 비표준화계수 결과를 보면, 만족도 ICEPT와 SLOPE의 평균과 분산은 [3.94, .27], [.15, .02]이며, 재구매의도의 ICEPT와 SLOPE의 평균과 분산은 [4.46, 1.01], [.42, .21]로 나타났다. 또한 표준화계수 부분을 보면, 만족도 SLOPE와 재구매 SLOPE 간 상관은 .78로 높은 상관을 보이고 있다.

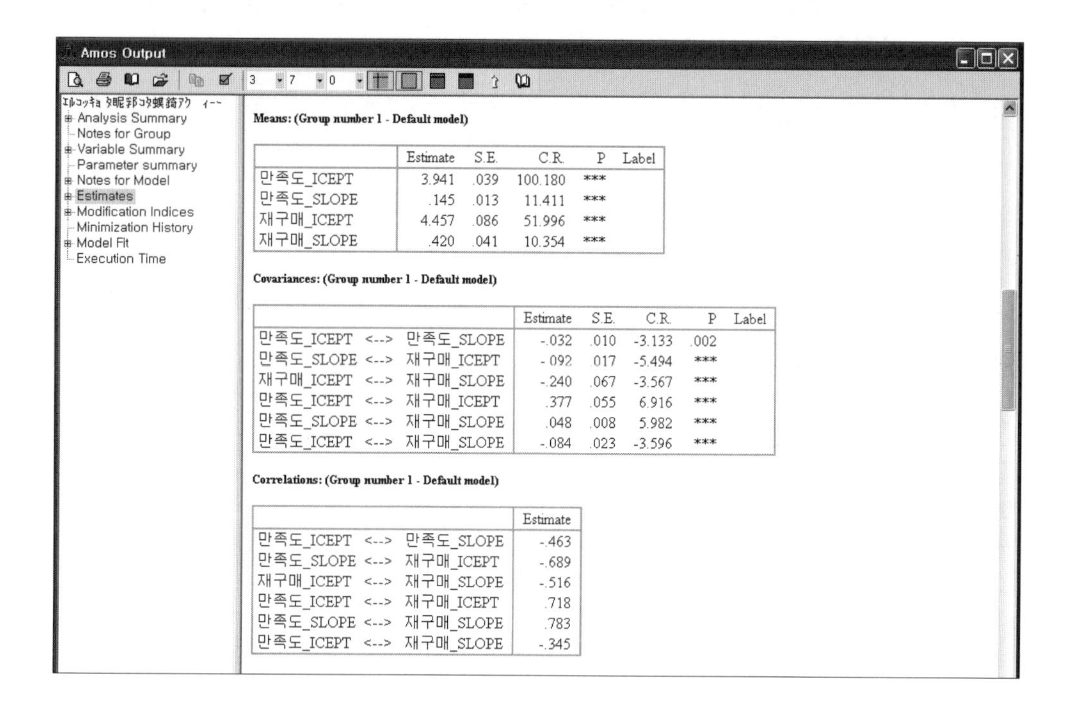

Means: (Group number 1 - Default model)

	Estimate	S.E.	C.R.	P	Label
만족도_ICEPT	3.941	.039	100.180	***	
만족도_SLOPE	.145	.013	11.411	***	
재구매_ICEPT	4.457	.086	51.996	***	
재구매_SLOPE	.420	.041	10.354	***	

Covariances: (Group number 1 - Default model)

	Estimate	S.E.	C.R.	P	Label
만족도_ICEPT <--> 만족도_SLOPE	-.032	.010	-3.133	.002	
만족도_SLOPE <--> 재구매_ICEPT	-.092	.017	-5.494	***	
재구매_ICEPT <--> 재구매_SLOPE	-.240	.067	-3.567	***	
만족도_ICEPT <--> 재구매_ICEPT	.377	.055	6.916	***	
만족도_SLOPE <--> 재구매_SLOPE	.048	.008	5.982	***	
만족도_ICEPT <--> 재구매_SLOPE	-.084	.023	-3.596	***	

Correlations: (Group number 1 - Default model)

	Estimate
만족도_ICEPT <--> 만족도_SLOPE	-.463
만족도_SLOPE <--> 재구매_ICEPT	-.689
재구매_ICEPT <--> 재구매_SLOPE	-.516
만족도_ICEPT <--> 재구매_ICEPT	.718
만족도_SLOPE <--> 재구매_SLOPE	.783
만족도_ICEPT <--> 재구매_SLOPE	-.345

Means의 결과를 보면, 재구매와 만족도의 ICEPT와 SLOPE는 모두 통계적으로 유의(C.R. 값이 ±1.965 이상)한 것으로 나타났다. Covariance의 결과에서 만족도 SLOPE와 재구매 SLOPE 간 공분산 역시 유의(C.R. 값이 ±1.965 이상)한 것으로 나타났다.

4-2 잠재성장곡선 간 인과모델

상식적으로 자동차의 만족도가 높으면 재구매의도가 높아지기 때문에 조사자는 두 구성개념 간 관계를 다음과 같이 인과모델로 설정할 수 있다.

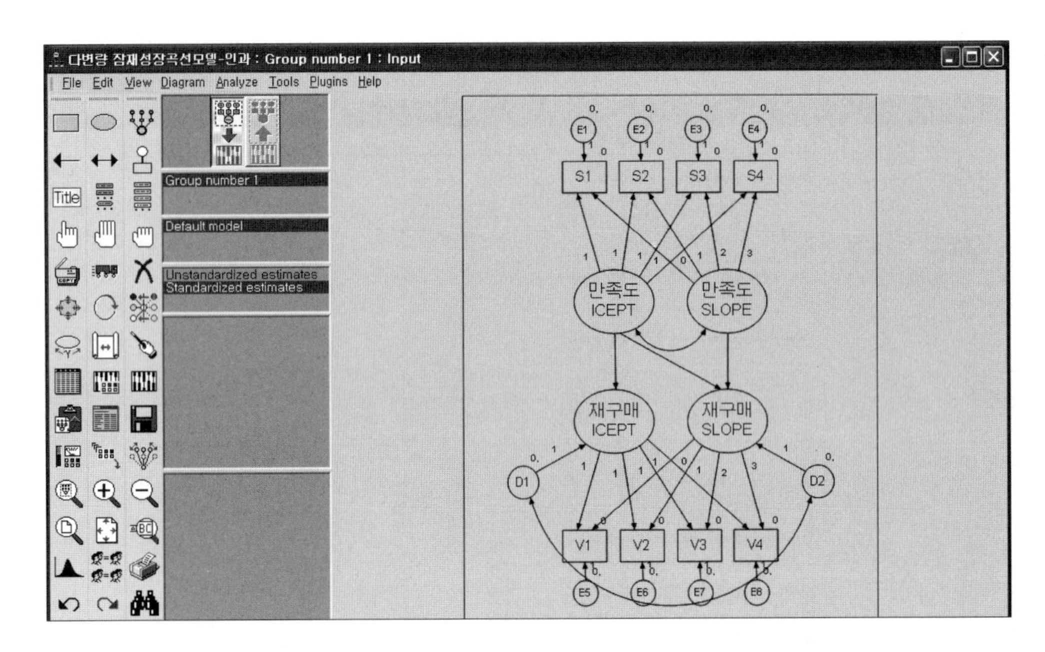

다변량 잠재성장곡선의 인과모델에서 외생변수의 절편(ICEPT)은 내생변수의 절편과 기울기에 영향을 미치는 형태가 되어야 한다. 외생변수의 기울기(SLOPE)는 내생변수의 기울기에 영향을 미치며, 내생변수의 절편에는 영향을 미치지 않는 형태가 되어야 한다.

위 모델을 분석한 결과는 다음과 같다.

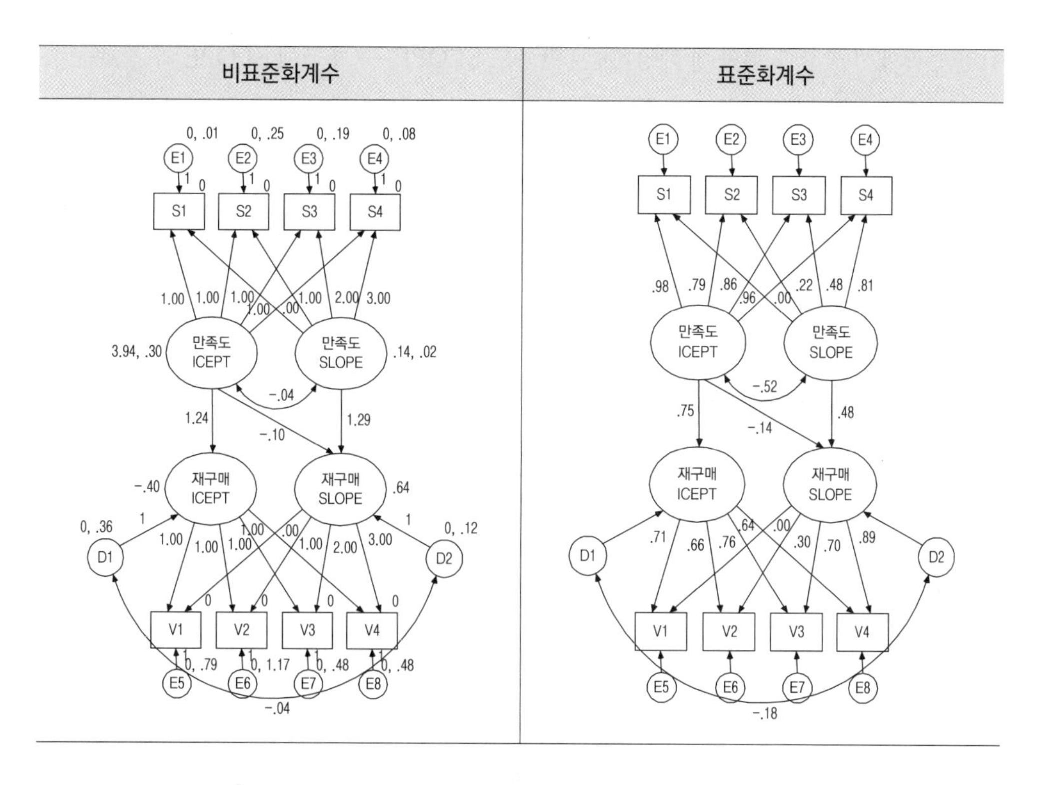

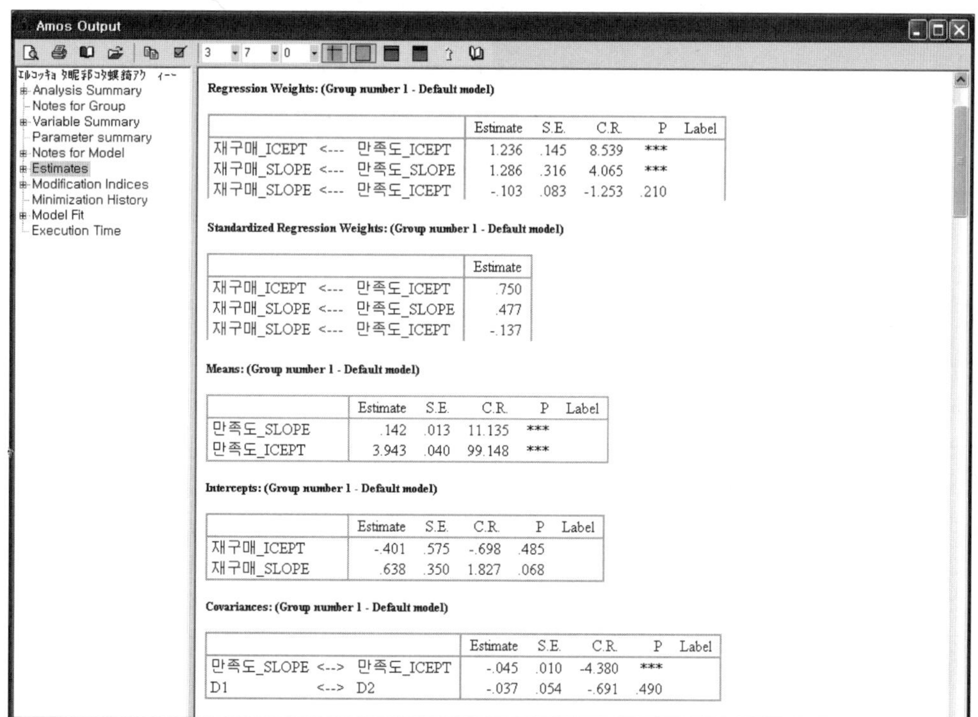
Amos Output

- Analysis Summary
- Notes for Group
- Variable Summary
- Parameter summary
- Notes for Model
- Estimates
- Modification Indices
- Minimization History
- Model Fit
- Execution Time

Regression Weights: (Group number 1 - Default model)

			Estimate	S.E.	C.R.	P	Label
재구매_ICEPT	<---	만족도_ICEPT	1.236	.145	8.539	***	
재구매_SLOPE	<---	만족도_SLOPE	1.286	.316	4.065	***	
재구매_SLOPE	<---	만족도_ICEPT	-.103	.083	-1.253	.210	

Standardized Regression Weights: (Group number 1 - Default model)

			Estimate
재구매_ICEPT	<---	만족도_ICEPT	.750
재구매_SLOPE	<---	만족도_SLOPE	.477
재구매_SLOPE	<---	만족도_ICEPT	-.137

Means: (Group number 1 - Default model)

	Estimate	S.E.	C.R.	P	Label
만족도_SLOPE	.142	.013	11.135	***	
만족도_ICEPT	3.943	.040	99.148	***	

Intercepts: (Group number 1 - Default model)

	Estimate	S.E.	C.R.	P	Label
재구매_ICEPT	-.401	.575	-.698	.485	
재구매_SLOPE	.638	.350	1.827	.068	

Covariances: (Group number 1 - Default model)

			Estimate	S.E.	C.R.	P	Label
만족도_SLOPE	<-->	만족도_ICEPT	-.045	.010	-4.380	***	
D1	<-->	D2	-.037	.054	-.691	.490	

* 출력내용이 많아 본문에 맞게 편집하였음.

위의 결과에서 중요한 부분에 해당하는 '만족도 SLOPE → 재구매 SLOPE'의 경로는 유의한 것으로 나타났다. 이는 만족도의 변화량이 재구매의도 변화량에 유의한 영향을 미치고 있음을 보여주는 것으로, 만족도가 증가함에 따라 재구매의도 역시 유의하게 증가함을 알 수 있다.

5 비선형 성장곡선모델

성장곡선모델은 선형 성장곡선(linear growth curve)과 비선형 성장곡선(nonlinear growth curve)으로 나뉜다. 앞에서 공부한 모델들은 선형의 변화를 가정한 모델이었으며, 비선형 성장곡선의 형태는 다음과 같다.

[그림 16-4] 비선형 성장곡선의 예

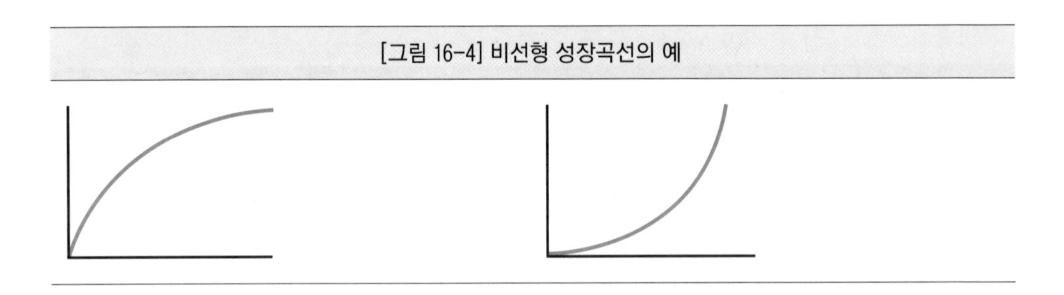

구조방정식모델에서는 비선형 성장모델 중 이차함수모델(quadratic model)이 가장 많이 사용되고 있다. 이차함수모델의 형태는 다음과 같다.

[그림 16-5] 이차함수모델의 예

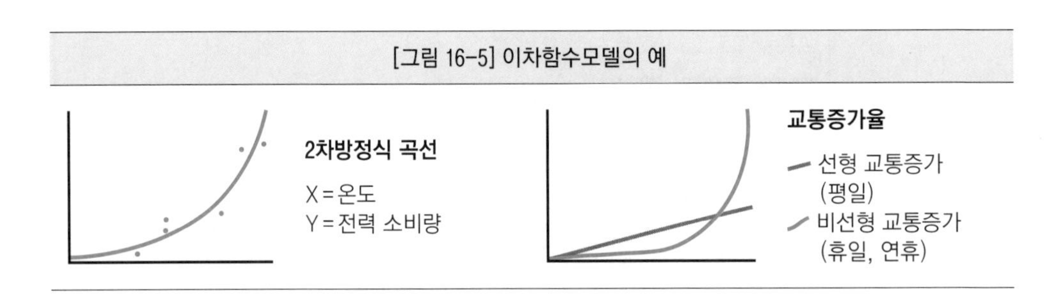

이차함수모델을 만들기 위해서는 새로운 잠재변수를 생성한 후 'QUAD'로 명명한다. 그리고 관측변수들과 경로를 연결한 후 경로에 1차항의 제곱인 $[0^2, 1^2, 2^2, 3^2]$의 의미로 [0, 1, 4, 9]를 입력한다.

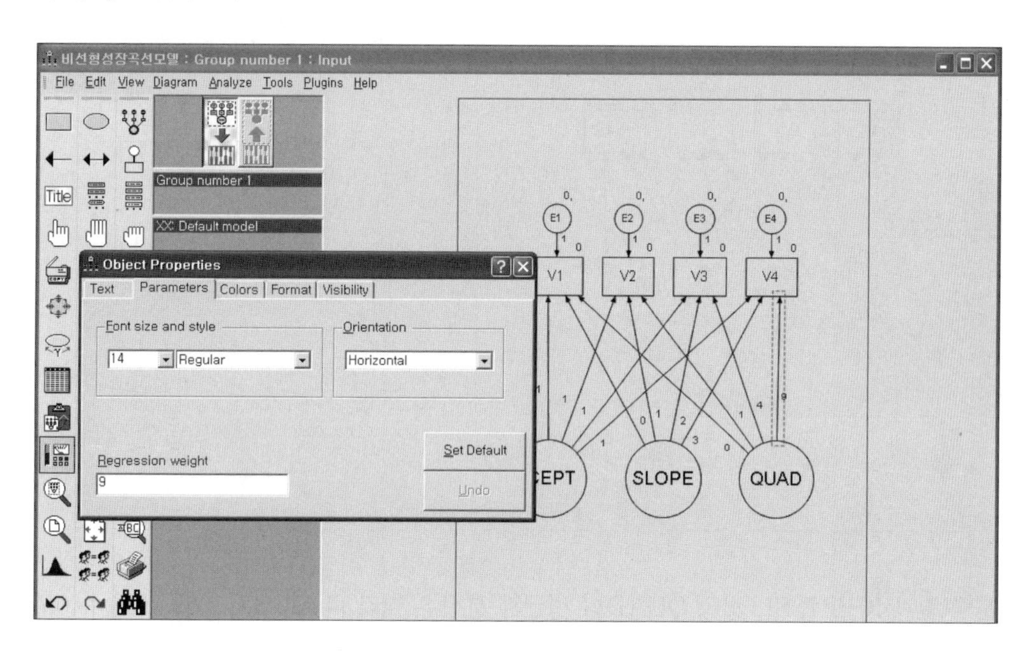

다음으로 공분산을 설정해주면 다음과 같은 이차함수모델이 완성된다.

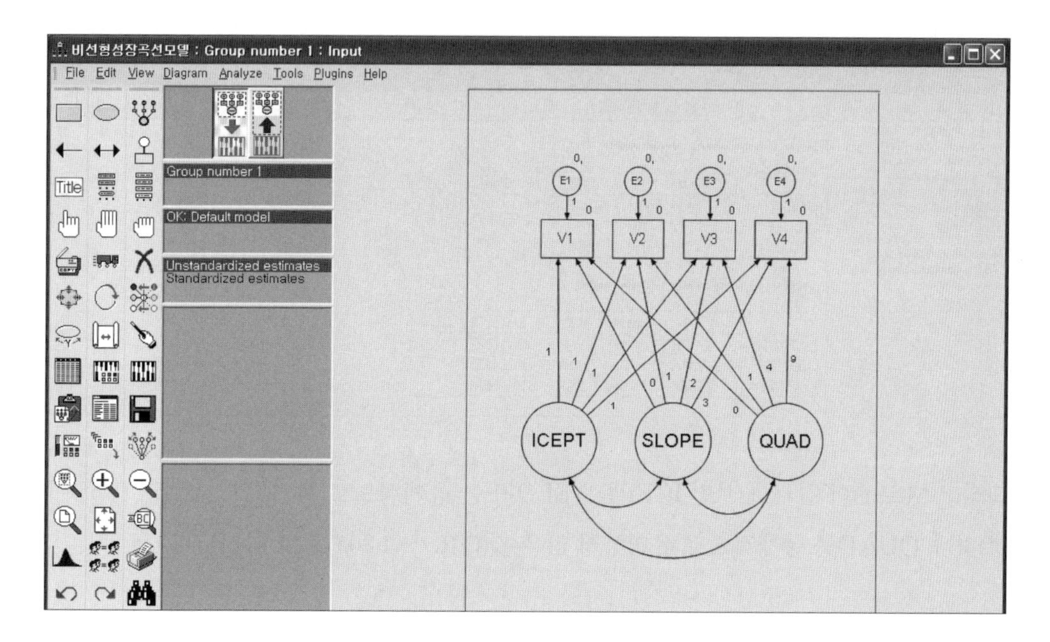

위의 모델을 분석한 결과는 다음과 같다.

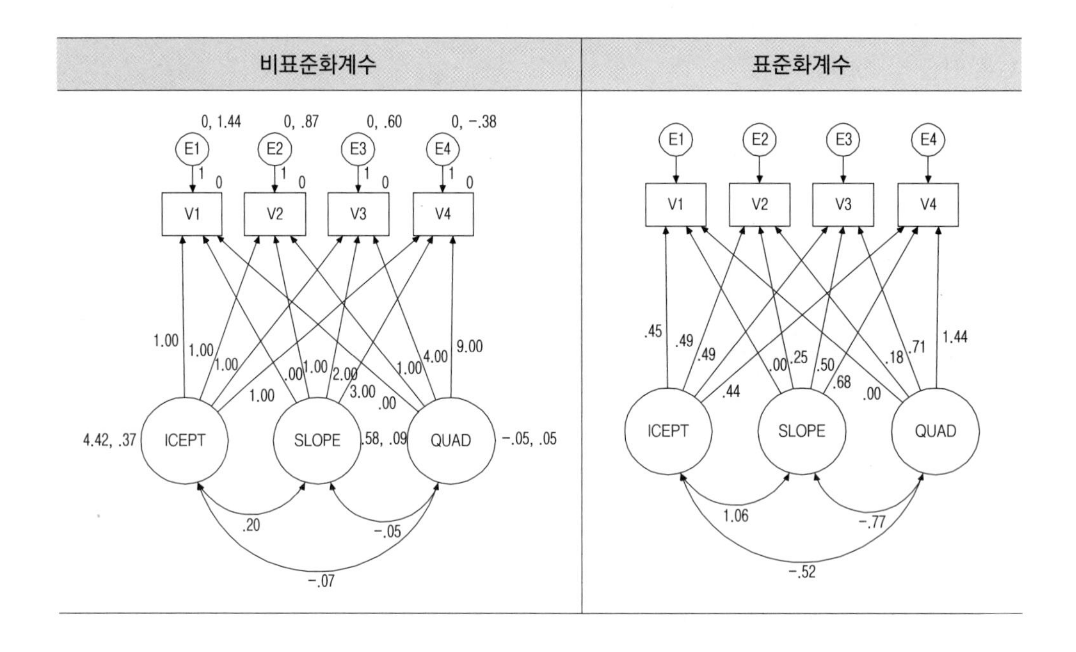

분석 결과 ICEPT, SLOPE, QUAD의 평균과 분산은 각각 [4.42, .37], [.58, .09], [-.05, .05]이며, ICEPT와 SLOPE의 공분산은 .20, SLOPE와 QUAD의 공분산은 -.05, ICEPT와 QUAD의 공분산은 -.07로 나타났다.

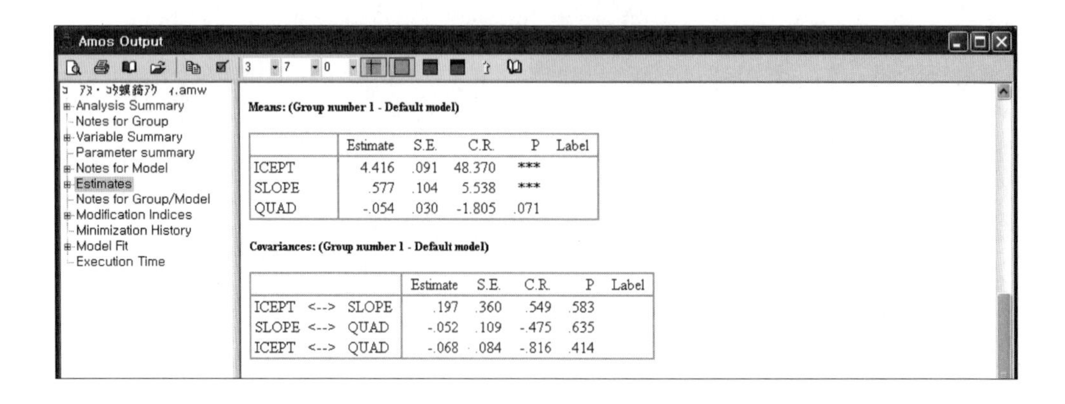

Means: (Group number 1 - Default model)

	Estimate	S.E.	C.R.	P	Label
ICEPT	4.416	.091	48.370	***	
SLOPE	.577	.104	5.538	***	
QUAD	-.054	.030	-1.805	.071	

Covariances: (Group number 1 - Default model)

			Estimate	S.E.	C.R.	P	Label
ICEPT	<-->	SLOPE	.197	.360	.549	.583	
SLOPE	<-->	QUAD	-.052	.109	-.475	.635	
ICEPT	<-->	QUAD	-.068	.084	-.816	.414	

그리고 Means의 결과를 보면 ICEPT와 SLOPE는 통계적으로 유의(C.R. 값이 ±1.965 이상)하나, QUAD는 통계적으로 유의하지 않은 것(C.R.=-1.805)으로 나타났다.

6 꺾이는 형태의 잠재성장곡선모델

성장곡선모델 중 일정 기간 동안 상승하다가 다시 하강하는 형태의 그래프를 가정할 수 있다. 예를 들어, BBB사의 500s에 대한 만족도가 꾸준히 상승하다가 어떠한 사건으로 인해 꾸준히 하강한다고 해보자. 만족도는 7점 척도로 측정되었고, 다음과 같은 형태를 보인다.

[그림 16-6] 외제차 500s의 고객만족도 변화 추이

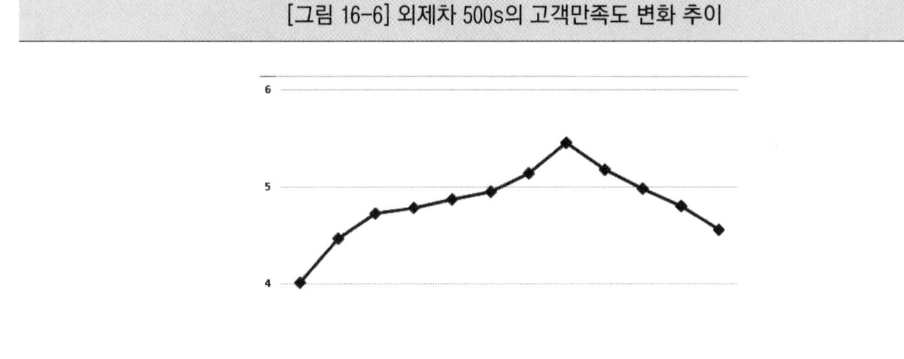

위의 그래프를 보면 총 12번의 측정이 있었고, 8차까지 성장하다가 그 후 다시 하강하는 것을 볼 수 있다.

6-1 꺾이는 형태의 성장곡선으로 가정한 모델

이러한 데이터의 경우는 상승하다가 다시 하강하는 형태이므로, 기울기 변화량에서 계속 성장하는 형태가 아니라 성장 후 다시 하락하는 수치를 입력해줘야 한다. 다시 말해서 기울기에 [0, 1, 2, 3, 4, 5, 6, 7, 6, 5, 4, 3]으로 입력한다.

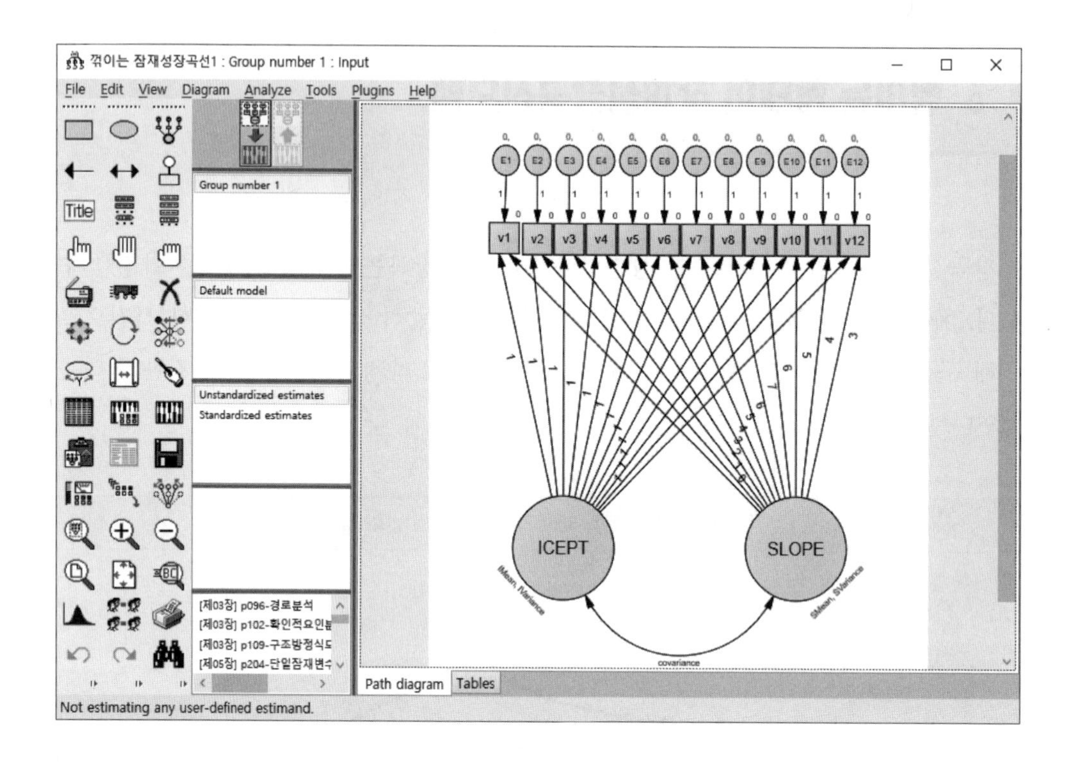

이 모델의 모델적합도와 Implied Means의 결과는 다음과 같다.

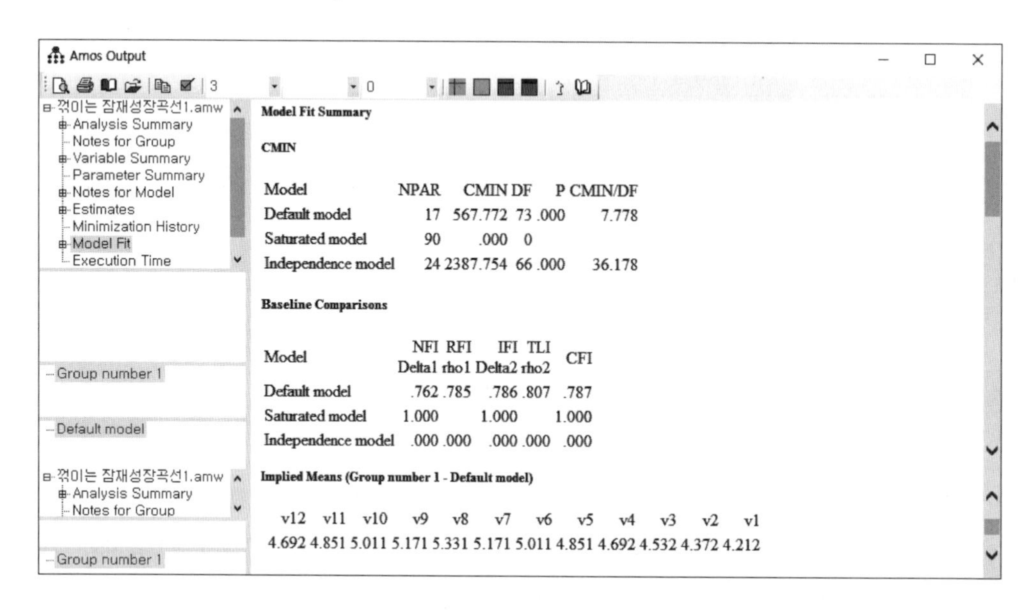

Model Fit Summary

CMIN

Model	NPAR	CMIN	DF	P	CMIN/DF
Default model	17	567.772	73	.000	7.778
Saturated model	90	.000	0		
Independence model	24	2387.754	66	.000	36.178

Baseline Comparisons

Model	NFI Delta1	RFI rho1	IFI Delta2	TLI rho2	CFI
Default model	.762	.785	.786	.807	.787
Saturated model	1.000		1.000		1.000
Independence model	.000	.000	.000	.000	.000

Implied Means (Group number 1 - Default model)

v12	v11	v10	v9	v8	v7	v6	v5	v4	v3	v2	v1
4.692	4.851	5.011	5.171	5.331	5.171	5.011	4.851	4.692	4.532	4.372	4.212

6-2 일반적인 성장곡선으로 가정한 모델

데이터 추세와 다르게, 계속해서 성장하는 형태의 모델은 어떨까? 일반적인 형태의 잠재성장곡선모델로 가정하여 기울기 변화량에 [0, 1, 2, 3, 4, 5, 6, 7, 8, 9, 10, 11]을 고정한 후 분석할 경우, 결과는 아래와 같다.

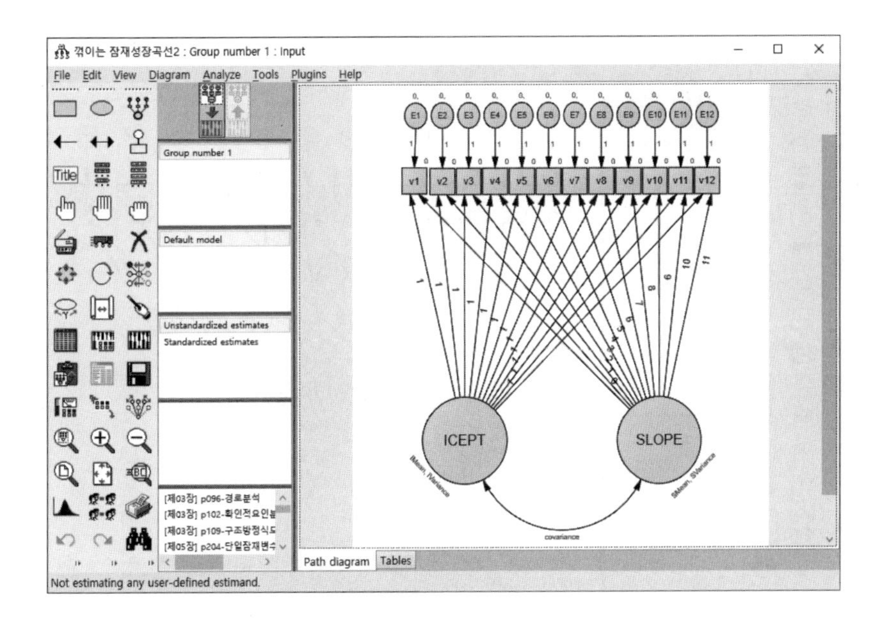

모델적합도의 결과는 다음과 같으며, 꺾이는 형태를 가정한 처음 모델보다 모델적합도가 낮음을 알 수 있다.

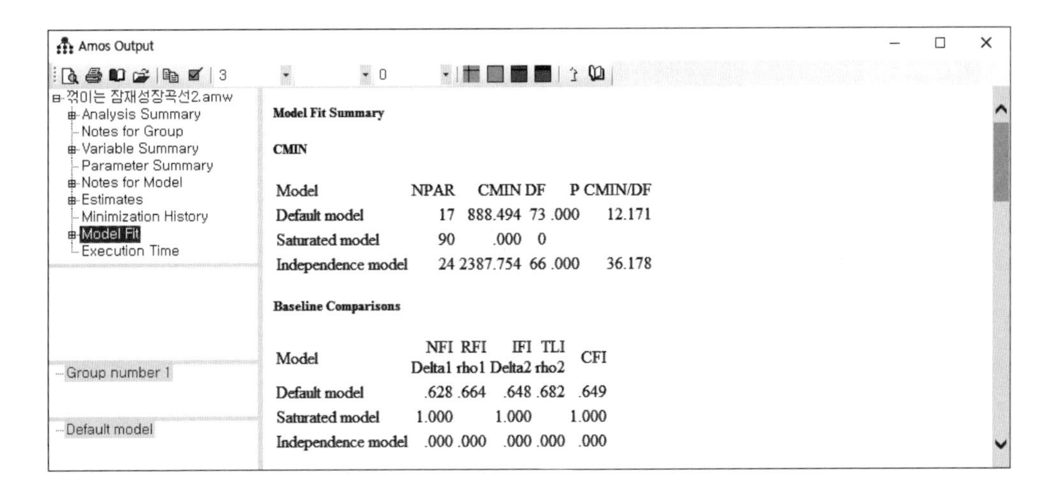

Model Fit Summary

CMIN

Model	NPAR	CMIN	DF	P	CMIN/DF
Default model	17	888.494	73	.000	12.171
Saturated model	90	.000	0		
Independence model	24	2387.754	66	.000	36.178

Baseline Comparisons

Model	NFI Delta1	RFI rho1	IFI Delta2	TLI rho2	CFI
Default model	.628	.664	.648	.682	.649
Saturated model	1.000		1.000		1.000
Independence model	.000	.000	.000	.000	.000

6-3 상승과 하강을 분리해서 가정한 모델

상승 부분과 하강 부분을 분리해서 가정한 모델도 구성해볼 수 있다. 모델의 구성을 보면, 상승하는 부분은 Slope에서 [0, 1, 2, 3, 4, 5, 6, 7, 0, 0, 0, 0], 하강하는 부분은 slope에서 [0, 0, 0, 0, 0, 0, 0, 0, −1, −2, −3, −4]로 지정한다.

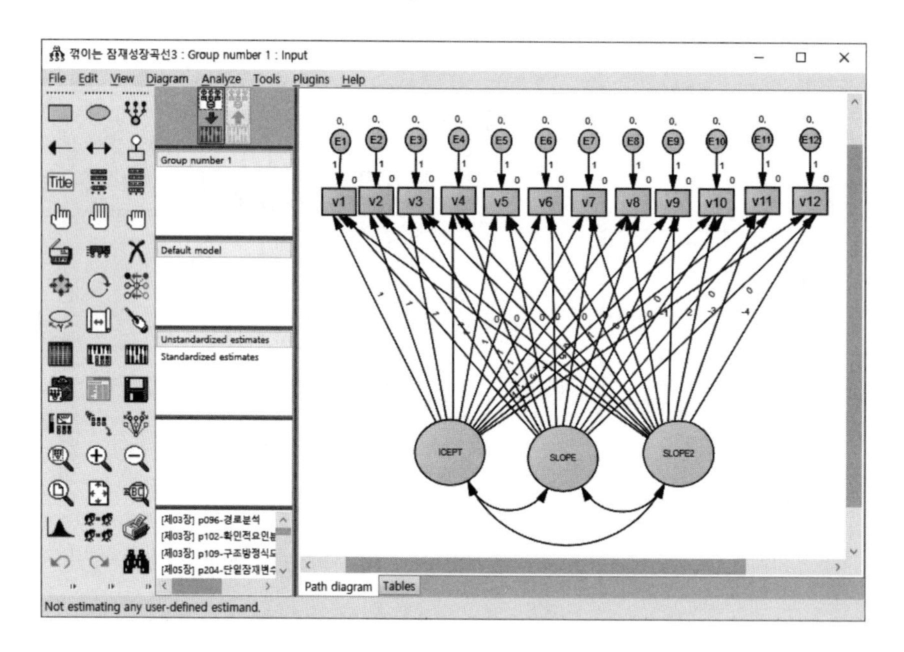

이 모델의 모델적합도의 결과는 다음과 같다.

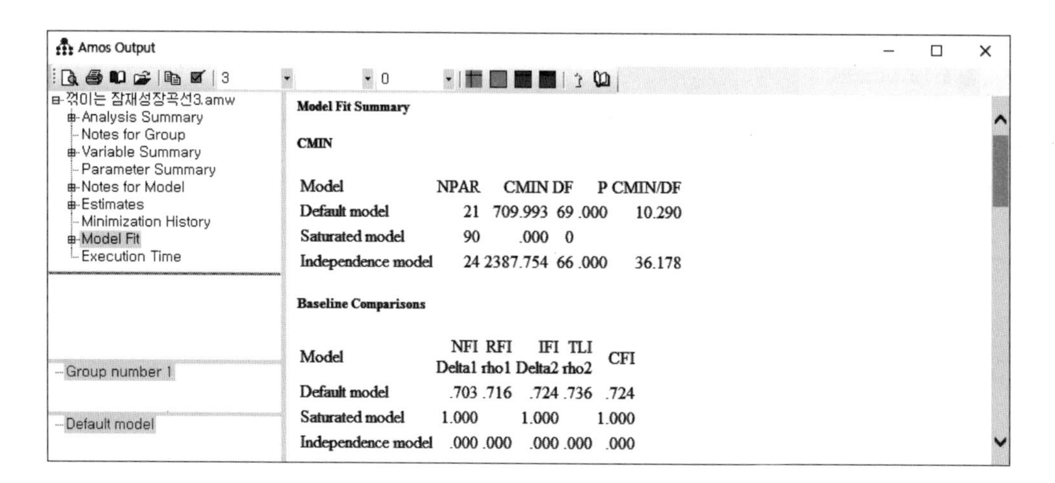

Model Fit Summary

CMIN

Model	NPAR	CMIN	DF	P	CMIN/DF
Default model	21	709.993	69	.000	10.290
Saturated model	90	.000	0		
Independence model	24	2387.754	66	.000	36.178

Baseline Comparisons

Model	NFI Delta1	RFI rho1	IFI Delta2	TLI rho2	CFI
Default model	.703	.716	.724	.736	.724
Saturated model	1.000		1.000		1.000
Independence model	.000	.000	.000	.000	.000

이들 모델에 대한 모델적합도를 비교해보면, 다음과 같다.

모델 종류	χ^2	df	CMIN/DF	CFI	NFI
꺾이는 성장곡선을 가정한 모델	567.772	73	7.778	.787	.762
일반적인 성장곡선을 가정한 모델	888.494	73	12.171	.649	.628
상승과 하락을 분리해서 가정한 모델	709.993	69	10.290	.724	.724

분석 결과, 3가지 모델 중 꺾이는 성장곡선을 가정한 모델의 적합도가 가장 좋은 것으로 나타났다. 다시 말해서, 조사자가 데이터의 추세를 보고 상승과 하락을 예측해서 변화량을 지정해주는 것이 필요하며, 무조건적인 상승 혹은 하락 모델만을 고집하는 것은 오히려 예측에 도움이 되지 않는다고 할 수 있다.

7 잠재성장곡선모델 매개효과

7-1 잠재성장곡선 변화량의 매개효과

잠재성장곡선모델에서도 구조방정식모델과 동일하게 변화량 간의 매개효과 분석 및 간접효과 유의성 검증이 가능하다. 다음과 같은 '자동차 브랜드이미지 모델'을 가정해보도록 하자. 모델은 자동차의 브랜드이미지 변화량이 제품이미지와 구매의도 변화량에 영향을 미치고, 다시 브랜드이미지 변화량이 구매의도 변화량에 영향을 미치는 형태이다. Amos에서 구현한 모델은 다음과 같다.

[그림 16-7] 자동차 브랜드이미지 모델

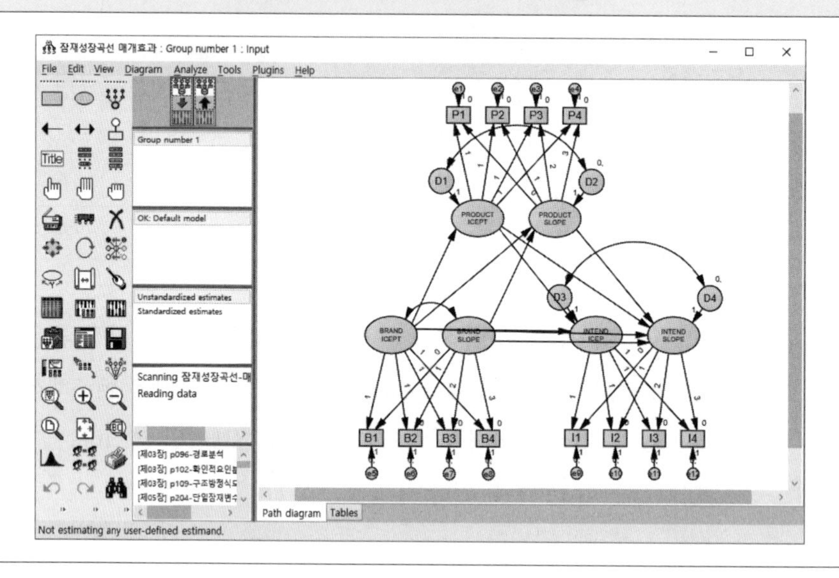

모델의 비표준화계수 및 표준화계수의 결과는 다음과 같다.

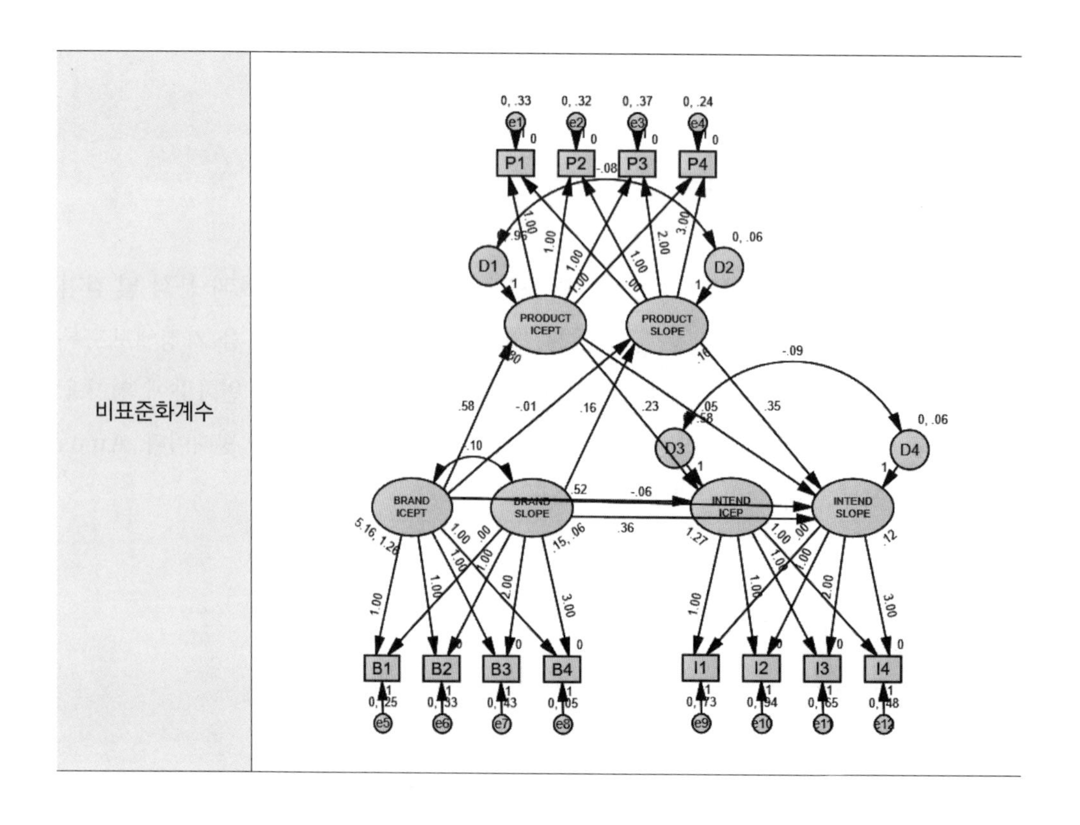

표준화계수

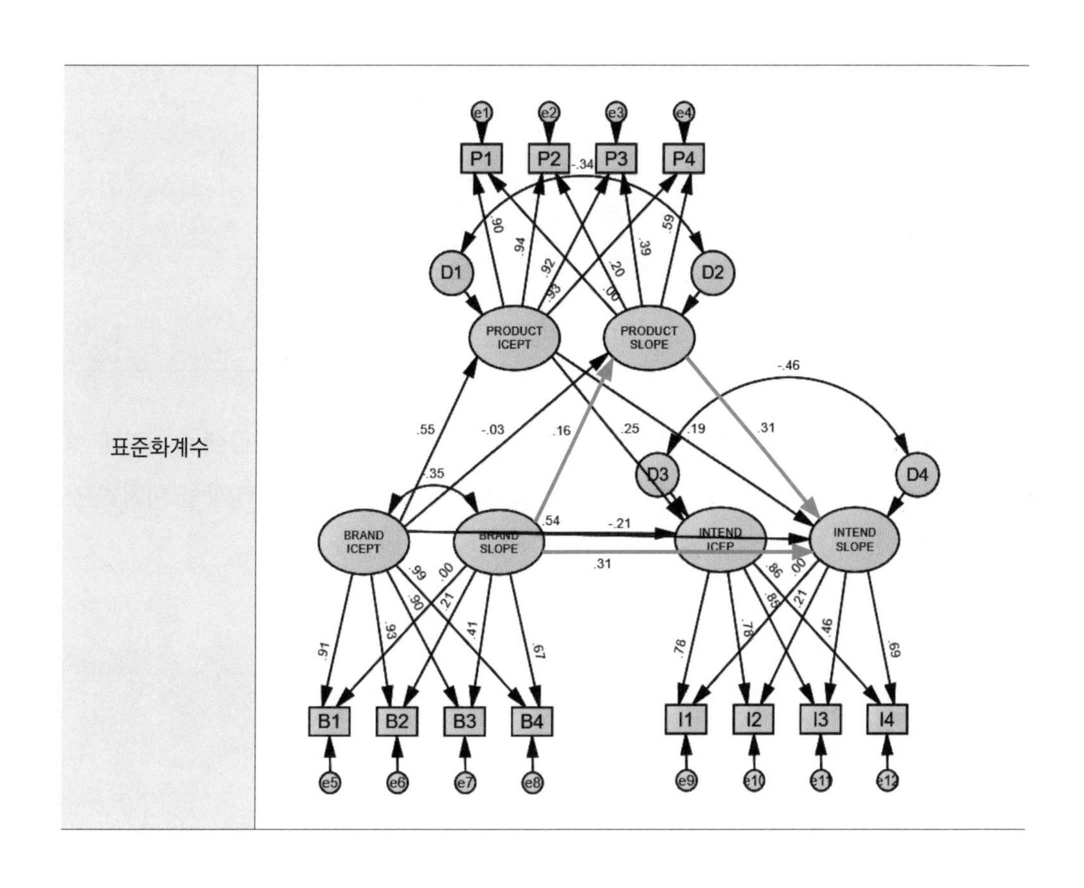

비표준화계수

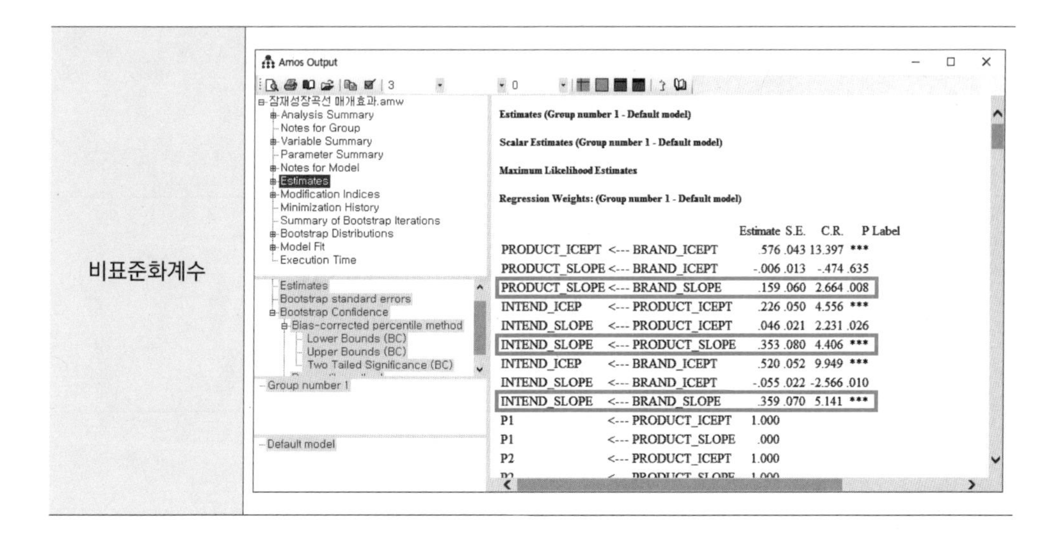

Estimates (Group number 1 - Default model)

Scalar Estimates (Group number 1 - Default model)

Maximum Likelihood Estimates

Regression Weights: (Group number 1 - Default model)

			Estimate	S.E.	C.R.	P	Label
PRODUCT_ICEPT	<---	BRAND_ICEPT	.576	.043	13.397	***	
PRODUCT_SLOPE	<---	BRAND_ICEPT	-.006	.013	-.474	.635	
PRODUCT_SLOPE	<---	BRAND_SLOPE	.159	.060	2.664	.008	
INTEND_ICEP	<---	PRODUCT_ICEPT	.226	.050	4.556	***	
INTEND_SLOPE	<---	PRODUCT_ICEPT	.046	.021	2.231	.026	
INTEND_SLOPE	<---	PRODUCT_SLOPE	.353	.080	4.406	***	
INTEND_ICEP	<---	BRAND_ICEPT	.520	.052	9.949	***	
INTEND_SLOPE	<---	BRAND_ICEPT	-.055	.022	-2.566	.010	
INTEND_SLOPE	<---	BRAND_SLOPE	.359	.070	5.141	***	
P1	<---	PRODUCT_ICEPT	1.000				
P1	<---	PRODUCT_SLOPE	.000				
P2	<---	PRODUCT_ICEPT	1.000				

표준화계수

Standardized Regression Weights: (Group number 1 - Default model)

			Estimate
PRODUCT_ICEPT	<---	BRAND_ICEPT	.551
PRODUCT_SLOPE	<---	BRAND_ICEPT	-.029
PRODUCT_SLOPE	<---	BRAND_SLOPE	.162
INTEND_ICEP	<---	PRODUCT_ICEPT	.246
INTEND_SLOPE	<---	PRODUCT_ICEPT	.186
INTEND_SLOPE	<---	PRODUCT_SLOPE	.305
INTEND_ICEP	<---	BRAND_ICEPT	.540
INTEND_SLOPE	<---	BRAND_ICEPT	-.213
INTEND_SLOPE	<---	BRAND_SLOPE	.315

분석 결과, 브랜드이미지 변화량이 제품이미지 변화량과 구매의도 변화량에 유의하게 영향을 미치고, 다시 브랜드이미지 변화량이 구매의도 변화량에 유의하게 영향을 미치는 것으로 나타났다.

7-2 잠재성장곡선 변화량의 총효과, 직접효과, 간접효과

잠재성장곡선 변화량의 총효과, 직접효과, 간접효과는 다음과 같다.

표준화된 총효과

Standardized Total Effects (Group number 1 - Default model)

	BRAND_SLOPE	BRAND_ICEPT
PRODUCT_SLOPE	.162	-.029
PRODUCT_ICEPT	.000	.551
INTEND_SLOPE	.364	-.120
INTEND_ICEP	.000	.676

표준화된 직접효과

Standardized Direct Effects (Group number 1 - Default model)

	BRAND_SLOPE	BRAND_ICEPT
PRODUCT_SLOPE	.162	-.029
PRODUCT_ICEPT	.000	.551
INTEND_SLOPE	.315	-.213
INTEND_ICEP	.000	.540

표준화된 간접효과

Standardized Indirect Effects (Group number 1 - Default model)

	BRAND_SLOPE	BRAND_ICEPT
PRODUCT_SLOPE	.000	.000
PRODUCT_ICEPT	.000	.000
INTEND_SLOPE	.049	.094
INTEND_ICEP	.000	.135

경로	직접효과	간접효과	총효과
브랜드 변화량 → 구매의도 변화량	.315	.049	.364

간접효과의 유의성을 알아보기 위해서 다음과 같이 부트스트래핑 방법을 사용한다.

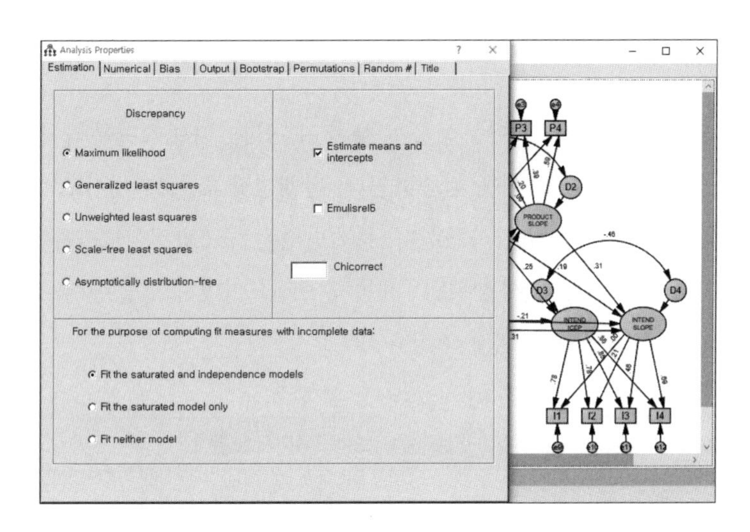

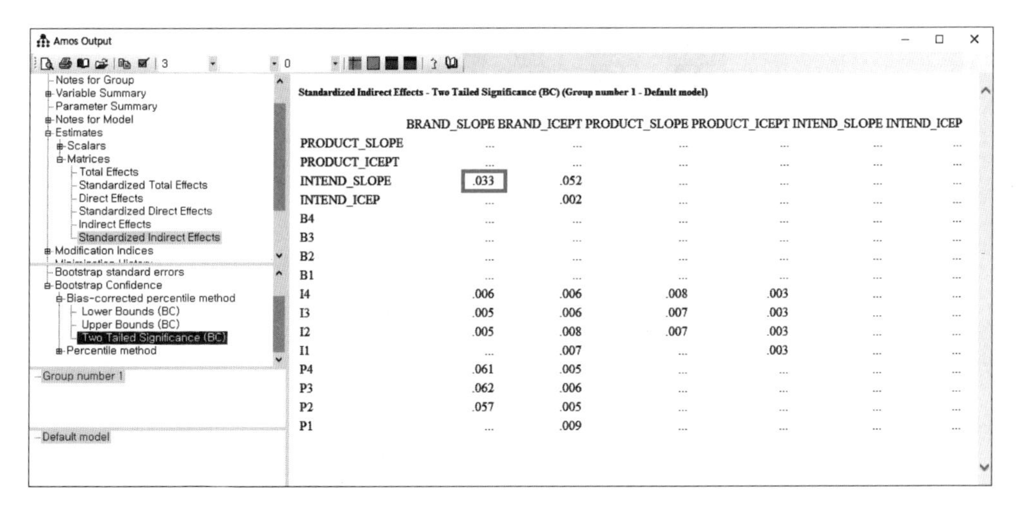

Standardized Indirect Effects - Two Tailed Significance (BC) (Group number 1 - Default model)

	BRAND_SLOPE	BRAND_ICEPT	PRODUCT_SLOPE	PRODUCT_ICEPT	INTEND_SLOPE	INTEND_ICEP
PRODUCT_SLOPE	...	...	...	...	...	...
PRODUCT_ICEPT	...	...	...	...	...	...
INTEND_SLOPE	.033	.052	...	...	...	...
INTEND_ICEP	...	.002	...	...	...	...
B4	...	...	...	...	...	...
B3	...	...	...	...	...	...
B2	...	...	...	...	...	...
B1	...	...	...	...	...	...
I4	.006	.006	.008	.003	...	...
I3	.005	.006	.007	.003	...	...
I2	.005	.008	.007	.003	...	...
I1	...	.007	...	.003	...	...
P4	.061	.005	...	...	...	...
P3	.062	.006	...	...	...	...
P2	.057	.005	...	...	...	...
P1	...	.009	...	...	...	...

분석 결과, 브랜드이미지 변화량 → 제품이미지 변화량, 제품이미지 변화량 → 구매의도 변화량, 브랜드이미지 변화량 → 구매의도 변화량의 경로가 모두 유의한 것으로 나타났다. 그리고 간접효과도 유의하여(유의확률=.033) 브랜드이미지 변화량은 구매의도 변화량에 부분매개 하는 것으로 나타났다.

8 잠재성장곡선모델 다중집단분석

8-1 잠재성장곡선 변화량의 다중집단분석

잠재성장곡선모델에서도 다중집단분석을 수행할 수 있다. 다중집단분석에서는 한 집단과 다른 집단 간 경로계수의 차이를 검증하는데, 잠재성장곡선모델에서도 변화량의 경로계수 간 차이를 검증하는 방식을 사용한다. 분석방법은 구조방정식모델에서의 다중집단분석과 동일하다. 모델은 앞서 사용했던 '자동차 브랜드이미지 모델'에서 조절변수로 국가를 사용하여 분석해보도록 하자.

[그림 16-8] 자동차 브랜드이미지 모델

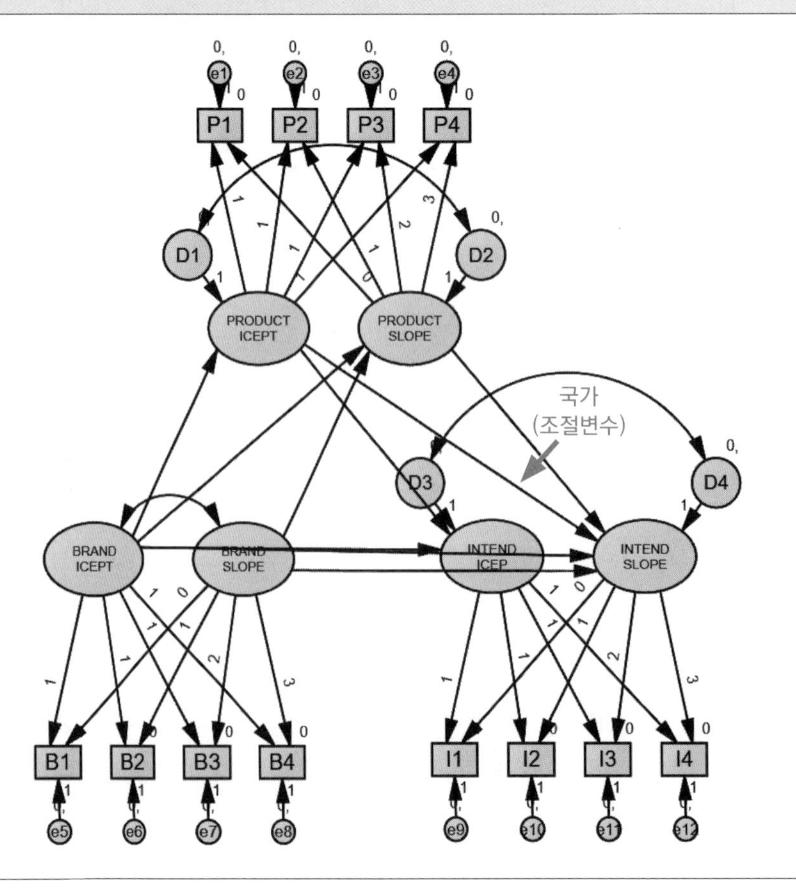

분석 결과는 다음과 같다.

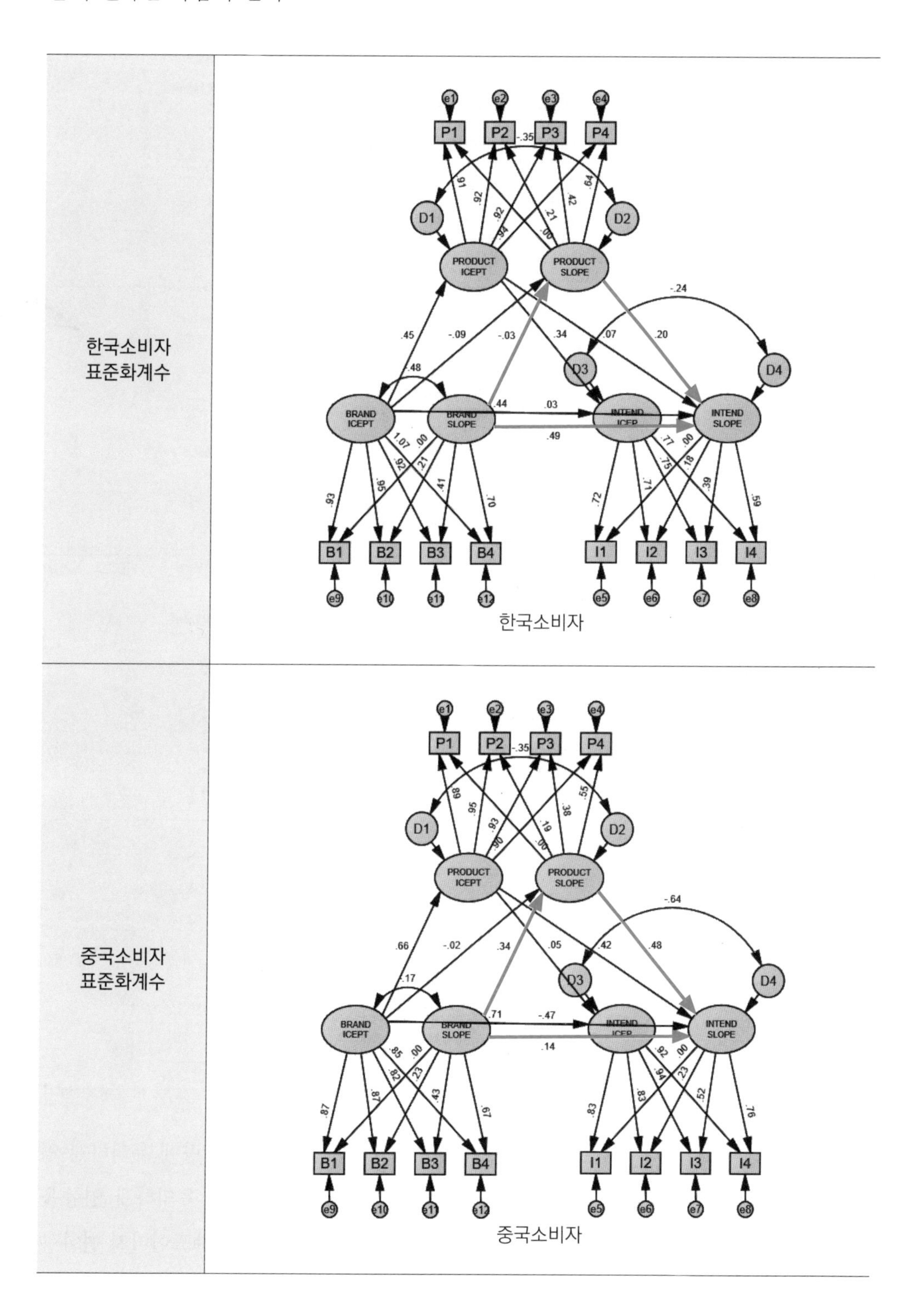
한국소비자
표준화계수
e1
e2
e3
e4
P1
P2
P3
P4
D1
D2
PRODUCT ICEPT
PRODUCT SLOPE
D3
D4
BRAND ICEPT
BRAND SLOPE
INTEND ICEP
INTEND SLOPE
B1
B2
B3
B4
I1
I2
I3
I4
e9
e10
e11
e12
e5
e6
e7
e8
한국소비자
중국소비자
표준화계수
e1
e2
e3
e4
P1
P2
P3
P4
D1
D2
PRODUCT ICEPT
PRODUCT SLOPE
D3
D4
BRAND ICEPT
BRAND SLOPE
INTEND ICEP
INTEND SLOPE
B1
B2
B3
B4
I1
I2
I3
I4
e9
e10
e11
e12
e5
e6
e7
e8
중국소비자

모델 종류	비표준화계수
한국소비자 (비표준화계수)	**Regression Weights: (한국소비자 - Default model)** Estimate S.E. C.R. P Label PRODUCT_ICEPT <--- BRAND_ICEPT .472 .059 8.063 *** PRODUCT_SLOPE <--- BRAND_ICEPT -.022 .019 -1.147 .252 PRODUCT_SLOPE <--- BRAND_SLOPE -.032 .090 -.357 .721 INTEND_ICEP <--- PRODUCT_ICEPT .289 .060 4.782 *** INTEND_SLOPE <--- PRODUCT_ICEPT .015 .025 .611 .541 INTEND_SLOPE <--- PRODUCT_SLOPE .193 .095 2.040 .041 INTEND_ICEP <--- BRAND_ICEPT .390 .063 6.172 *** INTEND_SLOPE <--- BRAND_ICEPT .007 .027 .265 .791 INTEND_SLOPE <--- BRAND_SLOPE .505 .113 4.459 ***
한국소비자 (표준화계수)	**Standardized Regression Weights: (한국소비자 - Default model)** Estimate PRODUCT_ICEPT <--- BRAND_ICEPT .449 PRODUCT_SLOPE <--- BRAND_ICEPT -.091 PRODUCT_SLOPE <--- BRAND_SLOPE -.030 INTEND_ICEP <--- PRODUCT_ICEPT .344 INTEND_SLOPE <--- PRODUCT_ICEPT .070 INTEND_SLOPE <--- PRODUCT_SLOPE .202 INTEND_ICEP <--- BRAND_ICEPT .442 INTEND_SLOPE <--- BRAND_ICEPT .031 INTEND_SLOPE <--- BRAND_SLOPE .487
중국소비자 (비표준화계수)	**Regression Weights: (중국소비자 - Default model)** Estimate S.E. C.R. P Label PRODUCT_ICEPT <--- BRAND_ICEPT .780 .074 10.610 *** PRODUCT_SLOPE <--- BRAND_ICEPT -.005 .023 -.222 .824 PRODUCT_SLOPE <--- BRAND_SLOPE .311 .086 3.610 *** INTEND_ICEP <--- PRODUCT_ICEPT .049 .090 .550 .582 INTEND_SLOPE <--- PRODUCT_ICEPT .114 .038 3.024 .002 INTEND_SLOPE <--- PRODUCT_SLOPE .640 .163 3.928 *** INTEND_ICEP <--- BRAND_ICEPT .825 .110 7.522 *** INTEND_SLOPE <--- BRAND_ICEPT -.149 .045 -3.340 *** INTEND_SLOPE <--- BRAND_SLOPE .171 .105 1.626 .104
중국소비자 (표준화계수)	**Standardized Regression Weights: (중국소비자 - Default model)** Estimate PRODUCT_ICEPT <--- BRAND_ICEPT .665 PRODUCT_SLOPE <--- BRAND_ICEPT -.022 PRODUCT_SLOPE <--- BRAND_SLOPE .340 INTEND_ICEP <--- PRODUCT_ICEPT .050 INTEND_SLOPE <--- PRODUCT_ICEPT .418 INTEND_SLOPE <--- PRODUCT_SLOPE .479 INTEND_ICEP <--- BRAND_ICEPT .712 INTEND_SLOPE <--- BRAND_ICEPT -.469 INTEND_SLOPE <--- BRAND_SLOPE .140

분석 결과, 한국소비자의 경우에는 제품이미지 변화량이 구매의도 변화량에 유의하게 영향을 미치고(C.R=2.040), 브랜드이미지 변화량이 구매의도 변화량에 유의하게 영향을 미치는 것으로 나타났다(C.R=4.459). 반면, 중국소비자의 경우에는 브랜드이미지 변화량

이 제품이미지 변화량에 유의하게 영향을 미치고(C.R=3.610), 제품이미지 변화량이 구매의도 변화량에 유의하게 영향을 미치는 것으로 나타났다(C.R=3.928).

8-2 잠재성장곡선 다중집단분석 실행

다중집단분석을 위해서 다음과 같이 실행을 한다. 분석방법은 13장에서 사용했던 방법을 그대로 사용한다. 아이콘 모음창에서 아이콘을 선택한 후 [Output]에서 '☑ Critical rations for differences'를 체크한다.

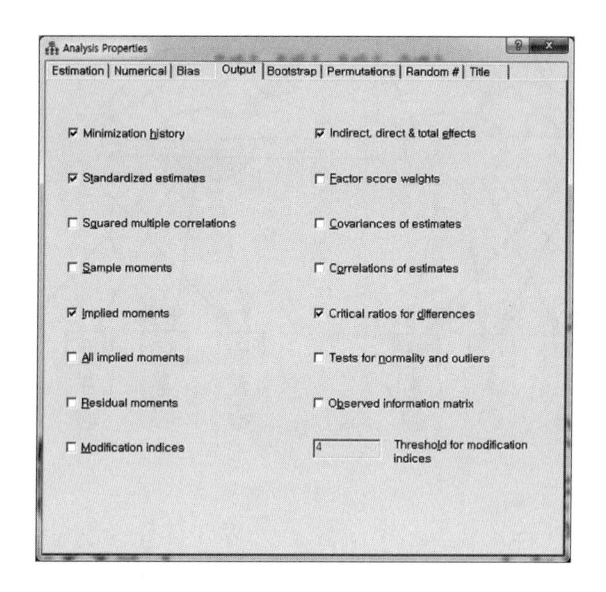

다음으로, 아이콘 모음창에서 아이콘을 선택한 후 [OK]를 누르고, 아이콘을 선택한 후 분석을 진행한다.

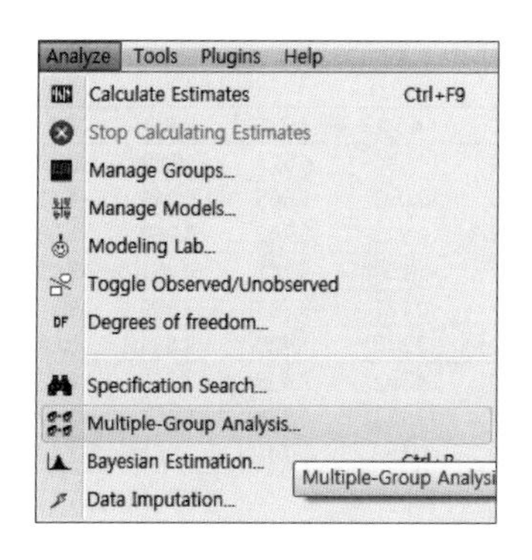

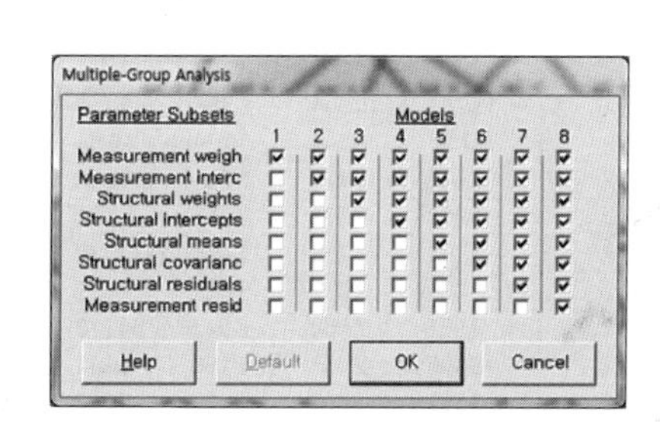

그러면 다음과 같은 모델이 생성된다.

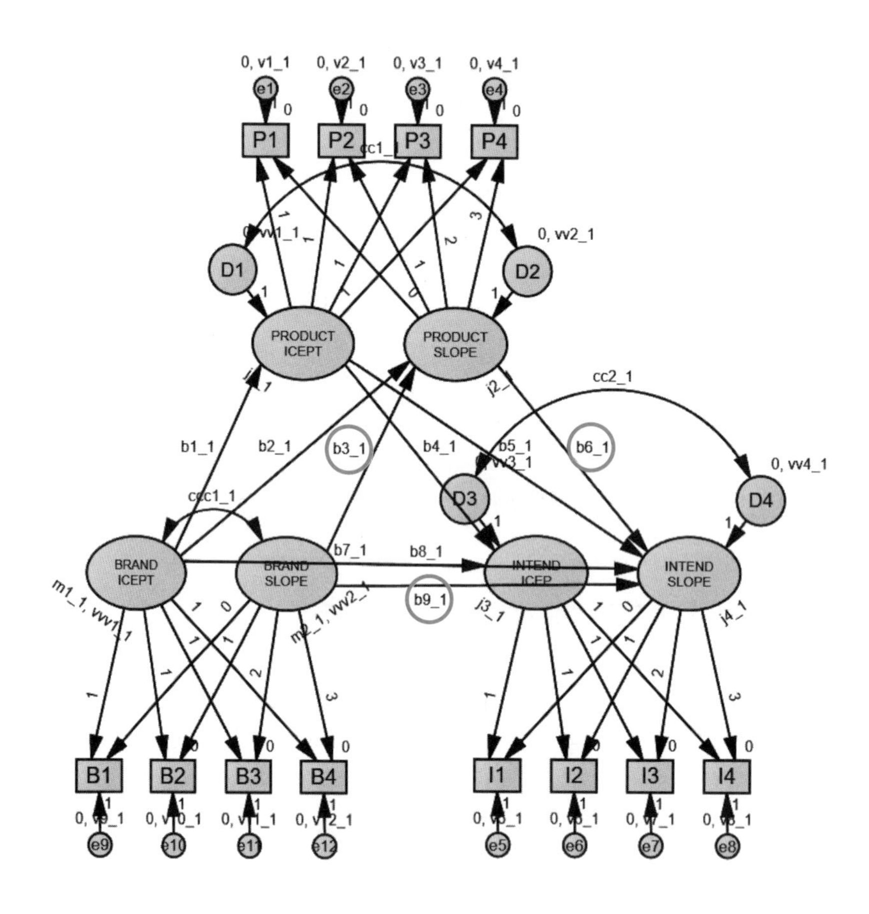

여기서 'b3_1=b3_2', 'b6_1=b6_2', 'b9_1= b9_2'가 바로 경로 유의성을 측정할 경로에 해당한다.

[Pairwise Parameter comparison] 결과를 엑셀로 정리하면 다음과 같다.

Critical Ratios for Differences between Parameters (Unconstrained)									
	b1_1	b2_1	b3_1	b4_1	b5_1	b6_1	b7_1	b8_1	b9_1
b1_2	3.273	10.564	6.988	5.155	9.858	4.896	4.017	9.88	2.038
b2_2	-7.57	0.544	0.29	-4.54	-0.596	-2.033	-5.865	-0.346	-4.412
b3_2	-1.547	3.771	2.755	0.208	3.3	0.922	-0.742	3.369	-1.362
b4_2	-3.953	0.773	0.641	-2.22	0.367	-1.104	-3.111	0.451	-3.156
b5_2	-5.156	3.218	1.494	-2.468	2.187	-0.781	-3.763	2.309	-3.281
b6_2	0.969	4.033	3.611	2.019	3.791	2.372	1.429	3.833	0.682
b7_2	2.837	7.608	6.042	4.278	7.202	4.362	3.433	7.245	2.032
b8_2	-8.436	-2.637	-1.166	-5.831	-3.218	-3.271	-6.968	-3.003	-5.375
b9_2	-2.507	1.802	1.467	-0.977	1.442	-0.158	-1.791	1.51	-2.163

다중집단분석 결과, 3개 경로에서 모두 유의한 차이가 나타났다. '브랜드이미지 변화량 → 제품이미지 변화량(C.R=2.755)', '제품이미지 변화량 → 구매의도 변화량(C.R=2.372)'의 경우, 중국소비자 집단이 통계적으로 더 유의하게 강한 것으로 나타났다. '브랜드이미지 변화량 → 구매의도 변화량(C.R=-2.163)'의 경우, 한국소비자 집단이 통계적으로 더 유의하게 강한 것으로 나타났다.

즉 중국소비자들의 경우에는 브랜드이미지 변화량이 제품이미지 변화량에 미치는 영향과, 제품이미지 변화량이 구매의도 변화량에 미치는 영향이 한국소비자들보다 강했다. 한편 한국소비자들의 경우에는 브랜드이미지 변화량이 중국소비자들보다 더 강하게 구매의도변화량에 영향을 미쳤다.

9 고차 잠재성장곡선모델

고차 잠재성장곡선모델은 개념적으로 고차요인 구조방정식모델과 동일하며, 하위개념 위에 다시 상위개념이 존재하는 형태이다.

9-1 고차 잠재성장곡선모델 예시

이번 모델은 '모의고사 모델'로 명명해보자. 어느 고등학교 학생들이 국어, 영어, 수학 과목의 모의고사를 3월, 6월, 9월, 12월에 걸쳐 4번 치렀다고 가정해보자. 그리고 이들 과목의 성적 만족도 변화량을 측정한 후, 다시 이들의 만족도 변화량 위에 전체 학교 학생들의 만족도 변화량을 측정하였다.

	N	평균	표준편차
국어1	230	4.77	1.262
국어2	230	4.83	1.298
국어3	230	4.90	1.272
국어4	230	5.07	1.257
영어1	230	4.90	1.340
영어2	230	5.00	1.485
영어3	230	5.15	1.224
영어4	230	5.47	1.221
수학1	230	5.12	1.305
수학2	230	5.27	1.252
수학3	230	5.46	1.139
수학4	230	5.60	1.188
차수1	230	4.93	1.011
차수2	230	5.03	1.062
차수3	230	5.17	.977
차수4	230	5.38	.997
유효수 (목록별)	230		

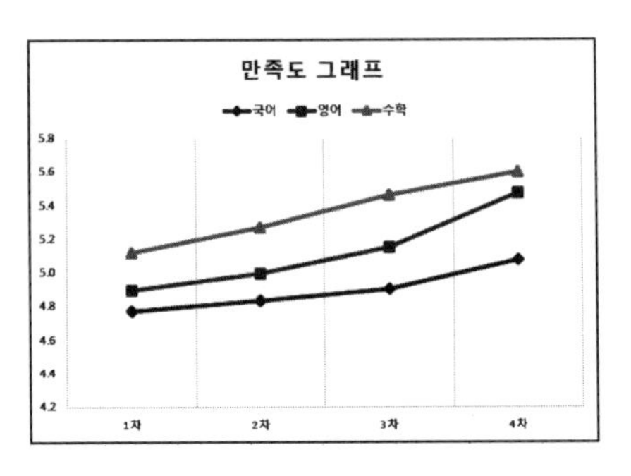

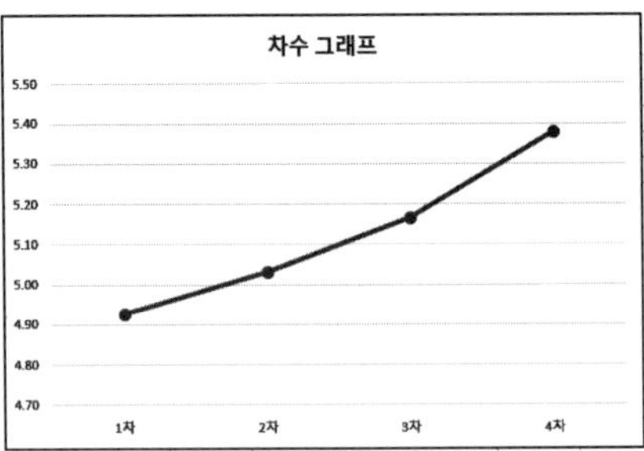

모의고사 성적 만족도 변화량은 다음과 같다. 국어, 영어, 수학 점수의 만족도는 꾸준히 증가하고 있음을 알 수 있다.

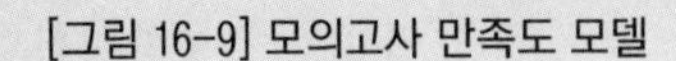
[그림 16-9] 모의고사 만족도 모델

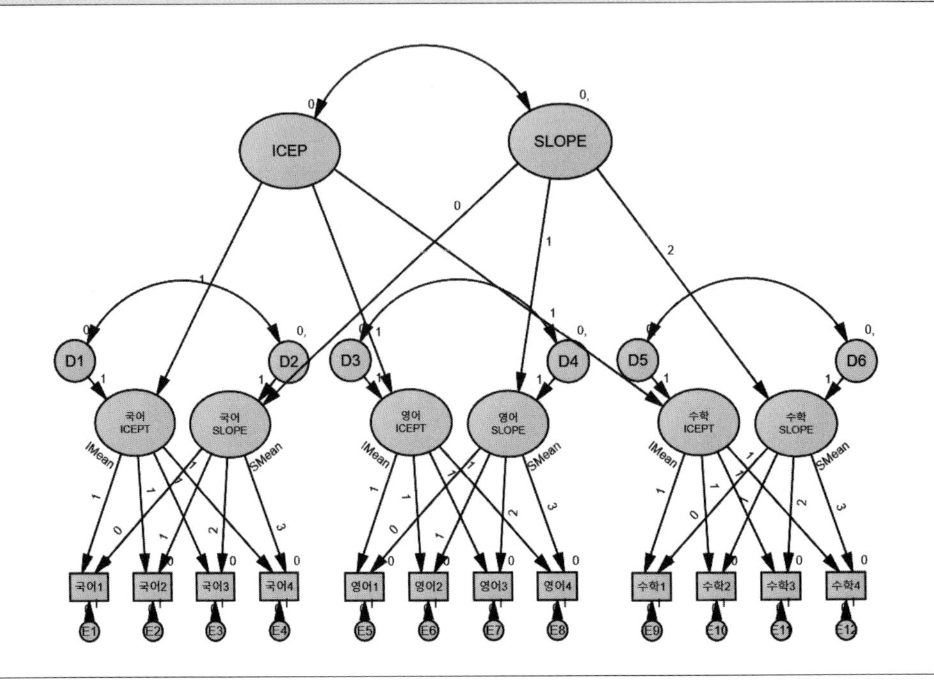

모델에서 알 수 있듯이, 국어, 영어, 수학 만족도의 변화량과 절편이 존재하고, 다시 그 위에 변화량과 절편이 존재한다. 이 모델에서 성별과 학급을 공변량으로 처리한 결과는 다음과 같다.

[그림 16-10] 공변량이 포함된 모의고사 만족도 모델

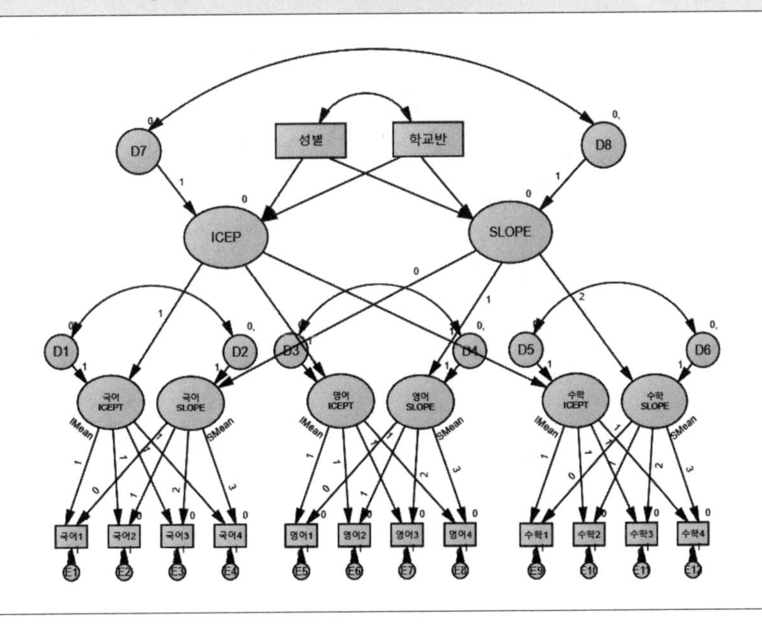

비표준화계수	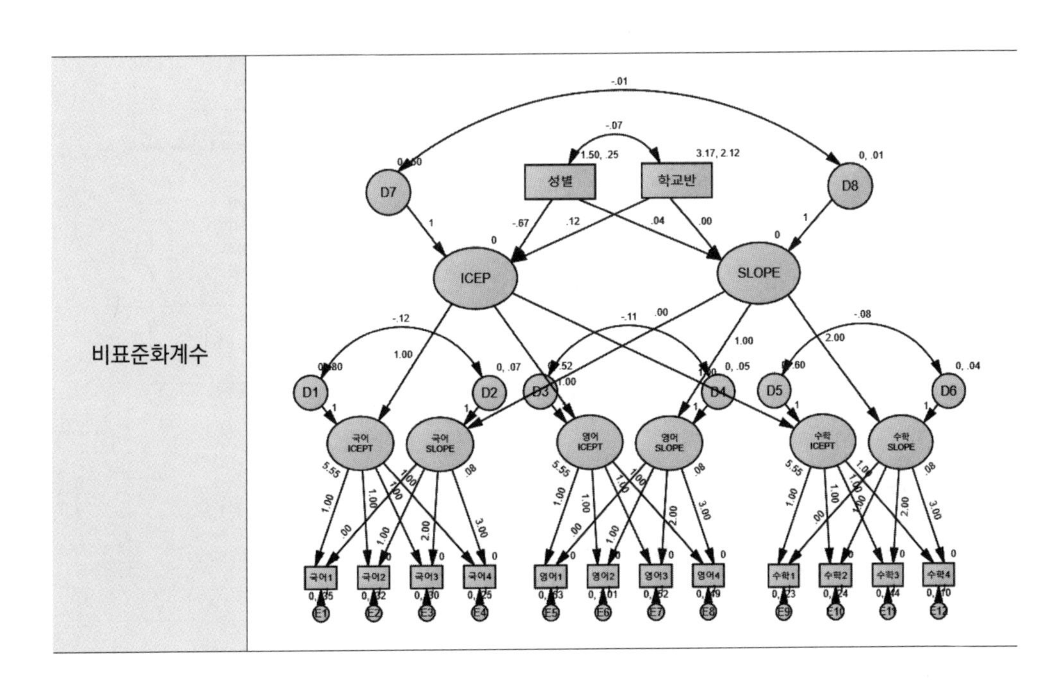

표준화계수	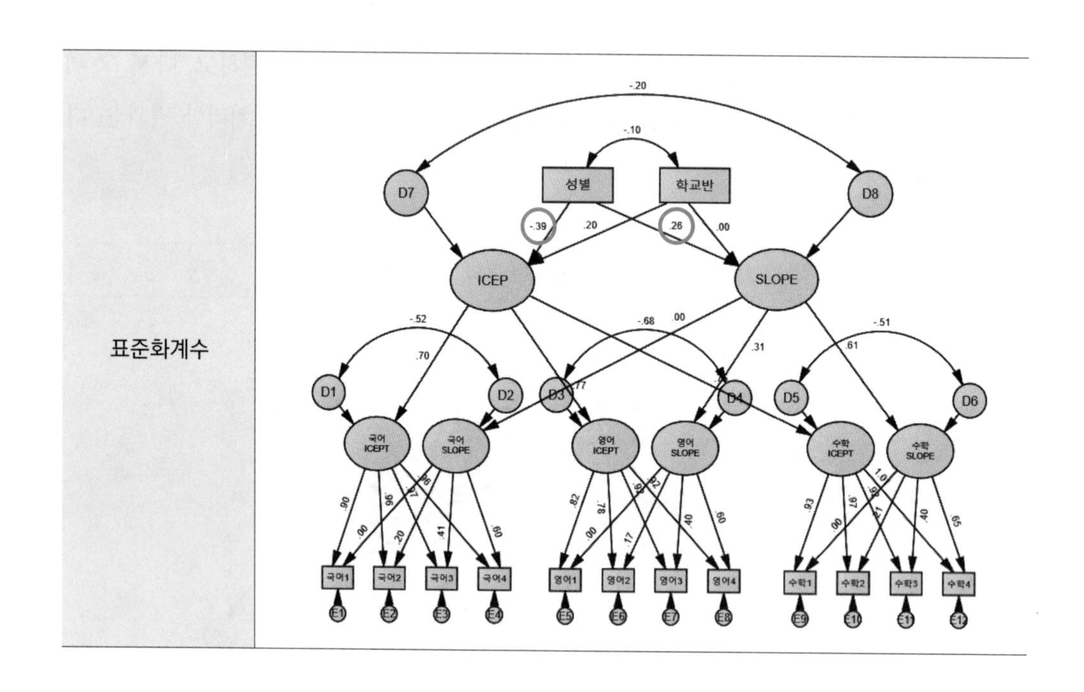

9-2 고차 잠재성장곡선모델 분석 결과

고차 잠재성장곡선모델에 대한 분석 결과는 다음과 같다.

비표준화계수	표준화계수
Regression Weights: (Group number 1 - Default model)	Standardized Regression Weights: (Group number 1 - Default model)

비표준화계수

Regression Weights: (Group number 1 - Default model)

			Estimate	S.E.	C.R.	P	Label
ICEP	<---	학교반	.122	.041	3.000	.003	
SLOPE	<---	학교반	.000	.005	-.008	.993	
ICEP	<---	성별	-.672	.117	-5.724	***	
SLOPE	<---	성별	.039	.011	3.398	***	

표준화계수

Standardized Regression Weights: (Group number 1 - Default model)

			Estimate
ICEP	<---	학교반	.205
SLOPE	<---	학교반	-.001
ICEP	<---	성별	-.386
SLOPE	<---	성별	.256

CMIN

Model	NPAR	CMIN	DF	P	CMIN/DF
Default model	35	215.019	84	.000	2.560
Saturated model	119	.000	0		
Independence model	28	2264.968	91	.000	24.890

Baseline Comparisons

Model	NFI Delta1	RFI rho1	IFI Delta2	TLI rho2	CFI
Default model	.905	.897	.940	.935	.940
Saturated model	1.000		1.000		1.000
Independence model	.000	.000	.000	.000	.000

Implied Means (Group number 1 - Default model)

성별	학교반	수학1	수학2	수학3	수학4	영어1	영어2	영어3	영어4	국어1	국어2	국어3	국어4
1.500	3.174	4.936	5.132	5.328	5.524	4.936	5.074	5.212	5.350	4.936	5.016	5.096	5.176

분석 결과, 모델적합도는 좋은 수치를 보여주었다. 학교 반에는 차이가 없었지만, 성별에는 유의한 차이가 있는 것으로 나타났다.

성별(남자=1, 여자=2)에서 ICEP로 가는 경로는 -.39로 나타나 초기에는 남자학생들의 모의고사 만족도가 높게 나타났다. 하지만 성별에서 Slope로 가는 경로는 .26으로 나타나 점수의 향상 변화량 만족도는 여자학생들이 더 높은 것으로 나타났다.

10 고차 성장혼합모델

고차 성장혼합모델은 언뜻 보면 고차 잠재성장곡선모델과 혼돈할 수 있다. 그러나 두 모델은 서로 다르다. 고차 잠재성장곡선모델은 각 과목당 성장률 위에 상위개념이 존재하는 형태이며, 고차 성장혼합모델은 국어, 영어, 수학 과목의 1, 2, 3, 4차 잠재개념 위에 절편과 기울기인 잠재성장곡선모델이 존재하는 형태이다.

다음 [그림 16-11]은 각 모의고사 횟수당 성적 변화량을 측정한 것이다.

[그림 16-11] 모의고사 만족도 모델

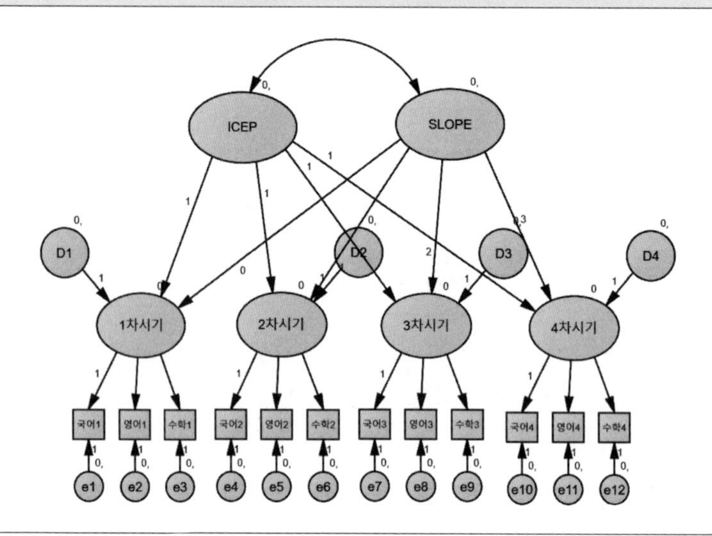

모델에서 알 수 있듯이, 국어, 영어, 수학 만족도의 변화량과 절편이 존재하고, 다시 그 위에 변화량과 절편이 존재한다.

그리고 이 모델에서 성별과 학급을 공변량으로 처리한 결과는 다음과 같다.

[그림 16-12] 모의고사 만족도 모델 (성별과 학급 공변량 처리)

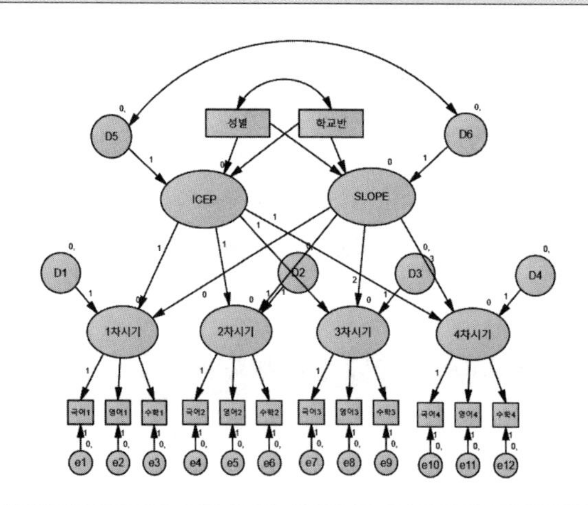

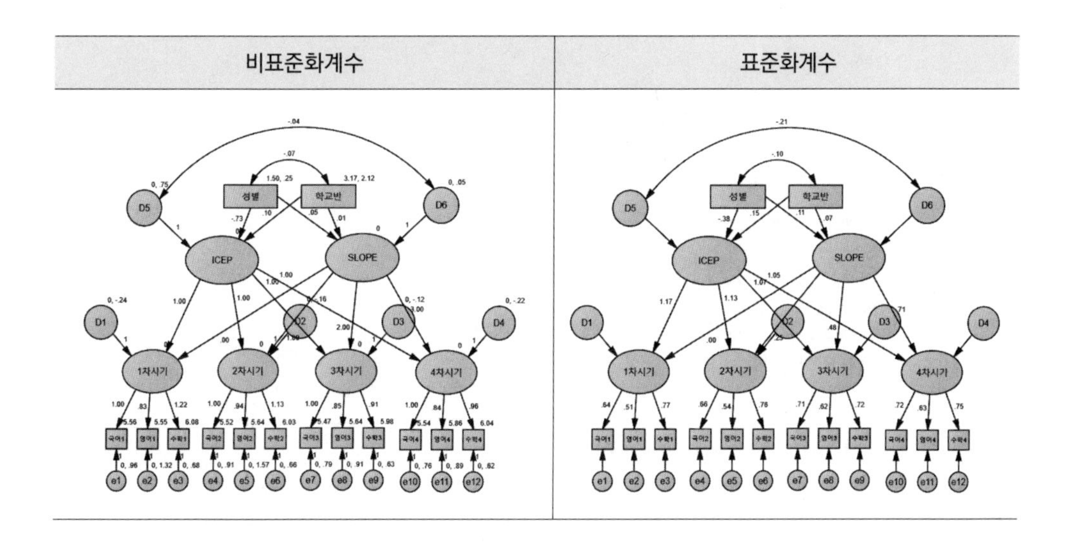

10-2 고차 성장혼합모델 분석 결과

고차 성장혼합모델에 대한 분석 결과는 다음과 같다.

비표준화계수	표준화계수

Regression Weights: (Group number 1 - Default model)

			Estimate	S.E.	C.R.	P	Label
SLOPE	<---	학교반	.011	.011	1.008	.313	
ICEP	<---	학교반	.096	.040	2.377	.017	
SLOPE	<---	성별	.049	.035	1.394	.163	
ICEP	<---	성별	-.730	.122	-5.959	***	
1차시기	<---	ICEP	1.000				
2차시기	<---	ICEP	1.000				
3차시기	<---	ICEP	1.000				
1차시기	<---	SLOPE	.000				
2차시기	<---	SLOPE	1.000				
3차시기	<---	SLOPE	2.000				
4차시기	<---	ICEP	1.000				
4차시기	<---	SLOPE	3.000				
수학1	<---	1차시기	1.219	.092	13.248	***	
영어1	<---	1차시기	.831	.096	8.671	***	
국어1	<---	1차시기	1.000				
수학2	<---	2차시기	1.129	.065	17.384	***	
영어2	<---	2차시기	.944	.090	10.462	***	
국어2	<---	2차시기	1.000				
수학3	<---	3차시기	.913	.060	15.252	***	
영어3	<---	3차시기	.853	.070	12.242	***	
국어3	<---	3차시기	1.000				
수학4	<---	4차시기	.964	.073	13.276	***	
영어4	<---	4차시기	.838	.078	10.794	***	
국어4	<---	4차시기	1.000				

Standardized Regression Weights: (Group number 1

			Estimate
SLOPE	<---	학교반	.074
ICEP	<---	학교반	.146
SLOPE	<---	성별	.114
ICEP	<---	성별	-.381
1차시기	<---	ICEP	1.168
2차시기	<---	ICEP	1.132
3차시기	<---	ICEP	1.071
1차시기	<---	SLOPE	.000
2차시기	<---	SLOPE	.255
3차시기	<---	SLOPE	.482
4차시기	<---	ICEP	1.046
4차시기	<---	SLOPE	.707
수학1	<---	1차시기	.772
영어1	<---	1차시기	.510
국어1	<---	1차시기	.642
수학2	<---	2차시기	.760
영어2	<---	2차시기	.537
국어2	<---	2차시기	.664
수학3	<---	3차시기	.716
영어3	<---	3차시기	.623
국어3	<---	3차시기	.709
수학4	<---	4차시기	.746
영어4	<---	4차시기	.631
국어4	<---	4차시기	.723

CMIN

Model	NPAR	CMIN	DF	P	CMIN/DF
Default model	48	654.498	71	.000	9.218
Saturated model	119	.000	0		
Independence model	28	2264.968	91	.000	24.890

Baseline Comparisons

Model	NFI Delta1	RFI rho1	IFI Delta2	TLI rho2	CFI
Default model	.711	.630	.734	.656	.732
Saturated model	1.000		1.000		1.000
Independence model	.000	.000	.000	.000	.000

Implied Means (Group number 1 - Default model)

성별	학교반	국어4	영어4	수학4	국어3	영어3	수학3	국어2	영어2	수학2	국어1	영어1	수학1
1.500	3.174	5.074	5.474	5.596	4.900	5.148	5.457	4.835	4.996	5.265	4.770	4.896	5.117

분석 결과, 모델적합도는 좋지 않은 수치를 보여준다. 특히 1, 2, 3, 4차 시기의 국어, 영어, 수학 등으로 가는 요인부하량이 높지 않은데, 이는 아마도 학생들이 세 과목을 모두 골고루 잘 보기 힘들기 때문인 것으로 추측된다.

성별(남자=1, 여자=2)이 Slope로 가는 경로는 .11(C.R=1.394), 학교반이 Slope로 가는 경로는 .07(C.R=1.008)로 모두 유의하지 않은 것으로 나타났다. 결국 모의고사 점수가 증가하는 것은 맞으나, 성별과 학교반에서 변화량에 유의한 차이가 없는 것으로 나타났다.

Q&A

Q 16-1 비선형 성장곡선모델에 대해서 궁금합니다. 대다수의 참고서적에서 비선형 성장곡선모델에 대한 설명으로 이차함수모델을 예로 들었던데, 왜 그런가요?

A 비선형 성장곡선모델의 형태는 매우 다양하기 때문에 Amos에서 모든 비선형 성장곡선을 설명하는 것은 현실적으로 불가능합니다. 그러나 특정 패턴을 지닌 비선형 성장곡선의 형태는 설명할 수 있습니다. 예를 들어, 여름철 기온이 1도씩 상승함에 따라 전력소비량도 선형으로 증가하는 것이 아니라, 어느 정도 참기 힘든 온도에 다다르면 에어컨 사용의 급증으로 전력소비량이 폭발적으로 증가하는 것을 알 수 있습니다. 이처럼 선형 증가가 아닌 다중함수 형태 중 이차함수 형태의 비선형모델이 일반적인 형태가 될 수 있습니다. 그렇기 때문에 모델에서는 'QUAD'라는 이차항 변수를 만들고, 경로에 [0, 1, 4, 9]처럼 [0, 1, 2, 3]의 제곱값을 지정해주는 것입니다. 결론적으로 다양한 형태의 비선형 성장곡선모델은 불가능하지만, 이차함수모델처럼 제한된 형태의 비선형 성장곡선모델은 어느 정도 분석이 가능하기 때문에 자주 예로 사용되는 것입니다.

Q 16-2 잠재성장곡선에서 기울기(SLOPE)에 지정해주는 [0, 1, 2, 3]에 대해 잘 이해가 안 됩니다. 정확히 어떤 의미인가요?

A 기울기에 지정해주는 수치들은 선형의 변화(linear change)를 의미합니다. 외제차모델에서는 측정주기의 변화량이 선형일 거라고 가정한 상태에서 증가를 예상하기 때문에 [0, 1, 2, 3]으로 표시해주는 것입니다. 그리고 맨 처음 수치를 0으로 지정한 이유는 초기에는 성장이 없기 때문입니다. 물론 [-3, -2, -1, 0] 등으로 표시해도 됩니다. 하지만 그러면 모델적합도나 기울기(SLOPE) 및 측정오차들에 대한 평균과 분산 등은 변화가 없으나, 절편(ICEPT)에 대한 평균과 분산은 변하기 때문에 되도록이면 0으로 표시해주는 것이 좋습니다.

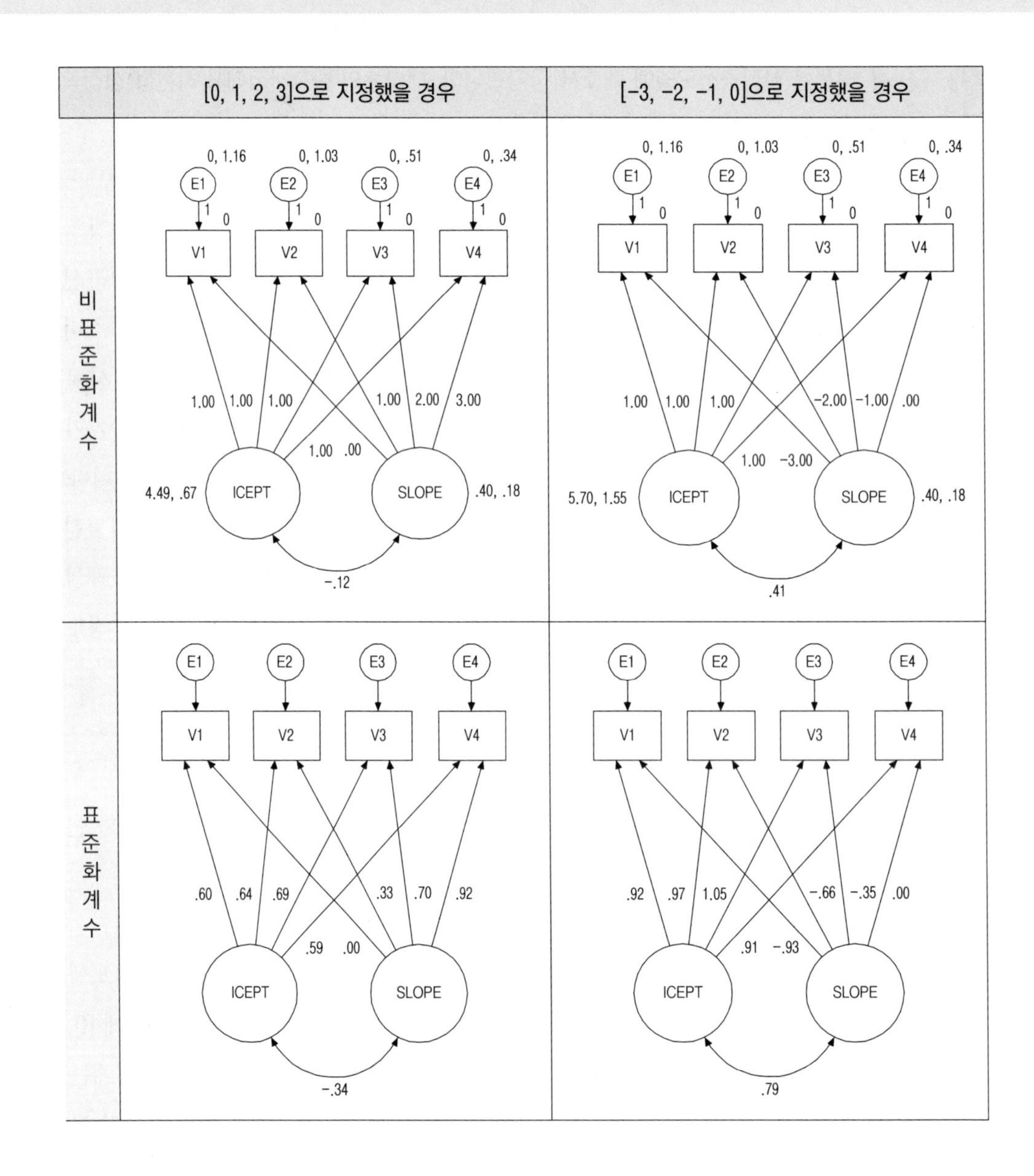

[0, 1, 2, 3]으로 지정했을 경우
[-3, -2, -1, 0]으로 지정했을 경우
비표준화계수
표준화계수
0, 1.16
0, 1.03
0, .51
0, .34
E1
E2
E3
E4
1
0
V1
V2
V3
V4
1.00
2.00
3.00
.00
-2.00
-1.00
-3.00
4.49, .67
5.70, 1.55
ICEPT
SLOPE
.40, .18
-.12
.41
.60
.64
.69
.33
.70
.92
.59
-.34
.97
1.05
-.66
-.35
.91
-.93
.79

모델적합도

CMIN

Model	NPAR	CMIN	DF	P	CMIN/DF
Default model	9	9.240	5	.100	1.848
Saturated model	14	.000	0		
Independence model	8	211.447	6	.000	35.241

Baseline Comparisons

Model	NFI Delta1	RFI rho1	IFI Delta2	TLI rho2	CFI
Default model	.956	.948	.979	.975	.979
Saturated model	1.000		1.000		1.000
Independence model	.000	.000	.000	.000	.000

CMIN

Model	NPAR	CMIN	DF	P	CMIN/DF
Default model	9	9.240	5	.100	1.848
Saturated model	14	.000	0		
Independence model	8	211.447	6	.000	35.241

Baseline Comparisons

Model	NFI Delta1	RFI rho1	IFI Delta2	TLI rho2	CFI
Default model	.956	.948	.979	.975	.979
Saturated model	1.000		1.000		1.000
Independence model	.000	.000	.000	.000	.000

만약, 조사자가 변화량이 2010년(V3)과 비교해서 2011년(V4) 성장이 멈춘 상태라고 임의로 가정했다면 [0, 1, 2, 2]로 지정해주면 됩니다. 이를 원래 모델과 비교하여 분석한 결과는 다음과 같습니다.

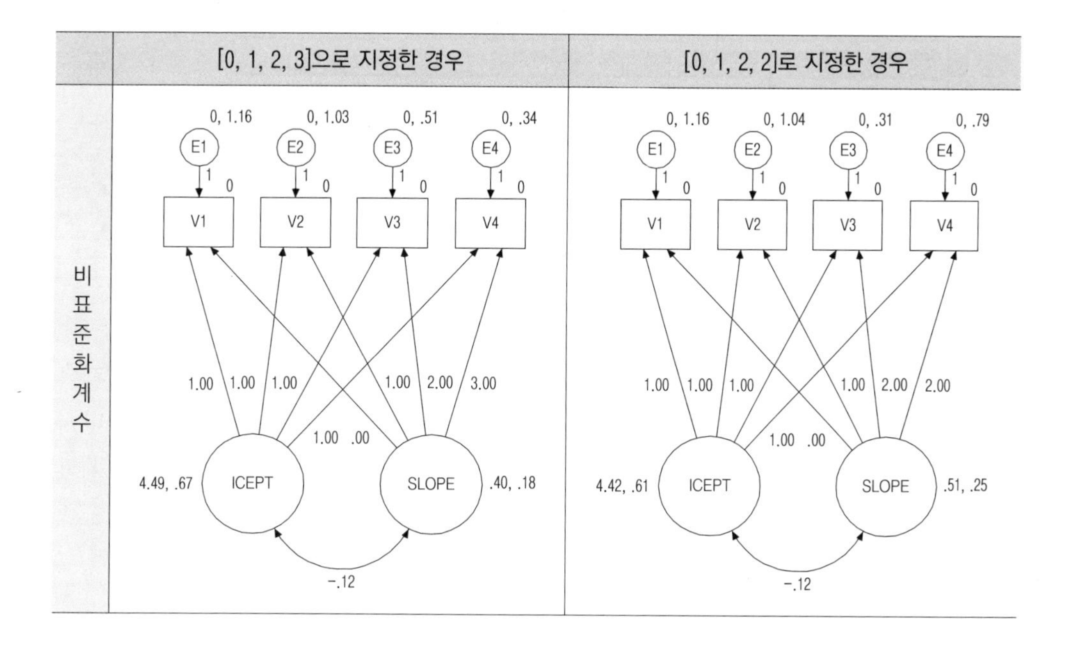

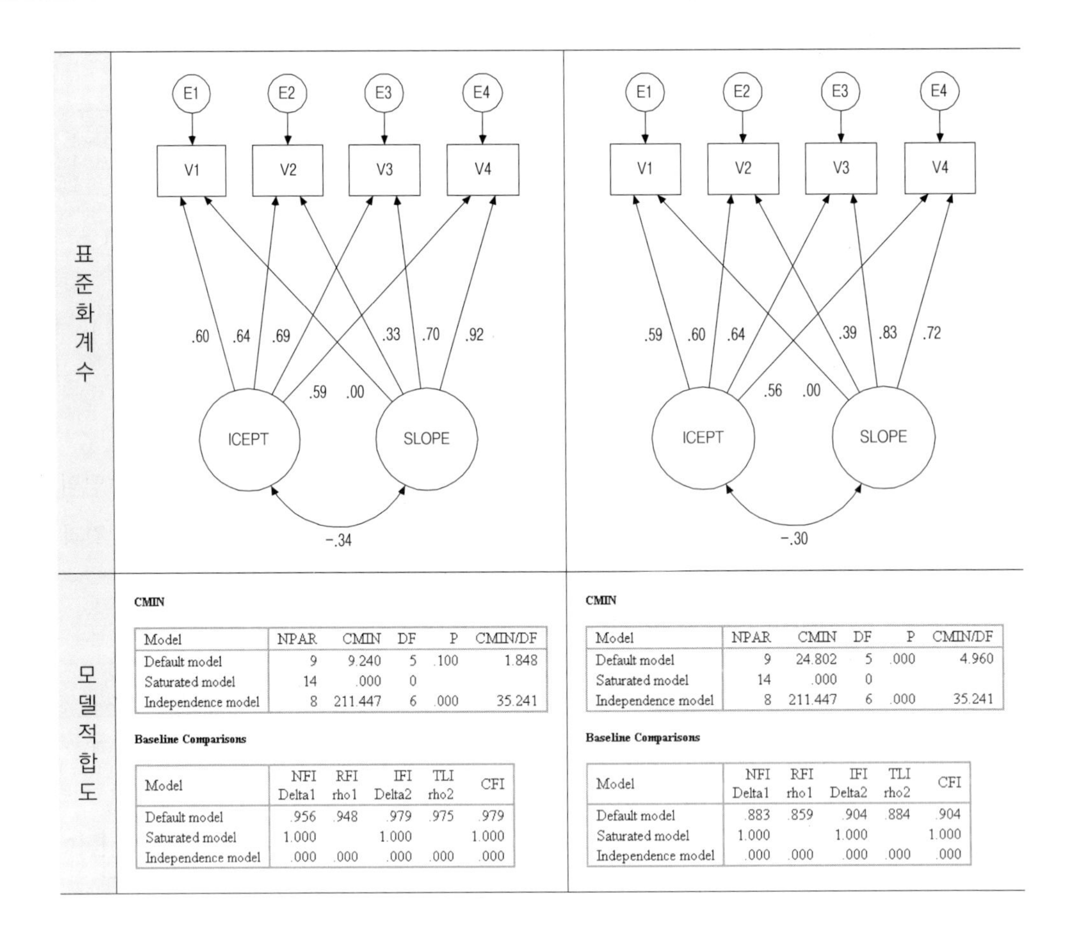

CMIN

Model	NPAR	CMIN	DF	P	CMIN/DF
Default model	9	9.240	5	.100	1.848
Saturated model	14	.000	0		
Independence model	8	211.447	6	.000	35.241

Baseline Comparisons

Model	NFI Delta1	RFI rho1	IFI Delta2	TLI rho2	CFI
Default model	.956	.948	.979	.975	.979
Saturated model	1.000		1.000		1.000
Independence model	.000	.000	.000	.000	.000

CMIN

Model	NPAR	CMIN	DF	P	CMIN/DF
Default model	9	24.802	5	.000	4.960
Saturated model	14	.000	0		
Independence model	8	211.447	6	.000	35.241

Baseline Comparisons

Model	NFI Delta1	RFI rho1	IFI Delta2	TLI rho2	CFI
Default model	.883	.859	.904	.884	.904
Saturated model	1.000		1.000		1.000
Independence model	.000	.000	.000	.000	.000

[0, 1, 2, 2]로 고정한 모델의 경우, 원래 성장곡선모델에 비해 절편이나 기울기의 평균과 분산이 모두 변화했음을 알 수 있습니다. 그리고 특히 모델적합도가 원래 모델보다 많이 안 좋아진 것을 알 수 있습니다. 이는 성장이 멈춘 것으로 가정한 모델보다 꾸준한 성장을 가정한 모델이 데이터에 더 적합하다는 의미로 해석할 수 있습니다.

chapter

17

기타 분석기법

1 베이지안 추정

베이지안 추정(Bayesian estimation)은 모수추정법 중 하나로, Amos에서 사용 가능한 기법이다. 가장 일반적으로 사용되고 있는 최대우도법(Maximum Likelihood)은 말 그대로 우도가 최대가 되도록 모수를 추정하는 방법이다. 여기에서 우도란 우도함수(likelihood)를 의미하며, 우도함수는 관측된 데이터가 모수의 함수일 가능성을 의미한다. 다시 말해서, 관측된 데이터를 통해 발생할 확률이 가장 높은 모수를 구하는 방법이다. 이때 모수 자체는 알 수 없지만, 그 모수 자체가 고정(fixed but unknown)되어 있다고 가정하는 것이다.

반면, 베이지안 추정의 경우, 조사자는 모수에 대해 사전에 알고 있는 지식이나 자료 등을 통해 사전분포(priori distribution)를 생성한 후, 사전분포와 실제 관측으로 얻은 데이터를 베이지안 이론을 통하여 사후분포(posterior distribution)를 생성하게 된다. 이때 모수는 사후확률분포(posterior probability density)로 표현된다.

알아두세요! **베이지안 이론**

베이지안 이론은 영국 수학자인 베이즈(Bayes, 1702~1762)에 의해서 개발된 이론으로 베이즈의 정리(Bayes' theorem)를 바탕으로 하고 있다. 기본개념은 사전확률정보를 이용하여 사후확률을 예측하는 이론으로, 어떤 사건이 발생했을 때에 그 사건 전에 있던 확률인 사전확률을 바탕으로 사건발생원인에 해당하는 사후확률을 구하는 것이다.

예를 들어, 올해 출시한 신차의 부속품에 불량품이 발생했다고 가정해보자. 그 부속품은 공급업체 A와 B로부터 각각 70%, 30%를 공급받고 있는데, 지금까지 결과로 보아 A회사로부터 발생한 불량률은 2%, B회사로부터 발생한 불량률은 4%였다. 이럴 경우, 두 공급업체에 대한 불량품의 사전확률 및 사후확률은 다음과 같다.

	정품/불량품의 사전확률		생산량과 불량품의 확률	사후확률 (전체 불량품 중 특정 회사의 불량품 확률)
A회사 (70%)	정품 확률	98%	68.6% (.70×.98)	1.4/(1.4+1.2)=53.8%
	불량품 확률	2%	1.4% (.70×.02)	
B회사 (30%)	정품 확률	96%	28.8% (.30×.96)	1.2/(1.4+1.2)=46.2%
	불량품 확률	4%	1.2% (.30×.04)	

결국 신차의 부속품에서 불량품이 발생했다면, 그 불량품이 A회사에 나왔을 확률은 53.85%이며, B회사에서 나왔을 확률은 46.2%라고 할 수 있다. 두 회사의 불량품 확률을 합하면 1이 된다.

1-1 Amos에서의 베이지안 추정

베이지안 추정을 실습해보자. 아이콘 모음창에서 아이콘을 선택한 후 [Estimation]에서 '☑ Estimate means and intercepts'를 체크한 다음, 아이콘 모음창에서 ▲(베이지안) 아이콘을 선택하면 분석이 시작된다.

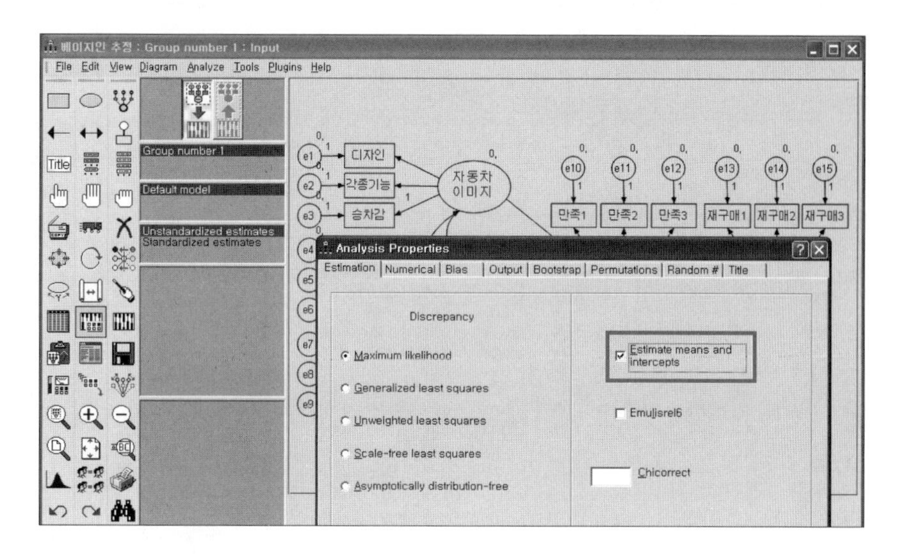

만약 '☐ Estimate means and intercepts'를 체크하지 않으면 다음과 같은 메시지가 나타난다.

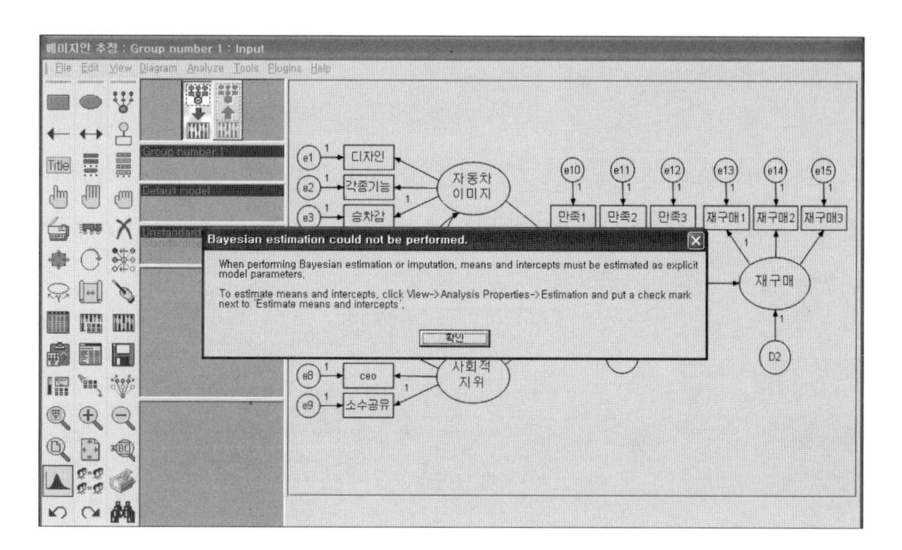

분석이 진행되면 [Bayesian SEM] 창이 나타나는데, 분석창에 있는 붉은색의 우울한 얼굴( )이 노란색의 웃는 얼굴( )이 될 때까지 기다리면 된다. 노란색의 웃는 얼굴( )이 나타난 후에도 분석이 진행되기 때문에 ▮▮를 눌러 중지해야 하며, 중지하는 시점에 따라 값은 다르게 나타나지만 큰 차이는 없다.

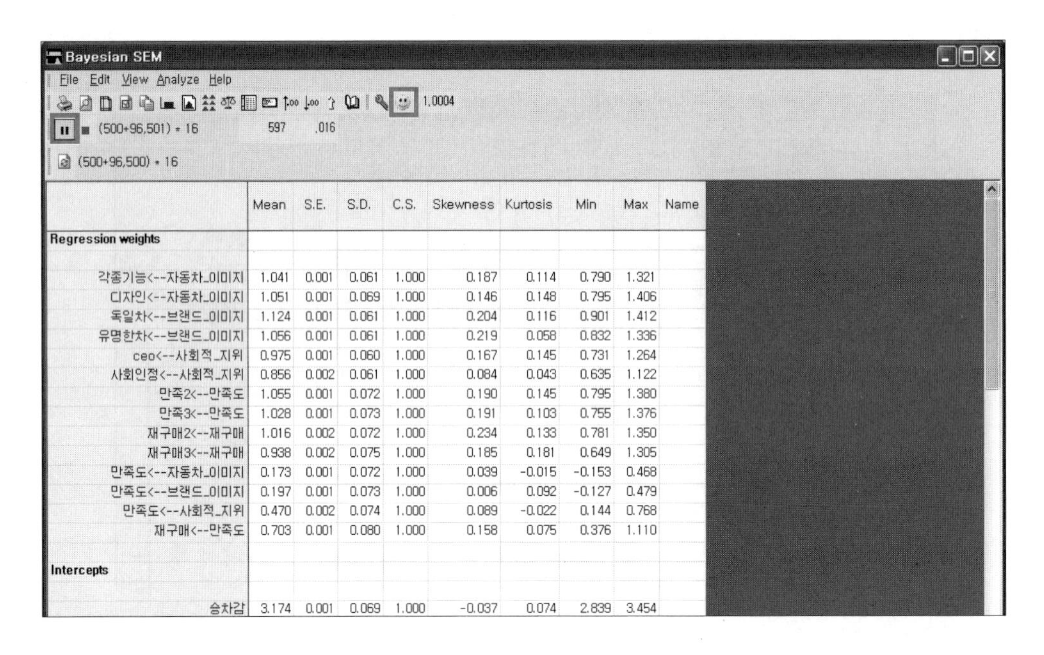
Bayesian SEM

File Edit View Analyze Help

1.0004

(500+96,501) * 16 597 .016

(500+96,500) * 16

	Mean	S.E.	S.D.	C.S.	Skewness	Kurtosis	Min	Max	Name
Regression weights									
각종기능<--자동차_이미지	1.041	0.001	0.061	1.000	0.187	0.114	0.790	1.321	
디자인<--자동차_이미지	1.051	0.001	0.069	1.000	0.146	0.148	0.795	1.406	
독일차<--브랜드_이미지	1.124	0.001	0.061	1.000	0.204	0.116	0.901	1.412	
유명한차<--브랜드_이미지	1.056	0.001	0.061	1.000	0.219	0.058	0.832	1.336	
ceo<--사회적_지위	0.975	0.001	0.060	1.000	0.167	0.145	0.731	1.264	
사회인정<--사회적_지위	0.856	0.002	0.061	1.000	0.084	0.043	0.635	1.122	
만족2<--만족도	1.055	0.001	0.072	1.000	0.190	0.145	0.795	1.380	
만족3<--만족도	1.028	0.001	0.073	1.000	0.191	0.103	0.755	1.376	
재구매2<--재구매	1.016	0.002	0.072	1.000	0.234	0.133	0.781	1.350	
재구매3<--재구매	0.938	0.002	0.075	1.000	0.185	0.181	0.649	1.305	
만족도<--자동차_이미지	0.173	0.001	0.072	1.000	0.039	-0.015	-0.153	0.468	
만족도<--브랜드_이미지	0.197	0.001	0.073	1.000	0.006	0.092	-0.127	0.479	
만족도<--사회적_지위	0.470	0.002	0.074	1.000	0.089	-0.022	0.144	0.768	
재구매<--만족도	0.703	0.001	0.080	1.000	0.158	0.075	0.376	1.110	
Intercepts									
승차감	3.174	0.001	0.069	1.000	-0.037	0.074	2.839	3.454	

분석 결과에는 Regression weights, Intercepts, Covariances, Variances에 대한 Mean(평균), S.E.(표준오차), S.D.(표준편차), C.S.(수렴통계치), Skewness(왜도), Kurtosis(첨도), Min(최소치), Max(최대치) 등이 제공된다. Regression weights의 경우, Mean은 경로에 대한 평균치로 생각하면 된다.

예를 들어, 베이지안 추정을 통해 얻은 '자동차이미지 → 만족도'는 Mean=.173이고, '브랜드이미지 → 만족도'는 Mean=.197인데, 이 수치는 ML법을 이용한 비표준화계수와 대동소이함을 알 수 있다.

베이지안 추정의 비표준화계수

	Mean	S.E.	S.D.	C.S.	Skewness	Kurtosis	Min	Max
Regression weights								
만족도<--자동차_이미지	0.173	0.001	0.072	1.000	0.039	-0.015	-0.153	0.468
만족도<--브랜드_이미지	0.197	0.001	0.073	1.000	0.006	0.092	-0.127	0.479
만족도<--사회적_지위	0.470	0.002	0.074	1.000	0.089	-0.022	0.144	0.768
재구매<--만족도	0.703	0.001	0.080	1.000	0.158	0.075	0.376	1.110

ML법의 비표준화계수

Regression Weights: (Group number 1 - Default model)

			Estimate	S.E.	C.R.	P	Label
만족도	<---	자동차_이미지	.177	.071	2.504	.012	
만족도	<---	브랜드_이미지	.194	.072	2.698	.007	
만족도	<---	사회적_지위	.468	.071	6.580	***	
재구매	<---	만족도	.707	.076	9.346	***	

공분산(Covariance) 역시 두 기법의 결과는 비슷하게 나타나고 있음을 보여준다.

베이지안 추정의 공분산 수치

	Mean	S.E.	S.D.	C.S.	Skewness	Kurtosis	Min	Max
Covariances								
사회적_지위<->브랜드_이미지	0.437	0.002	0.066	1.000	0.372	0.283	0.218	0.778
자동차_이미지<->브랜드_이미지	0.467	0.002	0.069	1.000	0.378	0.308	0.227	0.808
사회적_지위<->자동차_이미지	0.465	0.002	0.070	1.000	0.388	0.304	0.242	0.854

ML법의 공분산 수치

Covariances: (Group number 1 - Default model)

			Estimate	S.E.	C.R.	P	Label
브랜드_이미지	<-->	사회적_지위	.419	.062	6.794	***	
자동차_이미지	<-->	브랜드_이미지	.447	.064	7.036	***	
자동차_이미지	<-->	사회적_지위	.447	.066	6.816	***	

다음으로 사후분포를 알아보기 위해서 (View → Posterior) 아이콘을 선택하면 다음과 같은 창이 생성된다.

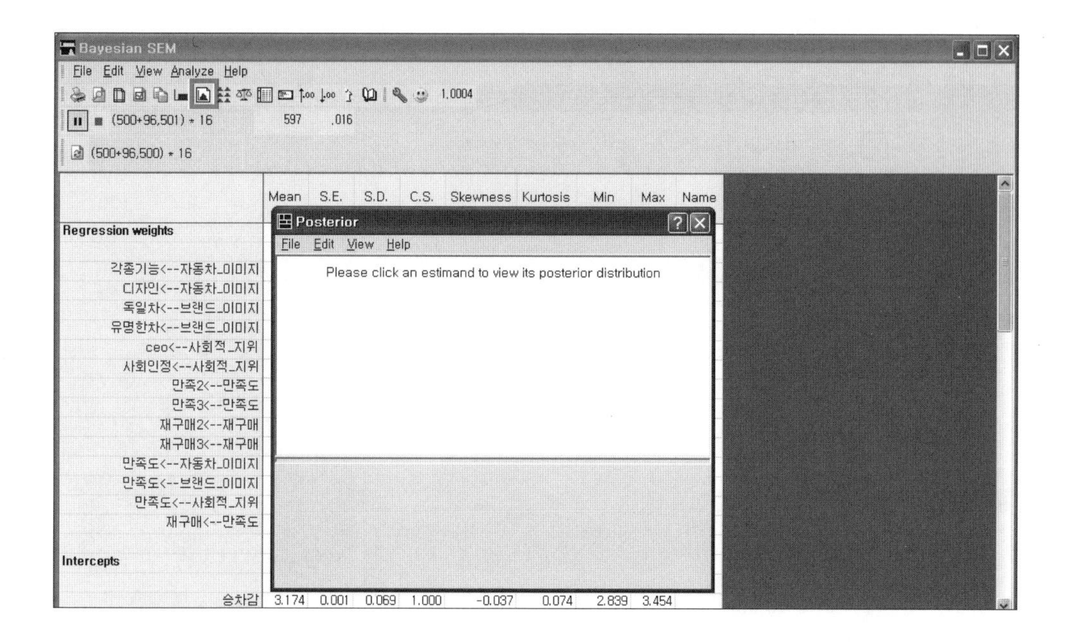

여기서 조사자가 알고 싶은 경로를 지정하면 된다. 예를 들어, [Regression weights]에서 '자동차이미지 → 만족도' 경로를 마우스로 지정하면 다음과 같은 결과가 나타난다.

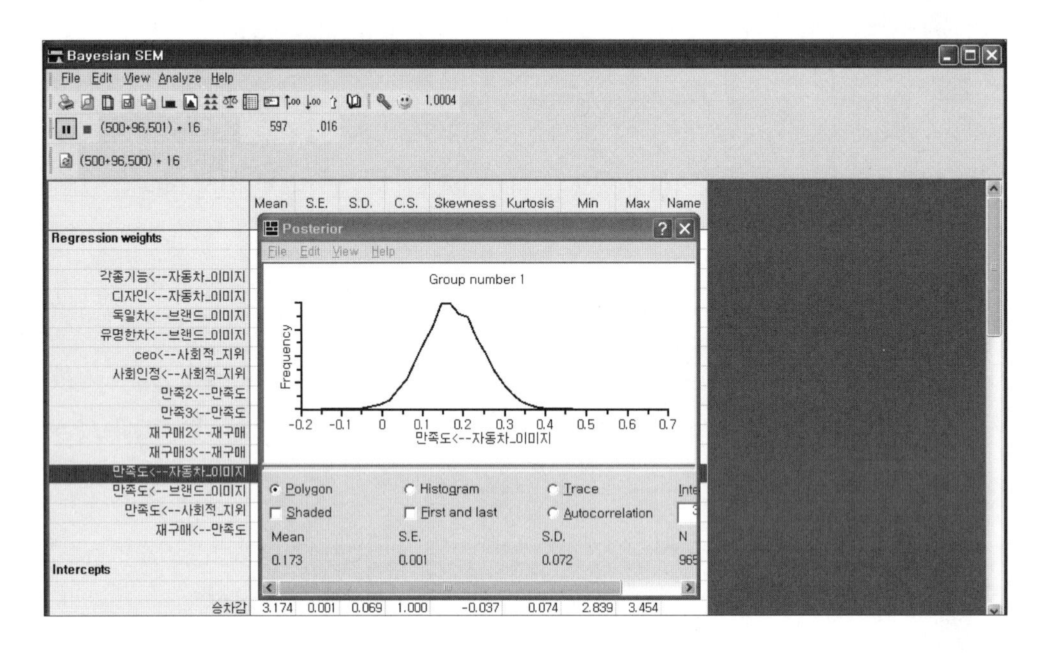

특정 변수 간 사후분포를 보기 위해서는 두 변수를 한꺼번에 지정해주면 된다. ◙ 아이콘을 선택해서 [Posterior) 창이 생성되면 intercepts의 '승차감'을 지정한 후, Ctrl키를 누른 상태에서 다시 '만족1'을 지정하면 다음과 같은 결과가 나타난다.

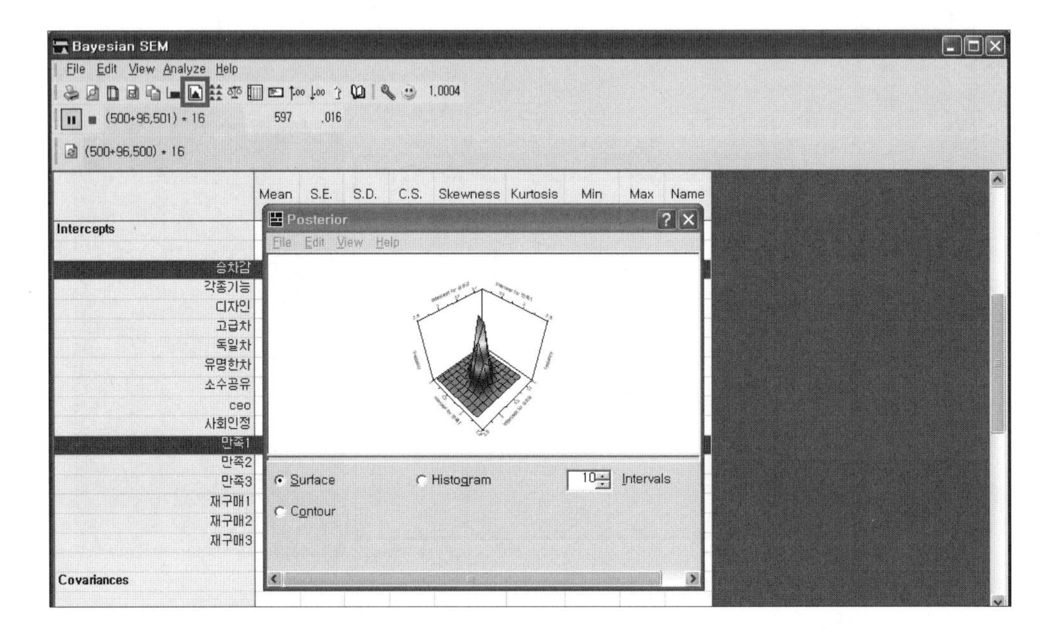

1-2 베이지안 추정에서 직접효과, 간접효과, 총효과

베이지안 추정을 이용해 외제차모델의 '사회적지위 → 재구매' 경로에 대한 직접효과, 간접효과, 총효과를 알아보도록 하자.

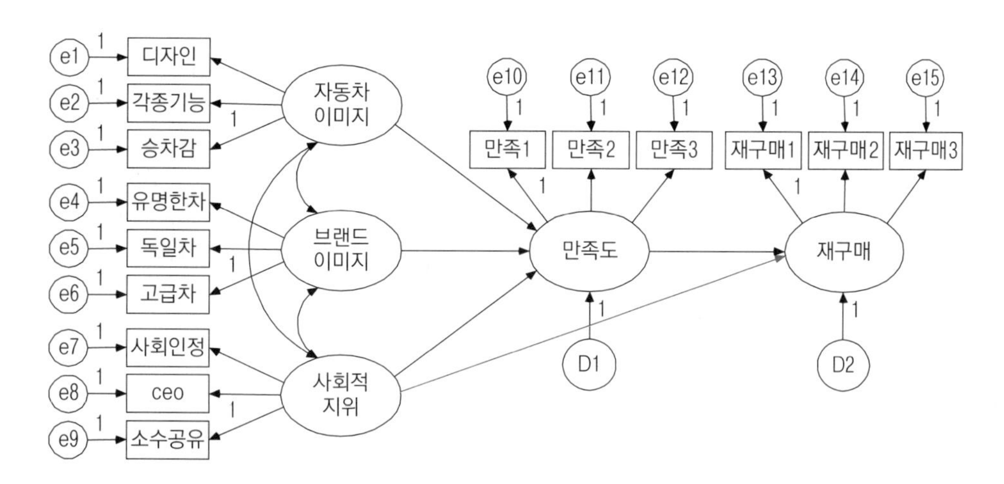

아이콘을 선택해서 [Bayesian Options] 창이 생성되면 '☑ Credible interval'을 체크한 후 Confidence level을 '95'로 입력하고 [Close]를 누른다.

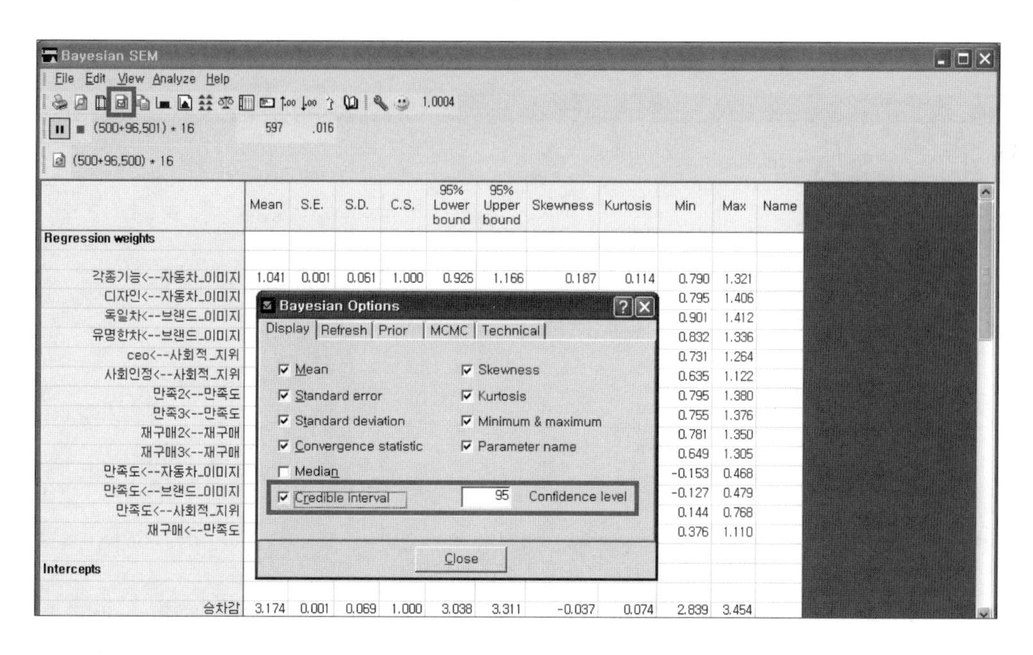

다음으로 ▥ 아이콘을 선택하면 [Additional Estimands] 창이 생성되면서 분석이 진행된다.

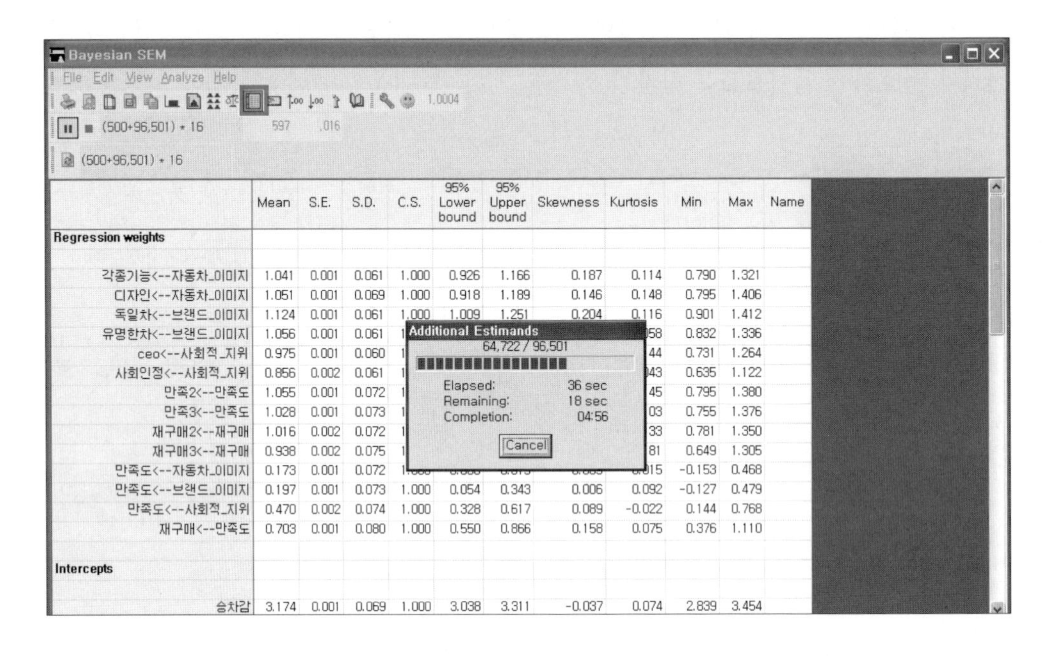

	Mean	S.E.	S.D.	C.S.	95% Lower bound	95% Upper bound	Skewness	Kurtosis	Min	Max	Name
Regression weights											
각종기능<--자동차_이미지	1.041	0.001	0.061	1.000	0.926	1.166	0.187	0.114	0.790	1.321	
디자인<--자동차_이미지	1.051	0.001	0.069	1.000	0.918	1.189	0.146	0.148	0.795	1.406	
독일차<--브랜드_이미지	1.124	0.001	0.061	1.000	1.009	1.251	0.204	0.116	0.901	1.412	
유명한차<--브랜드_이미지	1.056	0.001	0.061						0.832	1.336	
ceo<--사회적_지위	0.975	0.001	0.060						0.731	1.264	
사회인정<--사회적_지위	0.856	0.002	0.061						0.635	1.122	
만족2<--만족도	1.055	0.001	0.072						0.795	1.380	
만족3<--만족도	1.028	0.001	0.073						0.755	1.376	
재구매2<--재구매	1.016	0.002	0.072						0.781	1.350	
재구매3<--재구매	0.938	0.002	0.075						0.649	1.305	
만족도<--자동차_이미지	0.173	0.001	0.072						-0.153	0.468	
만족도<--브랜드_이미지	0.197	0.001	0.073	1.000	0.054	0.343	0.006	0.092	-0.127	0.479	
만족도<--사회적_지위	0.470	0.002	0.074	1.000	0.328	0.617	0.089	-0.022	0.144	0.768	
재구매<--만족도	0.703	0.001	0.080	1.000	0.550	0.866	0.158	0.075	0.376	1.110	
Intercepts											
승차감	3.174	0.001	0.069	1.000	3.038	3.311	-0.037	0.074	2.839	3.454	

분석 결과가 나타나면 다음과 같이 '☑ Standardized Indirect Effects'와 '☑ Mean'에 체크한다.

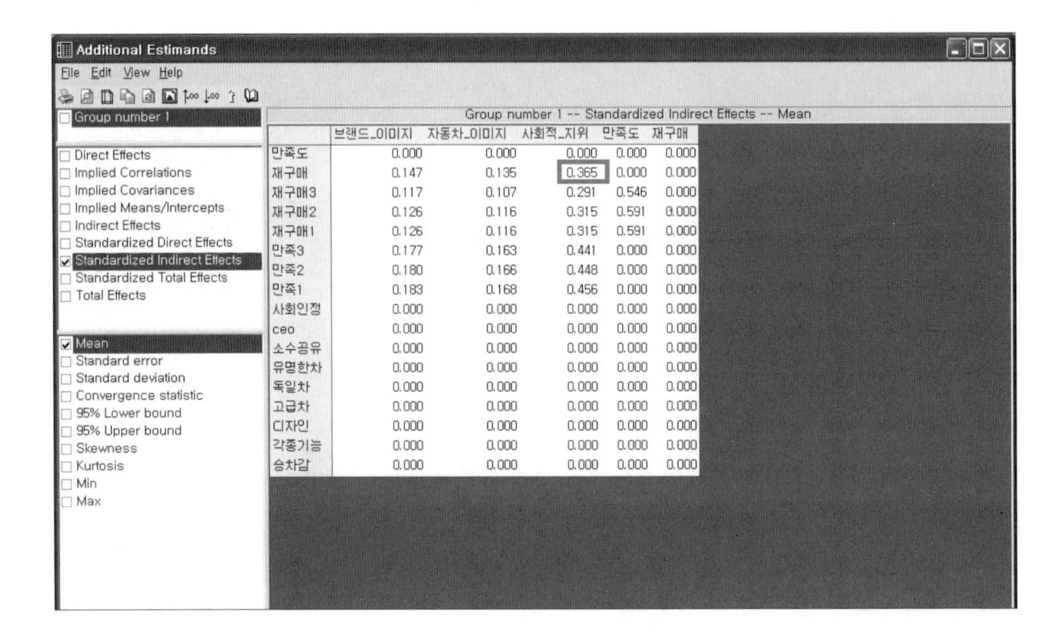

Group number 1 -- Standardized Indirect Effects -- Mean

	브랜드_이미지	자동차_이미지	사회적_지위	만족도	재구매
만족도	0.000	0.000	0.000	0.000	0.000
재구매	0.147	0.135	0.365	0.000	0.000
재구매3	0.117	0.107	0.291	0.546	0.000
재구매2	0.126	0.116	0.315	0.591	0.000
재구매1	0.126	0.116	0.315	0.591	0.000
만족3	0.177	0.163	0.441	0.000	0.000
만족2	0.180	0.166	0.448	0.000	0.000
만족1	0.183	0.168	0.456	0.000	0.000
사회인정	0.000	0.000	0.000	0.000	0.000
ceo	0.000	0.000	0.000	0.000	0.000
소수공유	0.000	0.000	0.000	0.000	0.000
유명한차	0.000	0.000	0.000	0.000	0.000
독일차	0.000	0.000	0.000	0.000	0.000
고급차	0.000	0.000	0.000	0.000	0.000
디자인	0.000	0.000	0.000	0.000	0.000
각종기능	0.000	0.000	0.000	0.000	0.000
승차감	0.000	0.000	0.000	0.000	0.000

'사회적지위 → 재구매' 경로를 보면, 베이지안 추정법은 .365이며, ML법은 .366으로 두 기법 간에는 큰 차이가 없음을 알 수 있다.

ML법 추정결과

Standardized Indirect Effects (Group number 1 - Default model)

	사회적_지위	브랜드_이미지	자동차_이미지	만족도	재구매
만족도	.000	.000	.000	.000	.000
재구매	.366	.145	.139	.000	.000
재구매3	.292	.116	.111	.548	.000
재구매2	.316	.125	.120	.593	.000
재구매1	.316	.125	.120	.593	.000
만족3	.442	.175	.167	.000	.000
만족2	.449	.178	.170	.000	.000
만족1	.456	.181	.173	.000	.000
사회인정	.000	.000	.000	.000	.000
ceo	.000	.000	.000	.000	.000
소수공유	.000	.000	.000	.000	.000
유명한차	.000	.000	.000	.000	.000
독일차	.000	.000	.000	.000	.000
고급차	.000	.000	.000	.000	.000
디자인	.000	.000	.000	.000	.000
각종기능	.000	.000	.000	.000	.000
승차감	.000	.000	.000	.000	.000

2 모델설정탐색

Amos에서는 조사자가 최종모델을 용이하게 선택할 수 있는 모델설정탐색(model specification search) 기능을 제공하고 있다. 예를 들어, 원래의 외제차모델에서 '자동차이미지 → 재구매, 브랜드이미지 → 재구매, 사회적지위 → 재구매' 경로의 연결을 고민하고 있는 상황이라면 모델설정탐색을 이용하면 된다.

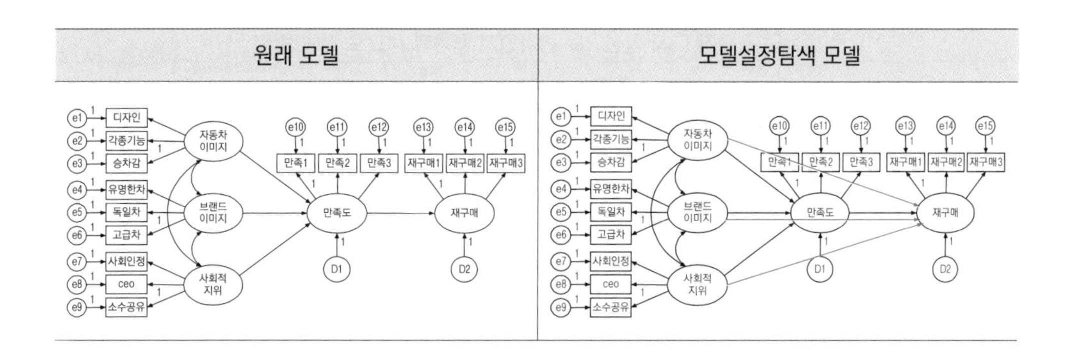

2-1 모델설정탐색 실행

원래의 외제차모델에서 '자동차이미지 → 재구매, 브랜드이미지 → 재구매, 사회적지위 → 재구매' 경로를 설정한 후, 아이콘 모음창에서 🔍 아이콘을 선택하면 다음과 같이 [Specification Search] 창이 생성된다.

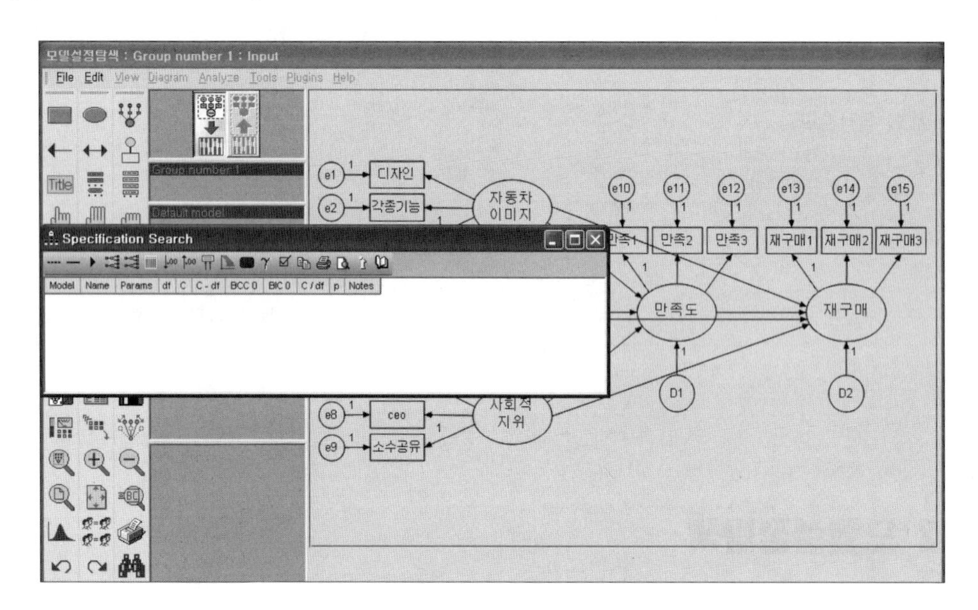

생성된 창에 나타난 아이콘 설명은 다음과 같다.

아이콘	설명
----	아이콘을 선택한 후 특정 경로를 클릭하면 경로가 점선에서 실선으로 변하면서 색도 변함
—	아이콘을 선택한 후 특정 경로를 클릭하면 점선으로 변했던 경로가 다시 실선으로 변하면서 처음의 색으로 복귀됨
▶	설정 탐색을 실행할 때 사용함
	선택된 경로들을 모두 보고자 할 때 사용함
	선택된 경로들을 모두 감출 때 사용함
	설정탐색을 통해 만들어졌던 모델들에 대한 요약을 보여줌
↓.00	Specification Search 창에서 보이는 결과들의 소수점 이하의 수치를 줄일 때 사용함

	Specification Search 창에서 보이는 결과들의 소수점 이하의 수치를 늘릴 때 사용함
	일반결과표에서는 설정탐색과정에서 생성되는 모든 모델의 결과를 제공하나, 이 아이콘을 누르면 중요한 모델들의 결과를 요약해서 보여줌
	모델적합도에 대한 결과를 그래프로 보여줌
	Specification Search 창에서 모델을 지정한 후에 이 아이콘을 누르면 지정된 모델의 경로를 보여줌
	아이콘이 지정된 상태에서 모델을 지정하면 경로에 대한 결과가 제시됨
	분석 시 필요한 여러 가지 옵션을 제공함
	모델의 지정된 결과를 복사할 때 사용함
	지정된 모델을 복사할 때 사용함
	복사할 모델을 미리 볼 때 사용함
	사용하고 있는 Amos 프로그램에 대한 정보를 제공함
	도움말 기능을 제공함

[Specification Search] 창에서 ···· 아이콘을 선택하면 [Amos Reference Guide] 창이 나타난다. 창을 닫은 후 '자동차이미지 → 재구매', '브랜드이미지 → 재구매', '사회적지위 → 재구매' 경로(화살표)를 지정하면 선택된 경로가 노란색 점선으로 변한다.

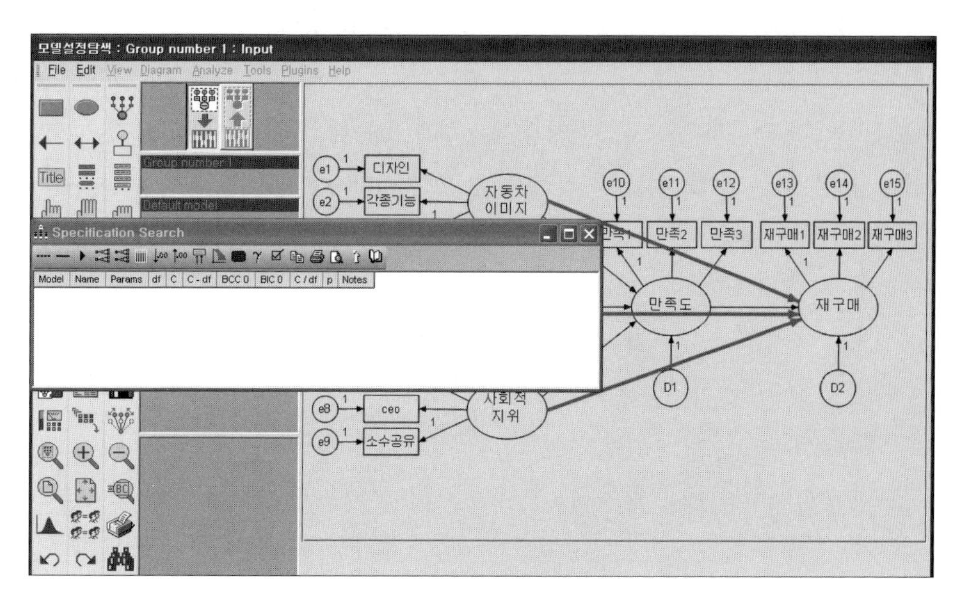

* 실제 화면에서는 선택된 경로가 노란색으로 표시되어 눈에 잘 띄지 않음.

2-2 모델설정탐색 결과

다음으로 구체적인 설정탐색을 위해 ▶ 아이콘을 누르면 다음과 같은 결과가 나타난다.

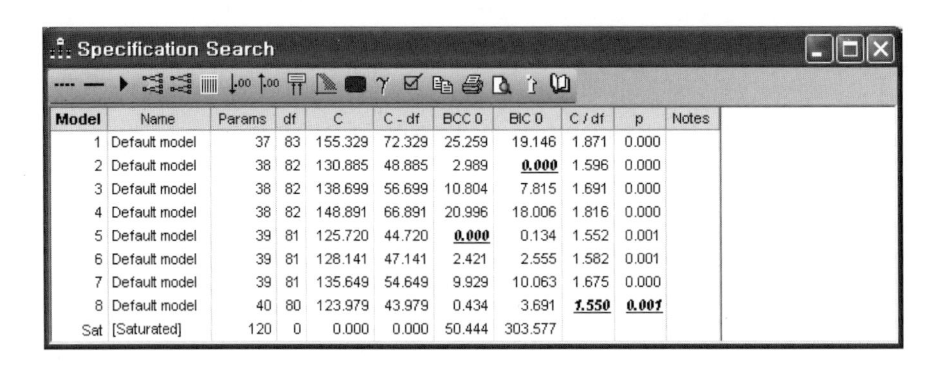

Specification Search

Model	Name	Params	df	C	C - df	BCC 0	BIC 0	C / df	p	Notes
1	Default model	37	83	155.329	72.329	25.259	19.146	1.871	0.000	
2	Default model	38	82	130.885	48.885	2.989	**0.000**	1.596	0.000	
3	Default model	38	82	138.699	56.699	10.804	7.815	1.691	0.000	
4	Default model	38	82	148.891	66.891	20.996	18.006	1.816	0.000	
5	Default model	39	81	125.720	44.720	**0.000**	0.134	1.552	0.001	
6	Default model	39	81	128.141	47.141	2.421	2.555	1.582	0.001	
7	Default model	39	81	135.649	54.649	9.929	10.063	1.675	0.000	
8	Default model	40	80	123.979	43.979	0.434	3.691	**1.550**	**0.001**	
Sat	[Saturated]	120	0	0.000	0.000	50.444	303.577			

결과표에는 Sat [Saturated]를 제외한 8개의 모델이 제시되어 있다. Params는 모수의 수를 의미하고, df는 자유도, C는 χ^2의 수치, C-df는 χ^2에서 자유도를 뺀 값, BBC 0은 Browne-Cudeck Criterion, BIC 0은 Bayes Information Criterion, C/df는 χ^2을 자유도로 나눈 값, p는 유의확률을 의미한다.

'BCC 0'은 모델의 복잡성에 대한 위반을 보여주는 수치로서 작을수록 좋다. 2 이하이면 매우 잘 적합화된 모델이며, 4 이하이면 비교적 잘 적합화된 모델이라고 할 수 있다. BIC 0과 C/df 역시 수치가 작을수록 잘 적합화된 모델임을 의미한다.

결과표에서는 잘 적합화된 모델 3가지를 제시하고 있는데, BCC 0이 가장 작은 모델5, BIC 0이 가장 작은 모델2, C/df가 가장 작은 모델8이다. 이 중 어느 모델을 선택할지는 조사자가 결정하면 된다.

예를 들어, 모델5의 결과를 알고 싶다면 모델5를 지정한다.

Specification Search

Model	Name	Params	df	C	C - df	BCC 0	BIC 0	C / df	p	Notes
1	Default model	37	83	155.329	72.329	25.259	19.146	1.871	0.000	
2	Default model	38	82	130.885	48.885	2.989	**0.000**	1.596	0.000	
3	Default model	38	82	138.699	56.699	10.804	7.815	1.691	0.000	
4	Default model	38	82	148.891	66.891	20.996	18.006	1.816	0.000	
5	Default model	39	81	125.720	44.720	**0.000**	0.134	1.552	0.001	
6	Default model	39	81	128.141	47.141	2.421	2.555	1.582	0.001	
7	Default model	39	81	135.649	54.649	9.929	10.063	1.675	0.000	
8	Default model	40	80	123.979	43.979	0.434	3.691	***1.550***	***0.001***	
Sat	[Saturated]	120	0	0.000	0.000	50.444	303.577			

γ 아이콘과 ■ 아이콘을 차례대로 누르면 다음과 같은 결과가 나타난다.

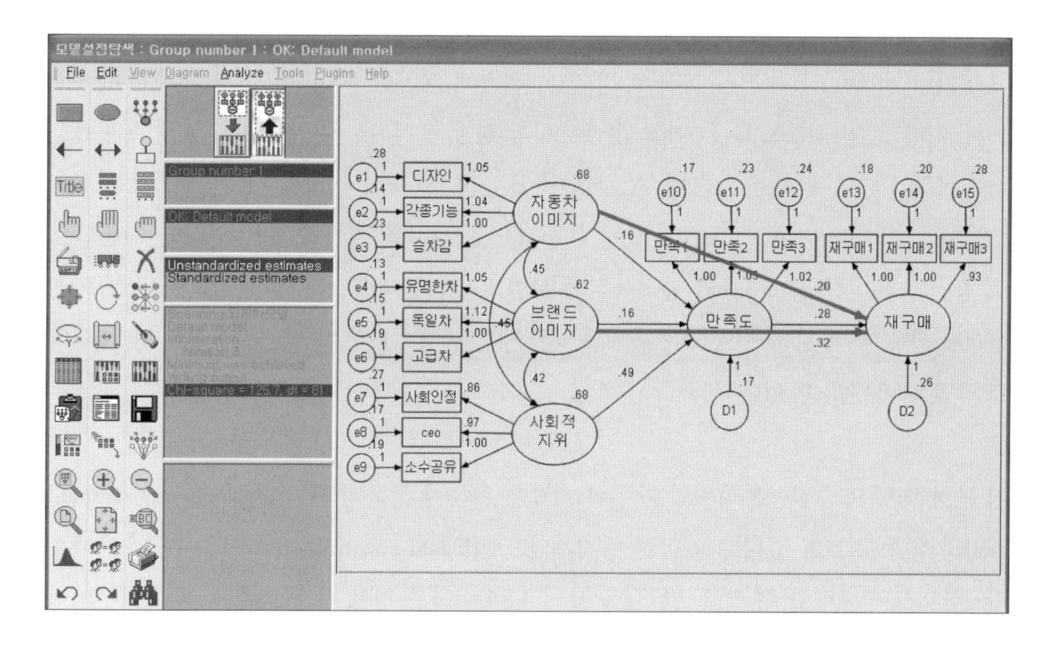

모델설정탐색을 통해 조사자는 '자동차이미지 → 재구매', '브랜드이미지 → 재구매' 경로를 추가한 모델이 최적의 모델임을 알 수 있다.

3 경로 간 계수비교

경로 간 계수비교 분석은 연구모델 내에서 특정 경로가 다른 경로보다 통계적으로 유의하고 더 강하게 영향을 미치는지에 대한 가설을 검증하기 위한 방법이다. 다중집단분석이 집단 간 모델의 동일한 경로에 대한 비교라면, 경로 간 계수비교는 한 모델 내에서의 경로 간 비교이다.

일반적인 모델분석은 변수 간 경로의 표준화계수의 크기보다는 그 유의성에 중점을 두고 있다. 경로 자체가 유의하냐, 그렇지 않으냐에 따라 가설 채택의 유무가 결정되기 때문이다. 예를 들어, 어떤 학자들은 A라는 구성개념이 C에 유의하게 영향을 미친다고 주장하고, 어떤 학자들은 B라는 구성개념이 C에 유의하게 영향을 미친다고 주장한다고 가정해보자. 이때 조사자가 A, B 중 어느 개념이 C에 영향을 미치는지 알아보기 위해 A와 B를 모두 넣고 C와의 관계를 봤는데, A → C와 B → C 모두 유의하게 나타났다. 이런 경우 조사자는 '독립변수 A, B 모두가 C에 통계적으로 유의한 영향을 미친다'라는 결론만으로 연구를 끝내기에는 처음의 연구목적에 부합되지 않는다고 생각할 수 있다. 이에 두 구성개념 중 C에 더 강하게 영향을 미치는 구성개념을 알아보고자 할 경우, 경로 간 계수비교 방법을 이용할 수 있다.

이 분석 역시 다중집단분석처럼 아무런 제약을 가하지 않은 비제약모델(Non-constrained model)과 두 경로를 같다고 제약한 등가제약모델(Equal constrained model) 간 χ^2 차이를 비교함으로써 수행할 수 있다. 만약 $\Delta\chi^2$값이 3.84 이하면 경로 간 경로계수 차이는 무의미하지만, 그 이상이면 경로 간 유의한 차이가 있기 때문에 경로계수가 큰 경로가 작은 경로보다 더 강하게 영향을 미친다고 할 수 있다.

외제차모델에서 조사자가 '자동차이미지 → 만족도'와 '사회적지위 → 만족도'의 경로를 비교하기 위해 다음과 같은 가설을 설정했다고 가정해보자.

가설 사회적지위가 만족도에 미치는 영향은 자동차이미지가 만족도에 미치는 영향보다 통계적으로 유의하고 강하게 영향을 미칠 것이다.

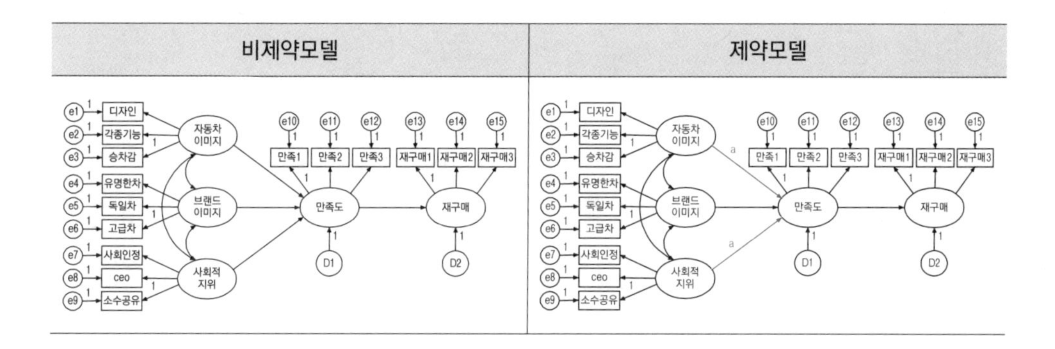

비제약모델은 조사자가 만든 연구모델이기 때문에 별다른 지정이 필요 없으며, 제약모델을 만들어주는 과정이 필요하다. 제약모델을 만들기 위해서는 다음과 같이 경로 간 모수를 같은 기호로 고정해주면 된다.

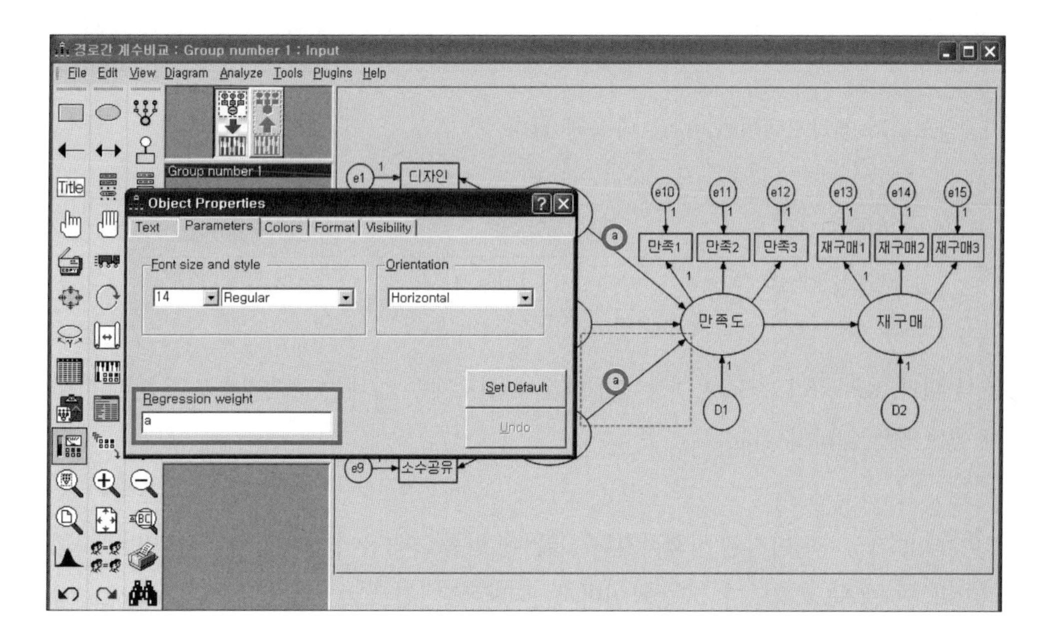

위 모델을 분석한 후, 비제약모델과 제약모델 간 χ^2값의 차이를 비교하면 다음과 같다.

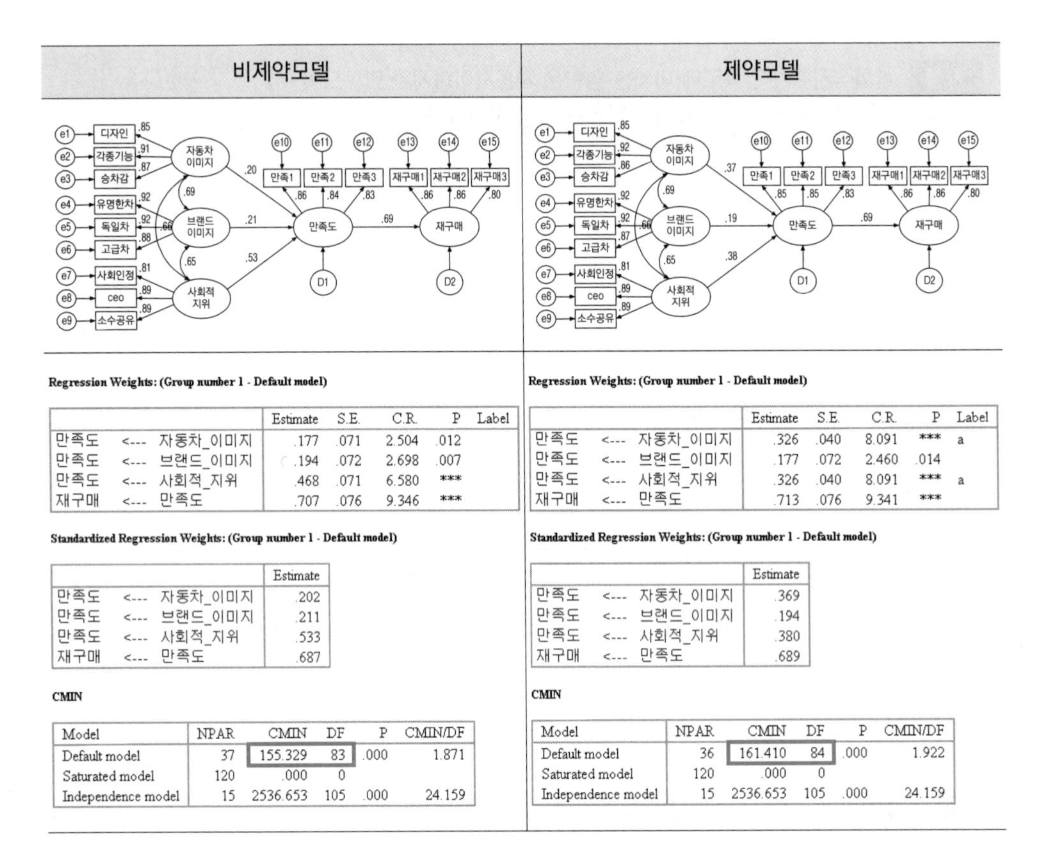

비제약모델

Regression Weights: (Group number 1 - Default model)

			Estimate	S.E.	C.R.	P	Label
만족도	<---	자동차_이미지	.177	.071	2.504	.012	
만족도	<---	브랜드_이미지	.194	.072	2.698	.007	
만족도	<---	사회적_지위	.468	.071	6.580	***	
재구매	<---	만족도	.707	.076	9.346	***	

Standardized Regression Weights: (Group number 1 - Default model)

			Estimate
만족도	<---	자동차_이미지	.202
만족도	<---	브랜드_이미지	.211
만족도	<---	사회적_지위	.533
재구매	<---	만족도	.687

CMIN

Model	NPAR	CMIN	DF	P	CMIN/DF
Default model	37	155.329	83	.000	1.871
Saturated model	120	.000	0		
Independence model	15	2536.653	105	.000	24.159

제약모델

Regression Weights: (Group number 1 - Default model)

			Estimate	S.E.	C.R.	P	Label
만족도	<---	자동차_이미지	.326	.040	8.091	***	a
만족도	<---	브랜드_이미지	.177	.072	2.460	.014	
만족도	<---	사회적_지위	.326	.040	8.091	***	a
재구매	<---	만족도	.713	.076	9.341	***	

Standardized Regression Weights: (Group number 1 - Default model)

			Estimate
만족도	<---	자동차_이미지	.369
만족도	<---	브랜드_이미지	.194
만족도	<---	사회적_지위	.380
재구매	<---	만족도	.689

CMIN

Model	NPAR	CMIN	DF	P	CMIN/DF
Default model	36	161.410	84	.000	1.922
Saturated model	120	.000	0		
Independence model	15	2536.653	105	.000	24.159

비제약모델과 제약모델의 $\Delta\chi^2$값은 다음과 같다.

비제약모델	제약모델	제약모델 - 비제약모델
$\chi^2 = 155.3$, df = 83	$\chi^2 = 161.4$, df = 84	$\Delta\chi^2 = 6.1$ (Δdf = 1)

분석 결과, $\Delta\chi^2 = 6.1$로 3.84 이상이기 때문에 경로계수 간에는 통계적으로 유의한 차이가 있는 것으로 나타났다.

요약하면, 자동차이미지와 사회적지위는 둘 다 만족도에 유의한 영향을 미치지만, '사회적지위 → 만족도' 경로가 '자동차이미지 → 만족도' 경로보다 통계적으로 유의하고 강하게 영향을 미친다고 할 수 있다. 만약 두 모델 간 χ^2의 차이가 3.84보다 작다면, '사회적지위 → 만족도'의 경로계수(.53)가 '자동차이미지 → 만족도'의 경로계수(.20)보다 상대적으로 더 크더라도 통계적으로 유의하고 강하게 영향을 미친다고 할 수 없다.

Q&A

Q 17-1 베이지안 추정을 왜 하는지 잘 모르겠습니다. 베이지안 추정법의 장점은 무엇이고, 기존 추정법과 비교할 때 무엇이 다른가요?

A 베이지안 추정법은 모수를 추정하는 여러 추정법 중 하나일 뿐, 다른 기법에 비해 월등하게 우수하거나 특별한 추정법은 아닙니다. 다만, Amos에서는 베이지안 추정을 위해 몬테카를로(Monte Carlo) 기법을 채택하여 사용하는데, 이 기법은 복잡하기 때문에 많이 사용되지 못하다가 컴퓨터의 발달로 인해 대중화되었습니다.

베이지안 추정법은 가장 많이 사용되는 최대우도법과 자주 비교됩니다. 최대우도법의 경우에는 모수가 고정되어 있지만, 모수에 대해 알 수 없다고 가정을 하기 때문에 수집된 데이터를 바탕으로 데이터가 발생할 가장 높은 모수를 추정합니다.

이에 비해 베이지안 추정법에서는 모수를 어느 정도 알려진 사전분포를 지닌 무작위 변수(random variable)로 가정한 후, 수집된 데이터와 사전분포를 통해 사후확률밀도(posterior probability density)로 진환하여 나타냅니다. 그러므로 Amos에서 제공되는 결과에서도 regression weights 같은 경로들이 고정된 수가 아닌 계속해서 변화하는 수치로 제공되며, 확률들에 대한 평균이나 표준오차 등이 제공됩니다. 실제로 두 추정법에 대한 결과는 거의 동일하게 나타나지만, 두 추정법에 대한 가정 자체는 매우 다르다고 할 수 있습니다.

베이지안 추정법의 장점은 모수에 대한 사전 정보 등을 포함시킬 수 있으며, 표본의 크기가 적은 경우에도 좋은 결과를 보여준다는 것입니다. 특히, 음오차분산과 같은 부적절한 모수의 문제들도 적절한 사전분포의 형성을 통해 해결할 수 있습니다.

Q 17-2 Amos에서 제공하는 모델설정탐색을 통해 변수 간 모든 관계를 무작위로 연결한 뒤 연구모델을 만들어가는 과정도 맞는 방법인가요? 그렇다면 이론적 배경은 무의미한 것이 아닌가요?

A 연구는 크게 탐색적 연구[1](exploratory study)와 확인적 연구(confirmatory study)로 나뉩니다. 탐색적 연구는 주어진 현상을 탐색하고 서술하는 연구방법으로서 다윈(Darwin)이 갈라파고스 군도에서 동물들을 연구하며 진화론을 생각하게 된 경우가 이에 해당합니다. 인문사회과학 쪽에서는 기존에 발표되지 않은 새로운 구성개념이나 척도 등을 개발하는 경우가 대표적인 탐색적 연구에 해당한다고 할 수 있습니다. 이와 반대로 확인적 연구는 탐색적 연구의 다음 단계로서, 기존에 연구된 선행연구 결과를 바탕으로 구성개념들 간의 관계 설정이나 가설검증 등에 비중을 둡니다. 그러므로 확인적 연구를 바탕으로 한 연구모델은 선행연구의 이론적 배경이나 논리적 근거가 중요합니다.

질문의 내용처럼 Amos에서 제공하는 모델설정탐색(model specification search)이나 M.I.(modification indices) 등의 탐색적 방법을 통하여 기술적으로 연구모델을 완성할 수는 있습니다. 하지만 구조방정식모델은 확인적 연구를 바탕으로 한 가설검정에 강력한 기법이기 때문에 Amos를 이용하여 탐색적 방법으로 연구모델을 구현하는 것은 적절하지 않습니다. 단, 최종모델을 선택하기 위해 모델의 적합도를 비교하거나, 경로 추가, 삭제, 제약 등의 수정모델을 만드는 경우와 같이 제한적인 범위에서의 모델설정탐색(model specification search)이나 M.I. 사용은 권장되고 있습니다.

---

1 Janet Houser (2007). p. 586.

Q 17-3 모델 내에서 3개 이상의 경로를 비교할 때는 어떻게 해야 하나요?

A 3개 이상의 경로를 비교할 때는 2개의 경로씩 쌍을 지어 비제약모델과 제약모델 간의 $\Delta\chi^2$을 비교하는 것이 좋습니다. 외제차모델에서 3개의 경로를 비교한 예는 다음과 같습니다.

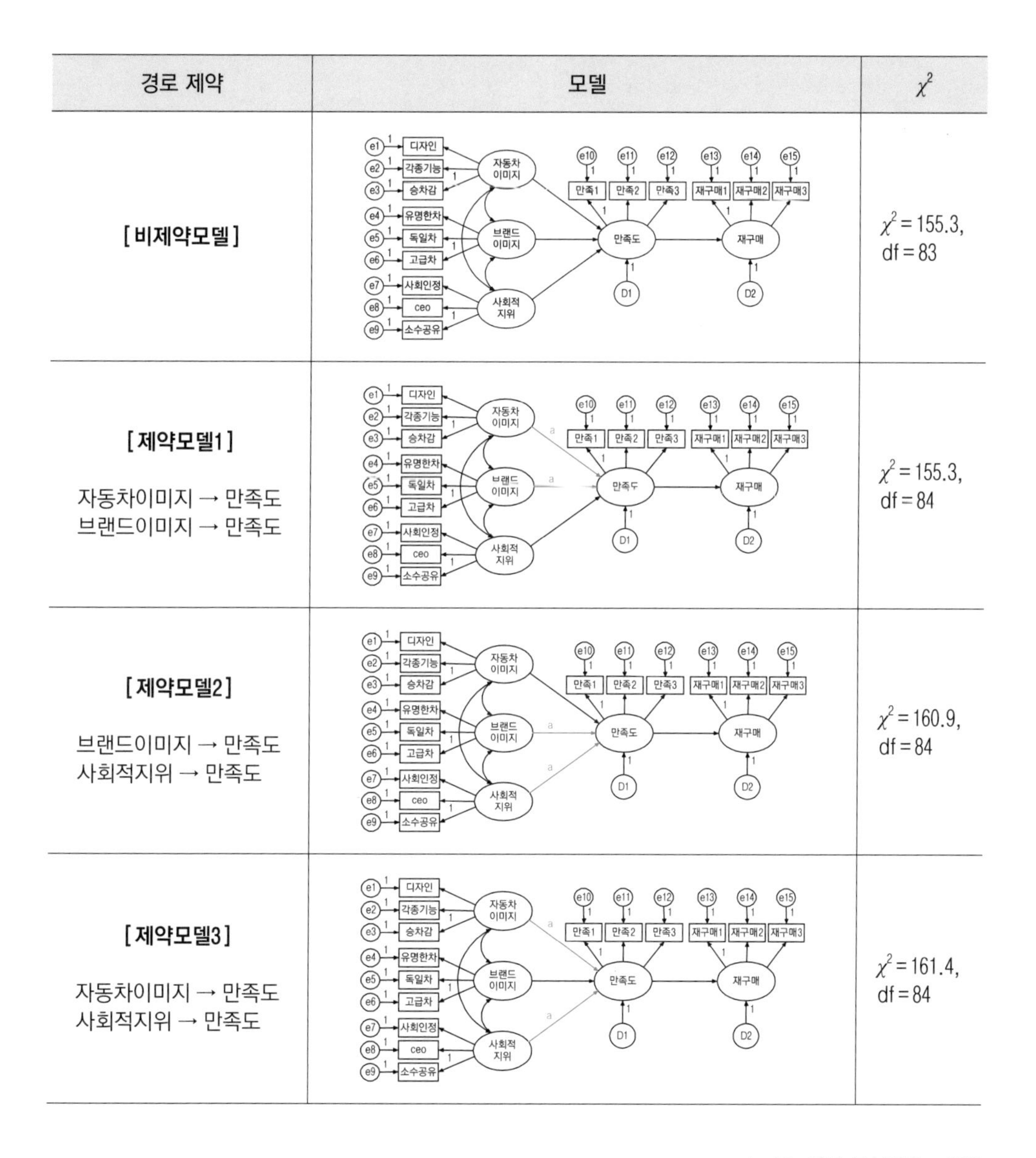

경로 제약	모델	χ^2
[비제약모델]		$\chi^2 = 155.3$, df = 83
[제약모델1] 자동차이미지 → 만족도 브랜드이미지 → 만족도		$\chi^2 = 155.3$, df = 84
[제약모델2] 브랜드이미지 → 만족도 사회적지위 → 만족도		$\chi^2 = 160.9$, df = 84
[제약모델3] 자동차이미지 → 만족도 사회적지위 → 만족도		$\chi^2 = 161.4$, df = 84

비제약모델의 적합도가 $\chi^2 = 155.3$, df = 83이기 때문에 $\Delta\chi^2 > 3.84$ 이상의 통계적인 유의치를 보이는 모델은 제약모델2와 제약모델3이 됩니다. 제약모델1의 경우에는 비제약모델과 차이가 거의 없기 때문에 두 경로 간에는 통계적으로 유의한 차이가 없다고 할 수 있습니다.

chapter

18

에러 메시지들과 해결방법

이번 장에서는 Amos 사용 시 자주 발생하는 문제들과 그에 따른 해결방법을 살펴보자.

1) 측정오차가 없는 경우

? 문제 관측변수인 '디자인'에 측정오차가 없다.

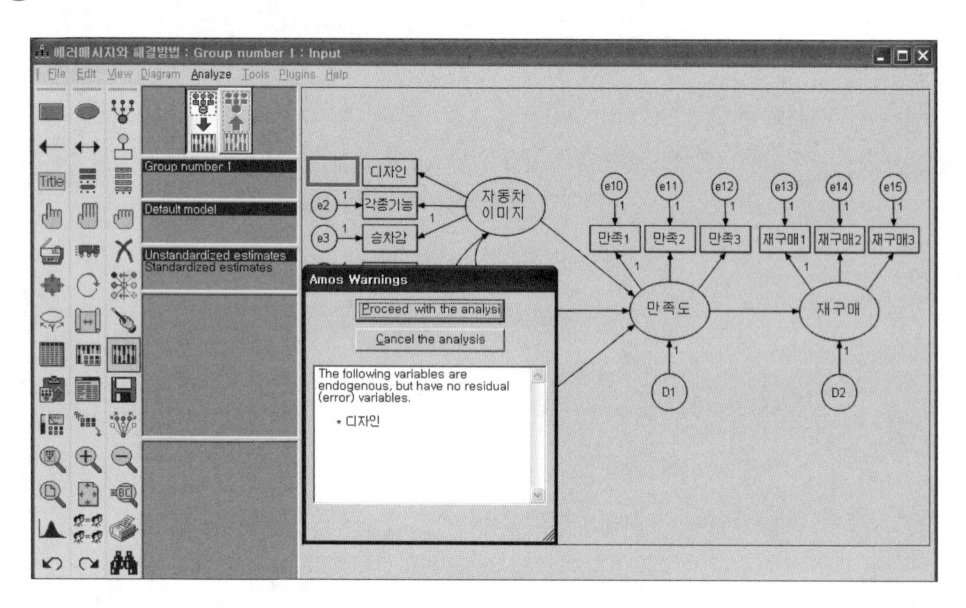

! 해결 모든 관측변수에 측정오차가 있는지를 확인 후 생성한다.

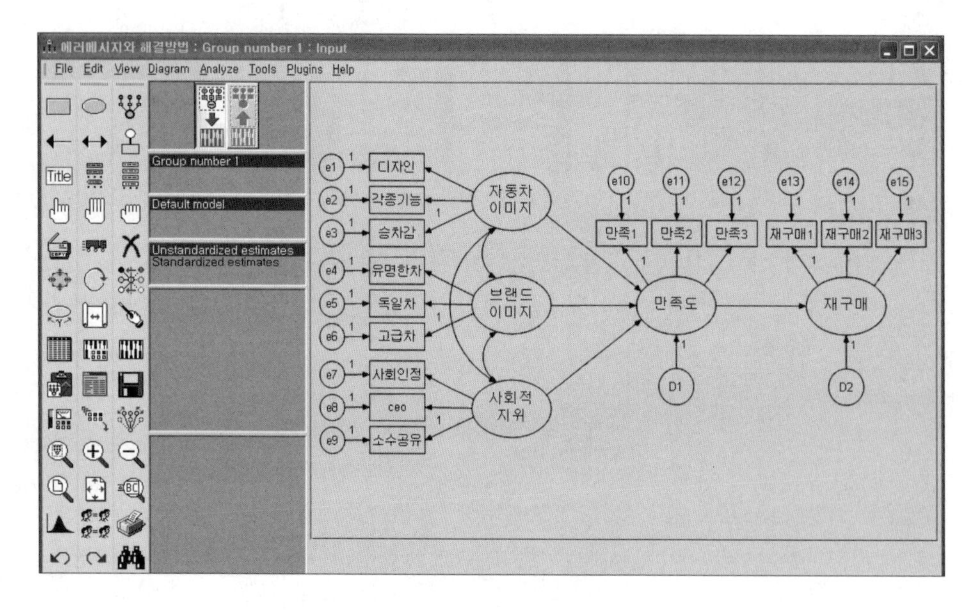

2) 구조오차가 없는 경우

문제 잠재변수인 '만족도'에 구조오차가 없다.

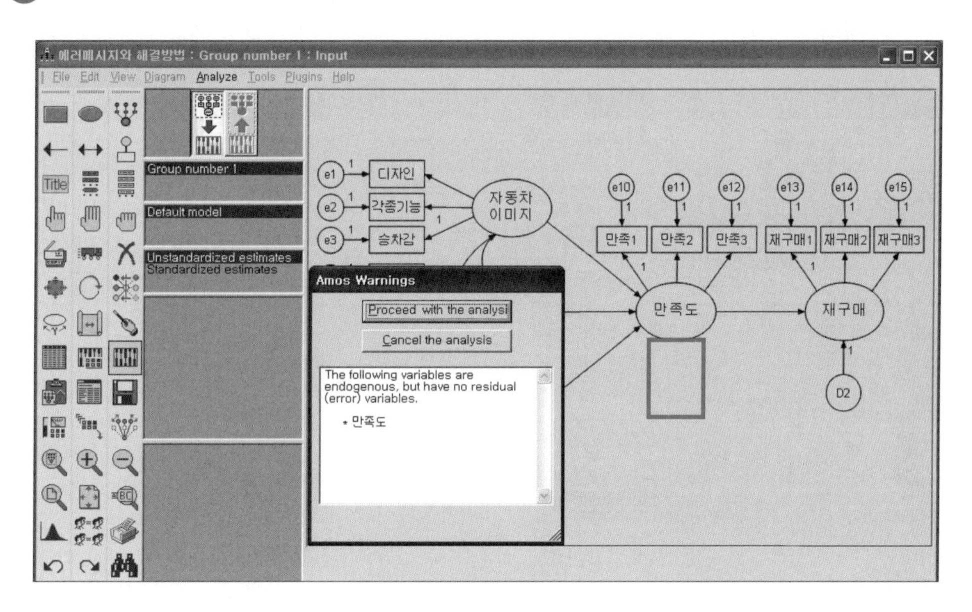

해결 모든 내생변수(화살표를 받는)에 구조오차가 있는지를 확인 후 생성한다.

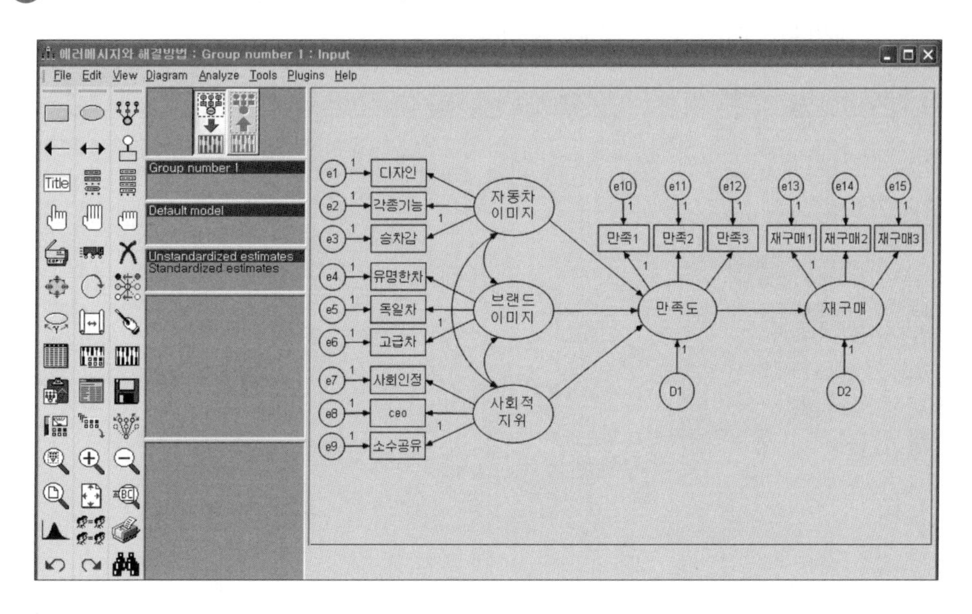

3) [잠재변수 → 관측변수] 경로 중 하나를 1로 지정하지 않았을 경우

문제 잠재변수인 '자동차이미지'에서 관측변수들로 가는 경로 중 하나가 1로 고정되어 있지 않다.

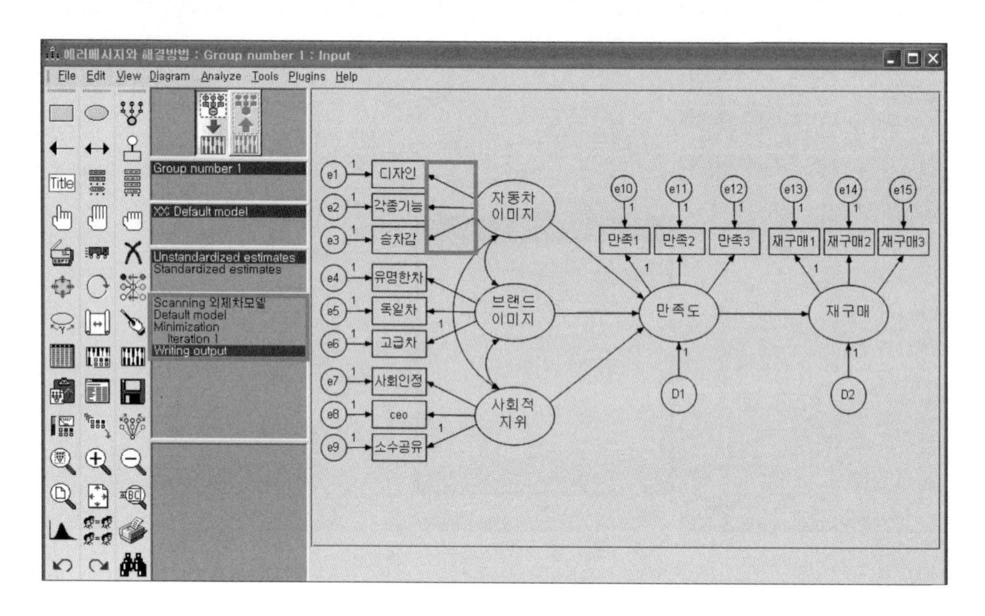

해결 잠재변수에 붙어 있는 관측변수 중 하나를 1로 고정한다.

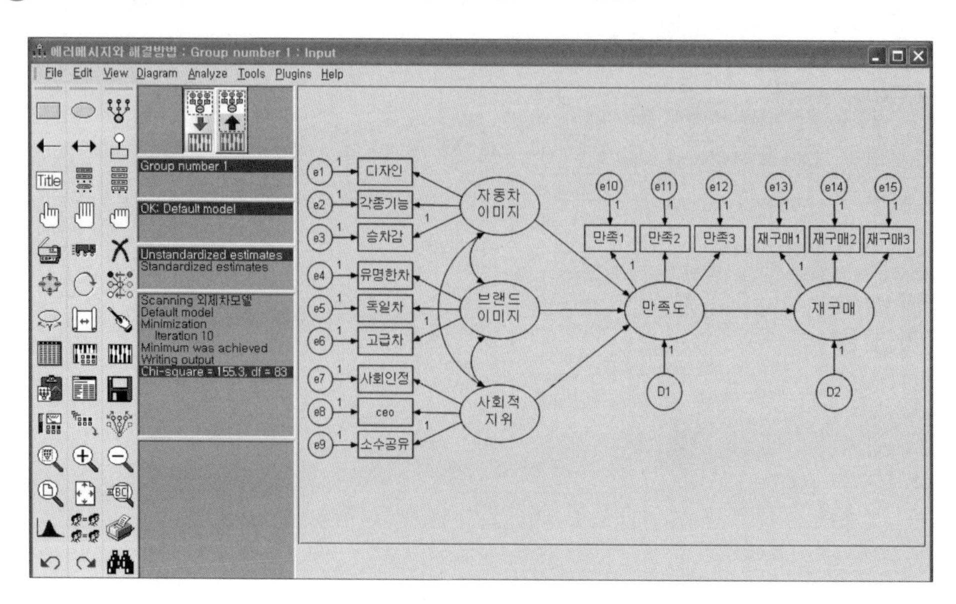

4) [오차변수 → 관측변수, 잠재변수] 경로를 1로 지정하지 않았을 경우

문제 오차변수(e1, D1 등)에서 관측변수나 잠재변수로 가는 경로에 1이 고정되어 있지 않다.

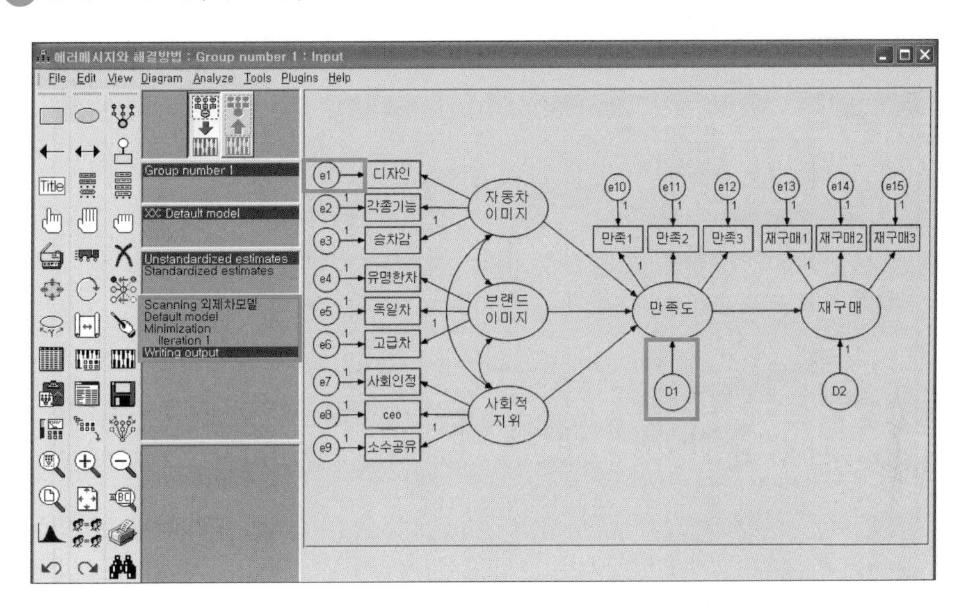

해결 측정오차에서 관측변수로 가는 경로나, 구조오차에서 내생변수로 가는 경로를 1로 고정한다. 아이콘을 이용하여 오차변수를 생성하면 자동으로 1이 지정된다.

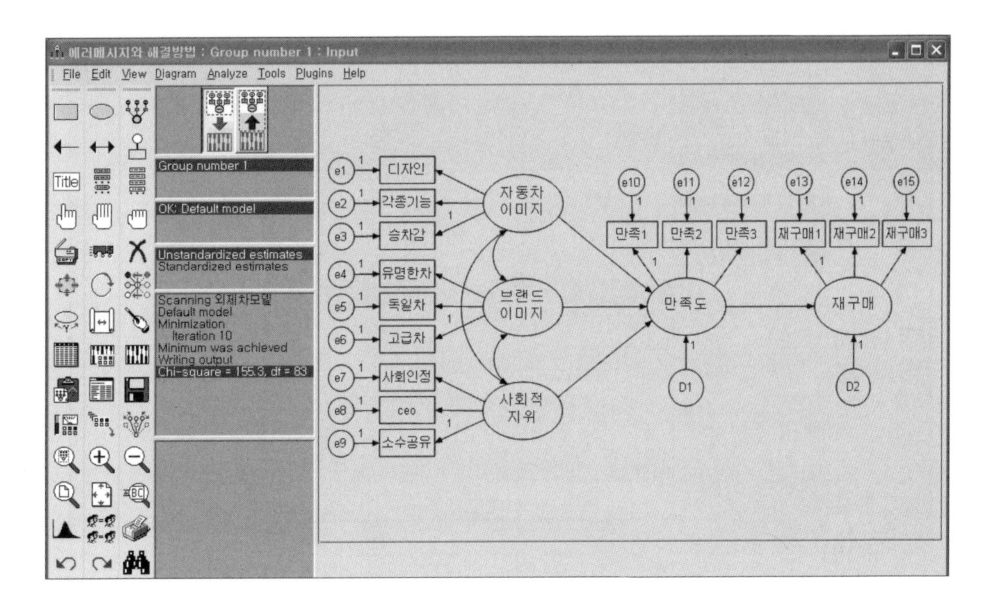

5) 고차요인분석에서 잠재변수 간 경로를 1로 지정하지 않았을 경우

? 문제 상위개념인 '전반적 만족도'와 하위개념인 개별적 만족도 간 관계가 설정되어 있지 않다.

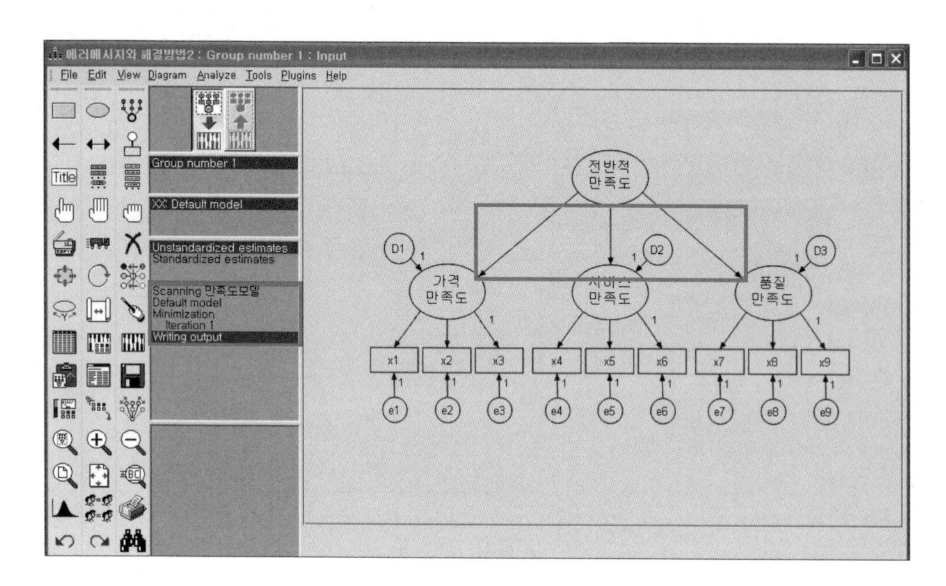

! 해결 상위개념(전반적 만족도)에서 하위개념으로 가는 경로 중 하나(품질 만족도)를 1로 고정한다.

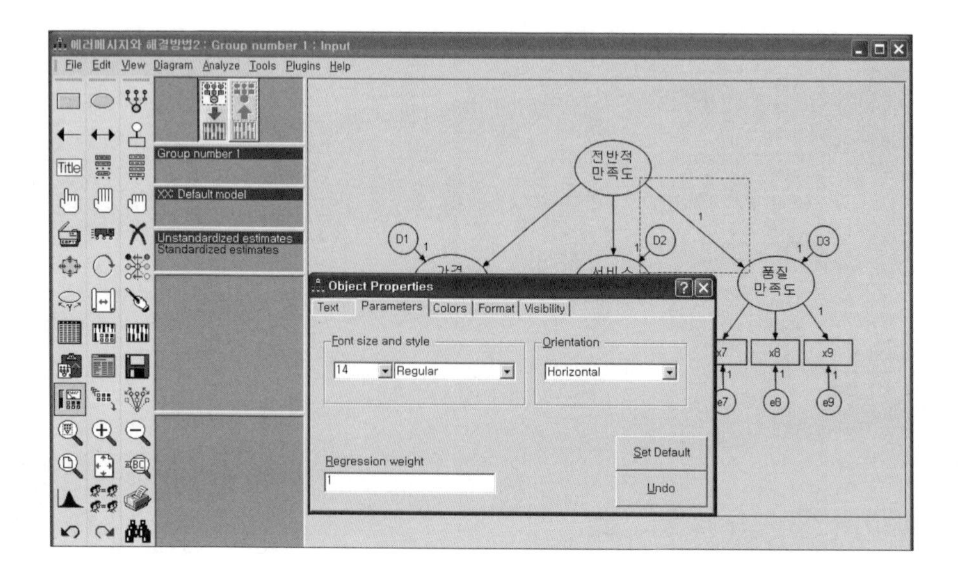

6) Amos 4.0에서 변수명이 우측으로 쏠리는 경우

문제 변수명이 우측으로 쏠려 미관상 보기 좋지 않다.

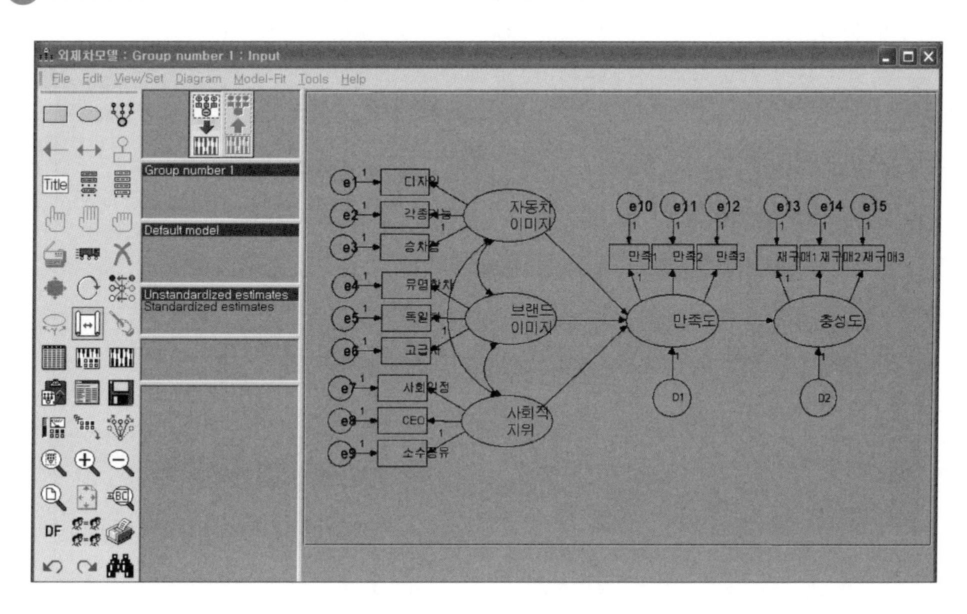

해결 해결방법이 없으므로 Amos 5.0 이상 상위버전으로 교체해야 한다.

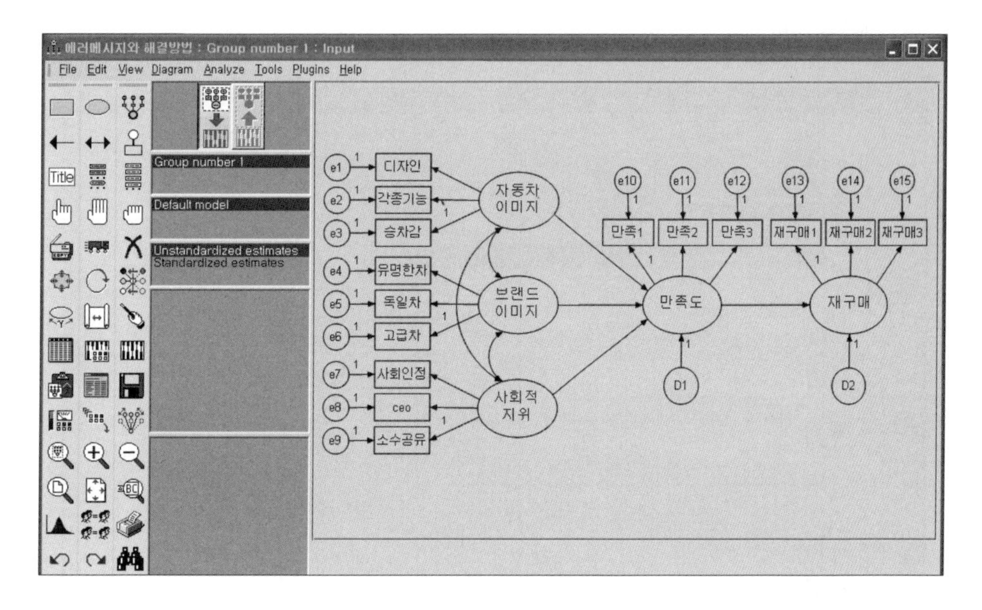

7) 변수명을 [Variable label]에 입력했을 경우

? 문제 오차변수명인 'e1'이 [Variable name]란에 입력되어야 하는데, [Variable label]란에 입력되어 있다.

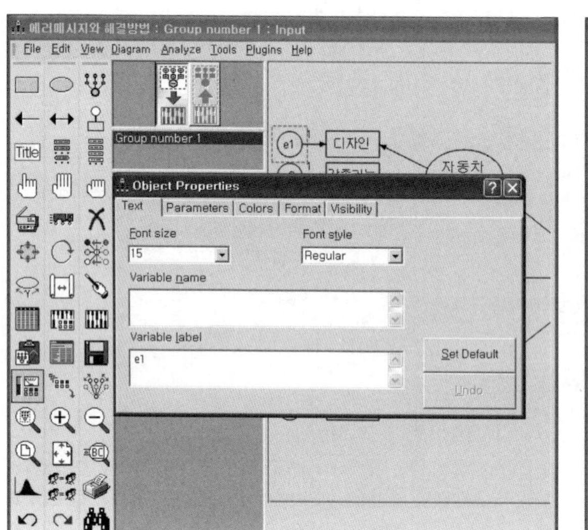

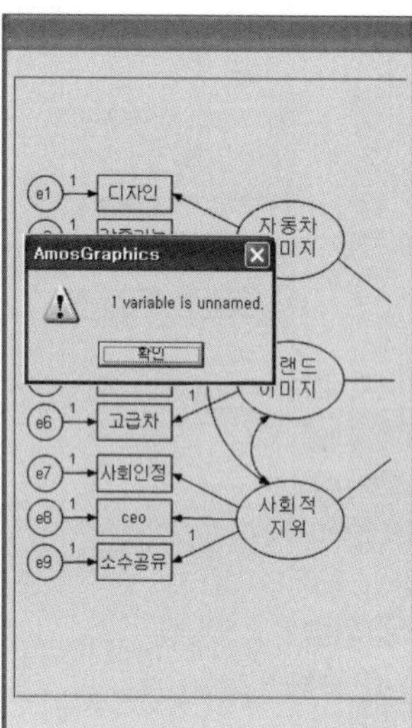

! 해결 모든 변수(오차변수, 관측변수, 잠재변수)의 이름을 [Variable name]란에 입력했는지 검토한다.

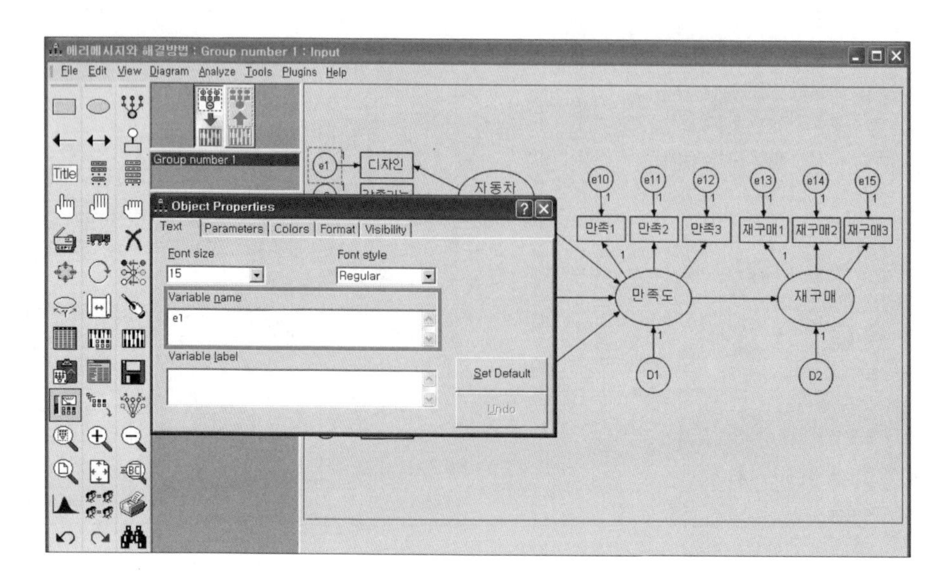

8) 변수에 변수명을 지정해주지 않았을 경우

문제 모델 작성 시 실수로 인해 모델작업창에 나타나지 않는 변수가 생기는데, 이때 변수명을 입력하지 않아 문제가 발생할 수 있다.

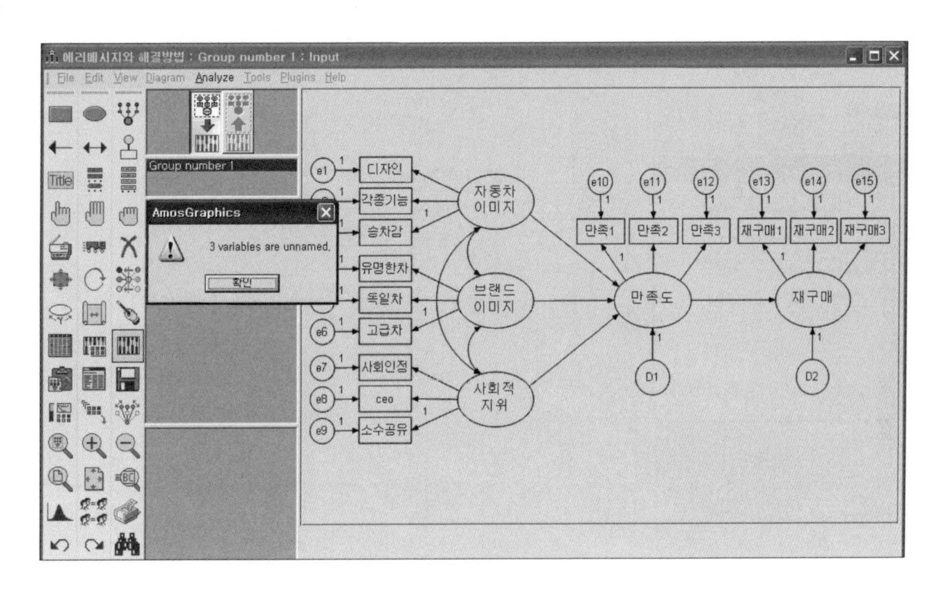

해결 모델작업창에 나타나지 않는 변수를 보기 위해 아이콘을 이용하여 모델작업창의 크기를 조정한 후 문제가 되는 변수를 제거한다.

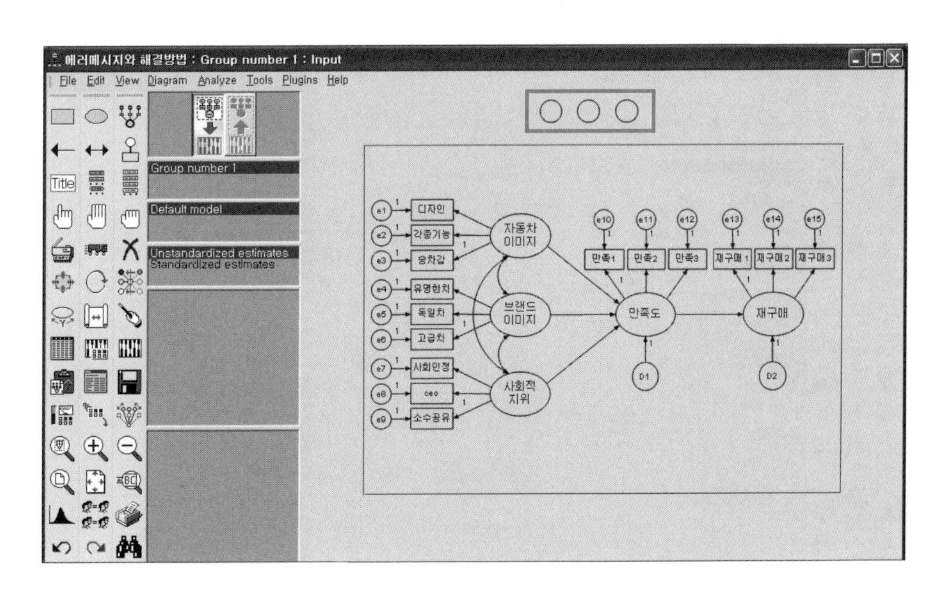

9) 외생변수에 공분산(상관)이 설정되지 않았을 경우

문제 외생변수인 자동차이미지, 브랜드이미지, 사회적지위 간에 공분산(상관)이 설정되어 있지 않다.

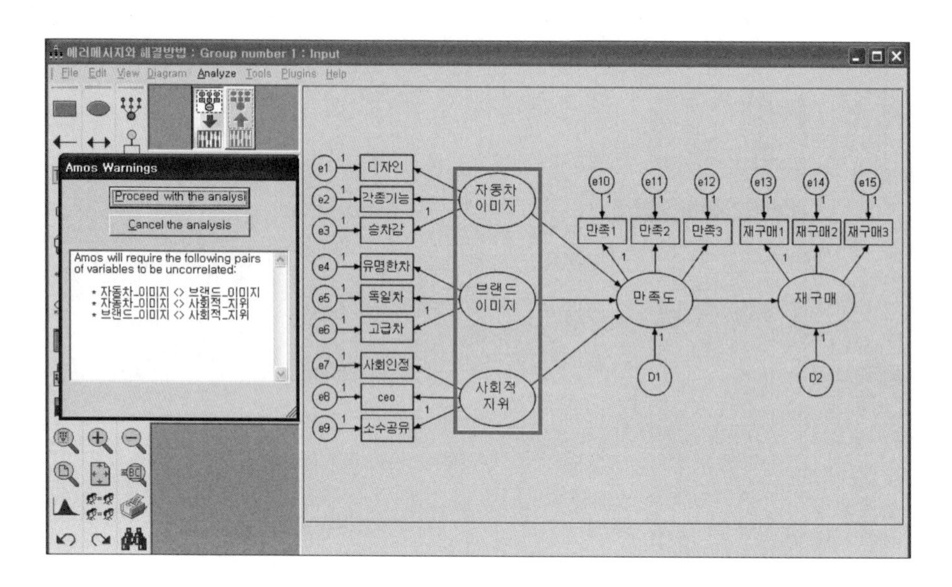

해결 Amos의 경우, 외생변수 간 공분산(상관)을 가정하고 있기 때문에 모든 외생변수에 공분산(상관)을 설정해야 한다.

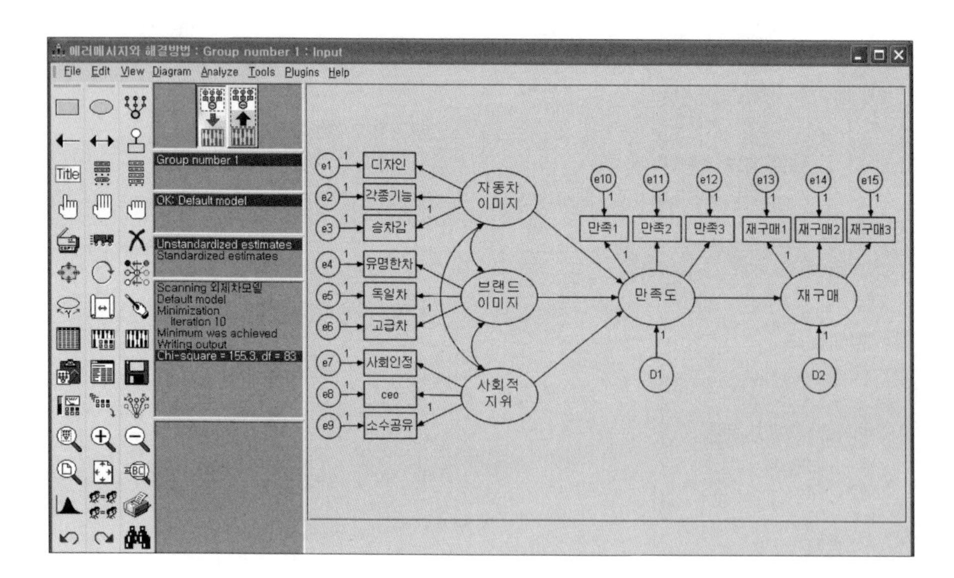

10) 잠재변수와 SPSS상의 변수명이 중복될 때 I

문제 잠재변수명과 SPSS에 있는 관측변수명이 동일하게 '만족도'로 되어 있다.

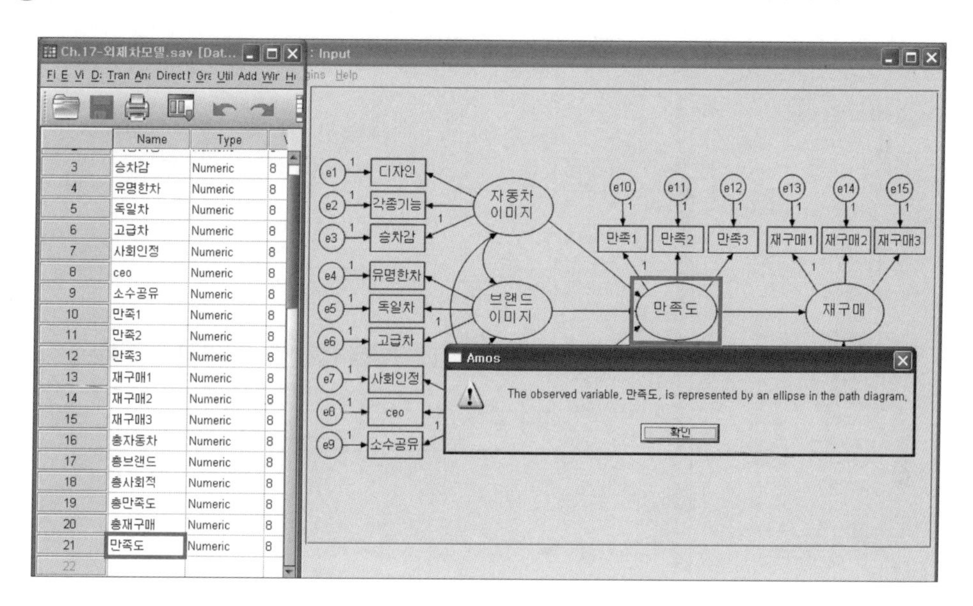

해결 잠재변수명과 SPSS상의 변수명이 동일한 경우 문제가 발생하기 때문에 둘 중 하나의 변수명을 변경해야 한다.

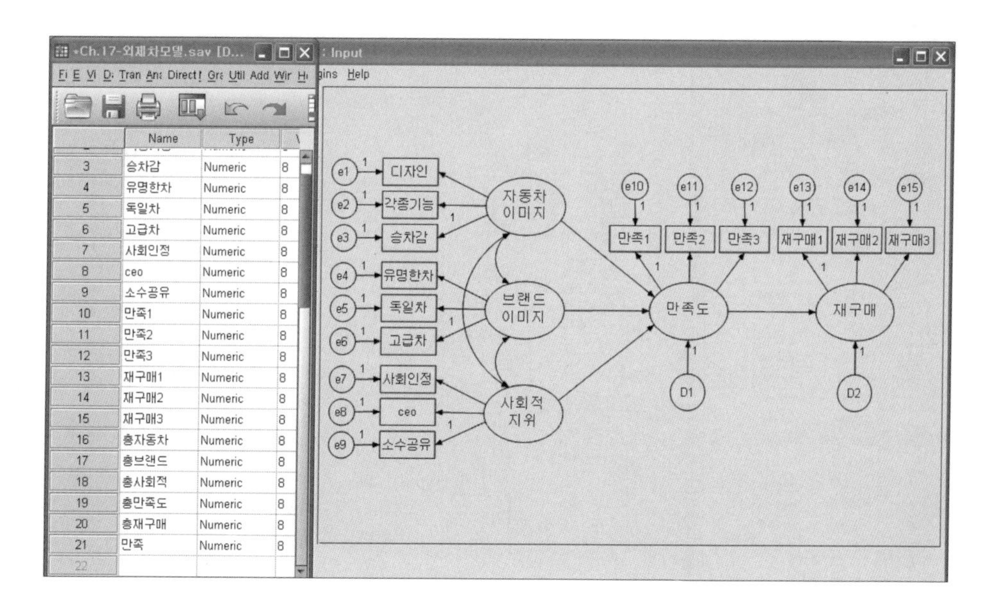

11) 잠재변수와 SPSS상의 변수명이 중복될 때 II

? 문제 측정오차명과 SPSS에 있는 관측변수명이 동일하게 'e1'로 되어 있다.

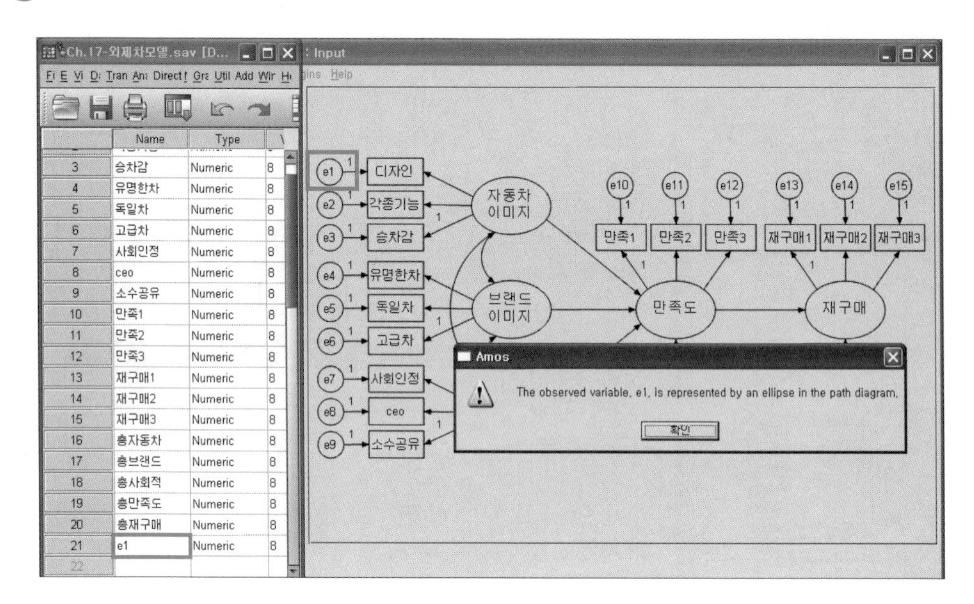

! 해결 측정오차명은 주로 e1, e2 등으로 사용되기 때문에 관측변수명이 e1, e2인 경우에 많이 발생한다. 관측변수명을 변경하면 해결된다.

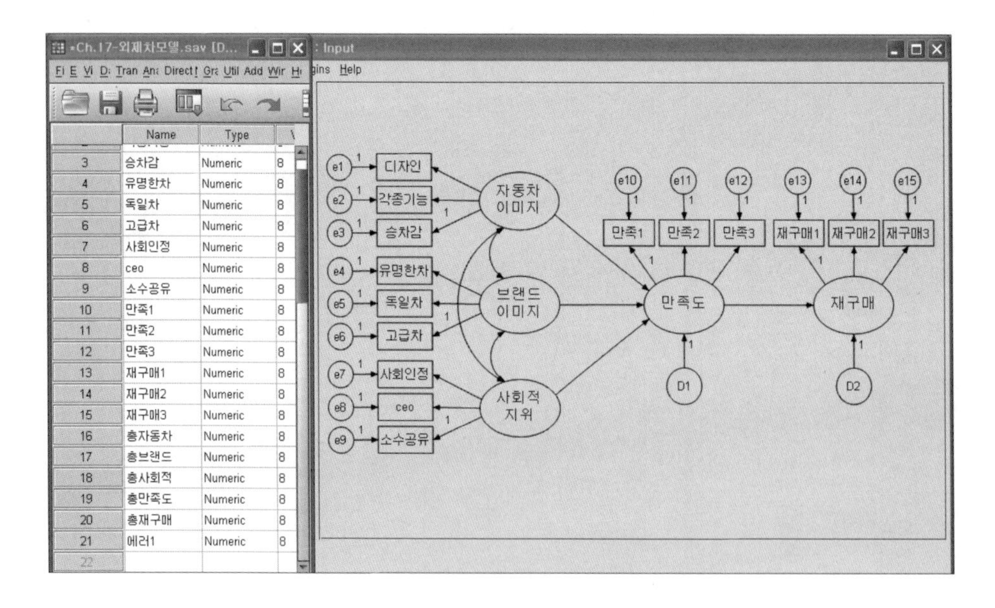

12) 표본에 결측치가 있는 경우

문제 데이터에 결측치가 있는 경우에 발생한다.

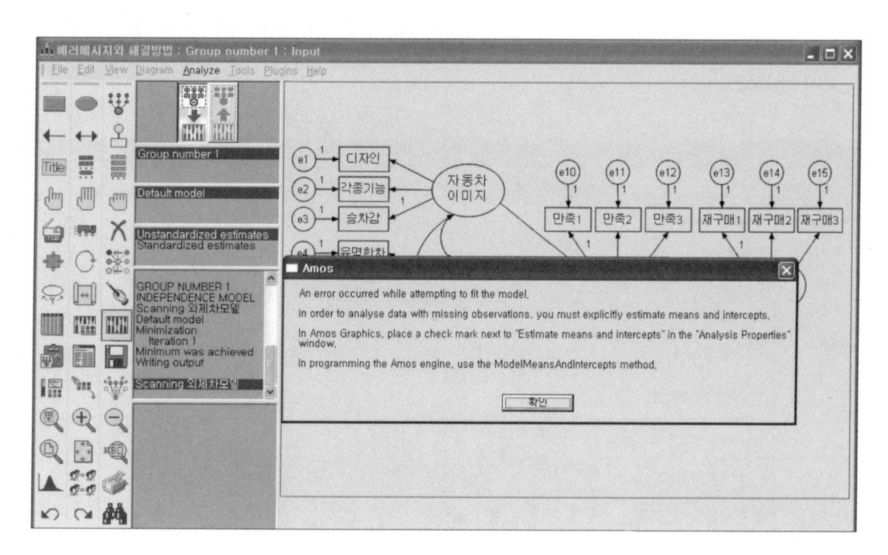

해결 아이콘 모음창에서 아이콘을 선택한 후 [Estimation]의 '☑ Estimate means and intercepts'를 체크하거나, SPSS에서 결측치를 제거법이나 대체법 등으로 전환한 후 분석하면 된다. 단, '☑ Estimate means and intercepts'를 체크할 경우 GFI, AGFI, RMR 등의 모델적합도가 제공되지 않는다.

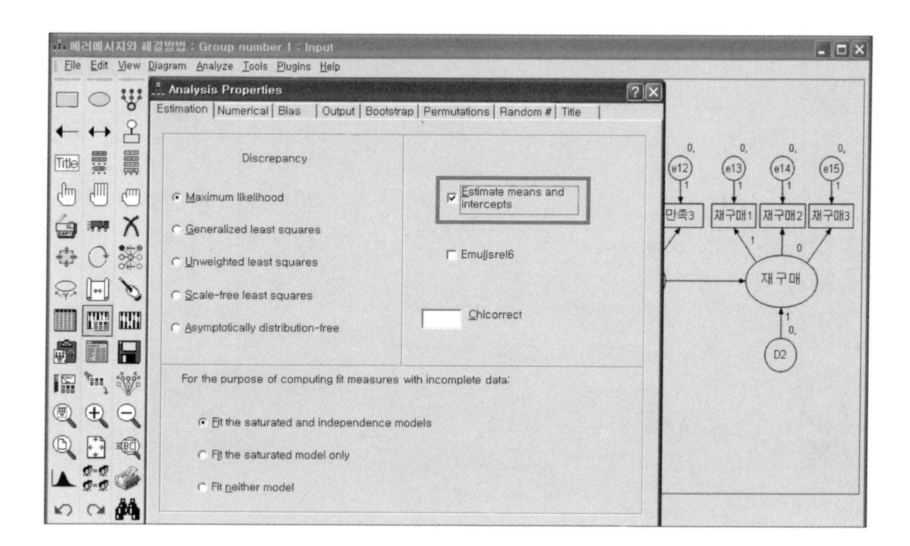

13) GFI, AGFI, RMR 등의 모델적합도가 제시되지 않는 경우

문제 데이터에 결측치가 있는 경우, Amos에서 제시하는 '☑ Estimate means and intercepts'에 체크한 후 분석을 하게 되는데, 이때 GFI, AGFI, RMR 등의 중요 모델적합도가 제시되지 않는다.

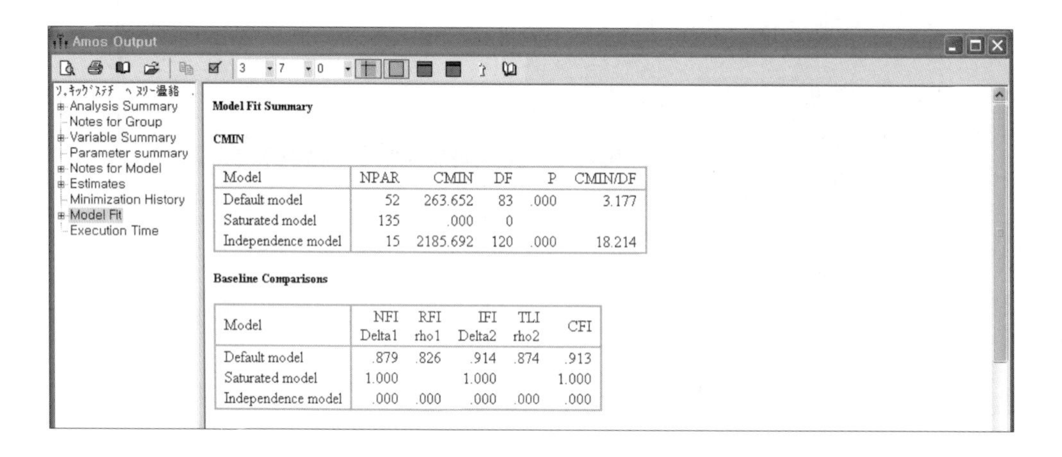

Model Fit Summary

CMIN

Model	NPAR	CMIN	DF	P	CMIN/DF
Default model	52	263.652	83	.000	3.177
Saturated model	135	.000	0		
Independence model	15	2185.692	120	.000	18.214

Baseline Comparisons

Model	NFI Delta1	RFI rho1	IFI Delta2	TLI rho2	CFI
Default model	.879	.826	.914	.874	.913
Saturated model	1.000		1.000		1.000
Independence model	.000	.000	.000	.000	.000

해결 SPSS에서 데이터의 결측치를 제거법이나 대체법 등으로 전환한 후 '☐ Estimate means and intercepts'의 체크를 풀어주면 된다.

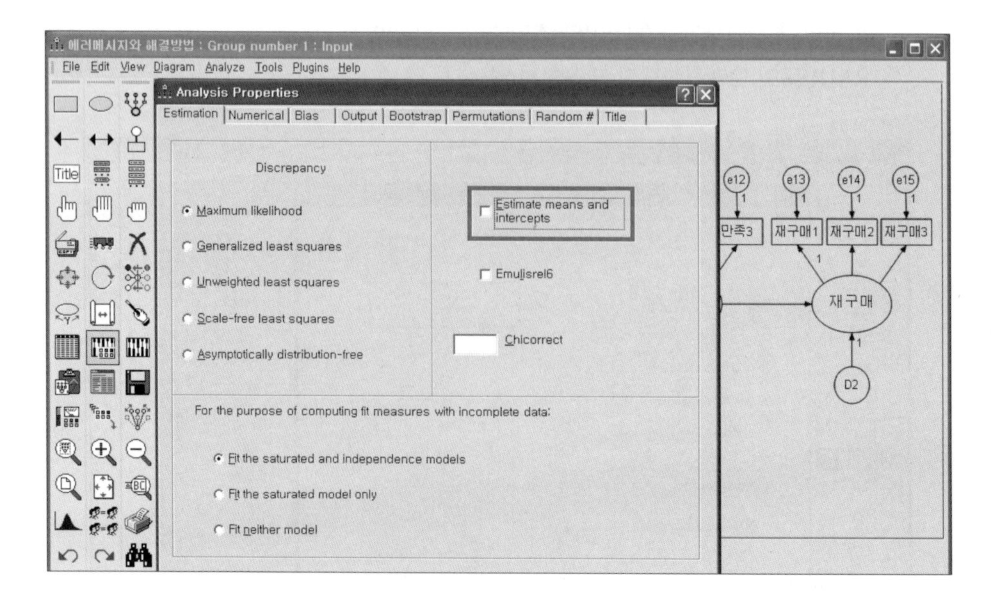

14) 표본의 크기가 관측변수의 수보다 적은 경우

? 문제 관측변수의 수(예 : 15개)보다 표본의 크기(예 : 10개)가 적은 경우에 발생한다.

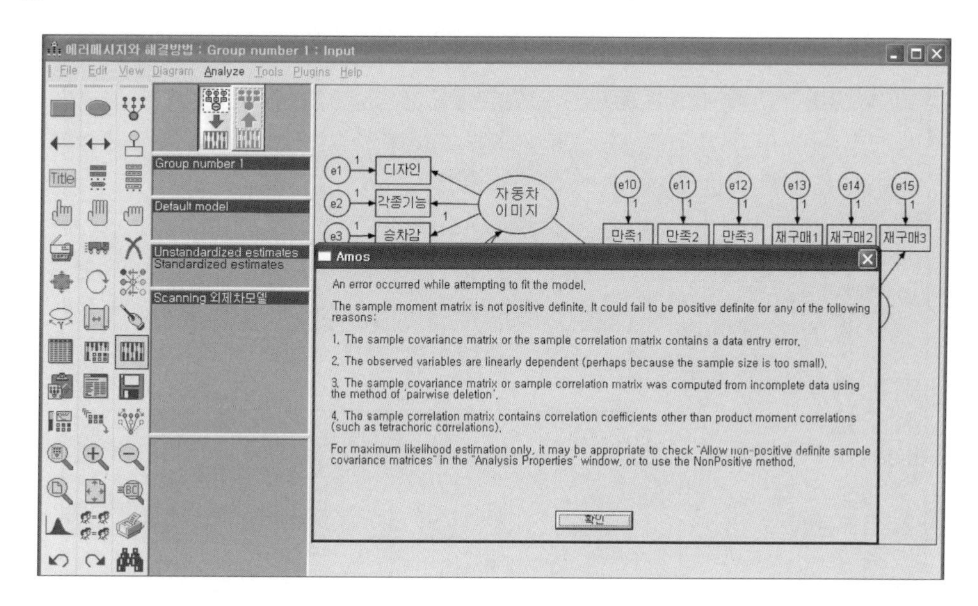

! 해결 표본의 크기를 증가시키거나 관측변수의 수를 줄이는 방법이 있다. 표본의 크기는 일반적으로 200~300 정도가 적당하다.

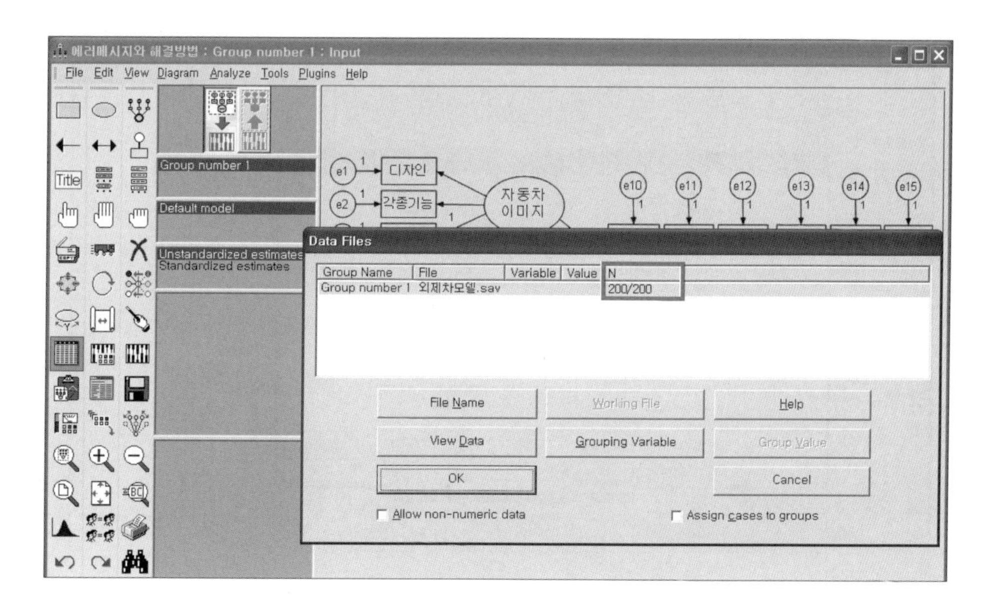

15) 상위버전으로 작성한 모델이 하위버전에서 열리지 않을 경우

문제 상위버전인 Amos 16.0에서 작성한 모델을 하위버전인 Amos 5.0에서 열려고 하면 에러가 발생한다.

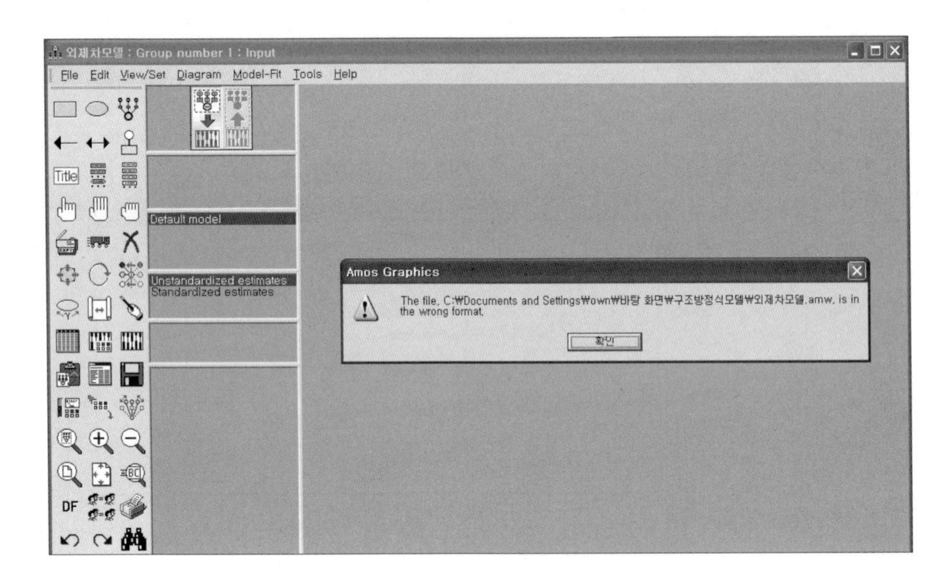

해결 상위버전에서 [Save As...]를 선택한 후 [파일형식]에서 [Amos 5 Input file]로 저장하면 된다.

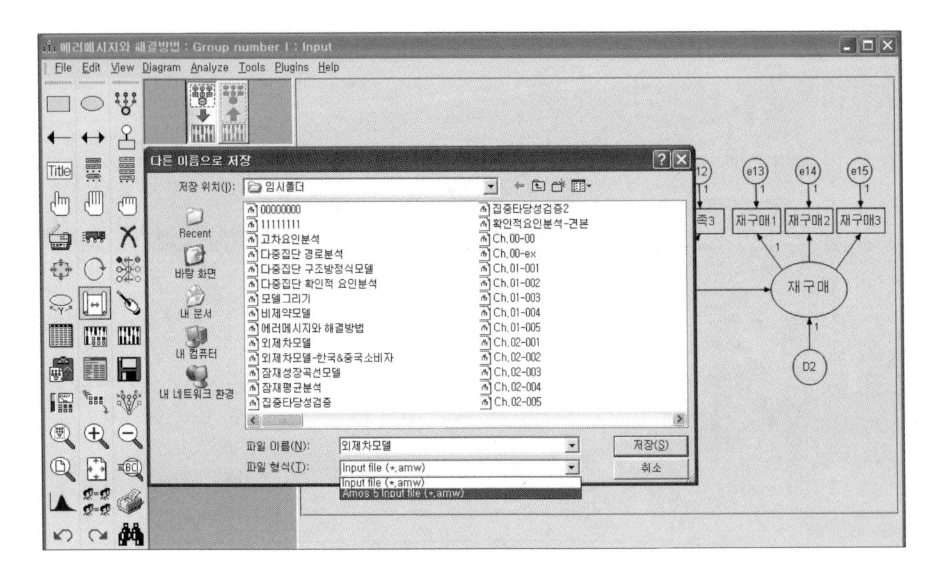

16) 행렬데이터 사용 시 Monte Carlo 기법을 체크하지 않았을 경우

문제 부트스트래핑 방법에서 행렬자료를 사용했을 때 '☐ Monte Carlo'를 체크하지 않았을 경우 발생한다.

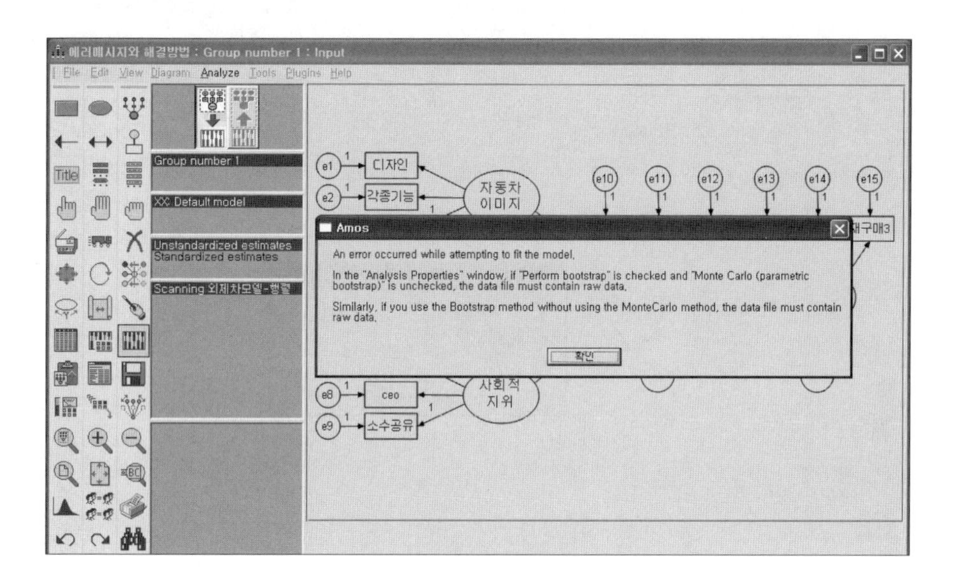

해결 아이콘 모음창에서 아이콘을 선택한 후 [Bootstrap]의 '☑ Monte Carlo'를 체크해준다.

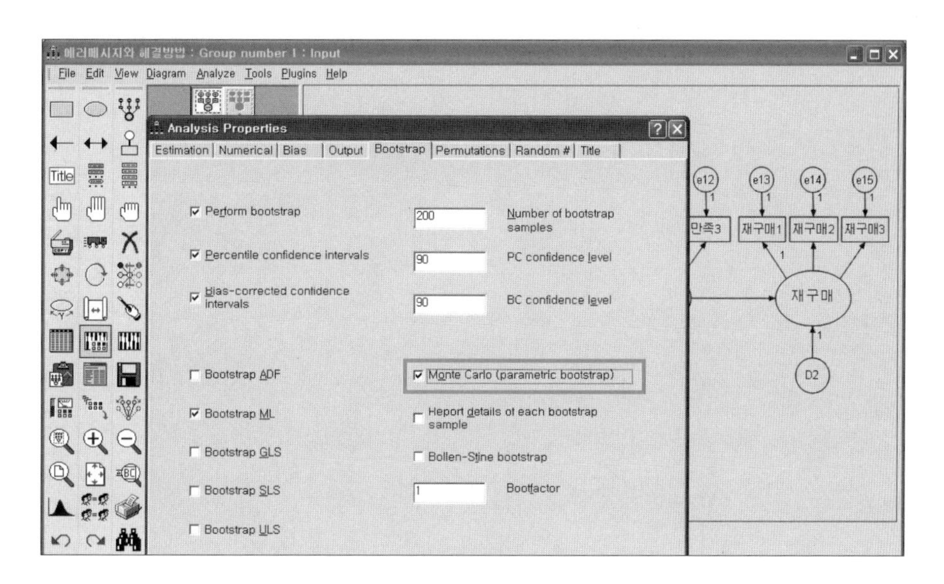

17) Amos 5.0 사용자들이 Amos Output을 띄울 경우

문제 Amos 5.0 자체의 언어 패키지 문제로 인해 발생한다.

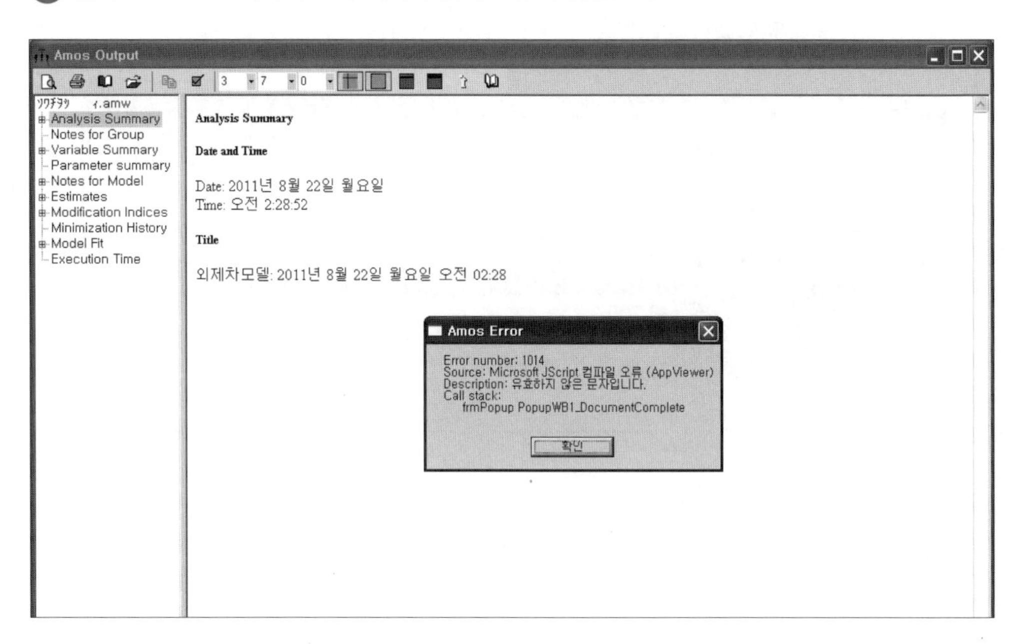

해결 컴퓨터나 모델의 문제가 아니기 때문에 무시해도 무방하다.

부록

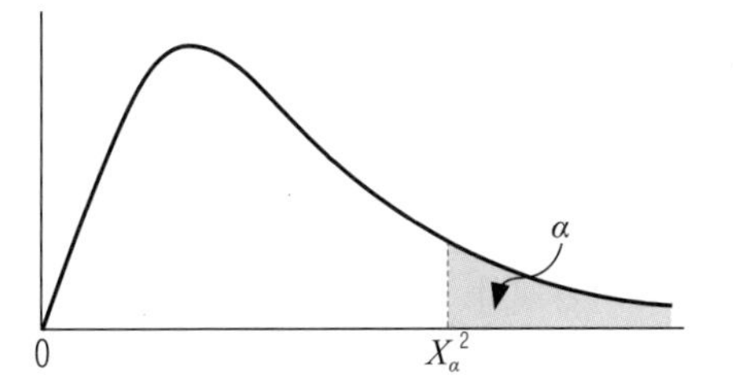

χ^2분포표

d.f.	$\chi_{0.990}$	$\chi_{0.975}$	$\chi_{0.950}$	$\chi_{0.900}$	$\chi_{0.500}$	$\chi_{0.100}$	$\chi_{0.050}$	$\chi_{0.025}$	$\chi_{0.010}$	$\chi_{0.005}$
1	0.0002	0.0001	0.004	0.02	0.45	2.71	3.84	5.02	6.63	7.88
2	0.02	0.05	0.10	0.21	1.39	4.61	5.99	7.38	9.21	10.60
3	0.11	0.22	0.35	0.58	2.37	6.25	7.81	9.35	11.34	12.84
4	0.30	0.48	0.71	1.06	3.36	7.78	9.49	11.14	13.28	14.86
5	0.55	0.83	1.15	1.61	4.35	9.24	11.07	12.83	15.09	16.75
6	0.87	1.24	1.64	2.20	5.35	10.64	12.59	14.45	16.81	18.55
7	1.24	1.69	2.17	2.83	6.35	12.02	14.07	16.01	18.48	20.28
8	1.65	2.18	2.73	3.49	7.34	13.36	15.51	17.53	20.09	21.95
9	2.09	2.70	3.33	4.17	8.34	14.68	16.92	19.02	21.67	23.59
10	2.56	3.25	3.94	4.87	9.34	15.99	18.31	20.48	23.21	25.19
11	3.05	3.82	4.57	5.58	10.34	17.28	19.68	21.92	24.72	26.76
12	3.57	4.40	5.23	6.30	11.34	18.55	21.03	23.34	26.22	28.30
13	4.11	5.01	5.89	7.04	12.34	19.81	22.36	24.74	27.69	29.82
14	4.66	5.63	6.57	7.79	13.34	21.06	23.68	26.12	29.14	31.32
15	5.23	6.26	7.26	8.55	14.34	22.31	25.00	27.49	30.58	32.80
16	5.81	6.91	7.96	9.31	15.34	23.54	26.30	28.85	32.00	34.27
17	6.41	7.56	8.67	10.09	16.34	24.77	27.59	30.19	33.41	35.72
18	7.01	8.23	9.39	10.86	17.34	25.99	28.87	31.53	34.81	37.16
19	7.63	8.91	10.12	11.65	18.34	27.20	30.14	32.85	36.19	38.58
20	8.26	9.59	10.85	12.44	19.34	28.41	31.14	34.17	37.57	40.00
21	8.90	10.28	11.59	13.24	20.34	29.62	32.67	35.48	38.93	41.40
22	9.54	10.98	12.34	14.04	21.34	30.81	33.92	36.78	40.29	42.80
23	10.20	11.69	13.09	14.85	22.34	32.01	35.17	38.08	41.64	44.18
24	10.86	12.40	13.85	15.66	23.34	33.20	36.74	39.36	42.98	45.56
25	11.52	13.12	14.61	16.47	24.34	34.38	37.92	40.65	44.31	46.93
26	12.20	13.84	15.38	17.29	25.34	35.56	38.89	41.92	45.64	48.29
27	12.83	14.57	16.15	18.11	26.34	36.74	40.11	43.19	46.96	49.64
28	13.56	15.31	16.93	18.94	27.34	37.92	41.34	44.46	48.28	50.99
29	14.26	16.05	17.71	19.77	28.34	39.09	42.56	45.72	49.59	52.34
30	14.95	16.79	18.49	20.60	29.34	40.26	43.77	46.98	50.89	53.67
40	22.16	24.43	26.51	29.05	39.34	51.81	55.76	59.34	63.69	66.77
50	29.71	32.36	34.76	37.69	49.33	63.17	67.50	71.42	76.15	79.49
60	37.48	40.48	43.19	46.46	59.33	74.40	79.08	83.30	88.38	91.95
70	45.44	48.76	51.74	55.33	69.33	85.53	90.53	95.02	100.43	104.21
80	53.54	57.15	60.39	64.28	79.33	96.58	101.88	106.63	112.33	116.32
90	61.75	65.65	69.13	73.29	89.33	107.57	113.15	118.14	124.12	128.30
100	70.06	74.22	77.93	82.36	99.33	118.50	124.34	129.56	135.81	140.17

김계수 (2010). 《Amos 18.0 구조방정식모형분석》. 한나래아카데미.

김대업 (2008). 《Amos A to Z(논문작성절차에 따른 구조방정식 모형분석)》. 학현사.

노형진 (2003). 《SPSS/Amos에 의한 사회조사분석 : 범주형 데이터분석 및 공분산구조분석》. 형설출판사.

배병렬 (2009). 《Amos 17.0 구조방정식모델링(원리와 실제)》. 제2판. 도서출판 청람.

이학식, 김영 (2003). 《SPSS 10.0 매뉴얼》. 법문사.

이훈영 (2009). 《연구조사방법론》. 청람.

조현철 (1999). 《Lisrel에 의한 구조방정식모델》. 석정.

《Amos 매뉴얼》. SPSS Korea 컨설팅팀. 2009.

Allison, P. D. (1987). Estimation of linear models with incomplete data. *Sociological Methodology*, 17, 71-103.

Anderson, D. R., & Burnham, K. P. (2002). Avoiding pitfalls when using information-theoretic methods. *Journal of Wildlife Management*, 66(3), 912-918.

Anderson, J. C., & Gerbing, D. W. (1988). Structural equation modeling in practice : a review and recommended two-step approach. *Psychological Bulletin*, 103(3), 411-423.

Anderson, T. W., & Rubin, H. (1956). Statistical inference in factor analysis. *Proceedings of the Third Berkeley Symposium on Mathematical Statistics and Probability*. Berkeley : University of California Press.

Arbuckle, J. L. (2006). Amos 7.0 user's guide. Chicago : SPSS.

Arminger, G., Clogg, C. C., & Sobel, M. E. (1995). Handbook of statistical modeling for the social and behavioral sciences. NY : Plenum Press.

Arminger, G., Stein, P., & Wittenberg, J. (1999). Mixtures of conditional mean- and covariance-structure models. *Psychometrika*, 64(4), 475-494.

Augustin, K., Helfried, M., Polina, D., & Karin, S.-E. (2008). Multicollinearity and missing constraints: a comparison of three approaches for the analysis of latent nonlinear effects. *Methodology: European Journal of Research Methods for the Behavioral and Social Sciences*, 4(2), 51-66.

Bagozzi, R. P., & Yi ,Y. (1988). On the evaluation of structural equation models. *Journal of the Academy of Marketing Science*, 16(1), 74-94.

Barbara, M. B. (2004). Testing for multigroup invariance using AMOS graphics: a road less traveled. *Structural Equation Modeling*, 11(2), 272-300.

Barbara, M. B. (2008). Structural equation modeling with AMOS: basic concepts, applications, and programming (2nd Edition). NYC: Psychology Press.

Baron, R. M., & Kenny, D. A. (1986). The moderator-mediator variable distinction in social pychological research: conceptual, strategic, and statistical considerations. *Journal of Personality and Social Psychology*, 51(6), 1173-1182.

Bauer, D. J., & Curran, P. J. (2003). Distributional assumptions of growth mixture models: implications for overextraction of latent trajectory classes. *Psychological Methods*, 8(3), 338-363.

Bauer, D. J. (2007). Observations on the use of growth mixture models in psychological research. *Multivariate Behavioral Research*, 42(4), 757-786.

Bentler, P. M., & Chou, C.-P. (1987). Practical issues in structural modeling. *Sociological Methods & Research*, 16(1), 78-117.

Bollen, K. A. (1989). Structural equations with latent variables. NY: John Wiley & Sons.

Bollen, K. A. (1990). Outlier screening and a distribution-free test for vanishing tetrads. *Sociological Methods & Research*, 19(1), 80-92.

Bollen, K. A. (1990). Overall fit in covariance structure models: two types of sample size effects. *Psychological Bulletin*, 107(2), 256-259.

Bollen, K. A., & Ting K. F. (1993). Confirmatory tetrad analysis. *Sociological methodology*, 147-175. Washington, DC: American Sociological Association.

Bollen, K. A., & Ting K. F. (2000). A tetrad test for causal indicators. *Psychological Methods*, 5(1), 3-22.

Boomsma, A. (1982). The robustness of LISREL against small sample sizes in factor analysis models. In: K. G. Jöreskog and H. Wold, (Eds.), Systems Under Indirect Observation (Part1, 149-173).

Boomsma, A. (2000). Teacher's corner: reporting analyses of covariance structures. *Structural Equation Modeling*, 7(3), 461-483.

Burnham, K, P., & Anderson, D. R. (1998). Model selection and inference: a practical information-theoretic approach. NY: Springer-Verlag.

Burnham, K. P., Anderson, D. R., White, G. C., & Pollock, K. H. (1987). Design and analysis method for fish survival experiments based on release-recapture. American Fisheries Society Monograph 5.

Byrne, B. M. (1998). Structural equation modeling with LISREL, PRELIS, and SIMPLIS. Mahwah, NJ: Lawrence Erlbaum Associates.

Carmines, E., & McIver, J. (1981). Analyzing models with unobserved variables: Analysis of covariance structures. 65-115.

Chen, F., Bollen, K. A., Paxton, P., Curran, P. J., & Kirby, J. B. (2001). Improper solutions in structural equation models: causes, consequences, and strategies. *Sociological Methods & Research*, 29(4), 468-508.

Cheung, G. W., & Rensvold, R. B. (2002). Evaluating goodness-of-fit indexes for testing measurement invariance. *Structural Equation Modeling*, 9(2), 233-255.

Curran, P. J., Bollen, K. A., Paxton, P., Kirby, J., & Chen, F. (2002). The noncentral chi-square distribution in misspecified structural equation models: finite sample results from a Monte Carlo simulation. *Multivariate Behavioral Research*, 37(1), 1-36.

Diamantopoulos, A., & Winklhofer, H. M. (2001). Index construction with formative indicators: an alternative to scale development. *Journal of Marketing Research*, 38(2), 269-277.

Ding, C. (2006). Using regression mixture analysis in educational research. *Practical Assessment Research and Evaluation*, 11(11).

Dolan, C. V., Schmittmann, V. D., Lubke, G. H., & Neale, M. C. (2005). Regime switching in the latent growth curve mixture model. *Structural Equation Modeling*, 12(1), 94-119.

Dunn, S. C., Seaker, R. F., & Waller, M. A. (1994). Latent variables In business logistics research: scale development and validation. *Journal of Business Logistics*, 15(2), 145-172.

Edwards, J. R. (2010). The fallacy of formative measurement. *Organizational Research Methods*, August 11, 2010.

Efron, B. (1981). Nonparametic estimates of standard error: the jackknife, the bootstrap, and other methods. *Biometrika*, 68(3), 589-599.

Efron, B., & Tibshirani, R. J. (1993). An introduction to the bootstrap. Boca Raton, FL: Chapman & Hall/CRC.

Fabrigar, L. R., Wegener, D. T., MacCallum, R. C., & Strahan, E. J. (1999). Evaluating the use of exploratory factor analysis in psychological research. *Psychological Methods*, 4(3), 272-299.

Fan, X., Wang, L., & Thompson B. (1999). Effects of sample size, estimation methods, and model specification on structural equation modeling fit indexes. *Structural Equation Modeling*, 6(1), 56-83.

Fornell, C., & Larcker, D. F. (1981). Evaluating structural equation models with unobservable variables and measurement error. *Journal of Marketing Research*, 18(1), 39-50.

Fornell, C., Yi, Y. (1992). Assumptions of the two-step approach to latent variable modelling. *Sociological Methods & Research*, 20(3), 291-320.

Garver, M. S., & Mentzer, J. T. (1999). Logistics research methods: employing structural equation modeling to test for construct validity. *Journal of Business Logistics*, 20(1), 33-57.

Geyskens, I., Steenkamp, J. E. M., & Kumar, N. (1999). A meta-analysis of satisfaction in marketing channel relationship. *Journal of Marketing Research*, 36(2), 223-238.

Graham, J. M. (2006). Congeneric and (essentially) tau-equivalent estimates of score reliability what they are and how to use them. *Educational and Psychological Measurement*, 66(6), 930-944.

Graham, J. W. (2003). Adding missing-data relevant variables to FIML-based structural equation models. *Structural Equation Modeling*, 10(1), 80-100.

Grimm, K. J., & Ram, N. (2009). A second-order growth mixture model for developmental research. *Research in Human Development*, 6(2-3), 121-143.

Gudergan, S. P., Ringle, C. M., Wende, S., & Will, A. (2008). Confirmatory tetrad analysis in PLS path modeling. *Journal of Business Research*, 61(12), 1238-1249.

Hair, J. F. Jr., Anderson, R. E., Tatham, R. L., & Black, W. C. (1998). Multivariate data analysis with readings (5th ed.), Upper Saddle River, NJ: Prentice Hall.

Hair, J. F. Jr., Black, W. C., Babin, B. J., Anderson, R. E., & Tatham, R. L. (2006). Multivariate data Analysis (6th ed.). Upper Saddle River, NJ: Pearson Prentice Hall.

Hatcher, L. (1994). A step-by-step approach to using the SAS system for factor analysis and structural equation modeling. Cary, NC: SAS Institute.

Hershberger, S. L. (1994). The specification of equivalent models before the collection of data. Thousand Oaks, CA: Sage Publications.

Hipp, J. R., & Bauer, D. J. (2006). Local solutions in the estimation of growth mixture models. *Psychological Methods*, 11(1), 36-53.

Hipp, J. R., & Bollen, K. A. (2003). Model fit in structural equation models with censored, ordinal, and dichotomous variables: testing vanishing tetrads. *Sociological Methodology*, 33(1), 267-305.

Hocking, R. R. (1984). The analysis of linear models. monterey, CA: Brooks-Cole.

Hoelter, J. W. (1983). Factorial invariance and self-esteem: reassessing race and sex differences. *Social Forces*, 61(3), 834-846.

Hong, S., Malik, M. L., & Lee, M. K. (2003). Testing configural, metric, scalar, and latent mean invariance across genders in sociotropy and autonomy using a non-Western sample. *Educational and Psychological Measurement*, 63(4), 636-654.

Hoogland, J. J., & Boomsma, A. (1998). Robustness studies in covariance structure modeling: an overview and a meta-analysis. *Sociological Methods Research*, 26(3), 329-367.

Hoshino, T. (2001). Bayesian inference for finite mixtures in confirmatory factor analysis. *Behaviormetrika*, 28(1), 37-63.

Houser, J. (2008). Nursing research: reading, using, and creating evidence. Jones & Bartlett Publishers.

Hoyle, R. H. (1995). Structural equation modeling: concepts, issues, and applications. Thousand Oaks, CA: Sage Publications.

Hoyle, R. H. (1999), Statistical strategies for small sample research. Thousand Oaks, CA: Sage Publications.

Hu, L., & Bentler, P. M. (1999). Cutoff criteria for fit indexes in covariance structure analysis: conventional criteria versus new alternatives. *Structural Equation Modeling*, 6(1), 1-55.

Jaccard, J., & Choi, K. W. (1996). LISREL approaches to interaction effects in multiple regression. Thousand Oaks, CA: Sage Publications.

Jonsson, F. Y. (1998). Modeling interaction and nonlinear effects: a step-by-step LISREL example. Mahwah, NJ: Lawrence Erlbaum Associates.

Jöreskog, K. G. (1967). Some contributions to maximum likelihood factor analysis. *Psychometrika*, 32(4), 443-482.

Jöreskog, K. G. (1969). A general approach to confirmatory maximum likelihood factor analysis. *Psychometrika*, 34(2), 183-202.

Jöreskog, K. G. (1973). A general method for estimating a linear structural equation system. In A. S. Goldberger & O. D. Duncan (Eds.), *Structural equation models in the social sciences*, 85-112. NY: Seminar Press.

Jöreskog, K. G. (1973). A general method for estimating a linear structural equation system. NY: Seminar Press.

Jöreskog, K. G., & Goldberger, A. S. (1972). Factor analysis by generalized least squares. *Psychometrika*, 37(3), 243-260.

Jöreskog, K. G., & Sörbom, D. (1988). PRELIS: a program for multivariate data screening and data summarization. Chicago: Scientific Software International.

Jöreskog, K. G., & Sörbom, D. (1989). LISREL 7: a guide to the program and applications (2nd Edition). Chicago: SPSS.

Jöreskog, K. G., & Sörbom, D. (1997). LISREL 8: user's reference guide. Chicago: Scientific Software International.

Jöreskog, K. G., & Lawley, D. N. (1968). New methods in maximum likelihood factor analysis. *British Journal of Mathematical and Statistical Psychology*, 21(1), 85-96.

Jöreskog, K., & Yang, F. (1996). Non-linear structural equation models: the Kenny-Judd model with interaction effects. In G. Marcoulides and R. Schumacker, (eds.), *Advanced structural equation modeling: Concepts, issues, and applications*. Thousand Oaks, CA: Sage Publications.

Jung, T., & Wickrama, K. A. S. (2008). An introduction to latent class growth analysis and growth mixture modeling. *Social and Personality Psychology Compass*, 2(1), 302-317.

Kaplan, D. (2000). Structural equation modeling: foundations and extensions. Thousand Oaks, CA: Sage Publications.

Kenneth B., & Richard, L. (1991). Conventional wisdom on measurement: a structural equation perspective. *Psychological Bulletin*, 110(2), 305-314.

Kenny, D. A., & Judd, C. M. (1984). Estimating the nonlinear and interactive effects of latent variables. *Psychological Bulletin*, 96(1), 201-210.

Kim, S. M. (2010). Testing a revised measure of public service motivation: reflective versus formative specification. J Public Administration Research and Theory. First published online: August 12, 2010.

Kline, R. B. (1998). Principles and practice of structural equation modeling. NY: Guilford Press.

Kline, R. B. (1998). Software programs for structural equation modeling: AMOS, EQS, and LISREL. *Journal of Psychoeducational Assessment*, 16, 343-364.

Kupek, E. (2005). Log-linear transformation of binary variables: a suitable input for SEM. *Structural Equation Modeling*, 12(1), 28-40.

Kupek, E. (2006). Beyond logistic regression: Structural equations modelling for binary variables and its application to investigating unobserved confounders. *BMC Medical Research Methodology*, 6, 13.

Lazarsfeld, P. F., & Henry, N. W. (1968). Latent structure analysis. Boston: Houghton Mifflin.

Lee, S. M., & Hershberger, S. (1990). A simple rule for generating equivalent models in covariance structure modeling. *Multivariate Behavioral Research*, 25(3), 313-334.

Lee, S. Y. (2007). Structural equation modeling: a Bayesian approach. Chichester, UK: John Wiley & Sons.

Li. F., Duncan, T. E., Duncan, S. C., & Hops, H. (2001). Piecewise growth mixture modeling of adolescent alcohol use data. *Structural Equation Modeling*, 8, 175-204.

Little, T. D., Schnabel, K. U., & Baumert, J. (2000). Modeling longitudinal and multilevel data: practical issues, applied approaches, and specific examples. Mahwah, NJ: Lawrence Erlbaum Associates.

Loehlin, J. C. (1987, 1992, 2004). Latent variable models: an introduction to factor, path, and structural analysis. Hillsdale, NJ: Lawrence Erlbaum. Second edition, 1992. Fourth edition, 2004.

Loken, E. (2004). Using latent class analysis to model temperament types. *Multivariate Behavioral Research*, 39(4), 625–652.

Long, J. S. (1997). Regression models for categorical and limied dependent variables. Thousand Oaks, CA: Sage Publications.

Madigan, D., & Raftery, A. E. (1994). Model selection and accounting for model uncertainty in graphical models using Occam's window. Journal of the American Statistical Association, 89, 1535–1546.

Marsh, H. W., Balla, J. R., & Hau, K. T. (1996). An evaluation of incremental fit indexes: a clarification of mathematical and empirical properties. In G. A. Marcoulides & R. E. Schumacker (eds.), Advanced structural equation modeling techniques. 315–353. Mahwah, NJ: Lawrence Erlbaum Associates.

Marsh, H. W., Balla, J. R., & McDonald, R. P. (1988). Goodness–of–fit indexes in confirmatory factor analysis: the effect of sample size. *Psychological Bulletin*, 103(3), 391–410.

Marsh, H. W., Wen, Z., Hau, K.–T., Little, T. D., Bovaird, J. A., & Widaman, K. F. (2007). Unconstrained structural equation models of latent interactions: contrasting residual– and mean–centered approaches. *Structural Equation Modeling*, 14(4), 570–580.

Maruyama, G. M. (1997). Basics of structual equation modeling. Thousand Oaks, CA: Sage Publications.

McDonald, R. P., & Ho, M. H. (2002). Principles and practice in reporting structural equation analyses. *Psychological Methods*, 7(1), 64–82.

Mikkelson, A., Ogaard, T., & Lovrich, N. P. (1997). Impact of an integrative performance appraisal experience on perceptions of management quality and working environment. *Review of Public Personnel Administration*, 17(3), 82–100.

Mitchell, R. J. (1993). Path analysis: pollination. In SM Schneider & J. Gurevitch, eds. Design and analysis of ecological experiments, 211–231. NY: Chapman and Hall.

Moosbrugger, H., Schermelleh–Engel, K., Kelava, A., & Klein, A. G. (2009). Testing multiple nonlinear effects in structural equation modeling: a comparison of alternative estimation approaches. In T. Teo & M. S. Khine (Eds.), *Structural equation modeling in educational research: Concepts and applications*. Rotterdam, NL: Sense Publishers.

Mueller, R. O. (1996). Basic principles of structural equation modeling: an introduction to LISREL and EQS. NY: Springer–Verlag.

Mueller, R. O., & Hancock, G. R. (2008). Best practices in structural equation modeling. In J. W. Osborne (ed.), *Best practices in quantitative methods*, 488–508. Thousand Oaks, CA: Sage Publications.

Mulaik, S. A., & Millsap, R. E. (2000). Doing the four-step right. *Structural Equation Modeling*, 7(1), 36–73.

Mullen, M. R. (1995). Diagnosing measurement equivalence in cross-national research. *Journal of International Business Studies*, 26, 573–596.

Muthén, B. (2004). Latent variable analysis: growth mixture modeling and related techniques for longitudinal data. In D. Kaplan (Ed.), Handbook of quantitative methodology for the social sciences, 345–368. Newbury Park, CA: Sage Publications.

Muthén, B. O. (2002). Beyond SEM: general latent variable modeling. *Behaviormetrika*, 29(1), 81–117.

Muthén, B., & Asparouhov, T. (2008). Growth mixture modeling: analysis with non-gaussian random effects. Boca Raton, FL: Chapman & Hall/CRC.

Muthén, B., & Muthén, L. K. (2000). Integrating person-centered and variable-centered analyses: growth mixture modeling with latent trajectory classes. *Alcoholism: Clinical and Experimental Research*, 24(6), 882–891.

Muthén, B., Brown, C. H., Masyn, K., Jo, B., Khoo, S.-T., Yang, C.-C., Wang, C.-P., Kellam, S., G. Carlin, J. B., & Liao, J. (2002). General growth mixture modeling for randomized preventive interventions. *Biostatistics*, 3(4), 459–475.

Myers, M. B., Calantone, R. J., Page, T. J., & Taylor, C. R. (2000). Academic insights: an application of multiple-group causal models in assessing cross-cultural measurement equivalence. *Journal of International Marketing*, 8(4), 108–121.

Nunnally, J. C. (1978). Psychometric theory. NY: McGraw Hill.

Nylund, K. L., Asparouhov, T., & Muthén, B. O. (2007). Deciding on the number of classes in latent class analysis and growth mixture modeling: A monte carlo simulation study. *Structural Equation Modeling*, 14(4), 535–569.

Oliver, R. L. (1980). A cognitive model of the antecedents and consequences of satisfaction decisions. *Journal of Marketing Research*, 17(4), 460–469.

Oliver, R. L. (1981). Measurement and evaluation of satisfaction process in retail setting. *Journal of Retailing*, 57(3), 25–48.

Olsson, U. H., Foss, T., Troye, S. V., & Howell, R. D. (2000). The performance of ML, GLS, and WLS estimation in structural equation modeling under conditions of misspecification and nonnormality. *Structural Equation Modeling*, 7(4), 557–595.

Pampel, F. C. (2000). Logistic regression: a primer (quantitative applications in the social sciences) Series #132. Thousand Oaks, CA: Sage Publications.

Penev, S., & Raykov, T. (2006). Maximal reliability and power in covariance structure models. *British Journal of Mathematical and Statistical Psychology*, 59(1), 75–87.

Perry, J. L., & Miller, T. K. (1991). The senior executive service: is it improving managerial performance?. *Public Administration Review*, 51(6), 554–563.

Peter, S., Richardson, T., Meek, C., Scheines, R., & Glymour, C. (1998). Using path diagrams as a structural equation modeling tool. *Sociological Methods & Research*, 27(2), 182–225.

Polina, D., Karin, S.–E., Augustin, K., & Helfried, M. (2007). Challenges in nonlinear structural equation modeling. *Methodology: European Journal of Research Methods for the Behavioral and Social Sciences*, 3(3), 100–114.

Raftery, A. E. (1995). Bayesian model selection in social research (with Discussion). *Sociological Methodology*, 25, 111–196.

Raykov, T. (1997). Estimation of composite reliability for congeneric measures. *Applied Psychological Measurement*, 21, 173–184.

Raykov, T. (1998). Coefficient alpha and composite reliability with interrelated nonhomogeneous items. *Applied Psychological Measurement*, 22(4), 375–385.

Raykov, T. (2000). On the large–sample bias, variance, and mean squared error of the conventional noncentrality parameter estimator of covariance structure models. *Structural Equation Modeling*, 7, 431–441.

Raykov, T. (2005). Bias–corrected estimation of noncentrality parameters of covariance structure models. *Structural Equation Modeling*, 12, 120–129.

Raykov, T., & Marcoulides, G. A. (2006). A first course in structural equation modeling (2nd Edition). Mahwah, NJ: Lawrence Erlbaum Associates.

Raykov, T., Tomer, A., & Nesselroade, J. R. (1991). Reporting structural equation modeling results in psychology and aging: Some proposed guidelines. *Psychology and Aging*, 6(4), 499–503.

Saris, W. E., Batista-Foguet, J. M., & Coenders, G. (2007). Selection of indicators for the interaction term in structural equation models with interaction. *Quality and Quantity*, 41(1), 55-72.

Schmuckle, S. C., & Jochen, H. (2005). A cautionary note on incremental fit indices reported by Lisrel. *Methodology: European Journal of Research Methods for the Behavioral and Social Sciences*, 1(2), 81-85.

Schreiber, J. B, (2008). Core reporting practices in structural equation modeling. *Research in Social & Administrative Pharmacy*, 4(2), 83-97.

Schumacker, R. E. (2002). Latent variable interaction modeling. *Structural Equation Modeling*, 9(1), 40-54.

Schumacker, R. E., & Lomax, R. G. (1996). A beginner's guide to structural equation modeling. Mahwah, NJ: Lawrence Erlbaum Associates.

Schumacker, R. E., & Lomax, R. G. (2004). A beginner's guide to structural equation modeling, Mahwah, NJ: Lawrence Erlbaum Associates.

Shipley, B. (2000). Cause and correlation in biology: a user's guide to path analysis, structural equations and causal inference. Cambridge University Press.

Silvia, E. S. M., & MacCallum, R. C. (1988). Some factors affecting the success of specification searches in covariance structure modeling. *Mutlivariate Behavioral Research*, 23(3), 297-326.

Skrondal A., & Rabe-Hesketh, S. (2004). Generalized latent variable modelling: multilevel, longitudinal, and structural equation models. Boca Raton, FL: Chapman & Hall/CRC.

Spearman, C. (1904). General intelligence, objectively determined and measured. *American Journal of Psychology*, 15, 201-293.

Stapleton, C. D.(1997). Basic concepts and procedures of confirmatory factor analysis. Paper presented at the annual meeting of the Southwest Educational Research Association, Austin, TX, January, 23-25.

Steenkamp, J-B. E. M., & Baumgartner, H. (1998). Assessing measurement invariance in cross-national consumer research. *Journal of Consumer Research*, 25(1), 78-107.

Stevens, J. (1996). Applied multivariate statistics for the social sciences (3rd Edition). Mahwah, NJ: Lawrence Erlbaum Associates.

Taylor, C. R. (1992). A comparison of the effectiveness of brand differentiation and information-level strategies in South Korean and US television advertising. Department of Marketing and Logistics, Michigan State University.

Thompson, B. (2000). Ten commandments of structural equation modeling. In L. Grimm & P. Yarnold (eds.), Reading and understanding more multivariate statistics, 261-284. Washington, DC: American Psychological Association.

Thurstone, L. L (1947). Multiple-factor analysis. Chicago: University of Chicago Press.

Tofighi, D., & Enders, C. K. (2007). Identifying the correct number of classes in growth mixture models. In G. R. Hancock (Ed.), *Mixture models in latent variable research*, 317-341. Greenwich, CT: Information Age.

Treiblmaier, H., Bentler, P. M., & Mair, P. (2010). Formative constructs implemented via common factors. UCLA Statistics Preprint Series, 576.

Ullman, J. B. (2001). Structural equation modeling. In Tabachnick, B. G., & Fidell, L. S. (2001). Using Multivariate Statistics (4th ed.), 653-771. Needham Heights, MA: Allyn & Bacon.

Van Prooijen, J.-W., & Van der Kloot, W. A. (2001). Confirmatory analysis of exploratively obtained factor structures. *Educational and Psychological Measurement*, 61(5), 777-792.

Vandenberg, R. J. (2002). Toward a further understanding of and improvement in measurement invariance methods and procedures. *Organizational Research Methods*, 5(2), 139-158.

Vandenberg, R. J., & Lance, C. E. (2000). A review and synthesis of the measurement invariance literature: suggestions, practices, and recommendations for organizational research. *Organizational Research Methods*, 3(1), 4-70.

Vermunt, J. K., &. Magidson, J. (2005). Structural equation models: Mixture models. In B. Everitt and D. Howell, (eds.), *Encyclopedia of Statistics in Behavioral Science*, 1922-1927. Chichester, UK: John Wiley and Sons.

Wang, M., & Bodner, T. E. (2007). Growth mixture modeling: identifying and predicting unobserved subpopulations with longitudinal data. *Organizational Research Methods*, 10(4), 635-656.

Wen, Z., Marsh, H. W., & Hau, K.-T. (2010). Structural equation models of latent interactions: an appropriate standardized solution and its scale-free properties. *Structural Equation Modeling*, 17(1), 1-22.

Winship, C. (1999). Editor's introduction to the special issue on the Bayesian information criterion. *Sociological Methods & Research*, 27(3), 355-358.

Wright, S. (1918). On the nature of size factors. *Genetics*, 3, 367-374.

Wright, S. (1921). Correlation and causation. *Journal of Agriculture Research*, 20, 557-585.

Wright, S. (1934). The method of path coefficients. *Annals of Mathematical Statistics*, 5(3), 161-215.

Wright, S. (1960). Path coefficients and path regressions: alternative or complementary concepts?. *Biometrics*, 16(2), 189-202.

Yu, J. P., Pysarchik, D. T., & Kim, Y. K. (2008). Korean retailers' dependence level: the impact of power sources, satisfaction, conflict, and long-term orientation. *Journal of Global Academy of Marketing Science*, 18(1), 81-114.

Yung, Y. F., & Bentler, P. M. (1994). Bootstrap-corrected ADF test statistics in covariance structure analysis. *British Journal of Mathematical and Statistical Psychology*, 47(1), 63-84.

Zhao, Y. D., & Rahardja, D. (2010). Maximum likelihood estimation for nonlinear structural equation models with normal latent variables. *Model Assisted Statistics and Applications*, 5(2), 137-147.

Zhu, H.-T., & Lee, S.-Y. (2001). A Bayesian analysis of finite mixtures in the LISREL model. *Psychometrika*, 66(1), 133-152.

www.amosdevelopment.com

www.mvsoft.com

www.people.ku.edu.

www.smallwaters.com

www.spss.co.kr

www.ssicentral.com

찾아보기

ㄷ

ㅁ

ㅂ

ㅅ

ㅇ

ㅈ

ㅊ

ㅋ

ㅌ

ㅍ

ㅎ

R

S

T

V